谨以此书纪念

我国半导体学科的开拓者

谢希德院士

作者简介

李炳宗，复旦大学微电子学院退休教授、博导。1962年1月毕业于莫斯科大学物理系，自1962年先后在复旦大学物理系、电子工程系和微电子学院从事半导体与集成电路技术教学与科研。1981年10月至1983年9月作为访问学者，在美国参与超大规模集成电路工艺技术研究。自1984年起先后主持与完成多项集成电路工艺及薄膜领域的国家科技攻关和自然科学基金课题研究，曾获"国家教委科技进步二等奖"等。

茹国平，复旦大学微电子学院教授、博导。1990年本科毕业于南京大学物理系，1995年在中科院上海微系统所获博士学位。自1995年8月起在复旦大学电子工程系和微电子学院从事微电子薄膜材料和器件的教学与科研，发表论文100余篇，曾在多个国际会议作邀请报告，担任多个国际会议主席和委员，现为IEEE高级会员。

屈新萍，复旦大学微电子学院教授、博导。主要从事集成电路先进互连新材料和结构、化学机械抛光及后清洗、芯片电镀等研究，发表论文近200篇。曾主持国家高技术研究发展计划课题、国家02重大专项子课题等，在互连领域和国内外科研单位和公司开展了密切的合作。曾获"教育部新世纪优秀人才"、"上海市科技启明星"、上海市"曙光学者"等称号。

蒋玉龙，复旦大学微电子学院教授、博导，复旦大学教师教学发展中心副主任。主要从事集成电路先进工艺与器件、功率器件、CMOS图像传感器和柔性电子器件研究，在 *IEEE EDL*、*TED*、*IEDM* 上发表论文20篇。主持国家级一流本科课程。曾获"上海市青年科技启明星"称号，以及"上海市育才奖"、"上海市教学成果奖"、"首届全国高校教师教学创新大赛一等奖"等奖励。

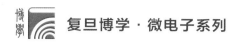

复旦博学·微电子系列

上海市文教结合"高校服务国家重大战略出版工程"资助项目

Process Technology Principles
for Silicon Based Integrated Chips

硅基集成芯片
制造工艺原理

李炳宗　茹国平　屈新萍　蒋玉龙　编著

复旦大学出版社

内容简介

　　自1958年集成电路诞生以来，硅基集成芯片制造技术迅速发展，现今已经进入亚5nm时代。硅基芯片制造技术可以概括为一系列微细加工硅片技术，这些愈益精密的微细加工技术持续创新与升级，源于20世纪初以来现代物理等物质科学知识的长期积累。充分了解各种微细加工技术背后的科学原理，是理解和掌握集成芯片制造工艺技术的基础。

　　全书共20章。前8章概述硅基集成芯片从小规模到极大规模集成的创新演进路径，分析集成芯片制造技术快速升级换代的独特规律，研判器件微小型化技术与摩尔规律的内在联系，并对半导体物理和晶体管原理基础理论知识作概要讨论。后12章分别阐述热氧化、硅单晶与外延生长及SOI晶片、精密图形光刻、扩散掺杂、离子注入与快速退火、PVD与CVD及ALD薄膜淀积、高密度等离子体刻蚀、金属硅化物自对准接触和多层金属互连等多种集成芯片微细加工关键技术，着力分析讨论各种微细加工技术的物理、化学基础原理与规律，其间对制造工艺中广泛应用的真空技术与等离子体技术作概要介绍。本书特别关注进入21世纪以来正在发展的集成芯片制造技术的新结构、新材料、新工艺和新趋势，介绍包括高密度超微立体晶体管和纳米CMOS等集成器件的典型结构与制造工艺。

Abstract

　　This book focuses on the Si micro-fabrication technology. Since the invention of integrated circuits (IC) in 1958, the Si micro-fabrication technology has been developing rapidly thanks to the advances in modern physics and other fundamental sciences from the beginning of the 20th century. Fully understanding the scientific principles underlying the various micro-fabrication technologies is the basis for studying and mastering the Si IC chip process technology.

　　This book consists of 20 chapters. The first 8 chapters outline the evolution and innovation of the CMOS and bipolar IC process technology over the past six decades, analyze the unique law of Si IC micro-fabrication technology evolution, discuss the relationship between the scaling-down principle and the Moore's Law, and review the basic theories of semiconductor physics and transistors. The following 12 chapters elaborate on such key process technologies of Si IC chips as thermal oxidation, Si epitaxial growth and SOI material, lithography, dopant diffusion, ion implant and RTA, PVD/CVD/ALD thin films, high density plasma etching, salicide contact and multi-level interconnection. The physical and chemical principles underlying the micro-fabrication technology are analyzed and discussed for better understanding. Besides, more attention is paid to the fabrication technology of nano-CMOS chips with new structures and materials.

序　言

　　这本书从酝酿到成书花费了 10 年的时间,可谓十年磨一剑。把几十年的科研和教学的收获浓缩成一部著作,可谓"博观而约取,厚积而薄发"。十年面壁之定力,心无旁骛之潜修,专注一业之精神,令人感佩。品读上百页几经磨砺的字句,赏阅数十幅数据翔实的图表,自有一番浩繁卷帙的感受。为这样的专著写序,是一件令人愉悦之事。

　　20 世纪 50 年代,在"五校(北大、复旦、南大、厦大、吉大)联合于北大举办半导体专门化"的战略决策执行期,我有幸成为首批被培养的学生,师从黄昆先生和谢希德先生两位大师,因而与复旦大学在微电子领域从事科研和教学的老朋友们有"同根之谊"。

　　李炳宗教授是这些老朋友中的一位,他 1962 年从莫斯科大学物理系毕业,1981 年就职于美国科罗拉多大学物理系和 NCR 公司微电子研究发展部。1983 年,我在加利福尼亚大学伯克利分校与他首次见面,1986 年,在共同组织半导体与集成电路技术国际会议(ICSICT)期间,我和李炳宗教授以及加利福尼亚大学伯克利分校的 Nathen Cheng(张桓森)和 Chenming Hu(胡正明)教授等结下了深厚友谊,许多往事细节仍萦绕于心,至今不能忘怀。

　　李炳宗教授的学识功底扎实,国际视野开阔,是一位具有谦谦之风的、爱国的、高素质学者。他长年从事集成电路工艺技术的科研和教学工作,在微电子薄膜材料和加工工艺,特别是金属硅化物和互连技术方面,开展了多项前沿课题研究,并长期为微电子专业的研究生主讲"集成电路工艺"等课程。如今,他带领团队中 3 位年轻教授,将多年来在教学和科研中的心得,潜心著述,形成了 139 万字的《硅基集成芯片制造工艺原理》这一鸿篇巨著,我郑重地将它推荐给广大读者。

　　该书有如下几个特点:

　　第一、原理剖析深入。这本书在介绍芯片制造具体工艺的同时,特别注重所涉原理的深入剖析,如针对多种集成芯片制造工艺中都要用到的等离子体技术,专门设置了一章进行讨论,有利于读者更深入地理解等离子体技术原理。

　　第二、注重分析工艺技术规律及其多重作用。这本书对芯片制造的各种技术规律演进进行了深入讨论。书中除一章专门讨论器件缩微和技术演进规律外,在各专题章节中,注重对各种相关物理、化学规律的阐述与分析。如多种光学规律对光刻技术演进的影响,杂质与缺陷互作用规律对氧化、扩散、注入等工艺影响等。

　　第三、关注芯片新技术。这本书介绍了在先进芯片制造中已被采用的新工艺,如应变硅沟道、高 k 介质/金属栅、FinFET、双重/多重图形成像、EUV 光刻、闪光/激光退火、高密度等离子体刻蚀、原子层淀积等。尤其是在第 8 章"纳米 CMOS 集成芯片工艺技术"中，引用的多项研究成果都是在近年 IEDM 等国际会议上发表的。在这一章还介绍了被业界普遍看好的未来器件的候选者，如纳米 GAA 晶体管等。这本书从基本原理出发，对这些新成果的讨论有益于缩小教材与最新研究课题之间的距离。

在信息社会中，集成电路是信息感知、存储、处理和传输的基本单元，它又可以大批量、低成本、高可靠地生产出来，广泛地应用于国民经济和国防建设的众多领域，如"水银泻地，无处不在"。集成电路的科学技术水平和产业规模已经成为一个国家综合实力的重要标志之一，更是大国竞争的焦点。

当前，我国集成电路产业和科学技术发展，在天时、地利、人和诸多方面正处于最佳的历史机遇期，从"庙堂之高"到"江湖之滨"，对集成电路的战略性和市场性的认知，达到了空前一致的高度。我们集成电路人更要团结一致，抓住这百年一遇的历史机遇，不失时机地促其加速和高质量发展，倾全身心之力，为之一搏。

竞争的焦点是人才，因为一切事情都是人干出来的，但人不能自然成才，教育是使人成才的关键。中央决定成立"集成电路科学与工程"一级学科，为我们开辟了集成电路人才培养的广阔通途，我们要以深化改革的姿态建设新型的产、学、研、用结合的集成电路一级学科。

历史在发展，产业形态也在不断变革。2020 年，我国集成电路设计业的销售额在全球集成电路产品销售收入中的占比已接近 13%。现在突出的问题是芯片制造业及其上下游支撑产业相对薄弱，在人才培养上，我们也要在均衡发展的基础上强调芯片制造及其相关领域的人才培养，特别是领军人才的培养。

芯片技术包括芯片设计、芯片制造、芯片测试和封装等多个环节，其中，芯片制造是承前启后的关键环节。对于微电子专业的学生和从业者来说，"芯片制造"几乎是人人必修的一门专业课。芯片制造以半导体科学为基础，包含固体物理、量子理论、化学、载荷能束、精密光学、机械等多学科知识，国内外已有不少关于芯片制造的教材可供选择。但随着芯片进入纳米 CMOS 时代，芯片制造技术升级换代不断加速，纷繁复杂的各种新材料、新结构、新工艺也层出不穷，亟需有系统地阐述集成芯片制造原理、并反映先进集成芯片制造技术演进的新器件结构、新工艺、新材料、最新发展趋势的教材。因此，《硅基集成芯片制造工艺原理》一书正是应运而生，它不仅可以作为高等学校相关专业的教材，又可作为产业的工程技术人员和科研领域的科技人员的参考书，这对推进我国集成电路人才培养、产业发展、科技创新，将发挥积极的、有成效的作用。

在这场决定未来百年走势的"芯片战"中，我们握有战略主动权和市场主动权。我衷心期望，在中华民族伟大复兴的征途上，我们一定能够在不远的将来，实现自立于世界强国之林的宏伟愿景。

王阳元

2021 年 9 月 10 日教师节
于北大燕园

前　言

　　本书阐述硅集成电路芯片制造基本工艺及其物理、化学基础原理。自 1947 年半导体晶体管与 1958 年集成电路相继发明以来,硅集成电路芯片制造技术快速演进,先后跨越小、中、大、超大、甚大、极大规模集成电路发展阶段。在一块平方毫米到平方厘米量级的硅芯片上,从早期集成几个晶体管的单元电路,到现今可集成由数十亿晶体管构成的复杂信息功能系统。近年来集成技术正在从平面二维集成向立体三维集成发展,从同质器件集成向异质复合集成演进,集成电路密度与功能持续提升,芯片集成度已可超越每平方毫米亿计晶体管。集成电路成为现代经济、科技、文化、军事等领域不断创新演进的基础器件与促进剂,使现代信息与人工智能技术持续、迅速进步与扩展,进入企业、实验室、办公室和千家万户,推动经济、科技、文化、社会等领域发生深刻变革,改变着人们的工作、学习、生活方式。这一切都源于集成芯片制造技术持续进步及其产品日新月异,而先进集成芯片制造技术则源于现代多种科学与技术的密切结合,集成电路成为多种科学技术集成之产物,可以说是名副其实的现代物质科学技术之丰硕结晶。

　　自 20 世纪初以来人类在原子科学、固体物理、量子理论等物理、化学与材料多个领域取得的一系列重要科学发现,在固体微电子器件发明、创新、演进中,转化为造福人类的实用技术成果。集成芯片制造技术的持续创新、演进,遵循着独特的器件尺寸缩微与功能增长规律。60 余年中半导体器件与集成电路芯片微细加工技术,从毫米、微米、亚微米、深亚微米逐步演进到纳米尺度,为人类文明生产技术发展,开辟了一个崭新方向与全新领域。微细加工技术创新演进的关键,在于不断吸收与融合其他多种科学技术成果。从电子束到离子束,从超高真空到等离子体技术,从精密机械到超精密光学系统,从计算机到自动化与智能化控制,从无机到有机多种新材料,都逐渐在集成电路芯片制造技术发展中得到应用与融合,促使微电子制造工艺与设备持续创新、产品不断升级换代。集成芯片制造技术集现代科学与技术之大成,而这种在集成芯片研制过程中发展、积累、成熟的微细加工技术,也正在为其他科学技术与生产制造领域提供创新发展新途径,促成越来越多的科学技术及产业新突破。

　　集成电路技术由芯片设计、制造、封装、测试等多种技术结合而成。本书聚焦于集成电路芯片制造工艺技术。集成芯片制造工艺是多种学科相结合的交叉学科,以半导体科学为基础,涉及物理、化学、电子学、材料科学等领域的基础理论知识。这一学科教材应具有独特的内容体系,体现基础理论与迅速发展的实用技术密切结合。本书致力于在阐述集成电路芯片制造基本工艺技术的同时,结合集成电路芯片制造工艺演进路径,分析集成电路芯片技术的独特发展规律,着力阐述各种工艺的物理、化学原理与技术演变过程。本书特别关注进入 21 世纪以来集成芯片制造技术中的新结构、新材料、新工艺和新趋势,讨论包括高密度超微立体晶体管和纳米 CMOS 集成器件的典型结构与制造工艺。

集成电路自 1958 年面世以来,历经 60 余年快速创新发展,以集成芯片制造为核心的半导体工业已成为现代经济的基础性产业。现今达数千亿美元规模的半导体产业,造就数万亿美元的电子信息产业,支撑数十万亿美元世界经济的运转与发展。近年在信息化、智能化新技术革命强劲需求的牵引下,半导体产业进入又一个快速发展阶段,2018 年销售额曾高达 4 688 亿美元。虽然受国际整体经济波动等多种因素影响,半导体产业也时有起伏,甚至造成近期芯片严重短缺。但半导体科学技术进步方兴未艾,以愈益精密纳米器件制造技术主导微电子产业,正在致力于亚 5 nm 集成芯片技术创新演进。我国已成为国际上电子数字信息产品主要制造者之一,是许多电子系统产品的最大生产地,因而也成为最大的半导体芯片应用市场。我国集成电路芯片制造技术现状尚远落后于电子产业、社会经济发展与国家振兴战略需求,正处于半导体制造技术研发与生产急切加速发展阶段,需要不断补充大量高素质微电子专业人才。为适应我国集成电路科学技术发展需求,2020 年 12 月国务院学位委员会和教育部决定把集成电路专业提升为一级学科,定名为"集成电路科学与工程"。这为我国建立独立自主创新型微电子产业、打破国外技术封锁,将注入新的活力。切望本书对我国集成电路专业及微电子产业技术人才培养有所助益。对于有志于投身集成电路学科的年轻人,未来数十年集成电路学科及微电子技术产业仍将是大有可为的科技领域。

本书建立在复旦大学微电子专业多年研究生教学的基础上。选修"集成电路工艺"课程的学生往往具有不同专业知识背景和工作方向,为适应不同背景学生和技术人员的教学与自学需求,我们在"集成电路工艺"课程与本书中采用从整体到局部的内容体系。首先对 CMOS 等集成电路芯片的基本制造工艺原理进行综合讨论,分析集成电路芯片从小规模到极大规模集成的演进路径与规律,然后分章节专题阐述硅晶体、氧化、光刻、掺杂、薄膜淀积与刻蚀等主要制造工艺原理及其实现技术。对与集成电路芯片制造技术密切相关的半导体物理与器件原理、等离子体与真空技术原理等基础知识,则分别在相关章节讨论。

本书由 20 章组成,可概括为两个部分。前 8 章对集成电路芯片制造技术作综合论述,包括集成电路制造技术演进及规律、半导体物理与集成电路基础器件原理、集成电路器件缩微规律、CMOS 和双极集成电路芯片基本工艺、纳米 CMOS 技术演进等。后 12 章对集成电路芯片主要制造工艺技术作专题讨论,包括单晶及外延晶体生长、热氧化、杂质扩散、离子注入与快速退火、深紫外与极紫外光刻等工艺原理、芯片工艺中的等离子体与真空技术、多种薄膜的物理气相与化学气相淀积工艺、高精度干法刻蚀、金属硅化物接触和多层金属互连等。集成芯片制造技术是内容极其丰富、演进又甚为迅速的学科,本书难以全面覆盖。本书采取分工合作,第 2、3、10、14 章由茹国平编写,第 11、18、19 章由蒋玉龙编写,第 20 章由屈新萍编写,其他章节编写及全书定稿由李炳宗负责。

　　本书写作力求把集成电路工艺基础理论论述与先进工艺技术分析密切结合,系统介绍集成电路芯片的基本制造工艺原理,着力于阐述各种工艺技术背后的关键物理、化学概念、原理和规律。作者希望本书既有益于读者掌握集成电路制造的基础原理,又能在深入理解有关原理的基础上,了解工艺技术新进展及其发展趋势,致力于工艺技术创新。限于作者学识与对日新月异技术发展资料掌握的局限性,书中难免疏漏与不当之处,恳请读者指正,作者将甚为感激。作者在课程讲授和本书写作过程中,曾参阅国内外先后出版的多种相关书籍,查阅相关学术刊物与大量会议论文,对这些资料著作者心存深切感激与谢意。本书在写作过程中受到复旦大学微电子学院、信息科学与工程学院领导与同事,以及部分校友等多方面的支持鼓励,复旦大学出版社梁玲博士为本书出版立项与编辑做出宝贵贡献,王琳琳等同学制作了大量插图,作者一并表示诚挚感谢。作者还特别感谢上海市教委把本书列为"上海高校服务国家重大战略出版工程"并给予资助。

　　在本书即将出版之际,回顾我国半导体科学技术发展历程,我们更加深切怀念将自己一生献身给我国半导体事业的谢希德院士,追忆谢先生对我们这一代人的亲切教诲与鼓励。谢先生作为中国半导体学科的开拓者和领路人以及复旦大学校长,一直非常关注微电子科技进步和人才培养。当年她的亲切教导、建议和决断,引导、影响了我们的人生轨迹和专业成长。很多人是读着黄昆、谢希德合著的《半导体物理》,进入半导体科技领域的。这部出版于 1958 年的著作,是我国最早的半导体学术专著,在国际上也属早期同类经典著作之一。今年是谢先生诞辰 100 周年,现在我们可以告慰先生,我国半导体学科研究与教育事业正在持续取得新进展,集成电路技术与产业正在进入创新发展的新时期。

李炳宗

2021 年 7 月

目　　录

第 **1** 章

集成电路芯片制造技术演进及规律

集成电路芯片制造技术,无疑可列为 20 世纪中期以来创新与发展最迅速的科技领域之一。其快速演进造就集成电路产品的集成度、速度、功能等性能呈指数式增长。不断升级换代的集成电路,为现代信息技术的高速发展奠定基础。从个人计算机到云计算系统,从智能手机到平板电脑,从互联网到物联网,从数码相机到多媒体,从游戏机到智能机器人,从超高速大型计算机到大数据系统,各种各样前所未闻的新技术、新系统,都借助集成电路芯片技术持续进步得以实现,并不断更新换代。以集成电路为主要基础产品的信息与数字化技术已使现代经济、军事、科学技术发生巨大变化,正在诱发智能化新型产业革命,对人类社会与文明发展产生深刻影响。集成电路及其制造技术,是建立在近代科学技术成果基础上的,而近年来科技领域的许多重大突破,又有赖于成功应用先进集成电路技术成果。由集成电路构成的产品越来越多地进入工厂、办公室、学校、家庭等,不断悄悄地改变人们的工作、学习及生活方式。可以毫不夸张地说,小小的集成芯片,已成为影响现代人类文明发展的重要因素之一。本章将概要讨论集成电路的发明、演进路径与规律,分析促使集成电路芯片制造技术快速进步的多种因素。

1.1 晶体管和集成电路的发明

晶体管的发明是现代微电子技术的起点,也可说是集成电路发明的前奏。20 世纪前期量子力学、统计物理等近代物理学突破,奠定了固体电子学与半导体科学发展的理论基础。通过实验和理论研究,人们对半导体材料导电性等物理性质有了更多深入了解,触发了研究者探索和研制半导体电子器件的强烈兴趣。本节简要讨论晶体管和集成电路的发明简史,并简述 MOS 器件技术的早期发展。

1.1.1 晶体管的发明

1947 年 12 月 16 日美国贝尔(Bell)实验室的 J. Bardeen(1908—1991)和 W. Brattain (1902—1987)研究成功一种崭新的电子器件——半导体晶体管。他们发明的晶体管原形是一个点接触三极实验型固态器件,如图 1.1 所示。他们利用半导体锗晶体,在人类历史上首次试验成功一种具有信号放大效应的固态电子器件。这是自从 1906 年 L. De Forest(1873—

图 1.1　J. Bardeen 和 W. Brattain
发明点接触晶体管的实
验装置[2]

1961)发明真空电子三极管后,电子器件领域的最重要进展。与发明者在同一实验室工作的工程师 J. R. Pierce(1910—2002),为这种刚"出世"的固态器件创造了一个新词"transistor"。据说,现今通用的中文译名"晶体管"为钱学森所建议。由于这种器件具有与当时真空三极管相类似的三电极结构和电学特性,Bardeen 和 Brattain 撰写的有关此新器件的论文题目为"晶体管——一种半导体三极管"[1]。1947 年 12 月 23 日他们向贝尔实验室高层管理人员展示了这一发明。次年 6 月在这项划时代发明获得专利后,Bardeen 和 Brattain 才把他们的论文发表,并由贝尔实验室向世人宣告晶体管的发明。1897 年英国科学家汤姆孙(J. Thomson,1857—1940)发现电子50 年后,晶体管发明开创了半导体器件、电子学和信息科学技术的新纪元。

早在真空电子器件之前,1874 年就有人发现,金属与半导体硫化铅形成的金半接触具有整流特性。20 世纪前期曾用氧化亚铜、硒等半导体材料制成金半接触整流器。20 世纪 30 年代研制出金属点接触硅二极管,用于制作高频检波电路,在无线电和雷达接收机中得到有效应用。第二次世界大战后,随着电子技术发展,研制具有信号放大等更强功能的固态器件,成为半导体研究领域的迫切课题。20 世纪 30 和 40 年代半导体科学在量子力学能带理论基础上取得重要进展,人们对半导体导电机制等有了较深入了解,但仍有许多问题令人困惑,激发起人们的研究兴趣,其中就有一些固态科学研究者力图探索与研制具有电信号放大功能的固体器件。早在第二次世界大战前,W. Shockley 和 W. Brattain 就在贝尔实验室从事半导体器件有关研究,战争使他们的研究中断。战后 1945 年他们返回贝尔实验室,进一步开展半导体器件技术研究,Bardeen 也加入他们的研究团队。正如许多创新工作一样,他们的研究也遇到种种困难与挫折。例如,他们曾力图应用场效应研制固体放大器件的设想未能如愿,却促使 Bardeen 和 Brattain 深入研究半导体表面和界面效应。正是在研究半导体表面和金属/半导体接触特性的过程中,Bardeen 和 Brattain 发现了晶体管效应,研究成功全新固态电子器件——晶体管[3, 4]。

在图 1.1 所示发明点接触晶体管的实验装置中,一块 n 型锗晶体置于金属导体电极上,锗表面上有两个金箔接触点,它们由图中三角形绝缘体紧密压延而成,作为相距尽可能近(约 50 μm)的两个电极,两者都和 n-Ge 形成肖特基势垒接触结,分别为发射极与集电极。n-Ge 基片与背面金属形成欧姆接触的基区电极。3 个电极分别用导线连接到电源,形成共基极电路。Brattain 和 Bardeen 应用这样巧妙而简捷的实验装置,在发射结正偏压与集电结反偏压条件下,发现并验证了晶体管放大效应。

Shockley(1910—1989)虽然并未直接参与上述点接触晶体管发明,但他在晶体管原理研究和技术发展中发挥了独特作用。他不仅是当时贝尔实验室半导体研究的领导者,而且在 Bardeen 和 Brattain 试验成功晶体管后,对半导体 pn 结电流电压特性的物理机制和晶体管基础原理进行了开创性理论研究,并发明了由两个 pn 结构成的半导体晶体管[5]。Shockley 在 1949 年 7 月发表题为"半导体 pn 结和晶体管理论"的论文,与他在此期间前后发表的其他相关著作一起,奠定了双极型晶体管的理论基础[6, 7]。因此,Bardeen、Brattain

和 Shockley 3 人共同获得 1956 年诺贝尔物理学奖。

　　直到 20 世纪 50 年代中期,电子技术发展主要还是依赖真空电子器件。1955 年举行首届国际电子器件会议(IEDM),在 9 个分组研讨专题中,仅有 3 个与半导体器件技术相关,其余皆为真空管相关技术。此后,半导体器件逐渐成为电子技术研发主流。与真空电子管相比,半导体晶体管具有体积小、重量轻、可靠性高、制造工艺简捷等显著优越性。1948—1958年半导体单晶制备和晶体管制造技术得到迅速发展。由初期的金属点接触晶体管与合金法 pn 结晶体管制备工艺,逐步演进到应用杂质扩散工艺,使晶体管性能显著改善。1956 年贝尔实验室用扩散工艺研制成功二极管和晶体管。早期半导体材料中纯度和单晶质量最好的是锗,二极管和晶体管等器件的最初实验研究多应用锗单晶衬底。随着硅单晶制备技术的进步,硅器件制造技术开始加速发展。1954 年美国德克萨斯仪器公司(TI)研制成功硅晶体管。用硅与锗单晶材料制造的晶体管、二极管等固态器件的生产规模和应用领域开始迅速扩展。

1.1.2　集成电路的发明

　　集成电路是由 TI 公司的 J. Kilby(1923—2005)在 1958 年发明的。在晶体管问世后,能否把多个分立二极管、晶体管及电阻等组成的电路直接制作在一块基片上,使电子电路小型化,成为固体器件技术领域先行者们所关注的课题。1958 年到 TI 公司任职不久的工程师 Kilby 所选择的正是这一课题。在许多人外出度假的美国南方炎热夏季,他独自在实验室进行的开创性研究,导致第一块集成电路诞生。与当时他人选择的混合集成方案不同,Kilby 坚持采用单片方案,即晶体管和电阻电容等都制作在半导体基片上。1958 年 9 月 12 日他研制成功一种具有相移振荡器功能的集成电路[8]。初期这种集成电路曾被称作"固体电路或固态电路(solid circuit)"。1959 年 2 月 Kilby 提出了用半导体材料制作集成电路的"小型化电子电路(miniaturized electonic circuits)"专利申请。现在 Kilby 是公认的集成电路发明者,但他并非集成电路概念的最初提出者。此前在 1952 年,电子工程师 G. Dummer 曾提出,可能把所有的电路集成到一块半导体晶片上,但当时未能实现其想法。直到晶体管制造技术得到较成熟发展的 6 年后,他的设想才由 Kilby 实现。

　　图 1.2 为 Kilby 最初研制成功的集成电路照片。Kilby 是在锗晶片上制成这种集成电路的。pn 结、晶体管和电阻等用扩散方法制作,晶体管在 Ge 晶片上形成相互隔离的台面结构,台面结构系采用黑蜡保护,经化学腐蚀形成,用细导线焊接,相连成一个电路。虽然现在看上去这种电路很"粗糙",但它却是现代科学技术发展史上的原创性重大发明之一。随着时间推移,人们愈益认识集成电路发明的价值。40 余年后的 2000 年,Kilby 因他的发明获得诺贝尔物理学奖。

　　在 1960 年前后,研究者发明和试验成功多种改进晶体管和集成电路制造技术的关键工艺[9]。其中包括硅热氧化工艺、反向 pn 结器件隔离工艺、金属薄膜蒸发工艺等。在氧化、光刻、扩散、蒸发等工艺基础上,美国仙童半导体

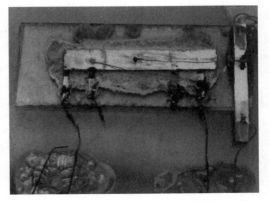

图 1.2　Kilby 研制成功的集成电路原形照片

公司(Fairchild Semiconductor)的 J. Hoerni(1924—1997)发明了平面工艺(planar process)。经过硅晶片表面生长氧化层、图形光刻、局域选择性掺杂等各种平面加工,通过多项工艺有机结合,形成 pn 结等器件结构。Fairchild 公司应用这种工艺最先研制成功硅平面晶体管。用平面工艺制造硅晶体管,在器件性能和生产效率等方面都显著优于锗晶体管技术,从而促进了半导体器件主导衬底材料由锗转向硅的演进。平面工艺原理至今仍为集成电路制造基本技术基础之一。

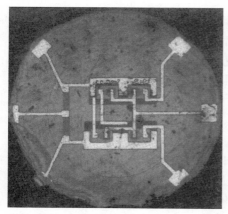

图 1.3　早期应用平面工艺研制的硅微芯片[2]

在 Kilby 发明集成电路和提出专利申请后不久,1959 年 7 月 Fairchild 公司的 R. Noyce(1927—1990)也提出了应用平面工艺制造集成电路的专利申请,其名称为"半导体器件及引线结构"(semiconductor device-and-lead structure),并研制成功第一个硅单片集成电路,把它称作"微芯片"(microchip)。图 1.3 所示为早期制造的简单逻辑电路硅微芯片照片。人们开始把制造在大小仅为毫米或厘米尺度硅片上的集成电路,称为"硅集成电路芯片"(IC chip),也可简称为"集成芯片"。这种平面工艺微芯片技术,促使集成电路制造工艺走向成熟,硅集成电路器件技术得以更快发展。因此,Noyce 是集成电路技术与产业名副其实的主要奠基人之一。

1.1.3　MOS 集成器件技术基础的建立

作为现代硅集成电路主流的金属/氧化物/半导体场效应晶体管(MOSFET)器件,也在双极型晶体管与集成电路发明及早期发展的同时,奠定了技术基础。在晶体管发明前后,Bardeen、Shockley 等人对半导体表面和场效应理论进行了多方面理论与实验研究。1948 年 Shockley 发表了题为"表面电荷对半导体薄膜电导的调制"的论文[10]。斯坦福大学 J. Moll(1921—2011)在 1959 年提出用金属/氧化物/半导体(MOS)结构的电容-电压(C-V)特性测试技术,表征热氧化生长的 SiO_2 特性,研究 SiO_2/Si 界面状态和改进硅氧化工艺途径。MOS C-V 测试技术至今仍是分析介质及其与半导体界面质量的有效方法。硅表面与界面研究为发展 MOS 晶体管和集成电路制造工艺奠定了知识基础。

1960 年贝尔实验室的 D. Kahng(1931—1992)和 M. Atalla(1924—2009)利用硅衬底和热生长 SiO_2 研制成功 MOS 场效应晶体管。1962 年 Fairchild 公司和美国无线电公司(Radio Corporation of America,RCA)分别研制成功商用 PMOS 和 NMOS 晶体管。1963 年 Fairchild 公司的 F. M. Wanlass(1933—2010)与 C. T. Sah(萨支唐,1932—　)提出了由 NMOS 和 PMOS 晶体管构成的互补型金属/氧化物/半导体(CMOS)倒相器电路。由于 MOS 结构器件所特有的高集成度等特点,MOS 超大规模集成电路技术得到迅速发展[11]。特别是 CMOS 器件,有赖于其突出的低功耗优越性,已发展成为现今微电子技术的主导器件。在晶体管和集成电路发展初期的另一项重要发明,是浮栅晶体管结构。1967 年 Kahng 和 S. M. Sze(施敏,1936—　)发明了可用于存储器的浮栅技术[12],成为数十年来非挥发性半导体存储器件技术迅速发展与广泛应用的基础。

1.2　集成芯片制造技术的快速演进

集成电路技术自 1958 年问世后发展极为迅速。集成电路进步的首要标志表现在,集成于一体的晶体管数量越来越多。20 世纪 60 年代初期一块集成电路芯片中的晶体管数仅为几个至几十个,构成简单功能电路。现在数以亿计的晶体管已可集成在一个硅芯片内,构成功能复杂的电子系统。外形尺寸可仅以毫米、厘米为计的集成电路芯片,却要以越来越大的词语来形容和命名。从初期的小规模集成电路(SSI)和中规模集成电路(MSI),发展到大规模集成电路(LSI)、超大规模集成电路(VLSI)和甚大规模集成电路(ULSI)。对于集成电路的升级换代,早期曾有人以芯片集成器件数 2^5 倍率增长作为标志[13],也有人以 10^2 倍率变化区分[14]。按这两种标准,VLSI 芯片所包含的器件数应在 $2^{16\sim20}$ 或 $10^{5\sim7}$ 范围,而 ULSI 则相应为 $2^{21\sim25}$ 或 $10^{7\sim9}$。实际上现在研制的先进集成电路中的晶体管数已远超过 10^9,并仍将继续倍增。似已难找到更"大"的词来准确形容更高集成度的一代又一代硅集成电路芯片。虽然已有应用"极大"规模集成(super large scale integration,SLSI),或"巨大"规模集成(gigantic scale integration/gigascale integration,GSI)形容更高集成度的电路,但目前人们一般仍多以 VLSI 或 ULSI 描述。

集成电路的迅速发展不仅表现在集成度持续增长上,同样重要的是也体现在速度提高、功能增强、功耗下降和可靠性上升,使电子系统所要求的各种器件性能都得到大幅度提升与创新。而且集成电路制造技术进步还带来单元器件成本迅速下降、生产效率持续增长、应用急剧扩大,这一切变化主要源于半导体工艺技术的持续进步。半导体工艺技术则基于多种学科的紧密结合,在集成电路制造中不断引进新技术、新工艺、新材料、新结构,以及新思路、新设计,促使集成电路产品不断升级换代。集成度的快速增长,完全建立在器件制造工艺技术不断创新基础上。回顾集成电路技术 60 余年的发展历程,可以看到,从集成电路发明开始,约每两三年就会出现一代新产品,每经过约 10 年就形成一个更新换代式的技术台阶跃进,真可谓"两三年一小变,十年一大变"。下面分别简述集成电路演进各个阶段工艺技术的主要演变及特点。

1.2.1　平面集成工艺趋于成熟

第一个 10 年(1958—1967 年)是集成电路发明和基本器件制造工艺技术形成的初创时期,也是中小规模集成电路(SSI/MSI)发展阶段。这一时期在优质硅单晶及外延硅薄膜制备技术不断优化的同时,硅器件制造的氧化、扩散、蒸发等加工技术取得突破。这些技术与逐渐完善的图形光刻工艺相结合,促使硅平面集成工艺形成并逐渐成熟,成为各种集成电路芯片的基础制造技术,为集成电路技术与产业发展奠定了基础。

热氧化可以说是硅平面集成工艺的关键技术。虽然氧化硅是硅在自然界存在的主要形式,而且晶体硅系由氧化硅石英砂提炼而成,但当初在硅表面生长 SiO_2 薄层却并非易事。人们经过多种方法实验,研究发展了硅片表面高温热氧化生长 SiO_2 工艺。热氧化介质薄层形成与光刻工艺及高温热扩散工艺相结合,促使硅片上精确定域选择性掺杂成为可能。通过高温熔化热蒸发淀积金属薄膜,与图形光刻工艺结合,成为实现集成电路平面互连的有效途径。

应用日趋成熟的平面工艺,第一批商用中小规模双极型硅集成电路研制成功,既有各种数字逻辑电路,也有多种模拟电路。集成电路很快显示出多种优越性,取代包括真空电子管和晶体管分立器件构成的功能电路,成为电子器件与电路技术发展主流,为集成电路产业化和集成电子学的蓬勃发展奠定了初步基础。这一时期还通过对硅表面和 SiO_2/Si 界面电学特性的研究,应用平面工艺制作最初的绝缘栅场效应器件,使 MOS 器件制造工艺得到初步发展。在这一集成电路技术快速演进的起步阶段,G. Moore(1929—2018)于 1965 年总结与发表了芯片集成元件呈指数增长的文章,成为后来人们熟知的摩尔定律之起点。

1.2.2　大规模集成基础工艺及产品开发

第二个 10 年(1968—1977 年)是硅芯片制造技术走向成熟的大规模集成电路(LSI)发展时期。在这一时期除了外延、氧化、扩散、光刻等材料和器件基本工艺不断完善与改进外,发展了对提高集成电路芯片集成度、速度与其他性能具有关键作用的 3 种新工艺技术,即离子注入掺杂、多晶硅栅和硅局部氧化隔离工艺(LOCOS)。一系列新加工技术与上述基本有机结合,使集成芯片特别是 MOS 器件制造方法与路径不断取得新突破。

这一时期的制造工艺创新,还推动了 3 项重要器件技术发明,对随后微电子技术发展产生深远影响:一为自对准 MOS 晶体管形成技术,二为单管单元动态随机存储器(DRAM)技术,三为微处理器芯片(microprocessor)技术。R. Bower(1936—　)发明了利用离子注入形成自对准栅源漏 MOS 晶体管制造技术[15]。这种自对准器件结构技术,使 MOS 晶体管的源漏区掺杂和栅电极区,可以精确定位,为器件微小型化及性能升级开辟有效途径,因此很快得到广泛应用,导致 MOS 集成电路芯片制造技术趋于成熟,先是 PMOS 后是 NMOS 大规模集成电路得以迅速发展。

工艺技术进步促使集成电路产品不断创新,后来成为集成电路产业支柱产品的半导体存储器和微处理器芯片都在这一时期开始得到发展。IBM 公司 R. Denard(1932—　)发明的单管单元 MOS 动态随机存储器(DRAM)[16],由于适于高密度、大容量存储芯片制造,在半导体存储器件技术快速发展中发挥了关键作用。1971 年 Intel 公司研制成功世界上第一个微处理器芯片[17]。此后,存储器和微处理器的集成度、速度、功能持续提高,成为长期驱动集成电路制造工艺技术不断创新的两种主导产品。集成电路的生产方式在这一时期也发生了显著变化,由实验室式生产逐渐转变为高度集成运行的现代化大生产。

1.2.3　VLSI 集成工艺技术与产品发展

第三个 10 年(1978—1987 年)是超大规模集成电路(VLSI)技术急剧发展的时期。在这一时期,集成电路工艺技术、相关材料制备技术和设计技术全面进步,促使超大规模集成电路成为半导体产业主导产品。为适应 VLSI 芯片制造工艺要求,电子束制版和分步重复投影曝光光刻技术(stepper)开始得到广泛应用,使图形精度显著提高。磁控溅射代替蒸发成为金属薄膜淀积的主要手段,各种化学气相淀积(CVD)和反应离子刻蚀(RIE)等薄膜技术不断创新。计算机辅助设计和测试技术(CAD/CAT)得到普遍应用,促使数字、模拟及其相结合的集成电路品种得到迅速扩展。集成电路生产所用硅片,由直径 75 mm 先后演进到 100 mm、125 mm 和 150 mm,使集成芯片生产效率和效益大幅度提高。

DRAM 等类存储芯片集成度和生产规模迅速扩大,成为这一时期对技术和市场影响最大、竞争最激烈的产品。由于半导体存储器与微处理器芯片不断升级换代,个人计算机等数字技术在这一时期相应获得突破与进展,孕育了此后微处理器芯片和计算机产业的大发展,使计算机走出实验室,开始进入人们日常工作、学习与生活。在 20 世纪 70 年代末和 80 年代初作为集成电路主流的 NMOS - VLSI 技术,逐步让位于功耗显著减小的 CMOS 技术,成为这一时期集成电路技术发展的重要特点。

1.2.4　ULSI 集成芯片技术演进

第四个 10 年(1988—1997 年)可称为甚大规模集成电路(ULSI)技术快速发展时期。在这一时期,半导体器件微细加工技术不断突破早年预期的极限,向更小的亚微米尺寸加工领域发展。对于集成电路制造中广泛成功应用的光学曝光光刻技术,在 80 年代初不少人还认为,其应用难以延伸到亚微米尺寸。但光刻技术领域的大量研究与开发工作,促使这一时期不断采用新的光源和光学系统,不仅用于 $0.8\sim0.5\ \mu m$ 集成电路芯片大规模生产,而且应用深紫外激光光源光刻机,线条为 0.35、$0.25\ \mu m$ 的深亚微米 ULSI 芯片也进入量产。多层互连等一系列亚微米/深亚微米加工新工艺、新设备、新材料得到应用。

CMOS 成为占绝对优势的微电子器件技术。用一代又一代更小尺寸 CMOS 工艺制造的微处理器芯片,成为推动集成电路技术进步和市场扩展的主要推动力。功能和速度不断升级的微处理器芯片,促使计算机、通信、多媒体等数字化技术加速发展。以微处理器、存储器和专用集成电路(ASIC)为主要产品的半导体产业迅速增长,以满足电子信息产业多方面扩展需求。

1.2.5　SLSI 集成与 SOC 芯片技术发展

第五个 10 年(1998—2007 年)可称为极大规模集成电路(SLSI)技术迅速发展时期,也可以说是集成电路突飞猛进的辉煌发展时期。经过 40 年快速发展,以 CMOS VLSI/ULSI 硅集成电路为主导产品的半导体产业已成为现代经济的主要支柱之一。在科技应用和市场需求的强劲推动下,集成电路新器件、新结构、新材料、新工艺加速创新。在这一世纪交替时期,硅集成电路芯片制造技术从深亚微米进入到亚 100 nm 领域。90 nm、65 nm CMOS 特大规模集成电路产品相继投产和应用。纳米 CMOS 器件相关的结构、材料与工艺已成为半导体技术主要研究开发领域。IBM 等研究机构通过超精密实验工艺,早已观察到沟道长度仅数纳米的 MOS 晶体管效应。

器件微小型化正在接近某些难以逾越的物理、材料等方面的极限。例如,一直在硅集成芯片器件技术中起多种关键应用的 SiO_2 薄膜,已在亚 50 nm CMOS 器件中遇到越来越大困难。一方面,小于 2 nm 的超薄 SiO_2 用作栅介质时,由于量子隧穿效应使晶体管栅漏电流上升,因而需要寻找合适的高介电常数介质材料替代。另一方面,一直成功用作金属层间绝缘介质的 SiO_2,又因其介电常数较高,在高密度集成电路中引起互连寄生电容增加,导致信号传输速度下降,需要用低 k 介质材料替代。在这一时期之初,铜镶嵌金属互连工艺开始取代铝金属布线,在高速高性能 CMOS 芯片中获得应用。由铜和低 k 介质构成的多层互连工艺等技术不断创新,以适应单元器件尺寸持续缩微、集成度持续增长的芯片制造工艺与性能要求。用于先进 CMOS 集成电路生产的硅晶片直径由 200 mm 过渡到 300 mm。自 20 世纪 80 年代就受到持续关注与研究的绝缘物上硅(SOI)材料,终于在这一时期开始进入商用高性能 CMOS 芯片生产,并用于新结构、新原理、新功能、新工艺器件的研究开发。应变硅沟道等新技术用于提高沟道载流子迁移率等性能。硅芯片上集成的晶体管数量急剧增长,促使集成电路系统功能愈益复杂。因此,这一时期也可称为系统集成芯片(system-on-chip, SoC)发展时期。这一期间还为纳米 CMOS 集成电路芯片和某些新型纳米器件的进一步发展奠定基础。

1.2.6　纳米 CMOS 与三维集成技术演进

第六个 10 年(2008—2017 年)开启纳米 CMOS 集成电路芯片技术充分发展的新阶段。这一时期的集成电路技术进步更加需要前所未有的材料创新、结构创新、工艺创新。自集成电路发明以来的半个多世纪中,微电子器件技术持续快速发展数十年,从一个实验室展示样品,成长为一个巨大产业,成为现代人类文明发展的重要技术基础。在刚走过的第六个 10 年期间,硅集成芯片技术已达到前人难以想象和预见的超高水平,虽然继续演进遇到许多材料、结构、设备、工艺极限难题,但集成电路技术和产业仍保持迅速演进态势。经过长期多方面研究、探索、实验,Intel 公司在 2008 年量产的 45 nm 新一代 CPU 芯片中,首先成功应用金属栅电极/氧化铪高 k 栅介质,替代多晶硅栅电极/SiO_2 栅介质,实现晶体管栅工艺技术历史性突破。2011 年 Intel 公司又率先利用三维晶体管(FinFET)技术制造成功 22 nm 新一代 CPU 芯片,实现集成芯片基础晶体管从平面到立体结构的革命性演变。这两项技术突破以及近年在新材料、新结构研发探索中取得的其他进展,为器件缩微与升级换代开辟了非传统新途径,正在为纳米 CMOS 集成电路芯片制造技术开辟新前景,进入三维晶体管集成技术发展时期。2014 年国际电子器件会议(IEDM)上 Intel 和 IBM 公司报道,各自分别应用晶体硅、SOI 衬底晶片,研发成功 14 nm 立体晶体管 CMOS 芯片制造技术,2017 年 Intel 等主导芯片制造公司分别推出 10 nm、7 nm 立体晶体管集成技术方案,使集成度、速度、功能、功耗等性能继续不断跃升至新台阶。

60 多年集成芯片制造技术的快速演进及丰硕成果,远未穷尽集成电路及系统技术的强劲发展潜力,而是为集成电子技术创新与应用的更长远扩展打下了坚实基础。可以预计今后集成电路技术与产业仍将不断达到新高度。10 nm 等多种纳米 CMOS 芯片制造技术趋于成熟,用于更多高性能集成芯片制造,亚 10 nm 集成电路芯片技术研究继续取得进展。应用 10 nm、7 nm 与三维叠层技术,研制 NAND 型超高容量快闪存储器等高密度集成芯片。半导体微纳电子器件制造技术发展,虽然愈益受到某些物理效应、材料性能、加工技术难度等多方面限制,传统 CMOS 器件尺寸缩微模式也终将走向尽头,但在纳米结构、纳米材料、纳米器件、纳米工艺等领域,正在进行的开拓性研究与探索,必将孕育微纳电子科学与技术的新突破,半导体器件技术与产业发展将获得新的技术支撑。即便传统技术演进受到限制,在现代信息与智能技术应用需求持续扩展的强劲推动下,半导体器件科学和加工技术,仍具有长远扩展应用潜力,将继续促进硅基信息集成芯片、功率器件、光电器件、微纳机电器件等多种技术融合与产品创新,继续展现半导体集成技术广阔发展前景。近年快速演进的大数据、人工智能、物联网等新技术产业,对集成芯片数量、质量、功能等都提出更高要求。例如,物联网与人工智能系统需要由大量 MPU、存储器、传感器、射频收发器等多种器件高效有机构成。

近年通过叠层硅集成芯片工艺,或由多种芯片与不同功能器件组合,正在进入半导体集成技术演进新阶段,即三维复合异质集成(heterogeneous integration, HI)技术发展时期。过去数十年硅器件单片平面集成技术发展,从 LSI/VLSI 到 ULSI/SLSI,制造的海量集成芯片及其广泛应用,造就了无比扩展的现代电子系统产业与信息化社会。近年快速兴起与扩展的互联网、物联网、云计算、大数据、人工智能等电子系统升级,需要应用更强功能、更大容量、更快速度、更低功耗的集成器件。因此,近年半导体产业界在继续优化立体结构晶体管的平面集成技术同时,大力研究开发由多层芯片、多种功能器件构成的高性能三维复合异质集成功能器件制造技术,以适应电子信息系统技术的发展需求。三维复合异质集成技术正在成为实现器件与功能超高密度集成的新途径。

1.3　集成电路技术进步的基本规律

集成电路现今所达到的技术高度是当初人们难以想象的。在发明集成电路的 1958 年,全世界半导体厂生产的晶体管总数为 4 710 万个,其中包括 210 万个硅晶体管,其余为锗晶体管。现今一个普遍应用的千兆位 DRAM 存储器芯片中,所包含的晶体管数量就是这个数目的数百倍。1971 年 Intel 公司研制成功的第一个微处理器芯片上有 2 300 个 MOS 晶体管,其运算速度为 6 万次/秒。而现在笔记本计算机中普遍应用的微处理器芯片内含数以亿计的晶体管,其工作频率可达数千兆赫。

硅微电子技术何以取得如此巨大进步呢? 分析集成电路 60 余年的发展历程,可以看到有两个基本规律推动着集成电路技术的持续快速进步。一是器件微小型化规律,也就是器件按比例缩微原理;另一个是集成电路指数增长规律,也就是著名的摩尔定律(Moore Law)。摩尔定律既反映作为数字化信息基础的器件技术进步特点,也反映集成电路产业演进的经济发展特点。概括地讲,器件微小型化是主导集成电路技术演进的技术规律,摩尔定律则是主导集成电路产业发展的经济规律;前者是集成电路制造技术持续快速创新之路,而后者则是集成电路产品及市场持续快速扩展之路。这两个客观规律反映了集成电路发展具有强烈技术驱动和市场牵引,两者密切结合造就了当代微电子技术持续迅速发展的奇迹。

1.3.1　器件微小型化规律——按比例缩微原理

器件微小型化是集成电路技术进步的关键与内在动力。表 1.1 所列硅集成电路工艺特征尺寸在 1970—2014 年间的演变,有力地证明这一突出特点。提高集成密度是集成电路技术进步的首要目标。表 1.1 展示,随着加工工艺特征尺寸缩微,集成电路典型产品之一动态随机存储器(DRAM)的存储容量呈几何级数上升。1970 年以当时的 10 μm 加工技术研制成功 1 千位 DRAM,而在 35 年后的 2005 年,用 80~90 nm 工艺,已经可以生产 1 千兆位 DRAM 存储器。器件尺寸缩小 100 余倍,集成度增长 100 万倍。在集成电路发明初期,其中一个晶体管所占面积在平方毫米量级,现今先进集成电路芯片中一个晶体管所占面积可缩小到 0.1 μm^2 以下,面积缩小 1 000 万倍以上。目前 DRAM 器件密度每平方厘米超过 1 千兆位,微处理器芯片集成密度可达每平方厘米数亿个晶体管。2017 年 IEDM 会议上 Intel 公司发布的 10 nm 高性能、低功耗逻辑芯片中,晶体管密度达 1 亿/平方毫米。虽然自 20 世纪 90 年代中期以来随着制造技术升级换代,VLSI 器件集成度与速度等功能呈指数式增长,但历代 DRAM 和 MPU 成熟产品的芯片面积基本相近,甚至有所减小,以求提高成品率与降低成本。DRAM 存储器自数十兆位至数千兆位产品,芯片面积一直约为 1 cm^2,MPU 芯片面积也一直在 1~2 cm^2 范围。可以简略地说,集成电路是"以小求大"的技术。因此,集成电路技术在以"超大"、"甚大"等越来越大词语形容的同时,也常以"微米"、"亚微米"、"深亚微米"、"90、65、45、32、22、14、10···纳米"等越来越小的尺寸为标志。现今集成芯片制造技术已进入亚 10 nm,甚至亚 5 nm 器件结构与工艺研究开发的新阶段。

表 1.1　硅集成电路工艺特征尺寸缩微演变

年份*	1970	1980	1984	1987	1990	1993	1996	1999	2001	2005	2008	2010	2012	2014
特征尺寸(μm)	10	2.0	1.5	1.0	0.8	0.5	0.35	0.25	0.18	0.09	0.065	0.045	0.032	0.022
DRAM		1 K	64 K	256 K	1 M	4 M	16 M	64 M	256 M	512 M	1 G	2 G	4 G	4 G	8 G
硅片直径(mm)	50	75	100	125	150	200	200	200	200	300	300	300	300	300

注:* 集成电路芯片批量生产开始的年份。

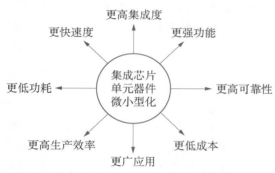

图 1.4　器件微小型化——集成电路迅速进步之源

单元器件尺寸缩微,不仅提高芯片集成度,还可以全面提高集成电路的各种性能和功能。图 1.4 显示器件微小型化与集成电路各种性能之间的密切关系。单元器件尺寸越小,集成电路的传输速度就越快。逻辑芯片晶体管的本征延时从早期 10^{-6} s 量级,已缩短至 10^{-12} s 及更小的量级。越来越多和越来越快的晶体管集成在芯片上,就使集成电路具有越来越强的功能。器件尺寸缩小和集成度提高还可导致晶体管功耗降低和电路可靠性上升。单元器件微小型化与硅片直径增大,必然有利于提高集成电路生产效率和降低芯片生产成本。以 300 mm 硅片上 65 nm 工艺技术为例,单一硅片上制造的晶体管数量可高达数千亿,其单一芯片的价格就可能比上一代技术产品降低。由器件尺寸缩微产生的这些变化,又为集成电路扩展应用开拓日益宽广道路。因此,持续不断地实现单元器件微小型化,就成为集成电路技术的"多快好省"发展之路。毫不夸张地说,集成芯片技术是以小求大、以小求快、以小求精、以小求广的高技术。

MOS 器件按比例缩微原理是实现器件微小型化的主要依据。1974 年 IBM 公司的 Dennard 等人提出这一原理[17]。如果 MOS 晶体管的几何尺寸都按一定比例缩小,按相同比例降低电源电压,并相应调节衬底掺杂浓度,则器件的集成度、速度等性能将按比例提升,而电场强度和功耗密度可以保持不变。虽然双极型器件由于 pn 结的导通阈值电压值基本恒定,与 MOS 器件显著不同,但尺寸缩微也同样可使集成度增加、速度增快。器件尺寸缩小也必然导致产生许多影响其性能的新效应(如短沟道效应、热电子效应等),以及一系列工艺和材料难题,但通过器件物理研究和制造工艺技术创新、器件设计优化,能够不断研制性能优异的更小晶体管和功能更强的集成芯片。

集成电路进入纳米 CMOS 发展阶段后,器件缩微规律发生变化。此前至 0.1 μm 技术代,集成电路芯片一直按照传统缩微途径,即 Dennard 等人阐述的按比例缩微规律,逐步升级换代。芯片集成度与性能提高几乎完全依赖于尺寸缩微。纳米 CMOS 器件缩微则更加需要由材料、结构创新促成的等效缩微技术,以提高沟道载流子迁移率、增强栅介质电容耦合效应等器件性能。应变沟道技术、高 k 介质与金属栅工艺、多栅立体结构晶体管等,先后为纳米 CMOS 集成电路芯片缩微技术注入新活力。

1.3.2　集成器件指数增长规律——摩尔定律

美国著名集成电路科学家和企业家 G. Moore 博士早在 1965 年,曾根据 1959—1965 年间统计数字,总结出一个集成电路发展趋势的规律:单个集成电路芯片上所包含的晶体管数目每过 1 年就会增加 1 倍,而每个晶体管的成本下降约一半。这就是著名的摩尔定律的最初表述[18]。后来根据实际情况变化,摩尔定律的表述改为每 18 个月或每两年集成度增长 1 倍。回顾分析 1965 年以来半个多世纪半导体产业变化,集成电路的演变确实展现了这一规律。摩尔定律实质上说明集成电路发展遵循指数增长规律。实际上,历史上许多新兴技术产品,在一定发展阶段往往都以某种指数规律增长。集成电路的独特之处在于,其发展变化速度之快,持续时间之长,及其应用范围扩展、渗透、影响之广,在现代技术发展历史上很难找到与之可比者。

摩尔定律反映了集成电路技术的快速发展,其根源在于集成电路应用迅猛扩展所形成的强烈市场牵引。随着集成电路技术进步而迅速发展的计算机、通信互联、自动化、数字化多媒体、人工智能等电子信息产业,又推动半导体技术不断升级换代,提供集成度更高、速度更快、可靠性更好、功能更强的集成电路产品。以硅存储器芯片为例,1967 年研制成功 64 位 MOS 存储器,为半导体存储器替代此前普遍应用的磁芯存储器开辟了道路。此后一代又一代更高密度存储芯片面世,现今已可提供千兆位存储器芯片,在各种电子设备中得到越来越普遍的应用。硅微电子技术不断提供的多种多样的集成电路创新产品,促使数字化技术越来越广泛应用到经济、文化、科技等各种领域。

摩尔定律与器件微小型化密切相关,其技术基础正是器件按比例缩微原理。图 1.5 以 40 年间集成芯片实际演变数据,揭示这两个影响微电子技术进步规律之间的内在关系。该图依据 Intel 公司发布的数据[19],显示 1971—2010 年间微处理器芯片集成度与工作频率随器件最小工艺尺寸的变化。在 40 年间源于工艺技术持续进步,促使单元器件尺寸缩微,由 10 μm 逐步减小到 32 nm,从而使微处理器产品持续升级换代,经历约 20 代变迁,芯片集成的晶体管数由 2.3×10^3 个增加到约 1.2×10^9 个,工作频率由约 1.1×10^5 Hz 上升到约 3.5×10^9 Hz。同一期间 DRAM 存储容量由 4 千位逐步上升到 4 千兆位,集成度提高 100 万倍。正是由于器件微小型化,促使产品性能持续提高与相对价格不断下降,从而造就了集成电路日益增长的广泛应用和市场扩展。在集成电路技术发展中,新技术、新产品的研究开发、生产、应用和市场扩展之间存在着强烈正反馈互动作用。器件微小型化原理与摩尔定律相结

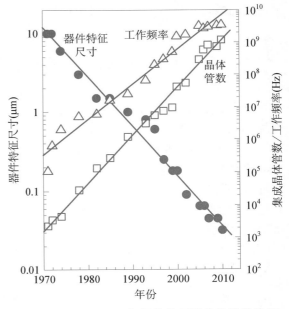

图 1.5　1970—2010 年间微处理器芯片器件特征尺寸、集成晶体管数和工作频率的演变

合,促使集成电路性能/价格比呈指数式大幅度增长,这可以说是微电子技术发展模式的突出特点,因而引发电子信息技术革命。对于器件缩微原理及相关因素,本书第7章将作进一步讨论。

硅集成电路技术的活力,不仅在于其性能和功能迅速增长,还在于其性价比大幅提升。单个晶体管的平均价格持续下降,每5年降低约一个数量级,1968年约为1美元,1998年降到了10^{-6}美元。往往新一代集成电路在进入大批量生产后,其成熟产品市场价格就逐渐下降到与上一代产品相近的水平,即平均单个晶体管价格下降速率几乎与集成度的上升速率相近,因而使集成电路产品得到越来越广泛应用。所以,在集成电路发展道路上,有如存在一种内在的"反通货膨胀规律",形成微电子技术演进与经济发展的良性互动态势。集成技术产品具有先进性和普及性的双重属性,每一代集成芯片总是始于电子产品创新,终获普及应用。器件缩微技术进步造就集成芯片升级换代,单元器件成本下降导致集成芯片性价比上升,两者正是摩尔定律相互关联的基本内涵。

近年器件缩微受到多种材料与工艺难题限制,纳米CMOS集成芯片升级换代步伐趋缓。在这种背景下人们对摩尔定律是否仍在起作用议论纷纷。有人提出,摩尔定律已止于28 nm技术代[29]。这种观点认为,虽然28 nm技术代之后,应用立体多栅晶体管等新技术,集成芯片继续升级,晶体管集成度仍在倍增,但器件可比制造成本已转为上升,因而已偏离摩尔定律的基本内涵。持此观点者依据成本计算认为,在二维晶体管集成芯片升级换代演变中,晶体管制造成本持续显著下降,自90 nm至28 nm,每百亿门电路成本由4.01美元降到1.30美元,而自22 nm开始到7 nm技术代的立体多栅集成芯片,晶体管制造成本转为逐代上升,每百亿门电路成本由1.42美元可能逐渐增加到1.52美元[29]。但也有研究者认为,立体栅器件集成芯片缩微技术仍具有提高性价比潜力。应更全面地分析摩尔定律的历史与趋势。实际上,作为概括集成电路产业发展特点的一种经济规律,总是随着集成电路与信息产业演变而变化。近年提出的"More Moore"(MM)和"More than Moore"(MtM),就是为了适应缩微技术难度上升而扩展市场需求,促进半导体技术与产业多向演进的新业态。

1.4 微细加工工艺——集成电路技术进步途径

集成电路单元器件持续微小型化,是靠从微米到纳米不断创新的微细加工工艺技术实现的。自从集成电路发明以来,逐步建立了人类生产制造发展史上一种全新的加工技术——半导体微细精密加工工艺。半导体微细加工工艺,是由物理、化学、真空、薄膜等多种科学技术领域交叉与融合发展形成的新型技术学科。它与机械等传统加工技术不同。它是通过氧化生长、图形光刻、元素掺杂、薄膜淀积、材料刻蚀等多种物理和化学过程,在硅片或其他衬底上形成各种不同性质的微区结构,从而形成具有特定功能的各种电子器件。器件微小型化所达到的水平是微细加工工艺技术进步的标志,因而常用微米、亚微米、深亚微米、亚0.1微米、纳米等来形容其不同时期所达到的技术水平。本书各章节将分别讨论分析集成芯片主要微细加工工艺及其物理化学原理,本节概要分析说明微细加工工艺的主要技术特征。

1.4.1 物质科学成果——微细加工工艺技术的基础

微细加工工艺是在实现集成器件微小型化目标推动下逐步建立起来的,其发展一方面源于半导体器件与集成电路技术演进需求,另一方面源于 20 世纪以来现代物理、化学、材料等物质基础科学的一系列研究成果,两者紧密结合,促使这种全新加工技术面世与快速发展。回顾分析集成电路面世以来微细加工制造技术的变迁与优化,可知这是不断把物质科学研究成果转化为精密微细加工技术的过程。例如,在离子与固体原子相互作用规律基础上,发展成功离子注入掺杂技术,在几何光学与物理光学规律基础上,发展了多代不断改进的图形光刻技术,在低能等离子体物理研究成果基础上,发展了多种等离子体加工技术,应用真空科学与材料科学成果,发展了从蒸发到原子层淀积多种固体薄膜制造技术,等等。集成芯片制造应用的微细加工工艺,都是现代物理等物质科学成果的技术结晶。

半导体等固体科学与器件物理是微结构技术进步的基石。硅集成芯片制造技术,从一开始就是根据半导体器件原理,为实现有序微结构器件制作要求而逐步形成的。随着单元器件尺寸持续缩微,器件结构中的许多物理问题需要不断深入研究,其研究结果促使微细加工工艺持续创新。近年在硅与其他半导体异质结构研究基础上,正在为硅集成芯片制造开辟新途径。例如,在 PMOS 与 NMOS 器件中分别应用 SiGe/Si、SiC/Si 异质结构形成晶体管源漏区,发展成功高迁移率应变沟道工艺,在纳米 CMOS 制造技术发展中发挥重要作用。未来纳米集成芯片制造技术的新发展,仍将依赖半导体科学研究的新成果。正在活跃研究的多种单质与化合物二维新型薄膜半导体,将有可能为纳米微结构器件制作技术拓展新方向。

1.4.2　能束技术——微细加工工艺的核心技术

电子束、离子束、激光束和等离子体等多种能束(energy beam)技术,先后被引入集成芯片制造工艺,得到越来越多应用,成为先进微细加工工艺的核心技术。半导体器件制造工艺的关键问题,是如何在越来越大的硅片上,形成越来越小的微细尺寸图形,并进行微区刻蚀、微区掺杂、微区改性等加工,进而形成功能器件微结构。在集成芯片技术快速演进过程中,正是应用这些 20 世纪先进科学技术成果,开发成功一系列硅片精密微细加工工艺,用于实现各种愈益精细微区器件制作。

进入超大规模集成电路发展阶段后,电子束图形发生器就开始用于制造线条越来越细的精密光刻掩模版。应用波长越来越短的紫外光束,实现愈益缩微图形光刻,不断改进的准分子深紫外激光束技术,成功用于深亚微米与纳米集成芯片光刻。多年大力研发的极紫外激光束(即软 X 射线)已开始用于 7 nm 与更精细技术代芯片线条光刻。集成芯片上掺杂元素、浓度、深度各异的晶体管微结构,都可应用离子束注入技术实现。各种波长激光束扫描辐照技术正在用于超浅结器件退火与其他精密加工。20 世纪 70 年代后等离子体技术用于多种薄膜淀积与刻蚀工艺,成为形成各种芯片精密结构的有效工具。这些能束不仅成功用于微细加工,由电子束、离子束、光束制造的各种显微镜、离子分析探针等多种精密测试仪器,也是表征、分析芯片及微加工效能的必要工具。而且这些能束微细加工与测试技术,随着器件微小型化进程,总是不断创新与升级换代。

1.4.3　微细加工工艺进步依赖多种新材料研发

半导体集成芯片制造技术的创新,在很大程度上依赖于多种材料技术进步。不断引进和应用新材料,是微细加工工艺发展的主要特点之一。例如,在器件最小尺寸接近 $0.1~\mu m$ 时,晶体管和集成电路分析表明,互连线寄生电阻电容造成的信号传输时间延迟,已超过有源器件本征时延,成为决定器件速度的主要因素,因而引起集成电路互连工艺重大变革,铜取代铝成为互连的主要金属材料,铜镶嵌工艺取代了铝刻蚀工艺,并且同时要求以低 k 介质取代一般 SiO_2 作为金属间绝缘材料。

晶体管效应最早在锗衬底上发现,其后晶体管和集成电路的迅速发展,主要得益于硅单晶材料制备技术进步。一代又一代器件微细加工工艺,总是需要硅晶体材料技术的相应变化和创新。从小规模到极大规模集成,芯片制造涉及越来越多的元素与材料。现今集成电路制造与化学周期表中很大部分元素都有密切关系。有的需要应用,有的则要求清除至最低浓度。微细加工工艺中需要应用越来越多的各种元素或其化合物,如硼、磷、砷、锗、铝、铜、钨、钴、镍、钛,还有各类气体、多种氧化物、氮化物、金属硅化物,以及多种化学试剂与有机化合物等。高纯度是对微细加工工艺所用材料的共同要求,且随着器件微小型化,对纯度要求越来越高。所用许多材料中的杂质含量要求降到 ppb 量级,甚至更小。集成电路中所用材料有些已接近甚至达到其性能极限。例如,SiO_2 作为栅介质厚度在器件尺寸缩微的进程中,早已接近其可应用极限,因而需要研究与应用可替代的高 k 介质材料。半导体微细加工技术的强劲发展极大地推动了薄膜材料技术进步。半导体、介质、金属等许多材料薄膜淀积与刻蚀技术,都在集成电路芯片制造技术需求推动下研发成功,并不断改进与创新,在多个领域获得应用。引入一种新材料,常使器件性能与制造技术发生重大变化,如高 k 介质、SiGe 合金半导体等。

1.4.4　自对准器件结构和工艺——形成微结构的重要途径

集成电路芯片制造技术发展过程中,在精密图形光刻设备和工艺不断完善和创新的同时,形成微结构的另一重要途径,是自对准结构与工艺技术。虽然集成芯片的基本图形布局及结构,必须由多层次光刻与其他工艺结合形成,但不同层次光刻图形之间的对准,难免存在一些偏移,因而影响器件性能优化。自对准工艺技术则可在不同层次、区域间形成自相对准的结构。栅、源、漏 3 个区域自对准的 MOS 晶体管制备工艺,就是一个极好范例,它在绝缘栅场效应集成芯片制造技术发展中发挥了关键作用。

自对准器件工艺都是应用某些物理、化学基本原理与不同材料物质特性,形成具有特定器件功能的微结构。自对准 MOS 器件制造工艺,就是利用多晶硅的高温稳定性和离子注入掺杂原理,经过一次多晶硅薄膜栅光刻和离子注入,就可形成 MOS 晶体管基本结构。这种自对准工艺成为 MOS 集成器件从毫米逐步缩微到纳米量级的关键技术。随着 MOS 器件自对准工艺的成功,也以多晶硅与离子注入等技术密切结合,开发成功自对准双极晶体管制造工艺,经过一次图形光刻,可以形成基区、发射区以及它们的接触区。这种自对准工艺,也成为提高双极型集成芯片集成度与速度的关键途径。在本书讨论集成芯片制造流程的相关章节中,可见还有多种其他精细微结构,也需采用自对准工艺形成。例如,利用介质薄膜淀积和随后定向干法刻蚀,可以在多晶硅周边形成垂直边墙,从而可对源漏区域进行相互对准的浓度差别掺杂。又如,利用金属/硅固相反应与液相腐蚀两种选择性化学作用原理,可以在硅集成芯片上特定区域,形成自对准的金属硅化物低电阻接触。多种自对准器件结构及工艺,对高性能集成芯片制造技术进步,常发挥无法替代的关键作用。正在演进中的纳米器件加工技术,必将进一步发展新型自对准和自组织器件工艺。

1.4.5　集成芯片制造——多种现代科学技术的有机结合

硅片微细加工工艺在要求应用超纯材料的同时,还必须在超净环境中进行,而且对净化级别要求越来越高。现今硅片加工设备,都是由计算机控制的高度自动化精密机械装置。集成电路制造必须与计算机辅助设计(CAD)、器件与工艺计算机模拟分析、计算机辅助测试(CAT)等数字化系统技术密切结合。这些系统的硬件与软件,在集成电路演进过程中一直不断优化与升级。芯片封装与可靠性技术,需要与芯片制造技术演进密切结合、集成,随着芯片集成度增长,也不断升级换代,其发展也依赖引进多种新材料、新技术。

　　图 1.6 显示集成电路芯片微细加工工艺与这些主要支撑技术之间的密切关系。这些技术也一代又一代不断改进、优化,以适应持续创新、演进的芯片缩微加工技术需求。随着集成芯片制造技术快速演进,相关加工设备、仪器、材料研制与生产也相应不断演变,逐渐建立起一系列支撑集成电路发展的设计、封装、测试、装备、材料等专业化技术产业。现今硅集成芯片制造与多种上下游支撑产业有机结合,已成为富有创新活力、持续快速发展的宏大半导体先进科技产业体系。

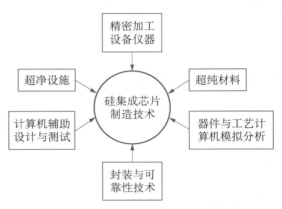

图 1.6　硅片微细加工工艺与其主要支撑技术之间的密切关系

　　半导体器件微细加工工艺是一种高度动态演进的技术,随着器件微小型化而不断改进、创新,形成一代又一代新工艺。发展新一代器件工艺,就需要在前一代工艺基础上,更新某些关键晶体管及互连工艺,并建立起新的工艺集成体系。为了建立一代新工艺,总是需要研制开发一代新材料和新设备。由深亚微米向纳米 CMOS 工艺发展,必须通过工艺、材料、设备的许多变革,以突破传统半导体器件制造技术中的某些极限。这就需要在微细加工工艺技术领域,根据上述特点进行更多创新研究和开发工作。在亚 10 nm 集成芯片制造技术演进中,更加依赖光刻、薄膜等新型加工设备与材料技术的新突破。

1.5　硅和硅基薄膜——集成电路芯片技术快速发展的材料基础

　　硅晶体材料和硅基薄膜材料,在微电子技术快速发展过程中发挥着决定性作用,是微电子产业的最重要材料基础。晶体管和集成电路最初都是在锗半导体材料上发明的,但硅基器件很快取代锗成为半导体器件技术发展主流。已发现有众多单质和化合物半导体材料,并研制成功多种多样的半导体器件,但硅基器件在半导体器件总量中占 97% 以上。硅器件之所以成为微电子技术的主流与支柱,可归因于硅所具有的物理、化学特性。硅是一系列优良晶体、电学、化学、机械性质的独特结合体。

1.5.1　硅——多种优良物理、化学性质的独特结合体

　　硅是元素周期表中Ⅳ族的第二号元素,虽然这种元素在自然界多以氧化硅(SiO_2)形态存在,但由 SiO_2 提炼生成的硅具有非常稳定的金刚石型晶体结构。硅从熔融液态固化时,易于生长金刚石结构晶体。金刚石本来是由Ⅳ族的第一号元素碳原子构成的晶体,也具有半导体导电性,但其禁带过宽($E_g = 5.5\ eV$),而且碳元素通常以石墨等晶态存在,只在极端

高压、高温或某些特殊条件下才可能生成结构极为紧密的金刚石晶体。

硅的金刚石结构使其具有典型的半导体能带结构和半导体电学特性。与Ⅳ族的第三号元素锗相比,虽然后者同样具有金刚石晶体结构,但硅有多种特性显著优于锗。硅的禁带宽度较大(硅为 1.12 eV,锗为 0.67 eV),因而硅中掺杂浓度变化范围较大,硅 pn 结有较小反向漏电流,硅晶体管可在更高温度下正常工作。硅的化学稳定性高,并有较高机械强度。虽然某些其他半导体材料的部分特性可能优于硅,例如,GaAs 等化合物的电子迁移率显著高于硅,但综合对比各种物理、化学性质与可加工性,硅的确是难以取代的最为优良的半导体器件材料。

1.5.2　硅的优异可加工性

硅具有极为优良的可加工性,这是其他半导体材料难以相比的突出优点。硅自身表面可以生长致密性甚高的 SiO$_2$ 层,也是硅的独有优异之处。SiO$_2$ 既可用作表面钝化、绝缘隔离、扩散及离子注入掺杂掩蔽等功能,又可用于形成 MOS 器件的关键部分——栅介质。热氧化生成的 SiO$_2$/Si 结构具有极为优异的界面特性,成为制造性能优越的绝缘栅场效应器件和 MOS 集成芯片技术快速发展的决定性因素。硅与其自身生长的氧化硅相结合,可以形成多种多样的图形与结构,为硅器件微细加工创造了多种可能性。至今尚未找到另一种半导体材料,其表面可自身生长类似 SiO$_2$ 的致密介质层。硅的优良可加工性,还使其成为制造微机电系统(MEMS)与纳机电系统(NEMS)结构的优选材料之一。

1.5.3　难得的硅基薄膜材料体系

存在一系列可与之结合的硅基薄膜材料,也是硅的独特优越之处。硅基薄膜包括多种基于硅的半导体、介质、导体薄膜材料。硅基半导体薄膜中有化学气相淀积生长的外延硅单晶膜、多晶硅膜、非晶硅膜,以及近年通过异质外延生长的 SiGe、SiC 薄膜等。这些硅基半导体薄膜可用于制造多种不同类型电子器件。硅基介质薄膜,除上述热生长 SiO$_2$ 外,还有各种化学气相淀积技术制备的氧化硅、氮化硅、氮氧化硅等多种薄膜。硅和许多金属化合,可以形成多种金属硅化物,其中大部分具有金属导电性,也有少数具有半导体导电性。TiSi$_2$、CoSi$_2$、NiSi、PtSi、WSi$_2$ 等金属硅化物薄膜,已分别在多种集成电路的接触与互连体系中得到应用,对提高器件速度和其他性能发挥着重要作用。随着新器件与新工艺技术研究需求,还在不断发展新的硅基薄膜材料与工艺。例如,研究探索与硅可形成低势垒接触的金属硅化物。金属硅化物在新型纳米结构器件中将可能得到新应用。

存在多种不同结构及性能的硅基薄膜材料,可与硅材料本身有机结合,形成多种结构,发展多种器件制造工艺,也是硅器件技术的独特优势,其他半导体材料都难以与之相比。有许多本身性能优良的化合物半导体,由于缺乏与其匹配的薄膜材料,其器件制造技术发展就困难得多。实际上,在半导体多种多样器件技术发展过程中,氧化硅、氮化硅、金属硅化物等硅基薄膜材料,不仅用于硅基集成电路与各类微电子及光电子器件制造,还广泛用于其他半导体材料器件的研制。

随着异质外延、键合、智能剥离等工艺技术演进,近年正在发展更为广义的硅基薄膜制造技术。这种在硅片衬底上生长、移植其他功能材料的薄膜技术,正在不断取得新进展。把锗、化合物等半导体薄膜形成于硅或 SiO$_2$/Si 衬底上,是研制新型高性能集成电路芯片的可能途径,已成为探索微纳电子器件新技术的前沿课题之一。这类研究的创新成果将为纳米

CMOS 与其他新器件研制开辟新前景。近年石墨烯、MoS_2 等二维晶体纳米薄膜的器件探索,通常也需与硅基材料密切结合。这些在硅衬底上形成的多种复合结构材料,可归纳为广义的硅基薄膜。

以微小型化为创新途径的传统硅 CMOS 等器件正在接近其极限,各种新原理、新材料、新结构、性能更为优异的器件研究十分活跃。在各种正在研究的新器件中,还很难预言有哪种器件可能在未来取代 CMOS。现在研究的这些新器件可能在某些性能方面(如尺寸小、或速度快、或功耗低等),显示优于硅 CMOS 器件之处,但从综合性能及其可加工性评估,尚远无法与 CMOS 相比。可以预计,对于未来某些基于新材料的新器件,其走向规模生产及应用的一个重要途径,将是与硅基材料、器件、工艺技术相结合,开发出成熟的新型器件制造工艺。因此,以硅为衬底的各种半导体异质结构,或称之为广义硅基异质薄膜材料,将得到越来越多研究与应用。

1.5.4　自然智能元素与人工智能元素

硅所具有的独特优异特性,源于其在元素周期表中所处的位置,即其原子-电子结构。正是硅原子核外的电子结构,使其在组成晶体时,4 个价电子与相邻 4 个硅原子构成共价键,从而使硅原子相互结合成结构紧密的金刚石型晶体。上述硅及硅基薄膜的各种物理、化学特性都源于这种结构。这也是硅材料演变为现代电子器件技术以及数字化信息技术主要载体的物质基础。人们综合应用各种现代科学技术,集成于不断完善的微细加工工艺技术,在从微米到纳米越来越小的尺度上,对硅及硅基薄膜进行愈益精密加工,以制造功能愈益复杂的器件与系统。人们看到,硅器件技术的迅速发展已使高度自动化、数字化、智能化的电子系统成为现实。联想到自然界一切有机物,都是以碳为主要骨架的多种复杂分子构成,可知一个甚为有趣的事实是,同为 Ⅳ 族元素的碳和硅,分别成为自然智能和人工智能的主要构建物。这两种"智能"元素的内在联系本质,也许是值得研究的有趣课题。

人类文明发展史上常以在生产、生活中起重要作用的某种材料标志一个时代,如石器时代、铁器时代、电气时代等。如果要选取对现今人类社会经济及文化影响最为普遍和重要的一种材料作为类似标志,"硅器时代"可能是一个恰当的选择。以各种硅集成电路为主的半导体器件已成为现代信息产业和信息社会的技术基础。

1.6　科研/产业结合与创新——集成电路技术发展的源泉

1947 年人们在长期探索新型固体电子器件过程中发现了半导体晶体管效应,开启了电子技术发展的新纪元——微电子技术时代。以半导体集成电路为基础的微电子技术与产业演进过程,有一个突出特征,就是半导体相关科技与产业的紧密结合。这种结合与其所促进的科技创新,成为微电子技术与产业快速发展的源泉与驱动力。回顾微电子产业发展历史可以看到,集成电路进步依赖研究、开发、生产、应用 4 个相关要素的密切结合:①新器件、新结构、新材料、新工艺的活跃探索、深入研究;②新型制造技术及新产品的持续开发;③品种越来越多、产量越来越大、规模日益扩展的集成芯片生产;④范围越来越广、功能越来越强的应用及市场。正是这 4 个要素密切结合,共同造就了集成电路芯片技术和微电子产业数十年日新月异、蓬勃发展的奇迹。

1.6.1   研究、开发、生产、应用四要素结合

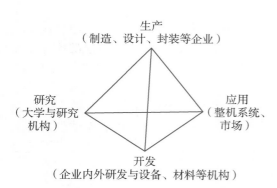

生产
（制造、设计、封装等企业）

研究
（大学与研究
机构）

应用
（整机系统、
市场）

开发
（企业内外研发与设备、材料等机构）

图 1.7   硅微电子技术研究-开发-生产-应用四要素
之间的密切关系

研究、开发、生产、应用四要素的密切关系，可用类似硅晶体结构的正四面体比拟，如图 1.7 所示。四者各位于正四面体的顶点，各个顶点之间的连线则标志它们的相互作用与依赖关系。这种科研与产业的结合，体现在研究机构、器件设计、制造企业、电子系统产品生产企业和市场应用之间的紧密合作。为加强这种合作，在微电子技术发展过程中，曾先后组成由多种研究单位与企业参与的多个国家或地区乃至国际性的微电子联合研究机构。一些集成电路领域的成功企业，集研发和生产于一体，具有很强的技术与市场开发能力。在实现四要素有效密切结合过程中，人才可说是最重要的因素。因此，吸引与培养半导体科技与产业相关人才一直深受重视。例如，由美国主要半导体企业出资成立的"半导体研究中心（SRC）"，在其大学研究资助项目计划中开宗明义地说明，目的在于吸引优秀年轻人投身于半导体研究及产业领域。

集成电路产业领域的持续创新不仅表现在技术上，产业结构与模式也历经许多变革。晶体管和集成电路是固体物理和技术领域长期科学研究的产物。在它们成为产品后，早年的生产场地与某种实验室相类似，甚至扩散炉等生产装置也各自制造。随着微电子器件制造技术的迅速发展，集成电路生产企业逐渐演变成为厂房设施宏大，仪器设备精密、复杂、昂贵，投资巨大的现代化大型甚至巨型企业。半导体器件产业快速发展的同时，还催生与带动相关设备、仪器和材料产业的蓬勃兴起，为半导体电子芯片制造提供不断创新的专用设备、仪器与材料。20 世纪 90 年代以来半导体产业结构与模式不断发生专业化新演变，以适应集成电路芯片制造技术升级与产品及应用扩展的需求。在大型集成器件制造型（integrated device manufacturing，IDM）企业外，逐渐形成由大量专业产品设计（fabless）公司和相对集中的硅片代工制造（foundry）企业相结合的新格局。除了耗资巨大的超大型高性能集成芯片制造企业，还存在技术不断创新、功能多种多样的大量分立器件企业，也对现代半导体与电子技术及产业发展贡献其大。

在微电子器件技术持续快速发展过程中，研究-开发-生产-应用之间存在着强烈的正反馈相互作用。正是这种正反馈，造就了以集成电路为核心的半导体技术不断创新与产业快速增长。自 20 世纪 50 年代以来，硅和其他半导体科学研究愈益活跃与深入，其创新成果不断为研制越来越多种功能电子器件开辟新途径，促使集成电路和功能各异、品种繁多的晶体管、光电器件、传感器等类分立器件生产规模持续增长，带动电子系统应用领域和市场急剧扩大。各种电子系统都需由集成电路与晶体管、传感器等分立器件密切结合构成。以集成电路主导的半导体产业愈益成为现代经济、科技创新的基础性产业。

图 1.8 显示集成电路和分立器件的全球产量快速增长趋势。在此统计数字中，既包含有数以亿计晶体管的集成芯片，也包括集成度较低的各种类型集成电路与分立晶体管器件，都作为一个单元计入。历年统计数据表明，在单个集成芯片所含晶体管数按指数快速增

长的同时,自 1978 年以来近 40 年间半导体器件生产数量平均年增长率约为 8.9%。2016年共生产约 8 688 亿个半导体器件,其中,包括各种集成密度及性能的集成电路 2 523 亿个,占 29%,各类分立器件约 6 165 亿个,占 71%。而 2016 年半导体器件产品销售规模约为 3.5千亿美元,其中约 82% 为集成电路,其他为不同功能的功率器件、光电子器件、传感器等多种分立器件。这些数据也说明,半导体技术快速演进促使电子器件保持低价位,为其广泛应用创造条件。近年在各种信息化应用技术强劲推动下,半导体产业正在进入一个新增长周期。2017 年半导体产业销售额高达 4 千亿美元,较 2016 年增长超过 20%。

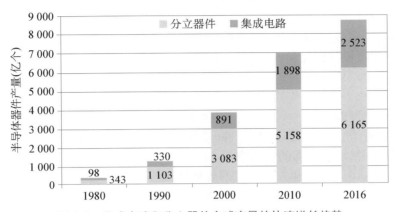

图 1.8 　集成电路和分立器件全球产量的快速增长趋势

(源于 IC Insights 公司 2017 年 3 月发表于 SST 的数据[30])

迅速增长与扩大的半导体集成与分立功能器件产业,不断要求器件基础研究深化与技术开发升级。随着微纳电子产业成长与信息产业发展需求,人们愈益认识加强新器件、新材料、新工艺、新技术研究开发,对微纳电子产业长远发展进步的决定性意义。投入研究开发的人力、物力资源越来越大。半导体器件制造是以高投入获取高产出的产业。据报道 2015年半导体产业的研发投入超过 560 亿美元,新设施及装备投资约为 660 亿美元,两者合计超过当年半导体产品销售额的 1/3。

1.6.2　促进科研与产业密切结合的半导体技术路线图

实现硅微电子器件技术研究、开发、生产、应用四要素紧密结合和产业快速增长,需要许多研究机构、大学、集成电路制造及设计企业、设备及材料研制企业的共同努力及密切合作。自 20 世纪 80 年代以来,国际上先后建立了许多微电子技术研究中心,制定了许多微电子研究开发计划。其中,由集成电路研究、开发机构与产业界共同先后制定的多个版本"半导体技术路线图"(technology roadmap for semiconductors,TRS),在加速研究开发集成电路关键技术,促进微电子器件制造技术升级和产业进步过程中,发挥了十分重要的作用。

集成电路制造是一个竞争性很强的高技术产业,早在 20 世纪 80 年代,半导体器件企业就十分重视新产品技术研发规划。20 世纪 90 年代初,由美国半导体工业协会(SIA)主持制定了第一个为期 15 年(1992—2007)的美国国家半导体技术路线图(national technology roadmap for semiconductors,NTRS),实际上这是一种长期半导体技术发展规划。在 1994年和 1997 年又先后发表两个 NTRS 版本。由于半导体工业全球化趋势日益增强,这种半导体技术长期发展趋势规划在国际上受到普遍重视。自 1999 年起有多个国家与地区的研究和工程技术人员参与规划制定,NTRS 演变为国际半导体技术路线图(international technology roadmap for semiconductors,ITRS)。此后,依据技术发展的新进展、新认识逐年修订 ITRS,每隔两年制定一个全新的 15 年规划版本,并在中间一年进行局部修订。ITRS 是根据按比例缩微原理和摩尔定律两者相结合制定的规划,预测 15 年期间硅半导体器件技术发展走向和需求。它是由来自半导体集成电路企业、研究机构和大学的众多科学技术人员,经过多方面调查、分析、研讨而制定的半导体技术发展规划。ITRS 既致力预测一代又一代集成电路技术发展目标,又分析达到相应目标的途径,以及需要研究突破的各种材料、工艺、器件、设计、测试技术难题。从晶体管制造工艺到集成电路多层互连、从光刻到工艺集成、从芯片封装到电路可靠性、从电路设计到测试、从不断缩微的 CMOS 到正在研究的新原理器件、从生产设施到环保安全保健等方面,在规划中都有分析讨论,并提出需要研究与开发的课题[20]。

　　表 1.2 列出 1992—2011 年的 20 年间 10 个主要 TRS 版本中,以器件特征尺寸为标志的集成芯片制造技术发展目标。半导体技术路线图促进了微电子技术领域中研究、开发、生产和应用之间的紧密结合,加快了 20 世纪 90 年代以来集成电路技术创新步伐。由于研究开发加强和市场应用扩展两方面的强烈推动,使 CMOS 制造技术升级换代加速。由表 1.2 可见,1997、1999、2001、2003 年先后制定的规划目标,都较前一个版本提前。1992 年规划预定的 15 年目标,100 nm 工艺技术,提前 4 年于 21 世纪初实现。1994、1997、1999 年 3 次规划制定的 15 年目标,70、50、35 nm CMOS 器件制造技术,也先后较原规划提前实现。应用金属栅与高 k 介质等新材料、新工艺、新结构的硅集成芯片新技术,相继获得突破与应用,45、32、22、14 nm 的 CMOS 极大规模集成电路产品,也已相继较 TRS 预测提前实现批量生产。

　　虽然早在 2002 年国际电子器件会议上,IBM 公司的研究者就曾报道栅长为 6 nm 的硅 PMOS 管的基本晶体管特性[21],并且在其前后有许多有关亚 10 nm、甚至亚 5 nm 超短沟道 MOS 器件结构与工艺的研究报道。但是实现亚 10 nm 更高集成密度、更快速度、更低单元功耗的纳米集成电路芯片制造技术,正在遇到前所未有的多方面难题,纳米 CMOS 升级换代步伐近年开始有所减缓。这反映在 ITRS‐2015/2013 两个版本的变化[20,27]。ITRS‐2013 是最后一个完全按单元器件缩微及摩尔定律制定的 TRS 传统版本。延至 2016 年年中发布的 ITRS‐2015 则是一个全新 TRS 版本,它被冠名为 ITRS 2.0 版,成为至 2030 年期间半导体技术发展预测。

　　经过多年研究编制的 ITRS 2.0 版,是半导体技术和信息产业快速发展及广泛应用造就的新时期产物。源于 IC 技术快速演进及其诱发的信息产业深广扩展,使半导体技术发展所处的生态系统发生很大变化。近年移动通信、物联网、人工智能等多种信息技术的日新月异,使集成芯片与其他半导体器件构成的电子系统信息与作用已无处不在、无时不在。在半导体器件技术演进过程中,一方面,集成芯片继续升级换代难题越来越多,另一方面,互联网、物联网、大数据、人工智能等新兴信息产业对集成芯片等器件技术升级的需求更旺盛,而且不同信息系统对集成芯片性能要求差异增大。因此,半导体技术发展与信息集成系统技术两者需要更密切结合。自 2012 年以来,国际半导体业界开始探讨、制定更能适应产业发展新格局的全新版半导体技术路线图。经过多年调查、研判、分析、归纳编制的 ITRS 2.0 版终于在 2016 年 7 月发布[27]。2.0 版改变了传统 ITRS 体系、章节结构与内容,采用"自上而下"思路,着眼于各种功能信息系统对集成芯片等半导体器件的性能需求,讨论半导体器件技

表 1.2　1992—2011 年间先后制定的 10 个主要版本半导体技术路线图中器件微小型化特征尺寸(纳米)技术目标及其演变*

1992—2010 年器件尺寸缩微 (nm)

年份	1992	1995	1997	1998	1999	2001	2002	2003	2004	2005	2006	2007	2008	2009	2010	2011	2012	2013	2014	2016	2018	2020	2022	2024	2026
2011																36	32	28	25	20	15.9	12.6	10.0	8.0	6.3
2009														52	45	40	36	32	28	22.5	17.9	14.2	11.3	8.9	
2007												65	57	50	45	40	36	32	28	22	18	14	11		
2005										80	70	65	57	50	45	40	36	32	28	22	18	14			
2003								100	90	80	70	65	57	50	45		35	32		22	18				
2001						130	115	100	90	80	70	65			45			32		22					
1999					180		130			100			70			50			35						
1997			250		180		130			100				70			50								
1994		350		250		180			130			100			70										
1992	500	350		250		180			130			100													

术发展新趋势,界定逻辑、存储等类器件创新面临的技术难题、挑战与演进方向,分析纳米CMOS集成芯片升级换代的技术路径,以及后 CMOS 新器件发展前景等[28]。为适应新形势下集成芯片与系统技术发展需求,IEEE 学会自 2016 年开始编制国际器件与系统路线图,有关 ITRS‐2.0/2013 两个版本以及 IRDS 的变化,将在第 7 章作进一步讨论。

亚 10 nm 集成逻辑芯片技术不仅遇到许多制造工艺难题,而且受到超微小物体内量子局限效应等基本物理规律限制,可能使晶体管失去正常器件功能。因此,纳米 CMOS 技术已逐渐进入发展新时期。ITRS 2.0 版对 ITRS‐2013 中器件缩微目标作了显著修正与延缓。自 22 nm 技术以来成功用于多代 CMOS 升级的立体多栅 FinFET 技术,可能止于"5 nm"技术代前后,继续升级将依赖于纳米线、纳米片(nano-sheets)等新结构立体环栅晶体管技术[31-33]。

为避免量子局限效应影响,FinFET 薄体(fin)宽度或纳米线直径,缩微极限约为 4～6 nm,晶体管最短栅长约可缩微至 10 nm。近年 10 nm、7 nm 技术代 CMOS 芯片技术已取得突破,正在用于多种 SLSI 新一代产品制造。10 nm 技术代 MPU‐CMOS 晶体管的物理栅长为 18～20 nm。应用不断改进与优化的多栅和环栅场效应器件技术,5 nm 等 CMOS 技术代研究与探索正在取得进展,芯片集成密度可望继续提高,功能继续增强。在多栅立体晶体管高性能集成芯片技术继续演进的同时,全耗尽 SOI 纳米 CMOS 平面集成技术继续发展,以适应低电压、低能耗集成系统需求。

纳米 CMOS 技术虽然应用立体栅器件,严格说仍属于二维集成,集成芯片上的 FinFET平面集成密度已达 $10^8/mm^2$ 量级,今后若干年将随尺寸缩微继续增加。近年活跃研发由叠层器件构成的三维集成技术,正在为半导体器件集成技术开辟新途径。这是一种适应多种高性能信息系统发展需求的新技术,可以根据云计算、大数据、移动通信、智能电子、物联网等系统的复合功能需求,把具有不同功能的多种集成芯片和其他异质器件,如 MPU、MEMS、射频器件、光电器件等,通过平面与三维叠层集成技术紧密结合,形成多功能复合集成体。这种复合异质集成技术(HI)成为 ITRS 2.0 版的关注中心和重点规划内容。此版本详尽分析了 2015—2030 年间 HI 技术的演进路径。通过三维集成,不仅可以延续器件密度提高与功能升级的长期半导体技术发展趋势,而且更为有效地促进信息系统升级换代步伐。这种技术需要硅芯片制造、封装、异质器件、MEMS 等多种技术的融合与创新。三维复合异质集成将成为未来长期演进的半导体集成技术。也可以说,HI 是继从 VLSI 到 SLSI 单片集成技术后,一种更高程度的半导体器件集成技术。虽然这种多个芯片、器件组合结构似乎与早期的混合集成模块有些相似,但两者完全不同。三维复合异质集成技术发展需要相关工艺、结构、材料、设计等一系列新突破。

1.6.3　材料、结构、工艺创新推动纳米 CMOS 技术与产业新发展

在 20 世纪后半期半导体技术持续快速进步基础上,2000 年前后纳米 CMOS 开始成为硅集成电路主流制造技术。人们通常把小于 100 nm 尺度的材料、器件、结构称为纳米级材料、器件、结构。90 nm CMOS 集成芯片中的最小晶体管栅长已小于 50 nm。因此,可以认为 90 nm CMOS 技术标志着纳米电子器件集成技术的开端。进入 21 世纪以来,一方面,半导体集成电路技术的新发展,为计算机、通信、数字化、自动化、智能化、电子消费等领域的技术发展开辟新前景,加速电子系统的融合与升级换代;另一方面,功能日新月异的整机系统,对半导体微电子器件的集成度及性能又不断提出新要求。以 90 nm CMOS 为开端进入纳米

领域后,电子器件技术的创新之路已开始发生深刻变化。在 90 nm 技术前,器件速度提高及功耗降低,主要靠沟道长度、栅氧化层厚度等尺寸缩微,以及同时降低电源电压来实现。进入纳米器件领域后,则更多依赖新材料、新结构、新工艺的成功应用。从 90 nm 器件开始,高载流子迁移率应变沟道工艺、高 k 介质与金属栅材料、立体晶体管结构等新技术,使新世纪以来纳米 CMOS 集成芯片制造技术获得多项突破,集成电路产业得以继续快速发展。

现今纳米 CMOS 集成芯片制造,已成功应用高 k 介质代替 SiO_2 作为栅介质,金属栅代替多晶硅栅等新材料、新工艺。但是,芯片技术发展有多种途径,对于同一产品目标,可有多种技术实现方案选择。例如,在高 k 栅介质/金属栅材料与工艺成熟前,曾在 65 nm CMOS 器件制造中,应用与 90 nm 器件相同厚度的 SiO_2 作为栅介质[22, 23]。这是为了避免因过薄 SiO_2 栅介质引起严重隧道穿通漏电。而为达到提高速度等器件性能指标,就需要应用更为有效的沟道载流子迁移率增强器件结构和工艺技术。因此,应变硅沟道载流子迁移率增强技术,成为纳米 CMOS 芯片制造的关键技术,并在高 k 栅介质/金属栅材料与工艺成熟后,继续在多代集成电路芯片研制中成功应用。多年活跃研究的异质结构 CMOS 芯片技术,也着眼于应用具有高载流子迁移率的新沟道材料,设想在硅衬底上,以 III-V 族化合物半导体制造 n 沟晶体管,以锗制造 p 沟晶体管。微纳电子器件领域的活跃研究,一方面,将通过引进新材料、新结构以及硅基异质集成技术,尽可能有效延伸 CMOS 技术在纳米电子信息器件中的应用范围,另一方面,也在积极探索研究可以代表、处理、储存与传输信息的新原理纳米结构和器件,开拓纳米电子技术新领域[24]。

研究、开发、生产、应用 4 个方面密切结合,促使半导体集成电路技术持续创新与升级换代。每一代集成电路芯片都经历原理研究、工艺技术开发、实验认证试生产和批量生产及应用的演进过程。分析从微米到纳米 CMOS 集成芯片升级换代历史可知,一代新产品从最初研究到最后形成量产的孕育历程,要经过基础器件与关键工艺研究、集成芯片工艺与相应设备开发、产品研制等多个阶段。对于基础器件较成熟的产品,早期可能需通过 6~8 年研究,掌握相关器件、结构与工艺的关键技术。首篇相应芯片技术的论文可能在 4~8 年前就出现在 IEDM、VLSI 等国际权威专业会议。对于需应用新型基础器件、结构与制造技术变革很大的集成电路,研发孕育期更长,可达十数年。在前期器件与工艺研究基础上,上市产品研制是各个公司激烈竞争的领域,最先使产品上市者将获得更大市场份额与利润。以往 40 余年中 MPU、DRAM 等产品的升级换代周期约为 2~3 年。集成电路芯片预研、工艺与设施开发、产品研制都以产品升级换代为目标。一个成功的集成电路制造企业,在批量生产当前产品的同时,总是有多代芯片处于预研、开发、研制等不同阶段。正是这种预研、开发、研制与生产的密切结合,成就了集成芯片制造产业的快速动态演进。

1.6.4　半导体技术的多向扩展与异质集成

一方面,半导体主流技术沿着器件微小型化道路,通过微细加工技术相关工艺、材料、结构持续创新,以求在尽可能小的面积和空间内集成更多、更快的晶体管,制造功能更强、体积与功耗更小的电子信息系统。另一方面,硅微细加工技术进展也推动半导体技术在功率、模拟、射频、传感等多种不同功能类型器件技术发展,不断取得突破和进步,促使许多新型电子应用技术迅速扩展和升级换代。因此,半导体技术及产业的发展,可以概括归纳为器件微小型化和器件多功能化两大趋向,以及两类器件的进一步融合与集成。

21 世纪制定的 ITRS 版本中,把这两种发展趋势简称为"More Moore"和"More than

Moore"。决定微处理器、存储器等逻辑信息器件功能的 CMOS 技术,经过缩微技术演进,实现一代又一代升级,使系统集成芯片的信息处理功能不断增强。近年正在研究的全新原理电子器件将为后 CMOS 数字化技术探索道路。半导体器件多功能化发展领域涵盖多种非数字化功能器件,从各种模拟器件到高压与功率器件,从光电子器件到各种传感器等。在实际应用中,常常需要把这类功能器件与数字器件集成为模块,或把多种芯片集成于同一封装载体,因而近年在发展单片式系统芯片技术同时,由多芯片集成的系统封装(system in package, SiP)技术愈益受到重视。这些技术正是今后发展三维复合异质集成技术的基础,促使电子器件集成技术进入新阶段。

　　非数字化功能器件往往和人及环境具有直接交互作用。一种功能器件总是着眼于某一特定功能效用的最大化与最优化。其技术性能演进改善,以及与数字化器件的系统集成,常促使相关行业发生深刻变革。CCD 及 CMOS 图像传感器件发展引起的摄影技术演变即为一例。另一范例为近年大面积集成电子学的突出进展与广泛应用,这种技术又称宏电子学(macroelectronics)[25]。用非晶硅或多晶硅薄膜晶体管技术制造的有源矩阵液晶薄膜显示器,其面积越来越大,图像质量越来越好,已取代传统真空电子显示器。大规模集成电路制造技术发展中的许多成果,在大面积集成电子学中获得应用。长期以来研究发展的半导体太阳能电池材料及器件技术,和近年获得显著进展的半导体照明器件技术,以及许多其他新的大面积集成电子系统应用技术,将使宏电子学与微纳电子学一起迅速发展。同时,建立在硅微细加工技术基础上的微纳机电系统技术、高功率固体电子器件技术等,研究与开发也愈益活跃,持续拓展新器件。在可预见的未来,通过研究、开发、生产、应用四者密切结合,集成电路创新主导的整个半导体技术及产业必将继续演进,不断提升到新高度。

思考题

1. 试分析驱动微电子器件技术快速发展的主要因素与规律。
2. 为什么说集成电路是"以小求大、以小求快、以小求精、以小求广"的技术?
3. 什么是微细加工技术? 试分析微细加工技术的主要特点。
4. 为什么硅基集成电路能够成为微电子技术的主要器件基础?
5. 试分析元素周期表中与集成芯片制造技术有关的元素,并对它们概括分类。
6. 试比较集成电路中晶体管尺寸与血液细胞、细菌、病毒等物体的大小。
7. 浏览有关集成电路技术相关网址(如 www.itrs2.net、www.irds.ieee.org、IMEC、Intel 等研发机构与公司网站)或专业刊物(如 *Solid State Technology*),了解与分析集成芯片技术演进新信息。
8. 分析信息社会是"硅器时代"的说法。
9. 分析传统 CMOS 硅器件缩微技术的未来发展趋势。
10. 试分析半导体技术中器件微小型化与器件多元化发展趋势,讨论器件集成技术的现状与未来。

参考文献

[1] J. Bardeen, W. Brattain, The transistor, a semiconductor triode. *Phys. Rev.*, 1948, 74(2): 230.

[2] J. Bardeen, Semiconductor research leading to the point contact transistor. *Nobel Lecture*, 1956: 318.

[3] W. Brattain, Surface properties of semiconductors. *Nobel Lecture*, 1956: 377.

［4］ W. Shockley, Transistor technology evokes new physics. *Nobel Lecture*, 1956:344.

［5］ W. Shockley, The theory of p/n junction in semiconductors and p/n junction transistors. *Bell System Tech. J.*, 1949,28(3):435.

［6］ W. Shockley, The path to the conception of the junction transistor. *IEEE Trans. Elec. Dev.*, 1976,23(7):597.

［7］ J. Kilby, Turning potential into realities: the invention of the integrated circuit. *Nobel Lecture*, 2000:474.

［8］ W. R. Runyan, K. E. Bean, Historical overview, Chap. 1 in *Semiconductor Integrated Circuit Processing Technology*. Addison-Wesley Publishing Company, Massachusetts, 1990.

［9］ W. Shockley, G. L. Pearson, Modulation of conductance of thin films of semiconductor by surface charges. *Phys. Rev.*, 1948,74(2):232.

［10］ C. T. Sah, Evolution of the MOS transistor — from concept to VLSI. *Proc. IEEE*, 1988,76 (10):1280.

［11］ D. Kahng, S. M. Sze, A floating gate and its application to memory devices. *Bell Syst. Tech. J.*, 1967,46:1283.

［12］ A. Reisman, Device, circuit, and technology scaling to micron and submicron dimensions. *Proc. IEEE*, 1983,71(5):550.

［13］ J. D. Meindl, Ultra-large scale integration. *IEEE Trans. Elec. Dev.*, 1984,31(11):1555.

［14］ R. W. Bower, H. G. Dill, K. G. Aubuchon, et al., MOS field effect transistors formed by gate masked ion implantation. *IEEE Trans. Elec. Dev.*, 1968,15(10):757.

［15］ R. H. Dennard, Evolution of the MOSFET dynamic RAM — a personal view. *IEEE Trans. Elec. Dev.*, 1984,31(11):1549; R. H. Dennard, Field-effect transistor memory. *U. S. Patent*, 1968:No. 3387286.

［16］ F. Faggin, T. Hoff, S. Mazor, Intel 4004 microprocessor chip. *U. S. Patent*, 1971:No. 3821715.

［17］ R. H. Dennard, F. H. Gaensslen, H. N. Yu, et al., Design of ion-implanted MOSFET's with very small physical dimensions. *IEEE J. Solid-State Circuits*, 1974,9(5):256.

［18］ G. E. Moore, Cramming more components onto integrated circuits. *Electronics*, 1965,38 (8):114.

［19］ http://www. intel. com.

［20］ IRC overview, *International Technology Roadmap for Semiconductors*: ITRS-2013 Ed.. http://www. itrs2. net.

［21］ B. Doris, M. Ieong, T. Kanarsky, et al., Extreme scaling with ultra-thin Si channel MOSFETs. *IEDM Tech. Dig.*, 2002:267.

［22］ P. Ranade, T. Ghani, K. Kuhn, et al., High performance 35 nm L_{gate} CMOS transistors featuring NiSi metal gate (FUSI), uniaxial strained silicon channels and 1. 2 nm gate oxide. *IEDM Tech. Dig.*, 2005:217.

［23］ S. Tyagi, C. Auth, P. Bai, et al., An advanced low power, high performance, strained channel 65 nm technology. *IEDM Tech. Dig.*, 2005:245.

［24］ S. E. Thompson, R. S. Chau, T. Ghani, et al., In search of "forever", continued transistor scaling one new material at a time. *IEEE Trans. Semicond. Manuf.*, 2005,18(1):26.

［25］ R. H. Reuss, B. R. Chalamala, A. Moussessian, et al., Macroelectronics: perspectives on technology and applications. *Proc. IEEE*, 2005,93(7):1239.

[26] The transistor 50th anniversary：1947－1997. *Bell Lab. Tech. J.*，1997,2(4).

[27] 2015 ITRS 2. 0. Executive report，2016. http：//www. itrs2. net. http：//www. semiconductors. org/main/2015_international_technology_roadmap_for_semiconductors_itrs/.

[28] 2015 ITRS 2. 0. More Moore；2015 ITRS 2. 0 Beyond CMOS，2016. http：//www. itrs2. net. http：//www. semiconductors. org/main/2015 _ international _ technology _ roadmap _ for _ semiconductors_itrs/.

[29] Z. Or-Bach，Moore's law did indeed stop at 28 nm. *Solid State Technol.*，2016,59(7)：32.

[30] IC insights，Semiconductor shipments dominated by opto-sensor-discrete devices. 2017. http：// electroiq. com.

[31] A. Veloso，G. Eneman，T. Huynh-Bao，et al.，Vertical nanowire and nanosheet FETs：device features，novel schemes for improved process control and enhanced mobility，potential for faster & more energy efficient circuits. *IEDM Tech. Dig.*，2019：230.

[32] S. Barraud，B. Prevital，C. Vizioz，et al.，7-levels-stacked nanosheet GAA transistors for high performance computing. *VLSI Symp. Tech. Dig.*，2020：TC1. 2.

[33] A. Agrawal，S. Chouksey，W. Rachmady，et al.，Gate-all-around strained $Si_{0.4}Ge_{0.6}$ nanosheet PMOS on strain relaxed buffer for high performance low power logic application. *IEDM Tech. Dig.*，2020：15.

第2章

半导体材料的基本性能

尽管早在19世纪人们已发现一些半导体材料,甚至利用其独特性质制造出一些器件,但当时人们对其认识较为肤浅,甚至是错误的。20世纪随着量子力学特别是固体能带理论的创立,人们对它的认识变得越来越深刻。可以想象,固体中电子的行为比原子、分子中要复杂得多,这是一个具有巨大数目的多体问题,要严格求解几乎是不可能的。但固体物理学家利用单电子近似建立了一套固体能带理论,可以很好地分析和解释固体中电子的行为。另外,再通过统计物理学方法,解决了大量个别电子微观运动与宏观物理量之间的关系问题。

本章将讨论半导体材料的基本物理性质。2.1节简要介绍固体能带理论与各种固体材料导电性质差异的根源,2.2节介绍常见半导体材料的晶体结构,2.3节介绍硅、锗和砷化镓的能带结构特点,2.4节讨论半导体中杂质和缺陷行为,2.5节讨论半导体载流子统计规律,2.6节讨论半导体载流子在外场下的运动规律,2.7节介绍载流子漂移运动、扩散运动及其之间的联系,2.8节讨论非平衡载流子产生复合唯象规律和微观机制。

2.1 固体材料的导电性能与能带

自然界中的物质按形态可分为固体、液体、气体、等离子体。用固体材料可以制造各种结构和器件,其中,固态电子器件具有易于小型化、集成化和高稳定性等特点,自20世纪50年代以来获得广泛深入研究、开发和应用。在固体材料中,根据其导电性能的差异,可分为导体、半导体和绝缘体。在室温下,导体的电阻率一般为 $10^{-6} \sim 10^{-4}$ $\Omega \cdot cm$,绝缘体的电阻率通常大于 10^{10} $\Omega \cdot cm$,半导体的电阻率则介于两者之间。本节将从化学键和能带论的角度,讨论这些固体材料导电特性产生差异的根本原因。

2.1.1 原子结构与价电子

固体材料的物理与化学性质取决于其原子结构和晶体结构。早在1869年俄国科学家门捷列夫(1834—1907)在研究对比不同元素的物理、化学性质时,发现了当时已知元素性质随原子量变化的周期性规律,并预言存在某些未知元素,编制了第一张元素周期表,但当时还不可能理解元素周期变化规律的内在原因。在20世纪初原子结构发现和随之的量子理论发展后,元素周期表获得了完美解释。原子由原子核及围绕其运动的电子组成,原子核由质子和中子构成,且原子核外带单位负电荷的电子数与核内带单位正电荷的质子数相等。电子在原子核外沿不同轨道运动,具有不同能量,位于不同能级。不同原子具有不等数量的电子,按壳层结构和泡利(1900—1958)不相容原理排布在一系列不同能级上。泡利不相容原理是量子力学基本规律之一,意为两个状态完全相同的电子不能占据同一能级。当一种原子与其他原子组成分子或与相同原子构成晶体时,主要是那些被称为价电子的最外层电子发生相互作用。

在元素周期表中,列出了每种原子的价电子数目和能级。价电子数相同的元素往往具有类似的物理和化学性质,被称为同族。如硅(Si)和锗(Ge),属 IV 族元素,它们都有 4 个价电子,2 个占据 s 态,2 个占据 p 态,均用"s^2p^2"标记。硅和锗都可形成金刚石结构的晶体,并具有半导体性质。同一种原子可以构成不同晶体结构的固体,并会有不同的物理、化学性质。例如,同为 IV 族的碳(C)原子可以形成金刚石结构,也可以形成石墨结构,两者的机械、电学等性质完全不同。另外,属于同一族的锡(Sn),虽然在较低温度下(<13℃)存在具有半导体性质的晶体结构(灰锡、α-Sn),但在一般情况下,和另一 IV 族元素铅(Pb)一样,呈现典型的金属特性。

2.1.2 从能级到能带

当原子结合成分子时,如两个氢原子(H)结合成一个氢分子(H_2)时,它们的价电子会形成共价键,即原子的价电子会同时受到两个原子核的共同作用,成为共有电子,作共有化运动。氢分子正是通过原子核与这两个共有电子的库仑作用结合起来的。当大量原子结合形成固体时,其价电子也会形成共价键,这些电子不仅属于两个相邻原子,它们还可能"跑"到其他原子的共价键中,即它们属于固体中的所有原子,在固体中作共有化运动。或者说,这些价电子除了存在围绕原子核的运动外,还存在从一个原子的某轨道转移到另一原子的相同轨道上的运动。对单个硅原子来讲,其价电子的分布为 $3s^2 3p^2$,只有两个 p 态电子是未成对电子,可供形成共价键。实际上,当硅原子间距缩小而结合成固体时,价电子的 s 态轨道和 p 态轨道会产生轨道杂化,形成 4 个均含有 s 和 p 成分的等价 sp^3 杂化轨道。虽然经过杂化后,即 $3s^2 3p^2$ 的 4 个电子转化为 4 个 sp^3 杂化轨道后,能量有所上升,但未成对电子数目从 2 增加为 4。由于形成共价键时会放出能量,因此,形成硅晶体时经过 sp^3 杂化后更有利于能量降低。

在由 N 个硅原子形成的硅晶体中,原来孤立原子中 s 态和 p 态的 4 个能级,经 sp^3 轨道杂化形成 4N 个能级,但分属上下两个能带,各有 2N 个能级。按照量子力学泡利不相容原理,N 个原子的 4N 个成键价电子正好可以填满能量较低的下能带,这个能带就称为价带。而上面能带由不成键电子能态组成,即处于此带的电子在晶体中可以"自由"运动,因而可以导电,所以称为导带。导带与价带之间则称为禁带,其能量间隔称为禁带宽度,用 E_g 表示。

图 2.1 显示上述硅中价电子能量状态随原子间距的变化规律,从远距离无相互作用时的孤立能级,演变为原子形成周期性晶体时的能带。图 2.1 中标出了硅晶体的晶格常数 0.543 nm,以及对应的价带、禁带和导带。

图 2.2 为硅晶格中周期势场和电子能级及能带的示意图。在晶格周期势场中,价带和

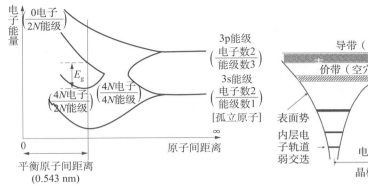

图 2.1　硅原子聚合组成硅晶体时能带形成图

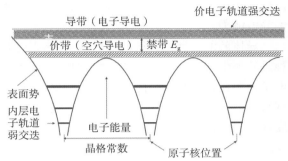

图 2.2　晶体周期势场中电子的能级和能带

导带电子可以作共有化运动。内层电子则受原子核较强束缚,仍处于势阱之中。它们在相邻原子间的轨道交迭弱,共有化程度弱,其能级只有较小程度展宽。固体的导电性完全取决于价带和导带中的电子。考虑到每个能级可以容纳两个自旋相反的电子,硅晶体的 $4N$ 个价电子正好填满价带,而导带全空。

2.1.3　导体、半导体和绝缘体的能带区别

全部能级都填充满的能带中的电子不导电,只有未填满的能带中的电子才能导电。这是因为固体电子要能输运电流,必须在电场作用下改变其状态,如果能带中所有能级已被占据,则电子无法改变其状态。对于绝缘体、半导体和导体 3 种固体材料,正是由于电子在各自价带中填充状况不同,使得它们的导电能力有很大的差异。图 2.3 展示了这 3 种材料的能带及其电子填充。在绝缘体中,电子正好填满价带,而导带全空,因此,绝缘体几乎不导电。

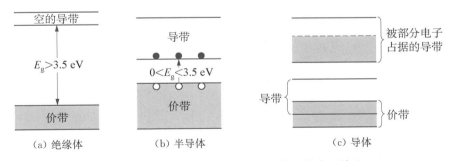

图 2.3　绝缘体、半导体和导体的能带及其电子填充

半导体与绝缘体有着类似的能带结构,在绝对零度下电子也正好填满价带,导带全空,但半导体一般具有较窄的禁带宽度,因此,即使在室温下,价带中的电子也有一定几率热激发跃迁至导带,成为导电电子,而在价带留下空位。这些空位的存在导致价带也成为未满带,使“水泄不通”的价带发生变化。在未满带的价带中,电子有了“换位移动”可能,即可对导电作贡献,这种导电性实质上是价带电子集体运动的结果。但这种负电荷电子的集体运动,可以用放在空位处带正电荷的“导电粒子”来等效代表,可把这些等效带正电荷的“虚拟粒子”称为空穴。因此,空穴不是一种实体粒子,而是为了描述价带电子集体运动引进的概

念"准粒子"。空穴概念的引进,显著简化价带电子导电性的描述与分析。由以上讨论可知,即使纯净半导体在室温下,导带中仍会存在一些电子,而价带中会存在一些空穴,具有一定的导电能力。

导体的电子填充有两种情形:一种情形是价带中电子填充未满,使价带成为导带;另一种是其能带结构有一定的特殊性,即电子填充的最高能带与次高能带具有一定的交迭,导致电子排布在最高和次高能带均未满。这两种情形导电电子的密度与价电子密度(或原子密度)在同一数量级($\sim 10^{22}$ cm^{-3}),远大于半导体导带(或价带)中热激发电子(或空穴)的密度,因此具有比半导体高得多的导电能力。

2.2　半导体的晶体结构

半导体材料按其化学组分,可分为无机半导体和有机半导体。目前应用于微电子和光电子产业的大多数都是无机半导体。无机半导体按组成可分为元素半导体(如硅、锗)、化合物半导体(如砷化镓)和合金半导体(如硅锗、铝镓砷),其中,以硅和砷化镓为代表的元素半导体和化合物半导体是两类最常用的半导体。半导体按结晶状态又可分为单晶、多晶和非晶半导体。在现代集成电路工业中大量使用的是单晶半导体,本节将对常用半导体的晶体结构以及晶体学一些基本概念进行介绍。

2.2.1　金刚石结构与闪锌矿结构

硅和砷化镓是现代半导体工业最常见的两类半导体,它们的晶体结构分别属于立方晶系的金刚石结构和闪锌矿结构,分别如图 2.4(a)和(b)所示[1]。半导体技术发展早期使用的锗也同属金刚石结构,而其他许多Ⅲ-Ⅴ族化合物半导体(如 GaP、GaSb)也同属闪锌矿结构。

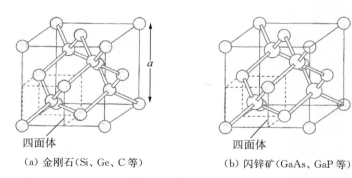

四面体　　　　　　　　　　　　　　四面体
(a) 金刚石(Si、Ge、C 等)　　　　　(b) 闪锌矿(GaAs、GaP 等)

图 2.4　金刚石结构和闪锌矿结构的示意图[1]

金刚石结构和闪锌矿结构,都可以看成是面心立方结构沿体对角线平移 1/4 对角线长度而成。两者区别在于,金刚石结构中只有一种原子(如硅),而闪锌矿结构中面心结构上的原子与体内对角线处的 4 个原子属两种原子(如砷和镓)。可以看出,不管是金刚石结构还是闪锌矿结构,每个原子周围都有 4 个最近邻原子,它们位于一个正四面体的顶点上,这正是由于 sp^3 杂化后每个原子可提供 4 个等价成键轨道。

2.2.2　晶体的晶向与晶面

　　单晶体通过这种结构单元按周期性排列组成。单晶材料的物理特性一般具有较强的各向异性,因此,实际工作中在描述半导体具有某种特性时往往需要指明一定的方向。晶体中有两种方向的定义:一种是晶列的方向,即晶向;另一种是晶面的方向,即晶面法线的方向。只要取定一个描述晶体点阵的坐标系(即基矢),某一方向在该坐标系中的投影(基矢的倍数)即可以标志该方向,晶向用$[hkl]$或$\langle hkl \rangle$表示,晶面指数用(hkl)表示。在晶体中为最大限度地表现晶体对称性,如在金刚石结构和闪锌矿结构中分别取立方体的 3 条相互垂直的棱作为基矢,该立方体的棱长称为晶格常数,硅、锗和砷化镓这 3 种半导体的晶格常数分别为 5.43 Å、5.65 Å 和 5.63 Å。在这种具有高度对称性的坐标系中的晶面指数又称为密勒指数,图 2.5 表示了密勒指数分别为(100)、(110)和(111)的 3 个晶面[1]。

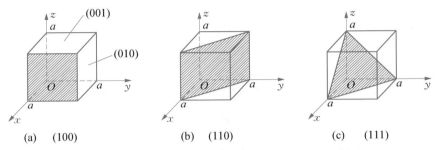

(a)　(100)　　　　　　(b)　(110)　　　　　　(c)　(111)

图 2.5　密勒指数为(100)、(110)和(111)的晶面[1]

2.3　半导体的能带结构

　　不同的能带结构决定了绝缘体、半导体和导体等材料具有不同的电学性质。对于不同半导体,能带结构差异必然导致它们的电学和光学特性差异。能带电子如同自由电子一样,应具有能量和动量,也同时具有粒子性与波动性。电子波动性可用波矢描述,而波矢也可用于反映电子动量。因此,能量与波矢是描述电子状态的两个重要参数,而且两者之间具有一定的依赖关系。在固体物理学中,能量与波矢的关系常称作色散关系,有如光子能量与波矢的色散关系。由于晶体中周期势场作用,能带电子的色散关系也具有一定周期性,波矢的这种周期单元又称为布里渊区,在一维情况下即为$(-\pi/a, \pi/a)$。本节将对硅、锗和砷化镓等常见半导体的能带结构特点进行介绍,并引入空穴、有效质量等概念。

2.3.1　硅、锗和砷化镓的能带与波矢

　　下面以硅、锗和砷化镓为例,介绍常见元素半导体和化合物半导体的能带结构。图 2.6 展示了硅、锗和砷化镓的导带和价带的能量与波矢的关系[2]。从图 2.6(a)可以看出,硅的价带结构有轻空穴带、重空穴带和自旋-轨道耦合分裂带,其中,轻空穴带和重空穴带在 Γ 点(k = 0)简并,且位于价带的极大值(即价带顶)。导带的极小值(即导带底,又称为能谷)距离价带顶 1.12 eV(即禁带宽度 E_g),位于 k 空间沿 X 方向(即[100]方向)约 5/6 的布里渊区长度上。根据硅晶体的立方对称性,在一个布里渊区内这样的极小值应有 6 个。这种导带底与

价带顶不在 k 空间同一点上的半导体称为间接禁带半导体,因为这种半导体在光跃迁过程中,电子在导带底与价带顶之间跃迁仅仅靠吸收或发射一个光子无法完成,还需要其他准粒子(如声子)的参与。同样,从图 2.6(b)可以看出,锗与硅相似,也是一种间接禁带半导体,其禁带宽度为 0.67 eV,其价带也是包含轻空穴带、重空穴带和自旋-轨道耦合分裂带的结构,只不过其导带的极小值位于 k 空间 L 方向(即[111]方向)的布里渊区边界上。根据锗晶体的立方对称性,在一个布里渊区内这样的极小值应有 $8 \times \frac{1}{2}$ 个,这里的“$\frac{1}{2}$”表示该极值或能谷位于布里渊区边界上,应该由相邻的两个布里渊区来平分。

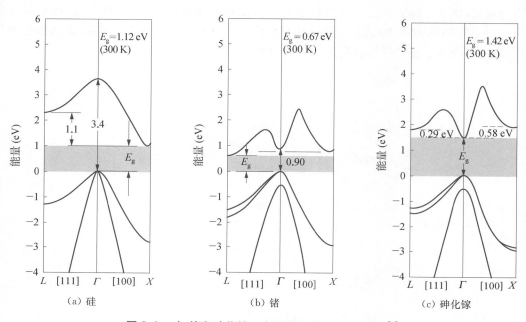

图 2.6　硅、锗和砷化镓三者能带的能量/波矢关系[2]

2.3.2　电子和空穴的有效质量

　　如前所述,半导体在室温下导带中含有少量的电子,价带中含有少量的空穴。根据微观粒子趋于占据低能态的规律,这些少量的电子和空穴通常都位于导带底和价带顶,因此,导带底和价带顶的能带结构具有特殊的重要性。半导体中的电子或空穴在外场作用下的运动规律本来是一个很复杂的问题,因为它们不仅受外场的影响,还受到晶体周期势场的影响。固体物理学家通过研究发现,能带电子受周期势场的影响,可用一个所谓的有效质量 m^{*} 来概括。对于一维情形,其定义是

$$m^{*} = \hbar^{2} \Big/ \left(\frac{\mathrm{d}^{2}E}{\mathrm{d}k^{2}}\right) \tag{2.1}$$

　　引入了有效质量概念后,在研究导带底的电子或价带顶的空穴在外场作用下的运动规律时,只要将有效质量代替真实质量,就可大大简化问题的处理方法。这样就可把半导体中的载流子(电子和空穴)看成是类似自由电子的导电粒子,把晶体内部复杂的周期势场作用完全概括到有效质量中。有效质量完全不同于实际质量概念,按(2.1)式,不同能带的电子有

效质量有正值,也有负值。在价带顶部,理论计算得到的电子有效质量就具有负值。利用假想粒子概念,则可把负有效质量的电子集体贡献,等价为一个具有正电荷与正有效质量的空穴。

有效质量可以通过能带理论计算获得,也可以通过实验测量得到。对于实际三维晶体,有效质量一般是各向异性的,可以表示为 3×3 张量,当能带色散关系各向同性时,则其可简化为一个标量。硅和锗等实际半导体,其导带极值点附近的色散关系都具有各向异性,沿轴方向与垂直于轴的方向的色散关系不同,因此,它们的导带能谷具有纵向有效质量 m_l 和横向有效质量 m_t。而价带色散关系更加复杂些,半导体的价带通常可分为在 Γ 点简并的轻、重空穴带和一个自旋-轨道耦合分裂带,一般对器件性能有较大影响的是更靠近价带顶的轻、重空穴带,虽然这两个带的色散关系不完全遵循抛物线关系,但轻、重空穴仍可以近似认为分别具有各向同性的有效质量 m_{lh} 和 m_{hh}。

砷化镓的能带色散关系如图 2.6(c),可以看到,其导带底位于 Γ 点,即与价带顶在 k 空间的同一位置,这种半导体被称为直接禁带半导体。在这种半导体中,电子在导带底和价带顶跃迁时,只要吸收或发射一个光子即能完成,因此,其光电转换效率高,在光电子器件中有重要应用。另外,砷化镓由于导带底位于 Γ 点,其有效质量具有各向同性,因此,只有一个值 $0.063m_0$。硅、锗、砷化镓这 3 种半导体的禁带宽度、电子和空穴的有效质量列于表 2.1,表中的 m_0 为电子的真实质量 9.1×10^{-31} kg。

表 2.1　硅、锗和砷化镓的禁带宽度和电子、空穴有效质量

	E_g(eV)	m_l/m_0	m_t/m_0	m_{lh}/m_0	m_{hh}/m_0
Si	1.12	0.92	0.19	0.15	0.54
Ge	0.67	1.59	0.082	0.043	0.33
GaAs	1.42	0.063		0.076	0.51

2.4　半导体的杂质和缺陷

没有任何杂质原子和结构缺陷的半导体称为本征半导体,在这种完美的半导体中,电子要么存在于导带中,要么存在于价带中,不可能存在于导带底和价带顶之间,因为那是禁带。但当半导体中存在杂质原子或结构缺陷时,晶格势场的严格周期性被打破,因此,禁带中间有可能形成一些能级。这种杂质或缺陷可能是半导体制造工艺中无意引入的,也可能是为制造器件而有意引入的,特别是杂质。本节将讨论半导体工业中大量使用的杂质的物理性质,尤其是对半导体能带和电学性质的影响,介绍半导体中各种维度缺陷的产生及其影响。

2.4.1　杂质类型

根据杂质在半导体晶格中占据的位置,可将杂质分为替位杂质和间隙杂质。当杂质原子取代半导体原有晶格中的原子时,这种杂质称为替位杂质;当杂质原子处于晶格的间隙位置时,则称为间隙杂质。根据杂质向半导体提供或从半导体接受电子,杂质又可以分为施主杂质和受主杂质。根据杂质能级在禁带中的位置,又可分为浅能级杂质和深能级杂质。在半导体器件制造中最有用的是替位杂质,而且是浅能级杂质。下面以硅为例,讨论元素周期表中Ⅲ族和Ⅴ族原子的杂质能级及其对半导体的影响。

2.4.2　施主和受主的杂质能级及电离能

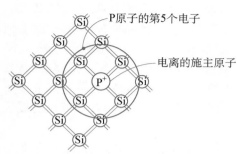

P原子5个价电子中的4个与周围的
Si原子形成共价键,第5个与电离的
P$^+$形成弱的结合

图2.7　硅晶体中的磷原子

Ⅴ族原子(如磷)常以替位方式存在于硅晶体晶格中,形成如图2.7所示的价键结构。磷原子的外层5个价电子中,4个价电子与相邻的硅原子形成共价键,多余1个电子。这个未与硅成键的电子仍然受到磷离子的库仑束缚作用,但束缚力与成键电子相比,要弱得多,其能态位置只略低于导带底,很容易受热激发,释放到导带,成为导电电子。因此,磷等Ⅴ族原子被称为硅半导体的施主杂质,其能级位置如图2.8中的施主能级所示。施主能级与导带底之间的能量差值称为施主杂质电离能,可用类氢模型 $13.6(m^*/m_0)/\varepsilon_r^2$ 进行估算,一般在几十毫电子伏特量级,远小于禁带宽度,因而这种杂质又称为浅能级杂质。浅能级杂质电离能与室温电子热运动能量 kT 相当,因此,室温下这种浅能级杂质的电离率很高。

若在硅中掺入Ⅲ族原子(如硼),则其与相邻硅原子形成4个共价键时缺少1个电子,也就是说,它可以从硅晶体中接受1个电子,所以,硼原子称为受主杂质。类似地,其能级位于价带顶以上,与价带顶相差一个空穴的束缚能,即电离能,如图2.8所示。

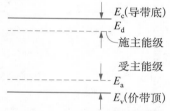

图2.8　施主和受主能级

2.4.3　半导体导电类型

在本征半导体中,电子与空穴的数量完全相同。掺有施主杂质的半导体,其电子的数量多于空穴的数量,因此称其为n型半导体,n代表负极性电荷导电粒子(即电子)。掺有受主杂质的半导体,其空穴的数量多于电子的数量,因此称其为p型半导体,p代表正极性电荷导电粒子(即空穴)。在n型半导体中,电子称为多数载流子(简称多子),空穴称为少数载流子(简称少子);在p型半导体中,则正好相反。通常半导体器件是由n型层和p型层半导体组合而成的。根据某种器件性能要求,有些器件中也会加入本征导电层,本征半导体常称为i型。

在化合物半导体中,也可以通过掺入某种杂质,以获得所需导电类型。另外,如果两种原子的化学计量比偏离正常值,也会影响材料导电类型与电导率。例如,砷化镓中砷取代镓位,它倾向于释放电子,起施主作用;镓取代砷位,则倾向于接受电子,起受主作用。

2.4.4　半导体中的缺陷

广义上,凡是与理想晶体周期性结构发生的偏离都可称为缺陷。根据缺陷的维度,可分为点缺陷(零维)、线缺陷(一维)、面缺陷(二维)和体缺陷(三维)。前面所说的施主和受主杂质就是一种点缺陷,它们属非本征点缺陷,因为它们是与半导体母体不同的原子,破坏了原有的周期性晶格势场,对半导体的电学特性有很大影响。在半导体器件和集成电路制造中,往往通过引入杂质来达到调控器件特性的目的。除此之外,在半导体工艺中还会形成一些缺陷,在许多情况下,它们对器件性能会造成不利影响。下面将根据缺陷的维度,对它们分别进行讨论。

点缺陷

零维点缺陷除杂质外,还有空位和间隙原子。在 $T > 0K$ 时,原子会在晶格平衡位置上作热振动,尽管热振动平均能量比晶格束缚能小得多,但根据统计物理,总是存在一定的几率使原子挣脱晶格束缚。考虑到晶格原子密度的巨大数目,在热平衡时总会产生一定浓度的空位,这些挣脱格点的原子就成为间隙原子,如图 2.9 所示[3,4]。这种空位和间隙原子是本征缺陷,它们的浓度强烈地依赖于晶格温度,所以,这种点缺陷又称为热缺陷。热缺陷主要有以下 3 种存在形式。

第一种称弗仑克耳缺陷,是指当原子热振动脱离格点,同时出现一个空位和一个间隙原子,如图 2.9(a)所示。第二种称肖特基缺陷,是指当原子脱离格点留下一个空位后,间隙原子从内部跑到表面格点,即晶体中只看到一个空位而看不到间隙原子,如图 2.9(b)所示。间隙原子的迁移并非是从内部深处直接跑到表面,实际上是在表面附近的晶格原子先脱离格点产生一个空位,而内部深处的间隙原子通过扩散运动到达该空位,与之复合成为一个晶格原子。热缺陷的第三种存在形式是间隙原子缺陷,与肖特基缺陷正好相反,它是空位跑到表面消失,内部只看到间隙原子。而间隙原子缺陷除了真正造成一个间隙原子外,还可以是两个原子共享一个格点,如图 2.9(c)所示。

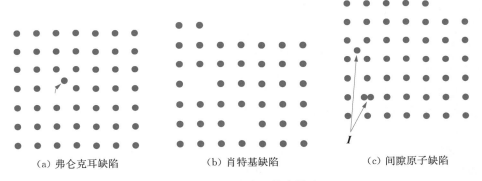

  (a)弗仑克耳缺陷   (b)肖特基缺陷   (c)间隙原子缺陷

图 2.9   晶体中常见的点缺陷

这 3 种热缺陷的浓度都遵循热平衡统计规律(即 Arrhenius 定律),

$$N = N_0 \exp(-E_a/kT) \tag{2.2}$$

其中,N_0 为材料的原子密度,对于硅,N_0 为 5×10^{22} cm^{-3},E_a 为激活能,即产生一个热缺陷所需的能量。根据前面对这 3 种热缺陷的定义,应当有

$$E_{a,F} = E_{a,S} + E_{a,I} \tag{2.3}$$

上式中,$E_{a,F}$、$E_{a,S}$、$E_{a,I}$ 分别为弗仑克耳缺陷、肖特基缺陷、间隙原子缺陷的激活能。在硅中,$E_{a,S}$ 和 $E_{a,I}$ 分别约为 2.6 eV 和 4.5 eV[5],由此可见,在硅中通常空位浓度高于间隙原子浓度,热缺陷以肖特基缺陷为主。

对于化合物半导体,它有两种晶格原子,而每种格点的空位缺陷浓度也不尽相同,如砷

化镓中 Ga 和 As 的空位浓度分别是[5]

$$N_{v,Ga}^0 = 3.3 \times 10^{18} \text{ cm}^{-3} \exp(-0.4 \text{ eV}/kT) \tag{2.4a}$$

$$N_{v,As}^0 = 2.2 \times 10^{20} \text{ cm}^{-3} \exp(-0.7 \text{ eV}/kT) \tag{2.4b}$$

另外,由于 Ga 和 As 的饱和蒸汽压不同,在 GaAs 中,还有可能由于 Ga/As 化学计量比偏离 1 而引起的一些点缺陷,如 As 位被 Ga 取代。

应当指出,上述热缺陷的物理图像是简化了的,实际情况更为复杂[5]。当一个空位缺陷产生时,所发生最简单的情况是 4 个键同时断裂,这使得 4 个最近邻原子都呈现电中性,但也造成了 4 个不饱和电子壳层,这种空位缺陷称为中性空位,用 V^0 表示。另一种可能的情况是,空位产生时可以留下一个电子,该电子可与邻近某一个原子的价电子成键,使之带一个单位的负电荷,这种空位缺陷称为 -1 价空位,用 V^- 表示。同样,空位缺陷还可以有 -2、-3、-4、$+1$、$+2$、$+3$、$+4$ 价空位,尽管三价和四价离化的空位在实践中并不重要。由于这些带电空位与中性空位的激活能明显不同,本征点缺陷浓度的精确模型实际上是很复杂的。

线缺陷

一维线缺陷通常就是指位错。位错的产生是应力作用的结果。当晶体受到应力较小时,晶体会产生弹性形变;当应力超过一定数值时,则晶体会发生范性形变,此时晶体的一些晶面会发生相对位移,这种位移称为滑移。晶体中已滑移和未滑移区域的交界线称为位错线,在滑移方向上的位移称为滑移矢量,又称为伯格斯矢量。根据位错线与滑移矢量夹角,可将位错分为刃位错(又称棱位错)和螺位错。

图 2.10 展示了刃位错的形成及特点[3]。设想把一块晶体在 $ABEF$ 晶面的上半部分沿 b 方向施加足够大推力向右推移,使得原本与 AB 重合的 $A'B'$ 沿 b 方向滑移了一个原子间距,进而使上半部分晶面逐个向右滑移一个原子间距,直至结束于 $EFGH$ 面。晶面滑移的微观示意图如图 2.10(b) 所示,相当于在 EF 处产生了半个额外晶面,EF 为位错线,b 为滑移矢量。这半个额外晶面就像一把刀切进晶体,其端面就像刀刃,所以,这种位错称为刃位错,一般用符号"⊥"表示。需要指出的是,刃位错并不要求滑移矢量一定与位错线呈 $90°$ 角。如在硅和锗中,(111)面是常见的滑移面,位错线在(111)面内的 $[10\bar{1}]$,滑移方向是 $[1\bar{1}0]$,两者的夹角为 $60°$,故称 $60°$ 棱位错[3]。

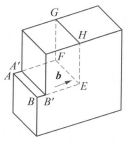

(a) 刃位错形成示意图

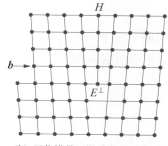

(b) 刃位错晶面滑移微观示意图

图 2.10　刃位错[3]

螺位错是滑移矢量与位错线平行的位错,如图 2.11 所示[3]。如图 2.11(a)所示,设想 $ABCD$ 晶面上半部的右半部分沿 AD 施加一个足够大的推力,使其发生滑移,滑移的微观示意图和剖面图分别如图 2.11(b)和(c)所示。这种位错的位错线和滑移矢量都是沿 AD 方向,即相互平行。如果设想绕着位错线 AD,沿"东-南-西-北"路径从一个格点到另一个格点一步步地移动,则会发现这种移动的轨迹就是一种螺旋上升的折线,故这种位错称为螺位错。

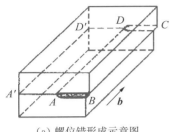
（a）螺位错形成示意图

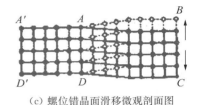
（b）螺位错晶面滑移微观示意图

（c）螺位错晶面滑移微观剖面图

图 2.11　螺位错[3]

晶体中的位错是存在应力的标志。如在刃位错产生前,所有共价键的键长处于一种平衡状态,但当额外的半晶面原子插入后,这些原子(尤其是靠近位错线)与相邻晶面原子之间的键长被压缩了,而未被插入的半晶面(尤其是靠近位错线)的相邻晶面的键长则被拉伸了。位错经常是由点缺陷团聚形成的[5]。晶体中每个点缺陷对应着一个与缺陷表面积相关的能量,当点缺陷团聚形成额外的半晶面(即形成位错)时,缺陷总表面积减少,因此,表面能倾向于降低,即当晶体中随机运动着的点缺陷团聚成位错时,将释放部分能量,更趋稳定。由此可见,位错是可以运动的。攀移和滑移是位错的两种主要运动机制,如图 2.12 所示。若将图 2.12(b)作为一个刃位错的初始状态,当该位错俘获一些间隙原子后,位错线向下运动了两个原子间距,如图 2.12(a)所示。而当该晶体上半部受到向右切应力作用时,则位错线相邻的晶面会断裂成两个半晶面,下半晶面与原先额外位错面合成一个新的完整晶面,而上半晶面成为一个新的位错晶面,如图 2.12(c)所示,即位错向右发生了滑移。

位错线既可以终止于晶体表面,也可以在晶体内部形成一个封闭的圆环,即位错环。位错环往往又与更高维的缺陷(如面缺陷)有关。

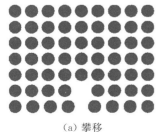
（a）攀移

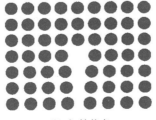
（b）初始状态

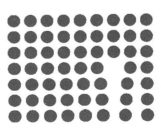
（c）滑移

图 2.12　刃位错运动示意图[5]

位错产生的根本原因是应力。在实际半导体工艺中,应力来源较多,最主要有高温工艺中的温度不均匀。在拉单晶过程中,晶体中心区和外围区存在较高温度梯度(即温度不均匀),幸运的是这种温差导致的位错可通过拉晶初期将其引至边界而避免。现代集成电路工艺所用的原始硅片一般都能达到无位错单晶水平。但后续集成电路工艺仍有可能产生较大应力而导致位错的产生。例如,快速热退火也是一种常见的温度不均匀产生的诱因。Si_3N_4是一种具有较高张应力的材料,LOCOS 工艺中为了避免 Si_3N_4 薄膜高应力的影响,通常需要预先生长一层薄 SiO_2 膜。对于高浓度掺杂,即使是替位杂质,它与周围母体原子大小不同,也会形成内部应力,使化学键断裂所需的能量降低,更易产生空位。在一些含有原子轰击的工艺中,常会造成一些物理损伤,产生空位和间隙原子,一旦产生高浓度点缺陷,也会团聚形成位错或其他更高维的缺陷。

面缺陷

二维面缺陷有一些不同表现形式。最简单的例子是多晶的晶粒间界,最受器件制造者关注的面缺陷则是层错。图 2.13 展示硅和锗中沿 [111] 方向的层错[5]。对于金刚石结构材料,原子沿 [111] 方向排列的晶面在正常情况下应按 ABCABC… 顺序排列。但在图 2.13 中两处虚线位置,这一正常顺序被打破,上下两处分别变为 ABACABCABC… 和 ABCBCABCABC…,即分别多了一层 A 原子和少了一层 A 原子,形成了层错。习惯上把多出一层原子的层错称为非本征层错,少掉一层原子的称为本征层错。在硅中大多数层错是非本征层错。层错与位错有一定的类似,层错也是多了或少了一个原子层。从层错的几何特性可知,层错常终止于晶体表面,也可终止于位错。当终止于晶体表面时,其大小和密度可以通过化学显迹的方法测量出来,因为对于某些化学试剂,在层错高应力区腐蚀速率明显加快。层错与空位、间隙原子等点缺陷可发生互作用。对于非本征层错,当它吸收间隙原子时,它将长大;反之,当它吸收空位时,则会缩小。所以,通过测量非本征层错大小在某些工艺前后的变化,可以推断出该工艺过程中究竟是产生间隙原子还是空位。例如,在硅的氧化实验中,发现层错是长大的,说明氧化过程会产生间隙原子,即氧化会诱导间隙原子注入。

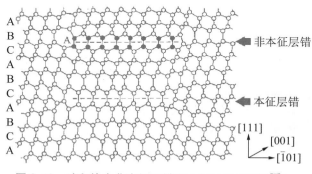

图 2.13　硅和锗中非本征层错和本征层错示意图[5]

体缺陷

三维体缺陷也有几种不同的表现形式。第一种体缺陷是孔洞,当空位浓度足够高,在晶体某些地方空位有可能聚集在一起形成孔洞。第二种体缺陷是杂质的成团(clustering)或析出（precipitation），当杂质浓度高于固溶度时，杂质就会成团或析出，但这种析出可以是非结晶性的析出，也可以是结晶性的析出，如图 2.14 所示，每个杂质原子仍占据了晶格格点。它们的形成，既可能是由于晶体中存在位错等缺陷吸引杂质聚集，也有可能是由于杂质原子随机扩散相遇而超过析出的临界成核尺寸。那些成团或析出的杂质原子，即使占据了晶格位置，也常常是非电活性的，这就对半导体器件的掺杂浓度设置了一定的上限。

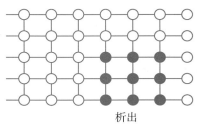

析出

图 2.14　杂质析出示意图[4]

上面介绍的各种缺陷除了施主杂质和受主杂质是故意引入，其他一般是非故意引入，而且似乎都是有害的，其实不然。应当说当这些缺陷在有源区时，它们的确会产生许多不利影响。空位、间隙原子、位错和层错会引起周围晶格畸变，引起禁带宽度的增大或缩小。另外，这些结构缺陷还往往会在禁带中形成一些较深能级，成为电子和空穴的有效复合中心，降低少子寿命，对双极型器件和光电子器件产生不利影响，所以，一般情况下要尽量避免这些缺陷。但当这些缺陷位于无器件区时，它们不仅对器件不会造成有害影响，而且有时甚至是有益的。例如，在硅片背面引入一些应变或损伤，或在硅片内部深处引入氧析出（又称氧沉淀），这些缺陷可以将点缺陷和不需要的重金属残余杂质俘获并限制在非有源区，这种技术称为吸杂。利用背面损伤的吸杂称为非本征吸杂，通过体内氧析出的吸杂通常称为本征吸杂。因为生长单晶硅时通常会溶入较高浓度的氧，降温后氧可能会析出，形成三维体缺陷，而这种体缺陷只要位置、尺寸适当，就可以起到有效吸杂作用。

2.5　半导体中的载流子

半导体具有价带全满、导带全空的能带结构，但这只是在绝对温度为零度时才严格成立。在室温下，仍有少量的电子从价带热激发至导带，并在价带留下相应的空穴，或电子从施主杂质电离进入导带，或空穴从受主杂质电离进入价带。尽管这种热激发过程或电离过程具有一定的随机性，而且要研究的对象——载流子的数量巨大，但它们也有规律可循，它们应遵循统计规律。本节将讨论本征半导体、杂质半导体包括简并半导体的载流子统计规律。

2.5.1　载流子的玻尔兹曼统计分布规律

统计物理学认为电子处于能量 E 的几率为

$$f(E) = \left[1 + \exp\left(\frac{E - E_F}{kT} \right) \right]^{-1} \tag{2.5}$$

这里 E_F 为费米能级，它标志了一个系统中电子填充水平的高低，类似于一个盛水容器中的水平面。$f(E)$ 又称为费米分布函数，具有如下性质：

　（1）当 $E - E_F < -2kT$ 时，$f(E) \approx 1$；

　（2）当 $E - E_F = 0$ 时，$f(E) = 1/2$；

（3）当 $E - E_F > 2kT$ 时，$f(E) \approx \exp\left(-\dfrac{E-E_F}{kT}\right) \ll 1$，这种分布函数又称玻尔兹曼分布函数。

就像计算盛水容器中的水量除了需要知道水平面外，还要知道这个容器各层横截面的面积那样，要计算半导体中载流子浓度，除了需要知道费米能级外，还要知道导带或价带的态密度。对于具有抛物线型色散关系的能带结构，其导带和价带的态密度分别为

$$g_C(E) = 4\pi(2m_e^*/h^2)^{3/2}(E-E_C)^{1/2} \tag{2.6a}$$

$$g_V(E) = 4\pi(2m_h^*/h^2)^{3/2}(E_V-E)^{1/2} \tag{2.6b}$$

通过对导带和价带中不同能量位置载流子浓度的积分，可以得到导带电子浓度和价带空穴浓度与费米能级存在如下关系：

$$n = N_C \exp\left(-\dfrac{E_C-E_F}{kT}\right) \tag{2.7a}$$

$$p = N_V \exp\left(-\dfrac{E_F-E_V}{kT}\right) \tag{2.7b}$$

这里 N_C 和 N_V 分别为导带和价带的有效状态密度，分别由下式决定：

$$N_C = 2(2\pi m_{ed}^* kT/h^2)^{3/2} \tag{2.8a}$$

$$N_V = 2(2\pi m_{hd}^* kT/h^2)^{3/2} \tag{2.8b}$$

上式中，m_{ed}^* 和 m_{hd}^* 分别为导带和价带的态密度有效质量，它们是包含了可能出现的多能谷以及能谷各向异性信息或轻重空穴有效质量信息的一个折合质量。（2.7）式的物理意义是，对导带电子（或价带空穴）的统计可以将所有导带电子假想为集中到导带底（或价带顶），同时其态密度为 N_C（或 N_V）。费米能级越接近于导带，电子浓度越高，空穴浓度越低；反之亦然。一旦费米能级的位置确定，电子浓度和空穴浓度也随之确定（假定温度是确定的）；反过来，一旦电子或空穴浓度确定，则费米能级的位置也确定。将（2.7a）和（2.7b）两式相乘，还可得到

$$np = N_C N_V \exp(-E_g/kT) \tag{2.9}$$

（2.9）式表示电子浓度和空穴浓度的乘积只与材料本身的性质（即禁带宽度、有效质量）和温度有关，而与费米能级位置和掺杂浓度无关。

2.5.2　本征载流子浓度及其随温度变化

利用（2.9）式，可以直接计算本征半导体的载流子浓度。根据电中性条件，在本征半导体中热激发产生的导带电子和价带空穴的浓度相等，这一浓度称为本征载流子浓度 n_i。其大小可通过电中性条件 $n=p$，再利用（2.9）式确定如下：

$$n_i = (N_C N_V)^{1/2} \exp(-E_g/2kT) \tag{2.10}$$

同时，利用（2.7）式还可以得到本征半导体的费米能级（称为本征费米能级），

$$E_i = \frac{E_C + E_V}{2} + \frac{3kT}{4}\ln\left(\frac{m_{dh}^*}{m_{de}^*}\right) \quad (2.11)$$

半导体本征载流子浓度与温度和禁带宽度有关,在一定温度下,应有一个确定值。图 2.15 为硅、锗、砷化镓 3 种半导体本征载流子浓度与温度倒数的关系[6]。随着温度升高,本征载流子浓度呈指数式增大,其对数与 $1/T$ 的斜率为 $-E_g/2k$。E_g 越大的材料,本征载流子浓度越低。对于硅材料,室温(300 K)下本征载流子浓度为 9.65×10^9 cm^{-3}。另外,由于室温热运动能量 kT 约为 26 meV,比大多数半导体禁带宽度小得多,因此,(2.11)式右边第二项相对于第一项可以忽略,即:可以认为本征费米能级位于半导体禁带中央。这是合理的,因为本征半导体既非 n 型,又非 p 型,所以,费米能级既不向导带也不向价带偏移。

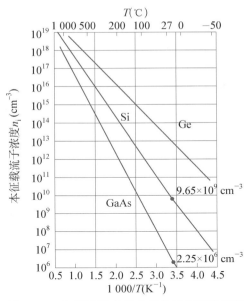

图 2.15 硅、锗和砷化镓本征载流子浓度与温度倒数的关系[6]

利用(2.10)式和(2.11)式,又可将(2.7)式和(2.9)式分别改写为

$$n = n_i \exp\left(\frac{E_F - E_i}{kT}\right) \quad (2.12a)$$

$$p = n_i \exp\left(\frac{E_i - E_F}{kT}\right) \quad (2.12b)$$

和

$$np = n_i^2 \quad (2.13)$$

2.5.3 杂质半导体载流子浓度及其随温度变化

对于杂质半导体,以掺有施主杂质的 n 型半导体为例,导带电子除了由本征热激发产生外,还需要考虑由施主电离产生的电子。这时就需要考虑电子占据杂质能级的几率,它类似于费米分布,

$$f_D = \left[1 + \frac{1}{2}\exp\left(\frac{E_D - E_F}{kT}\right)\right]^{-1} \quad (2.14)$$

于是,电离施主浓度(即施主贡献至导带电子的浓度)可写为

$$N_D^+ = N_D\left[1 + 2\exp\left(-\frac{E_D - E_F}{kT}\right)\right]^{-1} \quad (2.15)$$

根据电中性条件 $n = N_D^+ + p$,即可得

$$N_C\exp\left(-\frac{E_C - E_F}{kT}\right) = N_D\left[1 + 2\exp\left(-\frac{E_D - E_F}{kT}\right)\right]^{-1} + N_V\exp\left(-\frac{E_F - E_V}{kT}\right)$$

$$(2.16)$$

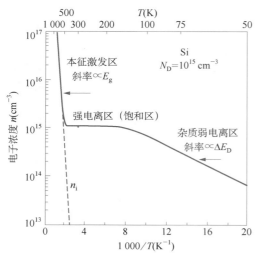

图 2.16　n 型半导体载流子浓度与温度倒数的关系[1]

从(2.16)式可知,对于确定温度,E_F 应有定值,电子浓度和空穴浓度也可确定。图 2.16 为典型的电子浓度对数与温度倒数的关系[1]。在低温下,电子浓度随温度上升呈指数式上升,其斜率与施主电离能($\Delta E_D = E_C - E_D$)成正比,此过程又称为杂质弱电离区。在中等温度范围,电子浓度存在一个饱和区,它对应于施主杂质的完全电离,故又称为强电离区,此时 $n = N_D$,大多数情况下室温就落在此区间。温度进一步升高,载流子本征热激发可超过施主杂质浓度,进入本征激发区,电子浓度主要由本征载流子浓度决定,它随温度呈指数式增加,其斜率正比于 E_g。

对于 p 型半导体,只要将电中性条件改为 $p = N_A^- + n$,也可以得到类似于 n 型半导体的结果。对于同时掺有施主和受主杂质的半导体,则只要将电中性条件改为 $n + N_A^- = N_D^+ + p$,也可计算出 E_F,从而进一步计算出电子和空穴的浓度。它也具有与单一杂质情形类似的 3 个温区,在饱和区或强电离区多数载流子的浓度等于掺杂浓度之差($N_D - N_A$ 或 $N_A - N_D$),这就是杂质补偿现象。在通常情况下,室温位于饱和区。

2.5.4　简并半导体载流子的费米统计分布规律

这里需要指出,上面的(2.7)式、(2.9)式、(2.12)式、(2.13)式,是在费米能级距导带边和价带边不过近的情况下($E_C - E_F > 2kT$ 和 $E_F - E_V > 2kT$)得到的。或者说,当费米分布函数可以用玻尔兹曼分布函数近似时,才有这些结论。这种条件下的半导体称为非简并半导体,此时半导体中载流子浓度较低,每个状态被电子占据的几率很低,不必考虑泡利不相容原理的限制。随着掺杂浓度的增大,以 n 型半导体为例,费米能级越来越接近导带边,甚至进入导带,这时半导体称为简并半导体,因为此时半导体中载流子浓度很高,相当数量的状态可能被一个以上电子占据,所以,必须考虑泡利不相容原理,费米分布函数不能用玻尔兹曼分布函数来近似,即:玻尔兹曼统计不能用来计算导带电子,必须用费米统计。显然,此时对于空穴浓度仍适用玻尔兹曼统计。(2.7a)式可改为

$$n = N_C \frac{2}{\sqrt{\pi}} F_{1/2}\left(\frac{E_F - E_C}{kT}\right) \tag{2.17}$$

这里 $F_{1/2}(\xi)$ 为费米积分,定义为

$$F_{1/2}(\xi) = \int_0^\infty \frac{x^{1/2}}{1 + \exp(x - \xi)} dx \tag{2.18}$$

当 $\exp(x - \xi) \gg 1$ 时,费米积分退化为玻尔兹曼积分,

$$B(\xi) = (\sqrt{\pi}/2)\exp(\xi) \tag{2.19}$$

图 2.17 为费米积分与玻尔兹曼积分的比较[1]。可以看出,当 $\xi < -2$ 时,玻尔兹曼积分与费米积分基本相同,在 $\xi \geqslant -2$ 尤其在 $\xi > 0$(对应于费米能级进入导带)时,玻尔兹曼积分明显偏离费米积分。由于玻尔兹曼统计不考虑泡利不相容原理,而费米统计考虑了泡利不相容原理,对于同样位置的费米能级,玻尔兹曼统计得到的载流子浓度偏高是可以预期的。当重掺杂使半导体成为简并半导体后,特别是当费米能级进入导带时,根据电子占据施主杂质能级几率的表达式可知,施主杂质电离率较低,不同于低掺杂和中等程度掺杂时杂质基本能完全电离。上述讨论对重掺杂 p 型半导体也适用,相应空穴浓度为

$$p = N_{\mathrm{V}} \frac{2}{\sqrt{\pi}} F_{1/2} \left(\frac{E_{\mathrm{V}} - E_{\mathrm{F}}}{kT} \right) \qquad (2.20)$$

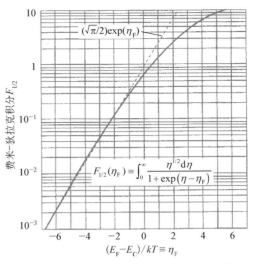

图 2.17　费米积分与玻尔兹曼积分的比较,虚线为玻尔兹曼积分[1]

2.6　载流子散射与迁移率

半导体中的载流子在热平衡条件下的热运动没有确定的方向性,因此,在没有外场作用时,净电流为零;在有外电场作用时,半导体载流子会加速作定向运动,从而形成净电流。但载流子在外场下的这种运动会受到散射的限制,本节将介绍半导体中常见的载流子散射机制及其对电学输运性质的影响。

2.6.1　载流子散射机制

载流子散射,类似于力学中的碰撞过程。散射的原因很多,固体物理学认为,只要晶体材料的原子排列偏离理想晶体,或者说晶体势场偏离严格的周期势场,就会引起载流子的散射。偏离理想晶体的因素很多,例如,晶格中某一格点位置被杂质原子占据,该位置附近的势场将偏离周期性晶体势,这种偏离将对载流子产生库仑散射。如果晶体出现一些空位、间隙原子、位错或晶粒间界,这些位置附近的势场也会偏离周期性晶体势,成为载流子的散射源。另外,即使晶体是完美的,没有任何位错或缺陷,只要工作温度高于绝对零度,由于晶格原子在格点平衡位置附近作热振动,使晶体势场偏离周期性,载流子也会受到散射,这种散射称为晶格振动散射或晶格散射。由于在固体物理中通常用声子来描述晶格振动波,因此,晶格振动散射又称为声子散射。大多数用于制造微电子器件的半导体都是具有较高晶体完整性的单晶,所以,杂质散射和晶格散射是两种主要散射机制。

2.6.2　载流子散射弛豫时间与迁移率

由于散射的存在,载流子运动存在一个弛豫时间,即两次相邻散射之间的时间。弛豫时间又称为自由时间,即载流子在经过一次散射后进行运动的时间,在这段时间内未受散射。

载流子散射的过程具有随机性,用单纯的质点运动规律难于描述,需要应用统计方法进行描述,常以平均弛豫时间 τ(或平均自由时间)表征载流子散射。虽然某个载流子在弛豫时间内在外场的作用下作加速运动,遭到散射之后,又会丧失原有速度,但从所有载流子的整体效果来看,可等效为所有载流子都以与外场成正比的速度作匀速运动,这一速度又称为漂移速度 v_d,它与载流子热运动速度 v_T 不同。

应用平均弛豫时间,可以得到外电场作用下载流子的平均动量弛豫速率,即

$$qE = \frac{m^* v_d}{\tau} \tag{2.21}$$

载流子漂移速度 v_d 正比于外场 E,可表示为

$$v_d = \mu E \tag{2.22}$$

其中,比例系数 μ 称为载流子迁移率。从该定义式可知,载流子迁移率反映了载流子在外场加速下获得漂移速度的能力,其单位为 $cm^2/V \cdot s$。对于半导体器件,载流子迁移率希望越大越好。根据迁移率的定义式,(2.21)式又可写为

$$\mu = \frac{q\tau}{m^*} \tag{2.23}$$

上式表明载流子的迁移率与弛豫时间成正比,与有效质量成反比。对于硅、锗、砷化镓等常见的半导体,电子有效质量比空穴有效质量小,因此,在大多数情况下,半导体中电子迁移率比空穴迁移率高。

2.6.3　杂质散射和晶格散射

如前所述,杂质散射和晶格散射是半导体中载流子散射最常见的两种机制。由量子力学的微扰理论可知,载流子受电离杂质散射的几率 $P_i \propto N_i T^{-3/2}$,平均弛豫时间 $\tau_i \propto T^{3/2}/N_i$,其中,$N_i$ 为电离杂质浓度。这表明杂质浓度越高,对载流子的散射也越强。如果半导体中同时存在施主和受主,则 N_i 应为总的杂质浓度 N_T,而不是施主和受主补偿后的浓度。另一方面,随着温度升高,载流子的热运动速度越大,它们在电离杂质原子附近有效停留时间越短,则散射变小。

对于半导体中的晶格振动格波,根据原子振动方式,可分为声学波和光学波。长声学波可理解为不等价原子以质心作为整体进行振动,长光学波则可理解为不等价原子以相对运动的方式进行振动,有关晶格振动格波的详细讨论可参见固体物理学教材的相关章节[7]。载流子在半导体中受到的晶格振动散射以声学波散射为主,其散射几率 $P_a \propto T^{3/2}$,平均弛豫时间 $\tau_a \propto T^{-3/2}$。

因为总的散射几率是各种散射几率的总和 $P = \sum_i P_i$,因此,总的平均弛豫时间 $\frac{1}{\tau} = \sum_i \frac{1}{\tau_i}$,总的迁移率应是受各种散射几率限制的迁移率 μ_i 的倒数之和的倒数,即 $\frac{1}{\mu} = \sum_i \frac{1}{\mu_i}$,于是,

$$\mu = \frac{q}{m^*} \frac{1}{AT^{3/2} + \frac{BN_T}{T^{3/2}}} \tag{2.24}$$

其中,A、B 分别为晶格振动散射几率和杂质散射几率的比例系数。

2.6.4　载流子迁移率与杂质浓度及温度的依赖关系

图 2.18 显示硅晶体中电子和空穴迁移率随杂质浓度和温度的变化[6]。由图 2.18 可见,首先,杂质浓度越高,受电离杂质散射越强,迁移率也越低;其次,在较高温度下,迁移率随温度增加而减小,因为高温下载流子散射受晶格散射主导,而低温下晶格散射被大大抑制,迁移率受杂质散射主导,尤其是当掺杂浓度较高时。

增大载流子迁移率是提高半导体器件性能的一个重要途径。迁移率除了与载流子有效质量、散射弛豫时间有关外,还与晶格的应变有关。20 世纪 90 年代以来的研究表明,通过给硅晶体施加适当应力,可通过改变硅晶体的能带结构、有效质量和散射几率以达到增强电子和空穴迁移率的目的,应变硅技术已成为亚100 nm 硅 CMOS 集成芯片制造中的关键工艺之一,有关内容在本书第 8 章有专门讨论。

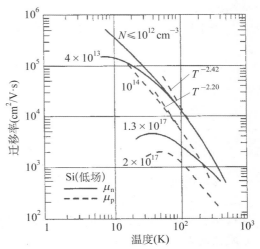

图 2.18　硅晶体中电子和空穴迁移率随杂质浓度和温度的变化关系[1]

2.7　载流子的漂移运动和扩散运动

当半导体中存在外电场时,载流子会沿电场力的方向作定向运动。当半导体中存在载流子浓度梯度时,载流子会从浓度高处向浓度低处作扩散运动。因为载流子荷电,所以,它们的定向运动都会形成电流。本节将简要介绍这两种运动及其导致的电流,以及这两种运动的内在联系(即爱因斯坦关系)。

2.7.1　载流子漂移运动

如前所述,当半导体存在外加电场时,载流子会沿电场方向作漂移运动,即电势梯度会引起漂移运动。由于空穴带正电、电子带负电,则空穴作漂移运动的方向与电场方向一致,而电子作漂移运动的方向与电场方向相反,因而形成漂移电流。空穴和电子漂移电流的大小可分别用 $qp\mu_p E$ 和 $qn\mu_n E$ 表示,这里 p、n 分别为空穴、电子的浓度,μ_p、μ_n 分别为空穴、电子的迁移率,E 为电场强度。

2.7.2　载流子扩散运动

当半导体中载流子浓度在空间上有变化(即存在载流子浓度梯度)时,载流子会从浓度高的区域向浓度低的区域运动(即作扩散运动)。微观粒子的扩散运动遵循菲克定律,即:粒子扩散运动的流密度(单位时间单位面积内流过的粒子数)可用 $-D\dfrac{\mathrm{d}n}{\mathrm{d}x}$ 表示,扩散运动流密度与浓度梯度成正比,其比例系数 D 称为扩散系数,其量纲为 cm^2/s。载流子的扩散运动将引起扩散电流。由于空穴和电子极性相反,空穴和电子的扩散电流可分别用 $-qD_p\dfrac{dp}{dx}$ 和 $qD_n\dfrac{dn}{dx}$ 表示,其中,D_p、D_n 分别为空穴、电子的扩散系数。

当半导体中同时存在电场和浓度梯度时,一维情形下电子和空穴电流可用下式表示:

$$J_n = qD_n\frac{dn(x)}{dx} + qn\mu_n E \tag{2.25a}$$

$$J_p = -qD_p\frac{dp(x)}{dx} + qp\mu_p E \tag{2.25b}$$

2.7.3　迁移率和扩散系数的爱因斯坦关系

通过微观分析可知,载流子的扩散系数实际上等于载流子热运动速度与平均自由程的乘积[8]。而平均自由程与受散射控制的平均弛豫时间成正比,因此,载流子的扩散系数应与迁移率成正比。通过分析热平衡时非均匀掺杂半导体的电流成分,可以将扩散系数和迁移率联系起来,如下式表示:

$$D = \frac{kT}{q}\mu \tag{2.26}$$

这就是著名的爱因斯坦关系,由爱因斯坦早在 1905 年研究粒子运动规律时发现。爱因斯坦关系适用于各种不同粒子的漂移和扩散运动,它反映了无序荷电粒子电势梯度驱动和浓度梯度驱动两种运动的内在联系,描述两种运动的迁移率和扩散系数都取决于粒子散射,受动量弛豫时间同一参数制约。在爱因斯坦关系中,另外两个参数 q 与 kT,则分别反映与两种运动有密切关系的电荷量和热运动能。在半导体集成电路科学技术领域,爱因斯坦关系不仅用于分析电子与空穴的漂移及扩散,也可用于分析杂质扩散等工艺中的原子及离子运动。

2.8　非平衡载流子产生、复合与寿命

在 2.5 节中,讨论了热平衡条件下本征半导体和杂质半导体中载流子的浓度。但半导体器件总是在偏离热平衡条件下使用的,半导体中载流子浓度有可能偏离其平衡值,因此,有必要对半导体在非平衡状态下载流子统计规律进行讨论。本节将讨论非平衡载流子的产生、复合规律,介绍半导体中常见的复合微观机制,以及非平衡条件下半导体载流子的统计方法。

2.8.1　非平衡载流子注入

在热平衡条件下,半导体只要给定温度和掺杂浓度,其载流子浓度也就确定,这种载流子浓度称为平衡载流子浓度。但在半导体器件中,由于外界因素的影响,如施加电场和光照,半导体中载流子浓度会偏离其平衡值,这种偏离平衡载流子浓度的载流子称为非平衡载流子。其与平衡载流子浓度之差称为非平衡载流子浓度,即

$$\Delta n = n - n_0 \tag{2.27a}$$

或

$$\Delta p = p - p_0 \tag{2.27b}$$

它既可以为正又可以为负,为正时即表示是载流子的过剩,为负时即表示是载流子的缺少。

　　在大多数情况下,非平衡的电子和空穴总是成对出现的,即 $\Delta n = \Delta p$。如(2.13)式所示,平衡载流子浓度满足 $n_0 p_0 = n_i^2$,很显然,非平衡载流子浓度 $np \neq n_i^2$。当 $np > n_i^2$ 时,载流子过剩;当 $np < n_i^2$ 时,载流子缺少。在大多数情况下,杂质半导体中两种载流子浓度相差很大。例如,某 n 型硅材料其平衡电子(多子)浓度为 $10^{15}\ \mathrm{cm}^{-3}$,则其平衡空穴(少子)浓度为 $10^5\ \mathrm{cm}^{-3}$ 量级;如果非平衡载流子浓度介于 $10^5\ \mathrm{cm}^{-3}$ 和 $10^{15}\ \mathrm{cm}^{-3}$ 之间,则 $p_0 \ll \Delta p = \Delta n \ll n_0$,即非平衡载流子对少子影响大,而对多子影响小。非平衡载流子的产生过程又称为非平衡载流子注入,一般可分为电注入和光注入。当注入的过剩载流子浓度低于平衡多子浓度时,称为小注入;反之,当注入的过剩载流子浓度高于平衡多子浓度时,称为大注入。

2.8.2　非平衡载流子复合寿命

　　非平衡载流子的注入打破了原有的平衡,造成载流子的过剩。当注入过程停止后,这些过剩载流子会通过电子-空穴复合过程使其逐步消失,非平衡载流子浓度会逐步趋于零,即电子浓度和空穴浓度会恢复到平衡状态。

　　在小注入情况下,非平衡载流子的复合几率 P(单位时间内非平衡载流子被复合掉的几率)为常数,于是,复合速率(单位时间内复合掉的载流子浓度)可写为

$$\frac{\mathrm{d}\Delta n(t)}{\mathrm{d}t} = -P \cdot \Delta n(t) \tag{2.28}$$

该微分方程的解为

$$\Delta n(t) = (\Delta n)_0 \exp(-Pt) \tag{2.29}$$

即非平衡载流子浓度以指数衰减的方式逐渐被复合掉,如图 2.19 所示[1]。非平衡载流子的寿命(平均存在时间)为

$$\tau = \frac{\displaystyle\int_0^\infty t\,\mathrm{d}\Delta n(t)}{\displaystyle\int_0^\infty \mathrm{d}\Delta n(t)} = \frac{1}{P} \tag{2.30}$$

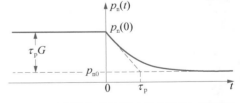

图 2.19　非平衡载流子产生复合时,其浓度随时间的变化关系[1]

非平衡载流子的复合速率又可写为 $-\Delta n/\tau$。非平衡载流子的寿命与材料的能带结构、掺杂水平、复合中心的数量有关,在大注入情形时还与注入水平有关。半导体材料比较常见的非平衡载流子寿命在微秒数量级。

2.8.3　非平衡载流子复合机制

　　非平衡载流子复合的微观机制有导带-价带间的直接复合、通过禁带中复合中心的间接复合、通过表面态的表面复合,以及将复合释放能量传递给第三个粒子的俄歇复合。在实际

半导体器件中,往往是其中一种复合机制占主导地位。下面分别介绍直接复合、间接复合和俄歇复合。

图 2.20 为半导体中导带电子和价带空穴进行直接复合、间接复合和俄歇复合的示意图[9]。所谓直接复合,就是导带中的电子直接跃迁至价带的一个空位,即电子与空穴发生直接的复合,这一过程往往伴随着光子的释放,它是许多半导体发光器件发光的基础。对于这种跃迁,其复合率应与电子浓度和空穴浓度成正比,即可写为[1]

$$R = Bnp \tag{2.31}$$

其中,B 称为直接复合系数。在热平衡时,产生率应与复合率相等,即

$$G_0 = R_0 = Bn_0 p_0 = Bn_i^2 \tag{2.32}$$

由于产生率应与价带电子浓度和导带空位浓度成正比,因此,即使在非平衡状态,可以认为其产生率与半导体载流子浓度无关,但复合系数 B 与半导体的能带结构和温度有关。当半导体存在非平衡载流子时,载流子净复合率可写为

$$U = R - G = R - G_0 = B(np - n_i^2) \tag{2.33}$$

对于小注入,如在 n 型半导体中,$n = n_0 + \Delta n \approx N_D$,$p = p_0 + \Delta p$,则

$$U = BN_D \Delta p \tag{2.34}$$

于是,非平衡载流子复合寿命为

$$\tau = \frac{\Delta p}{U} = \frac{1}{BN_D} \tag{2.35}$$

类似地,在 p 型半导体中,非平衡载流子复合寿命为

$$\tau = \frac{\Delta n}{U} = \frac{1}{BN_A} \tag{2.36}$$

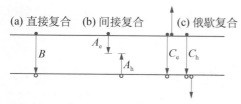

(a) 直接复合　(b) 间接复合　(c) 俄歇复合

图 2.20　半导体中载流子直接复合、间接复合和俄歇复合过程及其系数示意图[9]

这种通过带边跃迁的直接复合在直接禁带半导体中有很高的发生几率,其复合系数 B 可达 10^{-10} cm^3/s,但在间接禁带半导体中它要低得多,仅为 10^{-15} cm^3/s[1],因此,在间接禁带半导体中其他复合机制起主导作用。

在大多数情况下,硅、锗等间接禁带半导体中起主导作用的复合机制,是通过禁带中陷阱能级的间接复合,它常称为以 3 位发现者命名的 Schokley-Read-Hall 复合,简称 SRH 复合,这种陷阱能级可称为复合中心。根据由复合中心与导带交换电子(俘获/发射)和复合中心与价带交换空穴(俘获/发射)过程细致平衡原理,可以证明 SRH 净复合率可写为[9]

$$U = A_e(n - n_0) = A_h(p - p_0) = \frac{\sigma_e \sigma_h v_{th} N_t (np - n_i^2)}{\sigma_e(n + n_1) + \sigma_h(p + p_1)} \tag{2.37}$$

其中,A_e 和 A_h 分别为电子和空穴的 SRH 复合系数,

$$n_1 = n_i \exp\left(\frac{E_t - E_i}{kT}\right) \tag{2.38a}$$

$$p_1 = n_i \exp\left(\frac{E_i - E_t}{kT}\right) \tag{2.38b}$$

其中,N_t 为陷阱密度,E_t 为陷阱能级,v_{th} 为载流子热运动速度,σ_e 和 σ_h 分别为电子和空穴的俘获截面。由(2.37)式可见,当 E_t 位于禁带中央附近时,n_1 和 p_1 才比较小,即具有较强的复合作用。如只考虑这些有效陷阱,则(2.37)式可改写为

$$U = \frac{\sigma_e \sigma_h v_{th} N_t (np - n_i^2)}{\sigma_e(n + n_i) + \sigma_h(p + p_i)} \tag{2.39}$$

在 n 型半导体中,对于小注入,则(2.39)式变为

$$U = \frac{\sigma_e \sigma_h v_{th} N_t [n(p_0 + \Delta p) - n_i^2]}{\sigma_e n} \approx \sigma_h v_{th} N_t \Delta p \tag{2.40}$$

于是,非平衡载流子复合寿命可写为

$$\tau = \frac{\Delta p}{U} = \frac{1}{\sigma_h v_{th} N_t} \tag{2.41}$$

类似地,在 p 型半导体中,非平衡载流子复合寿命为

$$\tau = \frac{\Delta n}{U} = \frac{1}{\sigma_e v_{th} N_t} \tag{2.42}$$

(2.41)式和(2.42)式的物理意义可以这样理解:若把复合中心看成一个个具有一定横截面的粒子,而载流子以热运动速度 v_{th} 作无规则运动,则单位时间内一个电子或空穴落入复合中心的几率分别为 $\sigma_n v_{th} N_t$ 和 $\sigma_p v_{th} N_t$。从(2.41)式和(2.42)式还可以看出,SRH 复合寿命主要决定于少子的复合速度,因为非平衡载流子的复合本质上是通过一个电子和一个空穴的消失而实现的,而对于半导体来讲,多子浓度远高于少子浓度,即单位时间内能够落入复合中心的多子数量远高于少子数量,所以,最终非平衡载流子能否真正复合消失取决于复合中心对少子的俘获。

在半导体中非平衡载流子还有一种重要的复合机制,即俄歇复合。如图 2.20(c)所示,当一个导带电子与一个价带空穴复合时,其释放的能量不是放出光子或多个声子,而是传递给第三个载流子——电子或空穴,这就是俄歇复合。俄歇复合是一个涉及 3 个粒子的跃迁过程,所以,它往往在载流子浓度较高时会起重要作用。俄歇复合率可表示为[9]

$$R = C_e n^2 p + C_h n p^2 \tag{2.43}$$

其中,C_e 和 C_h 称为俄歇复合系数。仿照直接复合和 SRH 复合的处理过程,俄歇复合的净复合率可表达为

$$U = R - G = C_e n^2 p + C_h n p^2 - C_e n_0^2 p_0 - C_h n_0 p_0^2 \tag{2.44}$$

当非平衡载流子复合中同时存在上述 3 种机制时,总的电子净复合率和空穴净复合率可写为[9]

$$U_e = A_e n + B n p + C_e n^2 p + C_h n p^2 - G_{e0} \qquad (2.45a)$$

$$U_h = A_h p + B n p + C_e n^2 p + C_h n p^2 - G_{h0} \qquad (2.45b)$$

其中，

$$G_{e0} = A_e n_0 + B n_0 p_0 + C_e n_0^2 p_0 + C_h n_0 p_0^2 \qquad (2.46a)$$

$$G_{h0} = A_h p_0 + B n_0 p_0 + C_e n_0^2 p_0 + C_h n_0 p_0^2 \qquad (2.46b)$$

因为电子与空穴的消失总是成对的，所以，

$$U_e = U_p = U \qquad (2.47)$$

而电子和空穴的复合寿命可表达为

$$\tau_e = \frac{n - n_0}{U} \qquad (2.48a)$$

$$\tau_h = \frac{p - p_0}{U} \qquad (2.48b)$$

所以，

$$\frac{\tau_e}{\tau_h} = \frac{n - n_0}{p - p_0} = \frac{\Delta n}{\Delta p} \qquad (2.49)$$

一般来讲，$\Delta n \neq \Delta p$，所以，$\tau_e \neq \tau_h$，即少子复合寿命与多子复合寿命不相等。例如，在 SRH 复合时，当复合中心密度与热平衡载流子浓度相比不是很小时。但在许多情况下，如直接复合、俄歇复合以及复合中心密度不太高时，$\Delta n = \Delta p$，可以定义

$$N = n - n_0 = p - p_0 \qquad (2.50)$$

电子和空穴净复合率可写为

$$U = AN + BN(N + n_0 + p_0) + C_e N[N^2 + (2n_0 + p_0)N + (n_0^2 + 2n_0 p_0)]$$
$$+ C_h N[N^2 + (2p_0 + n_0)N + (p_0^2 + 2n_0 p_0)] \qquad (2.51)$$

这时，非平衡载流子的复合寿命可写为

$$\frac{1}{\tau} = A + B(N + n_0 + p_0) + C_e[N^2 + (2n_0 + p_0)N + (n_0^2 + 2n_0 p_0)]$$
$$+ C_h[N^2 + (2p_0 + n_0)N + (p_0^2 + 2n_0 p_0)] \qquad (2.52)$$

图 2.21 展示了 n-GaAs 非平衡载流子复合寿命与过剩载流子浓度的依赖关系[9]。当过剩载流子浓度较低时，复合以 SRH 复合机制为主，复合寿命与 N 无关；当过剩载流子浓度达到中等时，复合则以直接复合机制为主，此时复合寿命与 N^{-1} 成正比；当过剩载流子浓度很高时，复合则以俄歇复合机制为主，此时复合寿命与 N^{-2} 成正比。

最后，讨论直接复合、SRH 复合和俄歇复合这 3 种机制的特点和作用。直接复合往往伴随着发射光子，是半导体发光器件最主要的复合方式，而 SRH 复合和俄歇复合则属非辐射复合，它们是发光器件中影响发光效率的主要机制。在直接禁带半导体中，直接复合、SRH 复合和俄歇复合都可能起主导作用。而在间接禁带半导体中，由于导带底与价带顶在

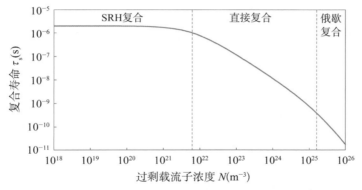

图 2.21　n-GaAs 非平衡载流子复合寿命与过剩载流子浓度的依赖关系[9]

k 空间不处于同一位置,所以,直接复合几率很低,在间接禁带半导体中只有 SRH 复合和俄歇复合可能占主导。SRH 复合速度与载流子浓度一次方成正比,直接复合与载流子浓度平方成正比,而俄歇复合则与载流子浓度三次方成正比。在载流子浓度较低时,SRH 复合较为重要;俄歇复合只有在载流子浓度较高时才比较重要,如在重掺杂半导体、窄禁带半导体、较高注入水平或较高温度下比较重要。

2.8.4　非平衡载流子的统计分布

最后,来介绍半导体中非平衡载流子的统计方法。如 2.5 节所述,体系处于热平衡状态的一个重要标志,是具有一个统一的费米能级。当半导体处于非平衡状态时,一般讲非平衡载流子不能用费米能级来描述,因为这些非平衡载流子的能量分布不一定遵循费米统计规律。它们首先需要经过晶格弛豫过程,使其能量分布恢复费米统计,这种晶格弛豫过程通常小于 10^{-10} s,远小于非平衡载流子复合消失所需的平均时间(即寿命)10^{-6} s。因此,如果只讨论晶格弛豫完成后非平衡载流子复合过程的浓度变化规律,仍可用费米统计。但这时电子和空穴不能用统一的费米能级描述,而是需用各自子系统的费米能级来描述,分别称为电子准费米能级 E_{Fn} 与空穴准费米能级 E_{Fp}。利用准费米能级概念,电子和空穴非平衡载流子浓度可以分别表示为

$$n = N_C \exp\left(-\frac{E_C - E_{Fn}}{kT}\right) \tag{2.53a}$$

$$p = N_V \exp\left(-\frac{E_{Fp} - E_V}{kT}\right) \tag{2.53b}$$

当半导体中同时存在电场、浓度梯度以及非平衡载流子的产生与复合时,其载流子浓度遵循以下连续性方程(针对一维情形):

$$\frac{\partial n}{\partial t} = D_n \frac{\partial^2 n}{\partial x^2} + \mu_n E \frac{\partial n}{\partial x} + \mu_n n \frac{\partial E}{\partial x} - \frac{\Delta n}{\tau} + g_n \tag{2.54a}$$

$$\frac{\partial p}{\partial t} = D_p \frac{\partial^2 p}{\partial x^2} - \mu_p E \frac{\partial p}{\partial x} - \mu_p p \frac{\partial E}{\partial x} - \frac{\Delta p}{\tau} + g_p \tag{2.54b}$$

只要给定半导体的边界条件和初始条件,通过联立上述连续性方程以及泊松方程,原则

上就可求解半导体中载流子浓度随空间和时间的变化。有了载流子浓度的解,就可得到半导体中各处电势、电场及电流密度,这就是模拟半导体器件的基本方法。

思考题

1. 如何用能带理论解释固体材料的导电特性?

2. sp^3 杂化与硅晶体结构之间有什么关联?

3. 试说明硅、锗、砷化镓的能带结构特点。

4. 试说明有效质量的概念。它对处理半导体实际问题有什么帮助?

5. 试说明空穴的概念。

6. 半导体中有哪几种缺陷? 它们对半导体性能有什么影响?

7. 什么叫本征半导体? 什么是本征载流子浓度? 它与哪些因素有关?

8. 掺杂半导体的载流子浓度受哪些因素影响? 它随温度的变化规律是怎样的? 为什么?

9. 简并半导体与非简并半导体有什么区别? 为什么简并半导体需要用费米统计,而非简并半导体可用玻尔兹曼统计?

10. 试说明载流子漂移运动和热运动之间的区别。

11. 试说明载流子迁移率的物理意义。

12. 半导体载流子输运通常受哪些散射机制影响? 它们分别在哪种情形下会起主导作用?

13. 为什么半导体中的非平衡载流子可以用准费米能级描述?

14. 半导体中非平衡载流子有哪些常见复合机制? 它们分别有什么特点、在哪种场合下起主导作用?

参考文献

[1] 施敏,伍国珏,半导体器件物理(第 3 版). 西安交通大学出版社,2008 年.

[2] J. Singh, *Electronic and Optical Properties of Semiconductor Structures*. Cambridge, New York,2003.

[3] 冯文修,半导体物理学基础教程. 国防工业出版社,2005 年.

[4] J. D. Plummer, M. D. Deal, P. B. Griffin, *Silicon VLSI Technology: Fundamentals, Practices and Modeling*. Prentice Hall, Upper Saddle River, NJ, USA, 2003.

[5] S. A. Campbell 著,曾莹,严利人,王纪民等译,微电子制造科学原理与工程技术. 电子工业出版社,2003 年.

[6] S. S. Li, *Semiconductor Physical Electronics*. Springer, New York, 2006.

[7] 黄昆著,韩汝琦改编,固体物理学. 高等教育出版社,1988 年.

[8] 萨支唐著,阮刚,汤庭鳌,章倩苓等译,固态电子学基础. 复旦大学出版社,2003 年.

[9] J. M. Liu, *Photonic Devices*. Cambridge, New York, 2005.

第 3 章

集成电路基础器件

集成电路种类繁多,集成规模不同,性能与功能各异,但它们都是由一些基础器件构成的。各种类型的晶体管是集成电路最主要的基础器件。晶体管与 pn 结二极管等常被称为有源器件(active device),它们在电路中可实现信号放大、开关、整流等变化,也可称为"主动器件"。有些集成电路中还需要制作电阻、电容和电感,以实现特定的电路功能。电阻、电容和电感被称为无源器件(passive device),它们只能传输信号,也可称为"被动器件"。本章首先概要讨论各种有源半导体器件的共同基础原理——3 种界面效应,然后分别介绍晶体管等各种集成电路基础器件的基本原理,最后简要介绍集成无源器件结构和原理。

3.1 界面效应——各种半导体器件的物理基础

集成电路中常用的有源器件有 npn 和 pnp 双极型晶体管、NMOS 和 PMOS 场效应晶体管、肖特基金属栅场效应晶体管、pn 结二极管和金属半导体肖特基接触二极管等。虽然这些器件的具体结构、所用材料、制造工艺和电学特性十分不同,但在它们工作原理的深处有一个共同的基础物理效应,那就是界面效应。图 3.1 为各种半导体微电子器件中常用的 3 种基本结构——金属半导体接触、pn 结、金属/介质/半导体结构界面示意图。

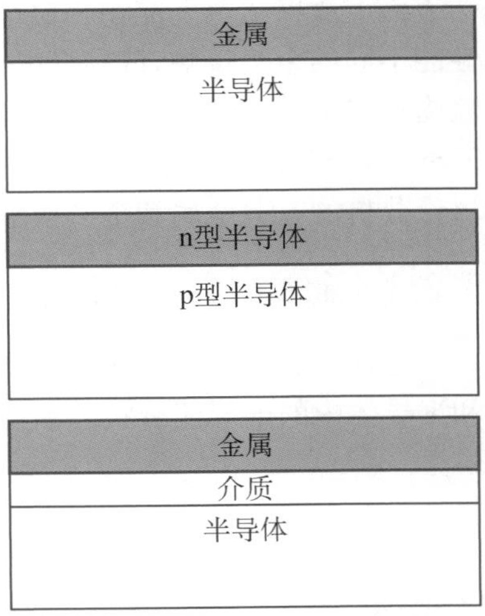

所有电子器件的功能,都是由电子运动变化实现的。如同其他物质运动一样,可以想象,电子在均匀金属与半导体等固体材料中的运动,通常也是均匀运动。但在界面及其附近区域,如金属与半导体界面、p 型与 n 型半导体界面、金属与介质界面、介质与半导体界面等,电子运动将会发生显著变化。正是由于这些不同物质在界面处的不连续性,可以形成不同结构、不同功能的电子器件。

界面两侧电子的能量状态不同,必然导致界面两侧电子交换、空间电荷区产生、界面势垒形成等物理效应。

图 3.1 半导体器件的 3 种基本结构:金属半导体接触、pn 结、金属/介质/半导体结构界面

在半导体器件技术发展中,最重要的界面物理效应是金属半导体肖特基接触势垒效应、pn结势垒效应、金属/介质/半导体表面场效应。分析这些不同界面效应中的物理机制与电子运动规律,可以看到它们既有各自不同特点,又有某些共同之处。正是在对半导体各种界面效应深入研究过程中,人们逐步发明和发展了多种多样的二极管、晶体管等半导体分立器件,以及功能各异、集成度越来越高、速度越来越快的集成电路。以下各节将对这些界面效应及其相应半导体器件的原理、特性和应用,分别进行讨论与分析。

3.2　金属半导体接触、界面与肖特基势垒

金属半导体接触(可简称金半接触)研究历史悠久,金半接触二极管是最先获得应用的半导体器件[1]。早在 1874 年 F. Braun 在研究金属(水银)与晶态半导体(硫化铜、硫化铁)接触的电学特性时,就发现了整流效应,即电流大小依赖于外加电压极性。20 世纪初已开始研制出各种金属半导体点接触二极管整流器。20 年代金半点接触二极管就已经作为检波器件,应用于无线电广播接收机。随着锗和硅单晶材料技术进步,出现了金属与锗、硅的点接触二极管。在第二次世界大战期间,金半点接触二极管作为微波信号检波器在雷达探测技术中得到应用。在这些早期半导体器件发展过程中,一些物理学家研究和提出了金属半导体接触整流效应理论模型。在固体能带理论基础上,德国物理学家肖特基于 1938 年提出,金半接触的非对称导电机制在于界面附近空间电荷形成的电子势垒。由此人们把这种电子势垒称为肖特基势垒,把具有单向导电特性的金属半导体接触称为肖特基接触[2]。

由肖特基接触势垒构成的器件,在硅和化合物半导体器件技术中有许多应用。但在集成电路等各种器件中应用更为普遍的,是用 Al、Cu、W、Ti 等金属形成的具有低电阻双向导电的欧姆接触。有多种方法和技术可以形成金属半导体接触。例如,在硅等半导体的清洁表面上溅射或蒸发淀积一层金属,即可形成金半接触。不仅各种金属与半导体可以形成性能不同的金半接触,许多导电金属化合物,如金属硅化物、金属氮化物,也可与半导体形成欧姆接触或肖特基接触。特别需要强调的是,在各种分立器件和集成电路中,PtSi、WSi_2、$TiSi_2$、$CoSi_2$、NiSi 等金属硅化物,是形成优良欧姆接触和肖特基接触的重要材料[3]。下面讨论分析的有关金属和金半接触的各种特性,都包括金属化合物。

3.2.1　金属的电子功函数

为什么金半接触界面上会产生肖特基势垒呢?最基本且较易理解的原因,是由于金属和半导体内的电子能量状态和功函数不同。图 3.2 显示相互独立的金属和半导体的电子能带结构与电子功函数的含义。金属的价电子能带通常为半满的导带,电子位于费米能级(E_{Fm})附近及以下。金属价电子相对一个个金属原子来说,它们是"自由"的,可以在整个金属晶体各个原子之间作共有化运动,在外加电场下可输运电流。但相对真空中的自由电子来说,它们又是束缚电子,被整个金属所束缚,即束缚在金属晶体

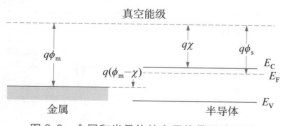

图 3.2　金属和半导体的电子能带及功函数

的势阱中。金属电子如果要脱离金属的束缚成为自由电子，应具有足够的能量，必须做功，才能逃逸出金属到达真空。如果电子速度为零的真空电子能量状态定义为真空能级（E_0），则金属费米能级 E_{Fm} 与电子真空能级 E_0 之间的势能差值，就被称为金属的电子功函数，有时也被称为电子脱出功，常用 W_m 表示，

$$W_m = E_0 - E_{Fm} = q\phi_m \tag{3.1}$$

其中，q 为电子电荷，ϕ_m 为金属与真空之间的电势差。各种金属清洁表面的功函数在 2～6 eV 范围。例如，铝的功函数为 4.25 eV，即金属铝表面电子如果具有等于或超过 4.25 eV 的能量，就可能发射至真空，成为自由电子。真空能级 E_0 以上自由电子能量状态是连续的。实际测量得到的金属功函数数值与价电子状态、晶向、表面清洁度等因素有关。图 3.3 显示在真空中清洁表面上测得的各种金属电子功函数与原子序数存在周期性变化关系。

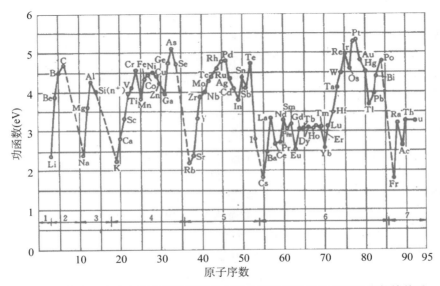

图 3.3　真空中清洁表面上测量得到的各种金属电子功函数与原子序数的关系

电子功函数的概念对于许多技术应用很重要。例如，阴极的电子发射电流大小取决于功函数值，热电子发射电流密度 j 随温度的变化遵循与功函数有关的指数规律：

$$j \sim \exp(-W/kT) \tag{3.2}$$

因此，总是选择功函数小的材料作为显像管、电子显微镜等真空电子器件中的阴极。为提高阴极电子发射效率，还常在阴极表面淀积可降低功函数的涂层。

3.2.2　半导体的电子功函数与亲合能

如图 3.2 所示，半导体的功函数 W_s 应定义为真空能级与半导体费米能级 E_F 之差，

$$W_s = E_0 - E_F = q\phi_s \tag{3.3}$$

ϕ_s 为半导体与真空之间的电势差。半导体的费米能级 E_F 通常位于禁带中间，而且随杂质种类及浓度变化，因此，半导体材料的功函数也随其掺杂元素及浓度变化。但一种特定半导体材料的导带底（E_C）是不变的，它与真空能级 E_0 的能量差为一固定值，称为半导体的电子

亲合能,表示为 $q\chi$,即

$$q\chi = E_0 - E_C \tag{3.4}$$

χ 称为半导体的电子亲合势。电子亲合能为使位于半导体导带底的电子逸出体外所需要的最小能量。硅的电子亲合能为 $4.05\,\text{eV}$,锗为 $4.13\,\text{eV}$,砷化镓为 $4.07\,\text{eV}$。利用亲合能,半导体的功函数可表示为

$$W_s = q\chi + (E_C - E_F) \tag{3.5}$$

由于半导体的载流子类型和浓度是可变的,即 E_F 的位置依赖掺杂变化,因此,半导体的功函数并不是一个定值。以硅为例,其功函数依不同掺杂情况可在 $4.05\sim5.17\,\text{eV}$ 内变化。

3.2.3 金属/半导体接触电势差与肖特基势垒

两种不同材料的功函数一般是不相等的,当它们接触时,界面上就会发生电子交换,形成接触电势差。金属和半导体两者紧密接触后,通过电子交换,就会在界面形成金半接触势垒。以图 3.2 所示金属和半导体两种材料为例,说明金半接触势垒的形成原因。图 3.2 所示半导体为 n 型,其功函数小于金属,半导体导带电子能量高于金属费米能级附近的电子能量。

图 3.4 显示金属和半导体接触后的能带变化和肖特基势垒形成,下面分析其原因。当两者接触形成统一电子体系时,界面两侧的电子就可能越过界面,进入另一侧。按照电子具有占据尽量低能态的规律,在 $W_m > W_s$ 条件下,半导体电子越过界面进入金属的几率将高于相反方向的电子运动。这将破坏接触前各自的电中性状态,导致金属表面呈现负电荷 (Q_m),半导体一侧呈现正电荷 (Q_d)。界面两侧所带电荷极性相反、数量相等,整个系统仍保持电中性,即 $Q_m + Q_d = 0$。 由于金属的能态密度高,可以认为由半导体过来的电子完全集中在金属表面。在 n 型半导体一侧则显著不同,界面附近的正电荷通常是由电子离开后,局域化的电离施主杂质构成的。由于半导体内杂质浓度的限制,与金属表面电子负电荷相等数量的电离施主正电荷,将分布在界面附近一定区域内,即在界面半导体一侧形成空间电荷区。这个区域也常称为耗尽区,因为其中电子浓度远低于离化施主浓度,即电子被耗尽。

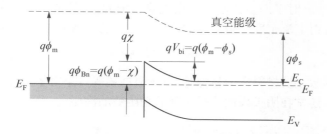

图 3.4　金属和半导体接触体系的能带结构

在图 3.4 的例子中,界面电子交换使金属一侧电势降低、半导体一侧电势升高,也就是形成了接触电势差,而且电势的变化主要发生在半导体空间电荷区内。电势变化将完全补偿原来费米能级的差异,使金属和半导体两侧达到平衡状态,电子净流动停止,形成统一的费米能级 E_F。界面两侧电子交换形成的接触电势差,由两者与真空能级 E_0 的差值决定,即取决于金属和半导体的功函数差值,

$$V_{bi} = \phi_m - \phi_s \tag{3.6}$$

V_{bi} 为内建电势,有时也表示为 V_{ms},称为金半接触电势差。

电势变化将导致金属和半导体内各处电子能量状态的相应变化。如图 3.4 所示,在金属与半导体之间形成一个能量势垒,对两侧电子越过界面的运动发生阻挡作用,这就是金半接触势垒。势垒高度由金属的功函数与半导体的电子亲合能的差值决定。n 型半导体与金属之间的势垒高度可表示为

$$q\phi_{Bn} = q(\phi_m - \chi) \tag{3.7}$$

由金属进入半导体的电子,必须具有高于这个势垒的能量。半导体导带电子越过边界进入金属所需要的最低能量则为

$$qV_{bi} = q(\phi_m - \phi_s) \tag{3.8}$$

内建电势 V_{bi} 也可表示为

$$V_{bi} = \phi_{Bn} - V_n \tag{3.9}$$

$$qV_n = E_C - E_F \tag{3.10}$$

即:qV_n 为导带底与费米能级之间的能量间隔。

从上面的讨论可以看到,金属和半导体接触界面是一个与两侧都不同的特殊区域,两侧的物理性质差别导致形成电子势垒。正是这种势垒将控制金半接触的导电性能,使其具有二极管整流特性。金半接触势垒对导电性能的影响取决于势垒的高度及宽度。金属与 n 型半导体的势垒高度,由前者的功函数和后者的电子亲合能之差值决定,如(3.7)式所示。势垒宽度则取决于半导体耗尽层宽度,由掺杂浓度决定。如果势垒高度很低,与热运动能 kT 相近,则界面两侧电子将可能有足够能量越过势垒,对载流子阻挡作用较小。或者如果势垒宽度很薄,金半接触势垒的阻挡作用也会消失。当半导体掺杂浓度非常高,就会产生很窄的耗尽层,即势垒宽度很薄,在这种情况下,即便势垒很高,电子也会由于量子隧穿效应能够直接穿透界面,形成导电电流。这两种极端情况形成的金半界面具有欧姆接触特性,即线性双向导电。当半导体的掺杂浓度较低,且与金属形成的势垒高度 $q\phi_{Bn} \gg kT$,则金半接触势垒将决定导电极性和电流大小。这就是典型的肖特基势垒接触。具有肖特基势垒的金半接触在外接电源时,将显示单向导电整流特性,形成的二极管就被称为肖特基势垒二极管,常简称为"SBD"(Schottky barrier diode)。

金属与 p 型半导体也可能形成肖特基势垒接触,以图 3.2 的同一金属为例说明。对于 p 型半导体,其费米能级将位于靠近价带顶的禁带中。这时半导体的电子功函数将大于金属的功函数,$W_s > W_m$。因此,两者紧密接触后,界面电子交换将导致在金属一侧聚积正电荷,p 型半导体一侧形成负电荷空间电荷区,从而造成由金属界面至半导体内部的电势分布,半导体界面附近的能带将向下弯曲,形成阻挡空穴越过界面的能量势垒。对于理想金半接触,同一种金属和同一种半导体(如硅),在 n 型衬底上的势垒高度($q\phi_{Bn}$)与 p 型衬底上的势垒高度($q\phi_{Bp}$)之和,应正好等于该半导体的禁带宽度(E_g)。所以,金属与 p 型半导体的势垒高度可表示为

$$q\phi_{Bp} = E_g - q(\phi_m - \chi) \tag{3.11}$$

早期研究者曾认为,对于 n 型半导体,如果金属功函数小于半导体功函数,即 $W_m < W_s$,两者接触时电子将从金属流向半导体,在半导体表面形成负的空间电荷区,这里的电子浓度会比体内高,因而是高电导区域。这种金半界面层可称为反阻挡层,形成欧姆接触。对于 p 型半导体,如果金属功函数大于半导体功函数,即 $W_m > W_s$,两者接触时也会形成反阻挡界面层,具有优良欧姆接触特性。这时在半导体界面层的空穴浓度比体内高,因而是高电导区域。图 3.5 为按照这种功函数差值模型,设想的 4 种不同类型金属和半导体接触界面层能带结构示意图,推测在界面上既可能形成阻挡载流子运动的势垒层,也可能形成反阻挡层。但是,由于界面能级"钉扎"效应(详见 3.2.4 节),金半接触势垒并非完全由两者功函数决定,界面总是存在势垒,不能形成反阻挡层。近年在纳米 CMOS 及其他超高频半导体器件制造技术中,如何降低晶体管源漏区接触电阻,已成为关键难题之一,如果能找到某种金属与半导体材料组合,或借助某种工艺,形成高电导界面接触,则将成为金半接触技术的重要突破。

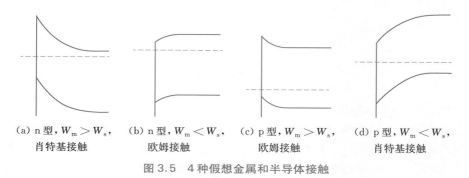

(a) n 型,$W_m > W_s$,　(b) n 型,$W_m < W_s$,　(c) p 型,$W_m > W_s$,　(d) p 型,$W_m < W_s$,
　肖特基接触　　　　　欧姆接触　　　　　　欧姆接触　　　　　　肖特基接触

图 3.5　4 种假想金属和半导体接触

以上是关于金半接触性能的理想简化模型,常被称为肖特基模型。根据这一模型,半导体与金属形成的接触导电特性,完全取决于两者功函数差值变化。但是,大量实际测量得到的金半接触势垒高度数据,与(3.7)式计算所得不同,即势垒高度并不按 $q(\phi_m - \chi)$ 的关系随金属功函数变化。虽然金属功函数差别很大(见图 3.3),但它们与半导体的实测接触势垒高度差别却小得多。这说明必然有其他因素对金半接触势垒的形成及其高度有显著影响。1947 年美国贝尔实验室的物理学家巴丁(J. Bardeen),在探索半导体晶体管的过程中,根据许多实验结果,提出了表面态模型[4],更好地说明了金半接触势垒的形成机制。

3.2.4　半导体表面与界面

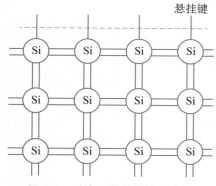

图 3.6　硅表面的悬挂键示意图

半导体与其他固体材料的物理和化学性质是由它们的晶体结构决定的。半导体晶体内部原子的周期性排列及其形成的周期性电势场决定了半导体的电子能带结构。表面是晶格三维周期性终止之处,表面原子有未能与其他原子结合的悬挂化学键。因而表面的电子能量状态应该与内部有所不同,在禁带内可能产生只存在于表面的局域化电子能量状态,即表面能级,或称表面态。图 3.6 显示硅晶体表面原子与内部原子价键结构的不同。体内的原子通过相邻原子的两个电子结合形成共价键,表面上的相邻原子之间也可组成共价键,但表面原子在体外一侧的电子则成为未饱和的悬挂键。这种不完整的键可以接受一个电子形成饱和键。因此,与悬挂键相对应的表面能级是受主能态。表面电子能级概念是由苏联物理学家塔姆(И. E. Tamm,1885—1971)在 1933 年首先提出的,故也曾被称为塔姆能级。有关硅等共价键半导体的悬挂键表面态理论最早由肖克莱(W. Shockley)提出。表面态在禁带中间有一定分布,能级密度与晶向及表面结构等有关,通常可以看成是连续变化的。

实际的半导体晶体表面上常存在各种吸附杂质、缺陷和介质层。例如,硅表面总会有一薄氧化硅层,真正的表面实际上处于界面。因此,也常用界面能级(或称界面态)描述界面电子状态。除了上述与悬挂键有关的电子能态外,界面上的杂质、缺陷也会在表面禁带中形成电子能级,有施主型的,也有受主型的,即表面能级可能发射电子,也可能接受电子。半导体的表面或界面可以与半导体内部交换电子或空穴。由于这种电荷交换,即便没有金属接触,半导体表面与体内之间也可能形成一定电势差。例如,如果 n 型半导体内部的导带电子运动至表面,占据能量较低的禁带内表面能级,则可使表面带负电,而在半导体内留下施主杂质离子正电荷。表面以内就会形成空间电荷区和相应的电场。这导致能带在空间电荷区内向上弯曲,在热平衡条件下,表面与内部形成统一费米能级和表面势垒。这说明即使未和金属接触,半导体表面也会形成电子势垒或空穴势垒。

在与金属接触时,界面电子能态将与金属功函数,共同对金半接触肖特基势垒的形成作贡献。图 3.7 就是考虑半导体表面电子态影响后,金半接触肖特基势垒形成的示意图。图 3.7 中半导体表面禁带内的短划线代表表面能级(也可称为界面能级),其中,$q\phi_0$ 定义为表面中性费米能级或中性能级,用以描述表面的电荷状态。如果电子填满 $q\phi_0$ 以下的全部表面能级,则表面是电中性的;当电子填充低于 $q\phi_0$ 时,表面将带正电;当电子填充超过 $q\phi_0$ 时,则表面带负电。处于金属与半导体之间的表面能级,和两者都可能交换电子。图 3.7 中金属与半导体之间有一超薄介质层,这是因为在淀积金属时,硅等半导体表面往往有厚度为 $0.1 \sim 1$ nm 的薄氧化层覆盖。由于量子隧穿效应,这层超薄介质对电子运动影响较小。

图 3.7 显示金属、n 型半导体表面与内部 3 个部分通过电子交换达到热平衡后的能带图。如果金属、半导体表面和内部耗尽区的电荷量分别用 Q_m、Q_{it}、Q_d 代表,按热平衡状态下的电中性要求,则 $Q_m + Q_{it} + Q_d = 0$。图 3.7 中的统一费米能级在表面中性能级 $q\phi_0$ 之下,表明表面带正电,这是由于部分表面能级上的电子转移到金属。这说明与没有表面能级时相比,对于同样金半接触,半导体耗尽区的正电荷将减少,因而半导体耗尽区宽度与势垒高度都相应变小。可见金半接触势垒的形成,除前面讨论的两者功函数外,还受表面电子态的影响,其程度取决于表面能级密度。如果表面能级密度很高,体内导带电子会填充这些表面能级,填充的最高能级将接近表面中性能级 $q\phi_0$。高密度表面能级与金属交换电子后,其填充水平也将保持在中性能级 $q\phi_0$ 附近。达到热平衡状态后,半导体表面空间电荷区内的接触电势差,将决定于半导体体内费米能级与表面中性费米能级之差,

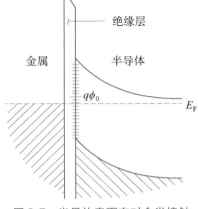

图 3.7　半导体表面态对金半接触势垒的影响

$$qV_{bi} \approx E_F - q\phi_0 \qquad (3.12)$$

通常 $q\phi_0$ 是以价带顶基点量度的,因此,肖特基势垒高度将由下式决定:

$$q\phi_{Bn} \approx E_g - q\phi_0 \tag{3.13}$$

在表面能级密度很高的情况下,半导体表面费米能级位置和表面势垒高度都主要由表面电子能态决定,而与金属功函数及半导体掺杂浓度的相关性显著减小。这种现象被称为费米能级钉扎效应(pinning effect)。这一效应在肖特基势垒形成及 MOS 等器件性能中有着重要作用。

以上讨论说明,肖特基势垒高度对半导体表面或界面状态十分敏感,因而应与半导体表面晶向、清洗工艺及金属接触制备工艺等许多因素有关。此外,根据电学原理,电子和金属之间的镜像力作用也会使势垒高度有所降低。应用电流-电压法(I-V)、电容-电压法(C-V)、光电等多种物理测试技术,可以获得势垒高度数值。在文献资料中可以找到各种金属及金属硅化物等导体,与各种半导体接触的肖特基势垒高度数据。由于材料、制备和测试方法不同,得到的势垒高度数值往往有一定分散性。

3.2.5　金属/半导体肖特基接触的单向导电特性

金属和半导体两者接触形成的肖特基势垒,将对电子在两者之间的运动起阻挡作用。这说明接触势垒区是一个高电阻区域,而且其电阻随所加电压的极性及大小变化。由图 3.8可见在不同电压条件下,金属与 n 型半导体肖特基接触势垒的变化情形。图 3.8(a)为无外接电源时的金半接触体系能带,这时虽然界面两侧有少部分能量超过势垒高度的电子,也会越过势垒形成电子流,但在热平衡状态下,由金属到半导体与相反方向的电子流完全相等,净电流为零。当金半之间外接电源时,热平衡状态遭到破坏,电压将主要降落在高电阻的半导体表面空间电荷区,改变其势垒宽度和高度。

如果金属一侧加正电压,即 $V>0$,如图 3.8(b)所示,对半导体中的电子,势垒高度将减小,由 qV_{bi} 降为 $q(V_{bi}-V)$,导致更多半导体导带电子进入金属,使电子流密度增加;但对于金属中的电子,势垒高度基本上不随外加电压变化,势垒高度依旧为 $q\phi_{Bn}$,由金属进入半导体的电子流密度与加电压前相比应无变化,因此,将有净电流通过,即金半接触处于正向导电状态,电流密度随电压上升而增加。在 $V<0$ 的反向电压下,如图 3.8(c)所示,降落在空间电荷区的负电压使半导体内能带下移,空间电荷区厚度增宽,表面势垒高度增大到 $q(V_{bi}+|V|)$,相应由半导体一侧越过势垒的电子流将比零电压时更小,即金半接触处于反

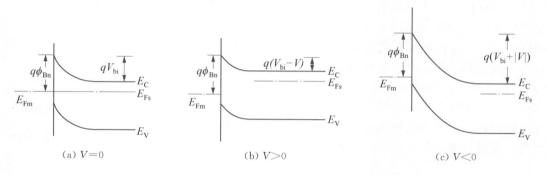

(a) $V=0$　　　　　(b) $V>0$　　　　　(c) $V<0$

图 3.8　不同电压条件下金半肖特基接触势垒的变化

向截止状态。在反向电压偏置下,从半导体到金属的反向电流,由从金属越过势垒进入半导体的电子流组成,其大小取决于势垒高度和温度。由于这个势垒高度不为外加电压所改变,在反向电压较高和恒定温度条件下,肖特基接触的反向电流应该不随电压变化,故称为反向饱和电流。在常温下能量大于势垒高度 $q\phi_{Bn}$ 的电子数目很少,所以,反向饱和电流密度很小。

　　上面利用简单热发射模型,定性说明金半接触肖特基势垒的单向导电机理。通过金半接触界面势垒的电子,必须在电子浓度梯度和电场的作用下首先输运到界面,如果其能量足够高,就越过界面势垒进入金属,形成电流。电子扩散和热发射是决定肖特基势垒区域电子运动的两个相继过程。电流大小取决于两者中较弱的过程。对于金半接触电学特性的定量理论,肖特基和其他学者进行了研究,提出了扩散理论和热发射理论,后来又发展了两者相结合的综合理论等。根据金半接触理论分析,肖特基势垒二极管的电流密度 J 与电压 V 的依赖关系可以表示为

$$J = J_0 \exp\left(\frac{qV}{nkT}\right)\left[1 - \exp\left(-\frac{qV}{kT}\right)\right] \tag{3.14}$$

$$J_0 = A^* T^2 \exp\left(-\frac{q\phi_{Bn}}{kT}\right) \tag{3.15}$$

J_0 为饱和电流密度,它取决于肖特基势垒高度,并随温度上升显著增加。(3.15)式中 A^* 称为有效理查孙常数(effective Richardson's constant),单位为 $A/(K^2 \cdot cm^2)$,其数值依赖于载流子有效质量等,对 n 型与 p 型硅,其计算值分别约为 112 与 32。(3.14)式中,n 被称为理想因子,对于理想的肖特基势垒二极管,势垒高度恒定,n 值等于 1。但对于实际器件,由于受镜像力效应等因素影响,金半接触势垒高度随外加电压有所变化,n 值通常大于 1。在 V 大于 $3kT/q$ 条件下,(3.14)式可简化为

$$J = J_0 \exp\left(\frac{qV}{nkT}\right) \tag{3.16}$$

根据(3.14)式至(3.16)式的电流/电压特性及其随温度的变化规律,从实验数据可以获得肖特基二极管的势垒高度 ϕ_{Bn} 和理想因子 n 的数值。

3.2.6　肖特基接触器件的应用

　　以上简要介绍的金属半导体界面及接触的一些基本物理概念和肖特基势垒导电特性,对于了解微电子器件原理和发展半导体工艺技术都十分重要。肖特基势垒二极管是多数载流子器件,速度快,在分立和集成电路中都有广泛应用。不同功能的器件对肖特基势垒高度要求不同,有的器件要求高势垒,有的要求低势垒,这就需要应用不同的金属薄膜材料制备金半接触。各种不同耐压和功率的肖特基二极管在检波、整流、高速开关电源等方面有广泛应用。肖特基接触用于制造抗饱和双极型逻辑电路,可显著提高信号传输速度。利用肖特基势垒接触,在 GaAs 等化合物半导体材料上,制造高速金属半导体场效应晶体管(MESFET)集成电路[1]。如何应用肖特基势垒接触特性,发展新型纳米 CMOS 电路也是一个受到重视的研究课题[5]。

　　所有半导体器件都需要制备导电性能优越的欧姆接触,而且近年随着集成电路器件尺寸持续缩微,要求获得接触电阻率越来越小的金半接触。虽然按图 3.5 所示原理,可形成无

势垒的金属和半导体接触,但在至今实际可应用的欧姆接触材料及工艺中,金半接触通常属势垒接触。在高掺杂半导体衬底上,即便可以获得欧姆接触特性,但其接触电阻率数值还是与势垒高度相关。因此,低势垒导电材料和工艺的研究与开发成为影响硅纳米集成电路技术进步的关键课题之一[6]。

3.3　半导体 pn 结界面

当 p 型半导体和 n 型半导体紧密结合时,就将形成 pn 结。pn 结具有正反向不对称导电性,因此可以用作整流二极管。pn 结普遍用于其他半导体器件和集成电路的隔离、少子注入以及场效应器件的源漏等。可以说 pn 结是构成半导体器件和集成电路的最基本元素,pn 结界面也是半导体集成电路制造中最重要的界面之一。本节将讨论 pn 结的基本特性。

3.3.1　pn 结空间电荷区

由于 n 型和 p 型半导体的热平衡载流子类型与浓度不同,当这两种半导体结合在一起时就要发生载流子扩散,如图 3.9 所示,电子会从 n 型向 p 型扩散,空穴从 p 型向 n 型扩散。这种互扩散的结果是原本电中性的 n 型和 p 型半导体均偏离了电中性,n 型半导体侧带正电,p 型半导体侧带负电。与金属接触中的半导体类似,这种偏离电中性的区域也存在着一定的宽度,称为空间电荷区,如图 3.10 所示。在 pn 界面两侧形成空间电荷区的同时,也产生相应电场。由于这种电场是由载流子互扩散造成的,为区别通常的外电场,这种电场又称为内建电场,但对载流子而言,内建电场具有与外电场同样性质的作用力。由于 p 型半导体侧带负电、n 型半导体侧带正电,所以,内建电场的方向从 n 型指向 p 型,内建电场就试图将电子从 p 型半导体拉回 n 型半导体,将空穴从 n 半导体拉回 p 型半导体,或者说,内建电场的作用是阻止电子、空穴的互扩散。因此,位于 pn 结界面两侧的载流子既受到浓度梯度场作用力,又受到内建电场作用力,载流子扩散与漂移两种运动同时存在,达到动态平衡,在一定 pn 结掺杂条件下,形成一定的空间电荷与电场分布。

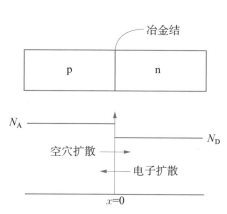

图 3.9　pn 结形成时载流子扩散方向示意图

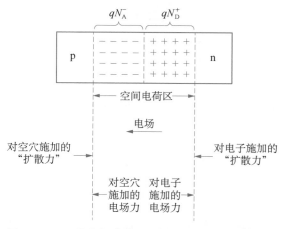

图 3.10　pn 结空间电荷区、内建电场的形成及其对载流子运动的影响

3.3.2　pn 结界面电势差

从能带角度来看,由于 p 型和 n 型半导体功函数不等,两种半导体在未接触前,它们的费米能级位置不同,如图 3.11 所示。当两种半导体结合形成 pn 结时,电子就要从费米能级较高的 n 型半导体,流向费米能级较低的 p 型半导体。随着电子转移,n 型半导体显正电性,p 型半导体显负电性,形成从 n 型指向 p 型半导体的内建电场,从而使 n 区的静电势升高、能带下降。根据热力学理论,热平衡状态系统具有统一的费米能级。n 区半导体能带相对 p 区下降,使得两种半导体的费米能级持平,达到热平衡状态,如图 3.12 所示。这种 n 区和 p 区静电势差,可称为内建电势或接触电势差,对于均匀掺杂的 pn 突变结,内建电势大小可表示为

图 3.11　p 型、n 型半导体在未接触前的能带示意图

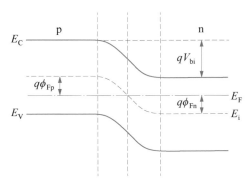

$$V_{bi} = \frac{kT}{q} \ln\left(\frac{N_A N_D}{n_i^2}\right) \qquad (3.17)$$

其中,N_A 和 N_D 分别为 p 型和 n 型半导体的掺杂浓度,n_i 为半导体本征载流子浓度,k 为玻尔兹曼常数,T 为绝对温度,q 为电子电荷。

图 3.12　热平衡 pn 结的能带示意图

对于均匀掺杂的 pn 突变结,根据高斯定理、泊松方程及电场连续性原理,pn 结空间电荷区内的电场分布为线性,pn 结界面电场应连续,空间电荷区边界的电场强度为零。由于电势是电场强度的积分,因此,电势分布为抛物型,能带形状即为电势分布图的倒转。图 3.13 展示了热平衡条件下 pn 突变结的净电荷密度、电场强度、电势分布,其具体数学表达式可参见相关文献[1, 7, 8]。

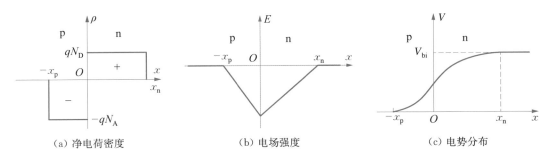

(a) 净电荷密度　　　　　　(b) 电场强度　　　　　　(c) 电势分布

图 3.13　热平衡条件下的 pn 突变结

3.3.3　载流子分布与注入

由于能带图是对电子而言,因此,与静电势 $V(x)$ 对应的能带图变化应为 $-qV(x)$。能带边 $E_C(x)$、$E_V(x)$ 与本征费米能级 $E_i(x)$ 具有相同的变化关系,因此,$E_i(x)$ 即为静电势

的翻转。根据(2.12a)和(2.12b)式,载流子浓度 $n(x)$、$p(x)$ 随 $E_i(x)$ 具有指数依赖关系。图 3.14 展示的载流子浓度分布,包括热平衡、正偏、反偏 3 种状态。在空间电荷区内绝大部分区域,载流子的浓度远小于热平衡多子浓度 p_{p0}、n_{n0},所以,空间电荷区也常称为耗尽区。因为空间电荷区内的静电势变化,对多数载流子有阻挡作用,所以,空间电荷区又称势垒区。

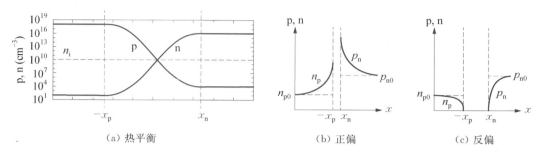

图 3.14 pn 结载流子浓度分布

在热平衡时,载流子浓度的变化只发生在空间电荷区,$pn = n_i^2$ 仍成立。在该区域中,载流子除了有扩散运动外,还有漂移运动,如前所述,这两种运动达到了动态平衡;在中性区,载流子浓度均匀分布。在正偏(即 p 区加正、n 区加负,偏压为 V)条件下,外电场与内建电场方向相反,或者说削弱了内建电场,从而有净扩散电流持续流过 pn 结,同时,缩小了空间电荷区。空间电荷区内的载流子处于非平衡状态,需用准费米能级描写,由于电子准费米能级比空穴准费米能级高 qV,因此,$pn = n_i^2 \exp(qV/kT)$。这时,载流子浓度的变化不仅发生在空间电荷区,也发生在中性区,在空间电荷区边界上少子浓度发生了一定程度的堆积,其浓度分别为

$$p_n(x_n) = p_{n0} \exp(qV/kT) \tag{3.18a}$$

$$n_p(-x_p) = n_{p0} \exp(qV/kT) \tag{3.18b}$$

其中,p_{n0} 和 n_{p0} 分别为 n 区和 p 区热平衡少子浓度。根据连续性方程,中性区内少子浓度呈指数分布,可表示如下:

$$p_n(x) = p_{n0} \exp(qV/kT) \exp\left(-\frac{x - x_n}{L_p}\right) \tag{3.19a}$$

$$n_p(x) = n_{p0} \exp(qV/kT) \exp\left(\frac{x + x_p}{L_n}\right) \tag{3.19b}$$

其中,L_p 和 L_n 分别为 n 区空穴和 p 区电子的扩散长度。由以上各式可以看出,在正偏时,p 区的空穴和 n 区的电子将分别向 n 区和 p 区注入,且这种注入随偏压 V 呈指数增长关系。当 pn 结反偏(即 p 区加负、n 区加正)时,外电场与内建电场方向相同,空间电荷区加宽。

3.3.4 pn 结的单向导电特性

由(3.19)式可知,pn 结在正向偏置时,进入非平衡状态,少子注入随偏压 V 呈指数增长关系。同时,pn 结在反偏时,空间电荷区边界上的少子浓度几乎为零(因为 V 为负数),且与反偏电压的大小几乎无关。这时中性区也形成非平衡状态,只不过此时非平衡载流子浓度变化为

负，即载流子缺少，如图 3.14(c) 所示。所以，pn
结反偏时仍存在扩散电流，只不过此时的电流
很小，正比于少子浓度梯度，且与反偏电压的大
小几乎无关。因此，pn 结导电具有正向电流随
偏压指数上升，反向电流很小且几乎保持不变
的单向导电性，如图 3.15 所示[7]。经过简单
推导，不难获得其电流表达式

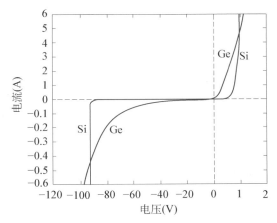

$$I = I_{\mathrm{S}}\left[\exp(qV/kT) - 1\right] \quad (3.20\mathrm{a})$$

其中，

$$I_{\mathrm{S}} = qA\left(D_{\mathrm{p}}\,\frac{n_{\mathrm{i}}^2}{N_{\mathrm{D}}}\,\frac{1}{L_{\mathrm{p}}} + D_{\mathrm{n}}\,\frac{n_{\mathrm{i}}^2}{N_{\mathrm{A}}}\,\frac{1}{L_{\mathrm{n}}}\right)$$
$$(3.20\mathrm{b})$$

图 3.15　硅、锗的 pn 结的 $I\text{-}V$ 特性

其中，A 为 pn 结面积，D_{p} 和 D_{n} 分别为 n 区空穴和 p 区电子的扩散系数。pn 结的单向导电
特性，其物理机制可以理解如下：当 pn 结施加正向偏压时，结的势垒区变窄、变低，就会有大
量空穴从 p 区流向 n 区，大量电子从 n 区流向 p 区，其结果是电流增大；反过来，当 pn 结施
加反向偏压时，结的势垒区变宽、势垒变高，空穴只能从 n 区流向 p 区，电子只能从 p 区流向
n 区，而空穴在 n 区和电子在 p 区都是少子，它们的数量都很少，且与外加反偏电压的大小
关系不大，导致反偏时电流很小，而且几乎不变。

从 (3.20b) 式可以看出，流过 pn 结的总电流是电子向 p 区扩散和空穴向 n 区扩散的电
流之和，这两股电流均为少子电流。空穴与电子两种少子扩散电流之比为

$$D_{\mathrm{p}}\,\frac{n_{\mathrm{i}}^2}{N_{\mathrm{D}}}\,\frac{1}{L_{\mathrm{p}}}\Big/ D_{\mathrm{n}}\,\frac{n_{\mathrm{i}}^2}{N_{\mathrm{A}}}\,\frac{1}{L_{\mathrm{n}}}, \quad \text{即} \quad \frac{D_{\mathrm{p}}}{D_{\mathrm{n}}}\,\frac{N_{\mathrm{A}}}{N_{\mathrm{D}}}\,\frac{L_{\mathrm{n}}}{L_{\mathrm{p}}}$$

由于两种载流子的扩散系数和扩散长度均为同数量级物理量，因此，其比值的大小主要是由
$N_{\mathrm{A}}/N_{\mathrm{D}}$ 比值决定。对于 p^+n 结，空穴扩散电流远大于电子扩散电流，总电流主要由空穴扩散
电流构成；对于 n^+p 结，电子扩散电流远大于空穴扩散电流，总电流主要由电子扩散电流构成。

值得指出的是，上面所述的电流方程是在理想情况下，且 pn 结为很厚样品时成立。对
于薄 pn 结，表达式需要作一定的修正。例如，若 p 型半导体的厚度 W_{p} 远小于电子扩散长
度 L_{n}，则电子向 p 区扩散电流项中的 L_{n} 需由 W_{p} 代替。

另外，由于正偏或反偏时空间电荷区内存在过剩或减少的非平衡载流子，因此，空间电
荷区内就会有复合电流或产生电流，可分别表示为

$$I_{\mathrm{r}} = \frac{qAn_{\mathrm{i}}W}{2\tau}\left[\exp(qV/2kT) - 1\right] \quad\quad\quad (3.21\mathrm{a})$$

$$I_{\mathrm{g}} = \frac{qAn_{\mathrm{i}}W}{\tau} \quad\quad\quad (3.21\mathrm{b})$$

其中，W 为耗尽层宽度，τ 为复合寿命。由于这种电流是叠加在 (3.20) 式所表达的少子扩散
电流上的，因此，在一定条件下，如当材料的本征载流子浓度较低时，在反偏和正向小偏压情
况下，这种产生-复合电流可能会对 pn 结的理想 $I\text{-}V$ 特性有较大影响：①反向电流明显大

于(3.20b)式表达值,且因 W 为反偏电压的函数而导致反向电流不饱和;②正向小偏压时电流随电压变化关系偏离 $\exp(qV/kT)$,可用 $\exp(qV/nkT)$ 描述,理想因子 n 在 1~2 之间。相对于硅管,产生-复合电流对锗管的影响较小,因为锗的室温本征载流子浓度较硅高 3 个数量级。

3.3.5 pn 结的电容效应

上面讨论了 pn 结的直流特性,其特性类似于单向电流开关。从前面讨论中可知,pn 结中间存在一个耗尽区,这类似于一个 MIM 平板电容器。当一个变化的偏压施加在 pn 结上时,pn 结会表现出电容特性。一方面,由于 pn 结存在空间电荷区,且该空间电荷区的宽度会随偏压大小而变化,即空间电荷区储存的电荷量会随偏压变化,具有电荷储存效应,这种电荷储存效应导致的电容称为势垒电容。另一方面,pn 结在中性扩散区也存有非平衡载流子,尤其在正偏时其存储的电荷量很大,这种扩散区中非平衡少子储存效应导致的电容称为扩散电容。由于 pn 结的电容通常是偏压的函数,因此,一般所讲的 pn 结电容都是指微分电容,定义为

$$C = \frac{\mathrm{d}Q}{\mathrm{d}V} \tag{3.22}$$

pn 结势垒电容 C_T 为

$$C_T = \frac{\mathrm{d}(qN_A x_p A)}{\mathrm{d}V} = \frac{\mathrm{d}(qN_D x_n A)}{\mathrm{d}V} = \frac{\mathrm{d}(qN_{\mathrm{eff}} x_d A)}{\mathrm{d}V} \tag{3.23}$$

其中,有效浓度 $N_{\mathrm{eff}} = \dfrac{N_A N_D}{N_A + N_D}$,耗尽层宽度 $x_d = \left(\dfrac{2\varepsilon_s}{q}\dfrac{V_{\mathrm{bi}}-V}{N_{\mathrm{eff}}}\right)^{1/2}$,$\varepsilon_s$ 为半导体介电常数,为相对介电常数和真空介电常数之积。进一步可将(3.23)式化简为

$$C_T = A\,\frac{\varepsilon_s}{x_d} \tag{3.24}$$

这个式子与平板电容器的电容表达式很相似,但必须注意此处为微分电容,其值是偏压 V 的函数。从上面有效浓度 N_{eff} 和耗尽层宽度 x_d 的表达式也可知 pn 结的另一重要特性,即:pn 结耗尽层宽度主要取决于低掺杂一侧的掺杂浓度,与高掺杂一侧的掺杂浓度关系较弱。

pn 结扩散电容 C_D 可以理解为

$$
\begin{aligned}
C_D &= \frac{\mathrm{d}(Q_p + Q_n)}{\mathrm{d}V} = \frac{\mathrm{d}(I_p \tau_p + I_n \tau_n)}{\mathrm{d}V} = \frac{q}{kT}(I_p \tau_p + I_n \tau_n) \\
&= \frac{qA}{kT}(qL_p p_{n0} + qL_n n_{p0})\exp\left(\frac{qV}{kT}\right)
\end{aligned} \tag{3.25}
$$

此处利用了 pn 结少子扩散电流与外加偏压呈指数依赖关系。但严格推导表明,分母还需加上因子 2,即

$$C_D = \frac{1}{2}\frac{q}{kT}(I_p \tau_p + I_n \tau_n) = \frac{qA}{2kT}(qL_p p_{n0} + qL_n n_{p0})\exp\left(\frac{qV}{kT}\right) \tag{3.26}$$

从(3.25)式和(3.26)式可以看出,pn 结的扩散电容 C_D 与电压 V 呈指数依赖关系,只在正偏下比较显著。

3.3.6　异质 pn 结

上面讨论的 pn 结都是指用同一种半导体构成的,如硅或锗。还有一种 pn 结可以用两种半导体材料构成,则称其为异质 pn 结。图 3.16 展示了 n-GaAs/p-AlGaAs 异质结的能带图。异质结由于有两种半导体构成,因此,其电子亲合能不同,禁带宽度也各不相同。对于如图 3.16 所示的 n-GaAs/p-AlGaAs 异质结,GaAs 禁带较窄,AlGaAs 禁带较宽,在异质结界面存在导带不连续 ΔE_C 和价带不连续 ΔE_V。于是,相对于同质结,电子从窄禁带的 GaAs 注入到宽禁带的 AlGaAs 要跨越一个额外的势垒 ΔE_C,相反,空穴从宽禁带 AlGaAs 注入到窄禁带 GaAs 的势垒降低了 ΔE_V。这表明在 n-窄禁带/p-宽禁带异质 pn 结中,相对于同质 pn 结,空穴注入更容易,电子注入更困难。如果重新计算空穴扩散电流与电子扩散电流之比,应为

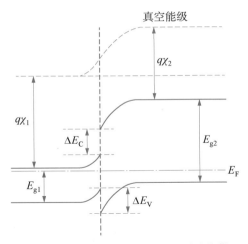

图 3.16　n-GaAs/p-AlGaAs 异质结能带图

$$D_p \frac{n_{i,\,GaAs}^2}{N_D} \frac{1}{L_p} \bigg/ D_n \frac{n_{i,\,AlGaAs}^2}{N_A} \frac{1}{L_n}$$

即

$$\frac{D_p}{D_n} \frac{N_A}{N_D} \frac{L_n}{L_p} \exp\left(\frac{\Delta E_g}{kT}\right)$$

与同质 pn 结相比,少子扩散电流之比提高了 $\exp(\Delta E_g/kT)$,因为 ΔE_g 通常可达几百毫电子伏特,而室温 kT 只有 26 meV,这样,少子扩散电流之比可提高几个数量级,可超过掺杂浓度比。因此,利用宽禁带半导体向窄禁带半导体注入少子的高注入比,可以设计出新型异质结双极型晶体管(HBT)。

3.4　介质/半导体界面

金半接触和 pn 结是构成半导体器件的两种基本元素,另一种构成半导体器件的基本元素是金属-绝缘层-半导体(简称 MIS)结构。在 3.2 节中已讨论了金属-半导体(M-S)接触,在 M-S 结构中插入绝缘层,构成 MIS 结构,金属电极称作栅极,绝缘层称为栅介质,这是一个与通常所说的平板电容器类似的结构。不同之处在于,在平板电容器中,绝缘层两边都是金属,在外加偏压时所有的压降全部落在绝缘层上;而在 MIS 结构中,绝缘层两边分别是金属和半导体,由于半导体具有较好的导电性,MIS 仍然是一个与平板电容器类似的电容,但由于半导体载流子浓度比金属低多个数量级,因此,当有外加偏压加在这个电容两端时,有一部分压降会落在半导体上,即:电场可以从栅极穿过栅介质层渗入半导体内,不同大小和极性的栅电压可以形成不同的半导体表面状态,可以使半导体表面发生多子积累、耗尽或反

型。所以,MIS 结构是一个会随栅电压变化的变容器。通过 MIS 结构偏压调制半导体表面电导状态的效应称为场效应,基于 MIS 场效应原理工作的半导体器件称为绝缘栅场效应器件。

绝缘栅场效应器件常以硅作为半导体衬底,在其上通过热氧化生长的 SiO_2 作为栅介质,金属或重掺杂多晶硅作为栅电极,由于 MIS 结构中的绝缘层是氧化物,这种结构常称为 MOS 结构。本节将主要讨论 MOS 结构表面电场效应、MOS 电容特性以及 SiO_2/Si 体系中电荷与陷阱能级的影响,而有关硅衬底上热氧化生长 SiO_2 介质的工艺将在第 10 章中详细介绍。

3.4.1 半导体表面状态

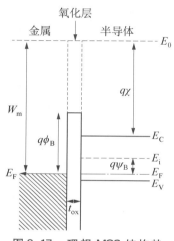

图 3.17　理想 MOS 结构热平衡时的能带图

先讨论理想 MOS 结构。所谓理想 MOS 结构,就是指 SiO_2 是理想绝缘体,且内部无缺陷和电荷,并假设金属栅极的功函数与半导体的功函数相等。以下讨论以 p-Si 衬底为例,获得的结论对 n-Si 衬底也可以类似导出。图 3.17 为理想金属/SiO_2/Si(p 型)结构热平衡时的能带图。图 3.17 中 E_0 为真空能级,W_m 为金属的功函数,$q\chi$ 为半导体的亲合能,Ψ_B 为费米势,它由半导体的掺杂浓度决定,$q\phi_B$ 为金属与 SiO_2 之间的势垒高度。由于是理想 MOS 结构,金属和半导体的功函数相等,该 MOS 结构在形成前后没有发生电荷转移,即处处保持电中性,因此费米能级持平,能带处于平带状态。

在外加电压场效应作用下,MOS 结构中的电子状态及能带将改变。仍设 SiO_2 为理想绝缘体,若让栅极加上偏置电压 V,半导体接零电位,则会导致电子势能变化,使栅极与半导体的费米能级错开,而金属和半导体内部的费米能级仍保持水平,MOS 二极管的电流绝对为零。图 3.18 表示出理想 MOS 结构栅极施加负偏压、较小正偏压和较大正偏压时的能带图。由于能带图是以电子能量为计,当栅极施加负偏压 V 时,金属电子势能将上升 $q|V|$,使栅极能带向上移动。电场必在半导体一侧感应生成等量正电荷,但半导体载流子浓度远低于金属,其屏蔽电场的能力较金属要弱得多,或者说其德拜长度较金属要大得多,因此,近界面区的半导体会存在不均匀电势分布,能带会发生弯曲。对于负栅压,半导体表面附近的能带向上弯曲,半导体表层空穴浓度会升高,p 型半导体表面处于空穴(多子)积累状态。反之,当栅极施加正偏压 V 时,金属电子势能使栅极能带向下移动。同时,半导体表面附近的能带会向下弯曲,半导体表层的空穴浓度降低,形成受主负电荷区,即 p 型半导体表面处于多子耗尽状态。当栅极正偏电压更大时,半导体内感生负电荷增多,导致表面能带向下弯曲量超过费米势时,则半导体表面的导电型号就将从 p 型转变为 n 型,即半导体表面处于反型状态。半导体表面能带弯曲可用半导体表面势 Ψ_s 表示,Ψ_s 定义为半导体表面相对于体内的电势差,即以体内为电势零点的半导体表面电势大小。半导体表面能带弯曲区域电中性被破坏,形成空间电荷区,但作为 MOS 结构整个系统仍应保持电中性,半导体表层空间电荷与金属栅面电荷符号相反、电量相等。

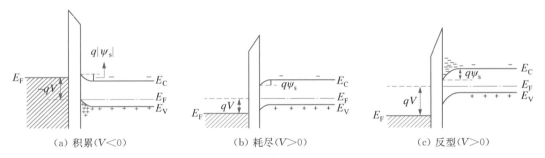

（a）积累（$V<0$）　　　　（b）耗尽（$V>0$）　　　　（c）反型（$V>0$）

图 3.18　理想 MOS 结构表面积累、耗尽和反型的能带图

3.4.2　表面势

对于 MOS 结构的场效应，可以通过泊松方程进一步定量讨论。假设 p-Si 衬底为均匀掺杂，掺杂浓度为 N_A，如栅极相对于衬底施加电压 V，则它将被分配在氧化层和半导体表面空间电荷区，即

$$V = V_{ox} + \Psi_s \tag{3.27}$$

同时，栅极上的面电荷 Q_g 应当与半导体空间电荷区电荷 Q_s 符号相反、电量相等，即

$$Q_g = -Q_s \tag{3.28}$$

而氧化层上的压降 V_{ox} 又可表示为

$$V_{ox} = E_{ox} t_{ox} = \frac{Q_g}{\varepsilon_{ox}} t_{ox} = \frac{Q_g}{\varepsilon_{ox}/t_{ox}} = \frac{Q_g}{C_{ox}} \tag{3.29}$$

其中，C_{ox} 为单位面积氧化层电容。于是，(3.27)式可以化为

$$V = -\frac{Q_s}{C_{ox}} + \Psi_s \tag{3.30}$$

而半导体表面电荷 Q_s 是表面势 Ψ_s 的函数，(3.30) 式又可以改写为

$$V = -\frac{Q_s}{C_{ox}} + \Psi_s(Q_s) \tag{3.31}$$

如果知道了 $\Psi_s(Q_s)$ 关系，就可以求得栅电压 V 所能感应出的表面电荷 Q_s。半导体表面电荷与表面势的关系可以通过泊松方程求解。以 SiO_2/Si 界面为坐标零点，图 3.19 展示了半导体表面空间电荷区能带图。

空间电荷区中的泊松方程可写为

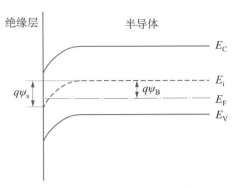

图 3.19　半导体表面空间电荷区能带

$$\frac{d^2\Psi}{dx^2} = -\frac{\rho_s}{\varepsilon_s} = -\frac{q}{\varepsilon_s}\left[p(x) - n(x) + N_D^+ - N_A^-\right] = -\frac{q}{\varepsilon_s}\left[p(x) - n(x) + n_{p0} - p_{p0}\right]$$

$$= -\frac{q}{\varepsilon_s}\left[p_{p0}\exp\left(-\frac{q\Psi}{kT}\right) - n_{p0}\exp\left(\frac{q\Psi}{kT}\right) + n_{p0} - p_{p0}\right]$$

$$\tag{3.32}$$

将此方程中的 $\dfrac{\mathrm{d}^2 \Psi}{\mathrm{d}x^2}$ 改写为 $(\mathrm{d}\Psi/\mathrm{d}x)\,\dfrac{\mathrm{d}(\mathrm{d}\Psi/\mathrm{d}x)}{\mathrm{d}\Psi}$，并将 $\mathrm{d}\Psi$ 转移至方程右边，然后对方程左右两边的 $(\mathrm{d}\Psi/\mathrm{d}x)$ 和 $\mathrm{d}\Psi$ 分别进行积分。利用半导体体内电势和电场为零的边界条件，可得半导体表面电场强度为

$$E_s = -\left(\frac{\mathrm{d}\Psi}{\mathrm{d}x}\right)_{x=0} = \pm \frac{\sqrt{2}\,kT}{qL_D} F(\Psi_s) \tag{3.33a}$$

上式中归一化电场强度 F 函数以及德拜长度 L_D 分别为

$$F(\Psi_s) = \left\{\left[\exp\left(-\frac{q\Psi_s}{kT}\right) + \frac{q\Psi_s}{kT} - 1\right] + \frac{n_{p0}}{p_{p0}}\left[\exp\left(\frac{q\Psi_s}{kT}\right) - \frac{q\Psi_s}{kT} - 1\right]\right\}^{1/2} \tag{3.33b}$$

$$L_D = \left(\frac{\varepsilon_s kT}{q^2 p_{p0}}\right)^{1/2} \tag{3.33c}$$

根据高斯定理，半导体空间电荷区的面电荷密度就可表示为

$$Q_s = -\varepsilon_s E_s = \pm \frac{\sqrt{2}\,\varepsilon_s kT}{qL_D} F(\Psi_s) \tag{3.34}$$

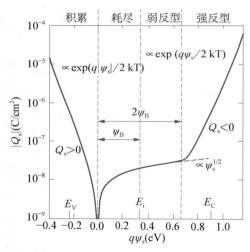

图 3.20　半导体表面空间电荷与表面势的关系

图 3.20 展示了半导体表面空间电荷与表面势的关系[7]。虽然 F 函数似乎是一个复杂的函数，但根据 Ψ_s 的大小，可以将其大致划分为如图 3.20 所示的 4 个区域。

（1）多子积累区（$\Psi_s < 0$）。如图 3.18(a) 所示，在半导体表面会形成一个空穴积累层，这时 (3.33b) 式的 F 函数可进一步化简为 $F(\Psi_s) = \exp(-q\Psi_s/2kT)$，也就是说，表面电荷（主要为积累的空穴）与表面势呈指数依赖关系。

（2）多子耗尽区（$0 < \Psi_s < \Psi_B$）。其能带如图 3.18(b) 所示，在半导体表面会形成一个耗尽区，这时 F 函数可化简为 $F(\Psi_s) = (q\Psi_s/kT)^{1/2}$，也就是说，表面电荷（主要为离化的受主）与表面势呈平方根依赖关系，这时空间电荷区可用耗尽层近似来分析。

（3）弱反型区（$\Psi_B < \Psi_s < 2\Psi_B$）。如图 3.18(c) 所示，这时半导体表面的导电型号就会发生改变，但由于反型载流子（电子）浓度还未超过中性区多子浓度 p_{p0}（或者说耗尽区离化受主的浓度），这时 F 函数仍可化简为 $F(\Psi_s) = (q\Psi_s/kT)^{1/2}$，也就是说，空间电荷区仍可用耗尽层近似来分析，表面电荷（主要仍为离化受主）与表面势呈平方根依赖关系。

（4）强反型区（$\Psi_s \geqslant 2\Psi_B$）。当半导体表面反型后，若进一步增大栅压或表面势，当 $\Psi_s \geqslant 2\Psi_B$ 时，反型载流子（电子）浓度就将超过中性区多子浓度 p_{p0}，这时 F 函数应化简为 $F(\Psi_s) = \exp(q\Psi_s/2kT)$，也就是说，表面电荷（主要为反型电子）与表面势又呈指数依赖关系。强反型后，Q_s 随 Ψ_s 的变化非常迅速（注意图中纵轴是对数坐标），Ψ_s 的极小变化都可引起 Q_s 的

巨大变化。因此,反过来又可以这样理解,强反型后 Ψ_s 的变化非常小,可以近似地认为被钉扎在 $2\Psi_B$,这时耗尽层宽度对应于一个所谓的最大耗尽层厚度 d_{max}。基于 MOS 场效应制作的晶体管就是工作在强反型区域,人们将半导体表面正好达到强反型($\Psi_s = 2\Psi_B$)时所加的栅压称为阈值电压或开启电压,这是 MOS 器件一个非常重要的参数。

3.4.3　MIS 结构的电容-电压特性

用于表征 MOS 器件的一个很重要的方法是电容-电压法。通过对 MOS 电容(或 MOS 晶体管)施加一直流偏置栅压,并叠加一个交流信号,可以测量出该 MOS 电容在该直流偏压下的微分电容,逐点改变直流偏压即得到 C-V 特性。通过其测量,可以获得与 SiO_2/Si 界面有关的诸多重要信息。图 3.21 展示了 MOS 结构(p 型衬底)典型的 C-V 特性曲线。

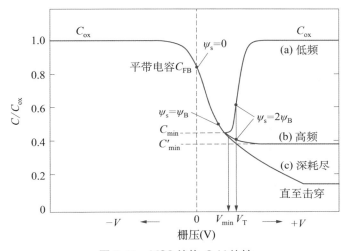

图 3.21　MOS 结构 C-V 特性

将(3.31)式左右两边对 Q_s 求导,可得

$$\frac{1}{C} = \frac{1}{C_{ox}} + \frac{1}{C_s(\Psi_s)} \tag{3.35a}$$

上式中,

$$C_s(\Psi_s) = \left| \frac{dQ_s}{d\Psi_s} \right| \tag{3.35b}$$

(3.35a)式的物理含义是,MOS 结构的电容可等效为氧化层电容 C_{ox} 和半导体表面电容 C_s 的串联电容,这是因为 MOS 结构的栅压是分配在氧化层和半导体表面空间电荷区上的。氧化层电容 C_{ox} 比较简单,是一个与栅压无关的常数。半导体表面电容则复杂些,根据前面对 $Q_s(\Psi_s)$ 依赖关系的讨论可知,在深度积累和强反型时,由于 $Q_s(\Psi_s)$ 的指数依赖关系,$C_s(\Psi_s)$ 也呈指数依赖关系,它会比 C_{ox} 大得多,这时 MOS 电容近似等于 C_{ox},或者说,当半导体表面处于深度积累和强反型时,氧化层两侧(金属和半导体)均能提供极高浓度载流子,因此,栅压变化几乎全部降落在氧化层上。

当 MOS 结构平带时,虽然 Ψ_s 和 Q_s 均为零,但 $dQ_s/d\Psi_s$ 既不为零,也不为无穷大,而

为一有限量 $C_{s0} = \varepsilon_s/L_D$，此时 MOS 总电容称为平带电容，可表达为

$$C_{FB} = \left(\frac{1}{C_{ox}} + \frac{1}{C_{s0}}\right)^{-1} = C_{ox}\left(1 + \frac{\varepsilon_{ox}}{\varepsilon_s}\frac{L_D}{t_{ox}}\right)^{-1} \qquad (3.36)$$

当 MOS 结构处于表面耗尽时，表面电荷 Q_s 与表面势 Ψ_s 呈平方根依赖关系，即 $Q_s = (2q\varepsilon_s p_{p0}\Psi_s)^{1/2}$，则 $C_s = (q\varepsilon_s p_{p0}/2\Psi_s)^{1/2}$，随 $\Psi_s^{-1/2}$ 规律降低，这样 MOS 总电容 C 也随 Ψ_s 的增大而降低。

当 MOS 结构处于表面弱反型时，情况比较复杂。虽然这时表面电荷 Q_s 的主要贡献来源于离化的受主，空间电荷区仍可用耗尽层近似，但由于半导体表面电容 C_s 是 Q_s 的一阶导数，而表面弱反型时，除离化受主占主导外，反型载流子的贡献也越来越显著，若保留 (3.33b) 式所示 F 函数最重要的两项，则为

$$F(\Psi_s) = \left[\frac{q\Psi_s}{kT} + \frac{n_{p0}}{p_{p0}}\exp\left(\frac{q\Psi_s}{kT}\right)\right]^{1/2}$$

即使当第一项占主导时，但对于 F 函数的一阶导数，第二项贡献仍可能超过第一项。当第二项贡献超过第一项时，C_s 与 $\exp(q\Psi_s/2kT)$ 成正比，此时 MOS 电容 C 也随 Ψ_s 的增大而增大。所以，在表面弱反型区，MOS 电容 C 随 Ψ_s 的变化会经历一个先减小后增大的过程，也就是存在如图 3.21 中 (a) 曲线的 C_{min}。

通过以上分析，不难理解图 3.21 中 (a) 所示的低频 C-V 特性曲线。所谓低频 C-V 特性，是指不仅施加的直流栅极电压的扫描速率很慢，而且测量电容的交流小信号变化频率也非常低，因而常称之为准静态 C-V 特性，这时反型电子的浓度跟得上栅极交流电压测试信号的变化。但当栅极交流小信号电压频率很高时，虽然直流栅极电压的扫描速率仍很慢，但 MOS 结构 C-V 特性发生改变。当半导体表面处于积累、平带、耗尽以及弱反型开始阶段，半导体表面电容的贡献主要来自多子、离化受主时，则与低频 C-V 特性没什么差别。但当半导体表面弱反型后期以及强反型时，半导体表面电容的贡献主要来自反型电子，则与低频 C-V 特性产生明显差别。因为反型电子浓度的变化需要依靠空间电荷区的产生-复合来完成，当栅极交流电压信号变化频率非常高时，反型电子的浓度将来不及跟随变化，栅极交流电压感应的半导体表面电荷，仍主要通过空间电荷区厚度的扩展和收缩来实现。当耗尽层宽度增加到最大耗尽层厚度 d_{max} 时，则 C_s 达到最小值 ε_s/d_{max}，MOS 结构总电容 C 也达到最小值 $C_{ox}\left(1 + \frac{\varepsilon_{ox}}{\varepsilon_s}\frac{d_{max}}{t_{ox}}\right)^{-1}$。

MOS 结构的 C-V 特性还有另外一种情形，即深耗尽 C-V 特性。当栅极偏置电压的扫描速率很快时，半导体表面从积累向平带、耗尽、"反型"方向扫描时，这时虽然 $\Psi_s > 2\Psi_B$，但反型电子来不及产生，半导体表面没有真正的反型，这属于非平衡状态，这时 Q_s 与 Ψ_s 始终呈平方根依赖关系，始终满足耗尽层近似，因此，C_s 始终随 $\Psi_s^{-1/2}$ 规律降低，因而 MOS 总电容不会达到饱和值。MOS 结构低频、高频、深耗尽 C-V 特性曲线发生分离的区域，都是由于反型少子对电容贡献超过多子（包括离化受主）。

3.4.4 SiO$_2$/Si 界面体系中的电荷与陷阱能级

前面讨论的 MOS 结构表面状态和 C-V 特性都是针对理想 MOS 结构，但实际 MOS 结构与理想 MOS 结构的假设会有一些偏离，主要表现在以下 3 个方面：①金属栅极与半导体

的功函数不相等；②氧化层内存在电荷；③SiO_2/Si 界面存在界面态 N_{it}。这些非理想因素都会对 MOS 结构的 $C\text{-}V$ 特性曲线产生影响，下面逐一简要解释。

（1）功函数差影响。假设金属栅极和半导体衬底的功函数分别为 W_m 和 $W_s(W_m \neq W_s)$，在热平衡时，半导体表面能带会发生弯曲，只有当栅极电压偏置为 $(W_m - W_s)/q$ 时，半导体表面变为平带，如图 3.22 所示，这时的栅压称为平带电压 (V_{FB})。所以，相对于理想 MOS 结构，具有功函数差的实际 MOS 结构只要让栅极施加一平带电压后，就与理想 MOS 结构平带的情形相同，即只要把理想 MOS 结构 $C\text{-}V$ 特性曲线平移一个平带电压，就可以得到这种具有功函数差的 MOS 结构的 $C\text{-}V$ 特性曲线。对于 MOS 器件，除了早期使用铝作为栅极外，后来长期使用重掺杂多晶硅作为栅极。对于 n^+ 多晶硅，其功函数基本上就是硅的亲合能（4.05 eV），因为掺杂已使半导体进入简并状态，因而费米能级几乎被钉扎在导带底；对于 p^+ 多晶硅，其功函数基本上就是硅的亲合能与禁带宽度之和（5.17 eV）。

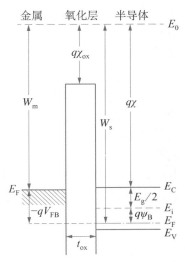

图 3.22 存在功函数差的 MOS 结构在平带时的能带图

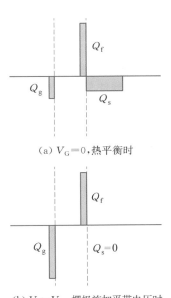

（a）$V_G = 0$，热平衡时

（b）$V_G = V_{FB}$，栅极施加平带电压时

图 3.23 含有界面固定正电荷的 MOS 结构的电荷分布

（2）氧化层电荷影响。氧化层内存在电荷，包括在界面附近的固定电荷 Q_f 以及分布在整个氧化层中的可动电荷 Q_m，它们通常都为正电荷，关于它们的起源及特性在第 10 章中将作进一步介绍。这里只讨论它们对 MOS 结构表面状态和 $C\text{-}V$ 特性的影响。假设 SiO_2/Si 界面附近存在面电荷密度为 Q_f 的固定正电荷，根据电中性条件，当该 MOS 结构处于热平衡状态时，Q_f 必定要在金属极板上和半导体表面空间电荷区感应出总量与其相等的负电荷，如图 3.23（a）所示，负电荷分配比例需使氧化层上的压降和半导体表面势大小相等。当栅极施加一负电压使金属极板上的负电荷与 Q_f 正好相等，这时 Q_f 所有电荷的电力线都被金属极板上的负电荷俘获，半导体内没有任何感应电荷（$Q_s = 0$），如图 3.23（b）所示，这时半导体表面变为平带，但在氧化层形成压降，这也是一个平带电压，大小为 $-Q_f/C_{ox}$。当氧化层中存在具有一定密度分布 $\rho(x)$ 的可动正电荷 Q_m 时（金属/SiO_2 界面为坐标原点），这样要让 MOS 结构的半导体表面仍回到平带状态，也需要在金属极板上感应出与 Q_m 等量的负电荷，根据电场叠加原理，此时氧化层上的压降（即平带电压）为 $-\dfrac{1}{C_{ox}} \displaystyle\int_0^{t_{ox}} \dfrac{x\rho(x)}{t_{ox}}\mathrm{d}x$。当 MOS 结构同时存在功函数差、氧化层固定正电荷和氧化层可动正电荷时，平带电压可表示为

$$V_{FB} = \frac{W_m - W_s}{q} - \frac{Q_f}{C_{ox}} - \frac{1}{C_{ox}}\int_0^{t_{ox}} \frac{x\rho(x)}{t_{ox}}\mathrm{d}x \tag{3.37}$$

（3）SiO_2/Si 界面态密度 N_{it} 影响。由于晶格失配等原因，两种材料接触时，其界面部分晶格会发生中断、产生悬挂键，从而形成界面态。关于 SiO_2/Si 界面态的特性将在第 10 章进一步讨论，这里主要讨论其对 MOS 结构表面状态和 C-V 特性的影响。界面态具有荷电作用，它与氧化层中固定正电荷及可动正电荷的影响有所不同。固定正电荷和可动正电荷对 MOS 结构的作用可归结为平带电压变化，它们对 MOS 结构的影响是固定的，不随栅压改变。界面态则不同，界面态中存储电荷的数量与分布取决于半导体表面处费米能级，是表面势和栅压的函数，因此，界面态对 MOS 结构 C-V 特性的影响不能简单地归结为平带电压的改变。由于界面态的存在，会使 MOS 结构低频、高频 C-V 特性曲线在耗尽区发生分离。其次，界面态还会使 C-V 特性曲线变得更平坦，因为栅压变化时，它不仅对半导体表面电荷会发生调制作用，而且对半导体界面态会产生充放电效应。另外，当界面态在禁带某个能级位置存在一个高密度的分布峰时，在 C-V 特性曲线相应的栅压位置会出现平台或扭结。

3.5 双极型晶体管

由 3.3.4 节 pn 结单向导电特性讨论可知，pn 结反偏时电流很小的原因在于，电流是由 pn 结两侧半导体少数载流子构成。顺着这一思路考虑，如果用某些方法人为地提高半导体内少子浓度，那么，pn 结即使在反偏下也可能获得较大电流。如果在反偏 pn 结邻近处存在另一个正偏 pn 结，那么，这个反偏 pn 结的电流就可以增大，而且受相邻 pn 结正偏电压的调制。这就构成含有两个相互作用 pn 结的器件——npn 或 pnp 晶体管。

包括 pn 结、npn 管和 pnp 管在内，凡是电子电流和空穴电流同时起作用的半导体器件，统称为双极型器件，而 npn 管和 pnp 管则常称为双极型晶体管。双极型器件具有一些突出优点：①开启电压主要与材料禁带宽度有关，与掺杂和其他工艺参数关系较弱；②很高的跨导和非线性；③高电流驱动能力；④有利于与光电子器件集成。但双极型器件也具有一些明显的缺点：①功耗大，难以高密度集成；②双极半导体器件属少子器件，有电荷储存效应，与少子复合寿命有很大关系，电流输运主要依靠扩散而非漂移；③复合寿命又与半导体中的缺陷及由其引起的复合中心密切相关，与 MOS 器件相比，双极型器件抗辐照能力较差。本节将讨论双极型晶体管的基本特性。

3.5.1 npn 和 pnp 晶体管

单个 pn 结只具有单向导电或整流、检波作用，两个密切有机结合的 pn 结，则可形成具有放大作用的 npn 或 pnp 晶体管。图 3.24 为 npn 和 pnp 晶体管结构示意图及其在电路中的符号。每种晶体管都有 3 个不同掺杂浓度和类型的半导体区域，分别称为发射区、基区和集电区。由发射区-基区构成的 pn 结称为发射结（EB 结），由集电区-基区构成的 pn 结称为集电结（CB 结）。发射区、基区和集电区对应的 3 个极分别被称为发射极、基极、集电极。

从结构上看，晶体管似乎就是两个背靠背的 pn 结。但晶体管与简单的两个背靠背 pn 结不同，位于中间的基区宽度较窄，远小于基区少子扩散长度。同时，晶体管 3 个区的掺杂浓度通常按发射区、基区、集电区依次有多个数量级降低。晶体管在电路中应用时，可将发射极、基极、集电极中的一端作为公共端，其余两端中一端作为输入、另一端作为输出。通常以基极或发射极作为公共端，对应的接法可分别称为共基极或共发射极。

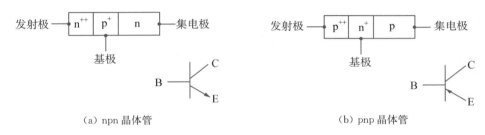

（a）npn 晶体管　　　　　　　　　　　（b）pnp 晶体管

图 3.24　npn 和 pnp 晶体管结构示意图及其在电路中的符号

　　晶体管工作时有多种偏置方法。常见为发射结正偏和集电结反偏。以 npn 管为例，当发射结（n^+p 结）正偏时，将有大量电子从 n^+ 发射区注入至 p 型基区，除了极少部分电子在扩散渡越基区时会复合以外，绝大部分电子都将到达反偏的集电结（pn 结），并在集电结的电场作用下被收集至集电极，由于正偏 pn 结（发射结）具有很小的阻抗、反偏 pn 结（集电结）具有很大的阻抗，因此，输出端可接一个很大的负载，也就意味着该晶体管能把一个很小输入阻抗上的电流变换至很大输出阻抗上几乎同样大小的电流，所以，晶体管的英文名词"transistor"即为阻抗变换器（"trans＋resistor"）的组合词。在共基极应用时，输出端（集电极）可获得一个放大的电压信号。而在共发射极应用时，输入端（基极）电流可以在输出端（集电极）被放大 β 倍。

　　双极型晶体管主要特性如下：①它是少子输运器件，因而性能与少子复合寿命密切相关；②它是电流控制器件，在共发射极接法时，输入端基极电流 I_B 会在输出端引起集电极电流 βI_B；③它具有低输入阻抗。

3.5.2　双极晶体管的基本工作原理和性能

　　本节以 npn 管为例，讨论双极晶体管的工作原理。双极晶体管有多种偏置方式，最重要的是 EB 结正偏、CB 结反偏。图 3.25 展示 npn 晶体管在热平衡和放大偏置时的能带图。由能带图可知，发射结正偏和集电结反偏，使两个结的空间电荷区宽度发生相应变化，但在发射区、基区和集电区中仍存在中性区，在这些中性区内的电流大小可通过求解少子分布进而获得扩散电流。在绝大多数半导体器件教材中都有详细推导[1,7,8]，这里仅给出主要结论。

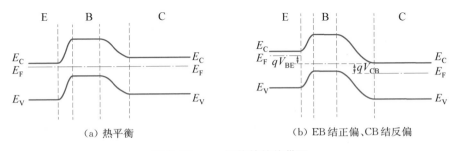

（a）热平衡　　　　　　　　　　　　（b）EB 结正偏、CB 结反偏

图 3.25　npn 晶体管的能带图

　　图 3.26（a）和（b）分别为 npn 晶体管在放大偏置时的少子分布以及载流子输运示意图。在图 3.26（a）中，用箭头表示电流方向，在图 3.26（b）中则直接表示电子和空穴的实际流动方向，用上标"－"表示电子流，用上标"＋"表示空穴流。由于 EB 结正偏、CB 结反偏，且 $N_E \gg N_B \gg N_C$，在发射区、基区和集电区中，基区中少子浓度最高，又由于基区通常很窄，因

此,基区中的少子浓度梯度也很大,远大于其他两个区域的少子浓度梯度。由于 $W_B \ll L_B$,从发射区注入基区的少子只有极少部分会被复合掉,绝大部分都将通过基区而到达集电结势垒区,也可以等价地认为,基区内的少子扩散电流几乎是常数(实际情况总是基区起点的扩散电流略大于基区终点的扩散电流),这样基区内少子浓度近似为线性分布,即

$$n_B(x) \approx n_{B0} \exp\left(\frac{qV_{BE}}{kT}\right)\left(1 - \frac{x}{W_B}\right) \tag{3.38}$$

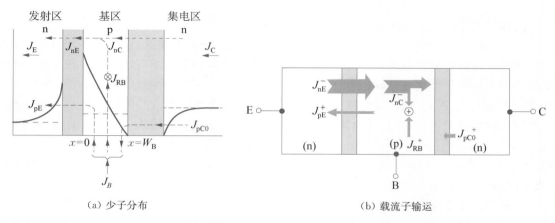

（a）少子分布　　　　　　　　　　　　　（b）载流子输运

图 3.26　npn 晶体管在放大偏置时的少子分布图和载流子输运示意图

而其他两个区域的少子分布通常为指数衰减形式,但当发射区也很窄时 ($W_E \ll L_E$),发射区少子浓度也将变为线性分布。

在不考虑发射结复合电流的情形下,发射结总电流 J_E 是发射结电子扩散电流 J_{nE} 和空穴扩散电流 J_{pE} 之和,由于 $N_E \gg N_B$,因此,$J_{nE} \gg J_{pE}$。按照晶体管增益特性要求,发射结正偏是为了向基区注入少子,在发射结电流中电子电流占比越大越好。在晶体管中,该占比被定义为发射结的发射效率,通过简单计算可知

$$\gamma = \left(1 + \frac{\mu_{pE}}{\mu_{nB}}\frac{N_B}{N_E}\frac{W_B}{L_E}\right)^{-1} \tag{3.39a}$$

若忽略迁移率对掺杂浓度的依赖关系,则(3.39a)式可简化为

$$\gamma = \left(1 + \frac{\rho_E}{\rho_B}\frac{W_B}{L_E}\right)^{-1} \tag{3.39b}$$

对于窄发射区晶体管 ($W_E \ll L_E$),发射区少子分布也将从指数衰减变为线性分布,则只要将(3.39a)式中的 L_E 以 W_E 代替即可得到其扩散电流。这时,其发射结的发射效率可化为

$$\gamma = \left(1 + \frac{\rho_E}{\rho_B}\frac{W_B}{W_E}\right)^{-1} = \left(1 + \frac{R_{E,\,sheet}}{R_{B,\,sheet}}\right)^{-1} \tag{3.39c}$$

其中,$R_{E,\,sheet}$ 和 $R_{B,\,sheet}$ 就是发射区和基区的薄层电阻。

如前所述,注入少子在基区中传输时,只有非常少的部分会与空穴复合。通常把到达集

电结的电子电流与进入基区的电子电流之比定义为基区传输系数 α_T,其值可表示为

$$\alpha_T = 1 - \frac{W_B^2}{2L_B^2} \qquad (3.40)$$

有了发射结发射效率 γ 和基区传输系数 α_T,就可以求出集电极电流与发射极电流之比,该比值称为共基极电流增益系数,通常用 α 表示,

$$\alpha = \gamma\alpha_T = \left(1 - \frac{W_B^2}{2L_B^2}\right) \Big/ \left(1 + \frac{\rho_E}{\rho_B}\frac{W_B}{L_E}\right) \qquad (3.41)$$

此式表明,α 是一个比 1 小的数值。为了提高它,可以采用提高 γ 和 α_T 的方法。例如,制作窄基区,使基区少子扩散长度远大于基区宽度,提高发射区掺杂浓度,使发射区电阻率远低于基区电阻率。但发射区掺杂浓度也不能过高,因为过高掺杂浓度将导致其禁带宽度变窄,若发射区的禁带宽度小于基区禁带宽度,发射结发射效率将降低,这种作用正好与 HBT 的宽禁带发射区相反。另外,过高的发射区掺杂浓度也将使非平衡少子俄歇复合几率增大,使少子寿命和扩散长度减小,发射效率降低。

在共发射极接法中,集电结电流增量与基极电流增量之比称为共发射极电流增益系数,通常用 β 表示,可表示为

$$\beta = \frac{\alpha}{1-\alpha} \approx \left(\frac{\rho_E}{\rho_B}\frac{W_B}{L_E} + \frac{W_B^2}{2L_B^2}\right)^{-1} \qquad (3.42)$$

共发射极接法可获得电流放大作用,而共基极接法不能获得电流放大作用。另外,α 的微小提高可显著提高 β,如 $\alpha = 0.98$,则 $\beta = 49$,而 $\alpha = 0.99$,则 $\beta = 99$。从工艺角度提高 β 的方法,与前述提高 α 的方法相同。

对于给定晶体管,其输出电流 I_C 值基本上只由输入电流 I_E、I_B 决定,因为 I_{CBO}、I_{CEO} 相对来说都很小。图 3.27 为 npn 晶体管在共基极和共发射极接法时的输出特性[1]。由图 3.27 可见,晶体管在放大偏置时,其输出电流 I_C 基本上只受输入电流控制,与输出端电压基本无关,尤其对于共基极接法。在共发射极接法中,集电极电流 I_C 随输出端电压 V_{CE} 的增加略有增大,是因为基区宽度调制效应,又称 Early 效应。

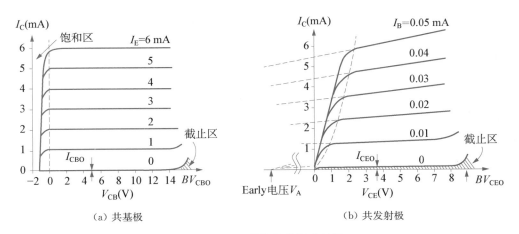

(a) 共基极　　　　　　　　　　　(b) 共发射极

图 3.27　npn 晶体管的输出特性

应当指出,上述双极型晶体管工作原理及其性能参数的讨论,仅针对理想模型和理想偏置条件。实际上,当偏置电流过小或过大,还需考虑发射结的复合电流影响和大注入效应,这些都会导致 α、β 的降低,即:在小偏置和大偏置时,α、β 可随工作电流(I_C)变化。其次,上述讨论只讨论了晶体管的直流效应或低频运用时的特性。当晶体管工作在高频时,由于电容效应和载流子渡越时间,α、β 会随工作频率增大而降低。当晶体管被用作开关时,晶体管还会工作在饱和、截止等状态。还有一种情况,即发射结反偏而集电结正偏,这实际上是正常晶体管的反向使用。正常晶体管的掺杂浓度为 $N_E \gg N_B \gg N_C$,当发射极和集电极颠倒使用时,这个反向晶体管的掺杂浓度变为 $N'_E \ll N_B \ll N'_C$,这将造成"发射结"的发射效率大大降低,从而使晶体管的电流增益系数 α_R、β_R 显著降低。

3.6　MOS 晶体管

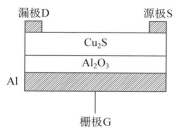

图 3.28　Lilienfeld 场效应器件的结构示意图

虽然 1947 年由贝尔实验室的 J. Bardeen、W. H. Brattain 和 W. Shockley 等科学家发明的第一个晶体管是双极型晶体管,而且是在锗衬底上,但场效应器件概念的提出比双极型器件更早,20 世纪 20 年代 J. Lilienfeld 就提出用金属-绝缘层-半导体结构来制作固态三极管的专利申请。图 3.28 为 Lilienfeld 提出用来制作场效应器件的结构示意图。它是一个由 Al-Al$_2$O$_3$-Cu$_2$S 组成的 MIS 结构,铝作为栅电极,Al$_2$O$_3$ 为栅介质,Cu$_2$S 为半导体,在半导体上有两个电极作为源漏。其工作原理是想通过调节栅电压来改变半导体层中的电导率,从而实现改变源漏电流大小的目的。有趣的是 Lilienfeld 设想的 Al$_2$O$_3$ 栅厚度约为 0.1 μm,栅压为 100 V 数量级,所以,在栅介质上的电场强度为 10^7 V/cm,非常接近于当今的硅 MOS 器件。但由于绝缘层与半导体之间的界面质量问题,当时无法制作具有晶体管特性的器件,不能实现其专利构想。

后来随着双极型晶体管的研究成功,人们对半导体的认识不断加深,从理论上建立了电子、空穴的输运模型,技术上 pn 结制备越发成熟,1952 年 Shockley 又提出了以反偏 pn 结作为栅极的结型场效应晶体管(JFET)。JFET 类似于一个电压控制电阻器,为单一载流子导电,因此,Shockley 把它称作单极型场效应晶体管。根据这一思路,很快有人做出了 JFET 原型器件,但是,这种器件沟道厚度依赖于 pn 结深的精确控制,只有当 60 年代出现离子注入技术后,该器件才有制作可行性。这种器件虽然可以避免绝缘层-半导体界面问题的困扰,但其明显缺点之一为栅电压受 pn 结反偏电压所限制。所以,这种器件目前实际应用不多,倒是与这种器件比较接近的另一种器件肖特基栅或金属-半导体栅场效应晶体管(MESFET)获得较多应用,尤其在那些无法获得高质量绝缘层界面的 GaAs 等Ⅲ-Ⅴ族化合物半导体器件中。无论是 JFET 还是 MESFET,栅极都是一个反偏的结,所以,栅极漏电流都比较大,这对于大规模集成电路极为不利。

随着硅平面工艺特别是热氧化技术的发展,对 SiO$_2$/Si 界面的认识越来越深入,使得制备高质量 SiO$_2$/Si 界面成为可能,因此,人们又致力于研制绝缘栅场效应晶体管。1960 年,贝尔实验室的 D. Kahng 和 M. M. Atalla 研制出第一个 SiO$_2$-Si 体系的 MOSFET。

MOSFET 的基本特性参数只与一种载流子(即半导体表面反型少子)的输运有关,因此,这种器件又称为单极型半导体器件。MOS 器件具有一系列独特优点:①高输入阻抗;②高线性度;③具有负温度系数,因而导致均匀温度分布;④器件结构简单,易于高密度集成;⑤宜于形成互补型 MOS 器件,大幅降低功耗;⑥与少子寿命无关,抗辐射能力强,噪声低等。相比于双极型器件,MOS 器件也存在一些弱点:①工艺要求高,特别对 SiO_2/Si 界面质量控制要求高;②驱动能力较弱;③频率范围小,工作频率较低。随着制造技术进步和器件尺寸缩微,MOS 器件的这些弱点正在不断被克服。

3.6.1　MOS 晶体管工作原理

在 MOS 电容半导体一侧增加两个重掺杂的 pn 结,就构成一个 MOSFET,这两个重掺杂的结区分别称为源(S)极和漏(D)极。以图 3.29 所示的 n-MOSFET 为例,分析其工作原理。当栅极电压小于某一值,即阈值电压(V_T)时,半导体表面未形成强反型层,n^+ 源漏与 p 型衬底之间存在着反偏 pn 结,因而不导通。当栅电压大于 V_T 时,半导体表面达到强反型,即形成可以导电的 n 型沟道,只要在源漏之间加上一定电压,就会有电流从源漏端流过。除了具有前面讨论的栅(G)、漏(D)、源(S)等 3 个电极外,MOSFET 还有一个衬底电极(B)。在单管应用时,衬底电极通常与源极一起接地;在集成电路中,源极不一定与衬底同电位。

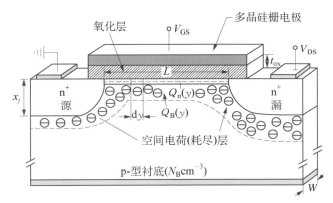

图 3.29　n-MOSFET 结构示意图

下面以图 3.29 所示的坐标系推导 n-MOSFET 的电流-电压特性。当栅源电压 $V_{GS} > V_T$ 时,n-MOSFET 开启,栅极下形成 n 型沟道,源漏两端的外加电压(V_{DS}),将产生一个从源端(0 V)到漏端(V_{DS})的沟道电位分布 $V(y)$,沿沟道的横向电场为

$$E_y = -\frac{\mathrm{d}V(y)}{\mathrm{d}y} \tag{3.43}$$

沟道是具有一定载流子浓度的导电薄层。设沟道反型电子面电荷密度为 Q_i,则根据欧姆定律,该薄层内的电流为

$$I_{DS} = WQ_i v_d = W \mid Q_i \mid \mu_n \frac{\mathrm{d}V(y)}{\mathrm{d}y} \tag{3.44}$$

而沟道电子面密度为

$$Q_{\mathrm{i}}(y) = -C_{\mathrm{ox}}[V_{\mathrm{GS}} - V_{\mathrm{FB}} - 2\Psi_{\mathrm{B}} - V(y)] - Q_{\mathrm{B}} \tag{3.45}$$

如忽略耗尽层空间电荷（Q_{B}）沿 y 方向的变化，Q_{i} 可简化表示为

$$Q_{\mathrm{i}}(y) = -C_{\mathrm{ox}}[V_{\mathrm{GS}} - V_{\mathrm{T}} - V(y)] \tag{3.46}$$

其中，V_{T} 为 MOSFET 的阈值电压。将（3.46）式代入（3.44）式，并将 dy 移到方程左边，再对该式进行积分，积分变量 y 从 $y=0$（源端）积分到 $y=L$（漏端），积分变量 $V(y)$ 从 $V(0)=0$（源端）积分到 $V(L)=V_{\mathrm{DS}}$（漏端），最终可得

$$I_{\mathrm{DS}} = \mu_{\mathrm{n}} C_{\mathrm{ox}} \frac{W}{L}\left[(V_{\mathrm{GS}} - V_{\mathrm{T}})V_{\mathrm{DS}} - \frac{1}{2}V_{\mathrm{DS}}^2\right] \tag{3.47}$$

其中，系数的一半 $K = \frac{1}{2}\mu_{\mathrm{n}}C_{\mathrm{ox}}\frac{W}{L}$ 称为跨导因子。

从（3.47）式可见，在 V_{DS} 由零起始邻近小值范围内，括号中的 V_{DS} 平方项可忽略，因而 I_{DS} 随 V_{DS} 增大呈线性上升。此时可近似认为，V_{DS} 仅起提供 y 方向漂移电场的作用，而对沟道电荷没有影响，沟道可看成只受 V_{GS} 调控的均匀薄电荷层，如图 3.30（a）所示，I_{DS} 随 V_{DS} 的关系类似线性欧姆定律。当漏电压增大到 $V_{\mathrm{Dsat}} \equiv V_{\mathrm{GS}} - V_{\mathrm{T}}$ 时，由（3.46）式可知，沟道在漏端的反型电荷浓度降至零，此时沟道被夹断。但沟道夹断并不意味着没有电流流过，因为在夹断点（沟道的尽头）另一侧存在着漏端反向 $\mathrm{n}^+\mathrm{p}$ 结，在其电场作用下，到达沟道尽头的载流子将被收集到漏端流出，如图 3.30（b）所示。继续增大 V_{DS}，使夹断点向源端移动，如图 3.30（c）所示，若夹断点位移远小于沟道长度，则 I_{DS} 保持不变，即电流达到饱和，进入饱和区，形成如图 3.31 所示 MOSFET 典型 I_{DS}-V_{DS} 特性曲线[1]。饱和电流可写为

$$I_{\mathrm{Dsat}} = \frac{1}{2}\mu_{\mathrm{n}}C_{\mathrm{ox}}\frac{W}{L}(V_{\mathrm{GS}} - V_{\mathrm{T}})^2 \tag{3.48}$$

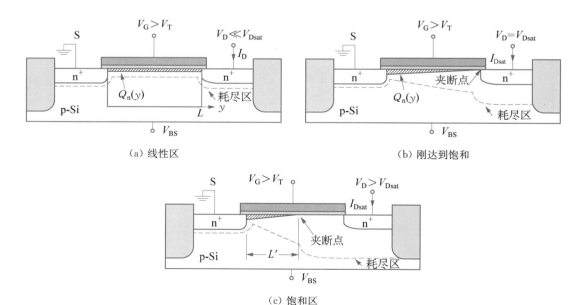

（a）线性区　　　　　　　　　　　　　　　（b）刚达到饱和

（c）饱和区

图 3.30　MOSFET 沟道示意图

在上述简单模型中,忽略了体电荷效应,即忽略耗尽层空间电荷(Q_B)随源漏电势变化,考虑 V_{DS} 或 $V(y)$ 对体电荷影响后,应将(3.45)式改写为

$$Q_i(y) = -C_{ox}[V_{GS} - V_{FB} - 2\Psi_B - V(y)] - \sqrt{2q\varepsilon_s N_A[2\Psi_B + V(y)]} \quad (3.49)$$

经过类似的积分计算,可得

$$I_{DS} = \mu_n C_{ox} \frac{W}{L} \left\{ \left(V_{GS} - V_{FB} - 2\Psi_B - \frac{1}{2}V_{DS} \right) V_{DS} - \frac{2}{3} \frac{\sqrt{2q\varepsilon_s N_A}}{C_{ox}} [(V_{DS} + 2\Psi_B)^{3/2} - (2\Psi_B)^{3/2}] \right\} \quad (3.50)$$

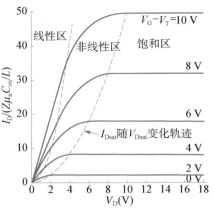

图 3.31　MOSFET 典型 I-V 特性

从(3.50)式可以看出,考虑体电荷效应后,MOSFET 的 I-V 特性就不存在统一的 V_T。另外,从(3.49)式可见,考虑体电荷效应后,反型层电荷浓度会变小,因此,最终 MOSFET 的电流会变小,饱和电压 V_{Dsat} 也会相应变小。

3.6.2　MOS 晶体管类型

前述介绍的是 n 型沟道 MOSFET(简称 NMOS),与之相对应的是以空穴为反型载流子的 p 型沟道 MOSFET(简称 PMOS)。其所需施加的电压极性正好与 NMOS 相反,即栅极和漏极需要施加负电压,才能使器件工作。

对于 MOSFET,根据不加栅压时是否形成沟道,可分为两种类型:零栅压下无沟道形成的 MOSFET 称为增强型;而零栅压下已形成沟道的 MOSFET 称为耗尽型,即:需要在栅极上施加相反方向的电压才能使器件截止。按以上定义,增强型 NMOS、耗尽型 NMOS、增强型 PMOS、耗尽型 PMOS 这 4 种器件的输出特性和转移特性,如图 3.32 所示。

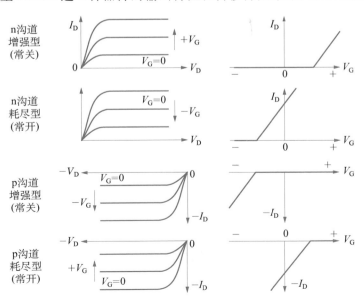

图 3.32　增强型 NMOS、耗尽型 NMOS、增强型 PMOS、耗尽型 PMOS 输出特性和转移特性示意图

3.6.3 MOS 晶体管的阈值电压

在数字 MOS 集成电路中,最基本的单元反相器,可由一个驱动管和一个负载构成,负载可以是电阻或 MOS 管。为降低电路功耗,通常希望驱动管是增强型。根据不同沟道 MOSFET 的分类,可以将 NMOS 和 PMOS 的阈值电压分别表示为

$$V_{Tn} = V_{FB} + 2\Psi_B + \frac{\sqrt{2q\varepsilon_s N_B \cdot 2\Psi_B}}{C_{ox}} \tag{3.51a}$$

$$V_{Tp} = V_{FB} - 2\Psi_B - \frac{\sqrt{2q\varepsilon_s N_B \cdot 2\Psi_B}}{C_{ox}} \tag{3.51b}$$

其中,V_{FB} 由(3.37)式确定。上式表明,阈值电压由衬底掺杂浓度、栅极功函数(W_m)、氧化层厚度及其中电荷密度等因素确定。

由于早期硅 MOS 结构中氧化层正电荷密度较高,V_{FB} 常为较大负值,因而增强型 PMOS 器件较易实现,而较难使 NMOS 的 V_T 变为正值,即不易实现增强型 NMOS 器件。所以,最早研制成功的 MOS 晶体管是铝栅增强型 PMOS 器件。后来人们发现重掺杂多晶硅也可以作为 MOSFET 栅极,由于多晶硅栅工艺具有自对准特性,可以降低栅漏交叠电容,有益于显著提高 MOS 器件速度。最初采用的多晶硅栅是 n 型重掺杂材料,其功函数约等于硅的亲合能 $q\chi$(4.05 eV),与铝的功函数(4.20 eV)接近,最初仍然用于增强型 PMOS 工艺。

由于硅中电子迁移率高于空穴迁移率,制备增强型 NMOS 成为早期 MOS 技术研究的聚焦点。随着离子注入技术进展,人们可以把适当剂量的杂质(如硼)精确地注入半导体,把 NMOS 的 V_T 从负调整为正。如硼注入剂量为 N_{im},假设其位于靠近半导体表面极薄区域内,则可证明阈值电压的增加幅度为

$$\Delta V_T = \frac{qN_{im}}{C_{ox}} \tag{3.52}$$

后来,人们发现由 NMOS 和 PMOS 组成的 CMOS 具有特别低的静态功耗,所以,需要在单一芯片同时制造 NMOS 和 PMOS。由于 n 型多晶硅具有较低电阻率,因此,在早期 CMOS 中无论对于 NMOS 还是 PMOS,均采用了 n+ 多晶硅栅。随着衬底浓度提高,NMOS 的 V_T 变得越来越正,而 PMOS 的 V_T 变得越来越负,这两种变化趋势均有利于二者制作增强型器件。但对于 CMOS 反相器,希望 NMOS 和 PMOS 具有对称的 V_T,而且希望 $|V_T|$ 随着器件尺寸缩小而有一定降低,所以,在 0.5 μm 以下的 CMOS 工艺中,就开始采用双多晶硅栅技术,即 NMOS 用 n+ 多晶硅栅、PMOS 用 p+ 多晶硅栅,这样,可将 $|V_T|$ 控制在 1 V 以内且比较对称。随着器件尺寸进入纳米领域,硅 CMOS 器件制造技术不断创新,在 45 nm 及更小器件尺寸技术代中,这种 SiO_2/多晶硅栅叠层结构逐步被高 k 介质/金属栅取代。

在上述讨论中,假定 MOSFET 的源和衬底是短接的。在实际情况中,如全由增强型晶体管构成的 EE MOS 反相器中,负载管的源衬是反偏的,这时 MOSFET 的阈值电压就会比源衬短接时的要来得大,这种效应称为衬偏效应。当存在衬偏电压 V_{BS} 时,若要使 MOSFET 的沟道反型载流子浓度达到无衬偏时同样的浓度,即:沟道相对于源端的势垒高度必须不变,沟道位置的表面势必须增加 $-V_{BS}$,空间电荷面密度按 $\sqrt{2q\varepsilon_s N_A(2\Psi_B - V_{BS})}$ 规律增加,则阈值电压变为

$$V_T = V_{FB} + 2\Psi_B + \frac{\sqrt{2q\varepsilon_s N_A(2\Psi_B - V_{BS})}}{C_{ox}} \tag{3.53}$$

与无衬偏效应时相比,阈值电压增大了

$$\Delta V_T = \gamma\left[\sqrt{2\Psi_B - V_{BS}} - \sqrt{2\Psi_B}\right] \tag{3.54}$$

其中,衬偏系数 $\gamma = \dfrac{\sqrt{2q\varepsilon_s N_A}}{C_{ox}}$。

在离子注入发展成熟以前,IBM 的研究人员曾利用衬偏效应增大 V_T,使 NMOS 成为增强型器件,以便在 IBM-370/158 计算机制造中能采用比 PMOS 速度更快的 NMOS[9]。

3.6.4　MOS 器件跨导和短沟道特性

MOS 器件除了 V_T 这一关键参数外,还有其他多个重要参数。MOSFET 是一种栅控电流器件,衡量其栅控能力的物理参数可以定义为 $g_m = \dfrac{\partial I_{DS}}{\partial V_{GS}}\Big|_{V_{DS}}$,称为跨导,线性区和饱和区的跨导分别可由(3.47)式和(3.48)式计算得到。当器件工作在线性区时,还有另一个重要参数,即沟道电导,定义为 $g_D = \dfrac{\partial I_{DS}}{\partial V_{DS}}\Big|_{V_{GS}}$,其大小也可由(3.47)式计算得到。有趣的是,线性区的电导正好等于饱和区的跨导,它们都与跨导因子 K 有关,即与载流子迁移率、栅电容、器件宽长比成正比。

要提高跨导因子 K,一般可以选择迁移率高的导电沟道(如 NMOS),减薄栅介质,增加宽长比。当然几何尺寸的改变不是无限的,在某一技术节点下它们通常遵循一定比例。但在同一技术节点下,若想使 PMOS 达到与 NMOS 相类似的跨导,常用方法为增大 PMOS 器件宽长比的方法。例如,选择宽长比为 NMOS 器件的 2~4 倍。

MOS 器件应用于数字电路时,有两个电流值也很关键,即通态电流 I_{ON} 和关态电流 I_{OFF}。其中,I_{ON} 定义为当 $V_{GS}=V_{dd}$、$V_{DS}=V_{dd}$(电源电压)时的 I_{DS},它标志器件驱动能力与逻辑电路速度;I_{OFF} 定义为当 $V_{GS}=0$ V、$V_{DS}=V_{dd}$ 时的 I_{DS},它与 MOSFET 的亚阈值特性有关,它标志器件截止时的功耗或者 CMOS 的静态功耗。所以,对于电路应用而言,I_{ON} 越大越好,I_{OFF} 越小越好。

前面讨论的都是针对长沟道器件,即沟道长度比源漏结耗尽层宽度要大得多的 MOS 器件。当沟道长度缩短时,就会出现一些新现象。第一个效应是沟道长度调制效应,如图 3.30(c)所示,当 MOSFET 进入饱和区后,沟道夹断点不断地向源端移动,使得有效沟道长度不断变短,若本身沟道长度较短时,这种夹断点的移动将使 I_{DS} 略微增大,即 I_{DS} 的"饱和"变得不饱和,这类似于双极型晶体管中的基区宽度调制效应,即 Early 效应。这一效应使 MOSFET 饱和区的输出阻抗从理想的无穷大变成有限值,在输出特性曲线图上可以看到,输出特性饱和区曲线反向延长会与电压轴相交于一点,该点电压为 $-V_A$,V_A 即为 Early 电压。第二个效应是短沟道效应(SCE),即对于同样 MOS 结构,当沟道长度缩短时,由于栅极下耗尽层电荷同时被栅极和源漏分享,使

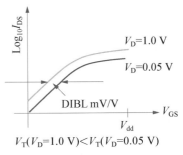

图 3.33　DIBL 效应引起的转移特性曲线变化

得 V_T 的绝对值减小。第三个效应是漏致势垒降低(DIBL)现象,指在短沟道 MOS 晶体管中, V_{DS} 可能产生使表面势垒降低及 V_T 减小的效应,如图 3.33 所示。这种效应可以用 DIBL 因子 $\sigma = -\Delta V_T/\Delta V_{DS}$ 标志,单位为 mV/V。DIBL 是一种有害现象, V_T 随 V_{DS} 变化意味着 MOS 栅控能力变弱。在极端情形下, V_T 趋向于零,即 I_{DS} 无法关断。

3.6.5 亚阈值特性

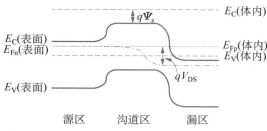

图 3.34 工作在亚阈值状态的 NMOSFET 表面和体内能带图

以上讨论的 I_{DS} 表达式,描述 MOS 表面形成强反型沟道后的电流。在 MOSFET 实际应用中,许多时候 MOS 表面处于弱反型状态,即工作在亚阈值区域,此时 I_{DS} 称为亚阈值电流。由于处于弱反型状态,反型载流子浓度很低,因此漂移电流很小。此时 MOSFET 与 BJT 类似,其表面和体内能带如图 3.34 所示,亚阈值电流主要由载流子扩散流构成。根据沟道两端电子浓度 $n(0)$ 和 $n(L)$,通过下式可以计算出这种扩散电流:

$$I_{DS} = qD_n \frac{A}{L}[n(0)-n(L)] = qD_n \frac{W}{L}x_c[n(0)-n(L)] = qD_n \frac{W}{L}[n_s(0)-n_s(L)]$$
(3.55)

其中, $n(0)$ 和 $n(L)$ 分别为沟道源漏两端反型载流子体浓度,沟道有效厚度 x_c 可以通过表面电场算出,因此,(3.55)式可进一步化为

$$I_{DS} = \mu_n \frac{W}{L}\left(\frac{kT}{q}\right)^2 \left(\frac{q\varepsilon_s N_A}{2\Psi_s}\right)^{1/2} \left(\frac{n_i}{N_A}\right)^2 \exp\left(\frac{q\Psi_s}{kT}\right)\left[1 - \exp\left(-\frac{qV_{DS}}{kT}\right)\right]$$
(3.56)

由(3.56)式可见,亚阈值电流与表面势呈指数依赖关系。另一方面,在亚阈值区 MOSFET 表面势与栅压基本呈线性关系,所以, I_{DS} 与 V_{GS} 也基本呈指数依赖关系,如图 3.35 所示。可以用亚阈值斜率判断 MOSFET 亚阈值特性的优劣。斜率越大,曲线越陡峭,意味着开关转换越快。亚阈值特性常用亚阈值摆幅(参数 S)作定量描述。参数 S 反比于亚阈值斜率,其定义为漏源电流降低一个数量级对应的栅电压减小量,如下式所示:

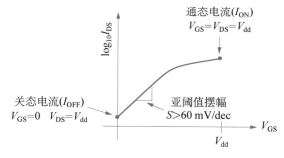

图 3.35 MOSFET 亚阈值特性

$$S \equiv \frac{dV_{GS}}{d(\log_{10} I_{DS})} = \ln 10 \frac{dV_{GS}}{d(\ln I_{DS})}$$
(3.57)

S 的单位为 mV/dec,其值越小,表示亚阈值特性越好。根据(3.56)式,它又可写为

$$S = \ln 10 \frac{dV_{GS}}{d(q\Psi_s/kT)} = \ln 10 \frac{kT}{q}\frac{dV_{GS}}{d\Psi_s}$$
(3.58)

所以，S 的大小最终可归结为栅压对表面势的调控能力。在弱反型时，$dV_{GS}/d\Psi_s$ 可以通过 MOS 电容串联模型得到，即 dV_{GS} 被分配到串联着的 C_{ox} 和 C_s 上，因此，亚阈值摆幅可由下式表达：

$$S = \ln 10 \frac{kT}{q}\left(1 + \frac{C_s}{C_{ox}}\right) \tag{3.59}$$

若 MOS 界面含有较高密度的界面态，还需考虑对界面态的充放电电容 C_{it}，这时，

$$S = \ln 10 \frac{kT}{q}\left(1 + \frac{C_s + C_{it}}{C_{ox}}\right) \tag{3.60}$$

室温时，$\ln 10 \frac{kT}{q} \approx 60\,(\text{mV})$，所以，室温下 S 不可能小于 $60\,\text{mV/dec}$，通常约为 $70\sim 100\,\text{mV/dec}$。为得到陡峭的亚阈值特性，在器件设计中需要减小氧化层厚度、降低沟道掺杂浓度，在工艺中降低界面态密度。MOS 晶体管在低温下工作时，亚阈值特性也可改善。

I_{ON} 和 I_{OFF} 除了主要取决于阈值电压 V_T，I_{OFF} 还与亚阈值斜率有关。图 3.35 中标出了 I_{ON} 和 I_{OFF} 的位置。如前所述，基于扩散-漂移输运机制的参数 S，室温下不可能小于 $60\,\text{mV/dec}$。因此，对于固定 V_{dd}，降低 V_T 可以提高 I_{ON}，但同时会增大 I_{OFF}，而增大 V_T 则可以降低 I_{OFF}，但同时又使 I_{ON} 降低。当然，倘若某种基于其他输运机制器件的 S 可以突破 $60\,\text{mV/dec}$ 的限制，则 V_T 的设计将变得更为容易，即可以将 V_T 设计得更低（如 $0.2\,\text{V}$），这样就可以使器件在相同 I_{OFF} 下得到更高的 I_{ON}，当然也可以将电源电压 V_{dd} 设计得更低，这有利于降低电路功耗。

3.6.6　CMOS 器件

为避免早期增强型-增强型 MOS 反相器和增强型-耗尽型 MOS 反相器功耗大的问题，Wanlass 和 Sah 在 20 世纪 60 年代初提出了互补型 MOS 反相器（即 CMOS 器件）[10]，其结构和电路如图 3.36 所示。CMOS 由一对 NMOS/PMOS 组成，静态时，NMOS 和 PMOS 只有其中一个导通，另一个处于截止状态，所以，它的静态功耗极低。另外，CMOS 输出电平对 NMOS/PMOS 器件的宽长比没有依赖关系，所以，它又可称为无比电路，低电平可接近于

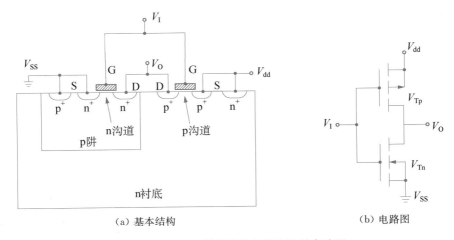

（a）基本结构　　　　（b）电路图

图 3.36　CMOS 器件的基本结构及其电路图

0 V，高电平接近于电源电压，输出电平无损失。这种不依赖于器件宽长比的无比电路对于器件缩微和提高集成度是有利的。

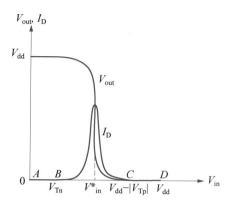

图 3.37　CMOS 反相器的电压传输特性和电流传输特性

由图 3.36(b)可见，为保证 CMOS 反相器能有较高速度、导通管能工作在强反型区，要求电源电压 V_{dd} $> V_{Tn} + | V_{Tp} |$。 这样，CMOS 反相器就可以得到如图 3.37 所示的电压传输特性和电流传输特性。

当 $0 < V_{in} < V_{Tn}$ 时，NMOS 截止，PMOS 导通，所以输出高电平，$V_{out} = V_{OH} \approx V_{dd}$，即图 3.37 中的 AB 段，$I_D \approx 0$。当 $V_{dd} - | V_{Tp} | < V_{in} < V_{dd}$ 时，PMOS 截止，NMOS 导通，所以输出低电平，$V_{out} = V_{OL} \approx 0$，即图 3.37 中的 CD 段，$I_D \approx 0$。当 $V_{Tn} < V_{in} < V_{dd} - | V_{Tp} |$ 时，NMOS 和 PMOS 均导通，$I_D \neq 0$，但二者有可能分别工作在线性区和饱和区，或同时处于饱和区。CMOS 反相器的转折点发生在 NMOS 和 PMOS 同时工作于饱和区，设转折点电压为 V_{in}^*，它也可以称为 CMOS 反相器的阈值电压，满足下式：

$$I_n = K_n (V_{in}^* - V_{Tn})^2 = I_p = K_p (V_{in}^* - V_{dd} - V_{Tp})^2 \tag{3.61}$$

于是，

$$\sqrt{K_n/K_p} (V_{in}^* - V_{Tn}) = (V_{dd} + V_{Tp} - V_{in}^*) \tag{3.62}$$

$$V_{in}^* = \frac{V_{dd} + V_{Tp} + \sqrt{K_n/K_p} V_{Tn}}{1 + \sqrt{K_n/K_p}} \tag{3.63}$$

为分析简便起见，假设 NMOS 和 PMOS 具有对称的阈值电压和相同的跨导因子（当然具有不同的宽长比），即 $V_{Tp} = -V_{Tn}$ 和 $K_p = K_n$，这样转折点 $V_{in}^* = V_{dd}/2$，I_D 达到最大。

当 $V_{Tn} < V_{in} < V_{in}^*$ 时，NMOS 处于饱和区，PMOS 处于线性区，原则上也可以通过利用 NMOS 和 PMOS 电流相等的条件，将工作点的电流 I_D 和输出电压 V_{out} 确定下来。当 $V_{in}^* < V_{in} < V_{dd} - | V_{Tp} |$ 时，NMOS 处于线性区，PMOS 处于饱和区，同理，也可以确定工作点。于是，CMOS 反相器状态转换过程就如图 3.37 中 BC 段所示。

要保证 CMOS 反相器中 MOS 管导通时工作在强反型区，要求电源电压 V_{dd}/V_T 大于 2，这一比值会影响反相器的电压传输特性和开关速度，所以，设计 CMOS 反相器时 V_{dd}/V_T 比值要取得适中，通常取 $3\sim5$。

CMOS 集成电路的工作原理及其低功耗特性，可用图 3.38 进一步说明。该图显示，CMOS 的瞬态功耗取决于信号传输和电平转换。图 3.38 中 C_L 代表电路输出端的电容性负载，它通常由漏结电容、下一级栅极输入电容和输出信号线-衬底电容等构成。图 3.38(a)说明输入信号由高电平（"1"）向低电平（"0"）跃变，引起的输出电平变化过程。漏极输出端由"0"向"1"的转换取决于负载电容 C_L 的充电过程。此时，NMOS 管由通态转向关态，而 PMOS 管由关态变为通态，恰好为负载电容 C_L 提供充电电流。图 3.38(b)则显示，当 CMOS 输入端电平由"0"向"1"转换时，进入导通态的 NMOS 管，为负载电容积累的电荷提供泄放通路。

　　由图 3.37 可知,当 CMOS 工作在静态时,其功耗是很低的。但当它工作在动态时,如输入信号为方波脉冲,则会有明显的功耗产生,这就是 CMOS 的动态功耗。CMOS 的动态功耗可以这样来理解:在一个脉冲周期 T 内,共有 $C_L V_{dd}$ 大小的电荷从电源流出,最终流到地,所以,可以认为在这个周期内,电源平均电流为 $C_L V_{dd}/T = f C_L V_{dd}$($f$ 为 CMOS 工作频率),因而电源功耗应为 $f C_L V_{dd}^2$。在 CMOS 集成电路技术发展过程中,器件几何尺寸缩微及电源电压降低,使单元电路的动态功耗减小,电路的传输速度上升。但电路工作频率的提高会使其动态功耗增加。CMOS 在工作时还需注意一个特别问题,即所谓的闩锁效应(Latch-up)。本书第 5 章 5.5 节将讨论闩锁效应及其抑制方法。

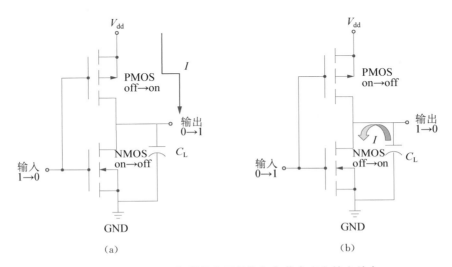

图 3.38　CMOS 反相器的电平转换与负载电容上的充放电

3.7　存储器件

　　存储器是构成数字系统的另一类重要器件。由于这些数字系统处理的数据量越来越大,运算速度越来越快,这就要求存储器件相应提高存储容量和存取速度,半导体存储器技术必须满足这些要求。存在多种不同功能的半导体存储器。根据数据易失性,即断电后能否保存数据的特点,可以将存储器分为挥发性和非挥发性。非挥发性存储器是电路掉电后数据能保持的多种类型存储器,包括只读存储器(ROM),其形式从早期的掩膜 ROM 逐渐演变为可编程 ROM(PROM)、可擦除可编程 ROM(EPROM)、电可擦除可编程 ROM(E²PROM),直至 20 世纪 90 年代后迅速发展及广泛应用的快闪(Flash)存储器。ROM 虽然具有非挥发性优点,但它们的读写速度(尤其是写速度)都较慢,所以,ROM 一般用于外设存储或某些固化程序存储。与此相对的挥发性存储器是断电后不能保存数据的存储器,通常指随机存储器(RAM),它具有读写速度快、存储容量大等优点。根据数据保存是否需要刷新又可以将其分为静态 RAM(SRAM)和动态 RAM(DRAM)。SRAM 是一种只要不断电数据就可以一直保持的 RAM,它利用 RS 锁存器反馈自保数据的原理,每个存储单元一一般需要 6 个晶体管实现。与之相异的 DRAM,是靠 MOS 电容存储电荷来标志"0"、"1"二值信息的存储器。但这种存储电荷会由于电容漏电使得信息逐渐丢失,必须持续定时给电容补充电荷(即刷新)。因此,DRAM 必须有刷新控制电路,这不仅使结构变得复杂,也使操作较为复杂。尽管如此,DRAM 由于单元结构简单,有利于提高存储密度,成为目前大容量RAM 的主流产品。当今世界存储器产值约占整个半导体工业的 20%,DRAM 则占存储器的 50%。由于其产量之大,DRAM 已被誉为"地球上数量最大的人工制品"。本节简要讨论应用广泛的 DRAM、Flash 等存储器件的基本原理和技术。

3.7.1　DRAM 存储器原理与演进

DRAM 的研发始于 20 世纪 60～70 年代,人们曾提出由不同结构存储单元构成的多种DRAM。一般设想用一个 MOS 电容或 MIM 电容储存电荷信号,再通过一个或几个晶体管实现电荷信号读写。第一代商用 DRAM 由 Intel 公司在 1970 年开始量产,它具有 1 kb 存储容量,采用 p 沟 MOS 技术与 3 管存储单元,其读出信号较大,且读出属非破坏性,外围控制电路相对简单,但单元结构相对复杂,不利于提高集成度。所以,Intel 在其第二代 4 kb DRAM 产品中,就改为单管存储单元,并采用 n 沟 MOS 技术。单管单电容(1T/1C)DRAM是 1968 年由 IBM 公司 R. H. Dennard 发明[11],由于其存储单元结构简单,占用面积小,集成度和生产成本皆具有明显优势,至今仍得到普遍应用。

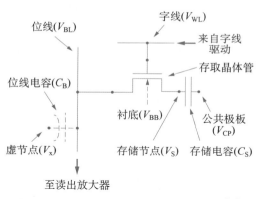

图 3.39　1T/1C DRAM 存储单元电路图[12]

图 3.39 是 1T/1C DRAM 存储单元电路图[12]。该单元中电容称为存储电容,用于储存电荷信号,晶体管称为存取晶体管或元胞晶体管,用来控制对电荷信号的读写。这种 1T/1C单元结构处于一个纵横交错的矩阵连线中,与晶体管栅极相连的称为字线,与晶体管漏极相连的称为位线,晶体管的源极经过存储电容 C_S 串联接至公共极板(或简称为极板),该极板可以接地或者其他某个固定电位(如 $V_{dd}/2$)。在晶体管的漏极上还存在位线电容 C_B,它是晶体管漏区与衬底形成的 n^+p 结势垒电容,因为位线将许多个晶体管的漏极并联,所以,C_B 的大小不是单个晶体管的漏极 n^+p 结电容,而是需要乘上同一条位线上连接的存储单元个数(一般为256～512),另外,位线还要连接到读出放大器,实际上还应包括放大器的输入电容。C_B 常为C_S 的 6～10 倍。

进行写操作时,字线施加高电平,使晶体管导通,位线上的数据(电位)便通过晶体管而被存入 C_S 中。为保证写入过程中晶体管始终导通,字线高电平电位需要升压到比位线高电平(如 V_{dd})至少高一个 V_T。进行读操作时,位线预先充电至某个电位 V_{BLP}(如 $V_{dd}/2$),然后字线给出高电平,使晶体管导通。这时 C_S 的存储电荷将与 C_B 分享,使两者电平发生变化。若 C_S 上原来存储节点的电位为 V_S(0 V 或高电平),而这时位线电位为 V_{BLP},则执行读操作后,通过电荷分享,这时位线电位改变量为

$$\Delta V = V_{BL} - V_{BLP} = \frac{V_S - V_{BLP}}{1 + C_B/C_S}$$

(3.64)

当 V_S 为低电平(如 0 V)时,经过读操作后 $\Delta V < 0$;当 V_S 为高电平(如 5 V)时,经过读操作后 $\Delta V > 0$。但由于 $C_B > C_S$,ΔV 通常只有 100 mV 量级甚至更低。所以,这种 1T/1C DRAM 的信号需要用差分放大器进行放大读出。另外,还可以看到存储单元信号被读出后,V_S 的电位既不是 0 V,也不是 V_{dd},而是在 V_{BLP} 附近,所以,1T/1C DRAM 的读出属于破坏性读出,在读出之后需要对 C_S 中的信号电荷进行恢复。

对于 DRAM,即使不对存储电容中信号进行读取,经过一段时间后,信号电荷也会逐渐流失。电荷流失途径通常包括存取晶体管源结漏电、晶体管关态漏电、栅诱导漏极漏电(GIDL)、场寄生晶体管漏电、电容漏电,这些漏电会影响存储器的保持特性。在 DRAM 中,在这些信号电荷没有明显流失前,需要对存储单元进行刷新。通常在每间隔某个时间段(如 64 ms),主动对单元存储信息读取与恢复一次。

由上述工作原理可知,存储电容和存取晶体管是 DRAM 研发中的关注焦点。表 3.1 列出了 ITRS 2013 预测的 DRAM 发展中存储电容和存取晶体管相应演变路径。由表 3.1 可见,随着技术演进,DRAM 半线距在不断缩微,存储单元面积持续缩小,但单元存储电容值保持在约 20 fF(40 nm 以前为 25 fF),这就提出了在小面积上制作大电容的课题,存储电容结构从最初的平面发展为沟槽或叠层,叠层电容结构也从圆柱形演变为台柱形,从多晶硅/氧化层/多晶硅(SIS)演变为金属/高 k 介质/金属(MIM)。另一方面,随着单元面积缩小,留给存取晶体管空间越来越小,以至于晶体管 SCE 越来越严重,关态漏电越来越大,这就提出了在小面积上制作低漏电晶体管的课题。存取晶体管也从简单平面结构演变为立体结构,

表 3.1　ITRS 2013 预测的 DRAM 发展路线

生产年份	2013	2015	2017	2019	2021	2023	2025	2028
半线距	28	24	20	17	14	12	10	7.7
DRAM 容量(位/芯片)	4 G	8 G	8 G	16 G	16 G	32 G	32 G	32 G
DRAM 单元面积(μm^2)	0.004 70	0.003 46	0.001 60	0.001 16	0.000 78	0.000 58	0.000 40	0.000 24
单元存储电容(fF)	20	20	20	20	20	20		
存储电容结构	台柱形 MIM	台柱形 MIM	台柱形 MIM	台柱形 MIM	台柱形 MIM	台柱形 MIM		
存储电容 EOT(nm)	0.55	0.4	0.3	0.3	0.3	0.25	0.25	0.25
存储电容介质相对介电常数	50	60	60	60	70	70		
DRAM 存取晶体管结构	RCAT+Fin	RCAT+Fin	VCT	VCT	VCT	VCT	VCT	VCT
DRAM 存取晶体管 EOT(nm)	5	4.5	4	4	4	4	4	4
字线负偏压	是	是	是	是	是	是	是	是
最小保持时间(ms)	64	64	64	64	64	64	64	64

如凹陷沟道晶体管（recessed-channel-array transistor，RCAT）、鳍形场效应晶体管（FinFET）以及竖直沟道晶体管（vertical cell transistor，VCT）等。

3.7.2　DRAM 存储电容结构

一个平板电容器如果长、宽、高尺寸等比例缩小，其电容值将减小。随着器件尺寸缩微，C_S 按理应该不断变小。但考虑到结漏电、晶体管亚阈值漏电、介质漏电、宇宙射线或封装材料中残余放射性元素（如 Sr^{90}）引起的电荷损失以及差分放大器本征失配等因素，就要求 C_S 至少不小于 25 或 20 fF。随着技术进步，DRAM 存储单元面积在不断缩小，所以，DRAM 研发工作的主要课题之一为如何在有限芯片面积内制作较大电容。电容增值技术主要可分为两类：一类是通过宏观或微观结构改变增加电容表面积，另一类是应用高介电常数电容介质。本节重点介绍第一类电容增值技术——多种存储电容结构，而高 k 介质用于 DRAM 存储电容则在 3.7.3 节讨论。

平面电容

图 3.40 为平面电容 DRAM 存储单元结构剖面示意图[13]。在这种结构中，存储电容并排位于存取晶体管之侧，电容占用面积较大，可达整个存储单元的 30% 以上。如果用 F 表示器件特征尺寸，平面电容 DRAM 单元尺寸高达 20～30 F^2。下面介绍的三维电容，其存储单元尺寸可在 8 F^2 以下。因此，平面电容只用于早期 1 Mb 以下低容量 DRAM 中。

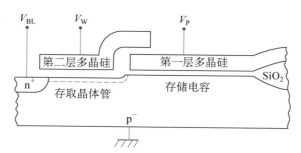

图 3.40　平面电容 DRAM 存储单元结构剖面示意图[13]

沟槽电容

随着 DRAM 单元面积不断缩微，存储电容结构从平面转向三维，包括向下发展的沟槽电容和向上发展的叠层电容。自 20 世纪 80 年代中期开始，IBM、TI 和 Toshiba 公司开始致力于沟槽电容 DRAM 的开发。在衬底下挖一个几微米的沟槽，把电容制作在沟槽侧壁，这样可获得比平面型大得多的电容表面积。图 3.41(a) 和 (b) 分别为两种沟槽电容 DRAM 存储单元结构剖面示意图[13]。在图 3.41(a) 所示的传统沟槽电容 DRAM 中，把填充在沟槽内的多晶硅作为极板，信号电荷则储存在衬底中，这种设计使得信号电荷易于流失或受其他一些因素（如 α 粒子等）的干扰。为解决这一问题，后来又发展了衬底极板沟槽（SPT）电容，如图 3.41(b) 所示。在这种结构中，把信号电荷存储在沟槽内部，沟槽外侧（即衬底）作为极板。在有些沟槽电容 DRAM 中，为实现与衬底彻底电隔离，甚至把存储电极和极板都制作在沟槽内部。

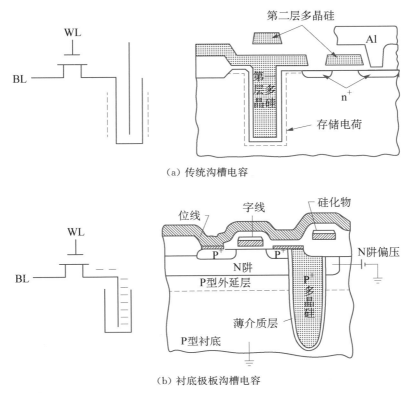

（a）传统沟槽电容

（b）衬底极板沟槽电容

图 3.41　沟槽电容 DRAM 存储单元结构剖面示意图[13]

由于沟槽是制作在衬底下面,因此,沟槽电容 DRAM 表面形貌相对较为平整,这为后续加工带来方便。另外,由于沟槽是在流片初始阶段制作,给予晶体管的热积累(也称热预算)相对较小,有利于制造高性能晶体管。但沟槽电容 DRAM 也存在一些问题,尤其在发展早期,制作具有较高深宽比(AR)沟槽的工艺难度大,而且沟槽电容一般只能采用 SiO_2/Si_3N_4介质,早期工艺无法在沟槽内制作高 k 介质。所以,早期认为沟槽电容只适用于 1~4 Mb 中等容量 DRAM[13]。随着技术发展,现在不仅可制作 $AR>60$ 的沟槽,而且采用原子层淀积(ALD)技术在沟槽内部也可以淀积保形性与均匀性良好的高 k 介质[14]。结合多种电容增值技术和新结构的运用,沟槽电容至少可以用到 11 nm 技术代 DRAM。

随着单元尺寸不断减小,沟槽直径也在不断减小。单纯增加沟槽深度,虽然可以保持有较大电容面积,但过高 AR 工艺仍有难度。在 90 年代,Toshiba 发明了一种电容新结构——瓶形沟槽电容,它在保持沟槽原有开孔直径前提下,通过对沟槽下半部沟槽孔径进行扩展,达到扩大电容面积的目的[16]。IBM 和 Infineon 采用这一原理,并结合其他电容增值技术,将其成功应用到 100 nm 以下 DRAM 中[17, 18]。图 3.42 展示瓶形沟槽电容制作原理,其主要工艺步骤如下[17]。

（1）Si_3N_4 阻挡层定位。在氧化层掩蔽下刻蚀硅沟槽,接着在沟槽内外淀积薄 Si_3N_4 覆盖层,并涂布光刻胶以填充沟槽,然后回刻光刻胶与 Si_3N_4 至沟槽内一定深度,如图 3.42(a)所示。

（2）沟槽电容与晶体管的隔离工艺。去除全部光刻胶后,以沟槽下半部的 Si_3N_4 作为阻挡层,进行 LOCOS 氧化,在沟槽上半部侧壁上生长 SiO_2,如图 3.42(b)所示,这种昵称为

"衣领"的氧化物作为沟槽电容与晶体管的隔离区。

（3）瓶形沟槽电容区形成。选择性去除沟槽下半部 Si_3N_4 后，采用湿法腐蚀或各向同性干法刻蚀工艺，扩大下半部硅沟槽，形成如图 3.42(c) 所示的瓶形沟槽。

（4）公共极板、电容介质形成。采用气相掺杂或等离子体掺杂，对沟槽下半部硅进行自对准掺杂，形成存储电容的公共极板，再生长或淀积电容介质，如图 3.42(d) 所示。其后多晶硅存储电极的淀积与传统沟槽电容工艺相同。

采用 ALD 技术后，可以用高 k 介质（如 Al_2O_3）代替 NO 介质，也可以采用半球形晶粒表面技术，进一步增大电容。综合应用各种技术，电容可显著增加[18]。随着沟槽直径变得越来越细，沟槽内部存储电极的电阻变得越来越大，严重制约存取速度的提高。在某些高密度沟槽电容 DRAM 中，把多晶硅存储电极改成金属电极。TiN 是一种导电能力较好且能承受后续高温（1 050℃）工艺的金属材料，但它直接淀积在介质上界面质量较差，所以，可以在介质上先淀积一层很薄的多晶硅，然后在多晶硅上再淀积 TiN，这样电容结构就由 SIS 变成了 MSIS[18]。

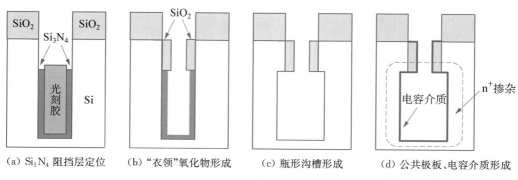

(a) Si_3N_4 阻挡层定位　　(b) "衣领"氧化物形成　　(c) 瓶形沟槽形成　　(d) 公共极板、电容介质形成

图 3.42　瓶形沟槽电容制作工艺步骤[17]

叠层电容

另一种制作三维存储电容的方法是叠层电容。图 3.43 是叠层电容 DRAM 存储单元结构剖面示意图[13]。其优点为易于制造，对 α 粒子等具有强抗辐照能力，降低软错误几率，对衬底中存在的多种漏电机制不敏感，适宜于高 k 介质的淀积。叠层电容结构在 4 Mb 以上大容量 DRAM 中被广泛采用。

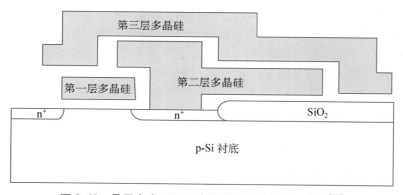

图 3.43　叠层电容 DRAM 存储单元结构剖面示意图[13]

根据存储电容相对于位线的位置,叠层电容 DRAM 又可分为位线下方电容(CUB)和位线上方电容(COB)两种方法,分别如图 3.44(a)和(b)所示[19]。早期叠层电容 DRAM 的存储电容制作在位线下方,其单元利用面积有限,随后发展 COB 叠层电容 DRAM 可充分利用单元面积以制作存储电容,在 16 Mb DRAM 生产中就开始采用 COB 叠层电容。

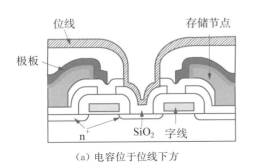

（a）电容位于位线下方   （b）电容位于位线上方

图 3.44 两种叠层电容 DRAM 存储单元结构剖面示意图[19]

为进一步充分利用存储单元面积,人们还曾设想采用多叠层电容,但其制备工艺过于复杂。另一种既可行又能增大电容面积的方法是采用圆柱形(cylinder)电容,如图 3.45 所示。这种结构首先在存储单元上方形成圆柱形电极,通常用重掺杂多晶硅制作,然后再淀积介质和极板,这种电容结构有时又称为杯形或皇冠形电容。圆柱形电容可显著增加电容面积,在 1 Gb 以上大容量 DRAM 制造中得到广泛应用。圆柱形电容的高

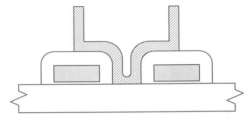

图 3.45 圆柱形（杯形或皇冠形）电容剖面示意图[13]

度为 $1.0 \sim 2.5~\mu m$,一方面因为表面严重起伏会显著影响良率,另一方面过高结构电容也给接触孔刻蚀带来困难[14]。当 DRAM 进入亚 100 nm 技术代后,圆柱体高宽比将变得越来越大,使其力学稳定性下降,可能产生倾斜,甚至导致相邻两个存储电极桥连。为解决这一问题,人们提出了一些制造无倾斜圆柱电容的方法。结合应用高 k 介质,圆柱形电容可适用至 32 nm 技术代。

当特征尺寸缩小至 32 nm 以下时,采用占用面积更小的台柱形(pillar 或 pedestal)电容结构。图 3.46 展示圆柱形(杯形)电容和台柱形电容的剖面结构[20]。由图 3.46 可见,在圆柱形电容中,每个电容单元周期(d)应当不小于 2 倍存储电极厚度(t_{SN})、4 倍介质层物理厚度(t_{Die})、极板底部直径(t_{PL1})、单元间极板宽度(t_{PL2})以及加工偏差(ε)之和。由于 t_{PL} 和 ε 之和最小也要达到 10 nm,当特征尺寸低于 32 nm 时,要容纳上述各层变得几乎不可能。相反,台柱形电容对特征尺寸的要求相对宽松些,其单元周期(d)只要不小于存储电极直径(t_{SN})、2 倍介质层物理厚度(t_{Die})、单元间极板宽度(t_{PL})以及加工偏差(ε)之和。根据设计规则,20 nm 节点要求 $t_{Die} \leqslant 9$ nm,15 nm 节点要求 $t_{Die} \leqslant 5$ nm,而这样的要求对于高 k 介质是可行的。当然,由于台柱形较圆柱形表面积相对较小,因此,如果采用相同厚度介质层,要获得同样大小的电容值,台柱形的高宽比(AR)需比圆柱形大得多,圆柱形 AR 一般约为十几,而台柱形 AR 则需为 $60 \sim 100$,这给加工工艺带来极大挑战[20]。

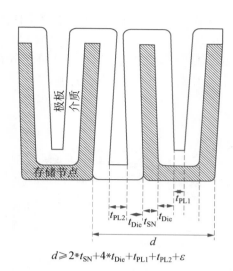 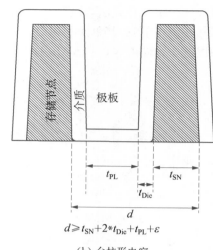

$$d \geqslant 2*t_{SN}+4*t_{Die}+t_{PL1}+t_{PL2}+\varepsilon$$

（a）圆柱形电容

$$d \geqslant t_{SN}+2*t_{Die}+t_{PL}+\varepsilon$$

（b）台柱形电容

图 3.46　圆柱形电容和台柱形电容结构剖面结构[20]

　　除了应用微细加工技术优化缩微电容结构外，还有一种通过调节多晶硅生长工艺的方法，使多晶硅表面形成半球状晶粒形貌，增大电容电极面积，使存储电容增值。这种方法由 NEC 公司提出，被称为"半球形晶粒（hemispherical grained，HSG）"多晶硅电极工艺[21]。这种具有 HSG 表层的多晶硅膜制备原理与工艺步骤如下：首先在超高真空及较低温度下，在洁净 SiO_2 表面淀积无氧化的平坦非晶硅薄膜；接着在略高温度和硅原子束或气态源（如 Si_2H_6）适度气流条件下，非晶表面上产生自发硅晶核生长；随后在超高真空退火作用下，通过非晶表面硅原子扩散运动与聚集，使籽晶核逐渐生长成半球晶粒。实验表明，利用半球状晶粒表面多晶硅电极制作的电容，其电容值可以达到光滑表面的两倍。这种 HSG 多晶硅电极技术可以有效用于上述多种平面与立体结构叠层存储电容制备，曾在 256 Mb 等多代 DRAM 产品中实际应用。HSG 多晶硅电极技术也可与高 k 介质结合用于制作存储电容。

3.7.3　DRAM 中的高 k 介质电容增值技术

　　第二类电容增值方法就是使用高介电常数（高 k）介质作为存储电容介质。早期 DRAM 存储电容大多采用 SiO_2/Si_3N_4 双层介质结构（简写为 NO），因为 Si_3N_4 的介电常数（$k\approx7$）高于 SiO_2，引入 Si_3N_4 一方面可以提高介质层的有效介电常数，另一方面可以填补超薄 SiO_2 层中的针孔。在 0.25 μm 256 Mb DRAM 中的 NO 介质等效氧化层厚度（EOT）已减小为 4.5～5.0 nm。若进一步缩微，其厚度将小于 NO 介质 EOT 极限 3.5～4.0 nm[22]。低于这一极限，介质层漏电将超过每单元 1 fA 的标准，所以，人们在大容量 DRAM 开始引入高 k 介质。图 3.47 展示了 21 世纪初以来 DRAM 存储电容演进历史和发展趋势。由图 3.47 可见，随着技术发展，存储电容介质的 k 值呈阶梯式上升，大致可把用于 DRAM 存储电容的高 k 介质分为 3 代。第一代是 $k<30$ 的高 k 介质，以 Ta_2O_5、Al_2O_3 为代表，主要用于～1 Gb DRAM；第二代是 $30<k<50$ 的中等高 k 介质，以 ZrO_2、HfO_2、Ta_2O_5 为代表，主要用于 1～8 Gb DRAM；第三代是 $k>50$ 的超高 k 介质，以 TiO_2、$SrTiO_3$（简称 STO）、$Ba_xSr_{1-x}TiO_3$（简称 BSTO 或 BST）为代表，主要用于 8 Gb 以上的 DRAM。

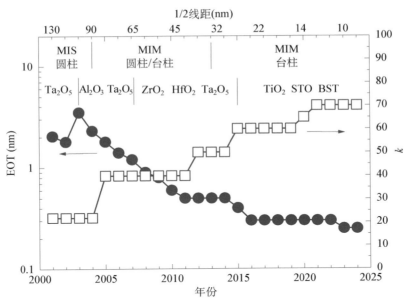

图 3.47　2000 年以来 DRAM 存储电容演进历史和发展趋势

Ta_2O_5 是最早用于 DRAM 存储的高 k 介质,其 k 值可以在一个较大范围内变化。如果将其淀积在多晶硅上,其 k 值约为 20 左右,电容结构为金属/绝缘层/多晶硅(MIS)。其 EOT 约可减小为 2~3 nm,能够用于 0.13 μm 技术代 DRAM[22]。后来又有研究发现,当 Ta_2O_5 淀积在金属而不是多晶硅上时,其 k 值可超过 50,所以,Ta_2O_5 MIM 结构的电容可用于 28 nm 技术代 DRAM。

在高 k 介质家族中,Al_2O_3 的 k 值相对较小(~10),但其具有优良绝缘特性,可采用较薄物理厚度的介质层。Al_2O_3 可以用 ALD 技术制备,工艺温度低(<450℃),有利于工艺集成,曾用于 70 nm 以上技术代 DRAM 芯片。

ZrO_2 的 k 值约为 50,可用于更小尺寸 DRAM 制造,其 EOT 可低至 0.6 nm,适用于 28 nm 以上技术代 DRAM。

对于 20 nm 以下 DRAM,如仍采用台柱形电容结构,在工艺可接受的高宽比条件下,据估算其介质层 EOT 需小于 0.4 nm,这时只有超高 k 介质才有可能用于存储电容。BST 的 k 值可为 200~400,有望在更小尺寸 DRAM 中获得应用,目前它仍存在一些问题。通常 $k>$ 150 的超高 k 介质禁带宽度小于 3.5 eV,与金属电极接触势垒普遍较低,介质漏电过大。另有研究表明,当 BST 介质层很薄时,其 k 值会变小;而当金属底电极很薄时,其功函数也会变小,因此,金属电极材料的选取和工艺优化也是一个关键问题。

3.7.4　DRAM 中的存取晶体管

DRAM 芯片中有两类晶体管——单元存储晶体管和外围电路晶体管。单元存储晶体管一般是 n MOSFET,而外围电路通常用 CMOS。这两种晶体管由于应用目的和应用环境不同,对它们的技术要求也不相同。外围电路晶体管与低功耗逻辑电路要求类似,只是速度相对较低,其制造工艺大致与两个技术代前的低功耗逻辑器件工艺相当[20]。存储晶体管对漏电要求特别高,因为这关系到 DRAM 的保持特性。存储晶体管主要的漏电机制有:结漏电和亚阈值漏电两种。要减小亚阈值漏电,除了要控制短沟道效应(SCE),最直接的办法就是适当提高 V_T,但这与缩微趋势不符。在某些 DRAM 中,晶体管关态时栅极(字线)不是采用零电平而是采用负电压,或者施加衬偏电压,这些都可以减小晶体管关态时的亚阈值漏电。在 DRAM 单元尺寸持续缩小的背景下,要控制好 SCE,必须不断提高衬底掺杂浓度。但过高的衬底掺杂浓度,会导致结漏电增大。当衬底掺杂超过 10^{18} cm^{-3} 时,带带隧穿结漏电就变得越来越严重。人们提出了一些方法,如只在沟道区局部重掺杂,在源漏结下方仍然轻掺杂。这类方法缓解了亚阈值漏电和结漏电的矛盾,但也增加了工艺复杂性。最为头疼的是,当单元面积整体在缩小时,这些需要重掺杂和轻掺杂区域的距离在不断缩短,这类方法的优点在逐步丧失[22]。所以,进入 100 nm 以后,具有优良漏电特性的新结构存储晶体管研发和应用就变得越来越迫切。

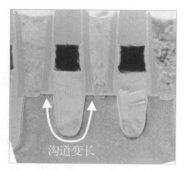

图 3.48　RCAT 剖面结构图[20]

　　在非常小的存储单元中,若采用传统平面晶体管,则其沟道长度和宽度都只能在 1F 左右,SCE 势必很严重。若能将晶体管沟道有意加长,就可有效改善 SCE。凹陷沟道晶体管(RCAT)就是按这一思路提出来的一种方案。图 3.48 为 RCAT 剖面结构[20]。2003 年 Samsung 公司首先在 88 nm 512 Mb DRAM 中采用 RCAT 作为存储晶体管,其光刻栅长为 75 nm,沟道凹陷深度可达 150 nm,大大增加实际沟道长度,可以适当降低衬底掺杂浓度,其 SCE、结漏电和接触电阻都有所改善,与平面晶体管相比,RCAT 显著改善了存储单元的保持特性[24]。RCAT 可能存在的风险如下:字线、位线寄生电容可能会增加,通态电流减小,不同晶面上沟道迁移率不同。后来 Samsung 公司在 70 nm 2 Gb DRAM 制造中发明了球形凹陷沟道晶体管(S-RCAT),将凹陷沟道底部做成球形,进一步增加了沟道长度,降低了 SCE,改善了保持特性,这种晶体管可以缩微至 40~50 nm 节点[25]。

　　鳍形场效应晶体管(FinFET)在 22 nm 以下逻辑电路中已有应用。由于沟道由两个或 3 个栅控制,FinFET 较平面器件有更理想的亚阈值特性和更好抑制 SCE 的能力。将 FinFET 用作 DRAM 存储晶体管,一方面可以减小亚阈值漏电,另一方面可以采用更低衬底掺杂浓度,降低结漏电,从而优化 DRAM 的保持特性。

　　32 nm 节点以下的 DRAM,其单元尺寸更小,晶体管安排也更紧凑,有效方法就是把晶体管竖起来,如图 3.49 所示,做成竖直沟道晶体管(VCT)。这样,每个存储单元所占面积有可能低至 $4F^2$。VCT 通常都是应用硅台柱(pillar)制作,一般都是环栅晶体管(surrounding gate transistor, SGT)。图 3.49 展示一种竖直沟道晶体管 DRAM 单元结构[27]。通过 3 步硅刻蚀,形成硅柱上、中、下 3 个部分,上部分作为 VCT 的沟道,中间部分掺砷作为存储节点,下部分掺硼则是为了改善单元之间的隔离。VCT 由于采用环

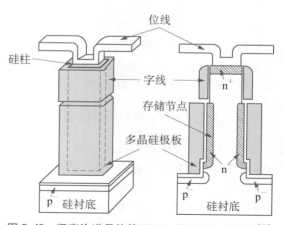

图 3.49　竖直沟道晶体管 DRAM 单元结构示意图[27]

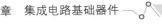

栅结构,栅对沟道控制能力很强,所以,对沟道不需要高浓度掺杂,晶体管的结漏电和 GIDL 等都可得到控制,有益于增强存储器保持特性。

3.7.5 非挥发性存储原理

非挥发性存储器是断电后数据仍能保持的存储器。除了 ROM、掩膜 ROM 外,可编程的非挥发性存储器都用浮栅晶体管来存储信息。图 3.50 是浮栅晶体管在不同荷电状态时的器件结构和能带示意图[28]。浮栅晶体管就是在普通晶体管的栅介质中插入一个不连通的栅极,称为浮栅,而叠在它上面可与电路相连的栅极称为控制栅。当用某些方法改变浮栅荷电状态时,晶体管阈值电压将相应变化。图 3.51 是浮栅晶体管在不同荷电状态时的转移特性[29],相对于浮栅未荷电时,浮栅注入负电荷(电子)后,器件 V_T 将变大,增加量为 $-Q/C_{FC}$(C_{FC} 为控制栅与浮栅间的电容)。当选用一个介于两个 V_T 之间的某个栅压(如 5 V),则通过测量是否有漏源电流,就可以判断出浮栅晶体管中电荷的存储状态,这个过程就是读过程。浮栅未荷电时 V_T 较低,可以测到较大漏源电流,此时状态定义为逻辑"1";浮栅荷负电时 V_T 较高,漏源电流几乎为零,此时状态定义为逻辑"0"。将电荷注入或移出浮栅的过程称为写过程。图 3.50 表明,SiO_2/Si 界面导带势垒高度(3.2 eV)低于价带势垒高度(4.0 eV),电子注入或移出的效率比空穴要高得多,所以,在浮栅晶体管中都以电子而非空穴作为存储电荷。一般把电子注入浮栅的过程称为编程,而把电子移出浮栅的过程称为擦除。没有写操作情况下,存储在浮栅中的电子也会因微小漏电流减少,但这个过程很长,在室温下存储信息保存期通常超过 10 年。

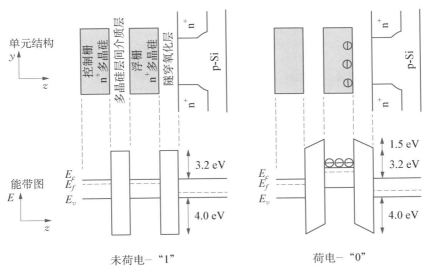

图 3.50　浮栅晶体管在不同荷电状态时的器件结构和能带示意图[28]

电子注入或移出浮栅的物理机制很多,最具代表性的有 3 种。第一种是用波长小于 290 nm 的紫外线照射,如图 3.52(a)所示。当紫外线照射到透光晶体管的浮栅时,可将浮栅中导带或价带电子激发至 SiO_2 导带,此时若浮栅处于荷电状态,则内建电场将驱使这些电子发射至衬底或控制栅使浮栅回到未荷电状态。但若浮栅处于未荷电状态,则紫外线照射无法将电子注入或移出浮栅,所以,这种电荷转移机制只能被用作擦除。第二种是热电子注

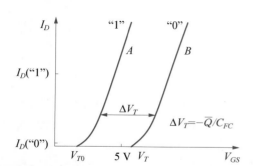

图 3.51　浮栅晶体管在不同荷电状态时的转移特性[29]

入[30],如图 3.52(b)所示。当晶体管漏极加上较高偏压产生较高沟道电场时,电子在平均自由程内获得的能量远高于 kT,这种电子被称为热电子。在 MOSFET 中,电场分布是不均匀的,在漏端附近会有较高电场,生成较多热电子,其中能量足够高的电子,具有较高几率越过 SiO_2/Si 势垒,注入氧化层,并存储在浮栅中。这个过程可称为沟道热电子注入。根据其原理,它对浮栅晶体管存储器,只能用于编程。第三种电荷转移机制是 Fowler-Nordheim 隧穿(F-N 隧穿),其过程如图 3.52(c)所

示。较高栅极偏压电场降在介质使其能带倾斜,电子就有可能通过量子隧穿机制穿越三角势垒,注入或移出浮栅。这种机制最早是由 Fowler 和 Nordheim 发现,其隧穿电流密度 J 与氧化层电场强度 E 的关系为 $J = AE^2 \exp(-B/E)$,其中,A、B 是与势垒高度和氧化层中电子有效质量有关的常数。由其原理可知,随着氧化层两侧偏压极性的改变,隧穿电流的方向也可改变,所以,F-N 隧穿既可用作编程,也可用作擦除。

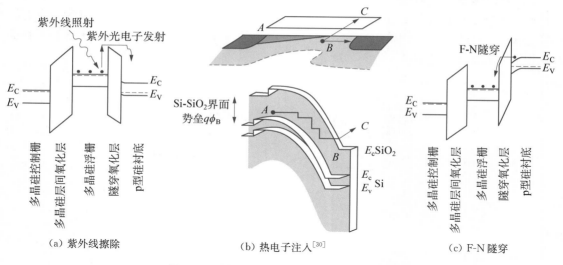

(a) 紫外线擦除　　　　　(b) 热电子注入[30]　　　　　(c) F-N 隧穿

图 3.52　浮栅晶体管电荷注入与擦除机制

可擦除可编程只读寄存器(EPROM)

第一个 EPROM 产品是 1971 年由 Intel 研制的 2 kb EPROM。当时用的浮栅晶体管是 P 沟器件,虽然沟道输运载流子为空穴,但在漏端附近的高电场导致雪崩碰撞离化,产生的热电子也能注入浮栅,这种热电子注入又称为雪崩电子注入。后来量产的多种 EPROM 芯片则采用 N 沟浮栅晶体管。单个浮栅晶体管就可构成 EPROM 的存储单元。利用浮栅晶体管浮栅荷电状态影响 V_T 的原理,通过施加一个中等大小栅压,判断是否有源漏电流,可实现读过程。写操作为电荷转移过程,可分别通过沟道热电子注入和紫外线照射放电来完成,编程用沟道热电子注入,擦除用紫外线照射,因此,EPROM 芯片需要在上方开一个透光的

窗口。编程过程一般较快,约为数百微秒,擦除过程则很慢,通常需要数分钟至数十分钟。EPROM 的优点是结构简单,只有一个晶体管;缺点是不仅在擦除时需要专门的紫外线擦除器,擦除时间长,且所有单元一起擦除,编程时又需要用一个能产生 10 V 以上脉冲电压的编程器。

电可擦除可编程只读寄存器(E^2PROM)

为克服 EPROM 的缺点,研究者发明了利用电学方法进行擦除的 E^2PROM。E^2PROM 的存储单元由一个选通管和一个存储管构成,其电路如图 3.53(a)所示。存储管是 E^2PROM 的核心,它的基本结构与浮栅晶体管相近,只是浮栅与漏交叠区的氧化层很薄(通常在 20 nm 以下),如图 3.53(b)所示。这个薄氧化层区域称为隧道区,因为当栅-漏之间偏压足够高时,就会在该区域发生 F-N 隧穿。根据不同偏压极性,可以完成编程和擦除。为了保护隧道区的氧化层,E^2PROM 的存储单元增加了一个选通管,以避免每次读操作时字线脉冲电压损伤存储管隧道区氧化层,有利于延长隧道区超薄氧化层的寿命。当然,这也同时带来了结构上的复杂,限制了集成度的提高,一般低于 1 Mb。E^2PROM 读操作通常只需要 5 V 电压,而编程和擦除则需要高达 20 V 的脉冲电压,且编程和擦除过程约需数十毫秒。E^2PROM 的优点是可以对任意单元进行单个擦除。

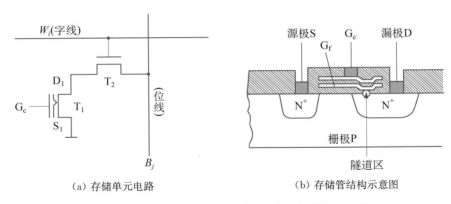

（a）存储单元电路　　　　　　　（b）存储管结构示意图

图 3.53　E^2PROM 存储单元电路和存储管结构示意图

3.7.6　快闪存储器

快闪存储器是现今应用最为广泛的非挥发存储器。它结合 EPROM 结构简单和 E^2PROM 可用电擦除的优点,发展有 NOR 型和 NAND 型两种不同结构的高密度闪存芯片。NOR 型闪存器件的基本结构如图 3.54 所示[29]。它的浮栅氧化层很薄(通常为 8～10 nm),在适当条件下可以发生 F-N 隧穿,所以又称为隧穿氧化层。NOR 型闪存的读过程与普通浮栅晶体管相同,编程也是利用沟道热电子注入,与 EPROM 编程机理相同。擦除操作则利用与 E^2PROM 相同的 F-N 隧穿机

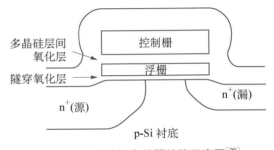

图 3.54　NOR 型快闪存储器结构示意图[29]

制。当源接正电压,而控制栅接地或接负电压,在二者偏压约 10 V 条件下,可使浮栅中的电子泄放至源。由于源端接较高正电压,可能导致源结击穿或源表面的带带隧穿,所以,NOR型闪存结构需采用不对称浮栅晶体管,如图 3.54 所示,源区尺寸相对要大一些,杂质浓度梯度也要小一些。因此,与普通 MOS 晶体管相比,它的源需要额外多一道光刻工艺单独形成。由于 NOR 型闪存芯片是采用共源电路结构,当源接正电压时,可以把所有存储单元中浮栅存储的电子同时擦除,擦除时间约为 100 ms。类似 PROM 中紫外线照射,闪存可通过一个电脉冲完成所有单元的快速擦除,快闪存储器也因此而得名。

　　NOR 型和 NAND 型闪存的电路结构如图 3.55 所示[28, 29]。如果说 NOR 型闪存器还可以将每个存储单元取出成为一个完整的浮栅晶体管,NAND 型闪存电路则是直接将多个(8 个、16 个或 32 个)存储单元串联成链,相邻晶体管源漏区无需接触孔,单元尺寸比 NOR型器件缩小 40%,从而显著提高存储密度。另外,NAND 型闪存的编程和擦除均利用 F-N隧穿,相对于 NOR 型的热电子注入编程,其编程功耗低,写入、擦除速度也较快。由于注入是从衬底均匀地穿过隧穿氧化层,对隧穿氧化层损伤较小。NAND 型闪存的缺点在于它源于其多个单元串联结构,读出时串联电阻较大,因而读取速度比 NOR 型闪存慢。表 3.2 总结了上述各种非挥发存储器写操作,即编程和擦除的物理机制。

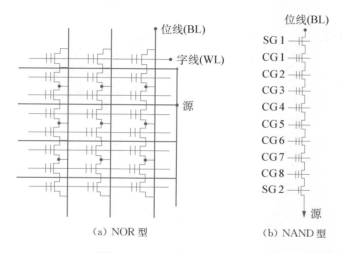

（a）NOR 型　　　　（b）NAND 型

图 3.55　NOR 型[28] 和 NAND 型[29] 快闪存储器电路结构示意图

表 3.2　几种非挥发存储器编程和擦除的物理机制

	EPROM	E²PROM	NOR 型闪存	NAND 型闪存
编程	沟道热电子注入	沟道热电子注入	沟道热电子注入	F-N 隧穿电子注入
擦除	紫外线照射	F-N 隧穿	F-N 隧穿	F-N 隧穿

3.8　集成电路中的无源元件

　　部分集成电路,除了晶体管等有源元件,还需要应用电阻、电容或电感等无源元件。与晶体管相比,它们往往会占用较大面积,因此,无源器件的制作对于集成电路缩微有重要影响。本节将简要介绍无源器件的主要制造工艺。

3.8.1　扩散电阻和薄膜电阻

集成电路中的电阻根据其形成工艺可分为扩散电阻和薄膜电阻。扩散电阻是在硅层中利用光刻工艺界定的 SiO_2 窗口,通过离子注入或扩散工艺把相反导电类型的杂质掺入硅层,形成利用 pn 结与周围隔离的电阻条。薄膜电阻则是在介质膜上淀积一层导电薄膜(如掺杂多晶硅),然后利用光刻技术刻蚀出特定的电阻条图形。电阻条的形状可以是直条型,也可以是曲折型。图 3.56 展示这两类扩散电阻的俯视图和截面图[31]。设电阻条的电阻率为 ρ,长为 L,宽为 W,厚为 d,则该电阻条的电阻为

$$R = \rho \frac{L}{Wd} = \frac{\rho}{d}\frac{L}{W} = R_{sh}\frac{L}{W} \tag{3.65}$$

其中,R_{sh} 称为薄层电阻或方块电阻,定义为

$$R_{sh} = \frac{\rho}{d} \tag{3.66}$$

其物理意义为当长宽比等于 1 时该方块的薄层电阻。它可以通过四探针法等技术在大面积电阻层上测量出来。薄膜电阻总的电阻值则由"薄层电阻×线条方块数"得到。实际上,这一结论不仅限于均匀掺杂情形,它对于厚度方向不均匀掺杂的情形也适用。

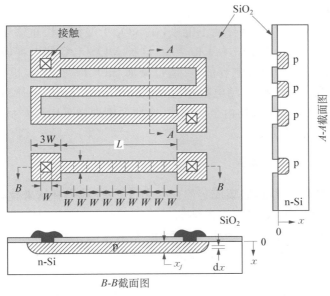

图 3.56　直条型和曲折型扩散电阻的俯视图和截面图[31]

对于实际电阻条,在接触端面附近或曲折型电阻条的转角附近还需要考虑电流不均匀流动的效应。对于图 3.56 中的直条型电阻,如接触面电阻为 $0.65R_{sh}$,则其总阻值约为 $(9+2\times0.65)R_{sh}$。对于曲折型电阻条,转角处电流主要密集于内侧转角处,所以,转角处的一个方块阻值小于 R_{sh},也可用 $0.65R_{sh}$ 近似计算[31]。

3.8.2　集成电容

电容在集成电路中有广泛应用,如在 3.7 节讨论的 DRAM 等存储芯片中。集成电路中的电容有 3 种,分别是 pn 结电容、MOS 电容和 MIM 电容。图 3.57 为这 3 种集成电容的示意图[31, 32]。

当 pn 结反偏时,对于直流来讲处于截止状态,但对于交流来讲它是一个电容,即所谓的 pn 结势垒电容,它是随偏压可变的电容,可用于某些特殊场合,如高频调谐、通信等电路。

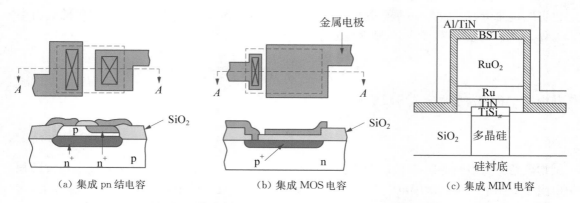

(a) 集成 pn 结电容　　　　　　(b) 集成 MOS 电容　　　　　　(c) 集成 MIM 电容

图 3.57　集成 pn 结电容[31]、集成 MOS 电容[31] 和集成 MIM 电容[32] 的示意图

MOS 电容可通过在硅衬底上生长热氧化层及上下的导电层形成,如图 3.57(b)所示,在 n 型衬底上形成一个 p^+ 扩散层作为下电极,在 SiO_2 上淀积一层重掺杂多晶硅、金属硅化物或金属作为上电极。由于下电极为重掺杂层,这种 MOS 电容的电容值与偏压无关,其单位面积电容值为 ε_{ox}/t_{ox}。为增大电容值,可通过减薄 SiO_2 厚度实现,也可通过应用高介电常数(高 k)介质实现。与集成 pn 结电容相比,集成 MOS 电容还具有串联电阻小的优点。

集成 MIM 电容的上下电极均由金属构成,介质层则通常采用高 k 材料。其电容值也与偏压无关,单位面积电容值为 ε_i/t_i。

3.8.3　集成电感

随着硅器件技术不断演进,硅集成芯片在射频(RF)技术中有越来越多应用。在射频集成电路中,电感是关键元件,如何利用微细加工技术,在硅衬底上制作优质集成电感成为重要课题之一。硅衬底上已可制作多种形状集成电感,其中制作较简便、应用较普遍的是薄膜螺旋形电感,如图 3.58 所示[31]。这种电感的主要制作工艺步骤如下:先在氧化衬底上淀积金属层,经光刻刻蚀后作为电感的下电极;然后,淀积介质隔离层,刻出通孔;再在其上淀积第二层金属,并通过通孔与下电极相连;最后,经光刻在第二层金属上刻蚀出螺旋形图形的电感结构。

相对于集成电阻和集成电容,集成电感的大小尚无严格解析式可以用来计算,通常需要借助 TCAD 模拟软件来分析。在集成电感的建模过程中,通常还需要考虑金属电阻、氧化层电容、金属线间电容、衬底电阻、金属对衬底电容以及金属线间互感等寄生效应。图 3.58(c)为一简化集成电感模型。其中,L 为电感,R_1 为金属电阻,C_{p1} 和 C_{p2} 为金属对衬底的耦合电容,R_{sub1} 和 R_{sub2} 为金属线下的衬底电阻。

评价电感的重要参数是品质因子 Q,其定义为 $Q = \omega L/R$,其中,ω 为频率,L 为电感,R 为金属线电阻。Q 值越高,在电阻上的损耗就越小,电路特性也越好。在较低频率下,Q 会随 ω 增加而线性增高,但当频率很高时,由于寄生电阻和电容的影响,Q 又会随 ω 下降。可以通过多种方法提高 Q 值,如使用低 k 介质降低 C_p,应用厚膜金属或低阻金属(如 Cu 代替 Al)以降低 R_1,还可以用 SOI 结构来消除 R_{sub} 的影响。

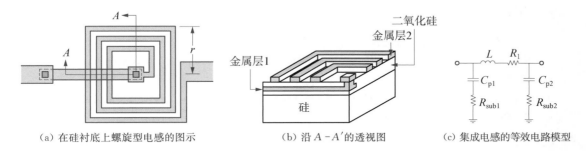

(a) 在硅衬底上螺旋型电感的图示　　　　(b) 沿 $A - A'$ 的透视图　　　　(c) 集成电感的等效电路模型

图 3.58　薄膜螺旋形电感的俯视图、透视图和等效电路模型[31]

思考题

1. 半导体器件有哪几类重要的界面?为什么说界面效应是决定半导体器件特性的关键因素?

2. 试论述界面态对金半接触的影响。

3. 金半接触何时可形成欧姆接触?何时可形成肖特基接触?

4. 为什么说不同功能器件需要用不同势垒高度的金半接触?

5. 在金半接触和 pn 结中,内建电势形成的原因是什么?它们与外加偏压有什么异同?

6. 为什么 pn 结的空间电荷区又可以称为势垒区、耗尽区?它们强调的侧重点有什么不同?

7. pn 结单向导电的物理本质是什么?

8. pn 结势垒电容和扩散电容有什么本质差异?它们分别在何时重要?

9. 异质结双极型晶体管的主要优越性体现在何处?

10. MOS 结构施加不同栅压后,界面会形成哪几种状态?当栅压等于平带电压时,氧化层和半导体是二者都属于平带,还是只有其中之一属于平带?

11. 为什么 MOS 结构弱反型时,仍可以采用耗尽层近似?

12. 为什么 MOS 结构强反型时,耗尽层宽度达到最大值?在高频 C-V 测试中,强反型时最大耗尽层宽度是否会变化?为什么?

13. 氧化层固定正电荷和界面陷阱电荷有什么区别?它们对 MOS 电容和 MOSFET 分别有哪些影响?

14. 从器件结构设计上考虑,如何来提高双极型晶体管电流增益系数?

15. 试分析 MOSFET 输出特性中电流会饱和的原因。

16. 试从阈值电压调控角度,讨论 MOSFET 栅电极变迁原因。

17. 亚阈值斜率的物理意义是什么?增强型 MOSFET 通态电流 I_{ON} 和关态电流 I_{OFF} 分别受哪些因素影响?高速 CMOS 电路和低功耗 CMOS 电路,分别对电源电压和阈值电压有什么要求?

18. 试分析随着器件缩微,CMOS 电路的动态功耗和静态功耗的相对大小变化规律。

19. 随着存储集成度提高,DRAM 制造主要存在哪些挑战?增加集成度的主要途径有哪些?

20. 试比较沟槽电容和叠层电容在 DRAM 应用中的优缺点。

21. 试分析 DRAM 存储晶体管漏电的主要机制及抑制措施。

22. 试分析浮栅晶体管的工作原理。

23. 试讨论浮栅晶体管电荷写入和擦除的常用方法,并比较它们的优缺点。

24. 试讨论 NOR 型和 NAND 型闪存电路结构的差异及其对版图的影响,并比较它们的优缺点。

25. 集成电路中无源元件有哪些? 分别可以通过哪些方法进行制作?

参考文献

[1] 施敏,伍国珏,半导体器件物理(第 3 版).西安交通大学出版社,2008 年.

[2] E. H. Rhoderick, R. H. Williams, *Metal-Semiconductor Contacts*. Clarendon Press, Oxford, 1988.

[3] S. P. Murarka, *Silicides for VLSI Applications*. Academic Press, New York, 1983.

[4] J. Bardeen, Surface states and rectification at a metal semiconductor contact. *Phys. Rev.*, 1947,71(10):717.

[5] E. Dubois, G. Larrieu, Low Schottky barrier source/drain for advanced MOS architecture: device design and material considerations. *Solid-State Electron.*, 2002,46(7):997.

[6] S. E. Thompson, R. S. Chau, T. Ghani, et al., In search of "forever", continued transistor scaling one new material at a time. *IEEE Trans. Semicond. Manuf.*, 2005,18(1):26.

[7] M. Grundmann, *The Physics of Semiconductors*. Springer, Berlin, 2006.

[8] Y. Taur, T. H. Ning, *Fundamentals of Modern VLSI Devices*, 2nd Ed.. Cambridge University Press, Cambridge, 2009.

[9] C. T. Sah, Evolution of the MOS transistor — from conception to VLSI. *Proc. IEEE*, 1988,76(10):1280.

[10] F. M. Wanlass, Low stand-by power complementary field effect circuitry. *U. S. Patent*, 1963: No. 3356858; F. M. Wanlass, C. T. Sah, Nanowatt logic using field-effect metal-oxide semiconductor triodes. *Tech. Dig. Int. Solid-State Circuit Conf.*, 1963:32.

[11] R. H. Dennard, Field-effect transistor memory. *U. S. Patent*, 1968:No. 3387286.

[12] S. Hong, DRAM beyond 32 nm. *2007 VLSI Technology Short Course: Outlook for 32 nm CMOS Logic and Memory Technologies*.

[13] A. K. Sharma, Random access memory technologies, Chap. 2 in *Semiconductor Memories: Technology, Testing, and Reliability*. IEEE Press, New York, 1997.

[14] J. A. Mandelman, R. H. Dennard, G. B. Bronner, et al., Challenges and future directions for the scaling of dynamic random-access memory (DRAM). *IBM J. Res. Dev.*, 2002,46(2/3):187.

[15] L. Nesbit, J. Alsmeier, B. Chen, et al., A 0. 6 μm^2 256 Mb DRAM cell with self-aligned buried strap (BEST). *IEDM Tech. Dig.*, 1993:627.

[16] T. Ozaki, M. Noauchi, M. Habu, et al., 0. 228 μm^2 trench cell technologies with bottle-shaped capacitor for 1 Gbit DRAMs. *IEDM Tech. Dig.*, 1995:661.

[17] T. Rupp, N. Chaudary, K. Dev, et al., Extending trench DRAM technology to 0. 15 μm groundrule and beyond. *IEDM Tech. Dig.*, 1999:33.

[18] J. Lutzen, A. Bimer, M. Goldbach, et al., Integration of capacitor for sub-100-nm DRAM

trench technology. *VLSI Symp. Tech. Dig.*, 2002:178.

[19] S. Kimura, Y. Kawamoto, T. Kure, et al., A new stacked capacitor DRAM cell characterized by a storage capacitor on a bit-line structure. *IEDM Tech. Dig.*, 1988:596.

[20] S. Y. Cha, DRAM technology — history & challenges. *2011 IEDM Short Course: Advanced Memory Technology.*

[21] H. Watanabe, T. Tatsumi, S. Ohnishi, et al., Hemispherical grained Si formation on in-situ phosphorus doped amorphous-Si electrode for 256 Mb DRAM's capacitor. *IEEE Trans. Elec. Dev.*, 1995,42(1):1247.

[22] K. Kim, Perspectives on giga-bit scaled DRAM technology generation. *Microelectron. Reliab.*, 2000,40(2):191.

[23] K. W. Kwon, I. S. Park, D. H. Han, et al., Ta_2O_5 capacitors for 1Gbit DRAM and beyond. *IEDM Tech. Dig.*, 1994:835.

[24] J. Y. Kim, C. S. Lee, S. E. Kim, et al., The breakthrough in data retention time of DRAM using recess-channel-array transistor (RCAT) for 88 nm feature size and beyond. *VLSI Symp. Tech. Dig.*, 2003:11.

[25] J. Y. Kim, H. J. Oh, D. S. Woo, et al., S-RCAT (sphere-shaped-recess-channel-array transistor) technology for 70 nm DRAM feature size and beyond. *VLSI Symp. Tech. Dig.*, 2005:34.

[26] C. Lee, J. M. Yoon, C. H. Lee, et al., Enhanced data retention of damascene-finFET DRAM with local channel implantation and 〈100〉 fin surface orientation engineering. *IEDM Tech. Dig.*, 2004:61.

[27] K. Sunouchi, H. Takato, N. Okabe, et al., A surrounding gate transistor (SGT) cell for 64/256 Mbit DRAMs. *IEDM Tech. Dig.*, 1989:23.

[28] R. Bez, E. Camerlenghi, A. Modelli, et al., Introduction to flash memory. *Proc. IEEE*, 2003,91(4):489.

[29] P. Pavan, R. Bez, P. Olivo, et al., Flash memory cells—An overview. *Proc. IEEE*, 1997,85(8):1248.

[30] R. S. Muller, T. I. Kamins, M. Chan 著,王燕,张莉译,集成电路器件电子学(第 3 版).电子工业出版社,2004 年.

[31] 施敏著,赵鹤鸣,钱敏,黄秋萍译,半导体器件:物理与工艺(第 2 版).苏州大学出版社,2002 年.

[32] A. K. Sharma 著,曾莹,伍冬,孙磊等译,先进半导体存储器:结构、设计与应用.电子工业出版社,2005 年.

第 4 章

集成芯片制造基本技术

第 1 章已概要说明，自晶体管和集成电路发明以来，半导体器件制造产业不断升级换代，取得巨大技术进步，犹如从一棵幼苗成长为一棵根深叶茂的参天大树。在微电子技术持续快速发展过程中，半导体器件制造工艺始终是最为活跃的因素之一。第 3 章介绍了构成集成电路的几种主要基础器件原理。集成电路制造工艺的演进过程，始终致力于如何制造出速度更快、功耗更小、性能更优的晶体管及其他单元器件，并把它们连接成为功能更强的电路。根据器件基本原理和结构，集成芯片制造技术由一些最基本的工艺组成，并不断创新优化。在深入讨论集成电路主要专门工艺之前，本章简要介绍集成芯片基本制造技术。

4.1 半导体掺杂和 pn 结形成工艺变迁

本章首先简要回顾半导体器件掺杂工艺技术的演变过程，从中可以较为形象地理解 pn 结形成、晶体管及集成芯片制造的基础原理。通过掺杂改变导电性能，形成 pn 结，无疑是制造所有集成电路与绝大部分其他半导体器件的基础。在金属半导体点接触晶体管发明后，与贝尔实验室有关的美国 Western Electric 公司在 1951 年开始生产这种晶体管，用于在某些电话交换机中代替真空管。由于这种点接触结构器件性能与可靠性都较难控制，其发展受到限制。随后逐步形成商用规模生产，并导致集成电路发明和发展的是建立在 pn 结基础上的晶体管。由 W. Shockley 建立的 pn 结理论，成为晶体管和半导体器件技术突破的基础[1, 2]。pn 结需要在半导体相邻区域掺入不同杂质，如何掺杂以形成 pn 结是早期晶体管制造技术的关键与难题。在晶体管制造技术需求驱动下，在离子注入掺杂技术之前，先后发展了多种 pn 结制造方法，不断改进生产技术，为微电子器件的迅速发展奠定了最初的技术基础[3, 4]。pn 结技术，不仅对半导体器件的初期发展至关重要，至今仍然是纳米尺寸器件发展的关键课题之一，相关研究仍然活跃。

4.1.1 晶体生长掺杂

半导体最早的可控掺杂方法，是在拉制单晶时把掺杂元素溶入锗、硅熔体中，晶体生长过程中杂质原子与基体原子一起固化。图 4.1 为 20 世纪 50 年代利用晶体生长过程中改变掺杂元素及其浓度的方法，制造硅 npn 晶体管的示意图。这种晶体生长 pn 结的方法也是由

Shockley 最先提出，并由 G. K. Teal 和 M. Sparks 在贝尔实验室试验成功，成为 50 年代早期制造晶体管的技术[2, 5]。按此方法制造 npn 晶体管，在直拉单晶过程中，需要熔体掺入不同类型与浓度的杂质。最先生长掺杂浓度较低的 n 型硅，作为晶体管的集电区；接着在硅熔体中掺进浓度较高的 p 型杂质，生长 p 型导电晶体，作为晶体管基区；最后在熔体中掺入浓度更高的 n 型杂质，生长成为晶体管发射区。从这种直拉单晶锭中，切割出中间含有 n、p、n 共 3 层的硅片，再把硅片切割分离，就得到一个个晶体管条块。中间 p 型区以合金方法焊上铝导线，作为基区的引出线，条块两端与封装管壳支架上的金属电极焊接，形成发射极与集电极，就制成了最初的 npn 双极型晶体管产品。

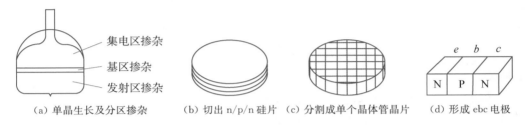

（a）单晶生长及分区掺杂　　（b）切出 n/p/n 硅片　　（c）分割成单个晶体管晶片　　（d）形成 ebc 电极

图 4.1　晶体生长掺杂法制造晶体管的示意图

4.1.2　合金 pn 结晶体管工艺

合金晶体管工艺是 50 年代初期发展的另一种半导体器件制造技术。在这种工艺中，某些受主或施主杂质元素和半导体，先在较低温度下互熔成合金，随后在冷却过程中，半导体表层可形成所需要的 p 型或 n 型掺杂区，从而形成晶体管。图 4.2 是利用此方法制造锗合金结 pnp 晶体管的示意图。在 n 型锗晶片的两面放上纯三价金属铟球，如图 4.2(a)所示；加热到 156℃时金属铟就会熔化，在更高温度(550℃)下，锗原子可溶入铟，形成 In-Ge 合金，如图 4.2(b)所示；随后在晶片温度下降过程中，锗原子从合金中析出结晶，并有铟原子掺入晶片，在 n 型锗晶片上下都形成一层铟掺杂的 p 型锗，分别形成集电区和发射区，如图 4.2(c)所示。与单晶生长分区掺杂方法相比，合金晶体管制造工艺简化，晶体材料利用率及生产效率显著提高，成为早期锗晶体管主要量产技术。

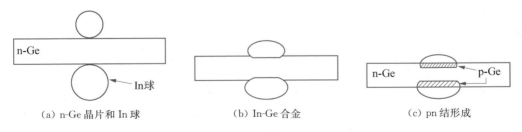

（a）n-Ge 晶片和 In 球　　　（b）In-Ge 合金　　　（c）pn 结形成

图 4.2　锗 pnp 合金结晶体管的制造工艺步骤示意图

4.1.3　扩散掺杂工艺

20 世纪 50 年代中后期发展的扩散掺杂，使半导体器件制造技术前进一大步。通过杂质扩散改变半导体表层的导电类型，最早由贝尔实验室的 W. G. Pfann 提出[6]。在半导体晶

图 4.3　npn 晶体管扩散工艺示意图

片上经过一次相反类型杂质扩散,可以制造 pn 结二极管结构,经过两次相反类型杂质扩散,可制造 pnp 或 npn 晶体管。

　　图 4.3 为制造 npn 晶体管的双扩散工艺示意图。用较低掺杂 n 型半导体单晶片为衬底,通过一次 p 型杂质高温扩散,使晶片表层形成 p 型基区,随后在晶片同一侧进行更高浓度的 n 型杂质高温扩散,使 p 型导电区的表层转变为 n 型,成为晶体管的发射区。然后用金属合金工艺,在基片正面和背面分别形成基区、发射区与集电区的欧姆接触电极。最后通过化学腐蚀、划片等工艺,把同一晶片分割成许多分立晶体管。也可选用较高浓度 n 型掺杂单晶片作为衬底,通过外延工艺形成较低掺杂 n 型单晶薄膜,再先后经过 p 型和 n 型杂质扩散,形成基区与发射区。这种高掺杂衬底外延与扩散相结合的工艺,可显著减小集电极串联电阻,有利于改善晶体管性能。

　　扩散掺杂晶体管制造技术,在性能和生产效率等方面,都显著优于前述两种掺杂方法。用扩散方法可以精确控制掺杂深度,有益于形成薄基区,晶体管的工作频率显著提高。高温扩散可以同时完成大量晶体管 pn 结形成工艺,生产效率以及半导体晶体材料利用率也都大大提高。这样制作的晶体管还可经化学腐蚀形成边缘台面结构,并用介质钝化周围界面,常称为台面晶体管。

4.2　集成电路芯片制造工艺技术演变

　　扩散等晶体管制造技术逐渐走向成熟,为集成电路发明及其制造工艺发展奠定了基础。本节将简要讨论集成芯片制造技术赖以快速演变与升级换代的平面工艺技术,分析集成芯片不同电路类型演进创新与制造工艺技术进步的密切关系。

4.2.1　平面工艺技术的发明

　　20 世纪 50 年代后期,扩散技术与同时研究成功的硅热氧化、光刻、热蒸发铝膜等技术相结合,孕育出平面工艺技术(planar process technology)。平面工艺是由美国仙童半导体公司的 J. A. Hoerni 最先提出的[7, 3, 4]。图 4.4 为应用平面工艺制造硅晶体管的示意图。通过高温氧化在 n 型硅片表面生长一层 SiO₂,其厚度可由氧化温度与时间控制,如图 4.4(a) 所示;接着用光刻方法把基区上面的 SiO₂ 层去除,如图 4.4(b) 所示;然后进行 p 型杂质高温扩散,只有基区范围才有杂质扩散进硅片,周围区域为 SiO₂ 所掩蔽,杂质不能进入,扩散通常在含 O₂ 气氛下进行,故形成基区的同时也生长一层 SiO₂,如图 4.4(c) 所示;这层氧化硅可作为发射区的掩蔽膜,经光刻(见图 4.4(d))和 n 型杂质扩散,形成发射区(见图 4.4(e));光刻开出所需要的电极接触孔(见图 4.4(f));最后应用蒸发工艺在硅片上淀积铝膜,再用光刻方法去除电极区以外的铝膜,形成相互隔离的基极和发射极,如图 4.4(g) 所示。在分立晶体管器件中,集电极制作在硅片背面,在集成电路中,通过必要工艺,集电极也可从硅片正面引出。

在上述晶体管制造过程中,应用氧化、光刻、扩散、薄膜淀积等基本工艺有机结合,在硅片表层平面进行各种加工,形成的器件表面基本上也是平坦的,故称平面工艺。平面工艺可使晶体管的图形尺寸得到精确控制,便于改进器件性能和大量生产,为器件微小型化和集成电路的发展创造了条件。在用平面工艺制造的晶体管中,集电结和发射结的 pn 结边界都在氧化硅掩蔽之下,不像在前面 3 种方法制造的晶体管中暴露于外面气氛。因此,平面工艺晶体管的漏电很小,性能显著改善。平面工艺促使硅器件制造技术趋于成熟,硅器件生产、应用和市场迅速扩大。到 1966 年硅晶体管的产量大幅度超过了此

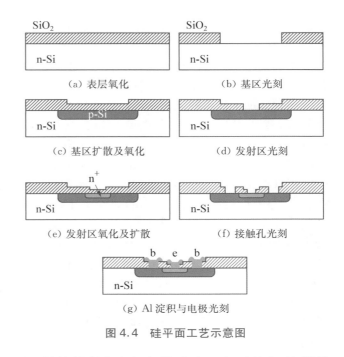

(a) 表层氧化　　　　(b) 基区光刻

(c) 基区扩散及氧化　　　(d) 发射区光刻

(e) 发射区氧化及扩散　　　(f) 接触孔光刻

(g) Al 淀积与电极光刻

图 4.4　硅平面工艺示意图

前占半导体产品主导地位的锗器件。平面晶体管所有电极都从硅片上表面引出,为器件互连集成创造必要条件。逐步完善的平面工艺至今仍是超大规模集成电路制造的基础技术。

4.2.2　工艺技术进步与集成电路类型演变

在集成电路技术发展过程中,工艺技术是最为活跃的因素,它的快速持续进步促使集成芯片的电路类型、形式逐渐演变和创新。在双极型数字逻辑集成电路领域,随着平面工艺为基础的各项集成芯片加工工艺的完善,早期曾先后发展了电阻-晶体管逻辑电路(RTL)、二极管-晶体管逻辑电路(DTL)、晶体管-晶体管逻辑电路(TTL)、肖特基二极管箝位晶体管-晶体管逻辑电路(STTL)、低功耗肖特基二极管箝位晶体管-晶体管逻辑电路(LSTTL)、发射极耦合逻辑电路(ECL)、集成注入逻辑电路(I^2L)等多种类型的集成电路技术。在 MOS 集成电路领域,则先后发展了 PMOS、NMOS 和 CMOS 器件。某种电路类型的出现、发展与消亡,都与当时的集成芯片制造工艺水平密切相关。存储器件和模拟集成电路也随硅工艺技术进步不断演变升级。

虽然早在 1928 年就有人提出绝缘栅场效应晶体管的设想,而且第二次世界大战后贝尔实验室 Shockley 领导的研究组,曾极力研制的固体器件目标就是场效应器件,但 1947 年底的划时代发明却是双极型晶体管。随后早期研制成功的各类晶体管和集成电路也都是双极型器件。这都是由当时的半导体加工工艺技术水平所决定的。在硅表面处理工艺和优质二氧化硅栅介质生长工艺较为成熟以后,自 20 世纪 60 年代,MOS 场效应晶体管和集成电路才开始得到实质性发展[8, 9]。尽管人们早就清楚,由于电子迁移率大大高于空穴迁移率,NMOS 集成电路的速度等性能应远优于 PMOS 器件,但最先走向生产和市场的,却是 PMOS 大规模集成电路。这也是因为 NMOS 器件对栅氧化层制备等工艺的要求更高。

4.2.3　历史上先后发展的 LSI/VLSI 芯片工艺

集成电路工艺技术进步的基本目标,是实现电子器件的高集成度、高速度、高可靠性和低功耗。集成电路于 1958 年问世后,经过最初 20 余年以平面工艺为中心的光刻、氧化、扩散等多种硅加工技术的迅速发展,到 20 世纪 80 年代初,器件集成度、速度、可靠性都有大幅度提高,逐步发展了多种大规模和超大规模集成电路制造技术,包括 PMOS、NMOS、CMOS、标准双极型、集成注入双极逻辑电路(I^2L)和互补双极－CMOS 集成电路(BiCMOS)。这些集成电路技术各有特点,在微电子技术发展中发挥了各自作用[10]。

PMOS 是最早大量生产的商用大规模和超大规模集成电路技术。其主要优点是集成度高,缺点是速度较慢。它在早期的袖珍式计算器、电子游戏卡、玩具集成电路等领域有广泛应用。NMOS 集成电路集成度高,其速度显著高于 PMOS,在 80 年代初期已成为当时超大规模集成电路的主流技术,应用于 DRAM、微处理器等芯片制造。PMOS 与 NMOS 电路功耗显著低于双极电路。在 MOS 集成电路制造工艺技术不断完善的基础上,由 NMOS 和 PMOS 有机组合形成的 CMOS 超大规模集成电路,在 80 年代中期以后得到迅速发展,很快成为半导体主导制造技术。CMOS 器件的最突出优势,在于其低功耗特性,比所有其他类型半导体器件都显著降低。随着器件持续微小型化进程,CMOS 电路的速度也不断提高。

与 MOS 电路相比,双极型集成电路功耗大,其集成密度也低。但由于它的高速度优越性,双极型大规模和超大规模集成电路也曾是微电子器件主导技术之一,直到 20 世纪 80 年代,一直为组装高速大型计算机提供芯片。为克服集成度低、功耗高的缺点,20 世纪 70 年代曾发展一种与标准结构双极型晶体管不同的双极型器件集成技术,被称为集成注入逻辑电路(I^2L)。这种器件把标准硅 npn 晶体管结构的集电区与发射区倒换,形成其发射结与集电结,并应用横向 pnp 晶体管,构成不需要隔离区的逻辑门电路,使集成度提高和功耗下降。I^2L 电路曾在某些消费电子产品中得到部分应用,但由于其速度显著低于标准双极晶体管,未能成为集成电路主流技术。

结构和性能互补常常是实现技术创新的有效途径。NMOS 与 PMOS 结合形成的互补 MOS(CMOS),创造了低功耗高集成度电路。在不断追求高速度的集成电路发展过程中,人们自然会想到,能否把高速双极型与低耗 CMOS 两者相结合,组成一种既具有高速度又保持低功耗的高密度集成电路。这种双极与 CMOS 器件互补的 BiCMOS 集成电路,在双极和 MOS 工艺都已相当成熟的基础上,逐步得到发展。20 世纪 80 年代末至 90 年代初一段时期,不少人曾把发展高性能集成电路的希望放在 BiCMOS 器件技术上,并研制成功一系列 BiCMOS 集成电路。但 BiCMOS 电路需要应用双极与 CMOS 两种工艺相兼容的器件制造技术,工艺复杂性大大增加,其发展受到限制。在微处理器等逻辑电路中已逐渐减少应用 BiCMOS 技术,但在移动通信射频电路等超高频器件领域,BiCMOS 集成技术还有某些应用。为提高器件工作频率,锗硅异质结晶体管技术也已集成到 BiCMOS 器件工艺中。

4.3　CMOS——现代微电子器件工艺核心技术

综上所述,集成电路发展早期以双极型电路制造技术为主,在 20 世纪 70～80 年代,各种双极和 MOS 集成电路制造技术竞相发展。90 年代以来,CMOS 电路凭借其突出的低功耗特性,已逐渐超越其他电路集成技术,成为超大规模集成电路主流制造技术。到 20 世纪 80 年代中期,微电子器件制造技术已能在一个芯片上集成数十万个晶体管,集成电路功耗成为影响性能继续提升的最突出问题。CMOS 作为功耗最小的器件,成为集成电路制造技术发展的最佳选择。因此,CMOS 集成电路迅速成为微电子器件制造的优选技术。CMOS 技术广泛应用到从存储器到微处理器,从逻辑电路到模拟电路等各种超大规模集成电路。单元器件尺寸愈益缩小,器件传输速度随之提高,CMOS 集成电路显现适于满足高速、高性能、高可靠电子系统的独特优势。90 年代以后,CMOS 在多个领域很快取代高速双极集成电路,如大型高速电子计算机已主要应用 CMOS 芯片构成。CMOS 还不断向原先需用 GaAs 器件的射频通信领域电子系统扩展。

CMOS 器件的基本结构与特性已在第 3 章讨论。虽然 CMOS 单元器件由 NMOS 和 PMOS 两个晶体管构成,但通过制造工艺,可使两种不同载流子沟道的晶体管在同一硅片上相邻,形成极为紧凑的组合结构。CMOS 集成电路不仅具有低功耗电学特性,而且其物理结构具有尺寸可缩微性,并且与其他半导体器件具有良好相容性。这些 CMOS 器件的固有特性,决定了 CMOS 制造技术的缩微延伸性。CMOS 集成芯片在近 40 年中单元器件尺寸持续缩微,从数微米逐步减小到数纳米,单芯片集成度从数十万逐步增长到数十亿晶体管,电路速度与性能持续上升,芯片工作频率从数十兆赫逐步提高到数千兆赫,技术应用范围持续扩张,从逻辑器件集成发展到多种功能器件复合系统集成。CMOS 技术的强劲"生命力"还表现在,不同结构与组分新材料用于新型 CMOS 器件的探索和研究一直非常活跃。有的研究成果,如 SOI 材料和三维立体结构器件,正在用于延伸纳米 CMOS 制造技术发展。锗、多种化合物及二维晶体材料的 CMOS 器件相关研究,正在探索未来集成芯片技术的新突破、新前景。

CMOS 基本工艺与多种功能电路专门工艺的密切结合,是现今系统集成芯片的主流制造技术。在 CMOS 集成芯片技术发展过程中,不断吸收与融合各种功能器件及电路专门工艺,使 CMOS 技术适于研制多种功能各异的系统集成芯片。以 CMOS 基本制造工艺为核心,与各种功能器件所必需的专门或特殊工艺相结合,形成并正在继续发展多种多样的功能集成芯片制造技术。图 4.5 为 CMOS 核心工艺与专门工艺结合,形成多种功能集成电路的示意图。

CMOS 核心技术由一系列集成电路基本工艺构成,包括 P 阱和 N 阱形成工艺、NMOS 和 PMOS 晶体管制备工艺、器件相互隔离工艺、接触及互连工艺、钝化工艺等。以这些 CMOS 核心工艺为基础,与多层互连布线工艺相结合,发展多种微处理器及其他逻辑集成电路制造工艺;与射频(RF)器件技术相结合,发展通信集成电路制造工艺;与外延、基区等双极工艺相结合,发展 BiCMOS 集成电路制造工艺;与 DRAM、SRAM 和 Flash 等不同存储单元工艺相结合,发展动态、静态和快闪不挥发等不同类型高密度存储器制造工艺;与光电器件工艺结合,发展图像集成芯片制造工艺;与传感器及射频器件工艺结合,发展物联网芯片制造工艺等。适应不同电路及系统功能升级需求的各种专门工艺技术,都在不断创新、演进。21 世纪以来发展的多功能系统芯片,都是建立在先进 CMOS 核心工艺基础上,有机结合各种器件与电路新技术,实现复杂功能电子系统芯片集成。

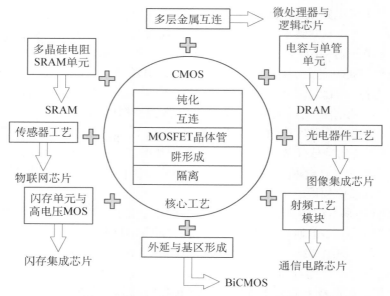

图 4.5   CMOS 核心工艺与专门工艺结合形成的多种芯片制造技术

4.4   集成芯片制造的主要材料和基本工艺

有如第 1 章所分析,集成电路和微电子学的快速发展取决于微细加工技术进步,而微细加工技术进步,则依赖于多个领域现代科学技术的应用和集成。随着单元器件尺寸越来越小,而集成规模越来越大,以微细加工技术为核心的集成芯片制造工艺及所应用的材料不断扩展和创新[11]。概括起来,已经应用并且不断发展与完善的集成芯片制造,所需要的主要材料和工艺可归纳为 10 类:硅晶体材料;选择掺杂技术;介质薄膜工艺;光刻图形工艺;刻蚀工艺;器件隔离技术;接触和金属硅化物工艺;多层金属互连工艺;化学机械抛光工艺(CMP);异质半导体结构技术。对这些工艺和材料在集成电路制造中的应用原理、方法及技术,将在本书相应章节中分别详细阐述,下面仅作概要介绍。

4.4.1   硅晶体材料

大直径和低缺陷、高质量硅单晶片是高性能集成电路制造的首要材料基础。硅单晶是应用籽晶从熔融硅中垂直提拉制成的,再经过切片、磨平、抛光等工艺制成硅片。集成电路生产所用硅单晶片的直径(Φ)从 20 世纪 80 年代初的 100 mm,经过 125 和 150 mm,很快增大到 200 mm。2000 年以来,直径 300 mm 硅片逐渐应用于先进 CMOS 产品制造。在单元器件尺寸持续缩微的同时,不断增大硅片直径,可以显著提高生产效率和降低制造成本,是促进集成电路技术和产业持续快速发展所必需且有效的途径。直径 300 mm 硅片面积为 200 mm 硅片的 2.25 倍,再加上晶体管尺寸缩小,经过大致同样工序加工的集成电路生产效率会有数倍增长。

为了延续集成电路制造产业生产效率提高的要求和规律,按照 ITRS – 2009 半导体技术发展路线图,2015 年开始向直径 450 mm 新一代硅片技术过渡[11]。国际上早已开始对直径 450 mm 硅单晶制备技术研究开发。为实现这一新过渡,需要探讨和解决一系列前所未有的技术难题及经济可行性问题[12]。尽管近年 450 mm 相关设备及工艺开发逐渐取得进展,但在技术和经济等方面仍存在难题,尚待解决。在 ITRS‐2013 版本中,将 450 mm 硅片开始进入集成芯片量产的预计再次延后[11]。

在单晶衬底上远低于晶体熔点下用气相、液相、甚至固相方法生长单晶薄膜,被称作外延。在硅衬底上通过气相外延工艺可以生长不同导电类型、不同掺杂浓度的硅薄膜。例如,p 型硅衬底上外延 n‐Si 层,高浓度 n^+‐Si 衬底上外延低浓度 n^-‐Si 层,高浓度 p^+‐Si 衬底上外延低浓度 p^-‐Si 层,等等。双极型集成电路制造通常需要应用气相外延工艺。在有高浓度 n 型杂质掺杂隐埋图形的 p 型硅片上外延 n 型薄膜,双极型晶体管及电路制作在外延层。某些高性能 CMOS 集成电路选用 n^-‐Si/n^+‐Si 或 p^-‐Si/p^+‐Si 之类的外延硅片。BiCMOS 则与双极型器件相同,选择 p‐Si 衬底和 n 型外延层。这种在硅衬底上再生长一层硅,称作同质外延。近年 SiGe 合金晶体与硅之间的异质外延技术,在异质结晶体管双极型、BiCMOS 和应变硅 CMOS 集成芯片中得到应用。其他半导体材料与硅之间的异质外延技术是今后新型器件研究的重要技术课题。图 4.6 为几种外延硅片的示意图。

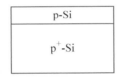 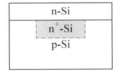 

　　(a) 高浓度硅衬底上的外延层　　　(b) 有隐埋图形的外延片　　　(c) SiGe/Si 异质外延

图 4.6　几种外延硅片示意图

绝缘层上硅(SOI)是一种应用日益增长的新型硅材料。一般集成电路的所有器件都是制作在硅片的表面层中,硅片下面的绝大部分仅起支撑作用,并且硅衬底还会增加寄生电容和漏电等有害效应。因此,人们早就认识到,SOI 结构硅材料应该是理想的集成电路衬底材料。图 4.7 为 SOI 硅材料结构及所制备 CMOS 器件结构的示意图。

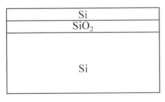 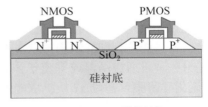

　　　　(a) SOI 硅片结构　　　　　　　　　(b) SOI-CMOS 器件结构

图 4.7　SOI 硅片结构及 SOI-CMOS 器件结构示意图

自 20 世纪 80 年代初以来,SOI 硅材料和器件技术的研究开发一直十分活跃。在曾研究开发的多种 SOI 材料制备技术中,有两种已趋于成熟:一种是硅片键合与智能剥离技术(bonding and smart-cut),另一种是离子注入埋层氧化硅技术,已能生产达到器件制造质量的直径 200 mm 和 300 mm 的 SOI 硅片,用于研制微处理器等高性能超大规模集成电路。SOI 材料晶体质量与体硅单晶有所差异,并且成本较高,是其应用的限制因素。在纳米尺寸和新结构 CMOS 器件技术未来发展中,SOI 结构硅材料将可能得到更广泛应用。

4.4.2　选择掺杂工艺

半导体区别于金属或介质的奇妙之处,就在于它对杂质原子类型与浓度的高度敏感性。硅中掺入不同的杂质,就可改变它的导电类型和电阻率,从而形成器件的不同区域。因此,人们有时称半导体器件制造技术为**"掺杂工程"**。器件类型和性能均由掺入的杂质类型、浓度及分布所决定。高温热扩散和离子注入是半导体掺杂的两种基本方法。离子注入技术在其不断完善和发展过程中,已逐渐成为集成电路制造主流掺杂技术,不仅代替了原来的扩散工艺,而且用以实现扩散方法无法形成的器件结构及杂质分布。根据不同需要,注入的离子能量可在 $10^2 \sim 10^6$ eV 范围选择,注入剂量可在 $10^{11} \sim 10^{18}$ cm^{-2} 范围变化。

超低能量离子注入,是纳米 CMOS 集成电路中制备超浅 pn 结源漏区的关键技术,而高达兆电子伏的高能离子注入,则是形成高性能 CMOS 器件中 n 阱和 p 阱掺杂的必要工艺。较低剂量的 B、P、As 等元素注入,通常用于优化硅片内纵向或横向杂质分布,以改进器件性能,如 MOS 器件的阈值电压调整注入等。高剂量(如 5×10^{15} cm^{-2})离子注入,则用于形成 MOS 晶体管的低电阻源漏区。更高剂量($10^{17} \sim 10^{18}$ cm^{-2})的离子注入,还可以在半导体内形成一层与基体不同的物质。例如,上面讲到的 SOI 硅片的一种制备方法,就可以通过大剂量氧离子注入和高温退火,在表层硅下面形成 SiO$_2$ 绝缘介质。

为适应单元器件尺寸越来越小和硅片直径越来越大的集成芯片制造工艺发展需求,离子注入掺杂技术不断改进和创新。不同于传统离子注入方法的等离子体掺杂、激光掺杂等超浅结掺杂技术正在发展。离子注入后必须经过热退火工艺,退火温度与时间需要精确控制,以使杂质活化、消除注入损伤缺陷和获得所需杂质分布。快速退火是超大规模集成电路中应用的主要退火技术,其工艺和装置也在不断更新,以适应持续微小型化器件制造需要。

4.4.3　二氧化硅及其他介质薄膜材料和工艺

硅表面可热生长一层十分致密的 SiO$_2$ 介质薄膜,是硅材料性能的独特优势,没有任何其他半导体材料可与之相比。SiO$_2$ 在硅集成电路发展中具有极为重要的作用。它不仅广泛用于器件隔离、掺杂掩蔽、互连绝缘等工艺,更是构成 MOS 晶体管栅介质的关键材料。通过严格控制的优化热氧化工艺,可以制备与硅界面及体内缺陷密度极低的 SiO$_2$ 栅介质。至今尚无其他介质材料能达到同样缺陷密度水平。

氮化硅是另一种可通过高温或等离子体增强处理,在硅表面生成的介质薄膜。表面氮化速率很低,氮化硅薄膜致密,抗杂质扩散能力强,介电常数比 SiO$_2$ 高。氮化硅与氧化硅相结合的栅介质技术,正在用于制备 1.2 nm 甚至更薄的栅介质,在纳米 CMOS 超大规模集成电路制造中得到广泛应用。

在集成电路发展的过程中,逐渐开发成功一系列二氧化硅和氮化硅化学气相淀积(CVD)薄膜技术,如低压气相 CVD(LPCVD)、等离子体增强 CVD(PECVD)、高密度等离子体化学气相淀积(HDP - CVD)、胶体旋涂(SOG)等。SiO$_2$、Si$_3$N$_4$ 和 SiN$_x$O$_y$ 的应用范围不断扩展,不仅在硅器件,而且在其他半导体材料器件生产和新器件研制中,也得到广泛应用。

但是,随着单元器件尺寸缩微和电路规模增大,SiO$_2$ 在一些重要应用中已显现出局限性。一方面,在纳米 CMOS 集成电路发展中,作为 MOS 晶体管的栅介质,要求 SiO$_2$ 层厚度越来越薄,进入(2～1)nm 及更薄范围。根据量子物理基本原理,对于这样的超薄层,将会有显著的电子隧道穿通效应,造成栅极漏电流急剧上升。因而要求用高介电常数材料代替 SiO_2 制作栅介质,以便在单位面积栅电容增长的同时,保持较厚的介质层,以避免隧道穿通漏电。另一方面,在越来越密集的多层互连布线集成电路中,为提高信号传输速度,必须减小互连寄生电容,这就要求应用低介电常数材料代替 SiO_2 形成互连金属线之间的绝缘层。SiO_2 的相对介电常数为 3.9。自 20 世纪 90 年代以来,$k<3.9$ 的低 k 介质和 $k>3.9$ 的高 k 介质材料,以及它们的相关工艺技术,同时成为影响硅芯片技术进步的热门研究课题。

虽然不难找到和制备许多种能满足介电常数要求的低 k 和高 k 介质材料,但要使它们的其他物理及化学性能与 SiO_2 相近,以满足芯片工艺集成要求,有许多难题需要解决。经过多年研究,已经有一些无机和有机低 k 介质材料得到生产应用,其介电常数已可降到 3 以下,目前还在进一步研究超低介电常数材料和集成技术。降低介电极化率和增加薄膜空隙度是减小介电常数的基本途径。低 k 介质薄膜制备基本工艺有 PECVD、HDP - CVD、SOG 等。如何增强低介电常数材料的机械强度和保持良好电绝缘特性及长期可靠性,是超低 k 介质薄膜制备技术中的难点。多年持续研究的空气隙(air gap)层间绝缘技术,有望在集成芯片制造中获得更多实际应用。

在高 k 介质材料领域,已对 k 值在 $10～100$ 范围多种介质的制备方法和性能进行了大量研究。化学气相淀积和物理溅射等技术都可用于高 k 材料薄膜制备。研究工作较多的有 HfO_2、Al_2O_3、ZrO_2、Ta_2O_5 等金属氧化物,并对这些材料在栅介质和电容介质的可行性进行了许多器件实验。在 DRAM 及某些其他集成电路生产中,高 k 介质材料早已应用于电容元件制造。但在集成电路有源器件制作中,高 k 介质材料与工艺难度更大。其困难不仅在于高 k 氧化物薄膜的缺陷和电荷密度远高于 SiO_2,而且新介质与器件基本工艺的相容性也是难题之一。经过长期多方面研究,高 k 栅介质技术近年已获得突破。Intel 公司在 2007 年首先把高 k 栅介质技术与金属栅电极技术相结合,用于 45 nm CMOS 微处理器芯片制造。在高 k 介质薄膜材料选择、工艺和金属栅集成等方面,近年继续不断优化,在 32 nm、22 nm、14 nm 及更小尺寸纳米 CMOS 芯片制造中,得到多种产品实际应用。

4.4.4　精密图形光刻工艺

精密图形光刻是半导体器件微细加工工艺的关键技术。通过光刻把计算机辅助设计和制作的集成电路掩模版图形,印制到基片的感光胶膜上,从而为某一特定微细加工工艺(如刻蚀、离子注入等)选择和界定区域。光刻是一种二维横向精密图形形成技术,集成电路的不同区域(如有源区和隔离区、晶体管的不同区域等)和器件的关键横向尺寸(如晶体管的沟道长度和宽度等)都主要由光刻工艺决定。随着集成电路集成规模越来越大,结构层次愈益复杂,其制造过程所要求的光刻次数越来越多,精度要求不断提高。器件微小型化和集成密度增长首先依赖光刻精度的相应提高。

图 4.8 为图形光刻技术的简要示意图。通过计算机辅助设计(CAD)技术[见图 4.8(a)],优化集成电路的器件布局和互连布线,并把集成电路的各个区域、器件和互连线分解为各个工艺层次,形成一组相互关联的多层次光刻掩模图形。如图 4.8(b)所示,应用高精度电子束图形发生器对涂敷有感光胶膜的光刻掩模基版曝光成像,把计算机设计的图形转换成一套光刻掩模版图形。在集成电路制造过程中,这些掩模版将用于硅片不同层次光刻。图 4.8(c)代表光学投影分步重复光刻机,它应用一定波长的紫外光源,通过投影光学系统和

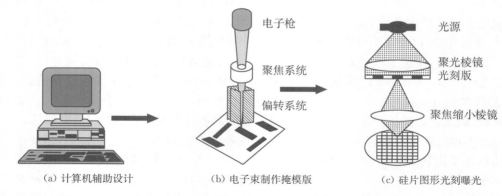

（a）计算机辅助设计　　　　（b）电子束制作掩模版　　　　（c）硅片图形光刻曝光

图4.8　精密光刻示意图[13]

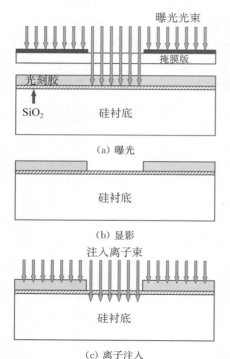

（a）曝光

（b）显影

（c）离子注入

图4.9　光刻曝光、显影与离子注入示意图

精密光学电子机械系统，完成硅片图形对准、曝光、成像，依次把掩模版图形转移到硅片的光刻胶膜上，以便随后进行硅片各个层次的微细精密加工，如刻蚀、离子注入掺杂、互连布线等。

在集成电路制造过程中，光刻是一种横向平面微细加工工艺，决定器件在平面上的分布，而氧化、离子注入、扩散等是纵向微细加工工艺，决定器件的层次和结构，两者前后密切结合，界定和形成集成电路的不同器件区域、层次与结构。图4.9为光刻工艺与其他工艺密切结合的典型例子，说明离子注入工艺如何与光刻工艺相衔接。假设硅片表面有一薄层 SiO_2，并涂敷一定厚度的正性光刻胶，经过硅片曝光[见图4.9（a）]，光束照射区域的胶膜会在显影时被溶解去除[见图4.9（b）]，这样的硅片进行离子注入时，只有光刻胶已去除的区域，离子才能注入硅衬底[见图4.9（c）]，从而实现选择性区域掺杂。

精密图形光刻工艺要求光刻成像系统具有高分辨率、高精度图形对准及线条尺寸控制，其中最为重要的是成像分辨率。随着器件尺寸微小型化，要求曝光成像分辨率越来越高。自20世纪80年代初以来，普遍应用的分步重复光刻机是现代科技中最精密的光学仪器之一。光学仪器的分辨率受限于光波的衍射及干涉效应。光刻机的分辨率取决于3个因素：其所用光源波长；聚光与投影光学成像系统；光刻掩模版、光刻胶及相关光刻工艺。下面作简要介绍，详情可阅第11章。

应用短波长曝光光源

光波越短，由光衍射效应所决定的分辨率越高，可以清晰成像的线条越细。因此，根据单元器件尺寸愈益缩微的加工要求，采用越来越短波长光源，研制和应用一代又一代分辨率更高的光刻机。早期光刻应用的光源为有丰富紫外光谱辐射的高压汞灯，其发光谱中的

436 nm（G 线）、365 nm（I 线）等波长光源,先后被用于微米和亚微米线条器件制造光刻技术。先进 I 线光源分步重复光刻机,还延伸用于部分小于 0.5 μm 的深亚微米集成芯片制造。更细线条器件的光刻技术则需要应用小于 300 nm 波长的深紫外（DUV）光源,高压汞灯为准分子激光光源所取代。KrF 准分子激光是第一代深紫外光源,其发光波长为248 nm,广泛用于 0.25/0.18 μm 光刻技术。波长 193 nm 的 ArF 准分子激光光源分步重复光刻机,正在用于纳米 CMOS 集成电路的生产和研制。为了满足未来更微小器件尺寸加工技术需求,研究机构多年大力研发的极紫外（EUV）光刻技术,已开始用于亚 7 nm 技术代CMOS 芯片研制,其光源波长短至 13.5 nm。

增大光学系统数值孔径

　　一代又一代的光刻技术不仅需要越来越短的波长光源,也更需要越来越精密的光学成像系统。增大成像透镜系统的数值孔径,是提高线条分辨率的另一必要途径。在深紫外光刻技术发展中,光学透镜成像系统不断改进和创新,使数值孔径逐步增大,从 0.3 左右增大到 0.9 以上。在更短波长光源以及其相应光学棱镜系统都遇到许多难题情况下,为了延伸193 nm 波长至 45 nm 及更小线条光学光刻,一些设备和芯片制造公司又合作研制了液浸式光刻（immersion lithography）系统,使投影光束在纯水或其他液体传播,由于液体折射率大,可获得数值孔径大于 1 的光学系统。这种液浸光刻技术可更确切地称为液媒光刻,它已得到应用,并进一步发展以适应更小尺寸器件研制。

应用相移掩模等波前技术增强光刻分辨率

　　光波衍射和干涉效应是限制分辨率的因素,但也可以根据其原理,通过某些技术调节提高分辨率。相移掩模技术就是一个很好的范例。普通光刻掩模版是由透光和不透光两种状态区域构成,相移掩模版则有 3 种状态区域,所增加的一种是光波位相变化 180° 的另一透光区。在相邻两个位相相反的透光区边缘,衍射光波由于干涉效应而相互抵消,从而可显著提高小尺寸线条的分辨率。依据光传播规律,在掩模版图设计及光源照明等方面,还应用其他分辨率增强技术。

　　光刻胶及其相关工艺,也是影响光刻分辨率及其他特性的重要因素。一代又一代的短波长光刻技术,需要一代又一代的新型光刻胶材料,显影等工艺也需要相应变化。光刻胶材料及其工艺研发,始终是保证光刻技术持续进步的基本条件之一。

　　自 20 世纪 70 年代以来,在光刻技术发展中,电子束、X 射线、离子束等非光学曝光技术,一直被认为是更小尺寸精密光刻的候选替代技术,并且为此开展了大量相关技术研究工作。虽然从原理上它们都具有高分辨率,但由于效率低、成本高、技术不成熟等原因,至今未能发展成为生产技术,只在研究领域得到应用。随着器件技术向纳米领域发展,电子束光刻等技术继续受到重视,正在研究某些新型技术,如投影式电子束曝光、无掩模版电子束光刻技术等。近年还在研究纳米模版压印技术、自组装图形技术等,试图用于开发硅片精密图形光刻的新途径。

4.4.5　精密结构刻蚀工艺

　　刻蚀是把经光刻工艺形成的精密图形转变为精密结构的工艺技术。在光刻曝光和显影

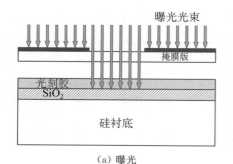

（a）曝光

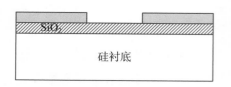

（b）显影后形成的图形

（c）刻蚀形成的结构

图 4.10   光刻与刻蚀工艺示意图

以后的硅片表面图形上，以光刻胶为掩蔽薄膜，对暴露区域的硅或薄膜进行刻蚀，在硅片上形成器件结构图形。图 4.10 为光刻、刻蚀两者结合形成氧化硅窗口的示意图。从物体结构上说，各种半导体器件都是由不同导电类型单晶膜、多晶膜、介质、金属等多层次薄膜定域微结构构成的。形成各个层次微结构的关键步骤之一，是对相关薄膜或薄层刻蚀。在集成电路制造工艺中，经常需要刻蚀的材料有 SiO_2、Si_3N_4、铝、多晶硅薄膜和单晶硅层等。为了得到精密微结构，不仅要求刻蚀技术达到适当的刻蚀速率，还必须具有对不同材料的刻蚀选择性，并应获得所需要的刻蚀剖面。刻蚀选择性，要求对所要去除的材料刻蚀速率远大于其他材料。例如，在刻蚀 SiO_2 时，对下面的硅的刻蚀速率要非常低。刻蚀剖面则取决于刻蚀方向性，各向异性刻蚀可形成陡峭刻蚀剖面，各向同性刻蚀则产生缓变刻蚀剖面。

对不同材料有多种方法进行刻蚀，可分为湿法刻蚀和干法刻蚀两类，刻蚀所应用的原理有化学反应和物理作用。湿法刻蚀通常基于纯化学反应，应用某种化学溶液，通过与所需腐蚀薄膜或薄层材料的化学反应，生成可溶解的化合物。例如，半导体器件中常用的 SiO_2 薄膜，在室温下就可用氢氟酸水溶液腐蚀，形成二氧化硅图形；集成电路互连常用的铝膜，可用 70~80℃ 的热磷酸腐蚀，形成铝布线，等等。湿法刻蚀具有较好的选择性，如上面两例中腐蚀液对硅都不腐蚀。湿法化学反应通常具有各向同性刻蚀特性。

干法刻蚀技术有等离子体刻蚀、溅射刻蚀等。溅射刻蚀是纯物理作用的刻蚀，利用能量在 $10^2 \sim 10^3$ eV 范围的 Ar^+ 或其他惰性气体离子，轰击被刻蚀区域表面，通过能量和动量交换，把表面原子溅射出来，实现刻蚀剥层。溅射刻蚀具有强方向性，是典型各向异性刻蚀，但其刻蚀选择性很差，对不同材料的刻蚀速率差别较小。自 20 世纪 70 年代以来，等离子体刻蚀逐渐发展成为集成电路的主要刻蚀技术。等离子体刻蚀的基本原理是：对于需要刻蚀的材料，选择合适反应气体通入真空反应室，应用射频电源产生气体放电等离子体，形成具有反应活性的离子、原子和分子，它们与被刻蚀材料反应生成挥发性物质，从真空室中抽出。

针对不同线条工艺和不同材料刻蚀要求，有多种多样的等离子体刻蚀装置与工艺。在等离子体刻蚀机制中，化学反应与物理作用两者兼而有之。应用优选的刻蚀气体，等离子体刻蚀可以获得良好的刻蚀选择性。等离子体刻蚀形成的刻蚀剖面与刻蚀模式有关。常用等离子体刻蚀有两种基本模式，即一般等离子体刻蚀和反应离子刻蚀（Reactive Ion Etching，RIE）。在一般等离子体刻蚀模式中，刻蚀作用以化学反应为主，刻蚀方向性较弱。而在反应离子刻蚀模式中，被刻蚀的衬底处于较高负偏压下，等离子体中的正离子获得较大能量，轰击刻蚀区域，这种物理作用与活性粒子的化学反应相结合，形成各向异性刻蚀效应，得到陡峭刻蚀剖面。各向异性 RIE 刻蚀技术在各种固体电子器件制造中广泛应用。例如，MOS

晶体管的多晶硅栅结构就必须用 RIE 工艺实现。

4.4.6　器件隔离工艺

集成电路由大量晶体管组成,这些在同一衬底上制作的晶体管必须相互隔离,随后按照电路结构与布线要求,把各自独立的大量晶体管,再互连成具有特定功能的集成芯片。集成电路发展早期器件隔离技术就是制造工艺关键之一,并且随着集成电路演变不断改进和创新。器件隔离区要占据部分面积,还会产生寄生电容等,因而对集成电路的集成密度和信号传输速度都有显著影响。在双极型器件工艺中,反向偏置的 pn 结隔离技术成功用于数字和模拟集成电路制造。在 MOS 集成电路技术中,利用硅局部氧化工艺(local oxidation of Si, LOCOS)生长厚氧化层(常被称为场氧化层),形成晶体管之间的氧化物隔离。

硅局部氧化工艺的基本原理是:利用氮化硅薄膜掩蔽,实现硅表面暴露区域的局部氧化生长。图 4.11 为 LOCOS 工艺示意图,其主要工艺步骤如下:在硅衬底上首先热氧化生长薄 SiO_2 层,接着用化学气相淀积技术淀积 Si_3N_4,形成 SiO_2/Si_3N_4 双层掩蔽膜,其中, SiO_2 衬垫层的作用是吸收 Si_3N_4 层的应力,以防止硅中产生缺陷;通过光刻和等离子体刻蚀工艺开出场氧化区窗口;然后进行高温水气氧化,生长所需厚度 SiO_2 层。硅局部氧化工艺不仅成功用于各种 MOS 集成电路,也在高性能双极型集成芯片技术中得到应用。LOCOS 隔离工艺取代 pn 结隔离工艺,可减小双极芯片面积及寄生电容,有利于提高器件集成度和速度。因此,氧化物隔离成为各种集成电路的主要隔离技术。

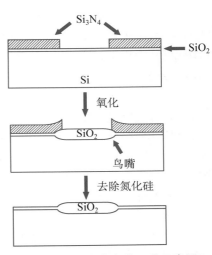

图 4.11　硅局部氧化工艺示意图

LOCOS 隔离工艺的主要缺点在于严重的横向氧化现象。由图 4.11 可见边缘处氧化层的延伸,形成一个无效过渡区,这对于提高集成密度十分不利。因此,曾先后研究和提出多种方法,用以抑制边缘横向氧化生长。LOCOS 工艺中横向氧化的原因,在于衬垫 SiO_2 层提供了氧化剂 (O_2、H_2O)进入 SiO_2/Si_3N_4 边缘区下面的硅界面,与硅化合生成 SiO_2。因此,抑制横向氧化方法的原理,就在于截断或者减小氧化剂通路。例如,应用适当工艺在 SiO_2/Si_3N_4 的侧壁上形成 Si_3N_4 边墙,阻滞氧化剂进入。又如,减薄衬垫 SiO_2 层厚度,其上淀积一层多晶硅,以缓冲 Si_3N_4 应力,也可显著抑制横向氧化物生长,这被称为多晶硅缓冲局部氧化工艺(PBLOCOS),得到广泛应用。

浅槽隔离工艺(shallow trench isolation, STI)是一种全新介质隔离技术,克服了LOCOS 工艺中横向氧化缺点,使隔离区所占面积显著缩小,因而适于在深亚微米和纳米CMOS 集成电路制造中应用。图 4.12 为局部氧化隔离和浅沟槽隔离 CMOS 结构对比示意图。在浅沟槽隔离技术中,首先经光刻和定向刻蚀工艺在硅片上形成尽可能狭窄的沟槽,然后通过热氧化和 CVD 淀积在沟槽中填满隔离介质,并经化学机械抛光工艺,形成平整的硅片表面。STI 隔离工艺已取代 LOCOS 工艺,成为现今集成电路制造的主要隔离技术。

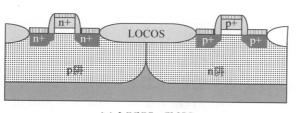
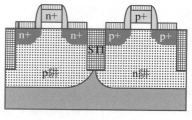

（a）LOCOS-CMOS　　　　　　　　　　（b）STI-CMOS

图 4.12　局部氧化隔离和浅沟槽隔离 CMOS 结构示意图

4.4.7　器件接触与金属硅化物工艺

　　由大量晶体管互连成为功能集成电路的首要步骤，是形成优良器件接触。器件接触工艺的优劣，对于集成电路集成度、速度及可靠性有决定性影响。优良器件接触要求具有接触电阻率低、占用面积小、长期稳定性高、易于工艺实现等特点。随着器件微小型化，同时达到这些要求的难度增加，需要不断开发和应用新的器件接触工艺。优良器件接触工艺建立在金属/半导体接触界面特性及其理论基础上，其基本原理可参阅第 3 章 3.2 节。

　　形成优良接触，需要金属（或其他导体）与硅表面具有可控有限的适度反应。早期集成电路制造中，铝金属膜淀积在光刻形成的接触孔中，与硅直接接触。但 Al-Si 之间的互溶及互扩散等过度相互作用会破坏 pn 结，引起漏电，严重影响电路可靠性。为了解决这一问题，在铝膜与硅接触之间需要淀积扩散阻挡层，防止 Al/Si 相互作用。曾先后应用 Ti-W 合金、TiN 等材料作为有效扩散阻挡层。

　　金属硅化物是硅集成电路器件接触工艺中的关键材料。$WiSi_2$、$TiSi_2$、$CoSi_2$、$NiSi$、$PtSi$ 等金属硅化物具有电阻率低、化学稳定性高、可加工性强、与器件基本制造工艺相容性好等特点，在集成电路发展中得到广泛应用。一些常用金属硅化物的电阻率在（10～50）$\mu\Omega \cdot cm$ 范围，它们可耐酸碱腐蚀。这些金属硅化物可与较低掺杂的硅形成优良的肖特基接触，制造检波或整流器件，并用于某些双极型集成电路，提高电路传输速度。更为普遍的是，在 CMOS 等各种集成电路中，金属硅化物用于形成低电阻欧姆接触和电极。例如，在图 4.12 所示的 MOS 晶体管源漏区和栅电极上都有一薄层金属硅化物。高性能双极集成芯片与其他器件也需要应用金属硅化物形成优良器件接触。

　　有多种方法与工艺在硅集成电路中制备金属硅化物接触。其中，最为重要的是自对准硅化物工艺（self-aligned silicide，Salicide）。这种自对准接触工艺的基本原理是，通过金属/硅固相反应，在需要制备接触的单晶硅或多晶硅器件区域形成金属硅化物薄膜。这种自对准接触工艺基于两种选择性化学反应原理：一为金属可与硅固相反应生成硅化物，但不与 SiO_2 反应；二为适当化学溶液可腐蚀金属，但不腐蚀金属硅化物。如图 4.12 所示的 MOS 晶体管，在栅源漏结构及掺杂工艺完成后，溅射淀积钛、钴、镍金属薄膜，则通过适当温度退火和选择腐蚀化学处理，就可形成源、漏、栅的金属硅化物接触层。在高 k 介质/金属栅叠层结构纳米 CMOS 芯片制造工艺中，栅电极不再需要金属硅化物，但源漏区低电阻接触仍需应用自对准硅化物工艺形成。

　　源漏区表层形成金属硅化物后，可使这些区域的薄层电阻由数百 $\Omega/\square$ 降到数 $\Omega/\square$。多晶硅线条表层生成金属硅化物后，形成硅化物/多晶硅复合叠层，常被称作 Polycide 栅，其薄层电阻比高掺杂多晶硅栅可降低一个数量级。以 Polycide 线条形成局部互连，可显著降低连线分布电阻。在 DRAM 等器件中常单独应用 Polycide 结构,作为栅电极和栅级互连线。在这种 Polycide 工艺中,以化学气相淀积技术,先后淀积多晶硅和金属硅化物(WSi$_2$),再经定向反应离子刻蚀,形成 WSi$_2$/多晶硅叠层线条。

不同金属硅化物具有不同的物理及加工特性,适用于不同器件工艺。TiSi$_2$ 是超大规模 MOS 集成电路自对准金属硅化物工艺的第一代材料,广泛应用于 0.35 μm 及以上集成电路制造。在研制更小尺寸 CMOS 集成电路时发现,在更窄的线条上,Ti/Si 固相反应难以形成高电导相的 TiSi$_2$。CoSi$_2$ 成为 MOS 器件第二代自对准硅化物优选材料,应用于 0.25 μm 以下深亚微米集成芯片。在亚 0.1 μm 器件领域研究表明,Ni/Si 固相反应硅化物形成工艺与 CMOS 集成芯片制造技术有更好的相容性,因而 NiSi 成为第三代自对准硅化物工艺材料。

随着 CMOS 集成电路技术不断向尺寸更小的纳米器件领域拓展,对接触工艺要求更高,必须制备具有更低接触电阻率的接触体系,以降低晶体管的串联电阻,增加开态驱动电流。在硅掺杂浓度达到极限情况下,进一步减小接触电阻率的途径,是选择具有低势垒接触的硅化物。PtSi 与 p 型硅可形成约 0.2 eV 的低势垒接触。但常用的 TiSi$_2$、CoSi$_2$、NiSi 等硅化物与 n 型硅的功函数差都在 0.6~0.7 eV 范围或更高。为此需要研究开发低势垒金属硅化物接触工艺。某些稀土金属硅化物,如 YbSi$_2$、YSi$_2$ 等,可与 n-Si 形成较低势垒的接触。新型硅化物接触材料及工艺也成为集成电路制造技术的研究课题。

4.4.8　多层金属互连工艺

集成电路互连工艺,用于把尺寸越来越小、数量越来越多的晶体管,连接成越来越复杂的功能电子系统芯片。金属互连工艺技术水平直接影响集成电路的集成度、速度、可靠性。随着集成电路不断向更强功能和更高工作频率领域拓展,互连技术难度增大,需要适时更新所应用的材料和工艺。早期集成电路应用单层纯铝(Al)导电薄膜互连,随着集成度提高,研究开发了越来越多层次的多层互连技术,在高性能逻辑集成电路中,有的已超过 10 层金属布线。在铝互连器件中,不仅存在 Al/Si 互扩散引起的 pn 结失效,还存在由于电迁移效应引起的连线断裂失效等严重问题。为了提高可靠性,由早期用纯铝发展到应用掺有少量硅、铜的 Al-Si-Cu 合金。在深亚微米集成电路中,金属互连布线的分布电阻(R)及电容(C)引起的传输延时(RC)成为影响电路速度和频率的限制因素,因此,从 20 世纪 90 年代末开始用电阻率更低的铜取代铝互连。除了铝和铜两种互连金属,钨(W)也在集成电路互连技术中得到应用,主要用于垂直互连,形成上下两层金属之间的互连柱,或称 W 塞(plug)。

从铝互连到铜互连,不仅所用金属材料不同,而且互连布线的基本工艺也发生了变化,从金属刻蚀转变为金属镶嵌。图 4.13 显示金属刻蚀和金属镶嵌两种不同金属化工艺。铝互

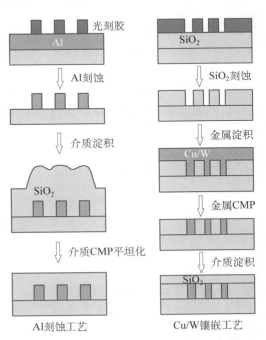

图 4.13　Al 金属刻蚀互连与 Cu、W 金属镶嵌互连工艺对比

工艺是通过对淀积的铝薄膜进行光刻与刻蚀,形成铝互连线条;铜互连布线则不能应用传统金属刻蚀工艺,转而采用金属镶嵌工艺(damascene process)。在金属镶嵌互连工艺中,先要在平坦的介质薄膜层上经光刻和刻蚀,形成导通孔和布线沟槽,接着在硅片上淀积适当厚度金属膜,然后应用化学机械抛光(CMP)工艺去除导通孔和沟槽以外的金属,完成金属布线。在铜互连工艺中为了防止铜与相接触的其他材料相互扩散,通常在淀积铜之前,需淀积薄扩散阻挡层,如 TaN、TiN 等。因此,铜互连线条总是被包封在扩散阻挡层内。钨上下互连也采用镶嵌工艺。

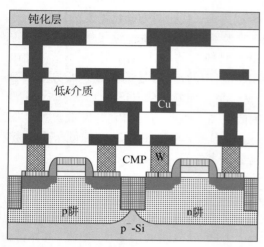

图 4.14   典型 CMOS 集成电路芯片多层互连结构剖面示意图

依据不同集成电路性能需求,先后发展有多种多层互连结构及工艺。从全铝多层互连发展到全铜多层互连。图 4.14 为典型多层铜互连 CMOS 集成电路结构剖面示意图。铜镶嵌工艺有两种:单镶嵌工艺用于实现单层平面互连;双镶嵌工艺则通过一次铜工艺,同时完成与下层连接及平面互连。图 4.14 显示的第一层铜布线应用钨连柱与晶体管接触相连。以上各铜互连层皆应用双镶嵌工艺完成。

对于集成电路互连性能优化,不仅要求应用高电导金属,而且也需要应用介电常数(k)尽可能低的绝缘介质,以减小互连线寄生电容,从而降低传输时延(RC),提高电路工作频率。互连绝缘介质通常应用化学气相淀积技术(CVD、PECVD、HDPCVD)制备,也有用旋转涂敷工艺形成的。自 20 世纪 80 年代以来低 k 绝缘介质研发很受重视,研制与试验过多种 k 值低于 SiO_2 的新型介质,其中有无机材料,也有有机材料。SiO_2 掺入某些原子、原子团(如 F、—CH_3),或增加介质薄膜的空隙度,是降低薄膜介电常数的常用途径。对用于集成电路多层互连绝缘介质,不仅要求其介电常数要低,还需要良好的电击穿特性与机械强度,并具有与其他互连材料及工艺的良好相容性,宜于实现工艺集成。研制这样的优良低 k 介质材料是集成电路技术发展中的难题之一。k 值在 3.5~2.5 范围的低介电常数介质已逐步得到生产应用,进一步将力求发展 k 值更低、小于 2 的超低 k 介质材料及其互连应用工艺。

4.5   集成芯片制造流程

现代高性能集成芯片的制造技术越来越复杂,工艺流程越来越长。在后面的章节中将对一些典型集成芯片制造工艺原理及步骤进行介绍。本节从精密图形技术与离子注入等工艺的往复循环特点,概括由前端晶体管形成和后端互连构成的集成芯片基本工艺流程。

4.5.1   前端工艺循环与后端工艺循环

随着集成电路集成密度越来越高、速度越来越快、功能越来越强,其制造工艺也越来越复杂。要形成图 4.14 显示的 CMOS 集成电路芯片结构，需要应用 4.4 节介绍的各种工艺技术，由原始硅片经过许多精密图形光刻、介质生长与淀积、选择性掺杂、刻蚀、金属化等微细加工处理，具体工艺步骤累计可达数百道以上。但是简而言之，集成电路芯片的制造流程也可概括为两部分：一是制造相互隔离的大量晶体管及其他单元器件，二是把大量晶体管等单元器件，互连成具有特定功能的集成电路；前者被称为前端工艺（front-end-of-line，FEOL），后者被称为后端工艺（back-end-of-line，BEOL）。集成电路芯片制造的另一突出特点在于，精密图形定位工艺与薄层或薄膜的物理化学加工工艺密切结合。根据以上特点，可以把集成电路芯片制造的流程简化为图 4.15 所示的方框图。

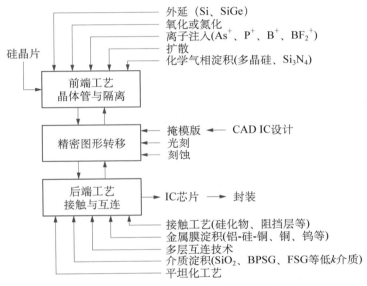

图 4.15　集成电路芯片制造的简化流程方框示意图

　　图 4.15 中的上下两个方框，分别代表集成电路芯片制造过程的前端工艺和后端工艺，中间的方框，则代表硅片的精密图形加工。方框之间的箭头，标志前端或后端加工与图形加工之间的循环往返流程关系。在每个方框之外分别列举了与其相关的一些重要基本材料和工艺技术。集成电路的制造过程都是对半导体晶片薄层及各种薄膜的有序加工，如掺杂、介质、半导体、金属薄膜的生长、淀积、刻蚀、化学机械抛光等。这些多种多样的加工过程，可以概括归纳为薄层及薄膜工艺。原始硅片首先进入前端工艺序列加工，在氧化、掺杂、薄膜淀积等薄层/薄膜工艺与图形工艺之间循环进行，界定器件区和隔离区，逐步形成晶体管及其他器件结构。接着在后端工艺序列部分，金属硅化物、介质、金属、平坦化等薄膜工艺与光刻及刻蚀工艺密切结合，逐层形成器件接触与多层金属布线，把大量相互独立的晶体管及其他器件，互连成具有特定功能的集成电路。器件接触工艺，是晶体管制造与电路互连之间的连接点，可看成是前端工艺的一部分，也可作为后端工艺的起始点。

　　由图 4.15 所示集成电路流程方框图可以看出，集成电路的整个制造过程是以光刻工艺为中心环节，应用前端工艺和后端工艺中的各种薄层和薄膜微细加工技术，逐级形成晶体管与集成电路的各个层次和结构。因此，芯片制造所需的光刻版数量，往往代表其层次的多少及电路工艺的复杂程度。早期双极型集成电路通过 6 次光刻即可完成，小规模 MOS 集成电路最少只需 4 次光刻就可制成。而在超大规模集成电路制造过程中光刻层次越来越多,可达到数十层。

4.5.2　图形工艺与薄膜/薄层工艺模块的紧密结合

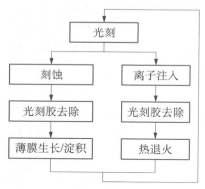

图 4.16　薄膜与离子注入工艺模块流程示意图

不同集成电路产品需要不同制造流程,甚至同一产品在不同生产线上,其工艺流程也有所不同。在集成芯片生产线上,20 世纪 90 年代以来常用工艺模块(process module)代表器件某一层次或结构的一组制造工艺。各种集成电路的制造工艺可看成由一系列工艺模块组合而成,而每个工艺模块又是由多个具体工艺步骤结合形成。图 4.16 为集成电路前端制造工艺中的薄膜与离子注入工艺模块的流程示意图。

在集成电路产业发展初期,半导体企业往往独立完成从电路设计、芯片制造到芯片封装的全部集成电路产品流程,有的甚至还包括单晶硅片制备、工艺及测试设备制造等。那时把整个芯片制造流程称为前道工序,把划片、压焊、封装工艺称为后道工序。但随着集成电路产业技术发展和规模扩大,芯片制造与芯片封装逐渐实现了专业化生产分工,分别由不同企业完成。在现今高度专业化的芯片制造企业,晶体管前端工艺和金属互连后端工艺位于相互隔离的不同区域,防止晶体管工艺受到金属等污染。由于前后端工艺具有相对独立性,已经出现跨企业完成芯片前端与后端加工的产品,即由一家企业完成前端工艺后,转给另一企业进行互连加工,完成功能芯片制造。

随着集成电路技术发展和产业规模扩大,半导体企业模式发生了很大变化。集成电路产品设计技术和制造工艺技术越来越复杂,各自又具有相对独立性,导致新型产业分工,出现了许多无生产线但有集成电路产品的设计企业(Fabless 公司),以及无独立产品的硅片制造代加工企业(Foundry 公司)。代工企业生产线需要配置多种多样工艺模块,以适应不同类型与性能的集成电路产品制造。传统集设计与制造于一体的 IDM(integrated design and manufacturing)企业已越来越少,只有 Intel 等少量著名公司。Foundry、IDM 与设备及材料公司一起,成为现今集成电路制造技术发展主体。

思考题

1. 从半导体器件早期发展历程,分析 pn 结制造技术进步对半导体产业发展的意义。
2. 试分析集成芯片电路结构演变与硅加工技术进步的关系。
3. 为什么 CMOS 器件成为 ULSI 集成电路主流技术?
4. 什么是"平面工艺"? 如何分析硅集成电路制造所应用的主要工艺? 如何概括集成电路芯片制造工艺流程,薄膜/薄层工艺与图形工艺如何密切结合?
5. 前端工艺与后端工艺各有哪些主要基本工艺构成? 各自追求的目标与实现途径有何异同?
6. 如何理解制造单元器件尺寸愈益缩微的集成电路,却要应用直径越来越大的硅片? 试预测更大直径硅片的应用前景。
7. 试说明隔离工艺在集成电路中的作用,并分析其演变过程。
8. 试分析精密图形工艺的基本要求与实现途径。

9. 简要说明金属硅化物在集成芯片结构中的作用,如何选择金属硅化物?

10. 简要说明铝互连与铜互连的工艺区别。

参考文献

[1] W. Shockley, M. Sparks, G. K. Teal, p-n junction transistors. *Phys. Rev.*, 1951,83(1):151.

[2] W. Shockley, The path to the conception of the junction transistor. *IEEE Trans. Elec. Dev.*, 1976,23(7):597.

[3] W. R. Runyan, K. E. Bean, Historical overview, Chap. 1 in *Semiconductor Integrated Circuit Processing Technology*. Addison-Wesley Publishing Company, Massachusetts, 1990.

[4] J. D. Plummer, M. D. Deal, P. B. Griffin, Introduction and historical perspective, Chap. 1 in *Silicon VLSI Technology*. Prentice Hall, Upper Saddle River, NJ, USA, 2000.

[5] G. K. Teal, Single crystals of germanium and silicon-basic transistor and integrated circuit. *IEEE Trans. Elec. Dev.*, 1976,23(7):621.

[6] W. G. Pfann, Semiconductor signal translating device. *U. S. Patent*, 1952: No. 2597028.

[7] J. A. Hoerni, Method of manufacturing semiconductor devices. *U. S. Patent*, 1959: No. 3025589.

[8] C. T. Sah, Evolution of the MOS transistor — from concept to VLSI. *Proc. IEEE*, 1988,76(10):1280.

[9] D. Kahng, A historical perspective on the development of MOS transistors and related devices. *IEEE Trans. Elec. Dev.*, 1976,23(7):655.

[10] L. C. Parrillo, VLSI process integration, Chap. 11 in *VLSI Technology*. Ed. S. M. Sze. McGraw-Hill Book Com., New York, 1983.

[11] *International Technology Roadmap for Semiconductors* (2009,2011,2013 editions). http://www. public. itrs. net.

[12] Advantages and challenges associated with the introduction of 450 mm wafers. *ITRS Starting Materials Sub-TWG*, 2005. http://www. public. itrs. net.

[13] J. D. Plummer, M. D. Deal, P. B. Griffin, Lithography, Chap. 5 in *Silicon VLSI Technology*. Prentice Hall, Upper Saddle River, NJ, USA, 2000.

第 **5** 章

CMOS 集成芯片基本工艺

在对集成芯片制造有关的各种材料和工艺技术分别进一步讨论分析之前,本章和第 6 章将分别介绍 MOS 型和双极型集成芯片的整体基本制造工艺,以便较全面地了解现代超大规模集成电路是怎样从硅片开始,经过一系列精密加工步骤制造出来的,进一步理解集成电路典型工艺流程及其原理。本章将概括介绍 CMOS 集成芯片的基本制造工艺。

20 世纪 60 年代初 PMOS 和 NMOS 晶体管面世不久,F. M. Wanlass 和 C. T. Sah(萨支唐)就在 1963 年 IEEE 国际固态电路会议上提出,由 NMOS 和 PMOS 晶体管可构成新型倒相器电路,称为互补型金属-氧化物-半导体(CMOS)器件[1, 2]。1966 年在硅衬底上研制出最早的 CMOS 集成电路。虽然人们从一开始就认识到 CMOS 的突出优异特性为低功耗,但由于必须同时制备两种不同 MOS 晶体管,与单一 PMOS 或 NMOS 电路制造工艺相比,显然要复杂许多,因而在集成电路发展早期遇到很多工艺技术难题。而且在晶体管尺寸较大时,也存在某些明显缺点。例如,由于 CMOS 器件栅极并联造成输入电容较大,导致其电路传输速度低于 NMOS 集成电路。因此,在 MOS 集成电路发展早期,逻辑电路和存储器主要应用 PMOS 与 NMOS 集成技术,CMOS 器件只在低功耗为首要要求的功能电路中得到应用,如数字钟表集成电路、计算器等。CMOS 倒相器逻辑电路的最早商业化产品应用就是数字手表电路的分频器。

在 MOS 器件制造工艺技术逐步成熟后,随着集成电路规模和功能不断增大,CMOS 集成电路技术及其产品应用范围迅速扩展,逐步取代 PMOS、NMOS 和双极型集成电路,成为主导的集成芯片技术及产品。以微处理器芯片技术发展为例,可以很好地说明 MOS 集成电路技术的演变历程。1971 年 Intel 公司研制成功的第一个微处理器芯片"4004"用的是 PMOS 工艺,由 2 300 个 PMOS 晶体管集成;1978 年该公司推出的 16 位"8086"微处理器芯片应用 NMOS 工艺,由 29 000 个晶体管构成,其动态功耗已达 1.5 W;1985 年应用 CMOS 工艺研制成功 32 位微处理器芯片,由 275 000 个晶体管集成,其功耗仅约 1 W,大大低于由 NMOS 工艺制造的同类功能器件(5~6 W)。从器件制造工艺技术发展历史来看,PMOS、NMOS、CMOS 构成 3 个技术台阶,CMOS 工艺技术在 PMOS 和 NMOS 两者基础上发展成熟,并且由于其固有的低功耗特性,自 20 世纪 80 年代中期以来成为超大规模集成电路的主流技术。

本章将先后阐述 CMOS 器件的衬底材料选择、MOS 晶体管的阱结构及相应工艺、器件隔离技术、自对准多晶硅栅 MOS 晶体管形成工艺、金属硅化物栅电极及源漏接触工艺等

CMOS 集成电路关键工艺的原理及实现方法,并对影响可靠性的 CMOS 器件特有闩锁效应 (latch-up effect)进行分析,最后分别介绍两种典型的局部氧化隔离和浅槽隔离深亚微米 CMOS 集成电路芯片的主要工艺流程。

5.1　CMOS 器件衬底材料选择和阱工艺

MOS 集成芯片性能及制造工艺与硅衬底晶向、导电类型、掺杂浓度等密切相关,而且 CMOS 芯片要求在同一衬底上制作导电类型相反的两种沟道晶体管。本节在概述 MOS 器件硅衬底主要材料性能要求后,重点讨论 CMOS 集成芯片的阱掺杂工艺。

5.1.1　MOS 器件衬底

绝缘栅场效应器件的半导体材料衬底

众所周知,现今 MOS 场效应器件都是在硅衬底上制造的。但是根据器件原理,其他许多单质或化合物半导体材料,也有可能作为金属-绝缘物-半导体场效应器件的衬底。早在双极型晶体管发明前约 20 年,就有人提出利用绝缘栅场效应在半导体材料基片上制造电子器件的设想。由欧洲移居美国的物理学家 J. E. Lilienfeld(1882—1963)在 1928 年提出申请的专利中设想,在硫化亚铜(Cu_2S)这种当时已知具有半导体导电特性的材料基底上,如果先形成 Al_2O_3 绝缘层,其上再形成铝金属电极层,可形成一种通过铝电极电压控制 Cu_2S 基片导通电流的器件[3,4]。事实上这正是一种典型的金属-氧化物-半导体(MOS)晶体管结构(见图 3.28)。在大致同一时期德国也有人提出类似的设想。虽然 Lilienfeld 的专利申请在 1933 年获准,但其设想的器件长期未能制造出来。直到半导体硅单晶材料制备技术、硅热氧化生长 SiO_2 层工艺获得进展以后,1960 年才由贝尔实验室的 Kahng 和 Atalla 首次研制出硅衬底 MOS 晶体管[5,6]。

自 20 世纪 60 年代以来,硅基 PMOS、NMOS 和 CMOS 场效应分立器件与集成电路得到迅速发展。在硅基器件技术持续创新的同时,也不断有人试图在其他半导体材料基片上研制绝缘栅场效应器件。例如,先后曾有许多研究者,在电子迁移率显著高于硅材料的 GaAs、InP、InGaAs 等化合物半导体衬底上研制 MOS 或 MIS 器件。人们期望用高电子迁移率半导体材料制造的绝缘栅场效应晶体管,将可能获得比硅传输速度更快、性能更为优良的器件。尽管 GaAs 等化合物半导体材料,曾成功用于金属栅场效应晶体管(MESFET)及集成电路产品研制,但是,在绝缘栅场效应器件研制方面长期未能获得技术突破。其中最为主要的原因在于,迄今硅基 MOS 器件制造技术的一个重要关键是,热氧化工艺可以在硅表面生长一层结构致密的优良薄栅介质,SiO_2/Si 界面具有非常低的缺陷密度($\sim 10^{10}$ cm^{-2})。至今尚未找到可在其表面自身生长如此优良薄层介质的其他半导体材料。在其他半导体衬底 MOS 器件研制实验中,往往也应用 SiO_2 或其他氧化物作为栅介质,但它们是用化学或物理气相淀积方法制备的,远远无法达到热氧化 SiO_2/Si 界面的优良特性。

虽然非硅绝缘栅场效应器件是一个难题,但在此方向的研究始终没有间断。特别是近年来在尺寸愈益缩微的纳米 CMOS 集成电路技术发展中,硅器件越来越接近某些材料加工和性能的极限,如超薄 SiO_2 栅介质的隧道穿通漏电流、高电场下沟道载流子迁移率下降等。在继续提高 CMOS 集成电路集成度和性能的新材料、新器件、新结构、新技术研究开发中,非硅 MOS 材料和器件的研究受到更多重视。这个领域的研究,在不断完善的硅技术基础上,探索硅与其他半导体材料结合形成异质结构,以获得器件性能改进新途径。例如,应用类似绝缘物上硅(SOI)的器件结构,探索在硅衬底上制造锗或 InGaAs 等材料 MOS 器件。近年自从高介电常数栅介质和金属栅电极工艺技术,在硅 CMOS 微处理器集成芯片制造技术中取得突破性进展后,非硅绝缘栅场效应器件技术研究又获得新推动,并取得进展[7, 8]。

硅 MOS 器件衬底晶向选择

　　MOS 晶体管和集成电路通常选择(100)晶面硅片作为衬底。其主要原因为,在经过热氧化工艺形成的 Si/SiO_2 体系中,(100)晶面硅片氧化层中的固定正电荷与界面陷阱密度显著低于(111)晶面硅片,分别可能低至 1/3 和 1/10,即 $Q_F(111)/Q_F(100) \sim 3$,$N_{it}(111)/N_{it}(100) \sim 10$。氧化层电荷密度与界面陷阱密度的减少,使两者对晶体管阈值电压和载流子运动影响较小,有益于增强栅电极对沟道反型层电荷控制,并获得较高沟道载流子迁移率,从而提高 MOS 晶体管跨导、工作频率和集成电路传输速度。

硅 MOS 器件衬底掺杂类型及浓度选择

　　硅衬底掺杂浓度的选择必须考虑多方面因素。一方面,从降低源漏高掺杂区与衬底之间寄生电容(C_{SB}、C_{DB})利于提高晶体管工作频率的角度考虑,应选择低掺杂衬底制作 MOS 器件。另一方面,从防止由于 pn 结耗尽区扩展造成的晶体管漏源穿通,以及其他有源区域之间穿通角度考虑,衬底的掺杂浓度又不宜过低。一般 MOS 器件硅片的最低掺杂浓度约为 $3 \times 10^{14} \sim 1 \times 10^{15}/cm^3$。

　　MOS 器件可以直接制作在单晶硅片上,也可以选用不同掺杂结构的外延硅片。NMOS 应用 p 型杂质掺杂硅片,PMOS 应用 n 型杂质掺杂硅片,而 CMOS 集成电路则两种掺杂类型硅片都可以选择应用。不同功能的 CMOS 集成电路往往选用不同结构和类型的硅片。一般 CMOS 逻辑功能电路常应用 p 型单晶衬底,但有些高性能逻辑电路,如微处理器电路,应用高浓度 p^+ 衬底上的 p 型外延片,以抑制闩锁效应。DRAM 存储器多应用 p 型硅片为衬底,有的快闪存储器则选择 n 型硅片为衬底。射频 CMOS 集成电路往往应用 p^- 或 p^{--} 低浓度硼掺杂硅片作衬底,以提高无源器件优值。CMOS 集成电路硅片衬底选择必须与 5.1.2 节介绍的阱工艺密切结合。

5.1.2　CMOS 器件中的阱工艺

　　CMOS 集成电路要求在同一硅片衬底上同时制备 NMOS 和 PMOS 两种晶体管。显然,这两种不同沟道载流子类型的晶体管,是不能直接制作在同一初始掺杂衬底上的。两者需要形成于相反导电类型掺杂区域,即 NMOS 晶体管制作于 p 型区域,而 PMOS 晶体管需要在 n 型区域制作,这种不同导电区域分别被称为 p 阱和 n 阱。因此,在晶体管制造工艺之前必须首先形成阱区。阱工艺及阱区杂质分布,对 CMOS 集成电路性能优化及闩锁效应等有害效应抑制都有重要影响[7]。在 CMOS 技术发展过程中,先后有 3 种阱工艺得到应用,即 p 阱工艺、n 阱工艺和双阱工艺。图 5.1 显示这 3 种 CMOS 器件的阱结构(英语中阱称为

"well"或"tub")。前两种单阱工艺在早期尺寸较大的 CMOS 器件制造中广泛应用。自从 CMOS 集成电路制造进入亚微米加工领域,双阱 CMOS 工艺开始获得普遍应用。阱区的制造技术也逐渐演变,早期阱区通过相应杂质热扩散工艺形成。随着器件尺寸缩小和离子注入技术进步,阱区掺杂转而应用离子注入和热退火工艺,使阱区具有对器件性能更为有利的杂质分布。

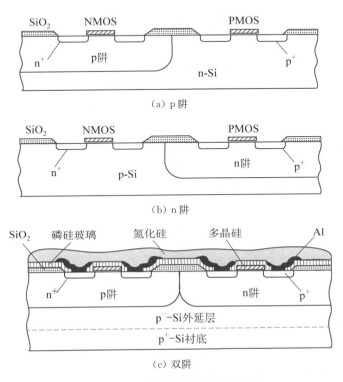

图 5.1 CMOS 器件的 3 种阱结构

单阱结构 CMOS

在 p 阱 CMOS 工艺中,以 n 型掺杂硅片为衬底,通过扩散 p 型杂质(硼)形成 p 阱,分别在阱区内外形成 NMOS 和 PMOS 晶体管。对于 n 阱工艺,则在 p 型掺杂硅片衬底上,通过扩散或注入 n 型杂质(磷等)形成 n 阱,在阱区内外分别形成 PMOS 和 NMOS 晶体管。早期的 CMOS 集成电路制造技术是在 PMOS 或 NMOS 集成电路制造工艺基础上开发的。在原有成熟 PMOS 或 NMOS 制造技术基础上,增加相应导电类型的阱掺杂工艺,就可以制造 CMOS 集成电路。p 阱和 n 阱各有独特优点,各自适于某些类型 CMOS 集成电路。但是,最早的 CMOS 集成电路多应用 p 阱工艺制造。这是因为在 n 阱工艺中应用掺杂浓度较低的 p 型衬底,由于氧化层正电荷的感应,容易使 p 型衬底表面反型,因而在衬底上较难制造增强型 NMOS 晶体管;而在 p 阱工艺中,增强型 NMOS 晶体管较易于制作在掺杂浓度较高的阱内。

单阱工艺所固有的缺点使其不适于亚微米 CMOS 集成电路制造技术。单阱工艺要求阱区内的掺杂浓度较阱区外高 5~10 倍,使 NMOS 和 PMOS 的衬底掺杂浓度难以同时达到优化。这对 CMOS 器件集成度和速度等性能都有不良影响。例如，如果阱内掺杂浓度过高，则其中晶体管的源漏 pn 结电容就会较大，也会使载流子迁移率减小，影响器件跨导与传输速度等性能。如果选择过低的衬底浓度以及相应低阱区掺杂，则由于反向偏置 pn 结耗尽层增宽，容易造成相邻 pn 结之间的电穿通。如图 5.2 所示，当 PMOS 晶体管的 p^+ 漏区与 n 阱之间 p^+n 结的耗尽区，和 n 阱/衬底 np 结耗尽区相接触时，就会发生纵向穿通，使漏电流显著增加；而当 NMOS 晶体管的 n^+ 漏区与衬底之间 n^+p 结的耗尽区，和衬底/n 阱 pn 结耗尽区相接触时，就会发生横向穿通，也会使漏电流显著增加。因此，为避免横向或纵向 pn 结反向偏置时耗尽区扩展穿通，要求阱区边界与阱内外的晶体管漏源区留有足够间距，并且阱区掺杂必须达到适当深度。由图 5.2 所示的 n 阱 CMOS 可见，n 阱的深度应

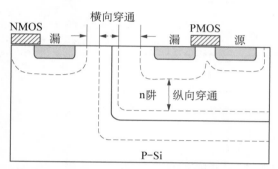

图 5.2　单阱 CMOS 器件结构及横向与纵向穿通问题

该大于 PMOS 晶体管源漏结深、反偏漏 p^+n 结耗尽层宽度以及阱/衬底 np 结耗尽层阱区内侧宽度 3 个部分之和。以 5 V 电源工作 n 阱 CMOS 为例，如果 p 型衬底浓度为 1×10^{15} cm^{-3}，n 阱掺杂浓度为 1×10^{16} cm^{-3}，源漏 p^+n 结深为 0.4 μm，则合理的 n 阱深度约为 1.5 μm。形成阱区时必然会伴随杂质横向扩散，使阱区面积增加。综合上述因素可以看出，单阱工艺 CMOS 集成电路的器件集成密度较低，导致亚微米器件领域必须以双阱工艺代替。

双阱结构 CMOS

在双阱 CMOS 工艺中，根据两种晶体管性能优化要求，可以选用很低掺杂浓度的硅片，分别形成杂质导电类型相反，但浓度相同或相近的 p 阱和 n 阱。图 5.1(c) 所示的双阱 CMOS 器件中，p 阱和 n 阱形成于弱 p 型外延层内，而外延层的衬底为高浓度 p 型掺杂硅片。弱 p 型有时用希腊字母"π"表示，也可用"p^{--}"表示；而弱 n 型则用希腊字母"ν"或"n^{--}"表示。同样，双阱 CMOS 也可以选择 n^-/n^+ 类型的外延衬底硅片制造。应用 p^-/p^+ 或 n^-/n^+ 外延硅片，不仅有利于同时优化 NMOS、PMOS 晶体管的阱区掺杂，以及控制两种器件的阈值电压和其他参数，而且还有益于抑制 CMOS 器件寄生双极型晶体管产生的闩锁效应，提高 CMOS 集成电路可靠性(详见本章 5.5 节)。外延层的浓度需要依据器件要求(如阱的深度)和工艺可行性(如外延工艺过程中的衬底高浓度杂质自掺杂效应)选定。例如，一种典型 p^-/p^+ 外延片的掺杂浓度为，衬底~2×10^{19} 硼原子/cm^3(相应电阻率~0.005 Ω·cm)，外延层~7×10^{14} 硼原子/cm^3(相应电阻率~20 Ω·cm)。由于外延硅片价格比普通硅片高，一般产品生产大都选用低掺杂 p 型硅片作衬底，硼杂质浓度常在 $3\times10^{14}\sim3\times10^{15}$ cm^{-3} 范围，相应电阻率约在 50~5 Ω·cm 范围。p 阱和 n 阱区域的典型掺杂浓度在 $10^{16}\sim10^{17}$ cm^{-3} 量级。

阱区形成工艺及优化阱区杂质分布

CMOS 集成芯片的阱区掺杂，早期以长时间高温扩散工艺形成。在离子注入技术发展

以后,则应用离子注入和扩散工艺相结合来形成。硼离子注入到低掺杂硅衬底,接着通过高温扩散形成 p 阱,n 阱则通过磷等 n 型杂质离子注入及随后的热扩散形成。阱区的浓度、深度及分布由离子注入能量、剂量和扩散温度、时间决定。在深亚微米器件技术以前,集成电路工艺线上的离子注入机能量多在 200 keV 以下,杂质离子注入到表面层,仍然需要经过长时间高温扩散,以形成微米量级的阱。例如,为形成一个 4 μm 的 n 阱,需要先注入能量为 190 keV、剂量为 8×10^{12} cm^{-2} 的磷离子,再经过 1 150℃、21 h 扩散。在这种由中等能量离子注入与高温扩散相结合,或单用扩散形成的常规阱区内,杂质的分布通常为上层浓度较高、下层浓度较低,如图 5.3 所示。高温扩散阱工艺不仅增加了阱区面积,其杂质分布也不利于晶体管性能。

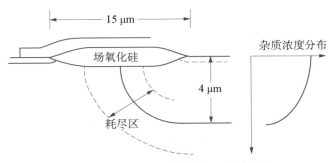

图 5.3　高温扩散形成的阱区杂质分布

在深亚微米 CMOS 集成芯片制造中,阱区内杂质分布对器件集成度和性能有更大影响。对于 MOS 晶体管性能有利的阱区杂质分布应该是上低下高。杂质浓度呈如此分布的阱结构被称为倒向分布阱(retrograde well),如图 5.4 所示。较低的表面层杂质浓度有利于晶体管阈值电压调整,而阱区下部具有较高的杂质浓度,有益于抑制源漏穿通效应与闩锁效应。应用高能离子注入及多次注入技术,可以使阱内杂质具有较理想分布,形成杂质倒向分布阱。例如,为形成一个深度为 2 μm 的杂质倒向 n 阱,先通过两次磷离子注入,其能量及剂量分别为 250 keV、2×10^{12} cm^{-2} 和 1.2 MeV、3×10^{13} cm^{-2},然后只需经过 950℃、30 min 的热退火就可完成。为了形成 p 型杂质倒向分布阱,可以用高能硼离子注入,但由于其质量较小,所需能量显著低于磷离子的能量。例如,以 400 keV 的硼离子注入,就可形成约 1 μm 的 p 阱。而且如果选择双电荷离子(B^{++})进行 p 阱注入,则加速电压为 200 kV 就可达到 400 keV 能量。杂质倒向分布阱不仅有利于改善 MOS 晶体管性能,而且由于热工艺时间显著缩短、杂质横向扩散显著减弱,使晶体管面积缩小、芯片集成度提高。

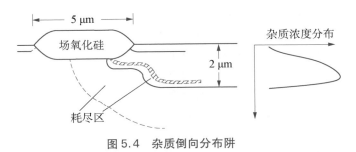

图 5.4　杂质倒向分布阱

5.2 CMOS 器件隔离技术

相邻 MOS 晶体管之间有效隔离,而又不占用过多芯片面积,是 CMOS 集成芯片制造中的关键技术之一。为了实现这一隔离基本要求,在集成器件演进过程中,CMOS 器件隔离技术不断改进,从热氧化厚 SiO_2 刻蚀隔离,到氮化硅掩蔽局部氧化物隔离(LOCOS),再到浅沟槽介质隔离(STI),隔离区面积愈益缩小,寄生器件效应趋于减弱,为提高 CMOS 芯片集成密度创造必要条件。本节将着重介绍 LOCOS 和 STI 隔离工艺技术。

5.2.1 MOS 器件隔离与场氧化层

MOS 集成电路早期以热生长厚氧化层实现器件隔离,即在 MOS 晶体管之间以厚 SiO_2 层相隔离,如图 5.5 所示。一般在 MOS 集成电路芯片上,除了形成晶体管的有源区之外,其他区域都为这种厚氧化层所覆盖。这种隔离氧化层也常被称为场氧化层(field oxide),简称为场区。场区是集成电路电源线及其他互连线分布的区域。对场区氧化层厚度的要求是,在电源线经过的区域,其下面的硅不会产生反型载流子或电荷积累。由图 5.5 可见,当两个相邻晶体管间的场区氧化层上有金属或多晶硅薄膜线条覆盖,则场区与近邻两个晶体管的源区或漏区就构成了寄生 MOS 晶体管。在 CMOS 集成电路中 n 阱区或 p 阱区也可作为漏区参与构成寄生 NMOS 或 PMOS 晶体管。如果场区寄生晶体管开启,也就相当于在相邻的两个独立晶体管之间形成导电通道,从而产生漏电流,影响集成电路工作状态。因此,在集成电路芯片上要形成优良的器件隔离,就必须使这种寄生晶体管的阈值电压足够高,应显著高于电源电压。例如,在应用 5 V 电源工作的 MOS 集成电路中,要求场氧化层的阈值电压达到 8~9 V。

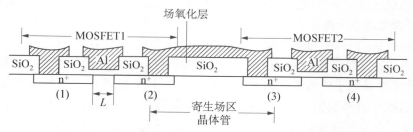

图 5.5 MOS 集成电路中的氧化物隔离和寄生晶体管

为提高场区寄生晶体管的阈值电压,首先,场氧化层要足够厚,通常场氧化层的厚度约为栅氧化层的 10 倍或更多。其次,提高场区硅中的掺杂浓度,也有利于提高场区阈值电压,增强晶体管之间的隔离效果。因而在场区生长氧化层之前,常先对场区进行沟道阻止注入,增加场区硅表层施主杂质(对 n 阱)或受主杂质(对 p 阱)浓度,从而提高场氧化层下形成反型沟道的阈值电压。良好的器件隔离还应考虑到,要防止相邻晶体管之间的源漏 pn 结耗尽区穿通。因而要求两个晶体管之间的相隔距离,即场氧化层区宽度,应大于两个漏 pn 结耗尽区宽度之和。

对于 CMOS 集成电路器件的隔离要求,除了防止寄生场区 MOS 晶体管导通和耗尽区穿通外,还需要抑制寄生 npn 与 pnp 双极型晶体管作用,以避免闩锁效应。在 CMOS 器件中,前一种常称为阱内隔离,以克服发生在同一阱区内的寄生 NMOS 或 PMOS 晶体管效应;后一种称为阱间隔离,以抑制发生在 n 阱和 p 阱之间的寄生双极型晶体管闩锁效应。前者取决于场氧化层,对于后者还需考虑其他因素,本章在后面将作专题讨论。

　　器件隔离技术对 CMOS 集成电路的集成密度和性能都有很大影响。随着单元器件尺寸缩小和集成规模增大,CMOS 隔离工艺需要不断更新。在早期 MOS 集成电路制造中,硅片先通过高温热氧化生长厚的场氧化层,然后经过光刻和 HF 腐蚀,开出有源区,接着在其中形成晶体管的源漏栅,如图 5.5 所示。这种原始工艺有许多缺点,不利于器件制造和性能。20 世纪 70 年代初期发明了硅局部氧化(local oxidation of silicon, LOCOS)工艺[9, 10],这种工艺迅速发展成为 MOS 集成电路场氧化主流技术,普遍应用于各种类型器件的隔离工艺。进入亚微米尺寸加工技术后,各种有利于抑制场氧化层横向扩展、缩小隔离区面积的改进型局部氧化隔离技术得到发展。在深亚微米及更小尺寸 CMOS 器件加工技术中,浅沟槽隔离(shallow trench isolation, STI)技术逐步取代 LOCOS 技术成为主流隔离工艺。CMOS 器件隔离工艺与阱工艺密切相关。表 5.1 列出了 CMOS 技术发展中隔离工艺及阱工艺的演变。

表 5.1　CMOS 阱工艺与隔离工艺的演变

技术代	阱工艺	隔离工艺
2.0 μm	n-或 p-单阱	LOCOS
1.0 μm	单阱/双阱	LOCOS
0.8 μm	双阱	改进型 LOCOS
0.5 μm	双阱	改进型 LOCOS
0.25 μm	倒向阱	改进型 LOCOS/STI
0.18 μm	倒向阱	STI/改进型 LOCOS
≤0.13 μm	倒向阱	STI

5.2.2　硅局部氧化隔离工艺

半隐蔽和全隐蔽氧化硅 LOCOS 生长工艺

　　在第 4 章 4.4.6 节中已简略介绍了硅局部氧化隔离工艺。LOCOS 工艺在集成电路制造技术由中小规模向超大规模集成演变中有重要影响,对提高集成密度和器件性能都有显著作用。LOCOS 工艺是一种选择性局部氧化技术,利用氮化硅(Si_3N_4)薄膜作掩蔽,在所选择的区域形成设定厚度的 SiO_2 层,把相邻制作 MOS 晶体管的有源区隔离开来。具有化学计量比的纯氮化硅是一种结构致密、化学性能稳定的介质,在氢氟酸(HF)溶液中腐蚀速率很低,在氧化气氛中的氧化速率也非常低。因此,氮化硅在集成电路各种制造工艺中有许多应用。在氧化速率较高的水气高温氧化工艺中,硅的氧化速率约为 Si_3N_4 的 25~30 倍。硅局部隔离氧化就是利用氮化硅的这些特性研究成功从而广泛应用的器件隔离工艺。

　　由 LOCOS 工艺形成的隔离氧化物有半隐蔽型(semi-recessed oxide)和全隐蔽型(fully recessed oxide)两种,如图 5.6 所示。在硅表面直接热氧化时,由于形成 SiO_2 薄膜时的体积膨胀,有 56% 厚度的氧化物在原始硅平面以上,44% 的氧化物在硅平面以下,即约一半氧化物埋藏在硅表面以下。因此,这样生长的 SiO_2 被称为半隐蔽隔离氧化物,相应的工艺称作半隐蔽 LOCOS 工艺,如图 5.6(a)所示。对于后续集成电路制造工艺和器件性能,常常要求在生长隔离氧化层后硅片具有平坦表面,即要求隔离氧化物全部隐蔽在硅表面层以下。为此需要在场区氧化以前,先刻蚀去除一层硅,其深度应为 56% 的待生长场氧化层厚度。

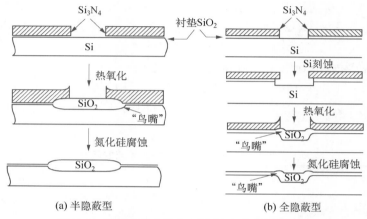

(a) 半隐蔽型　　　　　　　　　　　　　(b) 全隐蔽型

图 5.6　半隐蔽和全隐蔽 LOCOS 氧化物隔离工艺

　　全隐蔽氧化物隔离 LOCOS 工艺主要过程如图 5.6(b)所示,工艺步骤如下:

　　(1) 经清洗处理的清洁硅片,通过高温热氧化生长一薄层 SiO_2,称为衬垫氧化层。

　　(2) 用化学气相淀积技术(CVD)淀积氮化硅层,其厚度根据场氧化层的厚度决定。

　　(3) 通过光刻工艺形成由有源区和隔离区构成的图形,应用等离子体刻蚀工艺除去隔离区上的 Si_3N_4/SiO_2 复合掩蔽氧化介质层。

　　(4) 应用反应离子刻蚀工艺(RIE)刻蚀硅,所需刻蚀的硅层深度由隔离氧化层厚度决定。例如,如果需要生长 1 μm 厚的场氧化层,应刻蚀除去 0.56 μm 硅层。

　　(5) 利用光刻胶/Si_3N_4/SiO_2 掩蔽,进行沟道阻止离子注入,把适当能量和剂量的杂质离子,如 50 keV/1×10^{13} cm^{-2} 的 B^+,注入到场区硅表面层,用以防止场氧化层下面产生反型沟道,这一硼离子注入工艺也常被称为场注入。

　　(6) 用氧(O_2)等离子体干法,或以硫酸(H_2SO_4)溶液湿法,去除光刻胶,也常用两者相结合的工艺去除光刻胶。

　　(7) 通过高温热氧化工艺,在场区生长隔离氧化物。由于场氧化层较厚,通常应用水气氧化工艺,场氧化层厚度由器件电源电压和性能要求决定。例如,0.25 μm 器件制程中,可用 1000℃ 的水气热氧化工艺,生长厚度为 0.5 μm 的场氧化硅层。

　　(8) 去除有源区域的氮化硅掩蔽薄膜,可用热磷酸(H_3PO_4)腐蚀,这种化学腐蚀具有选择性,H_3PO_4 对 SiO_2 和硅都不腐蚀。也可用等离子体刻蚀工艺去除氮化硅。

　　半隐蔽氧化物 LOCOS 隔离工艺步骤如图 5.6(a)所示,与全隐蔽氧化物隔离工艺的差别仅在于,场氧化前不需要刻蚀硅层,其他工艺步骤完全相同。在至 1.5 μm 器件加工技术以前,MOS 集成电路大都应用半隐蔽氧化物 LOCOS 隔离工艺,全隐蔽氧化物 LOCOS 隔离工艺主要应用于氧化物隔离双极型集成电路制造。实际上,由于半隐蔽氧化物 LOCOS 工艺简单、成熟,直至亚 0.5 μm 的某些 CMOS 产品,有集成电路制造公司仍在应用。

氮化硅掩蔽层和氧化硅应力缓冲层

氮化硅掩蔽是应用 LOCOS 工艺实现选区局域氧化的关键。符合化学计量比的纯氮化硅薄膜,通常采用低压化学气相淀积(LPCVD)技术,通过硅烷(SiH_4)和氨气(NH_3)反应制备(详见本书第 17 章)。氮化硅的掩蔽氧化作用,在于其抗氧化性。在金属和非金属化合物中,氮化物结构往往比较致密,机械强度及硬度较高。氮化硅也具有这种特点,氧化剂 O_2 与 H_2O 在其中的扩散系数很小,因此,氧化剂很难穿过氮化硅膜,到达硅衬底使其氧化。但是,在氧化气氛(O_2、H_2O),特别是高温水气氧化条件下,氮化硅仍然有一定氧化速率,逐渐转化为氧化硅。因此,根据所需生长的场氧化层厚度,需要淀积足够厚度的氮化硅掩蔽膜,以保证其所掩蔽的器件有源区在场氧化工艺过程中不被氧化。

为什么 LOCOS 工艺步骤中,在淀积氮化硅掩蔽膜之前,先要热氧化生长薄层氧化硅呢? 这是由于 LPCVD 技术淀积的氮化硅薄膜具有较大的张应力,如果氮化硅薄膜直接淀积在硅片上,则会在硅衬底内产生机械应力,从而导致氮化硅覆盖的有源区边缘产生位错等缺陷,影响随后形成的晶体管性能。因此,在氮化硅掩蔽膜之前,硅片需先经热氧化生长适当厚度的衬垫氧化层,其作用在于吸收氮化硅薄膜应力。所以,这种衬垫氧化层也常被称为缓冲氧化层。缓冲氧化层的厚度,需依据氮化硅掩蔽膜的厚度决定。SiO_2 薄膜高温下具有一定可塑性,适当比例厚度的衬垫氧化层,其塑性形变可以吸收其上氮化硅膜的张应力。通常衬垫 SiO_2 薄膜厚度应大于氮化硅掩蔽膜的 1/3。因此,在应用 LOCOS 工艺,实现厚场氧化层器件隔离时,总是以 SiO_2/Si_3N_4 复合薄膜掩蔽有源区。例如,为获得 0.5 μm LOCOS 场氧化层,需要先后生长和淀积厚度分别为 40 nm 和 80 nm 的 SiO_2/Si_3N_4 复合掩蔽膜。

5.2.3　改进型 LOCOS 工艺

硅局部氧化工艺中的横向扩展效应

LOCOS 氧化工艺存在明显缺点,影响其在高密度集成电路中的应用。LOCOS 工艺的主要问题在于边缘区域的横向氧化和横向扩散。两者都使隔离区扩展与有源区缩小,因而降低集成芯片面积有效利用率。图 5.7 显示应用 Si_3N_4/SiO_2 双层掩蔽膜覆盖有源区,并在隔离区进行防沟道硼离子注入后,经过半隐蔽 LOCOS 工艺热氧化,形成的场氧化层及硅中硼杂质分布剖面。图 5.7 中纵坐标 0.0 μm 处标志原始硅表面,横坐标 1.0 μm 处标志 Si_3N_4/SiO_2 双层掩蔽膜的边界。由图 5.7 可见显著的氧化层横向扩展与杂质原子

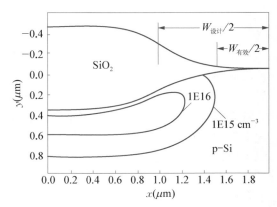

图 5.7　LOCOS 工艺中的氧化层横向扩展与杂质横向扩散

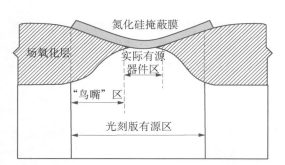

图 5.8　LOCOS 场氧化层的"鸟嘴"及其对器件缩微的影响

的横向扩散,这两种隔离区横向扩展效应,使被场氧化层包围的有源器件区域显著缩减。LOCOS 氧化横向扩展造成的隔离区延伸,约为场氧化层厚度的 1.5~2 倍。

图 5.8 显示 LOCOS 工艺中横向氧化对器件缩微的严重影响。场区局部氧化在 Si_3N_4 掩蔽膜边缘区域形成的氧化层,形状有如鸟的嘴巴,故常被称为"鸟嘴"(bird's beak)。这实际上是一种对有源区的侵蚀现象。"鸟嘴"氧化层侵入氮化硅掩蔽的有源区,使晶体管作用区面积缩小,晶体管边缘区域实际栅氧化层变厚,使晶体管驱动电流减小,对于器件集成密度和性能都不利。场氧化层越厚,横向氧化距离也越宽。在器件尺寸较大时,这种"鸟嘴"效应尚可忍受,但随着晶体管尺寸越来越小,它的影响就越来越大。因此,在集成电路器件微小型化进程中,必须改进 LOCOS 场氧化技术,以抑制"鸟嘴"氧化层生长效应。

高温场氧化过程中的杂质横向扩散,对器件特性也有不利影响。以 NMOS 器件为例,在 LOCOS 氧化过程中,场区沟道阻止注入的硼杂质向有源区边缘扩散,使晶体管边缘区域表面硼杂质浓度上升。这将引起该局部区域的阈值电压增加,从而降低晶体管的驱动电流。LOCOS 工艺中杂质横向扩散与横向氧化效应,都造成有源区被压缩。横向扩散杂质扩展到源漏边缘区域,导致该区域杂质浓度升高,也使源漏 np 结寄生电容增加,还会降低源漏结击穿电压。

在集成电路技术由小规模向超大规模集成发展过程中,改进 LOCOS 场氧化工艺一直受到重视,研究开发了多种新技术,其中有的得到成功应用。以高压水气氧化进行 LOCOS 工艺,由于可在较低温度和较短时间内,生长与常压热氧化同样厚度的氧化层,场区沟道阻止杂质的横向扩散效应可以得到抑制。但高压水气氧化在设备与工艺同常压氧化技术相比要复杂,其应用受到限制。在常规 LOCOS 工艺中适当选择具体工艺参数,杂质横向扩散效应的影响是可以控制的。因此,LOCOS 工艺改进主要在于抑制横向氧化"鸟嘴"效应。

"鸟嘴"横向氧化效应的产生原因

在 LOCOS 工艺中,有源区边缘产生横向氧化的原因在于,衬垫氧化层为氧化剂提供了扩散通路。氧和水分子在 SiO_2 中有较大的扩散系数,在热氧化过程中,它们就会通过衬垫氧化层,横向扩散至硅界面,在氮化硅边缘区域下面与硅化合生成 SiO_2。与此同时,边缘处的氮化硅膜被氧化硅挤压向上弯曲,形成图 5.8 所示场氧化层的"鸟嘴"结构。显然,衬垫氧化层越厚,横向扩散进入其中的氧化剂就越多,横向氧化现象也就越严重。图 5.9 显示 LOCOS 横向氧化层延伸与衬垫缓冲氧化层厚度的关系[10]。由该图数据可知,如果要减小"鸟嘴"氧化层宽度,就必须减薄衬垫氧化层厚度。另外一些实验还表明,增厚氮化硅掩蔽膜也有利于抑制横向氧化层生长。但是,减薄衬垫氧化层与增厚氮化硅,都会增加硅所受应力及位错产生可能性。一方面,要抑制氧化剂横向扩散进入有源区边界;另一方面,又要防止应力缺陷产生,是改进 LOCOS 工艺的基本原理和主要关注点。

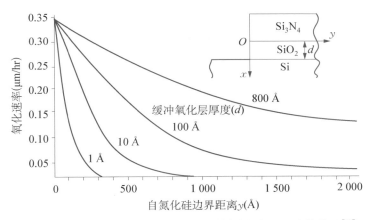

图 5.9　LOCOS 横向氧化层延伸与衬垫缓冲氧化层厚度的关系[10]

　　根据以上分析的原理,通过改变氧化掩蔽复合薄膜的结构和材料,发展了多种抑制有源区边缘氧化的改进型 LOCOS 工艺[10]。其中,有封闭界面局部氧化工艺(sealed interface local oxidation, SILO)[10, 11]、侧壁掩蔽隔离氧化工艺(side-wall masked isolation, SWAMI)[10, 12, 13]。这两种工艺的基本方法,都是利用界面上形成氮化硅层,阻挡氧化剂进入。但由于 SILO 和 SWAMI 工艺都比较繁复,它们的应用受到限制。在亚微米 CMOS 集成电路制造技术中,得到较多应用的改进型 LOCOS 工艺,是多晶硅缓冲 LOCOS 工艺(PBL:poly-buffered LOCOS)[10, 14, 15]。

多晶硅缓冲 LOCOS(PBL)隔离工艺

　　多晶硅缓冲局部氧化工艺的关键,是在衬垫氧化层和氮化硅掩蔽膜之间,用 LPCVD 技术淀积一层多晶硅薄膜,即传统 LOCOS 工艺中的 Si_3N_4/SiO_2 双层掩蔽膜,为 Si_3N_4/多晶硅/SiO_2 3 层结构所代替。中间加入多晶硅层,目的在于缓冲氮化硅薄膜应力的同时,又能抑制横向氧化效应。由于增加一层较厚多晶硅于其间,可以减薄衬垫氧化层(5～20 nm)和增厚氮化硅层(100～250 nm)。如本节前面所分析,氧化层减薄和氮化硅增厚,两者都有益于抑制横向氧化生长,两者变化所造成的过大应力可由多晶硅吸收,防止有源器件区产生缺陷。例如,如采用厚度分别为 150 nm/50 nm/15 nm 的 Si_3N_4/多晶硅/SiO_2 多晶硅缓冲掩蔽薄膜结构,生长 0.4 μm 的场氧化层,场氧化产生的"鸟嘴"长度可控制在 0.1～0.2 μm 范围。

　　在亚微米 CMOS 器件发展中,随着器件尺寸缩微和电源电压降低,所需场氧化层厚度减薄,多晶硅缓冲场氧化技术的优越性得到更好发挥。由于场氧化层变薄,沟道阻止注入和阱区掺杂有可能在场氧化层形成后进行,因而使隔离与掺杂工艺发生变化,减少光刻次数。这也有益于消除场氧化造成的杂质横向扩散。图 5.10 显示的就是一种多晶硅缓冲场氧化与阱区掺杂相结合的工艺,用于 3.3 V 电源 0.5 μm CMOS 制造[16]。用多晶硅(50 nm)/SiO_2(5 nm)的多晶硅缓冲衬垫结构,获得 0.22 μm 厚的场氧化层,其"鸟嘴"长度仅为 0.1 μm。在场氧化层形成和光刻后,以 100 keV 能量的硼离子注入在 NMOS 器件区域。如图 5.10(c)所示,在场区硼原子正好注入到场氧化层下边,使该处 p 型杂质浓度增加,防止场区 n 沟道产生;而在有源区注入到内部的硼原子分布则有利于防止源漏穿通、抑制短沟道效应;利用同一光刻图形,以 300 keV 能量的硼离子注入形成倒向分布的 p 阱掺杂,还可以用低能量硼离子,进行 NMOS 晶体管阈值电压调整注入。同样,如图 5.10(d)所示,分别以适当能量的磷和砷离子注入,也可以完成 PMOS 器件的场区沟道阻止、n 阱区掺杂和 PMOS 晶体管阈值电压调整注入。

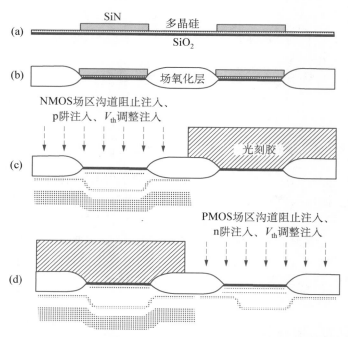

图 5.10　一种多晶硅缓冲场氧化与阱区掺杂相结合的 0.5 μm CMOS 工艺[16]

5.2.4　浅槽隔离工艺

　　早在 20 世纪 80 年代初就有人提出用沟槽隔离技术代替 LOCOS 工艺,用于 CMOS 器件隔离,以完全避免隔离区横向扩展及闩锁效应等弊病[17, 18]。沟槽隔离的基本原理在于,用绝缘介质淀积在硅片上刻蚀出的沟槽中,以达到沟槽两侧晶体管间的隔离目的。原理虽然简单,但在早期其工艺的成熟程度和成本还不能与成熟的 LOCOS 及其改进型工艺相比,实际生产应用较少。不断改进和完善的沟槽技术还可用于在 DRAM 器件中制作垂直结构存储电容等。在 CMOS 制造技术进入深亚微米领域后,特别是在近 0.1 μm 器件加工中,不仅要求隔离区所占面积愈益缩小,而且光刻成像景深要求也需要更为平坦化的硅片表面,因此沟槽隔离逐渐成为 CMOS 集成电路的主流隔离技术。应用沟槽隔离技术,可以完全消除有源区被横向氧化侵蚀现象,隔离区面积缩小,寄生电容减小,漏电流下降,从而显著提高集成密度和改善集成电路性能。

　　沟槽隔离有深浅之分,在 CMOS 集成电路中普遍应用的是浅槽隔离技术(shallow trench isolation, STI),其槽深一般小于 1 μm。槽宽与槽深都随器件缩微相应变化。槽深大于 3 μm 的深沟槽技术用于 DRAM 电容和双极型器件隔离等。图 5.11 显示浅槽隔离工艺的主要加工步骤。STI 工艺的起始硅片在清洗工艺后,与 LOCOS 工艺相似,也先后通过热氧化生长 SiO_2 缓冲层(厚约 10～20 nm)和 CVD 淀积 Si_3N_4 掩蔽膜(厚约 50～100 nm)。这里的氮化硅膜不只是用于掩蔽刻蚀及沟槽表面热氧化,还用作后续平坦化研磨工艺终止层。

氮化硅下面的 SiO_2 则仍是为了吸收氮化硅的应力。随后经过光刻和反应离子刻蚀,形成所需宽度和深度的沟槽。沟槽侧壁不宜完全垂直,而应有小的坡度,以便于沟槽填充,避免产生空洞。沟槽的上下角宜有一定弧度,以利于后续工艺和避免缺陷产生。对沟槽底部进行硼离子注入,以便在硅中形成 p^+ 层,防止氧化物中正电荷在硅层诱生电子反型沟道。

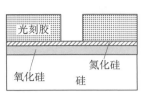 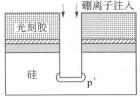

(a) SiO_2 生长、Si_3N_4 淀积与光刻　　(b) RIE 刻蚀与沟道阻止注入

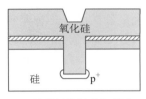 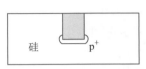

(c) 沟槽氧化与 SiO_2 填充　　(d) CMP 平坦化与掩蔽膜去除

图 5.11　浅槽隔离工艺示意图

在沟槽填入绝缘介质之前,首先以热氧化工艺,在沟槽侧壁及底面生长一薄层 SiO_2,厚度选择在 $10 \sim 20$ nm。随后用化学气相淀积技术淀积厚氧化硅,填满沟槽。热氧化生长的衬垫 SiO_2,致密性优于 CVD 淀积膜,与硅形成电荷密度较低的优良界面,以保证优良沟槽绝缘隔离性能。高温热氧化还有利于使沟槽的弯角变得圆滑,这是源于高温下氧化硅具有玻璃态黏性,可以产生黏弹性流动。

在沟槽中淀积均匀致密氧化硅,是亚微米窄沟槽隔离工艺中的难点之一。如果在沟槽内部尚未填充满之前,顶部已封闭,则沟槽内会有空洞与缝隙。高宽比越大的沟槽就越难以避免这种情形。20 世纪 90 年代后逐步发展和完善的高密度等离子体(HDP)化学气相淀积技术,解决了这一难题。已发展多种 HDP-CVD 氧化硅薄膜淀积系统,可供尺寸愈益缩微的 STI 技术应用,可以在高宽比大的亚微米槽宽沟槽中淀积无空洞与缝隙的氧化硅介质。

硅片表面平坦化是实现沟槽隔离的另一关键工艺。早期曾用先在硅片上涂敷光刻胶或某种乳胶介质,以获得平坦表面,然后再用干法刻蚀技术,对填充物和涂敷物以相同刻蚀速率,刻蚀到沟槽表面。在氧化硅和金属化学机械抛光(CMP)技术发展成熟以后,专门设计和制造的 CMP 精密抛光设备,开始广泛用于超大规模集成电路加工中多种硅片平坦化工艺,其中特别重要的是 STI 隔离和多层金属互连工艺。对于经 $CVD-SiO_2$ 淀积填满的沟槽硅片,应用以胶体 SiO_2 纳米粒子为磨料的碱性浆料,通过机械研磨和化学反应相结合的物理化学作用,精确地研磨去除硅片沟槽上面多余的氧化硅淀积物,终止于硅片表面的氮化硅掩蔽层。氮化硅可用前面已提到的湿法或干法化学反应方法去除。

5.3　自对准多晶硅栅 MOS 晶体管制造技术

MOS 晶体管的自对准结构及其自对准形成工艺,是 CMOS 集成芯片制造过程中最为重要的关键技术。本节将从多方面分析讨论这种自对准器件技术的原理与工艺。应用这种技术,不仅可自对准界定源漏栅晶体管结构,而且可以实现多种横向和纵向区域的自对准局域化离子注入掺杂,包括源漏接触区及延伸区离子注入、阈值电压调整离子注入、防穿通离子注入等。这种自对准技术可以使晶体管获得合理的横向和纵向杂质分布,从而优化 CMOS 器件性能,并有益于器件尺寸缩微及升级换代。

5.3.1　MOS 晶体管源漏栅自对准结构及自对准工艺原理

第 1 章中曾指出,源漏栅自对准结构的 MOS 晶体管形成工艺,是集成电路制造技术发展的重要里程碑之一[19, 20]。集成电路中最为基础的器件——双极型晶体管和场效应晶体管,都是由 3 个不同区域形成的两个 pn 结构成的。这些不同区域与 pn 结要通过不同光刻和掺杂工艺形成。通常制造双极型晶体管时,它的集电区、基区和发射区需要通过 3 次互相对准的光刻掩模工艺和掺杂不同元素分别形成。早期 MOS 晶体管制造也需要经过两次光刻掩模工艺,先后形成源漏区和栅区。这种非自对准工艺形成的晶体管存在两方面缺点:其一,占用面积大,难于缩微;其二,有害寄生效应大,晶体管性能难于改进。两者都严重阻碍集成电路密度增加与功能提升。自对准 MOS 晶体管技术克服了这些缺点,与多晶硅栅工艺相结合,成为 MOS 集成电路持续迅速发展的关键技术。从原理上说,自对准 MOS 晶体管结构形成工艺,似可应用多种金属或其他材料作为栅,但由于多晶硅与 SiO_2 栅介质可形成特性优异的界面,并具有极其良好的可加工性,多晶硅栅成为最佳选择。自对准多晶硅栅 MOS 器件技术的广泛成功应用,促使在双极型器件制造技术演进过程中,也研究开发成功多晶硅自对准双极器件制造工艺。通过光刻与一些薄膜工艺密切结合,形成相互自行对准定位的基区、发射区及它们的电极区域,对双极型超大规模集成电路集成度和性能提高发挥了重要作用(详见第 6 章)。

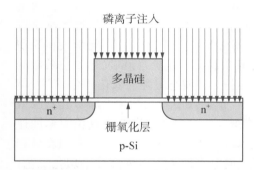

图 5.12　自对准多晶硅栅 NMOS 晶体管
工艺示意图

图 5.12 以 NMOS 晶体管为例,显示多晶硅栅自对准晶体管的结构及其形成基本原理。在完成阱区和场区等加工后,经过热氧化和 CVD 工艺,在硅片上先后生长栅氧化层和淀积多晶硅层,并用扩散或离子注入高浓度磷掺杂,使多晶硅具有良好导电性。然后通过光刻及刻蚀,形成多晶硅栅电极图形。接着通过磷(或砷)离子注入,完成高掺杂 n^+ 源漏区。此时,栅区上的多晶硅薄膜,可以阻挡杂质离子进入栅氧化层及其下面的沟道区,而且多晶硅能够承受离子注入后的高温退火工艺,得以消除离子碰撞损伤与激活载流子,形成优良性能的源漏 n^+p 结。因此,仅通过一次掩模光刻,与多晶硅、离子注入等工艺相结合,就界定和形成相互对准的 NMOS 晶体管所有区域——栅电极和源漏区,即栅源漏自对准结构。这种 MOS 器件结构,使源漏区与栅电压感应形成的沟道精确定位,可减小栅源、栅漏寄生电容,晶体管电学性能因而获得显著优化。由于晶体管不同作用区域通过一次光刻形成,可以避免多次光刻形成不同器件区域时难免产生的边界套准偏差,减小晶体管占用面积,使集成电路中的器件密度提高。所以,自对准多晶硅栅晶体管形成工艺,成为实现器件持续微小型化的极为有效的途径。

自对准多晶硅栅 MOS 晶体管形成工艺,是一种既简化又优化的器件加工技术。"简化"与"优化"有机结合,可以说是许多自对准结构和工艺的共同特点。它们往往都是基于某种物理或化学原理的"自对准技术",形成某种"自对准器件结构",既可简化工艺步骤,又可优化器件性能。

制造沟道长度愈益缩小和跨导愈益增大的 NMOS 及 PMOS 晶体管,是 CMOS 集成电路技术发展的首要途径。为了实现这一要求,自对准多晶硅栅工艺必须与一系列相关工艺密切结合。所涉及的工艺有超洁净栅氧化、优质多晶硅薄膜淀积及掺杂、精密多晶硅栅光刻及刻蚀、优化沟道区与源漏区的纵向及横向掺杂等。

5.3.2　MOS 晶体管的栅介质/栅电极叠层结构

由栅介质与栅电极构成的叠层结构,可以说是 MOS 绝缘栅场效应晶体管的核心,其组成、特性和尺寸是决定晶体管性能的关键。集成电路集成度、速度和功能的升级换代有赖于持续优化栅介质与栅电极的制备工艺。热生长 SiO_2 介质和重掺杂多晶硅,长期以来是硅 MOS 集成电路栅叠层结构的最优组合。不断改进的 SiO_2 介质生长和多晶硅淀积及掺杂工艺,与愈益精密的光刻工艺相结合,使晶体管尺寸持续缩微,集成电路规模持续增大,普遍应用至 65 nm 工艺极大规模集成电路产品制造。而且在许多生产线上,经过多方面优化的这种基本工艺,成功应用于 32 nm 甚至更小尺寸技术代的集成芯片生产。

栅介质

在 MOS 集成电路芯片制造中,介质薄膜有许多应用,而其中对栅介质的制备和性能要求是最高的。优良栅介质要求其质量好、厚度薄。理想的 MOS 绝缘栅场效应器件要求栅介质薄膜致密完整,介质内部及其与半导体、栅金属界面都极少电荷及陷阱能级,不与两者交换电子,使半导体界面电荷完全由栅电压控制,晶体管性能可达到最佳。用超洁净热氧化工艺制备的实际 SiO_2 栅介质,虽然不能达到理想情况,却是各种介质材料及制备方法中最优者,其电荷与界面陷阱的面密度都可降到 10^{10} cm^{-2} 量级。考虑到硅晶体表面原子密度为 10^{15} cm^{-2} 量级,因此,相当于界面平均约 10 万个原子中只有一个界面陷阱缺陷,这在各种介质与半导体形成的界面中最低。对于薄栅介质还要求具有高电场击穿强度。

在 MOS 集成电路从小规模到极大规模演进过程中,热氧化栅介质制备工艺始终不断改进完善。栅介质热氧化生长工艺要求硅片经过超洁净清洗,应用超洁净气体,在超洁净环境条件下进行,并优化选择热氧化温度、时间及氧化剂浓度,生长所需厚度的栅氧化层。为降低 SiO_2 中 Na^+ 等可动离子密度,在氧化气氛中常掺入少量含 Cl 气体,如 HCl。在高温下金属原子可与 Cl 组成挥发性化合物,被气流清除。为使氧化层致密及减少缺陷密度,热氧化后需在惰性气氛下进行热退火与降温。

由 MOS 晶体管原理及其缩微规律可知,栅氧化层减薄和沟道缩短,是提升晶体管和集成电路性能的最主要因素和途径。栅氧化层减薄,使单位面积的栅电容值增加,因而增强电场诱生电荷的场效应,从而增加沟道反型载流子浓度,提高晶体管跨导。表 5.2 所列的一些典型数据说明,自 1965 年以来,与 MOS 晶体管沟道长度缩微相匹配,SiO_2 栅介质厚度从 150 nm 逐步减薄到约 1 nm。由于这种缩微,晶体管的跨导、驱动电流密度和工作频率有多个数量级提高。但在小于 4 nm 以后,SiO_2 栅介质减薄遇到愈益严重的隧道穿通漏电、介质击穿和硼杂质扩散穿透等影响晶体管正常工作的问题,逐渐接近它的应用极限。亚 0.1 μm 的纳米 CMOS 要求 SiO_2 栅介质减薄到 1.5～1.0 nm,但此时由于隧穿效应引起的漏电流迅速增加,每减薄 0.1 nm,漏电流要增加 5 倍。用较厚的高介电常数介质代替 SiO_2 作为栅介质,成为突破这些难题的合理途径。高介电常数介质常用其等效 SiO_2 厚度(equivalent oxide thickness,EOT)衡量评价。EOT 也可以说是栅介质的电学厚度。

$$EOT = t_{hk} \cdot \varepsilon_{ox}/\varepsilon_{hk} \tag{5.1}$$

其中，t_{hk} 为高 k 介质的物理厚度，ε_{ox} 与 ε_{hk} 分别为 SiO_2 与高 k 介质的介电常数。由于缩微到相同等效栅介质厚度时，可应用较厚的高 k 介质，隧道穿通等问题可以避免。

表 5.2　MOS 器件的沟道长度和栅氧化层厚度演变

年份	1965	1970	1976	1982	1986	1992	1995	1998	2001	2004	2007
技术代(μm)	15	10	5	2	1	0.5	0.35	0.25	0.18	0.09	0.065
沟道长度(μm)	15	10	5	2	1	0.5	0.35	0.25	0.1	0.05	0.03
栅氧化层(nm)	150	100	70	20	15	12	9	5	3.0	2.0	1.2

20 世纪 90 年代初以来高 k 介质材料的研究极为活跃，目的就是要找到可替代 SiO_2 的高 k 介质及其制备技术[21]。这是一个大难题，虽然 k 值大于 10 的介质材料有许多，但它们的电学性能以及与硅集成电路基本工艺相容性都远不能与 SiO_2 相比。人们自然会想到 Si_3N_4，它的介电常数(7.5)比 SiO_2 的介电常数(3.9)大。但由于 Si_3N_4 的缺陷密度过高，难于单独作为栅介质。研究多种工艺方法把氮化硅与氧化硅两者有机结合，形成氮氧化硅复合薄膜，成为纳米 CMOS 多个技术代的超薄栅介质，在超大规模集成芯片制造中得到广泛应用。图 5.13 为超薄氮氧化硅栅介质工艺的简化示意图。以超洁净热氧化工艺生长的氧化层，通过热氮化或等离子体氮化，表面层氧化硅转化为氮化硅层，接着经过适当热退火工艺，降低电荷及陷阱能态密度，最后淀积及掺杂多晶硅，形成栅叠层[22]。氮化硅/氧化硅复合薄膜的等效 SiO_2 厚度可由下式计算：

$$EOT = t_{OX} + t_{SiN} \cdot \varepsilon_{OX}/\varepsilon_{SiN} \tag{5.2}$$

其中，t_{OX}、t_{SiN} 分别为氧化硅与氮化硅厚度，而 ε_{OX} 和 ε_{SiN} 分别为两者的介电常数。由于氮化硅具有较高介电常数，较厚的 Si_3N_4/SiO_2 复合薄膜可具有较薄的等效 SiO_2 栅介质厚度，使其接近 1 nm，因而在 32 nm 等多个纳米 CMOS 技术代集成电路产品制造中得到应用。在一定范围内应用氮氧化硅作栅介质，栅漏电流可比氧化硅降低约 100 倍。

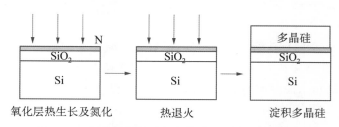

氧化层热生长及氮化　　　　热退火　　　　淀积多晶硅

图 5.13　超薄氮氧化硅复合薄膜栅介质工艺示意图

多晶硅栅电极

多晶硅具有半导体性，在 MOS 器件中可被用于形成栅电极，这里的多晶硅是被当作导电材料应用。但它必须高浓度掺杂以获得高导电性。由于在掺杂过程中，一些杂质原子(如磷、砷)趋于首先堆积于多晶硅晶粒间界。只有进入晶粒的原子能够提供载流子，处于晶粒间界陷阱的杂质原子不贡献载流子,而且部分晶粒内激活的载流子也可能陷入晶粒间界。因此,必须掺入过量杂质原子($>10^{20}$ cm^{-3}),才能使多晶硅电阻率降到 10^{-3} Ω·cm 量级。

通常应用低压化学气相淀积(LPCVD)工艺,在 $0.2 \sim 1$ 毛(Torr)气压和 $600 \sim 650$℃温度下,通过硅烷(SiH_4)分解,在 SiO_2 衬底上淀积所需厚度的多晶硅薄膜。

$$SiH_4 \longrightarrow Si + 2H_2 \tag{5.3}$$

随后用扩散或离子注入对多晶硅进行高浓度掺杂。典型离子注入剂量约为 5×10^{15} cm^{-2},选择的离子能量则应保证不进入与损伤多晶硅下面的栅介质。有的多晶硅薄膜工艺,把淀积和掺杂两步结合在一起,即采用原位掺杂工艺。在淀积系统中与 SiH_4 同时通入杂质气体,如 PH_3、B_2H_6,硅多晶膜生长的同时,薄膜中也掺入磷、硼原子,可分别得到 n$^+$ 和 p$^+$ 多晶硅。多晶硅栅极薄膜厚度也随着器件尺寸缩微有所变化,在微米技术阶段通常约为 0.5 μm,其薄层电阻约为 20 Ω/□。在深亚微米 CMOS 中,多晶硅栅厚度逐渐减薄。

早期 CMOS 集成电路中 NMOS 和 PMOS 晶体管共同应用 n$^+$ 多晶硅作为栅电极。后来在高性能 CMOS 集成电路中,分别以 n$^+$ 和 p$^+$ 多晶硅用于 NMOS 和 PMOS 器件,以便更好地控制晶体管阈值电压。而且在深亚微米 CMOS 集成电路制造中,常在栅光刻后,多晶硅与源漏区同时进行掺杂。

多晶硅与 SiO_2 相结合的栅叠层技术,成功应用于持续创新的 MOS 集成电路制造,造就了近半个世纪微电子技术的迅速发展。但随着器件缩微进入纳米尺寸范围,多晶硅栅电极和 SiO_2 栅介质,都逐渐走向它们的极限。本节前面已分析,SiO_2 在其厚度接近和小于 1 nm 时,由于隧道穿通等效应不再适于作栅介质。这时多晶硅作栅电极也遇到困难,其原因就在于多晶硅的半导体性。当栅电极加上电压时,由于多晶硅与栅介质界面处的电势降落与能带弯曲,界面的多晶硅一侧也会形成耗尽层,其宽度取决于多晶硅掺杂浓度。多晶硅耗尽层等效为一薄层介质,与栅介质相叠加,使等效栅介质厚度相应增加,限制了栅介质缩微。因此,在近 0.1 μm 器件技术仍应用多晶硅作为栅电极时,必须尽可能增加多晶硅的掺杂浓度。

多晶硅栅光刻

多晶硅栅光刻是决定晶体管结构与尺寸的关键工艺步骤。在 MOS 集成电路中,多晶硅不仅用于形成栅电极,也用作栅级局部互连和电阻等。例如,在 CMOS 器件中用多晶硅线条连接 NMOS 和 PMOS 晶体管的栅极。表 5.2 所列 MOS 晶体管沟道长度是由多晶硅线条宽度决定的,而线条宽度取决于光刻工艺精度。多晶硅栅线条光刻,是集成电路图形光刻中精度要求最高的步骤,需要应用分辨率越来越高的光刻技术。多晶硅物理线宽通常是集成电路中最小的,它除了取决于掩模版上的相应尺寸,还可通过光刻工艺中曝光量、显影时间和刻蚀等工艺条件调节。多晶硅栅线条不仅要宽度精确,而且要求非常陡直,如图 5.12 所示。这就需要应用各向异性反应离子刻蚀工艺,获得近乎垂直的多晶硅刻蚀剖面。多晶硅刻蚀还要求优良的选择性,即多晶硅刻蚀速率应该远大于氧化硅,以便在栅区以外的多晶硅层被刻蚀干净后,刻蚀过程基本停止,减弱对 SiO_2 介质层侵蚀,避免源漏区单晶硅受到刻蚀。为了同时获得良好的刻蚀各向异性与选择性,需要恰当选取反应气体和刻蚀工艺。

5.3.3　源漏区掺杂

按照图 5.12 所示的自对准 MOS 晶体管基本原理,在多晶硅栅光刻后,以高浓度离子注入对源漏区掺杂,形成 NMOS 晶体管的 n⁺p 源漏结,或 PMOS 晶体管 p⁺n 源漏结。但是当沟道长度接近 1 μm 后,特别是在进入亚微米尺寸以后,短沟道效应和热电子效应等小尺寸效应严重影响器件性能,源漏区结构及掺杂工艺必须予以改进。其途径是改变源漏区掺杂分布,从而减少多晶硅栅与源漏区的交叠,以控制短沟道效应,降低漏结附近的电场强度,以抑制热电子等高电场效应[23,24]。这种工艺的基本原理是通过两次离子注入,先后形成掺杂浓度及深度不同的两个区域。在传统高掺杂源漏区的内侧,即紧邻多晶硅栅边缘的区域,形成浓度较低、结深较浅的掺杂区,称作轻掺杂漏区(light doping drain,LDD),也常称为源漏延伸区(source/drain extension)。这样的结构,对于 NMOS 晶体管,形成了 n⁺n⁻p 漏结横向剖面,因而降低了栅极附近反向偏压漏结峰值电场强度,避免沟道电子由于从电场获得高能量而产生热电子效应。在 PMOS 器件中,形成的 p⁺p⁻n 漏结也具有同样效果。虽然晶体管源区附近并无热电子效应存在,但 MOS 晶体管中源漏两者对称,可在电路中任选连接为漏极。注意这里的 n⁻ 或 p⁻ 都是相对高达 10^{20} cm⁻³ 的 n⁺ 或 p⁺ 源漏接触区,其实际浓度也比较高,以避免过大串联电阻。这种掺杂浓度和结深不同的源漏结构,也是利用自对准工艺技术形成的。LDD 结构是源漏区形成工艺的重要改进,对 MOS 器件微小型化和集成电路性能优化有重要作用。

　　图 5.14 显示具有 LDD 漏区结构的自对准 NMOS 晶体管形成原理及主要工艺步骤。其中,栅介质与栅电极叠层结构的淀积及形成工艺,仍和 5.3.2 节所述相同,如图 5.14(a)和(b)所示。此后,首先以多晶硅栅为掩蔽,选择能量较低、剂量较小的磷或砷离子,进行自对准轻掺杂源漏区离子注入,如图 5.14(c)所示。形成 LDD 结构的离子注入剂量要比源漏接触区低 1～2 个数量级。接着应用 CVD 技术淀积适当厚度的氧化硅或氮化硅膜,如图 5.14(d)所示,覆盖整个硅片。随后以反应离子刻蚀技术,进行各向异性刻蚀,平坦区域淀积的介质层被去除,而在多晶硅栅边缘陡直台阶处,由于保形覆盖的介质层厚,则会留下侧壁介质层,被称作侧壁介质隔层,简称为边墙,如图 5.14(e)所示。之后,再以此两侧带有边墙的多晶硅栅为掩蔽,选择能量较高、剂量较大的砷离子进行第二次离子注入,如图 5.14(f)所示。最后,经过高温退火,消除离子轰击缺陷和激活杂质原子,完成改进型源漏区形成工艺。

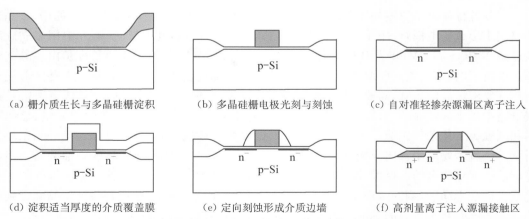

(a) 栅介质生长与多晶硅栅淀积　　　(b) 多晶硅栅电极光刻与刻蚀　　　(c) 自对准轻掺杂源漏区离子注入

(d) 淀积适当厚度的介质覆盖膜　　　(e) 定向刻蚀形成介质边墙　　　(f) 高剂量离子注入源漏接触区

图 5.14　具有 LDD 漏区结构的 NMOS 晶体管形成工艺

　　由上可见,具有 LDD 结构的晶体管源漏区实际上由两部分组成:一部分是在与反型沟道相邻的前端区域,其掺杂浓度较低,与阱区形成的结较浅,有益于抑制短沟道效应和热载流子效应;另一部分为由介质边墙附近开始的后端区域,其掺杂浓度高,与阱区形成的结较深,有益于降低晶体管导通电阻。这个浓度高、结深较深的区域,也是源漏区形成金属化接触、与其他器件相连之处,也可称为源漏接触区。

5.3.4　优化 CMOS 器件性能的纵向与横向自对准掺杂工艺

随着器件尺寸持续缩微,特别是进入深亚微米 CMOS 集成电路技术以后,晶体管掺杂工艺不断改进创新。如果说形成沟道长度越来越短的自对准栅结构,是 MOS 晶体管和集成芯片性能改善的基本途径,则优化晶体管各个区域的杂质分布就是获得性能最佳化的关键。人们常把器件掺杂工艺称为"掺杂工程(doping engineering)"。所谓掺杂工程,就是改进掺杂步骤及工艺,调节与优化有源器件区域的杂质纵向与横向分布,以便抑制各种短沟道效应,使晶体管具有最佳特性。5.3.3 节介绍的 LDD 结构,就是一种改善源漏区杂质分布的典型掺杂工程。在 MOS 晶体管尺寸缩微与性能提高进程中,栅区和源漏区的掺杂工艺优化,始终是集成电路制造技术进步的主要途径之一。掺杂工艺贯穿于 MOS 器件的形成过程,在自对准栅叠层结构形成之前,除了阱区掺杂外,还需要分别进行 NMOS 和 PMOS 晶体管阈值电压调整离子注入、防穿通离子注入等。不同功能的离子注入掺杂,需要选择不同导电类型、能量与剂量的杂质。

CMOS 器件的阈值电压调整和防源漏穿通离子注入,通常是在隔离与阱区形成后,在栅叠层工艺前,以所需类型离子注入到有源区的不同深度,如图5.15 所示。对于 n 沟晶体管通常注入硼离子,对于 p 沟晶体管则可选择磷或砷离子。反型载流子沟道通常产生于 10 nm 以内的表面层,因而在阈值电压调整注入工艺中,选用较低能量离子注入到表面层,其注入剂量也较低。防穿通离子注入则需要较高能量离子注入到有源区内部。实际上,阱区形成、漏源防穿通和阈值电压调整 3 种不同能量与剂量注入的原子,在有源区相互叠加,形成晶体管所需的杂质分布。

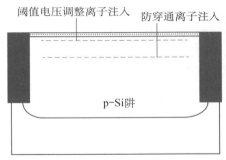

阈值电压调整离子注入　　防穿通离子注入

p-Si阱

图 5.15　亚微米 MOS 晶体管阈值电压调整和防穿通离子注入

图 5.16 显示通过 3 次不同磷离子注入形成的典型 n 阱区杂质原子纵向分布,并标出不同区域杂质分布的相应器件作用功能。内部较高的杂质浓度有益于抑制 CMOS 闩锁效应,中间杂质分布有利于提高漏源穿通电压,表面层掺杂则用于调整晶体管阈值电压。

注入杂质对阈值电压的影响取决于其剂量及杂质分布。杂质注入在表面层,并假设在均匀分布的简化情况下,阈值电压(V_T)与注入剂量(D_I)的关系可用下式表示:

$$V_T = 2\Psi_B + V_{FB} + (4\varepsilon_{Si}qN_a\Psi_B)^{1/2}/C_i + qD_I/C_i \tag{5.4}$$

其中,假设阱区具有均匀掺杂浓度 N_a,Ψ_B 为由掺杂浓度决定的费米势,C_i 为单位面积的栅介质电容,D_I 为单位面积内注入原子密度,ε_{Si} 为硅的介电常数,q 为电子电荷。因此,阈值电压随离子注入剂量的变化量可以近似表示为

$$\Delta V_T \approx qD_I/C_i \tag{5.5}$$

如集成电路要求阈值电压在 0.4~0.7 V 范围,阈值电压调整注入的剂量约为 $(1\sim5)\times10^{12}$ cm^{-2}。

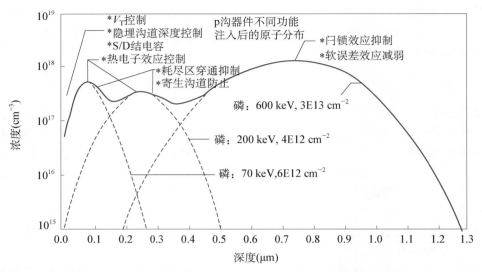

图 5.16 n 阱区内 3 种不同能量与剂量离子注入后形成的磷原子分布

从器件电学特性考虑,阈值电压调整注入的杂质也以具有逆向分布为佳,即:在将形成反型层的邻近区域,杂质浓度显著低于其下面,这样可减弱反型沟道中载流子遭遇到的杂质散射,从而提高载流子迁移率,增加晶体管驱动电流。因此,在某些深亚微米集成电路工艺中,常用铟代替硼作为 NMOS 器件的阈值电压调整注入杂质。铟在硅中的固溶度很低,在 1 000 ℃下仅为 5×10^{17} cm^{-3},以前在硅器件工艺中极少应用。但阈值电压调整注入所需掺杂浓度较低,而铟的扩散系数比硼小,有利于形成杂质逆向分布和优化晶体管性能。

为了使亚微米晶体管沟道区域的杂质分布更有利于抑制短沟道效应,在自对准栅结构形成后,可以通过偏斜角度离子注入技术,把杂质注入到特定区域,形成横向非均匀掺杂。如图 5.17 所示,以中等剂量的偏斜角度离子注入,在 NMOS 晶体管源漏 LDD 延伸区边缘,

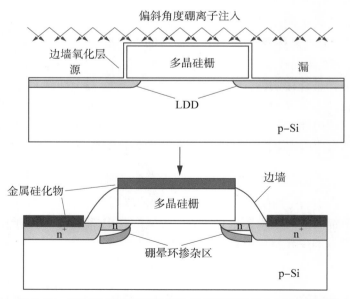

图 5.17 亚微米 NMOS 晶体管中的晕环离子注入工艺示意图

形成晕环形状的硼离子掺杂区,由于其浓度较高,减缓漏结耗尽区横向扩展,从而可有效抑制短沟道效应,避免漏源穿通现象。这种晕环掺杂(halo doping),是通过在与硅片垂直轴成大角度(25~60°)方向上离子注入,并同时使硅片转动获得,因而被称为晕环注入(halo implant)[23, 25],有时也被称为"袋形注入(pocket implant)"。

以上讨论表明,CMOS 集成电路有源区的纵向和横向杂质分布必须合理设计和精密加工,形成精确分布的阈值电压调整掺杂区、源漏轻掺杂区、抑制短沟道效应的晕环形掺杂区、源漏高掺杂接触区等。应该强调指出,这些纵向与横向的不同杂质分布,都是在自对准栅电极结构形成前后,通过自对准掺杂工艺形成的。这种自对准掺杂工艺就是,应用不同能量、不同剂量、不同入射角度的离子注入技术,把不同类型的杂质原子掺杂到不同区域,获得有利于提高晶体管性能的相互自行对准器件结构。

5.4　CMOS 集成芯片中的金属硅化物栅和接触工艺

金属硅化物接触工艺是 CMOS 集成芯片制造中的重要组成部分之一,其主要作用在于提高超大规模高集成电路的速度与密度。本节将重点讨论由金属硅化物与多晶硅薄膜形成的 Polycide 复合栅电极及局部互连工艺,与可以在源、漏、栅区域形成自对准金属硅化物接触的 Salicide 工艺。

5.4.1　CMOS 器件为什么需要金属硅化物

经过前面介绍的多种加工,在硅片上形成大量相互独立的 NMOS 和 PMOS 晶体管,以及其他可能需要的元件,然后必须通过接触与互连工艺,才能集成为一个整体,组成具有特定功能的 CMOS 集成电路。在早期或简单的集成电路制造工艺中,只需在晶体管各个电极区域开出引线接触孔后,淀积铝金属薄膜,经过一次光刻及低温热处理工艺,就可形成所需要的金属布线。随着集成电路集成度与功能不断提高,接触与互连工艺日趋复杂,需要应用越来越多的不同导电与绝缘材料,以及多种不同工艺技术。20 世纪 90 年代后期以来,越来越多层次的互连工艺所构成的后端工艺,在工艺复杂性和加工成本两方面,都已经和制作高密度相互隔离晶体管的前端工艺相接近。

随着晶体管尺寸缩微和集成电路规模增大,对栅电极和源漏接触材料及工艺的要求越来越高,需要不断优化与更新。多晶硅薄膜线条,不仅用作自对准 MOS 晶体管栅电极,也用于形成局部互连,甚至较大范围互连,如在 DRAM 存储器用作字线连接。当多晶硅线条越来越窄时,其愈益增大的分布电阻,成为影响集成电路速度提高的主要因素之一。源漏区横向面积缩微及纵向结深变浅,使源漏接触电阻及串联电阻增大,可导致晶体管跨导等特性退化,也影响集成电路速度提高。对于集成电路接触和互连材料及工艺技术,第 4 章 4.4.7 和 4.4.8 两节已作概要介绍,本书的第 19 和 20 两章将作全面专题讨论。本节对 CMOS 集成芯片的金属硅化物基本工艺作简要说明。

在集成电路结构及其制造工艺中存在两种不同类型的接触:一种是金属与半导体之间的接触,另一种是金属与金属之间的接触。前者存在肖特基势垒接触与欧姆电导接触两类,后者两种金属之间应形成优良导电欧姆接触。在所有集成电路中都需要制备低电阻欧姆接触,在某些类型集成电路中也要形成部分肖特基势垒接触。本节要讨论的接触工艺是指,在器件的源漏栅等区域形成欧姆接触,以便随后在晶体管之间通过金属布线形成互连。对于这样的欧姆接触,要求所选用的材料,一要具有优良导电性,二要与源漏区之间具有尽可能低的接触电阻率,三要求接触形成工艺与晶体管工艺及结构具有良好相容性,即保持晶体管的完整结构及特性。

自 20 世纪 80 年代初以来的大量实验和生产应用表明,金属硅化物是改善多晶硅栅与源漏接触特性的关键材料,多晶硅栅和源漏区自对准金属硅化物薄层形成工艺,是高性能 CMOS 集成电路关键制造工艺之一。先后研究及优选的部分金属硅化物及制备工艺,可以很好地满足上面的 3 个基本要求,适应一代又一代缩微 CMOS 器件的需求。部分金属硅化物呈现优良的导电性,其电阻率在 10^{-5} $\Omega \cdot cm$ 量级,比高掺杂多晶硅或源漏区的电阻率降低约两个数量级。金属硅化物还具有良好的高温稳定性和化学稳定性,对于某些酸碱溶液具有抗腐蚀性。已研究开发成功多种金属硅化物制备技术,包括物理气相淀积、化学气相淀积、固相反应等。$TiSi_2$、$CoSi_2$、$NiSi$ 等金属硅化物可以通过金属与硅固相反应在硅表层形成,具有较好的均匀性,而且可与高掺杂区域形成优良欧姆接触,接触电阻率可低达 10^{-7} $\Omega \cdot cm^2$。

栅电极及栅级互连与源漏区应用金属硅化物后,其薄层电阻、串联电阻和接触电阻得到大幅度降低,使晶体管和集成电路电学性能获得显著改善,也有利于提高电路集成密度和器件可靠性。金属硅化物在 CMOS 集成电路中有两种基本应用结构:一种是金属硅化物与多晶硅叠层形成的复合栅电极及栅级互连结构;另一种是在单晶硅源漏区域及多晶硅栅区域上,通过固相反应同时形成低电阻金属硅化物薄层。

5.4.2　金属硅化物/多晶硅复合栅结构和工艺

早在 20 世纪 70 年代末,人们就提出在高掺杂多晶硅薄膜上淀积一层金属硅化物,经光刻与反应离子刻蚀工艺,形成复合栅电极结构,以显著降低栅级互连线的薄层电阻。这种多晶硅(polysilicon)与硅化物(silicide)双层薄膜复合结构,以前者字头与后者字尾相结合,取名为"Polycide",即代表这种结构,也代表相应工艺。WSi_2、$MoSi_2$、$TaSi_2$、$TiSi_2$ 等多种金属硅化物都曾被用于研制具有这种复合栅结构的 MOS 集成电路。约 $0.5\ \mu m$ 厚的高掺杂多晶硅膜的薄层电阻在 $(15\sim30)\Omega/\square$ 范围,应用 WSi_2 的硅化物与多晶硅组成相等厚度的双层复合薄膜,其薄层电阻可降低至 $(1\sim3)\Omega/\square$ 范围。

Polycide 栅结构 MOS 器件的制造工艺,与多晶硅栅晶体管工艺相近,只需部分工艺调整。从投片直到栅介质生长、多晶硅淀积及掺杂,工艺要求及步骤都相同,只是适当减薄多晶硅膜厚度。接着用化学气相淀积或物理气相淀积方法,在多晶硅层上淀积适当厚度的金属硅化物薄膜,再通过光刻及反应离子定向刻蚀工艺,形成栅电极及栅级互连线条。然后以复合栅为掩蔽,进行离子注入,形成源漏掺杂。后续工艺也与硅栅 MOS 相同。经过多种材料及工艺对比筛选,目前 Polycide 工艺中普遍选用 WSi_2,并且采用化学气相淀积工艺直接淀积 WSi_x 薄膜,经退火形成低电阻 WSi_2。也可在多晶硅膜上淀积钨金属膜,然后通过较高温度固相反应,在多晶硅上层形成 WSi_2,但实际应用较少。

Polycide 栅结构 MOS 集成芯片工艺的突出优越性是,在保持多晶硅/SiO_2 优良界面特性的同时,可显著降低栅电极及栅级互连线的分布电阻,使集成电路的传输速度得到提高。在集成芯片制造演变历史上,也曾试图直接用难熔金属或其硅化物作为自对准栅电极材料。但研究结果表明,经过高温工艺形成的金属与 SiO_2 栅介质直接接触,其界面特性较差,晶体管阈值电压不易控制,集成电路成品率和可靠性显著下降。这是由于界面互扩散,致使栅介质受到金属沾污造成的。在由多晶硅与金属硅化物组成的复合栅结构中,与栅介质直接接触的多晶硅层可以发挥扩散阻挡层作用,阻断其上面金属硅化物与 SiO$_2$ 的相互作用,因而使多晶硅/SiO$_2$ 优良界面特性得以保持。

5.4.3　自对准金属硅化物栅级互连和源漏接触工艺

如前所述,随着晶体管器件尺寸缩微,也需要降低源漏区的薄层电阻和接触电阻。在 20 世纪 80 年代初就提出和开始发展源漏栅自对准硅化物化工艺,并创造了一个新词"salicide"来描述这种工艺,它是由"self-aligned silicide"词组缩写而成的专业技术词[26, 27]。"salicide"也是既用于描述器件结构,又可代表一种器件工艺。通过这种金属硅化物器件工艺,不仅使栅电极及栅级互连线具有低电阻 Polycide 结构,MOS 晶体管的源漏区域也形成一薄层金属硅化物,而且源漏栅 3 个区域同时形成的硅化物自相对准而又互相隔离。在图 5.17 所示晶体管源漏栅区上,显示出应用 Salicide 工艺形成的金属硅化物薄膜层。MOS 浅结器件源漏区的薄层电阻可高达数百 Ω/□,甚至更高,表层形成金属硅化物后,可降到 10 Ω/□ 以下。接触电阻也可显著降低。

为保证在源漏栅 3 个区域形成相互隔离的金属硅化物层,在多晶硅栅两侧必须有介质侧壁隔离层。如 5.3.3 节所述,可以通过氧化硅或氮化硅淀积与反应离子刻蚀工艺相结合,形成多晶硅侧壁隔离层。实际上在亚微米 CMOS 集成电路制造中,通常都采用 LDD 晶体管结构,因而在源漏区掺杂工艺完成后,多晶硅线条侧面已经存在介质边墙。应用于 Salicde 工艺的金属及其硅化物,要求具备以下物理和化学特性:

(1) 可在较低温度下经过金属/硅固相反应形成均匀硅化物薄膜;

(2) 在所选择的温度下,金属不与氧化硅、氮化硅介质反应;

(3) 具有较高导电性;

(4) 与源漏区的界面具有低接触电阻率;

(5) 具有化学稳定性与热稳定性;

(6) 存在选择性化学腐蚀液,可去除未反应金属,保留硅化物薄膜。

TiSi$_2$、CoSi$_2$、NiSi、PtSi 等过渡金属硅化物,分别在一定程度上可满足这些要求。固相反应生成的 TiSi$_2$、CoSi$_2$、NiSi 薄膜,其电阻率都可降到约 15 $\mu\Omega \cdot$ cm,PtSi 等要高一些。自对准金属硅化物工艺需要适用于不断缩微尺寸图形硅片,而研究发现,金属硅化物的形成工艺及电阻率等性能,与线条宽度密切相关。因此,随着晶体管尺寸微小型化,至今已先后发展了 TiSi$_2$、CoSi$_2$、NiSi 的 3 代硅化物材料及工艺,分别在亚微米、深亚微米和纳米各技术代 CMOS 集成芯片制造中成功应用。

TiSi$_2$ 用于成功发展第一代自对准金属硅化物器件工艺。在各种金属硅化物中,TiSi$_2$ 具有较高导电性,其室温电阻率可低达 12 $\mu\Omega \cdot$ cm,低于纯钛金属(47 $\mu\Omega \cdot$ cm)。钛与所接触的单晶或多晶硅容易通过固相反应,形成源漏栅区硅化物图形。以 TiSi$_2$ - Salicde 为例,下面简要说明这种工艺的主要特点。

(1) 在金属硅化物工艺之前,已完成多晶硅栅自对准 MOS 晶体管制作的硅片,必须经过表面清洗,去除多晶硅栅和单晶硅源漏区域上的氧化层。

(2) 采用磁控溅射淀积钛金属膜,其厚度选择既要考虑所需的硅化物薄层电阻,也要考虑源漏掺杂区结深。生成金属硅化物需消耗一定厚度的硅层,一般要求其小于 1/2 结深,以避免 pn 结性能退化而导致漏电流增加。Ti/Si 反应形成的厚度比例如下：

$$Ti(1.00 \text{ nm}) + Si(2.24 \text{ nm}) \longrightarrow TiSi_2(2.50 \text{ nm}) \tag{5.6}$$

(3) 在较低温度(600～700℃)下,对硅片进行第一步热退火,源漏栅区的表层硅分别与三者接触的钛层产生固相化学反应,生成局域化的钛硅化合物,而钛不能与边墙及隔离区介质反应。热退火通常在快速退火装置中进行,退火时间仅数十秒,退火温度不宜过高,以避免在多晶硅边墙介质上横向生长硅化物及其造成的源漏栅之间桥连现象。Ti/Si 固相反应形成硅化物时,由于硅为主要运动粒子,源漏栅区的硅原子可能扩散至介质边墙,生成硅化物,从而导致源漏栅之间不应有的桥连。

(4) 应用选择性化学腐蚀液去除未反应的钛层,H_2SO_4 或 NH_4OH 与 H_2O_2 及 H_2O 组成的酸性或碱性溶液,如 $NH_4OH:H_2O_2:H_2O=1:1:5$ 溶液,都能腐蚀钛,而对硅化钛的溶解速率很低。第一步退火常在高纯 N_2 气氛内进行,钛层表面会生成 TiN 膜,也可被选择腐蚀液溶解去除。

(5) 在较高温度下(800～900℃)进行第二步快速热退火,形成低电阻相 $TiSi_2$。

当 CMOS 集成电路技术进入深亚微米器件尺寸加工领域时,发现在细线条上难以形成低电阻 $TiSi_2$ 薄膜,$TiSi_2$ 自对准硅化物工艺难以实现。其原因在于,$TiSi_2$ 存在两种晶体结构:一为 C54 结构,另一为 C49 结构,前者为高电导晶相,后者为低电导晶相。虽然两者原子组分相同,而且同属正交晶系,但两者内部的原子具体排列不同,晶格周期性及晶格常数不同,导致两者电导等物理性质不同。上述 Salicide 工艺步骤中,在第一步退火较低温度下形成的为 C49 相,其电阻率在 60 $\mu\Omega \cdot cm$ 以上。只有通过第二步较高温度热退火后,才可形成 C54 低电阻相。实验发现,这种晶相转换依赖线条尺寸,当薄膜线条宽度小于 0.35 μm 时,C49 相难于转换为 C54 低阻相。当源漏区面积缩微至 10 μm^2 量级时,C54 相的形成也变得困难。因此,自 0.25 μm CMOS 器件技术开始,$TiSi_2$ 为 $CoSi_2$ 自对准硅化物工艺所代替。

$CoSi_2$ 具有与 $TiSi_2$ 相近的电阻率,也可经过两步热处理及其间选择腐蚀工艺,由 Co/Si 固相反应,在 MOS 晶体管源漏栅区域形成相互自对准的高电导薄膜,作为第二代 Salicide 工艺,在近 0.1 μm 的几代 CMOS 芯片技术中得到成功应用。进入尺寸小于 0.1 μm 的纳米 CMOS 集成技术以后,$CoSi_2$ 的局限性也显现出来。在亚 0.1 μm 尺度,$CoSi_2$ 也存在薄层电阻上升的窄线条效应。而且这时 PMOS 器件需要应用 SiGe 源漏区,但钴的硅化物与锗化物具有不同晶体结构,钴难以在 SiGe 上形成低电阻化合物。因此,从 90 nm CMOS 器件技术开始,又开发和应用第三代自对准硅化物工艺,即 NiSi - Salicide 工艺。在 500℃甚至更低温度下,Ni/Si 固相反应就可形成低电阻 NiSi 薄膜。这对于器件加工过程中减少高温工艺时间和避免源漏结的扩展十分有益。而且形成相同厚度硅化物的耗硅量,NiSi 是最低的,这也有利于要求不断提高浅结接触技术。NiSi - Salicide 工艺还有利于在 SiGe 源漏区形成低电阻化合物薄膜接触。

图 5.18 显示自对准金属硅化物材料及工艺随器件尺寸缩微的演变。每一代新的硅化物材料在与缩微器件工艺集成时,都会遇到新问题,都需要根据它们的化学与物理特性,改进相应工艺技术。即便对于同一种金属硅化物材料,其固相反应热处理方式及温度等具体工艺也需不断改进,以适应缩微器件加工和性能要求。对于正在纳米 CMOS 技术中应用的第三代自对准硅化物材料 NiSi,考虑到其形成温度低,而且 Ni/Si 固相反应时镍原子为主要运动粒子,不易产生源漏栅之间的桥连现象,人们早期曾认为,只需经过一步快速热退火和

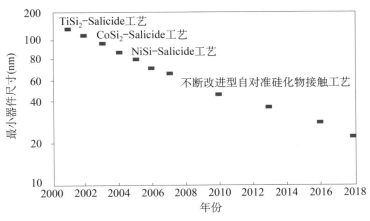

图 5.18　自对准金属硅化物工艺演变

选择腐蚀工艺。但在开发纳米 CMOS 集成芯片实用 NiSi 工艺时,发现仍需要应用两步退火工艺,通过合理选择两步退火温度及工艺,降低漏电流,提高工艺成品率。

随着集成电路向更小晶体管尺寸发展,对金属硅化物接触性能要求相应提高。硅化物材料与工艺仍在不断改进创新,以适应一代又一代芯片性能需求。例如,源漏区的接触电阻率需要更低,从 $10^{-7}\ \Omega \cdot cm^2$ 量级降到 $10^{-8}\ \Omega \cdot cm^2$ 量级。因此,研究与开发新型金属硅化物材料和工艺,仍然是集成电路技术发展的重要课题之一。降低金属硅化物与硅之间的肖特基接触势垒,是进一步减小接触电阻率的有效途径之一。这可能在 CMOS 的 n 沟道和 p 沟道两种器件源漏区,需要选用不同金属硅化物接触。而上述几种硅化物与 n 型硅的肖特基接触势垒都在 $0.6\sim0.7$ eV 范围,这就需要寻找新的金属硅化物接触材料。某些稀土金属硅化物(如 $YbSi_2$、$ErSi_2$)与 n 型硅的肖特基接触势垒可降到 $0.3\sim0.4$ eV 范围,成为 NMOS 源漏区金属硅化物接触选择和研究对象。对于 PMOS 源漏区,则可能应用 PtSi 形成更低接触电阻率的硅化物接触。PtSi 与 p 型硅的肖特基势垒高度约为 0.3 eV。

以上为分析 CMOS 集成电路的基本制造工艺,对所需应用的金属硅化物材料及工艺作了简要介绍。本章 5.6 和 5.7 节中对于 Salicide 工艺如何集成于 CMOS 芯片有具体描述。本书第 19 章将对金属硅化物种类、晶体结构、物理化学性质、制备技术和器件工艺等作更为详细的归纳与分析。

5.5　CMOS 集成芯片的闩锁效应及其抑制方法

闩锁效应是 CMOS 集成芯片中特有的有害寄生器件效应,影响电路正常工作,且有可能导致集成电路烧毁。因此,自从 CMOS 集成电路面世以来,如何抑制闩锁效应,一直是 CMOS 器件制造技术中必须考虑和解决的课题。本节分析 CMOS 芯片结构中寄生双极器件闩锁效应的物理产生机制,并着重讨论抑制这种有害效应的有效工艺途径。

5.5.1　CMOS 芯片中的寄生双极型器件

CMOS 器件工艺在同一硅片上制造 n 沟和 p 沟两种 MOS 晶体管的同时,也可能形成

npn 和 pnp 两种寄生双极型晶体管。图 5.19 以 p 阱 CMOS 工艺为例,说明寄生双极型晶体管与闩锁效应是如何产生的。由图 5.19 显示的 CMOS 倒相器单元芯片剖面结构可见,n 沟 MOS 管的 n^+ 源漏区与其下面的 p 阱及 n 型衬底,构成了一个纵向 npn 双极晶体管,而 p 沟 MOS 管的 p^+ 源漏区与 n 型衬底及 p 阱则构成了一个横向 pnp 双极型管。CMOS 倒相器中的这种寄生双极型器件也类似于由 3 个相邻 pn 结构成的闸流管。而且两种寄生晶体管是相互连接的:一方面,npn 管的集电区是 pnp 管的基区;另一方面,pnp 管的集电区又是 npn 管的基区,这样就构成如图 5.19 所示的等效电路。等效电路中寄生 npn 管基极与发射极之间的旁路电阻来自 p 阱分布电阻,而寄生 pnp 管基极与发射极之间的旁路电阻则来自 n 型衬底分布电阻。这是一个可能具有电流正反馈放大效应的电路结构,一旦 npn 与 pnp 两个管之中任一有电流通过,则另一寄生晶体管就可能对其放大。这种电流正反馈放大机制,将引起 CMOS 倒相器电路 V_{DD} 与 V_{SS} 之间的电流倍增,形成 CMOS 集成电路中的闩锁效应。闩锁效应短时间内突然形成的大电流,会造成芯片破坏性失效。

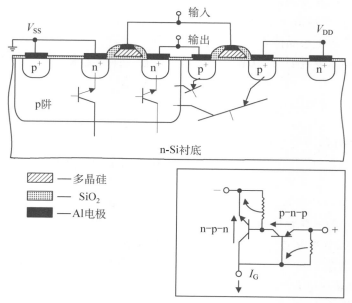

图 5.19 CMOS 器件中寄生 npn 与 pnp 双极型晶体管及其等效电路

5.5.2 CMOS 芯片闩锁效应触发机制

在 CMOS 器件正常工作情况下,寄生双极型晶体管应处于关闭状态。以寄生 npn 晶体管为例,其发射区(即 NMOS 源漏区)电位应该高于或等于其基区(p 阱),be 结反偏。但是,受环境中其他电磁信号波动及辐照等影响,集成电路中的各点电位会发生瞬态变化。这种瞬态变化就有可能触发寄生双极型晶体管的开启,使器件进入电流正反馈倍增放大的闩锁状态。图 5.20 从双极型晶体管中载流子的注入和输运,说明这种瞬态电位变化触发闩锁效应的具体过程及机制。

(1) 如果由于某种瞬时干扰源造成 CMOS 输出端电位突然下降,使寄生 npn 晶体管 be 结压降达到约 0.7 V 正偏置,则将引起从 n^+ 发射区向基区(即 p 阱)注入电子,这些电子被

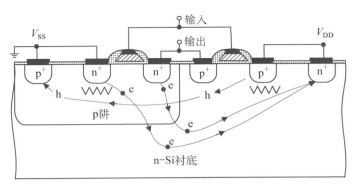

图 5.20　CMOS 器件中的闩锁效应产生机制

负偏置的寄生管 bc 结(即阱/衬底界面结)收集,进入 n-Si 衬底,并在电场作用下漂移至 V_{DD} 电极,形成集电极电流。

(2) 寄生 npn 管的集电极电流,会在寄生 pnp 管的基极与发射极之间的旁路电阻上产生电压降,如果其值达到 0.7 V,则使 pnp 管 be 结正偏,从而引起空穴自该寄生管的 p⁺ 发射区向基区(即 n-Si 衬底)注入,这些空穴可能被负偏置的衬底/阱之间寄生管 bc 结收集,进入 p⁻阱,漂移至 V_{SS} 电极,形成 pnp 管集电极电流。

(3) 寄生 pnp 管的集电极电流,又会增加寄生 npn 管的基极与发射极之间旁路电阻上的电压降,从而增强该管发射区向基区的电子注入,使 npn 管电流继续放大。

以上过程在两个寄生晶体管之间往复进行,使寄生双极型器件锁定在开启与正反馈放大状态。因此,某种瞬时干扰信号造成的寄生双极型晶体管载流子注入,可能会触发 npn 与 pnp 晶体管组合的正反馈电流放大过程,使 CMOS 电源两端 V_{DD} 与 V_{SS} 之间电流急剧增加,CMOS 电路正常工作状态被破坏。这就是 CMOS 集成电路所特有的闩锁效应物理机制。

5.5.3　抑制闩锁效应的工艺途径

在 CMOS 集成电路制造技术中,必须采取适当措施,以避免 CMOS 芯片产生闩锁效应。根据 CMOS 闩锁效应机制,可以分析抑制闩锁效应的途径。显然,最为有效的途径是避免寄生双极型晶体管产生。用绝缘层上硅(SOI)材料可以制造相互完全隔离的 NMOS 和 PMOS 器件,芯片上不会形成寄生双极型晶体管,也就不可能产生闩锁效应。因此,早在 CMOS 集成电路发展初期,为了空间卫星等特殊应用的高可靠器件制造需求,就曾研究与开发蓝宝石上异质外延硅(Si on shaphire, SOS)材料技术,并应用这种材料制造避免闩锁效应的高可靠 CMOS 集成芯片。

通常用体硅材料制造的 CMOS 集成电路芯片结构中,难以避免会产生 npn 和 pnp 双极型寄生器件,但它们并不一定触发闩锁效应。从上面对闩锁效应机制的分析可见,要使寄生晶体管进入电流正反馈急剧增大状态,寄生器件应该具备两个条件:其一,两个相互耦合的寄生双极型晶体管的共发射极电流增益乘积($\beta_{npn}\beta_{pnp}$)大于 1,使晶体管开启后电流得到正反馈放大;其二,由分布电阻构成的基极/发射极间旁路电阻较大,其上可建立起使 eb 结导通的电压降。由此可找到抑制 CMOS 闩锁效应的基本技术途径:降低寄生双极型晶体管的电流增益,使之小于 1;增加器件相应区域的电导率,减小寄生旁路电阻,降低 CMOS 器件对闩锁效应的敏感性。

按照晶体管原理,双极型晶体管的电流增益是由发射区载流子注入效率、基区输运系数等因素决定的。因此,降低寄生双极型晶体管电流增益直接而有效的方法,就是增加寄生晶体管的基区宽度。在 CMOS 设计和制造工艺中,增加 NMOS 和 PMOS 晶体管之间的距离,增加阱区深度和浓度,都会减小寄生双极型晶体管的基区输运系数或注入效率。但是,这会影响器件集成密度。早期 CMOS 制造工艺中曾有人采用金掺杂等方法,降低少数载流子寿命,以减小寄生器件电流增益,但这会导致漏电流的增加。采用较深的沟槽隔离工艺,可以减少寄生双极型晶体管的电流增益,有利于抑制闩锁效应。

减小寄生电阻,可提高产生闩锁效应的触发电流门槛,也是抑制闩锁效应的有效途径。一种具体实现方法是,应用具有高掺杂衬底的外延硅材料(如 p^-/p^+),把 CMOS 器件制作在 p^- 外延层中,高掺杂衬底则提供一个低电阻通道,可使寄生旁路电阻减小,从而显著降低晶体管之间的正反馈作用。由于应用外延硅片制造集成芯片的成本较高,通常仍用直拉单晶硅片为衬底,但可采取其他降低 CMOS 器件闩锁效应敏感性的方法。在 5.1 节讨论阱工艺时已提到的杂质倒向分布阱工艺就是一种有效途径。在应用高能离子注入形成的倒向阱中,杂质浓度具有上低下高分布,下层的高浓度掺杂区提供低电阻通道,使寄生旁路电阻阻值减小。而且不均匀倒向分布的电离杂质所形成的内建电场,对寄生双极型晶体管中的载流子运动具有阻滞作用,也有利于抑制闩锁效应。应用具有高浓度掺杂衬底的外延片,或上低下高的杂质浓度倒向分布阱,除了降低寄生电阻的作用外,也有利于减小寄生双极型晶体管的电流增益,因为下部的高掺杂区,对于注入的少数载流子来说是一个高复合率区域,使基区输运系数显著下降。

5.6 局部氧化隔离 CMOS 芯片典型工艺流程

在前面对 CMOS 器件结构、特点及形成工艺基本原理分析的基础上,本节和 5.7 节将介绍 CMOS 典型工艺流程。在 CMOS 集成芯片制造中,应用清洗、氧化、光刻、掺杂、淀积、刻蚀等多种工艺技术,从起始抛光硅片到集成芯片完成,需要经过数百道,甚至上千道工序精细加工[28]。同一类型产品的工艺流程在不同的制造公司不尽相同,各公司对各道工艺所选择的材料和工艺参数也有差别。本节和 5.7 节还是从硅芯片基本制造原理角度,概述工艺流程主要关键步骤,列举一些典型工艺数据,以帮助加深理解。本节以 $0.5~\mu m$ 器件加工为例,对以 LOCOS 氧化物隔离和铝互连等基本工艺组成的 CMOS 基本流程,分为 7 组主要工艺,按次序列出各个工艺模块、步骤及相应的硅芯片剖面结构。

5.6.1 局部氧化技术形成有源区

虽然在外延硅片上制作 CMOS 集成电路对改进器件性能有若干好处,但由于成本较高,绝大部分 CMOS 集成电路应用直拉单晶硅片。在下面介绍的工艺流程中,选择常用的 p-Si 衬底,(100)晶面,电阻率在 $25\sim50~\Omega\cdot cm$ 范围,相应硼掺杂浓度在 $10^{15}~cm^{-3}$ 量级。CMOS 集成电路的制造流程从界定相互隔离的有源器件区开始,也有的从形成阱区开始。下面介绍的工艺流程属于前者。如前所述,在进入深亚微米加工尺寸以前,MOS 器件隔离一般采用硅局部氧化(LOCOS)工艺技术形成。图 5.21 显示用 LOCOS 工艺实现晶体管有源区与隔离区界定的工艺步骤。

为形成由氧化物相互隔离的有源区,首先生长和淀积 SiO_2/Si_3N_4 双层掩蔽膜,经光刻工艺形成图形后,再热氧化生长场氧化层。Si_3N_4 和 SiO_2 厚度选择,要求既能掩蔽有源区不被氧化,又可避免产生应力缺陷。起始硅片应用多种化学腐蚀液,经过多道化学清洗之后,置入高温氧化炉管中,热氧化生长应力缓冲衬垫氧化层,如图 5.21(a)所示。这道氧化可以用干氧,也可以用湿氧。常利用通入炉管的氢气与氧气,直接合成 H_2O,作为清洁氧化剂。在 H_2O 气氛中于 900℃下热氧化 15 min,硅片表面可生长约 40 nm 的 SiO_2。如果用干氧氧化工艺,生长相同厚度氧化层,需在 1 000℃下热氧化 45 min。

　　紧接着衬垫氧化层生长后,淀积氮化硅薄膜,厚度约 80 nm。氮化硅薄膜应具有高纯度和高致密性,其标志为薄膜折射率达到 2.0,以获得优良掩蔽氧化功能。通常应用低压化学气相淀积(LPCVD)系统制备氮化硅。在低真空反应器内于 800℃ 左右温度下,通过氨气(NH_3)和硅烷(SiH_4)反应,在 SiO_2 表面淀积均匀氮化硅薄膜。

　　SiO_2/Si_3N_4 双层掩蔽膜形成后,用旋转涂布方法在硅片上涂布均匀光刻胶膜,通常采用对紫外波长光敏的正性光刻胶,厚度约 1 μm,经过约 100℃ 烘烤,去除光刻胶涂层中的有机溶剂。接着应用分布重复曝光光刻机和有源区图形光刻掩模版,对光刻胶膜曝光,随后经过显影,被曝光的未来隔离区域上正性光刻胶会溶解于显影液中,从而把掩版图形转化为光刻胶膜图形。在对光刻胶膜进行坚膜烘烤后,

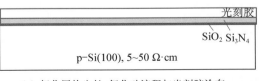

(a) 氧化层热生长、氮化硅淀积与光刻胶涂布

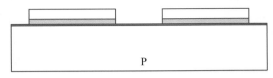

(b) 有源区光刻与氮化硅刻蚀

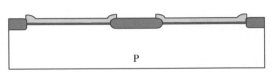

(c) 热氧化生长场氧化层

图 5.21　局部氧化隔离技术界定有源区与隔离区

以有源区上的光刻胶膜作为掩蔽,刻蚀隔离区域的氮化硅层,获得如图 5.21(b)所示结构。通常采用含氟的等离子体干法刻蚀工艺,在真空反应室内完成。通入反应室的氟基化合物气体(如 CF_4、NF_3),在射频电源气体放电形成的等离子体中,产生各种活性氟原子、离子及分子,它们可与硅片上的氮化硅发生化学反应,生成挥发性分子(如 SiF_4 分子),被反应室的排气系统抽出。

　　硅片上形成氮化硅图形后,用干法(氧等离子体)和湿法($H_2SO_4 + H_2O_2$)去除氮化硅上面的光刻胶膜,并经严格化学清洗,硅片就可以置入高温氧化炉,在氢氧合成生成的水气气氛下,隔离区将生长所需的场 SiO_2 层,完成器件有源区界定,形成如图 5.21(c)所示硅片剖面结构。水气气氛下 1 000℃热氧化 90 min,可生长约 500 nm 的场氧化层。

　　在 5.2 节介绍 MOS 隔离工艺时,曾讲述了全隐蔽局部氧化及多种改进型 LOCOS 工艺。此处介绍的 0.5 μm CMOS 制造工艺,仍采用生产中最为普遍应用的半隐蔽 LOCOS 工艺。在达到器件性能要求的前提条件下,从简选择工艺方案,可以说是集成芯片制造工艺的主要原则之一,其目的在于获得高成品率和低成本。

5.6.2　双阱形成

　　在器件有源区和隔离区界定后,第二组工艺是在低掺杂 p-Si 衬底上,形成 p 阱与 n 阱。为此需要先把 LOCOS 工艺后有源区表面覆盖的氮化硅薄膜去除。氮化硅可用含氟等离子

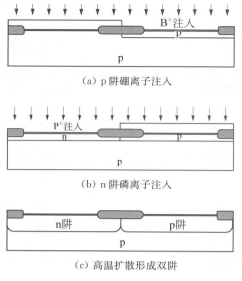

（a）p阱硼离子注入

（b）n阱磷离子注入

（c）高温扩散形成双阱

图 5.22　p阱和n阱形成

体干法刻蚀工艺,也可应用热磷酸(H_3PO_4)湿法腐蚀工艺去除。图 5.22 显示阱形成工艺步骤及硅片剖面结构。p阱与n阱都通过离子注入及热退火工艺实现。硅片经过再次化学清洗后,以 p阱图形光刻版进行第二次光刻,经对准、曝光及显影等工序后,去除 p阱区域的光刻胶,以硼离子注入掺杂p阱区域,如图 5.22(a)所示。

应根据器件结构和性能要求选择离子注入的能量与剂量。在此处介绍的工艺流程中,选用较高能量的硼离子注入,目的是把场区沟道阻止注入与 p阱注入相结合。硼离子应具有适当高能量,不仅要穿透 p阱区域表面薄氧化层,注入到较深区域,形成 p阱区掺杂,也能穿过场氧化层,在其界面附近硅层内形成高于衬底硼浓度的 p型区,以防止场氧化层下产生反型 n沟道,避免相邻器件电学通路。因此,如果场氧化层厚度为 0.5 μm 左右,典型硼离子的能量应选择在 150~200 keV 范围。此时,n阱区域被光刻胶所掩蔽,涂覆的光刻胶应足够厚(在 1 μm 以上),足以阻挡所选能量硼离子穿透。硼离子注入剂量选择在约 1×10^{13} cm^{-2} 面密度,使 p阱杂质体浓度在(5×10^{16} ~ 5×10^{17}) cm^{-3} 范围。如果在生长场氧化层之前已进行硼离子沟道阻止注入,场氧化层下面形成较强的 p型硅层,则在阱区注入掺杂时,就可应用较低能量的离子。

n阱需要应用施主杂质离子注入。n阱区掺杂通常选用磷离子注入。一方面,阱区离子注入较深,对于相同能量的离子,质量较小的磷离子射程显著大于砷与锑。另一方面,磷原子与硼原子在硅中具有相近的高温扩散系数,两者在注入后热退火及杂质驱入时,易于获得相近的阱区结深,有利于获得对称匹配的 PMOS 和 NMOS 晶体管性能。

p阱硼离子注入完成,并去除光刻胶与化学清洗后,通过硅片第三次光刻工艺,光刻胶把已经掺杂的 p阱区域掩蔽起来,对 n阱进行磷离子注入,如图 5.22(b)所示。鉴于磷原子质量显著大于硼(31:11),需要选择较高能量的磷离子作 n阱注入,约在 300~400 keV 范围。磷离子注入剂量与硼相同,约为 1×10^{13} cm^{-2} 面密度,使 n阱与 p阱具有相近的杂质体浓度。

在阱区离子注入掺杂后,通过高温退火和杂质驱入扩散才能形成需要的双阱,如图 5.22(c)所示。由于一系列高速运动离子与晶格原子的相互碰撞,离子注入将在硅衬底中造成各种晶格缺陷,因此,必须经过适当高温热退火工艺消除缺陷、恢复晶格,并使注入的杂质原子激活,提供载流子。同时,阱区应有一定深度,约 2~3 μm。一般注入在近表面层的杂质原子需通过高温扩散推进到内部,达到所需深度。具体实现工艺如下:在去除光刻胶和标准化学清洗后,硅片在 1 000~1 100℃、惰性气体气氛下,热处理约 4~6 h。如 5.1.2 节所述,阱区掺杂可用多次不同能量离子注入,达到所需的深度和杂质分布,如杂质浓度上低下高的倒向分布。在这种工艺中,高温热处理时间可缩短。

5.6.3　晶体管阈值电压调整注入

硅片上形成相互隔离的 n阱与 p阱后,CMOS 集成电路工艺流程就进入关键阶段,制造性能优良的 MOS 晶体管。如第 3 章所述,晶体管最主要的性能参数是其阈值电压,或称开启电压。亚微米增强型 MOS 器件的阈值电压一般在 $0.5\sim0.7$ V 范围,NMOS 为正值,PMOS 为负值。阈值电压取决于衬底掺杂浓度、栅电极材料、栅介质材料及厚度、介质及界面电荷密度等多种器件材料与工艺参数。但在一定栅介质和电极材料及工艺条件下,可对阈值电压作调节的就只有衬底掺杂,即阱区内的掺杂。离子注入形成的阱区杂质分布是不均匀的。如本章 5.3.4 节所述,影响阈值电压大小的主要因素,是栅介质下耗尽层区域的杂质浓度。因此,晶体管制程往往从调节阱区表面层的掺杂开始。NMOS 和 PMOS 晶体管区域分别应用离子注入掺入适当深度与浓度的杂质,通过两次光刻和两次离子注入完成,如图 5.23 所示。

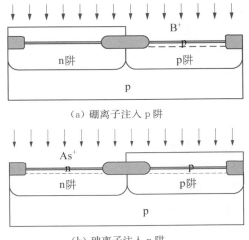

(a) 硼离子注入 p 阱

(b) 砷离子注入 n 阱

图 5.23　NMOS 与 PMOS 晶体管阈值电压调整离子注入

应用第四块光刻版,通过涂胶、对准、曝光、显影等步骤,形成掩蔽 n 阱区、暴露 p 阱区的图形,进行 NMOS 晶体管阈值电压离子注入,如图 5.23(a) 所示。以硼离子作 NMOS 器件阈值电压调整注入,离子能量选择在 $50\sim75$ keV 范围,使离子穿过表面薄氧化层,分布在 p 阱区的表层。注入离子的剂量通常约在 $(1\sim5)\times10^{12}$ cm^{-2} 范围。

第五块光刻版用于 PMOS 晶体管阈值电压调整注入,如图 5.23(b) 所示。依据 n 阱区的杂质浓度及 PMOS 晶体管阈值电压目标值的不同,需要选择 n 型或 p 型杂质作阈值电压调整离子注入。图 5.23(b) 所示为注入砷原子,以调节 PMOS 晶体管阈值电压。砷离子典型注入剂量也在 $(1\sim5)\times10^{12}$ cm^{-2} 之间。如果需要注入 p 型杂质,则通常用硼,有时可省去一次光刻工艺。因为此情形下可对硅片先进行一次无光刻胶隐蔽的硼离子注入,再针对硼原子浓度需要更高的晶体管区域,经过光刻作第二次定域硼离子注入。

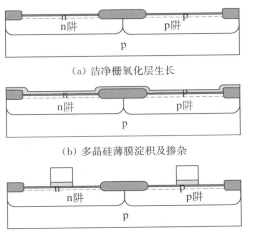

(a) 洁净栅氧化层生长

(b) 多晶硅薄膜淀积及掺杂

(c) 栅电极光刻

图 5.24　MOS 晶体管栅介质与多晶硅电极叠层结构形成

5.6.4　晶体管栅结构形成

CMOS 集成电路典型制程的第四组工艺是形成 NMOS 与 PMOS 晶体管的核心结构——栅介质与栅电极叠层。它是由栅介质生长、多晶硅淀积及掺杂、栅电极与栅级互连光刻等工艺步骤组成。从栅介质生长到多晶硅光刻,这一部分工艺加工要求最高,线条最精密,有关详细论述可参见本章 5.3.2 节。图 5.24 显示这一组工艺的主要步骤及形成的硅片剖面结构。首先是优质 SiO$_2$ 栅介质生长。在此之前有源区表面上原有的氧化层必须腐蚀去除,并经严格化学清洗后,置入专用的栅氧化层生长炉管,采用专门的栅洁净氧化工艺,在有源区表面生长所需厚度的 SiO$_2$ 栅氧化层,如图 5.24(a) 所示。0.5 μm 器件工艺中要求的栅氧化层厚度约为 10 nm,可以应用干氧氧化工艺,也可应用由氢氧合成的水气氧化工艺,在适当温度及时间氧化条件下获得。用干氧氧化工艺,在 800℃下氧化 2 h,可以生长 10 nm SiO$_2$ 层,如果用水气氧化,则在 800℃下只需约 25 min。如 5.3.2 节所强调,为降低栅氧化层中的电荷密度与获得优良 SiO$_2$/Si 界面,在氧化气氛中常掺入少量含 Cl 气体(如 HCl),而且氧化后紧接着要在 N$_2$ 气氛下退火及降温。

如图 5.24(b)所示,在栅氧化层生长后,用 LPCVD 技术淀积多晶硅,对于亚微米器件,其厚度一般在 0.3~0.5 μm 范围。此处介绍的典型工艺中 NMOS 和 PMOS 晶体管都采用 n 型高掺杂多晶硅为栅电极,因此,多晶硅淀积后接着就进行无掩蔽离子注入掺杂。磷、砷都可用于多晶硅掺杂。由于存在晶粒间界,杂质原子在多晶硅中扩散速率很快,注入离子的能量不需要很高,可选取在 50 keV 左右。离子注入剂量约为 5×10^{15} cm^{-2} 面密度,以使多晶硅载流子浓度达到 1×10^{20} cm^{-3} 以上。如果采用多晶硅在线掺杂工艺,则可省去离子注入步骤。

在栅氧化层和多晶硅薄膜相继生长、淀积后,通过光刻和刻蚀工艺,形成栅叠层结构,如图 5.24(c)所示。应用多晶硅栅光刻掩模版,经过多个光刻步骤,在硅片上形成栅电极及栅级局部互连图形。这通常是 CMOS 集成芯片制造中线条最细、要求最高的光刻步骤,总是应用生产线上最精密的光刻设备进行。接下来,硅片置入反应离子刻蚀机,进行各向异性定向刻蚀,把光刻胶膜图形转换成多晶硅图形,获得垂直陡峭的多晶硅线条。多晶硅刻蚀工艺不仅要求定向性强,而且要求选择性好,对 SiO$_2$ 的刻蚀速率要很小,以使刻蚀过程停止在栅氧化介质表层,避免很快把氧化层刻穿并进而刻蚀下面的单晶硅衬底。通常选用氯基或溴基等离子体刻蚀多晶硅,可获得多晶硅与 SiO$_2$ 的高选择性刻蚀比。

5.6.5 源漏掺杂区形成

经过以上一次栅结构光刻,可以把有源区分成自相对准的栅源漏 3 个功能区域,下一组工艺是分别对 NMOS 和 PMOS 晶体管的源漏区进行掺杂。如本章 5.3.3 节所述,为了抑制短沟道及热载流子等效应,获得优良器件性能,源漏掺杂采用轻掺杂漏区(LDD)结构和工艺,优化源漏区的杂质分布,降低漏区附近的电场强度。图 5.25 显示 NMOS 和 PMOS 晶体管源漏掺杂工艺的主要工艺步骤。虽然晶体管的 LDD 结构和源漏不同区域掺杂都是以自对准方式完成的,但是,对 CMOS 集成电路的两种类型器件,这些工艺必须分别进行。因此,在此典型 CMOS 制造流程中,源漏区掺杂需要由先后 4 次光刻与 4 次离子注入工艺相结合完成。

为了在与栅交界的源漏区获得浓度较低和结深较浅的掺杂,首先以多晶硅栅电极为掩蔽,分别对 NMOS 和 PMOS 晶体管进行适当能量及剂量的离子注入。如图 5.25(a)所示,通过光刻工艺把 PMOS 器件区域用光刻胶掩蔽,以磷离子对 NMOS 管源漏区作轻掺杂注入,剂量选取在 (5×10^{13}~5×10^{14}) cm^{-2} 范围,能量约为 50 keV。图 5.25(b)所示则为 PMOS 管源漏区轻掺杂工艺,通过再一次光刻工艺后,以较低能量与剂量的硼离子注入到 PMOS 管的源漏区,剂量与磷相同,亦在 (5×10^{13}~5×10^{14}) cm^{-2} 范围,能量则比磷离子要低(约为 35 keV)。通过这两次离子注入,分别在 NMOS 和 PMOS 源漏区的前端形成梯度缓变的 pn 结。

图 5.25(c)和(d)所显示的是介质薄膜淀积和多晶硅栅侧壁隔离介质层的形成。在 PECVD 或 LPCVD 等化学气相淀积系统炉管中,应用含硅与含氧气体(如"SiH$_4$＋O$_2$"或

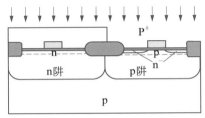

（a）NMOS管源漏延伸区磷离子注入

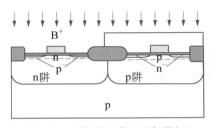

（b）PMOS管源漏延伸区硼离子注入

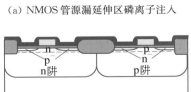

（c）二氧化硅或氮化硅薄膜淀积

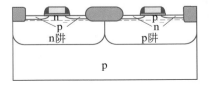

（d）RIE刻蚀形成多晶硅侧壁介质边墙

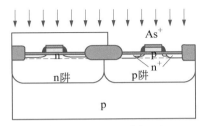

（e）NMOS管源漏区砷离子注入

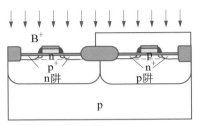

（f）PMOS管源漏区硼离子注入

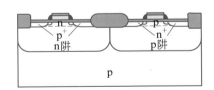

（g）高温热退火消除缺陷与激活杂质

图 5.25 MOS晶体管源漏区掺杂工艺

"$SiH_2Cl_2 + N_2O$"），在适当温度下相互反应，淀积所需厚度及保形的 SiO_2。如要淀积氮化硅薄膜，则需引入含氮（NH_3）气体。接着把硅片置入反应离子刻蚀机中，对刚淀积的介质膜进行各向异性定向刻蚀。由于介质淀积的保角特性，多晶硅栅边缘处的介质垂直厚度比平坦处要厚。当硅片表面平坦处的 SiO_2 已经刻蚀干净时，多晶硅边缘侧壁上仍覆盖着一薄层介质，因而在多晶硅栅与源漏区之间形成了边墙介质隔离。边墙的厚度与所淀积介质厚度等因素有关，约为 10^2 nm 量级。这一次干法刻蚀与前一次多晶硅栅刻蚀一样，都要求优良刻蚀剖面的方向性和材料刻蚀速率的选择性。不同的是，此次要刻蚀的是介质，要求对多晶硅的刻蚀速率应尽可能小，以便使刻蚀过程停止在多晶硅层。这就要求选用合适的刻蚀气体，如"$CF_4 + H_2$"或"$CHF_3 + O_2$"。有关反应离子刻蚀技术详见本书第 18 章。

在进行源漏接触区高浓度离子注入前，源漏区表面应热氧化生长一薄层 SiO_2，厚度约 10 nm。这是因为，在 SiO_2 刻蚀形成多晶硅介质边墙过程中，源漏表面的氧化层也被刻蚀去除。而离子注入通常要求硅表面存在一薄层 SiO_2，其目的有二：一用于保护硅表面，防止杂质沾污;二用于抑制离子注入沟道效应,有益于浅结形成。SiO_2 的非晶结构,可使注入其中的离子遭到随机散射,偏离硅衬底晶向,从而减弱沟道效应。

　　NMOS 和 PMOS 晶体管源漏接触区的离子注入如图 5.25(e)和(f)所示,需要先后经过两次光刻工艺,把 PMOS 或 NMOS 器件区域用光刻胶掩蔽,随后进行高剂量相应杂质离子注入。为获得浅结通常选用砷离子作 NMOS 器件源漏区注入,典型能量约为 75 keV,注入剂量在$(2 \times 10^{15} \sim 5 \times 10^{15})$ cm^{-2} 范围。PMOS 管源漏区注入常用硼离子,其能量与剂量都比砷离子低,可选取在 50 keV 左右。剂量稍低是考虑与多晶硅栅掺杂的匹配。如前所述,在此 CMOS 工艺方案中,采用单一 n^+ 多晶硅栅,用于 NMOS 与 PMOS 器件。PMOS 源漏区注入时,硼离子也会进入多晶硅栅中,硼原子将与原先多晶硅掺杂时溶入的 n 型杂质产生补偿效应。因此,PMOS 源漏区注入剂量应显著小于多晶硅掺杂水平,多晶硅栅磷或砷离子注入剂量约为 5×10^{15} cm^{-2},故硼离子注入剂量可选取在$(1 \times 10^{15} \sim 3 \times 10^{15})cm^{-2}$ 范围。

　　为了避免离子注入沟道效应,获得更浅的 n^+p 和 p^+n 源漏结,常常在砷或硼离子注入之前,首先用非掺杂活性离子(如硅离子),对源漏区进行轰击,使其先行非晶化。再以砷离子或硼离子注入。对于 p^+n 源漏结,常以 BF_2^+ 等分子离子代替硼离子注入,利用前者的较大质量,减小注入射程,以获得浅结。这些工艺详情可参见本书离子注入有关章节。

　　源漏区离子注入后,硅片需要经过高温退火,用以消除离子注入晶格损伤和激活杂质原子。可以用扩散炉管退火,如在 900℃ 左右温度下退火 30 min。在亚微米集成电路制造中通常应用快速热退火工艺,在更高温度下进行短时间退火,以减少杂质原子扩散及对器件结构的影响。例如,在 1 000～1 100℃ 下,硅片退火仅几十秒,甚至几秒,或更短脉冲。快速退火是浅结形成的关键工艺之一。有源器件工艺完成后,CMOS 芯片剖面如图 5.25(g)所示。

5.6.6　自对准金属硅化物源漏栅接触电极及局部互连

　　在 NMOS 和 PMOS 晶体管结构与掺杂工艺完成后,先要在晶体管各个区域形成低电阻欧姆接触,以便随后通过金属互连工艺,把硅片上密集的大量晶体管及其他元件,互相连接为功能电路。金属硅化物工艺介于硅片加工的前道工艺与后道工艺之间,具有承上启下的作用。如本章 5.4.3 节所述,金属硅化物不仅可以用以形成源漏接触,而且显著降低栅电极及栅级局部互连的电阻。

　　图 5.26 显示源漏栅自对准金属硅化物薄膜工艺主要步骤。为了在源漏栅区域,获得自对准且相互隔离的金属硅化物薄膜图形,多晶硅栅两侧必须有 SiO_2 边墙结构。图 5.26(a)显示,前面晶体管 LDD 工艺形成的介质边墙,可在自对准金属硅化物工艺中发挥作用。为在单晶和多晶硅线条图形上形成均匀、致密、低电阻硅化物薄膜,硅片需要很好清洗,并且用稀释氢氟酸溶液,腐蚀去除源漏栅区域表面薄 SiO_2 层。

　　硅片装入 PVD 设备后,在淀积金属膜之前,还常用反溅射工艺,进一步去除接触区表面上的残余氧化物。随后如图 5.26(b)所示,用磁控溅射技术,通过氩离子轰击金属钛靶,把钛原子溅射淀积在硅片表面,形成厚度约为 50～100 nm 的钛膜。接着硅片在约 650℃ 的温度下进行第一步快速热退火约数十秒,使钛与硅发生固相反应,在源漏单晶硅表层和多晶硅线条表层,形成 $TiSi_2$ 薄膜。通常快速退火在 N_2 气氛中进行,钛薄膜在硅界面上产生硅化反应的同时,在表面也会产生氮化反应,特别是在介质表面,生成氮化钛(TiN)导电薄膜,如图 5.26(c)所示。第一步热退火温度的选择,要考虑避免钛与隔离区及边墙上 SiO_2 发生反应。第一步快速退火后,可应用选择性化学腐蚀液,如 $NH_4OH:H_2O_2:H_2O = 1:1:5$ 溶

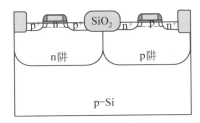

（a）腐蚀多晶硅栅及源漏区硅表面 SiO_2 层

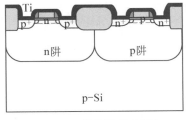

（b）PVD 工艺淀积 Ti 金属层

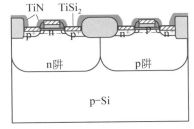

（c）第一步快速退火形成硅化钛薄膜

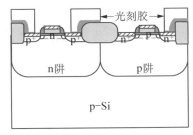

（d）局部互连光刻与选择性腐蚀

图 5.26　自对准金属硅化物器件接触与栅电极及局部互连工艺

液，腐蚀去除未反应的钛和 TiN，而源漏区和多晶硅线条上反应生成的 $TiSi_2$ 则不被腐蚀，从而形成自对准的 $TiSi_2$ 图形。最后进行第二步快速退火，在约 850℃ 温度下，热处理约 $30\sim60\ s$，使 $TiSi_2$ 晶体结构从高电阻的 C49 相转变为低电阻的 C54 相，其薄膜电阻率可降到约 $20\ \mu\Omega\cdot cm$ 或更低。

　　经过上述工艺形成的自对准金属硅化物/多晶硅复合结构可以完成某些局部互连。例如，CMOS 倒相器中 NMOS 与 PMOS 晶体管栅极的连接线，DRAM 存储器中的字连接线等。因此，在某些工艺中，也可利用 $TiSi_2$ 形成工艺，同时在 SiO_2 上面生成的 TiN 作为局部互连线，如 CMOS 倒相器中 NMOS 与 PMOS 晶体管漏极的互连线。为此，在工艺流程中，需在选择腐蚀前添加一次光刻，利用光刻胶把隔离氧化层上的 TiN 保留下来，如图 5.26(d) 所示。

5.6.7　多层金属互连工艺

　　CMOS 集成电路后端工艺，随着单元器件尺寸缩微和集成度攀升，越来越复杂，需要越来越多层次，应用多种金属和介质材料，实现芯片互连。下面介绍在自对准金属硅化物电极结构完成以后，由铝、钨金属与氧化硅介质等材料结合形成的双层互连工艺。图 5.27 显示由铝作水平连接、钨作上下垂直连接的双层金属布线工艺步骤示意图。

　　图 5.27(a) 和 (b) 显示第一层金属布线前绝缘介质的淀积和平坦化工艺。在已经形成大量晶体管及其硅化物接触的硅片上，先用 CVD 技术，淀积一层较厚的 SiO_2 膜，其厚度应显著大于硅片表面的起伏高度，这层绝缘介质常被称为"金属前介质"（pre-metal dielectric，PMD）。场区氧化层上的栅级互连线条表面处于硅片最高位置，它和处于最低位置的源漏区表面的高低差距，约在 $0.5\sim1\ \mu m$ 之间。因此，CVD 淀积的 SiO_2 厚度应在 $1\sim1.5\ \mu m$ 范围。PMD 介质不仅作为互连绝缘介质，还应该对其覆盖的晶体管起钝化保护作用。为此，PMD 介质常由不掺杂与掺杂的氧化硅叠层构成。先淀积一层不掺杂的 SiO_2，然后淀积掺磷氧化硅（即磷硅玻璃），约含 4.5% 磷。磷硅玻璃可以吸除可动离子，防止晶体管性能退化。

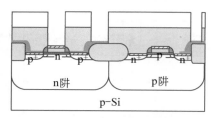

（a）LPCVD 淀积厚 SiO₂ 介质绝缘层

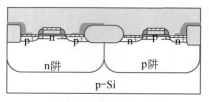

（b）化学机械抛光形成平坦化 SiO₂ 介质

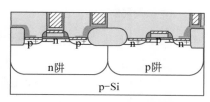

（c）接触孔光刻与刻蚀

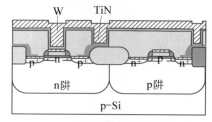

（d）PVD 淀积扩散阻挡层/黏附层与 CVD 淀积钨（W）金属膜

（e）CMP 平坦化工艺和垂直钨金属通导柱形成

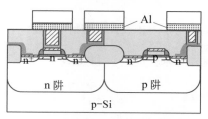

（f）PVD 淀积铝金属薄膜与布线光刻

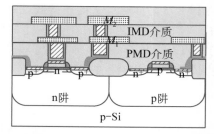

（g）钝化介质膜淀积等工艺完成后的芯片剖面结构

图 5.27　多层铝互连工艺步骤

为了使氧化硅在上下起伏的器件表面结构内实现无缝隙、无孔均匀填充，在深亚微米器件制造中常应用高密度等离子体 CVD（HDP-CVD）氧化硅淀积技术。为了使淀积的氧化硅致密化，需要在适当温度下热退火。但为避免晶体管内杂质分布变化，退火温度要尽可能低些、时间短些（如 750℃、30 min）。

随后应用介质化学机械抛光（CMP）工艺，获得平坦化 PMD 介质层。与早期的介质高温回流及等离子体回刻工艺相比，CMP 平坦化工艺效果及效率显著提高。CMP 工艺后的硅片清洗十分重要，必须采取措施把工艺过程中附在硅片表面的颗粒与污染物清除。例如，应用由聚乙烯醇（PVA）高分子材料制成的刷洗装置刷洗及超声波振动等方法去除颗粒。

在平坦化介质上,经光刻工艺形成接触孔图形,接着应用反应离子刻蚀(RIE)工艺,开出接触孔,如图 5.27(c)所示。在线条尺寸较大的集成电路工艺中,刻蚀出引线孔(即接触孔)后,可直接淀积铝膜与晶体管各个电极接触,随后经光刻形成互连布线。在深亚微米CMOS 器件中,通常需要先用钨金属形成上下垂直连接柱,或称钨插塞(W plug),然后再完成铝水平互连布线。各个接触孔中的钨连接需应用镶嵌工艺形成。为了增加钨与其接触层的黏附性,并防止它们之间的互扩散,在淀积钨之前先要淀积较薄的钛和 TiN 双层膜。钛用于提高黏附性,TiN 作为扩散阻挡层。钛和 TiN 通常采用磁控溅射方法淀积,其厚度分别约20 nm 和 40 nm。为在亚微米宽度的接触孔中均匀淀积钛、TiN 等金属薄膜,需要应用离化金属等离子体磁控溅射 PVD 工艺。金属钨膜则通常应用 CVD 工艺,通过 WF_6 先后与SiH_4、H_2 的反应,在硅片上淀积较厚钨膜,把接触孔完全填满,覆盖整个硅片表面,如图 5.27(d)所示。接着应用金属 CMP 设备与工艺,通过研磨抛光把接触孔区域以外 PMD 介质层上的 W/TiN/Ti 金属完全去除,形成如图 5.27(e)所示的硅片剖面结构。

器件接触区上下钨连接形成后,接着就是第一层铝互连。为获得良好互连线条和提高其可靠性,铝互连也需要具有叠层金属结构。一般采用磁控溅射技术,在同一设备系统中进行叠层金属连续淀积。先淀积一薄层钛(约 20 nm),接着淀积较厚的铝膜(约数百纳米),最后淀积 Ti/TiN 双层膜(厚度分别约 20 nm 和 60 nm)。钛膜是为了增加钨与铝之间黏附性,降低不同层次间接触电阻,TiN 除了具有扩散阻挡层作用,覆盖在铝膜上面,可以降低金属表面的光波反射率,有益于增强光刻分辨率,因而被称为抗反射涂层(Anti-Reflection Coating,ARC)。为了降低互连薄膜的电迁移几率,提高互连可靠性,这里的铝层通常应用Al-Cu 合金,其中含 0.5%～4% 的铜。铝及其上下覆盖金属薄膜经过光刻工艺后,就形成第一层互连图形,如图 5.27(f)所示。

在集成电路后端多层金属互连体系中,第一层以上的布线工艺大同小异,都是由介质和金属薄膜材料与工艺有机组合构成的。为进行第二层金属布线,在第一层金属上首先要淀积介质绝缘层,但这层介质的性能要求和制备工艺与第一层金属前的介质有所不同。这一层介质以及其上各层布线之间的介质常被称为金属间介质(inter-metal dielectric,IMD)。对于金属间介质的性能要求,除了良好的电绝缘性外,常希望它具有低介电常数,这是减小互连金属寄生电容和提高集成电路速度的重要途径。金属间介质既影响上下两层布线之间的寄生电容值,也影响同一层相邻互连线之间的寄生电容。在深亚微米和纳米 CMOS 集成电路中要求应用介电常数愈益减小的金属间绝缘介质。IMD 与 PMD 的不同还在于其制备工艺的差别,IMD 介质淀积温度必须低于第一层布线金属铝可以承受的温度,一般约在400℃左右。通常应用等离子体增强化学气相淀积(PECVD)、HDP-CVD 等技术以及胶体旋涂(SOG)等低温介质制备方法。

IMD 绝缘层应有足够厚度,约为 2 μm 左右。为使 IMD 介质具有优良电学性能,在深亚微米电路多层互连工艺中,常通过不同技术先后淀积多层组合而成。例如,在有的 0.18 μm CMOS 后端互连工艺中,IMD 可由 4 层介质组成:先用 PECVD 技术淀积 50～100 nm 的SiO_2 层;接着用 HDP-CVD 技术淀积较厚的掺氟氧化硅(FOX),高密度等离子体淀积技术有益于在下层布线沟槽中填充介质,而 FOX 的介电常数较低;再用 PECVD 淀积氧化硅;在用 CMP 工艺实现 IMD 介质平坦化以后,再淀积厚度仅 50 nm 的氮氧化硅,它可作为抗反射层(ARC),有益于提高此后的光刻工艺分辨率。

金属间介质淀积和平坦化后,经过通导孔光刻及反应离子刻蚀,垂直连接金属淀积及其

CMP 工艺,与第二层金属淀积、光刻及刻蚀,就可形成第二层金属布线。这些工艺步骤与第一层布线的相应步骤大致相同。在上下层金属连接工艺中,仍需要先后淀积钛黏附层、TiN 扩散阻挡层和钨通导金属,通过 CMP 工艺形成钨连接柱。第二层铝金属布线也需要应用钛、TiN 和 AlCu 合金。如需更多层金属铝互连,其绝缘介质与电导金属薄膜材料及工艺将与第二层布线基本相同。在完成全部金属互连后,顶层金属互连线上需要覆盖一层对整个集成电路芯片起保护作用的钝化介质膜。通常在芯片表面上用 PECVD 技术淀积厚度约 1 μm 的氮化硅或磷硅玻璃薄膜,用以避免芯片受外部环境的各种影响与沾污,如水气、钠、钾金属离子等,并可防止芯片在封装过程中的机械损伤。图 5.27(g) 为双层铝布线完成后的剖面结构示意图。

金属互连的最后一步工艺是低温热退火工艺,也有时称为合金或烧结。此工艺步骤的目的在于,使整个接触互连工艺形成的不同层次金属与半导体之间、金属与金属之间的接触特性改善,获得优良的欧姆接触,降低接触电阻。通常在 400℃ 左右(如 420℃),在氮氢混合气体(含 10% H_2)气氛下,热处理 20～30 min。实验证明,这一金属后退火工艺还有益于降低 Si/SiO_2 界面电荷密度。

5.7　浅槽隔离深亚微米 CMOS 芯片典型工艺流程

随着单元器件特征尺寸进入深亚微米和亚 100 nm 加工领域,CMOS 集成电路制造应用的材料和工艺技术更新速度加快,应用越来越多新材料、新工艺与新结构。从 0.25 μm 器件技术开始,浅槽隔离(STI)工艺取代局部氧化隔离(LOCOS)工艺。自 0.13 μm 开始,铜互连取代铝成为集成电路主流互连技术。除了隔离与互连材料及工艺以外,其他工艺基本相近,但也应用了许多新材料和新技术。例如,以激光光源代替高压汞灯光源,248 nm 与 193 nm 深紫外光刻技术先后成为关键图形技术。本节对应用 STI 隔离、铜互连和其他许多新工艺的深亚微米 CMOS 典型工艺流程作简要介绍,主要讨论与较大尺寸器件工艺的不同之处。

绝大部分深亚微米及亚 100 nm 集成电路仍然应用低掺杂 p 型(100)晶面硅片。但进入深亚微米及更小尺寸领域,外延和 SOI 硅片在某些高性能集成电路中开始得到更多应用。例如,有的选用 p/p$^+$ 外延硅片为衬底,其外延层电阻率和厚度依据产品技术要求而定,常在 10～15 $\Omega \cdot$ cm 与数微米范围。对于亚 100 nm 的纳米 CMOS 集成芯片技术中的新结构、新材料、新工艺,将在第 8 章中作专题讨论。

5.7.1　浅槽隔离界定有源区

虽然沟槽氧化物隔离工艺早在 20 世纪 80 年代初就有研究报道,但直到 90 年代 0.25 μm 集成技术发展,浅槽隔离技术才开始在 CMOS 集成电路制造中获得广泛应用,以减少隔离区面积,增加硅片有效利用率。本章 5.2.4 节已介绍浅槽隔离的基本工艺原理,图 5.11 显示实现 STI 的主要工艺步骤。本节结合深亚微米 CMOS 集成芯片流程,对浅槽隔离工艺作进一步讨论。图 5.28 为近 0.1 μm CMOS 集成芯片中的浅槽隔离工艺及结构形成示意图。虽然 STI 结构与形成原理比较直观、简单,但对介质沟槽的宽度、深度、形貌等都有严格要求,必须控制 STI 结构形成的应力,避免对相邻晶体管性能的有害影响。因此,在 STI 工艺中需要应用高精度光刻、薄膜淀积、高温热处理等工艺,并对工艺参数调节有严格要求。

下面简要说明利用浅槽隔离,实现集成芯片有源区分割的主要工艺步骤。

(1) 氮化硅/氧化硅复合掩蔽膜形成。硅片经过严格清洗后,与 LOCOS 工艺类同,首先也要热氧化生长 SiO_2 和 CVD 淀积氮化硅掩蔽膜,两者厚度由具体电路要求决定,分别约在 $10\sim25$ nm 和 $50\sim250$ nm 范围。

(2) 隔离沟槽刻蚀。通过光刻工艺,界定有源区与隔离区。先后以光刻胶和氮化硅为掩蔽膜,刻蚀 Si_3N_4/SiO_2 和硅沟槽。槽宽度在工艺和设计允许条件下要尽可能窄,约在 $100\sim500$ nm 范围,深度约在 $250\sim500$ nm 范围。

(3) 沟槽衬垫 SiO_2 生长与填充氧化硅淀积。去除光刻胶和清洗后,对沟槽作 p^+ 防沟道离子注入,并用热氧化工艺在沟槽底部和侧壁生长高质量薄氧化层,厚度约 10 nm。为减小应力、防止缺陷产生,需要使沟槽底角和顶角圆弧化。因此,在填槽前可用磷酸溶液短时浸泡,腐蚀沟槽边缘氮化硅,并应用高温退火工艺处理。填充沟槽氧化硅介质,需要应用高密度等离子体化学气相淀积技术,以确保在沟槽中获得均匀填充,避免产生空洞。介质淀积厚度应大于沟槽深度。应用高温快速退火,使淀积膜致密化。

(4) 氧化物化学机械抛光,形成 STI 隔离。利用氧化硅 CMP 技术,磨抛去除沟槽外的氧化硅,该过程止于氮化硅层。

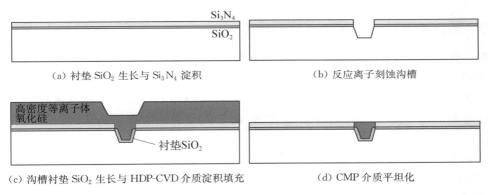

(a) 衬垫 SiO_2 生长与 Si_3N_4 淀积　　　　　　(b) 反应离子刻蚀沟槽

(c) 沟槽衬垫 SiO_2 生长与 HDP-CVD 介质淀积填充　　　(d) CMP 介质平坦化

图 5.28　CMOS 浅槽隔离结构形成工艺

5.7.2　杂质倒向分布阱区及表面层离子注入掺杂

在浅槽隔离工艺形成有源区后,接着通过离子注入分别形成杂质优化分布的 n 阱和 p 阱。深亚微米 CMOS 集成芯片普遍采用双阱工艺。为了使愈益缩小的晶体管具有优良特性,阱区的杂质浓度与分布需更好控制。与较大器件工艺不同,自 0.25 μm 技术开始,普遍应用杂质倒向分布阱。这种倒向分布阱工艺及其优越性在本章 5.1.2 节已作说明。图 5.29 显示阱区离子注入掺杂的主要工艺步骤。

(1) 表面掩蔽氧化层。首先用约 180℃ 的热磷酸腐蚀去除氮化硅层,并以 HF 溶液清除硅片上的 SiO_2 层,严格清洗处理后,再在有源区热生长约 10 nm 的 SiO_2 膜。这一掩蔽有源区表面的氧化硅薄层,随后将在栅介质生长前被去除,因而也被称为牺牲层氧化硅。

(2) p 阱区域掺杂。光刻界定 p 阱区域后,以光刻胶作掩蔽,选择不同能量及剂量的硼离子,先后进行倒向分布阱、防漏源穿通和阈值电压调整注入掺杂,使 NMOS 晶体管有源区杂质浓度具有优化分布。有源区下部较高浓度有益于抑制闩锁效应,中部的适当浓度有益

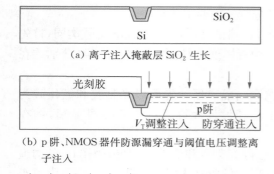

(a) 离子注入掩蔽层 SiO₂ 生长

(b) p阱、NMOS器件防源漏穿通与阈值电压调整离子注入

(c) n阱、PMOS器件防源漏穿通与阈值电压调整离子注入

图 5.29　杂质倒向分布阱区、防漏源穿通和阈值电压调整离子注入掺杂

于抑制源漏耗尽区穿通效应，而晶体管阈值电压则取决于阱表层掺杂浓度。例如，分别以 200 keV/$4.5×10^{13}$ cm^{-2}、120 keV/$8×10^{12}$ cm^{-2} 和 15 keV/$1×10^{12}$ cm^{-2} 的 3 次硼离子注入，形成有利于 NMOS 晶体管性能的杂质分布。

（3）n 阱区域掺杂。再次光刻后，根据以上类似考虑，以 n 型杂质多次离子注入，形成 PMOS 晶体管有源区杂质分布。但由于杂质质量等因素不同，能量及剂量选择都有所不同。例如，分别以 380 keV/$5.5×10^{13}$ cm^{-2}、250 keV/$2×10^{12}$ cm^{-2} 和 50 keV/$1×10^{12}$ cm^{-2} 的 3 次磷离子注入，形成有利于 PMOS 晶体管性能的杂质分布。

有源区离子注入后，需要通过高温快速退火工艺（如 1 050℃、30 s），以消除离子轰击造成的晶格缺陷和激活杂质。

5.7.3　超薄栅介质生长和多晶硅栅结构形成

深亚微米晶体管的栅叠层工艺相对于此前较大尺寸器件，需要在两方面作重要改进：一是生长越来越薄的超薄介质层，这是提高晶体管开关速度、抑制漏电流等性能的关键；二是需要采用双掺杂多晶硅栅电极工艺，即 NMOS 应用 n$^+$ 多晶硅、PMOS 应用 p$^+$ 多晶硅。这是为了在短沟道、低电源电压条件下，易于调节晶体管阈值电压，优化其电压电流特性。

（1）薄栅介质生长和多晶硅薄膜淀积。在完成有源区掺杂和去除有源区表面牺牲氧化层，并经过最严格的清洗处理以后，应用清洁氧化工艺生长超薄氧化硅介质，并淀积多晶硅薄膜，如图 5.30(a) 所示。等效 SiO₂ 介质厚度（EOT）约在 1～5 nm 之间。对于小于 3 nm 的栅介质，需要应用氧化与氮化相结合的工艺，生长漏电流较小的 SiON 栅介质。氮化介质还有利于抑制硼原子的穿透现象，避免由其引起的阈值电压漂移等晶体管性能退化。优质超薄 SiON 栅介质常常需通过 3 个步骤工艺获得：①采用超清洁氧化工艺。例如，通过 ISSG (in-situ steam generation) 氧化技术，获得高质量 SiO₂ 薄膜。②应用氮化效率高而辐射损伤小的氮化工艺，如 DPN (decoupled plasma nitridation) 氮化技术，氮原子掺入氧化硅，使部分 Si—O 键转化为 Si—N 键。③高温退火，降低缺陷密度，稳定栅介质薄膜特性。

在深亚微米和亚 100 nm 集成电路中，常需要为同一芯片中不同电压晶体管生长 2 种或 3 种不同厚度的栅介质。例如，有的 65 nm CMOS 芯片，有 1.0 V/1.5 V/2.5 V 3 种电压晶体管，相应需要 1.2 nm/2.2 nm/5.2 nm 3 种 EOT 厚度的栅介质。对于这种情况，就需要多次氧化工艺，生成多种厚度栅介质，其间通过光刻界定不同厚度区域。例如，按以下步骤，可以生长两种不同厚度的栅介质：先在全部有源区生长适当厚度的氧化层，接着通过光刻工艺，把需要较薄介质层区域的氧化层腐蚀去除，然后经过光刻胶清除和硅片表面清洗处理，再次进行栅介质生长工艺，在达到较薄栅介质厚度的同时，使较厚栅介质也达到其设计厚度。

（2）精密光刻形成栅介质与多晶硅栅电极叠层结构。栅介质生长后,紧接着用 CVD 技术淀积本征多晶硅薄膜,其厚度约在 150～350 nm 范围。随后应用高精度光刻设备及工艺,实现多晶硅线条精密光刻。图 5.30（b）为栅介质与栅电极叠层光刻工艺的示意图。在 0.25 μm 技术代以后,由多晶硅线条宽度决定的晶体管沟道长度,显著小于其技术代标志尺寸。例如,在 130 nm 技术代最细的多晶硅线条已减小到 70 nm。不断改进的 248 nm 和 193 nm 激光光刻技术,先后应用于深亚微米和纳米 CMOS 集成电路精密图形对准与曝光工艺。在应用精度愈益提高的光刻设备同时,还需要采取一些相应辅助工艺措施,以便更有效地提高分辨率。其中,包括应用与曝光光源相配合的高分辨率光刻胶,并在光刻胶底部涂覆一层抗反射膜（BARC）。在多晶硅栅光刻工艺中,有时还应用硬掩蔽薄膜,如图 5.30（b）所示,即在多晶硅上覆盖 SiON 和氧化层,用作反应离子刻蚀多晶硅工艺的掩蔽膜。因此,必须通过多个刻蚀工艺步骤,形成陡直、均匀的多晶硅栅线条。刻蚀工艺应该具有良好的选择性和定向性,既能获得优良刻蚀线条剖面,又能很好地控制刻蚀终点。在去除多晶硅刻蚀硬掩蔽膜和清洗处理后,通过较低温热氧化在多晶硅线条表面生长薄 SiO_2 层。和较大尺寸器件一样,多晶硅也可用于形成电容极板等。

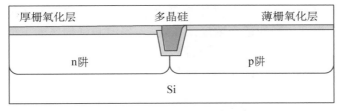

（a）SiO_2 栅介质生长和多晶硅薄膜淀积

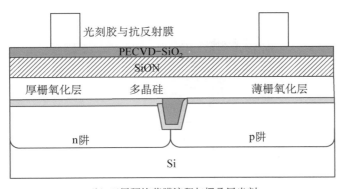

（b）双层硬掩蔽膜淀积与栅叠层光刻

图 5.30　薄栅介质/多晶硅叠层结构形成与精密栅线条光刻工艺

5.7.4　自对准超浅结源漏及多晶硅栅掺杂

浅沟槽介质隔离 CMOS 集成电路的源漏掺杂工艺步骤,与 5.6 节介绍的局部氧化物隔离工艺器件基本相似,亦需经过两次光刻和多次离子注入完成。NMOS 和 PMOS 晶体管需要通过低浓度和高浓度两种离子注入,分别形成掺杂浓度较低、结深浅的源漏延伸区（LDD）和掺杂浓度尽可能高的源漏接触区,并同时完成各自 n^+ 和 p^+ 多晶硅栅自对准掺杂。为形成自对准 LDD 结构源漏区,在多晶硅线条两侧必须制备适当厚度的介质边墙。随着器件尺寸缩微,要求结深更浅,通常要求源漏延伸区结深应小于沟道长度的一半。这要求所选用的离子注入能量要足够低。离子注入后的缺陷修复和杂质激活工艺必须采用快速退火技术。为适应不断缩微器件的源漏超浅结掺杂需要,离子注入、边墙形成、快速退火等相关技术必须不断改进与创新。图 5.31 显示实现自对准源漏及多晶硅栅掺杂的主要工艺步骤,简述如下。

(1) 第一步介质边墙形成。为更好地控制晶体管的横向掺杂分布,需要先后应用两步多晶硅介质边墙工艺与离子注入工艺相结合。为了减少多晶硅栅与源漏区的交叠电容,在轻掺杂漏区(LDD)注入以前,就需在多晶硅栅侧面形成一较薄的偏移介质侧墙(offset spacer),如图 5.31(a)所示。这种偏移侧墙可通过淀积氮化硅或氧化硅薄层(如 10 nm)和反应离子刻蚀形成。

(2) 轻掺杂源漏区注入和晕环掺杂注入。经过光刻界定不同沟道器件区域后,先后在 NMOS 和 PMOS 源漏区分别注入较低能量及剂量的砷(或磷)和硼原子。为了获得由硼原子形成的浅 p 型源漏区,常用 BF_2 离化分子注入。为获得浅结,在注入前先进行非晶化注入。例如,应用能量为 5 keV、剂量约为 10^{13} cm^{-3} 的锑离子注入,使表层实现非晶化。

在深亚微米器件研制中,为抑制晶体管漏源穿通现象,常应用大角度 25~60°离子注入技术,把与阱区掺杂类型相同的适当浓度杂质,注入到源漏延伸区的下面与侧面局部区域,形成晕环掺杂。由于该区域的掺杂浓度提高,使源漏 pn 结的耗尽区扩展缩小,从而提高源漏穿通电压和减小源漏间漏电流。因此,对于 n 沟器件,在作 LDD 注入掺杂后,还需要用适

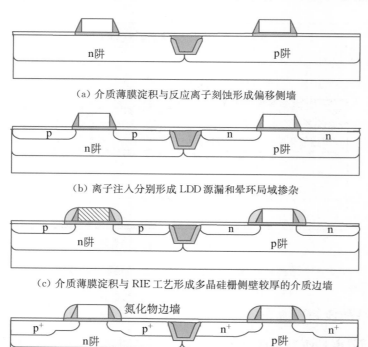

(a) 介质薄膜淀积与反应离子刻蚀形成偏移侧墙

(b) 离子注入分别形成 LDD 源漏和晕环局域掺杂

(c) 介质薄膜淀积与 RIE 工艺形成多晶硅栅侧壁较厚的介质边墙

(d) 离子注入完成源漏栅高掺杂

图 5.31　CMOS 源漏区与多晶硅栅自对准离子注入掺杂

当能量及剂量的硼离子,进行晕环掺杂注入。有时也以质量较大的铟原子代替硼形成 p 型晕环掺杂。对于 p 沟器件,则应用磷离子沿适当角度(如 30°)注入,形成 n 型晕环掺杂。两个区域的 LDD 及晕环掺杂离子注入后,分别去胶与清洗,应用高温脉冲快速退火(spike annealing)消除缺陷、激活杂质。

(3) 第二步介质边墙工艺。在源漏接触区高浓度离子注入前,需先后淀积衬垫氧化硅和氮化硅,经反应离子刻蚀,在多晶硅栅侧壁形成较厚的介质边墙。

(4) 高浓度源漏接触区掺杂。先后通过两次光刻工艺,在界定的 NMOS 和 PMOS 区域,分别进行高浓度注入掺杂。随着 CMOS 器件尺寸缩微,愈加要求源漏区提高掺杂浓度,以降低导通串联电阻。因此,常应用多次不同能量及剂量的离子注入,以使源漏区表面层及内部都具有尽可能高的载流子浓度。例如,应用较高能量/略低剂量(10^{13} cm^{-2})和较低能量/高剂量(10^{15} cm^{-2})两次硼离子注入,实现 PMOS 源漏区掺杂。又如,应用一次适当能量的高剂量砷离子注入,再加上较高能量/略低剂量和较低能量/高剂量两次磷离子注入,形成 NMOS 源漏接触区。高表面载流子浓度为降低接触电阻所必需。

5.7.5　自对准金属硅化物接触形成

随着器件尺寸缩微,高密度集成电路更需要应用金属硅化物薄膜工艺,以降低源漏栅区的接触电阻和串联电阻。图 5.32 为浅槽隔离 CMOS 源漏栅自对准金属硅化物接触与电极结构示意图。虽然不同技术代器件的自对准金属硅化物的制备方法及工艺步骤相近,但所选用金属材料和具体工艺却需要随器件缩微而变化。如前所述,TiSi$_2$ 是 0.25 μm 以上集成电路技术中普遍应用的硅化物,随后又有 CoSi$_2$、NiSi 自对准硅化物技术,应用于尺寸更小的 CMOS 集成芯片产品中。有关自对准金属硅化物工艺原理、步骤及演变在第 4 章的 4.4.7 节、本章的 5.4.3 和 5.6.6 两节中分别进行了分析。近 0.1 μm CMOS 芯片采用 CoSi$_2$ 自对准硅化物工艺,如图 5.32 所示。

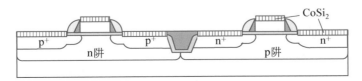

图 5.32　自对准源漏栅金属硅化物接触电极形成

接触电阻在晶体管串联电阻中的比例,随器件尺寸缩小而增大,对晶体管输出电流影响愈益严重,因而要求降低源漏区接触电阻率。在 90 nm 和 65 nm CMOS 集成电路中,金属硅化物与源漏区的接触电阻率已降到约($1\sim2$)$\times 10^{-7}$ $\Omega \cdot$ cm^2,在更小尺寸器件中要求达到更低数值,进入 10^{-8} $\Omega \cdot$ cm^2 数量级范围。因此,需要进一步研究开发自对准金属硅化物工艺新材料和新技术。

5.7.6　接触孔垂直连接钨镶嵌

自 0.18 μm CMOS 技术开始,集成电路已开始应用铜互连,以减小互连线电阻,提高电路速度与可靠性。但铜在硅中是深能级及快扩散杂质,在铜布线工艺中必须防止铜原子进入晶体管区域。需要应用结构致密的较厚介质层覆盖,并在介质层中开出通孔,采用镶嵌工艺制作钨金属连接柱,形成晶体管电极与电路铜互连布线的垂直连接。有的集成电路产品还应用钨形成第一层金属互连线。图5.33显示金属前介质与镶嵌钨连接柱形成的主要工艺步骤。虽然铜互连芯片中的钨镶嵌工艺与5.6.7节所述铝互连中的钨工艺相近,但工艺要求更高,下面作简要介绍。

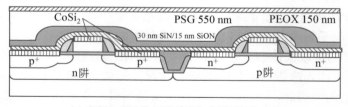

(a) SiON、SiN 及 PSG 淀积与介质平坦化工艺

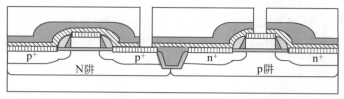

(b) 光刻形成器件接触孔

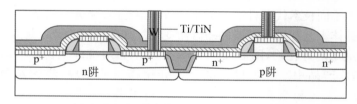

(c) Ti/TiN/W 淀积填充与金属镶嵌平坦化工艺

图 5.33　金属前介质淀积与接触孔钨镶嵌工艺

（1）介质淀积及介质 CMP 平坦化工艺。自对准金属硅化物接触形成与硅片清洗后,首先应用 CVD 技术淀积较薄的氮氧化硅与氮化硅薄膜,再淀积较厚的掺磷氧化硅(PSG,磷硅玻璃),覆盖起伏不平的硅片表面。氮化硅与磷硅玻璃有益于阻断可动离子、水气、铜及其他杂质侵入,作为晶体管钝化保护膜。随后应用介质 CMP 技术,获得平坦化介质表面。清洁处理后再在表面淀积一薄层介质。

（2）接触通导孔精密光刻与刻蚀工艺。为形成晶体管接触通孔,必须应用高分辨率光刻技术与反应离子刻蚀技术。光刻胶膜工艺、曝光设备及工艺,都与前面介绍的栅电极光刻要求类似。需应用高精度 193 nm 光刻技术。反应离子刻蚀工艺也必须具有优良定向性和选择性。

（3）金属淀积及金属钨 CMP 工艺。在去除接触区残余氧化物后,以溅射技术在整个硅片上淀积较薄 Ti/TiN 黏附/阻挡双层膜,确保接触通孔底面及侧面获得均匀覆盖。再经适度快速热退火(如 700℃、60 s)后,采用 CVD 技术淀积适当厚度的钨金属膜,均匀填充接触通导孔。最后应用钨金属 CMP 工艺,磨抛去除接触通导孔以外的金属,形成镶嵌钨连接柱。

5.7.7　双镶嵌铜多层互连

在近 $0.1\ \mu m$ 超大规模集成电路技术发展中,一个重要创新是铜代替铝作高密度多层金属互连,以提高电路速度和增强电路可靠性。随着器件尺寸缩微和集成度增大,互连线传输延时逐渐成为影响甚大规模集成电路提高工作频率与增强功能的主要困难因素之一。解决这一问题的途径,一是用导电率更高的铜代替铝,二是采用更多层次的多层布线。如第 4 章 4.4.8 节所强调,集成电路互连从铝到铜,不仅金属材料变换,而且形成工艺也发生重大变化,由金属刻蚀改为金属镶嵌。金属镶嵌工艺的基本方法是,把金属淀积、镶嵌在介质层上刻蚀形成的通孔与沟槽中,然后应用化学机械抛光工艺去除周边绝缘介质上的金属。

铜互连可以显著减小连线分布电阻。但是,为了降低互连传输延时,必须同时减小金属镶嵌其间的介质分布电容。因此,需要应用介电常数尽可能低的介质材料。从结构可靠性与工艺可行性考虑,需要应用多层复合结构介质薄膜。在低 k 介质上下淀积介电常数虽较高、但机械与化学性能较强的薄膜(如 SiO_2、SiN、SiC),作为刻蚀阻挡层。金属镶嵌工艺有单镶嵌与双镶嵌两种。本章 5.7.6 节和 5.6.7 节中钨连接柱垂直通导工艺就是一种单镶嵌工艺。双镶嵌工艺则可把上下层间的垂直通导和新一层金属水平互连相结合,一次完成。由于工艺简化,它已成为铜多层互连布线普遍应用的技术。依通孔与沟槽的刻蚀顺序,双镶嵌工艺又可分为通孔优先与沟槽优先两种。图 5.34 显示通孔优先的双镶嵌铜互连工艺,其主要工艺步骤简述如下:

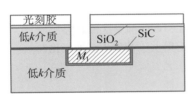
(a) V_1 通孔光刻与 RIE 刻蚀

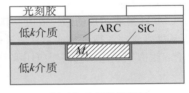
(b) M_2 金属沟槽光刻

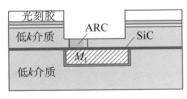
(c) M_2 沟槽 RIE 刻蚀

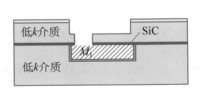
(d) M_2 去除光刻胶膜与 RIE 刻蚀 SiC 膜

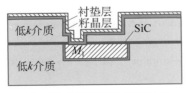
(e) 淀积扩散阻挡层与铜籽晶层

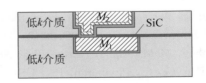
(f) 铜电镀与 CMP 平坦化

图 5.34　双镶嵌铜互连工艺步骤

(1) 通过光刻及定向刻蚀工艺,在上下介质绝缘层中开出通孔。

(2) 涂布有机或无机介质抗反射膜(anti-reflective coating,ARC),填平通孔,改善曝光线条精度,进行上层金属互连沟槽光刻。

(3) 应用反应离子刻蚀,在介质层中开出互连沟槽。

(4) 通过选择性腐蚀工艺,去除通孔底部的 ARC 层和刻蚀阻断层(SiC)。

(5) 应用溅射技术先后分别淀积 Ta/TaN 衬垫层/扩散阻挡层与铜籽晶层。

(6) 应用电镀工艺增厚铜薄膜,最后通过化学机械抛光,去除沟槽外的金属,完成铜互连。

以上针对浅槽隔离深亚微米 CMOS 电路典型工艺流程,仅对铜互连的基本原理及主要工艺步骤作概要介绍。铜互连涉及许多金属、介质等多种材料和多方面工艺技术集成,本书第 20 章将作较系统讨论。

思考题

1. 为什么 CMOS 成为超大规模集成电路的主导技术?

2. 分析 LOCOS 隔离工艺的优越性与存在问题,如何改进? 如何实现浅沟槽隔离?

3. 为什么现今高性能 CMOS 集成电路制造都需应用双阱工艺?

4. p 阱与 n 阱中的哪种掺杂浓度及杂质分布对于晶体管性能最为有利? 随着单元器件尺寸缩微,掺杂工艺有哪些变化?

5. 什么是硅栅自对准 MOS 晶体管的基本制造工艺?

6. 如何形成具有 LDD 结构的 MOS 晶体管? 为什么应用这种工艺?

7. 如果同一 CMOS 集成电路芯片中要求有两种不同电源电压的晶体管,但要求具有相同的阈值电压,试分析通过哪些工艺调节可以实现?

8. 什么是 CMOS 集成芯片的闩锁效应? 其原因何在? 如何抑制这种效应?

9. 试分析从微米到深亚微米集成芯片演进过程中,有哪些工艺发生显著变化?

10. 试讨论双镶嵌铜互连工艺需要应用哪些材料与工艺?

参考文献

[1] F. M. Wanlass, C. T. Sah, Nanowatt logic using field-effect metal-oxide-semiconductor triodes. *Tech. Dig. Int. Solid-State Circuit Conf.*, 1963:32.

[2] F. M. Wanlass, Low stand-by power complementary field effect circuitry. *U. S. Patent*, 1967: No. 3356858.

[3] C. T. Sah, Evolution of the MOS transistor — from concept to VLSI. *Proc. IEEE*, 1988, 76 (10):1280.

[4] J. E. Lilienfeld, Amplifier for electric currents. *U. S. Patent*, 1932: No. 1877140; J. E. Lilienfeld, Device for controlling electric current. *U. S. Patent*, 1933: No. 1900018.

[5] D. Kahng, A historical perspective on the development of MOS transistors and related devices. *IEEE Trans. Elec. Dev.*, 1976, 23(7):655.

[6] D. Kahng, M. M. Atalla, Silicon-silicon dioxide field induced surface devices. *IRE Solid State Dev. Res. Conf.*, Pittsburgh, PA, USA, 1960.

[7] M. Heyns, A. Alian, G. Brammertz, et al., Advancing CMOS beyond the Si roadmap with Ge and III/V devices. *IEDM Tech. Dig.*, 2011:299.

[8] J. J. Gu, Y. Q. Liu, Y. Q. Wu, et al., First experimental demonstration of gate-all-around III-V MOSFETs by top-down approach. *IEDM Tech. Dig.*, 2011:769.

[9] E. Kooi, J. A. Appels, Selective oxidation of silicon and its device applications. *J. Electrochem.*

Soc. , 1973,120(3):C101.

[10] S. Wolf, Isolation technologies for integrated circuits, Chap. 2 in *Silicon Processing for the VLSI Era*, *Vol. 2*, *Process Integration*. Lattice Press, Sunset Beach, CA, USA, 1990.

[11] P. D. Dauphin, J. P. Gonchond, Physical and electric characterization of a SILO isolation structure. *IEEE Trans. Elec. Dev.*, 1985,32(11):2392.

[12] K. Y. Chiu, J. L. Moll, J. Manoliu, A bird's beak free local oxidation technology feasible for VLSI circuits fabrication. *IEEE Trans. Elec. Dev.*, 1982,29(4):536.

[13] K. Y. Chiu, R. Fang, J. Lin, et al. , The SWAMI-A defect free and near-zero bird's-beak local oxidation process and its application in VLSI technology. *IEDM Tech. Dig.*, 1982:224.

[14] Y. Han, B. Ma, Isolation process using polysilicon buffer layer for scaled MOS/VLSI. *J. Electrochem. Soc.*, 1984,131(3):C85.

[15] R. L. Guldi, B. McKee, G. M. Damminga, et al. , Characterization of poly-buffered LOCOS in manufacturing environment. *J. Electrochem. Soc.*, 1989,136(12):3815.

[16] T. Nishihara, K. Tokunaga, K. Kobayashi, A 0.5 μm isolation technology using advanced poly silicon pad LOCOS (APPL). *IEDM Tech. Dig.*, 1988:100.

[17] R. D. Rung, H. Momose, Y. Nagakubo, Deep trench isolated CMOS devices. *IEDM Tech. Dig.*, 1982:237.

[18] H. Mikoshiba, T. Homna, K. Hamano, A new trench isolation technology as a replacement of LOCOS. *IEDM Tech. Dig.*, 1984:578.

[19] R. W. Bower, H. G. Dill, K. G. Aubuchon, et al. , MOS field effect transistors formed by gate masked ion implantation. *IEEE Trans. Elec. Dev.*, 1968, 15 (10): 757; R. W. Bower, Insulated gate field-effect device having source and drain regions formed in part by ion implantation and method of making same. *U. S. Patent*, 1971: No. 3615934.

[20] R. W. Bower, H. G. Dill, Insulated gate field-effect transistors fabricated using the gate as a source-drain mask. *IEDM Tech. Dig.*, 1966:102.

[21] E. P. Gusev, V. Narayanan, M. M. Frank, Advanced high-*k* dielectric stacks with poly Si and metal gates: recent progress and current challenges. *IBM J. Res. Dev.*, 2006,50(4/5):387.

[22] S. V. Hattangady, R. Kraft, D. T. Grider, et al. , Ultrathin nitrogen-profile engineered gate dielectric films. *IEDM Tech. Dig.*, 1996:495.

[23] Y. Taur, T. H. Ning, CMOS device design, Chap. 4 in *Fundamentals of Modern VLSI Devices*, 2nd Ed. . Cambridge University Press, Cambridge, 2009.

[24] S. Ogura, C. F. Codella, N. Rovedo, et al. , A half-micron MOSFET using double-implanted LDD. *IEDM Tech. Dig.*, 1982:718.

[25] Y. Taur, S. Wind, Y. Mii, et al. , High performance 0.1 μm CMOS devices with 1.5 V power supply. *IEDM Tech. Dig.*, 1993:127.

[26] C. M. Osburn, M. Y. Tsai, S. Roberts, et al. , High conductivity diffusions and gate regions using self-aligned silicide technology. *J. Electrochem. Soc.*, 1982,129(8):C326.

[27] Y. Taur, Y. C. Sun, D. Moy, et al. , Source-drain contact resistance in CMOS with self-aligned $TiSi_2$. *IEEE Trans. Elec. Dev.*, 1987(3), 34:575.

[28] J. D. Plummer, M. D. Deal, P. B. Griffin, Modern CMOS technology, Chap. 2 in *Silicon VLSI Technology*. Prentice Hall, Upper Saddle River, NJ, USA, 2000.

第 **6** 章

双极型和 BiCMOS 集成芯片基本工艺技术

双极型硅集成芯片是最早研制和大量生产的集成器件。虽然 CMOS 集成电路已成为微电子技术发展主流,用以制造一代又一代存储器、微处理器、系统集成芯片(SOC)等功能集成器件,应用范围不断扩展,但双极型集成电路技术仍继续得到发展与应用。除用以制造广泛应用的传统各类线性双极型集成电路外,还常用于研制新型模拟、射频通信、高压与高功率电源等多种集成电路[1-3]。20 世纪 90 年代以来 Si/SiGe 异质结双极型晶体管技术获得突破,为双极型技术在高频、高速器件领域的应用展现了新前景。双极型器件与 CMOS 器件结合形成的 BiCMOS 集成芯片技术,为微电子功能集成器件发展开辟了新途径。本章简要介绍双极型集成电路与 BiCMOS 集成电路的基本制造工艺原理。

6.1 双极型集成芯片结构及工艺

双极型晶体管与集成芯片完全建立在 pn 结和掺杂工艺基础上,是典型的"掺杂工程"电子器件。本书第 3 章已对 pn 结和双极型晶体管的器件特性有较详细的讨论。本节将首先分析双极型集成电路的基本结构与工艺特点,接着分别简要介绍 pn 结隔离工艺和氧化物介质隔离双极型集成芯片的基本制造工艺流程。

6.1.1 双极型集成芯片结构特点

双极型集成电路是由各种双极有源器件及电阻等无源元件构成的。双极型集成电路中的基础器件是 npn 晶体管。这是因为 npn 晶体管的速度显著高于 pnp 晶体管。但在某些模拟集成电路中有时也需要应用 pnp 晶体管与 npn 晶体管相结合,以获得某种电路功能。pnp 晶体管制造工艺与 npn 晶体管制造工艺是类似的。本章讨论以 npn 晶体管为主的双极型集成电路制造基本工艺原理。pn 结二极管和金半接触肖特基二极管也常与晶体管结合,制造双极型集成电路。如第 4 章所述,在集成电路发展早期,随着制造技术进步先后发展了多种双极型集成电路。在双极型数字集成电路历史上,从最早的 RTL、DTL 结构的逻辑电路,发展到 TTL、STTL、LSTTL、ECL 等速度更快、集成度更高的逻辑电路。在双极型模拟集成电路领域,也由早期简单功能电路,发展到频率更高、噪声更低、功能更复杂的高性能集成芯片,以及模拟与数字相结合的各种电路。

　　双极型集成芯片中的晶体管必须由隔离槽环绕,与相邻器件实现电隔离。图 6.1 显示两种双极型芯片中的典型器件结构剖面示意图,(a)为早期发展的 pn 结隔离器件[4-6],(b)为现今高性能双极型芯片工艺形成的深沟槽隔离与自对准多晶硅发射极器件结构[6-8]。早期普遍应用 pn 结隔离技术,晶体管等器件由高浓度掺杂 p+ 隔离区所环绕,p+ 区及其连通的 p−-Si 衬底,与集电区形成 p+n 或 p−n 结,在电路工作状态下,这种 pn 结总是处于反向偏置,因而可实现各个晶体管之间的电隔离。随着双极型集成芯片向更高集成度与速度演进,LOCOS 氧化物隔离和沟槽隔离技术得到愈益增多应用。6.1.2 和 6.1.3 节将分别讨论 pn 结隔离和 LOCOS 隔离双极型芯片基本工艺流程。图 6.1(b)所示的深槽隔离技术用于高性能双极型集成芯片研制。沟槽侧壁与底部以热氧化生长 SiO2 绝缘层,沟槽中间则以 CVD 工艺填充多晶硅或氧化硅。在沟槽氧化与淀积前,还需用适当剂量的硼离子注入至沟槽底部,形成 p+ 层,防止氧化物下产生 n 沟道。对于 6.1(b)所示自对准多晶硅发射极形成工艺,将在本章 6.3 节讨论。

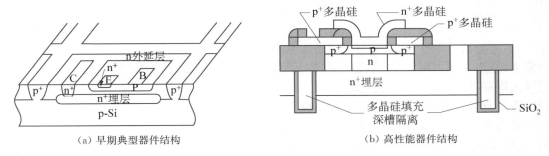

（a）早期典型器件结构　　　　　（b）高性能器件结构

图 6.1　双极型集成电路的早期典型器件结构和高性能器件结构示意图

　　双极型晶体管的结构与特性是决定集成电路性能的关键。由两个 pn 结背靠背紧密相邻构成的双极型晶体管,其作用原理是通过改变一个 pn 结(发射结)的偏置电压,调制另一个 pn 结(集电结)的电流。在同质结中,这种调制性能主要取决于构成两个 pn 结的杂质浓度和分布。高性能集成电路要求晶体管具有高电流增益、高传输速度、高可靠性。这就要求制造工艺能精确控制发射区、基区和集电区的掺杂浓度和分布,并减小各种寄生电容与电阻。

　　图 6.2 显示双极型集成电路中典型 npn 晶体管的杂质分布。双极型集成电路通常制作在 p-Si 衬底上的外延层中,而且为降低集电区串连电阻,每个晶体管下面都有高浓度 n 型掺杂层,作为隐埋集电极。在其上面的 n 型外延层中,先后通过扩散或离子注入掺杂,形成适当浓度的 p 型基区和高浓度 n 型发射区。双极型集成电路内其他一些元器件,如二极管、电阻等,一般也以掺杂工艺形成。因此,双极型集成电路制造过

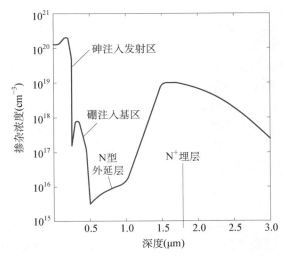

图 6.2　双极型集成电路中典型 npn 晶体管的杂质分布

程,可以说是典型的"掺杂工程"。虽然横向结构的 npn 或 pnp 也可能存在晶体管效应,但电流增益小,比较少应用。

6.1.2　pn 结隔离双极型集成芯片工艺

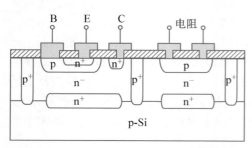

图 6.3　p^+n 结隔离双极型集成器件结构剖面示意图

图 6.3 为 p^+n 结隔离的双极型集成芯片结构剖面示意图,显示一个晶体管与一个电阻。在晶体管之间,以及晶体管与其他元件之间,都有高浓度硼掺杂形成的 p^+ 隔离槽,而且 p^+ 隔离槽穿过 n 型外延层,与 p 型衬底相通。也就是说,在这种双极型集成电路中,npn 晶体管或其他器件都被 p 型掺杂区所包围。在集成电路工作状态,p^+ 隔离区处于最低电位,该区域与晶体管集电区形成的 pn 结,处于反向电压偏置,从而使相邻器件实现相互电隔离。这种 p^+n 结隔离工艺简单,宜于实现,电隔离效果好,在数字与模拟集成电路制造中有广泛应用。但这种隔离方法存在两个突出缺点:一是占用面积大,在隔离槽与晶体管的基区、集电极接触区域之间都必须留有足够大距离,以防耗尽区穿通等弊端;二是寄生电容大,遍布各个晶体管周围的 p^+n 结存在较大寄生电容。这些缺点既影响器件集成密度,也影响电路传输速度。

硅双极型集成电路制造工艺步骤,由薄层外延生长、热氧化、光刻、扩散或离子注入掺杂、金属薄膜淀积与刻蚀等基本工艺构成。以 npn 晶体管为主要器件的双极型集成电路,总是应用 p 型硅片衬底,其上用外延工艺生长适当厚度及掺杂浓度的 n 型外延层,晶体管完全通过掺杂工程制作在外延层内。由图 6.3 可见,pn 结隔离双极型集成芯片,由 6 种不同导电类型及浓度的掺杂区构成,自下而上分别为 p^- 衬底、n^+ 埋层、n^- 外延层、p^+ 隔离区、p 基区和 n^+ 发射区。除了 p-Si 衬底选择和 n^- 外延层生长,其余 4 种定域掺杂工艺,逐层与 4 次氧化/光刻工艺紧密结合,依次完成集电区埋层(外延前)、隔离区、基区与发射区界定及掺杂。早期掺杂工艺皆以扩散方法实现,后来逐渐应用离子注入与热退火相结合完成。每次光刻之前,硅片表面都要通过热氧化工艺生长适当厚度的 SiO_2 层。而热氧化有时与前一次掺杂扩散工艺相结合同时完成。例如,形成基区的硼扩散工艺在氧化气氛下进行,就可在表面生长氧化层,用于紧接着的发射区光刻和掺杂掩蔽。在高浓度 n^+ 发射区掺杂的同时,也形成集电极接触区。

晶体管各个掺杂区形成后,经氧化与光刻工艺,开出各个区域的接触孔,然后淀积铝膜、光刻互连线,最后经过合金退火,完成芯片制造。因此,对于最简单的单层铝金属互连双极型集成电路,制造工艺主要过程可以归纳为由 1 次外延、5 次氧化、6 次光刻、4 次扩散和铝互连薄膜淀积工艺组成。

6.1.3　氧化物隔离双极型集成芯片典型工艺流程

利用局部氧化工艺(LOCOS)或沟槽介质填充工艺形成氧化物介质隔离,可以克服 pn 结隔离带来的缺点,显著提高双极型集成电路的集成度与速度,因而在高性能超大规模双极型集成电路制造中得到应用。随着离子注入技术成熟,双极型集成芯片制造也更多应用离子注入代替扩散,以更精确控制掺杂浓度与杂质分布。图 6.4 为氧化物隔离和离子注入掺

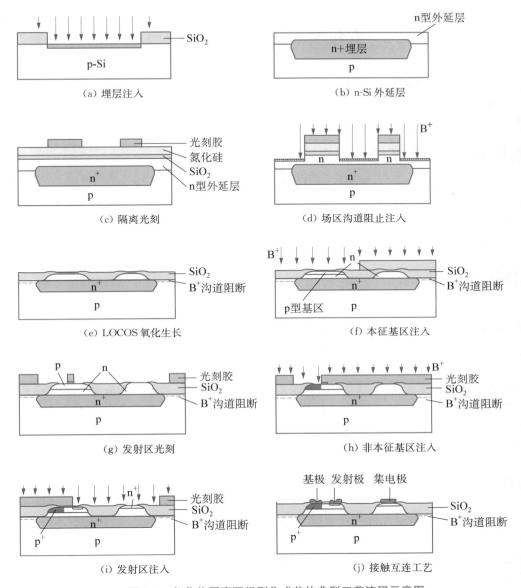

图 6.4 氧化物隔离双极型集成芯片典型工艺流程示意图

杂的双极型集成芯片典型制造工艺流程。

在图 6.4 所示的氧化物隔离双极型集成电路制造工艺中,除了以 Si_3N_4/SiO_2 掩蔽有源区,用局部氧化工艺在隔离区生长 SiO_2 层以外,其他前后工艺步骤基本与 pn 结隔离集成电路工艺流程相同。图 6.4 中从隐埋层到发射区掺杂都标示用离子注入工艺,实际上某些情况也采用扩散工艺。应该特别指出,由于用氧化物隔离,不再需要较长时间的高浓度硼隔离扩散,但在 LOCOS 工艺生长或沟槽填充氧化物之前,仍需要适当能量及剂量的硼离子注入,在氧化物下面形成较高浓度的 p 型层,用以防止在隔离槽与 p-Si 衬底界面处,由于氧化层正电荷感应产生 n 反型层,导致相邻晶体管之间通导。另外还应指出,在图 6.4 所示工艺流程中,基区需要两次离子注入,分别形成本征基区和非本征基区(即基极接触区)。

6.2　双极型集成芯片制造基本工艺

本节分析双极型集成芯片制造技术的主要工艺原理,分别讨论硅片晶向与掺杂选择、外延与隔离、本征与非本征基区、发射区形成、接触与互连等关键工艺要点,并简要介绍提高双极型集成芯片集成度与速度的一些工艺途径。

6.2.1　硅片衬底选择、埋层形成、外延层生长与隔离工艺

以 npn 晶体管为主要有源器件的双极型集成芯片,通常总是制作在 p 型硅片衬底上,其晶面一般为(111),但也可应用(100)等其他晶面衬底。这和 CMOS 集成电路衬底硅片晶向选择不同。双极型集成电路衬底通常应用低浓度掺杂硅片,硼掺杂浓度约为 10^{14} cm^{-3} 量级,电阻率约在 10 Ω·cm 上下。

> **隐埋层**

与 CMOS 器件不同,双极型集成电路制造过程,一般从形成集电区埋层开始。如图 6.4 所示,经过第一次光刻,在生长有氧化层的硅片上形成埋层图形,去除埋层区域的 SiO$_2$ 后,通过扩散或离子注入工艺,进行 n$^+$ 掺杂。埋层掺杂通常选用砷或锑。这两种原子的扩散系数小,有益于在随后的外延及其他后续高温工艺中避免埋层杂质过度扩展。埋层掺杂浓度不宜过高,以避免产生晶格缺陷,影响外延生长晶体质量。由于砷原子的共价键半径(0.117 nm)与基体硅原子的共价键半径(0.116 nm)十分接近,选用砷作埋层掺杂,更有利于保持晶体完整性。但由于氧化砷剧毒,砷不适用于扩散掺杂,因此,早期埋层形成通常选用锑扩散工艺。离子注入技术成熟后,砷离子注入常用于埋层掺杂。

> **外延层**

n$^+$ 埋层形成后,必须把硅片表面的 SiO$_2$ 层全部去除,硅片经完好清洗后放入硅外延设备,生长适当杂质浓度及厚度的 n 型单晶层。通常以磷或砷为外延层掺杂源,杂质浓度依据集成电路及晶体管性能要求而定,一般在 $10^{15} \sim 10^{16}$ cm^{-3} 范围,相应的硅外延薄膜电阻率约为 $10^0 \sim 10^{-1}$ Ω·cm。从减小 BC 结寄生电容考虑,低外延层掺杂浓度是有利的,但掺杂浓度过低会产生基区增宽效应,影响电流较大时的晶体管性能。集电区掺杂浓度应大于晶体管电流密度所需要的载流子浓度。外延层掺杂浓度的高低,还影响晶体管集电结的击穿电压。制造数字集成电路,一般选用较高掺杂的外延层,模拟集成电路则常应用较低掺杂的外延薄膜。外延层厚度也取决于所需制造的集成电路类型。数字集成电路制作在较薄的外延层中,模拟集成电路则常需要较厚的外延层,可达 10 μm。在掺杂浓度较低、膜层较厚的外延硅片上制造的晶体管,可具有较高工作电压。外延层晶体质量,是获得优良双极型器件性能和高成品率的前提条件。外延工艺必须确保,在有隐埋掺杂区的衬底上生长出层错、位错缺陷密度极低的单晶薄膜。为了更好地抑制基区展宽效应(Kirk 效应),有时在后续工艺中,用离子注入技术选择性地把 n 型杂质注入到基区下面,以增加集电区载流子浓度。

隔离工艺

外延层生长后通过光刻工艺界定有源区与隔离区。在 pn 结隔离集成电路工艺中,通过高温长时间扩散,高浓度的硼杂质扩散穿透 n 型外延层,形成 p^+ 隔离槽。当外延层较厚时,这种隔离扩散的时间很长,由于横向扩散效应,使 p^+ 隔离区显著增宽,因而造成器件集成密度下降。为减少这种有害效应,可采用对通隔离工艺,或称双面扩散隔离工艺。其具体做法如下:在外延层生长之前,除了 n^+ 隐埋层扩散外,还进行一次隔离槽光刻和硼掺杂,在外延层形成之后,隔离光刻及硼掺杂区与其对准,通过上下同时扩散,穿透外延层,从而缩短扩散时间,减小隔离槽宽度,有益于提高器件集成密度,对改善器件性能也有好处。

双极型氧化物隔离可以应用局部氧化工艺(LOCOS)或沟槽隔离(trench isolation)。双极型集成电路中的氧化物隔离工艺,与第 5 章介绍的 CMOS 器件隔离工艺基本相似,但也有所不同。在双极型器件中,氧化物隔离必须穿透外延层,因而较厚,还要求在两个晶体管之间的隔离氧化物下面有较高浓度的 p 型层,以防止由于氧化物中的正电荷感应产生 n 型沟道。通常采用全隐蔽局部氧化工艺,在这种工艺中,需要根据外延层厚度,即需要生长的 SiO_2 厚度,在刻蚀完 Si_3N_4/SiO_2 氧化掩蔽膜后,继续刻蚀相当于 56% 隔离氧化层厚度的硅层,然后注入适当能量和剂量的硼离子,最后热氧化生长隔离氧化物。由于在原始表面下面形成隔离氧化物的硅片表面比较平坦,早期曾称此种双极型集成芯片制造工艺为等平面工艺(iso-planar process)。当外延层较厚时,难以应用 LOCOS 隔离工艺,可应用与第 5 章介绍的 STI 技术相似、但沟槽较深的深槽隔离工艺。氧化物隔离也可与 pn 结隔离相结合,形成上下相连接的复合隔离槽,如图 6.5 所示的隔离区结构。

6.2.2　本征基区与非本征基区

不同功能的基区

在外延层和隔离工艺完成后,下一步是形成 npn 晶体管的 p 型掺杂基区。平面晶体管的基区由两部分组成,如图 6.5 所示。一是在发射区下面的部分,称为本征基区;二是发射区侧面以外的区域,称为非本征基区。本征基区是晶体管效应的关键作用区,晶体管 EB 发射结处于正偏置状态时,电子由发射区注入至该区域,这种非平衡少数载流子以扩散运动渡越该区域,然后被 BC 集电结所收集。非本征基区则是形成基极接触的区域。可见这两个区域在晶体管中的功能是不同的,因而两者掺杂浓度及形成工艺也不同。

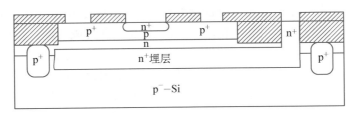

图 6.5　双极型晶体管的本征基区和非本征基区结构示意图

不同掺杂浓度

根据晶体管原理,本征基区的掺杂浓度和宽度,对晶体管电流增益与传输速度有重要影响。本征基区的 p 型杂质浓度,应大大低于发射区的 n 型杂质浓度,以便发射结正向偏置时,发射区向基区注入的电子流,显著高于基区向发射区注入的空穴流,从而获得较大的集电结电流增益。但是本征基区的掺杂浓度也不宜过低,以防止在较高电源电压时产生基区穿通。本征基区的硼掺杂浓度一般在 $10^{17}\sim10^{18}$ cm^{-3} 量级。非本征基区的作用在于为基区提供低电阻电流通道及接触电极。基极电阻是限制晶体管工作频率提高的主要因素之一。因此,非本征基区的硼掺杂浓度应该较高。但也不能过高,否则会增加寄生电容,也不利于提高工作频率。非本征基区的硼掺杂浓度在 $10^{18}\sim10^{19}$ cm^{-3} 范围。

对于电流增益及工作频率要求不高的双极型集成电路,可以折中选择适当硼掺杂浓度,通过一次扩散或离子注入形成基区,如图 6.3 所示。对于高性能双极型集成电路,则必须通过两次剂量与能量都不同的离子注入工艺,分别形成本征基区和非本征基区,如图 6.4 和图 6.5 所示。

6.2.3　发射区掺杂工艺

在双极型集成电路制造工艺流程中,最后一次掺杂工艺是形成高浓度 n$^+$ 发射区。在用扩散或离子注入制作发射区的同时,也可形成集电极的高浓度 n$^+$ 接触区。但在高性能双极型集成电路工艺中,需要通过一次单独光刻与掺杂形成较深的集电极接触区,以获得更小的集电极串联电阻,如图 6.5 所示与 n$^+$ 隐埋层贯通的深 n$^+$ 接触掺杂区。

为了获得高性能 npn 晶体管,发射区的 n 型杂质浓度要高,杂质分布要陡峭,结深要浅。为此应选择合适的发射区掺杂元素。早期常应用磷为发射区掺杂元素,随着离子注入技术发展,砷成为发射区较为理想的掺杂元素。砷在掺杂浓度、杂质分布剖面、浅 n$^+$p 结形成等方面都优于磷。如前指出,砷的共价键原子半径与硅相近,有利于形成晶格缺陷较少的高浓度掺杂区。而且在硅常用掺杂元素中,砷在硅中的固溶度最高,高温下可达 2×10^{21} cm^{-3}。发射区掺杂浓度往往要求达到,甚至超过该杂质在硅中的固溶度,以便获得尽可能高的发射区载流子浓度,通常在 10^{20} cm^{-3} 量级,使发射结具有高电子注入效率。同时,砷原子扩散系数比磷小得多,宜于形成浅 n$^+$p 结。如图 6.2 所示,砷的扩散界面杂质分布陡峭,界面附近杂质浓度高,显著优于磷掺杂发射区。这些都有利于提高晶体管电流增益及工作频率。发射区砷离子注入剂量约在 $10^{15}\sim10^{16}$ cm^{-2} 范围。对于砷、磷两种杂质的区别,可参阅本书第 12 章。

6.2.4　接触与互连工艺

接触与互连工艺对双极型集成电路的电学性能、传输速度和可靠性都有重要影响。下面介绍的泡发射极工艺既可缩小晶体管占用面积、提高器件集成密度,也有益于改善电流特性、提高器件工作频率。为提高集成电路性能,制造工艺中需尽可能减小基极与集电极的串联电阻,以及互连线的寄生分布电阻、电容。除了前面分别介绍的 n$^+$ 隐埋层、p$^+$ 非本征基区、深 n$^+$ 集电极接触区等工艺步骤外,金属硅化物接触工艺、扩散阻挡层工艺等也应用于高性能双极型集成电路制造工艺。

泡发射极工艺

由于基区电阻压降使 EB 结电压分布不均,发射区电流分布存在集边效应。与基极最靠近的发射区边缘处 EB 结电压降最高,电流密度明显大于距离较远的中间区域。因此,为更有效利用发射区,提高晶体管电流及频率特性,发射区常设计成细长条状结构,并且应用泡发射极工艺(washed emitter process),形成发射极接触区,使发射区成为双极型晶体管图形中最细的线条。泡发射极工艺的做法如下:在离子注入及热退火形成发射区后,在接触孔光刻工艺中,只开出集电极和基极接触孔,随后腐蚀去除发射区掩蔽光刻胶,并用适当浓度的 HF 溶液直接腐蚀硅片,去除发射区表面的薄氧化层,获得发射极接触区。由于发射区以外的氧化层要厚得多,短时间腐蚀对发射区以外的氧化层掩蔽影响很小。同时,由于发射区杂质原子在注入与退火过程中的横向扩展,EB 结边界为较厚的氧化层所覆盖,只要精确控制腐蚀工艺,可以避免 EB 结短路或漏电。

金属硅化物接触工艺

　　一般双极型集成芯片在发射区形成以后,通过光刻接触孔、铝等金属薄膜淀积与光刻等工艺步骤,把硅片上的大量双极型晶体管及其他元件连接成为功能电路。随着器件尺寸缩微,与 CMOS 集成电路同样,接触与互连工艺也愈益复杂,需要应用越来越多的材料和新工艺。金属硅化物接触工艺是降低接触电阻的有效途径。在某些集成电路中还应用金属硅化物形成肖特基势垒接触器件。与 CMOS 制造中的自对准硅化物工艺相类似,应用金属/硅固相反应方法在所需要的区域形成金属硅化物接触。基本形成方法如下:去除引线接触区域的氧化层以后,通过金属薄膜淀积、快速热退火、选择腐蚀等工艺,在晶体管各个电极接触区形成金属硅化物。详情可参见 CMOS 工艺有关部分。$PtSi$、Pd_2Si、$TiSi_2$、$CoSi_2$、$NiSi$ 都可用于双极型集成电路制造。

互连技术

　　双极型集成电路的金属互连工艺和 CMOS 集成电路基本相同。与 CMOS 器件相比,双极型器件电流及功耗较大,这在选择制定高可靠互连体系时必须考虑。扩散阻挡层(如 TiN、TaN 等)工艺、低介电常数绝缘介质工艺、介质及金属化学机械抛光平坦化工艺、钨垂直互连技术、高可靠 Al - Si/Al - Cu 刻蚀互连技术和铜镶嵌多层互连技术等,在双极型集成芯片后端工艺中都分别得到应用。

6.2.5　双极型集成芯片中的肖特基接触器件

　　由金属或金属硅化物与半导体接触形成的肖特基势垒二极管,结构十分简单,在微电子技术中有多种应用。从单管到多种集成器件,从数字逻辑集成电路到电源集成电路,从红外成像器件到超高频无源射频标签集成电路(RFID),肖特基器件用于各种各样的电子系统中。肖特基器件的最主要特点是开启电压低和响应速度快。本节就数字集成电路制造中,如何利用肖特基器件提高速度的原理和工艺作简要介绍。

肖特基器件用于提高数字电路速度

　　晶体管-晶体管耦合逻辑集成电路(TTL)是应用非常广泛的数字集成电路,但其传输速度受限于晶体管开关过程中,开态时可进入深饱和状态,积累大量非平衡载流子,因而需要较长时间转换电平。在晶体管的基极与集电极之间并联一个肖特基二极管,可以抑制晶体

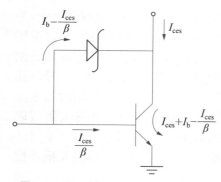

图 6.6　SBD 器件用于抗饱和逻辑集成电路

管进入深饱和状态,图 6.6 显示其原理。晶体管进入深饱和态时,BC 结形成正向导通偏置状态,引起空穴注入集电区和少数载流子堆积。由于所并联的肖特基二极管的开通电压低于 BC 结,当集电极电位下降时,它会首先导通,从而分流一部分基极电流,防止晶体管进入深饱和状态。由于 BC 结并联的肖特基二极管可以控制晶体管集电极电位,故被称为箝位二极管,而与其组合的晶体管有时也称为箝位三极管。

集成芯片上肖特基器件形成工艺

在 TTL 集成电路中,BC 结之间并联肖特基二极管的 npn 晶体管结构布局如图 6.7 所示。在晶体管各个区域掺杂完成以后,开引线接触孔时,只需在非本征基区和集电区刻蚀出跨越两者的适当面积接触孔,上面淀积金属,经光刻及适当热处理等工艺步骤,在引线孔处形成金属/半导体接触。由于非本征基区掺杂浓度高($10^{18} \sim 10^{19}$ cm^{-3}),该区域的金半接触为欧姆型导电接触,而 n 型集电区表层掺杂浓度较低($10^{15} \sim 10^{16}$ cm^{-3}),其上面的金半接触为肖特基型势垒接触。因此,这一跨越基区与集电区的金半接触,既形成了肖特基接触二极管,又实现了它与基区、集电区的连接。与 6.2.4 节所述双极型集成电路的接触和互连工艺相同,肖特基接触器件通常也可用自对准金属硅化物工艺形成。由图 6.7 可见,肖特基二极管周边存在一个 p$^+$ 保护环。它是在接触工艺前,先进行光刻和高浓度硼掺杂形成的,其目的是降低肖特基接触区边缘漏电,提高反向击穿电压。

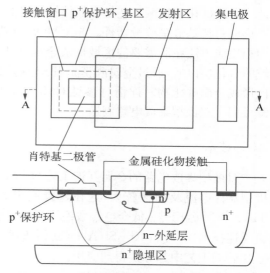

图 6.7　双极型集成芯片中的自对准金属硅化物接触 SBD 箝位晶体管结构

6.2.6　双极型集成芯片的缩微演变

20 世纪 70 年代中期以前,双极型集成电路作为主流技术,制造工艺不断进步,使芯片上晶体管面积逐步缩小,集成芯片性能与品种发展迅速。但是,随着 CMOS 集成芯片技术的快速进步,双极型集成技术在集成度、功耗等方面的劣势日趋突出显现。重要原因之一在于双极型器件的硅片有效利用率低。按器件原理,在常用 npn 晶体管结构中,影响器件性能的决定性因素为电子自发射区至集电区的扩散与漂移运动,器件主要作用区域为发射区所界定,并在由 EB 结和 BC 结构成的垂直硅体内实现。鉴于集成器件的平面结构,发射区在晶体管面积中仅占很小比例。以图 6.5 所示器件结构为例,如果其条状结构发射区界定的 EB 结面积为 3×7 μm^2,则 BC 结面积约为 284 μm^2,两者之比约 1:14,而计入全部有源区及隔离区,一个晶体管所占面积可达 945 μm^2,为发射区的 45 倍。因此,如何在器件尺寸缩微的同时提高芯片面积的有效利用率,成为双极型集成技术发展的关键之一。

　　应用氧化物隔离和泡发射极等工艺,在 20 世纪 70 年代中期以前,双极型集成芯片有效利用率逐渐有所提高。图 6.8 显示多种工艺改进引起的双极晶体管布局变化及缩微。图 6.8(a)为典型 pn 结隔离晶体管所占据的面积,其中也包括肖特基箝位二极管。采用泡发射区工艺后,基区面积显著减小,发射区可按照光刻特征尺寸缩微,如图 6.8(b)所示,但隔离所占面积仍较大。应用氧化物隔离技术后,晶体管集电区与隔离区所占面积大幅度缩小,如图 6.8(c)所示。在氧化物隔离条件下,发射极等接触都可直接与隔离墙相靠接,如图 6.8(d)所示,进一步缩小低效占用面积,增加发射区占用有效面积,芯片集成密度相应提高。

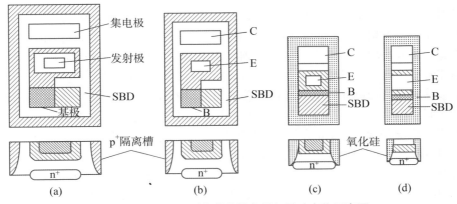

图 6.8　早期双极型集成芯片布局与尺寸变化示意图

　　为了与 MOS 芯片技术竞争,发展双极 VLSI 集成芯片,20 世纪 70 年代曾发明与研究一种被称为集成注入逻辑电路(I^2L)的技术。如本书第 3 章所述,这种电路应用与传统结构不同的晶体管,把基区局域掺杂形成的 n^+ 区作为集电极,由多集电极 npn 晶体管形成自相隔离的电路,不需隔离区,因而可提高集成度与降低功耗。I^2L 双极型集成技术一度受到 IBM、贝尔实验室等知名研究机构重视,曾被认为是 CMOS 技术的竞争者[9-12]。但是,由于这种非传统器件的速度等基本器件性能远低于传统双极型器件,集成度和功能又不如 CMOS,I^2L 技术发展很快终止。70 年代中期以后,优化双极型硅集成器件工艺取得的突破性进展主要在两个方面:一为 1980 年前后发展与应用的多晶硅发射极及自对准工艺技术,二为 80 年代末逐渐成熟的 SiGe/Si 异质结晶体管技术。这两种新技术显著改善双极晶体管性能,使双极型芯片集成密度和工作频率大幅提高,对双极集成与 BiCMOS 技术发展有着重要作用。6.3 至 6.5 节将对这两种技术及 BiCMOS 工艺作概要讨论。

6.3　多晶硅发射极与自对准双极工艺

　　在 MOS 集成芯片技术中有重要作用的多晶硅膜,在双极型集成电路技术演进中也发挥重要作用。多晶硅不仅可用于制备超浅发射结,形成接触电极,提高晶体管电流增益与工作频率,而且可用于开发自对准双极型集成电路工艺,形成自对准双极型晶体管结构,从而显著改进双极型集成芯片制造工艺。在 MOS 集成电路发展中,应用高掺杂多晶硅栅电极工艺,形成自对准的源漏栅器件结构,显示了在单元器件缩微、提高集成度、增强性能与功能的突出优越性。这促进了多晶硅薄膜用于双极型集成电路制造工艺的研究、开发和应用。本节内容表明,利用多晶硅薄膜淀积、掺杂及其他加工特性,可以形成自对准的基区、发射区以及它们的电极接触区,显著提高双极型器件集成密度,增强双极型集成电路的性能和功能。

6.3.1　多晶硅发射极

　　晶体管性能不仅依赖发射区掺杂浓度及其分布剖面,还与发射区接触材料及工艺密切相关。许多实验表明,采用多晶硅作为发射区接触,可以显著提高晶体管电流增益与工作频率[13-17]。IBM的研究者曾应用图6.9所示实验结构,分别以金属硅化物(Pd_2Si)、铝和 n^+ 多晶硅与发射区直接接触,测试不同接触材料对晶体管电流增益的影响[14, 15]。实验结果表明,采用 n^+ 多晶硅发射极接触的晶体管,其电流增益显著高于铝或金属硅化物发射区接触电极晶体管。图6.10显示,对于基区与发射区工艺完全相同的晶体管,高掺杂多晶硅发射极接触晶体管电流增益比其他两种接触提高2~3倍,有的实验样品显示高达7倍[14]。

　　对于多晶硅发射极晶体管电流增益显著增加的原因有不同解释。有人用多晶硅与单晶硅发射区之间可能存在的超薄介质层(2~5 nm)及其隧道穿通效应说明这种现象[18]。上述IBM研究者的实验结果显示,可从晶体管基本物理机制说明[3, 14, 15]。为了提高 npn 晶体管增益,要求基极空穴电流要小,而空穴电流的大小,不仅与本征基区掺杂浓度有关,还与注入到发射区的空穴扩散电流大小有关。空穴扩散电流则取决于空穴浓度梯度。图6.11显示多晶硅、铝及 Pd_2Si 3种不同材料接触发射区中少数载流子空穴的分布。假设在 EB 结正向偏置条件下,有相同数量空穴注入到发射区,它们将在扩散过程中与多数载流子复合而逐渐减少,形成浓度梯度。空穴数量衰减及浓度梯度,取决于空穴在发射区内部及接触界面上的

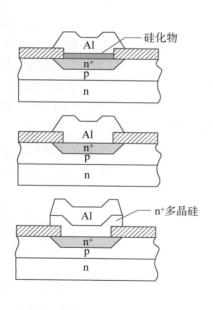

图6.9　发射区3种不同材料接触电极的对比实验结构

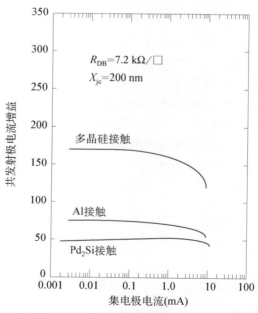

图6.10　不同接触材料发射极晶体管的电流增益[14]

复合速率。在金属与硅界面,空穴与电子的复合速率很大,使到达界面的空穴完全复合,界面空穴浓度为零。在多晶硅与单晶硅发射区界面,复合中心密度较低,导致界面空穴浓度较高,空穴进入多晶硅后,可在晶粒间界逐渐复合,空穴复合速率较低。因此,多晶硅电极接触发射区内空穴浓度梯度要比铝接触发射区小,也就使其基极空穴电流比铝接触情形减小,集电极电流增益比铝接触显著提高。对于 Pd_2Si 接触发射区,由于固相反应形成的 Pd_2Si/Si 界面具有高复合速率,而且位于原发射区内部,空穴浓度梯度增加,导致基极空穴电流更大和集电极电流增益更小。

　　高掺杂多晶硅薄膜不仅可用于形成接触电极,提高晶体管电流增益,更为重要的是,还可作为扩散源,经适当热工艺,用于形成超薄发射区。在应用多晶硅工艺之前,浅 EB 结形成是双极型器件工艺的难题,很难制备浅于 300 nm 的发射结。高性能双极芯片采用 n^+ 多晶硅发射极工艺,可制备小于 30 nm 的超薄发射区,使晶体管电流增益和工作频率显著增加。根据 IBM 研究者回忆,该公司这种多晶硅扩散发射区形成技术,是在发射区多晶硅薄膜接触工艺研究过程中发现的[3]。实验中除了图 6.9 所示已形成发射区接触样品外,他们还在 p 型基区掺杂样品上淀积了 n^+ 多晶硅。实验发现,这一样品不仅具有

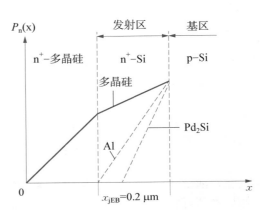

图 6.11　不同材料接触电极的发射区内空穴浓度分布

原未预料的晶体管效应,而且电流增益远大于在原先发射区上只是制作多晶硅薄膜接触的样品($\sim 400 : 145 - 170$)[3]。

　　高掺杂多晶硅薄膜工艺的引入,为双极型集成芯片技术演进开辟了新途径。多晶硅薄膜不仅可用于形成浅发射区及其接触,显著提高双极型晶体管性能,而且应用掺杂多晶硅薄膜与其他工艺相结合,还可以形成双极型晶体管不同关键区域的自对准结构,显著改进双极型集成工艺,有效提高双极型芯片集成密度,具体参见 6.3.2 和 6.3.3 节的分析。因此,从 20 世纪 80 年代以来,多晶硅已成为改善双极型集成器件性能、提高工作频率和集成密度的有效途径,在高性能双极型集成芯片制造中得到广泛应用。

6.3.2　自对准单层多晶硅发射区工艺

　　图 6.12 显示如何应用 n^+ 多晶硅,形成与本征基区及非本征基区相互精确对准的 npn 晶体管发射区。图 6.12 中只显示了晶体管剖面的主要部分。在隐埋层、外延、隔离和本征基区掺杂后,关键晶体管区域可以用自对准多晶硅工艺形成,其主要原理及工艺步骤如下:

　　(1) 硅片表面淀积一层多晶硅薄膜,并进行高浓度砷离子注入掺杂。

　　(2) 通过一次光刻工艺界定发射区,并应用反应离子刻蚀工艺把发射区以外的多晶硅刻蚀去除,随后以适当能量与剂量的硼离子注入,形成浓度较高的非本征基区掺杂,通过高温退火,一方面使非本征基区硼原子激活,另一方面多晶硅中的砷杂质扩散形成 n^+ 发射结。而且自多晶硅/单晶硅界面计算的发射结深,可以控制在 10 nm 量级。

　　(3) 淀积适当厚度的 SiO_2 薄膜后,通过反应离子刻蚀工艺去除平坦区域的 SiO_2 层,在多晶硅发射极线条两侧形成介质边墙,然后再次注入硼离子,进一步增强非本征基区接触区

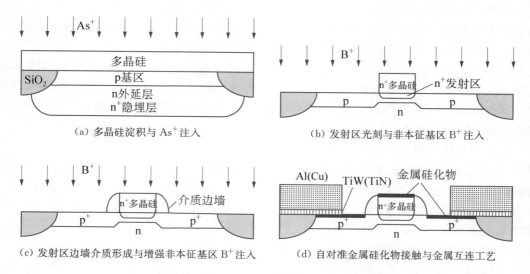

（a）多晶硅淀积与 As$^+$ 注入　　　　　（b）发射区光刻与非本征基区 B$^+$ 注入

（c）发射区边墙介质形成与增强非本征基区 B$^+$ 注入　　（d）自对准金属硅化物接触与金属互连工艺

图 6.12　自对准多晶硅发射极工艺示意图

的空穴浓度，降低基区接触电阻。这里有两点值得注意：①由于第二次硼离子注入为边墙介质所掩蔽，使发射区相邻区域的非本征基区杂质浓度不致过高，以避免产生过大的 EB 结寄生电容；②虽然前后两次非本征基区掺杂的硼离子也都注入到发射区上的多晶硅薄膜中，但它们的剂量远低于砷离子注入，不会明显影响 n$^+$ 多晶硅及由其扩散形成的发射区掺杂浓度。

（4）应用与 CMOS 工艺中相类似的自对准金属硅化物工艺，经过金属淀积、快速退火及选择腐蚀等多个工艺步骤，在非本征基和发射区等区域形成金属硅化物接触层。最后完成金属互连工艺。

以上介绍说明，在双极型器件技术中，可以应用 MOS 器件制造工艺中的多种成功技术。除了多晶硅薄膜工艺，为形成自对准器件结构，还应用了介质边墙掩蔽技术。通过高掺杂多晶硅薄膜扩散形成发射区的工艺，不仅具有自对准特点，还可避免高剂量离子注入损伤，有利于改善晶体管性能。

6.3.3　自对准双层多晶硅双极型芯片工艺

利用多晶硅薄膜的材料及工艺特性，可以发展多种不同双极型集成芯片工艺。这里再介绍一种自对准双层多晶硅双极型器件制造技术，其基本原理及主要工艺流程如图 6.13 所示。在这种工艺中，非本征基区和发射区分别应用高浓度掺杂的 p 型多晶硅和 n 型多晶硅作为扩散源，通过高温扩散在外延单晶硅层中形成。多晶硅可在淀积时在线掺杂，或者淀积后离子注入掺杂。下面以图 6.13 中主要工艺步骤后的硅片结构剖面变化，说明这种工艺的原理。

（1）在隐埋层、外延、隔离、集电极深 n$^+$ 接触区等形成后，用 CVD 工艺，先后淀积掺硼 p$^+$ 多晶硅和 SiO$_2$ 薄膜。

（2）应用发射区光刻版，通过光刻和干法刻蚀工艺，把发射区上的 p$^+$ 多晶硅和 SiO$_2$ 去除。这是一次关键光刻工艺，将界定发射区、本征基区和非本征基区，以及它们的接触电极。

（3）通过高温热氧化和 CVD 工艺，一方面，生长和淀积 SiO_2，另一方面，p^+ 多晶硅中的硼杂质扩散形成 p^+ 非本征基区，p^+ 多晶硅可作为基区电极接触区。

（4）经反应离子刻蚀，在发射区与非本征基区边界上形成介质边墙，然后通过适当能量及剂量的硼离子注入形成本征基区。由于发射区以外的区域都覆盖着厚氧化层，所选能量硼离子只能注入进发射区下面的区域，该处氧化层较薄。

（5）第二次淀积多晶硅，并通过高浓度砷离子注入，形成 n^+ 多晶硅层，经后续高温退火工艺，砷扩散进入外延硅层，形成发射区，它上面的 n^+ 多晶硅层可经光刻形成为发射区接触电极。

由上面的工艺流程可以看到，利用先后两次不同导电类型多晶硅工艺，经过一次精密光刻，并与离子注入、CVD、热氧化、反应离子刻蚀等工艺有机结合，就可以形成相互对准的本征基区、非本征基区、发射区以及它们的多晶硅电极。这种双极型集成电路制造工艺曾被称为超自对准工艺（super self-aligned technology，SST）。

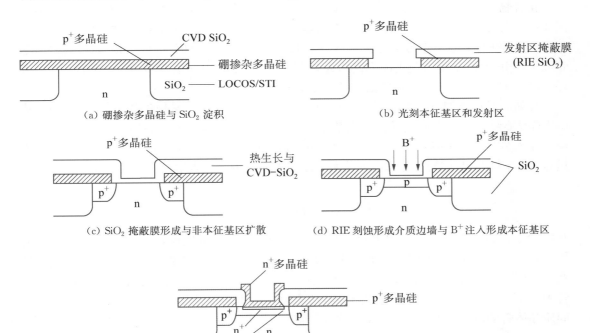

图 6.13　自对准双层多晶硅双极型集成电路工艺示意图

6.4　SiGe/Si 异质结双极型器件工艺

自 20 世纪 80 年代末期逐渐成熟的 SiGe/Si 异质结晶体管制造技术，为发展硅基高频双极型器件制造技术开辟了有效新途径，使硅基双极型晶体管和集成芯片速度等性能得到大幅度提升。本节将分析硅衬底上 SiGe 基区晶体管的主要特点及其原理，简要讨论自对准

Si/SiGe/Si 异质器件结构和关键形成工艺。

6.4.1　为什么需要异质结器件

自 70 年代以来异质结双极型晶体管(HBT)技术逐步发展,首先在化合物半导体中制造成功。以不同禁带宽度半导体材料构成的异质 pn 结晶体管,可具有更加优异的性能。同质结器件只能利用不同掺杂形成界面势垒,以控制载流子运动。异质结器件则可同时利用不同能带及掺杂形成的界面势垒,对载流子运动进行控制。因此,异质结晶体管比同质结器件,可获得更高的电流增益与工作频率。

最早发展的 HBT 器件是由各种不同化合物半导体制成的。众多二元、三元甚至四元 Ⅲ-Ⅴ族化合物半导体材料,可以通过异质外延工艺,形成多种晶格匹配较好的异质结构及相应器件,如 GaAlAs/GaAs 异质结晶体管、AlInAs/GaInAs 高电子迁移率晶体管、p - AlGaAs/p - GaAs/n - AlGaAs 二极管激光器等。

化合物半导体异质结晶体管通常以宽禁带材料为发射区,EB 结为异质结,而 BC 结为同质结。常用 $Al_xGa_{1-x}As/GaAs$ 异质结晶体管、$Al_xGa_{1-x}As$ 为发射区,材料组分(x)在 1~0 间变化时,其室温禁带宽度在 2.15~1.42 eV 之间变化。两种晶体结构匹配性很好,尽管以上组分变化,晶格常数失配率仅约为 0.1%。实际工艺中 x 常选择在 0.25 上下。两者晶格高匹配度,有利于通过外延生长形成异质 EB 结。

异质结晶体管的电流增益,除了与发射区和基区掺杂浓度等常规参数有关外,还强烈依赖 EB 异质结两侧的能带差异。在宽禁带发射区与窄禁带基区形成的界面势垒区,发射区电子注入势垒高度下降,基区空穴注入势垒高度增加,使电子注入效率提高。共发射极电流增益(β)与 HBT 晶体管基本参数的关系可用以下简化表达式表示:

$$\beta = \frac{N_E L_{pE} D_B}{N_B W_B D_E} \exp\left(\frac{\Delta E_g}{kT}\right)$$

其中,N_E、N_B 分别为发射区和基区的掺杂浓度,W_B 为基区的宽度,L_{pE} 为空穴在发射区的扩散长度,D_E 和 D_B 分别为发射区和基区内少数载流子的扩散系数,ΔE_g 为 EB 结两侧禁带宽度差值。上式说明,异质结造成的势垒高度变化,会导致电流增益指数上升。在同质晶体管中,$\Delta E_g = 0$,电流增益完全依赖于 EB 结两侧掺杂浓度差异及基区宽度等因素。为提高同质晶体管的电流增益,发射区掺杂浓度要高,基区掺杂浓度要低,基区宽度要尽可能窄。但这会增加基区串联电阻,导致工作频率下降、噪声增加。在异质结晶体管中,由于能带差异对晶体管电流增益及跨导等有更大贡献,为克服上述同质结器件的弊病,可以适当增加基区掺杂浓度和基区宽度,优化晶体管结构设计,使晶体管的增益、速度、噪声等性能得到全面提升。

半导体集成电路和异质结技术,可以说是在晶体管发明后固体器件物理领域影响最大的两项进展,两者的奠基者 J. S. Kilby 和 Z. I. Alferov、H. Kroemer 共同获得 2000 年度诺贝尔物理学奖。硅基器件如何应用异质结研究成果,如何制造性能更好、速度更快的晶体管,并应用于高性能集成芯片,一直是硅基器件研究者力求突破的课题。

1987 年国际电子器件会议上,IBM 公司研究者首次报道,研制成功 SiGe 基区硅基晶体管实验器件[19]。此后,SiGe/Si 异质结晶体管器件与工艺研究很活跃,制造技术得到迅速改进,1997 年 IBM 公司宣称开始硅基 HBT 器件商用生产。经过约 10 年技术可行性和性能优化研究，SiGe/Si 异质器件在 ECL 逻辑、模拟等双极型和 BiCMOS 集成电路产品中逐渐得到应用，促使硅基微电子器件进入更高速度器件技术领域，用于高频通信等技术，如低功耗超高频移动通信。SiGe/Si 异质结晶体管的工作频率已进入数百吉赫与更高范围。SiGe/Si 异质结晶体管，不仅在速度方面显著高于 CMOS 和同质双极型晶体管，而且噪声低、低温性能优异。

6.4.2　SiGe/Si 异质结器件的特点

在硅基异质结晶体管研究的过程中，人们也曾经按照化合物半导体异质结晶体管结构，力图寻找适于硅基器件的宽禁带材料作为发射区。人们曾试验 SiC 等宽禁带材料，但其结果还不如采用多晶硅发射极工艺的器件。因而改变思路，选择 SiGe 合金晶体作异质基区，这样就形成 EB 与 BC 两个异质结。锗和硅具有相同的金刚石晶体结构，SiGe 合金也具有金刚石晶体结构，晶格常数依组分而变，介于 0.543 nm（硅）和 0.566 nm（锗）之间，禁带宽度数值也取决于所含锗组分，在 1.12 eV（硅）至 0.67 eV（锗）之间。作为基区的 SiGe 层，锗含量通常在 20% 以下，以使其与硅晶体的晶格失配率不致过大。锗组分可以均匀分布，也有渐变的。

图 6.14 显示典型 Si/SiGe/Si 异质结构在无外加电压情况下的能带结构。SiGe 基区中锗均匀分布，所占组分约为 20%，相应禁带宽度为 0.96 eV。SiGe 基区与硅发射区及硅集电区分别形成 EB 及 BC 异质结。值得注意的是，SiGe 与硅的禁带宽度及相应界面势垒的变化大部分发生在价带顶，少部分在导带底。以图 6.14 所示 pn 结界面势垒为

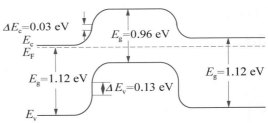

图 6.14　SiGe/Si 异质结晶体管的能带结构

例，硅和 SiGe 两者禁带差值为 0.16 eV，两者接触界面势垒中，p 型 SiGe 基区的价带顶比硅同质结情形上升 0.13 eV，而 SiGe 基区的导带底相对硅下降 0.03 eV。因此，对于 Si/SiGe 异质 EB 结，从基区进入发射区的空穴，要跨越更高的势垒，而从发射进入基的电子，其势垒高度却有所下降。因此，当这种异质 pn 结加正偏置电压时，电子注入电流有所增加，而由基区向发射区注入的空穴电流以较大幅度下降，从而使电子电流注入比和集电极电流增益显著增加。

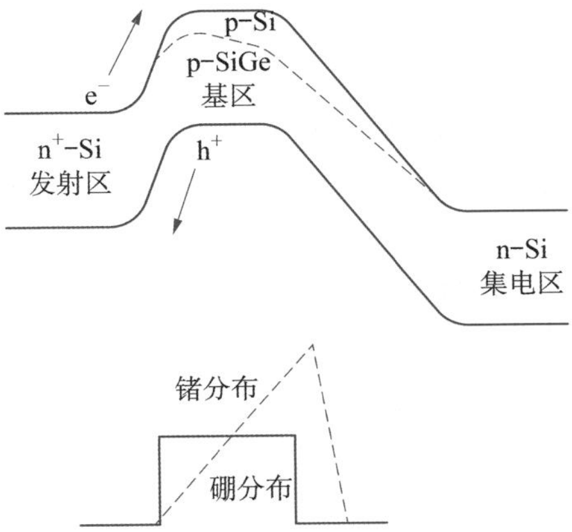

早期研制的实验器件，如 IBM 公司首次试验成功的 SiGe/Si 异质结晶体管，采用锗组分均匀分布的 SiGe 基区。进一步研究表明，采用锗组分线性分布的 SiGe 基区，更有益于制备高性能硅基 HBT 器件[20-25]。图 6.15 显示这种 SiGe 基区晶体管的锗线性分布及其造成的能带变化。图 6.15 中实线与虚线分别为同质与异质 SiGe 基区的晶体管能带结构示意图，假定两者掺杂浓度完全相同。在线性分布 SiGe 基区晶体管中，由于 EB 结界面附近锗组分很低，发射结两侧禁带宽度基本相同，由 EB 结至 BC 结，基区禁带逐渐变窄。在图 6.15 所示异质结构器

图 6.15　锗线性渐变 SiGe 基区 HBT 与同质硅晶体管能带的变化

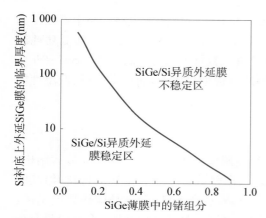

图 6.16 应变 SiGe 外延层晶格稳定性与锗组分及厚度的关系

件中,一方面,禁带逐渐变窄的基区将增强电子注入效应,另一方面,渐变基区禁带将在基区内部产生较强的漂移电场($\sim 10^4$ V/cm),即由发射区至集电区锗组分渐变,可以在基区内部,造成有利于加速少数载流子运动的内建电场,加速电子运动,使电子基区渡越时间缩短。这两方面因素都有益于增加电流增益和提高器件速度。

由以上讨论可知,图 6.15 所示组分渐变 SiGe 基区 HBT 的作用机制不同于传统宽禁带发射区 HBT,性能变化不是靠发射区空穴电流减小,而是取决于基区禁带与电场变化引起的集电极电流变化。现今 SiGe - HBT 器件普遍应用这种组分渐变基区结构。实验表明,应用较低锗平均含量,锗组分渐变基区晶体管可获得较高性能器件。如图 6.16 所示,较低锗含量有益于保持 SiGe/Si 异质外延薄膜的完整性和稳定性。在硅基 HBT 器件中,渐变锗组分常选择在 0~15% 上下变化,也有的组分最大值在 10% 以下。

6.4.3 SiGe/Si 异质器件制造工艺

SiGe/Si 异质外延是制造硅基 HBT 器件的关键工艺。早期研究工作多应用超高真空分子束外延技术生长 SiGe 单晶膜,其设备真空度需达 $\sim 10^{-11}$ Torr。现今在硅基异质器件研制与生产中,普遍应用超高真空化学气相淀积工艺(UHV-CVD),实现高质量晶体异质外延。虽然这种 UHV-CVD 外延设备的真空度($\sim 10^{-9}$ Torr)高于 MBE 设备,但由于应用选择性化学吸附技术,O_2、H_2O 等有害残余气体的分气压,也可降到 $\sim 10^{-11}$ Torr。外延薄膜生长气相源为硅烷和锗烷,并可应用硼烷、磷烷实现在线掺杂。外延薄膜生长可在 400~500℃ 的较低温度下进行,生长速率可在 0.001~10 nm/min 范围变化。薄膜生长速率依赖温度与组分等因素变化,常选择应用的典型生长速率为 0.4~4 nm/min。

异质外延晶体薄膜生长的主要难点在于,两者晶格常数不同。例如,含 20% 原子比锗的 SiGe,晶格常数为 0.548 nm,与硅晶格常数相比,增大约 1%。根据晶体生长理论,在一定厚度范围内,硅晶体衬底上可以外延生长应变晶格的 SiGe 外延层。在这种应变 SiGe 外延薄膜中,硅与锗原子仍保持周期性排列,但是不再呈理想立方晶体结构。由于在外延界面上 SiGe 原子排列必须与衬底上硅原子相同,而 SiGe 晶格常数大于硅,因此,SiGe 晶格必然在应力作用下发生畸变,在垂直方向的原子间距增加。异质 SiGe 层越厚,则其中应力越大,越容易产生位错等缺陷,使应变晶格遭到破坏。图 6.16 显示,在一定温度条件下,应变 SiGe 外延层的晶格稳定性与锗组分及厚度两者密切相关。如何外延生长无缺陷异质晶体薄膜,是制备优质异质结器件的关键。在 SiGe/Si 异质结器件制造中,异质 SiGe 外延层的锗组分与厚度需恰当选择,锗含量不能太高,薄膜不宜过厚。SiGe 基区厚度通常小于 100 nm。

SiGe/Si 异质结构器件也可采用自对准多晶硅工艺,以提高集成度和优化性能。图 6.17 显示一种自对准 SiGe 基区异质结器件芯片的剖面结构。虽然除 SiGe 本征基区外,其他与多晶硅发射极晶体管结构相似,但 HBT 器件工艺集成更为复杂,曾发展多种制造工艺[25]。SiGe-HBT 器件也制作在低掺杂 p-Si 衬底上,首先要形成集电区 n^+ 埋层,并在生长

n-Si 外延层后,进行深槽介质隔离与集电极接触区深 n⁺ 掺杂。应用深槽隔离工艺,在沟槽侧壁热氧化生长优质 SiO₂ 绝缘层后,有的以多晶硅填充深槽,也有的以硼、磷高掺杂氧化硅(硼磷硅玻璃- BPSG)填充深槽,如图 6.17 所示。这些工艺步骤与同质结双极型器件工艺类似。

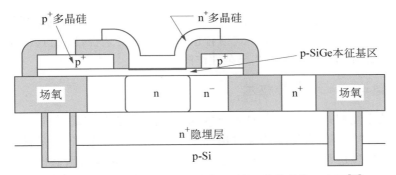

图 6.17　自对准 SiGe 基区异质结双极型晶体管结构示意图[22]

　　SiGe 本征基、非本征基区和发射区的形成工艺,与同质器件工艺相比,既有相似处,又有较大变化。SiGe/Si 异质外延必须与本征基区、非本征基区和发射区工艺结合,保证工艺相容性,以便可形成自对准晶体管结构。与同质双极型自对准晶体管制造工艺类似,在 SiGe/Si 异质器件制造中,也可应用多晶硅等工艺组合,形成自相定位及对准的本征基区、非本征基区和发射区。应用选择外延工艺可形成 SiGe 本征基区。在异质结器件技术中,本征基区锗组分和发射区、基区杂质分布,构成决定晶体管性能的关键因素。图 6.18 显示典型 SiGe/Si 异质结晶体管中锗与砷、硼、磷杂质分布,及其决定的 EB 结深度与基区宽度。对于 SiGe/Si 异质结器件,除了基区应有适当锗含量和分布外,减小基区电阻也是提高晶体管最高工作频率的主要因素之一。因此,本征基区硼掺杂浓度需适当增加,可接近 1×10^{19} cm⁻³,非本征基区更要确保高掺杂浓度。可以应用高浓度硼掺杂多晶硅扩散形成 p⁺-SiGe 非本征基区,也有工艺应用高硼含量氧化硅(BSG)作为自对准局域掺杂源,增加非本征基区空穴浓度[22]。为保证异质 SiGe 外延基区应变晶格完整性,要求后续掺杂工艺温度较低,常控制在 850℃以下。对于 SiGe/Si 异质结集成电路制造,双极型基本工艺和 SiGe 外延基区工艺的有机结合,是获得优良器件性能的关键。

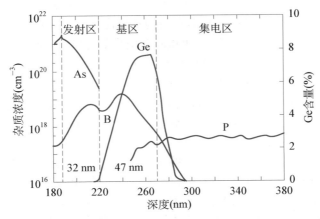

图 6.18　SiGe 基区晶体管中锗组分与杂质分布的典型 SIMS 测试曲线[21]

6.5　BiCMOS 集成芯片制造工艺

BiCMOS 集成芯片是由双极型器件与 CMOS 器件有机结合形成的集成器件,使电路兼具高速度与低功耗特性。但这种互补式结合也带来工艺复杂性,限制其产品的广泛应用。下面对这种集成器件的优越性和工艺复杂性作简要讨论。

6.5.1　双极型与 CMOS 互补技术

利用不同技术互相补充,形成一种新技术,历来是技术创新的重要途径之一。把 NMOS 和 PMOS 两种器件密切结合形成的互补电路——CMOS 集成电路,就是极好的成功范例。在集成电路技术发展过程中,人们自然也会想到把 CMOS 和双极型器件两者结合,发挥各自优点,制造出性能更为优异的集成芯片。BiCMOS 技术正是反映半导体器件技术演变中的这一趋势。如前所述,双极型器件具有速度快、驱动能力强等优点,但其功耗过大,而 CMOS 器件的突出优点是功耗小。BiCMOS 集成电路可以充分利用这两种器件的优点,它们可分别用于完成不同电路功能。大量输入和内部电路采用 CMOS 器件,而输出驱动电路采用双极型器件,可使集成芯片实现高速度与低功耗优化结合。虽然 CMOS 电路随着器件尺寸缩微,其速度也在迅速提高,但同样面积 BiCMOS 和 CMOS 的电路性能对比表明,当电路负载较大时,前者时延显著低于后者,如图 6.19所示。BiCMOS 还有其他优越性,如抗噪声能力强等。自 80 年代以来,有大量研究工作致力于改进 BiCMOS 技术,SiGe/Si 异质结双极型晶体管工艺成熟后,也应用于 BiCMOS 集成电路,使其工作频率更高、性能更优异[25−29]。虽然微处理器等数字芯片很少应用 BiCMOS 技术,但先进通信电路、超高频放大器、高速模数转换器等高频和高速器件领域,都可应用 BiCMOS 技术,以获得更为优异的电路性能,用于研制各类功能更强的新型电子系统。

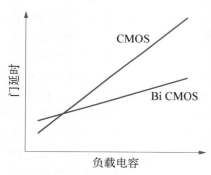

图 6.19　相同面积的 BiCMOS 与 CMOS 电路时延相对数值比较

图 6.20 为典型 BiCMOS 集成芯片剖面结构示意图。BiCMOS 集成芯片要求在同一硅片上制造 NMOS、PMOS 场效应晶体管和 npn 双极型晶体管,有时还需要 pnp 晶体管,以及电阻、电容、电感无源器件。由于不论 MOS 器件,还是双极型器件都由 pn 结形成和介质生长、淀积等工艺组合而成,可以认为在同一衬底上制造两类器件并非难事。而且在制造 CMOS 器件时,还要特别注意克服由于寄生双极型晶体管造成的闩锁效应,在双极型器件工艺中也需要避免产生寄生 MOS 反型沟道器件。MOS 与 npn 晶体管的某些区域有相类似的掺杂要求。例如,npn 晶体管的发射区和 NMOS 的源漏区都要求高浓度 n 型掺杂,有可能同时形成。又如,CMOS 流程中的 PMOS 源漏区掺杂工艺也有可能用于形成非本征基区。但是,为了获得 BiCMOS 电路的最优性能,必须同时优化 MOS 和双极型晶体管结构及其相应形成工艺。对于高性能 BiCMOS 集成芯片,MOS 和 npn 两类晶体管都必须具有相互匹配与优化的性能。这就要求合理设计能够相互兼容的各个器件层次工艺,通过比单独

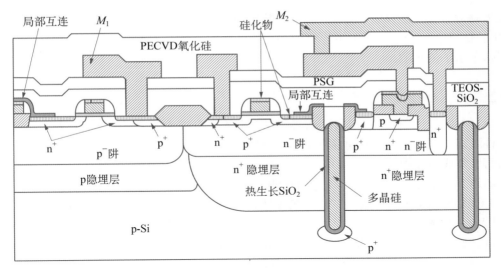

图 6.20　典型 BiCMOS 集成电路剖面结构示意图

CMOS 与双极型工艺都要复杂的制程,实现 BiCMOS 电路中多种器件的优化集成。

6.5.2　BiCMOS 集成芯片工艺特点

　　根据不同器件功能与性能要求,曾发展多种不同 BiCMOS 工艺。在以 CMOS 为主流产品的工艺平台上,需要增加相应双极型工艺模块,以适应不同产品制造需要。NMOS、PMOS、npn 这 3 种晶体管的不同区域及其掺杂,都需要应用各自相应工艺模块加工形成。它们的加工方法与本章和第 5 章介绍的双极型及 CMOS 工艺基本相同。图 6.21 显示一种 BiCMOS 集成芯片典型工艺的主要流程。按照此工艺流程,以下对 BiCMOS 集成电路基本工艺特点作简要介绍。

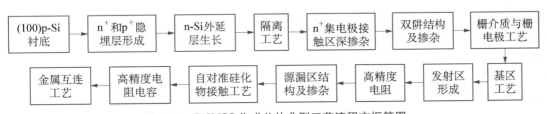

图 6.21　BiCMOS 集成芯片典型工艺流程方框简图

衬底和隐埋层

　　BiCMOS 集成电路通常采用(100)晶面的低掺杂浓度 p 型硅片衬底。硅片经过氧化、光刻和掺杂等工艺,首先分别在将制作 npn 与 PMOS 晶体管的区域形成 n^+ 隐埋层,在 NMOS 器件区域形成 p^+ 隐埋层。埋层既用于降低双极型晶体管的集电极串联电阻,也有益于抑制 CMOS 器件的闩锁效应。

外延层生长

　　与 CMOS 器件不同,BiCMOS 集成电路必须制作在高质量外延单晶硅层中。外延硅薄膜既为制造双极型晶体管所必须,也对改善 CMOS 器件性能有益。通常用化学气相外延技术,生长低掺杂 n-Si 单晶膜,其厚度取决于器件性能以及工艺要求,并需考虑埋层杂质对外延层掺杂水平的影响。

有源区界定与器件隔离工艺

根据电路设计,通过光刻和隔离等工艺,界定 CMOS 和双极型器件有源区。BiCMOS 的器件隔离工艺依据线条尺寸需要,可以选用局部氧化工艺或沟槽介质隔离或两者结合。在高密度集成电路中,一般都采用沟槽隔离,以浅沟槽隔离用于 MOS 器件之间隔离,以深沟槽隔离用于双极型器件。图 6.20 中 BiCMOS 集成芯片剖面结构显示,该电路不同区域分别应用 LOCOS 和深槽两种隔离工艺。双极型晶体管周围的沟槽隔离区深度要穿过外延与埋层,进入 p-Si 衬底,而且其下面要有 p^+ 层,以避免隔离氧化物介质中的正电荷感应产生有害沟道。如前所述,隔离沟槽内部填隙,需应用多晶硅或氧化物 CVD 工艺完成。在实验研制 BiCMOS 芯片中,有研究工作应用"空气间隙(airgap)"工艺,实现深槽隔离,即在深槽侧壁及底部热生长绝缘氧化层后,不填充多晶硅或氧化硅,而是形成空腔式隔离槽[30]。

集电极接触区深掺杂

在集成电路工艺流程设计中,常常必须遵守的原则之一,是把掺杂深、高温时间长的工序放在前面。对于双极型晶体管,为尽量减小集电极串联电阻,除了在晶体管下面形成埋层外,还需要应用离子注入及高温扩散,形成深掺杂的高浓度集电极接触区。这种深 n^+ 掺杂区与 n^+ 埋层相接,可显著降低集电极电阻。

双阱形成及阱区掺杂

通过光刻和离子注入等工艺,分别在 n^+ 和 p^+ 隐埋层上面的外延层中,形成 n 阱和 p 阱。n 阱用于制作 PMOS 和 npn 晶体管,p 阱用于制作 NMOS 和 pnp 晶体管。对双极型器件,阱区就是晶体管的集电区。阱中杂质浓度及分布对晶体管的许多重要特性有密切关系,如 MOS 晶体管的阈值电压和穿通电压、双极型晶体管的电流特性和厄利电压等。如本书前面章节介绍,阱区需要通过不同能量及剂量的多次离子注入,以获得所需要的杂质浓度与分布。对于 NMOS 与 PMOS 两种器件都需要分别进行能量较高、射程较深的抗穿通离子注入,以及能量较低、射程在表面层的沟道阈值电压调整离子注入。双极型晶体管集电区所在的 n 阱,也需要适当离子注入工艺,以改善晶体管特性。

栅介质与栅电极工艺

BiCMOS 集成电路中的栅叠层工艺与 CMOS 器件一样,是决定其性能的最关键工艺之一。硅片表面清洗处理、薄栅介质制备、多晶硅薄膜淀积等步骤都必须优化设计与加工,以获得最优组合的栅叠层,用以控制 CMOS 器件开关状态。

基区工艺

本征基区在双极晶体管中的作用,可以类比沟道区在 MOS 器件中的作用。高性能

BiCMOS 集成芯片可应用 SiGe/Si 异质结晶体管。为形成异质基区,需要在集电区上异质外延生长 SiGe 单晶薄膜,并通过在线掺杂或离子注入使基区具有适当浓度与分布。如 6.4 节所述,异质基区外延工艺必须与非本征基区及发射区工艺优化集成。

发射区形成

在高性能 BiCMOS 工艺中,通常采用自对准多晶硅发射极工艺,以获得双极型晶体管的高增益、高速度和高集成密度。npn 晶体管的发射区由掺砷多晶硅扩散而成,并需要精确控制其结深。

源漏区结构及掺杂

在 BiCMOS 集成电路中,NMOS 和 PMOS 晶体管的源漏区 LDD 结构及高浓度掺杂,也都通过自对准结构和离子注入工艺形成。在有些工艺中,双极型器件的部分掺杂区域,也可同时利用 MOS 器件的源漏区工艺形成。

自对准金属硅化物接触

BiCMOS 集成电路中同样采用自对准硅化物薄膜工艺,在器件的各个区域上形成低电阻接触。对于不同技术代产品,分别淀积钛、钴、镍等金属薄膜,通过两步热退火工艺及其间的湿法选择腐蚀工艺,在 CMOS 和双极型器件表面暴露的单晶硅及多晶硅区域,形成均匀硅化物导电薄膜。

高精度电阻

某些模拟集成电路,如模数转换电路,要求芯片上制备高精度电阻。这种电阻不仅阻值要精确,还应具有较小的温度和电压系数。常用的电阻材料为多晶硅薄膜或 NiCr 等合金薄膜。多晶硅薄层电阻值可通过掺杂浓度调节。合金薄膜电阻则取决于其组分,可比多晶硅电阻获得更高精度。

高精度电容

某些 BiCMOS 模拟集成电路需要应用电容元件,并要求它们具有高精度,具有较小温度系数与电压系数。通常应用高掺杂多晶硅或金属薄膜作为电容极板、SiO_2 或某些高介电常数介质薄膜作为电容介质。在一些模拟集成电路中还需要可变电容和电感,应采用专门工艺模块制作。

金属互连工艺

BiCMOS 集成电路的金属互连工艺,与 CMOS 或双极型集成电路基本上是相同的,要尽可能降低互连线的分布电阻和寄生电容。需要应用多种导电金属和低介电常数介质材料,双镶嵌铜互连及低 k 介质工艺已应用于高性能 BiCMOS 集成芯片[31]。

由以上讨论可知 BiCMOS 工艺的复杂性。特别是高性能 BiCMOS 集成芯片,应用 SiGe 异质基区晶体管后,工艺集成将更为复杂。相对于 CMOS,BiCMOS 芯片技术难度和制造成本显著增加。随着纳米 CMOS 缩微技术进展,器件速度提高,部分原先必须应用 BiCMOS 技术解决方案的产品为 CMOS 芯片所替代。

思考题

1. 有哪些器件隔离技术应用于双极型集成芯片制造?分析它们的优点、缺点及工艺难点,并说明各自适用范围。

2. 由双极型集成芯片特点分析其制造工艺演变过程,讨论通过哪些工艺可以改进提高其集成密度与工作速度。

3. 为什么说双极型器件制造工艺为典型"掺杂工程"?如何选择双极型晶体管不同区域的掺杂元素与浓度?

4. 本征基区与非本征基区功能有什么不同?在工艺上如何实现?

5. 多晶硅发射极有什么优越性?试分析其原因。

6. 如何应用多晶硅工艺形成自对准双极型晶体管,并提高双极型集成芯片密度和速度?

7. 异质结晶体管有什么优越性?与一般化合物半导体异质结晶体管相比,硅基异质结晶体管有什么特点?分析其差别原因。

8. 分析说明 SiGe/Si 异质结晶体管的结构、原理与制造工艺。

9. 试分析 BiCMOS 集成电路的优越性和局限性。

10. 为研制高性能 BiCMOS 集成电路,在 CMOS 工艺基础上需要增加哪些工艺?

参考文献

[1] S. Wolf, Bipolar and BiCMOS process integration, Chap. 7 in *Silicon Processing for the VLSI Era*, *Vol. 2*, *Process Integration*. Lattice Press, Sunset Beach, CA, USA, 1990.

[2] J. D. Warnock, Silicon bipolar device structures for digital applications: technology trends and future directions. *IEEE Trans. Elec. Dev.*, 1995,42(3):377.

[3] T. H. Ning, History and future perspective of the modern silicon bipolar transistor. *IEEE Trans. Elec. Dev.*, 2001,48(11):2485.

[4] W. R. Runyan, K. E. Bean, Historical overview, Chap. 1 in *Semiconductor Integrated Circuit Processing Technology*. Addison-Wesley Publishing Company, Massachusetts, 1990.

[5] K. Lehovec, Invention of p-n junction isolation in integrated circuits. *IEEE Trans. Elec. Dev.*, 1978,25(4):495.

[6] S. Wolf, Isolation technologies for integrated circuits, Chap. 2 in *Silicon Processing for the VLSI Era*, *Vol. 2*, *Process Integration*. Lattice Press, Sunset Beach, CA, USA, 1990.

[7] G. P. Li, T. H. Ning, C. T. Chuang, et al., An advanced high-performance trench-isolated self-aligned bipolar technology. *IEEE Trans. Elec. Dev.*, 1987,34(11):2246.

[8] 张廷庆,刘家璐,深槽隔离及其在双极型电路中的应用. 微电子学,1990,20(5):13.

[9] H. H. Berger, S. K. Wiedman, Merged transistor logic (MTL)—low cost bipolar circuit concept. *IEEE J. Solid-State Circuits*, 1972,7(5):340.

[10] K. Hart, A. Slob, Integrated injection logic: a new approach to LSI. *IEEE J. Solid-State Circuits*, 1972,7(5):346.

[11] J. A. Guerena, R. L. Pritchett, P. T. Panousis, High performance upward bipolar technology for VLSI. *IEDM Tech. Dig.*, 1978:209.

[12] D. D. Tang, T. H. Ning, S. K. Wiedmann, et al., Sub-nanosecond self-aligned I2L/MTL

circuits. *IEDM Tech. Dig.*, 1979:201.

[13] J. Graul, A. Glasl, H. Murrmann, Ion implanted bipolar high performance transistors with POLYSIL emitter. *IEDM Tech. Dig.*, 1975:450.

[14] T. H. Ning, R. D. Isaac, Effect of emitter contact on current gain of silicon bipolar devices. *IEDM Tech. Dig.*, 1979:473; *IEEE Trans. Elec. Dev.*, 1980,27(11):2051.

[15] T. H. Ning, D. D. Tang, P. M. Solomon, Scaling properties of bipolar devices. *IEDM Tech. Dig.*, 1980:61.

[16] 张利春,倪学文,王阳元,多晶硅发射极超高速集成电路工艺.半导体学报,2001,22(6):811.

[17] 张利春,高玉芝,金海岩等,超高速双层多晶硅发射极晶体管及电路.半导体学报,2001,22(3):345.

[18] H. C. de Graaff, J. G. de Groot, The SIS tunnel emitter. *IEDM Tech. Dig.*, 1978:333; The SIS tunnel emitter: a theory for emitters with thin interface layers. *IEEE Trans. Elec. Dev.*, 1979,26(11):1771.

[19] S. S. Iyer, O. L. Patton, S. S. Delage, et al., Silicon-germanium base heterojunction bipolar transistors by molecular beam epitaxy. *IEDM Tech. Dig.*, 1987:874.

[20] G. L. Patton, D. L. Harame, J. M. C. Stork, et al., Graded-SiGe-base, poly-emitter heterojunction bipolar transistors. *IEEE Elec. Dev. Lett.*, 1989,10(12):534.

[21] G. L. Patton, J. M. C. Stork, J. H. Comfort, et al., SiGe-base heterojunction bipolar transistors: physics and design issues. *IEDM Tech. Dig.*, 1990:13.

[22] F. Sato, T. Hashimoto, T. Tatsumi, et al., Sub-20 psec ECL circuits with 50 GHz fmax self-aligned SiGe HBT's. *IEDM Tech. Dig.*, 1992:397.

[23] J. M. C. Stork, SiGe heterojunction bipolar transistors: the first ten years. *Proc. 25th Eur. Solid-State Dev. Res. Conf.*, 1995:359.

[24] D. L. Harame, J. H. Comfort, J. D. Cressler, et al., Si/SiGe epitaxial-base transistors-part I: materials, physics, and circuits. *IEEE Trans. Elec. Dev.*, 1995,42(3):455.

[25] D. L. Harame, J. H. Comfort, J. D. Cressler, et al., Si/SiGe epitaxial-base transistors-part II: process integration and analog applications. *IEEE Trans. Elec. Dev.*, 1995,42(3):469.

[26] A. R. Alvarez, S. Y. Pai, K. N. Ratnakumar, et al., An overview of BiCMOS technology and applications. *Proc. IEEE Int. Symp. Circ. Syst.*, 1990,3:1967.

[27] T. M. Liu, T. Y. Chiu, R. G. Swam, High performance BiCMOS technology. *Proc. IEEE 1993 Custom Integrated Circuits Conf.*, 1993,24.

[28] R. A. Johnson, M. J. Zierak, K. B. Outama, et al., 1. 8 million transistor CMOS ASIC fabricated in a SiGe BiCMOS technology. *IEDM Tech. Dig.*, 1998:217.

[29] G. Avenier, M. Diop, P. Chevalier, et al., 0. 13 μm SiGe BiCMOS technology fully dedicated to mm-wave applications. *IEEE J. Solid-State Circuits*, 2009,44(9):2312.

[30] S. Van Huylenbroeck, L. J. Choi, A. S. Hernandez, et al., A 205/275 GHz f_T/f_{max} airgap isolated 0. 13 m BiCMOS technology featuring on-chip high quality passives. *Proc. 2006 Bipolar/BiCMOS Circuits Technol. Meet.*, 2006:57.

[31] A. Joseph, D. Coolbaugh, M. Zierak, et al., A 0. 18 μm BiCMOS technology featuring 120/100 GHz (f_T/f_{max}) HBT and ASIC-compatible CMOS using copper interconnect. *Proc. 2001 Bipolar/BiCMOS Circuits Technol. Meet.*, 2001:143.

第 7 章

集成芯片器件缩微原理及其实现

　　由第 5 和第 6 章介绍的集成电路基本技术及其演进可知,单元器件尺寸持续缩微是集成电路技术持续进步的关键。本书第 1 章已强调指出,器件微小型化是半导体集成电路数十年快速发展的主要技术规律。从硅单晶生长到芯片加工,从图形光刻、氧化、掺杂到接触互连,各种集成电路制造工艺技术创新的核心问题,都是如何采用新材料、新设备、新工艺、新结构,以实现器件尺寸缩微,研制出集成规模更大、功能更强、速度更快、性能更优、可靠性更高的集成电路。器件微小型化不仅需要几何尺寸缩微,也需通过材料与结构创新,优化工艺参数,提高器件性能,实现等效缩微,不断为集成芯片制造技术开辟新途径。本章对集成电路器件缩微的基本原理、缩微途径、纳米 CMOS 技术赖以发展的等效缩微技术、建立在缩微原理基础上的传统与 2.0 版半导体技术发展路线图、器件缩微的物理极限、纳米 CMOS 集成芯片技术演进特点以及三维复合异质集成技术发展方向等,分别作概要分析讨论。

7.1　MOS 器件等电场按比例缩微原理

　　自 20 世纪初发明真空二极管以来,电子器件小型化,就始终是其技术进步的目标和标志。从真空电子管到半导体晶体管,再到集成电路,器件小型化始终是电子技术迅速发展的前提与基础。自 1958 年集成电路发明以来,由于半导体加工技术不断改进,单元器件尺寸持续缩微,集成电路逐步从小规模到大规模、超大规模、甚大规模,直至极大规模系统芯片集成,为计算机、通信、自动化、智能化、数字化多媒体等电子信息技术及相关产业迅猛发展,开辟了广阔道路和空间,促使现代经济、科学技术、文化教育、社会生活等领域发生深刻变化。对于信息存储、信息处理、信息传输等功能,单元器件微小型化可以说是有百利而无一害。对于近年也在迅速发展的固体功率器件,虽然尺寸不能任意缩小,但缩微技术的成果也可为提高其性能和效率开辟新途径。智能功率器件的发展就是一个范例。

　　硅双极型、MOS 型或其他材料信息器件缩微,都可使性能、功能持续得到改进,其中,MOS 器件的缩微技术进展最为引人瞩目。这是因为 MOS 型器件缩微具有很强的规律性,按其规律持续、逐步缩微,MOS 晶体管特征尺寸从早期的数十微米,演进到近年的数十纳米,并正在向亚 5 nm 技术发展。不断更新换代的 CMOS 集成芯片,成为现代电子技术和产业赖以创新和发展的坚实技术基础。

7.1.1　MOS 器件等电场按比例缩微规则

在大规模集成电路发展初期的 1972—1974 年,IBM 公司的 Dennard 等人研究 MOS 技术发展途径时,在实验基础上提出 MOS 器件等电场按比例缩微原理[1]。当时的半导体制造技术水平还在数微米阶段。他们利用离子注入等技术研制了 1 μm NMOS 器件,并与 5 μm 器件进行对比。图 7.1 为该实验所选择的两种晶体管尺寸及衬底掺杂浓度。此实验以设计和性能参数的相应变化数据,验证了 MOS 器件等电场按比例缩微原理。

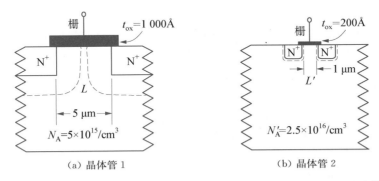

图 7.1　Dennard 等人设计的两种 NMOS 缩微实验器件尺寸及衬底掺杂[1]

MOS 集成电路的等电场按比例缩微原理可以表述如下:如果 MOS 晶体管的沟道长度、宽度等横向尺寸,以及栅介质厚度、pn 结深度等纵向尺寸,都按一定比率(k)缩小,以同样比率降低电源电压,并使衬底掺杂浓度增加同一倍率,则芯片集成密度将以 k^2 比率增加,速度以 k 比率上升,而电场强度和功耗密度保持不变。这一原理所涉及的 MOS 器件设计参数和性能参数之间的因果关系,即设计和性能参数变化规律,可用表 7.1 具体说明。

表 7.1　MOS 集成电路等电场按比例缩微原理

	器件参数	缩变比率
器件设计参数	沟道长度与宽度(L_g,W_g)	$1/k(k>1)$
	结深(x_j)	$1/k$
	栅氧化层厚度(t_{ox})	$1/k$
	衬底掺杂(N_s)	k
	电源电压(V)	$1/k$
晶体管性能	电流(I)	$1/k$
	电场强度(E)	1
	反型层电荷密度(Q_i)	1
	沟道电阻(R_{ch})	1
	栅电容($C \sim \varepsilon L_g W_g / t_{ox}$)	$1/k$

	器件参数	缩变比率
集成电路性能	芯片集成密度	k^2
	电路延时$(\tau \sim CV/I)$	$1/k$
	功耗$(P \sim VI)$	$1/k^2$
	功耗与延时乘积$(P\tau)$	$1/k^3$
	功耗密度$(\sim P/L_g W_g)$	1

在图 7.1 所示 Dennard 等人的实验中,完全按照上述原理设计两种晶体管的尺寸与衬底掺杂浓度,比率因子为 5,把 MOS 沟道长度由 5 μm 缩小到 1 μm,栅氧化层厚度由 100 nm 减薄到 20 nm,其他尺寸也按比例变化,而衬底掺杂浓度由 5×10^{15} cm^{-3} 增加到 2.5×10^{16} cm^{-3},电源电压由 20 V 降到 4 V。结果得到的 NMOS 晶体管的阈值电压由 2.1 V 减小到 0.44 V,电流等其他参数也按表 7.1 所列相应变化。从表 7.1 所列各种参数之间关系可知,由于晶体管尺寸与电源电压的同比缩小,MOS 器件内的各处电场强度保持不变,因而被称为等电场缩微原理。器件缩微使集成电路技术所追求的所有性能全面得到改善,不仅器件集成密度和信息传输速度显著提高,而且信息变化与传输所需要的功耗与能量,分别按缩微比率的平方与立方下降,集成芯片功耗密度可保持不变,因而也有益于提高器件可靠性。图 7.2 显示按一定比例缩小的两种 MOS 器件的电压电流特性变化。MOS 器件按比例缩微理论,是 CMOS 集成芯片技术快速发展的原理基础。

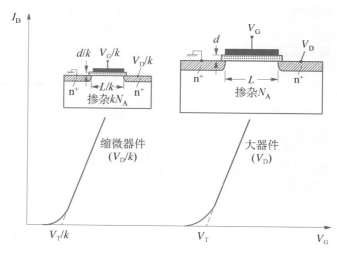

图 7.2　按比例缩微 MOS 晶体管的特性对比[1]

7.1.2　MOS 晶体管阈值电压的可变性

MOS 器件之所以具有非常鲜明的缩微规律性,其主要原因在于 MOS 晶体管阈值电压的可变性。图 7.2 清楚地显示这种阈值电压可变性。与双极型晶体管不同,MOS 晶体管是单极型器件,其导通状态完全由场效应感生沟道载流子浓度变化决定。MOS 晶体管的导通阈值电压,由半导体衬底掺杂浓度、栅介质厚度及其中电荷密度与分布、栅电极与衬底间电子功函数差值等因素决定。MOS 器件阈值电压(V_T)与这些因素的依赖关系可简化表示为

$$V_T = V_{ms} + \Psi_S + \frac{t_{ox}}{\varepsilon_{ox}} \{ -Q_B - Q_{eff} \} \qquad (7.1)$$

其中,V_{ms} 为栅电极材料与硅衬底之间的功函数差$[(W_m - W_s)/q]$,Ψ_S 为硅表面势$[(2kT/q) \times \ln(N_A/n_i)]$,$n_i$ 为本征载流子浓度,t_{ox} 与 ε_{ox} 分别为栅氧化层厚度与介电常数,Q_B 为硅衬底耗尽层电荷面密度,Q_{eff} 为氧化层中的有效电荷面密度。在第 3 章有关 MOS 晶体管特性和第 5 章有关 CMOS 制造工艺介绍中,对影响 MOS 晶体管阈值电压的因素和调节方法分别有较详细的讨论。

这里要强调的是,根据 MOS 晶体管基本工作原理,其阈值电压具有可变性。正是基于这一特性,MOS 集成电路的电源电压可以在很大范围变化,从早期数十伏逐步演变到 1 V 及更低工作电压。阈值电压的可变性,可以说是 MOS 器件缩微规律的原理基础。同时应注意到,在集成电路一代又一代缩微变化中,阈值电压的变化并不总是如图 7.2 所示那样与器件尺寸完全成比例。在亚微米 MOS 集成电路缩微换代中,受限于漏电流等因素影响,阈值电压变化幅度常小于特征尺寸变化。

MOS 器件阈值电压的可变性,与双极型器件相对变化较小的 pn 结开启电压,形成鲜明对比。双极型晶体管的阈值电压一般不会随其尺寸变化,随掺杂浓度变化也在较小幅度内。双极型集成电路的电源电压及阈值电压一般是恒定的。在 MOS 晶体管阈值电压表达式(7.1)中,除了 ε_{ox} 为材料常数以外,其他参数都是可变的,它们的组合可以使阈值电压值在有益于集成电路性能的范围内变化。其中,氧化层有效电荷 Q_{eff} 应该尽可能低,在制造过程中总是要求应用超洁净栅介质制备工艺,以使栅介质中的各种电荷面密度降到最低。V_{ms} 主要由所选用的栅电极材料决定。通常用于调节阈值电压的因素是栅氧化层厚度和衬底掺杂浓度,后者同时影响 Q_B 和 Ψ_S。减薄栅介质厚度是提高 MOS 器件性能的关键之一。栅介质越薄,单位面积栅电容越大,场效应越强,反型沟道载流子浓度越高,在衬底同样掺杂浓度条件下,晶体管开启阈值电压会相应降低。如第 5 章所述,衬底内局域离子注入掺杂,是影响 Q_B 值及调节阈值电压的主要手段。衬底偏压大小也影响 Q_B 值,故也可用于调节阈值电压。在上述 Dennard 等人的实验中,大小不同尺寸器件就应用了不同衬底偏压。

在 CMOS 缩微升级换代的演变过程中,选用的栅电极材料比较稳定,但为了改善晶体管阈值电压调节及性能,也在一定阶段发生变更。例如,n^+ 多晶硅栅曾长期同时应用于 CMOS 电路中两种晶体管,在器件尺寸缩微到深亚微米阶段后,为更好地调节两种器件的阈值电压,改为采用 n^+ 和 p^+ 两种掺杂多晶硅,分别用于 NMOS 和 PMOS 晶体管。又如,自 45 nm CMOS 技术开始,高性能集成芯片应用金属栅代替多晶硅,而且要选用具有恰当功函数的不同金属材料,分别作为 NMOS 和 PMOS 器件的栅电极,以使它们具有合适的阈值电压。这是纳米 CMOS 技术发展中的关键课题之一。

7.1.3　缩微为什么需要提高衬底掺杂浓度

在上述缩微原理中,在器件横向与纵向尺寸按比率缩小的同时,却要求晶体管的衬底浓

度按同一比率增加。这是为什么呢？实际上，这是为了缩小 MOS 器件的内在尺寸，即耗尽层宽度。应该注意，晶体管阈值电压表达式中的衬底掺杂浓度，在 CMOS 器件中就是指 n 阱和 p 阱中的掺杂浓度。MOS 晶体管源漏区 pn 结和栅界面区的耗尽层宽度(W_d)是决定器件基本性能的主要参数之一，其表达式如下：

$$W_d = \left[\frac{2\varepsilon_{Si}(V + \Psi_S)}{qN_A} \right]^{1/2} \tag{7.2}$$

其中，V 为在源漏区 pn 结的外加电压，Ψ_S 为它们的 pn 结内建电势或半导体表面电势，ε_{Si} 为硅介电常数，N_A 为衬底浓度，q 为基本电荷。器件尺寸缩小，必然要求耗尽层宽度相应缩小，否则将可能产生漏源区穿通现象。(7.2)式说明耗尽层宽度是由外加电源电压和衬底浓度决定的。为使耗尽层宽度减小，必须提高衬底掺杂浓度。如果内建电势比电源电压小许多，可忽略其影响，因而按规则缩小的 MOS 晶体管，其耗尽层宽度(W'_d)将缩小到原来的 $1/k$，如下式所示：

$$W'_d = \left[\frac{2\varepsilon_{Si}(V/k + \Psi_S)}{qkN_A} \right]^{1/2} \approx W_d/k \tag{7.3}$$

显然当电源电压越来越低时，上述假设不能成立。这里强调的是，半导体耗尽层宽度可以通过掺杂浓度变化，在一定范围内进行调节，以使缩微器件具有优良特性。

7.2 MOS 器件变电场缩微原理

缩微原理为 MOS 器件微小型化技术发展奠定了理论基础。等电场缩微要求电源电压与器件尺寸按相同比率缩小，但是，等电场并非是获得器件微小型化优越性的必需条件。自 20 世纪 70 年代以来，研制和生产的 MOS 集成电路沟道长度、栅氧化层厚度等几何尺寸持续缩小，但所用电源电压并不总是随器件尺寸同步缩小。例如，多个技术代集成电路曾连续采用 5 V 电源，即：在 MOS 器件升级过程中，常常需要应用等电压缩微设计。一方面，这是由于在一定时期电子仪器往往要求使用特定电压的标准化电源。另一方面，在栅介质和半导体电学耐压特性允许范围内，由于尺寸缩小、电压恒定，使电场强度上升，可以增加载流子速度及晶体管跨导，从而提高集成电路运行速度。

在硅集成电路升级换代快速发展过程中，为优化集成电路的工艺设计，人们曾提出和应用多种不同缩微规则。1984 年 IBM 的研究者，提出适用较广的电场可变器件缩微理论[2]。这种普适性较强的 MOS 缩微规则可归纳为表 7.2。

表 7.2 MOS 集成电路普适的按比例缩微规则

	器件参数	缩变比率
器件设计参数	沟道长度与宽度(L_g, W_g)	$1/k$ ($k > 1$)
	结深(x_j)	$1/k$
	栅氧化层厚度(t_{ox})	$1/k$

续　表

	器件参数	缩变比率	
	电场强度(E)	$\alpha(\alpha>1)$	
	电源电压(V)	α/k	
	衬底掺杂(N_s)	αk	
晶体管性能	栅电容($C\sim\varepsilon L_\mathrm{g}W_\mathrm{g}/t_\mathrm{ox}$)	$1/k$	
	反型层电荷密度(Q_i)	α	
	载流子速度(v)	α	1
	电流(I)	α^2/k	α/k
	电路延时($\tau\sim CV/I$)	$1/\alpha k$	$1/k$
集成电路性能	功耗($P\sim VI$)	α^3/k^2	α^2/k^2
	功耗密度(P/A)	α^3	α^2
	功耗与延时乘积($P\tau$)	α^2/k^3	
	芯片集成密度	k^2	

在表 7.2 所列的 MOS 晶体管几何与电源设计规则中,电源不再与沟道长度等几何尺寸同比缩小,而是选择两个比率因子进行调节。除仍用同一比率因子(k)缩小器件几何参数外,另选一个比率因子(α),使电场强度适度增加。两个因子的数值都大于 1,但 $\alpha\leqslant k$。电源电压和衬底掺杂浓度分别由两个因子的适当组合调节。电压缩变比为 α/k,变化小于晶体管尺寸缩微比。衬底掺杂浓度的变化因子为 αk,即与等电场缩微条件相比,要求衬底更高掺杂浓度。这是因为,在电场强度增加及电压缩微比率小于尺寸缩微的情况下,为减小半导体耗尽层宽度,以与沟道长度变化相匹配,就必须更多通过增加杂质浓度实现。以更大倍率提高掺杂浓度,有利于避免高电场下的短沟道效应。

MOS 晶体管中厚度最薄的是栅介质层,也是电场强度最高的区域。作为栅介质的 SiO_2 薄膜,其本征电学击穿强度约为 $(1\sim3)\times10^7$ V/cm,取决于制备工艺、氧化层厚度与缺陷密度等因素。早期 MOS 晶体管栅介质中的电场强度远低于击穿强度,因而在缩小器件尺寸时,可以适度提高电场强度。这有益于增加反型沟道载流子密度,降低沟道电阻,提高晶体管跨导,提升集成电路工作频率。

除了栅介质电场,还应考虑半导体内的电场对载流子漂移速度的影响。通常在同样电源电压下,半导体内电场要小。硅的击穿强度比 SiO_2 栅介质低约 1~2 个数量级,与掺杂浓度相关,在 10^{17} cm^{-3} 以下,约为 $(2\sim5)\times10^5$ V/cm。在较大尺寸 MOS 器件中,实际工作电场通常低于击穿电场。在小尺寸器件中,局部电场虽有可能达到或超过击穿电场,但只要载流子加速路径上碰撞电离积分不超过 1,器件仍可正常工作。电场对载流子速度的影响,依赖电场强度大小。表 7.2 中列出了两种情况,在较低电场下,载流子速度与电场强度增长呈正比,其比例常数就是迁移率。在高电场下,载流子速度则趋向饱和值,不再随电场变化。电子漂移速度达到饱和值($\sim1\times10^7$ cm/sec)的电场约为 5×10^4 V/cm。对于这两种不同电场条件,按表 7.2 所列设计规则,缩微晶体管的电流、电路延时及功耗等参数变化不同。在载流子速度饱和条件下,电路延时的减小比率为 $1/k$,与几何尺寸变化率相同。在较低电场,当载流子速度随电场线性变化时,电路延时以更大比率减小($1/\alpha k$),即电路可以获得更高工作频率。这是两种极端情况,中间情形应在两者之间。

　　由表 7.2 所列参数变化率可知,增加电场不利于降低功耗。从载流子速度线性变化区到饱和区,功耗变化比值由 α^3/k^2 到 α^2/k^2,都大于等电场缩微比例($1/k$),功率密度增加,其范围在 α^3 与 α^2 之间。这与等电场缩微条件下的恒定功率密度形成显著差别。电场及功率增加,对超大规模集成电路芯片封装工艺和可靠性技术提出更高要求。

　　表 7.2 的缩微规则是适用范围较广的 MOS 器件普适缩微规则,实际上包含了等电场缩微和等电压缩微。如果 $\alpha=1$,就是等电场缩微规则,如表 7.1 所描述;如果 $\alpha=k$,则转化为等电压缩微规则,电压恒定,但电场强度以 k 倍率上升,并要求掺杂浓度以 k^2 倍率增加。

7.3　单元器件缩微的实际演进与选择

　　虽然集成芯片技术与产业数十年来沿着单元器件缩微道路持续快速演进,但不同时期的器件尺寸与电源,并不完全以按比例原理确定。制造者需要依据芯片应用要求、缩微基本原理和功耗等限制因素,进行优化选择。CMOS 器件之所以在集成电路进入 VLSI 发展阶段以后,很快发展成为主流芯片技术,主要原因在于其低功耗特性。虽然按照器件缩微原理,随着器件尺寸缩小,晶体管及单元电路的速度提高、功耗降低,但芯片集成度迅速增加,每 10 年增长约 30 余倍。工作频率越高,传输速度越快,芯片整体功耗也随之上升。同时,越来越多采用电池电源的移动通信类等电子产品需要降低功耗,因而要求应用低功耗集成芯片。因此,自进入亚微米器件,特别是深亚微米器件技术以后,CMOS 集成电路缩微路线因其应用领域不同而必须作不同选择。

7.3.1　电源电压和电场强度的实际演变

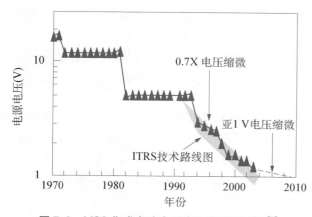

图 7.3　MOS 集成电路电源电压的实际演变[3]

　　图 7.3 显示 MOS 集成电路电源电压自 1970 年以来的实际变化。早期电源电压在 10 V 以上,从 20 世纪 80 年代初期到 90 年代中期,器件尺寸由 2 μm 逐步缩小到 0.8 μm,电源电压始终保持在 5 V。随后自 0.35 μm 技术开始,在深亚微米尺寸器件发展中,电源电压逐步下降,变化较快,由 5 V 先后降到 3.3 V、2.5 V、1.8 V、1.5 V、1.2 V 等。自 0.13 μm,电源电压变化又趋慢。在亚 0.1 μm CMOS 集成芯片中,电源电压已降低到 1.0 V 及以下。

MOS 器件特征尺寸和电源电压的不同比例变化,导致电场强度的逐步上升。图 7.4 显示从 2 μm 到亚 0.1 μm,历代 MOS 集成电路栅介质电场强度的增长,从约 $1×10^6$ V/cm 逐渐上升到近 $6×10^6$ V/cm。表 7.3 列出了不同技术代 MOS 集成电路所用的电源电压、栅氧化层厚度及其场电场强度。栅氧化层减薄与所承受的电场强度上升,无疑会增加可靠性问题。这要求改进器件设计和制造工艺。在深亚微米集成电路中常常采用两种或 3 种不同厚度栅介质层,分别以高低不同电源用于不同部分功能电路。如何制备高可靠性超薄栅介质,始终是集成电路技术升级换代中的关键之一。

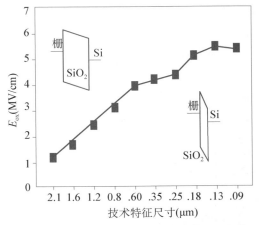

图 7.4　MOS 集成电路栅介质电场强度随器件尺寸缩微的变化[3]

表 7.3　多代 MOS 集成电路的栅氧化层电场

特征尺寸(μm)	电源电压(V)	栅氧化层厚度(nm)	氧化层电场(MV/cm)
2	5	35	1.4
1.2	5	25	2.0
0.8	5	18	2.8
0.5	3.3	12	2.8
0.35	3.3	10	3.3
0.25	2.5	7	3.6
0.18	1.8	4.0	5.1
0.13	1.5	2.5	6.0
0.09	1.2	1.4(EOT)	
0.065	1.0	1.2(EOT)	

7.3.2　集成芯片的多种应用与选择

早在 20 世纪 90 年代亚微米 CMOS 逻辑芯片制造中,根据不同应用需求,出现了高性能优先和低功耗优先两种不同缩微选择[4]。如图 7.5 所示,这两种不同选择的差别主要在于采用不同电源电压,前者因采用较高电源电压,电场强度较高,晶体管驱动电流(I_{on})大,晶体管本征延时($\tau=CV/I_{on}$)小,因而集成电路速度快,用于高性能微处理器等集成芯片。后者在同样器件尺寸条件下,采用较低电源电压,器件承受较低电场强度,漏电流小,使集成电路功耗最小化,用于低功耗移动电子系统芯片。

CMOS 技术进入近 0.1 μm 和纳米器件集成领域后,硅芯片集成度的持续上升和应用领域的迅速扩展,使芯片功耗成为影响集成电路发展的严重问题。自 2005 年起某些微处理器、存储器等先进 CMOS 芯片所集成的晶体管数目已达到 10^9 量级。一些高性能微处理器

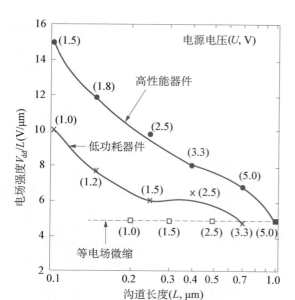

图 7.5　CMOS 器件缩微的高性能优先与低功耗优先[4]

CMOS 集成芯片的整体功耗迅速增长至 10^2 W 量级。随着集成度增加和工作频率提高,不仅集成电路运行所必须的驱动功率(active power)持续上升,而且无效静态功耗(passive power)也以更快速率增长。这是因为器件尺寸缩微时,为了提高晶体管驱动电流,通常要求栅氧化层越来越薄,而按照量子力学电子隧道穿通原理,随着栅介质层减薄至 3 nm 以下,电子会具有越来越大几率直接穿越介质,在栅电极与半导体之间形成隧道穿通电流。这种晶体管隧穿栅极漏电流,随着栅介质减薄指数增长,使 CMOS 电路的静态功率大幅度上升。对于数以亿计晶体管集成于仅约平方厘米的高密度芯片,性能与功耗的矛盾更为突出。因此,制造应用于不同电子装置环境的高性能和低功耗 CMOS 逻辑集成芯片,不再如图 7.5 一般仅通过电源电压变化,而需要对芯片许多参数缩微作优化选择。

　　根据不同应用需求,有时人们把逻辑 CMOS 芯片制造技术分为 3 种。除了高性能(high performance) CMOS 技术(HP CMOS)以外,低功耗芯片技术又可一分为二:一种适用于低静态功耗(low standby power)芯片制造,称为 LSTP CMOS 技术;另一种则适用于低运行功耗(low operation power)芯片制造,称为 LOP CMOS 技术。图 7.6 显示这 3 种 CMOS 集成芯片对于晶体管工作频率和功耗的不同要求,以及它们适用的不同类型电子系统。对于属同一技术代的 CMOS 产品,3 种制造技术的区别在于选择不同工艺及器件参数组合,包括不同栅介质厚度、物理栅长、电源电压、阈值电压等,以优化各自不同功能特性。

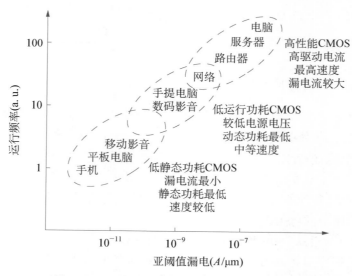

图 7.6　CMOS 集成芯片不同应用及其缩微选择

　　表 7.4 以 65 nm 技术产品为例,列出了 3 种不同应用 CMOS 芯片的典型工艺和器件参数对比。栅长和等效 SiO_2 栅介质厚度(EOT),是决定晶体管速度与漏电流大小的主要工艺参数,两者决定栅电容值(C_{total}),并影响晶体管驱动电流($I_{d, sat}$)。电源电压(V_{dd})及阈值电压($V_{t, sat}$)也是影响晶体管性能的关键参数。$J_{g, leak}$ 与 $I_{sd, leak}$ 分别为晶体管单位面积栅介质漏电流、与单位沟宽源漏间漏电流。$I_{d, sat}$ 为晶体管单位沟宽驱动饱和电流。根据这些工艺与器件设计参数,可以计算器件本征延时 $\tau = CV/I$ 与本征开关速度。由表 7.4 所列 HP/LSTP/LOP 工艺与器件参数对比,可以清楚地分析不同应用功能集成芯片工艺的折中选择特点。因此,不论是性能优先,还是功耗优先,各种集成芯片工艺选择的决定性因素都是功能优先。

表 7.4　HP/LSTP/LOP 3 种 65 nm 技术 CMOS 的典型工艺和器件参数对比[5]

	栅长 (nm)	EOT (Å)	C_{total} (F/μm)	V_{dd} (V)	$V_{t, sat}$ (mV)	$J_{g, leak}$ (A/cm^2)	$I_{sd, leak}$ (μA/μm)	$I_{d, sat}$ (μA/μm)	$\tau = CV/I$ (ps)	$1/\tau$ (GHz)
高性能 CMOS	25	11	7.1×10^{-16}	1.1	134	8.0×10^2	0.34	1 211	0.64	1 563
低静态功耗 CMOS	45	19	8.6×10^{-16}	1.1	534	6.67×10^{-2}	3.03×10^{-5}	465	2.03	493
低运行功耗 CMOS	32	12	8.4×10^{-16}	0.8	294	78	9.08×10^{-3}	563	1.19	840

7.3.3　高性能优先 CMOS 芯片技术

　　为高速计算机和服务器等系统研制高性能微处理器的逻辑芯片,常把器件传输速度放在首位。集成芯片速度性能通常以其 MOS 晶体管的本征频率(I/CV)作为比较参数。因此,对于高性能集成芯片,在 3 种技术中所选择的等效栅氧化层厚度(EOT)最薄,物理栅长最短,晶体管阈值电压最小,以使器件具有最大驱动电流,从而获得最快速度。但这种选择往往导致晶体管亚阈值电流和栅极漏电流等增大、功耗上升。尽管高性能芯片为提高速度,不得不忍受较大漏电流,但高性能芯片仍然需要尽可能降低功耗。因此,不仅要求改进、优化材料和工艺,在电路设计上也在应用某些低功耗技术(如多电源及多阈值、"休眠"晶体管等电路技术),以降低集成芯片总功耗。

7.3.4　低静态功耗集成芯片技术

　　对于使用电池电源的手机、平板电脑等手持数字产品,持续工作时间是重要技术指标之一。针对这种应用越来越广泛的产品,需要研制静态功耗尽可能低的芯片。为降低漏电流,选择较厚栅介质。在 3 种器件中,这种芯片 EOT 最大,物理栅长最长,阈值电压最大。以 65 nm CMOS 器件为例,LSTP 器件的栅极漏电流密度极限值约为 10^{-2} A/cm^2 量级,亚阈值漏电流极限值约为 10^{-5} μA/μm 量级,两者皆比 HP 器件低约 4 个量级。这种器件的静态功耗在三者之中最低,但其晶体管驱动电流也最小,器件速度最低,约为高性能器件的 1/3。在半导体技术发展路线图(以 ITRS-2007 为例)中,以 I/CV 衡量的集成电路工作频率,对于高性能 CMOS 芯片,要求以较高年均速率(如 17%)增长,对于 LSTP CMOS 则有所降低(如14%)。

7.3.5　低运行功耗集成芯片技术

笔记本计算机等移动电子设备需要更好地兼顾速度与功耗,需要研制功耗较低与速度较快的集成芯片。在 3 种器件中,LOP 采用的电源电压最低,EOT、物理栅长、阈值电压等参数往往介于 HP 器件与 LSTP 器件之间。因此,这种器件的漏电流与速度也都介于前两种器件之间。以某些 65 nm CMOS 芯片为例,LOP 器件的速度约为 HP 器件的 1/2。这种器件的动态功耗(CV^2)在三者之中最低。

如图 7.6 所示,以上 3 类器件之间并无绝对界限。进入 21 世纪以来,计算机、通信和数字化等技术日益融合一体,集成于 CMOS 芯片。集成芯片及其应用技术演变之快前所未见。例如,2003 年还仅有 10% 的笔记本计算机带有无线接口,而 2006 年这一比率已达到96%。对于所有芯片,如何同时获得尽可能高的性能与尽可能低的功耗,都是芯片制造技术所极力追求的目标。正在发展和扩大应用的高 k 栅介质、金属栅电极与立体栅等新材料、新结构、新工艺技术,可使器件高性能与低功耗达到更好优化组合,克服或减缓超高集成度芯片中的功耗危机。正在研究与开发的锗、化合物半导体异质沟道纳米 CMOS 器件技术,其目标也在于此。另外,除了速度、功耗要求,对于扩展应用及市场,成本及价格也是重要因素,因此,开发低成本微处理器等 CMOS 器件,亦为产品技术重要发展方向。

7.4　纳米 CMOS 等效缩微技术

自从 21 世纪初集成芯片研制进入纳米 CMOS 领域以来,器件缩微技术发生深刻变化,从传统缩微技术发展到等效缩微技术。直至 0.13 μm 技术代,通过按比例调节器件尺寸、掺杂与电源电压,使集成芯片性能不断升级换代。在这种传统缩微技术阶段,虽然集成芯片制造技术不断演进,但始终建立在多晶硅/SiO₂ 栅叠层及源漏区构成的平面结构及工艺基础上。自 90 nm 技术代开始,CMOS 集成芯片研制进入等效缩微技术发展阶段,不仅继续缩微尺寸,而且晶体管需要选用新结构、新材料、新工艺。

7.4.1　纳米 CMOS 缩微技术难题

由于 MOS 器件阈值电压等性能参数的可变性,集成电路的基本性能可以随几何尺寸缩微得到改善,使集成密度增加、工作速度上升,但也必须注意,某些晶体管效应和参数是不随尺寸缩小的,有的甚至还会增大。例如,MOS 晶体管的关态漏电流,应该越小越好,但是关态时的亚阈值电流却不能随沟道长度缩短而变小。亚阈值电流是一种源漏区之间的扩散电流,它不仅不随尺寸减小,而且可能随阈值电压下降而指数上升。这也说明为什么亚微米器件阈值电压值不能选择过小。晶体管的其他漏电流也随尺寸缩小而增加。因此,漏电流是深亚微米及纳米 CMOS 技术中的一个难题。

有些按缩微规则必须变化的参数也会受到某些效应限制。例如,耗尽层宽度,通过同比增加衬底掺杂浓度和调节衬底偏压等方法,可做到与沟道长度同比缩小。但当电源电压较低时,由于 pn 结与表面电势等基本材料特性参数变化范围有限,耗尽层宽度就较难调节。器件尺寸缩微时,短沟道效应加剧。为减小耗尽层宽度及抑制短沟道效应,与表 7.1 或表7.2 所列规则对照,需要选择更高的衬底掺杂浓度。再如,载流子迁移率随电场增高而下降的效应,也是 MOS 器件在亚 $0.1\ \mu m$ 领域缩微遇到的难题之一。沟道载流子迁移率,因受较高垂直电场影响而显著降低,致使晶体管跨导和电路速度得不到相应提高。

7.4.2　器件结构与材料创新主导的等效缩微技术

器件传统缩微主要通过几何尺寸变化达到集成芯片性能升级。但器件不可变参数和材料性能局限等因素,会对器件缩微形成严重限制。纳米 CMOS 领域缩微技术越来越受到材料性能极限和器件结构性能极限的限制。随着晶体管尺寸缩微到数十纳米尺度,这类限制越来越严重。因此,当集成芯片进入纳米 CMOS 技术领域后,晶体管越来越需要采用新材料、新结构和新工艺等非传统缩微途径,实现集成芯片升级换代。这些非传统技术途径可称为等效缩微技术。在纳米 CMOS 集成芯片制造技术演进过程中,先后引入应变沟道载流子迁移率增强、高 k 介质/金属栅(HKMG)、立体多栅结构等全新技术,促进器件持续缩微和提高晶体管及电路运行性能。

图 7.7 以 PMOS 晶体管驱动电流变化为例,显示在纳米集成芯片演变中,传统缩微与应变沟道等各种等效缩微新技术相结合,对升级换代贡献的变化。从 90 nm 技术代开始,成功应用逐步改进的 SiGe 源漏区等应变沟道技术,提高载流子迁移率,得以在 SiO_2 栅介质厚度较小变化甚至不变条件下,增加 MOS 晶体管驱动电流,提高集成电路速度,延续晶体管沟道长度尺寸缩微的优越性。用于 PMOS 应变沟道的 SiGe 源漏区锗含量,由初期约 10% 逐步增加到高于 40%,形成沟道压应力,由约 $0.5\ GPa$ 增强到 $2\ GPa$ 以上,使 p-沟晶体管驱动电流大幅度增加。自 45 nm CMOS 开始,金属/高 k 介质栅结构开始取代多晶硅/SiO_2 传统栅结构。随后多栅立体 MOS 晶体管(FinFET)技术又取得突破,已先后用于制造 22 nm、14 nm 等纳米 CMOS 集成芯片。所谓等效缩微技术,实际上就是通过应用新材料,形成新型晶体管结构,使缩微集成芯片功能提高、功耗下降。借助新材料、新结构、新工艺、新器件的突破,促使 CMOS 器件缩微和性能升级,得以在纳米尺度领域延续。近年微电子产业发展事实表明,建立在器件结构与材料创新基础上的等效缩微技术,已成为纳米 CMOS继续升级换代的有效途径。第 8 章将结合纳米 CMOS 技术,对这些等效缩微技术作较具体分析。

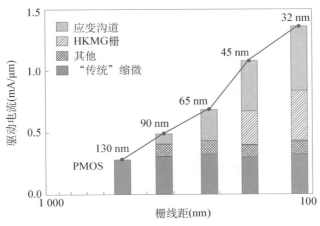

图 7.7　等效缩微技术对不同技术代 PMOS 晶体管驱动电流增长的贡献[6]

除了集成芯片制造直接相关的等效缩微技术,在集成电路设计方面也采用一些有益于降低功耗、提高速度和缩小芯片面积的新技术。例如,采用适于双重图形缩微工艺的版图设计,选用多阈值电路、可"休眠"式电路等。这些集成电路设计新方法,可称为设计等效缩微技术(design equivalent scaling),已被 ITRS-2013 等版本列为应予推进的电路系统设计与芯片缩微工艺技术密切结合的新途径。

以上讨论表明,促进集成芯片持续升级换代的缩微技术也在演变。Dennard 等人提出的按比例缩微原理,常被称为经典缩微技术。20 世纪 90 年代末以前,集成芯片成功应用经典缩微技术,获得了快速发展。进入 21 世纪以来,建立在新材料、新结构、新工艺基础上的等效缩微技术,不断为纳米 CMOS 芯片缩微技术注入新活力。因此,等效缩微也被称为第二代缩微技术。由于二维芯片集成技术正在趋于其极限,由立体晶体管组合、多芯片叠层或多层器件组合的三维芯片集成技术,已成为进一步提高集成密度、性能与功能的新途径,但功耗将成为三维集成的限制性因素。因此,集成芯片制造技术,正在进入三维集成与功耗控制主导的新时期。

7.5　器件缩微与半导体技术路线图

器件微小型化和摩尔定律是集成电路技术半个多世纪以来持续发展、快速升级换代的两个基本规律。前者决定集成电路技术发展途径,后者则反映其发展速度。在总结早期集成芯片技术演变特点基础上,Intel 公司的 G. Moore 于 1965 年提出硅芯片集成单元器件数周期性倍增规律,IBM 公司的 R. Dennard 等人于 1974 年提出按比例缩微原理。事实上,早期两者并未引起普遍注意。随着集成电路技术进步及其产业规模扩展,人们对这两个规律的关注日益增强,对其意义认识加深,如何应用两个规律,促进集成芯片更快、更好发展,成为微电子技术与产业界普遍高度关注的课题。

自 20 世纪 90 年代初集成电路技术进入深亚微米加工时期以后,一方面,实现器件微小型化的缩微技术遇到越来越多的工艺、材料及器件难题,趋近极限;另一方面,这时半导体集成电路技术已经成为影响当代科学技术和经济的主要技术基础之一,以集成电路为主要技术基础的计算机、数字化通信等信息化产业迅速扩展,因而形成对集成电路技术进步的更多期待和更高要求。因此,如何探索缩微技术的新途径,如何保持与加速集成电路技术演进步伐,以适应信息产业需求,成为半导体产业界、研究机构和一些国家面临的迫切课题。正是在这种背景下,产生了半导体技术路线图(technology roadmap for semiconductors,TRS)。人们借此更为自觉地研究和应用器件微小型化缩微原理和摩尔定律,更好地把两者相结合,促进集成电路技术和微电子产业更快发展。自 1992 年以来,TRS 不断修订、更新、充实,已成为有效应用器件缩微原理与摩尔定律,推动集成电路技术和产业发展,以及研究、开发和生产紧密结合的技术平台。

半导体技术路线图是一种独特的半导体技术发展规划。在 1992—2016 年期间,由众多工程师、学者、企业家参与,在对集成电路产业发展状况和相关各种技术难题详尽调研、分析与归纳基础上,先后制定了 12 个为期 15 年的半导体技术发展路线图主要版本,其间还多次隔年发布修订版本。在此期间集成芯片制造工艺与产品持续升级换代,从亚微米快速逐步进入纳米技术领域。这种半导体技术发展规划的基本依据,就是器件微小型化缩微原理和摩尔定律,也是两者密切结合的产物。半导体技术路线图不仅提出集成器件缩微目标,还重点具体分析集成芯片升级换代所必须研究、开发的工艺、材料、结构各种技术难题与解决方案建议。有关半导体技术路线图的特点与作用,结合 1992—2011 年期间 10 个主要版本的器件特征尺寸缩微演变,已在第 1 章中简要讨论(参见 1.6.2 节及表 1.2)。随着器件缩微趋近极限与信息技术快速演变及扩展,ITRS 的研判与制定更为复杂,编写内容与格式有所改变。ITRS-2013 格式已有部分变革,但基本内容仍按传统结构编写与发布[8],而全新结构与内容的 2.0 版 ITRS-2015,经多年分析、研判后,在 2016 年 7 月面世,成为至 2030 年的半导体技术发展规划[30]。本节结合近年版本变化,以 2.0 版为主,对 ITRS 的特点和芯片技术发展前景作简要讨论。

7.5.1　线条半线距与栅电极长度缩微

半导体技术路线图以金属或多晶硅薄膜线条的半线距,用作标志集成芯片微纳加工技术水平的特征尺寸,其定义示于图 7.8。线距(pitch)或称节距,定义为线条宽度与相邻线条之间距离之和,半线距则为其 1/2。栅电极和金属图形线条的线距,是决定芯片集成密度的关键尺寸。采用线条的半线距,而非线条宽度,作为集成电路工艺技术水平标志,可以更好地反映光刻曝光、刻蚀线条加工能力和芯片集成度。在一般情况下,线条宽度并不一定等于半线距。线条上是否需要有接触孔,会影响

图 7.8　金属互连线及多晶硅线条线距的定义[7]

线条宽度。图 7.8 所示闪存器件的多晶硅线条上无接触,而 DRAM、MPU 等器件第一层金属(M_1)线条上需有与上层连接的接触孔。对于存储器件,多晶硅或第一层金属布线的半线距,决定其存储信息密度。对于 MPU、ASIC 等逻辑 CMOS 集成电路,晶体管的栅长度则是决定器件速度与频率等性能的关键参数。因此,在表 7.5 摘录的 ITRS-2013 器件尺寸缩微目标中,除了 M_1 半线距,还分别列出了 MPU 与 ASIC 集成芯片中晶体管栅长缩微要求,后者是 CMOS 逻辑电路中的最小尺寸。晶体管栅长由跨越沟道区的多晶硅或金属栅线条宽度决定。

深亚微米技术以前,由光刻分辨率决定的最小特征尺寸,包括多晶硅与金属连线的最窄线条宽度基本相同。自 1995 年时的 0.35 μm 技术代后,利用晶体管多晶硅栅线条密度低于金属的特点,MPU 晶体管栅长可显著小于金属半线距。对于结构、功能不同的存储与逻辑器件,ITRS 版本中常分别列出各自的半线距、晶体管栅长等特征尺寸。例如,在由 ITRS-2013 摘录的表 7.5 中,可见 DRAM/Flash 存储芯片和高性能/低功耗 MPU 芯片的不同半线距。对 MPU 和 ASIC 还列有两种栅电极长度:影印栅长(printed gate length)与物理栅长(physical gate length)。影印栅长为版图设计,由光刻曝光成像形成的栅电极线条宽度,物理栅长则是光刻工艺完成后芯片上多晶硅或金属栅的实际宽度。这是因为,通过显影、刻蚀等工艺调节,可以有效控制和缩减线条实际物理宽度,以形成所需更短沟道晶体管,从而提高器件速度。在 100 nm 上下多代 MPU 产品中,晶体管的最短物理栅长显著小于该

技术代的半线距,但在 45 nm 技术代以后两者差距逐渐缩小。7.5.2 节图 7.9 给出自 1995 年以来的半线距与栅长数据显示的这种变化趋势。多晶硅或金属栅线条是 MPU 芯片中的最小特征尺寸。它们之所以小于半线距,是因为相邻栅电极线条之间的距离大于半线距,有利于抑制光衍射效应和通过光刻及刻蚀工艺形成较细线条。

统计数据表明,自 1970 年至今,在集成芯片发展过程中,第一层金属连线或多晶硅半线距,以及 MOS 晶体管的栅电极长度,每 2～3 年缩小到约 70%,即表 7.1 与表 7.2 中的缩变比率为 $k \approx 1.4$,$1/k \approx 0.71$。正是按这样的缩变比率,自 1992 年起制定的历年 TRS 版本中,以下列线条半线距,作为深亚微米和纳米 CMOS 集成芯片制造技术升级换代的标志性节点:

500 nm→350 nm→250 nm→180 nm→130 nm→90 nm→65 nm→45 nm→32 nm→22 nm→14 nm→10 nm

在过去 30 余年中,以上芯片目标已先后实现。每缩微一代后,新产品的存储单元或晶体管面积比上一代缩小约 50%,即集成密度增加约 1 倍。经过两代技术更新,单元器件的栅长度等线性尺寸缩小约 50%,芯片集成密度可增长至约 4 倍。1995 年以来多代硅芯片技术数据表明,MPU 芯片集成的晶体管数由近千万(1995 年)逐步增加至数十亿(2011 年),且运行速度呈指数式增长,但芯片面积仅有小幅上下变化。高性能 MPU 芯片面积始终保持在 260 mm^2 以下,而性价比优化的芯片面积更小于 140 mm^2。DRAM、Flash 等千兆位存储芯片面积也在 100 mm^2 上下。由此可知,随着线条半线距缩微,集成芯片中晶体管和单元电路面积按指数规律下降。这些事实证明,表 7.1 和表 7.2 所概括的按比例缩微基本规律,可以确切描述与分析集成芯片性能演进过程。这也充分说明,单元器件微小型化是集成电路技术得以快速发展、不断升级换代、达到技术新高度的基本途径。

虽然现今集成芯片尺寸缩微和集成度规模早已突破早期人们难以想象的高度,但已有的技术积累和潜力,仍使人们对未来集成芯片技术发展充满期待。按照 ITRS - 2013/2015 预测,今后若干年集成芯片集成度与性能仍可能以指数规律演进。

7.5.2　传统 ITRS 和 2.0 版 ITRS

ITRS 是一个不断调整的半导体技术创新与产业发展促进规划,从 ITRS - 2013 到 2.0 版 ITRS - 2015,其思路、内容与格式都作了多方面修订。传统版以单片集成技术为中心,2.0版则改变为以系统集成(system integration,SI)和三维异质复合集成(heterogeneous integration,HI)为中心。但纳米 CMOS 作为 SI/HI 的基础器件,其制造技术演进仍是 2.0 版重点关注的部分。两个版本有关集成芯片未来演进的部分预测参数分别列于表 7.5 与表 7.6。两者对比可见,2.0 版显著修正了未来纳米 CMOS 器件缩微升级的路径与节奏。

1992 年开始发布的多版 ITRS,促使随后多年的硅集成芯片器件尺寸缩微进程加快,提升一代新产品的周期,由 3 年减为约 2 年。进入 21 世纪后,由于成功应用应变沟道、高 k 金属栅、立体栅晶体管结构一系列等效缩微技术,自 2001 年至 2014 年,半导体产业先后推出 130 nm、90 nm、65 nm、45 nm、32 nm、22 nm 和 14 nm 的 7 代集成度和性能不断跃升的微处理器芯片,保持 2 年的升级换代周期[9, 10]。直至 14 nm 集成芯片,ITRS 预测缩微目标总是提前达到。例如,在 ITRS - 2007 中,22 nm 和 14 nm - MPU 芯片的预测量产年份分别为 2016 年、2018 年,实际则先后于 2011 年、2014 年提前实现。

ITRS - 2013 是以传统格式与节奏制定的半导体技术路线图,其最重要变化为首次把立

表 7.5　ITRS-2013 中部分集成电路尺寸缩微和产品创新技术发展预测[8]

年份	2013	2015	2017	2019	2020	2022	2024	2026	2028
芯片技术"节点"名称(nm)	"16/14"	"10"	"7"	"5"	"5"	"3.5"	"2.5"	"1.8"	"1.3"
MPU/M_1 半线距(nm)	40	31.8	25.3	20.0	17.9	14.2	11.3	8.9	7.1
FinFET 薄硅体半线距(nm)	30.0	23.9	18.9	15.0	13.4	10.6	8.4	6.7	5.3
*FinFET 薄硅体宽度(nm)	7.6 (6.4)	7.2 (5.3)	6.8 (4.4)	6.4 (3.7)	6.2 (3.4)	5.9 (2.8)	~5.6 (2.3)	~5.3 (2.0)	5.0 (1.6)
源漏区接触电阻率($\Omega \cdot cm^2$)	1.5×10^{-8}	1.0×10^{-8}	8.0×10^{-9}	5.0×10^{-9}	4.0×10^{-9}	3.0×10^{-9}	2.5×10^{-9}	2.2×10^{-9}	1.5×10^{-9}
闪存半线距(nm)	18	15	13	11.9	11.9	11.9	11.9	11.9	11.9
3DNAND 层数	16~32	16~32	16~32	32~64	48~96	64~128	96~192	96~192	192~384
闪存产品(SLC/MLC)	64G/128G	128G/256G	256G/512G	512G/1T	512G/1T	1T/2T	2T/4T	4T/8T	4T/8T
DRAM 半线距(M_1)(nm)	28	24	20	17	15	13	11	9.2	7.7
DRAM 产品	4G	8G	8G	16G	16G	32G	32G	32G	32G
高性能 MPU 物理栅长(nm)	20.2	16.8	14.0	11.7	10.65	8.87	7.39	6.16	5.13
低功耗 MPU 物理栅长(nm)	23.0	19.2	16.0	13.3	12.1	10.1	8.43	7.03	5.86
高性能 MPU(千门/mm^2)	4.03×10^3	6.37×10^3	1.01×10^4	1.61×10^4	2.02×10^4	3.21×10^4	5.10×10^4	8.09×10^4	1.28×10^5
V_{dd} (V)	0.86	0.83	0.80	0.77	0.75	0.72	0.69	0.66	0.64
芯片时钟频率(GHz)	5.50	5.95	6.44	6.96	7.24	7.83	8.47	9.16	9.91
互连最多层数	13	13	14	14	14	15	15	16	17

注：*"FinFET 薄硅体宽度(nm)"一栏中，上下两组数字摘自 ITRS-2013 前后制定的两个表格（参见文献[8]）。

体多栅晶体管(FinFET)技术作为纳米 CMOS 集成芯片继续演进的基本路径。在 ITRS-2011 及之前其他版本中,立体栅器件只是作为候选新技术列入。由表 7.5 可见,ITRS-2013 继承先前多代集成芯片技术升级实际节拍,按 2 年升级换代技术周期,预测 2013—2028 年期间纳米 CMOS 芯片技术演进。此版本改变了缩微技术节点标志方法,源于近年集成芯片技术发展中几何缩微与等效缩微两者密切结合的特点,ITRS-2013 不再沿用之前 ITRS 以 DRAM 器件半线距,作为标志性缩微技术目标节点,而是应用"16/14"nm、"10"nm、"7"nm 等,作为亚 20 nm 芯片技术演进的标志性缩微技术节点名称。这种技术节点标志方法继续用于 2.0 版 ITRS。在表 7.6 所示 2.0 版 ITRS-2015 中,列有这些节点逻辑芯片上相应多晶硅与金属线条线距缩微趋势,其中,多晶硅为含接触线条。

为适应电子器件与系统今后更紧密结合的发展需求,半导体科技与电子产业界近年致力于探索促进未来技术和产业继续快速创新演进的新途径。几乎在 2.0 版 ITRS 研判与发布同时,由 IEEE 协会主导,在科技与产业界多方合作基础上,开始讨论与制定国际器件与系统路线图(International Roadmap for Devices and Systems—IRDS)[34]。已发布的 IEEE IRDS-2016 多篇白皮书报告,其主要纲目和内容与 2.0 版 ITRS-2015 相近。从内容到形式,IRDS 与 ITRS 两者一脉相承、密切结合。两种文件中有"More Moore"等多篇同名章节,而且 IRDS 报告完全引用 2.0 版 ITRS 中对于 2015—2030 年期间集成芯片缩微技术发展预测(如表 7.6 所摘引的部分数据)[35]。

表 7.6 2.0 版 ITRS 中 2015—2030 年部分集成器件和尺寸缩微技术发展预测[32]

年份	2015	2017	2019	2021	2024	2027	2030
芯片技术标志性"节点"名称(nm)	"16/14"	"11/10"	"8/7"	"6/5"	"4/3"	"3/2.5"	"2/1.5"
逻辑芯片多晶硅/金属线距(nm)	70/56	48/36	42/24	32/20	24/12	24/12	24/12
逻辑芯片晶体管结构选择	FinFET FDSOI	FinFET FDSOI	FinFET LGAA	FinFET LGAA VGAA	VGAA M3D	VGAA M3D	VGAA M3D
电源电压(V)	0.80	0.75	0.70	0.65	0.55	0.45	0.40
反型层厚度(nm)	1.10	1.00	0.90	0.85	0.80	0.80	0.80
$I_{on}(\mu A/\mu m)$,HP at $I_{off}=$ $100nA/\mu m$	1 177	1 287	1 397	1 476	1 546	1 456	1 391
CV/I(ps)扇出=3. HP	3.69	2.61	1.94	1.29	1.11	0.96	0.89
MPU/SOC,M_1 半线距(nm)	28.0	18.0	12.0	10.0	6.0	6.0	6.0
高性能 MPU 物理栅长(nm)	24	18	14	10	10	10	10
低功耗 MPU 物理栅长(nm)	26	20	16	12	12	12	12
FinFET 薄硅体半线距(nm)	21.0	18.0	12.0				
FinFET 薄硅体宽度(nm)	8.0	6.0	6.0				
FinFET 薄硅体高度(nm)	42.0	42.0	42.0				

续　表

年份	2015	2017	2019	2021	2024	2027	2030
横向环栅(GAA)半线距(nm)			12.0	10.0			
横向环栅(GAA)纳米线直径(nm)			6.0	6.0			
垂直环栅(GAA)半线距(nm)				10.0	6.0	6.0	6.0
垂直环栅(GAA)纳米线直径(nm)				6.0	5.0	5.0	5.0
DRAM 半线距(M_1)(nm)	24	20	17	14	11	8.4	7.7
DRAM 产品	8G	8G	16G	16G	32G	32G	32G
2D NAND 闪存半线距(nm)	15	14	12	12	12	12	12
NAND 闪存产品	256G	384G	768G	1T	1.5T	3T	4T
3D NAND 层数	32	32～48	64～96	96～128	128～192	256～384	384～512

逻辑芯片的演变与预测

ITRS‐2013 中有关逻辑芯片的发展趋势是按先前多年实际演进规律制定的。图 7.9 显示 1995—2013 年期间 MPU/ASIC 芯片半线距(M_1)、影印栅长与物理栅长特征尺寸缩微变化实际数据和 ITRS‐2013 的预测趋势/目标。由该图近 20 年实际缩微数据可知,虽然物理栅长缩微步伐在进入 21 世纪后明显逐渐变缓,但 MPU 产品仍以 2 年周期的快节奏升级换代。这是由于应变沟道之类等效缩微技术的成功应用,对尺寸缩微减缓实现有效补偿。应变沟道迁移率增强技术、高 k 及金属栅(HKMG)工艺和三维多面栅晶体管结构多种等效缩微新技术,都显著提高了晶体管与芯片性能。这些新技术成功推动纳米 CMOS 集成芯片制造技术向亚 20 nm 持续演进。

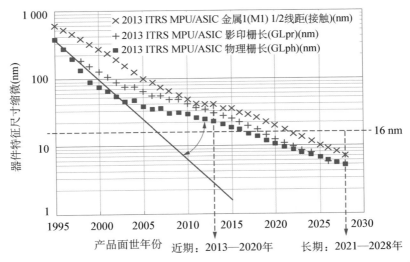

图 7.9　1995—2013 年期间 MPU/ASIC 逻辑芯片半线距与栅长缩微变化数据及 ITRS‐2013 预测趋势[8]

集成芯片近 40 余年持续升级换代的缩微步伐,正在进入 10 nm 与更小尺寸,接近分子与原子尺度的超精密极限加工技术领域。集成芯片制造正在经历前所未有的工艺、结构、材料、设备多重技术难题挑战。近年纳米 CMOS 集成芯片制造技术的实际发展表明,ITRS‐2013 预测的逻辑集成芯片技术目标未能如期实现。原预测在 2015 年面世的"10"nm 技术 MPU 芯片,虽已取得进展,但商用产品升级步伐有所延缓。事实上近年硅纳米 CMOS 集成芯片器件正在趋近其发展极限,不仅由于超微加工技术难度骤升,而且超微尺寸物体中的量子局限效应等也将抑制传统器件缩微。在 14 nm 芯片制造技术之后,集成芯片演进显著落后于 ITRS‐2013 预测。

对比表 7.5 和表 7.6 所列部分参数可知,ITRS 2.0 版显著调整和减缓了 2015—2030 年期间纳米 CMOS 技术路径与步伐。按 ITRS‐2013,晶体管缩微与性能提升,希冀完全可由 FinFET 尺寸缩微实现,曾设想 Fin 宽度逐步减薄到 1.6 nm,后显著修正硅体缩微幅度,如表 7.5 所示。过薄硅体受到量子局限效应作用,难于形成正常性能器件。同样,晶体管沟道长度也不能过度缩微。因此,ITRS 2.0 版对纳米 CMOS 技术未来发展作了显著修正,预计 FinFET 的薄体宽度难以减至 6 nm 以下,物理栅长难以缩微至小于 10 nm,如表 7.6 所示。对于近期纳米 CMOS 技术演进,除了应用 FinFET 结构晶体管,超薄硅体全耗尽 SOI 平面器件也是一种选择。据 ITRS 2.0 版预测,2020 年前后 CMOS 集成芯片进一步发展,可能需要先后应用横向和纵向纳米线场效应环栅器件,取代双栅 FinFET。但人们对未来器件结构预测总是受限于现有知识积累,未来器件科技新突破将可能为深亚 10 nm 集成芯片开辟全新发展方向。逻辑器件缩微工艺技术进步,将使晶体管集成密度在现有基础上($\sim 1 \times 10^8/mm^2$)继续增加,晶体管本征延时(CV/I)将逐步降低至小于 1 ps。

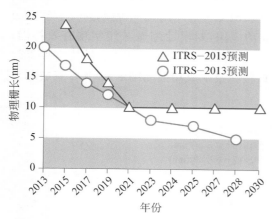

图 7.10 显示 ITRS 2.0 与 2013 版本,对 MPU 晶体管物理栅长缩微推测的显著差别。对于亚"10 nm"深度缩微纳米 CMOS 技术,由于所需工艺、材料、设备等技术,以及器件结构与性能,都存在许多有待研究突破的难题,其预测难免存在不确定性。对于接近缩微极限的较长期预测准确性可能更低。晶体管通过尺寸缩微,提升性能的基本要求如下:在保持关态低漏电流(I_{off})条件下,通过传统与等效缩微技术,提高开态驱动电流(I_d),减小本征延时(CV/I)。但在沟道长度小于 10 nm 情况下,一方面源漏区之间可能由于量子隧穿效应,使晶体管漏电流上升,甚至完全不能进入关态,另一方面由于电源电压降低、串联电阻上升等多种因素抑制,晶体管驱动电流趋于下降,因而可能导致尺寸缩微失去意义。

图 7.10 ITRS 2.0 与 2013 版本中 MPU 芯片晶体管物理栅长缩微的预测对比

晶体管缩微的另一重要几何参数为等效 SiO_2 栅介质厚度(EOT)。图 7.11(a)为 ITRS‐2013 中推测的 EOT 缩微趋势。按高性能 MPU 芯片演进要求,由高 k 栅介质薄膜形成的 EOT 厚度,要从 2013 年的 0.80 nm 逐步减薄到近 0.4 nm。这是一个极具挑战性的课题。这既需要应用介电常数更高的高 k 介质新材料,又要在保证可接受界面特性前提下,显著减

小硅与高 k 介质间的界面层厚度,而现今的界面层厚度约为 0.4 nm。ITRS‐2015 对此有所调整,预测栅介质、栅电压等因素决定的反型层厚度,将由 1.10 nm(2015 年)减薄到 0.80 nm(2030 年)。

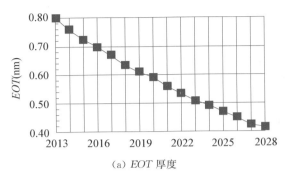 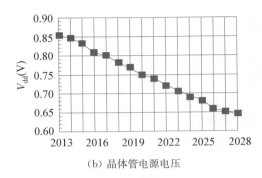

(a) EOT 厚度　　　　　　　　　　　(b) 晶体管电源电压

图 7.11　ITRS‐2013 推测的高 k 栅介质 EOT 厚度和晶体管电源电压缩微趋势[11]

电源电压与晶体管阈值电压也是决定器件与芯片性能的关键参数。图 7.11(b)为适应 EOT 等晶体管尺寸缩微和性能需求,ITRS‐2013 建议的电源电压变化趋势。在保持低漏电流和器件功能前提下,降低电源和阈值电压,既为器件缩微所必需,也是越来越大的难题。ITRS‐2015 有所调整,建议电源电压由 0.80 V(2015 年)逐步降至 0.40 V(2030 年),高性能/低功耗逻辑芯片晶体管阈值电压(V_{T})在 2015—2030 年期间降幅分别为(129→52)mV 和(351→125)mV。

在新材料、新结构、新器件研究领域,近年正在探索的新型等效缩微技术,可能在未来纳米集成芯片演进中发挥实际作用。由锗和Ⅲ‐Ⅴ族化合物半导体分别形成异质 p 沟和 n 沟的高迁移率 CMOS 器件技术,在逐步突破材料、结构与工艺集成相容性后,有可能在纳米 CMOS 集成芯片制造技术演进中得到应用。第 8 章 8.7 节将讨论锗、InGaAs 等高迁移率异质沟道技术特点及近年部分新进展。此外,隧穿晶体管(TFET)、碳纳米管/石墨烯、MoS_2 等新材料沟道器件和非 CMOS 结构器件及电路,也是近年 ITRS 多个版本分析和推动研究的后备逻辑器件技术[8,30,33,36]。

存储芯片的演变与预测

ITRS‐2015 与 ITRS‐2013 对比表明,两个版本对于存储集成芯片发展趋势的推测相近。两者推测的 DRAM 芯片半线距,都是自 24 nm(2015 年)逐步缩微至 7.7 nm,并预计 DRAM 产品将由 8Gb 逐步升级换代至 32Gb。按 ITRS‐2015 预测,DRAM 单元面积需由 0.003 46 μm^2(2015 年),逐步缩微至 0.000 24 μm^2(2030 年)。两个版本预测,2D‐NAND 闪存的无接触多晶硅线条的半线距,都将止于 12 nm,但应用多阈值单元和 3D 多层堆叠技术,闪存最高集成密度产品将可能由 256Gb 逐步升级至数 Tb。

以上讨论表明,与 ITRS‐2015 对逻辑芯片预测有显著修正不同的是,对于存储芯片的预测,ITRS‐2015 和 ITRS‐2013 具有继承性。由于两类器件结构与工艺有显著差异,两者升级演进规律确实有所不同。图 7.12 显示 1995—2013 年期间 DRAM/Flash 存储芯片半线距的缩微实际演变,以及 ITRS‐2013 的趋势预测。DRAM/Flash 存储芯片的半线距,至今总是小于 MPU 芯片,未来其缩微与存储位量增长技术将遭遇更大困难。事实上此前以较快速率缩微的闪存芯片,其半线距自 2010 年开始已放慢缩微步伐。而且按 ITRS－2013 与 ITRS－2015 预计,闪存器件的半线距缩微,在 2020 年前后将止于 12 nm。但是,近年来多阈值单元和三维闪存芯片技术趋于成熟,可以在较宽松的半线距条件下,应用三维多层堆叠工艺,提高存储单元密度,大幅度增加闪存芯片集成度。图 7.12 中显示 2013—2028 年期间三维叠层闪存的预测演进趋势。表 7.5 和表 7.6 表明,三维闪存层数预计将从数十层逐步增加至数百层。由图 7.12 可见,自 2009 年后 DRAM 的 M1 半线距缩微进程也已趋缓,低于 MPU 在此期间缩微。除传统存储器件外,铁电存储器(FeRAM)、相变存储器(PCRAM)、磁存储器(MRAM)和多种阻变存储器(ReRAM),也是多年半导体技术路线图不断推动的研究与开发课题。这些新材料、新结构、新原理存储器件有望补充与部分替代现有存储产品[11]。

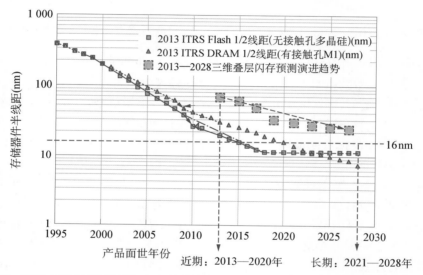

图 7.12   1995—2013 年期间 DRAM/Flash 存储芯片半线距缩微变化及 ITRS－2013 预测的未来演进趋势[8]

虽然在传统缩微逐渐趋近其极限的新阶段,技术难题更多,技术与产品演进预测能否如早期半导体路线图那样逐步实现,存在更大不确定性,但在新材料、新结构、新工艺持续探索、突破与集成过程中,在产品应用市场扩展强劲牵引下,集成电路技术仍可能继续获得新进展,集成芯片的集成度、速度、功能将达到新高度。在以往集成器件基础上,正在快速发展的智能电子、云计算、物联网、大数据等应用系统,都迫切需求与推动集成电路技术的新突破。

7.5.3   半导体技术发展与 ITRS 的独特之处

20 世纪 90 年代以来半导体产业的快速发展有力说明,ITRS 是一个独特而极为成功的高技术发展规划。在 1992—2016 年期间发布的 12 个 TRS 版本,先后全面分析规划从 0.5 μm 到深亚 10 nm 技术代集成芯片研发路线。每一个新版本都在分析总结半导体技术及相关产业状态基础上,推测与制定近期和远期集成电路技术发展目标,规划需要研究和突破的相关材料、工艺、器件技术难题,提出达到相应目标的可供选择技术途径及实现步骤。

ITRS 年复一年规划为期长达 15 年的发展路线,形成一种具有开放性、动态性和引领性的专业技术文件。每年都结合集成芯片制造技术进展,对其进行多次专题研讨、修订、更新,摈弃过时或实验证明无效的部分,总结、吸取芯片研发与生产进展中的新数据、新亮点,根据相关研究新成果引入新内容,提出技术开发新途径、新方向。20 世纪 90 年代初以来,ITRS 一直有效推动半导体集成芯片技术与产业的快速创新与增长。在纳米 CMOS 器件尺寸越来越小,制造工艺、材料及器件性能逐渐趋于极限的集成芯片技术发展新阶段,ITRS 对于促进集成芯片制造技术创新升级仍有着重要作用。迟至 2016 年 7 月发布的 2.0 版 ITRS-2015,对 ITRS 的内容与结构作了全面修订,以适应半导体技术与电子信息产业发展面临的新态势。

以集成电路制造主导的半导体技术路线图演变过程中,展现了一系列独特之处。长期规划与持续动态更新相结合、共性课题研究与竞争性产品技术开发相衔接、充分应用科学规律唯一性与技术选择多样性发展实用技术,为其中 3 个突出特征。这些特征也同时反映集成电路技术与产业快速演进的关键所在。

长期规划与持续动态更新相结合

ITRS 历年版本内容总是与时俱进,不断修订、补充,形成动态演变的 15 年规划。和通常定期技术规划不同,ITRS 的规划期不断延伸,每两年就对后续 15 年制定新版路线图,因而可以适时调整、充实、更新规划内容,形成一种不断延伸的进行式长期技术发展规划。这种动态技术规划方式,可以更好地适应当代科学技术和信息产业的快速创新演进特点,发挥对高技术发展的适时引领与推动作用。

ITRS-2013 及此前多个版本往往是长达近千页的技术文件,由近 20 章组成。第 1 章为总论,提出为期 15 年集成电路缩微及产品升级目标,概括规划实现近期(前 8 年)与远期(后 7 年)目标的技术路线,分析所面临的器件、结构、工艺和材料等相关技术挑战课题。其他章节分别详细分析实现器件尺寸缩微与产品升级换代的各种相关技术专题。从集成电路制造中硅片及表面处理、光刻、刻蚀、CMP、高 k 与低 k 介质、金属互连等硅片前后端工艺到芯片封装技术,从各类逻辑与存储芯片工艺集成、器件与结构到需要探索选择的各种新器件和新材料,从芯片设计、模拟、测试技术到成品率提升,从各种电子系统对集成电路的需求到迅速发展的射频通信 CMOS 技术,从生产线系统集成到环保安全保健,ITRS 都有专门章节详尽分析与规划。

在近年 ITRS 版本中还把微机电系统(MEMS)技术列入,分析和预测加速度传感器、陀螺仪、麦克风等 MEMS 器件的技术演变。针对每个专题,都应用各种图表、实验与模拟数据,详细归纳列出 CMOS 技术在 15 年期间,随尺寸缩微,各类器件、工艺与材料等专门技术逐年需要达到的目标及可供选择的途径,并分析缩微进程面临的技术挑战及难题,提出需要研究、开发与调整的课题。

有如第 1 章 1.6.2 节和本章 7.5.2 节所述,ITRS 2.0 版对半导体技术路线图作了全新修订。其文本由 8 部分组成,标题分别为总论(Executive Report)、系统集成(System Integsation)、异质集成(Heterogeneous Integration)、异质组件(Heterogeneous Components)、外部系统互联(Outside System Connectivity)、器件缩微集成(More Moore)、后 CMOS(Beyond CMOS)、制造实体集成(Factory Integration)。从这些标题就可看出,2.0 版 ITRS

已从传统版以单片二维高密度集成技术为中心,转变为以多片三维系统集成技术为中心,通过多芯片和多功能异质器件的三维集成技术,发展高性能复合系统高密度集成技术。这种转变是集成芯片制造技术持续快速演进,与近年多种电子系统广泛、深化发展强劲需求相结合的结果。ITRS 2.0 版一方面以较大篇幅描述大数据、云计算、移动通信、物联网、智能电子等系统对集成芯片等器件的多种需求,并分析必须解决的各种难题,另一方面也对接近缩微极限阶段的纳米 CMOS 集成芯片技术演进路径进行分析和推测。对于后者 7.5.2 节已作简要讨论。这两方面相结合将为半导体集成技术未来发展开辟更广阔前景。对于 2.0 版与之前 ITRS 多个版本的技术内容、特点、演变,读者可查阅相关资料。

共性课题研究与竞争性产品技术开发

集成芯片产品制造是竞争性很强的产业。尽管 ITRS 内容丰富、具体,但它给出的还仅为可供参考的集成芯片发展目标及达到目标的可能途径,并非产品具体制造工艺。针对 ITRS 界定的目标和途径,半导体研究机构与科技人员可以进行更为深入的研究、探索,筛选新一代芯片技术有希望的解决方案。在此基础上,集成电路制造及其专用设备、材料支撑企业,开展针对性更强的芯片工艺技术开发与产品研制。因此,为使新一代产品更快进入商用市场,各个企业间仍然存在激烈竞争。ITRS 提供的是一种产品开发竞争前的共性课题研究开发平台。这个平台促进企业新工艺、新产品的竞争性开发,推动半导体技术与产业更快发展。

高 k 与金属栅、多栅立体晶体管、三维集成等许多新材料、新结构、新工艺技术,都是在多个版本 ITRS 推动下,经过多年学术机构共同研究和公司竞争性开发,成为现今纳米 CMOS 集成芯片产品演进的关键制造技术。1999 年前后美国加州大学柏克莱分校胡正明教授研究组多篇论文报道的 FinFET 器件新技术,很快被列入多个 ITRS 版本,与超薄硅体 SOI 全耗尽器件等,共同作为新一代芯片制造技术的候选新结构 MOS 器件,引起集成电路业界注意和竞相研发。经过多年研发,Intel 公司首先突破三维多栅 CMOS 芯片集成制造技术,成功用于 22 nm、14 nm、10 nm 高性能与低功耗 MPU 芯片制造(详见第 8 章)。经过前后约 15 年研究开发,在 ITRS - 2013 中,三维多栅器件技术被列为亚 20 nm 逻辑 CMOS 集成芯片赖以继续演进的主流技术。纳米线环栅晶体管技术经多年探索研究后,在 ITRS 2.0 版中被列入纳米 CMOS 未来发展的可选技术。这些都是 ITRS 倡导的远期开放式共同研究与近期竞争性研发相结合、促进集成芯片技术突破的范例。

高 k 介质和金属构成的栅叠层(HKMG)技术,是另一学术研究与技术开发密切结合的范例。研究者早就认识到,集成芯片终将需要以高 k 介质取代 SiO_2 作为栅介质,用于晶体管缩微。多届 ITRS 版本都把高 k 栅介质材料及其器件工艺列为 CMOS 关键技术之一。经过学术界长期研究,对比筛选多种不同高 k 材料特性,对界面特性深入分析,和产业界反复进行器件工艺试验,解决工艺集成相容性等难题之后,才在 2008 年取得实用性技术突破,HKMG 开始用于纳米 CMOS 集成芯片。如 ITRS - 2013/2015 所强调,k 值大于 30 的高 k 介质及金属栅材料和工艺,仍将是需要进一步研究及取得新突破的课题之一。

充分应用科学规律唯一性与技术选择多样性,发展实用技术

集成芯片制造技术是 20 世纪以来多种科学成果的结晶。任何一种应用技术往往都是既源于某种基本科学发现及其规律,又往往受限于另一些自然规律。在微电子器件缩微技

术演进过程中,曾多次被预测器件缩微将止于某一尺寸,但先后都为集成芯片技术实际发展所超越。其重要原因在于多种不同领域科学与技术的成功结合。不断更新的 ITRS 对于促进两者密切结合,推动相关科学课题创新研究与合理选择技术途径及路线,具有重要作用。人们提出的技术限制,往往源于某种基本规律。光刻作为决定器件精密线条及图形集成的主要工艺,常常是集成器件缩微和芯片升级换代的技术瓶颈。鉴于光波衍射规律,人们曾认为,光学曝光技术难以应用在线条尺寸小于波长的图形光刻。为了延续硅片图形技术向超精细领域演进,人们早就设想以 X 射线、电子束成像替代光学光刻技术。但是,这些非光学精密图像技术难度很大,至今尚未突破规模生产设备及工艺门槛。而近 20 余年光学光刻技术,由于从更广、更深角度,应用多种科学规律与技术途径,使光学成像光刻工艺突破光波衍射限制。先后研究成功多种分辨率增强技术,使波长为 193 nm 深紫外光源图像技术先后成功用于自 90 nm 后一代又一代亚波长纳米 CMOS 芯片光刻,成功延续至今。在这些技术中有的正是利用光波衍射原理来消除衍射有害效应。技术的魅力就在于把不可能变为可能。集成芯片的演进历史有力证明了这一论点。

　　科学规律具有唯一性,是不可改变的,但技术选择具有多样性。缩微技术的精益求精和优中选优,造就了数十年集成芯片制造技术的突飞猛进。在解决某些芯片技术发展难题过程中,研究者通过转换思路,调整研究方向,采用新途径,取得技术新突破。在光刻及其他缩微技术演变过程中,ITRS 不断倡导调整技术路线。例如,放弃早期 ITRS 中建议的 F_2 气体激光 157 nm DUV 光刻方案,集中发展 193 nm 液媒式(或称液浸式)光刻(immersion lithography)及其他分辨率增强技术。又如,近年 ITRS 推动的极紫外(EUV)光刻技术,实际上是由 X 射线光刻演变而来,但完全改变原来成像思路,由透射式改为反射式投影成像技术。在近年半导体技术路线图中还列入多电子束直写、纳米压印光刻(nano-imprint lithography)、定向自组装图形(directed self-assembly)等,作为未来可供选择的新型光刻技术(详见第 11 章)。

7.6　CMOS 器件缩微极限与跨越

　　自集成电路面世以来,单元器件微小型化造就了硅芯片技术和产业的迅猛发展。但是,器件尺寸不可能无限缩微。晶体管尺寸到底能缩小到什么地步呢? 这是人们始终关心和不断探讨的课题。早在 20 世纪 80 年代初,当 MOS 晶体管沟道长度趋近 1 μm 量级时,有些研究者就从基本物理规律、器件原理及结构、材料性能、工艺技术潜力等多方面,研究分析半导体器件缩微的各种限制因素,近年这类研究更多[12-16]。还应注意到,集成器件缩微及其产业化不仅受到技术可能性限制,还受制于经济可行性。过去数十年 CMOS 集成芯片技术与产业的快速发展也有赖于其强劲经济效益。虽然一些物理基本规律设定的极限是不可逾越的,但和许多由材料、结构、工艺决定的技术极限类似,可以通过基于不同原理的创新技术途径予以避免或跨越。在集成电路快速进步过程中,正是经过多种材料、结构、工艺创新,突破早先一个又一个"疑无路"的预言,达到"又一村"的新高度。这是一种促使 CMOS 器件突破某些材料、技术限制,达到升级换代新高度的跨越,另一种跨越则是在 CMOS 器件所积累的技术基础上,发展新原理、新结构的新型器件。

7.6.1 基本物理规律设定的限制

在各种对器件缩微的限制因素中,基本物理规律应是必须遵循的最基本限制因素。提高速度与降低功耗是信息处理器件缩微的两个主要目标,而这两者是受到量子物理规律、热力学原理、固体内部电子运动速度等物理规律限制的。图 7.13 显示由这些物理规律所决定的硅电子器件状态转换延时与功耗范围。

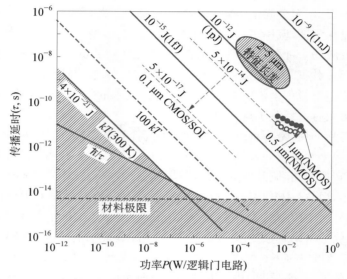

图 7.13　基本物理规律允许的硅器件状态转换延时与功耗范围[12]

任何电子器件的运作都是由于电子能量状态的变化,并且需要一定时间完成。按照量子力学中有名的测不准原理,任何状态转换的能量变化值(ΔE)与其变化时间(τ)的乘积必定不小于普兰克常数($\hbar$),即

$$\Delta E \tau \geqslant \hbar \tag{7.1}$$

因此,产生一个状态转换所需要的最低能量为

$$\Delta E_{\text{mim}} = \hbar / \tau \tag{7.2}$$

器件在这种状态转换中所需要的功耗(P)应为

$$P = \Delta E / \tau \geqslant \hbar / \tau^2 \tag{7.3}$$

同时,热力学原理要求,对于任何稳定有效的状态变化,其能量变化值必然显著大于热运动动能(kT),即

$$\Delta E \gg kT \tag{7.4}$$

其相应功耗范围亦应为

$$P \gg kT / \tau \tag{7.5}$$

根据以上物理原理得到图 7.13 的器件运作功耗与延时的关系。随着尺寸缩微,器件运

作所需功耗降低,延时缩短,即运作能量下降。由测不准原理与热运动动能决定的等能量线可见,线左下方密集线条覆盖区为器件功能禁止区。图中列出的微米至亚微米沟长 MOS 器件的能量数据都在远离禁止区的右上方。

图 7.13 除显示由基本物理规律确定的器件延时/功耗相关限制外,还给出由硅材料中临界电场强度和电子饱和速度所限制决定的最小延时。设想电子在硅晶体中以饱和速度 v_s 运动,如果经过的距离为 Δx,则电子传输所需时间应为

$$\tau = \Delta x / v_s \tag{7.6}$$

如果假设硅中电场强度为 $\mathcal{E}$,则 Δx 区域的电压降(ΔV)可写为

$$\Delta V = \mathcal{E} \, \Delta x \tag{7.7}$$

可以假设 kT/q 为最小电压降 ΔV_{min},即 $\Delta V_{min} = kT/q$,q 为电子电荷。硅可承受的最大电场强度,即临界电场($\mathcal{E}_c$)为 3×10^5 V/cm,电子饱和速度为 1×10^7 cm/sec。根据这些条件,可以估算得到电子传输的最短时间,即最小延时为

$$\tau_{min} = kT/q \, \mathcal{E}_c v_s \approx 8 \times 10^{-15} (\text{sec}) \tag{7.8}$$

按照图 7.13 显示,上述基本物理规律未对目前继续缩微的现有原理器件构成直接限制,但对 CMOS 器件缩微更为现实的限制因素,是一些器件物理和材料物理规律在超薄、超短小尺寸结构中,可能造成晶体管性能退化、失效。例如,立体栅或环栅晶体管缩微将受到量子局限效应影响,其薄硅体(Fin)宽度或纳米线直径难以缩微至 5~6 nm 以下,沟道长度缩微可能止于 10 nm。

半导体器件通常是由扩散或离子注入异质原子形成的,晶体管性能参数在很大程度上依赖杂质原子浓度及其分布。随着器件尺寸缩微,沟道区掺杂原子数量越来越少,由统计物理规律决定的杂质原子浓度随机分布涨落效应增强,将导致各个 MOS 晶体管中的杂质原子浓度有明显差别,这可使阈值电压等参数值不一,从而使电路不能正常运行[13, 15]。在器件演进过程中,可以通过某些结构、工艺、材料创新,抑制或缓解这一类限制因素的影响。例如,杂质倒向分布阱工艺可以减小阈值电压的离散分布;FinFET 与纳米线环栅结构器件制作于低掺杂硅体,可以更有效地抑制由于掺杂原子分布随机涨落造成的阈值电压离散。

7.6.2　从多晶硅/SiO₂ 到金属/高 k 栅结构

近年纳米 CMOS 器件技术发展面临多重限制因素。虽然早就有人研究影响、限制集成电路器件缩微的材料、结构、器件、工艺各种因素,但只有在进入纳米 CMOS 芯片集成阶段以后,这些因素才逐渐成为对器件的现实难题。经历 60 余年从无到有,从"小"规模到"极大"规模集成快速发展,自 21 世纪初以来,硅集成电路技术进入新转折时期,从器件结构到性能、从材料到工艺、从光刻到掺杂、从接触到互连、从芯片功耗到可靠性、从电路设计到封装等环节,遇到越来越多难题甚至危机。如前所述,近年集成芯片技术正是通过应用新材料、新工艺、新结构,突破多种限制因素难题,使 CMOS 集成工艺发挥其技术潜力,继续升级换代。下面介绍传统多晶硅/SiO₂ 栅叠层结构的缩微极限及其突破。

二氧化硅介质性能极限

尺寸逐步缩微的 CMOS 芯片充分应用了各种材料的物理性能,也逐渐趋于其可用范围

的极限。一个最好的范例是 SiO_2 材料。由于 SiO_2 薄膜的优良性能和多种完善的制备技术，使其在集成电路多种功能结构中广泛应用。在硅与许多其他半导体器件技术发展过程中，SiO_2 薄膜都是关键材料之一。进入纳米 CMOS 发展阶段后，它却成为芯片性能提升的限制因素。作为栅介质，它的介电常数过低，影响晶体管驱动电流和功耗。作为互连绝缘介质，它的介电常数又过高，影响器件速度。因此，需要分别研究、开发高介电常数栅介质薄膜和低介电常数绝缘薄膜材料。

SiO_2 早就被看作决定集成电路发展极限的材料。例如，1972 年发表的一篇论述微电子器件缩微极限的论文认为，MOS 最小晶体管将由栅氧化层击穿性能决定[17]。现今研究表明，对于均匀性、致密性非常好的 SiO_2 栅介质，其应用极限取决于量子隧穿效应。当 SiO_2 厚度减薄到纳米量级时，薄膜的介电性能受到量子隧穿效应影响，引起栅极漏电流(I_G)急剧上升。图 7.14 显示 MOS 晶体管中的这种漏电流形成机制。隧穿效应是一种典型的量子力学效应。通常 MOS 结构中栅介质形成的高势垒，阻止栅电极与半导体之间的电子(或空穴)交换，只有能量足够高的电子，才可能越过势垒。但是，当栅介质薄到只有数个分子层厚度时，电子就会有较大几率直接穿过势垒，犹如通过势垒中的隧道，直接进入介质另一侧，因而称为隧道穿通效应。这种现象也可用微观粒子的波粒二象性解释。如图 7.14(b)所示，在栅电极导体或半导体中的电子，其波函数也有可能在介质一侧传播，但其幅度会衰减。介质厚时，衰减幅度很大，可以认为电子完全局限在导体或半导体内部。当介质很薄时，电子波就会以较大幅度穿越介质。因此，早期曾有人预言，SiO_2 栅介质减薄极限将成为 MOS 器件发展的终点。

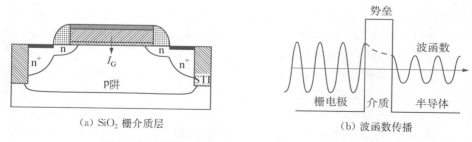

(a) SiO_2 栅介质层   (b) 波函数传播

图 7.14   量子隧道穿通效应引起的 SiO_2 栅介质层漏电

实际上，上述隧穿效应不仅发生在栅电极/半导体间的介质势垒，也会发生在源漏 pn 结势垒区。特别是在纳米 CMOS 集成电路制造工艺中，阱区的掺杂浓度越来越高，反向漏区 pn 结势垒宽度相应变薄，pn 结两侧导带与价带之间产生载流子隧道穿通的几率显著增加。这也是纳米 CMOS 器件漏电流增大的另一原因。势垒宽度是影响隧道电流的主要因素。栅极隧道穿通电流随 SiO_2 栅介质厚度(t_g)减薄而按指数规律迅速上升。

$$I_g \sim \exp(-t_g/\lambda) \tag{7.9}$$

其中，λ 为标志介质隧穿效应的特征参数。图 7.15 曲线显示栅极电流随栅电压及栅介质厚度的变化规律，其中，虚线对应于 SiO_2 栅介质，实线则对应于 SiO_2/Si_3N_4 复合栅介质。

如图 7.15 所示，当 SiO_2 厚度由 2 nm 减薄到 1.5 nm 时，在栅电压 1 V 下，栅极电流由约 0.04 A/cm² 增加到约 10 A/cm²，上升两个多数量级。因此，研究者设法寻找介电常数比 SiO_2 高的材料制备栅介质，以便在物理厚度增加条件下，获得较薄的等效 SiO_2 电学厚度

(EOT)，以提高栅电容密度和增强晶体管驱动电流密度。氮化硅的介电常数为 7.5，如果可以制备薄膜及界面性能与 SiO_2 相近的 Si_3N_4 薄膜，则它应是另一理想栅介质。可惜 Si_3N_4 薄膜性质远不及 SiO_2，因而应用两者的复合结构。这种复合结构的等效二氧化硅栅介质厚度（EOT）可按下式计算得到：

$$EOT = t_{SiO_2} + t_{Si_3N_4}(\varepsilon_{SiO_2}/\varepsilon_{Si_3N_4})$$
$$(7.10)$$

t_{SiO_2} 和 $t_{Si_3N_4}$ 分别为 SiO_2、Si_3N_4 厚度，ε_{SiO_2} 和 $\varepsilon_{Si_3N_4}$ 分别为两者介电常数。图 7.15 显示，利用复合栅介质可使栅电流显著降低。例如，由 0.5 nm 厚 SiO_2 界面层和 2.0 nm 厚 Si_3N_4 薄膜构成的复合结构栅介质，按(7.10)式得到等效 SiO_2 介质层厚度为 1.5 nm，其栅

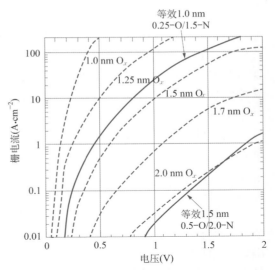

图 7.15　栅介质隧穿电流随栅电压及介质厚度的变化

隧道穿通漏电流比同样厚度的二氧化硅栅介质，要小两个数量级以上。实际上，通常在栅氧化介质生长过程中，以适当工艺掺入氮，形成 EOT 减薄至 1.0～1.2 nm 的氮氧化硅栅介质，在 90 nm、65 nm、某些产品的 45 nm 以及更小尺寸 CMOS 工艺中得到广泛应用（详见第 10 章 10.9 节）。

多晶硅耗尽层影响

不仅 SiO_2 难以满足纳米 CMOS 对栅介质的缩微需求，与 SiO_2 栅介质长期结合、形成自对准栅电极的多晶硅，也难以适应器件进一步缩微要求。这源于多晶硅有限的掺杂浓度。作为栅电极的多晶硅，即便以最高可能杂质浓度掺杂，它仍然是半导体，其载流子浓度一般仅约为金属的百分之一。就如 MOS 结构中栅介质界面附近的硅衬底内会形成耗尽层，栅介质另一侧的多晶硅界面附近，也会产生一个薄耗尽层，如图 7.16 中 d 层所示。通常多晶硅掺杂浓度约为 1.5×10^{20} cm^{-3}，其耗尽层宽度约 1 nm，等效栅氧化层厚度约 0.3～0.4 nm，因而实际上增加了有效电学介质层的厚度。在栅介质比较厚时，多晶硅耗尽效应可忽略。当栅介质缩微到纳米量级时，多晶硅耗尽层的影响就必须考虑。因此，近年在高性能 CMOS 制造工艺中，尽可能增加多晶硅掺杂浓度。但是，即便杂质浓度提高到 3×10^{20} cm^{-3}，多晶硅耗尽层宽度仍约为 0.3 nm。当栅介质厚度需要在小于 1 nm 范围缩微时，多晶硅耗尽层的影响已相当大。因此，多晶硅栅必须为金属栅所代替。

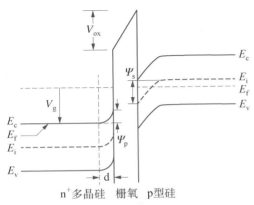

图 7.16　NMOS 晶体管的能带图，d 为多晶硅界面耗尽层

由以上讨论可知,SiO_2 栅介质和多晶硅栅电极两种材料的局限性都是由相应基本物理原理决定的。由这两种材料构成的多晶硅/SiO_2 介质叠层栅结构,在长期极为成功应用后,终于走向尽头。为克服它们导致的器件缩微困难,就必须寻找新材料、新结构。经过多年探索与研究,由两类新材料形成的金属/高 k 介质叠栅(HKMG)结构,取代多晶硅/SiO_2 叠栅结构,于 2007 年开始成功用于制造 45 nm 高性能 CMOS 微处理器集成电路,开辟了纳米 CMOS 器件制造技术的新途径,并成功应用于 32 nm、22 nm、14 nm 和 10 nm 等芯片工艺。随着缩微和纳米 CMOS 器件升级换代,HKMG 叠层栅结构需要材料及工艺不断优化。

7.6.3 功耗危机与缓解途径

CMOS 器件由于其突出的低功耗特性,成为大规模集成电路技术主流。当 CMOS 芯片的器件集成密度逐渐上升到 10^7、10^8 以至 $10^{10}/cm^2$ 时,工作频率也相应提高到千兆赫兹范围,芯片的功耗随之逐步增高。一方面,器件缩微造成静态漏电流上升。在 250 nm 技术器件中,单位沟宽漏电流约为 1 nA/μm;在 65 nm 高性能 CMOS 器件中,SD 漏电流则上升至 10^2 nA/μm 量级,因而使无效静态功耗显著增加。另一方面,电路工作频率提高,不仅使有源器件动态驱动功耗增加,也使互连 RC 损耗增加。在各种信息处理、存储等功能器件中,以微处理器功耗最大。以 Intel 系列微处理器芯片功耗为例,其第一代 CMOS 微处理器芯片(386),它的集成度(含 27.5 万晶体管)虽然显著大于此前非 CMOS 历代 MPU 芯片,但其功耗密度却降到最低。此后随着微处理器集成度与速度增长,芯片功耗密度从数瓦特每平方厘米,逐步攀升到近 100 W/cm^2。1994 年面世的第一代 Pentium 芯片,集成 320 万晶体管,时钟频率为 75 MHz,功耗为 8 W,10 年后 Pentium 4 芯片,集成约 5 500 万晶体管,工作频率超过 3 GHz,功耗超过 80 W,有的产品达到 115 W。过高的功耗使芯片温度过度上升,以至使器件难以有效正常运行。对于今后大力发展的多芯片及其他异质器件构成的复合系统集成技术,功耗合理控制也是一个关键课题。物联网(IoT)、移动通信、人工智能等系统集成芯片要求更低功耗。

如何降低功耗已成为纳米 CMOS 和系统集成芯片技术演进的"瓶颈"难题[13]。对于解决集成电路功耗难题,存在两种思路:一种为应用新设计、新材料、新工艺,减小器件静态与动态功耗;另一种则如本章 7.3 节所讨论,在已有工艺条件下,根据芯片功能特点,折中选择功耗/速度要求不同的器件工艺,即较高功耗的高速高性能器件和较低速度的低功耗器件两大类工艺。对用于较大型系统中的高性能芯片,可以采用制冷等措施,避免芯片过高升温。对于 2013—2028 年期间,高性能和低功耗两类器件 SD 漏电流的最大允许值变化,在 ITRS-2013 路线图中,以图 7.17(a)和(b)分别显示。由图 7.17 可见,为获得速度优化,高性能芯片需承受较大漏电流(100nA/μm)与相应功耗。虽然近期低功耗器件可保持相当低漏电流(10pA/μm)。但远期随着晶体管栅长缩短,平面晶体管或多栅立体晶体管的结区带间隧穿漏电流将增大。

功耗难题的有效解决,需要通过芯片制造、封装与设计技术多方面调节与创新。应用物理厚度较大的高 k 栅介质,可以显著减小栅介质隧穿漏电流。其他等效缩微技术也有益于减缓功耗危机。如何降低功耗成为集成电路设计的关键课题。在集成规模愈益增大的低功耗 CMOS 集成电路中,常常采用专门功耗管理电路,以降低芯片整体功耗。例如,利用"睡眠晶体管"技术,在芯片中让某些时刻无需工作的部分电路处于关闭状态,以显著降低芯片

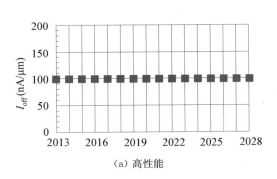

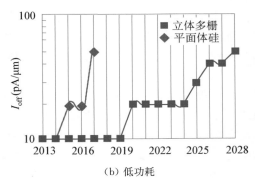

图 7.17　ITRS‑2013 推测的高性能和低功耗 MPU 集成芯片晶体管关态漏电流[11]

整体功耗。集成电路封装技术的改进也对解决功耗难题十分重要。通过多种技术的有机结合,近年研制和生产的多代高性能 MPU 芯片,虽然集成数以亿计的晶体管,功耗一般都可降低到 100 W 以下。对于移动通信应用的低功耗芯片,更要求可减小到数瓦以下。工作频率与功耗之比(单位为 MHz/W)是衡量微处理器芯片设计与制造品质的参数,对于高性能微处理器,其数值为 60~100 MHz/W 范围,而有些低功耗器件可超过 200 MHz/W。

在纳米 CMOS 芯片演进中有重要作用的应变沟道载流子迁移率增强技术,既可以增大晶体管驱动电流,提高器件速度,也有益于降低芯片功耗。如图 7.7 所示,异质 SiGe 源漏区等应变技术的不断改进,促使纳米 CMOS 芯片升级换代。但各种提高沟道载流子迁移率的应变技术已逐渐达到其极限。多年来研究者一直着力探索硅基高迁移率异质半导体沟道 CMOS 技术。如果以具有高空穴迁移率的锗形成 p 沟器件,以高电子迁移率 InGaAs 形成 n 沟器件,则这种硅基异质沟道 CMOS 应具有优异速度特性,而且由于这两种半导体禁带较窄,可以在较低电压运行,更有益于降低器件功耗。近年这种异质结构 CMOS 技术的可行性研究取得进展。ITRS‑2013 曾预计,2018 年 InGaAs/Ge 异质沟道 CMOS 集成芯片可能首次面世。表 7.7 显示 Ⅲ‑Ⅴ/Ge 异质沟道器件与高性能‑低功耗硅器件的速度/功耗性能对比,进一步研究将提供有关这种技术发展前景的更多数据。有关高迁移率异质沟道 MOS 器件技术近年进展,参见第 8 章相关内容。

表 7.7　硅基 Ⅲ‑Ⅴ/Ge 异质沟道器件与常规器件的速度‑功耗性能对比[11]

	HP	LP	Ⅲ‑Ⅴ/Ge
速度(I/CV)	1	~0.4	>1
动态功耗(CV^2)	1	~1	<1
静态功耗(I_{off})	1	~1×10^{-4}	1

7.6.4　互连难题与解决途径

人们早就认识到,互连传输延时是影响集成电路器件缩微与集成度增长的另一限制因素。随着晶体管尺寸缩微,其本征延时不断减小,但巨量晶体管互连成的电路和系统,由互连线寄生分布电阻与分布电容形成的 RC 延时却不断增加,逐渐成为决定集成电路速度的主要因素。器件尺寸缩微与集成度增长导致互连寄生电阻与电容上升,有两方面原因。一方面是由于互连线越来越长、截面越来越小。根据计算,仅以第 1 层及以上数层金属互连线的总和计算,每平方厘米的连线长度可达数千米。另一方面是由于器件尺寸、接触、互连剖面结构缩微引起尺寸及界面效应,导致材料电阻率升高、薄层电阻增大、接触电阻上升、平行互连线寄生分布电容增加。例如,在铜互连线宽接近和小于 100 nm,特别当小于铜的电子平均自由程(39 nm)时,铜电阻率随尺寸缩小显著升高,如图 7.18 所示。大尺寸材料的体电阻率主要由声子散射决定。纳米尺寸范围的铜薄膜线条内的电子输运,则会受到界面缺陷、表面粗糙度、晶粒间界与边界等愈益增强的多种机制散射。因此,有许多研究工作正在探索纳米尺寸线条领域可以取代铜的新型互连导体材料。除了碳纳米管等全新材料和光互连等技术外,已在 CMOS 芯片接触工艺中成功应用的 NiSi 薄膜也引起人们注意。研究表明,小至 15 nm 的 NiSi 单晶纳米线,仍然可保持约 10 $\mu\Omega \cdot cm$ 的体电阻率。其原因在于 NiSi 具有较短电子自由程(~5 nm)。银作为电导率最高的金属也继续受到关注,虽然由于电子自由程较大(~58 nm),窄线条银的电阻率也显著上升,但有研究发现单晶银纳米线的电阻率约为 2.6 $\mu\Omega \cdot cm$。在 ITRS - 2013 中,还推动其他一些有可能提高窄线条导电性能的金属体系研究。近年在超短沟道 CMOS 芯片中,已有部分超微细局域互连应用钴金属线条形成(参见第 20 章 20.10.1 节)。

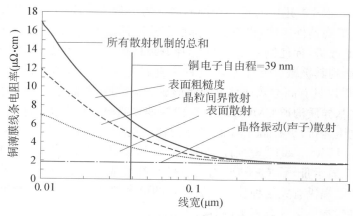

图 7.18   铜电阻率随尺寸缩微的增长[18]

互连布线的 RC 传输延时大幅度上升,严重制约集成电路工作频率提高。在 1.0 μm Al/SiO$_2$ 互连 CMOS 工艺中,晶体管传输延时约为 20 ps,互连线 RC 延时约为 1 ps/mm。对于 Cu/低 k 介质互连的 35 nm CMOS 工艺,晶体管传输延时减小到 1 ps,而 RC 延时升高到约 250 ps/mm。随着器件尺寸缩微和集成度提高,在纳米 CMOS 芯片中,不仅电路速度取决于互连,而且有越来越大电路功率耗散于互连线分布电阻和电容中。例如,在 0.13 μm 微处理器芯片中,就已有约 50% 功率耗散在互连线上。此后,RC 功耗所占比例更大。因此,人们早就认识到,互连是影响集成电路速度与性能提升的技术"瓶颈"之一。

20 世纪 90 年代以来,针对如何降低金属互连寄生电阻和电容,抑制 RC 增长,一直进行着极为活跃的相关材料与工艺研究,并取得许多进展,其中,包括铜互连技术成功应用。近年正在进一步对扩散阻挡层材料及工艺、铜籽晶层生长及电镀工艺、低介电常数材料及相关工艺集成等许多互连课题开展深入研究。本书第 20 章将对互连技术作专题介绍。本节仅以低 k 介质新材料的研发需求及其难度、互连功耗等为例,作简要讨论。

多年来半导体技术路线图所预测的许多升级换代技术目标往往提前实现,低 k 介质材料的发展步伐却是个例外。在各个半导体技术路线图版本中,都根据 CMOS 器件缩微技术需求,提出相应的低 k 新材料研发目标。由于低 k 材料制造与应用的实际难度,目标不得不多次延后。图 7.19 为 ITRS‑2013 及此前几个版本中所列绝缘材料 k 值目标,可见低 k 介质材料目标值的变化。尽管低 k 材料研究开发工作极受重视,有关报道很多,也研制成功多种 k 值相当低的介质薄膜材料,但要把新材料有效集成到芯片制造工艺,材料必须具有较高机械强度及其他物理、化学性能。低 k 薄膜在 CMP、等离子体处理等工艺后,k 值往往会显著上升。早在 ITRS‑1999 中,曾期望金属间绝缘介质的等效介电常数在 2002 年与 2008 年分别降低到 2.7～3.5 与 1.5,更把 2014 年的目标定为低于 1.5,但这些目标远未能如期实现。因此,在 ITRS‑2013 及此前多个版本中,不得不一再降低目标,提高绝缘介质 k 值。现今得到实际应用的层间绝缘介质的 k 值仍在 3.0～2.5 范围,至今尚无可以实现 k 值能显著小于 2.5 的可靠介质材料及工艺。近年研究表明,经过多年探索后,空气间隙(Air Gap)结构的金属间绝缘方法已取得进展,被认为是减小寄生电容的有效途径。ITRS‑2013 认为,空气间隙结构工艺是把 k 值降到 2 以下的唯一可能途径[19]。

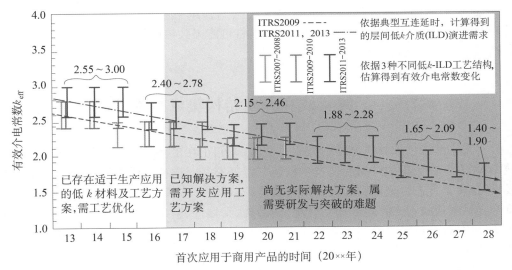

图 7.19　ITRS‑2013 及此前版本中低 k 介质材料工艺的需求目标及其调整变化[19]

通过多方面材料及工艺研究开发,互连技术不断优化与创新,以适应集成芯片集成度、速度和功能的继续升级。但传统金属/介质互连技术的局限性及 RC 延时,终将限制集成芯片技术的发展。如果集成电路延时完全由互连线 RC 决定,进一步缩微晶体管,将变得毫无意义。因此,人们早就研究与传统金属/介质不同的新型互连和信号传输技术,近年此领域研究工作更为广泛、深入。为突破传统技术的"瓶颈"限制,同时有多种不同新技术在探索、试验与开发。ITRS 早已把这些新技术纳入未来互连规划,介绍及分析它们的特点及应用前景。有的新技术着眼于进一步发挥金属/介质互连的潜力。例如,应用以互连为中心的设计技术(interconnect-centric design),更合理地布局、布线,降低 RC,有效提高电路速度。又如,把部分芯片互连与封装技术结合,一部分全局互连线(global interconnect)制作在封装载体上,应用较厚的低电阻金属互连线,从而降低 RC 延时。近年三维互连技术已取得突破,正在进入产品制造应用阶段。可以把较长的全局互连线通过垂直互连完成,显著降低连线电阻和电容。

另一些正在研究的互连技术则应用全新材料或物理机制。例如,正在探索用碳纳米管、石墨烯材料实现新一代互连体系的前景。金属性碳纳米管(carbon nanotubes,CNT)的电导率高于铜,抗电迁移性能好,其电流通导容量显著优于铜,两者分别为 10^9 A/cm^2 和 10^6 A/cm^2。CNT 还具有很高的热导率,沿纳米管方向可高达 1 400 W/m·K,与金刚石相近(900~2 300 W/m·K),而铜的热导率为 385 W/m·K。2004 年以来研究异常活跃的二维碳纳米结构材料——石墨烯(或称石墨纳米带,graphene nanoribbon),也被看作未来新互连技术的候选者,其导热系数更是高达 5 300 W/m·K,常温下其电子迁移率超过 15 000 cm^2/V·s,电阻率可低至 10^{-6} Ω·cm。光互连是另一种正在探索的全新芯片互连模式。光早已广泛用于通信及大型计算机等仪器中,实现信息高效传输。光互连用于芯片会具有速度快、信号完整性好、无相互干扰等突出优越性。但其实现的难题也很多,各种微小型光学元件的制备及集成技术尚有待研究开发。

除了上述问题,还有其他许多器件、材料、工艺因素,影响器件缩微技术发展与集成芯片密度与速度提升。由器件物理决定的许多小尺寸器件效应,在纳米 CMOS 器件技术发展中愈益严重,影响器件性能。尽管 CMOS 技术缩微遇到越来越多难题,但今后通过研究、开发、应用某些新材料、新结构、新器件和新工艺,将可能突破传统集成技术限制,使 CMOS 芯片制造技术继续得到新进展。

7.7 三维集成和异质结构集成技术发展

针对未来纳米领域集成电路制造技术发展,人们正在更多关注三维集成和异质结构集成技术,两者正在为集成电路制造技术创新开辟新路径。硅基三维和异质集成技术的突破与发展,既可延伸芯片集成密度提升演进趋势,又可进一步扩展集成系统芯片功能与性能。三维与异质集成技术必将建立在新材料、新结构、新器件、新工艺基础上。本节将结合近年相关研究领域部分进展,简述三维集成技术特点与发展途径,并以 MoS$_2$ 为例,简要分析二维半导体纳米材料特性,及其与 Si - FinFET 工艺结合,研制异质混合沟道立体集成 CMOS 新型器件的技术可能性。

7.7.1 平行式与顺序式三维集成结构

在 20 nm 及以下纳米 CMOS 芯片技术演进中,三维结构器件与集成技术已经成为提高集成度、速度和增强电路功能的主要途径。广义的三维集成芯片技术正在从两种途径推进。一种途径为应用多栅立体结构晶体管代替单栅平面器件。这种途径作为近年集成芯片发展主流,已成功用于 22 nm、14 nm、10 nm 等集成芯片制造和更高密度器件研制,其原理与基本工艺将在第 8 章讨论。虽然有源器件层上方需由多层次金属布线完成电路互连,但这种立体晶体管集成电路芯片的器件布局仍然是平面二维结构。另一途径为多层有源器件与电路垂直三维集成技术,近年取得新进展,也正是 ITRS 2.0 版重点分析的复合系统集成技术今后的发展方向。

多层有源器件集成技术存在两类不同结构与工艺。一类为平行式三维集成技术,把分别以传统工艺制造的两部分电路芯片,通过硅贯穿孔(Through Si Via,TSV)和硅插入式连接片(Si Interposer)等互连新技术,形成高密度、多功能三维结构系统集成电路。这类方式也可称为多片三维集成。这种三维技术既可通过多个芯片叠层互连,制造更高集成度的存储器或逻辑集成电路,也可把传感器、电容等异质器件与芯片集成在紧密的立体结构中。例如,可应用 TSV 技术研制由多层芯片构成的超高密度存储器电路。另一类为顺序式三维垂直集成技术,即在同一衬底上把不同功能器件/电路制备在不同层次,实现集成密度更大、速度更高、功能更强、功耗更低的三维器件集成。在硅片上完成下层集成器件加工后,以适当低温工艺继续构建上层晶体管和电路,最后通过接触与互连工艺,完成双层或多层整体功能芯片制造。因此,这种三维集成结构既可称为三维顺序集成(3D sequential integration,3DSI)技术,也可称为三维单片集成(3D monolithic integration,3DMI)技术。

由表 7.8 所列这两类三维结构集成芯片的主要特点可知,两者各有其优点与工艺难点。平行式 3D 集成技术建立在已有加工工艺基础上,分别制造上下层有源器件及局部互连,难点在于上下层之间的接触与互连。经过多年研发,这类 3D 集成技术逐渐趋于成熟,已开始用于 3D 芯片产品制造。TSV 等相关技术将在第 20 章讨论。单片三维集成芯片具有结构精密的优点,其突出难点在于,必须应用不影响下层器件性能的上层器件工艺。通常要求在较低温度下形成上层晶体薄膜,以低温掺杂制造晶体管。这种顺序式三维集成工艺早就被认为是形成叠层 3D 结构集成器件的理想途径。20 世纪 80 年代初 SOI 技术研究的驱动力之一,就曾经是用于实现三维多层器件集成,以提高集成度和性能的可能选择。随着纳米领域的单元器件传统缩微技术日益受限与困难,单片式三维集成技术成为突破二维器件布局限制,继续提高芯片集成度、速度与功能的有效途径。近年世界多个研究机构,应用新材料、新工艺、新器件,研究开发多种新型三维集成技术[20-24, 38, 39]。

表 7.8　两类三维集成芯片结构与工艺特点对比

3D 集成方式	平行式	顺序式
器件电路制备工艺	上下层分别同时加工	下层完成后,上层加工
上下层连接工艺	通过 TSV 等互连	类似常规互连工艺
上下层对准精度	～1 000 nm	～10 nm
上层工艺温度	上下层相同	上层需应用低温工艺

图 7.20 显示一种利用 SOI 衬底的单片式三维集成电路结构及形成工艺。图 7.20 为法国著名微电子研究机构 CEA - LETI 的研究人员,研发的一种三维结构器件及工艺示意图[20]。该 3D 多层集成电路的主要工艺流程及关键技术可归纳如下:

(1) 首先在 SOI 衬底硅片上,以常规平面工艺制备下层高 k 介质与金属栅(HKMG)全耗尽(FDSOI)晶体管,离子注入源漏区可应用超过 1 000℃的快速退火工艺修复晶格与激活载流子,应用铂掺入与氟、钨注入优化工艺,形成源漏栅区自对准 NiSi 接触,硅化物稳定性可达到 650℃。

(2) 在下层器件表面淀积高致密层间介质(ILD)薄膜,并通过化学机械抛光(CMP)工艺,形成超平整表面,以便应用低温(约 200℃)分子键合与转移工艺,在介质表面形成高质量超薄单晶硅层,即形成上层 SOI 结构材料。这种上层晶体转移工艺在晶体质量和厚度控制等方面都显著优于再结晶等其他晶体薄层工艺。

（3）应用低于650℃的低温工艺，制造HKMG全耗尽（FDSOI）晶体管。例如，源漏区注入离子，激活采用600℃固相外延（SPE）工艺实现。

（4）通过精密光刻、刻蚀、薄膜等工艺，实现多层接触与互连。

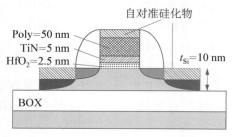

（a）应用优化FDSOI工艺，制备下层晶体管

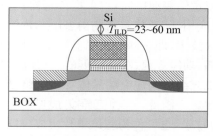

（b）应用介质淀积、CMP、低温键合等工艺形成高质量顶层硅膜

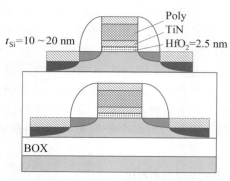

（c）应用低温FDSOI工艺（<600℃）制作上层MOSFET

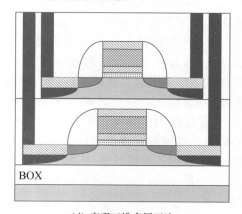

（d）实现三维多层互连

图7.20　一种典型双层3D器件结构及工艺示意图[20]

CEA-LETI的研究表明，利用以上工艺可制备性能优良的上层晶体管，且不影响下层器件，有可能用于研制FPGA等逻辑电路和SRAM等存储器件。而且通过低温分子键合及转移技术，可以在下层器件之上形成不同晶面的硅晶薄膜，如Si(110)薄晶层，用于形成空穴迁移率较高的PMOS晶体管，制造三维混合晶向CMOS电路。也可能把锗或化合物半导体薄膜转移到硅层器件之上，制造异质结构三维集成电路芯片。例如，利用上层锗膜制备高空穴迁移率PMOS，优化硅基CMOS芯片性能。

体硅衬底上的非晶硅转化结晶工艺，近年在顺序式单片三维集成技术研究中取得新发展。台湾纳米器件研究所等机构的研究者发展了一种优质硅晶薄膜及器件低温制备工艺[21-23]。他们应用高密度等离子体低温硅薄膜淀积、纳秒激光热处理和CMP减薄等工艺相结合，在下层器件之上的优质层间介质薄膜表面，形成"类似外延"的超平坦、超薄硅晶薄膜。其主要工艺步骤如下：先淀积较厚的非晶硅膜（如100 nm），通过纳秒激光退火，产生大晶粒硅膜，随后以CMP技术抛除较粗糙的表面层，形成约10 nm量级的超平硅膜。淀积较厚起始非晶硅膜，既有益于其吸收全部入射激光能量，避免激光对下层晶体管产生损伤，也有利于形成大晶粒硅晶膜。因此，此研究应用的纳秒激光晶化技术，是一种类似低温加工技术。该研究中利用这种"类似外延"的超薄硅晶膜,应用激光、微波退火等低温工艺,制备超薄体(ultra thin body,USB)晶体管与 CMOS 逻辑电路和 SRAM 等存储器件,形成垂直叠层三维集成芯片。

7.7.2　异质三维多功能集成工艺

硅基异质结构集成电路制造技术,是近年半导体纳米器件研究领域的另一研究热点。异质结构器件技术与三维集成技术密切相关。如上所述,锗、化合物半导体可应用异质薄层键合及转移技术,与三维结构集成技术结合,研制高迁移率 CMOS 集成电路。三维与异质技术结合,可研制多种功能各异的集成芯片。在 2014 年 IEDM 会议上,斯坦福大学研究者报告了一种把不同材料的逻辑、存储器件集成在单片上的三维集成实验工艺[24]。

如图 7.21 所示,该工艺把碳纳米管场效应晶体管(CNT-FET)、电阻随机存储器(RRAM)和硅晶体管,分别制作在 4 层结构芯片的不同层次,并用通导孔和金属把它们连接。在硅衬底上以高温硅工艺制备 MOS 器件后,上层介质与器件薄膜工艺都在较低温下进行。应用低温(90℃)PECVD 技术淀积各层间的绝缘层间介质(SiO_x,100 nm)。以不高于200℃的低温工艺制备由叠层薄膜(10 nm Pt/5 nm HfO_x/3 nm TiN/10 nm Pt)构成的RRAM 器件。制备 CNT-FET 器件的最上层介质薄膜需经过 CMP 和氩离子刻蚀,形成超平坦表面,应用低温(200℃)原子层淀积工艺,先后淀积背栅电极(1 nmTi/10 nmPt)和高 k栅介质(Al_2O_x~16 nm),并形成光刻图形。高定向性碳纳米管(CNT)膜(>99.5%)为原先在石英片上约 900℃下生长的,而后以 130℃低温工艺转移到背栅表面。最后通过金属薄膜(2 nmTi/12 nmPt)淀积与图形光刻,形成碳纳米管晶体管的源漏区。该实验的器件性能测试显示,这种异质三维单片集成工艺有可能用于实现 FPGA 等高密度多功能电路。

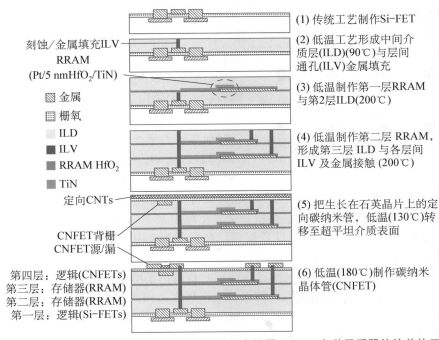

图 7.21　包含 Si-FET、CNT-FET 和电阻随机存储器(RRAM)多种异质器件的单片三维集成芯片制作工艺流程示意图[24]

近年多种不同实验方案研究结果表明,单片三维与异质集成技术正在成为超越传统缩微限制,继续提升集成密度与功能的新途径。三维与异质集成技术的关键,在于发展和应用新材料、新器件、新结构、新工艺。事实上,在集成电路过去 60 余年发展中,正是由于不断引入、改进、优化各种材料性能及相应制备工艺,造就了集成技术的持续快速演进。在进入纳米 CMOS 阶段后,针对器件需要,各种新材料的研究、引进和应用更为迫切与活跃。从元素周期表看,20 世纪 80 年代时硅芯片中包含的元素约 12 种,90 年代增加约 4 种,而进入 21 世纪后,正在研究和可能得到新应用的材料至少涉及 45 种元素。在三维与异质集成电路芯片技术发展中,必然会应用多种新材料,并将引起器件、结构及工艺的许多变化。分析集成芯片持续演进历史可知,应用新材料常常是解决器件工艺技术难题的重要途径。

　　以往在硅二维集成技术中材料创新主要集中在介质和金属等类材料,未来三维和异质结构集成技术发展将更多依赖引入异质有源器件材料与发展相应异质结构工艺。近年针对未来集成电路技术发展需求,具有不同功能的各种新材料、新器件、新结构研究不断取得新进展。不仅锗和化合物半导体材料及器件工艺进步,正在增强硅基异质高迁移率晶体管 CMOS 技术发展可行性,多种新型存储材料与器件演进也为未来存储芯片提供多样性选择。

7.7.3　二维纳米器件晶体新材料

　　近年由石墨烯研究热潮触发的二维晶体材料与器件探索,为未来纳米 CMOS 技术演进展现新的候选途径[25-28, 37]。二维晶体电子材料与器件是近年极为活跃的研究领域,这里仅以二硫化钼(MoS_2)为例,简要讨论二维薄层晶体材料特点与器件研究进展。实验发现,硫、硒、碲等硫族元素与过渡族金属组成的化合物,如 MoS_2、WS_2、WSe_2、$HfSe_2$、$ZrSe_2$ 等,具有独特的晶体结构与半导体物理性质。这种过渡金属硫属化合物(transition metal dichalcogenides,TMD 或 TMDC)的二维晶体材料,是一种与硅等传统半导体晶体结构十分不同的半导体。硅、锗及Ⅲ-Ⅴ族化合物半导体晶体中,原子都以 sp^3 型杂化轨道构成共价键,形成三维结构晶体。而 MoS_2 由 S—Mo—S 共价键构成稳定的二维层状结构化合物,层与层之间通过微弱的范德华力相结合,形成六方晶系结构晶体。图 7.22 显示 MoS_2 的二维晶格结构。这种结构与硅等三维共价键晶体的显著差异在于,表面平整的 MoS_2 晶体表面不存在悬挂键,界面态密度因而较低,可使载流子输运受到的散射较弱。它又与石墨烯二维材料不同,MoS_2 二维晶体具有半导体型能带,禁带宽度随

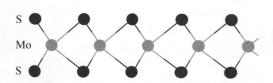

图 7.22　MoS_2 二维晶体结构示意图[26]

晶层数目变化,厚度约 0.65 nm 的单分子晶层,具有直接能带,带宽为 1.8~1.9 eV,双层和多层材料则转化为间接能带结构,多层膜禁带宽度减小到 1.2~1.3 eV。

　　MoS_2 独特的机械、电学和光学性质使其具有多方面应用。它早就是具有多种应用的工业原料,如利用其超低机械硬度特点,在许多工业中用作润滑剂;又如,它可以作为化学反应催化剂等。自然界存在 MoS_2 矿石(被称为辉钼矿),可用于冶炼金属钼。近年有关 MoS_2 二维晶体的一些研究中,就是从层状结构辉钼石上应用表面剥离方法,获得纳米单分子层或多分子层 MoS_2 二维纳米晶片,用于其半导体性能测试分析与场效应器件研制实验[26, 27]。近年研究者正在发展 PVD、CVD、MOCVD、电化学等精密可控技术,制备 MoS_2 等二维薄膜,用于探索新型纳米器件。例如,应用固体 CVD 分子层淀积技术,在 SiO_2/Si 等衬底上淀积

单层或多层 MoS_2 二维晶体薄膜。这是一种自终止或自限制的淀积方法,以纯净硫、氯化钼或氧化钼粉末为反应前体,在反应腔体内通过蒸发,在适当温度与分压条件下,利用生成物蒸汽压与反应前体分压的差别,可以实现自终止膜厚层数控制。

根据 MoS_2 的晶体结构及其半导体基本特性,为探寻其在未来纳米电子和光电子器件技术中的应用前景,人们正从多方面进行研究。多个研究组的实验结果显示,分子级单层或多层 MoS_2 材料,可用于研制超小型场效应器件,其制作工艺正在不断改进,晶体管性能逐步提高。由于 MoS_2 材料的禁带较宽,其晶体管可具有较大开态/关态电流比(I_{on}/I_{off}),近年报道的 MoS_2 – FET

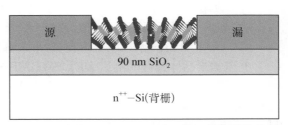

图 7.23　单分子层 MoS_2 二维晶体场效应晶体管结构示意图[26]

晶体管开关电流比在 $10^5 \sim 10^9$ 之间[26-29]。正在对比、筛选有益于提高 MoS_2 – FET 性能的栅介质及栅电极材料,如 SiO_2、HfO_2、ZrO_2、Al_2O_3、TiN 等。有的实验应用顶栅结构,也有的采用背栅结构。图 7.23 为背栅单 MoS_2 分子层晶体 FET 结构示意图。有实验发现,承载 MoS_2 薄膜的衬底对其电学性能可能产生显著影响:在聚甲基丙烯酸甲酯(PMMA)高分子聚合物薄膜衬底上的 MoS_2 二维多层晶膜,其电子迁移率可达 $470\ cm^2/(V \cdot s)$,比 SiO_2 上的晶膜高约一个数量级,而且在 PMMA 衬底上还可获得 p 型 MoS_2 多层晶膜,并测试得空穴迁移率达 $480\ cm^2/(V \cdot s)$[27]。

由于量子隧道穿通和短沟道小尺寸等物理效应,当沟道长度减小到纳米量级时,源漏区间漏电流急剧增大,硅场效应器件沟长难于缩微至 5 nm 以下。对于探索超微短沟场效应器件,超薄 MoS_2 二维分子晶体与硅晶体相比,基于两者材料基本性质差别,具有明显优势。MoS_2 的禁带宽度($\sim 1.8\ eV$)显著大于硅($1.12\ eV$),电子有效质量($\sim 0.55m_0$)也大于硅($\sim 0.19m_0$),而介电常数(~ 4)小于硅(~ 11.7)。宽禁带、大有效质量有益于减弱电子隧穿效应,较低介电常数有益于抑制短沟道效应。因此,超薄 MoS_2 可显著降低超短沟道源漏区间的关态电流。

最近有研究报道,利用厚度约 1.3 nm 的 MoS_2 双分子层半导体,可以实现导通沟道长度为 1 nm 的场效应器件[33]。图 7.24 为该研究中实验与测试的超短栅 n 沟 MoS_2 场效应器件结构示意图和俯视图。这种器件应用单壁碳纳米管(SWCNT)形成栅电极,以 ZrO_2 作为栅介质,衬底为 SiO_2(50 nm)/n^+–Si。器件形成主要工艺步骤如下:

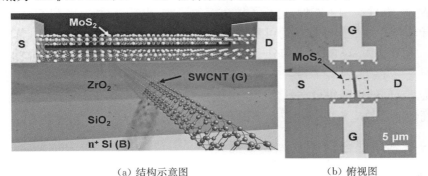

(a) 结构示意图　　　　　　　　(b) 俯视图

图 7.24　1 nm 栅长 MoS_2 双分子层 n–沟场效应器件结构示意图和俯视图[33]

（1）把淀积在石英片上的金属性碳纳米管转移到有定位标志的 SiO_2 表面。

（2）通过电子束光刻、30 nm 钯金属薄膜淀积与剥离工艺，并利用 AFM 技术，形成钯与碳纳米管栅接触。

（3）应用原子层淀积（ALD）技术淀积 ZrO_2 栅介质（5.8 nm）。

（4）应用适当精细操作工艺把 MoS_2 双分子层晶片转移到栅介质上。

（5）应用 ALD 技术与电子束光刻，形成源漏区镍（40 nm）金属接触。

上述实验晶体管性能测试表明，SWCNT 栅电极形成耗尽型 n 沟场效应器件，而 n^+-Si 衬底形成背栅，可调节器件特性。背栅正偏压可使 MoS_2 源漏扩展区呈现 n^+ 电导，显著降低沟道串联电阻，提高输出电流，优化亚阈值特性。图 7.25 显示不同背栅偏压（V_{BS}）条件下，MoS_2 双分子层 n-沟场效应器件的 $I_D(V_{GS})$ 电流特性。这种器件的电流开关比可达 10^6，亚阈值摆幅 65 mV/dec 接近理想值，依据电学性能估算的 ZrO_2/MoS_2 界面态密度为 $1.7×10^{12}$ $cm^{-2}·eV^{-1}$。实验还表明，由较多分子层 MoS_2 形成的场效应器件电学特性随厚度增加退化。

在探索二维晶体电子材料与器件过程中，近年还发现多种单质原子构成的二维晶体超薄膜，具有半导体特性，有可能用于研制微电子和光电子器件。例如，利用黑磷，可以获得磷原子超薄层二维晶体，并用于研制电子器件[30, 31]。黑磷作为一种稳定的磷同素异构体，可由白磷

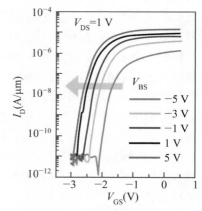

图 7.25　碳纳米管栅 MoS_2 双分子层 n-沟场效应器件的 $I_D \sim V_{GS}$ 特性[33]

在高温、高压条件下转化而成。黑磷具有类似石墨和 MoS_2 相同的片状结构，可用机械剥离方法获得超薄二维单晶膜，这种超薄膜因而被称为黑磷烯（phosphorene）。现有研究表明，二维晶体超薄黑磷具有半导体电学特性，其禁带宽度也与 MoS_2 相似，随原子层数减少而增大。利用黑磷烯进行的场效应器件实验研究显示，其沟道空穴迁移率较高，因此，有研究者认为有可能与 n 型 MoS_2 超薄膜结合，制作二维晶体纳米 CMOS 器件。还有研究者应用这些二维晶体材料，探索新型光电子器件。

二维半导体电子材料和晶体管探索与研究不断扩展、深入。2017 年 8 月发表在 *Science Advances* 上，有关 $HfSe_2$、$ZrSe_2$ 二维晶体材料与器件研究新进展的论文[37]引人注目。这篇由斯坦福大学多学科研究者共同合作完成的论文，对这两种二维晶体的电子能带结构、材料性能与 MOS 器件应用可能性，进行了较全面的研究、表征、分析。该研究结果表明，这两种层状半导体具有某些与硅相近的可贵性质。两者皆为非直接禁带半导体，禁带宽度与硅接近，在 0.9～1.2 eV 范围，而且随分子层数变化较小，应有益于研制高可靠、低功耗超微器件。该研究还揭示，$HfSe_2$、$ZrSe_2$ 二维分子晶体的另一独特优点在于，有如硅表面热生长 SiO_2 介质层，它们的表面也可在氧化气氛中生长自然氧化层，即 HfO_2、ZrO_2 高 k 介质层。这可能为高性能场效应集成芯片技术演进开辟新前景。

7.7.4　硅基异质混合沟道立体集成器件

随着 MoS_2 材料特性与器件试验取得进展，已有研究者开始探讨 MoS_2 器件与硅集成技

术结合,探索未来纳米 CMOS 技术的新途径[28]。最近报道的该研究工作中,在 Si‑FinFET 三维器件结构与工艺基础上,引入 MoS_2 二维薄膜材料,试图发展一种硅基混合立体集成器件制造技术。如图 7.26 所示,这种技术由以下主要工艺步骤构成:

(1) 单晶硅片上通过精密光刻与定向刻蚀工艺,形成薄硅体(Fin)。

(2) 应用高密度等离子体技术淀积 SiO_2 膜,覆盖薄硅体。

(3) 定向性均匀回刻 SiO_2,形成立体晶体管的有源区硅体。

(4) 有源硅体表面形成薄 SiO_2 介质层,清洗后应用固体 CVD 方法制备 MoS_2 分子层晶膜(2～10 nm/3～16 层),淀积 HfO_2 高 k 栅介质(4 nm)与 TiN 栅电极叠层。

(5) MG/HK 栅结构图形光刻与刻蚀工艺,实验器件沟道长度为 50 nm。

(6) 应用离子注入掺杂和微波加热等低温退火工艺,实现源漏区损伤消除与杂质激活。

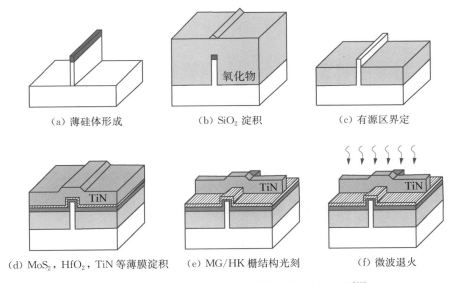

图 7.26　混合 Si/MoS_2 三栅立体集成工艺示意图[28]

图 7.27 为利用上述异质与三维工艺,研制的 Si/MoS_2 混合立体晶体管实验器件 TEM 剖面图。器件性能测试表明,MoS_2 晶膜与硅基器件结构结合,可以制造性能良好的混合沟道三维器件,说明两种材料及器件工艺的良好相容性。测试数据显示,n 沟与 p 沟晶体管具有相互匹配的较低阈值电压(V_{TH})。该研究工作中同时研制的 Si/MoS_2 混合纳米线晶体管(NWFET)也显示良好器件特性。图 7.28 显示,Si/MoS_2 混合沟道三栅立体和纳米线环栅 n 沟晶体管的驱动电流,相对硅器件有 20%～25%增强率。

图 7.29 显示 Si/MoS_2 混合沟道晶体管不同栅偏置条件下的能带图。由 MoS_2、硅与介质界面能带变化,可以说明晶体管的不同导电沟道与电流特性。NMOS 晶体管驱动电流由 MoS_2 界面势阱沟道电子提供,这种 3D 器件中的沟道电子迁移率可大于 Si‑FinFET 器件,因而可产生较大驱动电流。而 PMOS 晶体管的电流则取决于硅沟道中的空穴。这一研究结果表明,MoS_2 之类二维半导体可与硅工艺结合,形成混合沟道 3D 器件,可能作为发展新型纳米 CMOS 集成电路技术的一种选择。

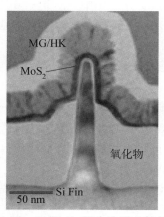

图 7.27　Si/MoS_2 混合沟道立体晶体管实验器件 TEM 剖面图[28]

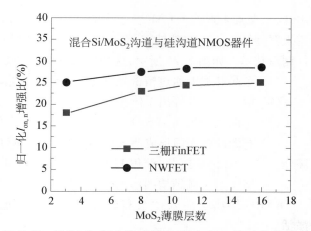

图 7.28　Si/MoS_2 混合沟道器件相对硅 n - 沟晶体管的开态电流增强率随 MoS_2 层数变化[28]

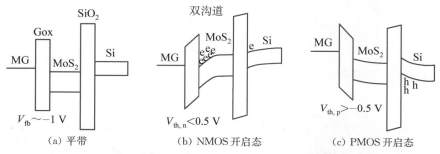

（a）平带　　　　　　（b）NMOS 开启态　　　　　（c）PMOS 开启态

图 7.29　Si/MoS_2 混合沟道晶体管不同栅状态的能带图[28]

　　本节从结构、材料、工艺及器件不同角度,介绍近年部分三维集成和异质集成新技术演进,并以 MoS_2 为例,讨论二维纳米半导体材料与器件的一些突出进展。碳纳米管、石墨烯等新材料及器件研究,近年也不断取得进展。例如,北京大学的研究者最近报道,研究成功沟道长度为 5 nm 的碳纳米管 CMOS 器件,其功耗低,性能优于同样尺寸硅器件[36]。该研究应用石墨烯作为器件接触,显著提高晶体管运行速度。虽然这些技术尚远未成熟,但相关课题研究与技术开发十分活跃,其成果将展示未来集成电路发展的某些可能新前景。

　　一代又一代成功缩微的传统硅平面器件集成技术,正在通过立体多栅器件新结构和不断创新的新材料、新工艺,在逐渐接近分子、原子尺度的纳米器件领域继续演进。从更为长远的微纳电子学发展前景看,即便 CMOS 器件缩微走到尽头,在数十年半导体科学与技术深厚积累基础上,微纳电子器件技术仍将有广阔发展空间。半导体及其他固体技术必将有新突破,硅基器件技术必将有新发展,在硅基器件基础上将会有更多异质材料、异质结构、异质器件三维集成于一体,为未来电子技术发展开辟新天地。

思考题

　　1. 什么是 MOS 器件缩微原理? 为什么在栅长等尺寸及电源电压缩小的同时,却要求衬底掺杂浓度增大? 双极型集成电路的缩微与 MOS 器件有何不同? 原因何在?

2. 根据 CMOS 集成芯片实际演变历程,分析在升级换代产品技术研发中,如何实现 MOS 器件缩微? 与 Dennard 缩微原理有哪些不同?

3. 如何理解集成电路发展的摩尔定律? 试分析集成电路与其他新技术发展规律的同与异,是什么因素促使集成电路技术数十年呈现摩尔定律式演进?

4. 试分析制定半导体技术路线图所依据的基本原理及其在微电子技术发展中的作用,并讨论 ITRS 的独特之处。

5. 从 www. itrs2. net、www. irds. ieee. org 等网站查阅半导体器件技术发展及其路线图相关资料,讨论 2.0 版 ITRS 与传统版本的差异及其原因,分析未来若干年集成芯片技术发展会有哪些新变化。

6. 针对不同应用领域的高性能、低静态功耗和低运行功耗的 CMOS 集成芯片,各有哪些特点? 如何实现?

7. 在纳米 CMOS 领域,器件微小型化的进程受到哪些限制因素的影响? 器件缩微技术发生哪些变化?

8. 什么是等效缩微技术? 进入 21 世纪以来,采取哪些等效缩微技术,使纳米 CMOS 集成芯片继续升级换代? 分析器件缩微的可能极限。

9. 查阅近期三维及异质结构集成芯片技术新进展信息,试分析纳米 CMOS 和三维集成芯片技术的演进和硅基三维及异质集成技术的发展前景。

10. 分析单质元素与化合物二维晶体超薄层材料与硅等三维晶体的异同之处,查阅近年碳纳米管、石墨烯、MoS_2、$HfSe_2$ 等二维晶体等新材料与器件探索研究进展,讨论它们在未来微纳电子与光电子器件技术演进中的应用前景。

参考文献

[1] R. H. Dennard, F. H. Gaensslen, H. N. Yu, et al., Design of ion-implanted MOSFET's with very small physical dimensions. *IEEE J. Solid-State Circuits*, 1974,9(5):256.

[2] G. Baccarani, M. R. Wordeman, R. H. Dennard, Generalized scaling theory and its application to a 1/4 micrometer MOSFET design. *IEEE Trans. Elec. Dev.*, 1984,31(4):452.

[3] S. E. Thompson, R. S. Chau, T. Ghani, et al., In search of "forever", continued transistor scaling one new material at a time. *IEEE Trans. Semicond. Manuf.*, 2005,18(1):26.

[4] B. Davari, R. H. Dennard, G. G. Shahidi, CMOS scaling for high performance and low power-the next ten years. *Proc. IEEE*, 1995,83(4):595.

[5] PIDS, *International Technology Roadmap for Semiconductors*, 2007 Ed.. www. itrs. net.

[6] K. J. Kuhn, M. Y. Liu, H. Kennel, Technology options for 22 nm and beyond. *Ext. Abs. IEEE IWJT*, 2010:7.

[7] Executive summary, *International Technology Roadmap for Semiconductors*, 2011 Ed.. www. itrs. net.

[8] Summary of 2013/ORTC technology trend targets, *International Technology Roadmap for Semiconductors*, 2013 Ed.. www. itrs2. net.

[9] www. intel. com.

[10] S. Natarajan, M. Agostinelli, S. Akbar, et al., A 14 nm logic technology featuring 2nd-generation FinFET transistors, air-gapped interconnects, self-aligned double patterning and a 0.0588 μm^2 SRAM cell size. *IEDM Tech. Dig.*, 2014:71.

[11] PIDS, *International Technology Roadmap for Semiconductors*, 2013 Ed.. www. itrs. net.

[12] V. L. Rideout, Limits to improvement of silicon integrated circuits, in *VLSI Electronics*

Microstructure Science, Vol. 7. Ed. N. G. Einspruch, Academic Press, 1983:197.

[13] S. M. Sze, *Semiconductor Device Physics and Technology*. Wiley, New York, 1985.

[14] Y. Taur, D. A. Buchanan, W. Chen, et al., CMOS scaling into the nanometer regime. *Proc. IEEE*, 1997,85(4):486.

[15] T. Skotnicki, Innovative materials, devices and CMOS technologies for low-power mobile multimedia. *IEEE Trans. Elec. Dev.*, 2008,55(1):96.

[16] Y. Taur, T. H. Ning, *Fundamentals of Modern VLSI Devices*, 2nd Ed.. Cambridge University Press, Cambridge, 2009.

[17] B. Hoeneisen, C. A. Mead, Fundamental limitations in microelectronics. I. MOS technology. *Solid-State Electron.*, 1972,15(7):819.

[18] S. M. Rossnagel, R. Wisnieff, D. Edelstein, et al., Interconnect issues post 45 nm. *IEDM Tech. Dig.*, 2005:95.

[19] Interconnect, *International Technology Roadmap for Semiconductors*, 2013 Ed.. www. itrs. net.

[20] P. Batude, M. Vinet, B. Previtali1, et al., Advances, challenges and opportunities in 3D CMOS sequential integration. *IEDM Tech. Dig.*, 2011:151.

[21] Y. C. Lien, J. M. Shieh, W. H Huang, et al., 3D ferroelectric-like NVM/CMOS hybrid chip by sub-400℃ sequential layered integration. *IEDM Tech. Dig.*, 2012:801.

[22] C. C. Yang, S. H. Chen, J. M. Shieh, et al., Record-high 121/62 $\mu A/\mu m$ on-currents 3D stacked epi-like Si FETs with and without metal back gate. *IEDM Tech. Dig.*, 2013:731.

[23] C. H. Shen, J. M. Shieh, T. T. Wu, et al., Monolithic 3D chip integrated with 500ns NVM, 3ps logic circuits and SRAM. *IEDM Tech. Dig.*, 2013:232.

[24] M. M. Shulaker, T. F. Wu, A. Pal, et al., Monolithic 3D integration of logic and memory: carbon nanotube FETs, resistive RAM, and silicon FETs. *IEDM Tech. Dig.*, 2014:638.

[25] P. Zhao, W. S. Hwang, E. S. Kim, et al., Novel logic devices based on 2D crystal semiconductors: opportunities and challenges. *IEDM Tech. Dig.*, 2013:487.

[26] W. Liu, J. Kang, W. Cao, et al., High-performance few-layer-MoS_2 field-effect-transistor with record low contact-resistance. *IEDM Tech. Dig.*, 2013:499.

[27] W. Bao, X. Cai, D. Kim, et al., High mobility ambipolar MoS_2 field-effect transistors: substrate and dielectric effects. *Appl. Phys. Lett.*, 2013,102(4):042104.

[28] M. C. Chen, C. Y. Lin, K. H. Li, et al., Hybrid Si/TMD 2D electronic double channels fabricated using solid CVD few-layer-MoS_2 stacking for V_{th} matching and CMOS-compatible 3DFETs. *IEDM Tech. Dig.*, 2014:808.

[29] A. Sanne, R. Ghosh, A. Rai, et al., Top-gated chemical vapor deposited MoS_2 field-effect transistors on Si_3N_4 substrates. *Appl. Phys. Lett.*, 2015,106(6):062101.

[30] H. Liu, A. T. Neal, Z. Zhu, et al., Phosphorene: an unexplored 2D semiconductor with a high hole mobility. *ACS Nano.*, 2014,8(4):4033.

[31] S. P. Koenig, R. A. Doganov, H. Schmidt, et al., Electric field effect in ultrathin black phosphorus. *Appl. Phys. Lett.*, 2014,104(10):103106.

[32] 2015 ITRS 2. 0 Executive Report: More Moore, http://www. semiconductors. org/main/2015_ international_technology_roadmap_for_semiconductors_itrs/.

[33] S. B. Desai, S. R. Madhvapathy, A. B. Sachid, et al., MoS_2 transistors with 1-nanometer gate lengths. *Science*, 2016,354(6308):99.

［34］ *IRDS（IEEE International Roadmap for Devices and Systems）Reports*. http://www. irds. ieee. org，2017.

［35］ More Moore white paper，*IRDS（IEEE International Roadmap for Devices and Systems）Reports*. http://www. irds. ieee. org，2017.

［36］ C. Qiu，Z. Zhang，M. Xiao，et al.，Scaling carbon nanotube complementary transistors to 5-nm gate lengths. *Science*，2017,355(6322):271.

［37］ M. J. Mleczko，C. Zhang，H. R. Lee，et al.，HfSe$_2$ and ZrSe$_2$：two-dimensional semiconductors with native high-*k* oxides. *Sci. Advances*，2017,3(8):e1700481.

［38］ A. Mallik，A. Vandooren，L. Witters，et al.，The impact of sequential-3D integration on semiconductor scaling roadmap. *IEDM Tech. Dig.*，2017:17.

［39］ T. Agarwal，A. Szabo，M. G. Bardon，et al.，Benchmarking of monolithic 3D integrated MX$_2$ FETs with Si FinFETs. *IEDM Tech. Dig.*，2017:131.

第8章

纳米 CMOS 集成芯片工艺技术

CMOS 基本工艺技术已在第 5 章有较全面介绍,本章将分析和讨论纳米 CMOS 芯片制造的一些独特关键技术。不断研究和应用新材料、新结构、新工艺,始终是集成电路迅速发展的主要途径。直至深亚微米器件技术,集成电路的最主要材料一直是硅单晶片、多晶硅膜、SiO_2 介质,其基本结构是由这些材料构成的平面晶体管。CMOS 集成技术进步主要是在这些基本材料与结构基础上,通过器件尺寸持续缩微与改进掺杂、薄膜等传统工艺实现。研究者早就意识到传统集成工艺的各种局限性,并对有可能改进传统技术的高介电常数介质、立体结构晶体管等,进行多方面探索研究。进入 21 世纪以来,微电子器件主流制造技术步入纳米 CMOS 发展阶段,技术进步途径正在经历重大变化。硅集成芯片结构、材料和工艺 3 个方面创新步伐加快。作为集成芯片核心部分的晶体管结构、材料和工艺,与之前 CMOS 基本技术相比,发生前所未有的变革,使纳米 CMOS 技术得以快速演进。经过长期研究开发的多种新技术先后择优应用于纳米集成芯片制造。沟道载流子迁移率增强技术、高 k 介质与金属叠层栅工艺、超薄硅体 SOI 和立体多栅晶体管结构器件、硅基异质器件结构,成为促使纳米 CMOS 集成芯片升级换代的关键制造技术。本章最后对纳米片环栅立体晶体管(nano-sheet FET)、锗异质沟道等新器件、新技术的近年发展作简要介绍。

8.1 纳米 CMOS 技术发展新特点

直至 $0.1\ \mu m$ 器件技术,CMOS 集成芯片性能与功能升级,主要通过 SiO_2 栅介质减薄、沟道长度缩短、电源电压降低等缩微技术实现。如第 7 章所分析,集成电路缩微演进过程遇到越来越多限制因素挑战。进入小于 $0.1\ \mu m$ 的纳米 CMOS 阶段,单纯沿用传统缩微技术,已经难以继续改善器件性能与提高电路集成密度,需要更多借助非传统的等效缩微技术。特别是越来越小晶体管的漏电流增加和越来越多晶体管的集成密度上升,使器件功耗成为制约集成电路技术进步更为突出的因素。超微尺寸器件中掺杂原子的随机涨落、光刻线条粗糙度等工艺统计分布起伏,都对器件性能确定性构成威胁。为突破各种限制因素影响,缩微技术需要更多工艺创新、材料创新和器件结构创新,以实现集成芯片性能与功能的继续升级[1,2]。

CMOS 器件的本征传输速度取决于其驱动电流(I_{dsat})。如果 CMOS 电路负载电容为

C,电源电压为 V,则其本征工作频率正比于 I_{dsat}/CV。不同尺寸晶体管驱动能力,可以用其单位沟道宽度(W)的驱动电流大小(I_{dsat}/W)衡量。集成电路通过缩微达到升级换代的基本标志,就是 I_{dsat}/W 值增加。根据晶体管基本原理,I_{dsat}/W 取决于载流子有效迁移率(μ_{eff})、沟道长度(L_g)与栅电容(C_g)。后者由栅介质厚度(t_g)及介质电容率($k\varepsilon_0$)决定。因此,晶体管驱动电流与材料及器件参数之间存在以下简化基本关系:

$$I_{dsat}/W = \mu_{eff}C_gL_g^{-1}(V_{GS}-V_T)^2/2 = \mu_{eff}k\varepsilon_0 t_g^{-1}L_g^{-1}(V_{GS}-V_T)^2/2 \qquad (8.1)$$

上式是适于长沟道晶体管的关系式,但所反映的晶体管物理参数之间的相互关系,仍可用于分析提高纳米 CMOS 器件性能的途径。按照上式,为提高 MOS 晶体管速度,需要减薄栅介质厚度与缩小沟道长度。两者正是传统缩微技术中改善晶体管性能的主要途径。上式中迁移率(μ_{eff})和介电常数(k)分别为由晶体管沟道和栅介质材料决定的物理参数,通常是常数。但如果改变材料,两者都可改变。对于载流子迁移率,不仅不同半导体具有不同迁移率,而且对于硅晶体,沿不同晶向或者通过外加应力改变原子间距,也可使载流子迁移率增大或减小。因此,上式表明,有可能通过另外两种途径提高器件性能,即提高沟道载流子迁移率和采用高介电常数(k)材料作为栅介质。

不断缩微的平面晶体管及其平面工艺,是硅集成电路产业长期持续发展的基础技术。应用平面器件技术制造的一代又一代集成芯片产品,造就了 20 世纪 80 年代以来信息产业的突飞猛进。鉴于平面器件技术的局限性,在硅集成器件演进过程中,人们曾探索、研究多种立体结构 MOS 晶体管。在硅集成技术进入纳米 CMOS 阶段后,可突破平面结构限制的立体结构器件研究更为活跃。实验表明,具有双栅或三栅的立体晶体管既有利于缩微,提高芯片集成密度,也可增强电流驱动能力,减小漏电流。因此,变平面结构为立体结构,增强沟道载流子迁移率和采用高 k 介质栅,成为纳米 CMOS 技术进一步演进的 3 种新途径、新技术。

自 2000 年以来,这 3 种新技术先后取得突破性进展,为纳米 CMOS 集成芯片制造技术创新演进展现了新途径。首先,不断改进获得生产实际应用的载流子迁移率增强技术,一直成功用于自 90 nm 到 10 nm 历代 CMOS 产品制造。2007 年高 k 栅介质与金属栅电极相结合,首次替代 SiO_2 与多晶硅组合,成为 45 nm 及此后多代 CMOS 集成芯片制造的关键技术。2011 年超越平面晶体管工艺的多栅立体结构器件技术,成功应用在 22 nm CMOS 集成芯片制造中,开启了立体晶体管集成技术实际应用。2014 年第二代立体晶体管集成技术又成功用于实现 14 nm CMOS 芯片制造。在突破这些关键制造技术的同时,纳米尺度器件图形技术、源漏区掺杂及形成新工艺、原子层淀积等薄膜工艺、接触与多层互连技术等,也取得相应新进展。近年多种与多代新技术继续成功用于 10 nm、7 nm 等技术代产品研制。

在器件尺寸缩微逐渐接近其极限情况下,纳米 CMOS 技术创新研究正聚焦于 10 nm 及更小尺寸器件相关工艺及集成技术。一方面继续优化与改进现有技术,另一方面正在加紧开发新材料、新技术、新结构,力求一些关键技术新突破。例如,超精密纳米线条图形光刻,有赖于 193 nm 液媒曝光图形技术不断优化,同时,极紫外光刻技术的精度与效能也在继续改进,力求可继承深紫外技术,达到集成芯片批量生产实用化水平。缩微纳米晶体管材料与结构也需要新突破。人们寄希望于应用其他高迁移率半导体材料与硅结合,制造性能更好的纳米器件。人们正在探索可与硅技术相结合的锗、砷化镓等 Ⅲ-Ⅴ 族化合物及其他半导体异质沟道技术,寻求研制高载流子迁移率材料晶体管及其集成的途径,以达到 CMOS 技术在纳米器件领域继续缩微,获得速度更快、性能更优、密度更高的集成芯片制造技术。

8.2　载流子迁移率增强技术

本节将首先分析 MOS 器件沟道载流子迁移率退化效应、晶格应变沟道迁移率增强效应及其原理,然后分别介绍提高沟道电子和空穴迁移率的各种晶格应变技术,包括 SiGe/Si 异质外延晶格应变和应力薄膜诱导沟道晶格畸变技术等。对于应用效果较好的 SiGe、SiC 镶嵌源漏区提高载流子迁移率,以及氮化硅覆盖迁移率等局部应变技术,将作重点讨论。

8.2.1　沟道载流子迁移率退化效应

MOS 器件反型层中的载流子迁移率,显著低于体硅中的载流子迁移率。这是由于沟道载流子不仅受到晶格振动和电离杂质散射,还要受到 SiO_2 栅介质/硅界面缺陷散射作用。因此,沟道载流子迁移率依赖表面处理与栅氧化层生长工艺等因素。需要注意的还有,沟道载流子迁移率与垂直于 SiO_2 栅介质/硅界面电场强度密切相关,在有效载流子迁移率(μ_{eff})和有效垂直电场强度(E_{eff})之间,存在强烈依赖关系,随电场强度增加而减小[3]。这是一种普适依赖关系,在不同衬底偏压、掺杂浓度及栅氧化层厚度条件下都存在。图 8.1 显示室温和液氮温度下沟道载流子迁移率随垂直有效电场的变化,可见对于 NMOS/PMOS 晶体管沟道中的电子/空穴,迁移率有类似的垂直电场依赖关系。所谓有效垂直电场,是指垂直界面作用于载流子的平均电场。根据高斯定律,垂直有效电场应取决于硅反型层的载流子电荷面密度(Q_i)和耗尽层电离杂质电荷面密度(Q_d),可用下式计算:

$$E_{eff} = (Q_d + Q_i/\eta)/\varepsilon_{Si} \tag{8.2}$$

其中,ε_{Si} 为硅介电常数,η 为经验参数,对于电子和空穴一般分别为 2 和 3。图 8.1 上的电子和空穴迁移率数值,系根据 MOS 晶体管跨导测试数据计算得到。根据以上讨论及上式可知,在沟道载流子迁移率和沟道载流子面密度之间,也有与迁移率/电场强度类似的依赖关系。

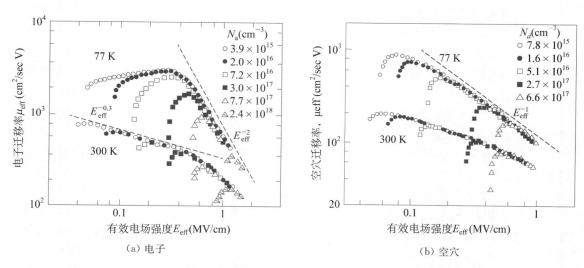

图 8.1　室温和液氮温度下沟道载流子迁移率随垂直有效电场及衬底掺杂浓度的变化[3]

沟道载流子迁移率随垂直电场的这种变化曲线,常被称作沟道载流子迁移率普适曲线(Universal Curve)。当垂直于栅界面的电场强度增加时,源于场效应机制产生的沟道载流子密度增加,并且更靠近 Si/SiO₂ 界面层,因而受到界面缺陷更强烈的散射,使沟道载流子迁移率减小。不同的杂质浓度对沟道载流子迁移率的影响也显示于图 8.1 中。对于每一掺杂浓度,存在一个相对应的有效电场强度,当低于该值时,载流子迁移率偏离普适曲线。这是因为,在相对较低电场下,电离杂质库仑散射起决定性作用,使迁移率减小,而在较高电场下,沟道载流子浓度增加,对电离杂质屏蔽作用增强,导致电离杂质散射减弱,界面缺陷散射增强,使沟道载流子迁移率随垂直电场强度、按普适曲线下降。

虽然早就发现上述沟道载流子迁移率退化效应,而且如第 7 章中图 7.4 所示,随着栅氧化层减薄,栅电压形成的垂直界面电场强度不断增加,但在从微米到深亚微米 CMOS 器件制造中,除了不断优化栅氧化工艺,并未采取提高沟道载流子迁移率的措施。晶体管性能提高,主要依赖器件尺寸缩微。进入纳米 CMOS 技术发展阶段后,由于栅介质减薄余地变小,如何提高沟道载流子迁移率,成为器件技术继续升级换代的关键课题,使沟道载流子迁移率增强技术受到重视。通过迁移率增强技术提高沟道载流子输运速度,不仅可以增大 MOS 晶体管驱动能力,而且可减缓栅介质厚度缩微要求,有益于减小晶体管漏电流和降低集成电路功耗。除了利用现有 Si(100)衬底,不断研究与开发用于 CMOS 集成电路制造的应变沟道迁移率增强技术外,还进一步研究沟道电子和空穴迁移率与晶面/晶向的相互关系,探索(110)晶面和复合晶面芯片集成技术的优越性与可行性。应用混合晶向芯片技术,可使 NMOS 和 PMOS 晶体管的沟道,分别沿各自迁移率最大的晶向,优化 CMOS 器件特性。载流子迁移率增强技术,已成为纳米 CMOS 技术进步的有效途径之一。

8.2.2　晶格应变载流子迁移率增强效应

应该注意,8.2.1 节讨论的是 MOS 晶体管中与沟道平面垂直电场对载流子迁移率的影响,而载流子在漏极电压作用下,沿栅压感应沟道由源区至漏区作横向运动。在纳米 CMOS 器件结构中,任何可使载流子迁移率增加的技术,都可提高载流子速度和晶体管驱动电流,从而使集成电路工作频率和功能升级。

在硅器件制造工艺中,保持硅晶体的完整性,避免应力及应变造成位错等晶格缺陷,是获得优良器件性能的基本要求之一。但是研究发现,对于 MOS 晶体管,如果以某种方法使沟道区硅原子晶格处于特定应变状态,沟道载流子迁移率可能会增加。处于应变状态的硅沟道区,硅原子排列发生变化,可能使其中运动的载流子具有较高的运动速度。实验表明,在沿晶体某些方向的沟道区域,由于应力导致的硅晶格间距发生 1% 变化,就可能诱导载流子迁移率显著增加。以下几节将具体讨论采用哪些方法及工艺,可以形成这种使原子间距改变的硅应变层,并从半导体物理原理分析说明应变沟道中载流子迁移率获得增强的物理机制。

早在 20 世纪 50 年代初,在人们致力于获取各种半导体基本物理性质信息时,就已经发现,由外加机械应力产生的晶格应变,可引起载流子迁移率变化。与其相关的半导体压阻效应及其传感器,自 70 年代以来研究十分活跃。1986 年 IBM 公司的 Keyes 发表了题为"应变硅高迁移率场效应晶体管"("High mobility FET in strained silicon")的论文[4]。90 年代后,利用晶格应变提高 CMOS 器件性能逐渐受到广泛重视,针对应变沟道载流子迁移率增强效应,进行了更多的理论和实验研究[5-7]。2000 年前后,当晶体管沟道缩微至亚 0.1 μm

领域时,应变硅 CMOS 集成芯片制造技术开发趋于活跃,展开对晶格应变增强沟道载流子迁移率的工艺及器件集成的全面研究。自 2002 年以来,不断改进的应变硅沟道载流子迁移率增强技术,已先后成功应用于 90 nm、65 nm、45 nm、32 nm、22 nm、14 nm、10 nm 等多代、多种高性能和低功耗超大规模 CMOS 集成芯片制造,不仅有效提高平面晶体管驱动电流,也有益于增强立体晶体管性能,促进纳米器件集成芯片升级换代。

硅晶体受到外来机械应力,不论是张应力,还是压应力,都会使晶体产生弹性形变,原子在应力作用下发生位移,形成晶格应变状态。根据胡克定律,晶格弹性应变的大小($\Delta L/L$)取决于其所受到的应力(F),两者成正比,比率常数为杨氏模量(E)倒数,$\Delta L/L = F/EA$,式中 A 为截面积。晶体杨氏模量与方向相关,对于硅,$\langle 100 \rangle$ 晶向的杨氏模量为 130 GPa,$\langle 110 \rangle$、$\langle 111 \rangle$ 晶向分别为 170 和 190 GPa。沿 Si$\langle 100 \rangle$ 晶向,1.3 GPa 应力可形成约 1% 的晶格应变。张应力产生张应变,使晶格原子间距拉伸;压应力产生压应变,使晶格原子间距压缩。不同类型和不同方向的晶格应变,对电子和空穴的迁移率具有不同的影响。表 8.1 概括列出处于应变状态的 NMOS 和 PMOS 晶体管中,电子与空穴迁移率随应变方向与类型的变化趋势。该表显示的主要结论可归纳为:源漏方向的张应变可提高电子迁移率,而压应变则使空穴迁移率显著增长。

表 8.1　MOS 晶体管沟道载流子迁移率与晶格应变方向的关系
（xy 为沟道平面,x 为源漏方向,z 为栅极电场方向）

应力方向	NMOS　μ_n	PMOS　μ_p
纵向(F_x)	张应变↑	压应变↑
横向(F_y)	张应变↗	张应变↑
沟道平面垂直方向(F_z)	压应变↑	张应变↗

（箭头长短表示迁移率增强大小）

自 90 nm 技术以来,CMOS 集成电路技术演进说明,沟道载流子迁移率增强技术,是 MOS 晶体管性能有效改善途径。纳米 CMOS 集成电路技术升级换代,要求迁移率增强有关材料及工艺不断创新。为探索晶格应变载流子迁移率增强技术的发展前景,Thompson 等人应用一种四点夹具产生硅片弯曲的实验方法,使 MOS 晶体管中形成单轴应变,研究和对比不同应变类型与方向状态下,硅表面沟道电子和空穴迁移率增强效应及其技术潜力,并根据能带理论对迁移率增强效应进行模拟分析,与其他半导体材料沟道器件对比[8]。他们的实验及模拟显示,硅晶格单轴应变可使沟道空穴和电子迁移率,分别增强约 4 倍、1.7 倍。该研究从多方面分析不同材料能带结构、载流子有效质量、能态密度、迁移率、MOS 晶体管跨导等参数与晶格应变之间的相互关系,证明应变硅沟道 MOS 器件技术的显著优越性及其进一步发展潜力。按照他们的分析,应变硅材料中的电子与空穴迁移率可分别达到 2 900 和 2 200 cm²/V·sec。空穴获得与电子相接近的迁移率,使 p 沟道和 n 沟道晶体管特性趋于平衡,有利于 CMOS 器件性能改善。该项研究认为,应变沟道硅器件的跨导可较一般硅器件提高 1 倍,并认为综合考虑多方面因素,砷化镓等高迁移率材料用作沟道,难于获得更好的器件电流特性。

在硅芯片制造技术中,有多种方法可在 MOS 晶体管沟道区产生晶格应变。主要有两类:一类通过晶格适当失配的异质外延,如 Si/Si$_{1-x}$Ge$_x$ 异质外延,在异质界面产生应力;另一类则通过覆盖具有内应力的薄膜,如氮化硅膜,在其应力作用下使 MOS 晶体管沟道区产生晶格应变。应变硅沟道技术也可分为全局应变和局部应变两种技术。下面首先讨论的 Si/SiGe/Si 异质外延双轴张应变技术,这是一种全局应变技术。随后讨论的 SiGe 或 SiC 源漏区与 Si_3N_4 膜覆盖应变技术,则属于局部应变技术。自 90 nm 技术代 CMOS 集成电路制造技术开始,局部应变沟道技术已得到广泛应用。

8.2.3　Si/Si$_{(1-x)}$Ge$_x$/Si 异质外延形成双轴张应变

不同半导体材料之间的异质外延,是形成晶格应变区域的最常用方法之一。硅和锗具有相同的类金刚石结构,两者的室温晶格常数(a)分别为 $a_{Si}=5.43$ Å 和 $a_{Ge}=5.66$ Å。组分为 $Si_{(1-x)}Ge_x$ 的晶格常数(a_{SiGe})取决于锗所占原子比例(x),可用下式估算:

$$a_{Si(1-x)Gex} = a_{Si} + x(a_{Ge} - a_{Si}) \tag{8.3}$$

由于 SiGe 的晶格常数大于硅,通过两者之间异质外延,可以形成如图 8.2 所示的应变晶格与器件结构,把 MOS 晶体管制造在应变硅层中。图 8.2(a)为三维示意图,显示硅沟道层受到双轴张应力作用;图 8.2(b)显示晶体管衬底的异质外延结构及组分变化。在硅衬底上首先外延生长锗组分逐渐增加的较厚 SiGe 薄膜。这层薄膜由于锗含量逐渐增加,组分渐变,使晶格应力逐渐得到弛豫,并在其最上层生长成为含有一定锗组分的无应变 $Si_{1-x}Ge_x$ 层(图中 $x=0.3$)。然后,在无应变的 SiGe 晶格层上面,再外延生长薄硅层。外延界面上的硅原子,将会按照界面下 SiGe 层的原子排列生长。由于 SiGe 晶格原子间距大于硅晶格,外延界面上的硅原子间距必然增大,以与 SiGe 匹配,而在界面垂直方向硅原子间距必然减小,以保持原子体密度恒定。这样就形成硅晶格应变。因此,后续工艺形成的晶体管沟道区,将位于由上述异质结构应力造成的晶格应变硅层中。异质外延晶体应变量(ε),由外延层和衬底两种材料晶格常数差值决定,$\varepsilon = (a_{sub} - a_{epi})/a_{epi}$。

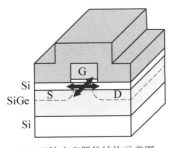

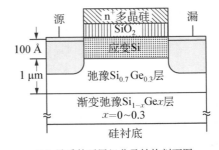

(a) 双轴应变器件结构示意图　　　　(b) 异质外延层组分及结构剖面图

图 8.2　Si/SiGe/Si 异质外延形成的应变硅沟道 MOS 晶体管结构

用 Si/SiGe 异质外延形成的硅层,由于同时受到其界面下 SiGe 晶格两个方向的张应力,即双轴张应力,其晶格发生弹性应变。人们把这种由双轴应力产生的晶格应变称为双轴应变。图 8.3 形象地显示出这种由 Si/SiGe 异质外延形成的双轴晶格应变模型,用以说明硅层中载流子迁移率增强的物理机制。界面下已经弛豫的 $Si_{1-x}Ge_x$ 具有立方晶格,在前后(X)、左右(Y)、上下(Z)3 个相互垂直方向,物理性能应当对称。而上面的硅晶格由于受双轴应力作用变成四方晶格,失去硅晶格原有的立方对称性。这必将导致应变硅层的物理性能改变,

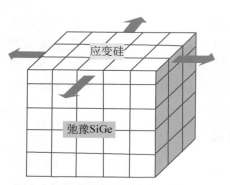

图 8.3　由 Si/SiGe 异质外延形成的
双轴晶格应变硅层

其中就有载流子迁移率变化。理论分析、材料实验研究和应变沟道 CMOS 器件性能测试数据都证明,双轴张应变硅沟道中的电子和空穴迁移率都可能增大。如果在弛豫的 $Si_{1-x}Ge_x$ 层上外延锗,则可得到压应变锗晶格,可用于形成高迁移率锗沟道 PMOS 晶体管。后面将分别定性说明晶格应变何以使导带电子与价带空穴迁移率获得提高的原因。

除了在体材料上形成晶格应变硅层,也可制备顶层硅具有应变晶格的应变 SOI 硅片(strained Si on insulator-sSOI)。图 8.4 显示可以制造应变沟道 CMOS 器件的 3 种应变硅片,(a)为体硅衬底应变硅片,(b)和(c)为两种不同结构的应变 SOI 硅片。可以利用上述 SiGe/Si 异质外延工艺,与 SOI 硅片技术相结合的方法,制备应变 SOI 硅片。先用异质外延和热氧化工艺,分别制成 SiGe/Si 和 SiO_2/Si 两种硅片,然后应用硅片键合与智能剥离技术,把 SiGe 层转移到氧化硅片上,形成 SiGe/SiO_2/Si 结构。在 SiGe 层上再外延应变硅层,就形成图 8.4(b)所示的 sSOI 结构硅片(参阅本书 9.7 节)。也可先在 SiGe/Si 硅片上异质外延应变硅层,将其与 SiO_2/Si 硅片键合,然后应用智能剥离技术,把应变硅层薄膜转移到氧化硅片上,得到图 8.4(c)所示另一种 sSOI 硅片。SOITEC 等 SOI 硅片专业制造公司已可提供应变 SOI 硅片。

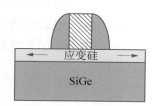

(a) 应变 Si/SiGe/Si 体硅硅片

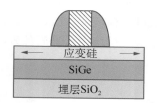

(b) 应变 Si/SiGe/SiO_2/Si 结构 SOI 硅片

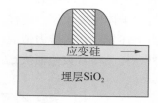

(c) 应变 Si/SiO_2/Si 结构 SOI 硅片

图 8.4　可用于制造双轴应变器件的三种应变硅片示意图

(图中皆未显示衬底硅片)

8.2.4　双轴张应变硅导带变化与迁移率增强效应

如本书第 2 章所述,根据半导体能带理论,具有金刚石立方晶格的硅,在波矢空间其导带结构由 6 个对称的椭球体组成。6 个导带能谷(能量最小值)位于电子波矢(k)空间〈100〉轴上的 6 个对称点,在正常情况下它们具有相同能量。图 8.5 为硅导带结构及由于量子局限效应与双轴应变造成的电子能带变化示意图。晶体的电子能带是由周期性晶格电势场所决定的。应变硅中晶格对称性遭到破坏,必将引起晶格电势场改变,从而使能带结构发生相应变化。双轴应力造成的晶格应变,使硅的 6 个导带能谷,从原来等同导带底(E_c — Δ_6),分裂为两组能量不等的能谷。按照应变晶格结构的对称性,一组为在 k_X 和 k_Y 轴上的 4 个能谷(Δ_4),另一组为在 k_Z 轴上的两个能谷(Δ_2),前者导带底上升,后者导带底降低。两组能带导带底之间的能量间隔(ΔE_s)取决于双轴应力大小。对于 Si/$Si_{1-x}Ge_x$ 异质外延形成的双轴应变晶格,ΔE_s 应与晶格常数差值,即锗的组分(x)成比例。ΔE_s 可近似表示为

$$\Delta E_s = \Delta_4 - \Delta_2 = 670x \text{(meV)} \tag{8.4}$$

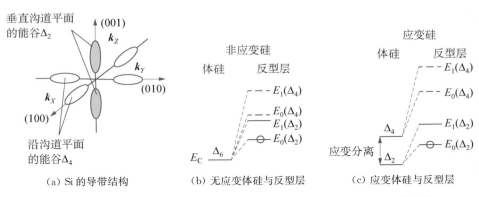

　　(a) Si 的导带结构　　　　(b) 无应变体硅与反型层　　　　(c) 应变体硅与反型层

图 8.5　硅晶格双轴应变和量子局限效应造成的体硅与反型层硅导带变化

　　图 8.5 的导带能级示意图还反映了量子局限效应的影响。在 NMOS 晶体管反型沟道中,电子被局限在厚度为纳米量级的薄层中。根据量子力学原理,即便对于无应变沟道,硅中具有相同能量的 6 个导带能谷,在二维电子反型层中,也会分裂成 Δ_2 和 Δ_4 两组,而且各自能谷中的能级将分裂,如图 8.5(b)中 E_0 和 E_1 所示。在应变沟道电子反型层中,量子局限和晶格应变两种效应叠加,形成如图 8.5(c)所示的导带能级变化,两种能谷中对应能级之间的距离显著增大。

　　应变硅能带变化,必将引起导带电子分布和迁移率变化。原来平均分布在 6 个等同导带能谷中的电子,在应变硅中必然转移和集中到能量较低的两个能谷(Δ_2)。处于不同能谷的导带电子,不仅能量不同,有效质量也不同。载流子有效质量(m^*)是由晶格电势场对电子的作用决定的。晶格势场变化也必然引起载流子有效质量变化。研究表明,应变硅低能谷(Δ_2)中的电子具有较小的有效质量。根据第 2 章的(2.23)式,有效质量减小将使载流子迁移率$(\mu = q\tau/m^*)$增加。还有另一个因素也有益于增加电子迁移率。由于导带电子由占据 6 个能谷减少为 2 个,因而降低了电子在能谷之间的散射几率,使散射弛豫时间(τ)增大,也促使电子迁移率上升。

　　应变硅中电子迁移率增强的理论分析为许多实验研究所证明[8-10]。美国麻省理工学院(MIT)的研究者,曾在 Si/SiGe 异质外延和普通硅衬底上,研制实验性 MOS 晶体管,用以分析、对比应变和无应变硅沟道中的载流子有效迁移率,及其与垂直有效电场的依赖关系[10]。NMOS 晶体管输运特性测试表明,Si/SiGe/Si 异质外延产生的双轴应

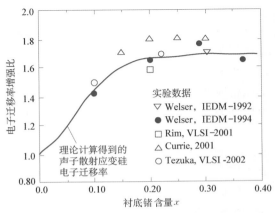

图 8.6　Si/SiGe 异质外延应变诱导电子迁移率增强比随锗组分的变化[10]

变,使硅 n 沟道中的有效电子迁移率显著增加。图 8.6 显示的多个研究组实验数据说明,电子迁移率随锗组分增加而增大,与理论计算结果相近。应变诱导 SiGe 层中的锗组分越高,硅层晶体张应变量越大,则有效电子迁移率增强比更大。

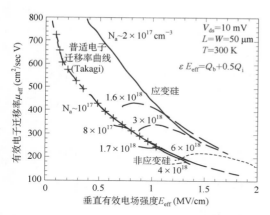

图 8.7 给出电子迁移率与垂直有效电场依赖关系的研究结果,其中硅沟道的晶格应变,是由锗组分为 20% 的 SiGe 层形成的。由图 8.7 可见,应变硅沟道中的有效电子迁移率显著高于普通硅沟道,迁移率普适曲线以较大幅度上移。MIT 的研究者还实验研究了沟道掺杂浓度对电子迁移率增强效应的影响。图 8.7 表明在高至 2 MV/cm 的垂直有效电场作用下,电子迁移率的应变增强比可达 1.5,对于 6×10^{18} cm^{-3} 的高浓度硼掺杂的硅沟道,强反型层电子迁移率的增强效应仍十分显著。

图 8.7 Si/SiGe 异质外延应变硅沟道有效电子迁移率随垂直有效电场及硼掺杂浓度的变化规律[10]

处于双轴张应变状态下的硅层,价带也发生变化。原先简并的轻空穴带顶和重空穴带顶将分离。两者之间能量间隔也与 $Si_{1-x}Ge_x$ 中的锗组分成正比。人们也曾应用 Si/SiGe 异质外延方法制造应变 PMOS 器件,研究双轴张应变沟道中的空穴有效迁移率变化。实验表明,只有在较低垂直电场强度下(<1 MV/cm),双轴张应变才使空穴迁移率得到增强。但在纳米 CMOS 器件中,垂直电场强度较高,双轴应变技术对空穴迁移率无显著增强效应。同时,在开发 Si/SiGe 异质外延双轴应变硅沟道 CMOS 生产技术中,还存在工艺复杂、诱生缺陷、成本高等难题。这些因素促使人们更为重视局部应变载流子迁移率增强技术。

8.2.5 局部应变载流子迁移率增强技术

集成芯片加工中的部分工艺,如介质薄膜生长或淀积、浅沟槽隔离、金属/硅固相反应形成硅化物等,都可能在硅片内产生机械应力。由于这种应力有可能造成位错等缺陷,危害器件性能,因而集成电路制造工艺都尽可能避免产生应力。近年人们转换思路,研究如何应用某些工艺诱导产生的可控应力,形成局部区域应变,提高载流子迁移率。实验表明,适当工艺淀积的氮化硅薄膜覆盖、STI 隔离和金属硅化物工艺等都可能诱导 MOS 晶体管沟道区产生晶格应变,增强沟道电子或空穴的迁移率,使 CMOS 器件速度提高。这种局部应变技术也可称为工艺应变硅技术(process strained Si, PSS)[11]。

Intel 公司在 2002 年率先把局部应变硅沟道迁移率增强技术应用于 90 nm CMOS 集成芯片制造技术[12, 13]。他们通过不同工艺,在 NMOS 和 PMOS 晶体管沟道区域,分别形成张应变与压应变,增强电子和空穴迁移率。这种局部应变也被称为单轴应变,是指由某一方向的单轴应力造成的晶格弹性应变。这种技术不断改进完善,已先后成功应用于 90 nm 和以后多代纳米 CMOS 芯片批量生产,不仅用于高性能微处理器,也用于低功耗器件。

局部应变 CMOS 器件技术的基本原理及结构如图 8.8 所示。在常用(100)硅片 CMOS

工艺中,通常以〈110〉晶向作为晶体管沟道方向。PMOS 和 NMOS 晶体管可以分别应用多种不同工艺形成不同应变沟道。选择性异质外延生长 SiGe 源漏区,已成为形成 PMOS 晶体管应变沟道的常用技术。在这种晶体管中,晶格间距较大的两侧 $Si_{1-x}Ge_x$ 源漏区,对中间的沟道区产生压应力,引起硅晶格单轴压应变。实验表明,这种单轴压应变可显著提高沟道空穴迁移率,而且与双轴应变情形不同,在高垂直电场下,仍能保持空穴迁移率增强效应。NMOS 晶体管上覆盖具有张应力的 Si_3N_4 薄膜,可在沟道区产生晶格张应变。器件性能测试表明,与 8.2.3 节介绍的外延应变硅沟道类似,薄膜诱生张应变,也可有效提高沟道电子迁移率。图 8.8(c)和(d)为利用 $Si_{1-x}Ge_x$ 源漏区和 Si_3N_4 覆盖层局部应变硅沟道技术、制造成功的 PMOS 和 NMOS 晶体管的透射电镜剖面图。

　　图 8.8 显示沿沟道方向的单轴应变,对载流子迁移率的增强作用。实际上,所有应力技术,包括 $Si_{1-x}Ge_x$ 源漏区或 Si_3N_4 薄膜覆盖等工艺所形成的应力及晶格应变,都不会是完全单轴的,通常是三维的,但是沿载流子运动沟道方向应变较大,其他方向应变较小,如图 8.8(a)和(b)上的粗细箭头差异所示。虽然用“局部应变”一词描述这种应变更为贴切,但为了强调某一方向应变对载流子迁移率增强的主导作用,常称其为“单轴应变”。在应变工艺设计与实现中,要尽可能形成沿特定沟道方向的较强应变。

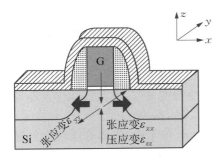

(a) Si_3N_4 覆盖层形成 NMOS 晶体管张应变沟道

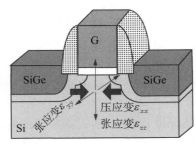

(b) 选择外延 SiGe 源漏区形成压应变 PMOS 晶体管沟道

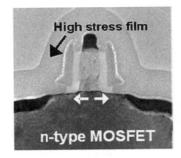

(c) 应变 NMOS 晶体管的透射电镜剖面图

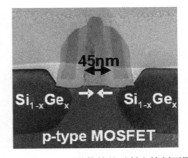

(d) 应变 PMOS 晶体管的透射电镜剖面图

图 8.8　局部应变 CMOS 器件技术示意图[12,13]

局部应变硅沟道技术的优越性

　　局部应变硅技术具有多方面优越性,使其自 90 nm 技术开始,成功融入 CMOS 极大规模集成芯片制造工艺,得到广泛应用。在由整个硅片 Si/SiGe 异质外延形成的双轴应变技术中,集成电路制造在全局应变硅片上。由于异质外延应变层是在晶体管工艺之前形成的,其后要经历多道高温工艺步骤,应变层有可能因晶格弛豫而遭到破坏。单轴应变沟道技术则是一种工艺诱导局域应变技术,器件制造在普通硅片上。应用不同方法分别在 NMOS 和 PMOS 晶体管区域形成不同应变,有益于优化各自器件工艺,以获得最优器件性能组合。而且单轴应变通常在接近后端的工艺步骤中完成,其后高温处理少,晶格应变状态因弛豫而变化的危险性显著减小。这种应变技术具有良好的可加工性,宜于与其他传统器件工艺集成,获得高芯片工艺良率。单轴应变硅沟道工艺的成本也相对较低。而且这种应变沟道迁移率增强技术还具有可缩微性,即局部应变技术,可在一代又一代的缩微 CMOS 器件中不断改进和应用。

由本章随后各节内容可知,自 20 世纪 90 年代后期以来,已经成功开发多种异质结构和薄膜覆盖等局部应变工艺。它们不仅可以单独应用,而且可以组合应用,以达到更大晶格应变,使载流子迁移率获得更大增幅。例如,SiGe 异质源漏区和产生压应力的薄膜覆盖同时使用,可进一步提高 PMOS 晶体管驱动电流。

纳米 CMOS 集成电路制造技术的难题之一,是缩微器件为提高速度而增加晶体管驱动电流的同时,如何保持较低的漏电流。自 90 nm CMOS 以来,纳米 CMOS 技术的实际发展说明,应变硅迁移率增强技术对解决这一难题有重要作用。图 8.9 为 Intel 公司在 2002—2008 年间先后开发成功的三代 CMOS 技术中单轴应变 NMOS 和 PMOS 晶体管的电流特性演变。由图 8.9 可见,在相等漏电流水平下,90 nm、65 nm、45 nm 三代 PMOS 和 NMOS 晶体管的驱动电流,分别都有显著增加。这主要源于诱导应变的 SiGe 源漏区和氮化硅覆盖沟道工艺趋于完善。三代 PMOS 晶体管 SiGe 源漏区的锗含量逐渐增加,分别为 17%、23% 和 30%,再加上 SiGe 源漏区更接近硅沟道区,使晶格应变程度增强,空穴迁移率及驱动电流相应提高。由于应用迁移率增强技术,栅介质可以较厚一些,从 90 nm 到 65 nm 技术,氮氧化硅栅介质厚度几乎未变,以保持较低的漏电流。在 45 nm 技术中,晶体管应用金属栅及高介电常数,进一步改进晶体管电流特性,降低漏电流和芯片功耗。

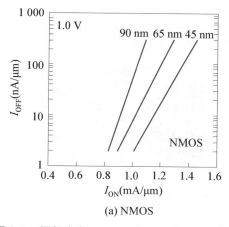
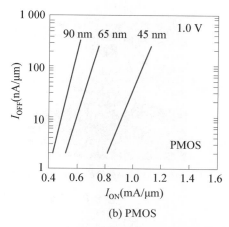

图 8.9　局部应变 90 nm、65 nm、45 nm 三代 CMOS 中 NMOS 和 PMOS 晶体管电流特性演进

图 8.9 显示的三代纳米 CMOS 晶体管的特性变化,说明了应变沟道技术的突出优越性,即:在不增加漏电流的情况下,可显著提高晶体管驱动电流,或者在不减小驱动电流的情

况下,显著降低晶体管的漏电流。这一特点对高性能和低功耗 CMOS 集成芯片技术发展具有重要意义。

8.2.6　SiGe 源漏区 PMOS 压应变沟道工艺及原理

早就有人研究应用 $Si_{1-x}Ge_x$ 优化 PMOS 器件的源漏区浅结工艺,但当初着眼点在于提高注入硼杂质激活率,降低源漏区串联电阻[14]。自 2002 年以来,SiGe/Si 异质外延源漏区成功用于局部应变沟道 PMOS 器件,提高空穴迁移率,对纳米 CMOS 技术进步发挥了重要作用。图 8.10 显示应用选择外延技术,形成 PMOS 晶体管 $Si_{1-x}Ge_x$ 源漏区的主要工艺步骤。在 $Si_{1-x}Ge_x$ 选择外延以前,按 CMOS 基本工艺先后在硅片上形成 STI 隔离、阱区与沟道区掺杂、栅介质及栅电极等工艺,直至 PMOS 晶体管的轻掺杂源漏区。然后应用各向异性刻蚀技术,刻蚀接触区源漏,如图 8.10(a)所示。接着以选择外延技术,在源漏区异质外延生长适当组分比的 $Si_{1-x}Ge_x$,如图 8.10(b)所示。最后对 PMOS 源漏区及多晶硅栅进行高浓度硼掺杂,并形成 NiSi 金属硅化物接触,如图 8.10(c)所示。在这种 PMOS 晶体管结构中,由于受到两侧 $Si_{1-x}Ge_x$ 较大原子间距晶格的挤压,沟道区的硅晶格发生压应变。90 nm 器件源漏区中锗的组分为 17%,此后各技术代 SiGe 源漏区外延工艺逐步改进,锗含量逐步增加。锗原子组分越高,硅沟道区产生的压应变越大。沟道应变大小还受 SiGe 源漏区尺寸及其与硅沟道区的距离有关。为使硅沟道区产生较大晶格应变,SiGe 外延区应尽可能靠近沟道区。由于这种异质源漏区形成工艺是通过选择外延技术,把 SiGe 晶体材料镶嵌到刻蚀出的源漏区中,因而也被称为嵌入式 SiGe 源漏区工艺(embedded SiGe,eSiGe)。

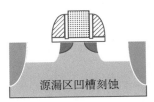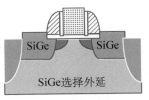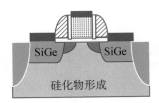

源漏区凹槽刻蚀　　　　SiGe选择外延　　　　硅化物形成

(a) 按常规工艺形成多晶硅栅　　(b) 应用选择外延技术生长　　(c) PMOS 源漏区掺杂及金属
　　和源漏延伸区后,以 RIE　　　　$Si_{1-x}Ge_x$ 源漏区　　　　硅化物接触形成
　　技术刻蚀接触源漏区,形
　　成凹槽

图 8.10　选择外延形成 PMOS 晶体管 $Si_{1-x}Ge_x$ 源漏区示意图

与应变沟道中电子导带变化一样,晶格应变也必然引起价带变化。图 8.11(a)和(b)分别为正常硅晶体与应变硅晶体中,MOS 晶体管沟道平面方向的简化价带结构示意图。原先在波矢(k)空间原点相重合(即简并)的轻空穴带和重空穴带,在双轴张应变或单轴压应变的硅晶体中将分离,形成轻重空穴带顶之间的能量间隔(Δ_{LH-HH}),空穴将向能量最低的价带转移。由于两个空穴带简并消失、间隔增大,导致带间散射减弱,从而有利于提高空穴迁移率。而且晶格应变造成的晶格电势变化,改变 $E(k)$ 曲线形状,使价带顶附近空穴带的曲率增大,表明该处相应空穴有效质量减小,变成了“轻空穴”。这正是压应变硅沟道空穴迁移率显著增加的主要原因。

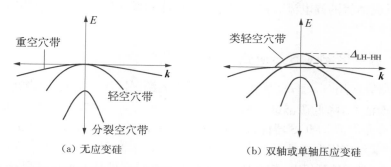

（a）无应变硅　　　　　　　　　（b）双轴或单轴压应变硅

图 8.11　晶格应变引起沿沟道平面内输运方向的硅价带轻重空穴能量状态及有效质量变化

图 8.12 显示的空穴迁移率随有效垂直电场变化曲线，为 Intel 公司的实验结果[13]。该实验中源漏区组分为 $Si_{0.83}Ge_{0.17}$，PMOS 晶体管栅氧化层厚度为 1.2 nm，沟道长度为 50 nm。图中数据显示，与无应变硅器件的空穴迁移率普适曲线相比，应变硅沟道中空穴迁移率增加大于 50%。图中还给出两组其他研究者的双轴应变实验数据，可见在较高电场下空穴迁移率得不到增强。但在由 $Si_{1-x}Ge_x$ 源漏区形成的单轴应变硅沟道中，较高垂直电场下，空穴有效迁移率增强效应仍能保持。对于沟道长度 50 nm 的上述单轴应变沟道 PMOS 晶体管，线性区和饱和区的驱动电流增加值分别大于 50% 和 25%。在 1.2 V 电源电压下，对于高阈值器件，关态漏电流为 40 nA/μm，开态驱动电流可达 700 μA/μm；对于低阈值器件，关态漏电流为 400 nA/μm，开态驱动电流可提高到 800 μA/μm。

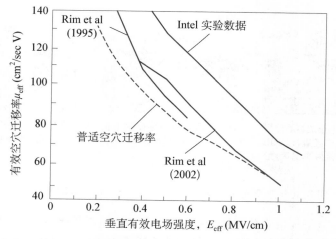

图 8.12　$Si_{1-x}Ge_x$ 源漏区诱导的单轴晶格应变硅沟道中空穴迁移率随有效垂直电场的变化[13]

除了镶嵌 SiGe 源漏区，也可应用薄膜覆盖等其他技术形成压应变硅沟道。两者结合，可以获得更大沟道晶格压应变。理论分析和实验结果证明，应变硅技术可以使空穴迁移率比电子达到更大增长。图 8.13 为 Thompson 等人根据 PMOS 器件实验及理论模拟计算，得到的硅空穴迁移率随晶格应变的增强比值[8]。图中列出的多人单轴实验数据与该工作结果相符甚好。由图 8.13 可见，1% 晶格应变有可能使沟道空穴迁移率增长多倍。一些双轴应变实验结果却显示较低的迁移率增强比。

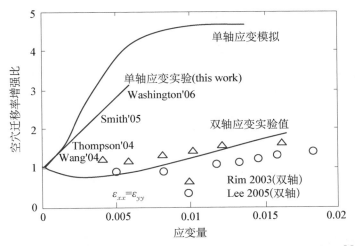

图 8.13　实验测试及模拟计算得到的应变硅空穴迁移率增强效应[8]

8.2.7　SiC 源漏区 NMOS 张应变沟道工艺

嵌入式 SiGe 源漏区在应变沟道 PMOS 晶体管中的成功应用,自然会引起人们应用 SiC 镶嵌源漏异质结构,改善 NMOS 器件性能的兴趣。与锗、硅两者可无限互溶不同,虽然在高温和真空等特定条件下,可生成原子计量比为 1 的碳化硅晶体,但在一般条件下,碳在硅晶体中替代硅原子的溶解度很低,仅约 2%。碳原子共价半径(0.077 nm)显著小于硅(0.117 nm),由硅和少量碳原子构成类金刚石 $Si_{1-y}C_y$ 晶体结构,其晶格常数小于硅晶体。图 8.14 显示 $Si_{1-y}C_y$ 晶格常数与碳原子含量(y)的依赖关系。由图 8.14 可知,含 1% 碳原子的 SiC 晶格常数比硅小 0.45%,约为 0.540 7 nm。在硅衬底上外延生长的 $Si_{1-y}C_y$ 薄膜必将处于应变状态,在外延界面上的原子间距被拉伸,其垂直方向的原子间距则被压缩。

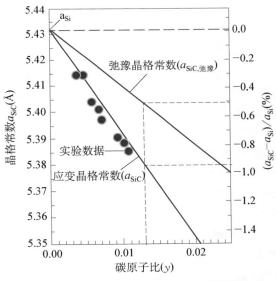

图 8.14　$Si_{1-y}C_y$ 晶格常数随碳原子含量的变化

如果在 NMOS 器件结构中,用与 SiGe 源漏区类似的刻蚀与异质外延工艺,形成 NMOS 晶体管的 SiC 源漏区,则可使沟道区硅晶格形成张应变,从而增强沟道电子迁移率。早在 2004 年就有研究者实验研究 Si:C 源漏区诱导的硅沟道电子迁移率增强技术,并与金属/高 k 栅介质技术相结合,使栅长 50 nm 的 NMOS 晶体管驱动电流提高 50%[15]。该研究中异质外延源漏区中的碳原子含量为 1.3%,形成与硅的晶格失配为 0.65%。该研究组在 2005 年还在 SOI 衬底上研究 SiC 源漏区应变沟道技术,实验显示,碳原子比为 1% 的选择外延

Si：C 源漏区形成的应变沟道,可使沟道长度为 70 nm 的 NMOS 晶体管驱动饱和电流增加 35%[16]。

　　2008 年 IBM 等公司的合作研究显示,外延嵌入 Si：C 源漏区张应变沟道技术,可使栅长为 35 nm 的 NMOS 晶体管获得较氮化硅覆盖更强的电子迁移率增强性能[17]。图 8.15 为在该研究中 NMOS 晶体管的镶嵌 Si：C 源漏区外延后和全部工艺完成后的透射电镜剖面图。镶嵌 SiC 源漏区与张应力氮化硅薄膜覆盖(图 8.15(b)上的 TL 层)相结合,可以进一步增强沟道应变和提高沟道电子迁移率。在镶嵌源漏区晶格中,替位碳原子有效含量为 1.8%,外延在线掺杂的磷浓度为 3×10^{20} cm^{-3},测试得到 NMOS 晶体管沟道载流子迁移率和驱动电流,都明显高于实验对比的氮化硅薄膜应变器件,在 0.9 V 电源电压及 I_{off} = 100 nA/μm 漏电流条件下,驱动电流(I_{on})可达 1 070 μA/μm。

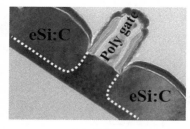 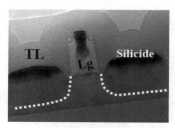

(a) 外延后　　　　　　　　　　　　　(b) 全部工艺完成后

图 8.15　NMOS 晶体管镶嵌 SiC 源漏区外延后和全部工艺完成后的透射电镜剖面图[17]

　　以上介绍的 SiGe 或 SiC 异质镶嵌源漏区,都是由于它们与硅的晶格失配,从晶体管两侧产生压应力或张应力,形成使载流子迁移率增强的应变硅沟道。这种迁移率增强技术宜于缩微,可不断改进,应用于多代纳米 CMOS 芯片。在标志硅器件技术发展前沿的 Intel 微处理器芯片制造中,自 90 nm 技术代以来 SiGe 异质源漏区工艺就是 PMOS 晶体管性能提高的关键工艺之一。在 32 nm 芯片中首次应用 SiC 源漏区改进 NMOS 应变沟道电子迁移率,随后又成功应用于由立体结构晶体管构成的 22 nm CMOS 微处理器芯片制造。SiGe 和 SiC 异质镶嵌源漏区载流子迁移率增强工艺,如今已在高性能 CMOS 芯片技术中得到普遍应用。

　　还有研究建议,在沟道区下面也可利用这两种异质晶体层,形成类似的应力转移结构,使其上层外延生长的硅层,处于所需应变状态,从而提高载流子迁移率。这是与 8.2.6 节讨论的全局双轴应变技术相近的局部应变技术。有人建议,把沟道区底面与源漏区侧面异质结构相结合,以增强沟道应变。例如,硅沟道区下面为 SiC 层,两侧源漏区为 SiGe,可使 PMOS 晶体管驱动电流比仅有 SiGe 源漏区进一步增加。

8.2.8　应力薄膜覆盖 MOS 晶体管应变沟道技术

　　硅片上用化学气相或物理气相淀积的薄膜,如氮化硅、氧化硅、类金刚石薄膜等,通常都具有内应力,会对其覆盖的衬底产生机械作用力。以应力薄膜覆盖形成应变沟道,是一种较为简单易行、宜于调节、成本较低的载流子迁移率增强技术。氮化硅薄膜覆盖迁移率增强技术已得到广泛应用。集成电路中常用的氮化硅介质具有较高杨氏模量,约在 200~400 GPa 范围。化学气相淀积的氮化硅薄膜可具有大于 1 GPa 的内应力,而且依据薄膜生成工艺条件,可分别形成张应力或压应力薄膜。图 8.16 显示用不同工艺条件淀积的氮化硅薄膜覆盖于 MOS 晶体管上,既可以形成张应变沟道,也可以形成压应变沟道。下面介绍一些主要应力薄膜覆盖迁移率增强工艺技术。

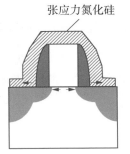
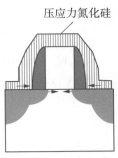

图 8.16 氮化硅薄膜覆盖诱导的 MOS 晶体管应变沟道示意图

Si_3N_4 覆盖层形成张应变沟道 NMOS 技术

在集成芯片制造工艺中,Si_3N_4 薄膜常直接覆盖在晶体管上,用作接触刻蚀终止层(contact etch-stop layer,CESL)。研究表明,Si_3N_4 薄膜覆盖可以有效增强载流子迁移率。图 8.8 已显示在 NMOS 晶体管上覆盖 Si_3N_4 层,可在沟道区产生张应变,用以提高沟道电子迁移率和相应驱动电流。自对准硅化物接触形成后,晶体管上淀积 Si_3N_4 薄膜,自源漏区产生的单轴张应力传递到沟道区,形成硅晶格张应变。沟道电子迁移率增强效应,以及驱动电流增加值取决于 Si_3N_4 薄膜厚度。图 8.17 显示 NMOS 晶体管的驱动电流随 Si_3N_4 覆盖层应力及厚度增加而线性上升[12]。该研究中栅氧化层厚度和沟道长度分别为 1.2 nm 和 45 nm。沟道区形成的张应变与 Si_3N_4 薄膜厚度成正比,NMOS 晶体管饱和电流也随 Si_3N_4 覆盖层厚度增长。厚度为 75 nm 的 Si_3N_4 覆盖层造成的张应力,可使晶体管饱和电流提高约 10%。在 1.2 V 电源电压下,对于高阈值器件,关态漏电流为 40 nA/μm,开态驱动电流可达 1.26 mA/μm;对于低阈值器件,关态漏电流为 400 nA/μm,开态驱动电流可提高 15%[12]。

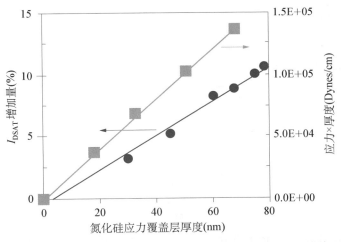

图 8.17 NMOS 晶体管饱和电流与 Si_3N_4 覆盖层张应力及厚度的依赖关系[12]

Si_3N_4 覆盖层对沟道晶格应变及电子迁移率增强效应,除了依赖于氮化硅淀积条件及其薄膜厚度外,还与 NMOS 晶体管的结构及工艺相关。栅电极高度、边墙厚度、源漏结构及形貌等,都对氮化硅薄膜应力向沟道区的传递有影响。为提高电子迁移率增强效应,晶体管制造工艺需要多方面集成优化。

双 Si_3N_4 应力薄膜载流子迁移率增强 CMOS 技术

Si_3N_4 薄膜不仅可以用于形成张应变的 NMOS 晶体管沟道,提高电子迁移率,也可应用不同 CVD 工艺条件淀积的 Si_3N_4 薄膜,形成压应变的 PMOS 晶体管沟道,增加空穴迁移率。2000 年日本 NEC 公司 Ito 等人应用 PECVD 技术,选择适当 $SiH_4/N_2/He$ 气体组合,在 500～600℃范围,改变气压、流量、功率等淀积工艺条件,可以淀积具有不同应力状态(压应力或张应力)及大小(10^2～10^3 MPa)的 Si_3N_4 薄膜[18]。因此,既可使 Si_3N_4 覆盖的晶体管区域产生张应变,也可形成压应变。2004 年 IBM 等公司研究者合作,应用 Si_3N_4 薄膜应力的这种可调特性,发展成功一种双 Si_3N_4 应力薄膜载流子迁移率增强 CMOS 技术,简称为双应力薄膜(dual stress liner, DSL)工艺技术[19]。

双 Si_3N_4 应变沟道迁移率增强技术的基本工艺步骤如图 8.18 所示。在 CMOS 隔离与晶体管形成和源漏栅自对准金属硅化物工艺完成后,选择适当工艺条件,在硅片上淀积可产生张应力的 Si_3N_4 薄膜,随后通过光刻及刻蚀去除 PMOS 晶体管区域的 Si_3N_4。接着应用另一种工艺条件,淀积可产生压应力的 Si_3N_4 薄膜,再以光刻及刻蚀工艺去除 NMOS 晶体管区域的压应力 Si_3N_4 薄膜。在金属互连工艺之前,淀积内应力较小的氧化硅介质薄膜。厚度为数十纳米的 Si_3N_4 薄膜,可产生 10^2～10^3 MPa 的张应力或压应力,分别使 NMOS 和 PMOS 晶体管沟道载流子迁移率得到显著提高。图 8.19 显示两种不同 Si_3N_4 薄膜覆盖,使沟道长度为 45 nm 的 n 沟和 p 沟晶体管有效驱动电流,分别都随张应力和压应力增大而显著提高,在双 Si_3N_4 应变工艺中 n 沟与 p 沟晶体管的电流分别增强 15% 与 32%。

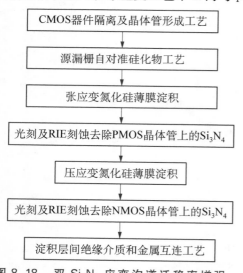

图 8.18　双 Si_3N_4 应变沟道迁移率增强 CMOS 技术的基本工艺流程

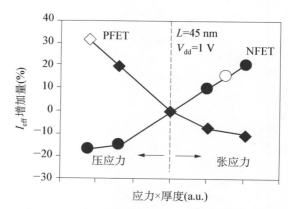

图 8.19　Si_3N_4 覆盖工艺形成的 n 沟/p 沟晶体管有效驱动电流随应变膜应力及厚度的变化,其中,空心符号点为双应力工艺器件实验数据[19]

IBM 等公司已把双 Si_3N_4 薄膜覆盖载流子迁移率增强技术,用于高性能微处理器纳米 CMOS 集成芯片制造,不仅使器件速度提高,功耗降低,而且工艺相容性好[19]。在优化 DSL 及相关工艺集成后,可达到与无应变工艺相同的成品率。自 90 nm 技术代以来,双应变薄膜工艺不断改进,成功应用到多代缩微 CMOS 芯片,应变水平逐渐提高,从 90 nm 到 45 nm 技术代,器件沟道的应变水平增强超过 80%。

Ge 离子注入改变氮化硅薄膜应力状态

在应变沟道 CMOS 芯片制造技术发展过程中,曾研究多种氮化硅薄膜应力控制工艺。日本日立公司 Shimizu 等人试验成功一种通过离子注入改变局部区域应力状态的控制技术,可以分别形成 NMOS 晶体管张应变沟道和 PMOS 晶体管压应变沟道[20]。他们分别应用热 CVD 和 PECVD 技术,淀积可产生张应力和压应力的 Si_3N_4 薄膜。然后以适当能量及剂量的锗离子,注入到所需调整的区域,消除薄膜应力。如图 8.20 所示,在产生高张应力的氮化硅薄膜淀积后,经光刻保护 NMOS 区域,对 PMOS 晶体管区域进行锗离子注入,使该区域薄膜应力状态发生变化。

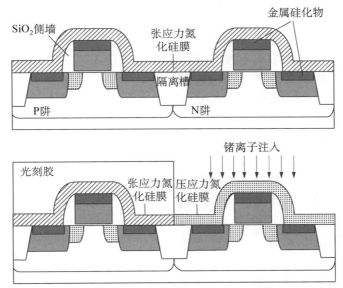

图 8.20　锗离子注入消除 Si_3N_4 层对 PMOS 晶体管性能影响的局部应力控制技术示意图[20]

图 8.21 显示 Si_3N_4 薄膜机械应力随锗离子注入能量及剂量的变化。由图 8.21 可见,该实验中热 CVD 淀积的 100 nm Si_3N_4 薄膜,在离子注入前具有 1.6 GPa 的张应力,在离子注入后随着锗离子能量增加,薄膜应力降低。以能量为 130 keV、剂量为 5×10^{14} cm^{-2} 的锗离子注入,并经 700℃ 快速热退火,可使应力降低到 0.3 GPa。在 Shimizu 等人的实验中,还用等离子体化学气相淀积工艺在晶体管上形成可产生压应变的 Si_3N_4 覆盖层,使 PMOS 晶体管空穴载流子迁移率得到提高,而覆盖在 NMOS 晶体管区域上的氮化硅,也可通过锗离

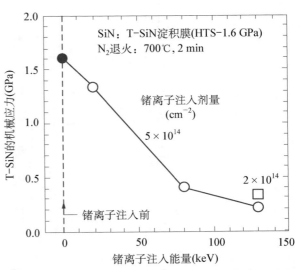

图 8.21　热 CVD 淀积 Si_3N_4 薄膜应力随锗离子注入的变化[20]

子注入消除压应力。

应力记忆技术

早在 2002 年,日本三菱公司的 Ota 等人就实验证明,以高剂量砷离子注入多晶硅/源漏区、CVD-SiO$_2$ 张应力薄膜覆盖、快速热退火等工艺适当结合,可以造成 NMOS 晶体管沟道区晶格应变,使电子迁移率及驱动电流得到提高,而对于注入硼离子的 PMOS 晶体管性能无显著影响[21]。随后的研发工作,多采用张应力更大的氮化硅薄膜覆盖,并且常以高剂量锗离子注入多晶硅栅,使之非晶化,以获得更强应变沟道电子迁移率增强效应[22, 23]。由于在具有应力的覆盖薄膜去除后,沟道区应变仍能保持,因而被称为应力记忆技术(stress memorization technology,SMT)。

图 8.22 为应用 SMT 技术,在 CMOS 器件制造中形成 NMOS 晶体管张应变沟道的一种典型工艺示意图。主要工艺步骤如下:

(1) 在浅沟槽(STI)隔离、自对准多晶硅栅、源漏区注入等常规工艺完成以后,通过高剂量锗离子注入,使 NMOS 晶体管多晶硅非晶化。

(2) 在较低温度下淀积较厚具有高张应力(>1.5 GPa)的 Si$_3$N$_4$ 薄膜,作为激活覆盖层(activation capping layer)。

(3) 光刻去除 PMOS 晶体管区域上的 SiN 薄膜。

(4) 快速热退火进行多晶硅及源漏区再结晶与杂质激活。

(5) 腐蚀去除 NMOS 区域覆盖的 SiN 薄膜。

(6) 自对准源漏栅金属硅化物(NiSi)接触工艺。

(7) 淀积高张应力 Si$_3$N$_4$ 薄膜,作为 CESL 刻蚀阻挡层,并使 NMOS 沟道区产生更大应变。

(8) 器件金属化工艺。

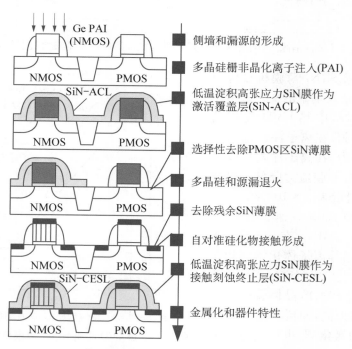

图 8.22　Si$_3$N$_4$ 薄膜应力记忆技术的典型工艺流程[22]

应力记忆技术的基本原理可归纳如下:由于存在氮化硅张应力薄膜覆盖,在热退火过程中,高剂量砷、锗离子注入形成的非晶化多晶硅栅,将会再结晶和产生沟道垂直方向压应变,这种多晶硅栅的压应变将会传递至沟道区,在沟道方向产生张应变,并且在覆盖薄膜去除后仍可保持。这种应力记忆技术,还可以与本节前面介绍的 Si_3N_4 覆盖层张应变沟道 NMOS 技术先后结合应用,以获得更强的电子迁移率增强效应。随后多年,应力记忆技术继续受到重视,取得多方面改进和优化[24, 25]。不仅可用于提高 NMOS 晶体管驱动电流及电路速度,也有益于降低器件漏电流及功耗。

应力邻近技术

氮化硅薄膜覆盖沟道载流子迁移率增强技术,要求覆盖薄膜的应力能够有效传递到晶体管沟道区,引起晶格应变。因此,覆盖的应力薄膜必须尽可能接近沟道区。但随着晶体管尺寸缩微、器件密度增加,迁移率增强技术难度增加。实验发现,在同一硅片上,处于相同应力薄膜覆盖条件下,晶体管密集排列区域的迁移率往往低于相对孤立的晶体管。针对这一问题,IBM 等公司合作研究表明,以应力邻近技术(stress proximity technique, SPT)与双应力薄膜工艺相结合,可以有效改善缩微纳米 CMOS 器件性能[26]。

这种应力邻近技术的基本原理是减薄多晶硅栅边墙介质厚度,使淀积的氮化硅薄膜紧靠晶体管沟道区。为了抑制短沟道效应,以及自对准硅化物形成工艺所需要的栅与源漏区隔离,多晶硅栅边墙必须具有一定厚度,通常由较薄的热生长掺氮氧化物(边墙 1)与较厚的 CVD 介质膜(边墙 2)双层组成。如果在完成自对准硅化物接触形成工艺后,先去除较厚的边墙 2,然后淀积氮化硅,则应力薄膜与沟道区的间距就会显著缩小,从而使沟道区晶格应变增强,载流子迁移率提高。

类金刚石碳压应力薄膜用于 PMOS

以上讨论说明,氮化硅薄膜是一种十分有效的应力调节覆盖薄膜。选择适当工艺条件,可以分别淀积具有不同应力、用于 NMOS 和 PMOS 晶体管的不同应变沟道。随着相邻晶体管栅线条节距缩微,氮化硅薄膜覆盖的硅沟道应变效应下降,需要探索可产生更高应力的薄膜材料及工艺。有研究表明,类金刚石碳(diamond like carbon, DLC)薄膜具有高应力,可在其覆盖的 PMOS 晶体管中产生高压应变晶格沟道。有研究工作报道,以物理气相淀积技术,在硅片上淀积高本征应力的 DLC 薄膜,研究对 SOI 衬底 PMOS 晶体管的输运特性影响[27]。图 8.23 为该研究中 DLC 薄膜覆盖 PMOS 晶体管的透射电镜剖面结构。其实验表明,淀积的 $20\sim40$ nm 均匀较薄 DLC 薄膜,可产生高达 6 GPa 的压应力,使晶体管饱和驱动电流增加 50% 以上。

随着纳米 CMOS 集成电路制造技术演进,各种应变沟道载流子迁移率增强技术的研究与开发持续活跃。一方面上述各种应变技术不断改进,并继续探索可能产生更强应力的硅沟道应变新材料与新工艺。另一方面,不同类型应变技术有机结合,可更好地满足新

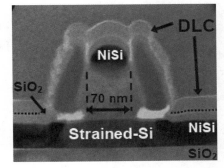

图 8.23　类金刚石碳薄膜覆盖的 PMOS 晶体管透射电镜剖面结构[27]

一代集成电路需求。例如,把嵌入式 SiGe、SiC 异质源漏区应变工艺,与氮化硅、DLC 薄膜覆盖应变工艺相结合,就可在 MOS 晶体管沟道区产生相互叠加的更大晶格应变,使纳米 CMOS 器件获得更强迁移率增强效应。纳米 CMOS 器件缩微使相邻晶体管距离越来越小,迁移率增强技术遇到更多新问题,工艺难度增加。为了在缩微晶体管中获得更有效的载流子迁移率增强效应,不仅要改进与优选各种应力形成工艺及其与其他工艺集成,还需要优化集成电路中器件布局,建立可分析与模拟应力分布及其与晶体管特性关系的模型等。除了不断改进与优化的应变硅沟道载流子迁移率增强技术,8.3 节讨论的(110)/(100)复合晶面器件技术,则可通过选用载流子高迁移率晶向,进一步提高器件驱动电流与速度。在新材料、新结构器件研究中,一些研究者正在探索可与硅基器件结合的锗及化合物高迁移率材料及器件技术,其着眼点也在于提高沟道载流子迁移率,期冀用于未来高性能集成电路研制。

8.3　CMOS 器件的晶面与晶向选择

本节在分析硅中电子和空穴迁移率对晶面及晶向依赖关系基础上,讨论 NMOS 和 PMOS 晶体管的优化晶向选择。较为简单易行的方法是在常用 Si(100)晶片上,把沟道由〈110〉改为〈100〉晶向,可有效提高 PMOS 器件的空穴迁移率及驱动电流。基于电子和空穴迁移率不同的各向异性特点,为分别选取两种载流子的最优迁移率晶向,可把 CMOS 中两种晶体管分别制备在不同晶面硅层:在(110)晶面上,制作沟道沿〈110〉晶向的 PMOS 晶体管;在(100)晶面上,制作 NMOS 晶体管,沟道方向也为〈110〉。针对这种选择,本节最后简要讨论复合晶面硅片和器件的制备方法。

8.3.1　Si(100)晶面衬底上的 MOS 晶体管沟道晶向

由于 Si(100)晶面具有低 SiO_2/Si 界面陷阱和氧化层固定正电荷密度,MOS 集成电路通常都应用(100)晶面硅片。在同一晶面上还可选择不同沟道晶向。通常在此晶面上制备的 NMOS 和 PMOS 晶体管的沟道晶向为〈110〉。与此晶向相对应的(110)晶面,也和(111)晶面类似,是硅晶体的解理面。用这种晶向的硅片制造集成电路,既有利于划片封装工艺,也有益于器件结构的解剖分析。但是,由于载流子的有效质量和迁移率具有各向异性特点,在(100)晶面上沿〈100〉晶向的空穴迁移率比〈110〉要大(约 16%),而两者的电子迁移率无显著变化[28]。因此,对于(100)晶面硅片,只要把晶体管沟道方向由〈110〉改为〈100〉,如图 8.24 所示,则 CMOS 器件性能就可相应提高。

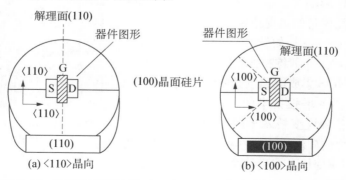

图 8.24　Si(100)晶面上的〈110〉与〈100〉晶向沟道 MOS 晶体管[28]

为提高纳米 CMOS 性能,在应用应变沟道技术的同时,采用⟨100⟩晶向沟道 MOS 晶体管技术,这是一种相对简单而有效的途径。所用 200 mm 及以上⟨100⟩硅片的定向槽,由原来⟨110⟩晶向偏移 45°,刻在⟨100⟩晶向。日本东芝等公司在开发 45 nm CMOS 技术中,曾将⟨100⟩定向槽硅片与氮化硅单轴应力技术相结合,获得良好效果,其 PMOS 晶体管电流可提高 20%[29]。为了保持⟨110⟩晶向易于解理、便于封装划片及器件解剖分析的优越性,有人建议采用具有⟨110⟩晶向定向槽的硅片作为衬底,以键合技术形成 SOI 结构材料,使上层制造器件的硅膜晶向相对衬底转动45°,从而使 MOS 晶体管具有⟨100⟩晶向沟道,如图8.25 所示[30]。

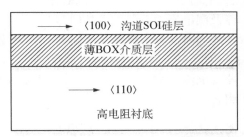

图 8.25　用于制造⟨100⟩晶向沟道 CMOS 器件的⟨110⟩定向槽衬底 SOI 硅片[30]

8.3.2　载流子迁移率的晶面及晶向依赖关系

硅 MOS 晶体管中电子和空穴的迁移率具有较为复杂的晶面和晶向依赖关系。图 8.26 对比不同衬底晶面及沟道晶向的载流子迁移率。由图 8.26 可知,(100)晶面上沿⟨110⟩晶向沟道的 NMOS 晶体管具有最大电子迁移率,而(100)晶面上⟨110⟩晶向 PMOS 晶体管的空穴迁移率较小。空穴在(110)晶面的⟨110⟩晶向沟道中具有最大迁移率,与常用的(100)晶面/⟨110⟩晶向相比,增加约两倍。因此,在载流子迁移率增强日益成为纳米 CMOS 技术进步重要途径的背景下,(110)晶面衬底器件技术受到重视。为了使沟道电子和空穴都能达到最大迁移率,最好把 NMOS 和 PMOS 晶体管分别制作在(100)和(110)晶面硅片上,从而使 CMOS 器件输运性能得到更大改善。这推动了混合晶向硅片 CMOS 器件性能增强技术的研究。混合晶向技术(hybrid orientation technology,HOT)为高性能纳米 CMOS 集成电路制造发展提供了又一选择。

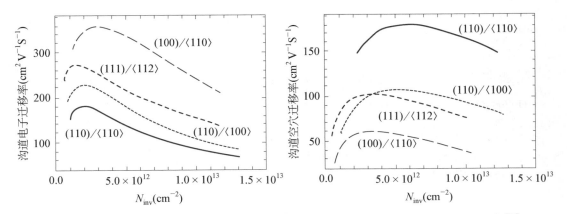

图 8.26　不同晶面衬底和晶向的电子与空穴迁移率及其随沟道载流子面密度的变化规律[31]

图 8.26 上的曲线显示沿不同晶向沟道载流子迁移率与反型层载流子面密度的相互关系。实际上,如 8.2.1 节中已说明,这种关系是和载流子迁移率与垂直电场的依赖关系相一致的。近年随着纳米 CMOS 技术发展,人们对载流子迁移率与晶面/晶向、应变强度、晶体

管尺寸、沟道载流子密度等因素的依赖关系及其机理,进行更为深入和细致的实验和理论研究[32-35]。例如,有研究组根据晶格能带和载流子输运理论,针对 Si(100)、(110)与(111)这 3 种晶面,以沟长为 15 nm 的双栅 PMOS 晶体管结构为例,模拟计算比较空穴迁移率、驱动电流及漏电流随不同沟道晶向与晶格应变(包括双轴应变与单轴应变)的变化[34]。该研究工作还同时计算了锗晶片上同类 PMOS 器件参数与晶向及应变的相互关系。得到的结论如下:对于硅 PMOS 器件,(110)晶面/〈110〉晶向与单轴压应变为最佳组合,空穴迁移率最高,驱动电流最大,漏电流最小;对于锗基器件,则以(100)/〈010〉晶向与双轴压应变为最佳组合。

8.3.3　(100)/(110)复合晶面硅片制备

制造由不同优选晶向 n 沟、p 沟器件组成的 CMOS 集成芯片,需要应用复合晶面硅片。已经研究与试验多种复合晶面硅片技术,有体硅复合晶片,也有 SOI 结构复合材料。可采用(100)与(110)硅片键合及减薄等工艺组合,制备复合晶面硅片。图 8.27 为一种应用智能剥离 SOI 工艺制备复合晶面硅片的示意图。图 8.27 显示以(100)晶面或(110)晶面材料为支撑衬底,制备两种 SOI 结构复合晶面硅片的主要工艺步骤。一种晶面硅片首先生长氧化层,并在注入适当能量和剂量的氢离子后,与另一种晶面硅片进行键合,再通过智能剥离技术,使硅片在氢注入层断裂,形成晶面不同的顶层硅/隐埋氧化层/衬底硅结构,经化学机械抛光表面处理后,就可得到两种晶面材料复合的 SOI 结构硅片。

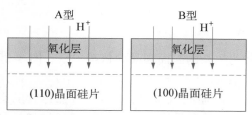
第一步:隐埋氧化层的形成和氢离子注入

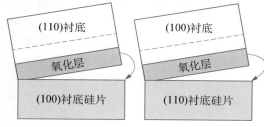
第二步:将离子注入硅片翻转后,与不同取向晶面衬底硅片键合

第三步:智能剥离与减薄形成双晶面SOI硅片

图 8.27　SOI 结构的(100)/(110)复合晶面硅片制备主要工艺步骤[31]

也可以通过(110)和(100)两种晶面硅片直接键合,制备复合晶面硅片,如图 8.28 所示。制备这种直接键合硅片,要求在键合前必须完全去除硅片表面氧化层,其他工艺则与 SOI 结构复合晶面硅片相近。利用这种直接键合硅片,NMOS 和 PMOS 晶体管都制作在体硅晶片上。应用 SOI 结构复合晶面硅片,两种晶体管中的一种将具有 SOI 器件结构。

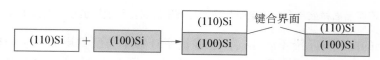
图 8.28　直接键合(110)/(100)复合晶面硅片制备工艺示意图[36]

8.3.4 （100）/（110）复合晶面 CMOS 器件制造工艺

利用复合晶面硅片，可以研制具有理想晶面及晶向的 CMOS 集成电路。不同结构复合晶面硅片 CMOS 器件制造工艺有所不同，但都必须首先在硅片表面上界定和形成（100）与（110）两种晶面区域。图 8.29 显示应用直接键合硅片形成 CMOS 器件结构的一种基本工艺。一些公司曾试验把这种技术用于 32 nm 及更小尺寸 CMOS 器件研制[37]。在 MOS 器件工艺之前，在直接键合（110）/（100）复合晶面硅片上，需要把将制作 NMOS 晶体管的区域，转换成（100）晶面晶体，然后进行常规 CMOS 集成电路加工。

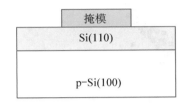

(a) 通过一次光刻，界定 PMOS 和 NMOS 两种区域

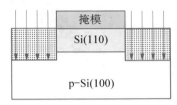

(b) PMOS 晶体管区域掩蔽后，通过适度能量与剂量的离子注入，使 NMOS 区域的（110）硅层实现完全非晶化

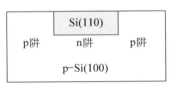

(c) 通过热处理固相外延工艺，以（100）衬底为籽晶，使 NMOS 区非晶硅层转换成（100）晶面硅层

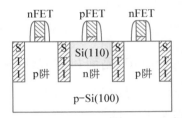

(d) 在 PMOS 与 NMOS 边界区域形成 STI 介质隔离沟槽，应用与标准 CMOS 工艺基本相同的步骤，在（110）晶面上制作沟道沿〈110〉晶向的 PMOS 晶体管，在（100）晶面上制作 NMOS 晶体管

图 8.29 （100）/（110）复合晶面硅片 CMOS 器件结构形成工艺示意图

以上双晶面 CMOS 结构形成工艺中，先实现 NMOS 区域晶面固相外延转换，然后在两种晶面边界上形成 STI 隔离沟槽。通过 STI 工艺可以消除两种晶向边界区域的晶体缺陷。也可先进行 STI 工艺，后完成晶面外延转换。晶面外延转换是这种混合晶向 CMOS 工艺的关键步骤。除了上述离子注入非晶化与固相外延相结合的方法外，也可应用刻蚀与气相选择外延相结合技术，实现硅片表层晶面方向转换。后者需要先刻蚀去除一种晶面薄膜硅层，再用选择性气相外延工艺，在衬底晶体上外延生长所需厚度硅层。保持硅晶体材料完整性，是（100）/（110）复合晶面硅片 CMOS 器件性能显著提高的关键。在材料制备和器件制作过程中，都必须尽可能降低缺陷密度。

IBM 等研究机构的对比实验结果显示，利用混合晶向技术，可以较大幅度提高空穴有效迁移率和 p 沟晶体管驱动电流，并能同时保持 NMOS 晶体管良好性能，使 CMOS 电路速度提高、功耗降低。研究还表明，硅锗源漏、氮化硅覆盖等应变沟道迁移率增强技术，都可与混合晶向 CMOS 硅片技术结合应用，进一步改善 CMOS 性能。图 8.30 显示 IBM 公司以混合晶向技术研制的 NMOS 和 PMOS 晶体管电流特性，并分别与单一衬底器件性能进行对比[36]。该器件属 65 nm 技术代，晶体管栅氧化层厚度为 1.2 nm。在直接硅片键合（DSB）形成的(110)晶面层制备的 PMOS 晶体管,其驱动电流比同样条件的(100)晶面器件增长35%。在经 DSB 及固相外延(SPE)工艺形成的(100)晶面区,制备的 NMOS 晶体管,其驱动电流比(110)晶面器件也增长 35%,与单一(100)衬底器件相同。图 8.30 同时说明,固相外延形成的硅晶体质量优良,其上制造的晶体管性能与原始硅片相同。该实验中复合晶面硅片制备的 CMOS 电路传输延时,可比单一(100)晶面器件减小 20% 以上。

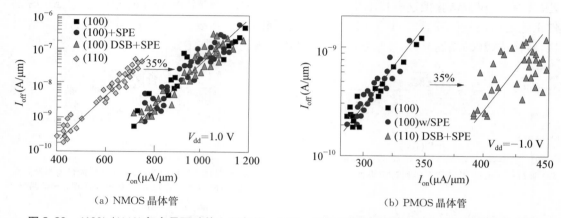

(a) NMOS 晶体管　　　　　　　　　　(b) PMOS 晶体管

图 8.30　(100)/(110)复合晶面硅片上制备的 n 沟和 p 沟与常规衬底 MOS 晶体管电流特性对比[36]

8.3.5　全(110)晶面衬底 CMOS 技术

由于(110)晶面 PMOS 晶体管性能可显著改进,使混合晶向技术有利于提高 CMOS 集成电路速度,但其硅片制备和器件制造工艺较单晶面衬底技术要复杂,使芯片制造成本上升。在复合晶面技术取得进展、但尚未实现规模生产之际,又有研究工作探索应用全(110)晶面 CMOS 的可能性。在 2008 年国际电子器件会议(IEDM)上,Intel 公司等机构的论文对比了(110)与(100)两种晶面 NMOS 晶体管电学性能随器件尺寸与应力的变化[38]。他们以高 k 介质和金属栅电极为基本器件工艺,实验结果表明,随着器件尺寸缩微,两者沟道载流子迁移率和驱动电流差距显著缩小。如图 8.31 所示的模拟计算结果也表明,在纵向应力作

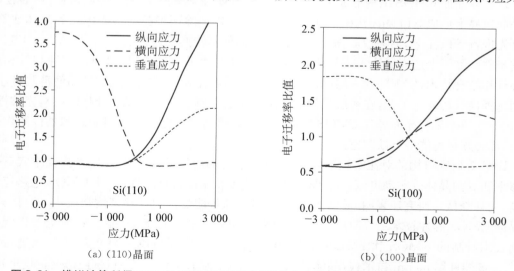

(a)(110)晶面　　　　　　　　　　(b)(100)晶面

图 8.31　模拟计算所得(110)和(100)两种晶面硅晶体中电子迁移率随应力方向及大小的变化[38]

用下,(110)晶面器件中的电子迁移率,比(100)晶面得到更大增强。还有研究报道,通过适当热处理造成的原子迁移等技术,也可显著改善(110)晶面 NMOS 晶体管驱动电流性能[39]。这些研究结果显示,有可能利用单一(110)晶面硅衬底,同时制造性能改善的 PMOS 和 NMOS 晶体管,成为纳米 CMOS 制造技术的又一可能选择。

8.4　高 k 介质和金属栅集成技术

本节将分析纳米 CMOS 芯片栅工艺要求、高 k 介质与金属栅叠层结构的物理特性,并对栅介质和栅电极材料所必须具备的物理化学性质作概要讨论。从多晶硅栅/SiO_2 介质到金属栅/高 k 介质,不仅材料变化,而且栅叠层制备工艺显著改变,同时必须实现栅与源漏区的精确自对准。近年已发展有前栅、后栅等不同工艺。后金属栅工艺是首先成功并应用于芯片量产的技术。这种技术先用多晶硅作为假栅,形成自对准 MOS 器件结构,最终以镶嵌工艺在 n 沟和 p 沟晶体管上分别形成具有不同功函数的金属栅。本节将结合 45 nm、32 nm 以来的 CMOS 器件,讨论这种后金属栅基本工艺及原理。对于前栅工艺将作简要介绍。

8.4.1　高介电常数栅介质

如第 7 章有关讨论所述,一直应用十分成功的多晶硅/SiO_2 栅结构,由于超薄 SiO_2 介质层隧道穿通漏电和多晶硅耗尽等因素影响,在纳米 CMOS 集成电路制造中逐渐走向其难以逾越的缩微极限。虽然应用热氮化与等离子体工艺,形成 SiON 栅介质,使传统多晶硅栅器件技术延伸至 65 nm,以及某些 28 nm 等更小尺寸技术代 CMOS 芯片,但漏电流增大、阈值电压漂移、时依介质击穿、器件可靠性降低等问题已愈益严重。栅介质隧穿电流(I_g)随介质厚度(t_g)减薄,按指数规律上升。采用高介电常数介质和金属栅电极新材料,成为 CMOS 器件技术继续发展的必然途径。图 8.32 显示,假如采用介电常数比 SiO_2 大 10 倍的高 k 栅介质,其厚度可增加 10 倍,但等效 SiO_2 栅介质厚度仍为 1 nm,从而可使晶体管栅极漏电流大幅度降低。即便 k 值增加没有那么大,对改善晶体管性能也会有显著作用。因此,自 20 世纪 90 年代以来,高 k 介质材料及其在 MOS 器件中的应用技术研究极为活跃,相关领域知识积累不断增长[40]。

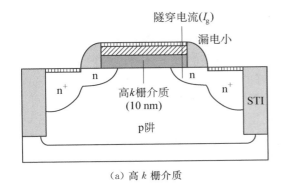

(a) 高 k 栅介质

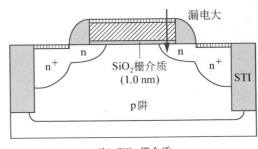

(b) SiO_2 栅介质

图 8.32　高 k 栅介质与 SiO_2 栅介质 NMOS 晶体管结构及栅极漏电流对比示意图

实际上,大部分金属氧化物都属于介质材料,而且其中有很多金属氧化物具有较高介电常数,远高于 SiO_2。图 8.33 显示部分金属氧化物的介电常数与禁带宽度。用于 MOS 晶体管的栅介质,除了高介电常数,也要求具有较大禁带宽度,与硅及栅电极形成较高界面势垒,具有较低漏电流和较高击穿电压等特性,并且必须具备良好表面/界面性质,以使 MOS 结构具有可控场效应特性。虽然具有高介电常数及较高界面势垒的介质材料有多种,但在结构与界面性能以及在与 CMOS 基本工艺相容性等方面,很难找到可与 SiO_2 相近的材料。

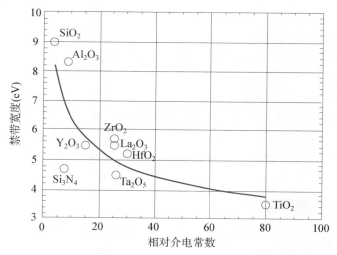

图 8.33　部分金属氧化物的介电常数与禁带宽度

由 SiO_2 过渡到高 k 介质栅的主要难点在于,其他介质/Si 体系难于达到 SiO_2/Si 体系的界面特性及高温稳定性。现今清洁热氧化生长工艺制备的非晶态氧化硅栅介质,所形成的 SiO_2/Si 界面体系中的各种电荷、体缺陷和界面缺陷陷阱能级,都显著低于 $10^{11}/cm^2$,主要有害缺陷可低达 $10^{10}/cm^2$,甚至 $10^9/cm^2$ 量级。这表明在 SiO_2/Si 异质界面上,缺陷产生几率可小于 $1/10^5$,即数十万原子范围内才有一个缺陷。而且这种 SiO_2/Si 体系的优良特性,在高达 $1\,000℃$ 甚至以上的高温工艺条件下,仍然可以保持。

用物理或化学气相淀积方法可以在硅片上淀积多种高 k 栅介质薄膜。但是,研究表明,各种高 k 介质薄膜都难以达到热氧化 SiO_2 及其界面的原子排列完整性,高 k 介质膜内部及界面上的缺陷与电荷密度(如固定正电荷、界面陷阱缺陷等)要高许多。而且它们的高温稳定性较差,有的在 $500℃$ 上下就会发生结晶、缺陷增长等形态与界面变化,使取决于栅介质及其与硅界面结构的场效应器件特性退化。高 k 介质层内及界面上的各种缺陷,还使沟道载流子迁移率显著下降。某些高 k 氧化物中的金属原子在较高温度下还可能扩散入硅内,引起漏电,破坏器件性能。某些早期活跃研究并被看好的高 k 介质材料(如 Al_2O_3、ZrO_2 等),由于高温稳定性差等缺点,难以与 CMOS 基本工艺集成,而被排除在栅介质候选材料之外。经过对多种高 k 材料的长期研究与筛选,Hf 基氧化物成为研制高介电常数栅介质的首选材料,用于发展高 k 栅介质器件技术[40-42]。HfO_2 具有热力学稳定性较好、密度高、抗杂质扩散、与硅工艺相容性较好等特性。HfO_2 本身的高温稳定性存在问题,在较高温度下会发生结晶等变化。人们研究发现,Hf 基氧化物掺入硅、氮元素,可以显著提高介质薄膜高温稳定性。因此,加入其他元素组成的多元 Hf 基化合物,如 $HfSi_xO_y$、HfO_xN_y、$HfSi_xO_yN_z$ 等,在发展高

k 栅介质薄膜工艺中受到重视。适当组分的 $HfSi_xO_yN_z$ 可使薄膜稳定性提高到 1 000℃,并可抑制硼穿越现象,但介电常数减小,由 20~25 降至 10~15。在高 k 介质与硅界面间,还需形成极薄氧化硅界面层,以降低界面陷阱密度,提高沟道载流子迁移率。

8.4.2　需要金属栅电极代替多晶硅的原因

早期研究高介电常数栅介质 MOS 器件,仍以多晶硅为栅电极,构成多晶硅/高 k 介质栅叠层结构。但是,随着研究深入和 CMOS 器件缩微技术发展,人们认识到,必须用适当的金属栅电极材料代替多晶硅栅,才能制备性能优越的高 k 栅介质 CMOS 器件。有两个重要因素要求采用新的栅电极/栅介质组合:一方面,如 7.6.2 节所述,虽然在集成芯片制作工艺中,尽可能提高多晶硅掺杂水平,但其载流子浓度仍在 10^{20} cm^{-3} 量级,多晶硅与介质构成的界面附近不可避免形成耗尽层,其厚度约为 0.3~0.4 nm 等效 SiO_2 层。这就限制有效栅介质厚度缩微,使其难于接近或减小至 1 nm 以下。另一方面,研究还发现,由多晶硅和高 k 介质叠层构成的晶体管,沟道载流子迁移率降低,阈值电压较高,严重影响 CMOS 器件性能优化。

实验和理论研究表明,对于多晶硅/高 k 介质栅叠层构成的 MOS 器件,沟道载流子不仅受到硅中杂质散射、晶格散射和界面散射,还会受到高 k 介质及其与多晶硅界面缺陷的远程散射,而且其中表面光学声子散射较强,使载流子迁移率显著下降[43,44]。材料介电常数大,也就意味其极化率高,内部和表面层会形成偶极子,这种偶极子振动传播至硅晶格,使反型层中运动的载流子遭到散射。这种散射也就是低能光学声子与电子相互作用的结果。实验发现,即便在高 k 介质下面有 SiO_2 缓冲层,这种表面光学声子散射影响仍较强。采用金属栅电极与高 k 介质结合,则由于金属具有高达 10^{22} cm^{-3} 量级电子浓度,光学声子与电子的相互作用受到屏蔽,从

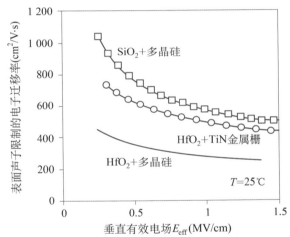

图 8.34　在 TiN/HfO$_2$、多晶硅/HfO$_2$、多晶硅/SiO$_2$ 这 3 种栅结构晶体管中,由表面声子散射决定的沟道电子迁移率有效电场依赖关系对比[43]

而显著减弱这种光学声子散射,使沟道载流子迁移率提高。图 8.34 对比 TiN/HfO$_2$、多晶硅/HfO$_2$、多晶硅/SiO$_2$ 这 3 种栅叠层结构的表面光学声子散射沟道电子迁移率,它们系由 NMOS 晶体管测试数据推算得到[43]。由图 8.34 可见,与多晶硅相比,金属电极与 HfO$_2$ 介质组合,能显著提高沟道载流子迁移率。

多晶硅/高 k 介质栅晶体管,还存在阈值电压调节困难问题,其原因可归结于费米能级钉扎效应。多晶硅/高 k 介质界面附近的硅金属原子(如 Si - Hf)极化键会形成偶极子,产生界面费米能级钉扎效应,导致晶体管阈值电压较高和难以调节[45]。采用金属栅电极,也有益于解决这一问题。除了以上 3 个因素,用金属栅代替多晶硅,还可以避免 p$^+$ 多晶硅中硼原子向栅介质的渗透(Boron Penetration)现象。

8.4.3　栅电极金属材料选择

如同在大量高介电常数材料中，至今只选择出个别适于形成 MOS 晶体管的栅介质，在众多金属和金属化合物导体材料中，适于制造 CMOS 晶体管栅电极的材料也不多。为了获得优良 CMOS 器件性能，栅电极材料必须具备与硅衬底及高 k 介质相匹配的物理和化学特性。首先，栅金属应具有合适的功函数，而且需要选用两种金属，分别形成 NMOS 和 PMOS 晶体管栅电极。正如高性能多晶硅栅 CMOS 集成电路中，NMOS 和 PMOS 晶体管需要分别以 n^+ 和 p^+ 高浓度掺杂多晶硅作为栅电极。在金属栅/高 k 介质 CMOS 集成电路中，为使两种晶体管获得较低与对称的阈值电压以及较大的驱动电流，也需要应用两种功函数不同金属栅电极。对于 NMOS 晶体管，其理想栅金属的功函数应为 4.1 eV，对于 PMOS 晶体管，则宜选择功函数为 5.1 eV 的金属为栅电极，如图 8.35 所示。也就是说，NMOS 和 PMOS 器件的栅电极金属的费米能级应分别位于硅导带底边和价带顶边。具有这种功函数的栅电极材料，常被称为带边金属。

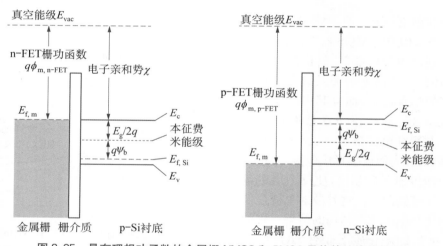

图 8.35　具有理想功函数的金属栅 NMOS 和 PMOS 晶体管结构能带图

虽然存在众多金属、合金与化合物导体，但要得到既能符合功函数带边要求、又可满足加工要求、能与其他工艺实现集成的栅电极薄膜材料，却非易事。往往选择分别与导带底或价带顶比较接近的电极材料，其功函数分别在 $q\phi_m{}^n = 4.1 \sim 4.3$ eV，$q\phi_m{}^p = 4.9 \sim 5.2$ eV 的范围。事实上，针对 SiO_2 和 Si_3N_4 栅介质，研究者就曾研究双金属栅 CMOS 器件技术，以克服多晶硅栅的缺点。与 HfO_2 栅介质相匹配的栅电极导体材料及工艺的研究，是发展新一代 CMOS 器件技术的关键课题之一，多年来研究十分活跃。2002 年美国 Motorola 公司的研究组在当年 VLSI 和 IEDM 两个国际会议上报道，研究成功与 HfO_2 介质结合的双金属栅 CMOS 实验器件[46,47]。他们以 TiN 用于 PMOS、以 TaSiN 用于 NMOS，两者功函数的测量值分别约为 4.8 eV 和 4.4 eV。

有时，出于降低工艺复杂性和加工成本等多方面考虑，CMOS 集成电路也可应用一种金属，同时作为 n 沟和 p 沟晶体管的栅电极。这种单金属栅工艺，应选择其费米能级位于接近硅禁带中央的金属或导电化合物。

除了满足功函数要求以外,栅电极金属还应与高 k 介质具有匹配、稳定的优良界面特性,并宜于加工,具备工艺集成相容性。为了选择具有上述合适功函数等优良特性的金属栅,研究者对各种不同金属、合金、金属硅化物及氮化物等导体与栅介质及硅衬底组合特性,进行了大量测试、分析与筛选。

以高介电常数栅介质与金属栅电极组合(MG/HK)代替氧化硅与多晶硅栅叠层结构、制造 CMOS 器件,使晶体管漏电流及功耗显著下降,为提高集成芯片性能和功能开辟了新途径。从传统多晶硅/SiO_2 到 MG/HK 结构的技术演变,可以使晶体管关键参数发生变化,即等效栅介质厚度得以继续缩微,并可以大幅度降低栅极漏电流。在等效栅介质厚度减薄和相应单位面积栅电容增加的同时,栅漏电可下降多个数量级。这正是 CMOS 技术得以继续缩微和实现更大规模芯片集成的基础。多晶硅/HK 介质结构,虽然可减小栅介质厚度、降低漏电流,但由于多晶硅耗尽层、沟道载流子迁移率退化和驱动电流下降等因素,不适于发展纳米 CMOS 技术。全金属硅化物(FUSI)栅工艺虽有不少研究报道,但未能发展为成熟生产技术。

8.4.4　双金属栅电极形成方法

与金属栅材料选择一样,如何形成双金属栅电极,是研制金属高 k 介质栅 CMOS 器件的另一关键。事实上,很难找到能够完全满足功函数及工艺相容性等条件的理想配对双金属栅材料。但已研究多种金属栅电极调节工艺,不仅可选择功函数不同的金属,而且通过离子注入、不同组分合金等途径也可以改变材料功函数[48]。例如,离子注入氮原子可以显著改变钼(Mo)金属的功函数,根据注入剂量和退火温度,可在(4.4~4.9)eV 范围变化。当介质上覆盖的界面金属较薄时,双层金属结构也可调节功函数。金属与高 k 介质形成栅叠层结构时,实际有效功函数还会受到两者相互作用的影响。例如,可能形成界面偶极层,使有效功函数变化。栅电极形成后的高温退火也会改变功函数值。

双金属栅材料与结构

双功函数金属栅器件结构形成有多种方法,图 8.36 列举 3 种方法的示意图。应用双金属互扩散合金法,可以为 NMOS 和 PMOS 晶体管分别制备功函数值不同的金属与合金栅电极。首先选择一种功函数值适于 NMOS 或 PMOS 的金属淀积在硅片上,再选择和淀积另一种金属,通过光刻与互扩散合金工艺,使保留在一种晶体管区域的两种金属,形成具有合适功函数值的合金栅电极。全金属硅化物(FUSI)双栅电极曾被认为是较有希望的另一种工艺,它建立在双多晶硅栅传统技术基础上[49]。在高掺杂 n^+ 和 p^+ 多晶硅栅形成后,通过淀积金属与热退火固相反应,把全部多晶硅转换为掺杂金属硅化物。NiSi 是研究较多的 FUSI 材料,也曾有人分别研究 $CoSi_2$、$TiSi_2$、PtSi、$HfSi_2$ 等金属硅化物 FUSI 技术。这种技术的原理在于,金属硅化物中的杂质会影响功函数,可以调节 CMOS 两类晶体管电极的功函数。掺有砷、磷施主杂质和硼受主杂质的 NiSi,功函数值不同,可以接近双金属栅要求。图 8.36 上的第 3 种方法则需选择两种功函数不同的金属或化合物导体,分别形成 NMOS 和 PMOS 晶体管的栅电极。

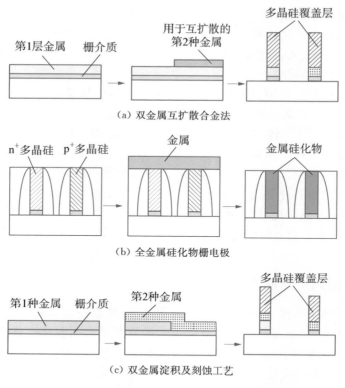

图 8.36　双金属栅电极 3 种典型形成方法示意图[48]

前栅工艺和后栅工艺

栅介质和电极材料的变化,导致 CMOS 器件制造工艺步骤与集成技术多方面相应改变。在传统多晶硅栅 CMOS 制造工艺中,总是先形成栅介质及电极,再通过离子注入工艺与高温退火等工艺形成源漏区。这种晶体管工艺可称为先栅工艺(gate first process)。这种具有自对准器件结构突出优越性的工艺,基于氧化硅栅介质和多晶硅栅电极所特有的材料及界面高温稳定性。由于金属栅/高 k 介质结构及界面,往往不具备后续源漏区工艺所必需的高温稳定性,因而必须研究与开发新工艺,并调节工艺步骤及其集成技术。其中变化最显著的是采用后栅工艺(gate last process),即首先形成源漏区,再完成栅电极工艺。回顾集成电路演变历史可知,在多晶硅栅技术以前,MOS 器件制造应用的铝金属栅技术,就是后栅工艺。但现在用于代替多晶硅栅技术的新型金属栅工艺全然不同,必须保持栅与源漏区的自对准器件结构及工艺特点,以利于单元器件在纳米尺度缩微,适于制造晶体管密度数以亿计的集成芯片。

置换法金属栅工艺

在成功用于纳米 CMOS 芯片生产的技术中,有的工艺如高 k 栅介质形成在前,金属栅电极形成于后。8.4.5 节将讨论这种工艺的主要流程,其中关键技术为置换法金属栅(replacement metal gate,RMG)工艺,其原理以应变 PMOS 器件为例示于图 8.37。如图 8.37 所示,此工艺中首先以多晶硅工艺形成假栅结构,待完成晶体管掺杂、源漏区 SiGe 外延等工艺后,应用介质淀积、平坦化、选择性腐蚀等工艺去除多晶硅假栅,再以原子层淀积(ALD)等技术淀积、填充,形成金属栅。

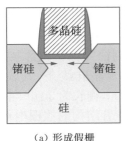 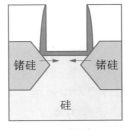 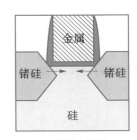

（a）形成假栅　　　　　　　（b）去除假栅　　　　　　　（c）形成金属栅

图 8.37　置换法金属栅工艺原理示意图[53]

研究表明,RMG 工艺不仅可用于形成自对准金属栅器件结构,而且有益于增强镶嵌硅锗源漏的压应力,因而有利于增强空穴迁移率[50]。图 8.37 上以"箭头"粗细显示应力变化。这种效应的原因在于,多晶硅假栅对来自源漏区镶嵌外延硅锗晶格的压应力会有反抗力,致使沟道区受到的压应力减小。多晶硅去除,使其反抗力消除,因而沟道区所受压应力上升。实验数据显示,通过淀积与 CMP 工艺形成金属电极后,可以保持沟道区的应变增强效应,从而使置换法金属后栅工艺可明显提高 PMOS 晶体管驱动电流。研究还表明,深度下陷的沟道区(recessed channel)可受到镶嵌硅锗源漏区更强的压应力,有利于进一步提高空穴迁移率[50]。

8.4.5　后栅电极纳米 CMOS 工艺流程

Intel 公司在 2007 年率先把金属栅电极/高 k 介质 CMOS 集成电路制造技术,应用于 45 nm 微处理器芯片生产,其后又先后开发成功 32 nm 和 22 nm 等缩微器件的 MG/HK 技术[51-55]。在平面结构器件中,有采用前高 k 栅介质与后金属栅电极相结合的,也有两者皆在后面进行的,都应用了逐步改进的高 k 栅介质制备、置换法金属栅、应变硅沟道载流子迁移率增强等技术。下面结合 45 nm 和 32 nm 技术代器件,介绍平面 MG/HK 技术的主要工艺步骤与基本原理。

1. 隔离、双阱等栅前工艺

随着尺寸缩微和对晶体管性能要求愈益提高,常选用外延或 SOI 硅片作为纳米 CMOS 集成电路基片。外延硅片通常为 $p^-/p^+ - Si(100)$ 结构,$p^+ - Si$ 衬底掺杂浓度约为 $1 \times 10^{19}\ cm^{-3}$,外延层厚度约在 $(2\sim3)\ \mu m$ 范围,杂质浓度约为 $6 \times 10^{15}\ cm^{-3}$。浅沟槽(STI)隔离、n 阱和 p 阱离子注入等加工步骤与常规 CMOS 工艺相近。常采用热氧化工艺在 STI 沟槽生长 SiO_2 薄层,提高介质致密性并改善上下边角,利于形成适度圆弧形貌。在 45 nm 技术代中,STI 宽度约为 120 nm,深度约为 260 nm。对于 45 nm 技术代器件,p 型和 n 型阱区深度约为 400 nm,浓度约为 $5 \times 10^{16}\ cm^{-3}$。n 阱和 p 阱都需要经过多次离子注入,以获得有利于改善晶体管性能的杂质分布,如第 5 章所述。

2. 高 k 介质及假栅多晶硅工艺

图 8.38 为经 STI 隔离与源漏低掺杂延伸区等多道工艺步骤后的硅片剖面示意图。如图所示,高介电常数栅介质淀积前,硅片需先经清洗和表面处理。为获得优良界面特性,先在硅界面上形成一极薄氧化硅界面层,然后应用原子层淀积(ALD)技术淀积适当厚度的

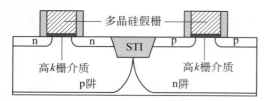

图 8.38 由高 k 介质和多晶硅假栅电极形成的 CMOS 器件结构剖面

HfO_2 基高 k 栅介质。45 nm 器件的等效 SiO_2 栅介质厚度（EOT）为 1 nm，在 32 nm 技术中减薄至 0.9 nm。为形成自对准 MOS 晶体管器件结构，仍需淀积多晶硅，并以 193 nm 波长氩离子激光光源、双图形光刻（double patterning）、精密线条调整与刻蚀等精密图形技术，形成界定栅电极区域的多晶硅线条，其最小线距为 160 nm、最短栅长为 35 nm。32 nm 器件技术中线距为 112.5 nm，栅长为 30 nm，需要采用液媒式 193 nm 激光光刻工艺。多晶硅线条作为界定自对准晶体管结构的假栅电极。经过光刻和离子注入等步骤分别形成 PMOS 和 NMOS 的低掺杂源漏延伸区，并淀积氮化硅薄介质层，通过定向干法刻蚀，形成栅电极两侧的介质边墙。45 nmCMOS 芯片核心区域栅电极线条间的线距为 160～180 nm，输入、输出区域则为 350 nm。

3. 源漏区形成及假栅多晶硅去除

应用选择性异质外延和掺杂工艺，分别形成 NMOS 和 PMOS 晶体管的高掺杂 n^+ 与 p^+ 源漏区。对于 PMOS 晶体管，应用硅锗异质源漏区压应变沟道技术，提高沟道载流子迁移率。图 8.39（a）显示的硅锗源漏区剖面具有多面体结构，使应力区更为接近沟道区，有益于增强沟道压应变。因此，在制备 PMOS 晶体管源漏区时，应用湿法各向异性腐蚀硅，可形成侧面为（111）晶面的空腔，通过选择性外延技术及原位硼掺杂工艺，获得高质量硅锗源漏区。在 45 nm 器件工艺中，锗含量由 65 nm 器件的 23% 提高到 30%，再加上其他应变增强技术，使空穴迁移率较 65 nm 技术代晶体管提高 1.5 倍。32 nm 技术代的锗含量进一步增加到 40%。提升硅锗源漏区有益于形成硅化物接触，并减小 NiSi 对沟道压应力的不利影响。NMOS 晶体管源漏区则形成于适度下陷的硅层，这有益于增强张应力氮化硅薄膜产生的沟道张应变。在 32 nm 芯片 NMOS 器件工艺中，开始应用 SiC 异质源漏区技术，以增强沟道张应变。

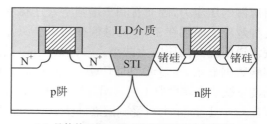

（a）晶体管源漏区形成和层间绝缘介质淀积

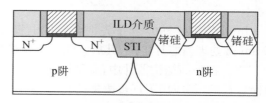

（b）CMP 工艺除去多晶硅假栅以上介质层

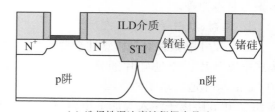

（c）选择性湿法腐蚀假栅多晶硅

图 8.39 源漏区形成及假栅多晶硅去除

如同多晶硅栅 CMOS 集成电路制造工艺，在源漏区工艺完成后，应用固相反应自对准金属硅化物接触工艺，形成 NiSi 低阻接触（示意图中未显示）。

自对准晶体管源漏区及金属硅化物接触形成后，应用 8.4.4 节介绍的置换法金属栅工艺，去除多晶硅假栅，为 NMOS/PMOS 器件制作双金属栅电极。为此目的，需要先淀积覆盖整个硅片的层间绝缘介质，得到如图 8.39（a）所示的剖面结构。再应用化学机械抛光工艺，磨抛至多晶硅层，如图 8.39（b）所示。然后应用选择性湿法腐蚀工艺，去除由介质包围的多晶硅,形成如图 8.39(c)所示的剖面结构。

4. 双功函数金属栅薄膜淀积与光刻

为使 PMOS 和 NMOS 晶体管获得最佳
对称阈值电压,需要选择功函数分别接近价
带顶和导带底的两种导体材料。为此先后淀
积两种导体薄膜,并与光刻工艺结合,形成相
应晶体管金属栅。例如,先淀积适于 PMOS
晶体管的第 1 种导体薄膜 TiN,并通过光刻
及刻蚀工艺,去除 NMOS 区域的薄膜,如图
8.40(a)与(b)所示。随后淀积功函数适于
NMOS 晶体管的第 2 种导体薄膜(如 TiAlN
合金),如图 8.40(c)所示。

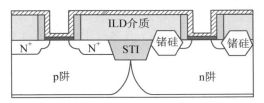

(a) 淀积适于 PMOS 晶体管栅电极的导体薄膜

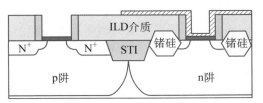

(b) 光刻除去 NMOS 器件区域的导体薄膜

5. 栅电极金属镶嵌工艺

应用金属镶嵌工艺形成双金属栅电极。
前面为调节栅电极功函数,应用 ALD 技术
淀积的金属膜很薄,只有数纳米,需要通过厚
金属淀积和 CMP 工艺,形成完整栅电极结
构。先在硅片上淀积厚度超过栅电极槽深的
铝金属膜,如图 8.41(a)所示。然后,应用
CMP 抛磨工艺,去除栅电极区域以外的铝,
形成如图 8.41(b)所示的结构。

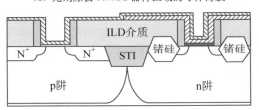

(c) 淀积适于 NMOS 晶体管栅电极的导体薄膜

图 8.40 双功函数金属栅薄膜淀积与光刻

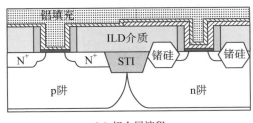

(a) 铝金属淀积

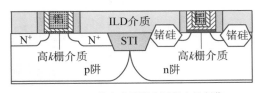

(b) CMP 工艺完成镶嵌金属栅电极制作

图 8.41 栅电极金属镶嵌工艺

6. 金属栅/高 k 介质 CMOS 后端工艺

随着器件缩微、集成度提高,芯片后端工艺也不断改进。据报道,Intel 的 45 nm 和
32 nm 微处理器 CMOS 芯片,采用 9 层铜金属互连、低介电常数绝缘介质、无铅焊接封装等
集成电路后端工艺,以增强高速度、高可靠性、低功耗、利于环保等芯片特性[50]。在所应用的
双镶嵌铜互连工艺中,掺碳氧化硅低 k 介质(CDO)与 SiCN 刻蚀阻挡层构成金属间绝缘层。下
层铜互连线厚度约 150 nm,宽度约 80 nm,上层厚度逐渐增加,并应用厚度约 2 nm 的 Ta/TaN
双层膜,作为铜扩散阻挡层。最上层的外引线焊接层铜厚度可达 7 μm,以氮化硅作为钝化层。

这种先形成多晶硅假栅,在晶体管结构与掺杂完成后,再用金属替代多晶硅的后栅电极
工艺,成功实现高 k 介质与双功函数金属栅技术在 CMOS 器件中的集成。还应注意到,在

发展全新栅材料及结构的同时,应变沟道迁移率增强技术仍在继续改进,并对晶体管性能提高具有重要贡献。在 45 nm 和 32 nmCMOS 技术中,硅锗源漏、氮化硅应力薄膜覆盖等应变硅沟道技术,都有显著改进,使 PMOS 和 NMOS 晶体管驱动电流上升、漏电流下降。图 7.7 显示自 130 nm 至 32 nm 各代 PMOS 晶体管驱动电流的增长,并标出传统缩微、应变沟道、栅结构及其他因素对电流增长的贡献[53]。可见纳米 CMOS 技术进步强烈依赖多种新材料、新结构、新工艺的协同创新。

图 8.42 为 Intel 公司 45 nm 技术芯片中 PMOS 和 NMOS 晶体管透射电镜剖面图,由专业芯片技术分析公司解剖得到。由图 8.42 可见 PMOS 管的硅锗镶嵌与 NMOS 管的不同源漏结构、栅介质与栅金属电极材料组分等。虽然 Intel 已发表多篇文章介绍其 MG/HK 技术,但对其中的双栅金属材料等技术关键信息未公开报道。根据图 8.42 所示 TEM 分析认为,PMOS 和 NMOS 晶体管具有较复杂的栅电极结构,其功函数调节金属分别为 TiN 和 TiAlN。图 8.42 还显示晶体管源漏区接触上的钨垂直连接。钨不仅用于形成晶体管电极接触,还用于实现局部互连。MOS 晶体管结构和掺杂工艺完成后,在铜互连工艺之前,应用双镶嵌钨互连工艺是实现低电阻、高可靠晶体管接触与局部互连的有效途径。通过绝缘介质淀积、光刻和反应离子刻蚀等工艺,在介质层中开出金属栅电极及源漏区硅化物接触层上的通孔,以及用于局部互连的沟槽,随后将 TiN/Ti 扩散阻挡层薄膜淀积在通孔和沟槽的底部及侧壁,并用化学气相淀积钨工艺,填满通孔和沟槽,最后用化学机械抛光工艺,去除通孔和沟槽以外的金属。

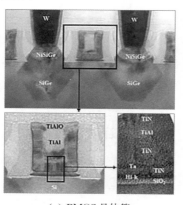 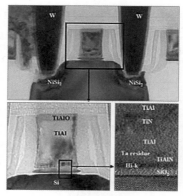

（a）PMOS 晶体管　　　　　　　　　（b）NMOS 晶体管

图 8.42　金属栅 PMOS 和 NMOS 晶体管的透射电镜剖面结构图[56]

8.4.6　前栅纳米 CMOS 工艺

在发展上述后金属栅器件集成技术的同时,其他结构纳米 CMOS 芯片工艺的研发工作也十分活跃,并取得重要进展。一方面,半导体产业界继续挖掘多晶硅栅 CMOS 技术潜力,一些公司改进掺氮氧化硅栅介质和多晶硅栅电极等集成技术,把多晶硅栅集成芯片技术成功延伸到 45 nm、32 nm,甚至更小尺寸集成芯片制造。另一方面,区别于上述后栅电极工艺的其他金属/高 k 介质栅器件技术也取得进展。IBM 公司等在国际学术会议上发表多篇论文,介绍用于 45 nm、32 nm 及更小尺寸器件制造的前栅纳米 CMOS 工艺技术[57-61]。金属栅电极/高 k 栅介质技术和液媒式 193 nm 光刻、超低 k 绝缘介质等技术密切结合,使纳米 CMOS 集成电路密度和性能继续升级换代。

对于 MG/HK 集成芯片技术,如果通过材料及工艺改进,在晶体管形成工艺中能够保持栅结构高温稳定性,应用与多晶硅栅技术相近的前栅工艺,可比后栅工艺有所简化,具有明显成本优势。例如,采用单金属栅工艺,还可进一步缩短制程、提高成品率、降低成本。在 IBM 等机构报道的单金属栅/高 k 介质 32 nm CMOS 器件技术中,把具有良好高温稳定性的栅金属,与 Hf 基氧化物高 k 介质结合,通过合理工艺集成,获得良好的器件性能[58, 59]。其主要工艺步骤如下:

(1) 完成隔离与 p 阱/n 阱等常规工艺。

(2) 应用 ALD 工艺淀积高介电常数栅介质。

(3) 淀积栅金属与多晶硅覆盖层,对于双金属栅结构,多晶硅淀积前需完成双金属工艺。

(4) 应用 193 nm 波长光源和大数值孔径(NA＝1.2)光刻系统,进行多晶硅/金属栅电极光刻,形成精密图形,为提高线条分辨率,需采用液媒式系统与双图形曝光工艺。

(5) 栅叠层线条刻蚀及清洗后,应用氮化硅介质淀积、反应离子刻蚀等工艺,形成栅线条介质边墙,使栅叠层线条完全被掩蔽。

(6) PMOS 晶体管源漏区硅锗选择外延、自对准离子注入源漏区掺杂与沟道应变等工艺。在 NMOS 晶体管形成中,也可应用原位掺磷 Si:C 外延提升源漏区工艺,诱生张应变沟道,增强电子迁移率[61]。

(7) 高温快速退火,如应用温度可达 1 000℃以上的毫秒退火技术。

(8) 金属硅化物接触、应力薄膜覆盖应变沟道等工艺。

(9) 以镶嵌工艺实现钨局部互连和铜多层金属互连,应用超低介电常数(ULK≈2.4)绝缘介质。

据报道,单金属栅/高 k 介质 CMOS 技术成本仅比多晶硅/SiON 栅器件工艺增加 3%,但电路传输速度与可靠性等都有显著提升[59]。图 8.43 显示 MG/HK 和多晶硅/SiON 两种栅叠层 NMOS 和 PMOS 晶体管的特性。在等栅长与电源电压条件下,与多晶硅/SiON 器件相比,MG/HK 晶体管驱动电流显著增加,漏电流下降,对于低功耗集成电路极为有益。由图 8.44 所示两种栅结构晶体管构成的环形振荡器电路时延数据可知,在相同漏电流水平下,金属栅器件电路时延减小 30%。测试还表明,这种工艺晶体管具有良好的阈值电压一致性、时依介质击穿(TDDB)、偏压温度漂移(NBTI、PBTI)等特性,使器件可靠性提高。

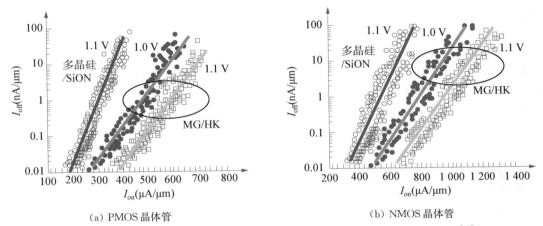

(a) PMOS 晶体管　　　　　　　　(b) NMOS 晶体管

图 8.43　不同栅叠层 NMOS 和 PMOS 晶体管(栅长 30 nm)的电流特性对比[59]

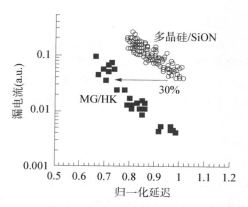

图 8.44　金属栅和多晶硅栅环形振荡器电路时延对比[59]

8.5　三维多栅纳米晶体管的独特性能

纳米 CMOS 集成芯片中平面晶体管持续缩微,导致各种短沟道效应愈益增强。漏致势垒降低(DIBL)效应不仅使漏电流上升,而且芯片中晶体管阈值电压等性能参数起伏增大。同时,在沟道很短的晶体管区域,统计分布规律造成的随机杂质原子浓度涨落已不可忽视,以及光刻等工艺引起的工艺偏差,都可能增加芯片上不同器件性能参数的过大变化,使集成芯片不能正常运作。因此,研究者早就探索向超短沟道 MOS 器件技术演进的新途径。超薄硅体(ultra thin body, UTB)器件、双栅和多栅立体器件,被认为是可用于延续纳米 CMOS 技术缩微的有效器件。这些新器件的共同特点是,把晶体管制备于超薄硅体,形成全耗尽 MOS 器件。在这类晶体管中,沟道区杂质浓度低,可减少平面晶体管制作所必需的多次掺杂,可以减缓杂质随机分布涨落现象的影响,有利于抑制短沟效应,显著降低 DIBL 效应及阈值电压起伏。超薄硅体 SOI 器件集成技术仍以平面工艺为基础,近年获得显著进展,顶层硅厚度仅数纳米的 SOI 晶片已用于 22 nm 等超短沟长 CMOS 全耗尽器件研制[61, 62]。多栅立体器件从结构到工艺有更大变化,本节和 8.6 节将分别着重讨论多栅 MOS 器件的结构、主要性能与工艺原理。

8.5.1　多栅晶体管的结构特点

三维多栅晶体管工艺成功用于 Intel 公司 22 nm CMOS 微处理器芯片生产,是 21 世纪第 2 个 10 年一开始硅集成芯片技术取得的标志性新突破,也是十多年立体器件技术研究的硕果[63]。自 20 世纪末以来,双栅、三栅、环栅晶体管等立体结构器件研究十分活跃[64-68]。图 8.45 显示两种典型三维多栅 MOS 晶体管的结构示意图。体硅晶片和 SOI 硅片已成功用于三维多栅 CMOS 集成芯片研制,研究者正在不断探索纳米线环栅 MOSFET 超微器件,同时在探索高迁移率锗和化合物半导体三维多栅器件的结构、性能与形成途径。由图 8.45 所示的多栅立体晶体管结构可见,在这种晶体管中,栅介质与栅电极形成在硅晶体多个表面,源漏区位于多栅沟道区两侧。这种立体晶体管沟道区位于垂直衬底的狭长硅体表层,常被称为鳍形场效应晶体管(FinFET)。由于 MOS 管沟道电流受到硅晶体多面栅电极控制,三维晶体管具有一系列二维平面器件所难有的独特性能。

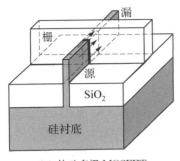 

（a）体硅多栅 MOSFET　　　　　（b）SOI 多栅 MOSFET

图 8.45　体硅多栅 MOSFET 和 SOI 多栅 MOSFET 结构示意图

利用 SOI 晶片表层硅表面与隐埋介质形成的上下型双栅场效应晶体管,较早成为双栅 MOS 器件的研究对象。随着微细加工技术进展,应用精密光刻及刻蚀、薄膜及平坦化等多种工艺集成,硅片上可以形成各种精细线条与三维结构。不仅可以形成双栅,也可形成三栅甚至环栅结构,立体栅场效应器件研究不断取得新突破。为了获得优良器件特性,通常要求双栅或三栅立体晶体管的硅体很薄,其高宽比要大, $H_{fin}/W_{fin} \gg 1$。在两侧及顶端面栅电极作用下,薄层硅体可形成全耗尽状态。由于在全耗尽晶体管中,耗尽区电荷不再变化,因而栅电压对场效应沟道的控制能力得到增强。

8.5.2　硅体全耗尽与短沟道效应抑制

漏致势垒降低(DIBL)等短沟道效应是影响器件缩微的重要因素。CMOS 器件应用高 k 介质,使栅介质隧穿电流显著降低。如何降低晶体管源漏区之间的漏电流,即亚阈值源漏电流,成为晶体管性能优化的难题。在愈益缩微的短沟道器件中,源漏间漏电流的产生机制,有渡越沟道势垒的载流子热发射、漏区与硅体 pn 结的带-带隧穿和源漏间的直接量子隧穿。对于沟道长度大于数纳米的器件,亚阈值电流还是以热发射机制为主。在短沟道晶体管中,由于 DIBL 效应,即漏极电压引起沟道区电势变化,促使势垒降低,造成载流子热发射电流增加。多栅晶体管可使沟道区处于全耗尽状态,导致漏源电压对沟道区电势及界面势垒影响减小,因而可有效抑制 DIBL 效应。在 Intel 的 22 nm 芯片中,DIBL 可降到 50 mV/V 的低值[63]。因而使源漏间热发射电流显著减小,阈值电压的离散性也可改善。沟道区全耗尽,是抑制晶体管短沟道效应、降低纳米 CMOS 静态功耗的有效途径。

沟道区低掺杂是超薄多栅晶体管与一般平面晶体管的重要区别。传统平面晶体管随着沟道长度等尺寸缩微,为防止漏源穿通、漏电流增加等现象,不断提高沟道区杂质浓度,逐渐达到 10^{18} cm^{-3} 量级。高掺杂导致载流子迁移率下降、源漏区 pn 结电容上升等弊端。沟道区杂质浓度高,还导致沟道垂直场上升,也促使反型层载流子有效迁移率降低。多栅全耗尽晶体管制作于低掺杂薄硅体,还有益于克服超小尺寸器件中由于掺杂原子随机涨落分布而造成的阈值电压离散。

8.5.3　超薄硅体中的反型层载流子

与平面晶体管相比,鳍形场效应晶体管中栅电极对沟道区导电性能的控制作用显著增强。这不仅在于可使多个表面反型层同时参与导电,而且在多个界面附近感应产生的反型载流子分布相叠加,易于在硅体中间形成体反型(volume inversion)状态。这种体反型本应有益于提高驱动电流,但研究表明,对于硅层较厚的晶体管,体反型可能发生在亚阈值条件下,可能导致亚阈值电流上升,而当晶体管开启时,由于表面反型载流子对外电场的屏蔽作用,体反型趋于消失[3, 69]。

在全耗尽晶体管中,硅体沟道区不需要 Halo、V_T 调整等离子注入掺杂,杂质浓度低,散射弱,并且在体反型区中间运动的载流子,受到界面缺陷散射的几率可能有所下降。FinFET 器件可在较低栅垂直电场下运作,有益于提高载流子有效迁移率。有研究数据表明,FinFET 中的载流子迁移率可比平面器件提高约 1 倍,使多栅晶体管跨导和驱动电流显著增加[65]。由于免除沟道区掺杂,全耗尽器件可以减小由随机杂质涨落引起的 V_T 变化,源漏区 pn 结寄生电容也变小。

NMOS 晶体管沟道电子的分布特点示意于图 8.46 的模拟计算曲线。图 8.46 对比 3 nm 厚顶层硅 SOI 晶片制备的双栅与单栅 n 沟 MOS 管中电子的浓度分布。对于狭窄反型层中的载流子分布,应该计入电子能态量子化效应,即量子限制效应的影响。基于这种效应,载流子分布的最大浓度位于硅体内部而非界面,如图 8.46 所示。双栅电极共同作用,使薄层硅中反型层载流子集中于中间区域,因而导致多栅晶体管导电性能比单栅器件有显著改善。

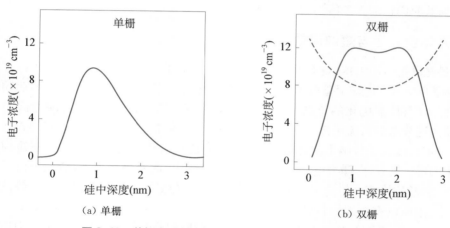

(a) 单栅　　　　　　　　　　　(b) 双栅

图 8.46　单栅和双栅 NMOS 晶体管中电子的浓度分布[69]

(实线为计入能态量子限制效应的模拟结果,虚线为经典模型结果)

8.5.4　多栅晶体管性能改善

亚阈区特性优化

基于上述超薄硅体晶体管的特点,与平面晶体管相比,双栅或三栅晶体管的电压电流特性可显著改善。全耗尽多栅晶体管的亚阈值电流变化斜率较陡,亚阈区栅源电压摆幅(通常用 S 值代表)较小,可达到 $60\sim70$ mV/量级(I_D)。这有益于器件导通与截止之间的快速转换。多栅器件可具有较低阈值电压,宜于在小于 1 V 的低电压下运作,因而也利于降低集成芯片功耗。

晶体管功耗下降与速度上升

由多栅晶体管构成的集成电路速度、功耗等性能可显著改善。晶体管驱动电流增加,沟道区全耗尽,源漏区 pn 结寄生电容减小,都有利于集成芯片提高信号传输速度。漏电流减小,电源电压降低,促使电路功耗下降。图 8.47 显示不同沟道长度 CMOS 反相器电路信号时延和所耗散能量变化,与晶体管结构的相互关系。由图 8.47 可见,双栅晶体管组成的反相器电路,时延和耗散能量都显著低于其他两种晶体管电路。图 8.47 还显示,随着沟道长度缩短,超薄硅体(UTB)SOI 器件的反相器时延特性与硅体厚度($T_{Si\text{-}UTB}$)关系更为显著。

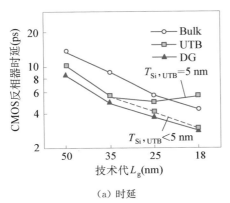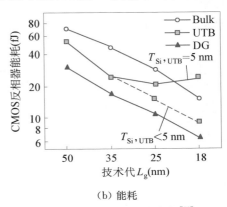

(a) 时延　　　　　　　　　　　　　　(b) 能耗

图 8.47　3 种不同结构晶体管 CMOS 反相器信号时延和能耗随沟道长度的变化[66]

(Bulk,体硅平面晶体管;UTB-SOI,单栅晶体管;DG-FinFET,反相器扇出=4)

多栅立体晶体管器件早期研究始于应用 SOI 材料。20 世纪末开始研制的许多 n 沟和 p 沟 FinFET 实验器件,都是在 SOI 硅片上实现的。21 世纪初以来,体材料硅片立体结构场效应晶体管的研究增多。其中,中科院微电子所在 2002 年前后进行体硅 FinFET 器件及工艺研究,曾研制成功实验电路[67]。体硅衬底上制造的立体多栅晶体管,不仅具有上述各种独特优越性,与 SOI 材料相比,体硅衬底成本低,散热性能优良,因而成为多栅 CMOS 集成芯片制造技术发展主流。

经过约 10 年的研究与开发,体硅三栅晶体管结构与工艺成功应用于 22 nm CMOS 技术,批量生产出高性能微处理器芯片。这充分表明,对于沟道长度逐渐接近 10 nm 及更短的纳米 CMOS 技术,既可降低截止态漏电流,又能提高驱动电流的超薄硅体多栅立体器件工艺,正在成为 CMOS 集成芯片继续缩微演进的有效途径。这一突破还表明,平面纳米 CMOS 器件缩微中成功应用的关键技术,如应变沟道和高 k 金属栅等,与多栅立体结构器件技术具有优良工艺相容性。这些技术密切结合,研制的 22 nm 三栅 CMOS 集成芯片性能,比 32 nm 平面器件芯片有大幅度提升,驱动电流增加,漏电流减小[63]。如图 8.48 所示,

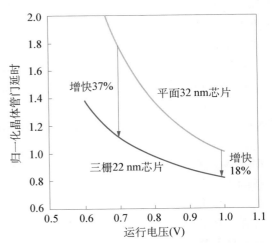

图 8.48　Intel 22 nm 三栅立体晶体管集成芯片与 32 nm 平面器件的性能对比

电源电压可由 1.0 V 降到 0.8 V,而且传输时延可减小 37%,成为高性能和低功耗 CMOS 高密度集成芯片。

8.5.5　晶体管结构"量子化"

　　三维多栅晶体管除了具有独特电学性能,还具有对集成芯片设计与加工有重要影响的结构特点。双栅或三栅之类的鳍形晶体管,其沟道长度由跨越薄硅体(Fin)的栅电极条宽度决定,沟道宽度则由硅体的两倍高度及其宽度之和决定,显著大于占有同样面积的平面晶体管。这种结构不仅有益于提高集成密度与驱动电流,而且集成电路中所需要的更大驱动能力晶体管还可由多个硅体并联构成,如图 8.49 所示。因此,芯片上的晶体管布局和系统布线设计可以更加规范化。通过精密光刻、刻蚀、薄膜淀积、CMP 等工艺,先形成一系列平行

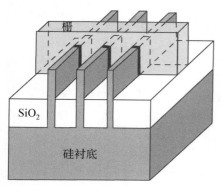

图 8.49　多栅晶体管的规范化与并联结构

并相互隔离的薄硅体,随后在硅体垂直方向形成一系列相互平行的栅叠层线条,并可应用相同的工艺分别形成 NMOS 和 PMOS 晶体管的源漏区。每个多栅晶体管单元具有相同的驱动电流容量,由多个单元组成驱动能力更强的晶体管,其电流为单个 FinFET 的整数倍。因此,可把芯片中多栅晶体管的变化规则比喻为"量子化"。这种三维多栅晶体管结构的规范化或"量子化"特点,对优化版图设计与加工工艺都有利。显然这是一种理想情况,随着器件尺寸缩微,如何实现 FinFET 结构的高精度均匀加工,是三维纳米 CMOS 集成芯片制造中的关键难题之一。

8.6　立体多栅晶体管纳米 CMOS 集成芯片关键工艺

　　平面纳米 CMOS 集成芯片演进中已成功应用的多种新技术,在立体多栅 CMOS 器件研制中需改进,以适应于立体结构晶体管。载流子迁移率增强和高 k 介质及金属栅技术,仍是改善器件性能的重要途径。不仅在 PMOS 晶体管中应用 SiGe 异质结构源漏区,产生压应变沟道,提高空穴迁移率,NMOS 器件中也可用异质 SiC 源漏区,产生张应变沟道,增强电子有效迁移率。立体多栅晶体管集成芯片制造对光刻、刻蚀、薄膜、CMP 等工艺精度提出更高要求,必须应用极高精度的图形与结构形成技术。例如,Intel 公司在 22 nm 高性能微处理器芯片生产中,应用 193 nm 液媒光刻成像工艺和高精度定向刻蚀技术等,形成宽度仅 8 nm,且高宽比很大的高分辨超薄硅体(Fin)线条图形。除了需用精度极高的设备、掩模等材料,结构及工艺也必须精心选择。对于厚度仅为数纳米的硅体形成、电极与高 k 介质栅叠层线条形成等光刻工艺,都需要应用硬掩模工艺,即:在涂覆有机光刻胶前,需先淀积抗蚀性强的无机薄膜,如非晶碳膜或氮化硅膜等。本节概要讨论多栅立体晶体管 CMOS 集成芯片的一些主要材料、结构与工艺原理。下面讨论的工艺流程为全后栅工艺,即栅介质与栅电极都在晶体管结构和源漏区掺杂完成后形成。8.5 节和本节讨论表明,从平面单栅到立体多栅晶体管集成芯片的技术演变可以看到,应用新结构、新材料、新工艺的新型集成芯片加工,既有复杂化之处,也有简化之处。例如,在 FinFET 器件工艺中,晶体管的掺杂工艺就有所

简化。

自 FinFET 器件技术获得突破以来, Intel、TSMC 等 IC 制造企业竞相加紧开发与改进立体栅 CMOS 集成芯片技术, 利用各自具有知识产权的专有制造工艺, 先后相继推出 22 nm、14 nm、10 nm 与更新技术代产品。本节仅对 FinFET 器件结构与制造工艺作简要原理性讨论, 其中涉及的具体工艺及材料, 可能与实际生产技术不同, 甚至有较大差异。

8.6.1　多栅纳米集成芯片的硅片选择

制造三维多栅晶体管集成芯片, 可以应用体硅单晶片, 也可选用 SOI 硅片。SOI 硅片上的顶层硅, 可用于制作相互完全隔离的立体晶体管阵列, 不需要单独隔离工艺。体硅立体晶体管集成芯片制造技术, 则具有硅基片单晶质量优、材料成本低等优越性。以下就体硅 FinFET 集成芯片的部分关键工艺作简要讨论。可应用 p^+-Si 衬底上的 p-Si 外延晶片制造三维多栅集成芯片, 如图 8.50 所示。p^+-Si 的掺硼浓度约为 8×10^{18} cm^{-3}, p-Si 外延层掺杂浓度约为 8×10^{15} cm^{-3}, 厚度可选择在 1~3 μm 范围。(这里及他处列举的某些数据仅为说明相关工艺原理的参考值。)

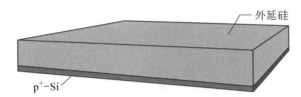

图 8.50　用于制造 FinFET 器件芯片的 p/p+ 外延硅片示意图

8.6.2　n-/p- 沟 MOS 器件阱区形成

对于立体多栅集成芯片制造, 可首先进行 p 阱和 n 阱掺杂工艺, 如图 8.51 所示。因此, 外延层表面热氧化生长 5 nm 薄 SiO$_2$ 掩蔽层, 通过两次光刻和离子注入工艺, 在外延层内部分别形成硼、磷杂质掺杂区。两者离子注入剂量约为 10^{13} cm^{-2} 量级, 能量则因射程差别而显著不同。两种离子注入后, 硅片通过约 950℃ 快速退火, 消除缺陷与激活载流子。这种杂质阱区以上为低掺杂外延区, 多栅立体晶体管将形成于该区。

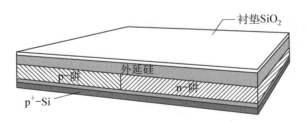

图 8.51　NMOS 和 PMOS 晶体管的掺杂阱区示意图

8.6.3　三维晶体管超薄硅体形成

形成立体超薄硅体, 是制造高密度多栅 CMOS 晶体管的核心技术。在图 8.51 所示的

外延硅片上,经超精密光刻与定向刻蚀等工艺形成的立体超薄硅体如图 8.52 所示。形成超薄硅体的主要工艺步骤如下:

(1) 硅片经过标准工艺严格清洗后,经热氧化先生长垫底 SiO_2 薄层,再以 CVD 工艺淀积适当厚度 Si_3N_4 薄膜。

(2) 再次清洗,特别需要去除薄膜淀积工艺可能产生的颗粒污染,然后用 CVD 工艺淀积非晶碳膜,作为后续光刻硬掩模,接着覆盖薄介质抗反射涂层(dielectric anti-reflective coating, DARC),用于提高光刻分辨率。

(3) 涂布高分辨率光刻胶膜,应用高分辨 193 nm 液媒光刻系统和双重图形工艺(详见11.8 节),先后对硅片进行对准、曝光、显影后以 UV 光源烘烤硅片,增强所形成图形胶膜的抗蚀性能。

(4) 以光刻图形胶膜为掩蔽,应用强各向异性干法刻蚀工艺,刻蚀介质抗反射涂层与非晶碳膜。

(5) 去除光刻胶与硅片清洗后,以非晶碳膜为硬掩模,应用定向垂直刻蚀技术,逐层刻蚀覆盖薄膜和适当厚度的外延硅层,形成由非晶 $C/Si_3N_4/SiO_2$ 多层膜覆盖的垂直超薄硅体结构,非晶碳硬掩模经由离化氧等离子体刻蚀去除,这样在硅片 p-阱与 n-阱区形成相互分离的 Fin 阵列图形,如图 8.52 所示。

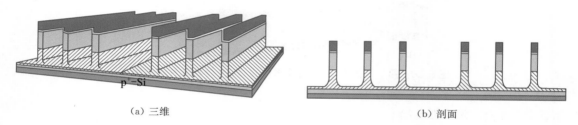

(a) 三维　　　　　　　　　　　　　　　　　(b) 剖面

图 8.52　经超精密光刻与定向刻蚀等工艺后形成的超薄硅体三维与剖面示意图

8.6.4　浅沟槽介质隔离

外延硅片衬底上制造三维多栅集成芯片,可应用浅沟槽介质工艺实现立体晶体管之间相互隔离。如图 8.53 所示的超薄硅体之间的 STI 介质隔离结构,由介质镶嵌与选择性腐蚀等工艺形成,主要工艺步骤如下:

(1) 对如图 8.52 所示的硅片结构,经应用 H_2SO_4/H_2O_2 和 RCA 等溶液严格清洗后,以 CVD 工艺淀积 TEOS 氧化物,其厚度应足以填充与覆盖硅片表层,并经高温(~1 000℃)退火,增强 TEOS 氧化物致密性。在 CVD 工艺前,用快速热氧化生长超薄层 SiO_2,可增强 STI 隔离特性。

(2) 应用 SiO_2 介质 CMP 工艺,磨抛 TEOS 覆盖层,图 8.52 所示超薄硅体上的 Si_3N_4 薄膜,可用作 CMP 工艺的终止层。

(3) 硅片再次清洗后,以热磷酸湿法腐蚀去除 Si_3N_4 膜,接着选用选择性腐蚀液,腐蚀多栅晶体管区超薄硅体之间的 TEOS 氧化物。这一腐蚀过程要精确控制,应停止在阱掺杂区与其上晶体管区界面。填充于阱区超薄硅体之间的 TEOS 氧化物,就构成立体晶体管间的 STI 隔离。

图 8.53　浅沟槽隔离(STI)的超薄硅体阵列示意图

8.6.5　多栅立体晶体管结构界定

如何在超薄硅体上形成多个栅金属电极/高 k 栅介质叠层,是立体 CMOS 器件芯片的另一关键步骤。与平面工艺相同,也可有前栅工艺和后栅工艺,这里介绍后栅工艺。与 8.4.5 节讨论的平面后栅 HKMG 工艺相似,也需要先形成假栅结构,从而自对准界定 MOS 器件源、栅、漏区。图 8.54 为经过薄膜淀积、CMP、光刻、定向刻蚀等多道工艺集成的假栅线条图形示意图。需要应用精度最高的光刻定位、曝光与刻蚀工艺,形成栅线条图形。下面列出主要工艺步骤如下:

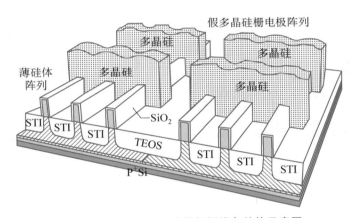

图 8.54　由多晶硅形成的假栅线条结构示意图

(1) 超洁净硅片热氧化,在超薄硅体整个表面生长一薄层 SiO_2,在后续工艺中用作多晶硅刻蚀的终止层。以 CVD 工艺淀积多晶硅膜,其厚度应完全填充与覆盖整个硅片($\sim$120 nm)。接着再以 CVD 工艺淀积非晶碳薄膜,作为刻蚀硬掩蔽层,并在其上覆盖介质抗反射涂层(DARC)。

(2) 硅片涂布厚光刻胶,经软烘烤后,应用高分辨 193 nm 光刻系统,进行假栅线条光刻对准、曝光、显影,达到所需线条宽度,然后以 UV 光源烘烤光刻图形胶膜,增强其抗蚀性。

(3) 以栅线条光刻图形胶膜掩蔽,应用强各向异性干法刻蚀工艺,刻蚀介质抗反射涂层与非晶碳膜。

(4) 去除光刻胶及硅片清洗后,以非晶碳层作为硬掩蔽膜,再次应用各向异性干法刻蚀技术,刻蚀多晶硅膜,止于 SiO_2 层;最后腐蚀去除多晶硅假栅线条上的碳掩蔽膜,在超薄硅体阵列上形成陡直假栅线条阵列图形,如图 8.54 所示。线条宽度将决定多栅立体晶体管的沟道长度。

8.6.6　立体晶体管源漏区工艺

对于后栅工艺,利用假栅界定晶体管源、栅、漏后,需要先完成源漏区掺杂及形成工艺。源漏区形成由邻近栅电极的延伸区掺杂和接触区外延及掺杂两部分构成。首先讨论源漏延伸区工艺,图8.55为该工艺示意图。

源漏延伸区离子注入掺杂

(1) 源漏延伸区离子注入掺杂之前,首先要在栅电极与源漏区交叠的侧面,形成可起隔离作用的偏移边墙氧化层(offset spacer)。因此,以热氧化和CVD工艺,生长和淀积薄SiO_2膜。

(2) NMOS晶体管延伸区离子注入:光刻胶掩蔽PMOS器件区后,As^+离子以偏斜$+/-10°$方向,注入超薄硅体的NMOS源漏区,能量约1 keV,剂量约$2×10^{13}$ cm^{-2}。

(3) PMOS晶体管延伸区离子注入:光刻胶掩蔽NMOS器件区后,B^+离子注入超薄硅体的PMOS源漏区,偏斜方向及剂量与As^+注入相同,但能量低于1 keV。

(4) 光刻胶去除与硅片清洗后,应用高温快速退火,激活载流子。

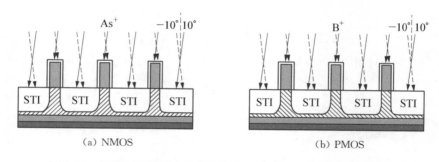

(a) NMOS　　　　　　　　　　　(b) PMOS

图8.55　NMOS和PMOS晶体管的源漏延伸区离子注入掺杂示意图

应变异质外延源漏区形成

本章8.2.6节讨论的平面工艺中,异质SiGe和SiC源漏区是采用先刻蚀、后外延的镶嵌工艺形成的。在三维立体器件中,SiGe或SiC可在源漏区超薄硅体表面,直接应用选择性外延形成。为了在源漏接触区与栅电极之间形成有效绝缘,需要在异质应变源漏区外延前,形成介质边墙。

(1) 氮化硅边墙形成:已完成源漏延伸区掺杂的硅片,清洗后先以CVD工艺淀积较厚氮化硅薄膜(~150 nm),覆盖全部硅片表面,再应用强各向异性干法刻蚀技术,刻蚀氮化硅薄膜,去除平坦表面上的薄膜,只在栅电极侧面与端面留下氮化硅边墙,如图8.56所示。

(2) NMOS晶体管异质SiC源漏区形成:图8.57显示选择外延形成NMOS器件异质SiC源漏区后的结构。为实现SiC选择性局域外延,必须通过薄膜、光刻等工艺,掩蔽除超薄硅体NMOS源漏区域以外的硅片表面。因此,先后淀积较薄的SiCN掩蔽膜,涂布抗反射层和光刻胶,经光刻与强各向异性刻蚀,去除NMOS源漏区处的SiCN薄膜,并腐蚀该区域超薄硅体表面的氧化物,清洗后可应用气相选择外延及在线掺杂技术,在硅体表面生长SiC异质源漏区。在外延过程中同时实现高浓度 n 型杂质掺杂。

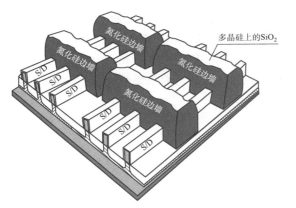

图 8.56　栅电极线条侧面氮化硅边墙形成

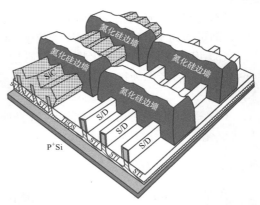

图 8.57　NMOS 选择外延 SiC 源漏区后的器件结构示意图

（3）PMOS 晶体管异质 SiGe 源漏区形成：与 NMOS 器件相同，使用相同的薄膜、光刻、刻蚀等工艺，在 PMOS 源漏区超薄硅体表面，应用选择性外延生长及原位掺硼技术，形成 p^+-SiGe 多面体源漏区，诱导沟道压应变，提高空穴迁移率。SiGe 和 SiC 两种沟道应变异质外延源漏区形成后的器件结构如图 8.58 所示。

源漏区自对准硅化物接触形成

与平面器件工艺相同，源漏区表层也需要形成金属硅化物接触，而且必须尽可能降低接触电阻。掺铂的 NiSi 曾是纳米 CMOS 常用的

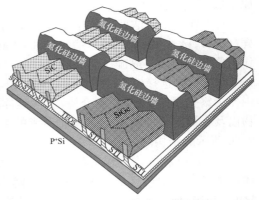

图 8.58　PMOS 选择外延 SiGe 源漏区后的器件结构示意图

硅化物选择。但是，在超微立体晶体管集成芯片中也有应用新一代钛硅化物工艺，制备具有超低接触电阻率的 $TiSi_x$ 接触，并与钨沟槽上下连接工艺相集成，简化工艺流程，不需要两步退火及选择腐蚀，形成新型源漏接触工艺结构（详见本书 19.9 节）。这里仍以 NiSi 为例说明源漏区接触工艺。经过下列工艺步骤，在 SiC/SiGe 源漏区表层，可以形成如图 8.59 所示的镍硅化物及介质覆盖层。

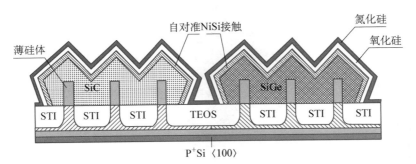

图 8.59　NMOS/PMOS 源漏区形成 NiSi 及覆盖介质后的结构剖面示意图

（1）为形成均匀致密硅化物，在淀积金属之前，先对 SiC 和 SiGe 表层进行预非晶化硅（或锗）离子注入，能量/剂量约为 5 keV/1E15 cm^{-2}。

（2）为改善 SiC 表层的 NiSi 形成，经光刻把 PMOS 区域掩蔽后，对 NMOS 区域作铝离子注入，剂量约为 1E14 cm^{-2}。铝原子位于 SiC 表层，有利于降低 NMOS 源漏区的接触电阻。

（3）腐蚀去除表面氧化物后，以溅射法淀积薄层 Ni-Pt（~12.5 nm）和 TiN 覆盖层（~15 nm），后者作为扩散阻挡层，可防止氧与水汽对硅化反应的有害影响，有益于形成均匀 NiSi 膜。

（4）适当温度快速退火工艺后，选择腐蚀未反应金属及 TiN，为后续工艺需要，随后淀积薄氧化硅和氮化硅膜（均约 7.5 nm）。

8.6.7 高 k 介质与金属栅电极置换形成工艺

在完成立体晶体管结构定位与源漏 pn 结掺杂后，应用置换工艺，以高 k 介质和金属取代先前形成假栅叠层结构的 SiO_2 和多晶硅。根据 CMOS 器件性能要求，NMOS 和 PMOS 晶体管需要分别应用具有不同功函数的导体，作为栅电极材料。在这部分工艺中，需要应用原子层淀积、选择性刻蚀等精密加工技术，对精细栅线条进行薄膜淀积、刻蚀等工艺。

（1）在严格清洁处理的硅片上，以高密度等离子体 CVD 技术淀积约 200 nm 掺磷氧化硅（PSG）；接着用 CMP 技术磨抛硅片，去除约 140 nm 氧化物和顶层部分氮化硅，直至露出作为假栅电极的多晶硅层。

（2）首先选择性腐蚀去除多晶硅假栅，形成以氮化硅边墙为边界的空腔，在此腐蚀工艺中作为终止层的 SiO_2 假栅介质，使薄硅体不受侵蚀；随后应用干法工艺刻蚀除去这层氧化物以及在源漏延伸区离子注入前形成的偏移边墙氧化层，使栅区硅体完全显露，形成如图 8.60 所示的结构。

（3）高 k 栅介质淀积工艺：为改善界面特性，需应用低温氧化工艺，在硅体表面生长极薄（~0.5 nm）但质优的界面氧化层。随后应用原子层淀积技术，淀积 1.2~2 nm 厚度的 HfO_2 薄膜，使等效栅介质厚度达到设计值。

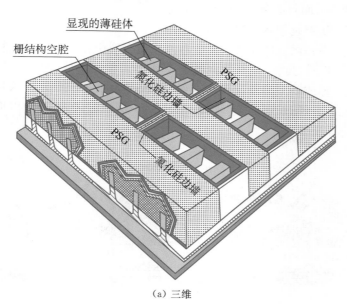

（a）三维

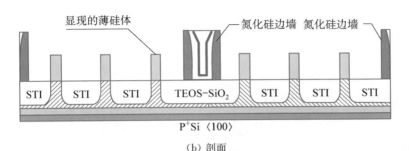

（b）剖面

图 8.60　假栅电极与介质去除后的三维与剖面工艺结构示意图

（4）晶体管栅金属电极形成：如 8.4.3 节所述，为了改善 CMOS 器件性能，栅电极材料应具有与硅衬底及高 k 介质相匹配的物理和化学特性。NMOS 和 PMOS 晶体管需要选用不同的带边功函数导体材料。与 8.4.5 节介绍的平面金属栅晶体管相同，立体多栅器件也选择功函数较大（即接近硅价带顶）的导体作为 PMOS 晶体管栅电极，NMOS 则选用功函数较小（即接近导带底）的导体。例如，PMOS 器件可应用 TiN 作为栅电极，NMOS 器件则应用 TiAlN 作栅电极。以 ALD 技术淀积 TiN 薄膜后，经光刻和刻蚀除去 NMOS 器件区域的 TiN 膜，再淀积 NMOS 晶体管栅电极薄膜和 TiN 覆盖膜。然后用自离化 PVD 技术淀积较厚的 TiAl 合金膜，或用 CVD 工艺淀积钨，填充栅电极空腔。最后用 CMP 工艺磨抛硅片，去除栅电极区以外的金属层，形成如图 8.61 所示的立体多栅器件结构。

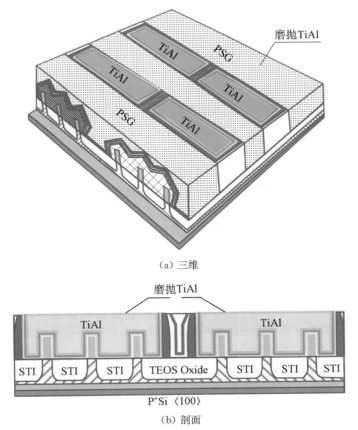

（a）三维

（b）剖面

图 8.61　高 k 栅介质与栅电极形成后的三维与剖面多栅器件结构示意图

8.6.8　多栅器件集成芯片的接触与互连工艺

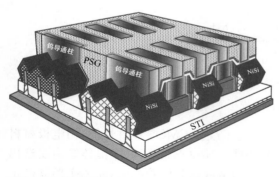

图 8.62　钨沟槽接触形成后的立体器件芯片剖面
示意图

应用钨镶嵌工艺形成立体三维晶体管的接触。晶体管工艺完成后,硅片表面再次淀积 PSG 绝缘及钝化膜,经光刻与刻蚀形成圆形或沟槽接触孔,随后 PVD 淀积 TiN/Ti 扩散阻挡/黏附层,接着 CVD 淀积钨,再以 CMP 工艺磨抛,除去接触孔外区域的金属,在介质沟槽中形成与源、栅、漏极接触并相互绝缘的钨导通柱(或称钨塞),如图 8.62 的剖面结构所示。

三维纳米晶体管 CMOS 集成芯片的多层互连工艺,与平面器件集成芯片的互连工艺相近,仍以铜双镶嵌、低 k 介质、CMP 等基础工艺,实现芯片功能金属化互连。但是,为适应器件密度增加、速度提升、功能增强、功率下降等要求,布线层次应有所增加,互连材料、结构与具体工艺应作相应改进和优化。

8.7　纳米 CMOS 技术的新演进

在集成电路制造技术不断取得新突破、纳米 CMOS 集成芯片产品继续升级换代的同时,半导体产业界与研究者一直在讨论、探索,CMOS 技术还能走多远?虽然众说纷纭,但近年一系列技术新进展显示,纳米 CMOS 技术仍具有发展潜力。愈益扩展的信息化、智能化系统产业,对高性能 CMOS 逻辑和高密度存储集成芯片的强劲需求,也推动半导体集成器件制造技术不断达到新高度。纳米 CMOS 制造技术虽已进入接近缩微极限的发展阶段,但在近年器件结构、沟道材料和集成工艺创新基础上,纳米 CMOS 集成技术仍在通过多种途径继续演进,其中有立体多栅晶体管结构缩微与优化、异质材料高迁移率沟道技术、三维叠层器件集成技术等。在立体多栅器件发展同时,平面全耗尽 SOI 器件愈益在纳米 CMOS 集成芯片演进中受到重视。这是由于相对工艺较复杂、制造成本较高的 FinFET 集成芯片技术、FDSOI 纳米 CMOS 技术在某些领域应用具有明显优势,因而迎来其发展新机遇。本节将就多栅器件演进路径及多种异质沟道、与 FDSOI 纳米 CMOS 技术分别作简要讨论。

8.7.1　立体栅晶体管结构变化与缩微

集成电路自从进入亚 100 nm 技术代后,集成芯片演进规律由器件尺寸按比例缩微主导,发展到由器件结构及性能创新主导的等效缩微。先后应用不断改进的高载流子迁移率应变沟道、高 k/金属栅、立体多栅晶体管结构等增强场效应的新技术,使纳米 CMOS 产品集成技术由 90 nm 逐渐演进至今。

自从 Intel 公司应用三栅晶体管工艺,于 2011 年首先成功制造 22 nm CMOS - CPU 芯片以来,立体栅器件已成为集成芯片缩微技术的有效新途径。立体栅器件集成作为亚 20 nm 缩微集成芯片的主流制造技术,不断取得新进展。2014 年 Intel 公司应用体硅晶片,研制成功 14 nm 第 2 代多栅集成芯片产品,使集成度、速度和可靠性等性能较 22 nm 三栅芯片显著提高[70]。同期 IBM 公司研究成功 SOI 衬底 14 nm FinFET 集成芯片技术,其性能显著优于 SOI 衬底 22 nm 平面集成器件[71]。虽然 SOI 衬底对于制造三维器件集成芯片具有简化隔离工艺等优势,但从晶体质量、工艺和成本等全面评估,立体多栅晶体管集成芯片产品多选用体硅晶片衬底。TSMC 等 IC 代工企业都以体硅晶片开发 14/16 nm、7 nm 等多代 FinFET 集成芯片制造技术,促使体硅 FinFET 集成工艺优化,用于多种高性能、低功耗产品扩展[72]。

立体多栅晶体管可想象为平面管转动 90° 而成,这种变化使单个晶体管所占面积比平面器件显著缩小。缩减单元晶体管面积,增加单位面积晶体管密度,始终是集成芯片技术发展的核心。在 22/14 nm 立体多栅 CMOS 芯片产品化后,近年 10 nm、7 nm 及 5 nm 等技术代产品研制不断获得进展[73, 74, 99-101]。同时,一些研究机构已致力于探索 3 nm 及更小尺寸技术代集成器件结构及工艺技术途径[108, 109]。

由图 8.63 所示 22 nm、14 nm 与 10 nm 立体多栅晶体管剖面结构电镜照片对比可见,3 代 Intel 芯片上立体晶体管的薄硅体线距分别为 60 nm、42 nm 与 34 nm,其缩微比例仍与平面器件缩微典型值(0.7)相近;硅体厚度相应减薄,在 10 nm 技术代中降至 7 nm;而 3 代晶体管的薄硅体高度则由 34 nm 先后上升至 42 nm 与 46/53 nm,相当于增加晶体管沟道宽度,以提高器件驱动能力。在 Intel - 10 nm 芯片制造技术中,采用 193 nm 液媒曝光与自对准四重图形(SAQP)结合的光刻技术,以及一系列改进型材料及工艺,实现较大倍率缩微,逻辑器件集成密度达 1 亿晶体管/mm²。该芯片功能由 12 层金属互连实现,为降低互连电阻,以钴替代钨作为接触金属,钴线条还用于形成最下面两层局域互连,使接触电阻与连线电阻显著减小[100]。在立体栅器件缩微演进过程中,有些公司越过 10 nm 台阶,在 14 nm 技术代后,直接研发 7 nm 技术代集成芯片产品[101]。

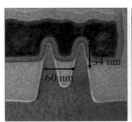 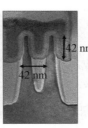 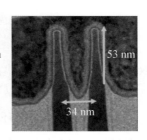

图 8.63　Intel 22 nm、14 nm 与 10 nm 的 3 代立体多栅 CMOS 芯片晶体管剖面结构演变

对于纳米 CMOS 技术如何继续演进,近年逐渐形成新认识。这反映在 2016 年 7 月发布的 2.0 版 ITRS - 2015 与 ITRS - 2013 的显著差别中[88,89]。制作立体栅晶体管的薄硅体宽度(W_{Fin}),作为决定器件性能的一个重要几何参数,ITRS - 2013 版建议其缩微方案如下:由 6.4 nm(2013 年)逐步缩微至 1.6 nm(2028 年),通过减小所占硅片面积与增加硅薄体高宽比(H_{Fin}/W_{Fin}),提高晶体管性能与密度,延续纳米 CMOS 芯片技术升级换代步伐。在 ITRS - 2015 版中,预测的硅薄体宽度缩微则止于 6 nm。最近有实验研究 Fin 宽度由 8 nm 逐步缩微至 1.6 nm 的 FinFET 性能变化,发现当 Fin 宽度小于 4 nm 时,晶体管性能严重退化[105]。这不仅由于超薄均匀硅体的制备工艺十分困难,更重要的因素在于,过度缩微的超薄硅体将产生愈益增强的量子限制效应,会使晶体管阈值电压上升与性能退化。因而

ITRS－2013 中 FinFET 硅体宽度、沟道长度等超小尺寸设想,已超出合理范围。

经过多年研究的纳米线环栅晶体管有可能在 FinFET 后,成为提高晶体管集成密度的新结构。图 8.64 为纳米线环栅 MOS 晶体管结构示意图。利用多种半导体加工技术相结合,可制作横向和垂直环栅晶体管。环栅晶体管常被简称为"GAA"(gate all around)器件,横向环栅、垂直环栅分别简称为"LGAA"和"VGAA"。也有把这种器件译为"围栅"晶体管。分析器件结构与原理可知,环栅晶体管具有绝缘栅场效应器件的理想结构,可最大程度地有效利用半导体表面与内部产生的场效应,并有利于在两端形成低电阻源漏区及其接触,显著优化 CMOS 器件性能。

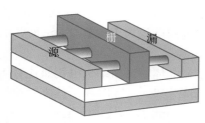

（a）横向环栅器件(LGAA)

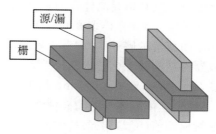

（b）垂直环栅器件(VGAA)

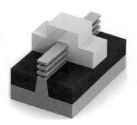

（c）堆叠纳米片环栅器件

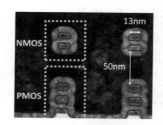

（d）纳米片器件 TEM 剖面图

图 8.64　纳米线/纳米片场效应环栅晶体管结构示意图

2.0 版 ITRS－2015 把更高密度集成芯片制造技术,寄希望于应用纳米线环栅结构晶体管。这一 ITRS 最后版本建议的纳米 CMOS 器件缩微演进路径如下:

双栅器件(FinFET) → 横向纳米线环栅器件(LGAA) → 垂直纳米线环栅器件(VGAA)

表 8.2 摘要归纳 ITRS－2015 有关 3 种结构器件部分参数缩微演变预测。表 8.2 显示,未来纳米 CMOS 发展路径存在许多不确定性,3 种结构器件演进相互交迭,有待在技术发展过程

表 8.2　ITRS－2015 中纳米 CMOS 3 种结构 FinFET 晶体管部分参数缩微演进路径预测[88]

晶体管结构	技术节点(nm)	演进年份(年)	W_{Fin}/H_{Fin} 或纳米线直径(nm)	M_1 半线距(nm)	MPU 物理栅长(nm)	电源电压(V)	$I_{on}(\mu A/\mu m)$ ($I_{off}=100\ nA/\mu m$)
FinFET	"16－5"	2015—2021	8/42～6/42	28～10	24～10	0.80～0.65	1 177～1 476
LGAA	"8－5"	2019—2021	6.0	12～10	14～10	0.70～0.65	1 397～1 476
VGGA	"6－1.5"	2021—2030	6.0～5.0	10～6	10	0.65～0.40	1 476～1 546～1 391

中选择。按 ITRS‑2015 预测,FinFET 集成芯片技术可能演进至"8/7 nm"或"6/5 nm"技术代,在 2020 年前后,将由纳米线环栅 CMOS 技术承接。由于器件尺寸已接近量子力学规律限制极限,FinFET 的 W_{Fin} 和 LGAA 纳米线直径的缩微极限为(4~6)nm,VGAA 纳米线直径有可能缩微至 5 nm,3 种晶体管的物理栅长都可能限于 10 nm。

近年纳米 CMOS 产品升级换代步伐有所变化,但是,ITRS‑2015 提出的集成芯片技术发展目标仍逐步接近与实现。应用 FinFET 结构的亚 10 nm 集成芯片制造技术不断取得进展,继续用于研制多种高性能、低功耗 CMOS 集成芯片[73, 74]。研究者与产业界的注意力已集中于亚 5 nm 技术代的 GAA 晶体管集成芯片技术发展,这面临一系列需要探索、创新解决的器件结构及其集成工艺技术新难题。

近年研究者应用光刻、Si‑Ge 异质外延、选择性蚀刻、自对准结构等多种超精细工艺,在堆叠立体环栅(GAA)器件研究中取得突破。图 8.64(c)显示这种"nanosheet FET"的基本结构。此类器件集成技术已成为近年研发热点,已报道有多种结构与工艺方案[122-124]。这是继 FinFET 后的一种新型立体晶体管,可简称为"NSFET",中文可称为"纳米片晶体管"。这种器件也被有些研究者称作"nanoribbon FET"(简称为"NRFET",中文可称为"纳米带晶体管")。

由图 8.64(c)可见,多个堆叠纳米片上下、左右界面由栅介质及金属电极环绕。这种三维 GAA 器件可以有效抑制短沟道效应,大幅增加有效沟道宽度,提高器件驱动能力。集成密度比 FinFET 有显著提高,n 沟与 p 沟晶体管可以上下排列构成 CMOS 器件,如图 8.64(d)TEM 剖面照相所示[124]。同时,也可应用晶格应变技术增强载流子迁移率。现有研究表明,NSFET 可能将成为纳米 CMOS 今后演进的主导器件,引导纳米级集成芯片技术继续升级换代,促进摩尔定律再续缩微延伸之路[125]。

在 NSFET 芯片技术演进同时,应用异质材料制造高迁移率沟道场效应器件,也成为发展高性能集成芯片技术的另一途径。迄今各代集成芯片产品都是由硅沟道器件构成。近年异质沟道材料与器件工艺研究数据表明,在优化现有技术基础上,应用 SiGe、Ge、InGaAs 等高迁移率半导体材料,硅基异质沟道立体栅与环栅器件制造技术正在取得进展,有望在亚 10 nm CMOS 集成芯片技术演进中得到应用[74-85]。国际上一些主要集成电路研发机构与制造企业已在 300/200 mm 硅集成芯片平台上,着眼于未来形成产品制造新技术的可能性,开展多栅异质沟道器件工艺研究,希冀在硅基异质集成技术突破后,尽快汇入主流产品制造技术。

8.7.2   SiGe p‑FinFET 立体栅器件技术

应变 SiGe 源漏区已成功用于多代芯片 PMOS 晶体管,有效提高硅沟道空穴迁移率。随着器件缩微,传统应变技术愈益困难。直接形成 SiGe 沟道器件,则可获得更高空穴迁移率。在 Si‑FinFET 集成芯片基本工艺中,通过外延工艺淀积 $Si_{1-x}Ge_x$ 薄膜,形成 SiGe 薄体,选用适当界面层与高 k 栅介质及退火钝化工艺,降低界面态密度,并采用与硅沟道相近的置换金属栅(RMG)工艺,可在 300 mm 硅片上形成与 n‑沟硅器件匹配的压应变 SiGe p‑沟 FinFET[76-78]。SiGe 不仅用于研制 FinFET 结构器件,还用于探索纳米线环栅晶体管,图 8.65(a)和(b)分别显示 SiGe p‑沟 FinFET 和纳米线环栅晶体管的 TEM 剖面图[77]。SiGe 纳米线可应用简称"TMAH"[四甲基氢氧化铵,$(CH_3)_4NOH$]的各向异性溶液腐蚀形成。应用 SiGe p‑沟器件的 CMOS 集成工艺技术正在成为研究热点。图 8.65(c)展示一种把压应变 SiGe 沟道与张应变硅沟道器件,集成在同一应变弛豫缓冲 SRB - SiGe 层上的 CMOS 芯片技术原理[102]。图 8.65(c)为平面器件结构,用于显示 SRB 层上形成双应变沟道器件基本原理。此技术是三星公司研究者为 5 nm 及更小尺寸 FinFET 集成芯片研制而提出的一种方案。

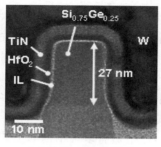

（a）硅锗 p-沟 FinFET   （b）硅锗纳米线环栅晶体管

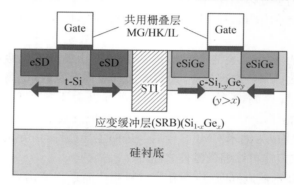

（c）硅锗应变缓冲衬垫 CMOS 器件的原理结构

图 8.65 （a）和（b）分别为应用 SiGe 沟道的 p-沟 FinFET 和纳米线环栅晶体管 TEM 剖面图[77],
（c）为应用 SRB - SiGe 层工艺,研制沟道迁移率增强 CMOS 技术的原理示意图[102]

图 8.65(c)所示 CMOS 结构的主要特点是,张应变硅(t - Si)与压应变硅锗(c - SiGe)器件都制备在 $Si_{1-x}Ge_x$ 层上,这一共用硅锗层被称为应变缓冲层(Strain Relaxed Buffer, SRB)。这种新型立体栅 CMOS 芯片制造技术的关键工艺步骤如下:

→Si 衬底上异质外延相继生长 SRB - $Si_{1-x}Ge_x$ 层和 t - Si→光刻去除 p-沟器件区硅层后,外延 c - $Si_{1-y}Ge_y$ 层→STI 隔离与 Fin 薄体形成→n/pMOS 源漏工艺→介质与金属栅置换(RMG)工艺→

较厚的 SRB 硅锗层由异质晶体外延形成,其工艺关键在于降低位错密度。n-沟器件区外延硅晶层,由于 $Si/Si_{1-x}Ge_x$ 晶格差异,造成张应变硅晶膜。经光刻与刻蚀,去除 p-沟器件区表面硅层后,外延生长 $Si_{1-y}Ge_y$ 层,其锗含量显著高于 SRB 层,使其晶格处于压应变状态。研究表明,虽然在硅锗 SRB 层表面,先后外延形成的硅与 SiGe 皆为双轴应变晶膜,但经刻蚀等工艺形成 Fin 薄体后转变为单轴应变晶格,沿 Si - Fin 薄体保持张应变晶格,而在其垂直方向,硅晶格得到弛豫。制作 p - FinFET 的 $Si_{1-y}Ge_y$ 晶膜,在刻蚀成 Fin 薄体后,也在沟道方向呈现单轴压应变。t - Si/c - SiGe 沟道区的单轴张应力与压应力,分别可达～1 GPa,使电子与空穴的迁移率都显著提高。图 8.65(c)还显示,在这种 CMOS 工艺中,两种沟道器件可以应用共同的界面层、高 k 介质和金属栅(IL/HK/MG)叠层栅结构,有益于简化工艺。

为提高 SiGe 立体栅晶体管迁移率,研究者还致力于提高 $Si_{1-x}Ge_x$ 中的锗含量。但仅通过异质外延,难于获得晶体质量优良的高锗含量 SiGe 薄膜。有研究工作利用 SGOI 结构制作高锗含量 $Si_{1-x}Ge_x$ p-沟 FinFET,以提高沟道空穴迁移率与器件性能[78]。该实验研究中采用锗凝聚(Ge condensation)技术,提高晶体中的锗含量。这种技术的基本原理为硅选择氧化,当 SiGe 于适当温度氧化气氛中,由于两种原子氧化活性差异,在表层硅原子氧化的同时,锗原子将分凝与向内扩散,SiGe 膜层减薄,同时,其中锗浓度提高。如图 8.66 所示,$Si_{1-x}Ge_x$ 薄晶体的形成工艺主要步骤如下:

(1) 应用平面锗凝聚技术(planar Ge condensation),提高 SGOI 中锗含量,x 提高到约 0.35,同时形成 SiO_2 覆盖层。

(2) 通过光刻与反应控制刻蚀工艺,形成 SiGe-Fin 体。

(3) 应用三维锗凝聚技术(3D Ge condensation),进一步提高 SiGe 薄晶体中锗含量。

(4) 选择性腐蚀 SiGe 周围的氧化层。随后通过界面层性能优化、高 k 介质/金属栅淀积、栅叠层光刻与 RIE 刻蚀、边墙形成、硼原子原位掺杂源漏区 SiGe 外延、750℃载流子激活退火等工艺,完成 p-沟 SiGe-FinFET 器件制作。

(a) 通过平面锗凝聚形成 SGOI($x\sim0.35$)

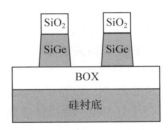
(b) SiO_2 覆盖层与 SGOI-Fin 体刻蚀

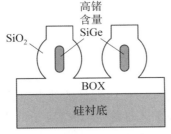
(c) 在适当温度下通过三维锗凝聚,进一步提高锗含量

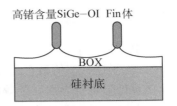
(d) 选择性腐蚀 SiGe 周围的 SiO_2

图 8.66　一种高锗含量 SiGe 的薄晶体制作工艺示意图[78]

应用以上工艺制作的 $Si_{1-x}Ge_x$ 立体多栅晶体管,x 值可达 0.6~0.7。图 8.67 显示 $Si_{0.3}Ge_{0.7}$ 立体栅 p-沟器件的典型转移特性与输出特性曲线。该器件 SiGe 薄体宽度与高度分别为 $W_{Fin}/H_{Fin}\sim10/25$ nm,物理栅长 $L_g\sim27$ nm。特性曲线表明,晶体管具有良好亚阈值特性,在 $V_{DD}=0.5$ V 条件下,I_{on}/I_{off} 开关比约为 10^7。等效氧化层厚度为 0.86 nm、沟道载流子面密度为 10^{13} cm^{-2} 的 p-沟器件,其空穴有效迁移率为 $\mu_{eff}=320$ cm^2/Vs。

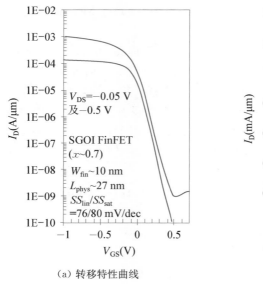
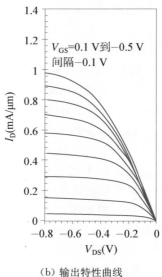

(a) 转移特性曲线   (b) 输出特性曲线

图 8.67　高锗含量立体栅 p 沟 SiGe 晶体管转移和输出特性曲线[78]

在多种异质沟道器件技术中,SiGe 沟道 FinFET 集成技术有可能首先用于纳米 CMOS 集成芯片产品制造,5 nm 及其后技术代有可能应用 SiGe 沟道技术。因此,高掺杂 SiGe 源漏区形成及超低接触电阻等相关集成工艺技术研究近年受到重视。由于硼原子在高锗含量 SiGe 中固溶度与激活率较低,p - SiGe 源漏区难于形成低电阻金属接触。有研究应用镓离子注入与纳秒激光退火(NLA)等技术,达到 $5×10^{20}$ cm^{-3} 空穴高激活率,在 Ti/p - Ge 接触上获得低达 $5×10^{-10}$ Ω·cm^2 的接触电阻率[106]。为改善 p -沟器件性能,近年还有人研究含少量 IV 族元素锡组分的 SiGeSn、GeSn 晶膜,用作应变沟道,以提高空穴迁移率,与高掺杂源漏区工艺结合,获取超低金半接触电阻率[107]。显然这类技术也有益于进一步发展硅基 Ge - CMOS 制造技术。

8.7.3　硅基锗沟道 MOS 器件技术

锗同时具有高电子迁移率(3 900 cm^2/V·s)和空穴迁移率(1 900 cm^2/V·s),且与其他半导体相比,两种载流子迁移率值最接近,理应成为 CMOS 器件的理想沟道材料。但是,由于无稳定锗基介质及低陷阱态界面匹配等材料和工艺难题,早年锗难于形成绝缘栅场效应器件,特别是 n -沟器件。近年通过选择、优化高 k 介质及界面钝化工艺,以薄硅层钝化降低界面态密度,应用置换金属栅工艺等,Ge - MOS 器件技术研究取得显著进展[79-82]。界定影响界面性能的电荷陷阱与降低其密度、消除其有害作用,是研制稳定可靠锗场效应器件的关键。图 8.68 为硅衬底上锗 n -沟 MOS 器件及栅叠层界面结构示意图。该图显示后栅工艺中,经原子层淀积形成的栅叠层由 W/TiN/HfO$_2$ 及界面层构成。有两种不同界面钝化工艺:一种为由数原子层硅及其超薄 SiO$_2$ 构成的界面层钝化,另一种为由 1 nm Al$_2$O$_3$ 经等离子体氧化形成的 GeO$_x$ 界面层钝化。两者实验对比研究表明,经超薄硅界面层钝化与其他优选工艺结合,形成的 Ge - NMOS 器件性能,显著优于由 GeO$_x$ 界面层与栅叠层形成的器件,具有较高沟道电子迁移率,可减弱正偏压温度不稳定效应(positive bias temperature instability，PBTI)，增强器件可靠性[79, 80]。

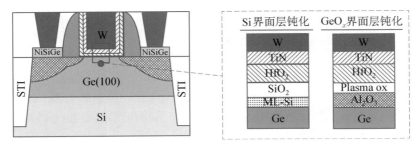

图 8.68　硅衬底上锗 n-沟 MOS 晶体管及栅叠层结构示意图[79]

相对于锗的 n-沟器件，Ge-PMOS 制作技术进展更大。近年在 p-沟锗 FinFET 研究中也取得突破，可以制作性能优于 SiGe 沟道器件的立体栅应变 Ge-PMOS 器件[81, 82]。图 8.69 显示一种应用置换工艺，在 STI 隔离区之间形成硅基锗薄体的方法，其主要工艺步骤如下：

（1）在 300 mm(100)硅片上形成 STI 介质隔离槽。

（2）应用 HCl 气相腐蚀，去除相邻 STI 隔离槽介质之间适当深度的硅层。

（3）应用选择外延工艺，先在硅表面生长磷原子原位掺杂的 $Si_{0.25}Ge_{0.75}$，作为应变弛豫缓冲层(strain relaxed buffer，SRB)，接着外延生长应变锗。

（4）选择刻蚀部分 STI 介质层后，形成可用于制造 p-沟晶体管的 Ge 薄体。这种硅片上异质薄体结构形成方法，也可能用于形成Ⅲ-Ⅴ族化合物等半导体薄体。

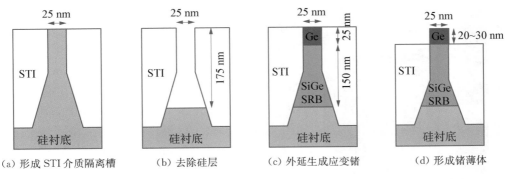

（a）形成 STI 介质隔离槽　（b）去除硅层　（c）外延生成应变锗　（d）形成锗薄体

图 8.69　硅衬底上为制作 p-沟锗 FinFET 形成应变 Ge-Fin 结构的一种工艺[82]

p-沟锗 FinFET 制作采用置换金属栅(RMG)、原位掺杂源漏区外延及离子注入等基础工艺[81]。在锗薄体表面外延生长超薄硅界面钝化层，形成 SiO_2/HfO_2 栅介质，以钛作功函数金属，与钨结合形成栅电极。在斜入射硼离子注入 S/D 延伸区后，原位硼掺杂外延生长 $Si_{0.25}Ge_{0.75}$ 或锗源漏区，并以硼离子注入提高掺杂浓度，淀积 Ti/TiN/W 叠层作为源漏区接触金属。器件测试表明，这种工艺形成的应变锗 p-沟立体栅晶体管，具有较高驱动电流与较低漏电流，优于 SiGe 沟道器件。通过薄硅层界面态钝化、氢高气压退火(HPA)、栅叠层选择等多种工艺优化，研制的锗 n-沟与 p-沟器件性能不断改进。例如，锗纳米线环栅 PMOS 晶体管，其沟道空穴迁移率峰值可达 600 $cm^2/V \cdot s$[103, 104]。

8.7.4　$In_{0.53}Ga_{0.47}As$ n - FinFET 器件技术

对于Ⅲ-Ⅴ族化合物半导体,由于电子迁移率高、直接带隙等优良电学性能,不仅有多种二元化合物,还可组合具有特定晶格常数、禁带宽度等特性的三元、四元化合物,一直是发展多种电学、光学器件的源泉。人们多年来曾致力于研究 GaAs 等多种化合物绝缘栅场效应器件,不断探索其在 CMOS 集成电路中的应用可能性。近年 $In_{0.53}Ga_{0.47}As$ 材料与器件受到多方面研究。这种组分的 $In_{0.53}Ga_{0.47}As$ 三元化合物,具有一些独特性质,有益于研制微电子和光电子器件,其室温下禁带宽度约为 0.75 eV,介于硅和锗之间,适于研制低电压电子器件,也宜于制作近红外探测器等光电器件。

$In_{0.53}Ga_{0.47}As$ 晶体的电子迁移率接近 10 000 $cm^2/V \cdot s$,用于制作高迁移率 n-沟 MOS 晶体管,并与锗 p-沟器件相结合,有可能成为研制高性能纳米 CMOS 集成芯片新技术的有效途径,因而受到重视与深入研究。$In_{0.53}Ga_{0.47}As$ 晶格常数约 5.87 Å,与 InP 相匹配,因此,有研究工作直接以 InP 晶片为衬底,也有研究者采用硅衬底,以 MOCVD 或 MBE 技术外延缓冲层后,再生长 $In_{0.53}Ga_{0.47}As$ 半导体晶膜,用以研发 n-沟 MOS 器件制造技术。外延生长优质化合物晶膜与优选栅界面材料、结构,是Ⅲ-Ⅴ族化合物场效应器件技术的关键。经过多年探索、研究,在平面和立体栅化合物器件工艺及性能研究中获得显著进展,晶体管性能不断改进[83-87]。例如,亚阈值摆幅(S)约 72mV/dec,已接近硅器件,驱动电流提高,漏电流下降,在 $V_{DS} = 0.5$ V 条件下,$I_{on}/I_{off} > 10^6$,漏致势垒降低(DIBL)可降到约 26 mV/V,通过优化界面层工艺、抑制界面散射,沟道有效电子迁移率(μ_{eff})可达 3 100 $cm^2/V \cdot s$[85]。

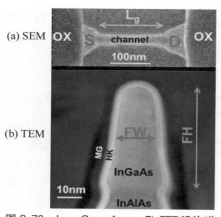

(a) SEM

(b) TEM

图 8.70　$In_{0.53}Ga_{0.47}As$ n - FinFET 沿沟道平行与垂直方向的剖面结构电镜照片[84]

通过异质外延技术在硅片上制作 $In_{0.53}Ga_{0.47}As$ 场效应器件,是研发高迁移率 CMOS 集成技术的重要途径。TSMC 公司在 300 mm 硅片上先后研发硅基 $In_{0.53}Ga_{0.47}As$ 平面和立体多栅(FinFET)n-沟器件技术[83, 84]。图 8.70 显示 $In_{0.53}Ga_{0.47}As$ n - FinFET 的结构剖视图。其主要制造工艺如下:以 MOCVD 工艺首先异质外延 GaAs、InP 过渡缓冲层,再生长 $In_{0.53}Ga_{0.47}As$ 器件层;应用干、湿法刻蚀工艺,形成高 45 nm、宽 15 nm 的 $In_{0.53}Ga_{0.47}As$ 薄晶体;与硅 FinFET 制作相近,采用置换工艺形成晶体管结构,多晶硅假栅形成后,在薄体两端外延生长 n^+ - $In_{0.53}Ga_{0.47}As$ 源漏区,把薄体包围;去除假栅与表面清洗处理后,用 ALD 技术淀积界面层、高 k 介质与金属,形成栅叠层;最后完成金属接触工艺。还有报道在 300 mm 硅片上研制纳米线环栅 n-沟 $In_{0.53}Ga_{0.47}As$ 器件,应用新材料栅叠层结构,栅长 50 nm 的晶体管跨导(g_m)可达到 2 200 $\mu S/\mu m$。虽然现有技术研制的硅基 $In_{0.53}Ga_{0.47}As$ 立体栅 n-沟 MOS 晶体管,已具有较良好器件性能,但要集成为高性能 CMOS 芯片制造技术并进入生产应用,尚有一系列工艺集成技术难题有待研究解决。

8.7.5   全耗尽 SOI 纳米 CMOS 技术

多年来一些半导体研究机构与企业界持续致力于研究、开发 SOI 平面及三维集成器件技术。近年全耗尽（FD）SOI 器件技术正在纳米 CMOS 新型集成芯片及应用领域取得显著进展[90-98]。FDSOI 晶体管虽然是一种平面器件，但其全耗尽特点令其具有与 FinFET 相近的特性，可以有效抑制 DIBL 等短沟道效应。而且由于 FDSOI 器件具有超薄层平面器件结构与背栅控制等特点，与立体栅晶体管相比，FDSOI 器件具有寄生电容较小、工作频率较高、功耗较低等优越性。虽然 FDSOI CMOS 芯片集成度低于 FinFET 集成芯片，但从性能、功能、能耗、成本 4 个方面的因素综合研判，FDSOI 技术对于毫米波移动通信、物联网（IoT）、智能电子等多种新兴领域正在快速发展的集成系统具有某些优势，因而在纳米 CMOS 制造技术发展新阶段受到重视。

图 8.71 为 FDSOI‐CMOS 器件典型结构示意图。这种器件需要应用超薄顶层硅 SOI 硅片制作，器件层硅厚度仅约 10 nm，隐埋 SiO_2 层约为 20 nm。为确保集成芯片中晶体管特性一致，SOI 硅片必须高度均匀，要求顶层硅厚度及平坦度误差小于 1 nm。除了本书第 9 章讨论的 SOI 材料及器件所固有的抗辐照等优越性，平面 FDSOI‐CMOS 电路结构中，由超薄硅晶层形成的晶体管，通过 STI 和隐埋氧化层形成完全的介质隔离，并可根据电路对晶体管特性需求，在由超薄 BOX 介质与衬底硅层构成的背栅上，施加不同极性与大小的偏压，调节阈值电压，沟道区可保持低掺杂浓度，有利于降低阈值电压与电源电压，制造静态与动态运行都可降低功耗的纳米 CMOS 系统集成芯片。FDSOI 器件具有良好射频和模拟电路特性。相对于立体栅 FinFET 集成技术，平面 FDSOI 纳米 CMOS 技术制作工艺有所简化，光刻掩模层次减少，利于降低产品制造成本，可能成为许多对低能耗、低成本、高可靠性要求很高的系统芯片优选技术。

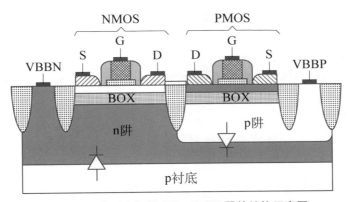

图 8.71   典型全耗尽 SOI‐CMOS 器件结构示意图

FDSOI 纳米 CMOS 制造基本工艺，虽然与体硅衬底平面集成芯片工艺有许多相近之处，但需要结合 SOI 材料与器件特点进行调整，其中存在许多材料、器件、工艺难题。例如，如何实现大直径 SOI 晶片材料与器件参数高度均一性，就有多方面难点，因而使这种技术产品长期未能形成规模生产。近年一些专注于 SOI 器件技术的研发机构与企业，应用材料性能显著改善的超薄、超平优质 SOI 晶片，采用优化的异质源漏区等应变沟道迁移率增强技术、高 k 介质与金属栅结构、前栅或后栅置换法金属栅工艺等平面集成工艺，先后研发成功

28 nm、22 nm 全耗尽 CMOS 集成芯片制造技术与产品[90-93,98]。

　　在全耗尽 SOI 纳米 CMOS 技术发展过程中,研究者一直通过应用新工艺、新薄膜材料等途径,改进器件结构,优化晶体管性能,提高集成芯片密度与电路速度,降低电源电压与能耗。由于前栅工艺有利于简化工艺流程,改进前栅工艺及其 HKMG 栅叠层结构,成为近年FDSOI 器件重点研究课题之一,并取得显著进展[91-95]。通过 HKMG 叠层材料和界面工艺调节,可在 NMOS 与 PMOS 器件介质层上,形成双功函数金属栅结构。图 8.72 为应用前栅工艺研制的 22 nm FDSOI‐CMOS 实验芯片中 NMOS 与 PMOS 晶体管的剖面结构[92]。由图 8.72 可见,NMOS 与 PMOS 晶体管应用硅与 SiGe 沟道,两种晶体管分别由 Si(P)、SiGe(B)原位掺杂同质与异质外延技术,形成高掺杂提升源漏区,以降低晶体管串联与接触电阻。SiGe 源漏区使 PMOS 器件沟道区产生压应变,增强空穴迁移率。也有 FDSOI 研究报道,为提高 NMOS 沟道电子迁移率,应用 SiC(P)源漏区[94]。

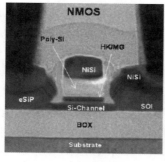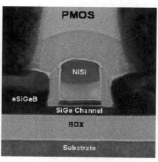

(a) NMOS　　　　　　(b) PMOS

图 8.72　典型 FDSOI‐NMOS 与 PMOS 晶体管的剖面结构[92]

　　在 CMOS 集成芯片工艺中,通常先形成 STI 隔离槽。在近年研发成功的一些 FDSOI‐CMOS 制造工艺中,为引入 PMOS 晶体管高迁移率空穴 SiGe 沟道,采用后 STI 隔离与热凝聚 SiGe 单晶层形成相结合的工艺[91,92]。图 8.73 显示这种工艺的主要步骤如下:

　　(1) 在超薄 SOI 硅层上外延生长超薄 SiGe 晶膜。

　　(2) 应用光刻、RIE 刻蚀等多种工艺集成,形成 STI 隔离槽,界定晶体管有源区,并去除 NMOS 器件区域的 SiGe 层。

　　(3) 应用热凝聚(thermal condensation)工艺,通过表层硅氧化、锗分凝与嵌入下层硅晶格,在 BOX 上形成 PMOS 晶体管的 SiGe 异质有源区。

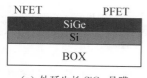

(a) 外延生长 SiGe 晶膜　　(b) 形成 STI 隔离槽　　(c) 形成 SiGe 异质有源区

图 8.73　采用后 STI 隔离工艺的 SiGe 沟道 FDSOI‐CMOS 有源区形成示意图[91]

　　图 8.74 显示 SiGe/Si/BOX 多层膜在热凝聚工艺前后的 TEM 剖面结构及晶体变化。用这种热凝聚工艺可形成锗含量为 25% 的超薄 SiGe 应变沟道单晶层,成功用于 22 nm FDSOI‐CMOS 制造技术[91,92]。实验芯片测试表明,应用这种 SiGe 沟道 PMOS 技术,可以

有效提高沟道空穴迁移率,增加 PMOS 器件驱动电流,使 FDSOI-CMOS 集成电路高频特性改善,并获得较高工艺良率,有益于降低制造成本。

　　现今 FDSOI-CMOS 制造技术,在继续优化与扩展 22 nm 产品工艺及设计的同时,已推进到 14 nm、12 nm 开发阶段,并正在取得进展,还有一些研究工作致力于探索 10 nm、7 nm 等更小尺寸 FDSOI-CMOS 技术可行性[94-96, 98]。对于尺寸愈益缩微的 FDSOI 器件,如何优化沟道载流子增强技术,是影响晶体管与纳米 CMOS 集成芯片功能与能效的关键课题之一。有研究工作利用应变 SOI 晶片(sSOI)和 PMOS 器件区的高锗含量 SiGe,分别形成张应变与压应变高迁移率载流子沟道[95,96]。还有研究工作报道,在较低工艺温度条件下实现 FDSOI-CMOS 器件制造。实验表明,通过改进源漏延伸区离子注入相关工艺,并与提升源漏接触区外延工艺及载流子迁移率增强技术相结合,可在 $500\sim600℃$ 低温条件下,制作高性能 FDSOI-CMOS 集成器件[97]。这种低温 FDSOI 技术,有可能用于发展顺序式三维叠层高密度集成技术。概括而言,逐渐成熟的 FDSOI-CMOS 集成芯片技术,正在为半导体集成技术发展,提供一种有别于体硅衬底 FinFET 集成芯片技术演进的新选择,可用于开发多种低能耗、高性能集成芯片与电子信息系统。

(a) 工艺前

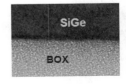

(b) 工艺后

图 8.74　SiGe/Si/BOX 多层膜热凝聚工艺前后的 TEM 剖面结构及晶体变化[91]

8.7.6　负电容晶体管纳米 CMOS 技术

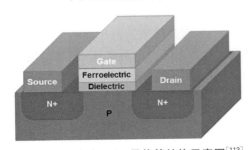

图 8.75　负电容 MOS 晶体管结构示意图[113]

　　除了以上讨论的纳米线晶体管、高迁移率材料器件等芯片制造前沿技术外,为延伸纳米 CMOS 技术的发展,人们还不断探索适于降低集成芯片工作电压与功耗的多种新途径[110]。其中,负电容晶体管(negative capacitance field effect transistor, NCFET)技术曾经是近年学者竞相研究的课题。负电容晶体管技术是在 2008 年由 Salahuddin 和 Datta 提出的[111]。图 8.75 显示这种晶体管的原理结构。由图 8.75 可见,NCFET 与通常 MOS 晶体管的结构变化,仅在于在半导体与普通薄介质之上引入一薄层铁电体介质膜,如 $Hf_{0.5}Zr_{0.5}O_2$ 铁电介质,它与 HfO_2 高 k 介质构成叠层复合栅。这种叠层栅介质薄膜可用原子层淀积技术形成,其他制备工艺可与纳米 CMOS 基本工艺相近。

　　十余年来众多研究者对 NCFET 晶体管作用机制、器件特性、制备技术进行多方面理论与实验研究[112,113]。理论分析与实验结果表明,具有独特电学极化性质的铁电介质层,可使 MOS 晶体管栅结构界面特性发生显著变化。外电场与铁电薄膜内电偶极子相互作用,可改变栅-沟道电学耦合状态,产生电势放大效应,导致半导体表面势增强,促使晶体管开启性能优化及亚阈值摆幅减小[112]。

　　铁电栅介质引起的 MOS 晶体管低电压 $I-V$ 特性变化,可归结为铁电薄膜的负电容效应。Salahuddin 等人[114]设计的直接测试实验结果表明,由 PZT 铁电介质薄膜形成的电容结构,可在一定测试条件下呈现负微分电容效应。利用这种铁电体负电容效应,可以较直观地说明铁电介质栅晶体管的优越性。依据晶体管原理,MOS 器件低电压性能受限于其亚阈值 I-V 特性(参见本书 3.6.5 节)。由晶体管特性分析得知,亚阈值摆幅可表示为

$$S = \ln 10 \frac{kT}{q}\left(1 + \frac{C_s}{C_{ox}}\right) \tag{8.5}$$

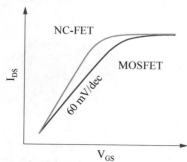

图 8.76   铁电体负栅 MOS 晶体管
亚阈值改善示意图[113]

实现亚阈值电流更陡速率变化,即减小 S 值,有利于降低 CMOS 芯片工作电压与功耗。但按(8.5)式,室温下 $(\ln 10)kT/q = 60\ \text{mV/dec}$,MOS 晶体管亚阈值摆幅不可能小于该值。这源于载流子玻尔兹曼统计分布规律。这严重限制纳米 CMOS 芯片低电压技术发展。但在具有负值栅电容晶体管中,则可使室温晶体管亚阈值摆幅下限突破 60 mV/dec 的限制。图 8.76 显示,NCFET 晶体管亚阈值电流上升坡度显著高于常规栅器件,表明负电容 MOS 晶体管的亚阈值摆幅可小于 60 mV/dec。

已有许多硅基 MOS 晶体管实验结果证实,在平面与立体结构多栅器件中,应用铁电介质与高 k 介质叠层复合栅,都可以有效降低亚阈值摆幅。还有研究发现,NCFET 器件可具有负漏致势垒降低效应,因而也利于降低短沟道晶体管漏电流[115]。虽然栅介质中有铁电膜,但 NCFET 器件电流特性可避免明显电滞现象[115,116]。近年在锗 CMOS[116]、高迁移率电子 $In_{0.53}Ga_{0.47}As$ 化合物[117]与 MoS_2 二维晶体[118]等半导体场效应器件研究中,应用铁电介质栅,同样研制成功亚阈值摆幅显著小于 60 mV/dec 的晶体管。还有研究应用有机铁电薄膜在 MoS_2 二维晶体上实现 NCFET 器件[119]。尽管对于应用铁电薄膜栅结构的 MOS 晶体管运行作用机制尚有不同理解[120,121],但大量实验研究取得的结果表明,这种器件有益于降低电源电压、抑制短沟道效应、减小芯片功耗,有可能为纳米 CMOS 集成芯片技术演进开辟一种新途径。

思考题

1. 试讨论从微米到纳米 CMOS 工艺技术演进的难题与路径,在早期探索的多种技术中,哪些被择优应用于纳米 CMOS 芯片制造?分析纳米 CMOS 技术特点。

2. 纳米 CMOS 制造为什么需要应用晶格应变沟道技术?有哪些产生沟道晶格应变的途径?分析它们各自的原理与应用范围。

3. 异质外延结构在纳米 CMOS 器件工艺已有哪些应用?在纳米 CMOS 技术今后发展中,还可能有什么新进展、新应用?

4. 在高介电常数栅介质器件工艺中,为什么必须应用金属栅电极?为什么 NMOS 和 PMOS 晶体管需要应用不同金属作为栅电极?有哪些材料可供选择?

5. 试讨论对比金属栅和多晶硅栅 CMOS 形成工艺的异同之处,分析金属栅电极形成方法及其工艺难点。

6. 为什么立体多栅结构器件较快在纳米 CMOS 集成芯片技术演进中得到广泛应用?试对比分析立体、平面两种 MOS 晶体管的特性差异。

7. 分析立体多栅纳米 CMOS 集成芯片制造技术的关键技术,试设计应用 SOI 晶片制造多栅 CMOS 集成芯片的主要工艺步骤,对比体硅与 SOI 晶片不同衬底材料对制造工艺与器件性能的影响。

8. 分析对比 FinFET 和 FDSOI 两种技术在纳米 CMOS 技术发展中的各自优势、作用与发展前景。

9. 对比 FinFET 和纳米线环栅晶体管的各自特点与缩微器件应用范围,分析它们在纳米 CMOS 缩微演进中的作用和限制因素。

10. 有哪些异质半导体绝缘栅场效应器件,可能用于优化纳米 CMOS 集成芯片性能? 查阅近期有关异质沟道器件技术进展,分析硅基高迁移率异质沟道器件融入集成芯片实际制造技术的难点与前景。

参考文献

［1］ T. Skotnicki, J. A. Hutchby, T. J. King, et al., The end of CMOS scaling-toward the introduction of new materials and structural changes to improve MOSFET performance. *IEEE Circuits & Dev. Magazine*, 2005, 21(1):16.

［2］ 王阳元,张兴,刘晓彦等,32 nm 及其以下技术节点 CMOS 技术中的新工艺及新结构器件. 中国科学 E 辑:信息科学,2008,38(6):921.

［3］ Y. Taur, T. H. Ning, *Fundamentals of Modern VLSI Devices*, 2nd Ed.. Cambridge University Press, Cambridge, 2009.

［4］ R. W. Keyes, High mobility FET in strained silicon. *IEEE Trans. Elec. Dev.*, 1986, 33(6):863.

［5］ J. Welser, J. L. Hoyt, J. F. Gibbons, NMOS and PMOS transistors fabricated in strained silicon/relaxed silicon-germanium structures. *IEDM Tech. Dig.*, 1992:1000.

［6］ K. Rim, J. L. Hoyt, J. F. Gibbons, Transconductance enhancement in deep submicron strained-Si n-MOSFETs. *IEDM Tech. Dig.*, 1998:707.

［7］ T. Mizuno, N. Sugiyama, H. Satake, et al., Advanced SOI-MOSFETS with strained-Si channel for high speed CMOS — electron/hole mobility enhancement. *VLSI Symp. Tech. Dig.*, 2000:210.

［8］ S. E. Thompson, S. Suthram, Y. Sun, et al., Future of strained Si/semiconductors in nanoscale MOSFETs. *IEDM Tech. Dig.*, 2006:681.

［9］ K. Rim, S. Koester, M. Hargrove, J. Chu. Strained Si NMOSFETs for high performance CMOS technology. *VLSI Symp. Tech. Dig.*, 2001:59.

［10］ J. L. Hoyt, H. M. Nayfeh, S. Eguchi, et al., Strained silicon MOSFET technology. *IEDM Tech. Dig.*, 2002:23.

［11］ C. H. Ge, C. C. Lin, C. H. Ko, et al., Process-strained Si (PSS) CMOS technology featuring 3D strain engineering. *IEDM Tech. Dig.*, 2003:73.

［12］ T. Ghani, M. Armstrong, C. Auth, et al., A 90 nm high volume manufacturing logic technology featuring novel 45 nm gate length strained silicon CMOS transistors. *IEDM Tech. Dig.*, 2003:978.

［13］ S. E. Thompson, M. Armstrong, C. Auth, et al., A logic nanotechnology featuring strained-silicon. *IEEE Elec. Dev. Lett.*, 2004, 25(4):191.

［14］ M. Ozturk, N. Pesovic, I. Kang, et al., Ultra-shallow source/drain junctions for nanoscale CMOS using selective silicon-germanium technology. *Ext. Abs. IEEE IWJT*, 2001:77.

［15］ K. W. Ang, K. J. Chui, V. Bliznetsov, et al., Enhanced performance in 50 nm N-MOSFETs with silicon-carbon source/drain regions. *IEDM Tech. Dig.*, 2004:1069.

[16] K. W. Ang, K. J. Chui, V. Bliznetsov, et al., Thin body silicon-on-insulator N-MOSFET with silicon-carbon source/drain regions for performance enhancement. *IEDM Tech. Dig.*, 2005:503.

[17] B. Yang, R. Takalkar, Z. Ren, et al., High-performance nMOSFET with in-situ phosphorus-doped embedded Si:C (ISPD eSi:C) source-drain stressor. *IEDM Tech. Dig.*, 2008:51.

[18] S. Ito, H. Namba, K. Yamaguchi, et al., Mechanical stress effect of etch-stop nitride and its impact on deep submicron transistor design. *IEDM Tech. Dig.*, 2000:247.

[19] H. S. Yang, R. Malik, S. Narasimha, et al., Dual stress liner for high performance sub-45 nm gate length SOI CMOS manufacturing. *IEDM Tech. Dig.*, 2004:1075.

[20] A. Shimizu, K. Hachimine, N. Ohki, et al., Local mechanical-stress control (LMC): a new technique for CMOS-performance enhancement. *IEDM Tech. Dig.*, 2001:433.

[21] K. Ota, K. Sugihara, H. Sayama, et al., Novel locally strained channel technique for high performance 55 nm CMOS. *IEDM Tech. Dig.*, 2002:27.

[22] C. H. Chen, T. L. Lee, T. H. Hou, et al., Stress memorization technique (SMT) by selectively strained-nitride capping for sub-65 nm high-performance strained-Si device application. *VLSI Symp. Tech. Dig.*, 2004:56.

[23] D. V. Singh, J. W. Sleight, J. M. Hergenrother, et al., Stress memorization in high-performance FDSOI devices with ultra-thin silicon channels and 25 nm gate lengths. *IEDM Tech. Dig.*, 2005:511.

[24] A. Eiho, T. Sanuki, E. Morifuji, et al., Management of power and performance with stress memorization technique for 45 nm CMOS. *VLSI Symp. Tech. Dig.*, 2007:218.

[25] T. Miyashita, T. Owada, A. Hatada, et al., Physical and electrical analysis of the stress memorization technique (SMT) using poly-gates and its optimization for beyond 45-nm high-performance applications. *IEDM Tech. Dig.*, 2008:55.

[26] X. Chen, S. Fang, W. Gao, et al., Stress proximity technique for performance improvement with dual stress liner at 45 nm technology and beyond. *VLSI Symp. Tech. Dig.*, 2006:60.

[27] K. M. Tan, M. Zhu, W. W. Fang, et al., A new liner stressor with very high intrinsic stress (> 6 GPa) and low permittivity comprising diamond-like carbon (DLC) for strained p-channel transistors. *IEDM Tech. Dig.*, 2007:127.

[28] H. Sayama, Y. Nishida, H. Oda, et al., Effect of ⟨100⟩ channel direction for high performance SCE immune pMOSFET with less than 0.15 μm gate length. *IEDM Tech. Dig.*, 1999:657.

[29] T. Komoda, A. Oishi, T. Sanuki, et al., Mobility improvement for 45 nm node by combination of optimized stress control and channel orientation design. *IEDM Tech. Dig.*, 2004:217.

[30] T. Matsumoto, S. Maeda, H. Dang, et al., Novel SOI wafer engineering using low stress and high mobility CMOSFET with ⟨100⟩ channel for embedded RF/analog applications. *IEDM Tech. Dig.*, 2002:663.

[31] M. Yang, M. Ieong, L. Shi, et al., High performance CMOS fabricated on hybrid substrate with different crystal orientations. *IEDM Tech. Dig.*, 2003:453.

[32] H. Irie, K. Kita, K. Kyuno, et al., In-plane mobility anisotropy and universality under uni-axial strains in n- and p-MOS inversion layers on (100), (110), and (111) Si. *IEDM Tech. Dig.*, 2004:225.

[33] K. Uchida, M. Saitoh, S. Kobayashi, Carrier transport and stress engineering in advanced nanoscale transistors from (100) and (110) transistors to carbon nanotube FETs and beyond.

IEDM Tech. Dig.，2008：569.

[34] T. Krishnamohan, D. Kim, T. V. Dinh, et al., Comparison of（001），（110）and（111） uniaxial- and biaxial-strained-Ge and strained-Si PMOS DGFETs for all channel orientations：mobility enhancement, drive current, delay and off-state leakage. *IEDM Tech. Dig.*，2008：899.

[35] Y. Zhao, M. Takenaka, S. Takagi, Comprehensive understanding of surface roughness and Coulomb scattering mobility in biaxially-strained Si MOSFETs. *IEDM Tech. Dig.*，2008：577.

[36] C. Y. Sung, H. Yin, H. Y. Ng, et al., High performance CMOS bulk technology using direct silicon bond（DSB）mixed crystal orientation substrates. *IEDM Tech. Dig.*，2005：225.

[37] H. Yin, C. Y. Sung, K. L. Saenger, et al., Scalability of direct silicon bonded（DSB） technology for 32 nm node and beyond. *VLSI Symp. Tech. Dig.*，2007：222.

[38] P. Packan, S. Cea, H. Deshpande, et al., High performance Hi-k + metal gate strain enhanced transistors on（110）silicon. *IEDM Tech. Dig.*，2008：63.

[39] H. Fukutome, K. Okabe, K. Okubo, et al.,（110）NMOSFETs competitive to（001） NMOSFETs：Si migration to create（331）facet and ultra-shallow all implantation after NiSi formation. *IEDM Tech. Dig.*，2008：59.

[40] E. P. Gusev, V. Narayanan, M. M. Frank, Advanced high-k dielectric stacks with poly Si and metal gates：recent progress and current challenges. *IBM J. Res. & Dev.*，2006，50(4/5)：387.

[41] L. Kang, K. Onishi, Y. Jeon, et al., MOSFET devices with polysilicon on single-layer HfO_2 high-k dielectrics. *IEDM Tech. Dig.*，2000：35.

[42] C. Hobbs, H. Tseng, K. Reid, et al., 80 nm poly-Si gate CMOS with HfO_2 gate dielectric. *IEDM Tech. Dig.*，2001：651.

[43] R. Chau, S. Datta, M. Doczy, et al., High-k/metal-gate stack and its MOSFET characteristics. *IEEE Elec. Dev. Lett.*，2004，25(6)：408.

[44] R. Kotlyar, M. D. Giles, P. Matagne, et al., Inversion mobility and gate leakage in high-k/ metal gate MOSFETs. *IEDM Tech. Dig.*，2004：391.

[45] C. Hobbs, L. Fonseca, V. Dhandapani, et al., Fermi level pinning at the poly Si/metal oxide interface. *IEDM Tech. Dig.*，2003：9.

[46] S. B. Samavedam, H. H. Tseng, P. J. Tobin, et al., Metal gate MOSFETs with HfO_2 gate dielectric. *VLSI Symp. Tech. Dig.*，2002：24.

[47] S. B. Samavedam, L. B. La, J. Smith, et al., Dual-metal gate CMOS with HfO_2 gate dielectric. *IEDM Tech. Dig.*，2002：433.

[48] S. C. Song, M. M. Hussain, J. Barnett, et al., Integrating dual workfunction metal gates in CMOS. *Solid State Technol.*，2006，49(8)：47.

[49] W. P. Maszara, Fully silicided metal gates for high-performance CMOS technology：a review. *J. Electrochem. Soc.*，2005，152(7)：550.

[50] J. Wang, Y. Tateshita, S. Yamakawa, et al., Novel channel-stress enhancement technology with eSiGe S/D and recessed channel on damascene gate process. *VLSI Symp. Tech. Dig.*，2007：46.

[51] K. Mistry, C. Allen, C. Auth, et al., A 45 nm logic technology with high-k + metal gate transistors, strained silicon, 9 Cu interconnect layers, 193 nm dry patterning, and 100% Pb-free packaging. *IEDM Tech. Dig.*，2007：247.

[52] C. H. Jan, M. Agostinelli, M. Buehler, et al., A 32 nm SoC platform technology with 2nd

generation high-k/metal gate transistors optimized for ultra low power, high performance, and high density product applications. *IEDM Tech. Dig.*, 2009:647.

[53] S. Natarajan, M. Armstrong, M. Bost, et al., A 32 nm logic technology featuring 2nd-generation high-k + metal-gate transistors, enhanced channel strain and 0.171 μm^2 SRAM cell size in a 291 Mb array. *IEDM Tech. Dig.*, 2008:941.

[54] P. Packan, S. Akbar, M. Armstrong, et al., High performance 32 nm logic technology featuring 2nd generation high-k + metal gate transistors. *IEDM Tech. Dig.*, 2009:659.

[55] K. J. Kuhn, M. Y. Liu, H. Kennel, Technology options for 22 nm and beyond. *Ext. Abs. IEEE IWJT*, 2010:7.

[56] L. Peters, Physical analysis provides images of 45 nm. *Semicond. Int.*, 2008,31(6):22.

[57] M. Chudzik, B. Doris, R. Mo, et al., High-performance high-k/metal gates for 45 nm CMOS and beyond with gate-first processing. *VLSI Symp. Tech. Dig.*, 2007:194.

[58] F. Arnaud, J. Liu, Y. M. Lee, et al., 32 nm general purpose bulk CMOS technology for high performance applications at low voltage. *IEDM Tech. Dig.*, 2008:633.

[59] X. Chen, S. Samavedam, V. Narayanan, et al., A cost effective 32 nm high-k/ metal gate CMOS technology for low power applications with single-metal/gate-first process. *VLSI Symp. Tech. Dig.*, 2008:88.

[60] F. Arnaud, A. Thean, M. Eller, et al., Competitive and cost effective high-k based 28 nm CMOS technology for low power applications. *IEDM Tech. Dig.*, 2009:651.

[61] K. Cheng, A. Khakifirooz, P. Kulkarni, et al., Extremely thin SOI (ETSOI) CMOS with record low variability for low power system-on-chip applications. *IEDM Tech. Dig.*, 2009:49.

[62] K. Cheng, A. Khakifirooz, P. Kulkarni, et al., ETSOI CMOS for system-on-chip applications featuring 22 nm gate length, sub-100 nm gate pitch, and 0.08 μm^2 SRAM cell. *VLSI Symp. Tech. Dig.*, 2011:128.

[63] C. Auth, C. Allen, A. Blattner, et al., A 22 nm high performance and low-power CMOS technology featuring fully-depleted tri-gate transistors, self-aligned contacts and high density MIM capacitors. *VLSI Symp. Tech. Dig.*, 2012:131.

[64] D. Hisamoto, W. C. Lee, J. Kedzierski, et al., FinFET—a self-aligned double-gate MOSFET scalable to 20 nm. *IEEE Trans. Elec. Dev.*, 2000,47(12):2320.

[65] B. Yu, L. Chang, S. Ahmed, et al., FinFET scaling to 10 nm gate length. *IEDM Tech. Dig.*, 2002:251.

[66] L. Chang, Y. K. Chol, D. Ha, et al., Extremely scaled silicon nano-CMOS devices. *Proc. IEEE*, 2003,91(11):1860.

[67] 殷华湘, 徐秋霞, CMOS FinFET fabricated on bulk silicon substrate. 半导体学报, 2003, 24 (4):351.

[68] X. Sun, Q. Lu, V. Moroz, et al., Tri-Gate bulk MOSFET design for CMOS scaling to the end of the roadmap. *IEEE Elec. Dev. Lett.*, 2008,29(5):491.

[69] S. Cristoloveanu, G. K. Celler, SOI materials and devices, Chap. 4 in *Handbook of Semiconductor Manufacturing Technology*, 2nd Ed.. Eds. R. Doering, Y. Nishi, CRC Press, Boca Raton, Florida, USA, 2008.

[70] S. Natarajan, M. Agostinelli, S. Akbar, et al., A 14 nm logic technology featuring 2nd-generation FinFET transistors, air-gapped interconnects, self-aligned double patterning and a

0. 0588 μm^2 SRAM cell size. *IEDM Tech. Dig.*, 2014:71.

[71] C. H. Lin, B. Greene, S. Narasimha, et al., High performance 14 nm SOI FinFET CMOS technology with 0. 0174 μm^2 embedded DRAM and 15 levels of Cu metallization. *IEDM Tech. Dig.*, 2014:74.

[72] S. Y. Wu, C. Y. Lin, M. C. Chiang, et al., An enhanced 16 nm CMOS technology featuring 2nd generation FinFET transistors and advanced Cu/low-*k* interconnect for low power and high performance applications. *IEDM Tech. Dig.*, 2014:48.

[73] H. J. Cho, H. S. Oh, K. J. Nam, et al., Si FinFET based 10 nm technology with multi *V*t gate stack for low power and high performance applications. *VLSI Symp. Tech. Dig.*, 2016:12.

[74] W. Guo, M. Choi, A. Rouhi, et al., Impact of 3D integration on 7 nm high mobility channel devices operating in the ballistic regime. *IEDM Tech. Dig.*, 2014:168.

[75] V. Moroz, L. Smith, J. Huang, et al., Modeling and optimization of group IV and III-V FinFETs and nano-wires. *IEDM Tech. Dig.*, 2014:180.

[76] D. Guo, G. Karve, G. Tsutsui, et al., FINFET technology featuring high mobility SiGe channel for 10 nm and beyond. *VLSI Symp. Tech. Dig.*, 2016:14.

[77] H. Mertens, R. Ritzenthaler, H. Arimura, et al., Si-cap-free SiGe p-channel FinFETs and gate-all-around transistors in a replacement metal gate process: interface trap density reduction and performance improvement by high-pressure deuterium anneal. *VLSI Symp. Tech. Dig.*, 2015:142.

[78] P. Hashemi, T. Ando, K. Balakrishnan, et al., High-mobility high-Ge-content $Si_{1-x}Ge_x$-OI PMOS FinFETs with fins formed using 3D germanium condensation with Ge fraction up to $x\sim$ 0. 7, scaled EOT$\sim$8. 5Å and $\sim$10 nm fin width. *VLSI Symp. Tech. Dig.*, 2015:16.

[79] H. Arimura, S. Sioncke, D. Cott, et al., Ge nFET with high electron mobility and superior PBTI reliability enabled by monolayer-Si surface passivation and La-induced interface dipole formation. *IEDM Tech. Dig.*, 2015:588.

[80] P. Ren, R. Gao, Z. Ji, et al., Understanding charge traps for optimizing Si-passivated Ge nMOSFETs. *VLSI Symp. Tech. Dig.*, 2016:32.

[81] L. Witters, J. Mitard, R. Loo, et al., Strained germanium quantum well p-FinFETs fabricated on 45 nm fin pitch using replacement channel, replacement metal gate and germanide-free local interconnect. *VLSI Symp. Tech. Dig.*, 2015:56.

[82] L. Witters, J. Mitard, R. Loo, et al., Strained germanium quantum well pMOS FinFETs fabricated on in situ phosphorus-doped SiGe strain relaxed buffer layers using a replacement fin process. *IEDM Tech. Dig.*, 2013:534.

[83] M. L. Huang, S. W. Chang, M. K. Chen, et al., $In_{0.53}Ga_{0.47}As$ MOSFETs with high channel mobility and gate stack quality fabricated on 300 mm Si substrate. *VLSI Symp. Tech. Dig.*, 2015:204.

[84] M. L. Huang, S. W. Chang, M. K. Chen, et al., High performance $In_{0.53}Ga_{0.47}As$ FinFETs fabricated on 300 mm Si substrate. *VLSI Symp. Tech. Dig.*, 2016:16.

[85] A. Vais, A. Alian, L. Nyns, et al., Record mobility ($\mu_{eff}\sim$ 3100 cm^2/V-s) and reliability performance ($V_{ov}\sim$ 0. 5V for 10yr operation) of $In_{0.53}Ga_{0.47}As$ MOS devices using improved surface preparation and a novel interfacial layer. *VLSI Symp. Tech. Dig.*, 2016:140.

[86] J. Franco, A. Vais, S. Sioncke, et al., Demonstration of an InGaAs gate stack with sufficient PBTI reliability by thermal budget optimization, nitridation, high-*k* material choice, and interface dipole. *VLSI Symp. Tech. Dig.*, 2016:42.

［87］ N. Waldron, S. Sioncke, J. Franco, et al., Gate-all-around InGaAs nanowire FETs with peak transconductance of 2200 μS/μm at 50 nm L_g using a replacement fin RMG flow. *IEDM Tech. Dig.*, 2015:799.

［88］ 2015 *ITRS 2. 0 Executive Report*. http://www. itrs2. net/; http://www. semiconductors. org/main/2015_international_technology_roadmap_for_semiconductors_itrs.

［89］ IRC review, *International Technology Roadmap for Semiconductors*, 2013 Ed.. http://www. itrs. net.

［90］ S. Kengeri, Enabling next generation innovation with 22FDX™; Y. Jeon, The industry's first mass produced FDSOI technology for IoT era, with single platform benefits. *FD-SOI and RF-SOI Forum — Tokyo*, Japan, 2016. https://soiconsortium. org/events/forum-fd-soi-and-rf-soi-tokyo-2016/

［91］ K. Cheng, A. Khakifirooz, N. Loubet, et al., High performance extremely thin SOI (ETSOI) hybrid CMOS with Si channel NFET and strained SiGe channel PFET. *IEDM Tech. Dig.*, 2012:419.

［92］ R. Carter, J. Mazurier, L. Pirro, et al., 22 nm FDSOI technology for emerging mobile, internet-of-things, and RF applications. *IEDM Tech. Dig.*, 2016:27.

［93］ O. Weber, E. Josse, X. Garros, et al., Gate stack solutions in gate-first FDSOI technology to meet high performance, low leakage, V_T centering and reliability criteria. *VLSI Symp. Tech. Dig.*, 2016:202.

［94］ O. Weber, E. Josse, J. Mazurier, et al., 14 nm FDSOI upgraded device performance for ultra-low voltage operation. *VLSI Symp. Tech. Dig.*, 2015:168.

［95］ Q. Liu, B. DeSalvo, P. Morin, et al., FDSOI CMOS devices featuring dual strained channel and thin BOX extendable to the 10 nm node. *IEDM Tech. Dig.*, 2014:219.

［96］ B. DeSalvo, P. Morin, M. Pala, et al., A mobility enhancement strategy for sub-14 nm power-efficient FDSOI technologies. *IEDM Tech. Dig.*, 2014:172.

［97］ L. Pasini, P. Batude, J. Lacord, et al., High performance CMOS FDSOI devices activated at low temperature. *VLSI Symp. Tech. Dig.*, 2016:134.

［98］ M. Sellier, FD-SOI: how a pioneering technology entered mainstream markets. *Solid State Technol.*, 2017,60(3):12.

［99］ R. Xie, P. Montanini, K. Akarvardar, et al., A 7 nm FinFET technology featuring EUV patterning and dual strained high mobility channels. *IEDM Tech. Dig.*, 2016:47.

［100］ C. Auth, A. Aliyarukunju, M. Asoro, et al., A 10 nm high performance and low-power CMOS technology featuring 3rd generation FinFET transistors, self-aligned quad patterning, contact over active gate and cobalt local interconnects. *IEDM Tech. Dig.*, 2017:673.

［101］ S. Narasimha, B. Jagannathan, A. Ogino, et al., A 7 nm CMOS technology platform for mobile and high performance compute application. *IEDM Tech. Dig.*, 2017:689.

［102］ D. I. Bae, G. Bae, K. K. Bhuwalka, et al., A novel tensile Si (n) and compressive SiGe (p) dual-channel CMOS FinFET co-integration scheme for 5 nm logic applications and beyond. *IEDM Tech. Dig.*, 2016:683.

［103］ H. Arimura, D. Cott, R. Loo, et al., Si-passivated Ge nMOS gate stack with low D_{IT} and dipole-induced superior PBTI reliability using 3D-compatible ALD caps and high-pressure anneal. *IEDM Tech. Dig.*, 2016:834.

［104］ H. Arimura, L. Witters, D. Cott, et al., Performance and electrostatic improvement by high-pressure anneal on Si-passivated strained Ge pFinFET and gate all around devices with superior NBTI reliability. *VLSI Symp. Tech. Dig*, 2017:196.

[105] X. He, J. Fronheiser, P. Zhao, et al., Impact of aggressive fin width scaling on FinFET device characteristics. *IEDM Tech. Dig.*, 2017:493.

[106] L. L. Wang, H. Yu, M. Schaekers, et al., Comprehensive study of Ga activation in Si, SiGe and Ge with 5×10^{-10} $\Omega \cdot cm^2$ contact resistivity achieved on Ga doped Ge using nanosecond laser activation. *IEDM Tech. Dig.*, 2017:549.

[107] Y. Wu, S. Luo, W. Wang, et al., Record low specific contact resistivity (1.2×10^{29} Ω-cm^2) for p-type semiconductors: incorporation of Sn into Ge and in-situ Ga doping. *VLSI Symp. Tech. Dig*, 2017:218.

[108] A. Mocuta, P. Weckx, S. Demuynck, et al., Enabling CMOS scaling towards 3 nm and beyond. *VLSI Symp. Tech. Dig*, 2018:147.

[109] J. Ryckaert, P. Schuddinck, P. Weckx, et al., The complementary FET (CFET) for CMOS scaling beyond N3. *VLSI Symp. Tech. Dig*, 2018:141.

[110] S. Cristoloveanu, J. Wan, A. Zaslavsky, A review of sharp-switching devices for ultra-low power applications. *J. Elec. Dev. Soc.*, 2016,4(5):215.

[111] S. Salahuddin, S. Datta, Use of negative capacitance to provide voltage amplification for low power nanoscale devices. *Nano Lett.*, 2008,8(2):405.

[112] J. C. Wong, S. Salahuddin, Negative capacitance transistors. *Proc. IEEE*, 2019,107(1):49.

[113] M. A. Alam, M. Si, P. D. Ye, A critical review of recent progress on negative capacitance field-effect transistors. *Appl. Phys. Lett.*, 2019,114(9):090401.

[114] A. I. Khan, K. Chatterjee, B. Wang, et al., Negative capacitance in a ferroelectric capacitor. *Nature Mater.*, 2015,14(2):182.

[115] H. Zhou, D. Kwon, A. B. Sachid, et al., Negative capacitance, n-channel, Si FinFETs: bi-directional sub-60 mV/dec, negative DIBL, negative differential resistance and improved short channel effect. *VLSI Symp. Tech. Dig.*, 2018:53.

[116] W. Chung, M. Si, P. D. Ye, Hysteresis-free negative capacitance germanium CMOS FinFETs with bi-directional sub-60 mV/dec. *IEDM Tech. Dig.*, 2017:365.

[117] Q. H. Luc, C. C. Fan-Chiang, S. H. Huynh, et al., First experimental demonstration of negative capacitance InGaAs MOSFETs with $Hf_{0.5}Zr_{0.5}O_2$ ferroelectric gate stack. *VLSI Symp. Tech. Dig.*, 2018:47.

[118] J. Xu, S. Y. Jiang, M. Zhang, et al., Ferroelectric HfZrO$_x$-based MoS$_2$ negative capacitance transistor with ITO capping layers for steep-slope device application. *Appl. Phys. Lett.*, 2018,112(10):103104.

[119] H. Zhang, Y. Chen, S. Ding, et al., 2D negative capacitance field-effect transistor with organic ferroelectrics. *Nanotechnol.*, 2018,29(24):244004.

[120] H. Wang, M. Yang, Q. Huang, et al., New insights into the physical origin of negative capacitance and hysteresis in NCFETs. *IEDM Tech. Dig.*, 2018:707.

[121] Z. Liu, M. A. Bhuiyan, T. P. Ma, A critical examination of 'quasi-static negative' (QSNC) theory. *IEDM Tech. Dig.*, 2018:711.

[122] S. Barraud, B. Prevital, C. Vizioz, et al., 7-levels-stacked nanosheet GAA transistors for high performance computing. *VLSI Symp. Tech. Dig.*, 2020:TC1.2.

[123] A. Veloso, G. Eneman, T. Huynh-Bao, et al., Vertical nanowire and nanosheet FETs: device

features，novel schemes for improved process control and enhanced mobility，potential for faster & more energy efficient circuits. *IEDM Tech. Dig.*，2019:230.

[124] C. Y. Huang，G. Dewey，E. Mannebach，et al.，3D self-aligned stacked NMOS-on-PMOS nanoribbon transistors for continued Moore's law scaling. *IEDM Tech. Dig.*，2020:425.

[125] R. Chau，Process and packaging innovations for Moore's law continuation and beyond. *IEDM Tech. Dig.*，2019:1.

第9章

硅单晶和硅基晶片制备

正如第 1 章所强调,硅和硅基薄膜是现代微电子技术的材料基础。自 20 世纪 50 年代以来,应用硅单晶材料制造晶体管和集成电路技术的持续进步,造就了快速创新和不断扩展的现代电子信息产业,其影响已渗透到人类生活几乎每个领域。近年硅基太阳电池技术和产业迅速发展和增长,正在成为人类应用清洁能源、保护地球生存环境的重要途径。现代信息和能源技术两个领域都突出显示硅材料的特殊重要价值。

实际上,硅元素对地球和人类具有重要意义。在天然存在的 92 种元素中,硅在宇宙中的存量占第八位,在地壳中则是第二丰富的元素,占地壳总质量的 25.7%,仅次于排在第一位的氧(49.4%)。氧和硅两者合计约为 75%,其他 90 种天然元素共占约 25%,列第三、第四、第五位的铝、铁、钙,则分别占地壳总量的 7.7%、4.7%、3.4%。人们一般不常意识到硅的存在,部分原因在于,硅在地球上并不以单质元素形态存在,而是以非常稳定的化合物到处存在。正是硅和氧化合形成的二氧化硅(硅石)和硅酸盐等构成地壳的主要成分,岩石、砂砾、尘土的主要组成部分都是二氧化硅。在 19 世纪初通过化学反应分离发现元素态硅后,由于它不像铁、铜等可制造工具,又不像金、银等稀有金属具有收藏价值,在相当长时期人们并不看重硅元素,甚至曾有人说硅是无用的元素。进入 20 世纪后现代科学技术的快速发展使人们认识到,硅是影响人类文明发展最重要的元素之一。高密度、多功能硅集成电路的迅速进步,使人类经济、文化、社会生活持续发生重大变化,并正在为发展人工智能技术开辟新途径、达到新高度。有多种多样的硅有机和无机化合物及合金材料,在现代科学技术与多种产业中也有广泛应用。

在讨论硅元素对于人类文明的发展意义时,有趣的是看看它和碳元素的异与同。碳和硅都是 IV 族元素,在元素周期表中处于从金属区到非金属区的中间,都具有 4 个价电子,可具有半导体性,能与其他元素形成多种独特化合物。虽然碳在地壳中的含量仅有 0.027%,却是地球上构成一切生命物质的关键元素,又是构成人类自古至今所用能源的主要元素。生命是世间万物中最为复杂的体系,现代生命科学揭示,生命的基本单元氨基酸、核苷酸都是以碳元素做骨架组合形成的。碳的化学演变贯穿在数十亿年的生命演化历史中。因此,自然智能的物质基础是碳元素,而硅元素正在成为开拓人工智能的基础材料。碳基能源的过度应用正在对人类生存环境造成威胁,而硅基太阳能源的开发与广泛应用将为人类环境保护及经济发展开辟新道路。另外,在硅晶片上异质外延 SiGe、SiC、Ge、GaAs、GaN 等其他半导体材料,正在用于研究和发展高速多功能集成芯片和其他功能电子、电力器件及系统。近年正在探索的碳纳米管、二维纳米膜(石墨烯)等碳基电子材料与器件,将可能和已发展成熟的硅技术相结合,为未来纳米电子器件技术开辟新途径。从其对地球文明发展贡献角度,可以毫不夸张地称第四族元素碳和硅为"智能元素"。

20 世纪中期以来,众多研究者对高纯硅晶体制备技术,从多方面持续进行广泛、透彻、细致的研究[1]。正是这些研究工作成果造就了现今成熟的硅晶体制造业,为微电子器件与整个信息产业奠定坚实的材料基础。在可预见的未来数十年,硅与硅基异质结构器件技术必将继续获得强劲发展,高质量的各种硅基材料仍将是电子器件技术发展的基础。本章在概述材料提纯、单晶制备、薄膜外延生长等硅材料基本制造技术后,对硅基异质外延、绝缘层上硅等技术也将作概要讨论。

9.1　从天然石英砂到纯硅材料

用于制造晶体管、集成电路芯片和太阳能电池的硅,是由天然石英砂经过冶炼、提纯等一系列加工步骤得到的。石英砂是一种坚硬、耐磨、化学性能稳定的材料,颜色为乳白色或无色半透明状,常称为硅石,其成分为 SiO_2。石英砂在自然界中分布广,储藏量大,很多国家都有大型优质矿。石英砂有众多工业应用,如耐火材料、陶瓷、光学玻璃及仪器、光导纤维、超声波元件、光学、装饰宝石、硅铁等。提炼和制备高纯硅晶体,是石英砂在现代工业技术中最重要的应用之一。纯硅的制造过程,首先通过冶炼把 SiO_2 还原成纯度较低的冶金级硅,纯度约 98%,亦常称为工业硅。随后再通过化学与物理处理工艺去除各种杂质,获得高纯硅。高纯硅常称为半导体级纯硅或电子级纯硅。这种半导体级硅,除氧和碳以外,其他杂质元素含量要求降到一个 ppb 以下。集成电路通常要求应用 99.999 999 9%(简称"9N")或更好的高纯硅单晶。制造多晶硅光伏电池的材料纯度要求可降低,5N 纯度的硅也能制造出转换效率达到 15% 的太阳电池,但转换效率和稳定性更好的太阳电池则需要应用纯度更高的硅。制造高纯硅主要通过 3 个化学反应过程完成:第一步由石英砂通过还原反应,冶炼出杂质含量仍较高的单质硅;第二步通过硅与氯化氢化合反应,把固态硅转化为气态三氯氢硅,并经过精馏提纯;第三步再由气态三氯氢硅与氢的还原反应,得到高纯单质硅。

9.1.1　由石英砂冶炼得到冶金级硅

以一定比例的较纯净石英砂和焦炭等碳素物质为原料,通过以石墨为电极的高温电弧炉加热,使 SiO_2 和碳经过还原化学反应生成硅。在高温电弧炉内,存在一系列化学反应,主要反应前体和生成物可归纳为以下反应方程式:

$$SiO_2 + 2C \longrightarrow Si\downarrow + 2CO\uparrow \tag{9.1}$$

SiO_2 的熔点约为 1 723℃,硅冶炼在接近或超过 SiO_2 熔点的 1 600~1 800℃高温下进行。在此温度范围,反应生成的硅为液体(硅的熔点为 1 414℃),由反应炉底流出,如图 9.1 所示。在电弧炉中发生一系列相互关联的化学反应:

$$SiO_2 + C \longrightarrow SiO + CO \tag{9.1a}$$

$$SiO + 2C \longrightarrow SiC + CO \tag{9.1b}$$

$$SiC + SiO_2 \longrightarrow Si\downarrow + SiO + CO \qquad (9.1c)$$

$$SiO + CO \longrightarrow SiO_2 + C \qquad (9.1d)$$

这样制成纯度仅为 95％～99％的粗硅,不能直接用于生产半导体器件,可作为通过提纯获得高纯硅的基础原料。这种硅是冶金、化学等许多其他工业的重要原料。例如,在炼钢中用作脱氧剂,这是利用硅易于和氧化合形成 SiO_2,并且是放热反应,可提高钢水温度。又如,硅橡胶、硅油等许多有机硅产品也以硅为基本原料。我国的硅年产量以百万吨计,是世界上最大的冶金硅生产国,冶金硅的产量约占世界总产量的 3/4,大量出口。但是,冶金硅生产耗能较高,早期耗电在 13 千瓦·小时/公斤以上,近年通过技术改进,平均电耗显著降低。

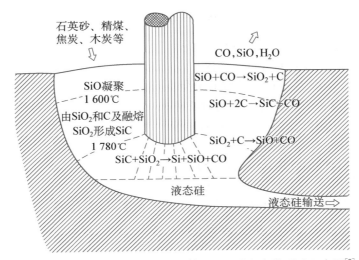

图 9.1　石英砂通过电弧放电加热碳还原反应制备单质硅示意图[2]

9.1.2　硅化学提纯和化学气相淀积制备高纯硅

以冶金硅为原料,经化合反应、液化及精馏化学提纯,再通过化学气相淀积,制造高纯多晶硅的整个流程,可以集成在一个系统中实现。这种系统主要由流化床反应器、精馏塔和 CVD 反应器 3 个部分组成,如图 9.2 所示。

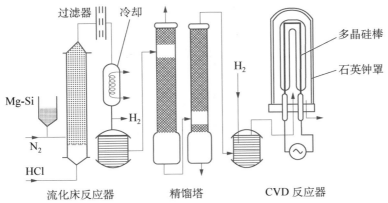

图 9.2　Si/HCl 化合反应、$SiHCl_3$ 精馏、化学气相淀积制备高纯多晶硅流程原理示意图[2,3]

　　把经过碾磨粉碎的冶金级硅粉（Mg－Si），与盐酸在液化床内于约300℃下进行化合反应，使固态硅转化为气态三氯氢硅（也称三氯硅烷）。

$$Si + 3HCl \longrightarrow SiHCl_3 \uparrow + H_2 \uparrow \tag{9.2}$$

反应生成物经过温度较低（－40℃）的冷凝器，气态$SiHCl_3$被冷凝为液体。室温下$SiHCl_3$为液体，其沸点为31.8℃。在化学反应、气化和冷凝过程中，原来冶金硅中的许多杂质被去除，再经过精馏塔多级分馏工艺，可获得高纯度$SiHCl_3$。

　　利用（9.2）式的逆反应，在低于硅熔点的高温条件下，由高纯$SiHCl_3$和H_2气体，通过气态还原化学反应，可获得高纯单质硅。

$$SiHCl_3 + H_2 \longrightarrow Si \downarrow + 3HCl \uparrow \tag{9.3}$$

这一反应在特制的密封反应装置内进行，高纯$SiHCl_3$和H_2气体通入CVD反应器，其中安置的细长硅棒，既作为电阻加热体，又作为CVD淀积衬底，通电流加热，硅棒可达到1 050～1 100℃。由（9.3）式还原反应产生的硅原子会不断淀积在硅棒上，生成多晶硅，硅棒直径逐渐增大。实际生产设备中常需安装大量细长硅棒，以提高产量。例如，在有的生产设备中，安置80根硅棒，其初始直径为5～10 mm，长度为1.5～2 m，每根棒上生长多晶硅后，直径可达到150～200 mm。未反应的$SiHCl_3$、H_2和HCl反应生成物等气体从反应容器中排出。这些混合物进行低温分离后，可再利用。

　　（9.1）、（9.2）和（9.3）3个化学反应方程式概括了制备高纯硅的基本原理。由$SiHCl_3$还原制备高纯硅的技术系由德国西门子公司于1954年提出，被称为西门子工艺或西门子法，逐渐得到广泛生产应用。随着集成电路等各种硅器件生产技术和规模不断发展，特别是近年硅太阳能电池产业的迅速发展，对高纯硅的需求持续上升。近年西门子工艺不断改良，以提高化学反应产物的综合利用效率，降低物耗，减少污染，节约能源。除了三氯氢硅工艺，也有应用硅烷的多晶硅生产技术。近年还在发展冶金精炼和定向凝固提纯等方法，直接获取太阳能电池级多晶硅的生产技术。

　　近40年来多晶硅产量持续增长，1982年全球多晶硅年产仅约2 000吨，2011年已超过20万吨。近年我国的多晶硅生产技术和规模以较快速度升级与增长，2011年我国多晶硅产量已超过世界总量的1/3。多晶硅产量迅速上升的推动力，源于光伏电池产业的爆发性扩展，但也受光伏电池市场波动影响，产量常有起伏。2016年我国多晶硅产量为18万吨，约占全球产量一半。2018年我国多晶硅产量增至25万吨。我国是世界光伏电池产品最大的生产者，也已成为光伏发电装机容量最大的国家，至2018年底累积容量已达170 GW。阳光电池产业和集成电路产业发展，都对推动多晶硅和单晶硅质量持续提高发挥着重要作用。

9.2　硅单晶生长

　　除了一般太阳能电池可直接应用多晶硅材料制造外，集成芯片和绝大部分电子器件都需要应用单晶硅制造。转换效率高于20％的太阳能电池，也需应用单晶硅制造。通过晶体定向生长技术把多晶硅转换为单晶硅。单晶硅必须具备完好晶体结构，无位错是集成芯片用硅单晶的基本要求。各类点缺陷和微缺陷的密度也需尽可能低。不同类型集成电路需要应用不同掺杂浓度的 p 型或 n 型硅单晶。有较低掺杂的单晶,也有高浓度掺杂的 p^+ 或 n^+ 硅单晶。在拉制单晶时,依据导电类型和电阻率要求,需掺入适当数量的杂质,如硼、磷、砷、锑等,并且要求杂质在硅体内均匀分布。近年正在迅速发展的硅基射频通信集成芯片需要高电阻单晶材料,如衬底电阻率达到和超过 $1\ 000\ \Omega\cdot cm$,则可显著减小衬底寄生电容,以及不同器件之间的电容性交叉耦合,降低感应电流损耗与噪声。随着集成电路逐渐向更大直径硅片升级,需要生长直径越来越大的单晶晶锭。本节将先后讨论制备硅晶体两种方法(直拉法与区熔法)的原理,并简要分析避免位错生长、磁场辅助拉晶、杂质引入、中子嬗变掺杂等单晶制备相关技术。

9.2.1　Czochralski 法直拉硅单晶

硅单晶生长主要有两种方法:一种为直拉生长法,另一种为区熔生长法。常用方法是直拉单晶法。这种方法的基本原理如下:利用晶体结构完好的硅单晶体作为籽晶,与熔融态硅接触形成固液界面后,以适当速度缓慢上拉,固/液界面处的原子按籽晶硅原子排列固化,使单晶体逐渐生长。这种单晶制备方法,最早是由波兰科学家 J. Czochralski(1885—1953)在 1916 年研究金属晶体生长时发明的,因而被称为 Czochralski 法(简称为"CZ 法")。利用多晶锗材料发明晶体管后,1950 年贝尔实验室 G. Teal(1907—2003)等人,首次应用 CZ 法成功拉制锗单晶,此后在锗、硅等半导体材料单晶制备中获得广泛应用。用此法拉制的硅单晶,有时也被称为"CZ - Si"。自从硅半导体晶体管和集成电路技术发展以来,CZ 工艺成功用于制造晶体质量要求越来越高、直径越来越大的硅单晶锭。现在用于各类集成电路研制与生产的 200 mm、300 mm 硅片都是应用 CZ 法单晶得到的。应用先进 CZ 直拉单晶硅技术已能获得直径为 450 mm 的硅材料,用于新一代硅片技术研发。

严格控制拉晶工艺是获得优质硅单晶的关键。高质量大直径 CZ - Si 单晶生长在专门设计的单晶炉内,图 9.3 为硅单晶炉结构及生长原理示意图。硅单晶炉由密封炉体、石英坩埚、电加热器、提拉装置、转动装置、冷却系统等部分组成。电加热系统可以使用电阻直接加热或射频(RF)感应加热。拉制大直径硅单晶多用电阻加热。晶体生长提拉装置要能精确控制和调节上升速度。在晶体生长过程中,不仅晶体要以适当速率旋转,石英坩埚也处于旋转状态,两者旋转方向相反,都要精确控制其速率。随着硅晶锭直径愈益增大,直拉单晶设备与工艺控制不断改进。

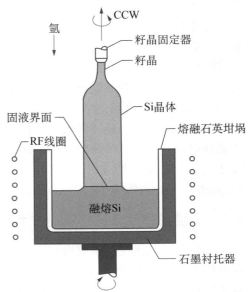

图 9.3　CZ 法硅单晶炉结构及生长原理示意图

9.2.2　无位错硅单晶拉制工艺

CZ 法硅单晶制备工艺基本步骤如下:

加料 → 熔化 → 缩颈生长 → 扩径生长 → 等径生长 → 尾部生长

拉制硅单晶需要以高纯多晶硅为原料,并根据电学性能要求掺入适量杂质。n 型杂质可选择磷、砷或锑,p 型掺杂杂质一般为硼。由于掺杂杂质数量微小,通常不是直接加入掺杂元素杂质,而是应用高纯多晶硅与杂质配成的硅杂质合金,如杂质含量为 10^{-3} 或 10^{-2} 的硼硅、磷硅合金。多晶硅碎块及掺杂合金料放入石英坩埚内后,关闭单晶炉,并抽成真空,充入高纯氩气使之维持在一定压力范围内,防止硅氧化。然后打开石墨加热器电源,加热到硅熔化温度(1 420℃)以上,使多晶硅熔化。当熔体硅温度稳定之后,先把以一定速度转动的完美单晶籽晶体,下降至熔融硅液面,形成晶液界面,然后向上提升。随着籽晶自熔体液面上拉,晶液界面附近的熔体会由于表面张力作用而上升,同时由于散热使温度下降至凝固结晶温度,开始生长与籽晶具有相同晶向的硅单晶。然后通过控制温度和提升速率,逐渐达到所需直径,实现等径生长过程,得到圆柱形硅单晶锭。

由熔体直拉单晶不是一个简单的固化过程,而是一个单晶原子生长过程,并且要避免产生位错等晶格缺陷。温度和拉晶速率及其变化,对晶体完整性与掺杂均匀性都有重要影响。在晶体生长的初始阶段,必须避免位错生成。在籽晶与硅熔体接触时,产生的热应力会使籽晶产生位错,这些位错可以通过缩颈生长、使之消失。这就要求很好地控制初期晶体的生长过程,可以采用先缩颈、再逐渐扩大直径的生长模式,获得零位错硅单晶。通过将籽晶快速向上提升,可以实现缩颈生长,使长出的晶体直径较籽晶缩小到一定尺寸(如 4~6 mm)。由于位错线与生长轴成一个交角,只要缩颈区域足够长,位错便能伸长出晶体表面。此后再逐渐扩径与等径生长,得到无位错单晶硅锭。

直拉硅单晶生长工艺必须恰当控制晶体直径。晶体生长形成无位错细颈晶体之后,通过降低温度与拉速,使晶体直径渐渐增大、形成肩部。这一阶段常称为放肩生长,即扩径生长。晶体达到所需直径之后,通过不断调整拉速与温度、保持等径生长,常使晶锭直径变化保持在正负 2 mm 之内。单晶硅片就取自这段等径部分的晶锭。在生长完等径部分之后,如果将晶体与液面立刻分开,那么,热应力将使晶体内出现位错与滑移线。为了避免缺陷引入,尾部生长工艺也要很好地控制,必须使晶锭的直径慢慢缩小,直到成一尖点,与液面分开。生长工艺完成的晶锭被升至上炉室,冷却一段时间后取出。目前常用的直径为 200 和 300 mm 硅晶锭长度可达 1~2 m。

单晶制备通常在氩气气氛下进行,近年也有许多研究工作,在单晶炉内通入氮气,拉制掺氮硅单晶。一些硅单晶公司已采用这种拉晶技术。国内外一些掺氮晶体研究表明,硅中存在一定浓度氮元素(如 1.5×10^{15} cm^{-3}),可以增加硅材料的机械强度,并具有抑制微缺陷、促进氧沉淀的作用[5-7]。

9.2.3 磁场辅助直拉硅单晶技术

大直径硅晶体拉制需要应用数百公斤硅原料,石英坩埚中的硅熔体存在强烈热对流。在直拉单晶工艺中,硅和杂质原子在固/液界面上的晶体生长为扩散控制过程。强烈热对流将破坏这种扩散和生长过程,严重影响硅单晶的完整性和均匀性。研究表明,在 CZ 单晶直拉技术中,加磁场作用于熔体,可以抑制热对流,获得优质单晶体[8]。磁场改善晶体质量的基本原理在于磁场所产生的洛伦兹(H. A. Lorentz,1853—1928)作用力。硅在熔融状态是良好导体,当熔体处于磁场作用下时,导电熔体在磁场中运动,必然会受到洛伦兹力作用,使熔体的热对流受到阻滞,这相当于增加了熔体的有效黏滞性(磁动力黏滞性)。因此,在石英坩埚周围设置适当结构和强度的磁场,可显著抑制热对流引起的熔体质量运动和温度波动,使液面平整,从而改善晶体生长条件。自 20 世纪 80 年代以来,磁场辅助直拉单晶生长技术逐步发展,应用电磁体、低温超导磁体或永磁体,在直拉单晶硅设备中安置磁场辅助装置。这种直拉单晶技术也常称为磁场 CZ 技术,简称 MCZ 技术。一些研究还表明,磁场也有益于减少熔融硅与坩埚作用,使坩埚中杂质较少进入熔体,并可有效控制晶体中的氧浓度。现今 200 mm 及以上大直径硅单晶生长已普遍应用磁场辅助拉晶技术。

9.2.4　直拉单晶中的氧

如何控制硅单晶中的氧原子浓度及其均匀性,是单晶制备工艺的关键问题之一[1, 4, 6]。在直拉单晶生长时,熔融硅的容器为石英坩埚,虽然石英熔点(1 723℃)高于硅熔体温度,但石英坩埚的 SiO_2 分子会与熔体中硅原子发生反应,在产生 SiO 的同时,氧原子会进入熔体。因此,所拉制的单晶硅中氧原子占据晶格间隙位置,其浓度约为($10^{17} \sim 10^{18}$) cm^{-3}。对于绝大部分集成电路及低功率器件,适当的氧杂质浓度不会显著影响器件性能。而且实验证明,适当浓度的间隙氧原子,由于应变硬化效应,有益于增强硅片机械强度。氧还可用于硅片本征吸杂工艺,把有害金属杂质吸附到 Si - O 析出物区域,使硅片近表面的器件功能区更为"洁净",从而优化晶体管性能。氧杂质会减小少数载流子寿命,对功率器件、高压器件、光敏器件及其他辐射探测器件性能不利。这几类半导体器件需要应用低氧硅单晶制造。

9.2.5　区熔法制备高纯低氧硅单晶

利用区熔再结晶技术可以把多晶硅锭转化为单晶锭。所谓区熔技术,就是局部熔化和再结晶的技术。区熔技术也可称为悬浮区熔或浮熔技术(float zone technique),简称 FZ 法。用这种方法制备的硅单晶可简称为"FZ - Si"。区熔技术由美国贝尔实验室的 W. G. Pfann 在 1952 年发明[9]。Pfann(1917—1982)是一位自学成才的科学家,对早期半导体科学技术进步有重要贡献,杂质扩散掺杂制造 pn 结技术也是他发明的。区熔技术最初作为一种物理提纯的有效方法,用于获得高纯度锗半导体材料。其基本原理如下:在含有杂质的棒状(或其他形状)半导体材料上,以局部加热源(常常是射频感应线圈)加热,使局部区域熔化,并让熔区从一端向另一端移动,前沿熔化,后沿固化,利用在固/液界面上固化相变时的杂质分凝效应,把不同杂质分别驱赶到棒状晶锭两端。

杂质分凝效应源于杂质元素在固相和液相硅中的溶解度不同。当含有杂质的硅熔体在界面上由液相骤变为固相时,杂质原子不以液相同样比例进入固体,或减少,或增加,取决于杂质分凝系数。分凝系数定义为固/液界面两侧的固相杂质浓度与液相杂质浓度之比。对于分凝系数小于 1 的杂质,固化杂质减少,把更多的杂质原子驱入液体。经过若干次沿同一方向硅锭区熔处理后,大部分杂质被驱赶至熔区移动终止端。对于分凝系数大于 1 的杂质,进入固相的杂质增加。经过若干次同一方向区熔处理后,杂质会聚积到熔区移动起始端。分凝效应越强,即分凝系数偏离 1 越多的杂质,区熔提纯效果越好。大部分杂质都可通过区熔提纯显著减少。这是一种极为有效的物理提纯半导体材料的方法。在化学提纯之后,再用这种物理提纯方法,可以得到最纯的硅、锗等半导体材料。经过多种化学与物理提纯工艺处理后,研究者获得的最纯硅材料已达到 16N。

　　杂质分凝效应也对直拉单晶中的杂质分布有重要影响。硅中大部分杂质元素的分凝系数比较小,例如,Fe$\sim 8\times 10^{-6}$,Ti$\sim 2\times 10^{-6}$,Cu$\sim 4\times 10^{-4}$,Al$\sim 2\times 10^{-3}$,C~ 0.05,有利于降低这些杂质在直拉单晶中的浓度。磷和硼的分凝系数较大,例如,P~ 0.35,B~ 0.8。由于硼在硅中的分凝系数接近1,它较难用区熔技术去除,通常提纯后的硅常呈 p 型导电,就是由于这个原因。这也使直拉法较难制备高电阻率硅单晶。但是,这也使硼在直拉单晶或区熔晶体中具有较均匀的原子分布,易于获得均匀 p 型硅晶体。

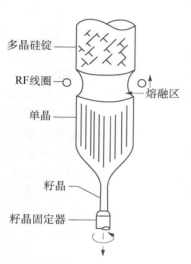

多晶硅锭
RF线圈
熔融区
单晶
籽晶
籽晶固定器

图 9.4　区熔法硅单晶生长示意图

　　区熔提纯与单晶生长技术相结合,可以制备高纯优质单晶体。与 CZ 法直拉单晶生长相同,区熔技术制备硅单晶也必须应用晶格结构完美的籽晶体。图 9.4 为区熔法生长硅单晶的示意图。通常以多晶硅锭为移动体,同时作转动以保证均匀性。射频感应加热首先从多晶硅与籽晶体接触区域开始,形成熔体后,熔区沿多晶硅锭缓慢位移,多晶硅前沿熔化,后沿则按籽晶体晶向实现单晶生长。由于区熔法硅单晶生长不需要应用石英坩埚,避免了 SiO$_2$ 分解产生的氧掺杂及其他杂质污染,可以制备低氧高纯硅单晶。氧原子浓度可降低到 1×10^{16} cm^{-3}。碳等杂质含量也可大幅度降低。制造 CMOS/BiCMOS 集成芯片常用直拉 CZ 单晶,电阻率在 $5\sim 25$ $\Omega\cdot$cm 范围。利用区熔技术制备的区熔高纯单晶,其电阻率可达数百 $\Omega\cdot$cm,少数载流子寿命可达 $2\,000$ μs 以上,都显著高于直拉单晶。通过多次真空区熔提纯工艺,高纯 FZ 晶体的电阻率可达 3×10^4 $\Omega\cdot$cm。

　　区熔硅单晶已成为研制高压、大功率、辐射敏感、微波等类型器件的首选材料[1]。器件制造常用的区熔单晶电阻率为 $10\sim 600$ $\Omega\cdot$cm。区熔技术制备大直径硅单晶难度较大,成本显著高于直拉单晶,在半导体器件硅单晶材料应用中,区熔单晶所占份额约 10%。随着电力电子功率器件需求增长和应用范围扩展,区熔硅单晶技术与产量持续发展与增长。对于工作频率越来越高的 CMOS 射频芯片,应用高电阻硅衬底,有益于降低高频损耗、减小噪声、提高电路性能。

　　区熔单晶掺杂常用两种方法:一为气相掺杂,即在区熔单晶炉惰性气氛中掺入杂质元素化合物气体,例如,把磷烷(PH$_3$)与硼烷(B$_2$H$_6$)分别作为电子与空穴导电类型掺杂剂。另一种为中子嬗变掺杂(neutron transmutation doping,NTD),可用于制备电子导电硅材料[10]。中子嬗变掺杂技术的基本原理如下:在核反应堆中以热中子辐照高纯单晶硅,引起中子(n)与硅同位素 ^{30}Si 原子发生核反应,通过原子核衰变,产生稳定的同位素原子 ^{31}P。这一核反应可用下式表示:

$$^{30}\mathrm{Si} + \mathrm{n} \longrightarrow {}^{31}\mathrm{Si} + \gamma \qquad (9.4a)$$

$$^{31}\mathrm{Si} \longrightarrow {}^{31}\mathrm{P} + \beta^- \qquad (9.4b)$$

天然硅中存在约 3.1% 的同位素 ^{30}Si 原子。^{30}Si 原子核吸收中子并发射 γ 光子,形成同位素 ^{31}Si,随后,这种不稳定的同位素 ^{31}Si 原子核,通过发射电子嬗变为磷原子 ^{31}P,半衰期为 2.62 小时。由于晶体中同位素 ^{30}Si 原子分布极为均匀,同时,中子在硅中的穿透深度很大

（可达约 100 cm），用中子嬗变掺杂技术可以制备磷原子分布非常均匀的高质量硅材料。虽然 NTD 硅单晶制造成本高，基于其高击穿电压、长载流子寿命等特性，在大功率、辐射探测等电子器件制造中得到应用。

除了上述多晶和单晶硅制造技术外，为适应太阳能光伏电池产业对多晶硅材料快速增长的需求，也为了提高硅利用率、减少常用西门子化学提纯工艺污染和降低高纯多晶硅生产成本，近年由冶金级硅直接经物理冶炼获得高纯多晶硅的技术受到重视。在这种硅材料技术中，也需要利用杂质分凝效应降低硅中金属含量。例如，利用定向凝固技术，可以把铁等金属杂质驱赶到凝固方向的尾部。磷、硼分凝系数较大的杂质则需要应用其他原理及方法降低浓度。利用磷在真空条件下有很高的挥发性，可以在高温熔融条件下通过真空挥发去除。对于硼，由于其蒸汽压低于硅而难于用除磷的相同方法，需要使硼生成挥发性强的化合物后去除。

9.3　硅单晶圆片制备

在集成电路制造技术发展过程中，为了提高生产效率和降低成本，并适应芯片集成度持续增长需求，硅片直径逐渐增大，从 20 世纪 70 年代的 30～50 mm 发展到现今主流产品应用的 300 mm。450 mm 硅片集成电路技术所需要的材料、设备和工艺技术正在研发之中。随着直径增大，硅片厚度也需增加。现今主要用于各类集成芯片制造的 150 mm、200 mm、300 mm 硅片，厚度分别为 675 μm、725 μm、775 μm，可以允许有正负 20 μm 误差。对于集成电路制造，不仅要求无位错、均匀掺杂等单晶内在质量，硅片的表面外在质量也十分重要[1, 11]。

9.3.1　硅片质量要求演变

单元器件尺寸越来越小的集成电路，要求硅片具有更好的平整度和洁净度，表面粗糙度和翘曲度要更小，表面颗粒尺寸及密度也要越来越小。高性能集成电路应用愈益增长的外延片和 SOI 硅片也需要利用原始单晶硅片作为衬底。在国际半导体技术路线图中对各类硅片表面颗粒尺寸及密度等给出具体要求。表 9.1 列出 ITRS - 2013 版本中对初始硅片表面质量参数的部分要求。这些参数要求是根据集成电路单元器件缩微、集成度上升及高成品率需求提出的。随着集成芯片单元器件尺寸缩微，硅片表面可容忍的颗粒直径与密度都需相应降低到更小、更少水平，技术难度更高。初始硅片尺寸、平整度、表面颗粒密度等质量参数都取决于硅片切磨抛和清洗等一系列制备工艺。450 mm 硅片至今尚未能用于芯片规模量产。

表 9.1　ITRS - 2013 版本中初始硅片直径与表面质量的部分要求[12]

年份（年）	2013	2014	2015	2017	2019	2020	2022	2024	2026	2028
DRAM 半线距（nm）	28	26	24	20	17	15	13	11	9	8
MPU 物理栅长（nm）	20	18	17	14	12	11	9	7	6	5
最大硅片直径（mm）	300	300	300	300	450	450	450	450	450	450
可测/可控最小表面颗粒（nm）	≥32	≥32	≥32	≥22	≥15	≥15	≥11	≥11	≥8	≥8

年份(年)	2013	2014	2015	2017	2019	2020	2022	2024	2026	2028
颗粒密度(/cm²)	≤0.19	≤0.19	≤0.19	≤0.18	≤0.18	≤0.18	≤0.17	≤0.17	≤0.16	≤0.16
颗粒数/片	≤131	≤291	≤291	≤285	≤278	≤275	≤269	≤263	≤257	257
局部(26×8 mm²)平整度(nm)	≤28	≤25	≤23	≤18	≤14	≤13	≤10	≤8	≤6	≤6

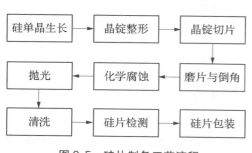

图 9.5 硅片制备工艺流程

表 9.1 所列表面颗粒密度等缺陷参数数据是按照成品率(或称良率)模型给出的,要求该缺陷对成品率的影响小于 1%。表 9.1 中列出的局部平整度参数对于精密光刻图形质量控制极为重要。图 9.5 给出原始硅片加工过程的主要步骤。切片、磨片、抛光等工艺步骤的关键目标,就是尽可能降低硅片缺陷密度,减小微粗糙度,提高表面平整度。制备器件性能要求愈益提高的优质硅片,是硅集成芯片制造技术进步的重要基础。这种单晶硅片也可称为晶圆。

9.3.2 晶锭整形和硅片晶向标识

直拉法或区熔法制备的单晶锭,并非理想圆柱体,外径表面不平整,直径也比标准抛光晶片所要求的直径规格大数毫米。由图 9.6 所示直径 300 mm 硅单晶锭照片,可见硅锭表面的起伏与晶棱。在切制硅片之前,需对硅晶锭进行整形处理,以获得具有精确直径、表面光洁的圆柱形晶体。用内圆切割机或外圆切割机,切除单晶硅锭的头部和尾部,用四探针测量硅单晶电阻率及其分布,以判断单晶掺杂均匀性。接着应用磨床通过外径滚磨,使硅晶锭直径达到标准

图 9.6 典型直径 300 mm 硅单晶锭照片

尺寸。为设置硅片晶向标识,以 X 射线衍射仪确定晶面和晶向后,应用磨床磨削硅锭,形成与晶向对应的定向面或定向槽。

按国际半导体产业的共同约定,150 mm 及以下硅片用定向边,200 mm 及以上硅片则用定向槽为晶向标志。图 9.7(a)为 150 mm 及以下(100)和(111)晶面、n 型与 p 型 4 种硅晶片的定位边标识方法。如图 9.7(a)所示,圆片上可有长短两种平边,长者称为主定位边,短者称为次定位边。所有 4 种不同晶面与导电类型硅片都有主定位平边,垂直于⟨110⟩晶向。p(111)硅片仅有主定位边。n(111)、p(100)、p(111)则用分别位于偏离定位边垂直中线 45°、90°、180°的次定位边区别。定位边不仅可用于标识不同硅片类型,也用于硅片在光刻等工艺设备上的定位,还有益于确定晶体管沟道等晶体取向。图 9.7(b)显示 200 mm 及以上硅片的标识方法,除以定位槽代替定位边外,还在硅片背面边缘区用激光刻上硅片型号等信息。大直径硅片的边缘区要求控制在 2 mm 以内。

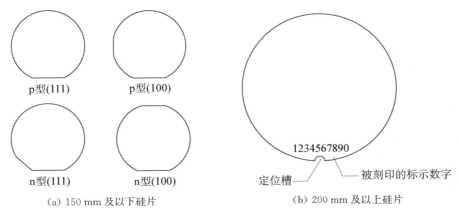

(a) 150 mm 及以下硅片　　　　(b) 200 mm 及以上硅片

图 9.7　150 mm 及以下硅片的标识定位边和 200 mm 及以上硅片的晶向定位槽

9.3.3　硅晶锭切片

切片是硅片制备中的重要环节,对硅片质量和硅单晶利用率都有显著影响。切片工艺的基本要求如下:精确控制硅片厚度和表面平行度,避免硅片形变,翘曲度要小;尽可能减少对硅片表面的机械损伤,断面完整性好,避免拉丝、刀痕和微裂纹;缩小切缝,降低切片造成的硅材料损耗。在单晶硅锭加工成单晶硅抛光片的过程中,切片是造成硅材料损耗的主要工序。采用内圆切割时,在切割过程中由于刀片的磨削及刀片的摆动,造成的硅材料损耗可达 30% 以上。

常用硅片切割设备有两类:内圆切割机和线切割机。图 9.8 为两种硅片切割方法的示意图。两者的切片原理有所不同,前者靠磨削,后者靠研磨。如图 9.8(a)所示,带有金刚石刀刃的内圆切割是传统硅片切割方法。这种方法的切口较宽,单晶损耗率大,而且受到其机械结构限制,难于切割 200 mm 以上硅锭。近年来用于硅片切割的线切割技术得到发展,成功应用于大直径硅单晶切片,具有硅片表面质量高、材料损耗小、切割效率高、成本低等特点。图 9.8(b)所示多丝线切割技术可以实现多片同时切割,可多达数百片。线切割是通过金属丝带动碳化硅研磨液进行研磨加工来切割硅片,切口可减薄到 200 μm 左右,而内圆切割的切口达 300～500 μm。线切割造成的硅片表面损伤显著减小,由内圆切割的 20～30 μm 可减薄至 5～15 μm。线切割技术还有利于切制更薄的硅片,可薄至 200 μm,而内圆切割的最薄硅片为 350 μm。切割丝直径是影响切口宽度等参数的重要因素,它的减小可使硅材料损耗进一步下降,使单晶材料硅片产出率提高,这是切片技术的研究课题之一。

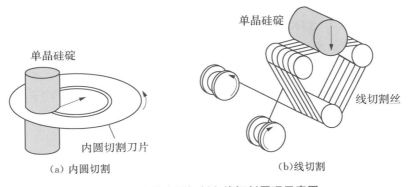

(a) 内圆切割　　　　　　(b)线切割

图 9.8　硅片内圆切割和线切割原理示意图

9.3.4　磨片与倒角

用切割机切出的硅片两面表层都会受到机械损伤,需要通过双面机械研磨,去除切片损伤层,并增加硅片两面平行度与平坦化。磨片工艺需要使用双面磨片机,应用由氧化铝或碳化硅等微粉磨料、甘油、水等配制的研磨浆料,通过硅片与衬垫底座的旋转运动及适当压力,磨去损伤层,形成平坦表面。磨片工艺约去除表层 $10\sim20\,\mu m$。

在磨片之前或之后,还需要对硅片边缘进行修整,把切割形成的锐利边缘修整成圆弧形,防止硅片边缘破裂及晶格缺陷产生。这种边缘修整通常称作倒角,需要应用专门设计的倒角机来完成。硅片边缘的棱角、裂缝等会给以后的表面加工和集成电路工艺带来严重危害,在加工和传输过程中会产生碎屑颗粒,损伤硅片表面。边缘的细小裂痕与裂缝不仅会在工艺过程中聚积有害污染物,而且它们产生的机械应力还会在氧化、扩散等高温工艺中导致边缘位错生长。边缘不修整还会影响外延质量,导致硅片边缘外延层厚度增大。

9.3.5　化学腐蚀

切片、倒角、磨片等前期硅片加工工艺,不可避免地会造成硅片表面损伤和污染,必须通过适当化学腐蚀处理,进一步完全去除表面损伤与污染层。可用适当组分配制的酸性或碱性硅腐蚀溶液,腐蚀适当厚度硅表面层,以促使损伤层有效去除。酸性腐蚀液由硝酸(HNO_3)、氢氟酸(HF)及一些缓冲酸(CH_3COCH、H_3PO_4)组成。碱性腐蚀液由氢氧化钾(KOH)或氢氧化钠(NaOH)加纯水组成。

9.3.6　化学机械抛光

半导体器件制造所应用的硅片都需要通过抛光工艺,获得高度平整和光洁的表面。早期完全应用机械抛光,后来普遍应用化学机械抛光(CMP)技术制备各种硅片。硅片化学机械抛光的原理如下:机械研磨和化学腐蚀同时作用于硅片,除去磨片等前道加工时所产生的亚表面损伤层,使晶体片表面光洁如镜。一般硅片为单面抛光片,也有器件制造需要双面抛光片。对于 300 mm 和更大直径硅片,更多应用双面抛光,以进一步提高硅片表面质量。经过这种精密抛光工艺,硅片减薄约 $1\,\mu m$。切片后的硅片经过磨片、化学腐蚀与抛光,共减薄约 $25\,\mu m$。

硅片化学机械抛光的关键材料之一是抛光液。抛光液由 SiO_2 纳米颗粒微细粉与 NaOH(或 KOH 或 NH_4OH)碱性溶液配制而成。SiO_2 是酸性氧化物,SiO_2 溶入 NaOH 溶液中,有小部分 SiO_2 与 NaOH 反应生成硅酸钠(Na_2SiO_3),其反应式如下:

$$SiO_2 + 2NaOH \longrightarrow Na_2SiO_3 + H_2O \tag{9.5}$$

但大部分 SiO_2 颗粒分布在碱性水溶液中,形成 SiO_2 悬浮溶胶体。SiO_2 溶胶抛光液的 pH 值一般控制在 9 左右。

SiO_2 胶体中的 NaOH 对硅具有化学腐蚀作用,也可生成溶于水的 Na_2SiO_3,其反应式如下:

$$Si + 2NaOH + H_2O \longrightarrow Na_2SiO_3 + 2H_2 \tag{9.6}$$

这也就是化学抛光作用。与此同时,SiO_2 溶胶颗粒对硅片起机械抛光作用。因此,在硅化学机械抛光过程中,硅片表面不断被碱溶液腐蚀、生成硅酸盐,而这层不完全成键的硅酸盐又不断被 SiO_2 胶体颗粒研磨除去。

　　硅片化学机械抛光在专门的硅片 CMP 设备上进行。图 9.9 为单面和双面硅片化学机械抛光原理示意图。CMP 设备主要由一个旋转的硅片夹持器、承载抛光垫的工作台和抛光液输送装置 3 个部分组成。在化学机械抛光时,旋转的工件以一定的压力压在旋转的抛光垫上,抛光液在硅片与抛光垫间流动,并在抛光垫的传输和旋转离心力的作用下,均匀分布在硅片表面,在硅片和抛光垫之间形成一层液体薄膜,并产生(9.5)式所表示的化学反应,其生成物通过磨粒的微机械研磨从硅片表面去除,溶入流动的抛光液中被带走。因此,硅片 CMP 抛光是一种超精密表面加工,这种加工是通过化学成膜和机械去膜的动态交替过程实现的,从而达到去除硅片亚表面损伤层、显著改善硅片表面微粗糙程度的效果。

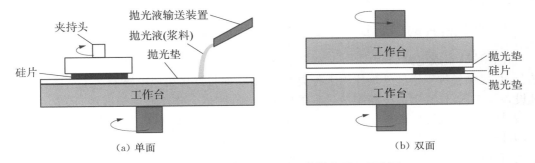

图 9.9　单面和双面硅片化学机械抛光原理示意图

9.3.7　硅片清洗与质量检测

　　如同半导体器件加工过程一样,原始硅片制备过程也始终伴随着化学清洗工艺。抛光后更需要严格清洗,以清除晶片表面所有污染物。通常应用由 H_2SO_4、NH_4OH、HCl、HF、H_2O_2 等组成的 4 种标准化学清洗溶液,经过不同溶液和去离子水的交替处理与冲洗,去除硅片表面的各种有机与无机污染物,特别是各种金属杂质。

　　经过以上多道工艺加工得到的硅片,有时还经过在 H_2 或 Ar 气氛下高温退火,以进一步消除某些缺陷,提高抛光片表面质量。最后硅片需要经过严格测试检验,才能提供半导体器件生产线制造集成电路等产品。通常需要检测的材料参数有硅片尺寸、电阻率、平整度、微粗糙度、缺陷及颗粒密度等。只有经严格测定符合特定器件各种材料性能要求的硅片,才能用于制造集成芯片与其他器件。

　　国际上通常以交付集成电路与其他器件制造厂商的硅片总面积,作为衡量半导体产业发展状况的统计指标之一。据报道,2015 年全世界投入器件制造的硅片总面积已超过 1.04×10^{10} 平方英寸。以直径 300 mm 硅片面积计算,约等效 0.95 亿硅片,或相当于平均每天有约 26 万 300 mm 硅片投入集成电路及其他硅器件生产与研发。由于近年信息化、智能化技术强劲需求推动,集成芯片等硅器件产业快速增长,2017 年硅单晶用量等效 300 mm 硅片已达 1.06 亿片。硅晶体材料消耗更大领域为光伏产业,随着可再生能源发展需求,十年间多晶硅产量增长约 10 倍,2017 年全球产量已达 43 万吨,其中我国占比 56%。当时世界年产硅光伏电池总功率已接近 100 GW,我国多年来一直是硅阳光电池最大产地,约占 70%。

9.4　硅晶体薄膜外延生长

所谓外延,就是以衬底单晶作为籽晶,在衬底上生长一层新的单晶薄膜,并且与衬底晶向保持对应关系,有如衬底晶体结构向外延伸。在晶体生长同时,可以根据需要掺入不同类型及浓度的杂质原子,即实现外延原位掺杂。晶体薄膜外延生长是半导体晶片和器件的重要基础技术之一,用于多种类型半导体材料及器件制造[1, 2, 13]。随着集成芯片技术发展,外延技术也不断演变。本节在简述外延技术发展及应用范围后,介绍硅化学气相外延生长系统及其化学反应工艺,分析外延生长机理和外延生长速率,并分别讨论减压外延、超高真空硅外延、分子束外延和选择外延的原理与特点。

9.4.1　外延硅片的广泛应用与多种外延技术发展

在各种硅集成电路研制中,外延硅片有多方面应用。不仅有专业生产和研究硅外延片的公司,提供各种规格硅外延片用于各类器件制造,而且许多集成电路制造生产线也需要外延设备及工艺,作为集成电路制造过程的中间步骤,在整个硅片或局部区域,形成一定导电类型、掺杂浓度及厚度的硅层或异质半导体层。双极型和 BiCMOS 集成电路必须应用外延结构,以获得良好的器件隔离和晶体管性能。高功率器件需要高浓度衬底的外延片,以降低电阻与功耗。依据器件结构和性能需求,外延层厚度可在较大范围内变化,从亚微米到数十微米。数字集成电路常要求应用微米量级较薄甚至亚微米超薄外延硅片。模拟集成电路则常需用 $10~\mu m$ 左右的外延层,有些高压集成电路则需应用数十微米厚外延层硅片。

在 4.4 节 CMOS 器件工艺核心技术介绍中已说明,利用高掺杂衬底上的低掺杂外延片制备 CMOS 集成电路,可以避免寄生闩锁效应。利用外延片制造 CMOS 还有更多好处。与抛光硅片相比,外延硅片有更好的硅片表面质量。外延工艺通常不会引进氧污染,外延层中的氧含量很低,不会产生 SiO_x 沉积,可以避免因近表面层这种氧沉积和抛光工艺造成的微缺陷和表面粗糙度。高掺杂衬底还具有吸除快扩散金属杂质的作用。这些特点都有益于显著改善栅氧化层与 pn 结质量、提高器件击穿强度与降低漏电流。

抛光片上通常存在 COPs(crystal originated pits)缺陷,严重影响栅氧化层介质质量,造成漏电和低击穿。这种 COPs 缺陷是在 CZ - Si 单晶生长过程中空位点缺陷聚积形成的微小八面体,在抛光和清洗过程中呈现为小蚀坑。通过合适外延工艺,可以把 COPs 覆盖,获得较为理想的硅晶体表面,从而可在外延层上制备性能显著改善的栅氧化层。利用衬底硅片内的氧杂质,通过适当本征吸杂热处理工艺,还可以在内部形成氧化物沉积和吸杂区,使表面成为清洁区。

自 20 世纪 90 年代中期以来,越来越多生产线开始应用外延片代替传统抛光片,制造微处理器、可编程逻辑阵列等超大规模 CMOS 集成电路,以改善性能与提高成品率。随着应用增长,外延硅片生产成本也在下降,因而在 200 mm 和 300 mm 硅片集成电路生产应用中,外延硅片的比率有较多提高。纳米 CMOS 器件技术进步,还要求在制造过程中应用外延工艺形成晶体管某些区域。例如,应变沟道 PMOS 晶体管需要在源漏区选择外延生长 SiGe 异质结构,以提高空穴迁移率及电路传输速度。

晶体生长总是伴随物质相变。本章前面介绍的硅单晶生长就是由液相向固相晶态的转变。按晶体外延生长过程中的相变方式,可分为气相外延、液相外延和固相外延。也就是说,某些气相、液相或固相物质可以在适当条件下,经过向固相晶态转变,生成固体外延薄膜。硅外延薄膜多以气相外延制备。硅离子注入形成的非晶层,可通过固相外延机制恢复晶态。早期化合物半导体常用液相外延方法生长外延层。在液相外延时,需将生长外延层的原料在溶剂中溶解成饱和溶液,当溶液与衬底片温度相同时,将溶液覆盖在衬底上,缓慢降温,溶质按基片晶向析出单晶。这种方法曾用于外延生长砷化镓等材料。20 世纪 70 年代以来发展了多种化学气相和物理气相技术,如有机金属源气相外延(MOVPE)、超高真空分子束外延(MBE)、化学束外延(CBE)等,用于多种化合物半导体外延薄膜制备。

按衬底材料与外延层的关系,可分为同质外延(如 Si/Si、GaAs/GaAs 等)和异质外延(如 SiGe/Si、AlGaAs/GaAs 等)。自 20 世纪 60 年代以来,随着半导体器件制造技术发展,研究开发了多种单晶外延生长方法,用于各种不同晶体材料与器件工艺。半导体器件研制应用最为广泛的是气相外延技术。气相外延技术中又包括多种不同化学气相外延和物理气相外延等不同工艺。

9.4.2 硅化学气相外延生长系统

半导体集成电路与其他器件生产应用的硅外延层一般都由化学气相外延生长技术制备。气相法外延生长实际上也是一种化学气相淀积技术,依赖气相化合物的化学反应和温度等淀积条件,在清洁硅片表面上生长晶体薄膜。实现硅片外延生长工艺的装置,由含硅化合物源、掺杂原子化合物源及气体输运系统、化学反应及外延生长室、加热及温度测控系统、真空系统、尾气与废气排除及处理系统、工艺检测及控制系统等组成。器件尺寸的持续微小型化,要求对外延薄膜的厚度、化学组分及其分布有更精确的控制。不仅要控制传统掺杂元素,而且需要在异质外延时很好地控制锗、碳等原子组分与晶格变化。

随着硅片尺寸逐渐增大和集成电路加工要求日益提高,先后开发和应用了多种化学气相硅外延系统。图 9.10 为两种典型硅外延工艺装置的原理示意图,图 9.10(a)所示为早期适用于中小直径尺寸的横式常压多片外延系统,图 9.10(b)所示为适用于大直径硅片的超高真空冷壁单片外延系统。早期硅片尺寸较小,普遍应用横向石英管作为外延生长室,衬底硅片放置在包有碳化硅、玻璃态石墨或热分解石墨的高纯石墨加热体上,利用高频感应原理加热。硅片直径增加到 100 mm 以上,开始应用钟罩型立式、圆锥型桶式等类外延反应器,由多片批式外延逐步转变到单片生长。加热方式也发生变化,许多外延系统采用卤素灯红外辐照加热。

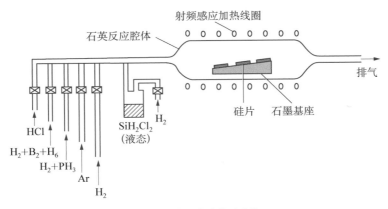

(a) 横式常压多片外延系统

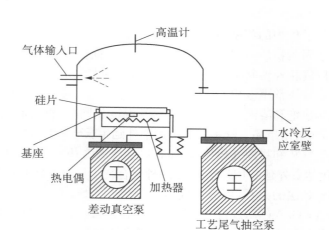

（b）超高真空冷壁单片外延系统

图 9.10　硅外延生长装置原理示意图

　　早期外延一般都在常压下进行，为适应不同外延工艺需求及改善工艺质量，发展了减压和低压外延系统。真空系统成为外延设备中的重要组成部分之一。近年许多外延设备还应用超高真空（UHV）系统。大部分硅外延系统都采用冷壁反应器，即硅片通过高频感应或辐射等方法加热，反应器壁有时还用水循环冷却，避免器壁表面反应。外延生长装置的几何结构、气流输运分布及流向、加热方式和温度、腔体密封性及气压等众多因素都对外延薄膜晶体质量及均匀性等有重要影响。现今外延装置是半导体器件制造中比较复杂、精密的加工设备之一。

9.4.3　硅外延生长的化合物源和化学反应

　　用于硅气相外延生长的前体化合物为氯化物与氢化物，有四氯化硅（$SiCl_4$）、三氯氢硅（$SiHCl_3$）、二氯氢硅（SiH_2Cl_2）和硅烷（SiH_4）。$SiHCl_3$、SiH_2Cl_2 有时也分别被称为三氯硅烷、二氯硅烷。气相外延生长工艺中，除了含硅化合物源，还需要高纯 H_2 和气态 HCl，前者用于输运反应物并参与还原反应，后者则用于原位气相清洗外延工艺反应室和硅片表面。$SiCl_4$ 等在室温下为液体，需由 H_2 携带其蒸汽通入外延单晶生长室。前两种化合物与 H_2 通过还原反应，产生硅原子，按衬底晶格结构与晶体表面原子结合成键。而后两种化合物可在适当温度下通过热分解反应，产生硅原子，在硅晶体表面上结晶。这 4 种化合物外延生长硅层的主要化学反应方程如下：

$$SiCl_4 + 2H_2 \longrightarrow Si\downarrow + 4HCl\uparrow \tag{9.7}$$

$$SiHCl_3 + H_2 \longrightarrow Si\downarrow + 3HCl\uparrow \tag{9.8}$$

$$SiH_2Cl_2 \longrightarrow Si\downarrow + 2HCl\uparrow \tag{9.9}$$

$$SiH_4 \longrightarrow Si\downarrow + 2H_2\uparrow \tag{9.10}$$

　　除了上述 4 种化合物硅源，在硅和硅锗外延薄膜生长中，有的还应用乙硅烷（Si_2H_6）、锗烷（GeH_4）等化合物源。按照器件产品要求，硅外延层需要具有特定的导电类型和电阻率。这就要求外延时掺入适当杂质，并能控制其浓度及均匀性。常用的硅外延原位掺杂源也是氢化物或氯化物。p 型外延层一般为乙硼烷（B_2H_6）或三氯化硼（BCl_3），n 型外延层掺杂剂有砷烷(AsH_3)、磷烷(PH_3)和三氯化磷(PCl_3)等。这些杂质化合物也在外延生长室中,通过分解或化合反应,释放出硼、磷、砷等原子,在晶体生长过程中占据部分硅晶格位置。

单晶硅薄膜外延生长和硅化合物源、温度、气压、气体流量、反应器结构等多种因素有关。在其他因素相同条件下,硅外延生长速率取决于硅化合物与温度。在常温常压下硅烷为无色气体,而 3 种氯化物皆为液体。$SiCl_4$、$SiHCl_3$、SiH_2Cl_2 的沸点分别为 57.6℃、31.5℃、12℃。沸点越高的硅化合物源,其外延所需温度越高,生长速率越低。早期常用的 $SiCl_4$ 源外延,需要在 1 200℃进行,生长速率较低。应用 $SiHCl_3$ 或 SiH_2Cl_2 源,外延温度可分别降到 1 150℃与 1 050℃,生长速率也相应增加。应用 SiH_4 外延,可降至 1 000℃以下,生长速率比 3 种硅氯化物都高。

随着晶体管尺寸缩微,要求在较低温度下外延,从早期 1 000～1 200℃逐步降到 600～800℃,甚至更低。由于 SiH_2Cl_2 和 SiH_4 具有外延温度低、生长速率快、薄膜均匀等优点,在超大规模集成芯片外延技术中得到广泛应用。降低外延工艺温度,不仅需要选择合适外延生长的前体化合物,还在很大程度上依赖外延设备创新。

氯化物和 H_2 在高温下有多种化合与分解化学反应。(9.7)、(9.8)和(9.9)式所代表的是实现硅外延的综合反应方程式。对 $SiCl_4$ 源外延反应室内的化学组分测试表明,除了 $SiCl_4$ 外,还有 $SiHCl_3$、SiH_2Cl_2 等化合物。分析表明,$SiCl_4$ 源外延反应室内可存在多种气相反应:

$$SiCl_4 + H_2 \longrightarrow SiHCl_3 + HCl \qquad (9.11)$$

$$SiCl_4 + H_2 \longrightarrow SiCl_2 + 2HCl \qquad (9.12)$$

$$SiHCl_3 + H_2 \longrightarrow SiH_2Cl_2 + HCl \qquad (9.13)$$

$$SiHCl_3 \longrightarrow SiCl_2 + HCl \qquad (9.14)$$

$$SiH_2Cl_2 \longrightarrow SiCl_2 + H_2 \qquad (9.15)$$

上述化学反应都是可逆反应。$SiCl_4$、$SiHCl_3$ 和 SiH_2Cl_2 这 3 种化合物在高温下都具有高挥发性,不易被硅衬底吸附。挥发性较低的 $SiCl_2$ 吸附于硅片表面的几率较大。被表面吸附的 $SiCl_2$ 分子可能发生分解或化合反应,释放出硅原子,实现硅外延生长。

$$2SiCl_2 \longrightarrow Si + SiCl_4 \qquad (9.16)$$

$$SiCl_2 + H_2 \longrightarrow Si + 2HCl \qquad (9.17)$$

外延反应中产生的所有 HCl、H_2 等副产物,都需和未反应的气态化合物一起排出反应器外。

9.4.4 硅外延生长速率

9.4.3 节讨论的 $SiHCl_3$ 等氯化物和 SiH_4 等氢化物,不仅可用于生长硅单晶薄膜,也用于淀积多晶硅和非晶硅薄膜。(9.7)至(9.17)式也是化学气相淀积多晶硅及非晶硅的基本化学反应方程。淀积膜的晶体结构既与化学反应热力学有关,也取决于反应物输运、表面反应及生长的动力学过程。温度高低、硅片表面平整度及洁净度、反应气体组分及流量、淀积速率大小等,都对薄膜晶态有决定性影响。

超洁净是高质量外延薄膜生长的必备条件。硅气相外延所用的硅化合物源和气体必须具有高纯度,避免金属杂质、氧、水汽等污染。在外延生长前,硅片必须严格清洗,以获得理想清洁表面。除了硅片置入外延工艺系统前的充分化学溶液清洗,外延生长之前还必须进行原位表面处理,利用 H_2 和 HCl 刻蚀表面,去除硅片表面的自然氧化物等。由于(9.7)至(9.17)式的化学方程式所表达的都是可逆反应,正向反应产生的 HCl 和 H_2 对硅片表面有刻蚀作用。如图 9.10(a)所示,在外延工艺中有时还直接通入 HCl。硅和 HCl 或 H_2 可以反应生成气相的氯化物或氢化物,并被气流带走。硅片表面上的杂质污染也会与 HCl 或 H_2 反应,生成挥发物被剥离。因此,在外延反应系统内同时存在两种过程:一种是淀积,另一种是刻蚀。当淀积速率大于刻蚀速率时,以硅薄膜生长为主;反之,则硅片表面被刻蚀。这取决于系统内的 HCl 和 H_2 的含量。

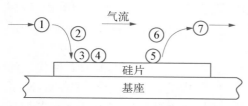

图 9.11　硅化学气相外延的物理化学过程示意图

对于硅化学气相外延生长速率,这里不作具体数学分析,在本书第 17 章中有类似数学描述。下面仅对外延生长相关的动力学过程及微观机理作定性分析。图 9.11 为硅化学气相外延生长动力学过程的示意图,标示出外延工艺中的主要物理与化学过程。硅衬底上的原子外延生长可分解为下列主要过程:

(1) 参与外延的化学反应物被携带气体输运至反应室内硅片上方,形成主气流。

(2) 化学反应物从主气流穿过硅片附近的滞留层(或称界面层、边界层,由于流体与固体之间摩擦力的作用,使气流速度逐渐降低至零的区域),扩散至硅片生长表面。

(3) 反应物分子被硅片表面吸附。

(4) 在硅片表面发生还原或分解反应,产生硅原子,并在表面上迁移至适当位置,与晶格原子成键,实现外延生长。

(5) 表面反应产生的副产物,如 H_2、HCl 等,从表面解吸。

(6) 副产物气相分子穿过滞留层,扩散到主气流。

(7) 副产物被主气流携带出外延反应室。

在以上硅外延过程中,影响外延薄膜生长速率最重要的因素有两个:一是反应物的气相输运;二是到达硅片表面的反应物的反应(或分解)及原子固化入晶格。前者可用气相输运系数(h_G)描述。后者在 CVD 技术中常用表面反应系数(k_S)描述,对于外延过程可以更为确切地称为外延生长系数。如果假设硅片上方气流中气相化合物的硅浓度为 $N_G(cm^{-3})$,参照第 17 章中有关薄膜淀积速率的数学推导,则可得到硅外延生长速率表达式为

$$R = k_S h_G / (k_S + h_G) \cdot N_G / N_{Si} \tag{9.18}$$

上式中 N_{Si} 为硅的原子密度($5 \times 10^{22}\ cm^{-3}$),$h_G$ 与 k_S 两者的量纲都是 cm/s,则可得到单位时间硅外延生长的厚度。

图 9.12 为应用不同硅源,在常压下硅外延生长速率与温度的实验曲线。由图 9.12 可见,外延生长速率与温度的依赖关系可分成两个区域:在相对较低温度区域,硅外延膜生长速率与温度倒数呈负指数依赖关系;在较高温度区域,外延速率增长变慢,趋于恒定值。这种温度依赖关系,反映了气相输运和表面外延生长两种过程在不同温度区域的变化。利用

(9.18)式可以很好地解释图 9.12 显示的外延速率/温度实验曲线。在薄膜淀积或外延生长过程中,气相输运和表面反应是相互关联的前后过程。当两者数值差别大时,数值小者起控制作用。表面反应或外延生长是一种热激活过程,描述这种过程的表面反应系数在低温下较小,随温度升高而增加。在温度较低区域,代表表面外延生长的表面反应系数,显著低于气相输运系数,即 $k_S \ll h_G$。 在此条件下(9.18)式可简化为

$$R = k_S \cdot N_G / N_{Si} \tag{9.19}$$

在温度较高时,控制外延生长速率的动力学过程会呈现另一极端情形,即 $h_G \ll k_S$,(9.18)式可简化为

$$R = h_G \cdot N_G / N_{Si} \tag{9.20}$$

图 9.12 实验数据显示,不同硅外延源的外延生长速率虽然高低不同,但它们在较低温区域的变化斜率却完全相等。这说明决定外延生长速率/温度依赖关系的激活能是相同的。根据斜率计算可得到,4 种硅源的外延生长激活能都为 $E_A = 1.6\ eV$。这个事实也说明,尽管硅源不同,气相反应不同,具体温度也不同,但实现硅外延生长的表面过程是相同的。

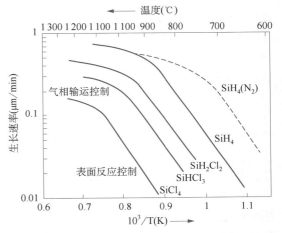

图 9.12　常压下硅外延生长速率与温度及硅源的依赖关系

与主要取决于温度高低的表面外延生长系数(k_S)不同,气相质量输运系数(h_G)随温度增长的变化较小。因此,当外延生长主要受化合物源气相输运过程控制时,外延速率随温度升高变化趋缓。气相输运系数在较大程度上取决于影响反应物扩散输运的滞留层及外延系统结构等因素。实际外延生长工艺,通常选择在气相输运控制模式下进行。因为在此模式,外延速率较高,并且较稳定。

9.4.5　硅外延生长机理

硅单晶衬底上的外延是原子按晶体晶格一层又一层地层状生长。从宏观角度看似平整洁净的晶体表面,从微观角度看并非是理想单一晶面,总会存在一些原子晶格台阶,如图 9.13 所示。这种晶格台阶,特别是两个方向相交的二维台阶,是表面上势能最低之处。迁移至该处的外来原子最容易与晶格原子成键,使晶格延伸。该处存在 3 个方向的悬挂键,可以和外来原子结合。原子晶格位置是晶格势能最低的势阱,外来原子一旦进入势阱,就成为晶格的组成部分。图 9.13 显示硅外延薄膜及其掺杂的微观生长模型,可用以更清晰地说明单晶外延生长的机理。图 9.13 以 $SiCl_4$ 硅源、AsH_3 杂质源为例,展现硅和砷原子的外延生长微观过程。表面吸附的也可能是其他组分分子,如本章前面所述,在外延系统中,$SiCl_4$ 等反应前体往往在反应过程中发生分解反应,产生出挥发性较低的分子。

硅外延的主要微观过程可以分解为 5 个步骤:①气相反应物分子 $SiCl_4$ 和 AsH_3 被表面

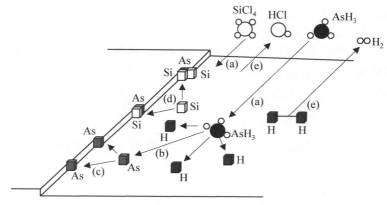

图 9.13　硅原子外延生长及掺杂的微观模型示意图

吸附;②在较高的硅片温度作用下,通过化学还原和分解反应,产生硅原子和杂质原子砷;③硅表面上的硅原子和砷原子作二维热运动,迁移到势能较低的晶格台阶处,与晶格原子结合成键,形成固相;④已成为固态晶格组成部分的原子,又会与后来的原子结合成键,被后者所覆盖;⑤反应副产物 HCl 和 H_2 由表面挥发,被主气流带出反应室。

　　由以上外延机理分析可知,温度和淀积速率是影响外延薄膜质量的重要因素。淀积在硅片单晶表面的原子,能够实现外延生长的基本条件是硅原子应具有适当能量,足以迁移到势能较低的晶格位置。这就需要硅片具有足够高温度,以使原子获得所需热运动能。因此,应用相同硅的氯化物或氢化物为源,单晶外延生长所需温度显著高于多晶硅淀积温度,而非晶硅膜可在更低温度淀积。另一方面,硅原子的淀积速率却需要足够低,以保证在前一个原子达到晶格位置前,不被后来原子所覆盖,或与后来的原子形成原子团与晶核,出现多个晶核同时生长。如果不满足这种温度与淀积速率的相关要求,则淀积的薄膜将为多晶硅或非晶硅。在硅片表面平整洁净的前提条件及相同其他工艺条件下,化学气相淀积的硅薄膜晶体状态由温度及淀积速率共同决定。在温度较高和淀积速率较低条件下,可外延生长单晶薄膜,在温度较低与淀积速率较高条件下,则会获得多晶硅薄膜。

　　按照基本物理原理,原子晶化为放热反应过程。原子进入晶格位置,使其处于最低势能状态。但要完成从游离原子到晶格原子的转换,必须有适当能量支持。9.4.4 节有关外延晶体生长速率随温度变化规律的讨论说明,硅片表面的外延生长过程是一个能量激活过程,具有一定的激活能。影响外延激活过程的因素,除了原子应具有一定表面迁移的能量外,另一重要因素亦需考虑。上面讨论中把硅片表面台阶处的硅原子看成具有未饱和的悬挂键。但在外延化学反应中产生的氢原子,也可为硅表面吸附,并与晶体硅原子成键。这种表面氢吸附会阻止硅原子占据晶格位置。为使游离硅原子与晶格原子结合,原已成键的氢原子应"让出"位置,即吸附的氢应从表面解吸。除了表面氢吸附,HCl 等其他反应副产物的吸附,也可能对表面外延生长过程有影响。

　　事实上,在极为洁净的硅片表面和环境条件下,利用某些技术,可在远低于上述 1 000～1 200℃ 的温度下,实现硅原子外延生长。例如,应用 9.4.7 节讨论的分子束外延技术,在超高真空条件下,通过精确控制电子束蒸发产生的硅原子束流,可以在 600℃ 或更低温度下,外延生长优质硅单晶薄膜。在有些化学气相外延设备中,应用减压外延等技术,以 SiH_4/H_2 和 SiH_2Cl_2/H_2 为源的硅外延温度也可分别降低到 725℃ 和 775℃。

9.4.6　减压和超高真空硅外延

外延反应室的气压对外延生长动力学过程和薄膜质量有重要影响,减压(reduced pressure,RP)外延和超高真空外延技术在集成电路制造中得到越来越多的应用。减压外延是在较低气压下实现晶体薄膜生长,也可称为低压外延,类似于低压 CVD 技术。减压外延的气压通常在 $10^3 \sim 10^4$ Pa 或 $10 \sim 100$ Torr 范围。早期应用减压外延,主要着眼于抑制自掺杂效应。自掺杂效应是指在外延过程中,由于存在表层刻蚀和热蒸发,自衬底或基座加热体,可能有杂质原子进入界面滞留层,改变滞留层中的杂质组分及浓度,再从气相进入外延层。自掺杂效应使外延层杂质浓度分布不均匀,并且难于获得界面杂质分布陡峭的外延层。自掺杂效应在常压外延中比较严重,是影响外延层质量控制的主要因素之一。若将外延反应室的气压降低,则可有效地减少自掺杂。这是因为在低气压下气相分子和原子的平均自由程增大,杂质原子扩散速度加快,由于刻蚀或蒸发产生的杂质原子可以快速穿过界面滞留层进入主气流,被真空系统抽出反应室,重新进入外延层的可能性显著降低。对于有隐埋层的硅片外延时,减压外延还有利于减少图形的畸变现象。

虽然在低压下生长速率有可能下降,但通过提高气相反应前体浓度,可以增加生长速率。图 9.14 显示低压条件下硅外延生长速率与温度及硅源浓度的依赖关系,反应室气压为 20 Torr。硅源分别为硅烷(SiH$_4$)和二氯硅烷(SiH$_2$Cl$_2$,DCS)。对比图 9.14 与图 9.12 常压外延的曲线可见,低压外延在较低温度范围生长速率变化与常压外延一样受表面化学反应控制,但其反应激活能为 2.0 eV,高于常压外延。在较高温度转为气相质量输运控制模式,生长速率趋于饱和。如前所述,实际外延工艺总是选取质量输运控制生长模式。由图 9.14 两种 DCS/H$_2$ 比率数据对比可见,在质量输运控制模式及相同气压条件下,生长速率随反应物流量增加而显著提高。

在图 9.14 曲线的上下插图中,分别画出高温(质量输运控制)与低温(表面反应控制)的外延表面层结构,可用于理解两种外延生长模式的机制。在低温下,硅原子表面键大部分为氢原子所占据,硅原子外延生长依赖这些氢原子的脱附。这正是影响表面反

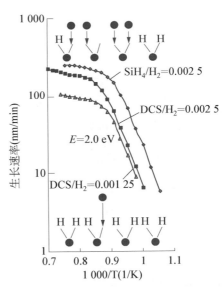

图 9.14　低压硅外延生长速率与温度及硅源浓度的依赖关系($P = 20$ Torr)

应激活过程的主要因素。在高温条件下,氢原子占据硅原子表面键的几率大大减小,由气相到达表面的硅原子,结合几率显著提高,因而外延生长速率取决于气相硅反应前体输运。

减压外延不仅有利于获得均匀掺杂的外延层,还有益于降低外延生长温度。低温外延对于超薄层外延、选择外延和异质外延都极为重要。为得到衬底与薄外延层之间的突变结,必须降低生长温度,以减少基片中杂质向外延层的扩散。在器件部分结构已经形成时,进行的选择外延需在较低温度进行,以防止对已有器件结构造成损伤。含有锗、碳组分的硅基异质外延也需在较低温度下实现。SiGeC/Si 异质外延实验表明,在高温下进入外延膜的碳原子常占据间隙位置,而在淀积温度为 600℃时,有 90% 的碳原子处于晶格位置。

在低压外延技术基础上,进一步发展了应用超高真空腔体系统的外延技术。现今用于高性能集成电路制造的低温外延设备必须具有非常好的密封性。所谓 UHV-CVD,实际上主要是指应用具有极高密封度的超高真空腔体系统,在通入超纯反应气体进行外延生长前,本底真空达到超高真空水平。如图 9.10(b)所示超高真空外延系统可达到的本底真空压强需达到 $10^{-6} \sim 10^{-8}$ Pa 或 $10^{-9} \sim 10^{-11}$ Torr 范围。在这种超高真空条件下,可避免硅片表面自然氧化层生长。用这种超高真空系统进行外延生长时,通入反应气体后,真空室动态压强将显著升高,依具体工艺而定。外延生长最低气压在 $(10^{-2} \sim 10^{1})$ Pa 或 $(10^{-4} \sim 10^{-1})$ Torr 范围。超高真空腔体有利于获得外延生长洁净环境,有利于降低晶体薄膜淀积温度。对于 SiGe 基区硅异质结晶体管和选择外延源漏区 CMOS 器件等许多高性能集成芯片制造,外延工艺都需要在较低温度进行。根据有关外延机理的分析,外延基片和环境的洁净程度对外延生长过程及薄膜质量具有决定性影响。在高洁净度条件下,晶体薄膜生长温度可以降低。应用达到超高真空密封程度的外延反应室,由于泄漏等因素引起的氧、碳、水汽等对外延生长的不利影响可显著降低。外延设备公司有研究表明,要在 600℃ 条件下得到优质硅基外延薄膜,反应室内的氧痕量必须降低到 ppb 量级。

图 9.15 为应用材料(Applied Materials)设备公司的单片多腔体外延系统(epi centura)的结构示意图。这种化学气相外延设备由多个密封性与洁净度极好的真空腔体组成,可进行低压外延。系统中央为硅片转换传送室,其周边有多个真空接口,分别通向外延生长室(A、B、C)、硅片预清洗室(D)、硅片装入/输出的预真空室(或称其为装载真空锁室,load lock chamber)(E、F)。待外延的硅片置入外延系统后,首先在预清洗室内进行 H_2 烘烤处理,除去硅表面的残余氧化层,获得较理想的洁净表面。然后通过中间的转换室传送到晶体生长室。应用这种低压外延系统,烘烤温度和生长温度都可显著降低。多室系统也有益于提高生产效率。

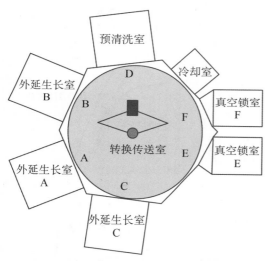

图 9.15　典型多腔体外延设备结构示意图(AMAT 公司的 Centura 外延系统)

9.4.7　分子束外延

分子束外延(molecular beam epitaxy,MBE)是一种物理气相单晶薄膜淀积技术。这种技术最初在 20 世纪 60 年代后期,由贝尔实验室和 IBM 公司等研究机构的科学家,为研制化合物半导体薄膜、超晶格和新型微电子及光电子器件发展起来的新技术。华裔科学家对分子束外延技术发展有重要贡献,其中卓以和(Alfred Y. Cho,1937—)常被称为"分子束外延技术之父"。虽然至今分子束外延技术在硅集成电路生产中未得到广泛应用,但它在近半个世纪中已成为探索和研究固体新材料、新结构、新器件的重要工具。在半导体、磁学、微电子学、光电子学等众多领域,应用分子束外延技术取得了许多新发现,对揭示某些固体材料与器件物理规律和发展新器件与新技术发挥了重要作用,对现代固体科学技术进步有显著影响。分子束外延也促进了硅外延设备技术的发展,在其基础上发展的超高真空化学气相外延技术就是一例,后者已得到许多生产应用。

分子束外延的主要技术基础是超高真空技术、固体热蒸发淀积技术和俄歇电子能谱等表面分析技术。在这 3 个领域技术取得重大突破的 20 世纪 60 年代,为了适应当时半导体材料及器件科学技术发展的迫切需求,分子束外延技术的先驱者把三者紧密结合,创造出一种高度精密控制的崭新晶体薄膜外延淀积技术。分子束外延的基本原理如下:在 10^{-9} Torr 或更低气压的超高真空腔体内,用于生长单晶的高纯固态元素物质,分别放在专门设计的喷射炉中,每种元素加热到适当温度,使其在炉内蒸发,形成一定蒸汽压,通过炉顶部的成束小孔,喷射出原子束或分子束,不受散射地直接射到衬底基片表面上,在仅数百度的较低温度条件下,以原子层级低速率,实现优质晶体外延生长。由于用于外延 GaAs 等化合物薄膜的元素固态源从喷射炉射出的气流常由 As_4 等类分子组成,故被命名为分子束外延。实际上,在硅等分子束外延过程中,喷射炉射出的是原子束。需要应用多个喷射炉,以获得化合物的不同元素及掺杂元素的分子束或原子束。喷射炉由电子束或其他方式加热。束流大小可通过加热温度等因素调节,以控制外延膜生长速率。

分子束外延设备由超高真空抽气系统、样品进出传输预真空腔体、超高真空样品外延生长及测试分析室、电子束加热外延源束喷射炉、多种外延膜组分及结构测试表征设备等部分组成。分子束外延设备必须采用适于超高真空的材料及部件制成。图 9.16 为分子束外延设备核心部分——外延生长及测试分析室的主要结构原理示意图。外延衬底基片位于超高真空外延生长室的中心,其位置可作多维调节,并附有加热器,根据需要可使衬底基片加热到一定温度。在外延基片周围的真空室壁上,通过超高真空接口,依次安置元素源喷射炉和各种检测表征装置。为监控外延生长过程和薄膜质量,安置多种原位检测装置是分子束外延技术的重要特色。图 9.16 中所示电子衍射装置可用于原位直接观测外延薄膜的晶体结构及质量,俄歇电子能谱仪(AES)可用于分析外延薄膜组分,离子溅射枪可用于对基片表面进行原位刻蚀清洗,并可配合 AES 对薄膜作组分剖面深度分析,四极质谱仪可用于分析真空室残余气体。真空室内还有温度、束流、薄膜厚度等原位探测器。

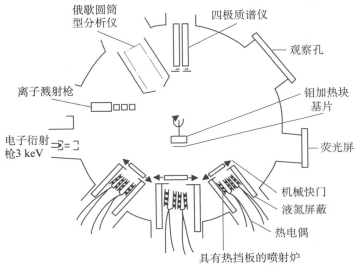

图 9.16　超高真空分子束外延生长及测试分析的主要结构原理示意图

由分子束外延的原理及其设备特点可知,分子束外延技术具有多方面独特优越性。分子束外延生长在超高真空中进行,衬底经过处理可以获得较理想的清洁表面,直接应用由元素源喷射出的原子束或单质分子束,以可控低速率抵达衬底表面,原子经过表面迁移和成键,实现外延生长。根据本章前面讨论的外延机理可以认为,这是一种理想的原子外延生长过程。在超高真空环境和超纯外延源等条件下,杂质等污染可以降到低水平。在分子束外延系统中,安置的多种表面结构、薄膜元素成分和真空残余气体的检测仪器,可以实时监控外延层的元素组分与晶体结构完整性。因此,应用分子束外延技术,有可能生长出质量完美的外延晶体。

分子束外延是一种原子级加工技术,可以精确控制超薄外延膜的组分和生长速率。通过分子束组分及流量的精确控制,以及多种测试表征装置精密监控,可以实现原子、分子数量级厚度的外延生长,不仅可以制造二元、三元甚至四元等多元及掺杂的化合物半导体外延膜,而且可以淀积多层异质半导体化合物结构和多种材料超晶格等新结构。分子束外延技术开拓了以异质 pn 结能带变化调节电子运动的新型半导体器件领域,即"能带工程"器件技术。分子束外延技术特别适合于 GaAs 等Ⅲ-Ⅴ族化合物半导体及其合金材料的同质结和异质结外延生长,为研制高电子迁移率晶体管(HEMT)、异质结双极型晶体管(HBT)、异质结构场效应晶体管(HFET)等微电子器件和异质结激光器等光电器件,发挥了异常重要的作用。

分子束外延生长温度显著低于化学气相外延,既可避免衬底与外延层之间的杂质互扩散,也可消除不同组分异质半导体薄层间元素扩散,因而有益于获得杂质浓度分布极为陡峭的同质与异质 pn 结。低温外延工艺也可避免通常在高温下容易产生的热缺陷。

分子束外延技术在硅器件技术进步中也发挥了重要作用。现在已广泛应用的 SiGe 基区异质结双极型晶体管技术,最初就是应用分子束外延研究和开发的。在分子束外延研究成果基础上,IBM 等公司开发了超高真空化学气相淀积(UHVCVD)SiGe 外延技术,用于硅 HBT 器件规模生产。SiGe-HBT 晶体管技术及其在 BiCMOS 集成电路的成功应用,使硅技术在与 GaAs 化合物半导体器件市场竞逐中取得新进展,硅器件正在射频通信等领域越来越多地取代化合物半导体器件。

今后分子束外延技术仍然是研究固态薄膜新材料、新结构和新器件的重要手段。分子束外延生长技术正用于研究二维电子气(2DEG)、量子阱(QW)、量子线和量子点等新型结构及器件。分子束外延技术本身也在不断改进,并与其他技术结合,发展了一些新型外延技术,进一步扩展与改善超高真空外延薄膜生长技术。以 AsH$_3$、PH$_3$ 等氢化物气体取代砷、磷等固态源,作为外延源物质,发展成功气态源分子束外延技术(GSMBE)。应用金属有机化合物作为外延源材料,研究成功金属有机分子束外延(MOMBE)。这两种外延技术实际上都是分子束外延和金属有机化学气相淀积(MOCVD)两种技术的互补性结合,可统称为化学束外延技术(CBE)。CBE 技术可整合 MBE 与 MOCVD 两者的独特优越性。一些实验研究结果表明,这些新型分子束外延技术可以改进化合物材料外延质量,并可生长某些难以用一般分子束外延制备的材料外延薄膜。

9.4.8 选择外延

选择外延要求在具有图形的硅片上,单晶只生长在开窗口的硅区,而覆盖着 SiO$_2$ 或 Si$_3$N$_4$ 的区域不生长外延层,如图 9.17 所示。选择外延工艺可简称为 SEG(selective epitaxial growth)工艺[14]。选择外延的基本原理在于硅晶体和绝缘体两种表面上的反应及薄膜成核速率不同。虽然 SiO_2 或 Si_3N_4 区域也可能生长多晶薄膜,但是,由气相原子到固相薄膜生长,绝缘物表面上首先要经历一个硅原子成核过程,即需要一定的晶核孕育时间(或称孵化期,incubation time)。小于这一时间,抵达绝缘物表面的硅原子会重新离开表面,进入气流或者迁移到邻近的硅区。在洁净硅表面上的硅原子外延生长却没有这种延时。

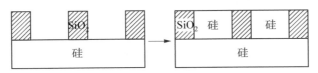

图 9.17 选择外延示意图

外延生长的选择性与反应化合物气体类型、气流组分及压强等多种因素有关。通常氯含量高的气体外延源,选择性较高。硅外延选择性依次为 $SiCl_4 > SiHCl_3 > SiH_2Cl_2$。这是由于反应室内 HCl 浓度大,对淀积到介质表面的硅腐蚀性强,使其表面上更难形成硅晶核。选择外延工艺应用在集成芯片加工流程中间,需要尽可能避免过高温度,因而常采用工艺温度较低的 SiH_2Cl_2,作为硅选择外延的氯化物前体源。为了增强对硅原子刻蚀作用,提高外延生长选择性,常通入反应室适量的 HCl 气体。早期曾认为,硅烷等氢化物源通常不具有外延选择性。实际上近年研究表明,利用氢化物源,也可实现选择外延。例如,应用乙硅烷(Si_2H_6)能在较低温度下进行选择外延。低压外延也有益于提高洁净表面上的外延选择性。在洁净 SiO_2 或 Si_3N_4 表面上和低气压条件下,硅原子更难形成晶核。

图 9.18 显示 Si、SiO_2、Si_3N_4 表面上的硅不同生长状况,三者硅层厚度随 Si_2H_6 反应剂气流时间有不同变化。图 9.18 是在超高真空外延系统中获得的低温选择外延实验结果。由图 9.18 可见,在相同工艺条件下,绝缘层上的硅生长比硅区延后,即需要较长孕育时间。SiO_2 表面的硅晶核孕育时间长达 300 s,此期间硅表面可足以生长 50 nm 的外延层。实验还表明,如果在反应前体中加入少量 Cl_2 气体,晶核孕育时间还会显著增加。例如,加入相对 Si_2H_6 流量 0.5% 的 Cl_2,SiO_2 和 Si_3N_4 的孕育时间可增加 10 倍以上。

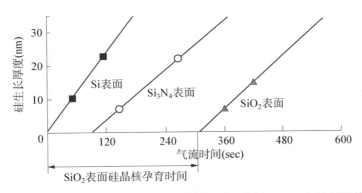

图 9.18 Si、SiO_2、Si_3N_4 这 3 种表面上硅层厚度随反应剂(Si_2H_6)气流时间的关系[15]

(淀积温度:600℃;流量:12 sccm)

早期选择外延只在接触孔平坦化等工艺中获得有限应用。自 20 世纪 90 年代以来选择外延技术,已在双极型与 BiCMOS 器件中用于形成 SiGe/Si 异质结晶体管(HBT),SEG 工艺在 CMOS 芯片中形成提升源漏区,有利于金属硅化物接触工艺。近年随着集成芯片缩微技术发展至纳米器件结构领域,选择外延应用范围逐渐扩大。许多异质外延器件结构都要应用选择外延工艺形成。如本书第 8 章所述,选择外延生长 SiGe 源漏区,已成为 90 nm 技术代以来,CMOS 芯片中形成 PMOS 器件应变沟道的关键工艺。在纳米 CMOS 器件向更小尺寸演进中,异质选择外延技术与原位高掺杂工艺相结合,成功用于多栅器件的 SiC、SiGe 立体结构源漏区形成(详见本书 8.6.6 节)。

9.5 异质晶体外延

自 20 世纪 70 年代以来,异质半导体 pn 结及晶体管器件技术迅速发展,研制成功多种高性能异质结微电子和光电子器件,对现代信息技术和产业进步发挥了重要作用。不同半导体薄膜异质外延是制造异质结器件的技术基础。早期异质外延结构及器件研究多应用分子束外延技术,目前在规模生产中则多应用超高真空化学气相外延等新技术。本节将着重讨论异质外延的原理与实现模式。

9.5.1 异质外延原理

异质外延的基本原理如下:在不同化合物或单质晶体材料之间,如果两者的晶格结构及其热膨胀系数比较接近、匹配,则可在一种材料晶体表面上,外延生长另一种材料晶体薄膜。异质外延为半导体器件研制提供了掺杂之外的另一全新技术途径,开辟了利用异质晶体结构和能带变化,制造异质结晶体管、激光器等新型功能器件的道路。

在化合物半导体中有许多不同多元材料,它们的元素组分不同,但具有相同的晶格结构和极为接近的晶格常数。例如,GaAlAs、AlGaInP 等适当组分的多元化合物,可与 GaAs 具有较匹配的晶格。又如,GaInAs、AlInAs、InGaAsP 等适当组分的化合物半导体,也可与 InP 具有匹配的晶格常数。利用外延技术生长 GaAlAs/GaAs、InGaAs/InAlAs/InP 等 III-V 族化合物异质结构,已成为研制各种微电子和光电子新型器件的有效途径。异质外延技术也正在用于 II-IV 族化合物半导体材料的器件技术研究。异质外延技术不仅应用在不同半导体晶体之间,也用于在绝缘材料表面生长半导体薄膜的研究。例如,在蓝宝石等衬底上,外延生长 GaN 等半导体。由于晶格失配大,绝缘衬底上的异质外延难度较大。

锗和化合物半导体材料在硅衬底上的异质外延研究,是硅基微纳电子器件技术前沿课题之一。20 世纪 90 年代以来硅基异质外延技术研究更为活跃。90 年代后期 SiGe/Si 异质外延及器件技术取得突破性进展,开始与硅主流制造技术结合,实现了 Si-HBT、BiCMOS 规模生产。SiGe/Si 异质应变结构成功用于纳米 CMOS 芯片制造,成为提高器件速度及电路工作频率的有效途径。许多机构和研究者探索、研究 Ge、GaAs、GaN、SiC 等元素与化合物半导体在硅衬底上的异质外延技术。传统硅基 CMOS 器件正在趋于其缩微极限,应用锗等高迁移率半导体材料制造新型集成晶体管,以延续 CMOS 技术向更高集成度及性能发展,已成为电子器件技术前沿领域最为关切的课题之一。这些半导体材料难以单独提供在尺寸、性能及成本等方面可与硅相比的器件技术,其可能途径为仍以硅片为衬底,在硅表面异质外延高迁移率等新材料,用于制造晶体管与其他功能器件。

近年已有研究工作显示,利用选择性异质外延等新工艺集成,在硅衬底上研制成功性能显著优于相近尺寸硅器件的锗 PMOS 晶体管,却难以制造性能优良的锗 NMOS 晶体管。另有研究表明,应用 InGaAs 等高电子迁移率化合物半导体材料异质外延,则可获得良好的 NMOS 晶体管。因此,人们寄希望以锗和化合物半导体的异质外延等新技术,在硅衬底上制造异质结构 CMOS,开拓发展高性能集成芯片技术新途径[16]。GeH_4、Ge_2H_6、$GeCl_4$ 等锗的氢化物与氯化物,用于 Ge、SiGe 的异质外延工艺研究与生产。对于化合物半导体薄膜,有更多有机化合物源,可用于硅上异质外延研究。

Ge、SiGe 和化合物半导体的晶格常数通常与硅晶体有较大差异,它们之间异质外延主要难题,是外延晶体薄膜如何避免失配位错等晶格缺陷。异质结构界面上的晶格缺陷会严重影响异质结器件的性能。两种晶体的晶格失配率(f)取决于它们的晶格常数(a_1, a_2)的差别,定义为 $f = |a_1 - a_2| / a_1$。硅、锗晶体的晶格常数分别为 0.543 1 nm 和 0.565 8 nm,两者晶格失配率为 4.18%。对于晶格失配较大的异质结构形成技术,近年受到格外重视,并已取得许多进展。主要可概括为应用晶格应变技术,实现器件质量晶体薄膜异质外延。具体可分为两种晶格应变技术:一为生长厚度受到限制的应变晶格薄膜,二为通过晶格常数渐变多层过渡,实现弛豫晶格薄膜生长。

9.5.2　应变晶格薄膜异质外延

当外延薄膜晶格常数与衬底不同时,界面上外延生长的异质原子晶格排列会发生畸变,其原因在于受到衬底晶格原子的作用力,使异质外延层晶格产生弹性形变。以立方晶体为例,如果需要生长的异质晶体薄膜的晶格常数大于衬底晶体,在外延生长面上异质原子将按基片晶格原子相同距离排列,即此面上的异质原子间距受到压缩。这必然导致垂直方向的异质原子晶格间距拉伸,以保持恒定原子体密度。因而异质外延层的原子晶格失去其应有的本征立方晶格,而畸变为四方晶格。$Si_{1-x}Ge_x$ 合金薄膜在硅衬底上的异质外延就属于这种情形。

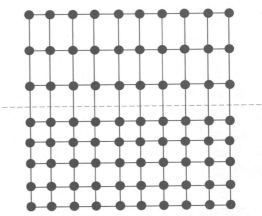

图 9.19　晶体衬底上外延晶格应变赝晶界面两侧原子排列示意图

$Si_{1-x}Ge_x$ 晶体与硅、锗同样具有金刚石型立方晶格,其晶格常数大于硅,具体数值取决于组分(x),可简化表示为 $a(x) = 0.543 1 + (0.565 8 - 0.543 1)x$(nm)。原子点阵畸变的晶体薄膜,就被称为晶格应变薄膜,相应的异质外延生长方式称为应变晶格异质外延。为区别于正常晶格材料,晶格应变晶体有时也被称为赝晶体(pseudomorphic crystal),生长方式也相应称为赝形生长。图 9.19 为晶体衬底上外延赝晶薄膜界面两侧原子排列示意图。

异质外延生长的晶格应变薄膜中,存在弹性应力(压应力或张应力),这种晶格应力趋于通过产生失配位错等缺陷而得到释放,使晶格弛豫。应力大小取决于外延层与衬底的晶格失配率及薄膜厚度。厚度较薄的应变晶体膜,应变能较小,其晶格应变状态可以保持,异质外延层不产生晶格缺陷。对于特定异质晶体组合,存在应变晶格薄膜的临界厚度(t_c),大于该厚度,应力将破坏应变晶格稳定性,产生失配位错等晶格缺陷。应变薄膜临界厚度取决于

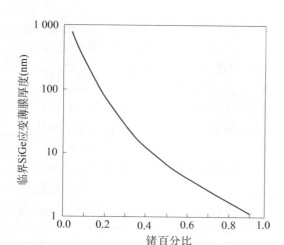

图 9.20 硅衬底上晶格应变 SiGe 外延薄膜临界
厚度与锗组分关系

异质晶格失配率(f),其经验依赖关系可简化为 $t_c = a/2f$。当晶格失配较大时,临界厚度很小。对于硅衬底上的 $Si_{1-x}Ge_x$ 外延膜,其应变薄膜临界厚度由锗的组分(x)决定,图 9.20 显示两者依赖关系。

9.5.3 渐变晶格弛豫薄膜异质外延

对于晶格失配率较大的异质材料,为获得晶格完好的异质外延薄膜,常用的方法是通过晶格常数渐变材料多层外延,过渡到所需材料。对于完全不同组分的异质材料,可选择晶格常数介于两者之间的一种甚至多种其他材料先行外延,形成缓冲层,再生长所需目标晶体薄膜。例如,为在硅衬底上得到 GaAs 半导体薄膜,曾试验多种缓冲过渡材料。对于组分可调并属同一晶系的异质材料,则可采用组分渐变外延、形成缓冲过渡层,最后生长晶格弛豫的薄膜。硅衬底上的 SiGe 异质外延就可用这种模式,先外延 $Si_{1-x}Ge_x$ 合金层,且锗组分逐渐增大至所需比率,例如,外延生长 $Si_{0.7}Ge_{0.3}$,然后继续外延生长此组分的晶体薄膜,达到所需厚度。这样形成的组分渐变缓冲层具有应变晶格,其中应力是缓变的。最上层的较厚固定组分外延薄膜晶格达到弛豫,可避免产生失配缺陷。中间渐变层可通过缺陷生成,释放晶格应力。

应变晶格与渐变弛豫晶格两种外延生长模式相结合,可以由不同晶体结合形成多种异质结构新材料,用于新器件研制。图 9.21 显示的应变 Si/弛豫 SiGe/渐变 SiGe/Si 多层异质外延结构,说明异质外延形成新材料、新结构的途径[1, 17]。由图 9.21(a) 的 TEM 剖面结构可见,在硅衬底上,通过锗组分逐步增加的 SiGe 渐变缓冲薄膜生长,可以外延结构完好的 $Si_{1-x}Ge_x$ 弛豫晶格薄膜,并进而异质生长硅应变晶格薄膜。图 9.21(b) 则形象地显示这种多层异质外延结构的晶格模型图。

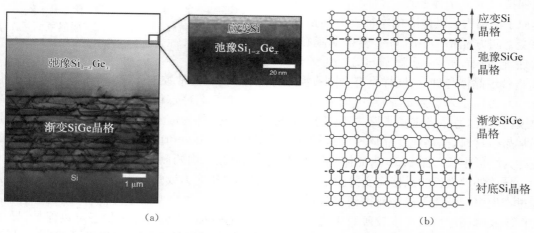

(a)   (b)

图 9.21 硅衬底上应变 Si/弛豫 SiGe/渐变 SiGe/Si 多层异质外延结构的剖面 TEM 图
与原子晶格模型示意图[1, 17]

在有些材料及器件研究中,在晶格失配率较大的两种材料之间直接进行异质外延。这种异质外延得到的是带有失配位错等缺陷的弛豫晶格薄膜。对于探索锗 CMOS 器件,硅衬底上的直接外延锗是研究者重视的课题。由于两者晶格常数失配率达 4.2%,生长数原子层锗后,界面上很快就会产生失配位错,在继续生长过程中,它们演变为线位错。有实验显示,位错密度可达 $10^7 \sim 10^8$ cm^{-2}。实验还显示在锗淀积生长初期,趋于形成三维岛状结构。因此,如何生长均匀锗晶体薄膜与降低其中晶格缺陷密度,是这种异质外延工艺技术的关键课题。有研究报道,硅衬底上锗外延,先在较低温度(400℃)下生长籽晶层,然后在 650℃ 以上的较高温度外延增厚,有利于获得均匀性及表面平整度良好的锗外延薄膜,可与抛光锗片相当。研究还表明,生长初期产生的线位错在随后晶体膜生长过程中会湮灭(annihilation)。因此,生长厚度为数微米的较厚锗膜,有益于增强湮灭过程和降低晶格缺陷密度。GaN 等化合物半导体在硅和其他衬底上的异质外延也是多种新器件技术领域持续深化研究的课题。着眼于未来新型微电子和光电子器件技术发展,硅基异质外延技术期待新突破。

此外,近年还在研究一种获得异质半导体结构的非直接外延途径,即通过键合与智能剥离技术,实现薄膜转移和两种材料的结合。这种方法把晶体薄膜外延技术和 9.6.4 节讨论的硅片键合、智能剥离与薄膜转移技术相结合,可制备多种材料的异质结构,用以研制新器件[17, 18]。

9.6　绝缘物上硅薄膜晶片

对于绝大部分集成芯片,各种电路功能都是由制作在微米、亚微米量级表层硅的器件完成,表面器件层以下的数百微米衬底只起支撑作用,在封装之前常需减薄。而且导电硅衬底还可能对集成电路性能有不良影响,如降低器件工作频率、影响抗辐照可靠性等。如果器件制作在绝缘介质表面上的硅薄膜内,则寄生电容和漏电流可显著减小,α 粒子等射线辐照在薄层硅中激发的载流子数量比体硅材料大大减少,从而对晶体管运作的干扰显著降低,集成电路软失误率(soft error rate)可大幅度减小,降低约 5~7 倍。因此,人们早就认识到应用绝缘物上的薄膜硅层,可提高集成电路某些应用所需要的关键性能。近年随着纳米 CMOS 器件趋近其缩微极限,绝缘物上硅(Si on insulator, SOI)更成为器件技术继续演进的关键技术之一。除了数字处理器件与功率器件,SOI 材料在微机电系统(MEMS)、纳机电系统(NEMS)和光电子等多种新器件结构研制中,也有越来越多应用。本节将概要介绍 SOI 材料技术发展历史、多种 SOI 结构材料制备原理和方法,其中包括氧离子注入 SOI 技术。硅片键合、智能剥离与薄膜转移 SOI 晶片技术,将在 9.7 节作专题讨论,这种技术现已成为 SOI 硅片主流制造技术[19, 20]。

9.6.1　从 SOS 到 SOI

早在 20 世纪 60 年代国际上有些半导体器件研究机构,就开始探索在蓝宝石(sapphire)介质基片上外延硅晶体薄膜,并试验制作晶体管与集成电路。蓝宝石是 Al_2O_3 的一种晶体。研究者还曾在尖晶石(spinel, $MgAl_2O_4$)、氧化锆(ZrO_2)等多种绝缘介质基片进行硅晶体生长试验。这种形成异质结构材料和器件的技术,被简称为 SOS(Si on sapphire)技术。SOS 技术是后来广泛研究的绝缘物上硅(SOI)技术的最早试验,图 9.22 显示 SOS 和 SOI 两种材料的基本结构。

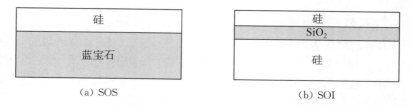

图 9.22 两种典型绝缘物上硅材料结构

　　SOS 技术的最初推动力来自半导体器件的空间应用和军事应用,着眼于提高器件的抗辐照性能和工作频率。SOS 技术的关键和难点在于绝缘介质表面的异质外延。这种绝缘物上的硅异质外延所用设备及工艺与硅同质外延相近,也可以把 SiH_4、SiH_2Cl_2 作为外延生长的化合物前体。研究者发展了多种人工制备蓝宝石等绝缘介质晶体的技术,其中包括 Czochralski 晶体拉制方法,为 SOS 技术提供衬底材料。选择与硅晶体结构参数匹配的绝缘介质晶面衬底,经过适当表面处理及外延工艺,可在蓝宝石衬底上生长具有器件质量的硅晶薄膜。由于晶格常数与热膨胀系数的差异,外延硅膜中缺陷密度很难降到较低水平,SOS 器件的载流子迁移率与少数载流子寿命,难以达到体硅器件水平。但是,鉴于 SOS 器件在航天和军事应用领域的重要性,SOS 材料及器件技术长期受到重视,并带动某些绝缘材料与抗辐照器件技术发展。虽然 SOS 技术在现今硅集成电路中未能得到广泛应用,但是,类似结构在某些化合物半导体器件技术中得到成功应用。例如,在人工制造的大直径蓝宝石基片上,外延 GaN 薄膜成功用于制造 LED 发光器件,成为有效节能的重要新技术。应用键合技术制造的 SOS 芯片,简称 BSOS 芯片,硅晶体质量显著提高,近年在高频与抗辐射器件制造领域得到多种应用。

　　1980 年前后,集成电路制造进入微米加工技术领域后,人们在探索提高集成度与速度的新途径时,SOI 技术成为研究关注的新热点。从此这种技术的研究重点转移到如何在硅衬底生长的 SiO_2 层上获得优质硅单晶薄膜,形成 Si 薄膜/SiO_2/Si 衬底结构。这种 SOI 技术,与已发展成熟的集成芯片技术同样以单晶硅片作为基片,与主流硅集成电路技术具有良好相容性。除了低衬底寄生电容和高抗辐照性能外,SOI 材料还宜于实现器件隔离,制造工艺可以简化,是制造 CMOS 集成电路的理想衬底,可以降低漏电流及电路功耗,能够完全避免体硅 CMOS 器件常有的闩锁效应,有益于进一步提高电路可靠性。利用 SOI 结构,还有可能使集成电路向三维集成技术发展,把晶体管等器件制作于叠层硅材料,以相同加工线条尺寸获得更高集成密度。

　　经过 20 多年材料及器件研究开发,SOI 材料和器件技术逐渐成熟。1998 年 8 月 IBM 公司宣布开发成功用于制造高性能计算机芯片的 SOI 技术。这标志着 SOI 技术开始进入规模生产应用阶段。据统计,1999 年 SOI 硅片市场首次超过 1 亿美元。应用 SOI 晶片的部分耗尽和全耗尽 CMOS 器件制造技术逐渐成熟。21 世纪初 IBM、AMD 等公司已应用 SOI 晶片研制和批量生产高性能微处理器等多种功能芯片。近年包括手机芯片在内的许多射频通信集成电路也应用 SOI 硅片衬底,替代某些 GaAs 电路,以降低功耗、提高速度,并减少成本,甚至有的高性能的游戏机集成电路也应用 SOI 晶片制造。随着 SOI 硅片从航天、军用、高温/高压工业控制电路等领域器件应用,转向高速数字处理、通信以及消费电子的低功耗领域器件应用,SOI 晶片从厚膜 SOI(SiO$_2$ 埋层:~1 μm,顶层 Si:~100 nm)向薄膜与超薄膜 SOI 晶片(SiO$_2$ 埋层:1~0.1 μm,顶层 Si:数十至数纳米)发展。薄膜与超薄膜 SOI 硅片已逐渐成为 SOI 技术应用主流。

在纳米 CMOS 技术发展中,SOI 技术显示出更多优越性,它适于研制新结构器件和低压及低功耗 CMOS 集成芯片。根据器件功能特点,应用 SOI 技术,可以针对集成芯片的性能、功耗和集成密度 3 个主要指标要求,选择更为优化的制造工艺。有研究显示,与相同功能的体硅芯片相比,SOI - CMOS 芯片可降低 30%甚至更多电路功耗,被认为是发展"绿色"电子器件技术的有效途径。IBM 公司以 45 nm 技术分别应用体硅和 SOI 晶片制造的实验电路性能对比表明,SOI 芯片面积缩小 25%,静态与动态功耗分别降低 66%与 22%,而性能提高 5%。

9.6.2 SOI 硅片多种制备方法

自 20 世纪 80 年代初以来,SOI 结构硅片制备和集成芯片研制两方面都有大量实验和理论研究,以求获得既与硅器件基本制造技术具有相容性,又能体现 SOI 结构优越性的新材料、新工艺和新器件。人们试验了许多种制备 SOI 结构的方法[21],其中包括 SiO$_2$ 上多晶硅或非晶硅薄膜区熔再结晶、气相外延横向生长、非晶硅固相外延、多孔硅氧化形成埋层氧化硅、离子注入埋层氧化硅技术、硅片键合与智能剥离技术等。经过约 20 年研究与筛选,上述多种方法中的最后两种,特别是硅片键合与智能剥离 SOI 技术,显示出薄膜晶体质量和器件工艺质量的优越性、与集成芯片主流工艺的良好相容性,使其逐渐扩大应用于主流高性能集成电路生产。在进一步讨论目前成熟的 SOI 技术之前,先对其他 SOI 硅片制备方法及原理作简要介绍。

薄膜区熔再结晶(zone melting and recrystallization,ZMR)技术,是 20 世纪 80 年代研究最为活跃的 SOI 技术之一。研究者曾期望将其用于制造三维集成电路。薄膜区熔结晶的基本原理与本章前面介绍的区熔单晶制备原理类似。区熔再结晶 SOI 硅片结构如图 9.23 所示。这种 SOI 薄膜材料制备方法与主要步骤如下:硅片上先热氧化生长一层 SiO$_2$,并光刻开出籽晶区,随后淀积待结晶的非晶硅或多晶硅薄膜,并在上面淀积适当厚度的 SiO$_2$/Si$_3$N$_4$

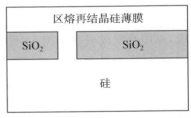

图 9.23 区熔再结晶 SOI 结构硅片

覆盖层;接着对如此形成的多层薄膜,利用硅光吸收较强的激光,或聚焦卤素钨灯束等辐照能束,从籽晶区开始进行局部辐照和扫描,辐照区域的表层硅吸收能量后熔化,在能束扫描移开后,熔区硅降温固化时,将可按照籽晶区下面衬底硅晶格方向再结晶;这样在能束扫描过程中,前沿熔化,后沿结晶,使非晶硅或多晶硅薄膜转化为单晶硅膜。由于覆盖硅层的介质膜具有较高光透射率,进入非晶硅薄膜层的光除被硅强烈吸收外,散射到上下界面的射线又大部分反射回硅层。因此,可选择适当辐照条件,使夹在 SiO$_2$ 中间的硅膜升温熔化,而衬底硅仍可处于较低温度。研究还发现,在无硅籽晶区条件下,SiO$_2$ 上的非晶硅通过区熔再结晶,也可能形成(100)晶面硅膜。

应用与图 9.23 类似的薄膜结构,可能通过非晶硅固相外延生长,形成 SOI 结构。可在 500~800℃温度条件下经过较长时间热处理,非晶硅薄膜从与单晶接触区域开始,通过原子热运动逐渐晶化,在 SiO$_2$ 层上形成与衬底晶向相同的单晶膜。SiO$_2$ 上气相外延横向生长技术则利用选择外延原理,首先在硅衬底暴露区外延生长单晶后,靠晶体横向生长,在 SiO_2 上形成硅薄膜。为此需要调节工艺,使之适当抑制纵向生长速率。

　　上述这类通过不同方法进行非晶转化的 SOI 硅膜,很难得到高质量晶体。虽然研究者曾利用这类技术制备的材料研制成功某些 SOI 器件,但难以用于大规模集成电路制造。研究者探索的另一类方法则是利用硅片表层作为 SOI 结构的顶层硅膜,应用某种技术在顶层硅下面形成 SiO_2 绝缘层。本节一开始列举的 6 种 SOI 技术中的后 3 种都可归入这一类,这类方法宜于获取优质硅晶膜。

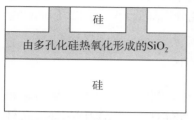

图 9.24　多孔硅氧化 SOI 结构

　　多孔硅氧化 SOI 技术的基本原理如下:利用不同掺杂硅电化学性能差异和电化学腐蚀方法,可在顶层硅下面形成一多孔化硅层,由于多孔硅密度大大低于正常晶体硅,其热氧化速率很高,可以通过氧化工艺使多孔硅层转变成为 SiO_2 绝缘层,从而形成 SOI 结构,如图 9.24 所示。这种方法也被称为 FIPOS(full isolation with porous oxidized silicon)。一些研究者曾试验多种改进多孔硅形成及氧化工艺,提高顶层硅晶体质量的具体方法,也试制过一些实验器件,但 FIPOS 技术也与前面几种方法相似,未能达到主流器件应用水平。

9.6.3　离子注入埋层氧化硅 SOI 技术

　　离子注入埋层氧化硅 SOI 技术(separation by implanted oxygen),也可称为氧注入隔离技术,简称为 SIMOX 技术。这种技术实质上是一种硅片内氧化技术。适当能量和剂量的氧离子(O^+),注入硅表面下一定区域,随后通过高温热处理,注入的氧与硅结合,形成隐埋 SiO_2 层,同时实现其上面顶层硅的再结晶。早在 1966 年日本 M. Watanabe 和 A. Tooi 报道,应用高剂量氧离子注入,可在硅表层形成 SiO_2 薄膜[22]。1978 年日本 K. Izumi 等人首次报道,应用氧离子注入 SiO_2 埋层介质硅片,制备成功 CMOS 实验电路,并以 SIMOX 命名这种 SOI 技术[23]。他们实验所用氧离子注入能量、剂量分别为 150 keV、1.2×10^{18} cm^{-2}。其后经过多国学者和工程师的多方面深入研究,突破了大束流氧离子注入工艺及设备、高温热退火工艺及装置等关键技术,使 SIMOX 逐渐发展成为一种成熟的 SOI 硅片制备技术。

　　图 9.25 为 SIMOX - SOI 结构形成原理示意图。图 9.25 显示在一定离子能量及相应投影射程条件下,硅片表层随氧离子注入剂量增加和热退火过程的结构及组分演变。氧离子注入常需伴随硅片动态退火,硅片处于 $500 \sim 600 ℃$ 加温条件下。虽然根据离子注入损伤原理,晶格损伤集中在射程附近,高能量离子进入硅表面初时产生的位移原子密度低,但高达 10^{18} cm^{-2} 的大剂量注入,可使表层硅完全非晶化。注入过程中衬底动态退火,有利于近表面硅原子保持单晶本征晶格,成为后续高温退火时顶层硅再结晶的籽晶层。氧离子注入剂量超过一定值,投影射程附近开始形成 SiO_2 层,随剂量上升,SiO_2 层不断增厚。图 9.25 还显示氧离子注入过程伴随的硅溅射现象和氧化物体积膨胀效应。氧离子注入工艺及设备需要优化洁净设计,必须避免离子溅射等副效应造成的金属杂质污染,因此,离子注入腔体内壁需用硅涂层覆盖。

　　氧注入后的高温热退火是 SIMOX 技术的关键工艺。实验表明,为获得具有器件质量

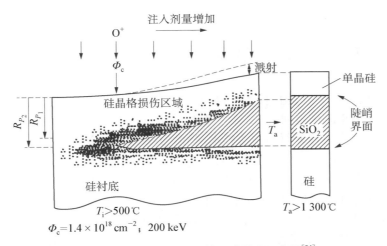

图 9.25　SIMOX‑SOI 结构形成原理示意图[24]

的 SOI 晶片,退火温度需超过 1 300℃。图 9.26 中不同温度退火条件得到的硅片剖面 TEM 图像对比表明,超高温退火是改善埋层氧化硅和顶层单晶硅薄膜微结构质量的关键。实验研究揭示,经 1 300～1 400℃超高温退火的 SIMOX 硅片,SiO_2 埋层与硅层间具有原子级陡峭和平整界面。这可归因于超高温条件下的晶态 Ostwald 熟化生长效应,超高温下薄膜中较小的氧化析出物会被溶解,晶态临界半径趋于无穷大,有利于 SiO_2 在平面方向生长,并有益于顶层硅再结晶与缺陷消除。SIMOX 硅片退火常选择 1 350℃下数小时,或 1 405℃短时间(如 30 min)退火工艺。这样的高温工艺不能应用石英炉管,必须选用高纯多晶硅或碳化硅制造的炉管。

图 9.26　不同温度退火工艺得到的 SIMOX‑SOI 硅片剖面 TEM 照片[21]

顶层硅和隐埋氧化硅层(BOX)的厚度由注入氧离子的能量与剂量决定。早期离子注入能量较高,常在 150～200 keV 范围,剂量较大,约在 10^{18} cm^{-2} 量级,顶层硅和埋层 SiO_2 厚度约为 100～200 nm。随后高性能集成电路要求应用较薄顶层硅制备晶体管,氧离子能量和剂量显著降低,分别在 100 keV 以下与 10^{17} cm^{-2} 量级,顶层硅和隐埋 SiO_2 层的厚度都降到数十纳米,许多器件要求顶层硅厚度减薄到 10 nm 以内。通过持续改进注入与退火技术,顶层硅单晶质量显著提高。1985 年时制备的 SIMOX 硅片,位错密度高达 10^9 cm^{-2},到 20 世纪末降低到 10^3 cm^{-2}。现今 SIMOX 技术已能提供晶体质量达到器件要求的 200 mm 和 300 mm 大直径 SOI 硅片。自 20 世纪 80 年代初以来,我国许多研究者对 SIMOX 等 SOI 材料制备技术进行了多方面研究并取得进展[25]。

9.7　硅片键合、智能剥离与薄膜转移 SOI 技术

在以上讨论的多种 SOI 硅片技术中,硅片直接键合(SDB)方法可以说是最晚进入人们视野的一种,经过多年改进与创新,以其为基础,发展成功键合、减薄、智能剥离等多种 SOI 硅片制备技术,现已成为 SOI 材料主流技术,既可为高端 SOI 集成芯片制造 200/300 mm 超薄膜 SOI‐UTB(ultra thin body)硅片,用于研制全耗尽器件——高性能、低功耗 FD‐CMOS 电路,也可为高压、大功率和 MEMS 等类器件提供厚膜 SOI 材料,还可提供适于制造射频通信电路的高电阻衬底 SOI 晶片。在 1985 年 12 月国际电子器件会议上,IBM 研究者首次报道硅片直接键合 SOI 研究结果[26]。此后这种新技术研究开发极为活跃,研究者致力于解决此项技术中的两个难点——硅片如何键合和如何减薄。硅片直接键合,需要应用表面极为平坦、洁净的硅片,实现两个硅片表面有效键合;减薄工艺则要求获得厚度可控、顶层硅薄膜均匀的 SOI 晶片。利用键合与减薄或剥离技术,可以实现多种异质材料之间组合。例如,利用硅与蓝宝石键合,可制造新型 SOS 晶片(BSOS)。

9.7.1　键合与回刻 SOI 技术

初期应用的硅片直接键合方法如下:把一表面有氧化层的硅片与另一相同直径硅片表面直接紧密接触,或以两片都有氧化层的硅片紧密接触,在适当热处理条件下,使两者键合成一体。随后用刻蚀、研磨与抛光,从硅片背面减薄至一定厚度,形成 SOI 结构。这种用键合与刻蚀等减薄工艺形成 SOI 结构的方法,常称为键合与回刻方法(BESOI 方法)。图 9.27 为这种制备 SOI 晶片方法的示意图。

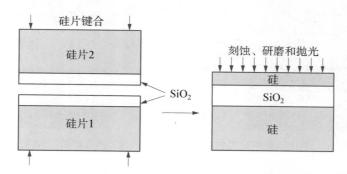

图 9.27　硅片键合与减薄形成 SOI 结构示意图

硅片直接键合前,必须经过严格清洗及表面处理,去除各类污染,特别是颗粒,以确保两个硅片表面能紧密接触。许多研究者对硅片表面处理与键合方法及机制进行多方面研究[21, 27]。有研究表明,键合前应用 O_2、Ar 等气体低功率的等离子体进行硅片表面处理,使表面形成更多悬挂键,对硅片表面具有激活作用,可提高表面化学反应能力,有益于降低键合温度和提高键合强度[28]。

键合与回刻技术的主要缺点在于难以精确控制顶层硅薄膜厚度,难于制备高性能 CMOS 器件所需薄膜 SOI 晶片,只能适于制作顶层硅膜厚度大于 5~10 μm 以上的硅片,用

于研制微机电系统和高压等类器件。有学者曾研究改进这项技术的多种途径,以得到可精确控制的顶层硅膜。日本 Canon 公司 T. Yonehara 等人研究开发的外延层转移技术(epitaxial layer transfer, ELTRAN),通过电化学处理形成多孔硅、气相外延、氧化、键合、选择性腐蚀等工艺步骤,可获得微米甚至亚微米厚度的顶层硅膜[29]。

9.7.2　硅片键合原理

硅片通过紧密接触、实现键合的基本原理在于两个表面之间的吸引力。范德瓦尔斯(Van der Waals)力是普遍存在于物质之间的相互作用力,它是由中性原子或分子瞬间极化引起的物体之间的吸引力。虽然范德瓦尔斯力与离子作用、共价作用等其他作用力相比很小,但是,当两硅片表面非常接近至纳米量级时,范德瓦尔斯吸引力可引起两块硅片紧密结合。

除了范德瓦尔斯吸引力,两块硅片之间还可有其他作用力促成键合。硅片之间的相互作用与硅片表面特性有关。硅片上的 SiO_2 具有亲水性,即便未经热氧化的一般硅片表面也会存在自然氧化物薄层。因此,通常硅片具有亲水表面,而且在键合工艺之前常对硅片表面作亲水处理。这种硅片表面覆盖着 Si—O—H 不饱和键,使两块硅片表面之间产生氢键作用力,如图 9.28 所示。

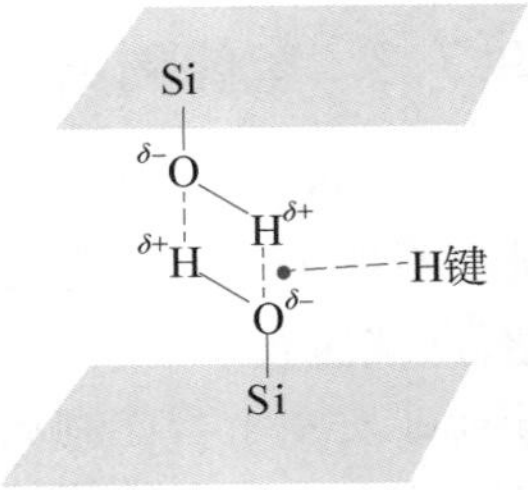

亲水表面之间会形成 SiOH—SiOH 分子键,促使硅片紧密结合。这种氢键形成的原因在于 O—H 键中的共价电子更靠近电负性强的氧原子,造成键间电荷分布不均,使氢原子处于类似正离子状态,与另一硅片表面的 O—H 键中的氧原子间产生静电吸引力。

图 9.28　促进氧化硅片键合的表面氢键作用[30]

氢键作用力比共价键力约小 20 倍,但比范德瓦尔斯力要大得多,因此,更有利于使两块具有亲水表面的平坦硅片键合。范德瓦尔斯力形成的表面能约为 $7.5\ \text{mJ/m}^2$,氢键键合的表面能约为 $100\ \text{mJ/m}^2$。硅片在以氢键力和范德瓦尔斯力实现初步键合后,通常需经过高温热处理工艺,以形成作用力更强的共价键。位于界面两侧并由氢键相互吸引的 SiOH,在高温下产生如下反应:

$$Si\text{—}OH + HO\text{—}Si \longrightarrow Si\text{—}O\text{—}Si + H_2O \qquad (9.21)$$

以上反应实际上是一种界面硅氧化反应,导致形成 Si—O—Si 共价键。反应生成的水分子扩散至邻近区域,继续硅氧化反应,释放出的氢原子扩散到体内。无氧化层的纯净硅表面是疏水的,疏水表面没有这种氢键作用。纯净 Si—Si 之间通过范德瓦尔斯吸引力也可实现疏水表面键合,随后通过热处理,两个硅片界面原子间形成共价键。

由氢键或范德瓦尔斯作用力实现的键合硅片,通过高温热处理可增强键合力。图 9.29 为亲水表面与疏水表面的表面能随温度的变化关系。可见在高温下表面能显著增加,使键合力增强。硅片理想键合常经过两步工艺完成:首先是初步键合(也可称为贴合),常选择在适度加温条件(如 150℃)下进行;随后是键合硅片经过更高温度退火,使两硅片界面上由氢键形成的 SiOH—SiOH 分子键或范德瓦尔斯力形成的结合,转化为结合力更强的 Si—O—Si 或 Si—Si 共价键,使两者牢固键合成为一体。由图 9.29 可见,经 1 100℃热处理硅片键合,亲水与疏水表面的表面能都可达到 $2\ 000\ \text{mJ/m}^2$ 以上。

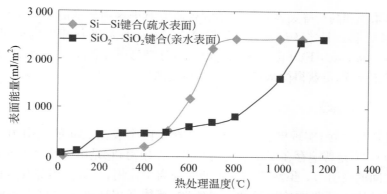

图 9.29　Si—Si 和 SiO$_2$—SiO$_2$ 不同表面键合时表面能随温度的变化关系[30]

9.7.3　智能剥离 SOI 技术

　　早期发展的硅片键合与减薄相结合的 SOI 工艺,难以控制顶层硅膜厚度、均匀性和重复性,不适于作为制造高性能 CMOS 集成芯片的薄膜 SOI 材料。而且用两片硅片通过刻蚀及磨抛减薄获取一片 SOI 晶片,耗材多,成品率低。1991 年法国 CEA‑Leti 研究中心的 M. Bruel 发明了智能剥离 SOI 技术[31, 32]。由该中心派生的 SOITEC 公司随后把这项技术开发成为"Smart Cut™"的 SOI 硅片规模生产技术。智能剥离技术对 SOI 材料及器件技术的迅速发展和广泛应用发挥了关键作用,已成为 SOI 晶片制备的主要生产技术。

　　硅片直接键合与智能剥离相结合的 SOI 结构形成方法如图 9.30 所示。硅片 A 先经热氧化生成 SiO$_2$ 层,后以适当能量与剂量的氢离子,注入 SiO$_2$ 层以下一定深度的硅层中。接着将此硅片与另一硅片 B 表面紧密接触,键合成一体。随后通过 400～500℃ 热处理,使已键合的硅片在氢注入射程附近分离,形成以硅片 B 为衬底的 SOI 结构。更高温度(>1 000℃)的热退火,可增强化学键合力,形成牢固共价键。再通过化学机械抛光工艺,可使形成的 SOI 结构硅片与已减薄的硅片 A,都达到与原始硅片同样的平坦化和表面质量。除了氢离子,也可应用氦离子,或 H/He 离子组合注入,实现智能剥离。

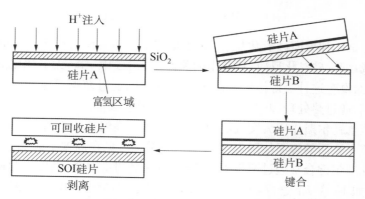

图 9.30　直接键合与智能剥离 SOI 硅片形成方法示意图

　　与其他方法相比,智能剥离 SOI 技术具有多种独特优越性。顶层硅晶体与埋层氧化硅都可达到与体硅材料相同的优质性能参数。而且可通过氧化工艺与氢离子注入能量选取,精确控制顶层硅和埋层 SiO_2 厚度。据 SOITEC 公司报道，300 mm 直径硅片制备的超薄膜 SOI 晶片，顶层硅膜厚度可小于 20 nm，全硅片均匀性可控制在 ± 5 Å。顶层硅仅 12 nm、隐埋氧化层厚 25 nm（± 10 Å）的智能剥离 SOI 基片，已用于制造高性能、低功耗全耗尽 CMOS 集成芯片。

　　SOI 硅片对来自 A 片的顶层硅和 B 片的衬底硅，有不同掺杂浓度等性能参数要求，可分别优化选择。例如，可制备衬底为高电阻率的 SOI 晶片，用以制造高性能硅基射频器件，代替之前应用的 GaAs 器件。剥离后的硅片 A 还可再次使用。随着制备技术不断改进，器件应用愈益广泛，近年 SOI 硅片产量持续增长，直径 200 mm 以上 SOI 硅片年生产量达数百万片，其中约 95% 为智能剥离技术制造。

9.7.4　智能剥离原理

　　应用氢离子注入实现智能剥离的原理，在于利用注入射程附近形成的微气泡缺陷产生的应力使硅片解离。当注入剂量大于 $(5 \sim 10) \times 10^{16}$ cm^{-2} 时，射程附近注入造成的晶体缺陷将俘获、聚集氢原子，其浓度达到过饱和状态，氢原子结合为 H_2 分子，形成一系列微小气泡。这些微气泡在硅片适当加温时，会凝聚更多氢原子，并使 H_2 气泡压强上升，增加氢离子注入射程附近的应力。由于氢凝聚区介于硅片之间，受到上下硅片夹持束缚，应力只能在界面横向发展，导致硅片在 H_2 气泡聚集平面剥离，如图 9.31 所示。

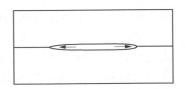

图 9.31　键合硅片的氢注入区气泡形成及剥离应力示意图

　　由以上智能剥离 SOI 技术原理可以看到，这是一种独特而巧妙的"氢技术"。一方面利用氢键作用力使氧化硅片键合，另一方面又应用氢离子注入实现在硅片特定界面处解离。智能剥离 SOI 技术由于其工艺简捷、易行，具有突出的优越性，使其在较短时间内发展成为一种高效率、高质量的实用 SOI 硅片制备技术。正是这种智能剥离技术，为提高 SOI 硅片质量和降低 SOI 硅片制造成本开辟了有效途径，适于制造薄膜和超薄膜 SOI 结构硅片，使 SOI 技术逐渐推广应用到高性能集成电路生产和新结构器件研制。

　　M. Bruel 发明的智能剥离技术，是 SOI 材料技术研究中的突破性创新。这一创新技术的相关物理现象早为人知，且是金属材料技术中力求克服的有害难题。在热核反应装置容器中，氢或惰性元素气体离子轰击、注入器壁金属层，常引起金属中产生"起泡现象"（Blistering Phenomena），并导致表面碎片剥落，严重降低金属可靠性。Bruel 把这种金属表层"起泡与剥落"有害现象，变成硅片薄膜"智能剥离"新技术，突破了制备优质薄膜 SOI 硅片的一个难题。这一独特杰出发明可使人们再次领悟，创新发明不仅需要对研究对象有深刻了解，还必须有一种非凡的思维能力，这种能力能够促使研究者善于把看似无关的不同事物有机联系起来，产生研究新思路。

智能剥离技术的广泛应用前景

　　直接键合与智能剥离是一种不同基片间薄膜或表层的精密转移技术，从 300 mm 硅片到数百微米的芯片都可应用。这种技术有广泛应用领域，智能剥离晶片已用于制造全耗尽平面和立体 FinFET 高性能、低功耗 CMOS 集成芯片。随着微电子器件制造技术向更小单元尺寸、更广应用领域演进,不断改进的 SOI 结构材料基于其固有特点,将愈益显现其突出优越性,获得更广泛应用[33-35]。SOI 器件技术不断向多种应用领域扩展,研制各种新型功能器件,在各类电子系统中应用。例如,近年快速发展的智能手机与物联网集成系统,越来越多地应用 SOI 晶片制造的大量射频功能芯片。

  键合与智能剥离技术不仅成功用于 SOI 硅片制造技术,也可应用于其他不同材料基片之间,通过直接键合与智能剥离工艺,形成新的材料组合薄膜结构。这种技术可以提供一种制造、调节、优化新型器件衬底材料的有效途径。例如,可能以键合与剥离相结合,把锗薄膜转移到硅衬底的氧化层上,形成绝缘物上锗(GOI)新材料,用以研究锗器件集成技术。异质外延与智能剥离两种技术相结合,可在 SiO_2 上形成应变硅膜,获得应变 SOI 材料(Strained SOI,sSOI),也可在绝缘层上形成应变 SiGe 膜(sSGOI),用于高迁移率应变沟道器件制造。多种化合物半导体与硅也可应用这种方法形成多种异质结构功能材料。不同材料异质结构表面键合与薄膜转移会遇到新问题,在温度膨胀系数差异较大的两种基片之间,键合就会比较困难。这就需要更多研究工作,以改进相应键合结构与剥离技术。例如,采用等离子体表面处理,活化表面不饱和键,以获得更强键合力,并降低键合工艺温度。异质基片键合技术在微机电系统、微光机电系统、硅基化合物半导体异质结构集成器件、三维集成电路、高性能光伏电池等领域,都将有更多应用。最近报道应用 GaInP 等 4 种Ⅲ-Ⅴ族化合物异质键合材料研制的多 pn 结化合物光伏电池,能够实现阳光全谱高效吸收,促使光电能量转换效率提高到 46%[33]。

思考题

1. 试分析硅元素的性质、特点与应用范围。
2. 简述从石英砂到高纯硅的制备方法与原理。
3. 说明无位错硅单晶的制备原理与方法。
4. 区熔技术在硅材料制备中有哪些应用? 区熔单晶有什么特点?
5. 什么是晶体外延? 有哪些外延工艺? 分别有什么应用?
6. 试分析气相外延的晶体生长机制、温度或气压影响和工艺步骤。
7. 如何实现选择外延与异质晶体外延? 如何生长应变晶格与弛豫晶格外延薄膜?
8. 试对比 SOI 与体硅晶片各自的优缺点,分析 SOI 技术的器件应用领域与发展前景。
9. 简述制备 SOI 晶片的方法,对比各种方法的难点,分析 SOI 技术演进路径。
10. 不同晶片之间存在哪些键合力? 如何实现牢固键合? 分析智能剥离技术的原理。试以这种技术,设计表层为张应变硅膜的 sSOI 结构硅片形成流程。

参考文献

［1］ W. Lin, H. Huff, Silicon materials, Chap. 3 in *Handbook of Semiconductor Manufacturing Technology*, 2nd Ed.. Eds. R. Doering, Y. Nishi, CRC Press, Boca Raton, Florida, USA, 2008.

［2］ S. Wolf, R. N. Tauber, Silicon: single-crystal growth and wafering, Chap. 1 in *Silicon Processing for the VLSI Era*, Vol. 1, *Process Technology*. Lattice Press, Sunset Beach, CA, USA, 1986.

［3］ T. Abe, Crystal fabrication, Chap. 1 in *VLSI Electronics Manufacture Science*, Vol. 12, *Silicon Materials*. Eds. N. Einspruch, H. Huff, Academic Press, Orlando, FL, USA, 1985.

［4］王季陶,刘明登,半导体材料.高等教育出版社,1990 年.

［5］L. Jastrzebski, G. W. Cullen, R. Soydan, et al., The effect of nitrogen on the mechanical properties of float zone silicon and on CCD device performance. *J. Electrochem. Soc.* 1987,134 (2):466.

［6］杨德仁,阙端麟,深亚微米集成电路用硅单晶材料.材料导报,2002,16(2):71.

［7］张泰生,马向阳,杨德仁,掺氮直拉单晶硅中氧沉淀的研究进展.材料导报,2006,20(9):5.

［8］徐岳生,刘彩池,王海云等,磁场直拉硅单晶生长.中国科学 E 辑:工程科学材料科学,2004,34 (5):481.

［9］W. G. Pfann, *Zone Melting*. Wiley & Sons, New York, 1958.

［10］J. M. Meese, *Neutron Transmutation Doping in Semiconductors*. New York, Plenum, 1979.

［11］J. A. Moreland, The technology of crystal and slice shaping, Chap. 2 in *VLSI Electronics Manufacture Science*, *Vol. 12*, *Silicon Materials*. Eds. N. Einspruch, H. Huff, Academic Press, Orlando, FL, USA, 1985.

［12］Table FEP 10-starting materials technology requirements, *International Technology Roadmap for Semiconductors*, *2009 Ed.*. www. itrs. net.

［13］J. Bloem, L. J. Giling, Epitaxial growth of silicon, Chap. 3 in *Silicon Mater.*, *Vol. 12*, *VLSI Elec. Manufacture Sci.*. Academic Press, Orlando, FL, USA, 1985.

［14］C. S. Pai, R. V. Knoell, C. L. Paulnack, et al., Chemical vapor deposition of selective epitaxial silicon layer. *J. Electrochem. Soc.*, 1990,137(3):971.

［15］S. Mashiro, H. Date, S. Hitomi, et al., Cold-wall UHV-CVD for Si-SiGe(C) epitaxial thin films. *Solid State Technol.*, 2002,45(11):49.

［16］M. Heyns, A. Alian, G. Brammertz, et al., Advancing CMOS beyond the Si roadmap with Ge and III/V devices. *IEDM Tech. Dig.*, 2011:299.

［17］D. M. Isaacson, G. Taraschi, A. J. Pitera, et al., Strained-silicon on silicon and strained-silicon on silicon-germanium on silicon by relaxed buffer bonding. *J. Electrochem. Soc.*, 2006,153(2): 134.

［18］D. M. Isaacson, A. J. Pitera, E. A. Fitzgerald, Relaxed graded SiGe donor substrates incorporating hydrogen-gettering and buried etch stop layers for strained silicon layer transfer applications. *J. Appl. Phys.*, 2007,101(1):013522.

［19］S. Cristoloveanu, G. K. Celler, SOI materials and devices, Chap. 4 in *Handbook of Semiconductor Manufacturing Technology*, 2nd Ed.. Eds. R. Doering, Y. Nishi, CRC Press, Boca Raton, Florida, USA, 2008.

［20］J. P. Colinge, *Silicon-on-Insulator Technology*, *Materials to VLSI*, 3rd Ed.. Kluwer Academic Publishers, Boston, 2004.

［21］G. K. Celler, S. Cristoloveanu, Frontiers of silicon-on-insulator. *J. Appl. Phys.*, 2003,93 (9):4955.

［22］M. Watanabe, A. Tooi, Formation of SiO_2 films by oxygen-ion bombardment. *Jpn. J. Appl. Phys.*, 1966,5(8):737.

［23］K. Izumi, M. Doken, H. Ariyoshi, C. M. O. S. devices fabricated on buried SiO_2 layers formed by oxygen implantation into silicon. *Elec. Lett.*, 1978,14(18):593.

［24］P. L. F. Hemment, K. J. Reeson, J. A. Kilner, et al., Novel dielectric/silicon planar structures formed by ion beam synthesis. *Nucl. Instrum. Methods Phys. Res. B*, 1987,21(2－4):129.

［25］林成鲁,SOI-纳米技术时代的高端硅基材料.中国科学技术大学出版社,2009 年.

[26] J. B. Lasky, S. R. Stiffler, F. R. White, et al., Silicon-on-insulator (SOl) by bonding and etch-back. *IEDM Tech. Dig.*, 1985:684.

[27] W. P. Maszara, G. Goetz, A. Caviglia, et al., Bonding of silicon wafers for silicon on insulator. *J. Appl. Phys.*, 1988,64(10):4943.

[28] H. Moriceau, F. Rieutord, C. Morales, et al., Surface plasma treatments enabling low temperature direct bonding. *Microsyst. Technol.*, 2006,12(5):378.

[29] T. Yonehara, K. Sakaguchi, N. Sato, Epitaxial layer transfer by bond and etch back of porous Si. *Appl. Phys. Lett.*, 1994,64(16):2108.

[30] H. Moriceau, A bright future for direct wafer bonding. *Clefs CEA*, 52:44.

[31] M. Bruel, Silicon on insulator material technology. *Elec. Lett.*, 1995,31(14):1201.

[32] M. Bruel, Separation of silicon wafers by the smart-cut method. *Mat. Res. Innovat.*, 1999,3 (1):9.

[33] http://www. soitec. com.

[34] S. Longoria, Substrate technologies for FD-SOI. *SOI Technology Summit*, Shanghai, China, 2013. http://www. soiconsortium. org/fully-depleted-soi/presentations/october-2013/.

[35] M. Sadaka, C. Maleville, Substrate innovation for extending Moore and more than Moore. *Solid State Technol.*, 2015,58(5):18.

第10章

SiO₂ 和高 *k* 介质薄膜

自然界许多元素以氧化物形态存在，其中硅氧化物是地球含量最多的物质，也是一种应用极其广泛的无机材料。如本书第 1 章所强调，半导体硅在现代微电子技术中举足轻重的地位，并非仅由于硅材料本身具有的优良物理化学性质，还得益于硅材料拥有多种性能优良并与之匹配良好的硅基化合物及合金薄膜材料，其中最为重要的就是氧化硅介质（SiO_2）。

SiO_2 是一种具有优良物理化学特性的介质材料。SiO_2 材料存在结晶态和非晶态。结晶态 SiO_2 又有不同晶相，构成多种石英晶体。除了常称的石英外，还有方石英、鳞石英等。结晶态物质具有固定熔点，不同晶体结构的同一物质熔点和密度有所差别。石英的熔点约为 1 723℃。集成电路工艺中常用的 SiO_2 为非晶态，没有固定熔点，其软化温度约为 1 500℃，高于硅的熔点 1 414℃，可承受整个硅集成电路工艺的高温过程。除 HF 对其有较快的腐蚀速率外，SiO_2 在其他酸、碱溶液中都非常稳定。SiO_2 是一种具有良好绝缘性能的介质，其禁带宽度为 8～9 eV，击穿场强可达每厘米数十兆伏，在集成电路与其他电子器件中成功用作绝缘和隔离材料。尤其重要的是，SiO_2 与硅具有优良界面特性，用清洁热氧化技术制备的 Si/SiO_2 界面，是目前所有半导体与绝缘介质界面中最接近完美的界面。这一特点使得 SiO_2 成为 MOS 器件的理想栅介质。此外，SiO_2 是一种可加工性很好的材料，薄膜具有优良的均匀性和工艺重复性。这些因素使得 SiO_2 成为硅半导体工艺技术中始终不可或缺的关键材料之一。

如本书多个相关章节所讨论，除作为 MOS 栅介质以外，SiO_2 在集成电路制造中还有多种应用。由于绝大多数杂质在 SiO_2 中的扩散系数很小，因此，SiO_2 可以作为集成电路加工中诸如扩散、离子注入等工艺的掩蔽薄膜。由于 SiO_2 优良的绝缘性能，它在集成电路中可以用作器件隔离和电学绝缘，如局部氧化（LOCOS）隔离、沟槽隔离、SOI 中隐埋氧化层（BOX）、边墙隔离层、金属互连层间介质、多层布线中用于平坦化的介质。由于 SiO_2 稳定的物理化学特性，它还可以用于器件和电路表面钝化保护。同时，SiO_2 可用作电容介质、浮栅存储器的隧穿介质等。GaAs 及其他化合物半导体器件制造技术，也需要 SiO_2 用作隔离、掩蔽、钝化等。

有多种制备 SiO_2 薄膜的方法，在集成电路中最常用的为热氧化和化学气相淀积（CVD）。本章主要集中于热氧化 SiO_2 薄膜制备工艺。在氧化气氛中和数百至 1 000℃左右的高温条件下，硅片表层通过氧化反应生长 SiO_2。这种热氧化生长 SiO_2 曾是发展硅集成电路平面工艺的基石。优化 SiO_2 薄膜物理化学性质及硅的界面特性,长期以来是热氧化工艺的核心课题。目前已形成相当成熟的热氧化工艺,成功用于持续尺寸缩微、性能提升的一代又一代集成芯片制造。本章将首先简要讨论 SiO_2 的结构和基本物理化学性质,重点分析热氧化 SiO_2 生长机制及其动力学生长模型。随后分别讨论与热氧化工艺相关的一系列因素,诸如氧化速率对温度、氧化剂和气压的依赖关系,不同硅晶面的氧化速率变化,衬底掺杂浓度对热氧化的影响,SiO_2/Si 界面和氧化物陷阱,超薄氮氧化硅栅介质制备方法,多晶硅薄膜氧化特点,等等。最后对高 k 介质作概要介绍。

10.1 SiO_2 的结构

在多种晶格不同的 SiO_2 晶相中,没有与硅晶格相匹配的晶相。在单晶硅上热氧化生长的 SiO_2 是非晶态薄膜。非晶态 SiO_2 有益于其在集成电路器件制造中的各种应用。如果在硅表层形成单晶 SiO_2,则由于晶格失配必然在其与硅衬底之间形成较大应力,从而诱导硅晶格缺陷产生。非晶态的介质也可避免多晶膜存在的晶粒间界漏电通道。非晶态高纯 SiO_2 有时也称为熔融硅石。

10.1.1   硅氧四面体单元及其结合

自然界和人工制造的 SiO_2 多以非晶态存在。组成非晶态和晶态 SiO_2 的基本单元,都是以硅原子为中心、氧原子为顶点的共价键四面体($O—Si≡O_3$),如图 10.1(a)所示。因为硅原子的配位数为 4,它与配位数为 2 的 4 个氧原子可结合成具有强方向性的极性共价键。硅与氧原子间距为 0.162 nm,两个氧原子间距为 0.262 nm。

硅氧四面体通过不同结合方式,可以构成晶态和非晶态 SiO_2。当硅氧四面体单元周期性地排列成六角、正交、立方、四角等结构时,就形成了多种石英晶体。图 10.1(b)为石英晶体结构的二维示意图,硅氧四面体单元通过顶点氧原子共享形成有规则的 SiO_2 网络。由于这种氧原子与两个相邻四面体的硅原子成键,故被称为桥键氧原子。在晶态 SiO_2 中,Si—O—Si 桥氧键的键角有确定的值,Si—Si 原子间距也相同。而在非晶态 SiO_2 结构中,近邻两个硅原子间距依具体结构有所变化,约为 0.31 nm。图 10.1(c)为非晶态 SiO_2 相邻四面体的价键结构示意图。虽然在以硅原子为中心的四面体中,相邻 Si—O 键之间仍具有相对固定的 O—Si—O 键角($\alpha = 109°$),但连接四面体的 Si—O—Si 键角可在较大范围变化,$\theta =$

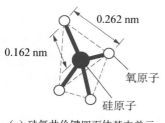

(a)硅氧共价键四面体基本单元

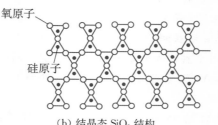

(b)结晶态 SiO_2 结构

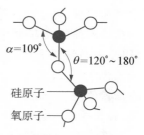

(c)非晶态 SiO_2 价键结构

图 10.1   硅氧四面体单元及其结合

$120° \sim 180°$。正是由于这种可变性,使通常天然或热氧化生长的 SiO$_2$ 物质呈非晶态。SiO$_2$ 薄膜中存在两种本征缺陷,即氧空位或硅空位,可能形成畸变的 $O_3 \equiv Si—Si \equiv O_3$ 结构或 $O_3 \equiv Si—O—O—Si \equiv O_3$ 结构。

10.1.2　非晶态 SiO$_2$ 薄膜

热氧化生长的非晶态 SiO$_2$ 薄膜具有长程无序、短程有序的特点。图 10.2 为非晶态 SiO$_2$ 结构示意图。在非晶态 SiO$_2$ 中,氧除了作为桥键原子外,还存在未完全成键的氧原子,它只与一个硅氧四面体中心的硅原子成键,被称为非桥键氧原子。因此,非晶态 SiO$_2$ 密度低于晶态 SiO$_2$。通常石英晶体的密度为 2.65 g/cm^3,而非晶态 SiO$_2$ 的密度依赖于其制备方法,约在 2.15$\sim$2.27 g/cm^3 范围。在非晶态 SiO$_2$ 中,桥键氧原子与非桥键氧原子的比例对薄膜致密性有显著影响。非桥键氧原子浓度越低,薄膜就越致密。

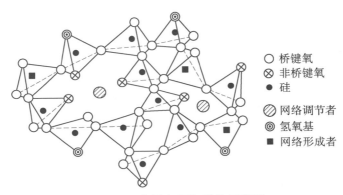

图 10.2　非晶态 SiO$_2$ 结构示意图

从热力学角度看,非晶态材料处于亚稳态,而结晶态是稳态。对于 SiO$_2$,从非晶态转变为结晶态并不容易,通常需在高温下经过数月或数年后才有可能发生。例如,氧化炉和扩散炉所用的石英管,经过长年累月高温使用过程后,有的会发生所谓的析晶现象,即转变成结晶态。这样的石英炉管就不能继续使用。石英炉管是习惯用语,严格地讲,石英是一种晶体,而炉管是由熔融纯净 SiO$_2$ 制成的。在集成电路工艺通常的氧化、扩散、退火工艺中,以及器件常规使用条件下,非晶态 SiO$_2$ 薄膜极为稳定。

10.1.3　SiO$_2$ 中的杂质

在半导体器件应用的各种 SiO$_2$ 薄膜中存在多种杂质,既有在生长或淀积工艺中掺入薄膜的,也有材料沾污形成的。如同在硅晶体中一样,杂质在 SiO$_2$ 中的存在方式,也有替位、间隙两种。图 10.2 显示两种杂质在 SiO$_2$ 网络内的不同位置与影响。硅器件常用的掺杂元素硼、磷、砷等杂质,在 SiO$_2$ 中可以替代硅原子,与氧成键,形成 B$_2$O$_3$、P$_2$O$_5$ 等氧化物。由于这类杂质可以直接参与非晶氧化物网络形成,因此,常被称为网络形成者(network former)。含有高浓度这类杂质的氧化硅薄膜特性会有所变化。掺硼、磷及两者同时掺入的 SiO$_2$ 膜,常分别被称为硼硅玻璃、磷硅玻璃与硼磷硅玻璃薄膜。它们的软化温度显著降低,在集成电路等器件制造中可用于硅片平坦化工艺。

另一类杂质,如钠、钾、铅等,则以间隙方式存在于 SiO$_2$ 薄膜中,它们不参与构建非晶氧化物网络。这类杂质即便以氧化物分子状态进入 SiO_2,也会离化成为离子,并释放出氧原子,增加氧化硅网络中的非桥键氧,使 SiO_2 网络致密性降低。这些处于网络间隙位置的杂质原子及离子,特别是 Na^+ 等碱性金属离子,具有较高的迁移性,可能严重影响 Si/SiO_2 界面及 MOS 器件特性。这类杂质常被称为网络调节者(network modifier)。

除了上述两类杂质,SiO_2 薄膜中还存在氢氧基(OH)等。如图 10.2 所示,氢氧基可占据硅氧四面体的一个顶点氧位置,使桥氧键遭到破坏,影响薄膜性能。本章将进一步讨论包括氢氧基在内的各种杂质来源及影响。

10.2　SiO_2 的基本物理化学性质

在讨论硅热氧化工艺前,本节首先简要介绍热生长 SiO_2 的一些基本光学、化学与电学性质。

10.2.1　SiO_2 光学特性

SiO_2 是一种很好的光学材料,光透射率高,广泛用于制造各种光学元件。在与集成电路微电子技术密切相关的光电子技术领域,SiO_2 也占有极为重要的地位。现代通信不可缺少的光纤就是应用纯净 SiO_2 制成的。自从 1966 年高锟(1933—2018)发明光纤后,SiO_2 光纤逐步发展成为光通信技术的基础材料。在光通信应用的 $0.8 \sim 1.6~\mu m$ 波段,高纯光纤的透射率极高,光传输损耗可低至 $0.2 \sim 0.3~dB/km$。

SiO_2 折射率依赖于照射波长,并与晶体状态或者制备工艺相关。对于波长为 5 461 Å 的单色光,热氧化 SiO_2 薄膜的折射率为 1.46。SiO_2 薄膜的折射率随热氧化膜生长温度有所变化。在高温下生长的 SiO_2 的折射率约为 1.462 0,随着热氧化温度降低,折射率有所上升。对热生长 SiO_2,折射率作为重要的物理参数,是监控氧化膜质量的重要指标之一。SiO_2 在 $0.2 \sim 3.5~\mu m$ 较宽光谱范围内具有高透射率,在 $5~\mu m$ 以上的波段透射率较低。在红外波段存在一系列与 Si—O、Si—H、O—H 键对应的特征吸收峰。重掺杂硅衬底上的热氧化 SiO_2 薄膜,还会出现 P—O、As—O、B—O 等键的吸收峰。这些与杂质相关的吸收峰,可以被用来表征杂质浓度的高低。

10.2.2　SiO_2 化学特性

SiO_2 是化学性质最稳定的材料之一。按化学分类,SiO_2 是酸性氧化物,是硅酸的酸酐。然而 SiO_2 与一般酸性氧化物显著不同。大部分酸性氧化物都可直接与水化合生成酸,SiO_2 却不能直接跟水化合。它所对应的水化物——硅酸,只能用相应的可溶性硅酸盐与酸反应制得。因此,SiO_2 在水中的溶解度极低。氢氟酸是可腐蚀 SiO_2 的唯一酸。在 HF 水溶液中 SiO_2 和 HF 反应,可生成易溶于水的氟硅酸(H_2SiF_6)。因此,HF 水溶液成为腐蚀 SiO_2 薄膜和形成 SiO_2/Si 刻蚀图形的选择性腐蚀液。室温下 KOH 等强碱溶液对 SiO_2 有缓慢腐蚀作用,升温后反应增强。含氟(如 CF_4)等离子体可以刻蚀 SiO_2,活性氟原子与 SiO_2 反应生成具有挥发性的 SiF_4。在高温下 SiO_2 可与多种金属反应,不同金属具有不同的反应活性。

10.2.3　SiO₂ 介质电学特性

SiO₂ 薄膜具有优良的介质电学特性,SiO₂ 的相对介电常数为 3.9,介电强度达 10^7 V/cm。SiO₂ 的禁带宽度为 8～9 eV,Si/SiO₂ 的导带势垒和价带势垒分别约为 3.2 eV 和 4.0 eV。由其特有的宽禁带可知,SiO₂ 是优良绝缘体。任何实际绝缘体总会存在微弱导电性,SiO₂ 中的体电阻率在 10^{12}～10^{16} Ω·cm 范围,导带电子迁移率为 20～40 cm²/Vs,价带空穴迁移率小多个数量级,约为 $2×10^{-5}$ cm²/Vs。当 SiO₂ 较厚时,其导电能力主要取决于由电极注入 SiO₂ 的载流子浓度,因为其本征载流子浓度极低。在较低电场和较高温度下,载流子注入通常以肖特基发射注入为主;在较高电场和较低温度下,载流子注入则以 Fowler-Nordheim(F－N)隧穿注入为主。当 SiO₂ 很薄时,SiO₂ 的导电能力主要不由体导电决定,而是由电极界面特性决定。对于小尺寸 MOS 器件很薄的栅介质,其导电由隧穿电流决定。图 10.3 是以 n⁺ 多晶硅作为栅电极的 MOS 结构中电子隧穿 SiO₂ 的示意图。图 10.3(a)为栅极施加平带电压时的能带图,(b)和(c)分别为当栅介质较厚和较薄时,栅极施加正电压的能带图。当 SiO₂ 较厚时,硅衬底中的电子会通过量子隧穿效应穿越电场形成的三角势垒到 SiO₂ 导带,而后以漂移方式穿过 SiO₂ 层到达栅极,这就是 F－N 隧穿效应。F－N 隧穿电流密度(J)与电场强度(E_{ox})的关系通常可以用下式描述:

$$J_{F-N} = \frac{q^2 E_{ox}^2}{16\pi^2 \hbar \phi_{ox}} \exp\left[-\frac{4(2qm^*)^{1/2}\phi_{ox}^{3/2}}{3\hbar E_{ox}}\right] \tag{10.1}$$

其中,$q\phi_{ox}$ 为 Si/SiO₂ 导带势垒高度,m^* 为 SiO₂ 中电子有效质量。通过 $\log(J/E_{ox}^2)$ ～ $1/E_{ox}$ 作图,可以判断导电机制是否以 F－N 隧穿为主,并可以确定隧穿势垒高度等物理量。

当 SiO₂ 很薄时,从硅衬底隧穿进入 SiO₂ 的电子不进入 SiO₂ 导带,而直接到达栅极,如图 10.3(c)所示,这种隧穿称为直接隧穿(DT)。直接隧穿与 F－N 隧穿两种效应中的电子运动轨迹不同,F－N 隧穿电子在穿越三角势垒后进入 SiO₂ 导带,经过体内氧化层电场漂移运动才能到达栅极。因此,两种隧穿电流对氧化层厚度和氧化层电场的依赖关系有所不同。F－N 隧穿电流对氧化层电场很敏感,因为氧化层电场(即 SiO₂ 导带斜率)决定了三角势垒的宽度,而直接隧穿对氧化层电场不敏感,因为隧穿势垒宽度与氧化层电场无关,而只决定于 SiO₂ 厚度,这就使直接隧穿对 SiO₂ 厚度很敏感。

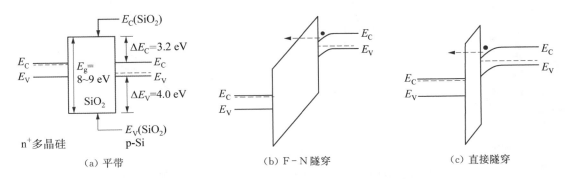

图 10.3　n⁺ 多晶硅/SiO₂/Si 结构中电子隧穿示意图

与 F－N 隧穿相比,直接隧穿的理论模型更为复杂,J_{DT}～V_g 尚无简单的解析关系式。

图 10.4 展示了不同栅介质厚度 MOS 结构隧穿电流与栅电压的关系[1]。图 10.4 中空心方块点为实验数据,虚线为 F - N 隧穿理论曲线,实线为同时考虑了 F - N 隧穿和直接隧穿的理论曲线。由图 10.4 可见,当栅介质较厚或栅电压较大时,隧穿以 F - N 隧穿机制为主;反之,当栅介质较薄和栅压较小时,隧穿以直接隧穿机制为主。一般认为,当 SiO_2 厚度在 4 nm 以下时,直接隧穿将成为氧化层漏电的主要机制。

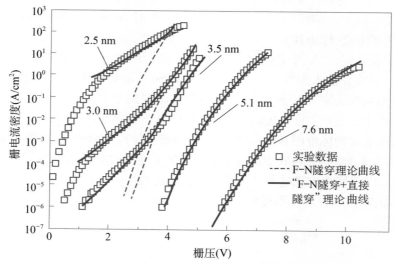

图 10.4　不同栅介质厚度 MOS 结构隧穿电流与栅电压关系[1]

10.2.4　SiO_2 杂质扩散掩蔽特性

SiO_2 的杂质扩散掩蔽特性是其在半导体器件制造中最重要的应用之一。1957 年 Frosch 和 Derick 发现 SiO_2 是一种有效的杂质扩散掩蔽层,可以阻挡大多数杂质。这一特性是集成电路平面加工和选择性掺杂的基础。要实现 SiO_2 的掩蔽特性,必须要求 SiO_2 厚度 X_{SiO_2} 大于杂质在 SiO_2 中扩散的最大距离 X_m。图 10.5 展示磷、硼两种杂质在 SiO_2 中扩

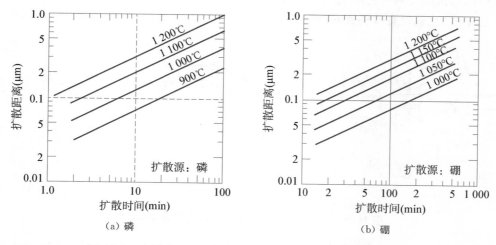

图 10.5　杂质在 SiO_2 中扩散距离与扩散温度及时间的关系[2]

散距离与扩散时间的关系[2]。可以看出,过薄的 SiO₂ 层不能阻挡磷、硼杂质扩散,用作掩蔽的较厚 SiO₂ 层通常需用水气或湿氧氧化生长。另外,P_2O_5 和 B_2O_3 等掺杂剂还有可能与 SiO₂ 反应生成玻璃态氧化物介质。

10.3　SiO₂ 时变介质击穿特性

　　SiO₂ 的介质击穿按场强来划分,可分为高场下($\geqslant$10 MV/cm)本征击穿、中等场强下(1~8 MV/cm)时变介质击穿(time-dependent dielectric breakdown,TDDB)和低场下(<1 MV/cm)非本征击穿。一般厚度 SiO₂ 的本征击穿场强约为 10 MV/cm,在优质超薄栅介质层中,本征击穿场强可达 30 MV/cm。而低场下非本征击穿通常与 SiO₂ 薄膜中的针孔、缺陷、杂质沾污、表面粗糙等有关。因此,对于用作栅介质的 SiO₂,其氧化工艺整个过程的清洁度至关重要。除了这两种击穿现象外,在 SiO₂ 中还存在一种与器件运行时间有关的介质击穿现象,即 TDDB。TDDB 击穿效应是指 SiO₂ 介质在低于本征击穿电场强度的外加电压作用下,经过一定运行时间后发生的介质击穿现象。MOS 器件在正常运行条件下所施加的工作栅压,可以看作一种电应力,也会导致 TDDB 击穿。因此,TDDB 效应成为限制 MOS 器件正常运行寿命与栅介质可靠性的重要因素。

　　通常有两种方法可以测量 SiO₂ 栅介质的 TDDB 过程,即恒栅电压和恒栅电流模式。图 10.6(a)和(b)分别展示恒栅电压模式和恒栅电流模式下的 TDDB 击穿过程[3]。在恒栅电压模式中,通常在电应力施加初期,栅电流会缓慢减小,到击穿时刻,栅电流会以软击穿或硬击穿方式逐渐或迅速上升。在恒栅电流模式中,在电应力施加初期,栅电压则缓慢增大,当击穿发生时栅电压急速下降。通常可以用击穿寿命 t_{BD} 或击穿电荷 Q_{BD} 来表征 TDDB 特性,这两个参数是等价的。在图 10.6(a)中,Q_{BD} 为击穿发生前栅电流的时间积分,即 I_g~t 曲线下的面积;在图 10.6(b)中,Q_{BD} 即为栅电流 I_g 与 t_{BD} 的乘积。

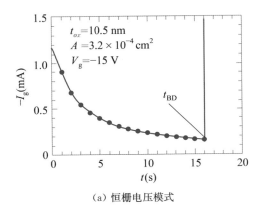

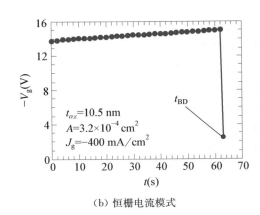

(a) 恒栅电压模式　　　　　　　　　　(b) 恒栅电流模式

图 10.6　恒栅电压下栅电流随时间的变化与恒栅电流下栅电压随时间的变化[3]

　　大量实验研究结果表明,TDDB 与介质中的电场、漏电流及温度积累等有关,其具体机制及模型是栅介质可靠性技术的重要课题。为了预估 MOS 器件在正常运行条件下的可靠使用寿命,常在较高场或较高温度下进行加速介质击穿失效实验测试。为此需要了解 TDDB

击穿现象机制及其与电场、温度的关系。多年来对 SiO_2 TDDB 现象的物理化学机制有许多实验与理论研究，也提出了多种分析模型，目前存在两种与实验数据符合较好的机制及模型，即电场驱动机制和电流驱动机制。

10.3.1　电场驱动机制

第一种模型认为，在电场应力作用下，电场促使 SiO_2 网络中的键断裂或配位破损（cordination breakage），进而形成导电通道并最终击穿，而键断裂的激活能 ΔH 在外电场 E 作用下会下降。通常把 50% 器件失效的时间（TF）定义为器件寿命，据此可由下式描述电场驱动器件失效时间：

$$TF_E = A_0 \exp(-\gamma E) \exp(\Delta H_0 / kT) \tag{10.2}$$

其中，A_0 为常数，γ 为电场加速因子，E 为氧化层电场强度，ΔH_0 为激活能，k 为玻尔兹曼常数，T 为绝对温度。由于这种 TDDB 机制的器件失效寿命与氧化层电场 E 呈指数关系，因此，这种击穿模型通常称为 E 模型或电场模型。

对于介质 TDDB 效应的电场作用机制，可从外加电场诱生的 SiO_2 晶体及分子的价键结构变化分析。虽然 SiO_2 中的硅氧键四面体与硅晶体中的硅键四面体形状相似，但两者性质显著不同。硅键四面体由 sp^3 4 个共价键构成，而 Si^{+4} 与 O^{-2} 两种原子构成的四面体价键是一种极性共价键，既存在 sp^3 共价键成分，又存在极性键成分。由 Si—O 分子键的不同键能组分可以进一步分析 SiO_2 的结构特点。实验数据给出的 Si—Si 与 O—O 键的键能分别为 $q\phi_{Si-Si} = 1.8$ eV，$q\phi_{O-O} = 1.4$ eV。依据泡林（Pauling，1901—1994）理论，可以估算 Si—O 键的键能 $q\phi_{Si-O}$，其中，共价键能部分可表示为

$$q(\phi_{Si-O})_{共价} = q\sqrt{\phi_{Si-Si} \cdot \phi_{O-O}} \cong 1.6 (eV) \tag{10.3}$$

Si—O 键的极性源于硅、氧两种原子的电负性（X）差别，$X_{Si} = 1.8$，$X_O = 3.5$，极性键能可表示为

$$q(\phi_{Si-O})_{极性} = 1.3q(X_O - X_{Si})^2 \cong 3.8 (eV) \tag{10.4}$$

因此，Si—O 键的单键能为 5.4 eV。计入配位数，硅、氧两者的总键能显著不同，分别为 21.6 eV 与 10.8 eV。

以上分析说明 Si—O 键具有较强极性，促使 SiO_2 存在典型 TDDB 击穿特性。研究表明，包括硅晶体在内的共价键材料通常无 TDDB 击穿现象。Si—O 键的极性使其具有较强偶极矩，偶极矩矢量由负电性氧原子指向正电性硅原子，如图 10.7(a) 所示。无外加电场时，$O—Si \equiv O_3$ 四面体中不同方向的偶极矩相互平衡，净偶极矩为零。当氧化层施加电场 E_{ox} 时，将使 $O—Si \equiv O_3$ 四面体产生畸变。在如图 10.7(b) 所示外加电场作用下，沿电场方向

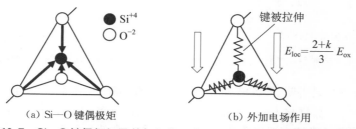

（a）Si—O 键偶极矩　　　　　　（b）外加电场作用

图 10.7　Si—O 键偶极矩及其与氧化层电场相互作用产生的应变示意图[4]

的 Si—O 键将显著伸展,呈现张应变状态,而其他方向的 Si—O 键将受到压缩。这些应变 Si—O 键将诱生净偶极矩,并使局域电场(E_{loc})增强。局域电场强度值依赖氧化层电场和氧化硅相对介电常数(κ),可表示为 $E_{loc} = [(2+\kappa)/3]E_{ox}$,对于 κ 值为 3.9 的 SiO₂,$E_{loc} \approx 2E_{ox}$。

氧化层局域电场对 Si—O—Si 键的损伤过程,也可从电场力与硅、氧离子的直接相互作用分析。如前面讨论已指出,连接相邻四面体的桥氧键弱于 sp³ - Si 键,其键角可变,最大可达 180°。图 10.8 显示这种应变桥氧键在电场作用下的断裂机制。由于氧、硅离子受到相反方向的电场力,形成剪切应力,可导致桥氧键断裂,在 SiO₂ 网络中形成分子型缺陷。

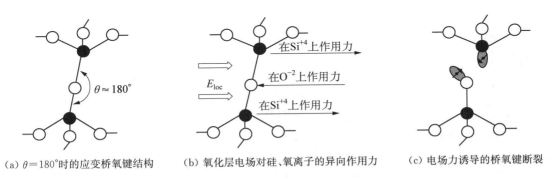

(a) $\theta = 180°$时的应变桥氧键结构　　(b) 氧化层电场对硅、氧离子的异向作用力　　(c) 电场力诱导的桥氧键断裂

图 10.8　局域电场作用下 Si—O—Si 键断裂机制示意图[4]

以上讨论说明,源于 SiO₂ 网络结构及其分子极性,在外加电场及其增强的内部局域电场作用下,具有较强极性的 Si—O 键畸变与断裂几率显著增加,造成越来越多的 SiO₂ 分子缺陷,促使介质漏电流逐渐上升。这种介质失效机制与电场应力加速试验结果相一致。实验事实表明,TDDB 现象是一种不可逆的介质损伤过程,即:在 SiO₂ 中产生的缺陷将逐渐积累,直至介质击穿。

10.3.2　电流驱动机制

另一种模型认为,TDDB 击穿是一个电流驱动过程,介质损伤程度与电荷累积有关[5]。当氧化层较厚时,氧化层漏电流主要由 F - N 隧穿电流构成。在 TDDB 研究中,很早就发现恒栅电压模式下,栅电流先经历缓慢降低过程,如图 10.6(a)所示;或者在恒栅电流模式下,栅电压存在逐渐增大过程,如图 10.6(b)所示。人们推测,在对氧化层施加电应力的过程中,伴随注入电子不断被氧化层陷阱俘获过程,并因电子俘获而改变氧化层内电场分布,使阴极附近电场减小、阳极附近电场增大,阴极附近电场减小会降低 F - N 隧穿电流[6]。在早期研究中,人们还认为,陷阱俘获电子是导致 TDDB 击穿的原因。随后在胡正明等人的研究中发现,当同一批器件施加快接近于最终击穿应力(如 90% 的 Q_{BD})时,对部分器件进行 450℃退火,在未退火和已退火的器件中再进行栅电压极性不变和极性相反的电应力实验,结果发现,退火与否对后继 TDDB 寿命没有影响,而极性改变与否有很大影响。一般认为 450℃退火应可使被氧化层陷阱俘获的电子释放,所以,人们认为电子被俘获并非是导致 TDDB 最终击穿的原因。同时,在对这些样品的 C - V 测试时发现,经历 TDDB 电应力的样品退火后,其氧化层中存在一些正电荷,它们被认为是氧化层陷阱俘获的空穴,而且是

TDDB 击穿的直接原因。图 10.9 展示空穴导致 TDDB 击穿的过程。首先以 F－N 隧穿机制注入氧化层的电子中,部分获得足够高能量的电子可能引起碰撞电离,如图 10.9(a)所示;然后,碰撞电离产生的空穴向阴极运动,部分被阴极附近陷阱俘获,这些正电荷增强了阴极附近的局部区域电场,如图 10.9(b)所示;当俘获空穴达到一定电荷量时,阴极附近电场的增加会促进电子 F－N 隧穿,进而引起更多的碰撞电离和空穴产生、俘获,使阴极附近电场进一步增强,如图 10.9(c)所示,这样形成正反馈累积过程,并导致最终被击穿。

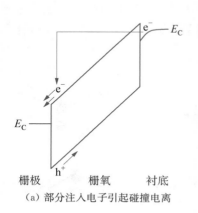
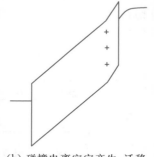
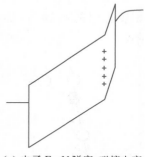

(a) 部分注入电子引起碰撞电离

(b) 碰撞电离空穴产生、迁移、被陷阱俘获与阴极附近电场增强

(c) 电子 F－N 隧穿、碰撞电离、空穴产生、陷阱俘获、阴极附近电场增强,形成正反馈累积过程,导致最终击穿

图 10.9　空穴导致 TDDB 击穿的过程[5]

在这个碰撞电离空穴击穿模型实验中发现,通过 C－V 测试得到的陷阱俘获空穴面密度仅为 10^{11} cm^{-2},不足以引起如此明显的电场分布变化,但如果这些陷阱电荷仅分布于局部区域,就有可能使这些区域的电场超过产生这种正反馈而击穿的阈值。所以,在空穴击穿模型中,把整个器件面积分成两部分:一部分称为"弱"区域(有空穴陷阱和电场增强的区域),另一部分称为"强"区域(无空穴俘获和电场增强),并设定一个陷阱电荷阈值,当"弱"区域中空穴累积达到该阈值时就发生击穿,TDDB 就是这个"弱"区域中空穴累积的过程。按照这种理论推导得到的 TDDB 失效时间可由下式计算:

$$TF_{1/E} = \frac{c}{J_w(M_w - 1)} \approx c^* \exp[(B+H)/E] \tag{10.5}$$

其中,c 和 c^* 是与电场无关的系数,J_w 为"弱"区域 F－N 隧穿电流,M_w 为"弱"区域碰撞电离倍增因子,B 和 H 分别是 F－N 隧穿和碰撞电离率的指数项系数。在 $t_{ox}=7.9$ nm 的实验中,通过不同氧化层电场下测量 F－N 电流和 $TF_{1/E}$,可以得出 B 约为 250 MV/cm,$(B+H)$ 约为 350 MV/cm,这个结果与其他人实验研究得出的 H(约为 100 MV/cm)的结果量级相符。由于按(10.5)式计算的 F－N 隧穿失效时间与 $1/E$ 呈指数关系,这种电流模型 TDDB 机制也称为 1/E 模型。

这种碰撞电离空穴击穿模型认为击穿发生在阴极附近局部区域。对于多晶硅/SiO$_2$/Si 结构,多晶硅/SiO$_2$ 界面与衬底硅/SiO$_2$ 界面的质量不同,后者应显著优于前者,所以,衬底硅作为阴极注入电子时,Q_{BD} 应高于多晶硅作为阴极时。实验证实,衬底注入 Q_{BD} 要比栅注入高约 20%。这是 1/E 模型的一个主要优点,即它能准确预言 TDDB 施加电应力的极性依赖关系,E 模型则不能。但是,E 模型很好地预言了介质材料极性与 TDDB 的关系,E 模型

认为非极性材料(如硅)是不存在 TDDB 现象的,只有极性材料(如 SiO₂),才可能有 TDDB 现象。E 模型是从介质晶键缺陷角度理解 TDDB 效应,1/E 模型则从空穴电荷累积角度理解 TDDB 现象。需要指出的是,由(10.2)和(10.5)式可见,名为 E 和 1/E 两种模型的 TDDB 器件失效时间都随氧化层电场增加而呈某种指数规律下降。

上面的碰撞电离空穴击穿模型是针对较厚氧化层和较高栅电压提出的。当氧化层很薄时,隧穿电流以直接隧穿为主。在栅电压较低条件下,氧化层内的碰撞电离将变得很困难。胡正明等人又提出薄栅氧(~2.5 nm)和低栅压(≤3.3 V)下的空穴注入击穿模型[1]。首先,在这个模型中他们扩展了空穴产生机制,如图 10.10 所示。他们认为,从阴极 F-N 隧穿注入并穿过氧化层到达阳极的电子,对于阳极来讲,是一种热电子,当这种热电子回到热平衡时,将释放较高能量,在阳极附近有一定的几率激发形成热空穴,这种热空穴又可以在电场作用下通过 F-N 隧穿方式注回氧化层,这一过程称为阳极(热)空穴注入(AHI)。由于阳极注入的空穴仍与 F-N 电子流成正比,因此,AHI 模型预言的 TDDB 寿命仍呈 1/E 指数变化,即仍可用 1/E 模型描述。其次,当氧化层很薄时,电子注入电流的计算需要包括直接隧穿电流。图 10.11 是用 AHI 模型以及碰撞电离空穴击穿模型,对超薄栅 TDDB 实验结果的拟合分析。按照碰撞电离空穴击穿模型,TDDB 寿命对 $1/E_{ox}$ 的斜率,即指数项系数($B+H=350$ MV/cm)与 t_{ox} 应当没有关系,但实验结果发现,随着 t_{ox} 的变薄,薄栅的 TDDB 寿命对 $1/E_{ox}$ 斜率变得越来越大。当 $t_{ox}=3.0$ nm 时,斜率可达 650 MV/cm,这主要是由于 t_{ox} 的变薄使得空穴产生率下降所致,AHI 模型较好地描述了这一现象。

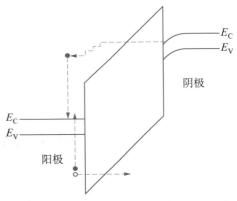

图 10.10　阳极(热)空穴注入过程[6]

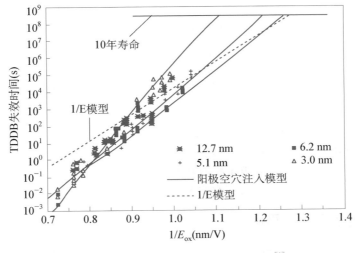

图 10.11　TDDB 寿命与 $1/E_{ox}$ 的关系[1]

更深入的实验研究发现,E 模型或 1/E 模型都不能较好地、单独地描述 TDDB 失效时间与氧化层电场的全局依赖关系。图 10.12 为 SiO_2 TDDB 失效时间与氧化层电场的关系。在较低电场下，E 模型较好；在较高电场下，1/E 模型较好。因此，有人提出将两种击穿机制同时计入的统一模型或联合模型，这样可以较好地、全局地描述 TDDB 失效时间与电场之间的关系[4]。

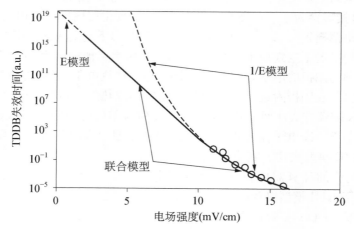

图 10.12　SiO_2 TDDB 失效时间与氧化层电场的关系[4]

10.4　热氧化 SiO_2 生长机制

硅片热氧化有干氧氧化和水气氧化两种基本工艺，分别以氧气和水气作为氧化剂。最早应用水气的氧化方法如下：把氧气通入 95℃ 加热的纯水，通过鼓泡方式把水气携带进氧化炉，这种工艺常称为湿氧氧化，其反应过程是干氧氧化和水气氧化的叠加，实际效果与水气氧化基本相同。

在干氧氧化和水气氧化过程中，会发生如下基本化学反应：

$$Si(固) + O_2(气) \longrightarrow SiO_2(固) \tag{10.6}$$

$$Si(固) + 2H_2O(气) \longrightarrow SiO_2(固) + 2H_2(气) \tag{10.7}$$

热氧化反应通常在 $700 \sim 1\,200℃$ 温度范围进行。通入氧化炉管的气体除了氧化剂外，还有携带气体（N_2）等。热氧化 SiO_2 的质量与硅衬底表面清洁度、气体纯度以及氧化工艺条件均密切相关。为分析在硅衬底上热氧化 SiO_2 生长的物理机制，本节将首先讨论氧化过程中的运动粒子和生长界面，随后具体分析干氧氧化和水气氧化过程中 O_2、H_2O 的不同氧化反应机制，最后介绍 SiO_2 生长耗硅量、体积膨胀及应力产生等特点。

10.4.1　扩散粒子及生长界面

上述化学反应式只是概括硅氧化反应的变化结果，并未显示热氧化的物理化学过程。当硅原子与氧原子结合、形成 SiO_2 薄层后，在生长过程中，究竟是氧原子向内扩散穿过 SiO_2、在界面与衬底硅原子结合成键，还是衬底硅原子向外扩散穿过 SiO_2、在表面与氧原子反应生成 SiO₂？在硅热氧化技术发展早期,研究者曾通过氧同位素标志法,对氧化过程中原子扩散机制进行实验分析。先用第一种氧同位素(O^{16} 或 O^{18})生长一层 SiO₂,再用第 2 种氧同位素继续氧化生长。氧同位素原子深度分布测试显示,第 2 种同位素生成的 SiO₂ 位于内层及 Si/SiO₂ 界面,而非表面。这就证明在硅热氧化过程中,氧是主扩散粒子,扩散穿过 SiO₂ 层至界面,与硅原子结合生成 SiO₂。

氧分子进入 SiO₂ 后,可能分解和离化,产生氧原子、氧离子等不同状态。究竟氧以何种状态扩散至界面与硅反应,也曾是热氧化研究中长期争论的问题。早期曾有研究者认为,氧以荷电粒子扩散至界面。后来的研究工作否定了这种观点。现在普遍认为,O_2 在 SiO₂ 薄膜中主要是以中性分子状态,通过 SiO₂ 分子网络间隙,扩散至 Si/SiO₂ 界面,与硅发生反应。对于水气氧化,H_2O 分子及其与 SiO₂ 反应产生的 OH 基是主要扩散粒子。图 10.13 为硅氧化过程中的氧化剂扩散与界面反应示意图。

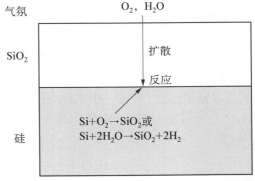

图 10.13　硅氧化过程中的氧化剂扩散与界面 SiO₂ 生长

10.4.2　干氧氧化反应路径与微观机制

上述实验表明,(10.6)和(10.7)式所表示的硅氧化反应发生于 SiO₂/Si 界面。但是,SiO₂ 生成反应是怎样完成的呢？热氧化反应涉及 Si—Si 共价键断裂、氧化剂分子分解、Si/O 原子成键等物理化学过程。伴随这些过程,必然存在硅原子空位(Si_V)与间隙硅原子(Si_I)等晶格点缺陷的复合与产生。在这些过程中,会组成($Si—Si_V$)、($Si—O—Si_V$)等复合体中间产物。考虑到分解、成键、点缺陷等因素影响,(10.6)式所表示的干氧氧化反应可以通过一系列不同原子、分子、点缺陷之间的相互作用微观机制实现。

(1) O_2 分子直接与 Si—Si 共价键断裂产生的硅原子结合生成 SiO₂,并伴随空位和间隙等点缺陷产生与晶格应变。

$$Si + O_2 \longrightarrow SiO_2 + 点缺陷产生 + 晶格应变 \tag{10.8}$$

(2) 通过 Si_V 与硅、氧原子的相互作用,组成多种相关原子及 Si_V 复合体,最终形成桥氧键和 SiO₂。

$$Si + Si_V \longrightarrow (Si—Si_V)_{复合体} \tag{10.9a}$$

$$(Si—Si_V)_{复合体} + O_2 \longrightarrow (Si—O)_{复合体} + O \tag{10.9b}$$

$$(Si—O)_{复合体} + Si_V \longrightarrow (Si—O—Si_V)_{复合体} \tag{10.9c}$$

$$(Si—O—Si_V)_{复合体} + O \longrightarrow SiO_2 \tag{10.9d}$$

(3) 通过 Si_I 与氧、硅原子的相互作用,组成多种相关原子及 Si_I 复合体,最终形成桥氧键和 SiO₂。

$$2Si + O_2 \longrightarrow O + Si_I + (Si—O)_{复合体} \tag{10.10a}$$

$$\text{Si} + (\text{Si}\!-\!\text{O})_{\text{复合体}} \longrightarrow (\text{Si}\!-\!\text{O}\!-\!\text{Si})_{\text{复合体}} \tag{10.10b}$$

$$(\text{Si}\!-\!\text{O}\!-\!\text{Si})_{\text{复合体}} + \text{O} \longrightarrow \text{SiO}_2 + \text{Si}_I \tag{10.10c}$$

以上多种氧化反应路径是平行进行的。界面上 SiO_2 生长的微观机制分析说明,硅中空位和间隙原子对氧化过程具有重要作用。凡是影响 Si_V、Si_I 点缺陷浓度的因素,都可能影响氧化速率。本章后面将讨论的杂质增强氧化效应,就是很好的证明。在有关扩散的讨论中,氧化增强扩散效应也与氧化过程诱生硅晶格点缺陷有关。

10.4.3 水气氧化中的 Si—O 键形成反应

按(10.7)式及关于氧化反应界面的研究结果,在 SiO_2/Si 界面上需要由两个 H_2O 分子与硅原子结合,形成一个 SiO_2 分子。实际的氧化反应要更复杂。扩散入氧化硅薄膜的 H_2O 分子可能与 SiO_2 网络中部分桥键氧反应,打破桥氧键,形成两个不能组成桥键的 OH 基。

$$\text{H}_2\text{O} + \text{Si}\!-\!\text{O}\!-\!\text{Si} \longrightarrow \text{Si}\!-\!\text{OH} + \text{OH}\!-\!\text{Si} \tag{10.11}$$

在 SiO_2 薄膜中间,以上反应会弱化 SiO_2 网络,使其致密性下降。在 SiO_2/Si 界面,以上反应产生的 Si—OH,则可与晶格键 Si—Si 反应,形成桥氧键 Si—O—Si,组成 SiO_2 四面体。发生此反应时,氢原子从 OH 基中被置换出来,形成氢分子。

$$2(\text{Si}\!-\!\text{OH}) + \text{Si} + \text{Si} \longrightarrow 2(\text{Si}\!-\!\text{O}\!-\!\text{Si}) + \text{H}_2 \tag{10.12}$$

氢在 SiO_2 薄膜中可以通过快扩散逸出表面。部分 H_2 也可能与桥键氧反应,生成 Si—OH。

$$\frac{1}{2}\text{H}_2 + \text{O}\!-\!\text{Si} \longrightarrow \text{Si}\!-\!\text{OH} \tag{10.13}$$

(10.13)式为可逆反应。水气氧化后的热处理可以降低氧化层中 OH 基浓度,提高 SiO_2 薄膜致密性。

10.4.4 SiO_2 生长耗硅量、体积膨胀及应力产生

热氧化生长 SiO_2 时需消耗一定量的硅。硅的原子密度为 5×10^{22} cm^{-3},SiO_2 的分子密度为 2.27×10^{22} cm^{-3},这意味着硅氧化后体积要发生膨胀。由两者密度可计算得到,SiO_2 厚度与消耗硅厚度之比为 1∶0.45,即氧化层厚度为所反应硅层的 2.2 倍。由于硅片二维平面上的面积是固定的,因此,硅氧化后生成的 SiO_2 表面将高于原始硅表面。氧化前后的体积膨胀必将在硅片中形成机械应力。图 10.14 为硅氧化体积膨胀与应力产生的示意图。可以设想,1 单位立方体积硅,如按 2.2 倍比自由生长 SiO_2,则应生成边长约 1.3 的 SiO_2 立方体,但当氧化横向生长受到限制时,则只能向上膨胀,形成底边为 1、高度约为 2.2 的四方体,如图 10.14 所示。由于氧化过程中的体积膨胀,热氧化生长的 SiO_2 通常处于压应力状态,而衬底硅则处于张应力状态。而且硅的热膨胀系数($\sim 2.5 \times 10^{-6}/℃$)大于 SiO_2 的热膨胀系数($\sim 0.5 \times 10^{-6}/℃$),热氧化硅片冷却后,也会导致 SiO_2/Si 界面两侧的应力变化。在硅片实际氧化工艺中,例如,本书 4.4.6 节讨论的局部氧化隔离场氧化层生长,在 Si_3N_4 膜边缘处存在局部横向氧化,因而会形成"鸟嘴"形结构。

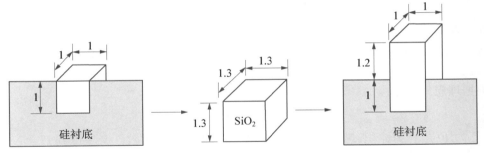

图 10.14　硅氧化过程中硅的消耗量与生成 SiO₂ 厚度的比例

10.5　硅热氧化动力学 Deal – Grove 模型

为了定量分析硅热氧化 SiO₂ 生长规律,自热氧化工艺开发之初,就有研究者致力于氧化动力学的建模研究。在众多模型中,Deal – Grove 模型是第一个被广泛接受的模型,该模型在 20 世纪 60 年代初期由 Deal 和 Grove 两位美国科学家提出[7]。他们导出了 SiO₂ 的线性与抛物线生长基本规律,较好地用于解释研究初期观察到的实验现象。尽管后来发现该模型存在某些局限性,但它迄今仍作为描述硅平面热氧化的基本模型而被普遍应用,许多更为精确的热氧化建模工作,往往也是建立在 Deal – Grove 模型基础上。以下具体分析讨论该模型的原理,推导出热氧化 SiO₂ 生长规律。

依据热氧化 SiO₂ 生长机制,Deal – Grove 模型认为,热氧化过程可分解为 3 个串接步骤,如图 10.15 所示。这 3 个步骤如下:①氧化剂以气相扩散方式,穿过气固界面滞留层,从气体内部输运至气体/SiO₂ 界面;②氧化剂以固相扩散方式,从 SiO₂ 表面扩散至 SiO₂/Si 界面;③氧化剂在 SiO₂/Si 界面与硅发生反应,生成新的 SiO₂ 层。这 3 个过程都可用流密度表征,分别表示为 F_1、F_2 和 F_3,其单位为 $cm^{-2}\ s^{-1}$,意为单位时间通过单位面积的氧化剂分子数。在

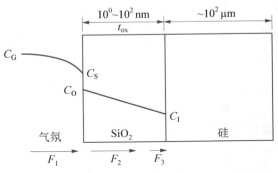

图 10.15　硅热氧化过程的 3 个串接步骤示意图

干氧氧化和水气氧化中氧化剂不同,分别为 O₂ 和 H₂O。本节在分析氧化剂气相输运、固相扩散和界面反应三者流密度的相关物理化学参数与表达式基础上,得到稳态热氧化参数方程,用以具体分析氧化层生长的界面反应与氧化剂扩散两种控制模式,以及相对应的线性与抛物线型生长规律。

10.5.1　氧化剂气相输运

氧化剂从主气流区扩散至气体/SiO₂ 界面的流密度 F_1,应与两处气相氧化剂浓度差成正比,可表示如下:

$$F_1 = h_G(C_G - C_S) \tag{10.14}$$

其中，C_G 和 C_S 分别代表氧化剂在气相内部和气体/SiO_2 界面处的浓度，h_G 为气相质量输运系数。h_G 应与氧化剂的气态扩散系数 D_G 成正比，与固/气界面处的滞留层厚度 δ 成反比，可表示为 $h_G = D_G/\delta$。

根据理想气体方程

$$PV = NkT \tag{10.15}$$

其中，P 为压强，V 为体积，N 为原子或分子数，k 为玻尔兹曼常数。又考虑到 $C = N/V$，则氧化剂在气体内部和气体/SiO_2 界面处的浓度，与两处氧化剂压强的关系为 $C_G = P_G/kT$，$C_S = P_S/kT$。因此，(10.14) 式可转化为下式：

$$F_1 = \frac{h_G}{kT}(P_G - P_S) \tag{10.16}$$

在热平衡条件下，可以认为热氧化过程应适用英国科学家亨利（W. Henry, 1775—1836）提出的亨利定律，固体表面吸附的某种物质浓度与该物质在固体表面的分压成正比。因此，SiO_2 表面的固相氧化剂浓度（C_O），应与气体/SiO_2 界面处气相中氧化剂的分压（P_S）存在以下关系：

$$C_O = HP_S \tag{10.17}$$

两者比例常数 H 称为亨利系数。通常 P_S 是一个难以测量的未知参数，而气体主气流的氧化剂分压 P_G 则是可测的物理量。与 (10.17) 式一致，在平衡状态下，SiO_2 内的固相氧化剂平衡浓度（C^*），亦应正比于主气流中的氧化剂分压（P_G），即

$$C^* = HP_G \tag{10.18}$$

综合以上各式之间的关系，可以得到氧化剂从气相扩散至 SiO_2 表面的流密度（F_1）表达式为

$$F_1 = h(C^* - C_O) \tag{10.19}$$

值得注意的是，(10.14) 与 (10.19) 式两者之间存在差别。虽然两式所表达的都是气相中的氧化剂流量与氧化剂浓度差的关系，但前式为气相氧化剂浓度，通过以上分析转换，后式则表示 SiO_2 中氧化剂的固相浓度。两式中的气相质量输运系数相关，但有所不同。(10.19) 式中 $h = h_G/HkT$，是用固体中浓度表示的气相质量输运系数。

10.5.2 氧化剂固相扩散

氧化剂从 SiO_2 表面扩散至 SiO_2/Si 界面的流密度 F_2，可根据菲克（A. Fick, 1829—1901）提出的菲克第一定律描述如下：

$$F_2 = -D\frac{\partial C}{\partial x} = D\left(\frac{C_O - C_I}{t_{ox}}\right) \tag{10.20}$$

其中，D 为氧化剂在 SiO_2 中的扩散系数，C_O 和 C_I 分别为氧化剂在 SiO_2 表面和 SiO_2/Si 界面的浓度，t_{ox} 为 SiO_2 的厚度。这里隐含了一个假设，即氧化剂在 SiO_2 层中扩散时无损耗，而且这里考虑的是稳态情形，所以，氧化剂浓度在 SiO_2 层中是线性分布的。实验证明，O_2 和 H_2O 的扩散系数在同一数量级，例如，1 100℃ 时均约为 $5 \times 10^3 \ \mu m^2/hr$。

10.5.3　SiO₂/Si 界面反应

氧化剂在 SiO₂/Si 界面与硅发生反应的流密度 F_3 在一级近似下,可表示如下:

$$F_3 = k_S C_I \tag{10.21}$$

可以认为氧化剂与硅的界面反应速率正比于氧化剂界面浓度。其中,k_S 为界面化学反应速率系数,单位为 cm/s。k_S 应与界面氧化反应相关的多种因素有关,主要有 Si—Si 键断裂、氧化剂 O_2(或 H_2O)分子解离成原子以及 Si—O 键形成等。

10.5.4　稳态热氧化参数方程

对于稳态情形,热氧化中气相氧化剂输运、固相氧化剂扩散和 SiO₂/Si 界面氧化反应 3 个过程的流密度应该相等,即 $F_1 = F_2 = F_3$,因而可获得下列方程组:

$$h(C^* - C_O) = D\left(\frac{C_O - C_I}{t_{ox}}\right) \tag{10.22a}$$

$$D\left(\frac{C_O - C_I}{t_{ox}}\right) = k_S C_I \tag{10.22b}$$

解上述方程组,可得到 SiO₂ 表面及 SiO₂/Si 界面的氧化剂浓度(C_O、C_I)与 SiO₂ 中氧化剂平衡浓度(C^*)的关系式,

$$C_O = \frac{1 + \dfrac{k_S t_{ox}}{D}}{1 + \dfrac{k_S}{h} + \dfrac{k_S t_{ox}}{D}} C^* \tag{10.23a}$$

$$C_I = \frac{1}{1 + \dfrac{k_S}{h} + \dfrac{k_S t_{ox}}{D}} C^* \tag{10.23b}$$

上面两个关系式表明,热氧化过程中氧化层内氧化剂浓度分布,取决于气相输运系数 h、固相扩散系数 D 和界面反应速率系数 k_S。一般热氧化条件下,反映气相输运与 SiO₂ 表面吸附过程的 h 值,远大于反映界面化学反应过程速率的 k_S 值,其比值可达 10^3 倍,即 $h \gg k_S$。因此,(10.23a)和(10.23b)式分母中的 k_S/h 项可忽略,两式可简化为

$$C_O \approx C^* \tag{10.24a}$$

$$C_I \approx \frac{1}{1 + \dfrac{k_S t_{ox}}{D}} C^* \tag{10.24b}$$

通常氧化剂从气相扩散至 SiO₂ 表面的第一步过程不是热氧化速率的限制因素,SiO₂ 内表面氧化剂的浓度近似等于平衡浓度 C^*。

现在讨论氧化剂扩散系数 D 和界面化学反应系数 k_S 对热氧化的影响。首先分析 $k_S t_{ox}/D$ 远小于 1 和远大于 1 两种极限情形。当 $k_S t_{ox}/D \ll 1$ 时,(10.24b)式可简化为 $C_I \approx C^*$,即有足够多的氧化剂扩散至 SiO₂/Si 界面,使该处也达到氧化剂平衡浓度。在此条件

下,热氧化速率主要受界面反应速率限制,这种生长模式称为界面反应控制生长,它通常对应于氧化层生长的初期。反过来,当 $k_s t_{ox}/D \gg 1$ 时,则 $C_1 \to 0$,即界面反应远快于氧化剂扩散到达的速率,氧化剂只要一到界面,即与硅反应。这时热氧化速率主要受氧化剂扩散穿过 SiO_2 的速率限制,这种生长模式称为扩散控制生长,它通常对应于氧化层生长较厚时。对于干氧氧化和水气氧化,当厚度分别超过 $4 \sim 10$ nm 和 100 nm 时,SiO_2 薄膜生长将进入扩散控制模式。

10.5.5　SiO_2 的线性与抛物线型生长规律

下面讨论一般情形下氧化层厚度与时间的依赖关系。氧化层生长速率可表示如下:

$$\frac{dt_{ox}}{dt} = \frac{F_3}{N_1} = \frac{k_S C^*}{N_1\left(1 + \frac{k_S}{h} + \frac{k_S t_{ox}}{D}\right)} \tag{10.25}$$

其中,N_1 为生长单位体积 SiO_2 所需的氧化剂分子数。对于干氧氧化,$N_1 = 2.2 \times 10^{22}$ cm^{-3},对于水气氧化,$N_1 = 4.4 \times 10^{22}$ cm^{-3}。

微分方程(10.25)式的初始条件为 $t_{ox}(0) = t_{oxi}$,即 t_{oxi} 是氧化前硅片上原有的 SiO_2 厚度。对该式从氧化层初始厚度 t_{oxi} 至最终厚度 t_{ox} 进行积分,

$$N_1\int_{t_{oxi}}^{t_{ox}}\left(1 + \frac{k_S}{h} + \frac{k_S x}{D}\right)dx = k_S C^* \int_0^t dt \tag{10.26}$$

积分整理后,可以得到 SiO_2 生长厚度与氧化时间的普适关系式为

$$\frac{t_{ox}^2}{B} + \frac{t_{ox}}{B/A} = t + \tau \tag{10.27}$$

上式中的 B、B/A、τ 分别为由氧化生长物理化学参数(D、k_S、h、C^*、t_{oxi}、N_1)组成的简化常数,具体如下:

$$B = \frac{2DC^*}{N_1} \tag{10.28a}$$

$$\frac{B}{A} = \frac{C^*}{N_1\left(\frac{1}{k_S} + \frac{1}{h}\right)} \approx \frac{k_S C^*}{N_1} \tag{10.28b}$$

$$\tau = \frac{t_{oxi}^2 + At_{oxi}}{B} \tag{10.28c}$$

由于 B 和 B/A 分别出现在 t_{ox}^2 和 t_{ox} 项中,它们分别称为抛物线和线性速率常数。物理上,它们分别反映氧化剂扩散流 F_2 与界面反应流 F_3 的贡献。Deal - Grove 模型又称线性-抛物线模型。解方程(10.27)式可得氧化层生长厚度随时间变化的普适表达式为

$$t_{ox} = \frac{A}{2}\left(\sqrt{1 + \frac{t + \tau}{A^2/4B}} - 1\right) \tag{10.29}$$

在氧化时间短与长两种情形下,氧化层生长厚度表达式可以简化。当 $t + \tau \ll A^2/4B$

时,即热氧化初期(或初始氧化层很薄),(10.29)式可简化,并得到氧化层生长厚度与氧化时间的线性依赖关系,

$$t_{ox} = \frac{B}{A}(t + \tau) \qquad (10.30)$$

即线性生长规律。因而 B/A 被称为 SiO₂ 线性生长速率常数。这种情形对应于上面讨论的界面反应控制生长模式。

当 $t + \tau \gg A^2/4B$ 时,即热氧化一定时间后(或初始氧化层较厚),(10.29)式则可简化得到氧化层生长厚度与时间的依赖关系为

$$t_{ox} = \sqrt{B(t + \tau)} \qquad (10.31)$$

即抛物线型生长规律。因而 B 被称为 SiO₂ 抛物线型生长速率常数。这种情形对应于上面讨论的扩散控制生长模式。

热氧化实验结果表明,线性-抛物线模型可以较好地描述整个厚度范围的水气氧化速率,也可以较好地描述 SiO₂ 厚度较厚时的干氧氧化速率,对 SiO₂ 厚度薄于 20 nm 的干氧氧化速率则不能准确描述。由于此问题及其他一些问题的存在,不断有人提出新模型,力图改进线性-抛物线模型的不足,但是,目前还没有获得被普遍接受的模型。

10.6　氧化速率对温度、氧化剂、晶向和气压的依赖关系

如 10.5 节所述,大部分热氧化 SiO₂ 生长都符合 Deal - Grove 模型预言的线性-抛物线型规律。决定氧化速率的两个关键参数 B 和 B/A 与许多因素有关,如温度、氧化剂种类、晶向、气压、衬底掺杂和生长维度等。本节将分别讨论温度、氧化剂、晶向和气压等因素对氧化速率的影响。

10.6.1　热氧化速率的温度依赖关系

SiO₂ 厚度对氧化温度的实际依赖关系是选择氧化工艺的依据,也可用于验证热氧化生长理论模型。Deal 和 Grove 不仅建立了硅热氧化的动力学理论模型,也通过实验研究硅氧化工艺,验证了模型的实际适用性。在低掺杂 p 型(111)硅片上,他们进行了大量干氧、水气两种热氧化 SiO₂ 厚度随温度及时间变化的实验,由氧化层生长厚度随时间变化的数据,提取出热氧化生长的抛物线型速率常数 B 和线性速率常数 B/A。图 10.16 概括了他们的实验结果,图 10.16(a)和(b)分别为抛物线型速率常数 B 和线性速率常数 B/A 对氧化温度的依赖关系[8]。

图 10.16 显示的实验数据表明,对于水气氧化和干氧氧化,线性和抛物线型两种氧化速率常数与氧化温度都呈指数变化规律,这完全符合 10.5 节推导的理论模型。按(10.28a)和(10.28b)两式,抛物线型速率常数 B 正比于扩散系数 D,B/A 正比于界面反应速率常数 k_s。在这两式中,另外两个参数 N_1 为常数,C^* 通常也不随温度变化。因而决定 B、B/A 温度依赖关系的因素,应分别为扩散系数 D 与界面反应速率常数 k_s。事实上,扩散运动和界面反应都属于热激活过程。这种热激活过程随温度的变化关系,可以用瑞典物理化学家

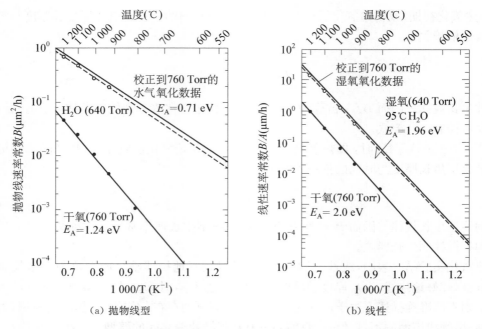

图 10.16　硅热氧化抛物线型速率常数(B)和线性速率常数(B/A)随温度的变化关系[8]

阿伦尼乌斯(S. A. Arrhenius, 1859—1927)方程描述。因此, 抛物线型速率常数 B 和线性速率常数 B/A 与温度的依赖关系, 可用以下指数函数描述:

$$B = C_1 \exp(-E_1/kT) \tag{10.32a}$$

$$B/A = C_2 \exp(-E_2/kT) \tag{10.32b}$$

其中, C_1、C_2 为常数, E_1、E_2 分别为氧化剂扩散和界面反应过程的激活能。其他许多硅热氧化实验得到的数据也显示, 氧化速率常数 B、B/A 的对数值与温度倒数都呈线性关系。此类温度依赖曲线被称为阿伦尼乌斯图(Arrhenius plot), 相应的温度依赖特性则被称为阿伦尼乌斯特性(Arrhenius behavior)。由阿伦尼乌斯图中的直线斜率可确定相应物理过程的激活能。根据干氧、湿氧和水气 3 种热氧化速率常数实验曲线, 计算得到的抛物线型速率常数和线性速率常数的激活能(E_1、E_2)及相关常数, 列于表 10.1[9] 中。

表 10.1　1 个大气压下 Si(111)热氧化动力学常数[9]

气氛	B	B/A
干氧	$C_1 = 7.72 \times 10^2\ \mu m^2/hr$	$C_2 = 6.23 \times 10^6\ \mu m/hr$
	$E_1 = 1.23\ eV$	$E_2 = 2.0\ eV$
湿氧	$C_1 = 2.14 \times 10^2\ \mu m^2/hr$	$C_2 = 8.95 \times 10^7\ \mu m/hr$
	$E_1 = 0.71\ eV$	$E_2 = 2.05\ eV$
水气	$C_1 = 3.86 \times 10^2\ \mu m^2/hr$	$C_2 = 1.63 \times 10^8\ \mu m/hr$
	$E_1 = 0.78\ eV$	$E_2 = 2.0\ eV$

利用表 10.1 中的硅氧化动力学参数及（10.32a）、（10.32b）两式，再根据（10.29）式，就可以模拟计算不同氧化温度及时间条件下的氧化层生长厚度。图 10.17 为计算得到的 800～1 200℃范围内 Si(100)晶片干氧氧化和水气氧化厚度与温度及时间关系曲线[9]。

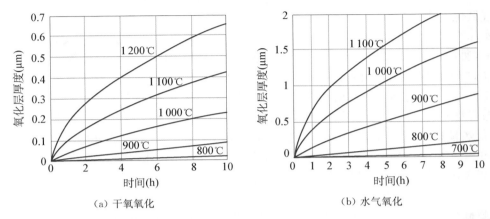

（a）干氧氧化　　　　　　　　　　　（b）水气氧化

图 10.17　按 Deal‐Grove 模型计算得到的 Si(100)晶片上 SiO₂ 厚度与温度及时间关系曲线[9]

10.6.2　干氧氧化、水气氧化与快速热氧化

图 10.16 与图 10.17 显示，水气氧化 SiO₂ 生长速率显著快于干氧氧化。由图 10.16 及表 10.1 可见，抛物线速率常数 B 对应的激活能，干氧氧化高于湿氧氧化或水气氧化。这意味着 O_2 在 SiO₂ 中扩散的激活能，应高于 H_2O 在 SiO₂ 中扩散的激活能。实验测得的 O_2 和 H_2O 在 SiO₂ 中扩散的激活能分别为 1.17 eV 和 0.80 eV，与相应氧化中速率常数 B 的激活能相当接近。其原因显然在于 SiO₂ 薄膜网络中 O_2 和 H_2O 两者的扩散机制有所不同。如 10.4.3 节有关讨论所述，H_2O 可通过与 SiO₂ 反应，使 SiO₂ 网络结构发生变化。在水气氧化过程中，组成 SiO₂ 网络的桥氧键可能被打破，形成两个 Si—OH 键，(10.11)式也可用下式表示：

$$H_2O + (\equiv Si\!-\!O\!-\!Si \equiv) \longrightarrow \equiv Si\!-\!OH + HO\!-\!Si \equiv \tag{10.33}$$

这必将弱化 SiO₂ 网络结构，使 H_2O 在 SiO₂ 中的扩散激活能降低。事实上，湿氧氧化或水气氧化生长的氧化层致密性，远不如干氧 SiO₂ 氧化膜。

线性速率常数 B/A 则表现出不同的特性。对于干氧氧化和水气氧化，其激活能基本相同，约为 2 eV。这一数值与 Si—Si 键的键能 1.83 eV 接近。按理界面反应激活过程确实应与 Si—Si 键的断裂密切相关，而与氧化剂类型较少相关。但是，在线性速率常数 B/A 表达式中，指数项前的系数 C_2 却有差异，湿氧氧化法生长显著大于干氧氧化法，这说明存在其他因素影响。10.5.3 节已提到，影响界面反应的还有氧化剂分子解离成原子和 Si—O 键形成等因素。

由前面讨论已知，B 和 B/A 不仅分别与氧化剂扩散系数和界面反应速率常数有关，还都与氧化剂在 SiO₂ 中的平衡浓度 C^* 成正比。而 H_2O 在 SiO₂ 中的溶解度显著大于 O_2，相差几个数量级。例如，在 1 100℃下两者分别为 3×10^{19} cm⁻³ 和 5×10^{16} cm⁻³。H_2O 在

SiO$_2$ 中的高溶解度与上面提到的两者反应及 SiO$_2$ 网络弱化有关。所以,对于 B 和 B/A,水气氧化速率都远高于干氧氧化速率。H$_2$O 在 SiO$_2$ 中的高溶解度,应是水气氧化速率远高于干氧氧化速率的主要原因。在实际器件制造工艺中,干氧氧化一般用以生长 100 nm 以下的 SiO$_2$,更厚的 SiO$_2$ 一般需要应用水气氧化工艺。为降低氧化工艺温度,某些薄氧化层也用水气氧化生长。

实际热氧化生长工艺中常应用混合氧化剂气氛。在由氢氧合成 H$_2$O 实现的水气氧化系统中,通常总是有部分 O$_2$ 与 H$_2$O 共存。基于安全性要求,实际输入炉管的氧气/氢气必须超过 H$_2$O 中 O/H 化学计量比,以保证无多余 H$_2$ 排出。这种混合氧化气氛下的 SiO$_2$ 生长速率亦应与单一氧化剂情形有所不同。另一种混合氧化气氛是 10.7 节将讨论的掺氯氧化。

随着集成电路技术进入深亚微米,用于栅介质的传统炉管式热氧化已不能满足超薄、高质量、低热预算、高产能等需求,人们研究发展了新型的单片式快速热氧化(RTO)技术。原理上,单片式快速热氧化既可以在干氧气氛下进行,也可用于水气氧化工艺。进入 21 世纪以来,以美国应用材料公司研发的原位水气生成(ISSG)氧化为代表的 RTO 技术得到广泛应用[10]。图 10.18 为 ISSG 快速热氧化装置示意图。该装置实际上就是一个卤钨灯快速退火炉,将硅片置于炉内磁悬浮马达的转子上,工作时转子以约 240 转/分的速度旋转,将 H$_2$ 和 O$_2$ 混合后通入该反应室后,在具有较高温度的硅片表面附近进行反应,原位生成水气、原子氧、OH 基及其他原子或分子。其中,原子氧活性最强,硅主要与其进行反应生成 SiO$_2$,所以,这种氧化过程又称自由基氧化(RadOx)。传统炉管氢氧合成水气氧化原理上与湿氧氧化相同,在氧化炉外存在一个氢氧合成反应器(pyrogenic torch),H$_2$ 和 O$_2$ 通入该高温室,在常压下进行混合燃烧生成水气,为确保安全,它只能在富氧气氛下进行。而 ISSG 没有这样一个外部高温合成室,H$_2$ 和 O$_2$ 混合后是直接通入单片氧化室。由于单片氧化室体积远小于多片炉管,再加上 ISSG 是在低压下进行(气压一般低于 20 Torr),因此,H$_2$、O$_2$ 的比例可在较大范围内调节。

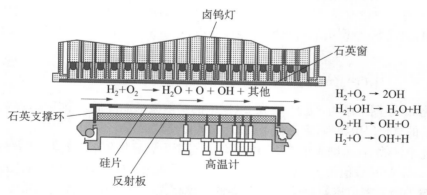

图 10.18　原位水气生成快速热氧化装置示意图

由于 ISSG 氧化采用灯光加热和原位水气氧化等非传统装置及工艺,这种氧化显示某些与传统氧化工艺不同的特点。第一,传统氧化速率随气压的降低而减小(详见 10.6.3 节),但 ISSG 氧化相反,当 H$_2$:O$_2$=1:2 条件下,在 10～20 Torr 范围内,气压降低,氧化速率增大,这与活性氧原子产生/复合机制有关,适当低气压有益于更多活性氧原子参与氧化。第二,对于大于 5 nm 的 SiO$_2$,氧化速率也遵循扩散控制生长模式,即抛物线型生长规律,但对应抛物线型速率常数 B 的激活能 E_1 为 1.39 eV,远高于传统湿氧或水气氧化常数 B 的激活能(分别为 0.71 eV、0.78 eV),这表明 ISSG 氧化速率对温度更敏感。第三,ISSG 氧化速率对硅片晶向相对不敏感,这对用于在 STI 沟槽表面氧化生长均匀衬垫层有益。另外,ISSG 对 Si_3N_4 也有较强氧化能力,利于 STI 减弱沟槽顶部附近 Si_3N_4 下的鸟嘴效应,降低应力,所以,ISSG 氧化适于制备 STI 衬垫层[11]。第四,相对于传统炉管或 RTO 干氧氧化,ISSG 氧化生成的 SiO_2 具有显著优化的电学性能,如更高的击穿电荷 Q_{BD}、更长的击穿时间 t_{BD}、更低的栅漏电,而且 SiO_2 厚度均匀性和工艺重复性更好,实验表明纳米尺度 SiO_2 薄膜的片内和片间标准偏差均可低于 1%。因此,原位水气生成氧化工艺,已成为超薄 SiO_2 栅介质的主流制备技术。

10.6.3　氧化速率与氧化剂气压的依赖关系

热氧化实验结果与动力学理论分析都表明,氧化剂气压对热氧化速率有显著影响,可增加或减缓氧化速率。根据对 SiO_2 厚度及性能要求,可选择在氧化剂高压强或低压强条件下生长 SiO_2。高气压氧化用于生长厚氧化层,在氧化物隔离双极型集成电路和 MOS 集成器件制造中,都曾应用高压水气氧化技术。对于生长相同厚度氧化层,提高氧化剂压强,不仅有益于降低氧化温度和缩短氧化时间,而且可以减小杂质横向扩散,有利于改善器件隔离及性能。为了生长超薄栅介质,则可应用低压氧化技术,降低氧化剂气压和氧化速率。

应用 Deal‑Grove 模型可以模拟计算不同压强下的氧化过程。按照(10.28a)式,B 正比于氧化剂平衡浓度 C^*,而据(10.18)式,C^* 正比于氧化剂压强 P_G。另一参数 A 按其表达式,$A=2D/(k_s^{-1}+h^{-1})$,应该没有明显气压依赖关系。因此,B 和 B/A 两种氧化生长速率常数都应与氧化剂压强成正比。对于水气氧化,低于和高于大气压条件下的实验结果表明,测试数据与上述理论模型结论符合很好,即两种氧化生长常数都与氧化剂压强成正比。对于干氧氧化,实验数据与模型推测则有所不同。实验表明,虽然抛物线速率常数 B 仍与压强 P_G 成正比,但线性速率常数与氧化剂压强依赖关系可表示为 $(B/A)_P=(B/A)_{1\,atm}P^n$,其中 $n=0.7\sim0.8$。热氧化速率常数与氧化剂压强关系可以概括如下:

水气氧化:$B=B_{1\,atm}P$ 　　　　　　　　　　　　　　　　　　(10.34a)

$$B/A=(B/A)_{1\,atm}P \tag{10.34b}$$

干氧氧化:$B=B_{1\,atm}P$ 　　(10.35a)

$$B/A=(B/A)_{1\,atm}P^n \tag{10.35b}$$

根据大气压下的速率常数数据,按以上关系式可计算不同压强下的参数,从而模拟不同压强下的氧化层生长厚度随温度及时间的变化。由于大尺寸硅片高压氧化设备的复杂性与安全性问题,在大直径硅片制造工艺中,已很少应用高压氧化技术。而低压热氧化工艺应用更为广泛,成为超薄栅介质制备的关键技术之一。图 10.19 为 0.1 大气压和不同温度条件下,干氧氧化 SiO_2 厚度随生长时间的关

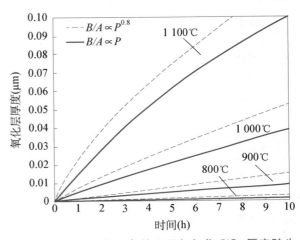

图 10.19　0.1 大气压条件下干氧氧化 SiO_2 厚度随生长温度及时间的关系曲线[9]

系[9]。图 10.19 中曲线系根据 Deal-Grove 模型计算得到,其中实线按 $B \propto P$、$B/A \propto P$ 计算获得,虚线则按 $B \propto P$、$B/A \propto P^{0.8}$ 计算得到,后者与实验结果较接近。

10.6.4 不同硅晶面的氧化速率变化

大量实验数据表明,对于湿氧氧化与干氧氧化,热氧化速率均与衬底硅晶向有关。大多数情况下 Si(111) 上氧化速率高于 Si(100),但在高温下或长时间氧化后两者之间的差别变小。图 10.20 显示了在 Si(111) 和 Si(100) 上干氧氧化和湿氧氧化生成 SiO_2 厚度随时间的依赖关系[12]。

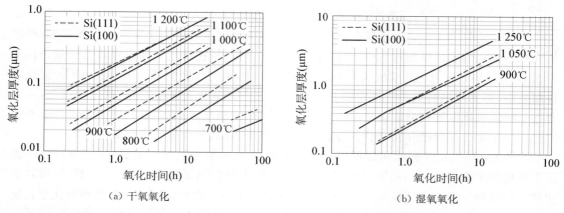

（a）干氧氧化　　　　　　　　　　（b）湿氧氧化

图 10.20　Si(111) 和 Si(100) 热氧化生长 SiO_2 厚度随温度与时间的依赖关系[12]

对于 Si(111) 和 Si(100) 两种晶面,抛物线速率常数 B 近似相等,线性速率常数 B/A 则 Si(111) 高于 Si(100),二者之比约为 1.68。表 10.2 为 Si(100) 和 Si(111) 晶面上不同温度下湿氧(水气压强为 85 kPa)氧化速率常数[13]。另有实验显示,Si(110) 晶面的线性氧化生长速率比 Si(100) 晶面高约 45%。

表 10.2　Si(100) 和 Si(111) 晶面不同温度下湿氧(水气压强为 85 kPa)氧化速率常数[13]

Si(100)/Si(111)	$A(\mu m)$	$B(\mu m/hr)$	$B/A(\mu m^2/hr)$	Si(111) 与 Si(100) 的 B/A 之比
900℃	0.95/0.60	0.143/0.151	0.150/0.252	1.68
950℃	0.74/0.44	0.231/0.231	0.311/0.524	1.68
1 000℃	0.48/0.27	0.314/0.314	0.664/1.163	1.75
1 050℃	0.295/0.18	0.413/0.415	1.400/2.307	1.65
1 100℃	0.175/0.105	0.521/0.517	2.977/4.926	1.65

根据(10.28a)和(10.28b)式可知,B 和 B/A 分别与 SiO_2 中氧化剂的扩散系数 D 和界面反应速率常数 k_S 成正比,所以,上述实验现象也非常自然。由于生成的 SiO_2 是非晶,因此,扩散系数原理上确实不应与衬底硅的晶向有关。但反应速率常数应与界面性质有关,因为它与界面上可提供的氧化位数量有关,应与硅原子面密度成某种比例。对于不同晶面,硅的原子面密度存在如下关系:(111)＞(110)＞(100)。图 10.21 展示了在相同氧化条件下

(干氧、1 000℃/1 h)不同硅晶面生长的 SiO₂ 厚度变化[14]。图 10.21 中的实验结果证明,确实存在与原子面密度顺序相同的氧化速率晶向依赖关系。但不同晶面的 B/A 数据并不与晶面密度简单成正比。界面 SiO₂ 生长不仅与硅原子面密度相关,还应与 Si—Si 键面密度及价键方向等其他因素有关。

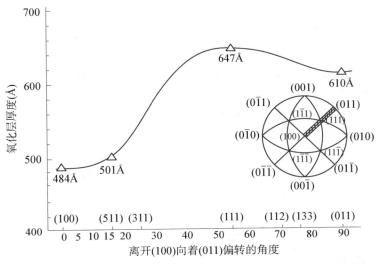

图 10.21　相同氧化条件下(干氧、1 000℃/1h)不同取向硅晶面生长的 SiO₂ 厚度[14]

氧化速率与晶向的相关性对硅器件制造工艺有重要影响。不仅不同类型硅器件应用不同晶向衬底,而且同一晶向衬底的工艺加工,也可能涉及不同晶向氧化生长。例如,有的 DRAM 中电容是用沟槽内壁生长氧化层介质形成的,就要考虑不同晶向侧壁对氧化生长厚度的影响。值得注意的是,虽然绝大多数情况下,Si(111)面上的热氧化速率高于 Si(100)面,但也有实验发现,在较低温度(<800℃)下进行高水气压强快速氧化,或在非常低的 O₂ 分压下(<0.07 atm)生长很薄的氧化层时,生长速率与晶向的依赖关系有所不同。例如,Si(111)面的氧化速率可能低于 Si(100)面。这说明尚有其他因素影响不同晶面氧化速率变化。例如,氧化膜生长引起的机械应力及其释放,应与温度、压强及生长速率等许多因素有关。

10.6.5　多晶硅薄膜的热氧化

集成电路芯片中多处应用多晶硅薄膜,在硅片热氧化及其他热处理工艺中,多晶硅表层也会生长 SiO₂。单晶硅热氧化模型也可用于分析多晶硅的热氧化,但必须考虑多晶硅的特点。多晶硅薄膜由多种不同取向晶粒构成,厚度较薄,可以参与氧化的硅体有限。根据氧化速率对晶面的依赖关系,多晶硅膜中不同晶向的晶粒应有不同氧化速率。决定界面依赖关系的线性速率常数 B/A,对于不同晶面有显著差别,其值最大者为 Si(111)面,最小者为 Si(100)面,两者相差达约 70%。因此,多晶硅生长的薄氧化层,各处厚度不等。这也说明,为什么与单晶硅热氧化相比,多晶硅热氧化形成的 SiO₂ 表面以及 SiO₂/多晶硅界面粗糙度较大。

上述分析与实验都表明,在线性速率常数主导氧化过程时,多晶硅膜氧化厚度应介于单晶 Si(111)面和 Si(100)面之间,如图 10.22 所示[14]。多晶硅晶粒尺寸依赖于淀积与退火工艺。在 600℃生长的多晶硅晶粒很小,但高温退火后,尺寸增大,晶粒数目减少,晶粒的优选晶面为 Si(110)。因此,可用 Si(110)晶面的 B/A 参数值模拟计算多晶硅氧化层。

对于多晶硅氧化还需特别注意掺杂对氧化速率的影响。集成电路应用的多晶硅薄膜,如 MOS 器件的多晶硅栅和双极型器件的多晶硅发射极,都是重掺杂的。多晶硅热氧化实验结果显示,氧化速率依赖于杂质类型及浓度。图 10.22 还展示了不同掺杂多晶硅与 Si(111)、Si(100)在相同条件下(干氧、900℃),热氧化生长 SiO_2 厚度随时间的依赖关系。在较低温度($T<900℃$)下,多晶硅在氧化初期具有比 Si(111)、Si(100)上更高的氧化速率。在高温下,多晶硅热氧化也可应用 Deal-Grove 模型描述。对于不掺杂的多晶硅,其 SiO_2 厚度-时间曲线落在 Si(111)和 Si(100)之间,厚度与时间可用经验公式 $x = at^n$ 描述(a 和 n 为经验参数)。 掺硼多晶硅接近于不掺杂多晶硅,而掺磷多晶硅氧化显著快于不掺杂多晶硅,这种杂质效应在 10.7 节中有更详细的讨论。

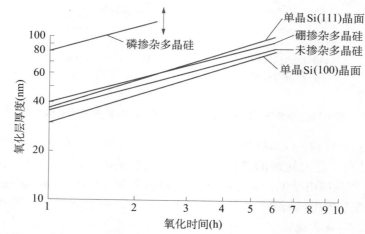

图 10.22 在相同条件(干氧、900℃)下,不同掺杂多晶硅与 Si(111)、Si(100) 晶面单晶硅热氧化生长 SiO_2 厚度随时间的依赖关系[14]

10.7 氧化速率的杂质效应

氧化气氛和硅衬底中的杂质,都对热氧化过程及生成的 SiO_2 性质有重要影响,存在多种不同杂质效应。硅热氧化有时需用到混合气体,有时候硅衬底是重掺杂的,气氛中的痕量杂质和衬底杂质都可能引起氧化速率、SiO_2 特性、硅中杂质分布等显著变化。本节首先概述氧化气氛中微量杂质对氧化的影响,随后介绍用以抑制碱金属有害影响的掺氯吸杂氧化工艺,最后简要讨论氧化过程中的杂质分凝效应与杂质增强氧化效应。

10.7.1 氧化气氛中的痕量杂质影响及防范

高质量 SiO_2 薄膜生长有赖于应用超纯氧化剂及辅助气体(如 N_2)。虽然常用水气作为氧化剂生长氧化层,但对于生长薄 SiO_2 层的干氧氧化工艺,氧化气氛中的水气会影响氧化层厚度及质量控制。由于湿氧氧化比干氧氧化具有快得多的氧化速率,实验表明,当氧化气氛中 H_2O 含量超过 25 ppm 时,氧化速率就会明显增加。在实际工艺中,微量水气有多种来源。O_2 气源中可能含 H_2O 等其他气体,气氛中的 H_2 或碳氢化合物在高温下与 O_2 反应也会生成 H_2O,空气中的水气可能会扩散混入氧化炉管。所以,降低水气含量对于控制干氧氧化速率、厚度重复性以及氧化层致密性极为重要。

其他杂质,特别是钠、钾等金属杂质,在氧化工艺中也必须尽可能降到最低痕量。钠等碱金属离子在 SiO_2 中具有高迁移率,它们对器件危害很大,10.8 节将讨论。这里强调的是,如何防范钠等杂质沾污,是优质栅介质制备工艺的关键之一。除了保证氧化工艺所用气体与化学试剂的超高纯度外,还要防止这类杂质从加工环境中进入氧化气氛。通常氧化、扩散等热工艺是在石英管中进行的,而钠类原子在高温下容易穿透石英管,掺入氧化气氛。一种有效方法是应用双层石英炉管,并在内外两层石英管通过保护气流,把由炉体及环境穿过外层石英管的杂质清除。另一种方法则是用碳化硅炉管,因为钠等可动金属离子在碳化硅中迁移性很小。

10.7.2　掺氯吸杂氧化工艺

钠等金属沾污来源很多,在氧化工艺中很难完全避免。因此,人们早就研究如何改进氧化工艺技术,以减少金属离子沾污。多年实验证明,掺氯氧化技术是降低钠等金属沾污、提高氧化层质量的有效途径。目前常用具体做法如下:在氧化剂气氛中添加 1%～5% 的 HCl 气体,HCl 与 O_2 在氧化炉内会发生反应,

$$4HCl + O_2 \longrightarrow 2H_2O + 2Cl_2 \tag{10.36}$$

这相当于氧化气氛中掺入了氯,而 Cl_2 易于与钠等金属元素及其他杂质反应,生成挥发性氯化物。研究发现,热氧化中掺氯可使生成的 SiO_2 特性显著改善,不仅降低钠离子浓度,从而降低可动电荷密度,而且能降低固定电荷密度和界面态密度。这种金属吸除氧化工艺,也有益于降低 SiO_2 中氧化诱导层错之类缺陷密度,因而可提高 SiO_2 击穿强度和介质寿命。

另外,从 (10.36) 反应式可知,添加 HCl 后,氧化炉内生成 H_2O,对于干氧氧化会加快氧化速率。对于湿氧氧化,掺氯氧化的速率变化较小。掺氯氧化工艺除使用 HCl 以外,还曾经应用无水 Cl_2、三氯乙烯、三氯乙烷等氯源。由于 HCl 等都是腐蚀性有害化学品,掺氯吸杂氧化工艺中必须采取严格安全措施,在可借助其他方法达到优质氧化层要求时,尽可能避免应用这种氧化工艺。

10.7.3　氧化界面杂质分凝效应

第 9 章有关硅单晶生长和提纯技术讨论时,曾涉及固/液界面的物理相变所导致的杂质分凝效应(参见 9.2.5 节)。在硅热氧化过程中,Si/SiO_2 界面处的化学相变,也会引起硅中杂质在 Si/SiO_2 两侧的分凝效应。由于杂质在两种材料或两种物相中的溶解度不同,在异质材料或异相界面处,杂质会产生分凝现象。在硅热氧化生成 SiO_2 时,常用的 n 型杂质如砷、磷、锑等分凝系数 m 大于 1,约为 10 左右,这意味着这些 n 型杂质在硅热氧化过程中倾向于留在硅中。而 p 型杂质硼则正好相反,其分凝系数 m 约为 0.3,所以,在掺硼硅热氧化时,硼倾向于聚积入 SiO_2。但杂质最终分布还与杂质在 SiO_2 中的扩散速度有关,并与氧化后热退火气氛相关。若在 SiO_2 中是慢扩散杂质,则该杂质在 SiO_2/Si 界面 SiO_2 一侧会有

较高的浓度;反之,则会有较低的浓度。图 10.23 为不同分凝系数($m < 1$、$m > 1$)及不同扩散速率(快、慢)杂质,在热氧化及热退火后的浓度分布。由图 10.23 可以清楚地看到分凝系数和扩散速度对杂质最终分布的影响。

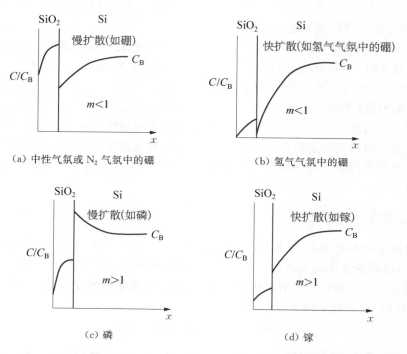

(a) 中性气氛或 N$_2$ 气氛中的硼   (b) 氢气气氛中的硼

(c) 磷   (d) 镓

图 10.23　不同分凝系数($m < 1$、$m > 1$)和不同扩散速率杂质在热氧化后的浓度分布

10.7.4　杂质增强氧化效应

　　理论分析与实验数据都说明,杂质特别是当重掺杂时,对于硅氧化具有增强效应。按 Deal-Grove 模型,杂质对热氧化速率的影响,可归结为杂质对抛物线速率常数 B 和线性速率常数 B/A 的影响。影响抛物线速率常数 B 的主要因素为氧化剂在 SiO$_2$ 中的扩散系数。显然这应与杂质氧化分凝效应有关。由于磷、砷等 n 型杂质的分凝系数很大,分凝至 SiO$_2$ 层的浓度较低,因此,它们对抛物线速率常数 B 的影响应较小。但硼的分凝系数小于 1,且在 SiO$_2$ 中扩散慢,可能在 SiO$_2$ 中形成较高的浓度,应对抛物线速率常数 B 产生影响。高浓度硼杂质的存在会增加非桥键氧的浓度,弱化 SiO$_2$ 网络结构,从而增强氧化剂(O$_2$ 或 H$_2$O)在 SiO$_2$ 中的扩散,提高热氧化速率。B/A 反映热氧化过程中界面反应特性,应与界面杂质浓度密切相关。由于氧化时磷原子分凝在界面硅一侧(见图 10.23),使其浓度显著提高,应对其 B/A 常数有显著影响。

　　图 10.24 为在不同温度下,硼和磷掺杂硅的湿氧氧化生长厚度与杂质浓度的实验结果[15]。由图 10.24 可见在 920~1 200℃ 范围,对于硼掺杂硅,重掺硅热氧化厚度都高于较低掺杂浓度样品。对于磷掺杂硅,则有所不同,在 920℃ 氧化时,磷浓度高的硅氧化层显著厚于较低掺杂样品;在 1 000℃ 氧化时,磷浓度引起的氧化层厚度差异变小;在 1 100~1 200℃ 氧化条件下,10^{16}~10^{20} cm^{-3} 3 种不同磷浓度硅片的氧化速率差异消失。这些实验事实都可用

上面分析的杂质对 SiO_2 生长两种速率常数的影响说明。硼掺杂具有增强氧化剂扩散效应，对抛物线氧化生长速率影响较大，因而在图 10.24(a)中所有温度下 $0.2\,\mu m$ 以上的氧化层生长，都随掺硼浓度提高而增速。磷掺杂改变线性速率常数 B/A，该参数主导氧化层较薄的低温生长，因而导致强烈浓度依赖关系。在较高温度下，氧化剂扩散主导氧化层生长时，因氧化分凝至 SiO_2 中的磷浓度低，氧化速率不再随衬底磷浓度变化。

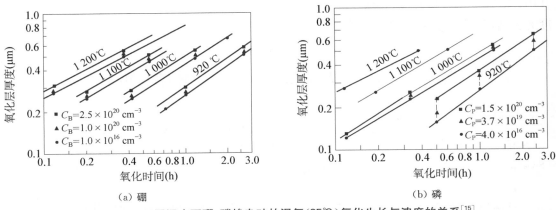

图 10.24　不同温度下硼、磷掺杂硅的湿氧(95℃)氧化生长与浓度的关系[15]

　　图 10.25 为硅 900℃温度下干氧氧化线性和抛物线速率常数与磷掺杂浓度的实验数据曲线[8]。由图 10.25 可见，抛物线速率常数(B)随磷掺杂浓度的变化较缓，而线性速率常数 B/A 在掺杂浓度高于 $10^{20}\,cm^{-3}$ 后急剧增加。

　　高浓度磷杂质的硅氧化增强效应可用空位模型解释。在 10.4 节讨论氧化机制时，曾涉及硅空位等点缺陷在氧化过程中的作用。图 10.26 显示硅空位(以 V 或 Si_V 表示)和硅间隙原子(以 I 或 Si_I 表示)在界面氧化反应中的作用。高掺磷硅中存在较高浓度硅空位，而这些空位有利于 SiO_2/Si 界面上发生氧化反应，因为热氧化时体积要膨胀，而界面处空位有助于

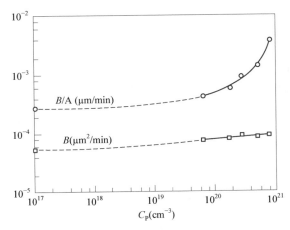

图 10.25　硅在 900℃温度下磷掺杂干氧氧化线性(B/A)和抛物线(B)速率常数随浓度变化实验曲线[8]

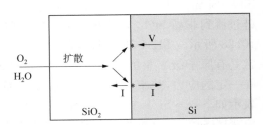

图 10.26　硅氧化界面反应与硅点缺陷的相互作用示意图

提供膨胀所需的体积,因而导致标志界面反应的线性氧化速率常数增加。不仅存在中性空位,还有其多种荷电的空位(参见 12.4.3 节)。根据实验数据,空位对线性速率常数 B/A 的影响可用以下经验公式表示:

$$\frac{B}{A} = R + K C_V \qquad (10.37)$$

其中,C_V 为总的空位浓度,包括 V^0、V^+、V^-、V^{2-} 等各种电荷形态的空位,R 为与空位浓度无关项,K 为空位浓度相关的系数。

10.8　SiO_2/Si 界面和氧化层中的缺陷与电荷

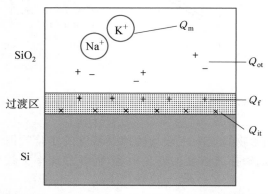

图 10.27　SiO_2/Si 界面体系中的 4 种电学缺陷及电荷

SiO_2/Si 界面是研究最多和最为深入的固体界面体系之一。在早期研究中人们就发现 SiO_2 层及其与硅界面体系中存在多种电学缺陷及电荷,但最初阶段用于标志与表征它们的术语及符号比较混乱,1980 年 Deal 等建议并由 IEEE 定为标准,对 SiO_2/Si 界面体系中的各类电学缺陷及电荷的术语及符号采用统一标志法[16]。按现在通用的 IEEE 标志法,SiO_2/Si 界面体系中存在的电学缺陷或电荷分别称为界面陷阱(interface trap)、固定正电荷(fixed charge)、氧化层陷阱(oxide trap)、可动离子(mobile ion)。这 4 种类型缺陷的荷电量分别用 Q_{it}、Q_f、Q_{ot}、Q_m 表示,并用图 10.27 所示 4 种符号标志 SiO_2/Si 界面体系中的电学缺陷及电荷。本节在简要讨论 SiO_2/Si 界面结构后,着重分别讨论上述 4 种缺陷及电荷的性质、来源及控制方法。

10.8.1　SiO_2/Si 界面结构

SiO_2/Si 界面虽然是一个多年广泛研究的体系,但人们对其结构及性质尚未透彻了解。一般认为,SiO_2/Si 界面几乎是一个原子级突变的界面,从单晶硅过渡到非晶 SiO_2 只需要 1~2 个原子间距,如图 10.28 所示。TEM 剖面观察表明,SiO_2/Si 界面通常具有原子级平整的界面。界面附近的 SiO_2 应存在一定的应力,热氧化形成氧化层及界面结构可以表示如下:c - Si/1 个原子层 SiO_x/SiO_2 应变层/无应变层 SiO_2。MOS 器件制造中,控制与降低 SiO_2/Si 界面体系中的缺陷及电荷密度是最关键的因素。

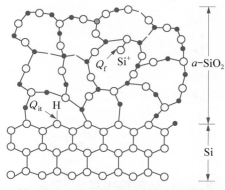

图 10.28　SiO_2/Si 界面结构原子模型

10.8.2　界面陷阱

"界面陷阱"一词的含义在于它是一种局域能态,又常称界面态,其空间位置处于 SiO₂/Si 界面,其能级位置位于硅的禁带中,可以接受电子或空穴。SiO₂/Si 界面态的研究、测定与监控对半导体物理与器件技术发展有重要意义。早在固体能带理论建立初期,前苏联物理学家塔姆(Tamm,1895—1971)于 1933 年预言,在晶体表面由于晶格周期性中断,在禁带中将产生表面能级,后人曾把这种能级称作塔姆能级。1948 年肖克莱等人利用表面电导测试,首先实验证实表面能级存在。SiO₂/Si 界面与表面一样,是硅晶格周期性终止之处,硅禁带中必然产生界面态。

界面陷阱分布在禁带不同能量位置,其数量可用界面陷阱能级密度 D_{it}(cm⁻² eV⁻¹)衡量,意为单位面积在单位能量区间中的界面陷阱数。通过 MOS 电容 C-V、深能级瞬态谱(DLTS)等多种测试技术,可以测量界面陷阱密度。优质热氧化技术制备的 SiO₂/Si 结构,其界面陷阱能级密度可降低到约 1×10^{10} cm⁻² eV⁻¹。图 10.29 为典型 SiO₂/Si 界面陷阱能态在禁带中的分布及其密度[13]。界面陷阱可以与导带和价带交换电子和空穴,即电子(空穴)可陷入或逸出这些"陷阱"。由于可在较短时间内与硅的导带、价带交换电荷,界面态曾被称为快态。图 10.29 显示

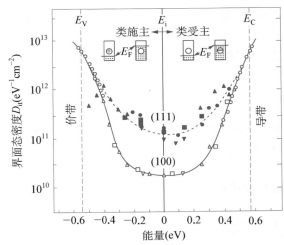

图 10.29　SiO₂/Si 界面陷阱态密度分布[13]

界面态密度与晶向相关,Si(100)晶面的界面态密度显著低于 Si(111)晶面。这正是 MOS 器件选用 Si(100)衬底的主要原因。由图 10.29 可见,界面陷阱密度呈"U"型分布,在禁带中央最低,由中央至两边逐渐升高。通常以禁带中央界面陷阱密度标志 SiO₂/Si 界面特性。类似禁带中其他杂质和缺陷局域能态,界面态也存在施主型与受主型两种。禁带中央以上的界面能级具有受主特性,即:当其被电子占据时带负电,空时呈中性。禁带下半部的界面能级具有施主特性,即:在有电子时呈中性,空时则带正电。在 MOS 结构与器件中,界面陷阱的实际荷电状态取决于外加电压及费米能级位置。界面陷阱不仅影响 MOS 晶体管阈值电压稳定性,也是降低沟道载流子迁移率的散射中心。

对于 SiO₂/Si 界面陷阱的起源,较普遍认为其与界面硅原子的悬挂键有关。如图 10.28 所示,在 SiO₂/Si 界面上绝大部分硅原子与氧原子结合成共价键,但也有极少量硅原子的价电子未与氧成键,即形成一个未饱和键,被称为悬挂键(≡Si·)。这种悬挂键由未配对价电子构成。悬挂键可以俘获一个电子成为负电中心,也可以发射电子而成为正电中心,呈现界面陷阱特性。还有些模型认为,界面附近存在的非桥键氧原子、化学杂质以及其他类型缺陷等,也与界面陷阱形成有关。

在集成电路制造工艺中,如何降低界面陷阱密度至关重要。界面陷阱电荷密度(Q_{it})的大小主要取决于氧化工艺(干氧/湿氧、温度)、退火工艺、硅片清洗及环境洁净工艺等。通常

干氧氧化能获得比湿氧氧化更低的 Q_{it}，氧化温度升高也能降低 Q_{it}。硅片表面合理清洗、处理和氧化以及退火的纯净环境，是获得低密度界面陷阱及其他缺陷的前提条件。氧化前硅片表面粗糙度及杂质对界面陷阱密度有明显影响。氧化后在 N_2 或 Ar 气氛中高温退火，可以显著降低界面陷阱密度。这是因为高温退火和高温干氧氧化都可使生长的氧化层更为致密，减少界面悬挂键。除了热氧化相关工艺，其他后续工艺，如各种等离子体处理工艺，也会在 SiO_2/Si 界面引入界面态。此外，在器件制成后，热载流子注入 SiO_2 栅介质、电离辐射等，也可能破坏界面结构，产生界面陷阱缺陷。

实验表明，氢原子可以钝化硅原子的悬挂键，从而明显降低 Q_{it}，而且这种氢原子钝化可以在 $350\sim500℃$ 低温条件下进行。硅片在完成金属化后，通过在 H_2/N_2 还原性混合气体中退火，可实现这种钝化。H_2 在 SiO_2 中扩散系数很大（$D_H\sim7.2\times10^{-5}\exp(-0.58\ eV/kT)cm^2\ s^{-1}$），可快速扩散至 SiO_2/Si 界面并分解为氢原子，与具有悬挂键的硅原子（$\equiv Si\cdot$）结合，钝化悬挂键，如图 10.28 所示。氢钝化过程可用下面两个相互关联的反应式表示：

$$H_2 \leftrightarrows H+H \quad \Rightarrow \quad \equiv Si\cdot + H \leftrightarrows \equiv SiH \tag{10.38}$$

显然，以上反应为可逆反应，即氢原子也会与硅解体，并以分子形式逃逸出硅片。在多晶硅栅 MOS 器件中，氢原子可以从边缘扩散至 SiO_2/Si 界面，时间长些，但多晶硅也有益于阻止 H_2 向外扩散逃逸。

实验还发现，有铝覆盖的 SiO_2 在低温退火时不用通入 H_2，也可实现氢钝化，即：在铝金属化完成后直接退火，也能降低 SiO_2/Si 界面陷阱。这是因为在铝淀积前的清洗工序中，总会在 SiO_2 表面残留微量 H_2O。如（10.11）式所示，H_2O 分子与 SiO_2 反应产生 OH 基。这种 OH 基在 Al/SiO_2 界面上会与铝反应，生成铝的氧化物"AlO"和氢原子。氢原子也能扩散到达 SiO_2/Si 界面钝化悬挂键，如下式所示：

$$Al+OH \longrightarrow "AlO"+H \quad \Rightarrow \quad \equiv Si\cdot + H \leftrightarrows \equiv SiH \tag{10.39}$$

对于退火时痕量 H_2O 与铝的反应，难于确切断定其氧化物组分，很可能在退火过程中是变化的，因此，（10.39）式中以"AlO"代表反应产生的氧化物。

综上所述，除了改进氧化工艺本身，氧化后的高温退火和金属化后低温退火，是降低界面态密度的两种重要途径，在集成电路制造技术中得到广泛应用。图 10.30 展示了不同气氛退火处理对 SiO_2/Si 界面陷阱态密度的影响[15]。不含氢的退火，Q_{it} 最高，氢含量越高，Q_{it} 越低。在实际工作中，通过测量 MOS 电容的高频 $C-V$ 和低频 $C-V$ 特性曲线可以测量 Q_{it}。

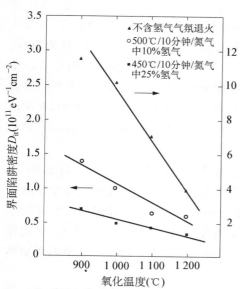

图 10.30　经不同气氛退火处理后的 SiO_2/Si 界面陷阱密度随氧化温度的变化[15]

10.8.3　固定正电荷

固定正电荷（Q_f）是与界面陷阱不同、但又相关的缺陷。研究发现，固定正电荷分布于 SiO_2/Si 结构的 SiO_2 一侧界面附近。较厚氧化层样品测量表明,氧化层固定正电荷分布在界面附近至多约 20 Å 范围内,认为处于 SiO₂ 的界面过渡层中。通常固定正电荷面密度约为 $10^9 \sim 10^{11}$ cm^{-2},可用 MOS 电容高频 C-V 特性曲线测量得到。这种缺陷与界面陷阱不同,在器件正常工作条件下,其电荷状态不发生变化,也不会移动,故称为固定正电荷。它们会引起 MOS 器件 V_T 的漂移,移动量为 $-Q_f/C_{ox}$。

一般认为,固定正电荷起源于界面附近的未完全与氧成键的硅原子,带正电荷,如图 10.28 中所示 Si$^+$。可以想象为当氧化过程终止时,一些已离化的硅原子留在界面附近,与硅或氧原子成键不完全,形成 Si$^+$ 正电荷。也有观点认为,界面附近的非桥键氧原子失去电子,成为带正电荷的粒子。与界面陷阱类似,固定正电荷密度也与衬底硅的晶向有关,$Q_f(111) > Q_f(110) > Q_f(100)$。图 10.31 展示了干氧氧化的 Q_f、Q_{it} 与晶向的关系[15][17]。有趣的是这两种电荷呈现出强关联性,而且它们的晶面依赖关系与 10.6 节中讨论的线性氧化速率晶面关系相似。可以推想,固定正电

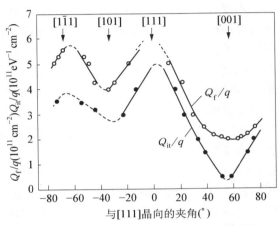

图 10.31　干氧氧化的 Q_f、Q_{it} 与晶向的关系[15]

荷及界面陷阱缺陷都与硅晶面原子密度及共价键结构有关。Q_f 强烈依赖氧化工艺变化,高温氧化具有比低温氧化较低 Q_f,干氧氧化具有比湿氧氧化较低 Q_f,掺 HCl 氧化可降低 Q_f,在 N₂ 或 Ar 惰性气氛中退火可显著降低 Q_f,高温氧化后的快速冷却也有益于降低 Q_f。

关于退火工艺的作用,从理论及实验多方面对硅热氧化作过研究的 Deal,曾提出一个"Q_f 三角形"来描述,如图 10.32 所示。这个垂直三角形的斜边表示氧化温度对 Q_f 的影响,Q_f 随氧化温度升高而减少。底边则表示高温氧化后,在氮气或氩气气氛中冷却,可保持低 Q_f 值。垂直线段表示氮气或氩气退火对 Q_f 的影响。下向箭头线表示在相同温度下,氧化后通过惰性气氛退火,可使 Q_f 值降低到最低值。上向箭头线则表示如在该温度下再次氧化,Q_f 值将上升。垂直线段的长短可表示所需退火时间的长短,要达到最低值,各个温度对应所需退火时间不同,温度越低,Q_f 达到最低值所需的时间越长。

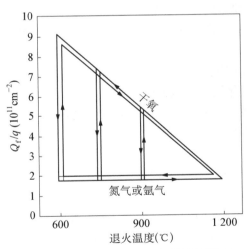

图 10.32　硅氧化与退火工艺相关性的"Deal 三角形"

10.8.4　氧化层陷阱

氧化层陷阱可以视为在 SiO₂ 网络中由于 Si—O 键断裂引起的另一种缺陷,它们也可能与 H₂O、金属杂质等有关。虽然氧化层陷阱和上面讨论的固定正电荷与界面陷阱,都起源

于结构及价键缺陷,但它们在空间或能带中的位置及性质都显著不同。氧化层陷阱存在于氧化层中,在 SiO_2/Si 界面和栅电极$/SiO_2$ 界面之间都可能有这种缺陷。这种缺陷会在 SiO_2 禁带中形成局域能级,既有电子陷阱能级,也有空穴陷阱能级,可以俘获电子或空穴,形成氧化层陷阱电荷 Q_{ot}。Q_{ot} 也可通过 MOS 电容 C-V 特性进行测试研究,一般氧化层中的 Q_{ot} 在 $10^9 \sim 10^{13}$ cm^{-2} 量级范围。

不仅在氧化生长过程会形成氧化层陷阱,在集成电路制造过程中,等离子体刻蚀、离子注入等后续工艺,也会在氧化层中产生这种缺陷。薄膜刻蚀与淀积等工艺广泛应用的等离子体中的离子、电子与中性粒子轰击 SiO_2,杂质离子注入穿越氧化层,都可能损伤 SiO_2 网络及界面,使 Si—O 键断裂,形成氧化层陷阱及界面陷阱。在器件工艺过程中产生的这种缺陷,可以通过其后高温退火修复消除。通常用于降低 Q_f、Q_{it} 的氧化及退火技术,也同样有助于降低氧化层陷阱密度。

还应强调的是,在芯片制造工艺完成后和器件工作状态下,也有可能产生新的氧化层陷阱缺陷及电荷。一种是外来高能粒子(如 α 粒子)或射线(如 X 射线、γ 射线)辐照损伤氧化层,在其中形成陷阱。这些粒子和射线产生的电子空穴对,也可为氧化层陷阱俘获,形成陷阱电荷。另一种则为器件内部的热载流子也可能诱生氧化层陷阱及电荷。在 MOS 晶体管中从电场获得较高能量的电子或空穴,可以通过热发射、直接隧穿、F-N 隧穿等机制进入或穿越栅氧化层。一方面,这些电子(或空穴)在氧化层中可以被其中的电子陷阱(或空穴陷阱)俘获、使其带电。另一方面,如果注入 SiO_2 的电子或空穴能量足够高,它们也会打破 Si—O 键,产生新的氧化层陷阱。

氧化层陷阱对氧化层击穿特性、晶体管阈值电压稳定性等器件可靠性有重要影响。氧化层陷阱电荷会降低栅介质击穿电压,使 TDDB 性能变差、阈值电压漂移、可靠性下降。如何提高氧化层抗辐照特性,是空间应用硅基集成芯片技术的重要课题。氧化层质量除了用击穿电压表征,对于 E^2PROM、闪存(Flash)等非挥发型存储器,还常用另一参数——击穿电荷(Q_{BD})来衡量栅介质质量。在信息擦写操作过程中,需要有电流通过栅介质,Q_{BD} 为氧化层击穿失效前通过的电荷量。SiO_2 中存在高浓度氧化层陷阱将导致 Q_{BD} 显著下降。因此,对于绝大部分 MOS 器件制造技术,要求尽可能降低氧化层陷阱电荷密度(Q_{ot})。但是,在电荷俘获型非挥发性存储器中,却是利用介质层陷阱接受与释放电荷,改变晶体管阈值电压。与浮栅存储电荷的非挥发性存储器件不同,在这种 MNOS 结构存储器中用氮化硅介质陷阱存储电荷。

10.8.5 可动离子

可动离子(Q_m)是 SiO_2 和 MOS 器件研究早期困扰人们的一大问题。碱金属离子(Li^+、Na^+、K^+)在 SiO_2 中具有较高的迁移性,$\mu(Li^+) > \mu(Na^+) > \mu(K^+)$。在实际工作中,$Na^+$ 是 SiO_2 中最需抑制的可动离子,因为在工艺环境中到处可能成为 Na^+ 污染源,例如,氧化和退火工艺中所用的炉管、化学品、气氛、石英舟甚至操作人员,栅电极/接触的材料及其工艺,其他工艺如扩散、光刻胶烘焙(150℃)。通常在 SiO_2 中浓度可达 $10^{10} \sim 10^{12}$ cm^{-2}。可动离子会引起 MOS 器件性能不稳定,在外加偏压下,Na^+ 会在电极$/SiO_2$ 界面与 SiO_2/Si 界面之间迁移,引起 MOS 器件 V_T 漂移。根据这一现象,人们发展出温度偏压应力法(B-T),即利用较高温度(如 $200 \sim 300$℃)下的偏压,增强可动离子的迁移性,通过测量 MOS 结构平带电压前后漂移,得知可动离子浓度。现代集成电路工艺已较好地解决了可动离子问题。本章 10.7 节已有所述,通过使用超纯石英材料或 SiC 炉管,保持氧化和其他工艺中硅片环境的洁净度,以及在含氯气氛中氧化,可以把可动离子浓度控制在可测浓度之下。高温下氯可与钠反应生成挥发性的 NaCl,还可以在 SiO₂ 上覆盖钝化层,如 Si₃N₄ 是很好的 Na⁺ 阻挡层,磷硅玻璃(PSG)对 Na⁺ 也具有钝化作用。

10.9　SiON 栅介质

随着 CMOS 器件尺寸不断缩小,作为栅介质的 SiO₂ 厚度也需按比例不断减薄,图 10.33 展示不同技术代器件要求的 SiO₂ 栅介质厚度[18]。随之产生的栅极隧穿漏电流急剧增大以及硼穿透等问题变得愈益严重。人们发现,若以氮氧化硅(SiON)替代纯 SiO₂,则可在一定程度上缓解这些问题,而且 SiON 栅介质 MOS 晶体管的 TDDB 特性也可以得到改善,所以,自 0.13 μm 技术出现以后,SiON 已被业界作为栅介质的主流选择。但 SiO₂ 中掺氮也会带来一些负面效应,如在 SiO₂/Si 界面的氮原子会增加界面态、降低沟道迁移率。本节将介绍 SiON 介质特性、制备方法以及氮浓度分布控制等。

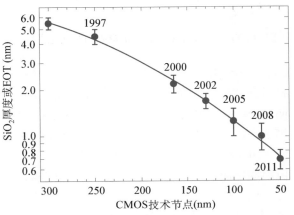

图 10.33　CMOS 器件栅介质厚度的缩微趋势[18]

10.9.1　SiON 的物理性质

在硅集成电路制造中,人们常用椭圆偏振技术来监测介质薄膜生长厚度和质量。图 10.34 为波长为 635 nm 红光下 SiON 介质的折射率[18]。随着氮含量的增加,介质折射率从 SiO₂ 的 1.46 增加至 Si₃N₄ 的 2.0。图 10.35 为 SiON 介质的介电常数随其组分的变化[18]。

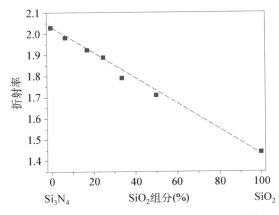

图 10.34　SiON 介质的折射率随组分变化[18]

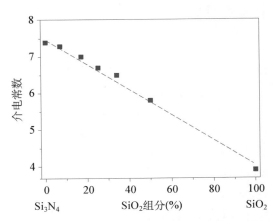

图 10.35　SiON 介质的介电常数随组分变化[18]

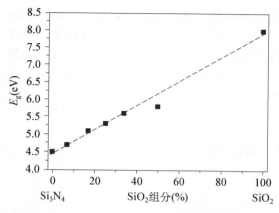

图 10.36　SiON 介质的禁带宽度随组分变化[18]

随着氮含量的增加,介电常数从 SiO_2 的 3.9 增加至 Si_3N_4 的 7.5。与纯 SiO_2 相比,SiON 可增大栅介质的介电常数,即:对于相同的电容等效厚度,SiON 栅介质可以有更厚的物理厚度,从而显著降低栅极隧穿漏电流。图 10.36 为 SiON 介质的禁带宽度变化[18]。随着氮含量的增加,禁带宽度从 SiO_2 约 8~9 eV 降低至 Si_3N_4 的 4.5 eV。

10.9.2　SiON 对硼的抗穿透作用

总体上讲,包括氮化、氧化多种反应剂(N_2O、NO、O_2、N_2 等)在内的各种分子和原子,在 SiON 介质中的扩散比在 SiO_2 中慢。这种扩散抑制作用的首要原因在于氮化物的材料密度高。硼穿透 SiO_2 的实验就发现,密度较高的 SiO_2 对硼穿透有较强的抑制作用。而 Si_3N_4 的密度($3.1\ g/cm^3$)显著高于 SiO_2($2.27\ g/cm^3$)。SiON 对粒子扩散有抑制作用的第 2 个原因在于 N 键的特性。一方面,在 Si_3N_4 中每个 N 原子有 3 个键与硅结合,而在 SiO_2 中每个氧原子有两个键与硅结合。另一方面,Si—O—Si 的键角可在 $120°\sim180°$ 较自由地变化而能量变化很小,即键的刚性较弱,N 键则不同,有较强的刚性。因此,在 Si_3N_4 及含氮化格点的 SiON 介质中,原子和小分子的扩散普遍较慢[18]。在对硼穿透的进一步研究中,有人提出一种更为具体的模型,认为硼在 SiO_2 中扩散是通过填充 Si—O—Si 硅空位缺陷进行的,氮的掺入也可填充这类缺陷,从而与硼竞争,抑制硼穿透。还有另一种模型认为,硼在 SiO_2 中扩散是通过替代硅原子进行的,而 Si—N 键可阻碍这种替代反应。

10.9.3　热氮化生长 SiON

SiO_2 由 $O—Si\equiv O_3$ 共价键四面体作为单元构成,当其中一些氧原子被氮原子取代后,则可形成由 $N—Si\equiv N_3$、$O—Si\equiv N_3$ 四面体构成的 Si_3N_4、SiON。从热力学角度看,Si—O—N 体系中可稳定存在的只有 Si_2N_2O 相,SiO_2 和 Si_3N_4 不能共存,氮掺入 SiO_2 是不稳定的,但从动力学角度看,氮有可能被 SiO_2/Si 界面上的 Si—Si 键或 SiO_2 中的缺陷俘获,而且氮被 SiO_2/Si 界面俘获会降低界面应力,提高热力学稳定性。

制备超薄 SiON 的方法有多种,通常可分为热氮化生长、化学/物理淀积和等离子体氮化处理等[19]。由于 SiON 体系的热力学和掺氮过程的动力学机制十分复杂,不同方法制备的 SiON 的含氮量及其分布可以相差很大。

热氮化生长通常是在较高温度下(>800℃)、在含氮气体中生长 SiON 介质。可用含氮气体有 NO、N_2O、NH_3、N_2。NO、N_2O 热生长 SiON 的机理基本相同,都基于 NO 与硅反应,N_2O 先分解成 NO 进行热氮氧化。相当于硅热氧化过程中的 O_2 或 H_2O 等氧化剂,NO 是这两种氮化过程中的氮氧化剂。在硅的氮氧化物生长中,NO 首先扩散穿过已形成的 SiON 层,到达 SiON/Si 界面与硅进行反应。但 NO 和 N_2O 热生长的 SiON 中氮含量通常较低,约在 $10^{14}\sim10^{15}\ cm^{-2}$ 量级,不足以满足栅介质引入氮含量的需求,而且氮往往聚集在 SiO_2/Si 界面,这会引起 MOS 界面性能退化,如界面陷阱增加、沟道迁移率下降,对器件性能有害。

NH₃ 氮化是最早研究的 SiO₂ 薄膜氮化方法。可以获得较高氮浓度（10％～15％）。与 NO 氮化和 N₂O 氮化不同，NH₃ 氮化掺入的氮分布较均匀。在氮化初始阶段，氮会在 SiO₂/Si 界面和 SiO₂ 表面堆积，但随着氮化时间的延长，氮在介质膜中的分布趋于均匀。NH₃ 氮化时，会同时掺入大量氢原子，这些氢原子可形成陷阱，倾向于聚集在 SiO₂/Si 界面。氢的存在及其对器件的损害作用使得 NH₃ 氮化工艺应用有限，只在 SiO₂/SiON/SiO₂ 复合栅及隧穿介质中有少量应用。

N₂ 反应惰性较大，但早期研究发现 SiO₂ 膜在 N₂ 中退火除了可以降低固定正电荷密度外，在 SiO₂/Si 界面会形成一层 SiON。在 N₂ 中 850～1 050℃退火 10 分钟，可在 SiO₂ 膜中掺入 $10^{14} \sim 10^{15}$ cm^{-2} 的氮。

SiON 也可用 CVD 或 PVD 方法制备，例如，在喷射气相淀积（JVD）设备中利用高活性氮粒子，可以在较低温度（300～400℃）下淀积 SiON 介质薄膜。但这些方法制备的薄膜尚不能满足 CMOS 器件对高质量栅介质的要求。

10.9.4　SiO₂ 等离子体氮化

对热生长 SiO₂ 薄膜进行等离子体氮化处理，也可制备超薄 SiON 介质。这种方法不仅可以获得较高氮含量的薄膜，而且可使氮浓度自介质表面向内递减。这种表面氮化非常有利于器件性能改善，已成为 SiON 栅介质的主流制备技术。

真空室中的气体分子或原子在一定气压下，在电场作用下，可电离成带正电的离子和带负电的电子，形成等离子体。当 SiO₂ 栅介质经过氮等离子体处理后，可以把 SiO₂ 转变为 SiON。由于等离子体中存在多种荷能粒子，SiO₂ 在进行氮化处理时，往往会受到损伤，在介质膜中产生缺陷。如何在实现氮化同时又能抑制介质损伤，就成为等离子体氮化技术中的关键课题。在等离子体氮化超薄 SiON 栅介质工艺发展中，先后有两种降低或消除等离子体损伤的技术：一种为远程等离子体氮化（remote plasma nitridation，RPN）技术，把硅片置于等离子体放电区外，避免荷能粒子轰击；另一种称为去耦合等离子体氮化（decoupled pasma nitridation，DPN）技术，这种技术应用电感耦合方式激励高密度等离子体（ICP），但硅片处于较低偏置负偏压下，使轰击粒子能量较低、介质薄膜所受损伤小，可通过后续热退火消除。

RPN 技术是从 RTP 技术演化而来[20,21]。图 10.37 为 RPN 装置示意图[21]，RPN 由微波等离子源和氮化反应室组成。氮化反应室为 RTP 类型装置，与气流上游的等离子源连接。当 N₂ 和 He 通入等离子源时，在微波电源（2.45 GHz，～3 kW）激励下形成等离子体。其中活性氮原子（N*）随气流输送至氮化反应室中加热的硅片表面（～550℃），并向表层内扩散，与表层 SiO₂ 反应，生成 SiO$_x$N$_y$，可用下式描述：

$$SiO_2 + N^* \xrightarrow{\sim 550℃} SiO_xN_y \tag{10.40}$$

由于气流是从一侧边缘引入，为使硅片获得均匀氮化，氮化处理时基片需要自转。活性 N* 在等离子体室及输运过程中都存在复合过程，所以，适当提高 He/N₂ 气压比例，有利于获得更多 N* 活性原子参与氮化反应，使掺入 SiO₂ 的氮含量提高[21]。

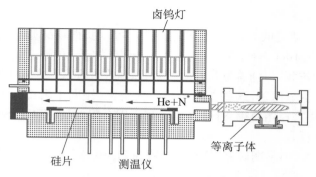

图 10.37 RPN 装置示意图[21]

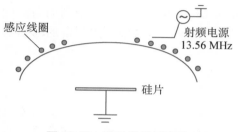

图 10.38 DPN 装置示意图

DPN 技术利用电感耦合等离子体(ICP)技术,可以获得更高氮化效率[22,23]。图 10.38 为 DPN 装置示意图。该装置的等离子体放电和氮化反应在一个半球形石英罩密封腔体中进行。通过腔体下方多个对称气孔引入 N_2 或"N_2＋He"放电气体。在石英罩外面适当位置绕有线圈,作为 ICP 放电耦合电感,接入 13.56 MHz 射频电源(功率～2 000 W)。电感耦合气体放电宜于产生高密度等离子体($>10^{12}$ cm^{-3}),有利于促使置于放电室下部阴极上的硅片实现高效氮化反应。

在刻蚀等其他 ICP 工艺中,常在阴极施加由电容耦合的射频电源形成负偏压。通过电感耦合与电容耦合两种输入电源,分别调节等离子体密度与离子能量,是 ICP 高密度等离子体技术的特点之一。在单纯电容耦合放电等离子体系统中,密度与能量相互"耦合"关联。因此,这种 ICP 放电系统可称为"去耦合"系统。有关 ICP 技术原理及特点可参见 15.6.3 节。

在 DPN 实际工艺中,阴极一般不需另加偏压电源,而是利用由 ICP 等离子体在硅片上自形成的较低负偏压。由于 DPN 氮化工艺,硅片并未完全移出等离子体区,而是处于边缘,且轰击离子具有较低能量,故这种氮化更为确切地应称为准远程等离子体氮化技术。在 DPN 装置中,可使等离子体较均匀分布在硅片上方,基片无需自转。此工艺中注入样品表面的离子流可达 $1\sim5$ mA/cm^2,在这种低能高密度氮离子流作用下,通常只需 10 s 左右就可以完成 SiO_2 表层氮化。这种等离子体氮化工艺可在硅片较低温度下实现。但为消除等离子体处理引入的损伤与缺陷,硅片需要进行高达 1 000℃ 的后续退火(post nitration annealing, PNA)。

图 10.39 展示 DPN 制备 SiON 栅介质及多晶硅电极的工艺流程。热氧化工艺生长超薄 SiO_2 膜后,用等离子体氮化工艺使 SiO_2 表层形成 SiON,随后进行高温快速退火或炉管退火[24]。最后淀积多晶硅,形成栅叠层结构。图 10.40 为热氧化 SiO_2(4 nm)表面经 DPN 处理(10 s)后氮、氧原子浓度分布[23]。氮浓度峰值约在表面以下 0.5 nm 处,峰值组分约为 17％原子比。通常氮离子射到 SiO_2 表面并注入 SiO_2 的比例并不高,大约每 1 000 个射到 SiO_2 表面,只有 1 个能注入 SiO_2。但由高密度等离子体射向硅片的氮离子流密度很高(～2.5×10^{16} cm^{-2}s^{-1}),所以,约 10 s 的处理就可以获得 17％的氮峰值组分。

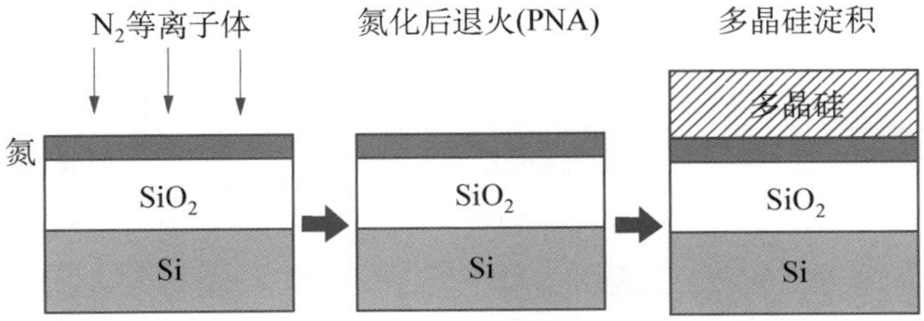

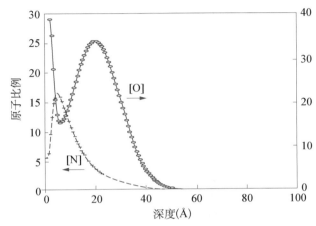

图 10.39　DPN 制备 SiON 栅介质的工艺流程[24]

图 10.40　热氧化 SiO₂(4 nm)表面经 DPN 氮化处理(10 s)后氧、氮原子浓度分布[23]

为了较精确控制氮等离子体能量,美国应用材料公司提出把 DPN 射频电源工作模式从"连续"(CW)改成"脉冲"(pulsed-RF,pRF)。图 10.41 显示氮等离子体能量分布随脉冲占空比的变化[25]。可以看出,射频电源"连续"工作时,氮等离子体能量存在低能和高能两个峰值分布。随着脉冲占空比下降,高能分布越来越少。当脉冲占空比降至 5% 时,高能分布几乎消失。高能氮离子的消失,使得氮注入至 SiO₂/Si 界面的几率降低。实验结果表明,无论 NMOS 还是 PMOS,"脉冲"DPN 处理比"连续"DPN 处理的迁移率的确更高。

RPN 和 DPN 处理 SiO₂ 都可以获得较高的表面氮浓度,适当控制工艺后,SiO₂/Si 界面质量、沟道迁移率都可以没有明显退

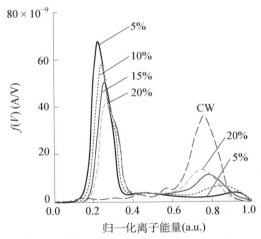

图 10.41　氮离子能量分布随脉冲占空比的变化[25]

化[20,21,26-28]。表 10.3 列出 RPN 和 DPN 参数和特点对比。相对而言,DPN 在氮含量提高方面比 RPN 要更高,即 DPN 工艺缩微能力更强,所以,一般在 90 nm 和更大尺寸器件中采用 RPN,而在 65 nm 及更小尺寸器件中采用 DPN[28]。另外,DPN 在均匀性方面也比 RPN 更好[29]。

表 10.3　RPN 和 DPN 参数和特点对比

	RPN	DPN
电源频率	微波($\sim$2.45 GHz)	射频(13.56 MHz)
电源功率	$\sim$3 000 W	$\sim$2 000 W
等离子体激发方式	微波激励	电感耦合
等离子体源位置	远程	准远程
等离子体密度	$>10^{12}$ cm^{-3}	$>10^{12}$ cm^{-3}
气体	"N$_2$+He"	N$_2$ 或"N$_2$+He"
气压	0.1$\sim$5 Torr	$10^{-3}\sim10^{-2}$ Torr
气流方向	边缘注入	对称均匀注入
基片温度	$\sim$550℃	$<$120℃或不加热
基片旋转	是	否
氮化后热处理	不需要	$\sim$1 000℃ O$_2$/N$_2$
氮化速率	慢	快
SiON 中氮含量	高	更高
均匀性	稍差	好

　　纳米 CMOS 集成电路直到 65 nm 技术代,普遍应用 DPN 制备 SiON 栅介质。在 45 nm 与 32 nm 产品制造中,仍有许多公司采用改进的 SiON 栅介质。一些半导体设备制造者,如美国应用材料公司,把 ISSG SiO$_2$ 生长、DPN、RPN 栅介质工艺和多晶硅淀积集成于一体,成为栅叠层结构制备工艺集群装置(Cluster Tool)。这种设备能提供低能、高密度且均匀大面积的氮离子流,可以将栅介质的等效氧化物厚度(EOT)缩微至约 1 nm,栅极漏电流相比于纯 SiO$_2$ 可降低一个数量级以上[25]。

10.10　高 k 介质

　　如本书第 7 章所讨论,随着纳米 CMOS 器件尺寸不断缩小,硅芯片技术在材料、结构及工艺等多方面,都面临越来越大挑战,一些参数正逐渐逼近物理或工艺极限。器件进入纳米 CMOS 领域,SiO$_2$ 栅介质厚度已经成为器件缩微最大难题之一。第 7 章图 7.15 显示,当 SiO$_2$ 栅介质厚度小于 3 nm 时,由量子力学隧穿效应引起的栅极漏电流密度呈指数式增长,接近难以应用的极限。应用 10.9 节讨论的 SiON 作为栅介质,这一难题有所延缓。更为有效的途径就是以高介电常数材料,即高 k 介质,替代 SiO$_2$ 作为栅介质。这里需要说明,材料的相对介电常数传统用希腊字母 κ(英语读音"Kappa")表示,实际交流中为了表达方便,通常以英文字母"k"来代替"κ"。从广义上讲,10.9 节所讨论的 SiON 也可说是一种高 k 介质,但其介电常数增加有限,且其界面性能及栅工艺基本与 SiO$_2$/Si 相似。高 k 材料通常指介电常数大于 10 的介质。第 8 章在介绍纳米 CMOS 技术演变时,已简述金属/高 k 介质叠层栅工艺。由图 8.33 可见部分高 k 介质材料的介电常数与禁带宽度。本节将进一步讨论高 k 栅介质相关材料与器件相关性能及制备技术。

10.10.1　高 k 材料的等效 SiO₂ 栅介质厚度

要获得相同大小的 MIS 电容,高 k 介质厚度 t 与 SiO₂ 介质厚度 t_{ox} 存在如下关系:

$$\frac{k}{t} = \frac{k_{ox}}{t_{ox}} \tag{10.41}$$

即:要获得与 SiO₂ 栅介质相同大小的电容,用高 k 介质后其物理厚度可以增大数倍。由于栅极隧穿电流指数依赖于介质的物理厚度,因此,使用高 k 介质后,其栅极漏电流可以大幅降低。反过来,从另外一个角度看,物理厚度为 t 的高 k 介质与物理厚度为 $(k_{ox}/k)t$ 的 SiO₂ 介质具有相同的电容,因此,这里 $(k_{ox}/k)t$ 又可称为该高 k 介质的等效氧化层厚度(EOT)。由于 $k_{ox} < k$,在保证栅极隧穿电流不超过 CMOS 器件应用所允许的上限值时,EOT 可突破 SiO₂ 栅介质厚度的下限。在实际情况中,由于在高 k 介质与硅界面往往存在一层极薄的 SiO₂ 界面层 t_i,因此,高 k 栅介质的 EOT 应为

$$EOT = t_i + (k_{ox}/k)t \tag{10.42}$$

实际 MOSFET 工作时,还存在栅电极多晶硅耗尽效应(见图 7.16),以及沟道载流子量子限制效应,两者对 MOS 电容分别等效贡献约 $0.3 \sim 0.4$ nm[30,31]。为了区别一般 EOT,将考虑这些等效厚度贡献的总厚度,称为电学等效氧化层厚度(EOT_{elec})或电容等效厚度(CET)。

实验研究表明,当多晶硅/SiO₂ 栅叠层被多晶硅/高 k 介质栅叠层替代时,栅极漏电流密度可降低 $2 \sim 3$ 个数量级,当多晶硅栅电极进一步被金属栅替代时,最终 CET 可减小数埃。金属/高 k 介质栅叠层结构可以将 EOT 缩微至 1 nm 以下。

10.10.2　高 k 介质材料基本特性

利用高 k 介质是器件缩微的有效途径,但真正要获得可替代 SiO₂ 和 SiON 的栅介质材料及工艺却是一项技术难题。SiO₂/Si 界面是至今可形成的最理想界面,可达到界面每 10^5 个硅原子约仅有 1 个缺陷,并且 SiO₂/Si 界面导带或价带之间都具有高势垒,有利于抑制界面漏电流。虽然存在多种介电常数比 SiO₂ 大得多的介质材料(见图 8.33),但它们的界面、禁带宽度等性能远不如 SiO₂。以界面特性对比,其他材料的缺陷密度常显著高于 SiO₂。如图 8.33 所示,高 k 介质的禁带宽度也都比 SiO₂ 小,而且介电常数越高的介质,其禁带宽度越小。图 10.42 显示某些高 k 介质/Si 界面处导带/价带势

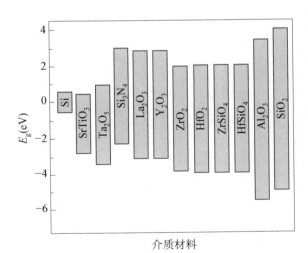

图 10.42　高 k 介质与硅的能带排列(显示导带/价带势垒)[32]

垒高度很不对称[32]。这些都不利于 MIS 结构性能。MOSFET 对介质的 k 值要求也并非越大越好,太大的 k 值,对应的栅介质物理厚度较厚,会加剧栅极边缘电场效应,对器件缩微造成不利影响。综合考虑禁带宽度等因素,目前认为 k 值为 SiO_2 的 k 值 $4\sim5$ 倍的高 k 介质比较合适。

10.10.3　高 k 介质材料热稳定性

高 k 介质材料还存在热稳定性问题[30]。高 k 介质一般为金属氧化物或金属硅酸盐,淀积在硅衬底上后,在后续高温退火过程中,会发生金属扩散(如 Al_2O_3),并可能与硅形成硅化物(如 ZrO_2)。研究发现 Hf 基高 k 介质不易发生上述现象,但 HfO_2 也存在另外一个热稳定性问题,在 $350\sim500℃$ 下会发生结晶现象。而结晶对于栅介质非常不利,晶粒间界容易形成漏电通道,会影响栅介质中空间电场分布,对沟道中载流子产生额外散射。由于现在器件的沟道长度已与晶粒尺寸可比拟,影响更大。

如第 7 章所述,经过多年研究与筛选,Hf 基氧化物已成功用于纳米 CMOS 器件栅介质制备。用加入一些其他元素的方法,可提高 Hf 基高 k 介质的热稳定性。例如,$HfAl_xO_y$ 可提高热稳定性,但界面固定正电荷密度 Q_f 也会增加,使沟道载流子迁移率降低。又如,$HfSi_xO_y$ 在短时间高温退火(如 $1\,000℃/5\,s$)时稳定,但经过高温(如 $900\sim1\,000℃$)更长时间退火,则会分解成 HfO_2 和 SiO_2,$HfSi_xO_y$ 的 k 值($10\sim15$)也显著小于 HfO_2 的 k 值($20\sim25$)。研究表明,$HfSi_xO_yN_z$ 四元薄膜材料更为稳定。当其组分 $Si/(Hf+Si)\approx20\%$、$N/(O+N)>10\%$ 时,经过长时间高温(如 $1\,000℃$)退火仍能保持非晶态。而且氮的存在可以抑制硼穿透,适当提升 k 值。但过高的氮比例,可能会产生较高界面电荷,影响沟道载流子迁移率。

10.10.4　高 k 介质与金属叠层栅结构

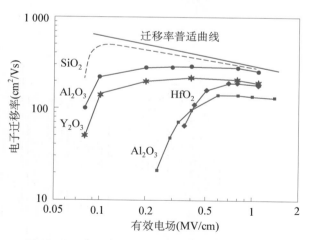

图 10.43　高 k 介质沟道载流子的迁移率特性[33]

相对于 SiO_2 或 $SiON$,在高 k 材料栅介质器件中,沟道载流子迁移率都会有不同程度下降,如图 10.43 所示[33]。这种退化除了界面电荷增加的可能原因外,还存在一种所谓的远程声子散射机制(remote phonnon scattering)。与 SiO_2 相比,金属氧化物高 k 介质具有较强离子极化特性,在电场作用下可产生较强极化光学声波,从而对沟道载流子造成较强光学声子远程散射[34]。用金属栅替代多晶硅栅后,由于高电子浓度电极对极化声子的屏蔽作用,可以显著降低远程声子散射对沟道载流子迁移率的影响[35]。用高 k 介质替代 SiO_2 栅,还会发生所谓的栅电极费米能级钉扎效应。这会导致 MOS 器件的阈值电压过高,但用金属栅替代多晶硅栅后能削弱这一效应[30]。如第 7 章所述,在 CMOS 器件缩微技术演进中,高 k 栅介质必须与金属栅电极相结合。自从 2007 年 Intel 公司率先用于 45 nm 技术代 CMOS 芯片制造后,金属/高 k 介质叠层栅已成为纳米 CMOS 器件的基本结构[36]。

10.10.5　高 k 栅介质制备方法

SiO₂ 或 SiON 栅介质一般是通过热氧化(包括氮化)生长的,而高 k 介质通常都是淀积在硅衬底上的。在多年高 k 介质薄膜研究中,曾应用多种制备方法,有溅射、金属淀积结合氧化、分子束外延(MBE)、金属有机化学气相淀积(MOCVD)、喷射气相淀积(JVD)、PECVD 和原子层淀积(ALD)等。表 10.4 对比了其中几种制备高 k 介质方法的优缺点[33]。目前只有 ALD 方法用于 CMOS 量产中高 k 栅介质薄膜的制备。

表 10.4　几种制备高 k 介质方法的优缺点对比[33]

	台阶覆盖能力	纯度	缺陷	厚度超薄能力	大面积
溅射	尚可	好	差		好
金属淀积结合氧化	尚可	好	尚可	好	尚可
MOCVD	好	尚可	好	好	很好
ALD	很好	尚可	好	很好	很好

ALD 原理、特点与工艺在第 17 章有专题讨论。应用 ALD 技术可在硅衬底表面生长高质量 Hf 基高 k 栅介质薄膜。图 10.44 显示 ALD 淀积 HfO₂ 薄膜工艺原理[33]。薄膜生长过程由一系列周期性分子吸附与单层化学反应构成,每个生长周期可分为 4 步:第一步将反应前体 HfCl₄ 气体通入反应室,气体分子被化学吸附在衬底表面,由于衬底上化学吸附点数目是确定的,被化学吸附在衬底表面的前体分子数量也是确定的,与通入的前体分子数量无关,这是一种单分子层饱和吸附;第二步用大流量不参与反应的 Ar 或 N₂ 气体通入反应室,驱除未被化学吸附的反应剂;第三步将另一反应前体 H₂O 气体通入反应室,H₂O 分子在表面吸附,并与 HfCl₄ 发生化学反应,生成 HfO₂,

$$HfCl_4 + H_2O \longrightarrow HfO_2 + HCl \tag{10.43}$$

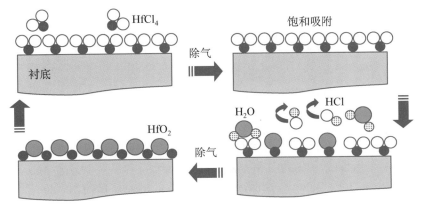

$$HfCl_4(前) + 2H_2O(气) \rightarrow HfO_2(固) + 4HCl(气)$$

图 10.44　ALD 生长高 k 栅介质过程示意图[33]

第四步再用大流量 Ar 或 N_2 气体驱除反应副产物 HCl 以及剩余 H_2O,完成一个生长周期。由其生长过程可知,ALD 是一种自限制周期性生长模式。每个生长周期仅淀积一个单分子层,根据栅介质薄膜厚度要求,确定所需要的 ALD 淀积周期数。ALD 具有极其优越的台阶覆盖能力,是一种适于超薄膜制备的淀积方法,不仅用于高 k 栅介质,也可用于栅电极金属,以及扩散阻挡层薄膜制备。

思考题

1. 简述 SiO_2 介质的电学性质,说明时变介质击穿(TDDB)与本征击穿的区别,分析 TDDB 的物理机理。

2. 试分析热氧化过程中 SiO_2 的生长界面及其原因。如何计算生成单位厚度 SiO_2 薄膜的耗硅量?分析硅衬底热氧化生长的 SiO_2 薄膜和衬底分别处于何种应力状态。

3. 在 CMOS 集成芯片技术数十年升级换代演进过程中,先后发展和应用了哪些优质 SiO_2 栅介质氧化层制备工艺?分析对比不同工艺的原理、特点与应用范围。

4. 为什么当 SiO_2 厚度较薄时,其生长模式为界面反应控制,其生长速率遵循线性规律?为什么当 SiO_2 厚度较厚时,其生长模式为扩散控制模式,其生长速率遵循抛物线型规律?

5. 对比分析影响干氧氧化与水气氧化速率和性能的因素,为什么水气氧化的抛物线速率常数 B 和线性速率常数 B/A 均明显高于干氧氧化?

6. 不同晶面硅衬底氧化速率快慢有何规律?它对哪些实际器件制造产生何种影响?多晶硅热氧化生成的 SiO_2 膜有什么特点?

7. 杂质分凝效应和杂质在 SiO_2 中的扩散速度,如何影响杂质在 SiO_2/Si 界面两侧的分布?简要分析硅衬底掺杂对氧化速率的影响。

8. SiO_2/Si 界面态与氧化层固定正电荷有什么区别?分别如何描述与表征?为什么 Si(100)晶面生长的 SiO_2 界面态密度和固定正电荷密度均低于 Si(111)晶面生长 SiO_2?

9. 通过哪些工艺可以降低 SiO_2/Si 界面态密度与 SiO_2 固定正电荷密度?如何理解"Deal 三角形"?

10. 用 SiON 代替 SiO_2 做 MOS 器件栅介质有什么优缺点?制备超薄 SiON 的方法有哪些?如何应用等离子体氮化工艺制备超薄优质栅介质?

11. 有哪些高 k 氧化物薄膜可能作为替代 SiO_2 的栅介质?对比这两类材料的物理、化学特性,分析高 k 材料作为栅介质的优点与难点。

12. 简述在纳米 CMOS 集成芯片制造中成功应用的 HK/MG 栅叠层结构及工艺,分析如何改善高 k 栅介质与硅的界面电学特性,哪些因素决定栅介质的等效 SiO_2 厚度(EOT)?

参考文献

[1] K. F. Schuegraf, C. Hu, Hole injection SiO_2 breakdown model for very-low voltage lifetime extrapolation. *IEEE Trans. Elec. Dev.*, 1994,41(5):761.

[2] S. K. Ghandi, Native oxide films, Chap. 7 in *VLSI Fabrication Principles*. John Wiley & Sons, New York, 1983.

[3] D. K. Schroder, Reliability and failure analysis, Chap. 12 in *Semiconductor Material and Device Characterization*. John Wiley & Sons, Hoboken, New Jersey, USA, 2006.

[4] J. W. McPherson, Time dependent dielectric breakdown physics — models revisited. *Microelectron Reliab.*, 2012,52(9-10):1753.

[5] I. C. Chen, S. E. Holland, C. Hu, Electrical breakdown in thin gate and tunneling oxides. *IEEE Trans. Elec. Dev.*, 1985,32(2):413.

［6］Y. Taur，T. H. Ning，Basic device physics，Chap. 2 in *Fundamentals of Modern VLSI Devices*，2nd Ed. . Cambridge University Press，Cambridge，2009.

［7］B. E. Deal，A. S. Grove，General relationship for the thermal oxidation of silicon. *J. Appl. Phys.*，1965，36(12):3770.

［8］S. A. Campbell 著，曾莹，严利人，王纪民等译，微电子制造科学原理与工程技术，第 4 章-热氧化. 电子工业出版社，2003 年.

［9］J. D. Plummer，M. D. Deal，P. B. Griffin，Thermal oxidation and the Si/SiO₂ interfaces，Chap. 6 in *Silicon VLSI Technology：Fundamentals，Practices and Modeling Fundamentals，Practice and Modeling*. Prentice Hall，Upper Saddle River，NJ，USA，2003.

［10］S. Kuppura，H. S. Joo，G. Miner，In situ steam generation：a new rapid thermal oxidation technique. *Solid State Technol.*，2000，43(7):233.

［11］B. Balasubramanian，H. Forstner，E. Chiao，et al.，Beyond the 100 nm node：single-wafer RTP. *Solid State Technol.*，2003，46(5):95.

［12］施敏著，赵鹤鸣，钱敏，黄秋萍译，半导体器件：物理与工艺，第 11 章-薄膜淀积. 苏州大学出版社，2002 年.

［13］关旭东，硅集成电路工艺基础，第 2 章-氧化. 北京大学出版社，2003 年.

［14］W. R. Runyan，K. E. Bean，Thermal oxidation of silicon，Chap. 3 in *Semiconductor Integrated Circuit Processing Technology*. Addison-Wesley Publishing Company，Massachusetts，1990.

［15］S. Wolf，R. N. Tauber，Thermal oxidation of single-crystal silicon，Chap. 7 in *Silicon Processing for the VLSI Era*，Vol. 1，*Process Technology*. Lattice Press，Sunset Beach，CA，USA，1986.

［16］B. E. Deal，Standardized terminology for oxide charges associated with thermally oxidized silicon. *IEEE Trans. Elec. Dev.*，1980，37(3):606.

［17］E. Arnold，J. Ladell，G. Abowitz，Crystallographic symmetry of surface state density in thermally oxidized silicon. *Appl. Phys. Lett.*，1968，13(12):413.

［18］M. L. Green，E. P. Gusev，R. Degraeve，et al.，Ultrathin (<4 nm) SiO₂ and Si-O-N gate dielectric layers for silicon microelectronics：Understanding the processing，structure，and physical and electrical limits. *J. Appl. Phys.*，2001，90(5):2057.

［19］E. P. Gusev，H. C. Lu，E. L. Garfunkel，et al.，Growth and characterization of ultrathin nitrided silicon oxide films. *IBM J. Res. Develop.*，1999，43(3):265.

［20］H. N. Al-Shareef，A. Karamcheti，T. Y. Luo，et al.，Device performance of in situ steam generated gate dielectric nitrided by remote plasma nitridation. *Appl. Phys. Lett.*，2001，78(24):3875.

［21］A. Veloso，M. Jurczak，F. N. Cubaynes，et al.，RPN oxynitride gate dielectrics for 90 nm low power CMOS applications. *Proc. 32nd Eur. Solid-State Dev. Res. Conf.*，2002:159.

［22］H. H. Tseng，Silicon oxynitride gate dielectric for reducing gate leakage and boron penetration prior to high-*k* gate dielectric implementation，Chap. 7 in *High Dielectric Constant Materials：VLSI MOSFET Applications*. Eds. H. R. Huff，D. C. Gilmer，Springer，Berlin，2005.

［23］R. Kraft，T. P. Schneider，W. W. Dostalik，et al.，Surface nitridation of silicon dioxide with a high density nitrogen plasma. *J. Vac. Sci. Technol. B*，1997，15(4):967.

［24］S. V. Hattangady，R. Kraft，D. T. Grider，et al.，Ultrathin nitrogen-profile engineered gate dielectric films. *IEDM Tech. Dig.*，1996:495.

［25］K. I. Cunningham，K. Ahmed，C. Olsen，et al.，Targeting 45 nm with improved SiON films and extended gate dielectrics. *Solid State Technol.*, 2006,49(7):39.

[26] D. T. Grider, S. V. Huttungady, R. Kruft, et al., A 0. 18 μm CMOS process using nitrogen profile-engineered gate dielectrics. *VLSI Symp. Tech. Dig.*, 1997:47.

[27] H. N. Al-Shareef, G. Bersuker, C. Lim, et al., Plasma nitridation of very thin gate dielectrics. *Microelectron. Eng.*, 2001,59(1－4):317.

[28] A. Veloso, F. N. Cubaynes, A. Rothschild, et al., Ultra-thin oxynitride gate dielectrics by pulsed-RF DPN for 65 nm general purpose CMOS applications. *Proc. 33rd Eur. Solid-State Dev. Res. Conf.*, 2003:239.

[29] H. H. Tseng, Y. Jeon, P. Abramowitz, et al., Ultra-thin decoupled plasma nitridation (DPN) oxynitride gate dielectric for 80-nm advanced technology. *IEEE Elec. Dev. Lett.*, 2002,23(12):704.

[30] E. P. Gusev, V. Narayanan, M. M. Frank, Advanced high-k dielectric stacks with poly Si and metal gates: recent progress and current challenges. *IBM J. Res. Dev.*, 2006,50(4/5):387.

[31] S. H. Lo, Y. Taur, Gate dielectric scaling to 2. 0－1. 0 nm: SiO$_2$ and silicon oxynitride, Chap. 5 in *High Dielectric Constant Materials: VLSI MOSFET Applications*. Eds. H. R. Huff, D. C. Gilmer, Springer, Berlin, 2005.

[32] J. Robertson, Band offsets of wide-band-gap oxides and implications for future electronic devices. *J. Vac. Sci. Technol. B*, 2000,18(3):1785.

[33] J. Robertson, High dielectric constant gate oxides for metal oxide Si transistors. *Rep. Prog. Phys.*, 2006,69(2):327.

[34] M. V. Fischetti, D. A. Neumayer, E. A. Cartier, Effective electron mobility in Si inversion layers in metal-oxide-semiconductor systems with a high-k insulator: The role of remote phonon scattering. *J. Appl. Phys.*, 2001,90(9):4587.

[35] R. Kotlyar, M. D. Giles, P. Matagne, et al., Inversion mobility and gate leakage in high-k/metal gate MOSFETs. *IEDM Tech. Dig.*, 2004:391.

[36] K. Mistry, C. Allen, C. Auth, et al., A 45 nm logic technology with high-k plus metal gate transistors, strained silicon, 9 Cu interconnect layers, 193 nm dry patterning, and 100% Pb-free packaging. *IEDM Tech. Dig.*, 2007:247.

第11章

精密图形光刻技术

第4章有关光刻与其他基本工艺的概述显示,光刻工艺是集成电路制造流程中的核心环节。光刻的英文为"lithography",源自希腊语"lithos"和"graphia"。前者意为"石板",后者意为"书写",所以,"lithography"的字面含义就是"在石板上书写",现今一般译为"平版印刷术",在集成电路等器件加工中,则成为专用技术名词"光刻"。光刻工艺的3个基本环节(掩模版制作、曝光成像、硅片刻蚀),确实有其原始词汇的基本含义,即用光束或电子束在硅片或石英片上"书写"图形。光刻基本工艺与传统照相及复印过程有类似之处。光刻掩模相当于照相底版,涂有光刻胶的硅片相当于光敏相纸。通过曝光使掩模图形转移到硅片光敏胶膜上成像,然后在化学显影液中显影,最后通过刻蚀在硅片上固化图形,近似于照相中的定影过程。集成电路最初的光刻掩模就是应用照相摄影机制作的。但随着集成电路技术快速演进,从掩模制造到硅片光刻都发生显著变化。以成像分辨率这一共同关键性能参数比较,光刻技术的要求与达到的水平大大超越摄影。以2009年主流产品65 nm芯片光刻图形为例,其像素密度约为 10^{13} cm^{-2},而同年号称具有世界最高分辨率的德国德累斯顿全景照片的像素密度为 2.6×10^{10} cm^{-2}。光刻是现今分辨率最高的精密光学成像技术之一。

精密图形光刻是集成电路制造业的关键基础技术。半个多世纪以来,一代又一代集成芯片研制与生产,都常以相应光刻技术创新为先导与前提。每一代新芯片都需要更精密图形光刻技术支持。光刻技术水平是决定集成电路器件尺寸缩微、集成规模增大、性能及功能提高的一个关键因素。决定光刻图形精密度的最主要参数,是曝光系统成像分辨率。虽然光学曝光技术早就成功应用于集成电路制造,但鉴于光波衍射效应所决定的图形分辨率极限,自20世纪70年代以来,就有研究者不断研究X射线超短电磁波和电子束、离子束超短物质波光刻技术,以获得更高图像分辨率。然而,在过去数十年中,紫外光学曝光光刻技术持续创新,巧妙应用多种光学物理原理,先后解决一系列光学系统技术与工艺难题,使成像分辨率逐步提高,先后突破微米、亚微米、深亚微米和纳米线条分辨率,近年已进入按传统成像理论难以实现的超精密光学成像技术领域,光刻线条宽度已显著小于曝光波长,成功应用于不断升级换代的集成芯片研制与产业化生产[1-4]。

自从20世纪70年代集成电路产业进入快速增长通道后,光刻技术常常是器件缩微与高密度集成芯片制造技术进步的"瓶颈"环节。基于图形成像分辨率的光学基础原理,人们多次预言光学光刻的极限线条尺寸。早期很少有人认为,光学光刻技术能够逾越0.1 μm。但在集成电路技术发展需求强劲推动下,研究者通过全面应用多种光学规律,合理选择曝光光源,优化成像系统设计,改进光刻胶等材料及相关工艺,使光学光刻一直作为高效生产技术,成功用于一代又一代器件缩微创新,成就了从微米到近 10 nm 高性能集成电路制造产业的快速发展。

如图 4.15 所示的集成芯片制造的简化流程图,以及由本书多个章节介绍的集成电路制造工艺流程可知,硅片从前端到后端的各个层次薄膜和薄层加工,都必须经光刻工艺界定相应区域。光刻工艺可以说是集成电路晶体管与金属互连结构逐层加工的共同纽带。现今典型集成电路制造流程需要先后经过数十次不同图形光刻,MPU 可能应用近 50 块光刻版,DRAM 也需要约 25 块版。硅片光刻对其设备及工艺既要求高精度,又要求高效率。在高分辨率前提下,光刻系统还必须具备不同层次图形精确对准与线条尺寸严格控制功能,并具有尽可能大曝光视场,还应有足够高硅片加工产额,每小时可曝光百片以上。现今高性能光刻系统常为集成电路生产线上最昂贵的设备。光刻胶等光刻材料与工艺必须与曝光系统相匹配,并要求极低的图形缺陷密度。前后端反复进行的光刻工艺,常在产品流程中占据约 1/2 耗时,在集成电路制造总成本中占较大份额,可能达 1/3。随着集成芯片技术演进需求,先进光刻技术不仅依赖于高精密光学曝光系统,还需要应用一系列不断完善的其他设备、材料、软件与测试技术。

本书 4.4.4 节已概要介绍精密图形光刻工艺的技术要点。本章将进一步分别讨论光刻基本原理与工艺、光刻装置及光源演变、光刻掩模和光致抗蚀剂等相关技术,重点分析光学光刻的基础物理原理、分辨率增强技术途径,并简要介绍极紫外光刻等新型高分辨率光刻技术。

11.1　光刻工艺基本原理与流程

光刻工艺中的关键材料为光刻胶。通过光刻工艺形成光刻胶膜图形,用以掩蔽薄膜或薄层局域加工,如刻蚀、离子注入等。由有机树脂、光敏化合物和溶剂 3 种主要成分构成的光刻胶,应具有高灵敏、高反差、高分辨性能,通过光学系统曝光,可把掩模版上的图形,高保真转移为硅片光刻胶膜图形。同时,光刻胶膜还应具有优良抗蚀性能,可以经受某些溶液腐蚀和离子轰击等化学、物理作用。存在两种类型有机光敏薄膜材料:一种吸收光能导致高分子聚合反应,使光照区胶膜在显影液中溶解度下降,在腐蚀液中抗蚀性增强,被称为"光致抗蚀剂"。20 世纪 70 年代中期以前,应用这种光刻胶,成功发展早期中小规模集成电路产业。由于在硅片上形成的图像,与光刻掩模反转,即负像,故称为负胶。另一种光刻胶的光敏性能相反,光照使光刻胶膜分子分解,在显影液中溶解度增强,在硅片上形成与掩模版相同的光刻胶膜图像,即正像,因而称为正胶。超大规模集成电路技术发展后,普遍应用正胶,原因在于其分辨率显著优于负胶。

随着器件尺寸缩微,光刻胶材料及工艺不断演变。从紫外到深紫外不同光源及波长曝光,不同技术代光刻技术需应用对相应波长敏感的感光剂等化合物配制的光刻胶。硅片光刻工艺需要经过表面处理、光刻胶涂布与固化、掩模与硅片图形对准、曝光、显影、刻蚀等步骤,把掩模图形精确转移到硅片上。图 11.1 以硅片表层结构变化显示正胶光刻的主要工艺步骤。下面分别简要介绍这些步骤及其原理。

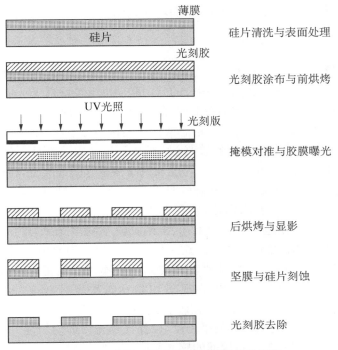

图 11.1 典型正胶光刻工艺流程主要步骤

11.1.1 硅片表面处理

通常硅片表层覆盖有薄膜(如 SiO_2、多晶硅等)及前期工艺形成的结构,光刻硅片必须经过严格化学清洗。除常规清洗工艺外,涂覆光刻胶之前,还常需进行专门表面处理。暴露于空气的硅片,表面往往不可避免吸附水分子,表面硅原子可与水分子形成硅烷醇基(Si—OH)。由于硅片表面具有这种亲水特性,而光刻胶一般为疏水材料,因而难于在硅片上形成黏附性强的均匀薄膜,会导致显影时浮胶、腐蚀时横向侵蚀等弊病,严重影响掩模图形保真转移。因此,在涂覆光敏胶膜前,硅片必须进行脱水和优化表面处理。除了真空烘烤、高纯 N_2 气吹干外,更为有效的方法是应用增黏剂,改变表面状态,形成与光刻胶性能匹配的疏水表面。

简称为"HMDS"的六甲基二硅胺烷(Hexamethyl-Disilazane),是硅片表面处理的常用增黏化合物,其分子式为 $[(CH_3)_3Si]_2NH$,常温下为无色透明液体,沸点为 125℃。HMDS 表面处理方法与原理可归纳如下:清洁硅片置于专用真空腔体中,先经约 $100\sim200$℃温度真空烘烤,随后可用高纯 N_2 气鼓泡携带,通入气态 HMDS,通过表面化学吸附效应,HMDS 分子吸附于硅片表面,并与之产生反应,HMDS 中的有机基团置换硅烷醇基团中的羟基(—OH),使表面为硅氧烷分子(Si—O—Si(CH$_3$)$_3$)所覆盖,如图 11.2 所示。硅片表面的硅

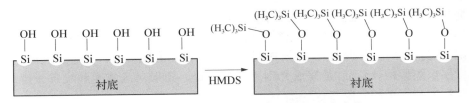

图 11.2 HMDS 化学吸附前后硅片表面状态变化

氧烷分子易于和有机光刻胶化合物结合,从而增强光刻胶膜与硅片的黏附性。

11.1.2　光刻胶涂布与前烘烤

　　光刻胶涂布是影响硅片光刻图形质量的主要工艺步骤之一。在集成电路生产线上,涂胶、显影、烘烤等工艺,由自动化传输与运行的专门联动机组装置完成。晶片置于转速可调的转盘上,应用适当浓度的光刻胶液和旋涂工艺,在表面涂覆所需厚度的均匀光刻胶膜。光刻胶涂布经过滴胶、甩胶两步实现。可在转盘静态或低速旋转动态条件下滴胶,把适量液体胶喷射到硅片表面中央,接着提高转速,通过旋转离心力使胶液甩向周围表面。光刻胶的厚度和均匀性,由液态光刻胶的黏度、涂胶机旋转上升速度及最高转速等因素决定,转速可达数千 RPM。胶层厚度约与转速平方根成反比,与液态胶黏度成正比。光刻胶膜厚度按照抗蚀性、分辨率、离子注入能量等不同工艺要求而定,常在 $0.1\sim1\ \mu m$ 范围。较薄胶膜有益于提高分辨率,对于纳米 CMOS 芯片制造中的关键工艺,光刻胶膜厚度常选择为约 100 nm。为了改善光刻质量,光刻胶膜有时需由不同功能的多层膜构成。例如,为避免入射波与反射波形成驻波效应,影响曝光光强吸收均匀性,晶片表面或光刻胶膜表面涂覆可吸收光波的抗反射层(anti-reflection coating,ARC)。又如,在现今 193 nm 液媒光刻(immersion lithography)工艺中,为避免光刻胶光化学反应物流失,在胶膜顶面淀积专门保护层。选择光刻胶材料、结构与工艺时,还需注意保持光刻胶膜的平坦度,以保证曝光图形均匀性。可用不感光的胶涂布在底层,形成平坦化薄膜,再涂布较薄的感光胶膜,有利于提高分辨率。

　　在光刻胶涂布过程中,胶液中大部分有机溶剂挥发后,光刻胶膜仍含有质量占比高达 $20\%\sim40\%$ 的有机溶剂,影响其在曝光与显影等工艺步骤中的稳定性。为保证光刻胶膜成像质量,涂胶后必须进行烘烤处理,进一步降低溶剂含量,增强胶膜固化。工艺线上称此步骤为前烘工艺,也称为软烘(soft bake)。常采用真空热板加热方法,加热温度、时间需依据光刻胶性质合理选定。典型前烘温度在 $85\sim120\,^{\circ}\mathrm{C}$ 范围,不同光刻胶膜加热时间可有显著不同,有的需 $10\sim30$ min,也有的仅 $30\sim60$ s。前烘工艺对光刻胶膜性能有多种影响:①光刻胶膜厚度由于溶剂挥发有所减薄;②释放因高速旋转形成的胶膜应力,增强光刻胶与晶片间的附着力;③光刻胶膜表面黏性降低,可减少吸附微粒污染的可能性,避免对光刻机台沾污;④溶剂含量降低有益于改善光刻胶膜显影特性。一般经过前烘,光刻胶层中仍会含 $3\%\sim8\%$ 的溶剂,但少量溶剂不影响后续工艺稳定性。现今光刻工艺中,前烘后还常应用化学去边溶剂,去除涂胶可能形成的硅片边缘胶滴(edge bead removal,EBR),防止其引起胶膜剥离等损害,保证硅片边缘区以内图形的完整、均匀。也可采用其他方法消除这种胶膜边缘缺陷。

11.1.3　掩模对准与胶膜曝光

　　涂覆有光敏胶膜的硅片传输至光刻装置系统,进行掩模图形对准与光刻胶曝光。这是光刻工艺的中心环节。对于不同技术代光刻系统,所用装置及具体操作过程有很大区别,但基本要求相同。对于所有层次光刻,硅片与光刻掩模版之间都必须精确定位。硅片首层光刻可依据晶面/晶向标记定位,后续各层光刻,必须将当前层光刻掩模版上的图形与上一层光刻图形对准。早期人工对准曾是光刻工艺中的难点。现今利用各层次掩模版和硅片上的对准标记,进行自动化对准操作。各层次间的对准标记图形通常设计在芯片之间划片槽内。确保前后层次图形精确套准,是完成光刻工艺的前提。图形对准精度和线条分辨率是标志光刻系统性能与水平的主要参数。

掩模图形与硅片已有图形及结构对准后,光源通过光学系统对光刻胶膜曝光,形成潜像,是光刻工艺中最重要的关键环节。在集成电路制造技术演进中,光刻曝光系统与工艺发生深刻变化。光刻掩模在硅片胶膜的成像方式,从直接接触式到投影式,从全片曝光到步进局域曝光,曝光光源从高压汞灯到激光,不断应用更短波长单色光,成像光学系统不断改进优化。11.2 节将专题讨论光学曝光技术演变,分析不同曝光系统的工艺特点。

不同曝光技术也有其共同的曝光工艺要求。为使掩模图形通过曝光,在光刻胶膜上形成清晰图像,任何曝光工艺都必须精确调节与控制成像聚焦和曝光能量。两者都是决定线条分辨率与图形尺寸的重要因素。在精确聚焦成像前提下,光照区光刻胶膜的充分光化学反应与显影图形质量,取决于光刻胶灵敏度与曝光剂量,即能量密度(mJ/cm^2)。不同光刻胶所需曝光剂量有较大差别,常在$(10\sim100)$mJ/cm^2 范围。可根据光刻胶膜的灵敏度和光刻系统的曝光特性,选择曝光时间,控制曝光剂量。

11.1.4　后烘烤与显影

光刻胶膜曝光后,显影之前常需进行后烘烤(post exposure bake, PEB),特别是在248 nm等深紫外光源曝光工艺中。受热时胶膜中感光剂分子的热运动及扩散,有益于稳定与增强光化学反应产生的光刻胶结构变化,有利于显影得到线条边界反差强、分辨率高的图像。后烘烤还有利于减缓驻波效应对光刻胶膜图像的影响。可应用热板加热工艺,温度与时间由所用光刻胶材料等具体因素而定。例如,有的后烘工艺温度在约120℃下,加热数分钟。

经过显影把曝光在光刻胶薄膜中形成的潜像,转化为实像,形成类似浮雕的胶膜图形。显影液是根据光刻胶组分与光敏特性选定的有机或无机化学溶液。负性胶常用有机溶剂(如丁酮)显影液,常用正胶显影液则为碱性化合物溶液。KOH、NaOH之类金属离子碱性溶液,可用于正胶显影。为避免金属离子污染,在集成电路生产中,广泛应用适当浓度的四甲基氢氧化铵(TMAH)溶液作为显影剂,其分子式为 N(CH$_3$)$_4$OH。利用光化学反应产生的感光剂分子结构与性质变化,造成光照区与暗区光刻胶膜溶解度显著差异,显影液把曝光区(正胶)或暗区(负胶)的胶膜溶解去除。图 11.3 显示正胶曝光前后两种胶膜在不同显影液中溶解速率的差别,以及随显影液温度的变化。

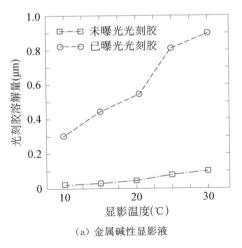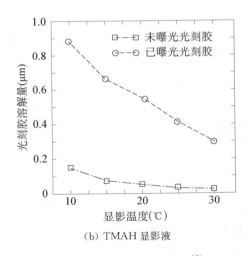

(a) 金属碱性显影液　　　　　　(b) TMAH 显影液

图 11.3　曝光与未曝光的正胶膜在不同显影液中溶解量对比及随温度变化情况[3]

显影液温度常选择在 $15\sim 25℃$。可有多种显影方式,其中有多片显影液浸没式,也有单片显影液喷洒式。前者显影溶液消耗量大,且不能完全保证显影均匀性。后者通常以自动旋转方式显影,应用一个或多个喷嘴,把显影液呈雾状喷射到低速旋转的硅片表面,实现溶解反应,并及时清除溶解液。适当调整显影液喷洒量和硅片转速等参数,可获得更为有效与均匀的图像显影效果。最后用去离子水冲洗清除溶液残留,硅片可旋转甩干。这种方式显影液使用效率高,显影均匀性好。显影工艺既要防止显影不全、残留胶膜,又要避免过度显影,导致有效胶膜特别是图形边缘过度溶解,破坏胶膜完整性。

11.1.5　坚膜、刻蚀与去胶

显影后部分区域光刻胶被去除,形成光刻胶膜屏蔽图形,暴露出待刻蚀或离子注入等选择性加工的硅片区域。最初涂布的光刻胶,虽然经过曝光前后两次烘烤,但胶膜中仍存在有机溶剂,显影时光刻胶膜又受到显影液的化学作用,胶膜中会含有显影液残留物。为去除残留溶剂,增强图形胶膜强度,提高抗蚀及抗离子轰击性能,显影后的光刻胶还需要进行一次加热处理,称为坚膜,也称为硬烘烤(hard bake)。坚膜温度与时间可依据所用光刻胶及具体工艺确定。典型工艺条件为 $100\sim 140℃$、$10\sim 30$ min。

如图 11.1 所示,在完成以上光刻工艺步骤后,以光刻胶作为掩蔽膜,对暴露出的硅片表层薄膜进行湿法化学腐蚀或干法等离子体刻蚀,光刻版上的图形信息最终被转移到硅片表面,形成薄膜图形。在某些工艺中,也可应用光刻胶膜掩蔽,直接进行离子注入掺杂等加工。因此,光刻胶膜图形可以为硅片形成局域化薄膜或掺杂横向结构,精确选定区域。完成刻蚀、离子注入掺杂等选择性微区加工后,通过湿法或干法,完全去除光刻胶膜。"$H_2SO_4+H_2O_2$"溶液用于湿法除胶,氧等离子体为常用于光刻胶灰化处理的干法除胶工艺。两种方法的原理都基于强氧化剂与光刻胶有机化合物的氧化反应,前者导致液相溶解,后者则导致气相挥发。

以上各个光刻工艺步骤,需要伴随严格硅片图形检查和线条测试。随着器件集成规模快速增大,光刻工艺精度要求不断提高,线条关键尺寸(critical dimension,CD)及其均匀度要求愈益严格,线条边缘粗糙度(line edge roughness,LER)应越来越小,不同层次图形间对准精度必须越来越高。因此,光刻工艺测试仪器与方法随之需要不断改进。

11.2　光学曝光光刻系统演进

作为实现精密图形成像和转移的基本装置,光刻机类型与具体结构不断演进。从接触曝光系统发展到投影曝光系统,从全片式光刻发展到步进式光刻,从全片投影扫描到步进投影扫描,光刻机的微细图形分辨与成像能力持续提高。本节将分别简要介绍接触式、接近式、反射投影式全片光刻装置和步进与扫描投影式曝光系统,分析这些装置的各自特点与基本原理。

11.2.1　接触式与接近式全片光刻

接触式光刻

图 11.4 为早期半导体器件研制采用的接触式与接近式光刻曝光示意图。接触式硅片

光刻工艺与摄影照片复印十分相似,具有掩模图形的光刻版,直接与涂覆光敏胶膜的硅片紧密接触,通过平行光束曝光,光刻版图形以 1∶1 比例转移到硅片光刻胶膜,形成潜像。由于光刻与影印的相似性,接触式光刻在英语文献中常称为"contact printing"。接触式光刻具有较高分辨率。但这种接触极易造成光刻版黏附光刻胶,因而不得不经常更换光刻版,光刻胶膜图形也易损伤,严重影响光刻工艺良率。虽然接触式光刻早已退出硅集成电路制造领域,鉴于其可能的高分辨率,仍有紫外或深紫外波长光源的接触式光刻机,应用于某些研究领域的细线条图形光刻。

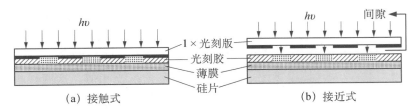

图 11.4　全片接触式与接近式光刻示意图

接近式光刻

为降低掩模版消耗与提高工艺良率,发展了接近式光刻(proximity printing)。在光刻版与硅片之间,保持微小间隙距离(5~25 μm),避免接触式光刻弊病。在 20 世纪 70 年代初期,接近式光刻技术曾广泛用于集成电路制造。但这种间隙会增强光波衍射效应,导致光刻线条分辨率降低。根据菲涅尔近场衍射原理,接近式曝光系统的最小可分辨特征尺寸($W_{\min}$)由波长(λ)和间隙距离(g)决定,

$$W_{\min} \approx \sqrt{\lambda g} \tag{11.1}$$

例如, $g = 10\ \mu$m, $\lambda = 365$ nm,则由(11.1)式估算得到的可分辨特征尺寸约为 1.9 μm。因此,接近式光刻只能适用于特征尺寸大于 2 μm 的器件工艺。要达到更小尺寸分辨率,必须缩小光刻版与胶膜间距, $g < W_{\min}^2/\lambda$,但这极为困难。20 世纪 70 年代初期,对于线条尺寸为数微米的集成芯片制造,接近式光刻是适用的。此后,接近式光刻技术很快退出集成电路主流产品生产。直至现今在某些线条较宽的器件生产与研制工艺中,接近式光刻技术仍有应用空间。

11.2.2　反射式投影扫描光刻系统

投影式光学曝光系统的改进与创新,是20 世纪 70 年代中后期以来,适应器件持续缩微需求、不断提高光刻分辨率的主要途径。光刻系统演变,同时需要适应硅片直径逐渐增大的趋势。最早广泛用于大规模集成电路生产的是反射式投影扫描光刻系统。图 11.5显示扫描投影曝光系统的主要结构与光路。这种光刻装置的基本光学原理如下:应用由梯形棱镜和曲面镜构成的反射光学系统,掩

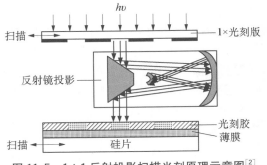

图 11.5　1∶1 反射投影扫描光刻原理示意图[2]

模图形经过 5 次反射,投影到硅片胶膜,形成图像。掩模图形与光刻胶膜图像比例仍为 1:1,但非一次全片曝光。光源在掩模版上形成贯穿图形的窄弧状光带,通过精密机械传动机制,掩模版与硅片作同向、同速的同步位移,实现全硅片扫描投影曝光。在这种扫描系统中,由于每一时刻曝光局限于较小面积的光带,投影成像可应用相应面积较小的精制光学元件,有利于精确校正光学系统像差,获得高质量图像,最小线条分辨率可接近 $1\ \mu m$。

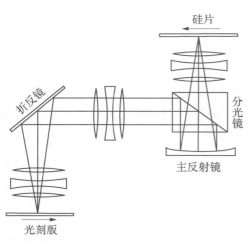

图 11.6 反射与折射相结合的扫描投影光刻系统原理图[1]

上述全反射式投影扫描光刻机,由被誉为"著名精密仪器制造者"的美国 Perkin-Elmer 公司于 1973 年推出。除了图 11.5 所示全反射投影系统,还有一种应用反射镜与折射透镜组合制造的扫描投影光刻系统(catadioptric projection system),其投影光路如图 11.6 所示,扫描原理与全反射曝光系统相似。这两种投影光刻系统把精密反射光学系统与精密机械密切结合,使线条分辨率、图形对准精度、生产效率等性能,都显著优于接触式和接近式光刻机,成为 20 世纪 LSI 和初期 VLSI 芯片发展阶段的主要光刻设备。但是,随着器件尺寸缩微和硅片直径增大,这种掩模与硅片图形 1:1 的全片式光刻方法遇到许多困难。全片光刻系统对掩模版要求很高,单元特征尺寸缩小,硅片直径增加,晶体管密度上升。

制备覆盖全硅片的高精度、无缺陷掩模版,不仅技术难度越来越大,制版成本也难以承受。这种系统的多层光刻套刻与聚焦,是在扫描曝光前全片对准无法进行局域调整,影响对准精度与良率。当器件特征尺寸缩微至 $2\ \mu m$ 以下时,全片扫描反射式投影光刻技术已难于满足集成芯片制造技术需求[1, 2]。

11.2.3 步进式投影光刻系统

自 20 世纪 80 年代初以来,步进式投影曝光,又称分步重复投影曝光(step and repeat project exposure),一直是主流光刻技术。这种分步重复曝光系统,常简称为步进机(stepper)。

经过不断升级换代,步进机成功应用于从 $2\sim 3\ \mu m$ 到近 $10\ nm$ 一代又一代集成芯片研制与生产。由图 11.7 显示的步进投影光刻机原理可见,这种光刻系统与上述反射式系统有显著差异,具有一系列独特优越性。步进机应用折射光学透镜系统,把掩模图形投影到硅片光刻胶膜上成像。所用光刻版可由单个或数个电路掩模图形组成。通常采用高分辨透镜缩小成像,由于视场面积较小,易于研制高质量成像透镜光学系统。历代不同步进机有不同缩小倍率,先后应用较多的为 $5\times$、$4\times$,也曾有 $10\times$、$1\times$ 的系统。掩模图形尺寸按此 $N:1$

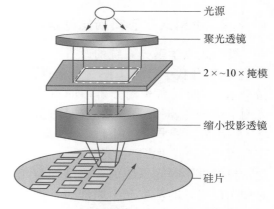

光源

聚光透镜

$2\times\sim 10\times$ 掩模

缩小投影透镜

硅片

图 11.7 步进式投影光刻系统示意图[2]

倍率大于芯片,这既利于提高掩模版精度,也有益于提高光刻胶膜投影像分辨率。硅片承载平台配置有计算机控制的精密机械及激光定位系统,可以精确进行三维定位,通过与投影光学系统结合,在步进过程中,每次把掩模图形投影聚焦于硅片一个较小区域,可精确进行局部聚焦与对准曝光,提高图形套刻精度与良率。

自 20 世纪 70 年代末以来,通过应用短波长光源、增大成像光学系统数值孔径,以及发展步进/扫描相结合、高折射率液体媒介传播光路等新技术,步进投影曝光技术不断改进、创新,已经研制成功多代分辨率更高、性能更优的曝光系统,持续为集成芯片技术演进开辟新天地。70 年代末最早面世的步进机,应用汞灯光谱中的 436 nm(g 线)波长光源。这种光源经过多代改进与广泛应用,90 年代为 365 nm(i 线)波长光源投影系统代替。经过长期研发过程,90 年代末,准分子深紫外激光为光源的步进投影系统开始用于芯片光刻。此后,应用 KrF - 248 nm 和 ArF - 193 nm 深紫外激光,先后研制成功多代分辨率更高的曝光系统,用于深亚微米和纳米 CMOS 集成芯片制造。

11.2.4　步进扫描式投影光刻系统

集成芯片技术升级换代在单元器件缩微的同时,芯片面积也越来越大,以集成更多晶体管、增强电路功能。这就要求光学系统具有更大的曝光视场,曾先后有 15 mm×15 mm、22 mm×22 mm、25 mm×32 mm 等曝光视场不同的步进机。对于成像透镜光学系统研制,同时提高分辨率与曝光视场,是一个难题。为解决此难题,发展了步进与扫描两种技术相结合的投影曝光系统,称为步进扫描机,常被简称为扫描机(scanner)。这种系统的基本原理与光路如图 11.8 所示。高端步进扫描系统需要应用由多种反射与折射元件结合组成的复合光学投影系统,如图 11.8(b)所示。这种系统通过步进方式,位移待曝光视场,在每个曝光视场内,通过条状光束扫描完成曝光。该系统具有扫描投影系统的优点,可应用优化设计

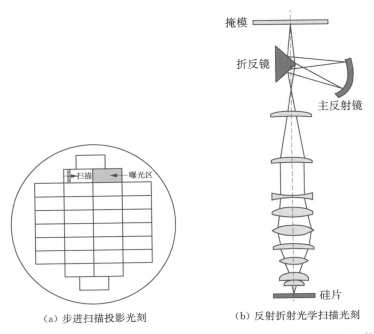

　　　(a) 步进扫描投影光刻　　　　　　　(b) 反射折射光学扫描光刻

图 11.8　步进扫描投影光刻原理与反射折射光学扫描光刻系统示意图[1]

的精密光学系统,在较小面积内实现高分辨投影成像,也具备步进投影系统的优点,仍可应用 5×、4× 倍率的掩模图形投影到硅片,适于更高分辨率芯片与大直径硅片光刻工艺。

经过多年不断改进、创新,现今 193 nm 步进扫描光刻机集精密光学、机械、测试、控制等技术于一体,把大数值孔径与多种分辨率增强技术密切结合,使光刻工艺分辨率、精度与效率达到早期难以想象的水平。以主要光刻机制造商之一 ASML 公司的 TWINSCAN NXT:1970Ci 型液媒扫描机为例,其分辨率为 38 nm,对准精度小到 1 nm,每小时可曝光 250 片 300 mm 硅片,曝光像素速率达到 3.5×10^{12} 像素/秒。该公司 2015 年针对多重图形光刻工艺特点,又推出分辨率、对准精度更高的 NXT:1980Di 型液媒光刻系统。因此,近年 ArF 准分子激光步进扫描液媒式曝光系统与多重图形光刻工艺相结合,使 DUV 光刻技术成功进入 20 nm 以下超精密芯片加工领域(详见 11.8 节)。

11.3   光刻掩模技术发展

光刻掩模版是决定光刻技术水平的关键因素之一,每一种新曝光系统都需要光刻掩模新技术相匹配。任何集成电路的设计方案及其所有信息细节必须体现在一套分层光刻掩模版中。集成电路发明后初期,人工设计和绘制的集成电路放大版图,完全是应用照相摄影方法转化为掩模版。集成电路版图先经过一次缩小,制成“初缩”版,再经过第 2 次缩小至芯片尺寸,并应用分步重复投影成像,形成“精缩”光刻版。实际上这正是集成电路制造中最早应用的步进投影光学设备。20 世纪 70 年代后,随着计算机辅助设计(CAD)技术发展,光刻掩模制版技术逐渐演变。最初应用光学图形发生器,取代人工绘图与照相制版。随后电子束图形发生器发展为制作高精密光刻掩模版的基本装置。CAD 版图设计数据经格式转换,输入和控制图形发生器,直接产生光刻掩模图形。在步进投影光刻技术应用后,不再需要分步重复制成的全硅片光刻版(mask),而是直接应用图形发生器制作的单元掩模版。人们常把这种步进投影掩模版称为“reticle”[2]。

11.3.1   图形发生器制版

图形发生器制版工艺步骤与光刻工艺相近。光刻掩模版通常制作在高透明度与高平整度熔融石英晶片衬底上,掩模常用金属铬(Cr)薄膜,厚度约 80 nm。在淀积有铬薄膜和涂覆光敏胶的石英板上,图形发生器按照设计数据,通过逐次曝光,形成设计图形潜像。随后的显影、刻蚀等工艺,与光刻对应工艺类似。但从曝光工艺过程与目标分析,两者显著不同。如果把硅片光刻与图形发生器制版都比喻为“书写”,则光刻好似平行多点“书写”,掩模信息通过曝光可同时传输至全片或局部;图形发生器则有如一笔一划的串行“书写”,通过一系列“书写”过程,完成掩模图形制作,因而可谓是一种直写(direct writing)图形技术。而且要求掩模图形中大于某一尺寸的致命缺陷为零。任何电路致命缺陷都使掩模版作废。制作掩模版的图形发生器,必须具有高分辨率、高定位精度、高尺寸控制精度等关键性能。因此,电子束图形发生器成为高性能集成电路主流掩模版制备装置。光学图形发生器以激光光源改善性能,继续得到应用。但电子束制版系统线条分辨率与精度更高,且经不断改进,可以适应单元尺寸持续缩微、设计数据量持续增大的发展需求。电子束图形发生器制版与步进投影硅片光刻相结合,造就了高性能集成电路制造技术的快速演进。

11.3.2　电子束/激光束直写技术

集成电路大量器件及布局布线的完全正确设计,是无缺陷掩模版制作的前提。设计由数以百万甚至亿计晶体管组成的复杂功能系统集成芯片,是现今电子新产品、新技术发展的第 1 步,需要应用日趋复杂的 CAD 数字化系统。应用各种自动化功能设计软件,调用器件、工艺与功能电路库中的 IP 模块与可行设计方案,应用积木化等方法,加快电路设计过程,并利用验证、模拟、仿真等软件工具,分析、检查电路功能与芯片布局、布线。逐步升级换代的集成电路设计,需要应用功能不断增强、数据量持续上升的计算机自动设计工具。设计中的任何差错,都会使后续掩模制作趋于无效。因此,精密图形光刻工艺得以迅速发展的基础,在于计算机辅助设计、电子束制版与步进投影曝光 3 种基本技术的密切结合。这些技术都是建立在现代数字化与自动化技术基础上的。有趣的是,正是集成电路产品功能与数量的快速上升,造就了计算机及数字技术功能的迅速增强,使其可以更有效地提高集成电路设计、电子束制版与精密光刻技术的功能与自动化,显现出集成电路与 CAD 工具及设计等数字化技术的强烈正反馈效应。

电子束或激光束直写图形技术,不仅可在石英衬底上制备光刻掩模,也可直接用于硅片光刻。不过由集成电路版图设计数据直接输入图形发生器,直接进行光刻,速度很慢,难以在芯片规模生产中应用。对于某些试验性器件研制,直写光刻技术则可能是一个有效的可行途径。如何提高电子束与激光束图形发生器的图形生成速度,一直是改进这种系统的关键课题,不仅需要优化硬件,更要发展高效软件和应用高敏感光刻胶。

11.3.3　掩模版检测、修复与保护膜

光刻掩模版的检测和缺陷修复是其制作中的重要辅助技术。经曝光、显影、刻蚀、清洗等多道流程制作的掩模版,必须经严格测试与检查,确保掩模达到特征尺寸分辨率、对准精度等要求,并检测出致命缺陷。例如,如果光刻版上含有两个或以上相同图形,可通过同步比较这两个相同图形的相同位置的差异,确定缺陷位置,获取缺陷信息。如果芯片面积较大,一块光刻版上只含单一芯片图形信息,则需通过光刻掩模信息与电路设计对应层的版图信息直接对比,获得可能的缺陷信息。为了制作有害缺陷为零的掩模版,发展有多种校正、修复技术。例如,某些连线短路缺陷可以通过激光束或离子束直接刻蚀,移除多余铬膜;某些断路缺陷可通过选择性淀积铬膜修补。

虽然步进投影曝光系统安置在超洁净、恒温、恒湿、避震严格控制的环境中,但防止尘埃等污染对光刻工艺的有害影响仍十分重要。在掩模版上落下一粒尘埃,就有可能破坏投影曝光图形,使最终产品失效。因此,为避免尘埃的破坏作用,人们设计与制造了一种称为"pellicle"的透明保护膜,安置在光刻掩模版的上面,如图 11.9 所示。透明薄膜镶嵌于经过无尘化处理的金属框架,其高度应使透明膜与铬掩模之间保持适当距离,使落于透明保护膜表面的尘埃,位于掩模图形的聚焦成像范围之外,保证尘埃不会影响掩模版在硅片上投影成像的图形完整性。

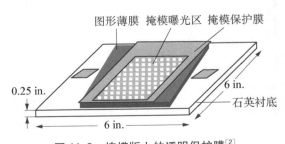

图 11.9　掩模版上的透明保护膜[2]

11.4 光刻技术的光学基础原理

和其他光学系统成像技术一样,精密光刻技术是建立在多种光学规律基础上的。充分应用各种光学原理,改进曝光系统,规避限制性因素,是光刻技术得以不断演进的基本途径。决定光波传播的折射、反射、衍射、干涉等几何光学和物理光学规律,对于光学系统的成像质量起关键作用。其中,光波衍射效应是决定光刻线条分辨率的决定性因素。本节将简述光波衍射、干涉现象及其原理,讨论决定线条分辨率的夫琅和费衍射公式,分析提高光刻系统性能的主要途径。

11.4.1 光波传播与衍射

讨论微细精密图形光刻时,经常会提到,光的衍射效应是决定线条分辨率的主要因素。衍射效应,简而言之是指光线偏离原先传播方向的现象,即光线可绕开障碍物,传播到偏离直线的方向,因而又称绕射效应。按照人们日常生活中的直观感觉,光波是直线传播的。人们看到,从大到探照灯、小到激光笔,发出的光束都在空中直线传播。实际上,日常所见任何光源向周围发射的光波确实是直线传播的。光的直线传播正是几何光学的 4 个基本定律之一,另 3 个定律为反射定律、折射定律和独立传播定律。人们称光波为"光线",也正反映光的直线传播特点。但是,光的直线传播的前提条件为,光波在各向同性的自由空间或均匀介质中传播。在非均匀介质中,由于折射效应,光可以曲线传播。当光波遭遇阻挡物,特别是照射细小尺寸图形结构时,光也会偏离直线传播,光波衍射效应会突出显现。光作为电磁波及其所具有的波粒二象性,使其在传播和成像过程中表现出多种不同规律。

与光波衍射效应密切相关的另一重要规律是光波干涉效应。干涉是指不同波的振幅相互叠加的现象。不同光束产生干涉的前提条件,是各自具有相同波长与振动方向,并且相互位相差恒定。这种光波称为相干光。衍射光中的相干光,在相互干涉后,同相位衍射光波相互叠加增强,反相位光波相互抵消。因此,当垂直入射光束穿过狭缝或小孔后,人们会发现,光束不仅发散,而且在观测屏上还可观察到光强的明暗交替变化。

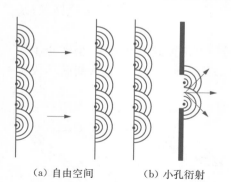

（a）自由空间　　　（b）小孔衍射

图 11.10　根据惠更斯-菲涅尔原理平面波在自由空间传播和小孔衍射示意图

光的衍射效应是光的波动性物理本质的具体体现。根据惠更斯-菲涅尔原理,时空连续传播变化的光波,某一时刻波阵面（也称波前）上任一点都可看作次波源,会向周围发射相同波长的子波,空间传播的光束是所有相干子波相互干涉的结果。对于均匀介质中传播的平行光束,由所有次波交织干涉而成的包络面,就是光波传播的新波阵面。但当光波传播至由不透光障碍物形成的狭缝、小孔或其他细小透光结构时,受到扰动,其波阵面上的次波源光波可传播到障碍物的几何阴影区。图 11.10 显示平面波在自由空间和狭小缝、孔后传播方向的变化。由于小孔不同点次光源的光波到达屏幕某一点的光程不等,光波相互叠加增强或相互抵消,因而可能形成明暗交替的衍射图形。由此可知,衍射效应可导致物体图像严重失真。因此,对于包括光刻在内的任何精密图形成像系统,研究分析衍射效应规律和抑制其影响的途径,就成为技术进步的关键。

光衍射效应通常可分为两种:一种以法国物理学家菲涅尔(1788—1827)命名,另一种以德国物理学家夫琅和费(1787—1826)命名。菲涅尔衍射,指光衍射区与成像区距离较近的情形,因而常称为近场衍射。在接触式和接近式光刻中,光束通过掩模图形直接照射到硅片光刻胶膜上成像,就会受到菲涅尔衍射影响,造成图像失真,影响其线条分辨率。由这种衍射限制的最小特征尺寸,取决于波长(λ)与间隙(g),如(11.1)式所示。夫琅和费衍射,指平行光束成像平面观测屏远离衍射屏时的衍射,常被称为远场衍射。与菲涅尔衍射不同,衍射屏与观测屏之间可以有透镜,也可以没有。图 11.11 所示平行光波狭缝衍射,就是典型的夫琅和费衍射。夫琅和费衍射效应常见于各种透镜成像光学系统中。在投影曝光系统中,夫琅和费衍射成为光刻最小特征尺寸的决定性因素。

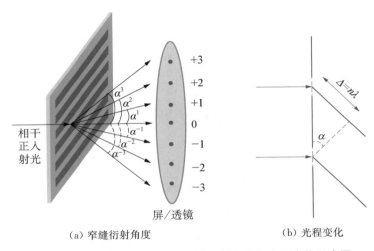

(a) 窄缝衍射角度　　　　　　　(b) 光程变化

图 11.11　垂直入射相干光波窄缝衍射角度与光程变化示意图

在投影光学系统中,光束穿越微细尺寸图形时,在光波衍射及干涉效应作用下,光波传播方向、强度与分布都发生变化。明暗相间图形尺寸越小,越接近波长(λ),衍射效应就越强,大角度衍射光成分越多,光束扩展范围越大。图 11.11 为入射光经光栅式狭缝后,衍射光束传播方向与光程变化的示意图。不同方向衍射光可用相对入射方向的张角 α_1、α_2、α_3 等表示。不同角度光线到达聚焦透镜或观测屏的光程不等。如果两束光之间的光程差(Δ)等于波长的整数倍,即 $\Delta = n\lambda (n=0, \pm1, \pm2, \pm3, \cdots)$,则两束光可通过干涉增强。由图 11.11 可求出衍射角 α_n 与相邻光线光程差及光栅节距(P)之间的关系,进而求出与波长的关系:

$$\sin \alpha_n = \frac{\Delta}{P} = \frac{n\lambda}{P}(n=0, \pm1, \pm2, \pm3, \cdots) \tag{11.2}$$

常把图 11.11(a)中与原入射光同向的出射光束,称为 0 阶衍射光,而偏离角度不同的衍射光分别称为 1 阶、2 阶、3 阶等衍射光,2 阶及以上常称为高阶衍射光。在图形投影成像系统中,所有衍射光分别携带图形相关信息。理想成像光学系统应能收集所有衍射光束。由 $\sin \alpha = n\lambda/P$ 可知,当图形尺寸显著大于波长时,衍射角很小,可以忽略,出射光束全收集是可能实现的。但当图形尺寸接近甚至小于波长时,这将十分困难。也就是说,标志图形尺寸的节距越小,光衍射角越大,衍射光的收集就越困难。

根据傅里叶光学原理,衍射光波可用一系列以空间频率为参数的傅里叶函数描述。对于图 11.11 所示节距为 P 的空间周期性光栅,其空间频率的基频为 $1/P$,也可写成角频率形式,$\omega_1 = 2\pi/P$。这种光栅的衍射波空间分布函数,可由常数项和基频 ω_1 及其一系列倍频的正弦空间函数之和构成。常数项可代表 0 阶衍射光,ω_1、$\omega_2 = 2\omega_1$、$\omega_3 = 3\omega_1$ 等项分别描述 1 阶、2 阶、3 阶与其他高阶衍射光。图 11.12 显示计入不同阶衍射光波后,同一掩模图形投影图像光强分布变化。图 11.12 中(1)为光栅式掩模图形,等间距明暗交替,节距为 P。由(2)、(3)、(4)的对比可见,叠加的高阶衍射信息越多,投影光强分布形成的图像与掩模图形越接近。

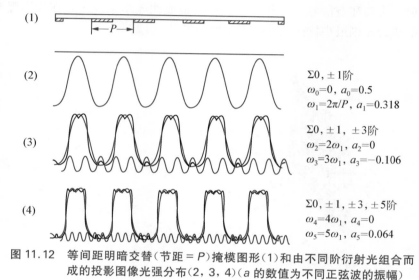

$$\Sigma 0, \pm 1 \text{阶}$$
$$\omega_0 = 0,\ a_0 = 0.5$$
$$\omega_1 = 2\pi/P,\ a_1 = 0.318$$

$$\Sigma 0, \pm 1, \pm 3 \text{阶}$$
$$\omega_2 = 2\omega_1,\ a_2 = 0$$
$$\omega_3 = 3\omega_1,\ a_3 = -0.106$$

$$\Sigma 0, \pm 1, \pm 3, \pm 5 \text{阶}$$
$$\omega_4 = 4\omega_1,\ a_4 = 0$$
$$\omega_5 = 5\omega_1,\ a_5 = 0.064$$

图 11.12　等间距明暗交替(节距 $= P$)掩模图形(1)和由不同阶衍射光组合而成的投影图像光强分布(2,3,4)(a 的数值为不同正弦波的振幅)

以上讨论及图 11.12 说明,低阶衍射光及低空间频率函数表征与描述的,是投影图形的主要轮廓或变化趋势;高阶衍射光及高空间频率函数所表征与描述的,则是投影图形的细微变化或细节内容。这表明为得到保真性好的投影图像,需要收集尽可能多的高阶衍射光。因此,本章后面介绍的多种投影光刻分辨率增强技术,其途径都与收集高阶衍射光密切相关,如增大光学系统孔径、偏轴照明、液媒光刻等。

11.4.2　投影光学系统的夫琅和费衍射

根据夫琅和费衍射特性,可以分析和决定投影光学成像系统的图像分辨率。早期光学实验与理论发展,与天文学观察密切相关。人们希望应用望远镜能观察与辨别密集的不同星体。为此人们曾进行多种实验,研究光学系统的分辨特性。夫琅和费衍射效应,对于星空天文学观测十分重要。图 11.13 为一种典型投影成像的夫琅和费圆孔衍射实验光路。其中点光源的发散光束,经由聚光与准直透镜,形成平行光束,透过衍射屏上的圆孔(次波源)产生发散的衍射光波。部分衍射光波经由透镜汇集与聚焦,在焦平面观测屏上成像。限于透镜孔径,部分大角度的高阶衍射光收集不到,因而损失信息。图 11.14 显示夫琅和费圆孔衍射实验得到的典型衍射图样。

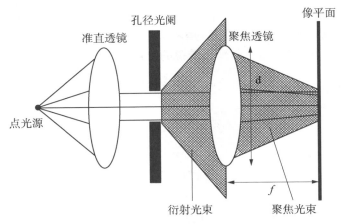

图 11.13 投影成像的夫琅和费圆孔衍射实验光路[4]

圆孔的夫琅和费衍射图形,由一系列明暗交替的同心圆环构成。英国天文学家艾里(G. B. Airy,1801—1892)于 1835 年发表论文,最早对这种衍射图形进行了定量理论分析,得到了衍射光强分布与实验相符的数学表达式。因此,后人常把这种圆孔衍射图形称为艾里图样或艾里斑。艾里衍射图样的光强变化分布函数较为繁复,有兴趣的读者可参阅光学教科书或其他相关资料[5,6]。对于分析投影系统成像分辨率最为重要的是,根据艾里的理论分析,可以得到从中心点至第 1 暗区边缘的距离,即中央光亮圆盘半径(r)。对于如图 11.13 所示的投影系统,圆盘半径可用下式表示:

图 11.14 夫琅和费圆孔衍射的艾里图样

$$r = \frac{1.22\lambda f}{d} \tag{11.3}$$

其中,λ 为光源波长,f 和 d 分别为聚焦透镜焦距和直径。

按几何光学成像理论,在图 11.13 的焦平面观测屏上应该出现点光源或圆孔的像。由于夫琅和费衍射效应,观测到的像却由中心亮斑与周围明暗交替晕环构成,形成边缘模糊的图像。按理光源发出的光波,聚束为平行光束,经圆孔衍射,应携带发光点和圆孔的信息。但如图 11.13 显示,从圆孔发出的衍射光波,由于聚焦透镜的有限直径,只有部分被聚焦透镜收集成像。高阶衍射光波处于透镜收集区外,使其携带的部分信息丧失,不能对成像贡献。由(11.3)式及讨论可知,当聚焦透镜直径 $d \to \infty$,即透镜可收集到全部衍射光波时,才可能获得点像。

11.4.3 投影成像分辨率

根据夫琅和费衍射规律,可以分析投影曝光系统的分辨率。投影成像系统的关键光学装置为聚焦透镜。如图 11.15 所示,物平面上两个相距很近的点光源 A 和 B,通过直径为 d 的入射光光阑和透镜,在像平面上成像 A′ 和 B′。由于夫琅和费衍射效应,每一个点光源在像平面上都将对应形成一个半径为 $1.22\lambda f/d$ 的艾里斑。当 A 和 B 逐渐靠近,A′ 和 B′ 像的中心点也将逐渐靠近。英国物理学家瑞利(J. S. Rayleigh,1842—1919)建议,可把 A′ 和 B′

艾里斑的中心点距离恰好等于艾里斑半径时,定义为透镜可分辨的最小距离,即:当一个物体的像中心与另一物体的像边缘重合时,是两个物体可分辨的极端情形。这一条件被称为分辨率的瑞利判据。按照瑞利判据,聚焦透镜的分辨率(R)可表示为

$$R = \frac{1.22\lambda f}{d} \tag{11.4}$$

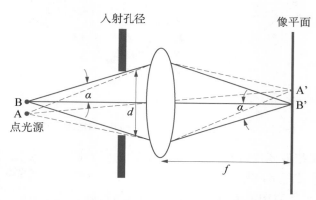

图 11.15　聚焦透镜的分辨率分析示意图[4]

(11.4)式表明,透镜的物像分辨性能取决于光源波长和透镜直径及焦距。波长越短,透镜直径越大,分辨物体的能力就越强。瑞利判据最早用于确定天文望远镜的分辨性能。相邻两个发光星体的像距,只有大于或等于瑞利判据数值时,望远镜观察者才能分辨两者。如果考虑入射光线通过透镜,在折射率为 $n(>1)$ 的介质中传播成像,光传播速度减小为原来的 $1/n$,(11.4)式可改写为更为通用的形式:

$$R = \frac{1.22\lambda f}{nd} \tag{11.5}$$

以上分析不仅适于单个透镜系统,也适用于由多个光学元件组成的复合透镜系统。虽然透镜直径与焦距是最为直观的光学参数,但最常用的透镜系统光学参数为数值孔径(numerical aperature,NA)。NA 是标志进光量的参数,代表透镜系统收集衍射光的能力,与入射光阑或透镜的直径以及焦距相关。图 11.15 中的 α 角为光轴与边缘光线的夹角,即最大光锥的半角。由图 11.15 所示 d、f、α 角可知,三者之间可有近似关系:$d \approx 2f\sin\alpha$。利用以上关系式,分辨率表达式可表示为

$$R = \frac{0.61\lambda}{n\sin\alpha} \tag{11.6}$$

(11.6)式中的分母代表光学系统汇聚衍射光线的能力,定义为数值孔径。

$$NA = n\sin\alpha \tag{11.7}$$

因此,一般光学系统的分辨率常应用以下表达式:

$$R = \frac{0.61\lambda}{NA} \tag{11.8}$$

由(11.8)式的推导过程可知,式中数值系数"0.61",来源于点光源夫琅和费圆孔衍射的

艾里斑光强分布函数具体情况,即针对点光源衍射得到的。这个系数并不适用于投影光学系统的普遍情形。所以,在夫琅和费衍射决定的图像分辨率表达式中,可以用参数 k_1 取代该数值系数,以得到具有普适意义的公式如下:

$$R = k_1 \frac{\lambda}{NA} \tag{11.9}$$

根据以上分析可知,集成芯片投影光刻系统可以分辨的图形半节距(half pitch),应大于或至少等于(11.9)式计算得到的分辨率数值。

11.4.4　决定光刻工艺分辨率的 3 个因素

由(11.9)式可知,光源波长、聚焦透镜数值孔径和工艺参数 k_1,是决定投影曝光系统光刻图像分辨率的 3 个要素。在光刻技术演进过程中,应用单色性好的短波长光源,增加透镜系统数值孔径,减小 k_1 参数值,成为增强光刻图形分辨率的 3 个主要途径。有关短波长曝光光源的演变,11.5 节将作专题介绍。这里就数值孔径和 k_1 参数的变化作简要讨论。图 11.16 为针对 193 nm 波长和两个不同 k_1 参数值,由(11.9)式计算得到的集成芯片光刻系统可分辨线条半节距,随透镜数值孔径 NA 的变化规律。

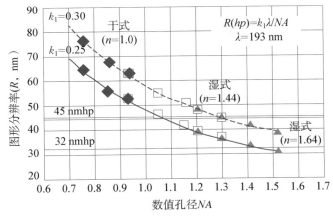

图 11.16　光刻线条半节距与透镜数值孔径 NA 及工艺参数 k_1 的依赖关系[3]

投影曝光装置是现今最精密的光学仪器之一。研制具有更大数值孔径的光学投影透镜,是制造先进光刻系统的关键,也是主要难点之一。数值孔径越大,透镜汇聚的高阶衍射光束越多,投影成像分辨率就越高。这里所说的透镜,是指由具有聚焦、消除像差等功能的多个不同折射元件组合构成的透镜光学系统。有的投影成像系统中还应用部分反射元件,如图 11.8(b)所示。投影光刻系统升级换代,要求应用数值孔径更大的透镜。自 20 世纪 80 年代初以来,由高压汞灯 g 线到准分子激光 193 nm 深紫外波长光刻,曝光系统所用透镜的数值孔径不断增大,逐渐接近由空气折射率($n=1.0$)决定的极限,193 nm 光刻系统的 NA 值已达到 0.93。大孔径无像差透镜系统的制造极为困难,而且增加接收角的极限受到 $\sin\alpha < 1$ 的限制。因此,自 2000 年以来,液媒式光刻技术得到发展。近年让透镜出射光束在纯水中传播至光刻胶的 193 nm 液媒式投影系统,其数值孔径已达 1.36。目前还在研发应用折射率更大的液体,进一步增加 193 nm 曝光系统的数值孔径。对于液媒式光刻,可参见 11.8 节。

光刻线条分辨率不仅依赖光学系统,也和掩模版、硅片、光刻胶膜以及光刻工艺密切相关。掩模版上的图形呈现条块状,并有多种变化,硅片表面与光刻胶膜有高低起伏结构,都可能对分辨率有显著影响。特别是光刻胶,基于其组分、光敏特性与显影等性能,对光刻图形分辨能力影响很大。这些材料与工艺影响因素都反映在 k_1 系数的具体数值中。因此,k_1 参数既与光学系统有关,也与光刻工艺密切相关。

图 11.17 显示在光刻技术演进过程中,不同波长光源及工艺投影光刻技术的 k_1 参数值相应趋于减小,以提高成像分辨率。20 世纪 90 年代中期以前,k_1 值变化较小,g 线和 i 线曝光系统的 k_1 值分别约为 0.8 与 0.6。在进入深亚微米光刻技术发展阶段后,由于应用相移掩模、偏轴照明等分辨率增强技术,k_1 参数值得到显著减小,已降到 0.3 以下。近年应用双重图形成像(double patterning)等工艺,k_1 可进一步减小到 0.2 甚至更低。

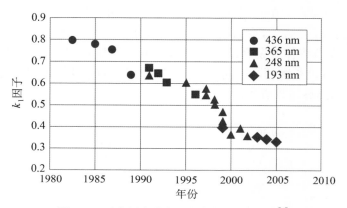

图 11.17　光刻分辨率工艺参数 k_1 的演进[3]

11.4.5　投影光刻系统焦深

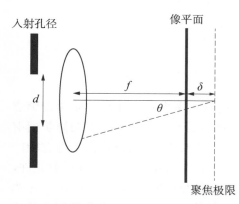

图 11.18　投影成像系统焦深分析示意图[4]

与其他许多光学成像系统一样,光刻系统不仅需要高分辨率,还应有足够焦深,以保证光刻胶膜充分曝光,发生所需光化学反应。一个光学成像系统,应有一个理想成像平面,在此平面上像最清晰,同时要求在这个平面前后一段距离内,也可清晰成像。常把成像清晰的前后平面之间的距离称为焦深(depth of focus,DOF)。光刻胶总是有一定厚度的,在曝光时需要将整个厚度的光刻胶膜充分曝光。合适的焦深可以保证光刻胶膜上下均匀曝光,这对实际曝光系统获得优良图像分辨率至关重要。

以下应用图 11.18 所示光路,分析焦深与透镜参数的关系。假设 δ 代表沿光轴线、由理想像平面至极限聚焦点的光程差,则入射光阑边缘光线的相应光程差近似等于 $\delta \cos \theta$,当两者之间的光程差大于 $\lambda/4$ 时,该处光强将显著改变。这个条件就是瑞利的极限分辨率判据。因此,可用下式推导焦深表达式:

$$\frac{\lambda}{4} = \delta - \delta\cos\theta = \delta(1 - \cos\theta) = \delta\left(2\sin^2\frac{\theta}{2}\right) \tag{11.10}$$

在 θ 角很小的条件下,上式可简化为以下近似式:

$$\frac{\lambda}{4} \approx \delta\frac{\theta^2}{2} \tag{11.11}$$

由前面已讨论的数值孔径定义,可知

$$NA = \frac{d}{2f} \approx \sin\theta \approx \theta \tag{11.12}$$

极限聚焦光程差(δ)可定义为投影成像系统的焦深,即 $DOF = \delta$。因此,由以上二式可以导出焦深表达式如下:

$$DOF = \pm\frac{\lambda}{2(NA)^2} = \pm k_2\frac{\lambda}{(NA)^2} \tag{11.13}$$

上式中的正负号标志理想像平面前后的焦深,有时分别称为前焦深与后焦深。与分辨率表达式类似,(11.13)式也把数值系数 0.5 用 k_2 参数替代,以适应更为普遍的成像情形。实际上,光刻工艺焦深不仅与光学系统有关,也与光刻胶工艺、光源照明方式等多种因素相关。可应用某些技术提高 k_2 数值。

　　(11.13)式表明,投影成像系统的焦深与 NA 的平方成反比,即:数值孔径越大,焦深越小。这是摄影爱好者所熟知的规律,为获得清晰景深效果,常需选用较小的光圈,即减小实际数值孔径。对于精密光刻技术,这可以说是一个两难问题。为提高光刻图形分辨率,必须增大数值孔径,却不利于焦深控制。数值孔径增大,必然伴随焦深变小。随着单元器件尺寸不断缩微,焦深趋小,成为光刻技术必须克服的难题。不仅要求步进和扫描投影光刻系统必须具有精度很高的聚焦控制系统,而且硅片应具有非常好的平坦度。由图 11.19 显示的近年先进曝光系统的焦深与硅片平坦度的变化趋势可见,在纳米 CMOS 集成芯片技术发展阶段,已要求曝光焦深接近 100 nm。这就要求应用厚度较薄的光刻胶,因此,高分辨率光刻系统也对光刻胶和光刻工艺提出新要求。

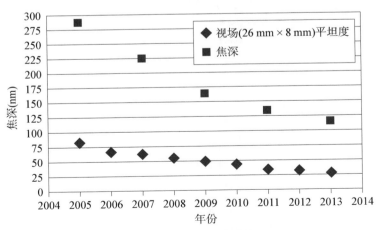

图 11.19　纳米 CMOS 芯片技术发展中曝光焦深与视场硅片平坦度的变化趋势[7]

11.4.6　投影光刻系统空间图像对比度

　　分辨率和焦深影响光刻版形成的空间图像质量。所谓空间图像,是指光刻掩模图形经光学系统传输与聚焦形成的图像。为描述光学系统的空间图像质量,常应用的另一重要光学参数为调制传递函数(modulation transfer function,MTF)。这一参数的定义可由下式确定:

$$MTF = \frac{I_{\max} - I_{\min}}{I_{\max} + I_{\min}} \tag{11.14}$$

$I_{\max}$、$I_{\min}$分别代表空间图像中对应透光区与暗区的实际光强。据此定义可知,调制传递函数的物理含义为空间图像光强对比度。由图 11.20 所示投影光刻系统光路和光强变化可见,掩模出射光与光刻胶膜入射光的调制传递函数可显著不同。投影光刻系统应用缩小透镜,掩模版图形尺寸为硅片表面成像尺寸的 4× 或 5×。在光刻掩模版的铬膜图形一侧平面,光束的夫琅和费衍射效应尚不显现,可呈现理想的明暗鲜明对比的光强分布,相应地有 $MTF=1$,如图 11.20 中的左下图所示。当透射光束经过具有一定直径的透镜汇集,聚焦投影在光刻胶上,夫琅和费衍射将显现出来,光强分布将有如相邻艾里斑式的光强分布,如图 11.20 中的右下图所示,MTF 值变小。掩模版上相邻线条越接近,MTF 值就越小。光刻胶上因而可能出现图像亮条纹不太亮、暗条纹不太暗的情况,导致图像明暗对比度减小、成像质量下降。为了使光刻胶能正确地分辨出图形特征,一般要求像平面处的 MTF 大于 0.5。投影光学系统的 MTF 值与波长、数值孔径及光源照明方式等因素相关。曝光系统通过曝光与显影等工艺形成的光刻胶膜图像质量,除了和光学系统 MTF 性能密切相关,也依赖于光刻胶的光敏对比度等。

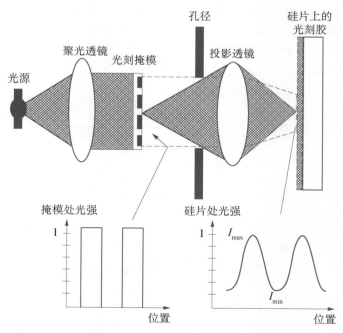

图 11.20　投影光刻系统光路和空间图像光强变化示意图[4]

　　显然,投影曝光系统的调制传递函数或成像对比度,与衍射效应密切相关。光波一旦透过光刻版,衍射效应将导致光线发散,而曝光系统的聚光成像透镜组不可能无限大,因此,注定有部分衍射光线无法被收集成像,造成像平面处的图像对比度下降。当光刻版上的图形尺寸缩小时,衍射效应将更严重,将有更多的衍射光波无法被收集成像。所以,调制传递函数强烈依赖于光刻掩模图形尺寸。

　　投影光学成像系统的调制传递函数,还受到光源空间相干性的影响。理想点光源被称为空间相干光源,因由一点发出的光波具有同相位。在曝光系统中,实际光源发射的通常为部分空间相干光。具体光源总是有一定物理尺寸的,不同点发出的光不一定具有同相位。这将导致处在焦平面上的光源,不同部位发射出的光波,通过聚光透镜后转变为由不同方向的平行光构成,如图 11.21 所示。这种非平行光波经光刻版图形衍射和透镜汇聚,也会直接引起成像对比度变化。光源的空间相干度(S)通常定义为光源与透镜尺寸之比,

$$S = \frac{光源直径}{透镜(光阑)直径} = \frac{s}{d} \qquad (11.15)$$

光源空间相干度也可用聚光透镜和聚焦成像透镜的数值孔径之比定义,

$$S = \frac{NA_{聚光透镜}}{NA_{投影透镜}} \qquad (11.16)$$

显然,$S = 0$ 对应理想点光源,是相干光源;S 越大,表明光源的相干性越差。在实际光刻系统中,$S = 0$ 不可能实现。下面的分析表明,适当增加 S 值,有益于提高小尺寸图形分辨率。

　　图 11.22 为光学系统调制传递函数与图形特征尺寸及光源空间相干度的依赖关系。图 11.22 中横坐标为归一化空间频率。标志成像线条尺寸的空间频率(υ),定义为单位长度内等宽度明暗相间的线条对数,如线条宽度为 w,则 $\upsilon = 1/2w$,即节距的倒数。空间截止频率(υ_0)为可分辨的最大线条数,由该光学系统极限分辨率决定。根据(11.8)式的投影光学系统分辨率公式,其空间截止频率可表示为

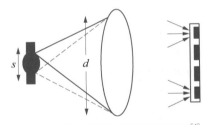

图 11.21　部分相干光源光路示意图[4]

$$\nu_0 = \frac{1}{R} = \frac{NA}{0.61\lambda} \qquad (11.17)$$

　　图 11.22 表明,光源的空间相干性对于图形成像的光强对比度有显著影响。对于具有完全空间相干理想点光源($S = 0$)的光学成像系统,归一化空间频率(υ/υ_0)小于 0.5 的较大尺寸图形,$MTF = 1$,可形成高对比度的理想图像;而大于 0.5 的小尺寸图形,$MTF = 0$,则完全无法成像。这种理想点光源光学系统是不存在的,实际光学成像系统总是应用部分空间相干光源。归一化空间频率为 0.5 的线条宽度,等于光学系统决定的分辨率(R)。

　　分析图 11.22 中不同 S 值曲线变化可知,不同尺寸图形成像的光强对比度对 S 的依赖关系有不同趋向。对于归一化空间频率小于 0.5 的较大特征尺寸图形,透过光刻版的光衍射效应较弱,但较大 S 值光源可造成入射光刻版的光传播方向较分散,这实际上相当于透过光刻版的光波产生更强的衍射发散,因而导致 MTF 值减小,即光强对比度随 S 增加而下降。对于归一化空间频率大于 0.5 的较小特征尺寸图形,透过光刻版的光波已发生明显的

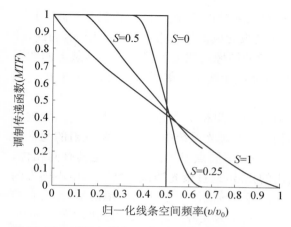

图 11.22 *MTF* 与线条尺寸、光源相干度之间的关系

发散衍射。如果 S 值很小,即几乎只有单一方向的平行光照射到光刻版上,衍射就会导致部分发散程度大的光波不能被聚光透镜收集,从而损失光刻版上图形结构的信息,必然使 *MTF* 值较小;但当 S 较大,即光源发射部分空间相干光,由于入射到光刻版上的光,本来就是由多个方向的平行光组成的,如图 11.21 所示,这样对版上同一个图形来说,某一个方向平行光透过后衍射造成的光损失,可能被另一方向的平行光透过后的发散衍射光补充。不同方向的光都会被透镜聚光收集,使光刻版上图形结构信息更多传输到硅片表面,因此,

反而可能改善光刻胶上的成像光强对比度。这表明对于小尺寸图形,部分空间相干光源,可使 *MTF* 值有所增加,有益于提高光强对比度和成像分辨率。因此,提高分辨率需要折衷考虑光源相干度的影响。一般实际曝光系统中所用光源,按(11.16)式的空间相干度定义,通常在 0.5~0.7 之间。

11.5 光刻系统的光源与波长

11.4 节有关分辨率的分析与讨论充分说明,曝光波长是决定光刻图像分辨率的 3 个主要因素之一。应用更短波长光源是提高分辨率最为直接而有效的途径。高压汞灯和准分子激光是两类广泛应用的曝光系统光源。20 世纪 90 年代后期开始应用准分子深紫外激光光源,是光刻技术发展的重要节点之一,标志着集成芯片器件图形光学光刻技术进入亚光源波长阶段。本节将对两类光源的原理、光谱及特点作概要讨论。

11.5.1 高压汞灯及其发射光谱

高压汞灯是深亚微米光刻技术之前广泛应用的曝光光源。汞灯为汞蒸气放电弧光光源。室温下石英灯管内汞蒸气压强约为 1 个大气压,并含有少量惰性气体。当相距数毫米的电极间,施加数千伏高电压后,电极间的汞与惰性气体原子快速电离,放电电流上升,形成弧光放电等离子体,导致温度上升、汞气化增强、导电性提高。气体压强可达到 20~40 个大气压。电极间放电维持电压将下降到数十伏。

在汞蒸气弧光放电光源中,存在黑体连续辐射和原子特征辐射两种发光机制。汞灯进入稳定弧光放电状态后,等离子体核心区温度可高达数千度,其中自由电子的等效温度可达约 4×10^4 K。弧光放电等离子体的黑体电磁波辐射连续谱中,有较强的深紫外光波。汞灯中的特征谱线来源于汞原子中电子的跃迁。等离子体中通过汞原子、电子等各种粒子相互碰撞,产生电离、复合、激发与退激发等过程。汞原子的电子在不同原子能级之间的激发与退激发跃迁,发射一系列特征谱线光波。外部冷却使灯管外部基座温度保持在 150~200℃ 以下。

图 11.23 显示高压汞灯的发射光谱。由于汞为高原子序数元素,电子能级分布复杂,存在很多可允许能级跃迁,使汞原子光谱丰富。由图 11.23 可见,其中有十余条较强的特征谱线。由于汞弧光灯的发光谱主要在可见与紫外波段,而且发光效率高,因此,得到多方面应用。在广泛应用的各种汞灯照明光源中,灯泡内壁涂敷荧光粉层,使汞灯的紫外辐射转化为可见光,显著提高发光效率。汞灯在工业、科研等领域也有多种应用。例如,其特征谱线常用作单色仪等光学仪器校准。在半导体加工技术中也有多种应用,最重要的是作为光刻光源。为获得单一波长光源,以提高成像分辨率,需要应用滤波器,选取出所需特征谱线的光波,作为曝光系统单色光源。高压汞灯光谱中多个高发光强度波长,如 546 nm(e 线)、436 nm(g 线)、405 nm(h 线)和 365 nm(i 线),都曾先后作为多代图形发生器与光刻系统的光源。特别是 365 nm 波长光源曝光系统,在亚微米集成芯片制造技术发展阶段发挥了关键作用,成功应用至 0.35 μm 技术代。图 11.23 显示,在高压汞灯发射光谱中,也存在 300 nm 与 260 nm 等深紫外波长谱线,但光强相对较弱,而且汞灯的石英外壳对深紫外波长光线有较强吸收,难以用作集成芯片规模生产的光刻系统有效光源,但在某些研究型曝光装置中得到应用。

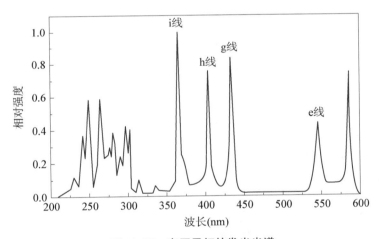

图 11.23　高压汞灯的发光光谱

11.5.2　深紫外准分子激光光源

集成电路单元器件线宽缩微至深亚微米,要求应用深紫外(DUV)波长光源,以获得相应更高线条分辨率。准分子激光因单色性好、强度高等特点,是较理想的曝光光源。准分子激光(excimer laser)是由诺贝尔物理奖获得者 N. Basov(1922—)和他在莫斯科物理研究所的同事在 1970 年发明的。准分子激光器现已在工业、医疗及科研等领域获得广泛应用。这种激光器以惰性气体(如氪、氩、氙)和卤素气体(F_2、Cl_2)作为工作物质,经气体放电激励发射特征谱线激光束。虽然卤素气体是非常活泼的元素,但在正常情况下,即原子处于基态时,惰性气体原子与卤素原子之间不可能反应生成分子。只有在气体放电或电子束轰击等激励下,由于电子与基态气体原子、分子发生多种碰撞过程,使基态原子、分子激发和电离,惰性气体原子与卤素原子组成非稳定激发态分子,被称为准分子。处于准稳态的准分子,在分解为原子时,发射单色性、相干性强的特定波长激光。现已研制成功多种惰性气体准分子激光器,如 XeCl(308 nm)、KrF(248 nm)、ArF(193 nm)等。KrF 和 ArF 准分子激光器,先后成功应用于深亚微米和纳米集成芯片制造。有趣的是,先进光刻技术应用的 ArF 准分子激光器,近年在要求很高的眼科手术中得到应用,当然所用具体装置系统并不同。

下面以 KrF 准分子激光器为例,进一步分析准分子激光发射机制。在 KrF 激光器谐振腔中,除了通入氪和 F_2 高纯气体,还通入适量氖气体,以促进准分子形成反应,提高激光发射效率。由这 3 种气体构成的放电腔体,在外加电源激发下放电,形成等离子体。等离子体中存在各种原子、分子、电子和光子,以及它们之间的多种相互关联的碰撞和反应。KrF 准分子形成及其分解时的激光发射,是等离子体中多种粒子相互作用过程的主要结果。

以下为气体放电等离子体中,导致激光光子受激发射的一系列化学反应方程式:

$$F_2 + e \longrightarrow F^- + F \tag{11.18}$$

$$Kr + e \longrightarrow Kr^* + e \tag{11.19}$$

$$Kr^* + e \longrightarrow Kr^+ + 2e \tag{11.20}$$

$$Kr^+ + F^- + Ne \longrightarrow KrF^* + Ne \tag{11.21}$$

$$KrF^* \longrightarrow Kr + F + h\upsilon \tag{11.22}$$

$$KrF^* + h\upsilon \longrightarrow Kr + F + 2h\upsilon \tag{11.23}$$

$$F + F + Ne \longrightarrow F_2 + Ne \tag{11.24}$$

其中,$h\upsilon$ 代表光子,h 为普朗克常数,υ 为相应光波频率。由以上 7 个化学反应方程式可知,准分子激光产生机制取决于以下 4 种物理化学过程:

(1) 原子和分子的激发与离化。前 3 个反应式描述 F_2 分子和氪原子与电子碰撞产生的分解、离化、激发反应。值得注意的是,惰性气体原子氪常通过两步过程发生离化反应,氪受电子轰击后,形成激发态原子 Kr^*,后者与电子碰撞,易于失去其处于激发能级的电子,形成正离子 Kr^+。

(2) 准分子 KrF^* 形成。反应式(11.21)为由正负离子(Kr^+、F^-)结合形成准分子 KrF^* 的反应,氖原子在此反应中的作用类似化学反应催化剂。氖原子参与准分子形成的实质作用在于,氖的存在有利于保持反应过程中的能量与动量守恒规律。

(3) 自发辐射与受激辐射机制。(11.22)和(11.23)二式描述准分子激光发射的机制。前者表示自发辐射(spontaneous emission)过程,准稳态分子 KrF^* 的分解必然伴随以光子($h\upsilon$)发射呈现的能量释放;后者则表示受激辐射(stimulated emission)过程,光子可促使准分子分解与辐射,反映激光发射中的光子倍增辐射机制。

(4) 复合。(11.24)式表示反应过程中产生的氟原子,在氖原子参与下,复合为 F_2 分子。

从上述过程可以看出,在 KrF^* 激发态准分子形成与激光光子发射过程中,参与反应的 F_2、氪和氖在激光辐射后都恢复到基态,数量保持不变,电子数量也保持不变,这保证系统可以稳定、重复地产生激光辐射。激光辐射能量完全由引起气体放电的外加电源能量转化。除了 F_2 气体,也可应用含氟的化合物气源,如 NF_3,通过放电产生准分子和发射激光。同样,在以氩和含氟气体为工作物质的 ArF 准分子激光器中,也存在类似的化学与物理过程。

基于准分子激光的短波长与单色性等特性,早在 20 世纪 80 年代就有研究者致力于准分子激光光刻技术探索。1986 年美国贝尔实验室研制出第一台准分子激光步进投影光刻机。20 世纪 90 年代后期以来,经过准分子激光器结构与性能的不断改进、完善,以及相应波长光学透镜、光刻胶等配套装置与材料的开发、优化,KrF 和 ArF 两种波长深紫外准分子激光器,先后成功用于步进与扫描曝光系统光源。

为了曝光时能输出稳定光强的激光束,准分子激光器需要应用 $20 \sim 30$ kV 的高压脉冲电源,对谐振腔内的工作气体进行放电激励。通常激光源触发频率约为 10^2 Hz,输出激光功率约为 $10 \sim 20$ W。为了获得更短的光源波长,人们还曾多年探索可发射更短波长的 F_2 (157 nm)准分子激光器。由于波长更短,常用的石英材料对其具有强吸收,需要应用对这种波长透射率高的材料,制造曝光系统的成像透镜、光刻掩模版等。LiF 是一种深紫外高透射材料。然而 LiF 易潮解,因而其光学元件只能在真空环境中使用。因此,近年 ITRS 的光刻技术未来发展预测中,已不再把 157 nm 准分子激光器作为 193 nm 光源替代者。

11.6　光刻胶

光刻胶薄膜是经过曝光,接受和记录光学系统形成的空间图像信息的载体,也就是把光刻版图形信息转换为硅片上实际结构的"模具"。光刻系统的成像性能要以光刻胶膜的光敏性体现出来,光学系统的分辨率、对比度都要通过光刻胶的相应特性实现。在光刻技术不断演进过程中,从紫外、深紫外到极紫外光源,一代又一代更短波长光刻系统,都需要研制与应用对相应光波敏感、并具有相匹配分辨率等特性的光刻胶。电子束制版、电子束光刻等非光学图像技术,也需要相应不同特性的光刻胶。因此,光刻胶材料研制、生产与工艺,是半导体产业发展中的重要配套领域。光刻胶涉及许多有机化学材料、原理与技术,本节仅就光刻胶的基本组分、光敏特性、类型与演变作简要介绍,进一步了解可查阅相关资料[3, 8-11]。

11.6.1　光刻胶的基本组分与分类

光刻胶通常都是碳基有机分子材料,由 3 种基本成分构成,即树脂、感光化合物和溶剂。前两种为主要功能材料。溶剂用于配置适当黏滞度的液态胶体,便于涂布形成均匀胶膜,在曝光前、烘烤后大部分将挥发。有时为了改善光刻胶的某些特性,还可能加入某种添加剂,例如,为降低反射率,掺入染色剂。有机树脂是构成光刻胶膜的主体材料,应适于形成非常均匀的薄膜,并具有光刻工艺所需的优良热学、力学和化学稳定性等要求,可经受等离子体与离子轰击以及某些液体腐蚀。光刻胶中的感光化合物具有光敏性,必须能在曝光条件下引起一种或多种光化学反应,使光刻胶的溶解性发生显著变化。曝光增强溶解性的为正胶,曝光降低溶解性的为负胶。也有光刻胶以一种感光化合物同时作为成膜主体并实现光化学反应。光刻胶必须具有与光刻系统相匹配的曝光波长灵敏度、光强对比度和图像分辨率等基本特性。除了广泛应用的湿法显影光刻胶,还研制有可用等离子体实现的干法显影光刻胶。

早期曾普遍应用负胶,先后开发有多种性能逐渐改善的负性光刻胶,如聚乙烯醇肉桂酸酯类负性光刻胶、环化橡胶-双叠氮化合物紫外负性光刻胶。前者为最早合成的感光高分子材料,为兼有成膜和光敏特性的单一主体材料光刻胶;后者由著名的柯达公司研制,曾一度占据光刻胶主导市场。负胶的光化学机制在于曝光促成光化学交联反应,形成大分子量高分子聚合物,导致其在甲苯或二甲苯之类有机溶剂中的溶解度显著下降。经过曝光与显影等工艺,负胶形成的光刻图像薄膜可具有良好的稳定性、抗蚀性。但其致命缺点在于,高分子聚合物的交联结构容易吸附显影液中的溶剂等,产生线条膨胀或溶胀现象,难于形成细线条光刻图像。因此,负胶通常适用于线宽大于 1.5 μm 的图形光刻,目前在半导体分立器件和尺寸较大集成电路制造中仍有应用。

自 20 世纪 70 年代中期开始,具有更高分辨率的正胶工艺逐渐取代负胶,成为集成芯片光刻主流工艺。适应不同波长曝光与优化光刻工艺需求,先后开发有多种正胶材料。这些不同正胶材料可分为两大类:一类应用于紫外(300~450 nm)光源曝光工艺,所用感光化合物(photo active compound,PAC)为重氮醌(diazoquinone,DQ),薄膜基体材料为酚醛树脂(novolac resin),两者组成的正胶,有时称为 DQN 光刻胶。重氮萘醌(diazonaphthoquinone,DNQ)是常用感光剂之一。因此,也有资料简称这类光刻胶为 DNQ 胶。另一类则适用于深紫外 150~280 nm 波长光源光刻,所用光敏化合物为光致产酸剂,或称感光酸产生剂(photo acid generator,PAG),可显著提高光子的等效量子效率和曝光灵敏度。这种适于 DUV 光刻工艺的胶,由于在曝光后的烘烤过程中可"放大"光化学反应产物,故常称为化学放大光刻胶(chemically amplified photoresists),也称化学增强光刻胶。

11.6.2　紫外正型光刻胶

DQN 光刻胶的基体材料酚醛树脂,是一种应用广泛的合成聚合物,其单体为带有甲基和 OH 基的芳香族环烃,图 11.24 为其结构示意图。所用感光化合物重氮醌(DQ),也称二氮醌,其化学结构式如图 11.25 所示,在右边的简化式中,R 代表左式中 SO₂ 及以下化学结构。酚醛树脂与重氮醌两者结合,并应用适当有机溶剂,配制成 DQN 正型光刻胶。常用溶剂为醋酸丁酯、二甲苯与乙酸溶纤剂的混合物,有益于调节光刻胶的黏度。前烘后大部分溶剂已挥发,剩下酚醛树脂和 DQ 感光化合物。单独的酚醛树脂可溶于碱性显影液,但加入重氮醌,两者形成的光刻胶膜在显影液中的溶解度可下降约百倍,因为这种光敏化合物是一种强烈的溶解抑制剂。但是,光照可打断其内部的化学键而产生光分解反应,使薄膜结构发生重组,从而增强曝光区域胶膜在显影液中的溶解度。

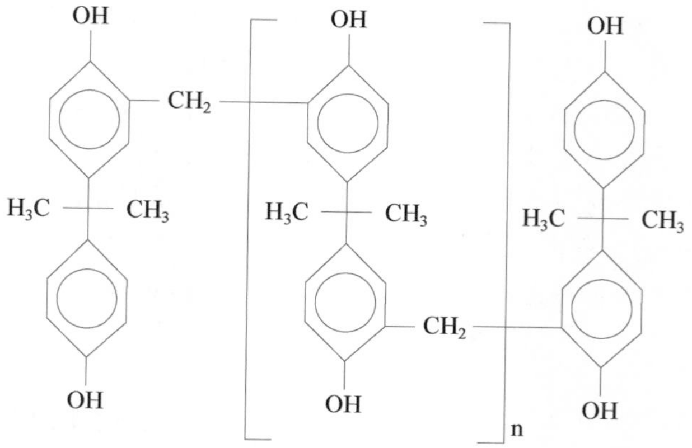

图 11.24　酚醛树脂基本重复单元结构示意图

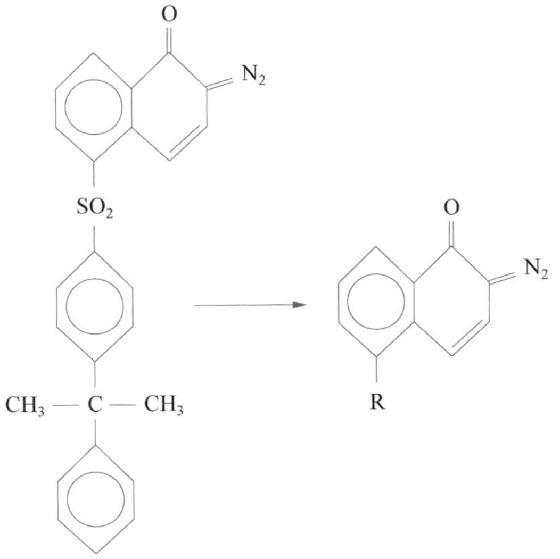

图 11.25　重氮醌基本结构(左)及其简化表示
　　　　　式(右)

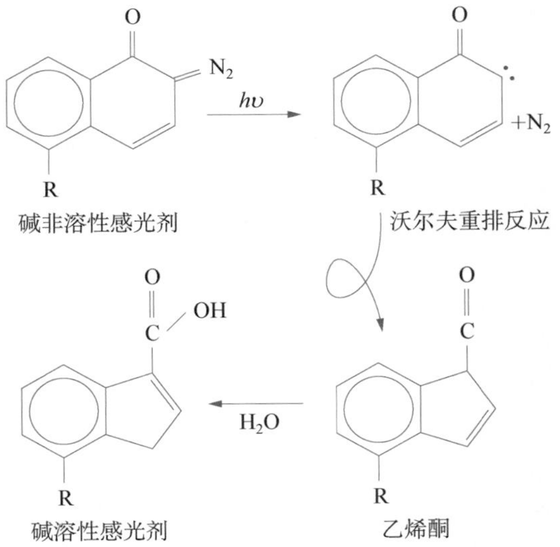

图 11.26　重氮醌吸收光子诱发的分子结构重组
　　　　　与溶解性变化[8]

　　正型胶中重氮醌感光化合物在曝光前后的变化,可用图 11.26 的光化学反应过程具体说明。重氮醌中 N_2 分子与碳环的化学结合较弱,曝光时吸收光子($h\upsilon$)后,脱离主体分子的碳环。因而形成一个高活性碳位,使重氮醌处于不稳定状态,导致分子结构重排。高活性碳原子转移到碳环以外,并与氧原子形成共价键,重组形成乙烯酮。在含水溶液中,有一键未饱和的碳原子与 OH 基结合,形成典型羧基(—COOH),乙烯酮转化为羧基酸。这种重组生成化合物也称为茚羧酸,在常用的碱性显影液中具有强溶解性。常用正胶显影液为无金属的四甲基氢氧化铵[TMAH—$N(CH_3)_4OH$]碱性水溶液。图 11.26 表明,正胶中的重氮醌光敏化合物,在曝光与显影过程中,经光化学重组反应,由强溶解抑制剂转化为强溶解增强剂。

　　上述光敏化合物正胶溶解度变化的实验事实如图 11.27 所示。图 11.27 显示,在碱性显影液中,酚醛树脂基正胶的溶解速率与重氮醌含量呈现强烈依赖关系。由图 11.27 可见,基于上述 DQ 化合物的化学与光敏特性,使其与酚醛树脂构成的正胶薄膜,具有独特的溶解度双向调节趋势,增加 DQ 含量,既可使非光照区光刻胶溶解速率呈指数衰减,又可使受光区薄膜溶解速率呈指数上升。显然这种特性是令这种正胶材料得到成功与广泛应用的主要因素。

　　正胶形成的图像为非光照区光刻胶膜,显影液对这种胶膜的渗透性很低,可以避免负胶常有的"肿胀"现象,因而可具有更高线条分辨率。重氮醌类具体化合物的不同,可导致光刻胶对不同曝光波长的不同敏感性。因此,

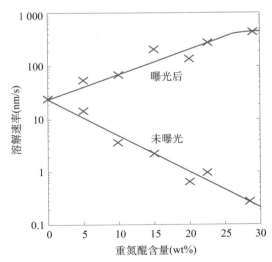

图 11.27　酚醛树脂基正型光刻胶溶解速率随曝
　　　　　光及重氮醌含量的变化规律[3]

DQN 系列的正胶按曝光波长的不同,又分为宽谱、g 线(436 nm)和 i 线(365 nm)光刻胶。

11.6.3 深紫外化学放大正型光刻胶

由于光波吸收率随波长变短而增加,原先适于 365 nm 波长曝光的光刻胶,难于在深紫外波长光刻中应用。过强深紫外光吸收,导致入射光不能对整个厚度的光刻胶膜进行完全曝光。深紫外光刻发展初期,所用高压汞灯发射的 DUV 光强度很弱,难以在规模生产技术中应用。准分子激光器用作光刻光源,光波单色性与光强都显著提高。对于芯片规模量产,仍要求光刻胶具有高灵敏度,以避免对激光器光源提出过高功率要求。为适应 DUV 光刻技术需求,人们曾试验许多种树脂和感光剂,试图研制适于 DUV 的 DQN 型光刻胶,但未能研制出实用产品。1982 年 IBM 公司 G. Willson 等研究者转换思路,应用全新化学放大(chemical amplification)原理,使 DUV 光刻胶研制得到突破,研制成功一种新类型光刻胶,称为化学放大光刻胶(CA resist)。应用化学放大原理,既可制造正型光刻胶,也可制造负胶。这对推进深紫外光刻技术和芯片制造工艺发展具有重要作用。

在化学放大光刻胶中,以光致产酸剂(PAG)作为光敏化合物,以与 PAG 感光剂相匹配的聚合物树脂为成膜基体材料。这种聚合物树脂应具有深紫外光透明性、抗蚀性、硅表面黏附性等特性,其透明性确保 PAG 的光化学反应可贯穿整个胶膜。图 11.28 显示化学放大光刻胶中 PAG 诱发的光化学反应及热处理产生的放大效应。化学放大光刻胶的基本原理如下:PAG 感光剂吸收光子后分解产生光酸,光刻胶膜中形成掩模图形潜像,如图 11.28(a)→(b)所示;在曝光后烘烤的热作用下,光酸促使树脂中对酸敏感的部分分解,产生可溶于碱性溶液的基团,如图 11.28(b)→(c)→(d)所示。这种反应具有级联特点,类似催化反应,导致光化学反应作用得到"放大",使曝光区的不溶型聚合物树脂转化为可溶性化合物,然后经显影,掩模图形的潜像转化为胶膜实际图像。

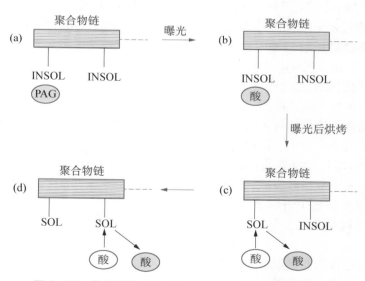

图 11.28 化学放大光刻胶中光化学反应及其放大过程[4]

化学放大效应等效于提高光子的量子效率和曝光灵敏度。一般 DQN 型光刻胶的量子效率约 0.3,即相当于约 30% 的入射光子参与光化学反应。化学放大光刻胶中 PAG 吸收光子产生的光酸,在曝光后烘烤(约 120℃)时,通过吸收热能及扩散,可引起数十至数百次聚合物分解反应。因此,化学放大光刻胶的等效量子效率,应由 PAG 的光化学反应量与其后聚合物分解反应次数的乘积决定,可远大于 1。这种化学放大光刻胶的 DUV 曝光灵敏度可显著增强。与一般正胶相比,曝光剂量可由约 100 mJ/cm^2 大幅度降低。提高曝光灵敏度,有利于增加扫描速率及硅片光刻产额,对于典型 193 nm 放大胶,曝光剂量约 20～30 mJ/cm^2,硅片上曝光功率密度约 2 000 mW/cm^2,相应光刻胶极限扫描速率为 30～80 cm/s,处于系统机械扫描合理范围。

自从 20 世纪 80 年代初 IBM 公司研究者报道化学放大光刻胶相关研究进展后,国际上许多光刻胶制造公司竞相进行化学放大光刻胶产品开发[8, 9]。经对多种 PAG 光敏剂及聚合物树脂等相关材料的试验、筛选、优化,并对相应光刻胶性能与工艺不断改进、完善,先后研制成功适于 248 nm 和 193 nm 准分子激光曝光技术的 DUV 光刻胶,应用于深亚微米和纳米 CMOS 芯片研制与生产。

应用化学放大光刻胶的光刻工艺,必须严格控制环境气氛。由于其高灵敏度特点,某些非理想环境因素会引起光酸损失,从而严重影响胶的曝光特性。当曝光和曝光后烘烤两个步骤之间的时间间隔过长时,来自环境中的气态污染物可能扩散进入曝光后光刻胶的上表面层,可使光酸被中和。对于正胶来说,这是致命的,因为显影时曝光部分光刻胶的上层将无法溶解。对于负胶来说,曝光部分光刻胶的表层将可能被显影液溶解。可在光刻胶表层添加保护性覆盖层,防止环境气态污染物的影响。

过高灵敏度可能影响光刻线条宽度的精确控制。在曝光后烘烤时,光酸分子可能扩散进入未曝光的光刻胶边缘区域,因而影响线条宽度的控制。为了降低显影线条宽度对低浓度光酸扩散的敏感度,可在化学放大光刻胶中掺入少量碱性终止剂(5%～15%),使低浓度的光酸中和,丧失改变胶溶解特性的功能。只有当光酸浓度超过一定阈值后,才会有足够光酸剩余,可以作为催化剂改变曝光部分胶的溶解特性。由于光酸分子扩散与催化作用,对于温度具有指数依赖关系,曝光后烘烤温度的控制至关重要,往往需要把温度涨落控制在 10^{-1} 数量级。对于 g 线或 i 线光刻胶,曝光后烘烤为非必要步骤。化学放大光刻胶的工作原理决定了曝光后烘烤工艺的必要性和重要性。

表 11.1 概括了不同波长光刻胶材料与技术演变。化学放大 193 nm 光刻胶不仅用于光波在空气传播的曝光系统,还成功用于胶膜浸没在液体中的光刻技术,配合先进扫描-步进曝光系统与多种分辨率增强技术及工艺,把光学光刻技术推向 20 nm 以及更细线条器件加工。现有研究还表明,化学放大光刻胶也将作为极紫外(EUV)光刻技术的选择。

表 11.1　适用于不同波长光源的光刻胶材料与技术演变

光源波长	适用器件技术	感光剂	成膜材料	光刻胶体系
300～450 nm	>2 μm	双叠氮化合物	环化橡胶	环化橡胶-双叠氮负胶
g 线(436 nm) i 线(365 nm)	>0.5 μm 0.35～0.5 μm	重氮醌	酚醛树脂	酚醛树脂-重氮醌正胶
KrF(248 nm)	0.25～0.15 μm	光致产酸剂	聚对羟基苯乙烯及衍生物	化学放大型 248 光刻胶

续　表

光源波长	适用器件技术	感光剂	成膜材料	光刻胶体系
ArF(193 nm,干) ArF(193 nm,湿)	130~65 nm 45~10 nm	光致产酸剂	聚酯环族丙烯 酸酯及其共聚物	化学放大型 193 光刻胶
极紫外(EUV) (13.5 nm)	<10 nm	光致产酸剂	聚酯衍生物分子 玻璃单组分材料	EUV 光刻胶
电子束	掩模版制备等	光致产酸剂	甲基丙烯酸酯 及其共聚物	电子束光刻胶

11.6.4　光刻胶对比度与图像质量

　　光刻胶的特性取决于灵敏度、分辨率与抗蚀性 3 个基本参数。灵敏度反映光刻胶中光化学反应所需要的光能密度(剂量),一般用 mJ/cm^2 计量。高灵敏度有助于缩短曝光时间,提高产率。但过高的灵敏度会引起胶体材料不稳定,对温度过于敏感,造成曝光剂量容差减小。较低灵敏度的光刻胶,可以得到更高的对比度和更大的工艺容差。相对于一般光刻胶,化学放大 DUV 胶可同时获得更高的对比度和灵敏度。光刻胶的分辨率应高于曝光系统的分辨率,才能有效发挥光刻系统的潜力。光刻胶的分辨率与灵敏度都与其对比度密切相关。

　　如 11.4.6 节所分析,由于衍射等非理想因素的存在,通过曝光系统到达光刻胶表面的光强分布发生变化(见图 11.20),这种变化用(11.14)式定义的曝光系统调制传递函数(MTF)描述。MTF 反映曝光系统形成的空间图像明、暗光强对比度下降。这导致光刻胶接受的光强分布,出现非明、非暗的灰区。光刻胶对灰区光强的响应特性,直接决定分辨率与线条尺寸。常用对比度和临界调制传递函数(critical MTF, CMTF),描述光刻胶的曝光响应特性。对于固定厚度的正胶或负胶,逐步增加曝光剂量,测量每次曝光、显影等工艺后残留光刻胶的厚度,以曝光剂量作为横坐标,残留胶厚的相对比例为纵坐标,可以得到图 11.29 所示光刻胶对比度曲线。图 11.29 中 D_0 为使胶膜产生光化学反应的临界曝光剂量,D_f 为全部厚度光刻胶完成光化学反应的曝光剂量。光刻胶的对比度可定义为曲线陡变部分的斜率,即

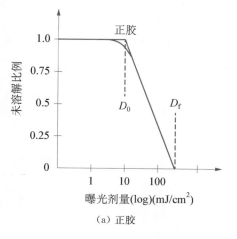

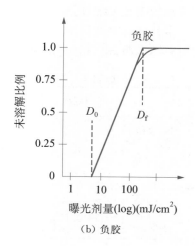

(a) 正胶　　　　　　　　　　　　(b) 负胶

图 11.29　正胶和负胶的对比度定义曲线[4]

$$\gamma = \frac{1}{\log \dfrac{D_f}{D_0}} \tag{11.25}$$

显然曲线斜率越大,对比度也就越大,如果 $D_0 \to D_f$,$\gamma \to \infty$。典型 g 线和 i 线光刻胶,对比度为 $2 \sim 3$,D_f 值约为 $100\ mJ/cm^2$。而化学放大 DUV 胶对比度典型值可达 $5 \sim 10$,且 D_f 显著减小,约在 $20 \sim 40\ mJ/cm^2$ 范围。需要注意的是,对于特定成分的光刻胶,其对比度值并不是一个常数。图 11.29 所示实验曲线与具体的实验条件密切相关,如曝光波长、曝光前后烘烤的温度与时间、显影液化学成分、光刻胶涂布的衬底结构等。高对比度的胶,有益于区分空间图像的暗区和亮区,减少灰区光对分辨率的影响,有利于显影后形成陡峭结构图像。

与曝光系统调制传递函数(MTF)相对应,光刻胶的光学临界传递函数($CMTF$),可以利用光刻胶对比度参数,按下式定义:

$$CMTF_{光刻胶} = \frac{D_f - D_0}{D_f + D_0} = \frac{10^{\frac{1}{\gamma}} - 1}{10^{\frac{1}{\gamma}} + 1} \tag{11.26}$$

光刻胶对比度越大,其 $CMTF$ 值越小,如果 $D_0 \to D_f$,$CMTF \to 0$。g 线和 i 线光刻胶的典型 $CMTF$ 值在 0.4 左右,而化学放大 DUV 胶显示,由于对比度大,其 $CMTF$ 值较小,约为 $0.1 \sim 0.2$。

图 11.30 显示两个不同线条空间图像在光刻胶上形成的线条差别。图 11.30 上的灰区为光刻胶部分反应区域,左右两个线条的空间图像不同光强及分布,造成线条边缘陡直度显著差异。$CMTF$ 的意义在于,为使光刻胶能够分辨投影系统在胶上产生的空间图像,胶的 $CMTF$ 值就必须小于该空间图形的 MTF 值,即光刻胶的对比度应大于光学系统的对比度。

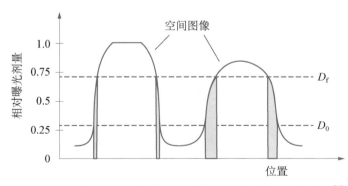

图 11.30　不同光强空间图像在光刻胶上产生的线条结构差别[4]

光刻工艺的核心环节是光刻掩模的光学成像转换。图 11.31 概括从掩模图形到光刻胶薄膜浮雕实像的图形/图像转换。这种图像转换质量可由 MTF 和 $CMTF$ 两个参数描述,两者分别为反映光学聚焦系统和光刻胶光强对比度的参数。MTF 决定空间图像的光强分布,$CMTF$ 则决定光刻胶对光强的响应特性。两者相结合,决定光刻胶中的潜像及显影后的实像线条结构。

图 11.31　从掩模图形到光刻胶薄膜浮雕实像的光学图像转换示意图

除了以上基本因素外,在光刻胶的曝光和成像实际过程中,还存在一些其他因素影响光刻胶膜的图形质量。由光波干涉规律产生的驻波效应就是影响曝光均匀性的问题之一。如果光刻胶衬底表面具有较高反射率,则透过光刻胶层的入射光波,可以与在衬底表面产生的反射光波相互干涉,在光刻胶内形成光波强弱变化的驻波,造成光刻胶层不同深度的光强不均匀。受驻波效应影响,形成典型空间图像中的光强分布如图 11.32 所示。

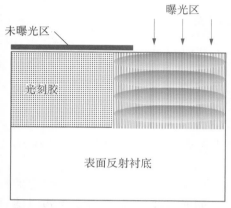

图 11.32　光刻胶内驻波效应形成的空间
图像光强分布

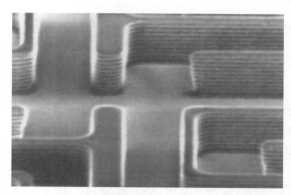

图 11.33　源于驻波效应的光刻胶图像边缘侧壁台阶式结构[12]

空间图像中的驻波效应,会造成显影后胶膜图形侧壁出现台阶式条纹结构,如图 11.33 所示。随着线条尺寸不断减小,驻波效应对显影后的图形质量影响增大。为抑制驻波效应,可在衬底表面涂覆对光波具有强吸收作用的抗反射涂层(ARC)。曝光后烘烤时,光刻胶中 PAC 或 PAG 分子的扩散,有益于这些反应物质的均匀化,可减弱驻波效应对显影图形的影响,改善光刻图形结构。此外,在光刻胶中掺入染料分子,吸收部分光子,也是一种减弱驻波效应的途径。

11.7　光刻分辨率增强技术

分辨率是光刻系统的核心指标。根据(11.9)式和 11.4.4 节分析可知,提高分辨率的 3 个基本途径为应用短波长光源、增加投影光路的数值孔径和减小 k_1 系数。前面两种途径是由光学系统决定的。缩短波长和增加透镜接收角,都是通过减弱衍射效应的不利影响,达到提高光学系统分辨率。而分辨率系数 k_1 值不仅与光刻系统有关,还依赖光刻胶、光刻版、光源照射方式、光刻工艺等多种因素。在持续追求更高分辨率的光刻技术演进中,逐渐研发和应用多种分辨率增强技术(resolution enhanced techniques, RET),如光学邻近修正(OPC)、相移掩模(PSM)、偏轴照明(OAI)柯勒照明、多层胶光刻和多次曝光等。这些技术的原理与突出特点,常常是巧妙利用了衍射效应与其他光学规律。因此,OPC、PSM 等技术也常称为波前工程 (wave front engineering)。本节将简要分别讨论这些技术的特点及其光学原理。

11.7.1　相移掩模技术

相移掩模(phase shift mask,PSM)技术是变二元结构为三元结构的光刻掩模技术。实际上这是一种利用衍射与干涉光学规律,克服其有害效应,用以提高细线条分辨率的有趣技术。根据光波干涉原理,两束频率相同的相干光,同相相长,异相相消,即:相位相同(相差 2π 的整数倍)的光波振幅(即电磁波中电场强度)叠加,光强增加;相位相反(相差 π 的奇数倍)的光波振幅相减,光强下降。图 11.34 显示相移掩模技术的基本原理。其中,图 11.34 (a)为透光区与遮光区二元结构的普通掩模,以及投影到硅片的光波振幅与光强,图 11.34 (b)为遮光区与相邻正反相位透光区三元结构的相移掩模,以及投影到硅片的光波变化。可以认为,相干光波在由光刻版刚出射时,光波在透光区和遮光区边缘为理想陡变,如图(b)所示。由于空间光波衍射效应,光波在到达光刻胶时,振幅分布将出现交叠,产生干涉效应。光刻胶的光化学反应及显影图形取决于光强,即光波振幅的平方值。对于普通二元掩模,相邻透光区光的相位相同,两者叠加后,可使遮光区光照振幅上升,使遮光区受光强度提高,在极端情况下,导致遮光区超过曝光阈值,使光刻版上相互分开的两个透光区,在光刻胶上变成一个加宽的透明区,图形转移失败。

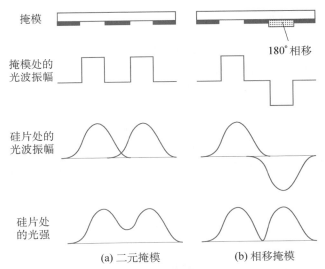

图 11.34　二元掩模与相移掩模光波振幅与光强分布变化示意图

在相移掩模中,通过调整光程,使光刻版上相邻透明区出射光波相位相反。有不同方法实现光程调整。如图 11.34(b)所示,增加一层厚度为 d、折射系数为 n 的透光介质(相移层),使得光经过这层介质后的光程(nd),恰好与经过相同厚度空气($n=1$)的光波相差半个波长光程差,即相移层 d 满足以下关系式:

$$d = \frac{\lambda}{2(n-1)} \qquad (11.27)$$

SiO_2 等无机薄膜和光刻胶等有机薄膜都可用作相移层。如图 11.34(b)所示,在掩模输出与光刻胶对应空间位置处,相邻两个透光区的光波相位相差180°,即相位相反。自两侧透光区分别衍射至遮光区,相位相反、振幅相同的两束光波相互交叠与干涉,必将直接导致遮光区光强减弱,甚至为零,从而在光刻胶中呈现与掩模图形相对应的清晰空间图像,对比度显著增强。这种方法可使线条分辨率比普通掩模提高40%～100%。因此,应用PSM掩模,可利用较长波长曝光系统,制造需要更高分辨率的缩微芯片,有益于降低生产成本。应用PSM技术,还有利于增加光刻系统成像焦深,因为可采用较小 NA 值透镜系统,达到所需图形分辨率。制备高精度相移掩模图形,需要应用高精度电子束或激光直写曝光装置,并与多种薄膜技术相结合。

相移掩模是一种可给人更多启示的有趣技术。这种技术把同一科学规律——衍射效应与干涉效应,用于克服或减缓该规律造成的有害影响,发展成为提高图像分辨率的有效新技术。基础自然科学规律亘古不变,但各种规律相结合形成的技术应用可千变万化,技术创新可层出不穷。相移掩模技术就是一个极好的范例。这种技术最早曾由IBM的M. Levenson等人在20世纪80年代初提出并实验证明[13]。虽然相移掩模技术原理简捷,但三元掩模版的设计与制备比普通掩模版要复杂,特别是对于器件结构较为复杂的逻辑电路。在相移掩模基本原理基础上,研制成功多种不同结构、特点与功能的相移掩模技术[1, 2, 14-18]。自90年代初0.25 μm 技术代以来,相移掩模技术与相应设计软件技术结合,在DRAM等深亚微米和纳米集成芯片制造中得到愈益增多的应用。

交替型和边缘型相移掩模

根据相移原理,可设计和制造多种类型相移掩模。图11.35为4种相移掩模结构示意图。其中图11.35(a)与图11.34所示相移掩模基本结构相同,常称为交替型相移掩模(alternating phase shift mask),有时也称为Levenson型。图11.34所示交替型相移掩模,可以在铬掩模形成后,应用薄膜技术淀积一层厚度满足(11.27)式要求的透明介质层,例如,应用旋转涂布工艺淀积 SiO_2 薄膜,然后应用光刻与刻蚀工艺,形成具有相间排列的三元掩模版。图11.35(a)所示的交替型相移掩模,则在石英掩模版上,直接通过光刻及刻蚀工艺,选区剥除适当厚度石英表层,形成正反相位光程差。交替型相移掩模的分辨率增强效果好,适于周期性强的线条,但对于器件布局较复杂的电路,其合理设计难度较大。图11.35(b)和(c)显示两种边缘型相移掩模结构,它们的共同特点是通过边缘区光波反相,减弱光强扩展,增强图形边缘锐度与线条分辨率。其中(b)型结构可应用与(a)类似工艺制备。(c)型结构相移掩模版,可以经过铬膜和相移透明介质膜相继淀积、光刻和两种薄膜的先后适当刻蚀工艺,形成与铬掩模图形自对准的相移层。(d)型相移掩模与以上3种显著不同,称为衰减型相移掩模。

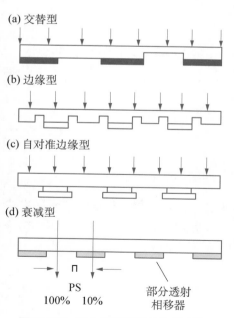

图 11.35   部分相移掩模结构示意图

衰减型相移掩模

传统光刻版及图 11.35(a)、(b)和(c)所示的相移掩模中,掩模图形是由完全不透光的铬遮光薄膜形成的。在相移掩模技术演进过程中,有研究者转换思路,应用部分透光掩蔽薄膜,发展成功一种与传统掩模结构相近的相移掩模,称为衰减型相移掩模(attenuated PSM)[16-18]。这种掩模用 CrO、CrON、MoSi 等部分透明薄膜材料作为掩模图形材料,把相移与遮光两种功能相结合。部分透明薄膜可应用反应溅射技术,淀积在石英基片上。调节反应气体组分,薄膜可具有适当的折射率(n)和消光系数(k)。薄膜厚度应同时满足具有适当透射率和相移 180°的要求。薄膜透射率通常选择在 10% 左右。

由图 11.36 所示衰减型相移掩模结构及其引起的光波在光刻胶中的变化可知,这种相移掩模与上述交替型既有相同之处,也有显著差异。两者都是通过透射光波与相移 180°光波的干涉效应,减弱光波的横向衍射影响,提高图像边缘分辨率。由于衰减型相移掩模光振幅显著小于透射光,在光刻胶中不出现零光强区域,控制光刻胶曝光阈值,可得到明暗界限分明的图像。这种衰减型相移掩模的突出优越性在于结构及制备工艺简化,易于在接触孔、通导孔等各种图形中应用,因而成为应用较广的相移掩模技术。鉴于图 11.36 所示结构,集相移器和衰减器于一体,也称为内嵌式

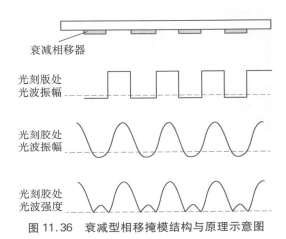

图 11.36　衰减型相移掩模结构与原理示意图

衰减型相移掩模(embedded attenuated phase shift mask, EAPSM)。除了这种应用较广的单层结构,也有双层结构的衰减型相移掩模,如应用适当厚度的 SiO₂ 和铬膜,分别作为相移器和衰减器。

无铬相移掩模

多年来研究者还应用光波相移方法,研发出没有铬膜图形的光刻掩模技术[1,2,19]。这种技术的光学基础原理仍然是有效应用光衍射与干涉效应,以疏密不同的反相位透明薄膜,在石英基片上制成电路图形掩模,通过光学系统曝光,在光刻胶膜中形成明暗相间的图像。图 11.37 显示无铬掩模结构及光学系统在光刻胶膜形成的光波变化。在该结构中石英衬底上的图形由光程差为 180°的透光薄膜构成。由图 11.37 可见,尺寸较大的均匀掩模区域,对应光刻胶的透明曝光区,而反相位移薄膜细线条密集区域,则在光刻胶膜上形成暗区。这是因为光波受到正反相周期性密集亚分辨线条的大角度衍射,使大部分光波

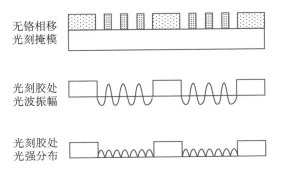

图 11.37　无铬相移掩模结构及其原理示意图

不能进入透镜参与成像,而且由于干涉效应,使振幅正反相交替的光波相消,因而传播到胶膜的光波很弱,等效形成暗区。实际上,正反相周期性的密集亚分辨线条,相当于"阻挡光栅"(或称"暗场光栅"),在无铬相移掩模中代替了铬的光吸收作用。因此,按上述相移掩模原理,由数量不同亚分辨线条,可构成不同尺寸暗区,在较大相邻正反相透光区交界处,可形成暗细线条。由于反相光波叠加干涉,形成零振幅,可得到陡直的细线条。各种光刻图形都可应用无铬相移掩模方法形成。通过电子束或激光束直写曝光和精确厚度控制刻蚀技术相结合,可在高平整度石英基片上制备这种无铬相移掩模。

11.7.2　光学邻近效应校正技术

图 11.38　光学邻近效应导致的线条宽度及终端形状变化[1]

11.7.1 节讨论的相移掩模技术有时也称为"掩模版工程"。在传统掩模版设计中,早已获得应用的另一种"掩模版工程",是光学邻近校正(optical proximity correction,OPC)技术。光学邻近效应源于光波衍射,使光刻图像变形。一方面,由于光衍射效应,光学聚焦系统的孔径总是有限的,部分衍射光在收集范围之外,不能对成像做贡献,丧失部分掩模图形信息。另一方面,任何单独图形的成像并非完全独立,会受到相邻图形衍射光的影响。与相邻衍射光波的干涉效应,可增加或减弱成像光强,导致图像畸变。投影系统中的光阑和透镜等都是圆形的,而光刻版上的图形一般是矩形等棱角分明的图形,但包含这些棱角精细结构信息的高阶衍射光往往无法被收集。这些因素使得在光刻胶上产生的图像,发生方变圆、长变短、孤立线条与成组线条宽度不同等变化。图 11.38 显示光学邻近效应的一个典型光刻图像实例。掩模版原本宽度相同的线条,在曝光成像的图形中,间距不同的线条宽度发生明显变化,衍射还导致矩形线条顶端呈现圆弧形。线条的粗细变化还与光刻胶类型等多种因素有关。

衍射效应与干涉效应的影响是可以分析和预测的,可以通过对光刻掩模图形进行适当修正,即应用 OPC 技术,获得接近准确的光刻图像。应用 OPC 处理过的光刻版,经过光刻系统投影,可以在光刻胶上形成较为理想的图像。OPC 技术的基本方法为图形偏置技术:在掩模版设计时,应用图形分割方法,把掩模图形划分成许多部分,分别对相应图形作适当尺寸增减与形状调节,利用衍射光束之间的相互干涉效应,使光刻图像得到补偿与校正。图 11.39 显示克服光学邻近效应影响的一些掩模图形校正方法。其中,图 11.39(a)所示简单偏置衬线,用于保持线条均匀宽度;图 11.9(b)所示端头偏置图形,用于改善线条终端及尖角图像形状;应用图 11.39(c)的综合偏置,可以更为精确地复制设计图形;按图 11.39(d)所示,在相对孤立线条附近添加哑线,形成与密集线条相近环境,有助于改善线条图像。这种辅助哑线,应为亚分辨细线条,不会成像。

以上讨论表明,OPC 技术和相移掩模技术一样,都是利用光衍射效应与干涉效应原理,克服这两种效应所引起的图像畸变。图 11.40 显示,应用光学邻近校正技术后,光刻线条图像结构明显改善。随着单元器件缩微和集成规模增大,光学邻近校正技术不断演进,并成为计算机辅助版图设计中的关键课题之一,已发展多种实现 OPC 掩模分析与设计的数学模型与软件。可以根据由实验积累与光学成像分析计算,得到图形校正规则,进行各种掩模图形

（a）简单偏置衬线　　（b）端头偏置图形　　（c）综合偏置衬线　　（d）辅助哑线

图 11.39　光学邻近效应的校正方法图例，灰色代表掩模目标图形，黑色代表校正图形[1]

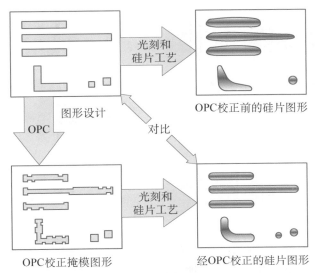

图 11.40　应用光学邻近校正技术前后光刻图像结构对比

的 OPC 设计。也可应用成像分析程序，进行 OPC 掩模模拟设计。光刻形成的实际图像与曝光、显影、刻蚀等多个工艺步骤密切相关。因此，OPC 掩模图形校正也要计入显影、刻蚀的影响。

11.7.3　偏轴照明技术

掩模图形投影成像的质量，取决于光学系统收集到的图形衍射光信息量。收集到的高阶衍射光越丰富，成像分辨率就越高。除了增大聚焦系统数值孔径外，还可以通过改进曝光光源照明技术，收集更多高阶衍射光成分，提高图形分辨率。近年利用计算机分析模拟技术，设计与掩模图形相匹配的优化照明模式，可以更为有效地增强光刻分辨性能。本节仅以偏轴照明为例，说明光源照明方式对提高光刻图像质量的作用。偏轴照明（off-axis illumination，OAI）也可称离轴照明，是一种常用的增强分辨率技术。在常规曝光系统中，应用与透镜光轴平行的光束照射掩模版，即采用顺轴照明方式。光波透过掩模版后，由于衍射效应将产生发散，受制于投影透镜和入射光阑尺寸限制，部分衍射光，特别是含有掩模版图形精细结构信息的高阶衍射光，被屏蔽而不能对成像有贡献。

由图 11.41 可见偏轴照明、顺轴照明两种方式收集衍射光的差别。偏轴照明以平行光束的斜入射方式照射到掩模版曝光。这种偏离透镜光轴的平行光照射，虽然也损失部分衍射光,但可使更多高阶衍射光与 0 阶光一并进入投影透镜,如图 11.41(b)所示。因此,偏轴照明技术,实际上是通过降低衍射光波中的低阶成分,增加高阶成分在总光强中的比例,增加掩模图形精细结构信息含量,从而使曝光系统的 MTF 值增加和空间图像分辨率得到提高。同时,偏轴照明也有益于增加焦深。适当调节照射光束入射角,可以使聚焦到硅片表面的 0 阶光线和较高阶光线具有相同或相近入射角,消除或减小光线之间的光程差,从而增加焦深。

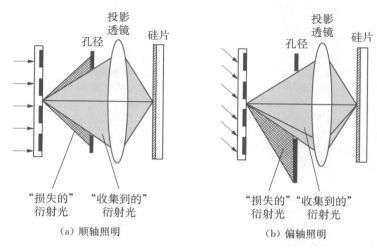

图 11.41   顺轴照明与偏轴照明方式对比(图中网格部分表示损失的入射光)[4]

通过在光刻版前配置入射光阑,并在光阑与光刻版间设置聚光透镜,就可实现对光刻版的偏轴照明。图 11.42 显示 3 种不同照明光阑形状。由于环形照明的对称性,它对相同类型的图形在各个方向的光刻性能提高是相同的。四极或双极照明则存在明显的方向性,适用于水平和竖直图形的分辨率提高和焦深增加。光刻分辨率持续提高的需求,促使照明技术不断改进,推进光源照明方式与掩模 OPC 技术的优化结合。现今在先进投影曝光系统中,需配置可调节的偏轴照明光源系统,可以根据掩模图形特点,优化调节照明光阑形状。偏轴照明的缺点在于,添加的入射光阑和偏轴入射光线将导致聚焦到光刻胶上的光强有所下降,使光刻工艺曝光时间增加。

图 11.42   实现偏轴照明常用的光刻版前端入射光阑形状

另一种有益于提高分辨率的照明方式为柯勒照明。这种照明方式早就在显微镜技术中广泛应用,是 19 世纪末由著名德国光学仪器公司的工程师柯勒发明的。应用柯勒照明的光刻系统光路如图 11.43 所示。这种光刻系统应用非平行光照射光刻掩模,并聚焦于投影透镜的入射光阑,再通过投影透镜成像于光刻胶膜。由于采用聚集光照射光刻版,透过掩模图形因衍射效应形成的发散光波,可被投影透镜收集,有如图 11.43 中三角形所示。由图

11.43 光路可知,柯勒照明实际上是一种类似的偏轴照明。由于这种照明和成像光路,可以收集包括掩模图形边缘精细结构信息的衍射光,因而能有效提高光刻分辨率。

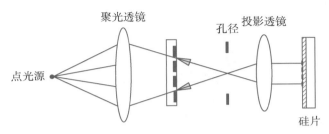

图 11.43   应用柯勒照明方式的投影光学系统光路原理图[4]

11.8   高折射率液媒光刻技术

进入 21 世纪以来,浸没式光刻(immersion lithography)迅速发展为实用光刻技术,并已成为纳米 CMOS 集成芯片器件尺寸继续缩微、集成度和性能继续提高的有效关键技术。这种常被译为"浸没式"或"液浸式"的光刻技术,其增强图像分辨率的基本原理,在于光学系统收集与聚焦的光波,经高折射率液体媒介投影成像。可见最主要的关键技术因素,是液体媒介传播成像。"浸没"、"液浸"等难以反映这种技术的原理特征,把这种技术称为"高折射率液体媒介光刻",也可简称"液媒光刻",更能反映这种光刻技术的本质与特点。

集成芯片制造进入纳米领域之后,光波空气传播的常规曝光技术,应用多种分辨率增强途径,已使其技术潜力逐渐接近尽头。比 193 nm 更短波长的光刻技术难度陡增,空气媒介成像光学系统数值孔径 NA 值已达 0.9 以上,趋于其极限值(1.0),应用 PSM、OPC、偏轴照明等多种分辨率增强技术,使工艺 k_1 因子也已降至相当低的值。因此,液媒光刻技术成为继续增强光刻图像分辨率的新途径。这种技术的主要特点,在于通过液体媒介成像,可以显著增大光学系统的有效数值孔径。水媒介光刻技术已获得普遍应用:一方面继续改进水媒相关技术,充分开发其应用潜力;另一方面还在研发折射率更高的液体媒介光刻系统[1, 20-23]。自 32 nm 技术代,不断改进的 193 nm 水媒光刻技术,已成功用于多代微处理器、存储器等纳米集成芯片研制和生产,并正在 10 nm、7 nm 等技术代产品开发中继续有效应用。

11.8.1   液媒光刻基本原理与优越性

液体媒介光刻光路装置的主要变化在于,投影聚焦系统末端透镜的底部与光刻胶之间,以高折射率透明液体(如纯水)替代空气,作为成像光束传输媒质,如图 11.44 所示。折射率大于空气的液体媒质,用以提高光学系统成像分辨率,早就在显微镜中得到应用,如油浸物镜制造高分辨率显微镜。著名德国光学仪器研究者与企业家卡尔·蔡司(Carl Zeiss, 1816—1888)最早发明了这种显微镜。约 100 年后,20 世纪 80 年代有研究者提出,应用液体媒介光传输成像技术,提高光刻分辨率。进入 21 世纪以来,由于曾寄希望"193 nm 后下一代光刻继承者"的 157 nm 光刻方案,因存在太多实际技术问题而难以解决,研究者和光刻设备公司把注意力集中于开发 193 nm 液体媒介光刻技术。此后 193 nm 液媒光刻实用系统不断改进,从初期 NA 值由 $0.75 \sim 0.9$ 很快提高到 1.0 以上,为纳米 CMOS 芯片图形转移技术开辟了新前景。2005 年以来,液体媒介成像技术快速发展成为纳米 CMOS 芯片研制与生产的主流投影光刻技术。

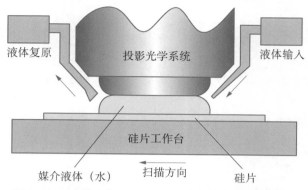

图 11.44 液媒式投影光刻系统基本原理结构示意图

投影光束在高折射率液体媒质中传播、提高光刻成像分辨率的物理原理在于其可以比在空气中传播聚集更多高阶衍射光束参与成像,可有更多掩模图形信息转移到光刻胶图像中。图 11.45 显示透镜和光刻胶之间空气与水不同媒介,投影成像光束汇集到光刻胶的差异。对于如图 11.45(a)中的空气媒介,光束由光密介质透镜($n=1.5$)进入光疏介质空气($n=1.0$),按照光的折射和反射规律,入射角较大时会发生全反射,投影光学系统较大孔径的边缘光线,如图(a)中标为 $NA=1.3$ 的光线,不能射入光刻胶。这就是干式光刻的数值孔径极限值为 1.0 的原因。因此,即便可以制造出更大孔径透镜,也不可能使空气媒介中传输的投影系统达到大于 1 的 NA 值。对于如图 11.45(b)中的水媒介,由于水对 193 nm 光波的

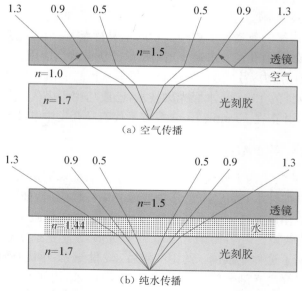

图 11.45 投影成像光束空气传播与纯水传播的差异[1]

(每条光线上方的数字代表相应的 NA 数值)

折射率为 1.44，与透镜材料的 n 值相近，$NA=1.3$ 较大入射角的光线可以折射入水媒介，即由透镜出射，携带掩模图形精细结构信息的高阶衍射光通过水媒介射入光刻胶、汇聚成像，对提高图像分辨率产生贡献。

应用大折射率媒介提高光刻图像分辨率的优越性，可从不同角度进行分析。投影光学系统分辨率的表达式(11.9)，可以改写为

$$R = k_1 \frac{\lambda}{n} \frac{1}{\sin\alpha} \qquad (11.28)$$

上式一方面表明，在相同聚焦系统孔径条件下，液体媒介光刻可比干式光刻线条分辨率提高 n 倍。另一方面，也可从波长变化角度分析液体媒介导致的分辨率增强机制。(11.28)式中 λ/n 是相应光波在折射率为 n 的媒介质中传播时的有效波长，即 $\lambda_{eff} = \lambda/n$。而且折射率数值与光波长相关，在可见光波段，水的折射率等于 1.33，对于 193 nm 深紫外光，$n=1.44$。因此，193 nm 光波在水中传播的有效波长为 134 nm。这比早期设想接替 193 nm 的 F_2 准分子激光波长 157 nm 还要短许多。可见根据光在透明媒介质中的波长变化，也可理解液体媒介光刻分辨率增强的原理。

除了增加分辨率，聚焦光束经过大折射率透明媒介传播，还可以增加成像焦深。计入水或其他媒介对光程差的影响，(11.13)式所示的投影成像景深，可改写为如下近似表达式：

$$DOF = \pm k_2 \frac{n\lambda}{(NA)^2} \qquad (11.29)$$

上式表明，在相同孔径大小条件下，液体媒介曝光比干式光刻成像景深增加 n 倍。水媒介光刻实验数据显示，实际景深增加还要大些，有的达到约 2 倍。图 11.46 以 193 nm 投影光刻为例，显示水媒介相对空气媒介曝光的分辨率与焦深的变化，表明前者的显著优越性。

人们常把大于 1 的数值孔径，称为超高数值孔径(hyper-NA)。水作为第一代成像媒介液体，NA 值的极限在 1.35 左右。目前已经找到某些折射率在 1.65 左右的液体，其中有的可能用于开发 NA 值更大的液体媒介光刻技术。研制超高数值孔径投影系统，也需要应用高折射率(>1.65)透镜材料。因此，在研究、优选适于光刻的更高折射率媒介液体的同时，也在探索具有更高折射率的光学材料，用于研制投影系统的末级透镜，以增大系统数值孔径。例如，研究者已注意到，镥铝石榴石($Lu_3Al_5O_{12}$，简称 LuAG)有可能成为新型透镜光学材料，对于 193 nm 光波，其折射率高达 2.14。随着分辨率要求愈益提高，超高数值孔径投影透镜的光学设计与研制变得更为困难，由全折射系统演进到更为复杂的折反式光学系统。

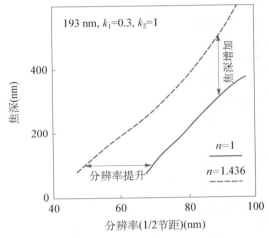

图 11.46　相同 193 nm 曝光光源及 k_1、k_2 工艺参数条件下，水媒介与空气媒介光刻分辨率与焦深的差别

11.8.2　水媒光刻装置及工艺特点

液体媒介光刻技术开发初期，有的试验装置曾把整个硅片甚至连同载片基座都置于水

中。但这种完全浸没或液浸式结构,由于存在诸多弊病,未能发展成为有效的生产设备。而且根据以上讨论的液体媒介光刻原理,也无必要把硅片完全浸入水中。因此,不断改善的193 nm液体媒介曝光系统,都采用图11.44所示局域液膜结构。

水媒光刻装置特点

由图11.44可知,实际上这种液体媒介,是通过介于透镜底面与光刻胶表面的液体薄膜实现的。用于形成液膜媒介的液体,不仅应有高折射率,还必须具有高透射系数及其他一些物理化学特性。由于高纯水具备较理想的光学媒介特性,故被首选应用于液体媒介光刻技术。纯水对193 nm光波的折射率高达1.437,对光的吸收系数仅为0.035/cm。如图11.44所示,在步进与扫描投影曝光过程中,介于镜头末端表面与光刻胶表面的水膜,局限于硅片的单个步进扫描曝光图像区域。投影镜头底面始终为水膜的上界面,水膜与透镜处于相对静止状态。水膜的下界面为光刻胶,水膜与涂覆光刻胶的硅片处于相对运动状态。在步进扫描过程中,水膜逐步相对移动至硅片不同曝光区域。水膜形成装置结构设计必须满足多方面要求,如均匀、恒温、无气泡、无泄漏、适应步进与扫描运动等。水膜厚度应优化确定,过厚会增加水的光吸收,过薄可能影响硅片移动速率,常选择为1～2 mm。步进与扫描投影机的扫描速度可达到500 mm/s量级。通过在透镜一侧安置的喷嘴,把高纯水注入镜头下面,由另一侧的吸嘴回收。为保持水的洁净,水需要具有适当流速,并经过滤、循环注入。由于水膜所需水容量小,易于快速注满和排空,有利于提高生产工艺效率。液体媒介光刻系统的硅片基座装置与干式系统相近,并可应用与干式光刻装置相近的调焦等子系统。正是由于局域化水媒装置的多种优越性,ASML等光刻系统制造公司在193 nm空气媒介曝光系统基础上,较快地研制成功水媒光刻系统,并推向芯片规模生产应用。

水膜缺陷消除

水媒光刻对于水膜的纯度、温度、均匀性等要求很高。透镜与光刻胶之间的颗粒尘埃会影响干式光刻图像质量,对于水媒光刻,水膜中的气泡、悬浮颗粒物等缺陷,都会引起光散射与折射,损害光束成像。如何消除水膜缺陷,曾是影响水媒光刻实用性的主要技术难题之一。1 μm及更大的气泡与颗粒,都会遮挡光束成像,0.1 μm及以下气泡影响小些,但也可能引起图像畸变等缺陷。杂质颗粒黏附在透镜与光刻胶表面,会严重破坏投影图像。气泡可能在水注入时引入,也可能由水中气体(包括光刻胶释放的气体)聚集形成。必须经过严格过滤处理,不仅要除去水中固体杂质颗粒物,还需要降低水中气体含量,光刻胶工艺中需进行去除气体的工艺处理。水膜供水系统的喷嘴和吸嘴需要具有精密结构设计,防止带入气泡与泄漏。

水膜温度控制

水膜温度必须均匀、稳定。精确控制温度,既是限制热胀冷缩、引起硅片尺寸变化的需要,也是为了保持水的折射率稳定性。硅片尺寸和水折射率随时间与位置的微小起伏,都可能引起光刻对准精度等参数变化。水中光折射率随温度的变化率(dn/dT)远大于空气中的温度系数,分别为-1.0×10^{-4}/K和-0.8×10^{-6}/K。因此,温度稳定性对于水媒成像影响更大。折射率数值超过百万分之一变化,就会损害成像精度。水温起伏需要控制在小于

10mK 范围。水温变化不均匀,可能导致像平面聚焦偏移等变化。除了水的光吸收,光刻胶、ARC 膜和硅片等也都会吸收光能,转化为热,传导给水,引起升温。水的蒸发则导致降温。因此,有多种因素可能引起水温随时间与位置的变化。应用较薄水膜,有益于降低水的光吸收,减少光能损耗。水媒光刻装置及工艺还必须完全避免水的蒸发。保持水膜中的水以适当速率循环流动,有利于减小水温起伏。

水媒光刻需要的光刻胶

水媒光刻工艺需要控制水与光刻胶的相互作用。光刻胶与水接触,部分化学成分可能溶入水中。溶解物质吸附在透镜下表面与光刻胶上表面,或悬浮在水中,都会引起成像缺陷,微量溶解物就可能严重影响图像质量。另一方面,如果水渗透到光刻胶中,使光刻胶产生溶胀,也会直接影响光刻图像分辨率。因此,必须防止水与光刻胶的不利相互作用。较为简便的解决方案为,仍应用成熟的干法 193 nm 光刻胶,但在表面涂敷完全不溶于水的覆盖层,阻隔两者相互作用。这显然要增加淀积与刻蚀等工艺步骤。随着水媒光刻工艺发展,研制具有多种物理化学性能的专用光刻胶,引起研究者与光刻胶企业的重视[20]。这种专用光刻胶不仅需要消除水溶等有害作用,还应具有表面疏水性和高折射率等。光刻胶疏水表面,可使硅片在步进及扫描运动过程中,避免对水的拖曳,防止光刻胶表面残留水迹。通常要求水在光刻胶表面的接触角大于 70°。要求光刻胶的折射率达到 1.8 以上。可见适用于水媒光刻的 193 nm 光刻胶,不仅需要具有优良的光敏特性,还必须具有良好抗水溶、疏水、高折射率等特性。如光刻胶不能满足疏水要求,就需要在光刻胶表面涂覆疏水层。透镜底面通常设计为亲水性表面。因此,在投影曝光过程中,硅片上的水膜可以较高速度(如 500 mm/s)相对硅片平稳位移。

11.8.3　光波偏振对曝光图像对比度影响

随着水媒投影成像技术逐步演进,光刻系统透镜数值孔径增大。照射到掩模版上的光波偏振态,对成像对比度的影响已不可忽视。不同偏振方向光波的投影曝光成像对比度差别增大,必须选择合适的偏振光源。激光光源发射的光波通常为线偏振光。光束在传播过程中与光路各种元件的相互作用,可能引起光偏振态变化。对于一般激光光源投影系统,由掩模图形射出,经透镜收集与聚焦入射到硅片表面的光波,既有 s 偏振态的 TE 波,也有 p 偏振态的 TM 波。图 11.47 显示两种偏振光波及其电场矢量振动方向差别对成像对比度的影响。如图 11.47 所示,两者的电场矢量振动方向相互垂直,s 偏振光的电场矢量,垂直于由入射方向与硅片表面法线构成的入射平面,而 p 偏振光的电场矢量平行于入射平面。光波能量是由电场波携带的,电场矢量振幅的大小,决定硅片光刻胶接受的光强。由于偏振方向不同,s、p 两种偏振光在光刻胶上的成像对比度,随入射角变化可有显著差异。

根据投影成像原理,光束经掩模图形衍射与透镜收集后,光刻胶中的图像通常是由 0 级和 1 级衍射光波相互干涉形成的。按照波的干涉规律,只有电场振动方向相同的两束光,可以相互干涉。由透镜不同角度入射到硅片表面的 s 偏振衍射光束,电场矢量相互平行,具有相同方向,经干涉在光刻胶形成高对比度图像,不随透镜数值孔径变化。p 偏振光则不然,这种偏振态的成像对比度随数值孔径增大可显著降低。由图 11.47(b)可见,p 偏振光汇聚至硅片表面时,两束衍射光波的电场振动方向之间存在夹角,只可能有部分同向电场分量光

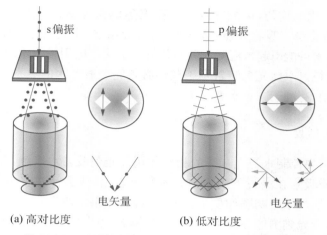

(a) 高对比度   (b) 低对比度

图 11.47 不同偏振态(s、p)光波对成像对比度影响[20]

波可以相互叠加,因而成像光波强度较弱。随着投影系统数值孔径增大,入射光线之间夹角变大,电场振动方向之间夹角也随之增大,致使 p 偏振光成像对比度下降。

    根据以上分析以及图 11.47 与图 11.48 所示光波电场矢量与入射角的几何关系,可以得到两种偏振光的光强对比度与入射角的依赖关系。图 11.48 的 θ 角可代表标志数值孔径的张角。由该图分析光强(I)与其对比度(γ),可得到以下关系:

$$\gamma = \frac{I_{\max} - I_{\min}}{I_{\max} + I_{\min}} \tag{11.30}$$

$$\text{s 偏振光:} I_{\max} = 1, \ I_{\min} = 0 \rightarrow \gamma = 1 \tag{11.31}$$

$$\text{p 偏振光:} I_{\max} = \cos^2\theta, \ I_{\min} = \sin^2\theta \rightarrow \gamma = 1 - 2\sin^2\theta \tag{11.32}$$

根据以上关系式作图,得到图 11.48 所示的 s、p 偏振光干涉成像对比度随聚焦透镜张角(θ)的变化曲线。可见随着数值孔径增大,p 偏振光的成像对比度急剧恶化。

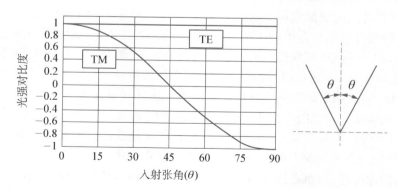

图 11.48 两种偏振态[s(TE)、p(TM)]成像光强对比度随入射角(θ)的变化[1]

    以上讨论表明,对于大数值孔径投影光刻系统,理想曝光光源应为 s 偏振光。有模拟计算研究认为,NA 值大于 0.85 的光刻系统必须应用 s 偏振光曝光,以确保投影像的清晰度。虽然激光光源发射线偏振光,但光刻机成像光路上的光学元件材料可产生本征双折射和应力双折射效应,可能改变光波偏振态。光在界面的反射和折射也会影响光的偏振态。所以,为了在光刻胶上实现 s 偏振光成像,就需要对整个光路进行偏振控制。然而,简单地在光路中插入起偏器件,会损失光能、降低光刻机的曝光效率。提高光源的功率虽能补偿光能损失,但会缩短光源和光路中各元件的寿命。因此,如何控制液媒光刻中激光光波的偏振状态,成为超高数值孔径投影光刻系统的关键技术之一[1, 21-23]。

11.8.4　双重和多重图形工艺

双重图形成像工艺(double patterning),通常是指通过先后两次曝光或其他工艺方法,在硅片上形成比单次光刻更小节距线条的技术。这是一种进一步减小 k_1 数值、增强分辨率的工艺途径。按照(11.9)式半节距为 $k_1\lambda/NA$,对于 193 nm 液媒光刻,$NA=1.35$,单次曝光已可达到 $k_1=0.25$,相应半节距为 36 nm。应用于芯片制造的步进扫描曝光机,达到的可分辨实际半节距为 40 nm。当线条宽度已超越光学系统分辨率极限时,应用双重甚至多重光刻成像(multiple patterning)工艺,可形成更细线条结构图形。虽然这种工艺早就提出,但由于工艺步骤增加,在以往集成芯片生产中未获实际应用。在纳米 CMOS 制造阶段,特别是演进至液媒光刻阶段后,为延伸 193 nm 水媒光刻技术的应用范围,应用双重甚至多重图形工艺,成为把纳米集成芯片制造推进至更小单元尺寸技术代的有效途径。193 nm 水媒光刻技术与双重图形工艺相结合,已先后在 32 nm、22 nm 等芯片的关键层图形光刻工艺中得到成功应用。在更小器件尺寸技术代芯片研制中可能应用四重图形工艺。由于 EUV 光刻技术的高难度与不确定性,纳米集成芯片缩微技术的开拓者一直大力开发多重图形工艺。在 EUV 技术成熟前,近年 10 nm 等技术代芯片光刻工艺的现实选择,仍以液媒 193 nm 投影技术与多重图形工艺结合,继续发挥深紫外光刻技术潜力。双重或多重图形工艺,在未来 EUV 光刻技术成熟后,也可能相互结合,用于进一步缩微扩展。

已发展有多种不同具体工艺步骤的双重光刻工艺。一种为相继进行光刻-刻蚀-光刻-刻蚀,简称 LELE 型双重工艺;另一种为相继两次光刻后,经过一次刻蚀,完成图形转移,简称 LLE 型双重工艺。图 11.49 显示这两种双重光刻工艺的主要步骤及区别。两种工艺都需要将原本放在一层掩模版上的密集图形拆分,放在两张版上,分别用于两次光刻,以改变线条节距,达到光刻系统可分辨的图形密度。这就需要应用专门设计软件,并需考虑两次光刻的套刻精度。LELE 型双重工艺,除需涂覆抗反射层(ARC)外,还需应用 SiO_2、Si_3N_4 等硬掩蔽薄膜,作为刻蚀阻挡层,以利于通过 RIE 工艺,实现高分辨图形转移。LLE 型双重工艺省去两次曝光之间的刻蚀步骤,可不用硬掩模层。因此,需用适当材料与工艺,保持第一次光刻掩蔽图形完整。双重图形工艺光刻,不仅用于减小平行线条节距,也有的用于分别进行相互垂直线条图形光刻,可以对线条裁剪,以提高 SRAM 等功能模块电路的器件密度。显然硅片加工中一层结构图形分由两次光刻完成,不仅工序增加,而且对准精度等工艺要求很高,这也正是提高分辨率的必要代价。

11.8.5　自对准双重图形工艺

除了以上完全由光刻界定线条宽度与间距的双重图形缩微工艺,还有一种自对准边墙间隔双重图形工艺(self - aligned double patterning, SADP)。这是一种经过单次光刻、形成双重精细线条图形的工艺。这需要通过光刻、薄膜淀积、RIE 刻蚀、边墙形成等多种工艺密切结合实现。应用此方法不仅通过一次光刻,可形成线条宽度缩微的双重图形,还可进一步

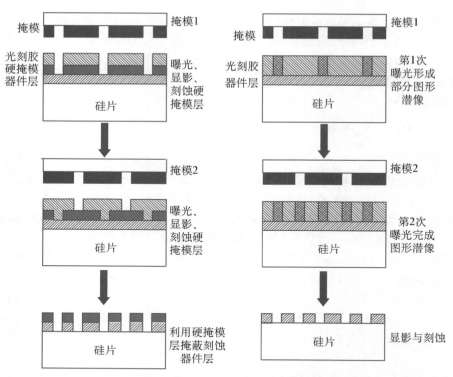

图 11.49　双重光刻工艺步骤示意图：(a)LELE 型；(b)LLE 型

缩微以获得更小节距线条图形。如图 11.50 所示，相继两次应用边墙间隔原理，可以实现自对准四重图形工艺(self‐aligned quad patterning，SAQP)。这种 SADP/SAQP 自对准多重图形工艺与液媒 193 nm 投影技术相结合，已成功用于 14 nm、10 nm 等技术代集成芯片研制[56]。

　　由图 11.50 所示主要工艺步骤，可以理解这种多重图形缩微的工艺原理。为应用 SADP 工艺，需在硅片待加工器件层上，先后淀积两层适当厚度的硬掩蔽介质薄膜 Si_3N_4 和 SiO_2，经过以下工艺步骤，可以获得显著超过光刻曝光系统分辨率的细线条器件图形。

　　(1)经过一次光刻及 RIE 各向异性刻蚀 SiO_2 工艺，形成光学系统分辨率可达到的 SiO_2 陡直线条图形。

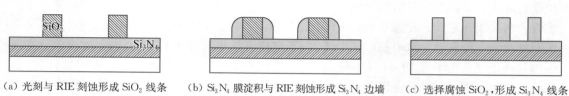

(a) 光刻与 RIE 刻蚀形成 SiO_2 线条　　(b) Si_3N_4 膜淀积与 RIE 刻蚀形成 Si_3N_4 边墙　　(c) 选择腐蚀 SiO_2，形成 Si_3N_4 线条

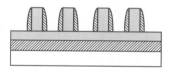

(d) SiO_2 淀积与 RIE 刻蚀，形成 SiO_2 边墙

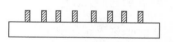

(e) 选择腐蚀 Si_3N_4，形成 SiO_2 细线，以 SiO_2 为掩模，形成器件层细线条

图 11.50　SADP/SAQP 自对准多重图形工艺步骤示意图

（2）通过淀积覆盖全硅片的 Si_3N_4 薄膜与 RIE 定向刻蚀工艺，形成陡峭 Si_3N_4 边墙。

（3）随后利用 SiO_2 与 Si_3N_4 两者不同腐蚀特性，应用选择性腐蚀液，去除边墙之间的 SiO_2，形成数量翻倍的缩微 Si_3N_4 线条（SADP）。

（4）为进一步缩微，获得节距更小线条图形，可接着淀积全覆盖氧化物薄膜，并以 RIE 刻蚀，形成 SiO_2 边墙。

（5）应用选择性腐蚀液，去除边墙之间 Si_3N_4 层，形成为最初光刻曝光线条 1/4 节距的介质图形（SAQP），最后应用高精度 RIE 技术，刻蚀形成高密度陡直细线条器件层图形。线条宽度由边墙薄膜厚度决定。

以上讨论表明，可以重复自对准双重图形工艺过程，在薄膜淀积、RIE 刻蚀工艺精度允许范围内，可以倍减式形成更小节距线条图形。应用双重/多重图形工艺，在减小线条节距和器件尺寸的同时，对线条关键尺寸（CD）及其均匀度（CDU）、线条边缘粗糙度（LER）和图形套刻精度的要求，都有显著提高。因此，必须发展和应用精确度更高的测量与控制技术。

11.9　极紫外光刻技术

由于意识到光学光刻分辨率的局限性，在集成电路单元器件缩微与集成密度攀升发展过程中，人们早就开始研究 X 射线电磁波和电子束、离子束等物质波用于光刻的途径，先后研制多种光刻实验装置。这些光刻技术应用波长为纳米量级的辐射波成像，可显著提高图形分辨率。但用于硅片规模加工的光刻系统，在高分辨率和高精度图像形成的技术性要求之外，还必须具备高加工产额和低加工成本的经济性要求。本章介绍的光学光刻技术成功之处，就在于其持续演进过程始终追求并达到上述"三高一低"目标。11.8 节讨论的水媒 193 nm 投影技术，利用其先进生产系统，每小时可曝光 300 mm 硅片超过百片。虽然光刻系统价格越来越昂贵，一台高效能 193 nm 投影机价格高达数千万美元，但统计分析数据表明，若 20 世纪 80 年代初集成芯片光刻单元功能成本价为 1，则近年的光刻平均单元功能成本价已降到 1/1 000 以下。尽管近年应用 193 nm 液媒投影与多重图形工艺相结合，在纳米 CMOS 芯片研制与生产中不断取得新突破，并正在推向亚 10 nm 技术代产品，但其加工效率趋于下降、成本趋于上升。人们寄希望于 13.5 nm 波长的极紫外光刻技术，不仅要求分辨率优于 DUV 光刻，加工成本也应低于相同尺寸 DUV 工艺，能够尽快承接半导体集成技术的后续演进。虽然 EUV 光刻技术开发跟不上集成芯片升级步伐，但近年来 EUV 曝光系统与掩模版制备等配套技术研发，已获得显著进展，例如，激光等离子体 EUV 光源功率已提高至 250 W，EUV 光刻逐渐接近实用技术需求[57]。最近已有报道，EUV 光刻技术用于 7 nm 技术代 FinFET 芯片关键层次图形工艺，实测图形保真度、均匀性、晶体管缩微与实验电路集成度等性能，均优于 193 nm 液媒多重图形工艺[58]。EUV 光刻技术正在进入集成芯片量产，不仅可显著优化精密图形工艺，也将降低制造成本。本节将简要讨论 EUV 光刻技术原理、光源、多层膜反射镜及掩模版等独特之处。

11.9.1　从软 X 射线光刻到极紫外光刻

经过多年多种实验对比与选择，极紫外光刻技术被认定为 193 nm 光刻技术的继承者。极

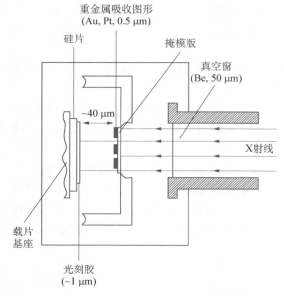

重金属吸收图形
(Au, Pt, 0.5 μm)

硅片

掩模版

真空窗
(Be, 50 μm)

~40 μm

X射线

载片
基座

光刻胶
(~1 μm)

图 11.51　软 X 射线接近式光刻机结构示意图

紫外光刻通常选用的光源波长为 13.5 nm。按照电磁波分类,介于紫外光与 γ 射线光谱之间的电磁波,即波长在 $(10^{-6} \sim 10^{2})$ nm 范围的电磁波,为 X 射线光谱。因此,极紫外光刻所用电磁波也可称为软 X 射线。实际上早期 X 射线光刻实验所用波长就在 10 nm 上下。由于这一波长处于 X 射线光谱的长波段,光子能量低于短波段 X 射线光子,因而常称长波段光谱为软 X 射线,波长小于 1 nm 的 X 射线称为硬 X 射线。另一方面,由于在电磁波谱中,10 nm 波段与深紫外及真空紫外波段相邻,故也称为极紫外光。

早期研制的软 X 射线光刻装置类似普通光学接近式光刻机,其结构如图 11.51 所示。曝光系统处于真空环境,由 X 射线源发射平行光束,通过透射率高的轻元素铍(Be)窗入射真空室,照射掩模版后,其出射束对硅片表面涂布的 X 射线专用光刻胶曝光。20 世纪 70 年代末至 90 年代期间,与这种光刻相关的 X 射线光源、X 射线掩模版、X 射线光刻胶都曾是芯片制造技术探索中的活跃研究课题。多种 X 射线源都曾用于 X 射线光刻研究,其中包括电子同步辐射光源。IBM 公司曾配置专用同步辐射光源,用于 X 射线光刻。X 射线源昂贵,光刻版制作困难,都是制约软 X 射线光刻技术发展的难题。X 射线光刻版可制作在硅片衬底上,淀积数微米厚的轻元素化合物,如 Si_3N_4、SiC、BN,作为"透明"薄层基板,随后淀积 W、Ta、Au、Pt 等重元素薄膜作为 X 射线吸收层,通过电子束光刻及 RIE 刻蚀形成金属掩模图形,并通过刻蚀工艺从背面减薄硅衬底,形成如图 11.52 所示的 X 射线光刻版。这种光刻版的制作与保持都有较大难度,超薄结构的机械应力和热应力易导致掩模变形,甚至发生碎裂,难于制作尺寸较大的版。为用于较大直径硅片光刻,需要分步重复曝光,曾先后研制多种步进式 X 射线光刻机。

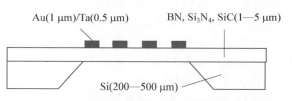

Au(1 μm)/Ta(0.5 μm)　　　　BN, Si_3N_4, SiC(1—5 μm)

Si(200—500 μm)

图 11.52　X 射线光刻系统的掩模版结构

软 X 射线接近式光刻技术经过多年研究、试验,取得许多进展,曾有工艺线把 X 射线光刻与光学光刻结合,用于不同层次光刻,研制集成器件。但对于集成芯片规模生产,这种技术难以满足对光刻工艺的基本要求,难于同时达到高分辨率、高对准定位精度、高硅片产额与低成本。因此,20 世纪 90 年代半导体产业界聚焦于研发极紫外光刻技术。21 世纪以来,国际半导体技术路线图一直把 EUV 技术列为深紫外光刻的继承者。极紫外光刻与软 X 射线光刻、深紫外光刻两者,既有相同点,又有技术原理的显著区别。虽然极紫外光刻也以 10 nm 波段的 X 射线为光源,但完全放弃上述成像方式,转而采用与深紫外光刻相近的投影与倍缩成像技术。与深紫外以透射为主的投影光刻不同的是,不仅曝光波长差别很大,而且极紫外光刻技术必须应用全反射式投影成像系统。事实上,EUV 光刻技术是 X 射线光学技术发展的产物,轻重原子相间多层薄膜 X 射线反射镜制造技术突破,为反射式 X 射线投影光刻技术开辟了可能性。最早提出 EUV 光刻技术方案的是美国劳伦斯实验室的研究者,他们和其他早期研究者,都曾把这种技术称为软 X—射线投影光刻(soft X—ray projection lithography,SXPL)[24,25]。

11.9.2　极紫外光刻基本原理

集成芯片技术的快速演进,迫切需要应用可进一步提高分辨率的极紫外光刻技术。由于 193 nm 深紫外光刻逐渐趋于其应用极限,多年来人们曾一再预计,到某一技术代芯片(如32 nm、10 nm),必须应用 EUV 光刻技术实现,但预言一再落空。EUV 光刻系统与工艺研发所遇到的许多设备、材料与技术难题,使其进展跟不上芯片制造技术发展步伐。32 nm、22 nm、14 nm、10 nm 等多代纳米集成芯片产品还是依靠改进型 193 nm 光刻技术实现。近年 EUV 光刻技术研发进展加快,由 ASML 等设备公司研制的实验型 EUV 光刻系统,已进入 IMEC 等研究中心、Intel 和 TSMC 等芯片公司技术引导线,进行集成芯片关键层次光刻工艺试验。根据纳米 CMOS 芯片研制和 EUV 光刻技术两者的进展,EUV 光刻可能在5 nm 或更小尺寸技术代芯片研发中得到应用。EUV 光刻要成为有竞争力的纳米集成芯片生产技术,在 EUV 光源、光刻版、光刻胶等方面仍有许多难题需要解决[26,27]。

极紫外光刻与深紫外光刻虽仅一字之差,但技术实现路径有很大变革,主要体现在 4 个方面:①实际上属于 X 射线的 EUV 光源;②多层膜反射掩模版;③全反射光路投影成像;④全系统处于真空室。图 11.53 为极紫外光刻的反射式投影光路原理示意图。极紫外投影成像系统由 EUV 光源、反射式掩模版、多级反射与聚焦镜、硅片扫描/步进等部分构成。EUV 光源发射的光波照射到掩模图形,反射后经由多个反射镜组成的缩小及聚焦系统,对硅片曝光,使掩模图形在 EUV 光刻胶上按一定缩小倍率成像。与常用 DUV 扫描光刻机相同,EUV 光刻也常选择 4:1 缩小倍率。由于包括空气在内的所有物质都或多或少吸收极紫外光波,EUV 光刻光路系统应处于真空条件下。EUV 光刻原理及装置与传统光学光刻差异很大。EUV 光刻作为全新精密图形技术,其成功依赖于高功率极紫外光源及其收集、高精度反射式掩模版、高反射率成像系统、高灵敏度光刻胶等多种相关技术的突破与完善。

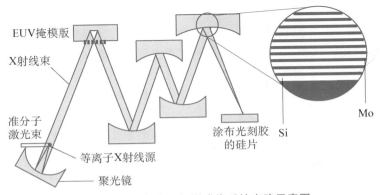

图 11.53　极紫外光投影成像系统光路示意图

由极紫外光刻基本原理与装置系统可知,它是自光学光刻发展以来的最大技术变革。光源、成像系统、掩模版等都需采用建立在不同原理基础上的新技术。这一切变革显然都源于 EUV 电磁波的独特性质。11.9.3 节和 11.9.4 节将简要介绍 EUV 光源和 EUV 反射镜,两者是构成反射式 EUV 投影曝光系统和掩模版的关键器件。为达到生产型 EUV 光刻系统要求,需要解决许多难题。其中包括研制高功率 EUV 光源和高灵敏度 EUV 光刻胶,以达到规模生产所必需的硅片曝光速率。EUV 光刻胶有许多与常用光刻胶不同的问题,例如,必须考虑 EUV 曝光过程中二次电子发射对图形分辨率的有害影响。这是因为 EUV 光子能量较高,射入光刻胶及衬底,可激发二次电子,而且这些具有一定能量的电子可迁移,能使曝光区域扩展,对图形分辨率和线条边缘粗糙度都有不良影响。因此,针对 EUV 光刻所要求的灵敏度、分辨率和线条平整度,一直进行 X 射线光刻胶材料与工艺多方面研究。现有试验型 EUV 反射式投影系统的数值孔径约为 0.25、0.33,分辨率工艺参数(k_1)较大。增大 EUV 光刻系统的 NA 值和减小工艺参数 k_1 值,也是提高 EUV 光刻分辨率面临的技术课题。

11.9.3　极紫外光刻光源

为使 EUV 光刻用于芯片规模生产,其加工效率应接近 193 nm 光刻水平,达到 100 硅片/小时以上。高效产额的前提条件是需要有高功率光源。常见 X 射线源一般用较高能量电子束轰击金属靶,根据轫致辐射效应,即高速电子因与金属原子碰撞而遽然减速,发射出 X 射线光子。虽然通过增加电子束流、改善冷却及靶旋转系统等措施,可以提高 X 射线的发射强度,但其光谱与强度都不适用于 EUV 光刻技术。高强度极紫外光波的理想发射源为电子加速器同步辐射光源。由同步辐射装置的高能电子储存环,可以引出高亮度、高准直、高偏振的 EUV 光束。但同步辐射光源存在造价高昂等问题,尚难适用于集成芯片光刻规模生产。

目前研制的极紫外光刻装置应用等离子体光源,有两种等离子体源用于 EUV 光刻系统研发[28, 29]。一种为激光等离子体源(laser produced plasma,LPP),另一种为电击穿放电等离子体源(discharge produced plasma,DPP)。图 11.54 为这两种 EUV 光源的基本原理简化示意图,以及 LPP - EUV 光源装置结构简图。常用 EUV 光子发射物质为锡、氙等元素。如图 11.54 所示,LPP 极紫外光源利用高功率激光束,如 CO_2 气体脉冲激光、准分子激光、轰击锡或氙液滴,形成高密度等离子体,发射的 EUV 光波由多层膜构成的曲面反射镜收集与聚焦。DPP 源则通过高电压气体放电,产生由锡或氙离化形成的高温高密度等离子体,EUV 光波经由掠入射集光器收集。图 11.54(c)为 ASML 公司研制的 EUV 系统中 LPP 极紫外光源装置示意图。这种以强 CO_2 气体激光轰击锡液滴激发 EUV 发射的光源技术,经过多年持续研究,不断取得进展,EUV 脉冲光源输出功率逐步提高,据报道现已达到 200 W 水平[55]。研究者正在继续提高 EUV 光源功率,以使 EUV 扫描光刻系统硅片曝光效率接近 193 nm 光刻系统水平。

等离子体 EUV 光源的光子发射机制,在于锡、氙激发态多电荷离子的电子退激发辐射。图 11.55 所示氙离子能级及电子跃迁图,可以说明这一机制。在高光强脉冲激光轰击或高电压放电形成的高密度等离子体中,部分氙原子的外层电子被剥离,形成多电荷离子 Xe^{10+}。Xe^{10+} 中处于激发态的电子,在退激发跃迁返回基态时,发射极紫外光谱。图 11.55 所示为多电荷离子 Xe^{10+} 的部分电子能级结构,处于 $4d^7 5p$ 能级的激发态电子,在返回基态 $4d^8$ 过程(即 $4d^7 5p \rightarrow 4d^8$ 跃迁)中,将发射相应波长为 13.5 nm 的光子。与氙处于同一周期的锡,其多电荷离子存在类似能级结构,也可发射 13.5 nm 光子。除了 CO_2 红外激光、也可选择

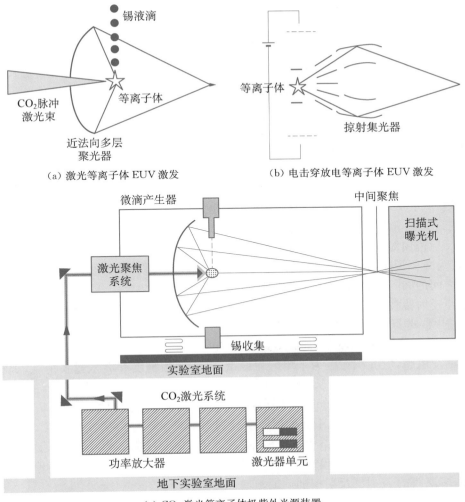

（a）激光等离子体 EUV 激发　　（b）电击穿放电等离子体 EUV 激发

（c）CO₂ 激光等离子体极紫外光源装置

图 11.54　极紫外光产生原理与装置结构示意图[55]

193 nm 等不同波长激光器激励 EUV 发射。除了改进目前已选择应用的 13.5 nm 光源,研究者也在探索其他发光物质以及更短波长 EUV 光源。

提高等离子体 EUV 光源发射功率遇到多方面困难。由 EUV 光辐射机理可知,等离子体 EUV 光波发射是一种低能效过程。EUV 光源需先由激光光能激励形成等离子体,部分等离子体能量再转化为 EUV 光波能量。实验结果表明,激光激励的氙等离子体 EUV 发射转化效率只有约 1%。采用锡靶的 LPP 源的转化效率可提高到约 2%。正在研制的芯片规模生产光刻系统所需的 100 W 以上极紫外光源,需应用数万瓦功率的激光器。对于生产型 EUV 光源,提高 EUV 输出功率稳定性,增加光源寿命,消除高强度

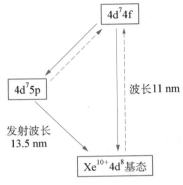

图 11.55　多电荷离子 Xe^{10+} 的电子能态与激发/退激发跃迁示意图

激光轰击产生的碎屑和微粒有害影响等,都是必须解决的难题。

11.9.4　多层膜极紫外反射镜与光刻掩模

在极紫外投影光刻系统中,EUV 光波的收集、传播与聚焦,都需要应用反射式光学元件,掩模版也需用反射基板。EUV 光子具有较大能量,13.5 nm 波长对应的光子能量为 91.9 eV,显著大于 193 nm 的 DUV 光子(6.4 eV)。因此,EUV 光波与各种物质都有较强相互作用,没有对其完全透明的物质,不能制作透射式投影系统。同时,各种材料的 X 射线折射率都接近 1,在一般材料表面上,正入射的反射率极低,小于 10^{-4}。只有在掠入射条件下,X 射线才能反射。1972 年 IBM 公司的 E. Spiller 发现,应用多层薄膜超晶格结构,可以制造 X 射线反射镜[30]。此后多层膜 X 射线反射技术研究十分活跃。这是 X 射线光学的重大进展,对许多领域的 X 射线应用技术影响深远。正是多层超薄膜反射镜制造技术的发展与成熟,为 X 射线光刻开辟了新途径,使 EUV 反射式投影曝光技术得以发展。

这种反射镜由对 X 射线吸收系数不同的两种元素,构成周期性多层膜。一种为强吸收元素,通常为高原子序数重金属,作为吸收层;另一种为低吸收元素,通常为轻元素,作为介于吸收层之间的间隔层,也可应用具有低吸收系数的轻元素化合物作为间隔层。为发展 X 射线多层膜反射镜技术,研究者曾计算与测试各种元素的 X 射线吸收和散射特性。对于不同波段 X 射线,选择不同元素组合,如 Mo/Si、Mo/Be、Mo/Y、Fe/C、Ru/B_4C 等。对于 13.5 nm EUV 光波,常用 Mo/Si 周期性多层膜,如图 11.56(a)所示。为达到高反射率,纳米量级厚度的双层膜,应淀积在极为平坦的衬底上,其表面粗糙度和淀积薄膜精度,都需达到 0.1 nm 水平。薄膜层厚依据波长、入射角度而定。对于图 11.56 所示 13.5 nm 反射镜,硅、钼薄膜分别为 4.14 nm 与 2.09 nm。多层膜顶部的钌(Ru)覆盖层厚度仅为 1.70 nm。钼与硅之间有一极薄界面层 B_4C,上下界面层厚度分别为 0.25 nm 与 0.40 nm。B_4C 是一种超硬膜,可看作间隔层的一部分,有益于防止钼、硅之间互扩散与反应等相互作用,有益于多层膜界面与结构稳定性。多层反射膜通常由数十周期组成,以 40 周期为例,其厚度约 275 nm。研究表明,多层膜的 X 射线反射率随周期数增加而上升。

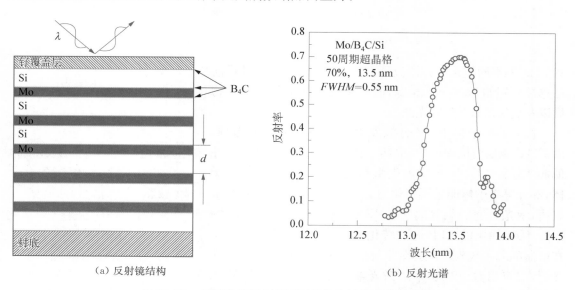

　　　　(a) 反射镜结构　　　　　　　　　　　　　(b) 反射光谱

图 11.56　多层膜 EUV 射线反射镜结构及其反射光谱[31]

这种周期性多层超薄膜的光反射原理类似 X 射线晶格衍射机制,是一种多层膜干涉增强反射。在 X 射线晶格衍射中,符合布拉格衍射条件的光波,按照光波干涉规律形成衍射峰。由上述重金属吸收层和轻元素间隔层构成的周期性多层膜,可视为类似晶体的人工晶格。EUV 光波与吸收层中的重金属原子作用较强,而与间隔层的轻元素原子作用较弱。沿一定方向入射多层膜的 EUV 光波,将受到多层膜中的原子散射,在满足布拉格衍射条件下,由相邻周期散射的光波具有相同位相,相互干涉叠加,使反射光波得到增强。EUV 光波由多层膜形成布拉格反射的条件可表示为下式:

$$2d\sin\theta = n\lambda, \; n = 1, 2, 3, \cdots \tag{11.33}$$

其中,d 为双层膜厚度,θ 为入射光束与多层膜表面夹角,λ 为波长,n 为整数。图 11.56(b) 显示 50 周期 Mo/Si 超晶格多层膜的反射光谱,在 13.5 nm 处的反射率可高达近 70%。

根据其原理,多层薄膜反射镜常称为布拉格反射镜(Bragg reflector)。这种多层膜反射镜中,入射光在每层都有部分反射,多层相干反射光叠加形成增强反射光出射,因此,有时也称为分布式布拉格反射镜。应用以上多层膜 X 射线干涉增强反射原理,既可制造平面反射镜,也可制造曲面反射镜,用于组装各种 X 射线光学装置与仪器。

EUV 光刻中的掩模版衬底和投影系统的多层膜反射镜,不仅要求高反射率,还必须具有高完整性、均匀性及长寿命,缺陷密度尽可能低。EUV 光刻掩模版的结构如图 11.57 所示,它由多层膜底版与上面的掩模图形构成。多层膜必须淀积在具有低热膨胀系数的超平表面衬底上。常由 40～50 周期多层 Mo/Si 超晶格构成反射膜,掩模图形则由缓冲层/吸收层/抗反射层构成。对于 EUV 步进扫描曝光系统,需要应用无缺陷掩模版,才能保证光刻工艺高良率。因此,不论用于反射投影聚焦系统,还是用于掩模版,多层膜

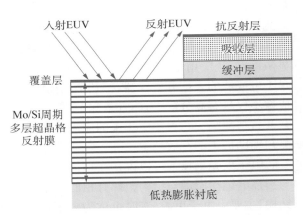

图 11.57　EUV 光刻掩模版的结构与原理示意图

的质量要求都很高,不仅要应用精度极高的制备工艺,而且在光刻工艺过程中,必须防止 X 射线辐照造成损伤。这都是 EUV 光刻技术中仍在研究的课题。

11.10　电子束和其他光刻新技术

以上介绍的都是建立在传统光学与 X 射线光学原理基础上的曝光成像光刻技术。在分辨率与精度要求越来越高的光刻技术发展中,一直探索非传统成像的精密图形形成技术,既有电子束、离子束技术,也有纳米压印、定向自组织等全新原理的图形技术。其中电子束研究历史悠久,并已得到部分应用。纳米压印和定向自组织技术则是近年受到重视的新技术,在国际半导体技术发展路线图中,都被列为需要研发的下一代光刻技术候选者。

11.10.1　电子束直写技术

与极紫外技术发展阶段不同,电子束是一种相当成熟的技术,在扫描电镜等测试与加工领域有广泛应用。电子束光刻技术在微电子器件制造领域也已在两方面发挥重要作用:一是制备高精度掩模版,二是探索与研制各种超微新型器件。如11.2节所述,这两方面都是应用电子束直写技术。电子束直写是现有各种光刻方法中分辨率最高的技术,曾有报道,最细线条分辨率可达6 nm[32]。电子束直写技术的另一突出优越性在于不需掩模。与其优越性相伴的主要缺点为加工产率低,因而不适用于集成芯片量产。如何获得较高产率的电子束光刻技术,仍是一个有待突破的课题。

电子束光刻的优越性在于其高分辨率。按照微观粒子的波粒二象性,电子波长(λ_e)可用下式表示:

$$\lambda_e = \frac{h}{mv} = \frac{1.22}{\sqrt{E}} (\text{nm}) \tag{11.34}$$

其中,h 为普朗克常数,m 为电子质量,v 为电子速度,E 为以 eV 为单位的电子能量。以能量 10 keV 的电子为例,与之相应的电子波长仅为 0.012 nm。能量更高的电子,波长更短。因此,从波动光学角度,电子束成像可达到光学光刻难以实现的极高分辨率。正是源于电子的这种特性,自 20 世纪中期以来,电子显微镜技术得到长足发展,制造成功各种各样的电子显微镜,广泛应用于各种科学技术领域。在集成芯片研制与生产中,扫描电镜和透射电镜更是不可或缺的表征分析仪器,特别是扫描电镜,已成为芯片生产线的常用检测工具。电子束成像不仅具有高分辨率,而且景深范围大,可用于清晰呈现芯片截面三维结构,揭示各种工艺及材料缺陷。与聚焦电子束的原理及功能相类似,聚焦离子束(FIB)也是纳米量级图形检测与辅助加工的有效技术。

电子束光刻技术可以说是在扫描电镜基础上发展的,现今应用的直写式电子束曝光机,与扫描电镜在原理与结构上都有相似之处。图 11.58 显示直写式电子束光刻装置的原理性结构,主要由电子束源(有时也称为电子枪)、电磁透镜聚焦系统、偏转扫描系统和基片定位及移动样品台等组成。这种电子束直写光刻系统的工作原理如下:以电磁透镜精密聚焦和偏转系统精确位移的电子束斑,按图形发生器输入的器件布局信息,对涂敷在基片表面的光刻胶膜逐点扫描曝光,直接形成器件结构图形。这一切都需在超高真空条件下运行,由计算机精确控制。

电子束扫描曝光的速率及稳定性,都取决于电子源发射与电子束控制特性,要求电子源发射电子流密度大、电子束斑小、能量发散小、稳定性高和使用寿命长。常用电子源有热发射源和场发射源两类。前者用低功函数金属作为灯丝,通过电流加热达到高温,使电子获得足够高动能,挣脱晶体束缚逃逸至真空,形成电子流。钨和六硼化镧(LaB$_6$)等是常用灯丝材料。利用钨的难熔性,钨灯丝温度加热至 2 700 K,仍可工作较长时间。LaB$_6$ 的功函数约为 2.4 eV,显著低于钨(4.5 eV),因此,LaB$_6$ 灯丝可在较低温度(约 1 500 K)下获得较大电子束流。场发射电子源是通过强电场($\sim 10^8$ V/cm),产生电子隧穿效应,使电子直接穿越势垒,进入真空。场发射可分为冷发射、热发射和肖特基发射 3 种模式。为满足上述多方面要求,常应用肖特基发射模式。有低功函数 ZrO(2.8 eV)薄层淀积在表面的钨针场发射电极,在约 1 800 K 高温和强电场共同作用下,可达到高电子流密度和长寿命等要求。

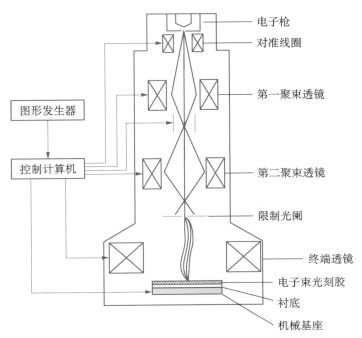

图 11.58　直写式电子束光刻装置结构原理

　　既要电子束流大,又要束斑小,是电子束技术中的难题之一。增加电子束流有益于提高光刻胶曝光速率,但由于电子是荷电粒子,束流密度增大,可导致电子之间的库仑排斥作用显著增强,致使电子束斑变大,因而影响电子束光刻分辨率。

　　电子束光刻分辨率不仅取决于聚焦束斑等设备因素,还与电子束-衬底相互作用产生的邻近效应密切相关。电子束曝光成像,必须考虑电子的碰撞散射。这类似于离子注入过程中注入离子与衬底原子核及电子的相互作用,既存在仅改变运动方向的弹性散射,也有能量与动量同时改变的非弹性散射,产生二次电子。射入光刻胶的电子通常具有 $10 \sim 20$ keV 动能,在胶中的射程很长,往往超过 $1\,\mu m$,大于光刻胶厚度。电子运动过程中不断被散射,特别是在光刻胶/硅片界面,存在较强背散射效应。小于 $90°$ 的小角度弹性散射,往往导致线条轻微展宽,电子背散射则可能导致邻近区域较大范围光刻胶曝光,形成如图 11.59 所示的电子

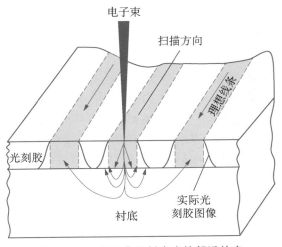

图 11.59　电子背散射产生的邻近效应

束邻近效应。如何克服邻近效应对电子束光刻分辨率的有害影响,是电子束技术研究者着力解决的课题[33]。通过适当选择电子束能量、光刻胶的厚度和曝光剂量,可以在一定程度上克服邻近效应引起的光刻图形畸变。

11.10.2　并行模式电子束光刻

电子束直写是无掩模光刻技术,可以节省昂贵的掩模版制作费用。但是,单电子束光刻的最大问题在于低效率。为改变逐个像素点扫描曝光的低效串行模式,研究者一直探索电子束光刻的并行模式技术可行性。有两种并行模式可以作为提高电子束光刻速率的可能途径,一种为多电子束直写技术,另一种为投影式电子束成像技术。多电子束系统要求应用数量很大的电子束,同时在硅片上进行多点并行直写式曝光,从而可使"书写"图形速度提高。有多家公司研发这种系统。图 11.60 显示荷兰 Mapper 公司研发的一种多电子束直写光刻系统的示意图[34, 35]。这种系统应用一个高强度电子源,经过聚束、准直、孔径阵列分束和聚焦投影等装置,形成数以万计的电子束,在硅片上逐个区域扫描曝光,如图 11.60(a)左侧所示。图 11.60(a)右侧与图(b)分别为电子束阵列的平面及立体结构原理示意图。据报道,该光刻系统每小时可实现约 10 个硅片曝光。还有公司开发由高达百万电子束构成的光刻系统。

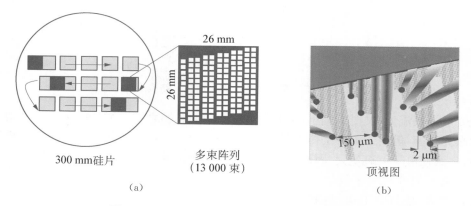

图 11.60　一种多电子束直写光刻系统示意图[35]

图 11.61 为一种投影式电子束光刻系统的原理示意图。这种技术按其原理可称为电子束散射角限制投影光刻(scattering with angular limitation projection electron beam lithography,SCALPEBL)。该技术首先由美国贝尔实验室提出[36, 37]。SCALPEBL 系统由电子束源、电子散射掩模版、电子束聚束磁透镜、投影聚焦磁透镜和位于磁透镜之间焦平面处的散射电子过滤光阑等组成。这种电子束投影曝光的基本原理在于,虽然较高能量电子在不同物质中都有较大穿透率,但轻重不同元素对电子的散射有显著差别,利用这一特性,可以形成电子束掩模版的透射区和阻挡区,分别对应于光学光刻掩模的透光区与遮光区。

如图 11.61 所示,电子束入射掩模版的低原子序数元素化合物(如 Si_3N_4)区域,电子散射效应弱,被磁透镜收集与聚焦后,可穿过孔径小的电子光阑,被磁透镜聚焦投影于光刻胶,在电子束辐照足够剂量条件下,可使之产生光化学反应;而入射至重金属元素薄膜(如数十纳米的铬或钨层)区域的电子,遭到原子大角度范围强烈散射,这些电子被磁透镜聚集成宽平行束后,由于受到过滤光阑阻挡,绝大部分电子被光阑拦截与吸收,只有散射角度较小的极少量电子,可能穿越光阑有限孔径射向硅片,远低于光刻胶光化学反应所需电子束曝光阈值剂量。因此,利用轻重元素原子对电子的不同散射特性,电子束可把掩模版图形以一定倍率(如 4:1)投影成像到硅片上,可达到较高分辨率,并具有较大焦深。这种电子束投影光刻

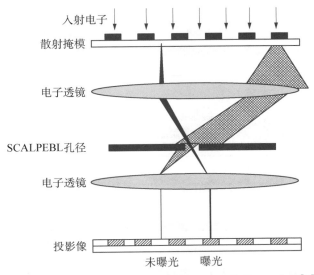

入射电子

散射掩模

电子透镜

SCALPEBL孔径

电子透镜

投影像

未曝光　曝光

图 11.61　投影式电子束光刻 SCALPEBL 系统原理示意图[36]

系统,也可应用与光学光刻系统类似的步进及扫描机制。虽然投影式电子束光刻技术的目标是为了提高硅片加工效率,但 11.10.1 节所述电子束膨胀、电子背散射邻近效应等难题,以及电子束光刻掩模制作等难点,都使电子束投影技术在集成芯片加工中的发展受到限制。后期发布的国际半导体技术发展规划中,已不再把这种技术列入集成芯片制造的候选光刻技术。

11.10.3　纳米压印光刻技术

纳米压印光刻(nano-imprint lithography,NIL)是一种新型精密图形转移技术。这种光刻与传统光刻技术全然不同,不是应用掩模版成像,而是应用三维模版,通过机械压力产生光刻胶膜形变,在硅片或其他平坦衬底上印制成高分辨凹凸胶膜图形,随后应用各向异性刻蚀工艺,在衬底上形成器件图形结构。它的基础原理类似于人们熟知的模具复型方法。把这种方法应用到微细器件结构形成,为纳米加工技术发展开辟了一种新途径。自从1995—1996 年周郁(S. Y. Chou)与他的合作者有关纳米压印的研究论文发表后[38-40],纳米压印技术引起许多研究机构与学者关注和参与,其应用研究领域迅速扩展,在压印方法及工艺研究、压印设备制造、适用光刻胶和具体器件研制等方面,都不断取得进展[41-45]。近年研究已表明,纳米压印光刻可达到高分辨率,并具有低成本、适于规模生产等特点。

目前正在发展多种不同纳米压印光刻技术,以适应不同领域及功能的纳米结构与器件制造需求。按照压印成型工艺原理,存在两类纳米压印图形技术:一类为热压印光刻(hot embossing lithograph,HEL),另一类为紫外光固化压印光刻(UV‑NIL)。热压印和紫外光固化压印的成型工艺原理分别如图 11.62 和图 11.63 所示。纳米压印赖以发展的关键基础是电子束光刻技术。纳米压印工艺所必须应用的高精度模版,通常需用电子束直写技术与反应离子刻蚀技术制备。模版衬底材料应具有硬度高、热膨胀系数小、平坦度高和耐用性好等特性。用以制造模版的材料有硅、石英、蓝宝石等。由高分辨率电子束直写技术制备的母版,可通过压印工艺制作复制版,用于纳米压印光刻。

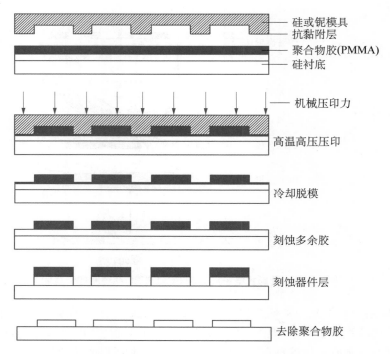

图 11.62 热压印光刻工艺原理示意图

纳米压印工艺中的关键材料为光刻胶。这种光刻胶既要宜于在压印模版诱导作用下，实现纳米结构成型，又要利于纳米结构和压印模版分离，保持成型纳米结构完整性，避免损伤，降低压印图形缺陷密度。通常选择有机高分子聚合物胶。例如，对于热压印光刻，常应用聚甲基丙烯酸甲酯聚合物胶，即 PMMA(poly methyl methacrylate)胶。依据光刻胶的温度和力学特性，选择热压印工艺，优化热压印过程中的压力、温度及时间控制。如图 11.62 所示，热压印主要工艺步骤为胶膜涂覆、加温加压成型、降温脱模、图形转移刻蚀等。首先在平坦化硅片表面均匀涂布 PMMA 胶膜，为有益于压印后的脱模工艺，往往在压印模版表面涂覆一层抗黏剂；压印前需将 PMMA 膜及模版加热到聚合物玻璃态转化温度以上(约 110℃)，使聚合物具有流动性；随后在适当机械力作用下，模版压印成型；然后降温冷却固化，实现聚合物脱模；最后通过反应离子定向刻蚀，把光刻胶图形转化为器件结构。

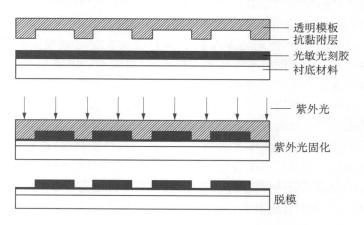

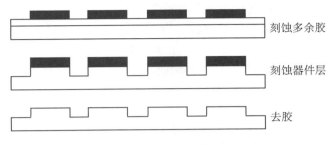

刻蚀多余胶

刻蚀器件层

去胶

图 11.63　紫外光固化纳米压印技术原理示意图

紫外光固化纳米压印光刻必须应用紫外透明压印模版和紫外光敏压印胶。紫外透光性优良的石英常用于制作纳米压印模版。图 11.63 显示紫外固化压印图形转移的主要工艺过程。压印之前,对压印模版进行表面处理,降低表面能,增强模版表面抗黏性。在压印硅片表面区域注入黏度低、紫外光敏的高分子光刻胶液;随后透明模版在较低压力下对准硅片压印,使光刻胶均匀充满模版空隙;接着从背面以紫外光照射模版,使光刻胶固化成型;硅片脱模后,应用定向反应离子刻蚀技术,先清除凹槽底部残留胶膜,再以图形胶膜掩蔽进行刻蚀,形成纳米器件结构。

与热压印相比,紫外光固化压印具有一些突出优点:所需压力较低,可在室温下进行,不需经历高低温循环热处理,有益于保持压印结构完整性,降低缺陷密度,压印加工速度也较快。紫外光固化压印已成为研发硅芯片纳米压印光刻技术的主要工艺途径。近年这种纳米压印技术不断进展,已达到半节距小于 20 nm 的图形分辨率,如图 11.64 所示。硅片纳米压印图形的关键尺寸均匀度(CDU)已达到小于 1 nm,压印工艺实验样品的缺陷密度已降到 ~2/cm²。

15 nm HP

图 11.64　紫外光固化纳米压印形成的半节距 15 nm 图形 SEM 图像示例[28]

对于直径较大的硅片,制备相应大面积且高精度、低缺陷的压印模版十分困难。借用光学投影光刻技术中的步进曝光方案,可以采取较小面积模版和分步位移、重复紫外压印相结合的方法,在硅片上实现纳米精密图形转移。这种方法被称为步进闪烁纳米压印技术(step and flash NIL)。应用这种压印技术,既有利于制备高质量压印模版,也可以提高压印工艺效率,有益于研发可在集成芯片规模生产中应用的纳米压印技术。

11.10.4　定向自组装图形技术

定向自组装(directed self-assembly, DSA)图形技术,是近年受到重视并逐步获得进展的另一种纳米精密图形形成方法。这种方法有时也被称为自组织光刻技术,但其原理与传统光刻成像及纳米压印等图形技术完全不同。一般光刻都是自上而下(top-down)的加工技术,DSA 则是一种自下而上(bottom-up)技术。这种图形技术的原理,是基于有机高分子嵌段共聚物(block copolymer)所特有的微相分离特性,因而也可称为嵌段共聚物光刻技术(block copolymer lithography)。

嵌段共聚物是由不同单体组成的两条大分子链,通过化学键头尾连接而形成的复合高分子聚合物。嵌段共聚物也可由更多种化合物组成。应用活性阴离子聚合等多种方法,可以化学合成许多性能各异的嵌段共聚物。由于不同聚合物的热力学性质差异,嵌段共聚物并不是一个完全稳定的热力学体系,在一定条件下会发生相分离。但由于不同嵌段间存在化学键相连,使相分离受到限制。嵌段共聚物体系的物相分离发生在微区范围,尺寸大致与大分子链的尺度同一量级,约 5～100 nm,因而称为微相分离[46,47]。微相分离不同于如油、水之类截然分开的宏观相分离现象。

　　基于微相分离效应,共聚物中不同高分子链段在一定热力学条件下,相互分离与重新组合,自组装形成有序排列的纳米尺度结构图形。嵌段共聚物不仅可在本体中自组装,也可在溶液中自组装。溶液中由于嵌段共聚物各嵌段与溶剂之间的热力学差异性,会产生微相分离,并可形成多种有序相结构。以 A、B 两种单体高分子聚合物组成的二嵌段共聚物为例,经过适当温度、时间热处理,基于微相分离与重新聚合反应,可以由无序状态的聚合物,形成 -A-A-A-A-B-B-B-B- 有序结构,得到周期性排列的平行薄层、圆柱形、球形等微相分离结构图形,尺寸在数纳米至上百纳米。嵌段共聚物的微相分离是其中多种物理与化学作用相互竞争的结果,不同嵌段之间的排斥作用推动体系相分离,而共聚物链的连续性阻止宏观相分离。因而在热力学与动力学共同作用下,嵌段共聚物呈现微相分离与内部自组织,可形成许多纳米尺度的复杂结构。嵌段共聚物的微相分离及形成的纳米结构,与嵌段共聚物的聚合度及链长、薄膜厚度、聚合物与溶剂及衬底间相互作用、退火温度条件等诸多因素相关。实验研究表明,利用嵌段共聚物自组装图形技术,可以形成小于 10 nm 的线条或孔洞图形,而且所需材料与设施简单、加工成本低,因此,近年在半导体、磁存储等多种纳米加工研发领域受到重视与活跃研究[48-54]。

　　针对半导体工艺研发的定向自组装纳米图形技术,较常用的共聚高分子化合物材料,是由聚苯乙烯(polystyrene, PS)和聚甲基丙烯酸甲酯(PMMA)合成的二嵌段共聚物,通常表示为 PS-b-PMMA。这种共聚物的分子量为其组分聚合物分子量之和。例如,一种 PS-b-PMMA 的克分子量为 67.1 kg/mol,其中 PS、PMMA 的克分子量分别为 46.1 和 21.0 kg/mol,两者组分比约为 0.7∶0.3。自组装图形加工需要应用溶液。在硅片上旋涂 PS-b-PMMA 薄膜,丙二醇甲醚醋酸酯(propylene glycol methyl ether acetate, PGMEA)、甲苯等可用作 PS-b-PMMA 的溶剂,常用浓度为 0.5%～2%。图 11.65 以 PS-b-PMMA 为例,显示二嵌段共聚物分子链、热退火微相分离前后无序与有序共聚物结构的示意图。利用适当厚度的 PS-b-PMMA 薄膜,经过适当热退火工艺,原先无序排列的 PS-b-PMMA 共聚物,产生垂直衬底表面的 PMMA 与 PS 嵌段微相分离,并聚集形成六角排列的 PMMA 柱状微畴(microdomain)阵列图形。多种实验研究表明,PS-b-PMMA 自组装工艺是获得纳米量级微孔结构的有效途径,如可形成直径为 18 nm、中心距为 42 nm 的微孔阵列[51-54]。

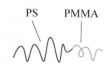
(a) PS-b-PMMA 分子链

(b) 无序 PS-b-PMMA 共聚物

(c) 有序 PS-b-PMMA 共聚物

图 11.65　不同状态 PS-b-PMMA 二嵌段共聚物结构示意图

图 11.66 显示应用 PS-*b*-PMMA 嵌段共聚物薄膜，自组装形成微孔阵列图形结构的主要工艺步骤。下面以共聚物微相分离形成微孔阵列为例，讨论定向自组装图形技术的关键工艺步骤及原理。

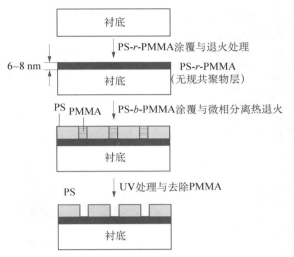

图 11.66　PS-*b*-PMMA 共聚物形成自组装纳米孔阵列工艺示意图

衬底表面中性化处理

嵌段共聚物薄膜的微相分离不仅取决于其嵌段材料的性质差异，也与衬底表面特性相关，往往存在由衬底表面决定的微相分离方向。例如，硅、SiO_2 等表面与 PMMA 的亲和性强，易于形成平行于衬底表面的层状结构。因此，为了消除衬底影响，需进行中性化表面处理，以便产生垂直衬底表面方向的微相分离。实验研究表明，PS/PMMA 比例约为 58/42 的共聚物与 PS、PMMA 两者具有相等界面能。具有这种组分及特性的共聚物被称为无规共聚物（random copolymer），也称中性刷（neutral brush），表示为 PS-*r*-PMMA[46, 50]。因此，首先在衬底表面涂覆 PS-*r*-PMMA 薄层（~6 nm），并经适当温度（~180℃）热退火，使衬底表面中性化。

共聚物薄膜微相分离热退火

表面中性化处理后，衬底旋涂适当厚度（如 30 nm）的 PS-*b*-PMMA 均匀薄膜，随后在约 180℃和纯 N_2 气氛下或真空中进行较长时间热退火。微相分离与微结构形成是分子迁移运动的结果。研究报道的退火时间有的长达 24 h 以实现微相分离，形成 PMMA 圆柱状微畴阵列结构。合适退火条件选择与共聚物分子大小等多种因素有关。也有实验研究报道，分子量为 67 kg/mol 的 PS-*b*-PMMA 薄膜在 180℃下退火仅需 1 h，如降低到 165℃则需约 24 h。退火后应用适度功率及剂量的深紫外光源，在真空中对共聚物薄膜进行曝光，一方面使 PMMA 链段结构退化分解，另一方面使 PS 聚合物交联。也可应用电子束辐照产生此变化。最后应用醋酸浸泡及去离子水冲洗去除 PMMA，形成由聚苯乙烯构成的多孔图形软掩模。经由微相分离效应形成的圆孔直径与多种因素有关，其中 PS-*b*-PMMA 嵌段共聚物的克分子量起重要作用。实验显示，克分子量越大，形成的微畴孔径越大。分子量在 42~295 kg/mol 变化，可调节相应孔径在 14~50 nm 范围[46]。

RIE 定向刻蚀形成器件微结构

以上通过共聚物微相分离形成的高分子聚合物掩模图形，如同传统光学光刻曝光及显影后形成的光刻胶膜图形，可用作掩蔽图形，对硅、SiO_2 等材料刻蚀，形成器件结构。为获得陡直微孔结构，应用定向性强的反应离子刻蚀技术，以 PS 软掩模图形掩蔽，形成圆孔阵列结构。

在外延工艺中利用表面图形起伏形貌，可以实现异质晶体薄膜生长的图形外延

(graphoepitaxy)。在嵌段共聚物自组装光刻中,类似方法也得到应用,成为在特定区域形成有序微结构的重要方法。可以用光学光刻和刻蚀工艺,在硅片所需区域形成表面台阶限制图形(如沟槽、孔洞),台阶限制作用可诱导嵌段共聚物薄膜的微相分离,促使受限区域内形成横向有序微结构[46,50]。图 11.67 显示,在沟槽内借助图形外延类似机制,PS‒b‒PMMA二嵌段共聚物由微相分离形成自组装图形的主要过程。在这种自组装工艺中,表面仍先涂覆极薄 PS‒r‒PMMA 无规共聚物层,使表面中性化,再涂覆 PS‒b‒PMMA 膜,经热退火形成相分离与 PMMA 圆柱形微结构阵列。

图 11.67　嵌段共聚物通过图形外延机制形成自组装图形示意图

利用 PS‒b‒PMMA 嵌段共聚物薄膜,也可以通过热退火微相分离工艺,形成垂直衬底表面的层状平行 PS/PMMA 周期性线条。图 11.68 显示,高分子链段随机无序排列的 PS‒b‒PMMA 薄膜,经以上相近热退火处理,PS 与 PMMA 异种分子分离,同种分子相聚,形成周期性排列细线条图形。通过 DUV 辐照、湿法腐蚀和 RIE 刻蚀,形成纳米量级宽度线条阵列。

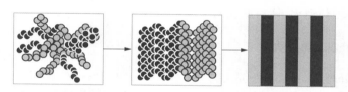

图 11.68　嵌段共聚物微相分离形成自组装平行线条示意图

PS‒b‒PMMA 嵌段共聚物微相分离形成何种微结构,与衬底表面、形貌、薄膜厚度及其组分等多种因素相关。如何控制微相分离方向、结构、尺寸及图形均匀性,是嵌段共聚物自组装图形技术的关键研究课题。一些研究表明,在相同的其他条件下,较薄 PS‒b‒PMMA 共聚物薄膜,宜于形成呈六角排列的 PMMA 圆柱阵列图形,而应用较厚薄膜则可制作垂直衬底的周期性细线条[46,51]。

以上讨论表明,嵌段共聚物定向自组装图形技术,为纳米精密图形转移技术开辟了一条新路径。共聚物自组装纳米量级孔洞和线条,可用于制作多种纳米器件微结构。近年研究者已尝试把这种新方法与传统芯片技术结合,用于多种存储、逻辑等纳米量级超微结构器件研制。例如,斯坦福大学的一个研究组近年发表多篇论文,介绍有关共聚物自组装技术用于集成器件接触孔等工艺的研制进展[48,49,53,54]。他们在 IEDM‒2013 会议上报告,应用二嵌段共聚物自组装图形技术,研制氧化物电阻随机存储器(RRAM),获得优良器件特性,下面作简要介绍。

图 11.69 显示由 PS‒b‒PMMA 自组装形成存储电阻的 RRAM 工艺主要流程[48]。①硅片上先后淀积作为下电极的铂与隔离 SiO₂ 薄膜。②应用 ALD 工艺淀积 6 nm 的 HfOₓ,作为后续刻蚀工艺硬掩蔽膜。③应用电子束光刻及干法刻蚀工艺,形成 80 nm 器件

区。④旋涂组分比约为 0.7∶0.3 的 PS-*b*-PMMA 薄膜（30~40 nm），经 185℃、12 h、氮气退火微相分离过程，形成 PMMA 圆柱体阵列，再经 DUV 辐照 10 min、醋酸浸泡 20 min 和去离子水冲洗去除 PMMA，形成直径为 20 nm 的孔洞阵列。⑤以 PS 聚合物图形掩模掩蔽，进行定向刻蚀，在 SiO_2 薄膜中形成直达铂金属层、直径 20 nm 的圆孔。⑥应用 ALD 技术，淀积厚度分别为 1.5 nm、25 nm 的 HfO_x/TiO_x 双层氧化物电阻膜，以及上电极 TiN 导电膜。⑦利用光刻等工艺形成电阻上下电极图形。

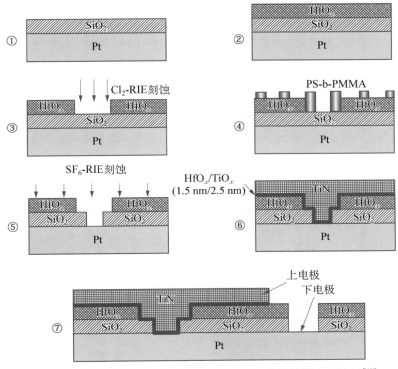

图 11.69　共聚物自组装光刻技术用于 RRAM 存储器的主要流程[48]

　　本节讨论表明，嵌段共聚物自组装图形技术为纳米尺度加工领域的集成芯片制造技术提供一种新途径。它可能在液媒光刻、电子束、EUV 或纳米压印等光刻印制的图形中，通过嵌段共聚物微相分离，形成更微小的纳米线条、孔洞等结构。虽然已有许多实验显示这种低成本工艺技术的有效性，但要适应高密度复杂图形结构集成芯片特点，成为规模生产光刻技术，从共聚物材料到图形工艺及设计，尚待突破许多研发课题，以达到规模生产工艺所必须的均匀性、重复性、精确性等要求。

　　本章共分 10 节，分别从不同角度讨论与精密图形光刻相关的工艺原理和技术演变。前 6 节分别介绍与分析光刻基本工艺、光刻装置、曝光光源、光刻版制备、光刻胶材料和光刻基础光学原理等，后 4 节讨论光刻分辨率增强技术、液媒光刻工艺、极紫外光反射成像、电子束光刻、纳米压印及共聚物自组装图形等新技术，着重分析这些精密图形转移新技术的原理、进展与存在问题。本章内容表明，光刻是现代集成电路制造中的核心关键工艺技术之一，也是最活跃、最复杂、最能反映集成芯片制造水平的技术之一。本章仍有许多方面未能深入讨论，有兴趣的读者可参阅本章章末所列相关参考文献。

思考题

1. 简要概括与分析光刻技术发展现状。为什么可以说现代光刻技术是几何光学与物理光学密切结合的产物?

2. 涂覆光刻胶前为什么需要进行硅片表面处理? 简述常用处理方法及原理。

3. 根据光刻工艺原理,试分析光刻与其他成像技术的相同与相异之处。

4. 分析光刻从接触式到步进扫描式的演变过程,讨论不同模式光刻的原理与技术关键。

5. 分析决定投影光刻分辨率的主要因素和改进光刻技术的基本途径。

6. 分析精密光刻对掩模版的基本要求。有哪些光刻掩模版制备技术?

7. 为什么深亚微米光刻需要应用准分子激光光源? 简述准分子激光发射原理。

8. 简述光刻胶的化学成分与类型,试分析光刻技术发展中光刻胶材料的演变过程。

9. 光刻技术发展表明,衍射与干涉效应作为光学基本规律,是限制光刻图形分辨率的主要因素,但又可根据相同规律,寻找增强分辨率的技术途径。具体说明与分析这一事实及其意义。

10. 存在哪些相移掩模技术? 分析其掩模结构及特点。

11. 为什么液媒光刻可使 193 nm 光刻线条分辨率进入远低于波长的亚波长领域? 说明水媒光刻的装置特点。

12. 如何通过双重和多重曝光工艺实现亚分辨率光刻? 简述自对准双重及多重图形工艺的主要工艺途径。

13. 说明极紫外光波或 X 射线光源发射机理、光刻所需极紫外光源性能要求及难点。查阅近期相关进展报道,分析极紫外光刻应用于规模生产的前景。

14. 为什么极紫外光刻成像技术需要应用反射模式光路? 讨论 X 射线反射镜和掩模版的原理、结构及制备方法。

15. 有哪些电子束光刻技术? 分析电子束成像图形技术的独特优越性、局限性及应用领域,讨论并行模式电子束技术的可能途径及实际应用前景。

16. 分别简述纳米压印和定向自组装图形技术的物理与化学原理、实现方法。查阅近期两种技术的最新进展,分析各自在纳米器件技术演进中的应用潜力。

参考文献

[1] G. E. Fuller, Optical lithography, Chap. 18 in *Handbook of Semiconductor Manufacturing Technology*, 2nd Ed.. Eds. R. Doering, Y. Nishi, CRC Press, Boca Raton, Florida, USA, 2008.

[2] S. A. Rizvi, S. Pas, Photomask fabrication, Chap. 20 in *Handbook of Semiconductor Manufacturing Technology*, 2nd Ed.. Eds. R. Doering, Y. Nishi, CRC Press, Boca Raton, Florida, USA, 2008.

[3] C. M. Garza, W. Conley, J. Byers, Photoresist materials and processing, Chap. 19 in *Handbook of Semiconductor Manufacturing Technology*, 2nd Ed.. Eds. R. Doering, Y. Nishi, CRC Press, Boca Raton, Florida, USA, 2008.

[4] J. D. Plummer, M. D. Deal, P. B. Griffin, Lithography, Chap. 5 in *Silicon VLSI Technology*. Prentice Hall, Upper Saddle River, NJ, USA , 2000.

[5] 叶玉堂,饶建珍,肖峻,光学教程,第 6 章-光的衍射. 清华大学出版社,2005 年.

[6] 中国大百科全书,物理卷,"夫琅和费衍射"条目.

[7] ITRS-2007, Lithography working group report, Dec. , 2007.

［8］ S. Wolf, R. N. Tauber, Lithography Ⅰ: optical photoresist materials and process technology, Chap. 12 in *Silicon Processing for the VLSI Era*, *Vol. 1*, *Process Technology*. Lattice Press, Sunset Beach, CA, USA, 1986.

［9］ 王春伟,李弘,朱晓夏,化学放大光刻胶高分子材料研究进展.高分子通报,2005,2:70.

［10］ 许箭,陈力,田凯军等,先进光刻胶材料的研究进展.影像科学与光化学,2011,29(6):417.

［11］ D. V. Steenwinckel, J. H. Lammers, T. Koehler, et al., Resist effects at small pitches. *J. Vac. Sci. Technol. B*, 2006,24(1):316.

［12］ C. A. Mack, Microlithography, Chap. 9 in *Semiconductor Manufacturing Handbook*. Ed. H. Geng, McGraw-Hill Company, New York, 2005.

［13］ M. D. Levenson, N. S. Viswanathan, R. A. Simpson, Improving resolution in photolithography with a phase shifting mask. *IEEE Trans. Elec. Dev.*, 1982,29(12):1812.

［14］ 冯伯儒,陈宝钦,相移掩模的制作.微细加工技术,1997,1:8.

［15］ 冯伯儒,张锦,宗德蓉等,用于 100 nm 节点 ArF 准分子激光光刻的相移掩模技术. 光电工程, 2004,31(1):1.

［16］ T. Terazawa, N. Hasegawa, H. Fukuda, et al., Imaging characteristics of multi-phase-shifting and halftone phase-shifting masks. *Jpn. J. Appl. Phys.*, 1991,30(11B):2991.

［17］ 冯伯儒,张锦,侯德胜等,衰减相移掩模光刻技术研究.光电工程,1999,26(5):4.

［18］ 孙方,侯德胜,冯伯儒等,用于 KrF 准分子激光光刻的衰减相移掩模.光电工程,2000,27(5):27.

［19］ 冯伯儒,陈宝钦,无铬相移掩模光刻技术.光子学报,1996,25(4):328.

［20］ 袁琼雁,王向朝,施伟杰等,浸没式光刻技术的研究进展.激光与光电子学进展,2006,43(8):13.

［21］ S. Owa, H. Nagasaka, K. Nakano, et al., Current status and future prospect of immersion lithography. *Proc. SPIE*, 2006,6154:615408.

［22］ T. Matsuyama, T. Nakashima, Study of high NA imaging with polarized illumination. *Proc. SPIE*, 2005,5754:1078.

［23］ 何鉴,盛瑞隆,穆启道,用于浸没式工艺的光刻胶研究进展.影像科学与光化学,2009,27(5):379.

［24］ A. M. Hawryluk, L. G. Seppala, Soft X-ray projection lithography using an X-ray reduction camera. *J. Vac. Sci. Technol. B*, 1988,6:2162.

［25］ D. G. Stearns, R. S. Rosen, S. P. Vernon, Multilayer mirror technology for soft-X-ray projection lithography. *Appl. Optics*, 1993,32(34):6952.

［26］ Lithography, *International Technology Roadmap for Semiconductors*, *2013 Ed.*. http://www.itrs.net/.

［27］ B. Wu, A. Kumar, Extreme ultraviolet lithography and three dimensional integrated circuit—A review. *Appl. Phys. Rev.*, 2014,1(1):011104.

［28］ M. Neisser, Lithography challenges and EUV readiness for 10 nm and beyond. *2013 IEDM Short Course*.

［29］ 窦银萍,孙长凯,林景全,激光等离子体极紫外光刻光源.中国光学,2013,6(1):20.

［30］ E. Spiller, Low-loss reflection coatings using absorbing materials. *Appl. Phys. Lett.*, 1972,20(9):365.

［31］ W. H. Arnold, Lithography for the 14 nm node and beyond. *2011 IEDM Short Course*.

［32］ 张琨,林罡,刘刚等,电子束光刻技术的原理及其在微纳加工与纳米器件制备中的应用.电子显微学报,2006,25(2):97.

［33］ 陈宝钦,赵珉,吴璇等,电子束光刻在纳米加工及器件制备中的应用.微纳电子技术,2008,45(12):683.

[34] http://www. mapperlithography. com/.

[35] B. J. Kampherbeek, M. Wieland, How to save over $100M per year on lithography cost. *Future Fab Intl.*, 2009,30.

[36] S. D. Berger, J. M. Gibson, New approach to projection electron lithography with demonstrated 0.1 μm line width. *Appl. Phys. Lett.*, 1990,57(2):153.

[37] L. R. Harriott, S. D. Berger, C. Biddick, et al., Preliminary results from a prototype projection electron-beam stepper-scattering with angular limitation projection electron beam lithography proof-of-concept system. *J. Vac. Sci. Technol. B*, 1996,14(6):3825.

[38] S. Y. Chou, P. R. Krauss, P. J. Renstrom, Imprint of sub-25 nm vias and trenches in polymers. *Appl. Phys. Lett.*, 1995,67(21):3114.

[39] S. Y. Chou, P. R. Krauss, P. J. Renstrom, Imprint lithography with 25-nanometer resolution. *Science*, 1996,272(5258):85.

[40] S. Y. Chou, P. R. Krauss, P. J. Renstrom, Nanoimprint lithography. *J. Vac. Sci. Technol.*, 1996,14(6):4129.

[41] S. Y. Chou, C. Keimel, J. Gu, Ultrafast and direct imprint of nanostructures in silicon. *Nature*, 2002,417(6891):835.

[42] W. Zhang, S. Y. Chou, Fabrication of 60-nm transistors on 4-in. wafer using nanoimprint at all lithography levels. *Appl. Phys. Lett.*, 2003,83(8):1632.

[43] 陈建刚,魏培,陈杰峰等,纳米压印光刻技术的研究与发展.陕西理工学院学报(自然科学版),2013,29(5):1.

[44] 李中杰,林宏,姜学松等,新型高抗粘紫外纳米压印光刻胶的工艺研究.微纳电子技术,2010,47(3):180.

[45] 魏玉平,丁玉成,李长河,纳米压印光刻技术综述.制造技术与机床,2012,8:87.

[46] J. Bang, U. Jeong, D. Y. Ryu, et al., Block copolymer nanolithography: translation of molecular level control to nanoscale patterns. *Adv. Mater.*, 2009,21(47):4769.

[47] 黄永民,韩霞,肖兴庆等,嵌段共聚物自组装的研究进展.功能高分子学报,2008,21(1):102.

[48] Y. Wu, H. Yi, Z. Zhang, et al., First demonstration of RRAM patterned by block copolymer self-assembly. *IEDM Tech. Dig.*, 2013:550.

[49] X. Y. Bao, H. Yi, C. Bencher, et al., SRAM, NAND, DRAM contact hole patterning using block copolymer directed self-assembly guided by small topographical templates. *IEDM Tech. Dig.*, 2011:167.

[50] S. Xiao, X. M. Yang, E. W. Edwards, et al., Graphoepitaxy of cylinder-forming block copolymers for use as templates to pattern magnetic metal dot arrays. *Nanotechnol.*, 2005,16(7):S324.

[51] L. W. Chang, X. Bao, C. Bencher, et al., Experimental demonstration of aperiodic patterns of directed self-assembly by block copolymer lithography for random logic circuit layout. *IEDM Tech. Dig.*, 2010:752.

[52] H. W. Li, W. T. S. Huck, Ordered block-copolymer assembly using nanoimprint lithography. *Nano Lett.*, 2004,4(9):1633.

[53] H. Yi, X. Y. Bao, J. Zhang, et al., Flexible control of block copolymer directed self-assembly using small, topographical templates: potential lithography solution for integrated circuit contact hole patterning. *Adv. Mater.*, 2012,24(23):3107.

[54] L. W. Chang, T. L. Lee, C. H. Wann, et al., Top-gated FETs/inverters with diblock

copolymer self-assembled 20 nm contact holes. *IEDM Tech. Dig.*, 2009:879.

[55] R. Courtland, The molten tin solution. *IEEE Spectrum*, 2016,53(11):28.

[56] C. Auth, A. Aliyarukunju, M. Asoro, et al., A 10 nm high performance and low-power CMOS technology featuring 3rd generation FinFET transistors, self-aligned quad patterning, contact over active gate and cobalt local interconnects. *IEDM Tech. Dig.*, 2017:673.

[57] B. Turkot, S. Carson, A. Lio, Continuing Moore's law with EUV lithography. *IEDM Tech. Dig.*, 2017:346.

[58] W. C. Jeong, S. Maeda, H. J. Lee, et al., True 7 nm platform technology featuring smallest FinFET and smallest SRAM cell by EUV, special constructs and 3rd generation single diffusion break. *VLSI Symp. Tech. Dig.*, 2018:59.

第12章

杂 质 扩 散

扩散是人们熟知的自然现象。1855年,德国科学家费克(A. Fick)提出描述扩散规律的理论。1952年,在晶体管研制需求推动下,贝尔实验室的蒲凡(W. Pfann)提出用杂质扩散方法改变半导体导电类型[1]。扩散很快发展成为制备pn结及各种半导体器件的掺杂技术。扩散是晶体管走向工业生产和应用的一种基础技术,也是集成电路发明与早期发展的关键技术之一。扩散与氧化、蒸发及光刻相结合,构成制造硅集成电路的平面工艺,造就了初期集成电路的迅速发展。虽然20世纪70年代后,离子注入逐渐取代扩散工艺,成为半导体主要掺杂技术,但杂质扩散作为一种物理效应,至今仍是影响杂质原子分布与器件性能的主要因素之一,也始终是集成电路制造技术演进中的一个重要课题[2-6]。随着集成芯片技术进展,单独的扩散掺杂工艺应用逐渐减少,但杂质浓度、分布、结深等扩散效应的控制却变得愈益重要。在离子注入后高温处理工艺中,扩散是影响pn结与集成器件结构形成及性能的关键因素之一。对于单元器件尺寸愈益缩微的纳米CMOS集成芯片制造技术,需要更深入地了解扩散机制,寻求控制和抑制扩散效应的途径,以形成更浅的pn结。近年集成芯片技术演变中应用的器件新结构、新材料,如Si/SiGe应变沟道、三维晶体管沟道等,也要求研究相关杂质扩散速率变化及其对器件掺杂工艺的影响[3]。

扩散与离子注入两种掺杂技术互有长短。热扩散通常不会对衬底造成损伤,但扩散技术难于调节杂质原子分布,且其浓度受到固溶度的限制。传统杂质扩散技术在某些半导体器件(如一些功率晶体管)制造中仍有应用,某些集成电路还常通过杂质注入和热扩散相结合,获得较深掺杂区域的均匀或特定杂质分布。硅等半导体晶体材料中的杂质扩散机制与多种物理化学效应有关。对扩散效应的研究主要有两方面:一方面为在浓度梯度和热运动作用下的杂质扩散宏观运动规律,另一方面为杂质原子和晶格缺陷的微观相互作用的物理化学原理。对后者作深入研究,有益于更确切地理解晶体内部杂质原子迁移、扩散过程及机制,并有利于改进扩散掺杂工艺及控制杂质分布。本章将对杂质扩散基本原理、扩散相关宏观定律、扩散方程及杂质原子分布、杂质-缺陷相互作用和扩散微观机制、扩散工艺方法与技术演进等分别进行讨论、分析。

12.1 杂质扩散的微观模式

固体杂质扩散为原子在高温与浓度梯度作用下的迁移运动,故常称为热扩散。晶体原子总是以其平衡位置为中心进行振动,从晶格振动获得足够能量的原子可以位移至邻近晶格或间隙位置。晶体自身原子迁移称为自扩散,异质原子迁移称为杂质扩散。可以从宏观和微观两个角度分析和讨论半导体中的杂质扩散。宏观分析基于浓度梯度作用下的杂质运动,可以了解杂质扩散基本规律,获取杂质在半导体中的扩散深度及浓度分布。微观分析则基于杂质原子与晶格点缺陷的相互作用,以及原子之间、缺陷之间的相互作用,了解有关杂质原子迁移运动的过程与机制,有益于分析氧化等工艺对杂质原子扩散及其分布的影响,以及更深刻地理解扩散规律。在固体扩散及其技术应用发展过程中,人们对杂质原子和点缺陷的相互作用与扩散机制有大量研究工作[7]。本节对基于杂质缺陷相互作用的主要扩散模式作概要介绍,讨论替位式、间隙式、推填式等多种不同杂质扩散微观模型。对于杂质原子微观扩散机制,还将在 12.6 节作进一步分析。

12.1.1　晶格缺陷与杂质原子迁移

在传统扩散掺杂工艺中,杂质以原子或分子状态进入硅晶体。在离子注入工艺中,杂质则以离子或分子离子状态进入硅晶体。分子进入晶体后分解为原子,离子在加速能量耗尽后也成为一般原子。尽管不同掺杂工艺引入硅晶体的杂质原子初始运动状态不同,其最终状态都取决于杂质原子在基体原子晶格中的迁移、扩散热运动。杂质原子在晶体内也是一种点缺陷,造成晶体周期性结构及电势场畸变。原子扩散运动与基体晶格缺陷密切相关。晶体中可能存在点缺陷、线缺陷、面缺陷、体缺陷等,它们都对杂质原子在晶体中的热扩散运动有重要影响。例如,在多晶中杂质沿晶粒间界的扩散速率,比单晶体内要高许多倍,在单晶中杂质可沿位错线快速扩散,造成 pn 结穿通等器件失效问题。

用于硅器件制作的单晶硅片,晶体通常具有高度完整性,应无位错之类的扩展性缺陷,或其密度很低。但晶体中总是存在空位(V)、自间隙原子(I)等本征点缺陷,其浓度及分布随温度变化。按照热力学统计规律,室温下硅晶体中的点缺陷浓度很低,随温度上升呈指数规律增加,在杂质扩散工艺的典型温度 1 000℃,点缺陷可达 $10^{12} \sim 10^{15}$ cm^{-3} 量级范围。

图 12.1 为单晶体中部分点缺陷示意图。值得注意的是,图 12.1 中标为"I"的间隙原子有两种不同位置。右边的位于晶格原子中间,是通常所说的典型间隙原子(interstitial)。左边的则在一个晶格点附近,由两个原子共占该位置,形成一种与一般自间隙原子结构不同的点缺陷,被称为"interstitialcy"[7]。这一点缺陷名称,由现代固体物理学奠基者之一的赛兹(F. Seitz, 1911—2008)在 1950 年首先应用。

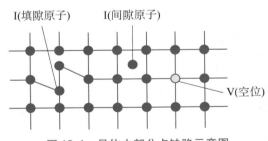

图 12.1　晶体中部分点缺陷示意图

"interstitialcy"与"vacancy"相类比,后者形成于从晶格位置移除一个原子,前者则形成于在晶格位置上有两个原子相伴。中文资料中有"推填子"、"推填缺陷"等不同译名。如图 12.1 所示,这种缺陷可表述为,两个硅原子占据一个晶格位置形成的点缺陷,类似自间隙原子对或双间隙原子。为区别于一般位于晶格间隙位置的单个间隙原子,可用一字之差的"填隙缺陷"命名。这种缺陷属于晶体中被称为关联缺陷(associated defects)的一种,其特点是相互结合的点缺陷。晶体中还有双空位对、间隙原子-空位对等关联缺陷,后者也常被称为弗伦克尔对(Frenkel pair)缺陷。

　　填隙缺陷是与空位同等重要的缺陷。由基体硅原子形成的这种缺陷,有时也称为自填隙(self-interstitialcy)缺陷。杂质原子可与间隙硅原子结合,形成填隙式缺陷,对于杂质扩散有重要作用。实际上,填隙缺陷浓度与自间隙原子浓度密切相关。晶体中的这些点缺陷必然会引起相邻原子的位移,造成周围晶格畸变。在高温下晶格中各种缺陷都处于不断产生、复合、迁移的动态相互作用过程中。杂质原子在晶体中的迁移运动,与晶格点缺陷密度及其运动密切相关。

　　杂质扩散过程可以说是杂质与晶格缺陷相互作用的过程。在单晶硅周期性晶格中,有的杂质原子取代基体原子的晶格位置,如硼、磷、砷、锑等载流子活性杂质,另一些杂质原子则位于晶格间隙位置,如氧、氢、锂、钠、铜、铁、铌等原子。通常认为,杂质原子扩散存在两种基本模式:一种为间隙式扩散(interstitial diffusion),杂质原子直接在晶体间隙中迁移,无需借助点缺陷;另一种则为替位式扩散(substitutional diffusion),这种扩散应伴随空位点缺陷的迁移,因而也常被称为空位式扩散(vacancy diffusion)。

　　进一步研究发现,自间隙原子及其组合缺陷在替位杂质扩散中,也有显著作用。因此,替位杂质扩散过程较为复杂,存在多种扩散机制,一直是扩散研究中的主要课题之一。借助于自间隙原子-填隙缺陷的杂质扩散机制,被称为"interstitialcy diffusion",中文资料中有"推填子式扩散"、"推填式扩散"等不同译名。实际上,与空位点缺陷辅助原子扩散相对应,也可把这种扩散称为自间隙原子辅助扩散。因此,半导体中的替位式杂质扩散,不仅受晶格空位缺陷浓度影响,也与晶格内的自间隙原子浓度密切相关。多种实验揭示,自间隙原子对硼、磷、砷杂质在硅、锗中的扩散过程及分布,具有重要甚至主导作用。此外还有研究表明,虽然杂质与缺陷相互作用是决定原子扩散的主要模式,但晶体内原子迁移,也可能在无点缺陷辅助条件下,通过相邻原子直接交换模式实现[8,9]。

　　除了典型替位杂质与间隙杂质两类,还有些杂质,如金、铂、锌、硫,在硅晶格内主要以替位形式存在,其原子处于晶格位置的浓度,显著高于处于间隙位置的浓度。但它们在高温下却类似间隙杂质原子扩散,也可能以间隙-替位换位方式迁移,扩散速率在替位杂质与间隙杂质之间,有时把这类杂质称为混合型杂质[10]。

12.1.2　间隙式杂质原子扩散

　　图 12.2 为间隙杂质原子在晶体中的扩散运动路径示意图。在晶体的周期性晶格中,可以接纳杂质或自身原子的间隙位置,并不是任意晶格点之间,而只是晶格中具有高对称性的有限数个空间位点,这些间隙点应位于晶格周期性势场中的势能最低处。图 12.3 所示硅

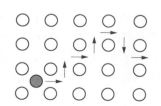

图 12.2　杂质原子间隙扩散示意图

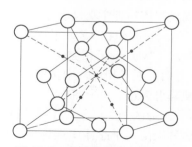

图 12.3　硅晶体中的间隙位置

金刚石立方晶格中,标出了立方体晶胞内部的 5 个间隙位置点。其中 1 个间隙点位于立方晶格的中心,4 个间隙点分别位于 4 条体对角线上与晶格原子占位对称的位点。每个间隙位点周围有 4 个最近邻晶格原子。在硅立方晶格中还可以看到,立方晶胞边缘晶棱中点也存在高对称间隙位点。由于每一晶棱为 4 个晶胞所共有,等效每个立方晶胞有 3 个这样的间隙位点。因此,平均每个金刚石立方晶格中的间隙位点有 8 个,正好与其中晶格原子数目相等。这些间隙位置点也可构成以 1 个点为中心的四面体,每个间隙位点有 4 个最近邻间隙点,其距离也与晶格原子相同,相距 $3^{1/2}d/4$(d 为晶格常数)。

上述晶格间隙位置处于晶格原子之间的对称点,在晶格周期性势场中处于能量的最低点,这些间隙位置又有足够空间。因此,基体自身硅原子有一定几率进入间隙位置,许多体积较小的杂质原子也可以被接纳和束缚在这种晶格间隙位置。间隙扩散应是原子在不同间隙位点之间的迁移。从能量角度看,间隙位置是一个势阱位点,相邻间隙位点之间存在势垒,如图 12.4 所示,典型势垒高度(E_I)约为 $0.5 \sim 1.5$ eV。原子在间隙位置之间迁移,必须获得一定能量,足以跃过势垒 E_I。这是一种热激活过程,根据热力学规律,其跃迁几率应与 $\exp(-E_I/kT)$ 成比率,其中,k 为玻耳兹曼常数,T 为绝对温度。间隙原子从晶格振动获取能量,跃迁几率应与晶格振动频率(ν)成正比。杂质原子实现跃迁的可能性,还与周围最近邻间隙位点数目(z)有关。对于具有金刚石结构的硅,$z=4$。综合这些因素,在不考虑其他因素影响条件下,杂质原子跃过势垒,迁移至相邻间隙位置的频率(f_I),可用下式表达:

$$f_I = 4\nu\exp\left(-\frac{E_I}{kT}\right) \tag{12.1}$$

f_I 也可称为间隙杂质原子跃迁几率,晶格振动频率通常约为 $10^{13} \sim 10^{14}$/s。由(12.1)式可知,间隙原子的跃迁几率主要取决于温度。在室温下一个间隙杂质原子,有约每分钟 1 次跃迁至相邻间隙位点的可能性[6]。在 $700 \sim 1\,100\,^{\circ}C$ 的扩散温度下,杂质原子跃迁频率按指数规律上升。

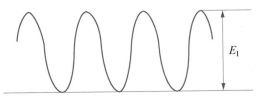

图 12.4　晶格间隙位置的势能变化示意图

12.1.3　替位杂质原子的空位式扩散

硅晶体中用于改变导电类型与浓度的主要元素,如硼、磷、砷、锑,都是替位式杂质。图 12.5 显示替位式杂质扩散的两种可能模式:一种是原子-空位交换式,另一种为杂质与硅原子直接换位式。但后者的实际可能性显著低于前者,是因为如果要实现直接换位迁移,必须打破两个相邻原子的结合键、重新成键,其实现几率较小。人们曾认为半导体中原子扩散总

(a) 杂质原子-空位交换式　　　(b) 两种原子直接换位式

图 12.5　替位式杂质扩散模式示意图

是需要点缺陷辅助,但近年理论分析认为,相邻原子之间直接换位也可能对高温扩散有作用,有研究者称这种原子迁移为协同交换机制(concerted exchange mechanism)[8, 9]。实验研究表明,这种扩散机制,对于硅中硼、磷、锑原子扩散无贡献,但对砷扩散和硅原子自扩散有明显作用[11, 12]。

相对于杂质与硅原子直接换位式,替位杂质扩散通过空位交换模式迁移的几率应大许多。为实现这种杂质原子迁移,其近邻必须要有一个空位。这种替位扩散是杂质原子与空位点缺陷相互作用的结果,因而常称这种扩散机制为空位式。固体中的空位也常被称为肖特基点缺陷。晶体内部产生一个肖特基缺陷,等效于一个原子挣脱内部晶格束缚,从内部移向表面。设产生一个空位所需能量为 E_s,并以 N 代表晶体中的晶格点密度,则按照玻耳兹曼热力学统计规律,晶体中肖特基缺陷密度(n_S)可用下式表示:

$$n_S = N \exp\left(-\frac{E_S}{kT}\right) \tag{12.2}$$

或者说,一个晶格原子缺位,从而产生一个肖特基缺陷的几率为

$$\frac{n_S}{N} = \exp\left(-\frac{E_S}{kT}\right) \tag{12.3}$$

考虑到硅晶体中,每个晶格原子有 4 个最近邻原子,则一个杂质原子近邻存在肖特基缺陷的几率 $4n_S/N$。

替位杂质原子和相邻空位都处于晶格势场中的势阱内,两者之间的势垒高度为 E_v。与间隙原子迁移类似,杂质原子从晶格振动获得足够能量,越过势垒跃迁到空位的几率应为

$$\nu \exp\left(-\frac{E_v}{kT}\right) \tag{12.4}$$

其中,ν 为晶格振动频率。因此,综合以上空位与跃迁两方面因素,在无其他因素影响条件下,替位杂质原子迁移至相邻空位的频率或几率(f_v)可由下式表达:

$$f_v = 4\nu \exp\left(-\frac{E_S + E_v}{kT}\right) \tag{12.5}$$

(12.5)和(12.1)两式中的($E_S + E_v$)、E_1 分别为空位扩散和间隙扩散的激活能。E_v 和 E_1 具有相近数值,($E_S + E_v$)则显著大于 E_1,由此可知,替位式杂质扩散速率,必然低于间隙式扩散。一些实验表明,对于硅中替位式杂质扩散,($E_S + E_v$)数值约为 3～4 eV,按(12.5)式估算,在室温条件下,每 10^{45} 年替位杂质原子才会发生一次跃迁。实验还表明,硅原子自扩散激活能,显著大于杂质原子扩散。其原因在于,杂质原子使其周围晶格势场畸变,且杂质原子与其相邻晶格原子的结合能,通常小于基体原子。这导致杂质原子周围产生空位所需能量,低于基体正常晶格原子,使杂质周围产生空位的几率增加[6]。

12.1.4　自间隙原子辅助的推填式扩散

某些杂质原子在硅晶体中,运动过程既可取晶格位置,也可取间隙位置,可通过多种方式迁移。许多实验证实,一些公认的替位杂质,如硼、磷、砷,其扩散速率和杂质分布剖面,不仅取决于空位浓度,也与自间隙原子浓度密切相关。例如,热氧化中产生的自间隙硅原子对

硼、磷原子扩散可有明显增强效应。可以用自间隙硅原子的推填扩散模式说明氧化增强扩散机理。

　　图 12.6 为自间隙原子辅助扩散模式示意图。图 12.6(a)显示典型推填式杂质扩散,晶格中杂质原子可与硅原子结伴,占据晶格位置,形成填隙缺陷。在从晶格振动获得足够能量条件下,这种缺陷中的硅原子可以把杂质原子"推填"到相邻晶格位置附近,与另一硅原子形成新的填隙缺陷,这等效于杂质填隙组合缺陷在晶体中迁移。图 12.6(b)则表示,获得较大能量的自间隙硅原子也可把杂质原子"推出"或"踢出"晶格位置,使其成为间隙原子,促进其扩散运动。推填扩散机制也可看作间隙扩散的一种扩展形式,有研究者称其为准间隙式,还有人称之为"篡位式"。应该强调,此处讨论的推填式扩散取决于杂质与自间隙原子的相互作用,与 12.1.2 节讨论的间隙杂质扩散机制完全不同。后者指间隙杂质原子在间隙位置间的直接扩散,不需借助自间隙原子缺陷。前者则为借助与自间隙硅原子缺陷相互作用形成的杂质扩散。虽然Ⅲ-Ⅴ族元素杂质在硅中通常取晶格位置,但在高温扩散过程中,通过与点缺陷相互作用也可能处于间隙位置,并在其中迁移。

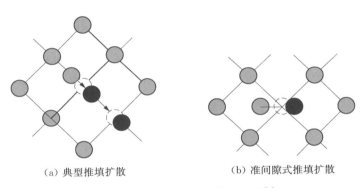

　　　　　　(a) 典型推填扩散　　　　　　　　　　(b) 准间隙式推填扩散

图 12.6　推填式杂质扩散示意图[2]

　　以上讨论说明,替位式杂质扩散不仅受空位浓度及迁移影响,自间隙原子点缺陷形成的推填机制也有重要作用。空位扩散机制与推填扩散机制共同决定这类杂质扩散速率及分布。实验表明,硅器件工艺中常用的硼、磷和砷等杂质扩散,以及在硅原子自扩散过程中,都存在推填式扩散机制,而且在有的杂质扩散中起主要作用。这些替位杂质原子在热运动过程中,可能不时进入晶格间隙位置。替位杂质的扩散速率及分布,可能同时依赖硅体内空位与自间隙原子缺陷的浓度及分布。实验显示,在硅芯片制造常用的替位杂质扩散中,只有锑扩散完全受空位机制控制,而在硼、磷扩散过程中,以推填式迁移主导,对于砷扩散,推填机制也起重要作用。这种差别可能与它们的原子大小有关,锑的共价键原子半径(1.36 Å)显著大于硅(1.17 Å),而上述其他 3 种杂质原子或小于硅(硼为 0.88 Å、磷为 1.10 Å),或与硅相近(砷为 1.18 Å)。

　　表 12.1 列出了硅中不同类型杂质及硅原子本身的扩散模式。可见不仅硼、磷、砷等替位杂质可同时通过空位与推填两种模式扩散,还有如金之类的替位杂质,可采用间隙模式扩散,导致其在硅晶格中具有很高的扩散系数。以上讨论的推填式扩散与间隙式扩散,其相应英语词汇仅有两个字母的差别,但两者分别用于描述两种不同的扩散微观机制。在本节讨论的 3 种扩散模式中,控制硼等硅掺杂活性杂质扩散的空位式与推填式两种机制最为重要。本章在 12.4.6 节中将对空位与推填扩散机制作更深入的讨论。

表 12.1　硅中杂质和硅原子的扩散模式[12]

晶格位置	原子扩散模式	杂质
替位杂质	空位式	Sb、P、Si、Al、Ga、As
替位杂质	推填式	B、P、Si、As
替位杂质	直接交换式	As、Si
间隙杂质	间隙式	O、H、Li、Na、Cu、Fe、Ni
替位杂质	间隙式	Au

12.2　本征扩散系数与扩散方程

　　杂质扩散过程是在杂质浓度梯度作用下的原子定向运动。扩散系数是反映杂质原子迁移速率的物理参数。由 12.1 节讨论可知,扩散是通过原子热运动实现的,扩散系数应随温度变化。特定元素原子在硅中的扩散系数在特定扩散温度下应有定值。但是,实际上扩散系数不仅取决于温度,还可能随杂质浓度及其他工艺因素变化。某些杂质的高浓度扩散系数可能显著依赖浓度变化。因此,扩散及扩散系数有本征与非本征之分。一般在非活性气氛下的较低浓度杂质扩散为本征扩散,相应扩散系数只随温度变化,称为本征扩散系数。本节和 12.3 节讨论的就是这种本征扩散。

12.2.1　扩散系数的简化模型

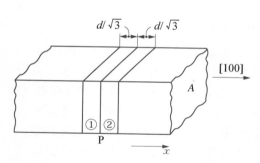

图 12.7　分析杂质扩散的基体模型[6]

　　扩散系数是描述扩散过程的主要参数。根据上述原子扩散微观模式,下面应用一个简化模型,导出扩散系数的简化表达式,分析其物理意义。设想一个如图 12.7 所示的条状硅单晶块,其 $\langle 100 \rangle$ 晶向沿 x 坐标方向,截面积为 A。截取单晶块中间两个相邻的单元层 1、2,分析其中杂质浓度随时间与空间的变化,可得到扩散系数的简化表达式。以空位扩散机制为例,在硅晶格中杂质原子跃迁到最近空位的间距为 $d = 3^{1/2}a/4$,即近邻原子间距,其中,a 为硅立方晶格常数。最近原子-空位间距在 $\langle 100 \rangle$ 晶向或 x 轴上的投影距离为 $d/3^{1/2}$,取此值为单元层 1、2 的厚度,即单原子层的厚度。设 1、2 单元层的杂质原子浓度分别为 C_1、C_2,则两个相邻单元体内杂质总量 N_1、N_2 分别为

$$N_1 = C_1 A d / \sqrt{3} \tag{12.6}$$

$$N_2 = C_2 A d / \sqrt{3} \tag{12.7}$$

　　按照图 12.7 的单原子层设定,任一层内的原子跃迁后,都将进入相邻层。每个原子周围有 4 个相邻晶格位置,分别位于左右两层。在单次跃迁的 $1/f_V$ 周期内,杂质原子既可能

向右迁移,也可能向左迁移,各有 1/2 几率。f_v 为空位式杂质扩散的原子跃迁频率,在 $1/f_v$ 周期内,沿 x 方向越过 P 平面的杂质原子净流量,即两个单元层间杂质总量随时间的变化量可表示为

$$\frac{\Delta N}{\Delta t} = \frac{(N_1 - N_2)/2}{1/f_v} = \frac{f_v}{2} \frac{Ad}{\sqrt{3}}(C_1 - C_2) \tag{12.8}$$

另一方面,按照上述两个单元层中杂质浓度的定义,在 x 方向的杂质浓度的空间变化,即浓度梯度,可用下式表达:

$$\frac{\Delta C}{\Delta x} = \frac{(C_2 - C_1)}{d/\sqrt{3}} \tag{12.9}$$

以上两式相结合,可以导出沿 x 方向越过 P 平面的杂质原子净流量与浓度梯度的关系方程,

$$\frac{\Delta N}{\Delta t} = -A \frac{f_v d^2}{6} \frac{\Delta C}{\Delta x} \tag{12.10}$$

由上式可得到沿 x 方向杂质扩散的原子流密度,或称扩散通量,$J = \Delta N/A\Delta t\,(\mathrm{cm}^{-2}\ \mathrm{s}^{-1})$。

$$J = -\frac{f_v d^2}{6} \frac{\Delta C}{\Delta x} \tag{12.11}$$

上式可改写为

$$J = -D \frac{\Delta C}{\Delta x} \tag{12.12}$$

这正是费克第一定律的数学表达式。根据该定律,物质扩散流密度与其浓度梯度成正比,其比例常数 D 就称为扩散系数,有时也称扩散速率或扩散率,量纲为 $\mathrm{cm}^2\ \mathrm{sec}^{-1}$。

$$D = \frac{f_v d^2}{6} \tag{12.13}$$

将(12.5)式的 f_v 关系式代入,可得到扩散系数随温度的变化规律,

$$D = \frac{2\nu d^2}{3} \exp\left[-\left(\frac{E_v + E_s}{kT}\right)\right] \tag{12.14}$$

上式进一步可改写为扩散系数的通用表达式,

$$D = D_0 \exp\left[-\left(\frac{E_A}{kT}\right)\right] \tag{12.15}$$

$$E_A = E_v + E_s \tag{12.16}$$

$$D_0 = \frac{2\nu d^2}{3} \tag{12.17}$$

E_A 称为杂质扩散激活能,D_0 则为与晶体结构与晶格振动频率等因素有关的常数。用同样方法,可以分析间隙式杂质扩散,也可推导出扩散系数的表达式(12.15),只是其扩散激活能

为 $E_A = E_I$。以上简化分析,有益于理解扩散系数的基本物理含义及其与材料和温度的依赖关系。实际上固体中的杂质扩散系数是一个较为复杂的物理参数,受许多扩散过程相关因素影响。有许多因素可能引起扩散系数变化,如硅氧化工艺、高杂质浓度等,都可能显著改变扩散系数。在应变沟道 CMOS 器件制造中,应变材料中的杂质扩散系数也会发生变化。例如,有报道认为,张应变硅中存在硼扩散增强效应,但尚需更多研究以获取更确切的信息[3]。

12.2.2　费克定律与扩散方程

费克定律是描述物质扩散现象的宏观物理规律,它适合于固体、液体、气体等各种物质形态中的扩散。事实上,最早提出这一规律的费克(A. Fick,1829—1901)并不是物理学家,而是一位生理学家。费克定律包括两部分:费克第一定律描述扩散流密度与杂质浓度梯度之间的关系,费克第二定律则反映扩散过程中的物质连续性原理,可用于推导扩散运动方程,进而用于分析杂质浓度随时间及距离的变化与分布。除了这里讨论的杂质扩散,在半导体制造工艺和器件运行过程中,从原子到电子,从气相到固相,存在多种不同物质和粒子扩散现象。费克定律和扩散方程可用于描述各种扩散现象。

12.2.1 节在讨论扩散系数模型过程中已得到费克第一定律基本表达式(12.12)。该式表明,在单位时间内通过垂直于扩散方向单位截面积的杂质原子数,即流密度(J),与该截面处的浓度梯度($\Delta C/\Delta x$)成正比,浓度梯度越大,扩散流密度越大。这正是费克第一定律的物理含义。(12.12)式可改写为微分形式,

$$J = -D\frac{\partial C}{\partial x} \tag{12.18}$$

上式中右边的负号表示杂质扩散流方向为浓度梯度的相反方向,即杂质总是由高浓度处向低浓度处流动。

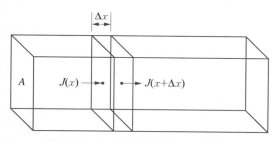

图 12.8　一维扩散的体积元示意图

费克第二定律与第一定律密切关联,可利用扩散流连续性与第一定律相结合,推导出第二定律。为了分析由于杂质扩散引起的杂质浓度随距离与时间变化规律,选用图 12.8 中厚度为 Δx、面积为 A 的体积元。设扩散进入体积元的流密度为 $J_1 = J(x)$,扩散离开的杂质流密度为 $J_2 = J(x + \Delta x)$,则根据物质守恒定律,即连续性原理,在 Δt 时间内进出杂质数量之差应恒等于体积元中杂质总量的变化,并可用以下关系式表达:

$$A(J_1 - J_2) = A(\Delta x)\frac{\Delta C}{\Delta t} \tag{12.19}$$

上式简化后可得到微分表达式,

$$\frac{\partial C(x,t)}{\partial t} = -\frac{\partial J(x,t)}{\partial x} \tag{12.20}$$

费克第一定律适用于浓度及梯度不同的瞬间扩散过程,可把(12.18)式中的扩散流密度

关系式代入上式,即可得到费克第二定律的数学表达式,

$$\frac{\partial C(x,t)}{\partial t} = \frac{\partial}{\partial x}\left(D\,\frac{\partial C(x,t)}{\partial x}\right)$$
(12.21)

上式也常称为扩散方程。如果杂质扩散系数在扩散过程中为常数,例如,在恒温条件下的低浓度杂质扩散,扩散方程可表示为

$$\frac{\partial C(x,t)}{\partial t} = D\,\frac{\partial^2 C(x,t)}{\partial x^2}$$
(12.22)

(12.22)式常称为本征扩散方程。

以上所有表达式皆为一维。费克第一定律也可以用三维梯度方程表示:

$$J = -D\,\mathrm{grad}\,C = -D\nabla C$$
(12.23)

费克第二定律则可用三维散度方程表示,

$$\frac{\partial C}{\partial t} = \mathrm{div}(D\,\mathrm{grad}\,C) = \nabla \cdot (D\nabla C)$$
(12.24)

12.2.3 不同杂质的本征扩散系数

扩散可以说是众多粒子的瞬间无序布朗运动,在浓度梯度场作用下形成的定向迁移。扩散系数是表征这种无序运动与定向扩散运动之间关系的物理参数。按照本章前面讨论及(12.15)式,对于一般杂质浓度较低,并且无氧化和电场等因素影响的扩散情形,某一温度下的扩散系数可认为是一个常量,其随温度的变化取决于扩散激活能。这种扩散系数被称为本征扩散系数。图 12.9 显示替位、间隙、混合 3 类杂质在硅中的扩散系数随温度变化规律,它们各自的不同斜率代表其扩散激活能数值。

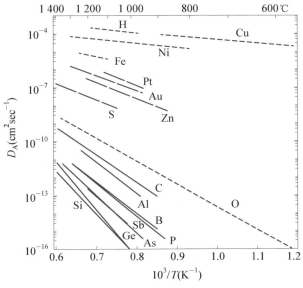

图 12.9 硅中杂质扩散系数及其温度变化规律对比示意图[10]

(实线表示替位式杂质;短线段虚线表示间隙式杂质;长线段虚线表示混合式扩散杂质)

由图 12.9 可知,不同类型杂质的扩散系数有多个数量级变化,大致可分为扩散快、慢两组杂质。通常对于器件性能有害的许多杂质,如铜、铌、铁等,扩散系数很大,极易在硅中扩展至各处,造成晶体管性能退化。因此,在硅片整个加工过程中,必须严格防止这类杂质污染。快扩散杂质通常以间隙模式迁移,扩散激活能较低,使它们的扩散系数显著大于Ⅲ、Ⅴ族替位杂质。硅的各种施主(磷、砷、锑)与受主(硼、铝、钙、铟)元素原子都属替位杂质,其扩散系数都比碱金属与过渡族元素小多个数量级,它们的激活能具有相近数值,明显大于快扩散杂质。较低扩散速率有益于控制掺杂工艺与结深。

硅器件制造常用杂质的扩散系数也有显著差别,与它们的原子质量明显相关。质量较大的砷、锑扩散系数比硼、磷小许多倍。图 12.9 上还标出硅原子的自扩散系数,比图中所有杂质原子扩散系数都小,且随温度变化斜率大,即激活能大于杂质扩散。这显然源于硅原子自扩散所需跨越的势垒比杂质原子高,晶格对其束缚强。表 12.2 列出主要硅掺杂元素及硅原子本身的本征扩散系数数据,表 12.3 给出部分间隙杂质原子在硅中的扩散激活能及指数前系数。由于实验条件不尽相同和扩散过程的复杂性,人们会发现,不同书刊引用的扩散系数的具体数值有所差别。

表 12.2　硅中常用杂质和自身硅原子的本征扩散系数[2]

扩散元素	P	As	Sb	B	In	Si
D_0 (cm²/s)	4.70	9.17	4.58	1.0	1.2	560
E_A (eV)	3.68	3.99	3.88	3.5	3.5	4.76

表 12.3　硅中部分间隙杂质的扩散系数[10]

杂质	Cu	Fe	Ni	Na	O	H
D_0 (cm²/s)	4.7×10^{-3}	6.2×10^{-3}	0.1	1.6×10^{-3}	0.17	9.4×10^{-3}
E_A (eV)	0.43	0.87	1.9	0.76	2.54	0.48

12.3　扩散方程解与杂质分布

基于一定扩散模式和边界及初始条件,可以求解扩散方程(12.22),得到硅片衬底内扩散杂质浓度随距离及时间分布与变化。通常存在两种典型模式:一种为恒定杂质总量扩散,另一种为恒定表面浓度扩散。两者扩散杂质源不同,边界与初始条件不同,所决定的杂质分布函数也有显著区别。

12.3.1　恒定杂质总量扩散

在扩散工艺中,如先在表面淀积一层杂质,或应用离子注入技术,在表面或内部一薄层内注入一定量的杂质原子,随后进行高温热处理,就是典型恒定杂质总量扩散模式。扩散工艺中常把硅片表层形成杂质的步骤称为预淀积,把其后续步骤称为杂质驱入扩散或再分布扩散。预淀积和再分布是传统热扩散工艺的两个典型过程,前者决定杂质总量,后者决定杂质分布。杂质总量恒定扩散也可称为有限源扩散。对于一维恒定杂质总量扩散,除预先淀

积的表层以外区域,杂质浓度皆为零,因此,初始条件可表述如下:

$$x > 0 : C(x, 0) = 0 \tag{12.25}$$

通常硅片厚度远大于扩散深度,在扩散过程中杂质原子数量始终恒定,故可用以下二式作为边界条件:

$$C(\infty, t) = 0 \tag{12.26}$$

$$\int_0^x C(x, t) \mathrm{d}x = Q \tag{12.27}$$

上式中,Q 为单位面积内的杂质总量。在以上初始和边界条件限制下,扩散方程(12.22)的浓度解析式为

$$C(x, t) = \frac{Q}{\sqrt{\pi D t}} \exp\left(-\frac{x^2}{4Dt}\right) \tag{12.28}$$

(12.28)式表明,杂质总量恒定扩散形成的杂质空间分布,可用高斯函数描述。扩散方程(12.22)已隐含扩散系数不随杂质浓度变化的假设条件,只是温度函数。图 12.10 为这种扩散的杂质分布示意图,显示在某一温度下,杂质总量恒定扩散得到的分布曲线及其随时间变化趋势。由于杂质总量恒定,表面浓度和扩散深度都随扩散时间变化。增长扩散时间,导致表面浓度下降、扩散距离增加。如果提高扩散温度,则表面浓度与扩散距离变化加快。由以上杂质分布函数,可知表面浓度(C_s)随扩散时间的变化为

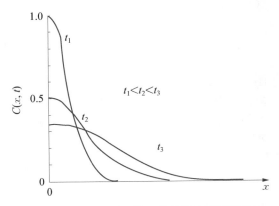

图 12.10　恒定杂质总量一维扩散的高斯型分布曲线

$$C_\mathrm{s}(0, t) = \frac{Q}{\sqrt{\pi D t}} \tag{12.29}$$

图 12.10 上不同时刻 $C(x, t)$ 曲线下的积分面积都应相等,代表杂质总量。

12.3.2　恒定杂质表面浓度扩散

恒定杂质表面浓度扩散通常发生在杂质扩散预淀积阶段。在这种模式扩散过程中,杂质原子不断补充进入硅片,保持一定的表面浓度,故也可称为无限源扩散。这种扩散的边界条件,即表面与远离表面的杂质浓度,可分别由以下二式表示:

$$C(0, t) = C_\mathrm{s} \tag{12.30a}$$

$$C(\infty, t) = 0 \tag{12.30b}$$

在扩散之初可合理认为,除由于硅衬底表面与扩散源接触,形成表面浓度 C_s 外,内部全无杂质,故初始条件可表述为

$$x > 0 : C(x, 0) = 0 \tag{12.30c}$$

在以上边界与初始条件限制下,求解扩散方程(12.22)得到,杂质浓度随距离与时间的变化可用以下关系式描述:

$$C(x,t) = C_s\left[1 - \mathrm{erf}\left(\frac{x}{2\sqrt{Dt}}\right)\right] = C_s\,\mathrm{erfc}\left(\frac{x}{2\sqrt{Dt}}\right) \tag{12.31}$$

其中,erf 为误差函数,erfc 为余误差函数,它们是两个互补的积分函数。上式中的余误差函数表达式为

$$\mathrm{erfc}\left(\frac{x}{2\sqrt{Dt}}\right) = \frac{2}{\sqrt{\pi}}\int_{\frac{x}{2\sqrt{Dt}}}^{\infty} \mathrm{e}^{-\eta^2}\,\mathrm{d}\eta \tag{12.32}$$

(有关误差及余误差函数的性质与数值,可参见参考文献[2]中的附录 A9 或其他数学手册。)

　　图 12.11 为无限源杂质扩散随距离及时间变化的浓度分布曲线。与图 12.10 显示的有限源杂质分布显著不同,随着扩散时间延伸,杂质扩散深度和总量都相应增长。杂质总量(Q)随时间的变化,可对曲线面积进行积分求得,

$$Q(t) = \int_0^{\infty} C(x,t)\,\mathrm{d}x = \int_0^{\infty} C_s\,\mathrm{erfc}\left(\frac{x}{2\sqrt{Dt}}\right)\mathrm{d}x = \frac{2}{\sqrt{\pi}}C_s\sqrt{Dt} \tag{12.33}$$

图 12.11 的纵轴为对数坐标,如果改用线性坐标标志浓度,并以 $(Dt)^{1/2}$ 作为距离(x)的衡量单位,则可得到如图 12.12 所示的归一化杂质分布曲线。图示的杂质余误差分布曲线,大致类似一个三角形,其面积就是扩散区域内的杂质剂量,与边长乘积成比例,正如(12.33)式所示。

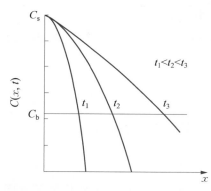

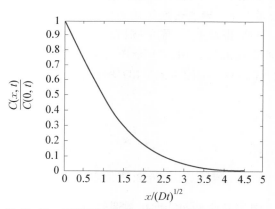

图 12.11　恒定杂质表面浓度一维扩散的余误差分布曲线　　图 12.12　线性尺度的归一化杂质余误差分布曲线

12.3.3　特征扩散长度、扩散结深与薄层电阻

　　上面根据两种不同扩散源及边界条件,扩散方程分别给出两种不同杂质分布解析式,即适于有限源扩散的高斯分布函数和适于无限源扩散的余误差分布函数。虽然两者有显著差别,但也有一些共同特征。在两种典型杂质分布表达式(12.28)与(12.31)中,都有一个量纲为长度的物理量 $2(Dt)^{1/2}$。因此,$2(Dt)^{1/2}$ 或 $(Dt)^{1/2}$ 可以说是衡量扩散系数为 D 的杂质扩

散,在 t 时刻后扩散距离的特征量,可称为特征扩散长度,或简称扩散长度。

图 12.13 把杂质扩散的高斯和余误差两种分布曲线显示在同一张图上,杂质浓度都归一化到与表面浓度的比值,距离则都以扩散长度 $(Dt)^{1/2}$ 为表征单位。图 12.13 既显示两种扩散的区别,也表明两者的相似性。两种扩散中杂质浓度沿扩散方向都按某种指数规律下降。对于高斯函数分布,距离为特征扩散长度,即 $x=2(Dt)^{1/2}$ 处的杂质浓度,衰减为表面浓度 $1/e$。对于余误差函数分布,衰减更快,接近一个数量级下降。因此,可以用下式粗略估算杂质扩散距离:

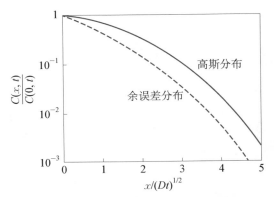

图 12.13 归一化杂质扩散分布的高斯函数和余误差函数曲线对比

$$x = 2\sqrt{Dt} \tag{12.34}$$

扩散形成的 pn 结深是扩散工艺需要控制的主要参数之一。如果假设衬底异型杂质浓度为 C_b,则根据 $C(x_j, t)=C_b$ 的定义,可由(12.28)式得到恒定杂质总量扩散时的结深 (x_j) 表达式,

$$x_j = 2\sqrt{Dt} \sqrt{\ln\left(\frac{C_s}{C_b}\right)} \tag{12.35a}$$

对于表面浓度恒定杂质扩散,仍设硅片衬底中的异型杂质背景掺杂浓度为 C_b,如图 12.11 所示,则可由余误差分布函数(12.31)式及 $C(x_j, t)=C_b$,求出这种扩散的结深表达式,

$$x_j = 2\sqrt{Dt}\, \mathrm{erfc}^{-1}\left(\frac{C_b}{C_s}\right) \tag{12.35b}$$

在以上两种扩散结深表达式中,又可见表征扩散过程的特征物理量 $2(Dt)^{1/2}$。两种扩散的结深表达式都可简化为扩散长度的倍数,

$$x_j = A\sqrt{Dt} \tag{12.36}$$

上式中,A 为取决于表面浓度与衬底异型杂质浓度之比 (C_s/C_b) 的函数,可称为结深因子。对于高斯和余误差两种杂质分布,结深因子 A 可分别表示为以下二式:

$$A = 2\sqrt{\ln\left(\frac{C_s}{C_b}\right)} \tag{12.37a}$$

$$A = 2\mathrm{erfc}^{-1}\left(\frac{C_b}{C_s}\right) \tag{12.37b}$$

图 12.14 显示高斯函数和余误差函数两种分布的 A 值,可用于计算杂质扩散结深。两种扩散结深都随 C_s/C_b 浓度比值上升而增加。

杂质扩散区的薄层电阻是另一反映掺杂结果的实用重要参数。平均薄层电阻 (R_s) 由活性杂质浓度分布、结深和载流子迁移率共同决定。在扩散工艺设计中,可根据杂质原子浓度

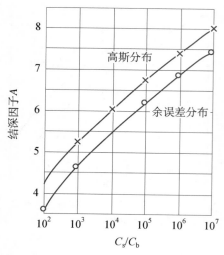

图 12.14　结深因子 A 与杂质浓度比 C_s/C_b 关系曲线[13]

分布和载流子迁移率计算 R_s 值。

$$R_s = \cfrac{1}{q\displaystyle\int^{x_j}\mu C(x)\mathrm{d}x} = \cfrac{1}{q\mu_{\mathrm{eff}}\displaystyle\int^{x_j}C(x)\mathrm{d}x} \qquad (12.38)$$

其中,q 为基本电荷,载流子迁移率 μ 通常随杂质浓度变化,$\mu = \mu[C(x)]$。有效迁移率(μ_{eff})可由下式求得:

$$\mu_{\mathrm{eff}} = \cfrac{q\displaystyle\int_0^{x_j}\mu[c(x)]C(x)\mathrm{d}x}{q\displaystyle\int_0^{x_j}C(x)\mathrm{d}x} \qquad (12.39)$$

在实验和生产工艺中,可应用四探针测试或测试图形等方法来测量薄层电阻。

12.4　高浓度杂质非本征扩散

虽然可用求解扩散方程得到的高斯函数或余误差函数解析式,分析杂质扩散中的浓度分布,但是,在发射区、源漏区等高浓度杂质扩散器件工艺中,应用这种解析式,往往难以确切描述得到的杂质扩散实际结果。在硅器件制造工艺的许多实际扩散过程中,存在多种非本征效应和非平衡效应,使扩散速率发生显著变化。非本征扩散效应为杂质浓度相关效应,非平衡效应则为氧化等工艺相关效应。在两类效应中对扩散系数影响最大的因素,都与缺陷相关。在高浓度扩散中,杂质与缺陷的相互作用可引起扩散速率强烈变化。多年来许多研究者对杂质在硅等半导体材料中的扩散,进行了多方面实验和理论研究,并在概括这些研究成果基础上,建立和不断改进扩散模拟分析软件技术,用于杂质扩散、热氧化等工艺的分析、设计与验证。TSUPREM-4 作为普遍应用的三维工艺软件,在杂质扩散分布等方面可以更为有效地描述实际工艺结果[2]。这种数字化软件较全面地分析各种非本征效应对扩散的影响。本节对高浓度杂质扩散中的电场增强效应和扩散速率的浓度依赖效应,从物理原理角度作简要分析。

12.4.1　电场增强扩散效应

高浓度杂质扩散在硅片内部可能形成内建电场,使杂质原子同时受到浓度梯度场与电势梯度场的双重作用,从而增强杂质原子扩散速率。对于低浓度杂质扩散,在扩散温度下硅片一般处于本征导电状态,其中,本征载流子浓度高于杂质浓度,存在 $n_i^2 = np$。对于高浓度扩散,杂质浓度(N_D 或 N_A)则可能高于本征载流子浓度,形成 $N_D \gg n_i$ 或 $N_A \gg n_i$。因此,对于高浓度杂质扩散,即便在高温下,硅片也可能处于杂质导电状态。与离子注入不同,通过扩散进入硅片的施主或受主杂质都是激活状态原子,释放出电子或空穴,本身成为离子。

在高温及浓度梯度作用下,电子或空穴也作扩散运动,而且由于载流子质量与原子相比很小,它们的扩散速率显著高于离子。这必然导致电荷分离,"跑"在前面的电子与"落"在后面的离化施主杂质之间产生电场。电势与电荷的自洽相互作用机制,将使两者达到稳定状态,在扩散区内产生沿扩散方向的自建电场。图 12.15 为高浓度杂质扩散区形成内部电场的机制示意图。

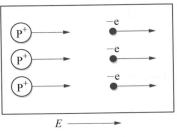

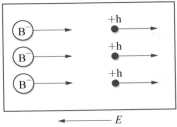

图 12.15　高浓度杂质扩散区自建电场形成机制示意图

图 12.15 显示,高浓度施主杂质扩散产生的内建电场与扩散方向同向,高浓度受主杂质扩散形成的内建电场则与扩散反向,但两者都推动高浓度杂质离子沿扩散方向更快迁移。对于硅片高浓度扩散区的极性相反杂质离子,内建电场却可能产生相反方向作用力。根据本书第 2 章有关硅材料基本性质,可以计算不同温度下的本征载流子浓度,$n_i(900℃) = 4 \times 10^{18}$ cm^{-3},$n_i(1\,200℃) = 2 \times 10^{19}$ cm^{-3}。如果扩散温度为 $1\,000℃$,浓度高于 1×10^{19} cm^{-3} 的杂质的扩散,就会产生上述内建电场增强扩散效应。双极型晶体管发射区、MOS 器件源漏区的掺杂浓度都应大于 1×10^{20} cm^{-3},可见存在电场增强效应的扩散工艺较为普遍。

下面用简化模型估算内建电场增强扩散效应引起的扩散系数变化。以高浓度施主杂质为例进行讨论。设硅片内所有杂质原子处于离化态,$N_D^+ = N_D$,并认为可以应用玻耳兹曼分布及电中性条件,即存在下列杂质和载流子之间的关系式:

$$np = n_i^2 \tag{12.40}$$

$$n = p + N_D^+ \tag{12.41}$$

如果以 E 代表内建电场,μ 代表离子迁移率,则杂质离子由电场驱动得到的漂移速度为 μE,杂质流密度则为 $\mu E N_D$。因此,对于同时存在杂质浓度梯度与内建电场的情形,总的杂质流密度应由扩散流与漂移流两部分构成,

$$J = -D \frac{\partial N_D}{\partial x} + \mu E N_D \tag{12.42}$$

同时,扩散区的电子也受到电子浓度梯度和电场的双重作用,其流密度也有扩散流与漂移流两项组成,

$$J_e = -D_e \frac{\partial n}{\partial x} - \mu_e E n \tag{12.43}$$

其中,D_e 和 μ_e 分别为电子的扩散系数和迁移率,都显著大于杂质的相关参数,$D_e \gg D$,$\mu_e \gg \mu$。根据爱因斯坦关系,(12.43) 式中的离子和电子迁移率可分别用以下二式描述:

$$\mu = \frac{q}{kT} D \tag{12.44a}$$

$$\mu_e = \frac{q}{kT} D_e \tag{12.44b}$$

其中,q 为单元电荷。在热平衡条件下,杂质离子流和电子流密度应该相等,

$$J = J_e \tag{12.45}$$

根据这一等式,参照以上各个关系式,可以求出高浓度杂质扩散产生的内建电场及相应扩散系数增强因子。简化的内建电场表达式为

$$E = -\frac{kT}{q} \frac{1}{\sqrt{N_D^2 + 4n_i^2}} \frac{\partial N_D}{\partial x} \tag{12.46}$$

上式表示内建电势梯度也与杂质浓度梯度密切相关,在扩散过程中,在浓度梯度较大的前沿,存在较强内建电场。受到内建电场增强的有效扩散系数可表示为

$$D_{eff} = hD \tag{12.47}$$

其中,h 称为电场增强因子,由以上各个关系式推导,可得到如下表达式:

$$h = 1 + \frac{N_D}{\sqrt{N_D^2 + 4n_i^2}} \tag{12.48}$$

上式虽然表明扩散系数的电场增强因子随杂质浓度增加而增大,但其上限为 2。这说明电场增强效应使本征扩散系数增长的最大值仅为 2 倍,即 $D_{eff} = 2D$。但是,在高浓度杂质扩散中常可观察到远高于此的扩散系数变化,说明还有其他因素对杂质扩散有更大影响,下面几节将进一步讨论。

　　如果说高浓度施主杂质形成的内建电场,只能使其本身扩散系数变化仅增加 1 倍,该电场对作用区内低浓度受主杂质离子,则可能有更为显著的影响,在扩散结附近可能成为驱动受主原子迁移和重新分布的重要因素。图 12.16 所示 p 型杂质的前后变化形象地说明此特点。图 12.16 为应用 TSUPREM - 4 程序分析得到的高低两种极性相反杂质的分布曲线,扩散温度为 1 000℃。由图 12.16 可见,内建电场增强效应使扩散后的杂质分布变化很大。高浓度 n 型杂质在电场作用下显著推进其扩散前沿,与此同时,原为均匀分布的低浓度 p

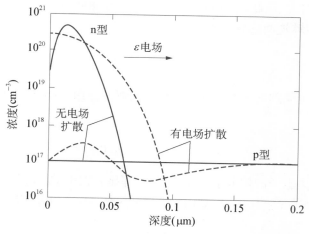

图 12.16　有无电场作用 1 000℃ 扩散后的 n 型与 p 型杂质分布对比[2]

(建立在扩散实验数据基础上的 TSUPREM - 4 数值分析结果)

型杂质,在原始结深附近发生浓度有升有降的有趣变化。在原无浓度梯度作用情况下,p型杂质分布的显著变化可归因于内建电场作用。结深附近的高浓度 n 型杂质浓度梯度较大,形成的内建电场应较强,可造成与施主杂质极性相反的受主杂质由内向外迁移。

如上所述,高浓度杂质非本征扩散中的内建电场效应,可显著改变器件工作区中的杂质分布,影响器件性能。例如,NMOS 晶体管源漏区高浓度施主杂质注入及退火,可引起沟道区硼杂质浓度分布变化,从而影响晶体管电学特性。因此,在掺杂工艺设计中必须计入内建电场效应。

12.4.2 扩散速率的浓度依赖效应

实验发现,在高浓度非本征杂质扩散中,扩散系数强烈依赖于杂质浓度,可随杂质浓度线性甚至二次方变化。应用同位素技术,可以直接测量高杂质浓度样品中的杂质扩散系数。利用 B^{10}、B^{11} 两种常见同位素的差别,测定高浓度硼扩散系数,就是一个范例。先制备高浓度均匀掺杂硼同位素 B^{11} 的样品,再把较低浓度的 B^{10} 同位素引入样品,进行扩散。然后应用可分离与识别两种同位素的二次离子质谱(SIMS)剖面分析技术,测试样品中两种同位素的深度分布,就可从中获取原有背景浓度下的硼扩散系数数据。这种同位素方法常称为等浓度扩散实验技术,可用于测试各种杂质不同浓度和温度下的扩散系数。同位素技术也可用于测定硅自扩散系数。

图 12.17 为高低两种不同恒定表面浓度硼扩散的分布曲线,低表面浓度为 1×10^{18} cm^{-3},高表面浓度为 5×10^{20} cm^{-3}。在扩散温度下,前者低于本征载流子浓度,属本征扩散,其浓度分布符合余误差函数曲线,如图 12.17 中虚线所示。后者硼杂质浓度显著高于扩散工艺温度的本征载流子浓度,形成的杂质分布偏离余误差函数曲线,接近实线表示的 TSUPREM - 4 数值分析结果。如图 12.17 所示,这种数值分析计入了扩散系数随杂质浓度的变化规律,$D \sim (n/n_i)$,或 $D \sim (n/n_i)^2$。可见硼原子扩散分布由较为平坦的高浓度区和陡峭下降的低浓度区构成,形成类似"箱形"分布。砷等其他活性杂质扩散在高浓度区也常有类似深度分布。这表明杂质扩散系数数值与杂质浓度密切相关。

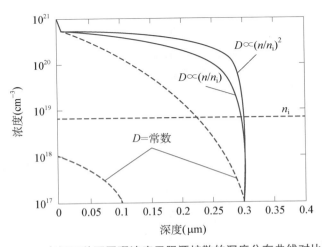

图 12.17   高低两种不同硼浓度无限源扩散的深度分布曲线对比[2]

(虚线为恒定扩散系数的余误差分布,实线为扩散系数随浓度变化的 TSUPREM - 4 数值分析结果)

12.4.3　多电荷态空位-杂质相互作用决定的扩散系数

扩散速率与杂质浓度的强烈相关性,显然有更深刻的扩散过程内在原因。如本章前面所强调,半导体晶体中的扩散过程取决于杂质与晶格缺陷的相互作用。高浓度杂质掺入晶体可引起晶格缺陷状态变化,导致扩散系数变化。对硼、砷等替位杂质的空位扩散机制进行更全面和深入的分析,可以获得扩散系数与杂质浓度相互关系的信息。晶体中不仅有中性点缺陷,还存在荷电状态的点缺陷,它们可在禁带中分别形成局域化能级。通过电学和顺磁共振等实验测试,确定在硅晶体中存在 V^0、V^-、V^{--}、V^+ 4 种电荷态空位,并在禁带中形成相应能级。不同空位电荷态的形成,是晶体中缺陷与载流子相互作用的结果。硅晶格中每个硅原子都与近邻 4 个原子构成共价键。晶格原子缺位则使相邻原子产生悬挂键,如果俘获一个电子,则可使一个相邻硅原子价电子饱和,这等效于中性空位俘获 1 个电子,形成负电荷空位(V^-)。这种空位与载流子的相互作用,显然是可逆过程,既有产生,也有复合,可用以下反应式表示单负电荷空位态的产生与复合过程:

$$V^0 + e \longleftrightarrow V^- \tag{12.49}$$

同样的电子俘获机制也可形成带两个负电荷的空位态(V^{--}),

$$V^0 + 2e \longleftrightarrow V^{--} \tag{12.50}$$

空位也可俘获空穴,形成带正电荷的空位缺陷(V^+),

$$V^0 + h \longleftrightarrow V^+ \tag{12.51}$$

荷电空位缺陷密度及分布,与杂质浓度、扩散温度相关。各种荷电空位态的密度,应由以上反映其与载流子相互作用的反应方程以及热力学统计规律决定。如 12.4.2 节所述,在高温下,硅扩散区高浓度杂质将改变电荷分布,引起电势变化。这必将导致费米能级变化,因而使荷电空位缺陷密度及分布发生变化。荷电空位与杂质间的相互作用也必将增强,从而影响杂质扩散过程与扩散速率。

在分析各种荷电状态空位对扩散系数的贡献时,考虑晶格中空位总浓度很低,可以假设不同电荷态空位都独立与杂质原子相互作用,分别影响杂质扩散系数。一种电荷态空位决定的扩散系数应与其浓度成比率。也就是说,可以把不同电荷态空位与杂质原子的相互作用,看成相互独立的扩散机制。因此,总的杂质扩散系数,应等于各种电荷态空位扩散机制相应扩散系数之和。每种空位态的扩散系数,也应具有随温度变化的指数依赖关系,但源于其不同能级位置,各自应有不同的激活能及指数前系数。对于低浓度本征扩散,总的扩散系数可用下式表达:

$$D_i = D_i^0 + D_i^- + D_i^{--} + D_i^+ \tag{12.52}$$

上式中用下标"i"标志本征扩散系数。这种本征扩散系数在一定温度下为常数值。

研究者在分析杂质原子与多电荷态空位相互作用基础上,发展了晶体中原子扩散系数与杂质浓度相互关系的理论[7, 14]。对于高浓度杂质扩散,扩散系数也应为各种空位的作用之和,但如前所述,高浓度杂质将使荷电状态缺陷密度与分布发生变化。更为普适的扩散系数可以用下式表示:

$$D = D^0 + D^- + D^{--} + D^+ \tag{12.53}$$

　　下面通过对荷电空位缺陷产生与复合反应的分析,求出与各个电荷态空位相应的扩散系数与杂质浓度的关系式。

　　为求得扩散系数与杂质浓度的依赖关系,首先分析荷电空位密度的变化规律。依据物理化学的质量作用定律,在恒定温度热平衡状态下,(12.49)式所表示的电荷交换反应,在参与反应的 3 种粒子浓度间,应存在以下关系式:

$$K = \frac{C(V^-)}{nC(V^0)} \tag{12.54}$$

其中,K 称为反应平衡常数,n、$C(V^0)$、$C(V^-)$ 分别为电子、中性空位和单负电荷空位的浓度。(12.54)式可适用于本征与非本征不同浓度扩散。对于本征扩散情形,(12.54)式可用各个粒子的本征浓度表示,

$$K = \frac{C_i(V^-)}{n_i C_i(V^0)} \tag{12.55}$$

由于反应平衡常数仅为温度函数,不随浓度变化,可得到非本征与本征参数之间关系式如下:

$$\frac{C(V^-)}{nC(V^0)} = \frac{C_i(V^-)}{n_i C_i(V^0)} \tag{12.56}$$

如果认为晶体内的中性空位浓度不随掺杂浓度变化,即 $C(V^0) = C(V_i^0)$,则与中性空位浓度成比率的非本征和本征扩散系数应相等,

$$D^0 = D_i^0 \tag{12.57}$$

(12.56)式简化后可得到单电荷负空位浓度 $C(V^-)$,与电子浓度应存在如下关系:

$$C(V^-) = C_i(V^-) \frac{n}{n_i} \tag{12.58}$$

因此,与单电荷负空位相对应的扩散系数 D_e^- 可用下式表示:

$$D^- = D_i^- \frac{n}{n_i} \tag{12.59}$$

对于(12.50)式表示的双负电荷空位产生与复合反应,根据质量作用定律可写出下式:

$$K = \frac{C(V^{--})}{n^2 C(V^0)} \tag{12.60}$$

应用以上同样分析方法,与双电荷负空位相关的扩散系数(D^{--})可用下式表示:

$$D^{--} = D_i^{--} \left(\frac{n}{n_i} \right)^2 \tag{12.61}$$

由正电荷空位产生与复合反应式(12.51),也可依据质量作用定律,求出取决于正电荷空位的扩散系数 D^+ 表达式,

$$D^+ = D_i^+ \frac{p}{n_i} \tag{12.62}$$

综合以上结果,扩散系数的表达式(12.53)可具体化为

$$D = D_i^0 + D_i^- \frac{n}{n_i} + D_i^{--} \left(\frac{n}{n_i}\right)^2 + D_i^+ \frac{p}{n_i} \tag{12.63}$$

显示出扩散系数与载流子浓度之间的依赖关系。

如果硅材料在扩散温度下处于本征电导状态,$n = p = n_i$,(12.63)式则简化为(12.52)式。对于施主杂质高浓度非本征高温扩散,$n \gg n_i \gg p$,扩散系数可简化为下式:

$$D = D_i^0 + D_i^- \frac{n}{n_i} + D_i^{--} \left(\frac{n}{n_i}\right)^2 \tag{12.64}$$

对于受主杂质高浓度非本征高温扩散,$p \gg n_i \gg n$,扩散系数可用下式表示:

$$D = D_i^0 + D_i^+ \frac{p}{n_i} \tag{12.65}$$

对于高浓度杂质扩散,综合前面介绍的电场增强效应与本节杂质-空位相互作用机制,根据 $D_{\text{eff}} = hD$,以电场增强因子 h,乘以上面各式,就可得到更为完全的有效扩散系数表达式。

按以上杂质-空位相互作用模型,高浓度杂质扩散速率上升,应归因于荷电空位对杂质扩散的增强作用。(12.64)和(12.65)两式分别表示,负电荷空位将增强施主杂质扩散,正电荷空位则增强受主杂质扩散,且扩散系数与杂质浓度呈线性甚至平方变化关系。这一结果的内在物理因素可理解为源于电荷相互作用规律。硅中的活性杂质为离化原子,施主杂质为正离子,与负电荷空位相互吸引;受主杂质为负离子,应受正电荷空位吸引。这种库仑作用对杂质原子扩散的增强作用,远大于内建宏观电场对原子的迁移作用。

12.4.4　硅中常用杂质扩散系数的浓度及温度依赖关系

以上各个表达式中显示的,都是扩散系数与载流子浓度 n 和 p 的依存关系,实际上这也正是与杂质浓度的关系。这些表达式显示了非本征扩散速率与杂质浓度的强烈依赖关系。扩散系数随温度的变化,应表现在 D_i^0、D_i^-、D_i^{--}、D_i^+ 的温度依赖关系中。这些相对独立的各种荷电空位扩散机制,各有不同的热激活能及指数前系数,可分别用以下各式表示:

$$D_i^0 = D_0^0 \exp\left[-\left(\frac{E_A^0}{kT}\right)\right] \tag{12.66a}$$

$$D_i^- = D_0^- \exp\left[-\left(\frac{E_A^-}{kT}\right)\right] \tag{12.66b}$$

$$D_i^{--} = D_0^{--} \exp\left[-\left(\frac{E_A^{--}}{kT}\right)\right] \tag{12.66c}$$

$$D_i^+ = D_0^+ \exp\left[-\left(\frac{E_A^+}{kT}\right)\right] \tag{12.66d}$$

应用前面介绍的同位素等浓度扩散系数实验测试技术,可以获取和分析杂质在不同浓度及温度下的扩散系数变化,从而得到各种杂质的扩散相关参数。表 12.4 列出硅单晶中硅和主要掺杂元素原子的扩散激活能及指数前系数。

表 12.4   硅单晶中硅和常用杂质原子的扩散激活能及指数前系数

扩散元素	Si	B	In	As	Sb	P
E_A^0 (eV)	4.76	3.46	3.5	3.44	3.65	3.66
D_0^0 (cm²/sec)	560	0.037	0.6	0.066	0.214	3.85
E_A^+ (eV)		3.46	3.5			
D_0^+ (cm²/sec)		0.72	0.6			
E_A^- (eV)				4.05	4.08	4.0
D_0^- (cm²/sec)				12.0	15.0	4.44
E_A^{--} (eV)						4.37
D_0^{--} (cm²/sec)						44.2
参考文献	[2]	[3]	[2]	[3]	[2]	[2,3]

根据以上理论分析及实验数据,可得到硼、砷、磷等杂质扩散系数与浓度及温度的关系式。在硼扩散中,起主导作用的空位缺陷态为中性空位和正电荷空位,其扩散系数随浓度及温度的变化可用下式表示:

$$D(B) = \left[0.037 + 0.72 \left(\frac{p}{n_i} \right) \right] \exp \left(-\frac{3.46}{kT} \right) \text{(cm}^2/\text{sec)} \tag{12.67}$$

由上式计算的非本征硼扩散系数随温度变化如图 12.18 所示,图中同时给出本征硼扩散系数的温度依赖关系。由图 12.18 可见,高浓度非本征杂质扩散系数,与本征扩散系数相比,可有多个数量级增加。

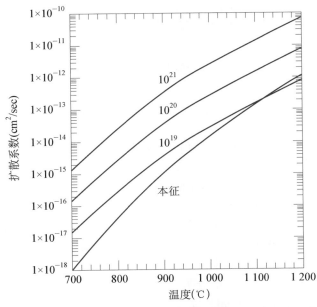

图 12.18   硼在硅中本征与非本征扩散系数随温度及浓度的变化曲线[32]

对于高浓度砷扩散,单负电荷空位和中性空位与杂质原子的相互作用为主,其扩散系数随浓度及温度的变化体现在下式中:

$$D(\text{As}) = 0.066\exp\left(-\frac{3.44}{kT}\right) + 12\left(\frac{n}{n_i}\right)\exp\left(-\frac{4.05}{kT}\right)\ (\text{cm}^2/\text{sec}) \tag{12.68}$$

磷扩散研究发现,中性空位和单、双负电荷空位对扩散都有影响,其扩散系数随浓度及温度变化的关系式由 3 项组成,

$$D(\text{P}) = 3.85\exp\left(-\frac{3.66}{kT}\right) + 4.44\left(\frac{n}{n_i}\right)\exp\left(-\frac{4.0}{kT}\right) + 44.2\left(\frac{n}{n_i}\right)^2\exp\left(-\frac{4.37}{kT}\right)\ (\text{cm}^2/\text{sec})$$

$$\tag{12.69}$$

以上讨论的空位机制扩散模型,可以合理解释Ⅲ、Ⅴ族杂质在硅中的某些扩散实验结果,例如,杂质扩散速率随浓度的变化及其形成的高浓度杂质陡峭分布。但是,仍然有许多扩散实验事实,无法仅用单一空位扩散机制说明。12.5 节讨论的氧化增强扩散等工艺相关非平衡扩散效应,将有助于进一步揭示自间隙硅原子在杂质扩散中的作用。

12.5   工艺相关非平衡扩散效应

前面讨论的本征与非本征扩散,是在载流子与缺陷处于热平衡条件下的扩散现象及规律。在实际工艺中,杂质扩散常常与硅氧化等其他热工艺同时进行。表面氧化或氮化等工艺过程,将引起硅体内点缺陷浓度与分布变化,破坏热平衡状态。热工艺对杂质扩散的影响,不只限于高温加热作用,还与该工艺过程有关。同样温度下的硅表面热氧化或热氮化工艺,可对同一杂质的扩散呈现不同效应,可能增强扩散速率,也可能减缓扩散速率。相同温度热氧化过程,对不同杂质原子扩散有不同作用。对氧化增强、氮化阻滞等扩散效应的研究,不仅可获取更多扩散工艺数据,更为重要的是,这类研究对揭示杂质扩散运动的微观机制极为有益。离子注入损伤也可能严重影响杂质扩散速率,存在瞬态增强扩散效应。离子注入、氧化、氮化、硅化等工艺过程都可能破坏晶体点缺陷平衡,在硅片中产生和发射不同类型缺陷,因而对杂质扩散有不同影响。

12.5.1   氧化和氮化的增强与阻滞扩散效应

本书热氧化一章中,曾讨论杂质界面分凝、增强氧化效应等杂质对氧化过程的影响。由以下讨论的实验事实及分析可知,氧化对于扩散过程同样具有显著作用。杂质扩散工艺或离子注入后的退火工艺常与表面氧化同时进行。实验发现,氧化过程可显著影响杂质分布,而且对于不同杂质有不同影响,有的杂质扩散速率增加[15-17],也有杂质的扩散速率反而有所减缓[18]。图 12.19 给出的硼、锑扩散实验深度分布曲线,充分说明硅中杂质扩散对氧化和氮化气氛的敏感性。图 12.19 中的硼实验硅片为低掺杂硅薄膜上外延硼掺杂层,锑实验硅片则以本征外延薄膜淀积在 Sb^+(140 keV, 1×10^{14} cm^{-2})注入掺杂衬底上。杂质体浓度都在 1×10^{18} cm^{-3} 以下。两种实验硅片都分为 3 组,分别在惰性(Ar)、氧化(O_2)和氮化(NH_3)气氛中进行热扩散,扩散温度及时间相同,均为 1 000 ℃、5 h。图 12.19 上曲线为应用二次离子质谱(SIMS)剖面分析得到的杂质深度分布实验结果,符号点为计入氧化增强或氮化阻

滞效应影响的模拟计算值。惰性气氛扩散为典型平衡态本征扩散,氧化与氮化气氛扩散则为非平衡态本征扩散。对比图 12.19 中杂质浓度 4 条分布曲线变化可见,与惰性气氛扩散相比,硼、锑两种杂质原子在氧化与氮化气氛下的扩散,具有相反趋势。表面氧化使硼原子分布范围扩展,表面氮化则使硼扩散深度减小,显示氧化具有增强扩散效应,氮化则显现减缓扩散效应。对于杂质锑,SIMS 扩散分布曲线揭示,表面氮化呈现扩散增强效应,表面氧化则呈现氧化扩散阻滞效应。

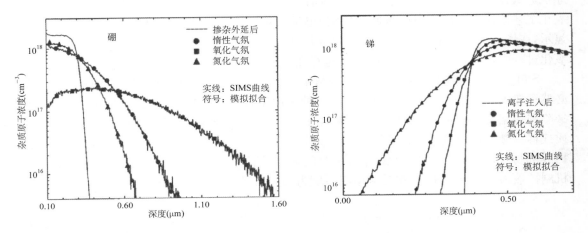

图 12.19　硅中硼和锑在不同气氛下扩散后的杂质原子深度分布变化[12]

　　类似实验表明,砷和磷也都存在氧化增强扩散效应(oxidation enhanced diffusion, OED)。这一效应与呈现在锑扩散中的氧化阻滞扩散效应(oxidation retarded diffusion, ORD),以及表面氮化对同一杂质扩散的相反作用,为研究硅中点缺陷作用及原子扩散机制提供了十分有效的实验途径。图 12.20 形象地显示氧化增强扩散效应及其机制。图 12.20 为一局部氧化工艺硅片剖面结构,左为氮化硅覆盖区,右为场氧化层生长区,内部有氧化前

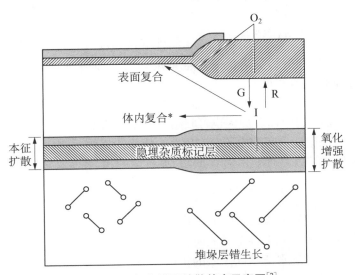

图 12.20　氧化增强扩散效应示意图[2]

预先形成的隐埋掺杂层。在高温过程中,两区内的隐埋层杂质会向上下两侧扩散,但在场氧化区下面的杂质扩散速率显著大于氮化硅覆盖区。因此,同一硅片左右两区分别呈现本征扩散和氧化增强扩散现象。

氧化增强和氧化减缓效应的实验结果,有益于揭示硼、磷、砷、锑等杂质的扩散机制。由于 SiO_2 中的硅原子密度低于硅晶体的硅原子密度,在硅氧化过程中,在打破 Si—Si 键、形成 Si—O 键、生成 SiO_2 的同时,会产生自间隙硅原子。氧化时约 1 000 个原子中可能有 1 个硅原子进入自间隙位置。这种点缺陷必然向内部扩散,导致扩散区自间隙硅原子浓度上升。氧化工艺往往在硅衬底中诱生堆垛层错,也是氧化过程产生硅自间隙原子所致。图 12.20 显示,在场氧化区不仅杂质扩散增强,堆垛层错生长也增强。图 12.20 中"G"所示箭头表示氧化过程中自间隙原子的产生及发射,也存在自间隙硅原子与空位的复合过程"R"。

SiO_2 生长区自间隙原子浓度增加,与杂质原子增强扩散相伴随的事实表明,两者之间必然存在内在因果关系。这证明替位杂质的扩散不仅与空位缺陷有关,也与硅自间隙原子缺陷密切相关。自间隙原子可以和杂质原子结合,形成填隙缺陷,以推填式扩散机制实现杂质迁移。硼、磷、砷具有显著氧化增强扩散效应的事实揭示,在这些杂质扩散过程中,推填式扩散机制起着重要作用。氧化区下面的自间隙原子浓度上升,会使空位浓度下降,对以空位机制扩散为主的锑原子,扩散受到阻滞也应为必然结果。

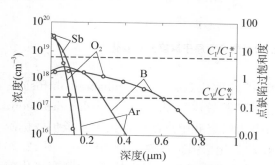

图 12.21　硅表面氧化引起的硼、锑杂质扩散深度分布与点缺陷浓度变化[2]

（TSUPREM-4 模拟分析结果）

图 12.21 显示硅片表面有无氧化条件下,应用 TSUPREM-4 程序分析得到的硼、锑两种杂质典型分布曲线及点缺陷浓度变化。图 12.21 鲜明显示硼的氧化增强扩散效应和锑的氧化阻滞扩散效应,与图 12.19 实验结果一致。图 12.21 右侧纵轴标志点缺陷过饱和度,图中分别标出了氧化条件下自间隙硅原子(C_I/C_I^*)和空位(C_V/C_V^*)的过饱和度值。C_I、C_V 分别为自间隙硅原子和空位在氧化条件下的浓度,C_I^*、C_V^* 则为非氧化条件下的本征浓度。图 12.21 表明,在氧化条件下,扩散区内自间隙硅原子浓度显著高于其本征浓度,空位浓度则相反,显著低于本征浓度。因此,硅表面 SiO_2 生长,有利于推填式扩散机制,不利于空位机制扩散。

图 12.19 所示实验还揭示,在 NH_3 气氛中硅表面高温氮化反应时,以推填式扩散机制主导的硼杂质扩散呈现减缓效应,其原因也可归结于点缺陷浓度的变化。与氧化不同,硅表面氮化过程会发射空位,促进硅自间隙原子与空位复合成为晶格原子,因而导致间隙原子点缺陷浓度下降,不利于推填式扩散。对于完全以空位机制扩散的锑,表面氮化却具有增强扩散效应。

12.5.2　发射区推进效应及其机制

按照简单的本征扩散理论可以认为,不同杂质各自在浓度梯度作用下扩散,应无相互影响。但实验发现,半导体内部多种杂质同时扩散,可能影响彼此的扩散速率。最为明显的例子为发射区扩散时,会影响本征基区杂质的扩散速率。除了 12.4.1 节提到的内建电场效应外,还有两种常见情形,如图 12.22 所示。图 12.22(a)为发射区扩散造成本征基区杂质向体内增强扩散,常被称为发射区推进效应或本征基区陷落效应。人们在晶体管制造工艺中早就发现,当以高浓度磷扩散形成发射区时,往往造成发射区下面本征基区的硼或镓杂质,比非本征基区更快扩散,导致难以形成理想的超薄基区。这种效应不利于制备高频器件。如果用锑扩散形成发射区,则会发现本征基区杂质比非本征基区扩散慢,形成基区收缩现象,如图 12.22(b)所示。

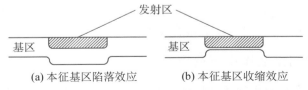

图 12.22 发射区扩散造成的本征基区陷落效应和收缩效应

高浓度发射区杂质扩散引起本征基区杂质扩散速率变化的事实,对于分析杂质原子扩散机制十分有益。在本征基区陷落效应中,高浓度磷扩散导致硼扩散加速,应源于前者在本征基区中引入更多点缺陷浓度。考虑在氧化增强扩散中,硼、磷原子都可借助氧化产生的自间隙硅原子,提高迁移速率,显然可以推论,本征基区应比非本征基区有更高自间隙硅原子浓度,而且增高的自间隙硅原子浓度来源于发射区扩散。这表明磷原子扩散过程应存在推填扩散机制,即磷原子与自间隙硅原子形成填隙缺陷进行扩散。在这种推填式扩散前沿,磷原子占据晶格位置的同时,也释放出自间隙硅原子,使发射区下方的点缺陷浓度显著增加,从而促使本征基区内的硼原子扩散速率增强,导致本征基区下陷。对于锑发射区扩散则完全不同。由于锑原子完全以空位交换方式扩散,发射区吸收空位,造成下方空位点缺陷密度降低,因而减缓本征基区的硼原子扩散速率。上述发射区扩散对基区杂质分布的影响说明,不仅氧化等其他工艺过程会造成非平衡扩散效应,高浓度扩散本身,也会引起硅中点缺陷浓度及分布变化,影响杂质扩散速率。

12.5.3 离子注入退火的瞬态增强扩散效应

离子注入后退火过程中的瞬态增强扩散(transient-enhanced diffusion,TED),是另一种典型非平衡扩散效应[19, 20]。离子注入掺杂后,必须通过高温短时间(如 1 000℃ ,<1 min)或者低温长时间(如 700℃ ,数小时)热退火,消除硅晶格损伤,激活杂质。实验发现,在热处理过程中,杂质原子可显著迁移,瞬态扩散速率可比正常情形大幅度升高,有的甚至高达数千倍。这成为源漏区形成和其他浅结形成工艺的难题之一。

显然,这种瞬态增强扩散效应源于离子注入碰撞损伤。实验结果和理论分析表明,在 TED 效应中起主要作用的为自间隙硅原子缺陷。虽然在离子注入过程中,杂质原子与硅原子的级联碰撞,会产生大致等量的初始空位与间隙原子,以及它们组合的关联缺陷,但研究揭示,在热退火过程起始极短时间($10^{-6} \sim 10^{-2}$ s)内,通过空位-间隙原子体内复合、空位表面复合等过程,空位及其相关缺陷较快消失。晶体中剩余缺陷主要由自间隙原子构成,其数量大致等于取代晶格位置的杂质原子注入剂量。这些离子注入碰撞产生的自间隙原子,在体内可达到很高过饱和度,从而引起杂质原子的瞬态快速迁移。高浓度自间隙原子不仅存在于注入区,也扩散入硅片内部,使位于内部的掺杂区杂质发生瞬态增强扩散。本书第 13 章“离子注入”将对 TED 效应及其物理机制作具体讨论分析。

12.6 杂质-缺陷相互作用与扩散微观机制

本章一开始就概要介绍了半导体中宏观扩散过程的微观模式。通过 12.5 节对氧化增强扩散、发射区推进等非平衡扩散实验现象的讨论,可以更清晰地理解缺陷在杂质扩散中的作用,有益于更深入地研究分析硅中杂质扩散机制。本节依据多种扩散相关实验与模拟分析,进一步讨论杂质与缺陷的相互作用和扩散微观机制。

12.6.1 杂质与缺陷相互作用与反应

多种扩散实验事实与分析确认,硼、磷、砷、锑等替位式杂质,在硅晶体中通过空位和推填两种扩散机制实现迁移。对于不同杂质,两种机制的贡献不同。如果以 A 代表杂质原子,以 I 标志自间隙硅原子,以 V 代表空位缺陷,则它们之间的相互作用可由以下反应式表示:

$$A + I \longleftrightarrow AI \tag{12.70}$$

$$A + V \longleftrightarrow AV \tag{12.71}$$

在上式中,AI 为一个杂质原子与一个自间隙硅原子结合形成的关联缺陷,即有杂质原子参与的填隙缺陷,也可称为杂质原子-自间隙硅原子缺陷对;AV 为一个杂质原子与一个空位结合形成的另一种关联缺陷,也可称为杂质原子-空位缺陷对。AI 与 AV 都是杂质原子和晶体点缺陷结合形成的缺陷,它们及杂质原子 A 常被称为晶体中的非本征点缺陷。

以上二式十分简单,却是对晶体中杂质与缺陷相互作用及扩散机制的概括。可以认为,当杂质原子 A 位于某一晶格位置时,它处于稳定的非运动状态。即便在高温下热运动能加剧其在晶格平衡点邻近的振动,杂质原子通常仍需要借助与缺陷相互作用,才有较高几率实现迁移。也就是说,杂质原子只有与空位或自间隙原子缺陷结合成 AV 或 AI 关联缺陷,才进入可动状态。因此,替位杂质的扩散过程,可归结为 AV 和 AI 两种关联缺陷在晶体中的运动。在这两种机制中,较易理解 AV 所代表的替位杂质原子与空位缺陷的结对扩散机制。实质上,前面讨论的空位扩散模型就是这种扩散机制的一种描述。而硅自间隙原子在杂质扩散中的作用并不显而易见。氧化增强扩散等实验事实却证明,确实是氧化过程产生的过饱和自间隙硅原子,显著提高了硼、磷等杂质的扩散速率。杂质原子进入晶体可与晶格硅原子结合,也可与自间隙硅原子结合。显然,后者比前者容易,因为前者要求打破原来晶格原子与近邻原子的共价键,后者则是不受共价键束缚的硅原子。质量较小的杂质原子更易于和间隙硅原子结合成缺陷对 AI。

(12.70)反应式极为简洁地概括了上述扩散实验事实的微观机制,从而可以更清晰地表述推填式扩散机制。表面热氧化伴生的过饱和自间隙原子,使(12.70)式反应趋向右方,促使更多杂质原子与自间隙原子结合成填隙缺陷 AI。这种缺陷可看作一种可动粒子,可在浓度梯度场作用下,向硅晶体内部迁移。在运动过程中,AI 填隙缺陷可释放出杂质原子,进入一个晶格位置,并同时释放出一个硅自间隙原子。表面氮化减缓扩散效应也从另一角度证实(12.70)反应式所描述的 AI 填隙缺陷扩散机制。由于硅表面氮化过程伴随着向硅中发射空位缺陷,使杂质扩散区的缺陷复合过程加强。

$$I + V \longleftrightarrow Si_L \tag{12.72}$$

上式中的 Si_L 代表晶格位置原子。这种缺陷复合过程导致扩散区硅自间隙原子浓度下降，必然减缓以推填式扩散机制为主的杂质扩散速率。

12.5 节讨论的本征基区陷落效应也证明上述微观扩散机制的合理性。在高浓度磷杂质扩散中，自表层区域迁移入内的 AI 磷填隙缺陷对，在 np 结深附近释放出自间隙硅原子，形成这种点缺陷浓度上升，使基区硼原子与其形成可动性 AI 硼填隙缺陷对，导致本征基区杂质增速扩散。

12.6.2 自间隙原子缺陷与推填扩散机制

根据杂质原子与自间隙硅原子相互作用与反应的思路，可以结合实验事实更具体地分析推填式扩散机制。12.4.4 节中曾给出磷杂质扩散系数随浓度的依赖关系式（12.69），但在单一磷杂质高浓度扩散实验中发现，杂质深度分布曲线的尾部却与该式不符，磷原子浓度呈现较平缓下降，如图 12.23 所示。这表明尾部存在增强扩散效应，磷原子浓度虽然已降到本征浓度范围，扩散系数却大大高于本征扩散系数。早期研究者曾用磷与荷电空位结合及分解的模型解释这种现象[21]。进一步研究表明，这种效应可归因于自间隙硅原子与磷原子的相互作用及其形成的推填扩散机制[2, 7, 22, 23]。图 12.23 为 TSUPREM‑4 对高浓度磷扩散的模拟分析结果，根据自间隙硅原子浓度变化和推填扩散机制，得到与实验相符的磷原子深度分布曲线。图 12.23 中标出了自间隙硅原子（I）与磷原子填隙缺陷（AI）的迁移方向。图 12.23 显示，扩散区内部的自间隙原子浓度 C_I 高于表面。这一现象可以用（12.70）式所表示的双向反应微观机制解释。在硅表面，由于自间隙原子的产生与复合机制，可以保持其本征浓度 C_I^*。表层磷原子与自间隙硅原子结合成填隙缺陷 AI，向硅片内部扩散。在此过程中，当杂质原子进入空位晶格点时，同时释放出自间隙原子，因而使内部自间隙原子浓度上升，进入过饱和状态，从而增强尾部磷原子扩散。

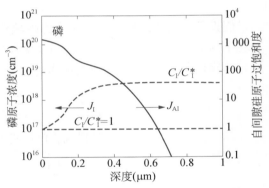

图 12.23 高浓度磷扩散的尾部增强扩散效应和扩散区缺陷浓度分布[2]

（TSUPREM‑4 模拟分析结果）

高浓度磷扩散尾部扩散增强效应与本征基区陷落效应揭示，高浓度扩散过程本身也可在硅晶体内部形成点缺陷非平衡扩散效应。杂质扩散可改变硅片中的自间隙硅原子的分布，把这种点缺陷从表面抽取到内部，形成体内自间隙硅原子浓度过饱和。这种现象可以说是杂质扩散造成的一种化学泵效应。下面进一步分析在杂质扩散过程中，自间隙硅原子的运动及其浓度变化。由（12.70）式可知，扩散区内的自间隙硅原子浓度应为自由缺陷 $C_I(x)$ 与关联缺陷 $C_{AI}(x)$ 两部分之和，扩散流密度也应由相应的两部分 $J_I(x)$ 与 $J_{AI}(x)$ 构成。自间隙硅原子相关缺陷的扩散运动，也可应用反映物质连续性规律的费克第二定律描述。因此，自间隙原子缺陷的扩散方程可写为下式：

$$\frac{\partial}{\partial t}(C_I + C_{AI}) = -\frac{\partial}{\partial x}(J_I + J_{AI}) \tag{12.73}$$

为估算自间隙原子缺陷饱和度,可假设在准静态条件下,上式左边时间微分值趋于零,从而可以认为,向内扩散的杂质填隙缺陷流密度 J_{AI} 与向外扩散的自间隙原子缺陷流密度 J_I 达到平衡,即两者方向相反、数值相等,有 $J_I = -J_{AI}$,如图 12.23 所示。两种缺陷的流密度也可依据费克第一定律分别表示为以下二式:

$$J_I = -d_I \frac{\partial C_I}{\partial x} \tag{12.74}$$

$$J_{AI} = -d_{AI} \frac{\partial C_{AI}}{\partial x} \tag{12.75}$$

其中,d_I、d_{AI} 分别为两种缺陷的扩散系数。由于 $J_I = -J_{AI}$,自间隙硅原子的浓度梯度可以用下式表示:

$$\frac{\partial C_I}{\partial x} = \frac{J_{AI}}{d_I} \tag{12.76}$$

在上式中两边除以自间隙原子的平衡浓度 C_I^*,可得到这种缺陷过饱和度梯度表达式,

$$\frac{\partial (C_I/C_I^*)}{\partial x} = \frac{J_{AI}}{d_I C_I^*} \tag{12.77}$$

如果假设某种杂质的扩散机制完全为推填式,则杂质有效扩散流密度应等效于杂质填隙可动粒子的流密度,$J_A = J_{AI}$。 实际上,现有实验已证明,磷扩散确为推填机制所控制。对于这种杂质扩散,可写出下面的关系式:

$$D_A^{eff} \frac{\partial C_A}{\partial x} = d_{AI} \frac{\partial C_{AI}}{\partial x} \tag{12.78}$$

(12.78)与(12.77)式结合,可得到自间隙硅原子的过饱和度梯度表达式,

$$\frac{\partial (C_I/C_I^*)}{\partial x} = \frac{D_A^{eff}}{d_I C_I^*} \frac{\partial C_A}{\partial x} \tag{12.79}$$

由(12.78)式还可以推论,在替位杂质及其填隙缺陷的有效扩散系数与浓度之间,存在以下关系式:

$$D_A^{eff} C_A = d_{AI} C_{AI} \tag{12.80}$$

以上讨论表明,可以用杂质-自间隙硅原子填隙缺陷 AI 的微观扩散速率,描述杂质的宏观有效扩散过程。在这种杂质扩散机制中,杂质填隙缺陷的扩散速率与浓度的乘积,对于杂质扩散运动和自间隙原子缺陷分布十分重要。杂质填隙缺陷的微观迁移运动,不仅促成杂质扩散,也使自间隙原子分布发生变化,在硅片内部形成过饱和自间隙硅原子缺陷。这是一种自间隙原子缺陷的化学泵抽取效应。图 12.24 对比了 800℃、900℃、1 100℃ 3 种温

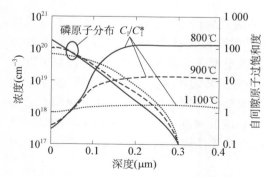

图 12.24　不同温度下高浓度磷扩散的浓度分布与自间隙缺陷过饱和度分布对比[2]

(TSUPREM-4 模拟分析结果)

度下,高浓度磷扩散的杂质浓度分布与自间隙缺陷过饱和度(C_I/C_I^*)。图 12.24 为经过不同扩散时间达到同样扩散深度的分析结果。C_I/C_I^* 曲线对比显示,自间隙硅原子缺陷过饱和度随扩散温度的变化幅度很大。温度较低时,硅片内部的自间隙硅原子缺陷过饱和度显著增高,相应磷原子浓度分布曲线尾部呈现更为平缓下降,表明更强的尾部增强扩散效应。

(12.79)式表明,具有较高有效扩散系数的快扩散杂质,其扩散过程也可具有较强的化学泵效应,导致内部较高的自间隙原子缺陷过饱和度。除了磷扩散,硼也以推填式扩散机制为主。发射区推进效应是揭示硼扩散机制的实验事实之一。在发射区推进效应中,正是由于高浓度磷扩散过程中,在发射区边缘附近形成大量过饱和自间隙硅原子,促使本征基区的硼原子扩散速率提高。实验还发现,扩散温度较低时,发射区推进效应更为显著。这显然是源于自间隙原子过饱和度更高。单独的硼扩散实验也证明,硼原子与自间隙硅原子结合成的填隙

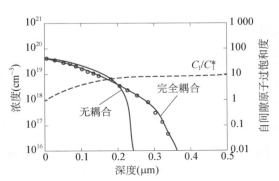

图 12.25　8 小时 850℃ 高浓度硼扩散实验及其
TSUPREM-4 模拟分析结果[2]

（圆点为实验数据）

缺陷在扩散中起主导作用。图 12.25 给出的高浓度硼扩散实验数据及其 TSUPREM-4 模拟分析结果证明这一事实。实验以高浓度硼掺杂多晶硅为源,经过 8 h、850℃ 扩散,得到的实验数据点,与计入杂质-自间隙缺陷充分耦合的模拟曲线完全符合。图 12.25 中虚线为自间隙原子缺陷过饱和度曲线,可见硼推填式扩散也伴随化学泵效应,使硅片内部产生高浓度过饱和自间隙原子。

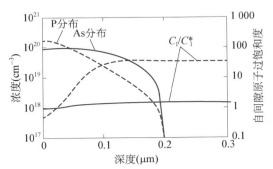

图 12.26　相同扩散深度条件下高浓度磷、砷扩散的
浓度分布与自间隙缺陷过饱和度对比[2]

（TSUPREM-4 模拟分析结果）

对于扩散速率较低的杂质,其扩散行为及深度分布曲线则显著不同。图 12.26 清晰地显现慢扩散杂质砷与快扩散杂质磷的区别。对于相同扩散深度的两种杂质,砷扩散前沿的原子浓度分布陡峭,表明其扩散系数随杂质浓度下降而减小,与磷原子分布曲线显著不同。这种差异的原因就在于两者的扩散机制及扩散系数不同。图 12.26 显示,对于砷扩散,硅内部的自间隙硅原子浓度分布较为平缓,大大低于磷扩散情形。在砷扩散中同时存在空位式和推填式两种扩散机制,自间隙原子的作用显著低于磷扩散。应用砷作发射区杂质扩散时,实验发现其对本征基区的推进效应也较弱。这也是由于砷扩散不能像磷扩散那样在硅片内部形成过饱和自间隙原子。

12.6.3　扩散的两种点缺陷机制比例及测定方法

一系列实验事实及其理论分析表明,对于硅、锗半导体常用的替位杂质,同时存在两种

缺陷辅助扩散机制，即自间隙原子推填机制与空位机制。因此，杂质的有效扩散系数(D_A^{eff})可以描述为，推填机制扩散系数(D_{AI})与空位机制扩散系数(D_{AV})之和，即

$$D_A^{\text{eff}} = D_{AI} + D_{AV} \tag{12.81}$$

上式也可理解为，杂质 A 的扩散系数等于 AI 与 AV 两种杂质-缺陷组合物的扩散系数叠加。而 AI、AV 相应的扩散系数 D_{AI} 和 D_{AV}，应取决于相应关联缺陷的扩散系数及相对浓度，

$$D_{AI} = d_{AI}\left(\frac{C_{AI}}{C_A}\right) \tag{12.82a}$$

$$D_{AV} = d_{AV}\left(\frac{C_{AV}}{C_A}\right) \tag{12.82b}$$

以上二式中，d_{AI}、d_{AV} 分别为可动关联缺陷 AI 与 AV 的扩散系数，C_{AI}/C_A、C_{AV}/C_A 分别为处于两种可动状态的杂质浓度比值。因此，替位杂质的有效扩散系数也可表达为下式：

$$D_A^{\text{eff}} = d_{AI}\left(\frac{C_{AI}}{C_A}\right) + d_{AV}\left(\frac{C_{AV}}{C_A}\right) \tag{12.83}$$

上式是对替位杂质扩散系数更为确切的描述，它归纳了杂质原子与点缺陷的相互作用及扩散机制。

利用上述双扩散机制，可以分析各种替位杂质的扩散实验结果，不同杂质的推填扩散和空位扩散机制所占比例不同，同一杂质在本征和非平衡工艺条件下（如表面氧化、氮化等），两种机制各自贡献也不同。对于空位、自间隙硅原子浓度处于热平衡状态的本征扩散，可以认为，推填、空位两种扩散机制所占比例分别为 f_I、f_V，且 $f_I + f_V = 1$。根据本征扩散条件下的(12.81)式，$D_A^* = D_{AI}^* + D_{AV}^*$，两种扩散机制所占比值可表示为以下二式：

$$f_I = \frac{D_{AI}^*}{D_{AI}^* + D_{AV}^*} \tag{12.84a}$$

$$f_V = \frac{D_{AV}^*}{D_{AI}^* + D_{AV}^*} \tag{12.84b}$$

对于非热平衡扩散，推填机制与空位机制对扩散的贡献，应取决于自间隙原子与空位缺陷浓度的变化，利用 f_I、f_V 的比值，杂质有效扩散系数可用下式表示：

$$D_A^{\text{eff}} = D_A^*\left[f_I\left(\frac{C_I}{C_I^*}\right) + f_V\left(\frac{C_V}{C_V^*}\right)\right] \tag{12.85}$$

通过氧化增强等非平衡扩散实验，不仅可定性分析杂质微观扩散机制，而且利用相关扩散实验数据，还可以获得不同杂质的空位与推填扩散机制所占比值 f_I 与 f_V。选择两种分别具有氧化增强扩散与氧化减缓扩散效应的杂质，在相同的氧化气氛下进行扩散实验，分别测试两者的扩散系数，并与惰性气氛下的本征扩散系数对比，可以估算这两种杂质扩散机制所占比例范围。如果以$(D/D^*)^R$代表杂质在氧化与惰性气氛中的扩散系数比值，其上标"R"表示杂质具有氧化阻滞扩散效应，则该值与扩散机制比例参数及点缺陷浓度的关系，可由(12.85)式表达为下式：

$$\left(\frac{D^{\text{eff}}}{D^*}\right)^{\text{R}} = (1 - f_{\text{V}}^{\text{R}})\frac{C_{\text{I}}}{C_{\text{I}}^*} + f_{\text{V}}^{\text{R}}\frac{C_{\text{V}}}{C_{\text{V}}^*} \tag{12.86}$$

考虑氧化阻滞效应的原因在于,硅氧化过程发射的过饱和自间隙原子与空位复合,导致空位浓度降低,使 $C_{\text{V}}/C_{\text{V}}^*$ 相关项的贡献减小。如果完全忽略该项,则应有以下不等式:

$$\left(\frac{D^{\text{eff}}}{D^*}\right)^{\text{R}} \geqslant (1 - f_{\text{V}}^{\text{R}})\frac{C_{\text{I}}}{C_{\text{I}}^*} \tag{12.87}$$

由上式可得到这种氧化减缓扩散杂质的空位机制比值范围,

$$f_{\text{V}}^{\text{R}} \geqslant 1 - \left(\frac{D^{\text{eff}}}{D^*}\right)^{\text{R}} / \frac{C_{\text{I}}}{C_{\text{I}}^*} \tag{12.88}$$

另一方面,实验选用的氧化增强扩散杂质,在氧化与惰性气氛中的扩散系数增强因子可由下式表示:

$$\left(\frac{D^{\text{eff}}}{D^*}\right)^{\text{E}} = f_{\text{I}}^{\text{E}}\frac{C_{\text{I}}}{C_{\text{I}}^*} + f_{\text{V}}^{\text{E}}\frac{C_{\text{V}}}{C_{\text{V}}^*} \tag{12.89}$$

对于氧化增强扩散杂质,应存在 $f_{\text{I}}^{\text{E}} \leqslant 1$ 和 $f_{\text{V}}^{\text{E}}(C_{\text{V}}/C_{\text{V}}^*) \geqslant 0$ 关系式。因此,由(12.89)式可推断出自间隙硅原子缺陷过饱和度($C_{\text{I}}/C_{\text{I}}^*$)与氧化增强扩散因子之间的关系,

$$\frac{C_{\text{I}}}{C_{\text{I}}^*} \geqslant \left(\frac{D^{\text{eff}}}{D^*}\right)^{\text{E}} \tag{12.90}$$

在相同的氧化与扩散条件下,作用于两种杂质的($C_{\text{I}}/C_{\text{I}}^*$)应该是相同的。利用(12.90)式,(12.88)式可以改写为以下形式:

$$f_{\text{V}}^{\text{R}} \geqslant 1 - \left(\frac{D^{\text{eff}}}{D^*}\right)^{\text{R}} / \left(\frac{D^{\text{eff}}}{D^*}\right)^{\text{E}} \tag{12.91}$$

对于氧化增强扩散杂质,由于 $f_{\text{V}}^{\text{E}}(C_{\text{V}}/C_{\text{V}}^*) \geqslant 0$,(12.89)式可以转化为以下形式:

$$\left(\frac{D^{\text{eff}}}{D^*}\right)^{\text{E}} \geqslant f_{\text{I}}^{\text{E}}\frac{C_{\text{I}}}{C_{\text{I}}^*} \tag{12.92}$$

(12.92)与(12.88)二式相结合,可以得到推填扩散机制比例值的范围,

$$f_{\text{I}}^{\text{E}} \leqslant (1 - f_{\text{V}}^{\text{R}})\left(\frac{D^{\text{eff}}}{D^*}\right)^{\text{E}} / \left(\frac{D^{\text{eff}}}{D^*}\right)^{\text{R}} \tag{12.93}$$

12.6.4　硼、磷、砷、锑、硅的扩散机制对比

前面的分析说明,非平衡状态扩散系数变化可用于研究原子扩散机制。应用 12.5.1 节及图 12.19 所示实验方法与数据,可以在非平衡扩散条件下,得到各种杂质增强或阻滞扩散与热平衡本征扩散的扩散系数比值[12]。对于硅自扩散,也可应用掺有适当浓度 ^{30}Si 同位素的硅片扩散实验,获得相关数据。表 12.5 列出由同一组实验得到的硼、磷、砷、锑和 ^{30}Si 原子在硅中的扩散系数数据。实验中在扩散温度下,杂质与硅同位素的浓度皆低于本征载流子浓度,因此,由氩惰性气氛下扩散,可得到杂质与硅的平衡态本征扩散系数(D^*),由表面氧

化或氮化条件下的扩散,则可得到非平衡状态扩散系数(D^{eff})。表 12.5 中列出 D^{eff}/D^* 值,清晰地揭示不同元素在硅中扩散机制的区别。表 12.5 数据显示,硼、磷具有强烈氧化增强扩散效应和氮化阻滞扩散效应,表明两者为自间隙原子缺陷辅助扩散机制所控制。锑在氧化和氮化气氛中扩散,与硼、磷相比,显现完全相反的扩散特性,表明其空位缺陷辅助扩散机制。而砷与硅自扩散,在氧化与氮化气氛中都显示增强扩散效应,表明在其扩散机制中,自间隙原子和空位两种点缺陷都有作用。

表 12.5　表面氧化/氮化对硅中常用杂质扩散和硅自扩散速率的增强或阻滞比例[12]

(1 000℃、5 h)

退火气氛	Ar	O$_2$	NH$_3$
扩散元素	D^*(cm^2/sec)	D^{eff}/D^*	D^{eff}/D^*
B	1.28×10^{-14}	4.70	0.34
P	1.32×10^{-14}	3.84	0.35
Sb	1.28×10^{-15}	0.27	3.78
As	1.45×10^{-15}	2.20	1.83
^{30}Si	6.88×10^{-17}	2.73	1.58

依据表 12.5 所列实验数据和理论分析关系式,可以推算不同扩散条件下的空位与自间隙原子点缺陷浓度,进而分析各种元素的扩散机制,获得空位与自间隙两种缺陷辅助扩散机制所占比例(f_V、f_I)。氧化过程伴随自间隙原子缺陷发射,促使硅中空位浓度下降,氮化过程则引起空位缺陷浓度上升与自间隙原子浓度下降。因此,氧化、氮化时非平衡缺陷浓度与平衡态缺陷浓度之间,最为普遍存在的关系如下:$0\leqslant C_V^{\text{ox}}/C_V^*\leqslant1$;$0\leqslant C_I^{\text{nit}}/C_I^*\leqslant1$。在这种条件下推算出的 f_V、f_I 比例值范围列于表 12.6。在其他设定条件下,由表 12.5 数据可得到有所不同的比值。例如,在 $C_I^{\text{ox}}C_V^{\text{ox}}=C_I^*C_V^*$ 及 $C_I^{\text{nit}}C_V^{\text{nit}}=C_I^*C_V^*$ 假定条件下,硼原子扩散中自间隙原子辅助机制占比达到 0.97～1.0。不同研究者在不同方法及温度等实验条件下得到的数据有差别,但各种研究的基本结论相同。如表 12.6 所示,硼和磷扩散以推填机制为主导,锑扩散完全为空位机制所控制,在砷杂质扩散和硅自扩散中,两种机制具有相近作用。

表 12.6　硅中常用杂质和硅自扩散的扩散机制比值范围[12]

扩散元素	B	P	Sb	As	Si
f_I	0.89～1.00	0.89～1.00	0～0.07	0.41～0.57	0.49～0.71
f_V	0～0.11	0～0.11	0.93～1.00	0.43～0.59	0.29～0.51

以上分析基于的前提为原子扩散完全通过与点缺陷相互作用进行。但本章 12.1.1 节已指出,有研究认为,原子之间的直接换位,也可能对原子扩散有贡献。计入这种易位扩散机制,扩散系数与扩散机制及缺陷浓度的关系应改写为下式:

$$\frac{D_A^{\text{eff}}}{D_A^*}=f_I\left(\frac{C_I}{C_I^*}\right)+f_V\left(\frac{C_V}{C_V^*}\right)+f_E \tag{12.94}$$

其中，f_E 代表原子直接交换（exchange）扩散机制，在有效扩散系数中所占比重。计入原子直接交换机制后，由表 12.5 数据可以推算出 3 种扩散机制各自所占比例可能范围，如表 12.7 所示。表 12.7 显示，原子直接交换机制对硼、磷、锑扩散无任何影响，而在砷、硅扩散中可有一定几率。这种差别应与原子尺寸有关，砷、硅两者的共价键原子半径十分接近，促使相邻原子间存在直接交换几率。虽然在某些原子扩散中可能存在直接换位机制，但实验与理论计算都说明，这种原子扩散机制的几率，与点缺陷辅助扩散机制相比，要低至少一个数量级[11]。

表 12.7 计入直接换位机制后的硅中杂质和硅自扩散的扩散机制的比值范围[12]

扩散元素	B	P	Sb	As	Si
f_I	0.89~1.00	0.89~1.00	0~0.07	0.33~0.57	0.46~0.71
f_V	0~0.11	0~0.11	1.00~0.03	0.26~0.59	0.22~0.51
f_E	0	0	0	0~0.36	0~0.27

不同扩散机制可能有不同扩散激活能，并应导致其温度依赖关系（$\lg D^{eff} \sim 1/T$）曲线斜率变化。由图 12.9 显示的硅中多种杂质扩散系数曲线可见，间隙杂质的扩散系数温度变化（$D \sim 1/T$）斜率及其所代表的激活能，与替位杂质相比差别很大。虽然各种实验及理论分析揭示，硅中磷、锑扩散分别由自间隙原子缺陷和空位缺陷辅助两种不同机制控制，但在图 12.27 显示的磷、锑本征扩散系数与温度相依关系中，两者具有十分接近的斜率。这表明推填与空位两种不同扩散机制具有相近的激活能。因此，可以推论，在自间隙硅原子辅助的推填扩散机制和空位扩散机制之间有内在共性。事实上对于杂质本征扩散，热激活自间隙原子和空位产生及复合机制是相同的。

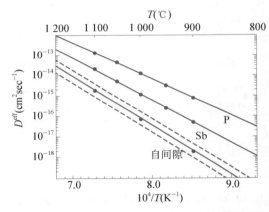

图 12.27 硅中磷、锑和硅自身原子本征扩散系数随扩散温度的变化[11]

（●为测试数据，实线为最优拟合结果，虚线标志误差范围）

在硅自身原子的本征扩散中，虽然同时存在推填与空位两种扩散机制，但也具有单一激活能。这些事实都表明，自间隙原子和空位两种点缺陷在扩散中的性质及作用具有相似性[11]。

12.7 杂质扩散工艺

在本章前面对扩散原理与机制讨论的基础上，本节简要介绍扩散工艺相关内容。典型杂质扩散工艺可分为预淀积和驱入再分布两个步骤或两种类型，对应两种不同初始及边界条件。在 12.3 节有关扩散方程解与杂质分布的讨论中已作简要分析。对于硅集成芯片常用掺杂元素，以及它们在晶体管与各种器件结构工艺中的应用，在本书多个章节中也多有涉及。杂质扩散所应用的工艺设备，早已从初期简单的扩散炉，发展为温度、气流、硅片装载进出等都精确控制的复杂系统。扩散源也是扩散工艺的关键部分之一。本节将分别对这些扩散工艺相关内容作概要介绍。在半导体器件持续创新演变过程中,扩散与离子注入等掺杂技术一方面不断改进并发展传统工艺及设备,另一方面也持续探索与研究新技术及新工艺。本节将讨论某些非传统扩散掺杂技术,如快速气相掺杂和激光诱导掺杂。

12.7.1　杂质选择与掺杂固溶度

虽然多种Ⅲ族、Ⅴ族元素,都可在硅中分别作为受主或施主杂质,提供导电载流子,但在硅器件制造中得到普遍应用的仅有硼、磷、砷、锑4种元素。这是因为,掺杂元素必须满足固相溶解度(简称固溶度)高、电学激活率高、不易生成化合物、在 SiO_2 等介质薄膜中扩散速率低等条件。Ⅴ族元素中有磷、砷、锑3种可满足这些要求,Ⅲ族元素中只有硼符合要求,适宜用于硅集成芯片制造。铟与镓在硅中固溶度都较低($\sim 10^{19}$ cm^{-3}),铟具有较高激活能(~ 0.16 eV),镓在 SiO_2 薄膜中扩散过快,铝与硅中的氧易于生成氧化物,都不能完全满足掺杂工艺要求。其中有的杂质在硅集成器件和晶闸管等分立器件中可有某些应用。

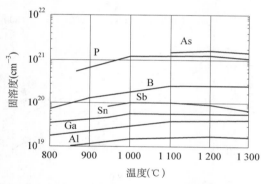

图 12.28　硅中硼、磷、砷、锑、锡等杂质的固溶度

对于硅集成电路的部分关键掺杂区域,如 CMOS 器件源漏区、双极型器件发射区、晶体管电极的欧姆接触区,都要求尽可能高浓度掺杂,以提高晶体管输出电流,增加器件增益,降低接触电阻,提高芯片工作频率。因此,需要选用固溶度高的掺杂元素,硼、砷、磷成为各种硅器件制造中最为常用的高浓度掺杂元素。图 12.28 显示,这 3 种元素的高温固溶度都可超过 10^{20} cm^{-3},而且砷和磷的固溶度极值可高于 1×10^{21} cm^{-3}。其他Ⅲ、Ⅴ族元素在硅晶体中的溶解度都低于 1×10^{20} cm^{-3}。集成芯片性能升级要求,尽可能提高源漏区、发射区及接触区的掺杂浓度。这成为现今掺杂与扩散技术演进的一个重要研究课题。

对于热扩散或离子注入掺杂工艺,重要的不只是掺入杂质,更为重要的是,必须使杂质成为电活性原子,提供对器件运作真正起作用的载流子。当掺杂浓度高于固溶度时,杂质原子可能相互结合,成为硅晶体中的析出物,不能贡献载流子。应用二次离子质谱(SIMS)、卢瑟福背散射(RBS)等技术,可以测量杂质原子浓度,应用霍尔效应、电阻率等测试,可以测知掺杂形成的载流子浓度,即激活的杂质浓度。实验显示,即便在固溶度极限内,载流子浓度也可能低于杂质浓度。砷在硅中的固溶度是各种杂质中最高的,可高达 2×10^{21} cm^{-3},这种高固溶度源于砷原子与硅原子的共价键半径十分接近。但实际得到的激活砷原子浓度很难达到和超过 2×10^{20} cm^{-3}。其原因在于,砷原子不仅可能聚集成析出物,而且占据硅晶格位置的砷原子,也可能组成非活性结合体。图 12.29 显示,砷原子取代硅原子,可以释放导电电子,也可能组成电中性杂质原子-空位复合体[2]。4 个处于晶格位的砷原子环绕 1 个空位缺陷,可形成非电活性的 VAs_4 结构。在这种结构中,虽然砷原子仍替代硅原子占据晶格点位,并有 3 个价电子与相邻硅原子形成共价键,但 4 个砷原子各自剩余的 2 个价电子,却在空位周围形成由 8 个电子组成的满壳层,因而这些占据晶格位置的砷原子并不能向导带贡献电子。

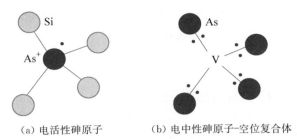

（a）电活性砷原子 　　　（b）电中性砷原子-空位复合体

图 12.29　硅晶格中的电活性砷原子和电中性砷原子-空位复合体 VAs₄

12.7.2　扩散工艺设备

　　用于硅片杂质扩散工艺的设备通常由石英炉管、高温加热炉体及自动温控装置、硅片装载及输送系统、杂质扩散源、气体输运系统、废气处理及安全设施等组成。石英炉管及其高温加热炉体是扩散炉的核心部分，为硅片提供 700～1 100℃ 的均匀加热。随着集成电路制造所用硅片直径增大，石英炉管直径与长度也不断增加，扩散工艺系统也从水平式结构发展到直立式结构，如图 12.30 所示。自进入直径 200 mm 硅片集成技术后，扩散、氧化及多晶硅淀积等部分 CVD 薄膜工艺，普遍应用类似的直立式炉管加工系统。由计算机、多种传感器和精密机械装置等组成的扩散工艺运作系统，应能精确控制扩散炉温度及其均匀性、稳定性、扩散源温度及气体流量、扩散及升降温时间等。与水平式相比，直立式扩散炉系统，不仅适于大直径硅片，而且具有设备占地面积小、硅片容量大、均匀性好、微粒污染低、生产效率高等优越性。为获得最大的稳定均匀温区，扩散和氧化炉管加热都采用多段式温度控制系统。为了尽可能精确控制及减少高温处理时间，要求扩散系统提高升温速率与缩短硅片装载进出时间。

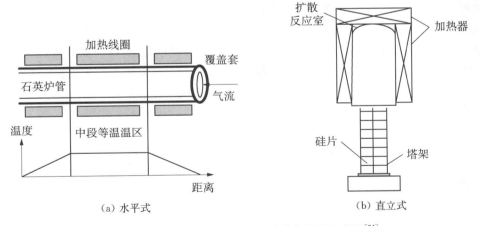

（a）水平式 　　　　　　　　（b）直立式

图 12.30　水平式与直立式扩散炉简化结构示意图[24]

　　扩散工艺也和氧化工艺相同，需要尽可能降低微粒和钠及其他有害元素污染。高温扩散炉所用的石英管以及硅片装载器具，都必须应用高纯度熔融石英材料制备。但在高温下，特别是在高于 1 100℃ 时长期使用，石英材料的稳定性退化可能成为微粒产生源，而且钠等有害元素在石英(SiO_2)中扩散速率较高。为克服这些弊病，在有些高温工艺中，采用高纯碳化硅(SiC)材料制备的炉管及硅片装载器具。

12.7.3　杂质扩散源

用于扩散工艺的杂质扩散源有固相、液相和气相化合物，但不论固相源或者液相源，通常都需升华、蒸发为气相化合物，淀积到硅片表面与硅反应。反应生成的杂质原子，以热运动方式扩散进入硅片内部。常用高纯杂质氧化物、氮化物等化合物作为固相扩散源。早期对于尺寸较小的硅片，曾以 B_2O_3、P_2O_5、Sb_2O_3 等氧化物粉末与硅片置于石英容器内，在扩散炉中进行硼、磷、锑杂质扩散。有的杂质扩散也可把扩散源置于气流上游，由气流携带杂质化合物蒸汽至硅片高温扩散区。随着硅片尺寸增大，固相掺杂源改用片状况。例如，由高纯氮化硼(BN)制成的圆片，常用作 p 型硼掺杂源。与硅片直径相近的 BN 圆片与硅晶片交替间隔，置于扩散炉内的载片器中，在 $750 \sim 1\,100\,℃$ 高温和氧气流中，BN 圆片表面氧化反应生成 B_2O_3。由圆片表面升华的 B_2O_3 分子淀积在硅片表面，与硅原子反应生成单质硼原子，向体内扩散，

$$2B_2O_3 + Si \longrightarrow 4B + 3SiO_2 \tag{12.95}$$

由磷酸铵($NH_4H_2PO_4$)与惰性陶瓷黏合剂热压制成的固体圆片源，可用于磷扩散。对于砷则可用砷酸铝($AlAsO_4$)作为固态扩散源。

固相掺杂扩散的另一种方法为涂布掺杂源扩散。由掺杂剂(如杂质氧化物)及中性氧化物(如 SiO_2)高纯粉末，与溶剂(如聚乙烯醇)以适当比例配制成混合物乳胶液，均匀涂布于硅片表面，待溶剂挥发后，形成薄层掺杂源，随后置入扩散炉进行高温扩散。这种方法简便，但掺杂浓度及均匀性等不易控制。

在传统固相源扩散技术基础上，多年来为适应各种硅器件制造，特别是浅 pn 结形成需求，人们提出和研究多种其他固相扩散方法。用 CVD 技术在硅片上淀积掺杂 SiO_2 或纯元素杂质薄膜，随后以常规或快速加热方式，进行热扩散。例如，以 CVD 磷硅玻璃膜(PSG)为源，通过快速热工艺，用于制备源漏区的超浅结延伸区[25, 26]。近年还有研究报道，以 B_2H_6 为气态源，H_2 为携带气体，用 CVD 工艺在硅片上淀积硼薄膜，通过扩散可获得性能较好的 p^+n 浅结或深结[27, 28]。也曾有研究工作，把杂质原子注入硅片上自对准工艺形成的金属硅化物中，再通过热扩散在硅表层获得浅 pn 结[29]。这些方法与传统固相源扩散不同，杂质原子是直接由掺杂固相薄膜扩散至硅内，因而有些文献称为固相扩散(solid phase diffusion, SPD)工艺。

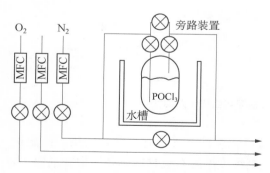

图 12.31　液相杂质源装置示意图[30]

杂质的卤素化合物常用作液相掺杂源，如用于磷扩散的 $POCl_3$、用于硼扩散的 BBr_3，这些化合物常温下为液态，需应用非活性气体(如 N_2)携带其蒸汽入扩散炉，如图 12.31 所示。液相杂质源装置由液相杂质化合物容器及其恒温水槽与气体输送气路等构成。盛放杂质化合物的密封石英容器(冒泡器)，置于温度可调的恒温水槽内，使液面上方形成杂质化合物所需蒸汽压。由质量流量控制器(MFC)调节的 N_2 气流输入冒泡器，输出的 N_2 气流把

掺杂剂化合物蒸汽携带进扩散炉。通常同时以适量 O_2 气流输入扩散炉,用于与掺杂气体反应,形成淀积及扩散物质。扩散炉管中的掺杂气体浓度由恒温水槽温度、掺杂气体蒸汽压、流经冒泡器的气体流量与总输入气体流量之比等工艺参数决定。

气相源杂质扩散可应用杂质气相化合物,直接通入扩散炉,与硅反应,生成杂质原子,扩散入硅表层。可用的杂质化合物为氢化物与卤化物。虽然气相源扩散工艺看似简单,但这类化合物毒性强、易燃易爆、安全性差,因而较少在常规扩散炉管生产工艺中应用。气相化合物在 12.7.4 节中介绍的快速气相掺杂浅结工艺中得到应用。

12.7.4 非传统扩散掺杂技术

超浅 pn 结形成技术演进过程中,在发展低能离子注入、快速退火等技术同时,也提出与探索一些新型扩散技术。快速气相掺杂(rapid vapor-phase doping,RVD)[26, 31]、气体浸没激光掺杂(gas immersion laser doping,GILD)[32, 33]、分子单层掺杂(molecular monolayer doping,MLD)[34, 35],就是 3 种形成超浅结的新型扩散技术。

快速气相掺杂技术

快速气相掺杂(RVD)利用快速热退火(RTA)工艺实现气相掺杂,以获得高掺杂浓度与超浅结。对于硼掺杂,可用乙硼烷(B_2H_6)与 H_2 为气相源,在高温下 B_2H_6 可直接分解生成硼原子,被硅表面吸附后扩散入硅。H_2 在此工艺中十分重要,H_2 对硅片表面的腐蚀作用,既有益于保持硅表面洁净,又可减少表面吸附过多硼。这种掺杂工艺不同于一般扩散工艺,硅表面不生成掺杂氧化硅玻璃薄膜。图 12.32 为应用"$B_2H_6+H_2$"气相源 RVD 掺杂样品的硼原子 SIMS 深度分布曲线,并与 BF_2 离子注入掺杂实验样品对比。图 12.32 显示,经 900℃快速加热 40 秒气相掺杂,可获得结深小于 30 nm 的硼掺杂区,RVD 工艺不仅掺杂浓度高,而且杂质分布陡峭,变化率约为 3.6 nm/dec,显著优于 BF_2 分子离子注入(10 keV、5×10^{14} cm^{-3})

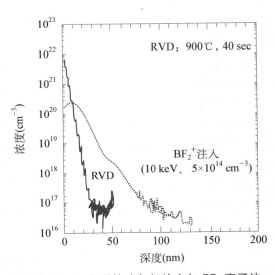

图 12.32 硅中硼快速气相掺杂与 BF_2 离子注入(10 keV,5×10^{14} cm^{-3})掺杂的 SIMS 浓度分布对比[26]

的硼掺杂区。RVD 掺杂工艺可以避免离子注入损伤产生的瞬态增强扩散(TED)效应和注入沟道效应,这两种效应都是严重影响超浅结形成的因素。

激光诱导掺杂技术

激光诱导掺杂是形成高浓度浅掺杂区的另一种可能途径,其基本原理与一般扩散掺杂方法有很大差异。自 20 世纪 70 年代以来,人们曾研究多种激光掺杂技术,气体浸没激光掺杂(GILD)是其中之一。其基本原理如下:通过高能量密度激光辐照,使光吸收硅薄层连同表面吸附杂质瞬间熔化为液相,随后经过固化再结晶过程,实现薄层均匀掺杂。根据其机制,激光掺杂是一种独特的薄层液相掺杂方法,硅掺杂区域仅限于激光熔化薄层。激光掺杂通常应用短波长激光器,这种短波长光在硅中的吸收系数很大,吸收深度局限于近表面硅薄层。常用于激光掺杂的紫外 XeCl 准分子脉冲激光器,其波长为 308 nm,硅中吸收深度约为 7 nm。在这种脉冲激光照射下,高密度光能集中淀积在硅片近表面极薄层内,使表层硅短时间内升温熔化,而硅片内部仍可保持低温。硅表层熔化的阈值能量密度约为 0.7 J/cm²。因此,激光诱导掺杂技术在实现表层掺杂的同时,可避免硅片内部原有杂质扩散。有关激光热工艺原理及应用可参见 13.9 节。

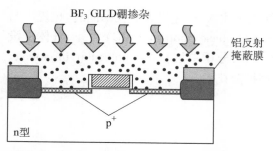

图 12.33 气体浸没激光掺杂技术示意图[32]

图 12.33 为 GILD 激光掺杂技术示意图。图 12.33 显示如何应用 GILD 掺杂技术形成 MOS 器件的超薄源漏扩展区。激光掺杂通常需在高真空腔体中进行。对于 p 型掺杂,常以 BF₃ 或 BCl₃ 为反应气体,并与适当比例的氦稀释气体(如 BF₃:He=1:9)一起通入真空腔体,反应剂被硅表面吸附。适当能量的 XeCl 脉冲激光照射可使光吸收薄层硅熔化和反应剂分解,杂质原子在液相硅中的扩散系数比固相高 7~8 个数量级,因而快速均匀分布于熔化的硅薄层中。随后以衬底单晶体为籽晶,熔化硅固化再结晶,同时,杂质原子均匀进入硅晶格位置,成为激活原子,不需要后续退火工艺。由于薄熔化层固化速率很高,不会产生杂质分凝效应,因而激光掺杂浓度可高于硅中杂质固溶度。器件中非掺杂区可用铝反射薄膜掩蔽,如图 12.33 所示。

由上述激光掺杂原理及工艺可知,它是一种宜于形成高掺杂浓度、陡峭杂质分布、高激活率和超浅结的掺杂技术。图 12.34 为激光掺杂典型硼原子深度分布 SIMS 测试曲线,可用以说明这些特点。激光掺杂的杂质浓度和结深,可以通过激光能量、脉冲宽度及数目、杂质剂量等参数调节。激光掺杂的杂质源有多种。在图 12.34 相关实验中,应用毫秒量级的

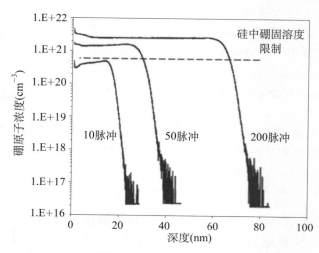

图 12.34 激光掺杂区杂质原子浓度及深度分布[33]

掺杂剂分子束脉冲,与数十纳秒量级的激光脉冲相结合,先把反应剂 BCl_3 喷射到 Si(100) 掺杂区表面,形成饱和吸附,紧接着用 XeCl 脉冲激光照射,脉冲宽度为 30ns,能量为 0.2J/脉冲。图 12.34 的 SIMS 测试曲线显示,随着掺杂剂喷射分子束和激光辐照脉冲数目增加,掺入的硼原子浓度上升,深度增加,而且硼掺杂浓度可显著超过其在硅中的平衡固溶度,硼原子在掺杂区内呈"箱形"均匀分布,在掺杂区边缘浓度陡峭下降,下降率约 2 nm/dec.。实验表明,激光掺杂结深完全取决于熔化薄层厚度,杂质原子激活率可达 100%。

分子单层掺杂技术

分子单层掺杂(MLD)是近年受到重视的一种超浅结技术,与尖峰快速退火、微波退火等技术相结合,用于 FinFET 三维结构纳米集成芯片工艺探索。这种技术的基本原理如下:利用图形硅区表面自对准吸附的单层分子杂质源,在适当退火条件下扩散形成陡峭超浅 pn 结。图 12.35 显示应用 MLD 技术在超薄三维硅体表层掺杂磷元素的工艺原理。经光刻等多步工艺形成的超薄 FinFET 结构硅片,首先通过缓冲 HF 等化学处理,去除表面自然氧化层,获得洁净硅表面,然后选择可与硅表面键合的磷有机分子化合物溶液,在三维硅体表面自组装形成均匀保形单分子层,接着淀积氧化物覆盖层,通过适当温度热处理,由化合物分子分解出磷原子,扩散形成超浅结。

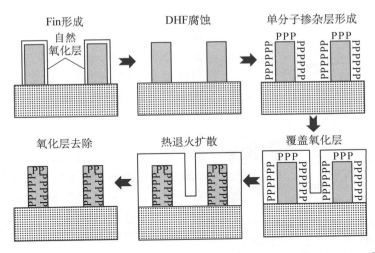

图 12.35 三维硅体微结构应用分子单层掺杂磷元素的工艺流程示意图[34]

研究者采用以上 MLD 掺杂技术,在宽度为 20 nm 的 FinFET 浅结工艺中,以尖峰高温(1 000~1 100℃)快速退火,形成结深仅 5 nm 的 n^+ 源漏区超浅结,杂质分布陡峭度可降到 0.6 nm/dec,如图 12.36(a)所示。由图中 3 种磷掺杂浅结工艺的 SIMS 原子分布曲线对比可见,分子单层掺杂形成超浅结技术具有突出优越性。最近还有研究者把 MLD 掺杂工艺与微波低温退火技术结合,用于新型 FinFET CMOS 集成器件工艺探索[35]。

12.7.5 应用缺陷工程的浅结工艺

硅晶体中空位与自间隙原子等缺陷在杂质扩散中作用的研究,不仅有益于深入理解扩散机制与分析杂质分布等扩散特性,更为重要的是,用于改进扩散和离子注入掺杂工艺,有

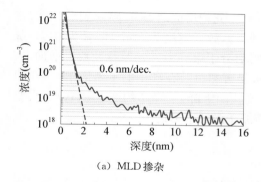

（a）MLD 掺杂

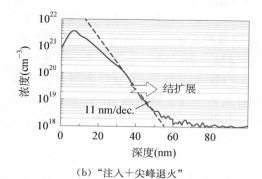

（b）"注入＋尖峰退火"

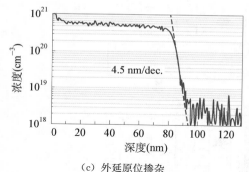

（c）外延原位掺杂

图 12.36   分子单层掺杂与离子注入及外延原
位掺杂磷原子 SIMS 分布曲线对比[34]

利于优化控制器件所需掺杂浓度与杂质分布。对于超浅 p^+n 结制备，除了采用预非晶化、超低能硼离子注入及固相再结晶技术外，近年有实验研究显示，利用空位缺陷工程（vacancy engineering），可在低温快速退火条件下形成硼离子注入超浅 p^+n 结[36, 37]。如何扩散，曾是多年来人们不断改进的课题；如何抑制扩散，则是纳米尺寸器件掺杂技术更需研究的课题。

这种超浅结技术的关键，在于调节对杂质扩散起关键作用的空位与自间隙硅原子点缺陷分布。低能硼离子注入之前，首先进行高能量与适当剂量的硅离子注入。硅离子轰击将在硅中产生空位、间隙原子及由两者构成的弗仑克尔缺陷，在后续入射离子撞击下，弗仑克尔缺陷会分解，自间隙硅原子通过碰撞得到动量，输运到硅片内部。因此，较高能量的硅离子注入可使相伴产生的间隙原子与空位分离，在硅片表层形成过剩空位缺陷分布，近硅注入射程附近区域则聚集过剩自间隙原子。如果在保持这种缺陷分布条件下，低能硼离子注入表层区域，通过低温退火就可使硼原子与空位缺陷结合，实现无明显扩散的杂质激活，获得完全由离子注入决定的浅结。

上述技术应用于体硅晶片时，需要应用 MeV 量级的硅离子注入，使自间隙硅原子输运到距表层足够远的区域，避免其扩散返回到硼离子注入区。如应用于 SOI 硅片，则可用较低能量硅离子注入，只要使其射程超越埋层 SiO_2，形成的过剩自间隙原子缺陷就将难以扩散返回顶层硅。图 12.37 为空位缺陷工程用于 SOI 硅片制备硼掺杂浅 p^+n 结的实验示意图。SOI 硅片的顶层硅、埋层 SiO_2（BOX）厚度分别为 55 nm、145 nm。Si^+ 和 B^+ 离子注入能量分别为 160 keV、500 eV。图 12.37 中给出的点缺陷分布为 Monte Carlo 模拟估算结果，对应注入剂量为 1.1×10^{15} cm^{-2}。由图 12.37 可见，160 keV - Si^+ 注入产生的过剩空位，分布在 SOI 硅片的顶层硅内，其最高浓度在表层，过剩自间隙原子则聚集在埋层 SiO_2 附近的衬底硅内。图 12.37 显示的硼杂质分布为 1×10^{15} cm^{-2} 剂量注入后的 SIMS 测试结果。实验表明，经 700℃、10 秒快速退火后，样品薄层电阻可达到高温退火相近低值，SIMS 测得的硼原子分布显示无明显扩散，p^+n 结深可减小到 20 nm 以下，微分霍尔效应测试得到的峰值载流子浓度约为 $(5\sim6) \times 10^{20}$ cm^{-3}。

图 12.38 显示上述缺陷调节工艺对 B^+ 注入薄层电阻快速退火特性的影响。退火时间皆为 10 秒。由图 12.38 实验数据可见，有无 Si^+ 离子注入以及剂量大小，对注入杂质激活率

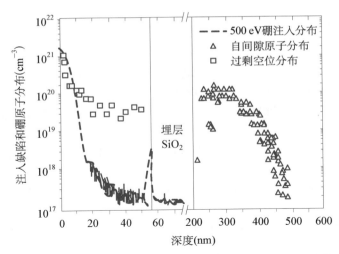

图 12.37　160 keV‑Si⁺ 和 0.5 keV‑B⁺ 离子相继注入 SOI 硅片后的空位、自间隙原子和杂质分布（SOI 结构：55 nm 顶层 Si/145 nm 埋层氧化硅/衬底）[36]

的影响很大。Si⁺ 注入预处理可显著降低载流子激活温度，对于高剂量 Si⁺ 注入的样品，600～700℃ 的 10 s 快速退火已可实现载流子有效激活。而单独 B⁺ 离子注入样品在此低温范围进行短时间退火，薄层电阻甚至有所升高，需要在 900℃ 以上退火，才可能使杂质有效激活。虽然在高温氧化增强扩散等现象中表明，自间隙原子在杂质扩散机制中有重要作用，但实验也发现，在如以上退火温度的低温下，注入硼原子可与自间隙硅原子组成非活性杂质缺陷团（boron interstitial clusters，BIC）。低温下形成的 BIC 缺陷团要到约 800℃ 以上高温分解后，杂质原子才能激活。

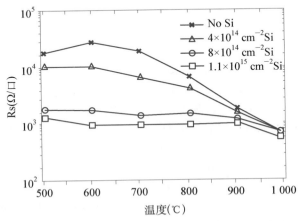

图 12.38　500 eV‑B⁺ 注入薄层电阻随快速退火（10 秒）温度与 Si⁺ 注入剂量的变化[37]

本章最后介绍的 RVD、GILD 和空位缺陷工程等浅结形成新技术，虽非集成芯片主流技术，但可说明，为适应器件缩微需求，扩散与掺杂仍然是不断探索与创新的技术领域。这些扩散、掺杂新技术都是通过多种相关领域科学技术借鉴与交融形成的。今后不断演进的新结构纳米 CMOS 芯片制造技术，仍需要继续开拓和发展器件掺杂的新途径、新方法、新工艺。

思考题

1. 试分析扩散效应与扩散工艺在集成电路制造技术发展过程中的应用演变。在以离子注入掺杂为主的纳米 CMOS 芯片制造技术中,研究扩散有什么意义?

2. 在半导体器件制造工艺和器件工作过程中,存在哪些扩散现象?扩散过程应遵循哪些基本物理规律?

3. 硅晶体中存在哪些晶格缺陷?"间隙"(interstitial)和"填隙"(interstitialcy)两种缺陷有什么区别与相关性?

4. 如何理解扩散是原子与缺陷相互作用的过程?硅中杂质有哪些扩散模式?分析推填式扩散与间隙式扩散的区别。

5. 说明扩散系数的物理含义。杂质扩散系数与哪些因素有关?如何测定和表征扩散系数?简要分析包括硅在内的不同类型原子在硅中扩散系数的区别及原因。

6. 说明描述扩散宏观过程的费克定律的物理含义及其与扩散方程的关系。

7. 分析余误差函数型和高斯函数型杂质分布曲线的区别、适应范围及局限性。如何依据扩散系数估算杂质扩散深度、结深与薄层电阻?

8. 如何界定本征扩散与非本征扩散?有哪些非本征扩散效应影响扩散速率?

9. 何种扩散条件在半导体晶片中会形成内建电场?这种电场对晶片中杂质分布有什么影响?

10. 如何应用荷电空位缺陷模型?说明高浓度杂质扩散速率的浓度依赖效应。

11. 什么是非平衡扩散?有哪些非平衡扩散效应?分析其扩散系数变化机理。

12. 如何应用非平衡扩散效应?分析不同杂质的扩散机制,估算不同扩散机制对扩散的贡献。

13. 分析杂质扩散工艺中的关键步骤、要求与实现途径。

14. 依据超浅结技术发展需求,有哪些非传统扩散新方法可供选择?分析这些新方法的优缺点及其实际应用可能性。

15. 什么是集成电路制造工艺中的"缺陷工程"(defect engineering)?在哪些工艺中可能应用这类技术?

参考文献

[1] W. G. Pfann, Semiconductor signal translating device. *U. S. Patent*, 1952: No. 2597028.

[2] J. D. Plummer, M. D. Deal, P. B. Griffin, Dopant diffusion, Chap. 7 in *Silicon VLSI Technology*. Prentice Hall, Upper Saddle River, NJ, USA, 2000.

[3] S. Banerjee, Dopant diffusion, Chap. 8 in *Handbook of Semiconductor Manufacturing Technology*, 2nd Ed.. Eds. R. Doering, Y. Nishi, CRC Press, Boca Raton, Florida, USA, 2008.

[4] W. R. Runyan, K. E. Bean, Impurity diffusion, Chap. 8 in *Semiconductor Integrated Circuit Processing Technology*. Addison-Wesley Publishing Company, Massachusetts, 1990.

[5] S. Wolf, R. N. Tauber, Diffusion in silicon, Chap. 8 in *Silicon Processing for the VLSI Era*, *Vol. 1*, *Process Technology*. Lattice Press, Sunset Beach, CA, USA, 1986.

[6] S. K. Ghandhi, Diffusion, Chap. 4 in *VLSI Fabrication Principles*. John Willey & Sons, New York, 1983.

[7] P. M. Fahey, P. B. Griffin, J. D. Plummer, Point defects and dopant diffusion in silicon. *Rev. Mod. Phys.*, 1989,61(2):289.

[8] K. C. Pandey, Diffusion without vacancies or interstitials: a new concerted exchange mechanism.

Phys. Rev. Lett., 1986,57(18):2287.

[9] A. Antonelli, S. Ismail-Beigi, E. Kaxiras, et al., Free energy of the concerted-exchange mechanism for self-diffusion in silicon. *Phys. Rev. B*, 1996,53(3):1310.

[10] H. Bracht, Diffusion mechanisms and intrinsic point-defect properties in silicon. *MRS Bulletin*, 2000,25(6):22.

[11] A. Ural, P. B. Griffin, J. D. Plummer, Self-diffusion in silicon: similarity between the properties of native point defects. *Phys. Rev. Lett.*, 1999,83(17):3454.

[12] A. Ural, P. B. Griffin, J. D. Plummer, Fractional contributions of microscopic diffusion mechanisms for common dopants and self-diffusion in silicon. *J. Appl. Phys.*, 1999, 85 (9):6440.

[13] 关旭东,硅集成电路工艺基础,第三章-扩散. 北京大学出版社,2003 年.

[14] R. B. Fair, Concentration profiles of diffused dopants in silicon. *Impurity Doping Processes in Si*. Ed. F. F. Y. Wang, North Holland, 1981:315.

[15] D. A. Antoniadis, A. M. Lin, R. W. Dutton, Oxidation enhanced diffusion of arsenic and phosphorus in near-intrinsic (100) silicon. *Appl. Phys. Lett.*, 1978,33(12):1030.

[16] K. Taniguchi, K. Kurosawa, M. Kashiwagi, Oxidation-enhanced diffusion of boron and phosphorus in (100) silicon. *J. Electrochem. Soc.*, 1980,127(10):2243.

[17] A. M. Lin, D. A. Antoniadis, R. W. Dutton, The oxidation rate dependence of oxidation-enhanced diffusion of boron and phosphorus in silicon. *J. Electrochem. Soc.*, 1981, 128 (5):1131.

[18] S. Mizuo, H. Higuchi, Retardation of Sb diffusion in Si during thermal oxidation. *Jpn. J. Appl. Phys.*, 1981,20(4):739.

[19] A. E. Michel, W. Rausch, P. A. Ronsheim, Implantation damage and the anomalous transient diffusion of ion-implanted boron. *Appl. Phys. Lett.*, 1987,51(7):487.

[20] M. Servidori, R. Angelucci, F. Cembali, Retarded and enhanced dopant diffusion in silicon related to implantation-induced excess vacancies and interstitials. *J. Appl. Phys.*, 1987,61 (5):1834.

[21] R. B. Fair, J. C. C. Tsai, A quantitative model for the diffusion of phosphorus in silicon and the emitter dip effect. *J. Electrochem. Soc.*, 1977,124(7):1107.

[22] P. Fahey, R. W. Dutton, S. M. Hu, Supersaturation of self-interstitials and undersaturation of vacancies during phosphorus diffusion in silicon. *Appl. Phys. Lett.*, 1984,44(8):777.

[23] S. M. Hu, P. Fahey, R. W. Dutton, On models of phosphorus diffusion in silicon. *J. Appl. Phys.*, 1983,54(12):6912.

[24] 肖宏著,罗正忠,张鼎张译,半导体制程技术导论,第五章-加热制程. 台湾培生教育出版社, 2001 年.

[25] M. Ono, M. Saito, T. Yoshitomi, et al., A 40 nm gate length n-MOSFET. *IEEE Trans. Elec. Dev.*, 1995,42(10):1822.

[26] T. Uchino, P. Ashburn, Y. Kiyota, et al., A CMOS-compatible rapid vapor-phase doping process for CMOS scaling. *IEEE Trans. Elec. Dev.*, 2004,51(1):14.

[27] F. Sarubbi, T. L. M. Scholtes, L. K. Nanver, Chemical vapor deposition of α-boron layers on silicon for controlled nanometer-deep p$^+$n junction formation. *J. Electron. Mater.*, 2010,39 (2):162.

[28] P. Maleki, T. L. M. Scholtes, M. Popadić, et al. , Deep p$^+$ junctions formed by drive-in from pure boron depositions. *Ext. Abs. IEEE IWJT*, 2010:120.

[29] Q. Wang, C. M. Osburn, C. A. Canovai, Ultra-shallow junction formation using silicide as a diffusion source and low thermal budget. *IEEE Trans. Elec. Dev.* , 1992,39(11):2486.

[30] S. A. Campbell 著, 曾莹, 严利人, 王纪民等译, 微电子制造科学原理与工程技术, 第三章-扩散. 电子工业出版社, 2003 年.

[31] Y. Kiyota, M. Matsushima, Y. Kaneko, et al. , Ultrashallow p-type layer formation by rapid vapor phase doping using a lamp annealing apparatus. *Appl. Phys. Lett.* , 1994,64(7):910.

[32] P. G. Carey, K. H. Weiner, T. W. Sigmon, A shallow junction submicrometer PMOS process without high-temperature anneals. *IEEE Elec. Dev. Lett.* , 1988,9(10):542.

[33] G. Kerrien, J. Boulmer, D. Débarre, et al. , Ultra-shallow, super-doped and box-like junctions realized by laser-induced doping. *Appl. Surf. Sci.* , 2002,186(1 - 4):45.

[34] K. W. Ang, J. Barnett, W. Y. Loh, et al. , 300 mm FinFET results utilizing conformal, damage free, ultra shallow junctions ($X_j \sim 5$ nm) formed with molecular monolayer doping technique. *IEDM Tech. Dig.* , 2011:837.

[35] Y. J. Lee, T. C. Cho, K. H. Kao, et al. , A novel junctionless FinFET structure with sub-5 nm shell doping profile by molecular monolayer doping and microwave annealing. *IEDM Tech. Dig.* , 2014:788.

[36] B. J. Sealy, A. J. Smith, T. Alzanki, et al. , Shallow junctions in silicon via low thermal budget processing. *Ext. Abs. IEEE IWJT*, 2006:10.

[37] A. J. Smith, N. E. B. Cowern, R. Gwilliam, et al. , Vacancy-engineering implants for high boron activation in silicon on insulator. *Appl. Phys. Lett.* , 2006,88(8):082112.

第13章

离子注入与快速退火

　　离子注入是集成电路等各种半导体器件制造的核心技术之一。自 20 世纪 70 年代初以来,离子注入逐步取代扩散,成为半导体器件主要掺杂技术。早在 1954 年,W. Shockley 就曾提出有关离子注入掺杂专利申请,题目为"应用离子轰击形成半导体器件",准确地预见到,通过离子注入和热退火工艺,可以制造理想 pn 结[1]。Shockley 的设想仅比 W. Pfann 提出的杂质扩散方法晚两年。但 Shockley 的设想超越当时相关理论与技术的发展水平,在十余年后离子束知识与技术取得多方面进展,离子注入才开始逐渐取代扩散成为半导体器件掺杂主流技术。随着集成电路持续升级换代,离子注入技术不断演进,应用范围不断扩展。从低束流到高束流离子注入,从低能量离子到高能离子、再到超低能离子注入,从单原子到分子离子注入,从硅中电活性杂质到多种改性元素注入,从低温到高温衬底注入,从线束离子注入到等离子体注入,各种离子注入技术及装置不断出现与改进。离子注入工艺既用于选区掺杂,形成不同深度、不同电学性能的 pn 结,也用于非晶化、薄膜固相合成、材料改性等[2-5]。本书前面多个章节的相关讨论已清晰表明,离子注入是形成集成芯片上不同掺杂区域与结构的主要途径。由图 13.1 所示 CMOS 典型器件剖面结构可见,高性能晶体管的各个关键作用区域都需应用离子注入形成。根据需要可以选择不同掺杂元素、能量和剂量的离子,注入不同区域与深度,可以精确控制杂质浓度与分布,达到器件

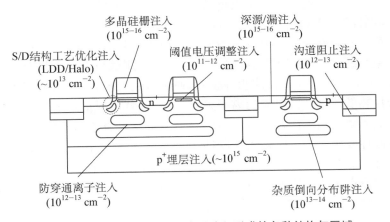

图 13.1　CMOS 器件中应用离子注入形成的各种结构与区域

性能优化选择。本章介绍离子注入技术原理及影响注入器件性能的各种因素,将重点阐述入射离子与基体原子间的相互作用,分析影响离子注入射程及分布的因素,讨论离子注入损伤消除与杂质激活的热处理机制,介绍卤钨灯、氙闪光灯、激光等多种快速退火技术的演变及原理。

13.1 离子注入技术基本原理

离子注入是基于离子与物质相互作用的加工技术。自20世纪初原子结构和离子产生机制发现后,离子与各种物质相互作用就成为原子物理学研究的重要课题。入射离子在物质表面和内部与基体原子的相互作用会产生一系列物理效应。基础性学术研究成果促使一系列离子束应用技术逐渐成熟,发展成功多种离子束微细加工与分析技术,在集成电路和其他微纳米器件研制中发挥关键作用。

13.1.1 离子束的3种主要效应

如图13.2所示,具有一定能量的离子撞击固体,产生的3种主要效应为溅射、散射与注入。离子通过碰撞过程可使基体原子得到足够能量及动量,使其挣脱晶格束缚,成为气相原子或离子。这种溅射效应是离子束刻蚀、薄膜淀积和二次离子质谱分析(SIMS)等多种技术的基础原理。入射离子受到基体原子的排斥,可在表面或内部遭到弹性散射,有的离子可能以大角度背散射出固体。由两种粒子相互作用决定的背散射离子能量,与基体原子质量及所处深度有确切依赖关系,因而离子卢瑟福背散射能谱(RBS)成为分析薄膜组分与结构的一种有效表征技术。入射离子经历一系列基体原子碰撞,耗尽自身动能后,停止在固体内部,成为可能改变材料物理化学性质的注入元素。

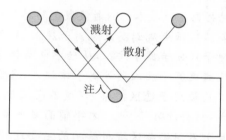

图 13.2 离子撞击固体产生的溅射、散射和注入效应

由以上3种效应衍生的多种离子束技术,在半导体器件技术快速发展中都有重要推动作用,并已成为高性能CMOS集成芯片和其他固体器件制造产业中发挥支柱作用的加工与分析技术。表征离子束性能的主要参数为能量与束流,不同技术应用需选择不同能量及束流范围的离子束。图13.3标出常用各种离子束加工与测试技术的能量及束流范围。离子束刻蚀(或称离子束磨削)、离子束淀积等技术,通常应用低能量、高束流离子束。离子束分析技术通常应用较低能量及低束流的离子束,但卢瑟福背散射谱(RBS)表征技术需应用高达兆电子伏的离子束。离子注入技术应用的离子能量及束流范围较广,以适应不同浓度与深度的掺杂或改性要求。为适应超浅结器件工艺需求,近年还在探索等离子体注入掺杂技术。作为对比,图13.3上还标出分子束外延与蒸发工艺的中性粒子能量及粒子流大致范围。除了本章讨论离子注入技术之外,第16章将专题讨论作为主要物理气相淀积方法的溅射技术,第18章将讨论离子在刻蚀中的作用。

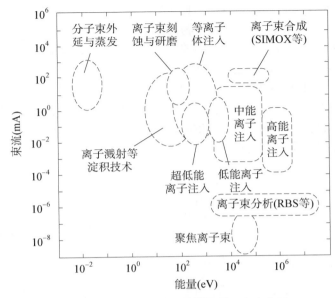

图 13.3　各种离子束技术的能量与束流范围

13.1.2　离子注入技术特点与优越性

相对于热扩散等掺杂方法,离子注入可以说是一种理想掺杂技术,可以精确控制掺杂元素的浓度、深度及分布。依据离子束流与注入时间,注入杂质原子面密度可以在 $10^{11} \sim 10^{16}\,\mathrm{cm}^{-2}$ 内精确控制,其分布则可由离子能量与注入后热退火工艺调节。注入离子能量可在 $0.2\,\mathrm{keV}$ 至数兆电子伏特范围变化。选择不同注入离子能量,既可获得超浅结,也可形成硅片内部深层浓度高、浅层浓度低的杂质倒向分布。注入剂量与离子能量可达到高均匀性,离子注入剂量误差可低于 0.5%,能量变化可小于 1%。离子注入为杂质敏感的半导体器件,开辟了精确选择性掺杂途径。因此,在 CMOS 集成芯片等高性能器件制造中,可根据器件性能优化需求,在不同区域注入不同浓度及分布的各种元素。这些都是热扩散等其他方法难以实现的独特之处。

离子注入是一种低污染工艺。这不仅由于离子注入在高真空($\sim 10^{-7}\,\mathrm{Torr}$)条件下进行,而且离子经由质量分析器选择,只把具有特定质量与电荷的原子或分子注入晶片。杂质污染可低于注入剂量的 $10\,\mathrm{ppm}$,颗粒污染可小于 $0.1/\mathrm{cm}^2$。由于应用质量分析器选择注入离子,同一离子注入机可用于多种杂质掺杂,不会产生不同元素之间相互污染。

离子注入具有多种工艺优越性。离子注入衬底温度可根据需要选择。杂质注入通常在室温甚至低温下进行,可应用光刻胶和多种其他薄膜作为选区掺杂的掩蔽层。离子也可以通过适当厚度的氧化物、氮化物等薄膜注入硅衬底。离子注入入射角度也可从垂直于基片到偏离较大角度。这些特点可增加器件设计与工艺选择的灵活性及自由度。离子注入掺杂工艺还具有极为优良的均匀性和重复性。

离子注入技术不断改进与创新,使其应用范围不断扩展。离子注入技术不仅应用于硼、磷、砷、铟、锑等活性杂质掺杂,改变半导体导电性能,而且氢、氦、氮、氧、硅、锗、氩、氙、碳等元素离子注入也分别得到应用,以改变基体注入层结构或性能。例如,在掺杂元素注入前,如先以硅、锗、氩等离子进行非晶化注入,则可消除离子注入沟道效应,有益于形成超浅 pn 结。又如,氢或氦离子大剂量注入是智能剥离 SOI 硅片制备的关键技术(参见 9.7.3 节)。早期离子注入多用于 10^{-1} μm 量级深度掺杂,随着器件性能优化需求与离子注入技术发展,集成芯片中的更多结构采用离子注入技术形成。如图 13.1 所示,高性能 CMOS 集成芯片的所有不同导电类型、不同掺杂浓度、不同深度及分布的器件作用区,都可通过不同元素、不同剂量、不同能量的离子注入及相应退火处理形成。图 13.4 显示形成 CMOS 器件各个区域所需注入离子的能量与剂量范围。相应离子注入具体工艺可参阅第 5 至第 8 章有关 CMOS 和双极型集成芯片制造技术。

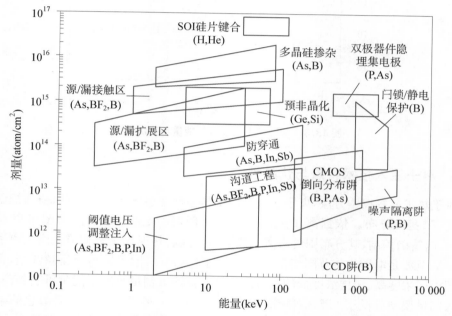

图 13.4　CMOS 集成芯片中不同功能区所需注入离子的能量与剂量范围[2]

13.2　离子注入系统简介

　　离子注入机是集成芯片制造中应用最为频繁的设备之一。硅芯片注入掺杂工艺要求精确控制注入离子的纯净度、能量与剂量,这也就是离子注入系统必须达到的基本要求。图 13.5 为离子注入设备的主要结构原理示意图。离子注入系统通常由离子源、质量分析器、离子束能量调节与聚焦、偏转与扫描、硅片基座与注入剂量检测等多个子系统相互结合构成。离子束的产生、传输和注入都需要在高真空条件下进行。随着离子注入应用范围扩展,这些子系统不断改进完善,解决许多技术难题,以适应大束流、高能和超低能离子注入工艺的需求。现今的离子注入设备都是结构复杂、自动化程度很高的精密加工系统。下面仅就其主要部分的基本原理作简要讨论。

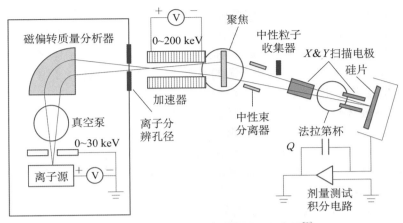

图 13.5　离子注入系统结构原理示意图[3]

13.2.1　离子源与离子束引出装置

　　用于注入掺杂的离子源应易于产生常用掺杂元素的多种离子,并需具有离子流密度高、调节方便、使用寿命长等特点。由于离子源所用气体常为有毒物质,必须确保其安全性。除了器件生产普遍应用气相源外,离子注入装置也可应用元素固相源,通过加热蒸发或离子溅射产生气态原子,再经气体放电离化。随着离子注入愈益广泛用于半导体器件制造,曾研制与应用 Freeman、Bernas 等多种类型气体放电离子源[4, 5]。多年来人们不断改进离子源结构、应用磁场束缚技术等,来增强电子离化效率,提高离子源性能与寿命。

　　图 13.6 为常用的一种离子源结构示意图。含有掺杂元素的化合物气体(如 BF_3、PH_3、AsH_3、GeF_4 等)通入电弧室。电弧放电室通常由钨、钼之类难熔金属制成。为提高等离子体密度,离子源中以高温热灯丝发射大量电子,并应用强度约 100 Gs 的磁场,把电子束缚在

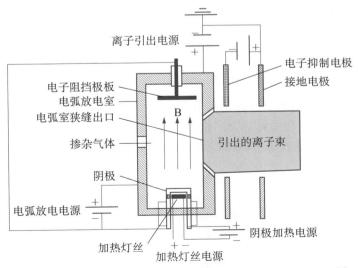

图 13.6　改进增强型 Bernas 离子源及离子束引出结构示意图[4]

阴极与处于负电位的阻挡极板之间,作螺旋线状往复运动,增强与气体分子碰撞离化几率,诱发强弧光放电,产生可达 10^{12} cm^{-3} 的高密度等离子体。放电电压约为 100 V。在图 13.6 所示的离子源中,电子发射加热灯丝置于阴极背面,因而处于等离子体区外,使灯丝不受离子溅射轰击,有益于增加灯丝寿命,离子源的连续运行时间可达 100 h 以上。

离子源输出端需应用高效引出电极结构,以便从离子源一侧狭缝引出离子束。由图 13.6可见,离子源腔体与右侧同样带有狭缝的抑制电极以及接地电极,构成吸引等离子体中正离子向外运动的组合电极结构。离子源腔体处于正偏置电位,引出电势降落在离子源腔体与接地电极之间,离子能量由这一电势差决定。抑制电极为负电压偏置。这样 3 个电极电势产生的电场,将从离子源吸出和加速正离子,形成离子束,通过狭缝射向质量分析器。负偏置的抑制电极具有抑制电子向外运动的阻挡作用。

通过调节引出电势,可以改变离子能量。引出电压可高达 100 kV。对于磁场分析器后不再经离子加速/减速的离子注入机,离子能量完全由引出电势决定。有一些大束流离子注入机采用这种离子束系统。CMOS 硅片制造中常要求这种注入机,可以在 500 eV $\sim$ 100 keV 范围内调节控制,用于多种离子注入工艺。为此需要配置较复杂的离子束引出电极装置。对于低能量、大束流离子注入,需要在以高电势引出强离子束流后,应用减速电压装置,把离子能量降低到所需值后,再进入质量分析磁体。

13.2.2　磁场质量分析器

由气体放电等离子体引出的离子束,含有不同质量与电荷的多种离子,必须应用磁场分析器,从中选出所需元素离子或分子离子。磁场分析器建立在洛伦兹电磁作用原理基础上。洛伦兹力为磁场施加于运动电荷的作用力,方向与磁场及速度方向相垂直,大小与磁场强度及速度成正比。离子质量分析应用双极电磁体,两个磁极分别位于分析室两侧,形成垂直于离子运动平面的磁场。由离子源进入磁场分析器的离子,具有不同电荷及质量,将受到磁场产生的不同洛伦兹作用力,使它们沿不同轨迹偏转。调节磁场强度,可使特定质量及电荷的离子沿分析器曲率半径弧线运动,并由分析器射出,其他不同离子因偏转运动轨迹不同而都被除去。磁场分析器常设计为 90°偏转,如图 13.5 所示。质量较大的离子偏转小,而质量小的离子偏转过大,都撞击在磁体器壁上。因此,应用磁场质量分析技术可以获得高纯离子束。

作用于离子的洛伦兹力可表示为下式:

$$\boldsymbol{F} = nq\boldsymbol{v} \times \boldsymbol{B} \tag{13.1}$$

其中,q 为基本电荷量,n 为离子所带基本电荷数,v 为离子速度,$\boldsymbol{B}$ 为磁感应强度。常用磁场强度约在 10^3 Gs 量级。由于磁场方向垂直于图 13.5 平面方向,离子在洛伦兹力作用下趋于沿圆周轨迹运动,洛伦兹力将与圆周运动的惯性向心力相平衡,

$$nq(vB) = \frac{Mv^2}{R} \tag{13.2}$$

其中,M 为离子质量,R 为离子圆周轨迹半径,即所用磁场分析器的曲率半径。由式(13.2)可得到离子运动半径与质量、电荷、速度及磁感应强度存在以下关系:

$$R = \frac{Mv}{nqB} \tag{13.3}$$

由离子源进入分析器的离子速度取决于引出电极电压(V),速度与电压间关系由下式决定:

$$\frac{1}{2}Mv^2 = nqV \tag{13.4}$$

根据以上二式可求出,经磁场分析器射出的离子,其质量及电荷数应与磁感应强度具有如下依赖关系:

$$\sqrt{\frac{M}{n}} = kB \tag{13.5}$$

其中,k 为由磁场分析器曲率半径和离子源引出电压所决定的设备系数。离子引出电势(V)是可调节的,即进入分析器的离子能量($E=nqV$)可调节。因此,也可由以上关系式得到离子质量、电荷及能量与磁场分析器基本参数(B、R)之间的依存关系如下:

$$BR = \sqrt{\frac{2ME}{(nq)^2}} \tag{13.6}$$

以上讨论表明,应用磁场分析器可以从离子源输入的多种离子中,通过适当调节磁场强度,选择出所需离子,从分析器末端窄缝射出。图 13.7 以 AsF_5 气体离子源为例,显示上述离子质量/电荷与磁场强度的依赖关系。图 13.7 还显示 AsF_5 放电产生的多种离子的相对强度,以及将其分离出来所需要的磁场。为保证离子束的纯度,必须应用质量分辨率高的磁场分析器。通常要求磁场分析器能够分离不同质量的同位核素。例如,可分辨 B^{11} 与 B^{10},即质量分辨误差应小于 1 个原子质量单位($\Delta M < 1$ aum.)。

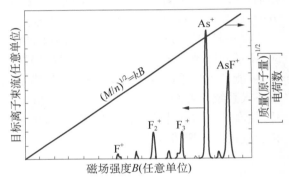

图 13.7　AsF_5 气体放电离子源产生的离子质谱及相应分离磁场强度示意图

13.2.3　离子加速/减速与扫描系统

前面已提及,有的较低能量的大束流机,离子能量直接由离子源引出电势调节。这是一种前加速离子注入系统。一般离子注入机为后加速系统,由磁场分析器射出的离子束进入加速器,以达到所需能量,如图 13.5 所示。离子注入机按能量有低能(<100 keV)、中能($100\sim400$ keV)与高能(>400 keV)之分。早期离子注入应用较多的能量范围为 $10\sim200$ keV。随着超浅结芯片制造技术的发展,越来越多地应用超低能量($0.2\sim10$ keV)离子注入技术。有时为增大离子束流,离子吸出电势差较高,致使离子源输出的离子能量大于所需值,这时就需要对分析器射出的离子进行减速,以达到所需的低能量。

离子注入技术应用的加速器有 3 种,分别为直流电压加速器、射频线性加速器(linear accelerator,LINAC)和串列加速器(tandem accelerator)。对于中低能离子注入机,通常应用直流电压进行离子加速或减速。这种装置由一系列相互隔离的电极组成,加在各个电极上的直流电压依次跃变,在管状真空室中形成逐渐变化的电势场,使其中飞行的离子达到所需能量。经加速或减速的离子束应能聚焦于注入硅片。由于正离子之间的库仑相互排斥作用,离子束具有横向扩展趋势,束流增大或能量降低会加剧这种扩展效应。离子在飞行路程中可能与某些表面碰撞产生的低能二次电子,被处于负偏压的电极束缚在离子束中,这有益于抑制离子束径向扩展散焦效应。对于接近和超过兆电子伏的高能离子注入机,在核物理研究中长期成功发展的射频线性加速器或串列加速器技术得到应用。为了消除离子束流污染,确保注入元素离子的纯净度,在高能注入机的线性加速器末端需再安置一个质量分析磁体。

图 13.5 显示,经加速与聚焦形成的离子束,在入射扫描系统之前,需要通过静电偏转改变飞行方向,以消除中性粒子对注入剂量测量准确性的干扰。虽然离子在高真空($<10^{-7}$ Torr)条件下运动,但仍然可能与残余气体分子碰撞,产生电子转移,使离子变成原子。这类中性原子既不受扫描电势控制,也无法测量其对剂量贡献。因此,在注入靶前改变离子束方向,相当于设置中性束流陷阱。

不同离子注入机射至硅片表面离子束斑面积约在 $1\sim3$ cm^2 范围,依束流大小有所不同。必须经过扫描,使整个硅片得到均匀剂量离子注入。存在多种离子束扫描方式,有静电扫描、磁场扫描、机械扫描和混合扫描等。如图 13.5 所示为静电扫描,这种方式在硅片固定条件下扫描,分别在 $X-Y$ 方向两对电极上改变电势,使离子束斑沿横向和纵向以不同频率扫描,使均匀剂量离子注入覆盖全硅片。扫描频率在 $10^3\sim10^4$ Hz 范围。相对离子束垂直方向,硅片通常倾斜一定角度($\sim7°$),以避免沟道注入效应。

在一般扫描过程中,离子束与硅片的角度不断有所变化,可能产生阴影效应与沟道效应,使不同区域离子注入剂量及深度均匀性变差。这对于结构愈益精密的 CMOS 器件性能,可能产生严重影响。因此,平行束扫描系统得到发展,图 13.8 为带有平行束装置的离子束注入系统示意图。由图 13.8 可见,由静电扫描偏转的离子束经过平行化装置后再注入硅片,使离子束与硅片角度偏移显著减小,从而有效地抑制阴影效应与沟道效应。离子束平行化装置由电磁透镜构成。

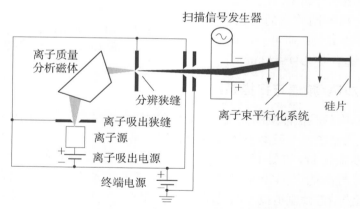

图 13.8　具有平行束扫描装置的离子注入机结构示意图[4]

机械式扫描常用于大束流离子注入机。离子束方向固定,而多个硅片对称排列在一个大轮盘边缘区域。轮盘在作高速转动($1\,000\sim1\,500$ rpm)的同时,进行跨越硅片的往复平移运动,使离子束在所有硅片表面均匀注入。由于在这种机械方式扫描过程中,多个硅片依次接受离子束流,热量吸收分散,硅片升温效应缓解。载片圆盘也可倾斜一定角度,以避免沟道效应。

13.2.4　注入靶室与注入剂量测试

　　离子束注入靶室必须具有良好的温控装置。一般离子注入选择掺杂工艺,需在衬底温度低于 50℃下进行。在离子注入过程中,其能量淀积在硅片内,转化为热量,导致温度上升。应防止硅片或其他注入基片温升过高。过高温度不仅可能破坏光刻胶膜,还可能损害器件性能。因此,要求硅片基座具有优良导热性能,基座导热板背面常通入冷却气体(如氦),把热量带出靶室。在某些应用中离子注入需在一定温度下进行。例如,在 SIMOX-SOI 硅片制备中,高剂量氧离子注入需要在硅片温度约 500℃下进行,使硅片表层保持单晶结构,作为随后退火时的籽晶层(参见 9.6.3 节)。有些无需光刻胶掩蔽的离子注入也可在较高温度下进行。在这种离子注入过程中,同时存在退火作用,有利于恢复晶格。对于预非晶化离子注入工艺,硅片则需保持低温状态,避免热退火效应。

　　硅片表面电荷积累是必须克服的另一问题。由于硅片表面部分区域存在光刻胶或其他绝缘薄膜掩蔽层,离子轰击可能形成硅片表面正电荷积累。这种电荷积累将破坏电荷平衡,使离子束斑变化,造成注入剂量非均匀分布。电荷积累还可能损害栅介质及器件可靠性。为防止硅片表面电荷积累,早期应用电子束轰击产生的二次电子喷淋,中和正电荷。现今离子注入机多采用等离子体喷淋技术。位于邻近硅片处的等离子体源提供大量低能电子和低能离子,低能电子环绕在离子束周围,形成负空间电荷势,低能离子则在外围起屏蔽作用。这种等离子体喷淋技术还可有其他作用,详见参考文献[4]。

　　如图 13.5 所示,注入靶室需应用法拉第检测器,测量与监控离子束流及剂量。以著名物理学家法拉第(Faraday,1791—1867)命名的法拉第检测器,常称为法拉第筒或法拉第杯,是一种常用荷电粒子高灵敏度检测装置。在离子注入机中法拉第检测器安置于紧靠硅片位置处。图 13.9 为机械扫描离子注入机中离子剂量测量与监控装置示意图。法拉第检测器安置在载片圆盘的后面,离子束通过圆盘上的狭缝射入法拉第筒。法拉第筒收集离子形成的电

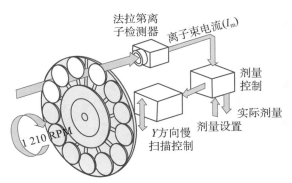

图 13.9　离子束流与剂量检测装置示意图[4]

流,经积分电路得到实时注入剂量,与设定剂量相比,可对注入工艺作反馈自动调节。离子轰击可能使法拉第筒发射二次电子,造成束流及剂量测试误差。为消除这种误差,法拉第筒前有一接负电位的圆环形电极,把二次电子挡回。

13.2.5　等离子体注入掺杂技术

　　除了广泛应用的束线型离子注入技术,自 20 世纪 80 年代末期以来,有研究者提出把等离子体直接用于离子注入与材料改性[6,7]。这种方法也常被称为等离子体浸没离子注入(plasma immersion ion implantation,PIII)技术。如果靶材基片置于等离子体中,则基片呈现负偏置电势,基片周围形成离子鞘层。(参阅本书第 15 章,了解负偏置电势与离子鞘层的形成原因。)基片负偏置电位还可通过外加电压提高。因此,在基片周围电场作用下,等离子体中的正离子将轰击和注入基片,改变材料性能。这种方法不需磁场分析器和加速器等复

杂装置,也就不具有前述束线型离子注入技术的一些突出优越性。这种方法也有其独特优势,所用等离子体装置较为简单,容易获得高达 10^{16} cm^{-2} 的离子流密度,离子能量也可在 10 eV~100 keV 较大范围变化。被等离子体浸没的靶,周围鞘层空间电荷及电场方向随形状变化,因而可用于非平面结构部件的表层离子注入。不同材料和器件领域的研究者,对这种等离子体注入技术及其应用进行多方面实验研究[8]。

超浅结形成工艺,特别是硼掺杂 pn 结低能离子注入技术,是纳米 CMOS 器件研制中的难题之一。人们提出与试验多种方法,以求获得小于 10 nm 的超浅 p$^+$n 结,并需具有低接触电阻与低漏电流。等离子体低能离子注入是可能途径之一。束线型离子注入在纳米器件制造中遇到多种困难。低能离子注入不易获得大束流,而且由于低速运动离子的相互排斥作用加剧,低能离子束的横向膨胀现象十分严重,导致注入均匀性变差。另一问题为低能离子的自溅射效应,使注入剂量控制更为困难。注入硅片表层的低能离子有可能受到后续离子碰撞,获取足够能量后溅射出基体。离子能量越低,注入深度越浅,注入离子的自溅射损失比例就越高。图 13.10 以 B(p,α)Be 核反应实验测试数据显示,自溅射效应可造成低能硼离子注入剂量的显著损失。而且能量越低,注入剂量越大,自溅射造成的损蚀率越高。以低能 B$^+$ 或 BF$_2$$^+$ 注入时,硅片表层的实际硼剂量可能达到饱和,如图 13.10 所示。等离子体注入技术可以提供高许多倍的离子流,而且可在较大范围内分别控制离子能量与流量。

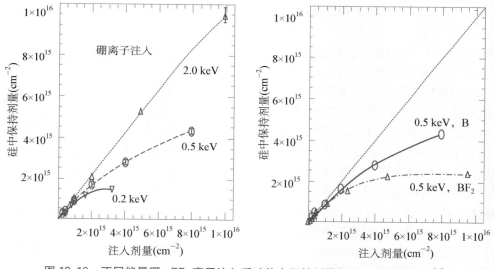

图 13.10　不同能量硼、BF$_2$ 离子注入后硅片内保持剂量与注入剂量的关系[4]

通过 B$_2$H$_6$、BF$_3$、AsF$_3$ 等气体放电产生等离子体,可以实现硼、砷等杂质超浅结掺杂。已有实验研究表明,应用等离子体源直接掺硼的超浅源漏结 PMOS 器件,与同时试验的常规方法注入器件相比,可具有更低接触电阻、更大驱动电流,漏电流也有所减小[9]。等离子体掺杂工艺也可和束线注入技术相结合。例如,先后进行低能等离子体注入 B$^+$ 和束线注入 Ge$^+$,可以改善 p$^+$n 结特性[9]。按照等离子体注入掺杂特点,这种方法应有益于 FinFET 之类立体结构器件的全方位掺杂。因此,等离子体掺杂技术近年受到更多重视。虽然这种技术设备较简单,但等离子体注入与溅射、刻蚀、淀积等过程相伴随,其过程描述较为复杂,其机制与更多应用都有待进一步研究。

13.3　离子注入的物理机制

离子注入是建立在原子物理学基础上的技术。入射离子与基体原子(或称靶原子)相互作用决定离子注入过程。具有一定能量的离子射入固态物质,在其运动路径上与一系列靶原子相互作用,能量逐渐传递给靶原子。离子注入的射程、分布和损伤,都由入射离子与基体原子的碰撞及能量转移决定。原子物理学奠基人玻尔(N. Bohr, 1885—1962),也是离子与固体物质相互作用研究的开拓者。玻尔把离子能量损失归纳为核阻滞与电子阻滞,建立了离子与原子碰撞散射的基本理论[10]。H. A. Bethe(贝特)、F. Bloch(布洛赫)、E. Fermi(费米)等 20 世纪著名物理学家都曾对与离子注入相关的原子物理课题进行研究,对碰撞与能量转移机制作过经典或量子力学分析。1963 年 J. Lindhard、M. Seharff 和 H. E. Sehiott 在概括分析前人研究成果基础上,系统地讨论了离子在非晶固体中的能量损失,提出了计算多种离子在物质中的射程及分布模型。他们的研究结果常被称为 LSS 理论,与离子注入实验数据比较相符,成功用于分析和模拟离子注入工艺[11]。此后,在半导体器件掺杂技术需求推动下,许多研究者对离子注入射程与分布进行了多方面理论与实验研究[12-14]。本节在分析入射离子与基体原子相互作用及能量转移规律基础上,着重讨论对入射离子的核阻滞与电子阻滞物理机制,分析核阻止本领和电子阻止本领随离子能量的变化规律。

13.3.1　入射离子和基体原子之间的相互作用

离子注入是入射离子与基体原子相互作用的结果。虽然离子束由数量巨大的离子构成,离子注入剂量通常高达 10^{11} cm^{-2} 以上,但离子注入的瞬时过程可描述为单个入射离子与基体原子的碰撞过程,具有一定能量的离子在基片内运动,由入射基片到最终停止于体内某一位置,是与一系列原子相继碰撞与散射的过程。离子注入的射程和分布由离子与基体原子的大量随机碰撞过程决定。具体碰撞过程取决于离子和原子核及电子间的排斥或吸引相互作用力。

入射离子在基体遭遇的碰撞,可分为弹性碰撞和非弹性碰撞两种过程。入射离子与原子核之间的相互作用为弹性碰撞,与电子的相互作用则常为非弹性碰撞。运动离子与原子核的相互作用是一种库仑散射过程,必然伴随能量与动量转移。入射离子部分能量及动量转移给基体原子,自身改变运动方向及速度,而获得能量与动量的原子则可能产生位移。入射离子与电子的相互作用也会使离子损失能量,电子单独获取足够能量后,可脱离原子束缚或跃迁到激发态,电子集体也可对运动产生阻滞力。入射离子在经历一系列基体原子碰撞后,将丧失所有动能与动量,成为基体中的掺杂原子。因此,入射离子在衬底中的运动,既是与基体原子碰撞而受到阻滞的过程,也是能量转移与淀积的过程。

入射离子与基体靶原子在相距 $10^{-8} \sim 10^{-9}$ cm 范围时,两者原子核之间的库仑排斥力将使运动状态改变,即发生弹性碰撞散射。这种散射取决于两个原子核之间的库仑作用势 (V)。在散射过程中,库仑电势应随两者距离 (r) 不断变化。由于两者原子核都为多个电子所环绕,它们之间的库仑作用力必然受到电子屏蔽,可用下式描述入射离子与靶原子核之间的库仑作用势:

$$V(r) = \frac{Z_1 Z_2 e^2}{4\pi\varepsilon_0 r} f_S(r) \qquad (13.7)$$

式中 Z_1、Z_2 分别为入射离子与靶原子的原子序数,即正电荷质子数,ε_0 为真空介电常数,$f_s(r)$ 为描述电子屏蔽作用的函数。由于离子与原子核结构及相互作用的复杂性,如何选取 $f_s(r)$ 的表达式,是原子物理研究中的难题之一。研究者不断改进屏蔽函数,以求更准确地分析计算碰撞造成的核阻滞规律。LSS 理论应用托马斯-费米屏蔽函数,计算核阻滞能量损失和注入射程等。托马斯-费米屏蔽函数的简化形式如下:

$$f_S(r) = \exp\left(-\frac{r}{a}\right) \qquad (13.8)$$

其中,a 为由碰撞原子核电荷数决定的屏蔽距离参数,

$$a = \frac{0.885\,3a_0}{(Z_1^{\frac{2}{3}} + Z_2^{\frac{2}{3}})^{\frac{1}{2}}} \qquad (13.9)$$

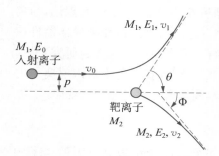

图 13.11　入射离子与靶原子弹性
碰撞前后速度及方向的
变化

$a_0 = 0.053$ nm 为氢原子玻尔半径。以上屏蔽距离参数表达式最早为玻尔所建议。曾有研究者把(13.9)式中的分母项改为 $(Z_1^{1/2} + Z_2^{1/2})^{2/3}$,但 Lindhard 等人仍应用以上表达式。由(13.8)式屏蔽函数可知,当离子非常接近原子核(即 $r \to 0$)时,两者作用势趋于典型库仑电势,在两者相距较大时,电子屏蔽效应增强,相互作用强度比一般库仑电势显著减弱。

具体计算离子与原子间的库仑作用势和运动轨迹十分复杂。但从运动学角度分析,可求得入射离子散射前后的能量变化规律。离子与靶原子核的弹性碰撞,应遵循能量守恒与动量守恒定律。图 13.11 为入射离子与靶原子碰撞散射示意图。图 13.11 中 p 为静态原子与入射离子初始运动方向的垂直距离,通常称为碰撞参数。如果质量为 M_1、速度为 v_0、相应能量为 E_0 的离子,与质量为 M_2 的靶原子,在库仑作用下发生碰撞散射,则前者将有部分动能传递给后者、使后者位移。设散射后离子速度/能量改变为 v_1/E_1,静态原子得到的速度/能量为 v_2/E_2,则根据能量守恒定律,应有以下关系式:

$$E_0 = E_1 + E_2 \qquad (13.10)$$

$$\frac{1}{2}M_1 v_0^2 = \frac{1}{2}M_1 v_1^2 + \frac{1}{2}M_2 v_2^2 \qquad (13.11)$$

设碰撞散射后入射离子与位移靶原子的运动方向,与离子入射初始方向偏离角度分别为 θ 和 Φ,则根据动量守恒原理,可写出沿离子入射平行和垂直方向的动量变化关系,

$$M_1 v_0 = M_1 v_1 \cos\theta + M_2 v_2 \cos\Phi \qquad (13.12)$$

$$M_1 v_1 \sin\theta = M_2 v_2 \sin\Phi \qquad (13.13)$$

根据以上 4 个方程表达的弹性碰撞能量与动量守恒定律,可以求出入射离子在与靶原子碰撞后携带的能量与初始能量有以下关系:

$$E_1 = KE_0 \tag{13.14}$$

式中系数 K 称为运动学因子,其值取决于相互碰撞粒子的质量及散射角度,如下式所示:

$$K = \left(\frac{M_1 \cos\theta + \sqrt{M_2^2 - M_1^2 \sin^2\theta}}{M_1 + M_2} \right)^2 \tag{13.15}$$

虽然库仑作用碰撞与硬球机械碰撞的性质完全不同,但在弹性碰撞条件下,两者有相似运动学散射规律。上述由能量与动量守恒分析得到的离子碰撞前后能量变化式十分简单,但对分析碰撞过程十分有用。它反映了注入离子能量损失的主要物理机制,也是卢瑟福背散射(RBS)能量质谱分析的原理基础。RBS 分析常应用兆电子伏高能氦离子轰击样品,测量背散射离子能量变化谱,用以表征包括离子注入层在内的各种薄层和薄膜组分及结构[12]。

13.3.2　入射离子受到的核阻滞

入射离子进入硅片等基体后受到的阻滞作用由两部分构成:一部分为核阻滞,取决于原子核之间的库仑散射;另一部分则为取决于离子-电子相互作用的电子阻滞。入射离子的能量损失率可用以下二式表示:

$$-\frac{dE}{dx} = \left(-\frac{dE}{dx} \right)_n + \left(-\frac{dE}{dx} \right)_e = S_n(E) + S_e(E) \tag{13.16}$$

$$-\frac{dE}{dx} = N[s_n(E) + s_e(E)] \tag{13.17}$$

以上二式中用大小写字母"S"和"s"分别标志核阻滞和电子阻滞的两个既关联又相异的参数。"S"用以标志入射离子在单位射程内的能量损失率,量纲为 eV/cm,S_n 定义为核阻止本领(nuclear stopping power),S_e 定义为电子阻止本领(electronic stopping power)。s_n 和 s_e 分别标志单个原子的核阻止截面与电子阻止截面(stopping cross section),量纲为 eV·cm²。但在有的教科书与论文中,两者有时被混用,把两者都称为阻止本领。这两个参数虽然都可用于描述固体材料对注入离子的阻滞作用,但具体含义有所不同,两者存在如下关系:

$$S_n(E) = N s_n(E) \tag{13.18}$$

$$S_e(E) = N s_e(E) \tag{13.19}$$

N 为基体原子密度。阻止本领和阻止截面是分析离子注入、背散射谱等离子束技术的基础参数。经过多年实验与理论计算积累,已有多种离子与材料组合的大量相关数据,可供查阅和应用[12-14]。

由描述弹性散射的(13.10)、(13.14)等关系式,可以得到入射离子与单个靶原子一次碰撞后的损失或转移能量(T)如下:

$$T = E_2 = E_0 - E_1 = E_0 \frac{4M_1 M_2}{(M_1 + M_2)^2} \sin^2\frac{\theta}{2} \tag{13.20}$$

上式显示入射离子与靶原子碰撞损失的能量是其携带能量和散射角度的函数 $T(E, \theta)$。入射离子的散射角度,显然应与标志相撞离子趋近距离的碰撞参数 p 相关,p 值越小,两个原子核间的相互排斥力越强,散射角度就越大。当 $p = 0$ 时,即入射离子与靶原子对撞情况,散

射角度 $\theta = 180°$,则会产生最大转移能量,

$$T_{\max}\bigg|_{\theta=\pi} = \frac{4M_1M_2}{(M_1+M_2)^2}E_0 \tag{13.21}$$

因此,入射离子与基片内不同原子核弹性碰撞转移能量也可描述为碰撞参数的函数 $T(E, p)$。

入射离子在其注入路径中要经历与周围所有基体原子的碰撞,直至其动能丧失殆尽。按照图 13.12 所示模型,在以碰撞距离参数(p)为半径及其增量 Δp 的单元环体中,原子数可表示为 $\Delta N = (N\Delta x)2\pi p\Delta p$。 不同碰撞参数的原子都可与离子相互作用,使其失去部分能量。对 p 积分,则可得到离子在$(x, x+\Delta x)$区间系列散射失去的能量,

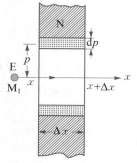

$$\Delta E = -N\Delta x\int_0^\infty T(E, p)2\pi p\,\mathrm{d}p \tag{13.22}$$

由于决定 $T(E, p)$ 的互作用电势随距离增大而急剧减小,如(13.7)式所示,p 值较大原子的散射作用趋于零。因而(13.22)式积分区间可取$(0, \infty)$。

由(13.22)式可得到核阻滞造成的入射离子单位距离的能量损失率,即核阻止本领(S_n),以及核阻止或核散射截面表达式,

图 13.12　与入射离子相互作用的基体薄层单元模型

(x 表示入射方向,p 表示碰撞参数,N 表示原子密度)

$$-\frac{\mathrm{d}E}{\mathrm{d}x} = S_n = N\int_0^\infty T(E, p)2\pi p\,\mathrm{d}p = Ns_n(E) \tag{13.23}$$

$$s_n = \int_0^\infty T(E, p)2\pi p\,\mathrm{d}p \tag{13.24}$$

以上讨论及表达式更清楚地表明核阻止本领与核阻止截面的不同含义及关系。早期人们为估算注入离子能量损失率,曾用较为简单的离子-原子互作用模型,得到核阻止截面的如下简化表达式:

$$s_n = 2.8\times10^{-15}\frac{Z_1Z_2}{(Z_1^{\frac{2}{3}}+Z_2^{\frac{2}{3}})^{\frac{1}{2}}}\frac{M_1}{M_1+M_2}\quad(\mathrm{eV}\cdot\mathrm{cm}^2) \tag{13.25}$$

根据上式,非晶固体中的核阻止本领为恒定值。但离子-原子碰撞能量转移是随能量变化的。通过多年理论研究与实验测试,已获得硅等衬底材料中不同离子核阻止本领的数据和分析软件,用于离子注入射程、背散射能量变化的计算模拟[13,14]。图 13.13 显示硼、磷、砷等离子注入硅基体的核阻止本领随离子能量的变化曲线。离子质量越大,与硅碰撞转移能量越多。$S_n(E)$ 曲线表明,对于初始能量较高的入射离子,在高能量区域,核阻止本领较低,随着能量下降,S_n 值逐渐增加,达到最大值后,在较低能量范围,$S_n(E)$ 又下

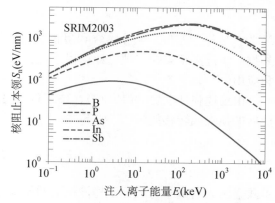

图 13.13　硼、磷、砷、铟和锑离子注入硅基体的核阻止本领与离子能量的依赖关系[4]

降。这种变化规律归因于运动离子与静态原子相互作用物理机制。离子能量很低时,碰撞转移能量不足以打破基体原子的化学键,能量损失率就会较小。$S_n(E)$阻滞超过峰值后,能量越高、速度越快的离子,与原子的作用时间越短,动量及能量的转移必然趋于下降。

13.3.3 入射离子受到的电子阻滞

由于电子和离子两者质量差异很大($m_e/M \sim 10^{-5}$),两者相互作用不可能显著改变离子的运动方向,但会显著降低入射离子动能。离子和电子的相互作用较为复杂,可用简化模型分析离子的电子阻滞物理机制。离子在行进路径中,电子以集体与个体两种方式与离子相互作用,阻滞其运动。固体中大量原子核周围的电子构成电子"海",离子在其中的运动,有如物体在流体媒介质中的运动,必然受到黏滞性阻力作

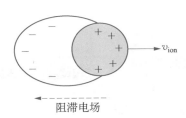

图 13.14　入射离子受到电子极化电场阻滞作用示意图[3]

用。但离子所受阻力的本质全然不同,物体在流体中受到的黏滞力是一种摩擦力,离子在电子媒介质中所受黏滞力是电磁力。如图 13.14 所示,向前运动的离子会引起电子媒介的极化,形成的电场对离子产生拖曳力,阻滞其运动。这种力也可看作一种特殊的黏滞力。离子本身的外层电子也可能参与这种电子阻滞机制。通常流体对运动物体的黏滞力和物体速度成正比。与此类似,电子集体对离子的黏滞力也应随离子速度变化,对高能离子的阻滞作用增强。

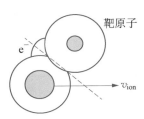

图 13.15　入射离子与靶原子外层电子的个体作用示意图[3]

当离子与晶格原子非常接近时,两者的电子波函数相互交叠,从而可产生能量与动量交换,如图 13.15 所示。入射离子与靶原子电子的这种相互作用,可看作离子与电子通过直接碰撞转移能量给电子,使之激发或离化。应用描述离子/核碰撞能量转移的(13.21)式,可粗略估算离子/电子碰撞的能量转移。以电子质量(m_e)取代靶原子质量,(13.21)式可改写并简化为

$$T_e = \frac{4M_1 m_e}{(M_1+m_e)^2}E \approx \frac{4m_e}{M_1}E \qquad (13.26)$$

由于$m_e/M_1 < 10^{-4}$,而电子激发、离化所需最低能量在 $1 \sim 10$ eV 量级,为使电子获得足够能量跃迁至激发态或离化,离子能量应在 $10^4 \sim 10^5$ eV 以上。

根据 LSS 理论和其他研究结果,可以得到较为精确的电子阻止本领与离子能量的依赖关系。理论分析与实验数据表明,电子阻止本领随离子能量的变化规律与核阻止本领类似,也存在升降变化趋势,但两者变化区域有显著差异。对于电子阻滞的研究,常把离子速度(v)分为两个不同区域:$v \gg v_c$ 和 $v \ll v_c$。其中,$v_c = Z_1 v_B$,$v_B = e^2/2\varepsilon_0\hbar = 2.2 \times 10^6$ m/s,正是著名的玻尔速度,即氢原子基态电子的旋转速度。$v \gg v_c$ 是 Bethe-Bloch 理论研究的区域。研究表明,高速运动使离子的电子被剥离,离子核直接与电子相互作用,其截面应随速度上升而变小,促使电子阻滞随能量增加而减小。常用注入元素中原子序数(Z_1)最小的硼,所对应 v_c 的能量为 6.8 MeV。因此,$v \gg v_c$ 属于很高能量区域,已超出一般离子注入应用范围。

$v \ll v_c$ 对应的能量区域则常应用于离子注入,是 LSS 理论涉及的区域。研究揭示,在此

区域基体材料的电子阻止截面与离子速度成正比,与能量关系可用下式表示:

$$s_e(E) = k_e E^{1/2} \quad (eV \cdot cm^2) \tag{13.27}$$

k_e 为与注入离子及基体原子有关的系数,在 LSS 理论中的表达式为

$$k_e = \sqrt{32}\, a_0 \hbar\, \frac{Z_1^{7/6} Z_2}{(Z_1^{2/3} + Z_2^{2/3})^{3/2} M_1^{1/2}} \tag{13.28}$$

其中,$a_0 = 0.053$ nm(玻尔半径)。(13.28)式虽然看似复杂,但如图 13.16 所示,硅中各种元素与氢离子的 $k_e/k_e(H)$ 比值变化,除了原子序数小于 20 的轻元素外,其他离子的 k_e 值变化很小,对于非晶硅,其近似值约为 0.2×10^{-15} $(eV)^{1/2}$ cm^2。

图 13.17 给出综合各种理论得到的硼、磷、砷离子注入硅基体的 S_e 与能量的依赖关系。图 13.17 中曲线与图 13.16 数据相一致,表明不同离子在硅衬底中受到的电子阻滞变化较小。在低于 1 MeV 区域,硼、磷、砷离子注入的电子阻止本领具有类似能量依赖关系,磷和砷的 S_e 无明显差别,硼离子的 S_e 值略小。在大于 1 MeV 的能量区域,硼离子的电子阻止本领显示趋于饱和及下降的变化。磷和砷等较重元素离子的电子阻止本领,要在高得多的能量区域,才会随能量增加而下降。

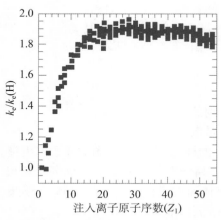

图 13.16 硅衬底中不同元素离子的电子阻滞的归一化 $k_e/k_e(H)$ 系数[4]

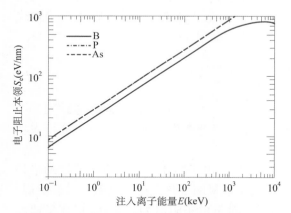

图 13.17 硼、磷和砷离子注入硅基体的电子阻止本领与离子能量的依赖关系[4]

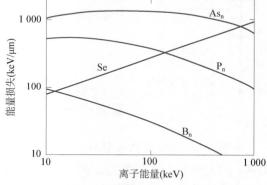

图 13.18 10~1 000 keV 范围内非晶硅中硼、磷、砷离子的核阻滞和电子阻滞能量损失率对比[3]

对比(13.25)式与(13.27)式或图 13.13 与图 13.17,可知核阻滞和电子阻滞对离子能量损失及注入射程都有显著贡献。基于离子质量对核阻滞截面影响大、对电子阻滞截面影响很小的事实,在不同能量区域,两者份额可有显著不同。常用离子注入能量范围内,硅中的核阻止与电子阻止本领,共同表示在图 13.18 中。较低能量离子以核阻滞为主,对于较高能量则电子阻滞份额增加。电子阻滞与核阻滞本领相等的离子能量,对于硼和磷的注入,分别

约为 17 keV 和 150 keV,而砷和锑离子能量高于 1 MeV,电子阻滞才会显著高于核阻滞。离子的阻滞机制不仅决定注入射程,也影响离子及损伤分布。

13.4　离子注入射程和分布

离子的射程和分布是注入掺杂工艺最需要了解的信息。离子射程的计算建立在双体碰撞近似、原子间库仑排斥电势和离子阻滞能量转移等理论基础上。本节在分析决定离子射程及投影射程的因素后,着重讨论注入原子的深度分布规律,介绍注入原子浓度统计分布的高斯函数和皮尔森-Ⅳ函数,分析描述不同原子分布曲线特点的特征参数(投影射程、标准偏差、偏斜度、峭度),以及它们与入射离子能量的依赖关系。本节还将讨论注入离子的横向离散性和晶体沟道效应。

13.4.1　离子注入射程与投影射程

根据核阻滞与电子阻滞的离子能量依赖关系 $S_n(E)$ 和 $S_e(E)$,由(13.16)式的离子能量损失率微分表达式,对其积分可以得到注入离子射程(R)的表达式,

$$R = \int_0^{E_0} \frac{\mathrm{d}E}{S_n(E) + S_e(E)} \tag{13.29}$$

由上式计算得到的射程,是离子经过一系列与基体原子碰撞散射后的路径长度。离子注入工艺中更为重要的参数是投影射程(R_p),即离子在入射方向的注入深度,如图 13.19 所示。在垂直入射条件下,投影射程就是垂直入射方向射程的平均值。n 个离子注入决定的投影射程定义如下:

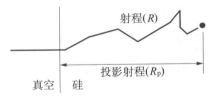

图 13.19　注入离子的射程与投影射程

$$R_p = \frac{1}{n} \sum x_i \tag{13.30}$$

离子在基体中受到的核阻滞与电子阻滞碰撞是随机过程,具有相同入射能量的不同离子,所经历的碰撞次数及路径都是变化的,它们的射程与投影射程都有差异,按碰撞过程几率分布。图 13.20 为对能量为 35 keV 的 1 000 个磷离子,从原点($x/y/z = 0/0/0$)垂直 yz 面入射非晶衬底,应用蒙特卡洛(Monte Carlo)方法模拟计算得到的注入三维及二维分布图。图 13.20 显示,注入原子随机散落在平均投影射程周围,形成一个伸长的椭球形区域。这是由于大部分离子的碰撞散射角较小。可应用投影射程的纵向标准偏差 ΔR_p 和横向离散 $\Delta R_\perp$,描述离子射程的随机分散性。离子随机分布的 ΔR_p 和 $\Delta R_\perp$ 是表征注入射程的两个主要参数,由以下二式定义:

$$(\Delta R_p)^2 = \frac{1}{n} \sum (x_i - R_p)^2 \tag{13.31}$$

$$(\Delta R_\perp)^2 = \frac{1}{n} \sum (\Delta y_i)^2 \tag{13.32}$$

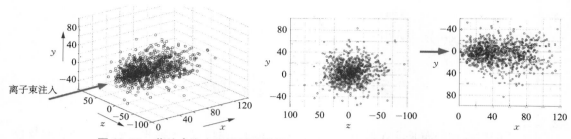

图 13.20　蒙特卡洛方法模拟计算得到的注入磷离子三维及二维分布图[3]

(P$^+$ 能量:35 keV)

反映离子注入深度的平均投影射程主要取决于离子的质量与能量。图 13.21 显示非晶硅中硼、磷、砷等杂质离子,在入射能量 $10^{-1} \sim 10^4$ keV 范围的投影射程变化。由离子能量、质量和投影射程可估算注入离子的运动速度与时间。例如,30 keV 砷在硅中的速度与时间分别约为 10^7 cm/s 与 10^{-13} s 量级。常用杂质离子在非晶硅中的投影射程标准偏差随能量变化如图 13.22 所示。不仅对于硅、GaAs 等半导体衬底注入,需要通过实验和模拟计算得到 $R_p(E)$ 和 $\Delta R_p(E)$ 数据,对于 SiO_2、Si_3N_4 和光刻胶等屏蔽薄膜也需要相应数据,以便确定局域注入所必须的掩蔽膜厚度。

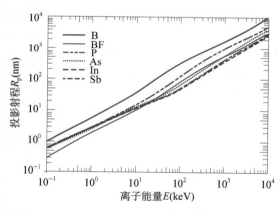

图 13.21　硅中常用杂质离子投影射程随入射能量的变化[4]

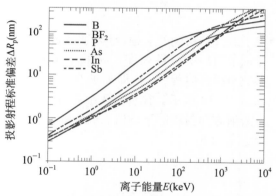

图 13.22　硅中常用杂质离子投影射程标准偏差随入射能量的变化[4]

13.4.2　注入原子浓度分布

LSS 理论在离子注入的核阻滞与电子阻滞理论基础上,并应用统计理论,建立了分析注入离子分布的微分方程,得到离子平均射程及标准偏差的表达式。在一级近似条件下,非晶衬底中注入杂质原子浓度的深度分布,可应用高斯统计分布函数描述,

$$N(x) = N_p \exp\left[-\frac{1}{2}\left(\frac{x - R_p}{\Delta R_p}\right)^2\right] \tag{13.33}$$

上式中 N_p 为投影射程处的峰值杂质浓度。通过基片表面单位面积注入的杂质总数,即注入剂量,可由(13.33)式积分求得,

$$Q = \int_0^\infty N(x)\,\mathrm{d}x = \sqrt{2\pi}\,N_{\mathrm{p}}\Delta R_{\mathrm{p}} \qquad (13.34)$$

由上式可得投影射程处峰值杂质浓度与注入剂量的关系,

$$N_{\mathrm{p}} = \frac{Q}{\sqrt{2\pi}\,\Delta R_{\mathrm{p}}} \approx \frac{0.4Q}{\Delta R_{\mathrm{p}}} \qquad (13.35)$$

利用上式,注入杂质原子浓度的深度分布可用以下方程表示:

$$N(x) = \frac{Q}{\sqrt{2\pi}\,\Delta R_{\mathrm{p}}} \exp\left[-\frac{1}{2}\left(\frac{x - R_{\mathrm{p}}}{\Delta R_{\mathrm{p}}}\right)^2\right] \qquad (13.36)$$

因此,对于确定能量和剂量的离子注入,参照图 13.21 和 13.22 所示投影射程及其标准偏差数据,就可应用(13.36)式近似计算注入杂质原子在硅中的浓度分布。

　　实验测试表明,上述高斯分布计算结果,在投影射程及其邻近区域,与实验数据相符较好,在远离峰值浓度的两侧,与实际杂质原子分布差异较大。图 13.23 显示 200 keV 注入的常用离子在硅中形成的杂质浓度分布。典型高斯函数在峰值两侧应为对称分布,但由图 13.23 可见,硼的杂质浓度分布明显不对称,浓度下降速率也不同。这是因为离子注入不完全是数学意义上的随机事件,还有较为复杂的物理因素影响离子分布。与基体原子相比,质量较小和较大的元素,注入分布就不同。较轻的硼离子受到硅原子的大角度

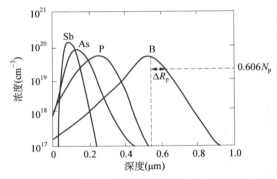

图 13.23　硅中硼、磷、砷、锑离子(200 keV)注入的杂质原子深度分布[3]

散射较多,背散射的离子数量较多。因此,小于投影射程一侧的硼原子数量显著大于另一侧。对于质量较大的砷或锑离子,大角度及背散射几率则小得多,它们和硅原子的碰撞结果,就会使较多杂质原子落在大于投影射程一侧,由图 13.23 可见这种不同离子分布曲线的形状特点。

　　对离子注入原子实际分布进一步分析表明,皮尔森-Ⅳ(Pearson-Ⅳ)统计分布,可比高斯分布函数更准确地描述离子注入杂质分布。在(13.36)式的 $N(x)$ 高斯函数中,用 R_{p} 和 ΔR_{p} 两个特征参数描述离子射程的随机分布。在皮尔森-Ⅳ分布中,则应用 4 个特征参数,除了投影射程与标准偏差外,为了描述离子分布曲线的非对称特征,又增加斜度(γ, Skewness)和峭度(β, Kurtosis)两个参数。这 4 个特征参数与分布函数 $N(x)$ 的关系可分别由以下 4 式表示:

$$R_{\mathrm{p}} = \frac{1}{Q}\int_{-\infty}^{\infty} x N(x)\,\mathrm{d}x \qquad (13.37)$$

$$\Delta R_{\mathrm{p}} = \sqrt{\frac{1}{Q}\int_{-\infty}^{\infty} (x - R_{\mathrm{p}})^2 N(x)\,\mathrm{d}x} \qquad (13.38)$$

$$\gamma = \frac{\displaystyle\int_{-\infty}^{\infty} (x - R_{\mathrm{p}})^3 N(x)\,\mathrm{d}x}{Q\Delta R_{\mathrm{p}}^3} \qquad (13.39)$$

$$\beta = \frac{\int_{-\infty}^{\infty} (x - R_{\mathrm{p}})^4 N(x) \mathrm{d}x}{Q \Delta R_{\mathrm{p}}^4} \tag{13.40}$$

这些特征参数在概率论中被称为矩(moments),分别称为一阶矩 R_{p}、二阶矩 ΔR_{p}、三阶矩 γ、四阶矩 β。皮尔森-Ⅳ分布中增加斜度、陡度两个形状特征参数,可显著改善注入离子分布的描述,使之更符合实验数据。与 R_{p}、ΔR_{p} 相同,γ、β 也应取决于离子在基体中的随机碰撞与阻滞过程,应是随衬底材料和入射离子能量变化的参数。图 13.24 为非晶硅中常用注入离子的 $\gamma(E)$ 和 $\beta(E)$ 依赖关系。

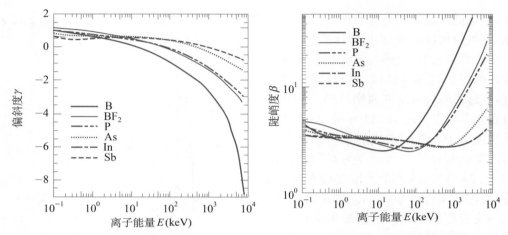

图 13.24　非晶硅中常用注入离子的偏斜度(γ)和陡峭度(β)随入射能量的变化[4]

对于注入原子在非晶衬底内的分布,皮尔森-Ⅳ统计给出与以上 4 个特征参数相关的函数表达式如下:

$$N(x) = C \left[1 + \left(\frac{x - \lambda}{a} \right)^2 \right]^{-m} \exp \left[-v \tan^{-1} \left(\frac{x - \lambda}{a} \right) \right] \tag{13.41}$$

其中,C 为由注入剂量决定的归一化常数,参变量 m、λ、a、v 与离子注入特征参数的关系,可由以下 4 式计算得到:

$$r = 2(m - 1) = \frac{6(\beta - \gamma^2 - 1)}{2\beta - 3\gamma^2 - 6} \tag{13.41a}$$

$$v = -\frac{r(r - 2)\gamma}{\sqrt{16(r - 1) - \gamma^2 (r - 2)^2}} \tag{13.41b}$$

$$a = \frac{\Delta R_{\mathrm{p}}}{4} \sqrt{16(r - 1) - \gamma^2 (r - 2)^2} \tag{13.41c}$$

$$\lambda = R_{\mathrm{p}} - \frac{1}{4}(r - 2)\gamma R_{\mathrm{p}} \tag{13.41d}$$

离子特征参数可从 $R_{\mathrm{p}}(E)$、$\Delta R_{\mathrm{p}}(E)$、$\gamma(E)$、$\beta(E)$ 曲线或表格中得到[4]。多年来人们应用蒙特卡罗方法,不断研究与改进多种离子注入模拟软件,如 TRIM/SRIM 等,模拟不同离子-靶衬底组合的注入分布,分析计算 R_p、ΔR_p、γ、β 等参数值及其随入射能量变化[14]。应用这些曲线与表格数据,可以模拟计算注入离子分布。皮尔森-Ⅳ方程数学表达式比高斯复杂,可更为准确地描述不同杂质的注入原子纵向分布。图 13.25 给出不同入射能量硼原子在硅中的实测浓度数据,以及高斯/皮尔森-Ⅳ两种分布函数的模拟曲线。三者对比说明,皮尔森-Ⅳ分布函数更适于模拟实际注入原子的分布。

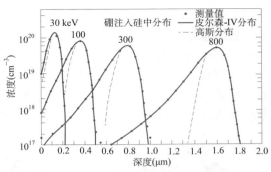

图 13.25　硼离子在硅中实测浓度数据与高斯/
皮尔森-Ⅳ两种分布函数对比[15]

13.4.3　注入离子横向扩展

对于半导体器件的离子注入掺杂工艺,还必须考虑离子的横向离散及分布。由图 13.20 可见,注入离子碰撞散射的随机性可造成杂质原子分布的横向离散。图 13.26 显示模拟计算得到的硅中常用杂质离子横向离散参数随能量的变化曲线。由图 13.26 可见,横向离散性随离子质量增加而减小,随能量增加而上升。对比图 13.26 与图 13.22 可知,磷、砷等质量较大离子的 $\Delta R_\perp$ 都小于 ΔR_p,硼离子在较高入射能量的横向离散与纵向离散相近。注入离子的横向离散性,影响注入掺杂边缘区域的杂质浓度分布,使器件掺杂区横向扩展。图 13.27 为不同杂质和不同能量离子注入在掩模窗口边缘区的二维浓度变化示意图。对于大尺寸器件,这种扩展影响较小,但对于超微小器件,这种横向扩展可显著影响实际器件尺寸与性能。

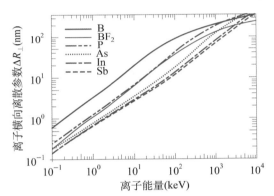

图 13.26　非晶硅中常用杂质离子横向离散参数
（$\Delta R_\perp$）随入射能量的变化[4]

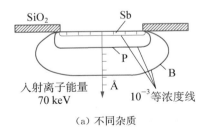

（a）不同杂质

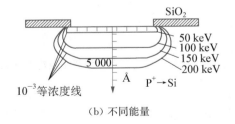

（b）不同能量

图 13.27　不同杂质和不同能量磷离子注入硅窗口的边缘横向扩展

13.4.4　晶体靶离子注入沟道效应

以上讨论都以非晶衬底的离子注入为对象,假设衬底中的原子是完全随机排列的。但是,半导体器件所用衬底为单晶体,原子按晶格结构周期性排列,因而必然形成一系列晶格沟道。进入这种沟道的离子,与基体原子碰撞大角度散射几率必然降低,离子射程显著增加。这种现象称为离子注入沟道效应。通常单晶体中沿低指数晶体方向、整齐排列原子阵列中间,存在较"宽敞"的空间通道。图13.28中(a)、(b)、(c)分别显示投影在硅晶体(100)、(110)和(111)晶面上的原子排列,可见沿〈100〉、〈110〉、〈111〉3个晶向的不同沟道,原子面密度稀疏不等。当离子入射方向偏离主要沟道方向适当角度时,原子面密度显著变化,可近似于随机排列。锗、GaAs等其他类金刚石晶格结构衬底中也存在类似沟道。

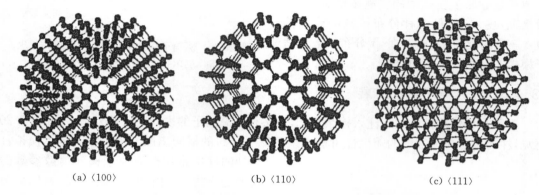

(a)〈100〉　　　　　　(b)〈110〉　　　　　　(c)〈111〉

图13.28　硅晶体中沿不同晶向的原子排列及沟道

离子注入的沟道效应不仅可从晶体几何结构说明,也可从晶体内部电势场理解。晶格沟道内的电势场,可以把进入其中的离子限制在沟道中运动。由图13.29(a)所示沟道周围的原子排列及电势分布可知,沟道中心为电势最低之处,处于沟道内的离子会受到周围原子的排斥力,产生较小角度的弹性碰撞,使离子向沟道中心偏移,在沟道中作振荡式前行,如图13.29(b)所示。晶格沟道周边原子有如构成电势"围墙",把入射离子限于其中运动。沟道中运动离子的阻滞机制主要为电子阻滞。

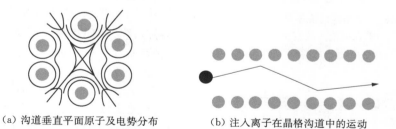

(a) 沟道垂直平面原子及电势分布　　　　(b) 注入离子在晶格沟道中的运动

图13.29　沟道垂直平面原子及电势分布和注入离子在晶格沟道中的运动示意图

离子注入沟道效应取决于入射方向与沟道方向的夹角。存在一个是否产生显著沟道效应的临界入射角 ψ_C。若小于 ψ_C,沟道效应随夹角减小而增强;若大于 ψ_C,则沟道效应很弱。沟道效应是入射离子与晶格阵列原子相互作用的结果,应与能量及两者电荷等参数相关,可用以下关系式估算 ψ_C 值:

$$\psi_C = F\sqrt{\frac{Z_1 Z_2 e^2}{4\pi\varepsilon_0 Ed}} \tag{13.42}$$

F 为屏蔽函数,

$$F = \sqrt{\ln \frac{3a^2}{u^2} + 1} \qquad (13.43)$$

以上两式中 d 为沟道阵列原子的间距,a 为(13.9)式决定的屏蔽距离参数,u 为靶原子热振动的均方根振幅,对于硅,其室温值为 8.7pm。在室温条件下,硅中硼、锑离子的 F 值分别为 1.483 和 1.236,磷、砷、铟的值居中。

　　离子注入沟道效应严重影响注入杂质分布,不利于结深控制。离子注入工艺避免沟道效应的常用方法,是使离子入射角大于临界角。硅器件离子注入实验表明,离子入射方向偏离晶片轴 7~8°,可有效抑制沟道效应对射程与分布的影响。图 13.30 显示硼、磷分别注入(100)、(111)硅片的实验结果。杂质深度分布为 850℃ 退火后的载流子测试数据,由 $C-V$ 技术测得。载流子深度分布随离子入射角度的变化显示,在集成电路常用(100)和(111)硅晶片中,存在严重离子注入沟道效应,垂直入射或偏离角度较小注入时,注入离子射程显著超过非晶投影射程,只有当入射方向偏离晶轴 7° 左右时,沟道效应才得到抑制。

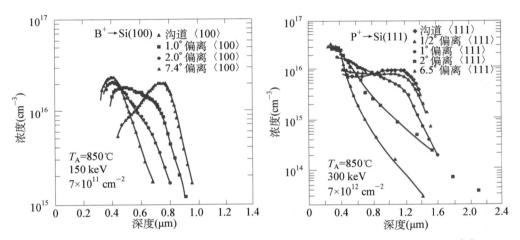

图 13.30　硼、磷离子注入硅(100)、(111)的杂质原子分布随离子入射方向的变化[16]

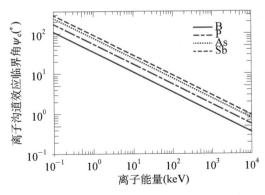

图 13.31　硅晶体常用离子注入的沟道效应临界角与能量关系[4]

　　沟道效应临界角是与离子种类及能量相关的参数。室温下硼等杂质离子注入硅晶体的沟道效应临界角随离子能量的变化曲线如图 13.31 所示。等能量条件下较轻离子的临界角要小些。对于入射能量较低的离子,其沟道效应临界角可能大得多。这在超浅结掺杂离子注入工艺中必须考虑。另外,即便离子入射偏离沟道方向,但在其碰撞散射过程中,也可能进入某一晶向的晶格沟道。因此,在浅 pn 结工艺中,最为有效而常用的方法是先以硅或锗离子进行预非晶化注入,然后注入掺杂原子。另外,注入区覆盖适当厚度 SiO_2 薄膜,注入离子经此非晶层,由于随机碰撞散射而改变方向,对抑制沟道效应也有一定作用。

13.5　离子注入损伤

由离子注入物理机制可知,离子注入在基体中引入杂质的同时,也造成晶格损伤。离子-靶原子碰撞不仅可能使原子挣脱晶格结合键束缚,成为位移原子,而且如果离子转移给位移原子的能量足够大,后者又可撞击、位移其他基体原子,形成级联碰撞过程。间隙原子和空位是离子-原子碰撞直接产生的点缺陷,其浓度与分布取决于离子能量和剂量。当位移原子密度接近晶格原子密度时,注入区形成非晶层。离子碰撞产生的点缺陷,通过相互作用可以形成间隙原子团、空位团、位错环及其他扩展缺陷。本节将在分析离子注入损伤机制基础上,讨论注入缺陷在基体中的分布与非晶化注入工艺相关因素。

13.5.1　注入损伤机制

在入射离子与基体原子碰撞相互作用中,引起晶体损伤的过程主要是核阻滞。离子-核弹性碰撞所转移的动能超过晶格原子的位移阈值能量(E_d),原子将被撞击出晶格点阵位置,同时,产生间隙原子与空位两种点缺陷,也可认为产生一种称为弗伦克尔对(Frenkel pair)的缺陷。根据核阻滞理论,不同质量与能量的离子核阻止本领不等,衡量晶体损伤程度的位移原子浓度也不同。硅晶体中打破化学结合键的原子位移能约为 15 eV。如碰撞转移能量大于 $2E_d$,位移原子通过碰撞可产生次级位移原子,如转移能量显著大于位移阈值能量,则可产生多重次级位移原子。根据离子损伤机制可预料,轻重不同离子注入损伤具有不同特点。硼等轻离子的电子阻滞机制较强,核阻滞转移能量较低,散射角较大,因而损伤密度较低。砷、锑等重离子以核阻滞机制为主,能量损失率大,散射角较小,因而损伤密度较高。

离子在注入区可形成级联碰撞过程,一次碰撞就可能衍生一系列间隙原子与空位缺陷。一个能量为 E 的离子,如电子阻滞能量损失忽略不计,则级联碰撞产生的位移原子数(N_d)可应用以下的 Kinchin - Pease 公式估算[17]:

$$N_d \approx \frac{E}{2E_d} \tag{13.44}$$

以 30 keV 的砷离子注入硅为例,由于 $S_n \gg S_e$,可认为全部能量都消耗在产生位移原子的碰撞过程。由(13.44)式估算得到,1 个砷离子可产生约 1 000 个位移硅原子。另一方面。由图 13.21 射程-能量曲线可知,砷离子射程约为 25 nm,设原子面间距为 0.25 nm,则离子射程相当 100 个原子面,即:砷离子在路程中与 100 个硅原子碰撞及转移动能,平均每个硅原子得到 300 eV 动能,同样按(13.44)式可得,初次位移的硅原子经过级联碰撞,可产生平均10 个次级位移硅原子。这是一种粗略估算方法,位移原子的产生与扩散、复合、沟道效应等多种因素相关,这里都未计入。

实际上离子注入损伤不是均匀分布的。由 $S_n(E)$ 与 $S_e(E)$ 关系曲线可知,不同能量离子的阻滞机制不同,核阻滞的能量损失率变化不等,离子在其路径各点产生的缺陷密度也有很大差别。路径各处位移原子密度分布 $N_{dis}(x)$,可根据核阻滞能量损失率(即 S_n)、注入剂量(Q)与位移阈能(E_d)估算如下:

$$N_{\text{dis}}(x) \approx \frac{Q}{E_{\text{d}}}\left(\frac{\text{d}E}{\text{d}x}\right)_{\text{n}} \quad (\text{cm}^{-3}) \tag{13.45}$$

图 13.32 显示表面与射程附近的离子阻滞机制及损伤特点的差异。以 60 keV 硼离子注入硅为例,对比表面层与射程附近的位移原子密度。由图 13.13 可知,60 keV 硼离子的核阻滞能量损失率约为 30 eV/nm,硼离子接近射程终端处,能量降到近 10 keV 时,S_{n} 则增加到约 90 eV/nm。如以剂量为 1×10^{13} cm^{-2} 的硼离子注入,由以上估算可得到,表面层位移原子密度约 2×10^{20} cm^{-3},近射程

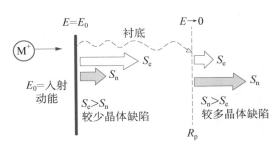

图 13.32 注入离子阻滞机制与损伤变化示意图

处则达到约 6×10^{20} cm^{-3}。因此,单一能量离子注入工艺引入的缺陷分布通常是不均匀的。在射程附近离子碰撞产生的缺陷密度显著高于近表面层。

13.5.2 注入损伤与缺陷分布

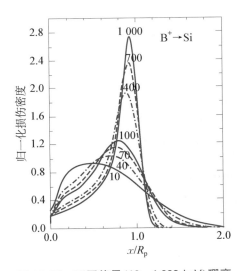

图 13.33 不同能量(10～1 000 keV)硼离子注入硅晶体的归一化损伤深度分布[18]

依据离子阻滞机制及能量损失率随能量的变化,可以计算注入离子在衬底中造成的损伤分布。图 13.33 显示硼离子注入在硅衬底中损伤密度的深度分布。为对比不同入射能量离子损伤密度的分布异同,损伤密度与深度皆采用归一化单位。归一化深度为 x/R_{p},归一化损伤密度则表示为 $Q_D R_{\text{p}}/E_D$,Q_D 为离子能量淀积密度(eV/nm),相当于核阻止本领,E_D 为离子淀积总能量(eV),即损伤深度分布曲线下的面积。硼离子注入损伤曲线表明,不同能量离子在近表面区的损伤密度都显著低于内部,且入射能量越高,表层区的相对损伤密度越低。峰值损伤密度形成在小于投影射程的区域,且随着入射能量降低向近表面处位移。这种损伤分布特点以及不同离子间的差异,都可用离子阻滞机制解释。

以上讨论的是注入损伤的一般分布,更为重要的是了解点缺陷,即间隙原子与空位浓度 $N_I(x)$、$N_V(x)$ 的具体分布。图 13.34 为低能磷离子注入的原子与点缺陷的深度分布模拟曲线,图 13.34 显示点缺陷浓度峰值位于原子浓度峰值之前。虽然产生一个位移原子,就意味同时形成空位与间隙原子,但由于间隙原子和空位缺陷的可动性不同,以及两者间存在复合过程,衬底不同深度的两者浓度不相等,各自分布不同。在图 13.34 曲线中难以标识这种差别,如计入可动性差异等因素,模拟分析各点的过剩间隙原子与空位浓度,则可得到更清晰的两种点缺陷分布图像。过剩间隙原子与空位浓度可分别用以下二式表示:

$$N_I^{\text{excess}}(x) = N_I(x) - N_V(x) \tag{13.46}$$

$$N_V^{\text{excess}}(x) = N_V(x) - N_I(x) \tag{13.47}$$

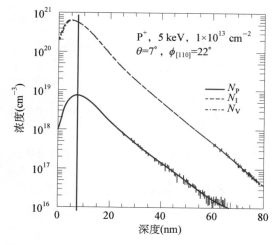

图 13.34　磷离子注入（5 keV，1×10^{13} cm^{-2}）在硅衬底中的杂质与缺陷深度分布[4]

（θ 为离子束与硅片垂直线间夹角，ϕ 为离子束在硅片上投影与$\langle 110 \rangle$晶向间方位角）

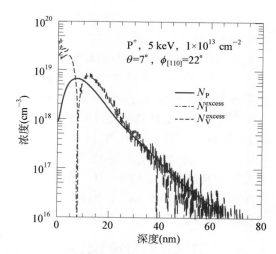

图 13.35　硅中磷离子注入（5 keV，1×10^{13} cm^{-2}）形成的过剩空位与间隙原子的深度分布[4]

图 13.35 为与图 13.34 相同能量、剂量磷离子注入后，硅中过剩点缺陷密度分布的蒙特卡洛模拟计算结果。图 13.35 显示，与磷原子浓度分布对比，空位富集区的峰值位于磷原子峰值浓度的近表面一侧，而过剩间隙原子则分布在磷原子峰值浓度另一侧。这显然是由于离子碰撞过程中获得较大转移动能的反冲原子，可运动至远离初始晶格位置，并在路径中撞击出更多晶格原子。在注入或后续退火过程中，邻近的间隙原子与空位易于复合，但过剩空位与间隙原子仍存在于晶格中。晶体中的过剩空位和间隙原子，对注入杂质原子的扩散及结深控制影响很大。点缺陷间的相互作用还导致形成缺陷结合体，如空位团、间隙原子团等。

离子注入点缺陷非均匀分布现象，还为超浅 pn 结工艺提供一个新途径。以 SOI 硅衬底器件为例，如果在掺杂原子注入之前先以较高能量硅离子注入衬底，使过剩空位缺陷形成于表层硅，而间隙原子迁移至埋层氧化物和底层硅，则可抑制由自间隙原子诱导的掺杂原子扩散，从而使杂质原子局限于注入区，退火时进入晶格空位。（详见 12.7.5 节及图 12.37。）

13.5.3　离子注入非晶化

注入层非晶化是高剂量离子注入的常见现象。当离子剂量或淀积的能量密度超过一定数值时，注入区就可形成非晶化。理论计算和 RBS 沟道效应测试表明，在缺陷复合可忽略条件下，位移原子密度超过硅原子密度（5×10^{22} cm^{-3}）的 10%，晶体就可能向非晶转变[19]。文献报道的临界硅晶体非晶化位移原子密度在 5%～50% 之间。不同离子的非晶化注入剂量阈值不同，与离子质量及能量相关。

集成芯片制造中常应用离子注入预非晶化工艺，避免掺杂原子注入沟道效应，控制 pn 结深。硅、锗等非掺杂活性元素离子，可用于预非晶化注入。位移原子密度取决于注入离子的质量、能量与剂量。可用(13.45)式估算形成非晶化层所需的能量与剂量。对于硅离子注入非晶化,所需剂量约在 $10^{14} \sim 10^{15}$ cm^{-2} 量级,能量选择取决于非晶化层厚度要求。有时可用不同能量多次注入,获得均匀非晶化层。预非晶层注入也应偏离晶体沟道方向。图 13.36 为模拟计算得到的 Si$^+$ 非晶化注入引起硅衬底的点缺陷分布。由图 13.36 可见,能量、剂量为 5 keV、5×10^{14} cm^{-2} 的硅离子注入,可在衬底表层形成约 15 nm 的非晶区。非晶/晶体界面的临界位移原子密度介于 1.5×10^{22} cm^{-3}(点线交点)和 3×10^{22} cm^{-3}(点划线交点)之间。在非晶/单晶界面层存在较高浓度的过剩间隙原子。在大

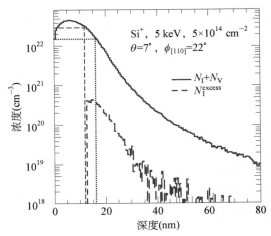

图 13.36　硅离子非晶化注入产生的点缺陷典型分布[4]

部分点缺陷复合后,界面附近剩余间隙原子将可能逐渐相互凝聚、形成终端缺陷。

　　注入衬底温度与离子束流密度(剂量率),也是影响损伤与非晶化过程的重要因素。在通常离子注入条件下总会存在损伤的逆过程,即间隙原子与空位复合。注入产生的位移自间隙原子在晶格点附近热振动,可使间隙原子返回近邻空位,或前后产生的间隙原子与空位相遇结合,即两种晶格点缺陷复合。这是一种动态退火效应,或称自退火效应,在注入损伤不断产生位移原子的同时,间隙原子与空位也有一定几率复合。提高注入衬底温度必将增强动态退火效应。因此,预非晶化注入工艺需在较低温度下进行,以降低点缺陷复合几率。用液氮冷却注入基片,是抑制动态退火效应的有效途径。研究表明,当缺陷产生与动态退火接近平衡时,损伤积累随注入剂量变化是非线性的。在低剂量率下,损伤程度较小,在临界剂量率附近,损伤快速上升,在高剂量率下达到饱和。

　　衬底温度与离子注入剂量率,对损伤过程影响很大。衬底温度高于临界值(T_c),由于动态退火效应,注入区将难以实现非晶化。表 13.1 所列不同离子的硅非晶化注入临界温度数据表明,轻元素离子的注入非晶化临界温度显著低于重元素。实验研究表明,注入损伤及非晶化临界温度与注入剂量率相关。图 13.37 显示硅衬底中归一化损伤程度对于衬底温度及注入剂量率的依赖关系,注入 Si$^+$ 离子能量与剂量分别为 1 MeV 与 1×10^{15} cm^{-2}。图 13.37 显示,低衬底温度时,损伤程度变化较小,超过临界温度后,晶格损伤程度快速下降,更高温度下损伤度变化又趋缓。提高注入剂量率,临界温度趋于上升。

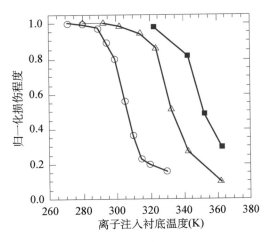

图 13.37　归一化损伤程度随衬底温度与注入剂量速率的变化

(硅注入,1 MeV,1×10^{15} cm^{-2},注入剂量率:○表示 2.88×10^{11} cm^{-2} s^{-1};△ 表示 3.57×10^{12} cm^{-2} s^{-1};■表示 2.63×10^{13} cm^{-2} s^{-1})[20, 4]

表 13.1　不同离子的硅非晶化注入临界温度(T_c)（剂量率为 3.2×10^{12} cm^{-2} s^{-1}）[4]

离子	C	Si	Ar	Ge	Kr	Xe
T_c(K)	290	341	401	430	500	580

13.6　损伤退火与杂质激活

离子注入后通常需要进行的热退火有两方面作用：一为消除晶体损伤，提高载流子迁移率与寿命，二为激活杂质原子，降低薄层电阻。离子注入损伤不仅在于晶格结构破坏，而且损伤还会形成深能级陷阱，可以俘获载流子，影响载流子浓度、迁移率和寿命。在损伤消除与杂质激活的同时，退火也应去除深能级陷阱，使载流子迁移率和少数载流子寿命恢复到单晶应有水平。退火工艺还需考虑芯片结构与功能要求，例如，对于浅 pn 结注入掺杂，必须抑制退火扩散效应。因此，在集成芯片技术发展过程中，离子注入退火是需要不断创新的关键工艺，以适应持续缩微的器件结构及性能需求。从扩散炉退火逐渐发展到多种快速退火及激光退火工艺。本节将简要讨论离子注入退火的物理机制、损伤退火工艺和固相外延。随后 13.7 和 13.8 两节将进一步分别讨论离子注入退火的瞬态增强扩散效应和多种快速退火工艺。

13.6.1　中低剂量离子注入的损伤退火

离子注入损伤退火的基本原理在于通过晶体原子热运动，使位移原子迁移至晶格位置，恢复晶体完整性，同时使杂质原子占据晶格位置，为掺杂区提供载流子。离子注入损伤退火机制，依据损伤程度可分为两种：一种为低剂量注入产生的分散型损伤缺陷，退火机制为空位、间隙原子等缺陷的复合、湮灭；另一种为高剂量注入形成的非晶化，退火机制为固相外延（SPE）。本节主要讨论前一种损伤退火机制及杂质激活，13.6.2 节将讨论固相外延修复损伤及激活杂质规律。

对于未达到非晶化的离子注入，损伤区既有自由空位和间隙原子缺陷，也有由这些点缺陷构成的空位团、间隙原子团。在注入与退火过程中，存在间隙原子和空位聚集、发射、分解、复合等多种过程。实验表明，对于一般离子注入样品，在约 400℃ 的较低温度下，热退火效应已开始显现，晶格损伤就开始得到修复。随着退火温度上升，间隙原子与空位缺陷扩散运动增强，热运动也使点缺陷团发射与分解，间隙原子与空位点缺陷复合几率提高。除了体内复合，还存在表面湮灭（或称表面复合）。表面可成为点缺陷自然湮灭之处，扩散至表面的空位或间隙原子都将消失。

衡量热退火效果的主要标志为注入杂质激活率。热退火是晶格、杂质与缺陷的相互作用过程。热运动既可使杂质原子与晶格空位结合形成活化原子，也可使被深能级陷阱缺陷俘获的电子或空穴释放出来。激活率可定义为杂质载流子面密度（N_{Hall}）与注入剂量（Q）之比，前者可由霍尔效应电学测量得到。退火温度与注入剂量是影响杂质激活率的主要因素。图 13.38 以磷离子注入硅为例，对比不同剂量原子激活率随退火温度的变化。以非晶化阈值剂量为界，基于两种不同退火机制，杂质激活率随退火温度变化有不同规律。由图 13.38 可见，硅晶格损伤程度小的低剂量注入，热退火杂质激活率较高。随着剂量增加至

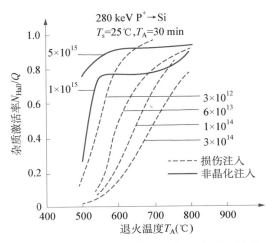

图 13.38　不同剂量磷离子注入的杂质激活率随退火温度的变化[21]

10^{14} cm^{-2} 量级,损伤缺陷密度升高,退火过程中可能产生二次缺陷,使杂质激活难度增加。为使注入杂质达到或接近完全激活,往往需要 950~1 050℃ 高温退火。但当磷注入剂量达到非晶化水平($\sim 10^{15}$ cm^{-2})时,注入杂质又可通过较低温度的固相外延机制,使杂质激活。

退火过程中杂质激活与损伤缺陷复合及演变密切相关,二次缺陷的形成对杂质激活影响很大。硅中某些缺陷产生的深能级陷阱,也影响载流子激活率。由图 13.39 显示的硼离子注入杂质激活率随退火温度变化曲线可见,对于注入剂量较低(8×10^{12} cm^{-2})的硅片,在约 400℃ 较低温度退火,就可达到较高激活率,在近 900℃ 时可实现杂质全激活。对于接近非晶化阈值剂量的注入硅片,损伤缺陷密度高,杂质起始激活率很低,随退火温度变化较为复杂,激活率出现上升、下降、再上升 3 段区域。这种变化源于退火过程中杂质与缺陷的相互作用。在较低温区Ⅰ,热退火过程中杂质原子占据晶格位置,与深能级陷阱释放载流子,导致载流子浓度上升。在区域Ⅱ(500~600℃),过剩间隙硅原子与杂质原子竞相占据晶格位置,有的杂质原子可被"挤出"晶格位置,还可能形成杂质-间隙原子对以及位错环等二次缺陷,缺陷俘获电子,使杂质激活率下降,呈现"逆退火"现象。在区域Ⅲ,更高温度退火可使二次缺陷分解,导致杂质激活率再次上升。其他注入杂质退火也可能出现逆退火现象。

13.6.2　高剂量注入非晶化与固相外延

高剂量离子注入形成的非晶化层,可以通过固相外延机制,实现晶体再生长,恢复晶格完整性,同时使杂质原子激活。与硅气相外延相比,固相外延温度较低。在 600℃ 上下热处理,可使非晶化区域从其与单晶界面开始,以衬底为籽晶,实现硅晶体再生长,并使注入杂质原子融合入晶格。

图 13.40 显示硅固相外延速率随退火温度的变化曲线。由图 13.40 可知,固相外延晶体生长是典型热激活物理化学过程,虽然生长速率随晶向变化,但激活能相等,约为 2.3 eV,晶体再生长速率(R)可用下式表示:

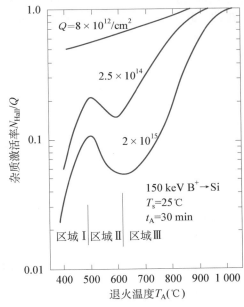

图 13.39　硼注入退火二次缺陷形成引起的逆退火效应[3]

$$R = A\exp(-2.3/kT) \qquad (13.48)$$

其中，A 为可由实验确定的系数。在 3 个主要晶向中，$\langle 100\rangle$ 晶向晶体再生长速率最大，$\langle 110\rangle$ 次之，$\langle 111\rangle$ 最小，600℃下实验得到的速率分别为 50、20、2 nm/min。不同晶向差别应与晶面原子排列及密度差异相关，而激活能只和 Si—Si 成键有关。掺杂浓度也会影响固相外延速率。源漏之类高浓度掺杂非晶区，固相外延生长速率可显著提高。

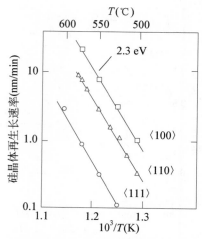

图 13.40　硅固相外延晶体生长速率随温度及晶向的变化[3]

根据以上讨论可以认为，固相外延是修复晶格与激活杂质的理想途径，而且由于其低温工艺特点，还可避免杂质过度扩散及结深推移。但是，在注入表层非晶与单晶衬底界面附近，即离子注入损伤尾部，固相外延后会残留较高浓度的过剩间隙原子，而且这些间隙原子可凝聚形成二次缺陷，如位错环。由于二次缺陷形成于射程终端，常称为射程终端（end of range，EOR）缺陷。EOR 缺陷使 pn 结漏电流增加。研究表明，可以应用低温缺陷控制工艺，即在低温下进行非晶化注入，有效抑制点缺陷凝聚，显著减少界面 EOR 二次缺陷密度。图 13.41 对比室温与低温衬底注入样品，在固相外延前后位移原子的深度分布与界面附近的二次缺陷差异，显示低温缺陷控制工艺的明显效果。低温注入硅片常在约 -100℃进行，更低温度受限于光刻胶稳定性。

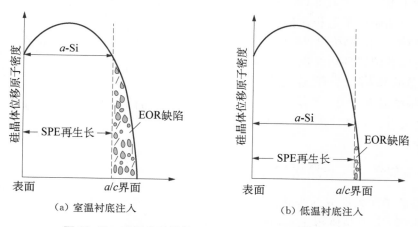

(a) 室温衬底注入　　　　　　　　　(b) 低温衬底注入

图 13.41　固相外延晶体再生长与界面射程终端缺陷[22]

13.7　离子注入退火的瞬态增强扩散效应及其机制

早在半导体离子注入与辐照技术研究初期就发现，离子注入和质子轰击等辐照可使杂质扩散速率显著增加。20 世纪 60 年代前后就有不少相关研究报道，甚至有一些研究曾致力于利用辐照增强扩散效应，增加扩散深度，改善 pn 结性能。随着集成芯片单元器件持续缩微，要求形成越来越浅的 pn 结，注入杂质原子的扩散特性研究更受重视。实验发现，注入原子的扩散行为明显异于一般掺杂热扩散规律,注入杂质原子的扩散速率大大高于热扩散系数。而且注入原子的异常扩散发生在退火初期短时间内,因而被称为瞬态增强扩散(transient-enhanced diffusion,TED)效应。显然,这种 TED 效应是控制离子注入浅 pn 结器件结深的严重障碍,成为高性能集成芯片制造技术必须解决的研究课题。90 年代以来,人们通过多种实验与理论分析,研究瞬态增强扩散现象、原因及抑制途径,取得显著进展[23-31]。

13.7.1　杂质瞬态增强扩散现象与特点

注入原子的瞬态增强扩散显然是由离子注入损伤引起,应和离子能量与剂量、退火温度与时间,以及杂质扩散机制等多种因素相关。研究者曾设计多种实验对相关因素进行分析。H. S. Chao 等人曾应用专门设计与加工的硼掺杂硅片,测试分析硼、磷、砷注入原子的瞬态扩散现象[23]。该实验中浓度为 1×10^{18} cm^{-3} 的隐埋硼均匀掺杂层,用气相外延方法在 800℃ 下生长,其上为非掺杂外延层。实验以砷、磷、硅离子注入非掺杂外延层,以不同温度和时间退火后,应用二次离子质谱(SIMS)技术,测量硼原子的深度变化。注入离子能量为 50 keV,剂量在 $10^{13}\sim10^{15}$ cm^{-2} 范围,其中 1×10^{15} cm^{-2} 剂量已可使注入区非晶化。虽然离子注入投影射程在硼掺杂区之外,但损伤缺陷扩散区扩展至硼隐埋层。图 13.42 为由 SIMS 分析得到的磷注入及 750℃ 退火前后硼原子深度分布变化,图 13.42 揭示注入损伤可引起硼原子强烈瞬态增强扩散效应。由 SIMS 曲线可见,经磷注入损伤的硅片,在 750℃ 下热处理仅 2 min,隐埋层的硼原子扩散距离高达近 100 nm。在此退火温度下,硼浓度低于本征载流子浓度,因而可避免非本征扩散增强效应影响。根据磷离子剂量为 1×10^{14} cm^{-2},750℃、2 min 退火前后样品 SIMS 数据得到,硼原子的瞬态扩散,比未注入样品的扩散速率增强比值高达 1.8×10^4。该实验还发现,TED 效应主要发生在最初约 30 min 内。砷和硅注入及退火也同样引起硼原子的强烈瞬态扩散。

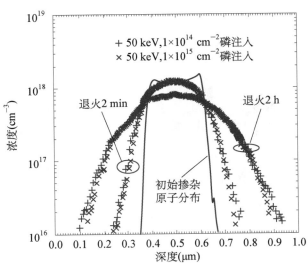

图 13.42　磷离子注入与 750℃ 退火造成的硼原子 SIMS 深度分布变化[23]

研究者在另一实验中,曾以不同剂量的 ^{29}Si 离子注入损伤,研究远低于本征载流子浓度的硼原子在硅中的瞬态扩散[24]。该实验先以 7×10^{11} cm^{-2} 低剂量 160 keV B$^+$ 注入表面有

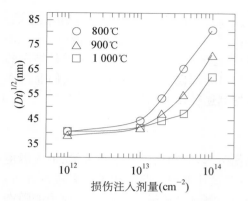

图 13.43 硼原子扩散长度[$(Dt)^{1/2}$]随硅离子损伤注入剂量与退火温度的变化[24]

30 nm 氧化层的硅片,并经高温退火消除损伤和激活硼原子,随后以 180 keV 能量,剂量分别为 1×10^{12}、1×10^{13}、1×10^{14} cm^{-2} 的 ^{29}Si 离子注入,最后在 800~1 000℃ 温度退火后,用电容-电压技术测量不同样品的硼原子分布。图 13.43 为根据测试结果得到的硼原子扩散长度[$(Dt)^{1/2}$](D 为扩散系数、t 为扩散时间)随退火温度和硅注入剂量的变化。图 13.43 显示高温退火的扩散增强显著弱于较低温退火。实验表明,瞬态扩散随注入剂量的变化不是线性的,在较低剂量范围,硼原子瞬态扩散虽有所增强,但变化较小,中等注入剂量变化较大,但当剂量接近与达到非晶化注入阈值时,瞬态扩散增强趋于饱和。由图 13.42 可见,1×10^{15} cm^{-2} 与 1×10^{14} cm^{-2} 两种剂量样品的硼原子 SIMS 深度分布曲线几乎完全重合。

还有研究以 MBE 外延生长的由多个硼掺杂层构成的硅超晶格,测量离子注入损伤退火的瞬态增强扩散及其随深度变化。该实验结果如图 13.44 所示。超晶格硼掺杂样品,以能量、剂量分别为 40 keV、5×10^{13} cm^{-2} 的硅离子,作硅晶格损伤注入,在 790℃ 下热退火 10 min。40 keV 的 Si$^+$ 投影射程约 55 nm,射程偏差约 25 nm,损伤区约 100 nm。图 13.44 中退火前后 SIMS 曲线对比表明,TED 影响范围大大超出注入损伤区。各掺杂层中的硼原子分布都有显著变化,但增强扩散程度不同,近注入损伤区域增强扩散更强。根据 SIMS 测试数据与扩散时间可以估算各层硼原子的扩散系数,并得到与本征扩散的增强比值,如图 13.45 所示。

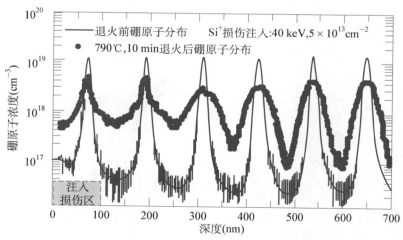

图 13.44 硼掺杂超晶格中 Si$^+$ 注入损伤退火前后 SIMS 硼原子分布曲线[30]

以上实验都以硼掺杂层作为观察增强扩散效应的标志物,分别测试表征瞬态增强扩散效应随退火温度、时间、损伤注入剂量的变化,以及 TED 影响范围。13.7.2 节将依据实验事实分析瞬态增强扩散的物理化学机制。

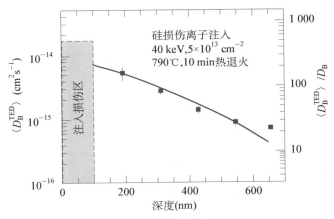

图 13.45　由图 13.44 数据计算的时间平均硼扩散系数及其增强比值随深度变化[30]

13.7.2　注入自间隙原子辅助增强扩散

　　各种实验与理论分析表明，注入原子的增强扩散，是由非平衡自间隙原子促成的。根据扩散机制（参阅本书第 12 章）可知，自间隙硅原子在原子扩散中具有关键作用，它与硼等杂质原子结合为填隙原子对，在硅晶格中的可动性显著增加，可对杂质原子扩散速率具有决定性作用。如表 12.6 所示，硼原子扩散以这种推填机制主导。因此，在离子注入实验中，由于产生高浓度过饱和自间隙原子，硼原子速率显著上升。这与氧化增强扩散的基本原理相近。其区别在于，离子注入高温退火时的增强扩散具有"瞬态"特点，即发生在高温退火最初阶段，且由于自间隙原子过饱和度很高，扩散增强比值可有多个量级变化，而氧化增强扩散只有数倍变化。由

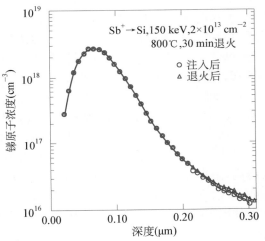

图 13.46　锑离子注入较低温退火前后的原子分布[25]

于自间隙原子扩散至表面湮灭，过饱和度迅速下降，长时间退火时，增强效应将消失。高温氧化过程则可不断发射间隙原子，扩散增强贯穿氧化过程。有研究表明，由于磷也以推填扩散机制为主，磷具有与硼原子相近的瞬态增强扩散特性[25]。但同时进行的锑离子注入实验结果表明，虽然注入产生高浓度自间隙硅原子，但如图 13.46 所示，未见退火引起明显扩散增强现象。这显然源于锑原子的空位置换扩散机制。

　　20 世纪 90 年代多方面实验数据与理论分析，使人们对瞬态增强扩散效应的机制获得原子级认识，建立原子级分析模型[26-31]。实验事实表明，瞬态增强扩散源于退火过程中杂质原子与过饱和自间隙硅原子的相互作用。为模拟分析注入杂质分布，必须了解过饱和自间隙原子密度及其变化与注入离子能量、剂量的关系。由离子碰撞损伤机制可知，离子注入可产生数量巨大的位移间隙原子，它们是否都对 TED 效应有贡献？有研究者曾设计注入剂量相等、能量不同，但注入深度相同的实验。实验中低能离子注入采用近垂直入射，高能离子以

大角度斜入射,使两者注入表面以下相同深度。显然,高能离子注入硅片中的初始间隙原子与空位密度及总量显著高于低能量注入硅片。测试结果揭示,退火后两者的杂质原子扩散增强量完全相等。这一实验事实表明,瞬态增强扩散与注入剂量而非初始损伤总量相关[3]。

在众多硼、磷瞬态增强扩散研究结果基础上,研究者提出了有关注入过饱和缺陷的"+1"模型[25, 26, 31]。按照此模型,离子注入级联碰撞产生的大量空位与自间隙原子点缺陷,通过离子注入过程中的自退火,以及后续退火起始阶段的点缺陷体内复合与表面湮灭,剩余非平衡点缺陷为硅自间隙原子及由其组成的缺陷团,其总量与注入剂量相当。这个"+1"模型的物理含义为,大量注入损伤点缺陷在退火初始阶段快速复合消失后,余下高于热平衡浓度的过量点缺陷,就是注入杂质原子取代晶格位置形成的等量间隙原子。把"+1"模型与原子扩散模型结合,就可分析离子注入瞬态增强扩散机制,并可对杂质 TED 特性进行模拟和预测。

13.7.3　注入自间隙原子与缺陷团

离子注入引入的大量过剩间隙原子,并不完全以点缺陷形式单独存在。点缺陷间的相互作用使其具有凝聚成缺陷团的趋向,以降低系统能量,各种缺陷团的结合能不同。过剩间隙原子可凝聚形成扩展缺陷,最常见的是{311}缺陷。这是一种在{311}晶面由双原子沿〈110〉晶向排列的带状缺陷,如图 13.47 所示。应用高分辨率透射电镜(TEM)可直接观察{311}缺陷,并测量其密度。在一定退火温度范围内,{311}扩展缺陷的典型尺寸约为 3～18 nm[26]。退火过程中{311}缺陷可吸收与发射间隙原子,是影响瞬态增强扩散特性的关键因素。当损伤程度很高时,在部分{311}缺陷分解的同时,另一部分可借机增长。较大的{311}缺陷可转化为退火较难消除的位错环。这种位错环也常称为二次缺陷。位错环可以看作沉淀在{111}晶面的环状多余硅原子层。

通过 TEM 测试,由单个{311}缺陷尺寸可以计算其中间隙原子数目,由{311}缺陷密度可以获得自间隙原子密度。{311}缺陷生存时间依温度而变,它是自间隙原子发射源。温度越高,生存及发射间隙原子的时间越短,杂质原子增强扩散的瞬态也就越短暂。对于40 keV、5×10^{13} cm^{-2} 硅离子注入样品,由{311}缺陷 TEM 测试,得到的硅间隙原子密度数据如图 13.48 所示。图 13.48 中曲线显示不同温度下储存于{311}缺陷中的自间隙原子密

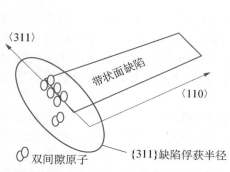

图 13.47　由双间隙原子构成的{311}面缺陷示意图[3]

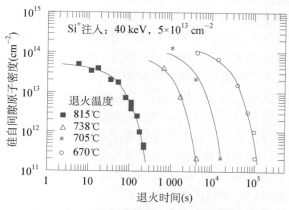

图 13.48　储存于{311}缺陷中的自间隙原子密度随退火温度及时间变化曲线[27, 30]

度随退火时间的变化,这种变化反映的正是{311}缺陷分解速率,也与实验测定的杂质瞬态增强扩散速率随时间变化一致。由图 13.48 所示{311}缺陷团衰减特性拟合,可求得其中间隙原子的结合能约为 1.8 eV[27, 30]。

13.7.4　"＋1"与"＋n"非平衡自间隙原子数量模型

衡量离子注入衬底中非平衡间隙原子密度的"＋1"模型是一个近似模型,它建立的假设前提为,离子碰撞产生的自间隙原子与空位全部复合。但实际过程常偏离此假设条件。离子注入过程中位移原子的前向运动,使间隙原子与空位深度分布有较大偏移,靠近表面的空位可通过体内复合及表面湮灭全部消失,位处深部的间隙原子可能剩余较多。近表面处被撞击的位移硅原子可能溅射出衬底,或者被掩蔽氧化物层中的空位俘获。这些因素都会影响过剩间隙原子密度。应用上述 TEM 测定间隙原子密度方法,可实验研究其与注入剂量的数量关系。

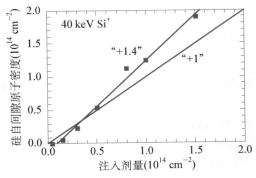

图 13.49　自间隙原子密度与硅(40 keV)注入剂量关系[30]

图 13.49 为 40 keV 硅离子注入引入的非平衡自间隙原子密度与注入剂量关系。按该实验数据,硅注入损伤产生的非平衡间隙原子密度归纳为"＋1.4"模型。

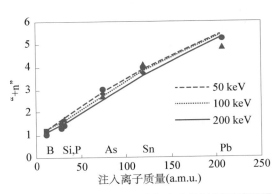

图 13.50　不同质量离子注入产生的过剩间隙原子数量与剂量的比值("＋n")[29]

在研究不同质量离子注入的 TED 效应时,人们发现,过剩硅间隙原子密度依赖注入离子质量。因此,建议用"＋n"代替"＋1"模型,即表示注入引入的过剩间隙原子数量等于注入剂量的 n 倍[29]。图 13.50 为对不同离子 TED 效应模拟分析得到的 n 值随离子质量及能量的变化。由图 13.50 可见,硼、硅、磷轻质离子的 n 值都接近 1,与以上讨论一致。对于较重离子,n 值随质量明显增加。这种现象的物理机制在于,重离子注入会引起间隙原子与空位分布更大分离,空位分布更接近表面,易于通过表面湮灭消失,而间隙原子分布更深、不易复合,导致非平衡自间隙原子密度增加。虽然通过实验可测定 n 值,但在许多模拟程序中 n 常作为拟合选择参数。

13.7.5　注入非平衡自间隙原子的变化规律

由本节讨论可知,离子注入产生的缺陷在热退火过程中经历一系列演变,这些演变是决定瞬态增强扩散特性的关键因素。间隙原子等缺陷演变的根源在于,缺陷之间、缺陷与基体原子的相互作用,是由它们的热力学性质和动力学规律决定的。自间隙原子与{311}缺陷团之间的多种反应变化,可依据图 13.51 所示两者的热力学能量状态,分析间隙原子在退火过程中的凝聚、蒸发(发射、解离)和扩散现象。

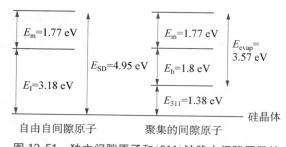

图 13.51 独立间隙原子和{311}缺陷中间隙原子的能量状态[27]

硅晶格原子获得一定能量才能跃迁到间隙位置,使间隙原子处于具有较高势能(E_I)的亚稳态。如图 12.4 所示,处于间隙位置的原子,要成为可以扩散迁移的自由间隙原子,还需跨越势垒(E_m)。E_m 与 E_I 两者相加构成自间隙原子扩散激活能(E_{SD})。退火初期可动性增强的间隙原子通过扩散相互结合,快速凝聚成{311}缺陷团,使间隙原子能量下降至 E_{311},释放出{311}缺陷团结合能(E_b)。因此,间隙原子凝聚成团,是由系统能量趋于降低的热力学规律决定的。

但{311}缺陷仍然处于亚稳态,退火过程中热运动促使其中的间隙原子,通过类似凝聚态物质蒸发的物理机制不断解离与发射。这是一个热激活过程,由{311}缺陷解离为束缚态间隙原子的激活能为 E_b,E_b 与 E_m 两者相加则为形成可动自由间隙原子的激活能,后者也可称为蒸发能(E_{evap})。在离子注入退火过程中,正是自由间隙原子密度决定杂质瞬态增强扩散效应特性。

在热力学分析基础上,需要进一步从动力学角度分析退火过程中自间隙原子密度的变化规律。多方面实验事实与理论分析表明,在离子注入退火过程中,既存在自间隙原子凝聚及{311}缺陷团生长,也存在其逆过程。在退火最初瞬间,以自间隙原子凝聚效应为主,快速结合成{311}缺陷团,随后发射可动间隙原子的逆过程将增强。因此,退火过程中决定增强扩散速率的过饱和自间隙原子密度,受{311}缺陷团解离与发射过程控制。贝尔实验室研究者曾实验证明,{311}缺陷团解离、蒸发时间与瞬态增强扩散时间相同[26]。

如以"I"标志独立自间隙原子,Cl_n 标志由 n 个硅间隙原子组成的{311}缺陷团,退火温度下两者之间的动态关系存在以下双向反应式:

$$I + Cl_n \longleftrightarrow Cl_{n+1} \tag{13.48}$$

如假设不同尺寸的缺陷团有相同性质,则在退火过程中,自由自间隙原子密度(C_I)和凝聚间隙原子密度(C_{Cl})的动态变化速率可表示为

$$-\frac{\partial C_I}{\partial t} = \frac{\partial C_{Cl}}{\partial t} = k_f C_I C_{Cl} - k_r C_{Cl} \tag{13.49}$$

以上动力学方程式中的 k_f 为正向反应速率系数,标志{311}缺陷团生长;k_r 则为逆向反应速率系数,标志由于缺陷团蒸发造成的凝聚间隙原子密度减小。在缺陷团生长由间隙原子扩散控制状态下,间隙原子被缺陷团俘获的反应速率,应与间隙原子的扩散系数成比例。依据图 13.51 的势能关系,间隙原子扩散系数(d_I)可表示为

$$d_I = d_0 \exp\left(-\frac{E_m}{kT}\right) \tag{13.50}$$

因此,自由间隙原子凝聚为{311}缺陷团的反应速率系数(k_f)可表示为

$$k_f = 4\pi a d_I = 4\pi a d_0 \exp\left(-\frac{E_m}{kT}\right) \tag{13.51}$$

其中,a 为间隙原子与缺陷团的相遇距离,可用硅中最近邻原子间距代表。由图 13.51 可知,{311}缺陷发射自由间隙原子的反应,亦为热激活过程,由{311}缺陷团蒸发能(E_{evap})控制。被束缚间隙原子的热运动促使其具有自发逃逸趋向。自由间隙原子发射速率可表示为

$$k_{\text{r}} = \frac{d_{\text{I}}}{a^2}\exp\left(-\frac{E_{\text{b}}}{kT}\right) = \frac{d_0}{a^2}\exp\left(-\frac{E_{\text{b}} + E_{\text{m}}}{kT}\right) \tag{13.52}$$

上式中,玻尔兹曼函数前的系数 d_{I}/a^2 为被束缚间隙原子的跳跃频率。

在存在大量独立间隙原子的条件下,缺陷团生长反应为主,间隙原子以指数方式凝聚成缺陷团。当退火时间越过缺陷团最初的快速生长瞬间后,缺陷团发射间隙原子的逆向反应逐渐增强,达到双向反应相对稳定阶段,即 $k_{\text{f}}C_{\text{I}}C_{\text{Cl}} = k_{\text{r}}C_{\text{Cl}}$。此时,凝聚与储存在{311}缺陷团中的间隙原子不断发射出来,成为增强扩散之源。依据以上相关参数关系式,这种状态下的自间隙原子密度可用下式表达:

$$C_{\text{I}} = \frac{k_{\text{r}}}{k_{\text{f}}} = \frac{1}{4\pi a^3}\exp\left(-\frac{E_{\text{b}}}{kT}\right) \tag{13.53}$$

考虑 $1/a^3 = N_{\text{S}}$,N_{S} 为硅晶体的晶格密度,(13.53)式也可写为

$$C_{\text{I}} = \frac{N_{\text{S}}}{4\pi}\exp\left(-\frac{E_{\text{b}}}{kT}\right) \tag{13.54}$$

按照半导体点缺陷统计规律,热平衡状态下的自间隙原子密度(C_{I}^*)可表示为

$$C_{\text{I}}^* = C_{\text{I}}^0\exp\left(-\frac{E_{\text{I}}}{kT}\right) \tag{13.55}$$

其中,E_{I} 为自间隙原子形成能。以上二式相比,可得到非平衡间隙原子的过饱和度,这也就是决定离子注入瞬态增强扩散效应的主要参数,

$$\frac{C_{\text{I}}}{C_{\text{I}}^*} = \frac{N_{\text{S}}}{4\pi C_{\text{I}}^0}\exp\left(-\frac{E_{\text{b}} - E_{\text{I}}}{kT}\right) \tag{13.56}$$

13.7.6　瞬态增强扩散比值与持续时间随退火温度的变化

以上讨论的自间隙原子的凝聚、发射、复合过程,可按"+1"注入缺陷模型,用图 13.52 形象展示。图 13.52 中钟形曲线假设为注入非平衡点缺陷总量,由自由间隙原子及凝聚于{311}缺陷团的间隙原子构成,与注入离子剂量相等,且分布类似。按以上分析,注入后或热退火起始瞬间,投影射程附近大量间隙原子快速凝聚形成{311}缺陷。随后,这种缺陷团作为自由间隙原子的发射源,在硅片内形成相对稳定的过饱和自间隙原子密度(C_{I})分布,如图 13.52 所示。随着间隙原子内外扩散和复合,过饱和自间隙原子密度及杂质原子增强扩散效应趋于下降、直至

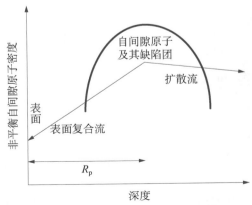

图 13.52　瞬态增强扩散过程中间隙原子发射、扩散与表面复合示意图[27, 3]

消失。

依据上述退火过程中注入缺陷演变规律,可以分析、估算自间隙原子过饱和度及其作用时间随退火温度的变化,也就是瞬态增强扩散比值及持续时间随退火温度的变化规律。首先,利用图 13.52 分析过饱和度持续时间。由于可认为表面处点缺陷复合或湮灭速率极高,扩散至表面的间隙原子快速消失,使表面间隙原子密度趋于平衡值(C_I^*)。间隙原子向表面的扩散流密度(J_I),可由间隙原子扩散速率(d_I)、密度(C_I)和离子投影射程(R_p)3 个参数,利用下式估算:

$$J_I = \frac{d_I C_I}{R_p} \qquad (13.57)$$

假设过饱和间隙原子都通过表面湮灭消失,则过饱和间隙原子的作用时间,可用非平衡间隙原子总量除以间隙原子扩散流密度估算。按"+1"注入缺陷模型,非平衡间隙原子总量等于注入剂量(Q)。因此,TED 效应的持续时间(τ_{TED})可用下式估算:

$$\tau_{TED} = \frac{Q}{J_I} = \frac{4\pi R_p Q}{d_0 N_S}\exp\left(\frac{E_b + E_m}{kT}\right) \qquad (13.58)$$

对于 40 keV、1×10^{14} cm^{-2} 的磷离子注入硅,应用(13.58)式计算得到的 TED 效应持续时间与退火温度的依赖关系曲线如图 13.53 所示。

TED 持续时间也就是{311}缺陷团发射间隙原子的解离时间。在此期间间隙原子过饱和度不变,因而使增强扩散速率保持稳定。随后 TED 效应迅速消失。用以上模型计算得到的 TED 时间与实验数据相符较好。由图 13.53 可见,当退火温度较低时,TED 作用时间远非"瞬态"过程,但当离子注入硅片在 1 000℃上下高温退火时,瞬态增强扩散的持续时间很短,名符其实是在"瞬间"完成。前面介绍的 TED 实验多在较低温度进行,旨在利用较低温下间隙原子辅助增强扩散持续时间较长,以便观察和测试 TED 相关性能。

由(13.56)式可知,决定瞬态增强扩散的非平衡间隙原子的过饱和度随退火温度呈指数变化关系。应用间隙原子形成能与{311}缺陷结合能等参数,由(13.56)式可计算得到过饱和度与退火温度的关系曲线,如图 13.54 所示。由图 13.54 可见,过饱和度随温度上升而下

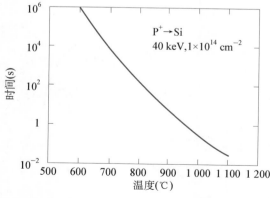

图 13.53　TED 效应持续时间与退火温度的相依关系曲线[3]

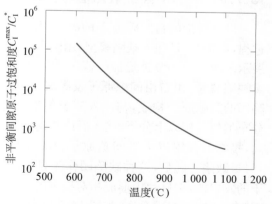

图 13.54　非平衡间隙原子过饱和度与退火温度的关系[3]

降。这显然是由于间隙原子的扩散速率、{311}缺陷团发射间隙原子的解离速率和点缺陷复合速度都随温度上升呈指数增高,促使间隙原子浓度及过饱和度下降。

13.8　快速退火工艺

13.7 节有关瞬态增强扩散的讨论充分说明,为应用离子注入掺杂制备浅 pn 结,必须应用高温短时间的快速退火工艺(rapid thermal annealing, RTA)。包括 RTA 工艺在内的快速热工艺(rapid thermal process, RTP),已成为现今高密度集成芯片与其他许多半导体器件研制的重要加工技术,在自对准金属硅化物形成、氧化(RTO)与氮化(RTN)超薄介质薄膜制备、高 k 栅介质性能优化、CVD 淀积薄膜致密、SOI 硅片表面处理、GaN 等化合物器件注入杂质激活等多种器件工艺中成功应用。快速热工艺的兴起,源于缩微集成器件对减少加工过程热积累的需求。随着器件尺寸缩微从微米、亚微米到纳米的演变,RTA 工艺中的热处理时间从秒级逐渐发展到毫秒、微秒甚至纳秒,热辐射光源从卤钨灯发展到弧光放电灯与激光器。近年还有研究工作探索微波技术应用于离子注入损伤修复与杂质激活等工艺的可能性。

各种 RTA 技术的起源和发展都与离子注入技术密切相关。早在 20 世纪 70 年代末,为能同时控制离子注入杂质扩散和降低薄层电阻,人们就开始研究开发快速热退火工艺。随着单元器件微小型化工艺需求变化,RTA 技术从设备到工艺不断演变,从早期用作离子注入工艺检测验证的简易装置,逐渐演变成为高性能集成芯片离子注入退火及其他热加工的复杂系统。本节将对 RTA 技术演变、灯光与激光等多种退火技术基本原理、工艺特点和应用作简要讨论。进一步了解可参阅专题评介资料[32]与其他参考文献。

13.8.1　快速热工艺装置基本结构与特点

快速热工艺与普通加热炉工艺两者的显著差别在于,RTP 要求对硅片进行短时间热处理,通常在 1 min 以内。现今高性能超浅结芯片制造工艺中,需要把加热时间控制在毫秒甚至亚微秒量级。这种快速加热要求必须采用不同于扩散炉的热源,硅片加热原理也有所不同。在常规炉加热系统中,热源通常为电阻丝加热炉体,硅片及周围气氛与石英炉管具有相同温度,在硅片加温过程中,热传导、对流和热辐射 3 种机制同时起作用。而最常用 RTP 热源为卤素钨灯之类的热辐射光源,硅片通过吸收光源的电磁波辐射加热,调节热辐射光源功率和快速开关,可以控制硅片的温度和受热时间。在这种加热系统中,硅片与热源及周围环境处于不同温度。RTP 工艺的加工方式也与常规热工艺显著不同,后者通常为多片加工,而 RTP 工艺则应用单片加工,更有益于调整与变革工艺,宜于加快工艺循环周期,适于代加工多种产品制造,有利于降低成本。

图 13.55 显示一些典型快速退火装置的基本结构。其中,图 13.55(a)所示为应用管状卤钨灯作为加热光源的 RTA 系统结构,由上下两组正交排列的多支卤钨灯,对硅片双面辐照加热。放置硅片的片盒,由对卤钨灯发射光谱具有高透明度的高纯石英制成。图 13.55(b)为由大量球形卤钨灯构成的轴对称辐射点光源阵列。球形灯阵列与管状灯组排列,都需合理设计,以求硅片辐照加热均匀性。图 13.55(c)为由高功率弧光灯作为辐射热源的 RTA 系统示意图。这些光辐射 RTP 系统在光源和硅片周围设计高效光波反射器,以提高光辐照

加热效率。

光辐照热源 RTP 装置是离子注入退火与其他快速热工艺的主流技术,但也存在一些非光辐照 RTP 装置,如图 13.55(d)和(e)所示。应用石墨片等导体材料可制成如图 13.55(d)所示热板加热器,通过大电流产生的热辐射,可使近距离置于其上的硅片快速升温。图 13.55(e)所示装置则应用机械传动方法,使硅片快速进出高温炉体,达到短时间高温热处理目的。

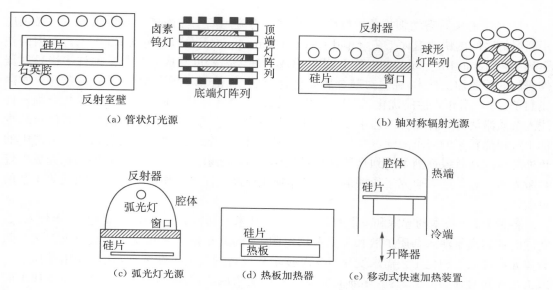

     (a)管状灯光源   (b)轴对称辐射光源

  (c)弧光灯光源   (d)热板加热器   (e)移动式快速加热装置

图 13.55 快速热工艺装置热源及结构简图[32]

13.8.2 快速热工艺基础原理

光辐照 RTP 装置原理建立在物质光辐射与光吸收物理规律基础上,电磁波辐射可以不经过任何中间媒介,直接使硅片吸收升温。为了深入理解 RTP 工艺原理,下面简要讨论发光体热辐射和硅片吸收电磁辐射的基本规律。在上述光辐照 RTP 装置中,卤素钨灯或弧光灯发光体温度显著高于硅片温度,可高达数千度,这种高温发热体发射连续波长电磁波。依赖所吸收电磁波功率密度,硅片可快速升至某一温度。发热体发射与硅片吸收的电磁波谱范围都与温度相关。高温发光体辐射可以近似看作黑体辐射。图 13.56 显示由黑体热辐射理论得到的辐射波长与功率密度随温度的变化规律。由图 13.56 可见,随着发热体温度上升,辐射功率密度指数式增高,短波辐射显著增强。根据 1893 年德国物理学家维恩由实验事实总结提出的位移定律(Wien's displacement law),黑体辐射峰值波长(λ_m)随温度变化关系为

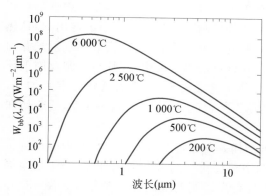

图 13.56 黑体电磁波辐射波长与功率密度对温度的依赖关系

$$\lambda_{\mathrm{m}} = \frac{2\,898}{T} \tag{13.59}$$

其中，T 为绝对温度值，由上式计算的峰值波长单位为 μm。

由图 13.56 可知，辐射功率曲线下的面积积分，就是某一温度下黑体各种波长辐射的总功率密度。辐射的总功率密度与物体温度关系，由另一著名规律——斯忒藩-玻耳兹曼定律（Stefan-Boltzmann law）描述：

$$W_{\mathrm{tot,bb}}(T) = \sigma T^4 \tag{13.60}$$

其中，σ 称为斯忒藩-玻耳兹曼常数。图 13.57 为反映此定律的黑体热辐射功率密度随温度的变化曲线。依据这两种辐射规律，在 RTP 系统中，为增加光源输出热辐射功率，必须提高光源发光体温度。

在光辐照 RTP 工艺中，为使硅片升温，要求硅片对光源电磁波辐射具有较高吸收系数。在 RTP 技术发展过程中，研究者曾在较大温度及较宽波谱范围，实验测量硅光吸收特性，其结果如图 13.58[33] 所示。图 13.58 显示低掺杂硅在不同温度下光吸收系数随波长的变化。某一波长光波在硅中强度（I），随入射深度（x）的变化可用下式表示：

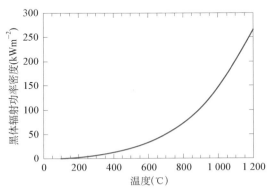

图 13.57　黑体电磁波辐射功率密度随温度的变化

$$I(x) = I_0 \exp(-\alpha x) \tag{13.61}$$

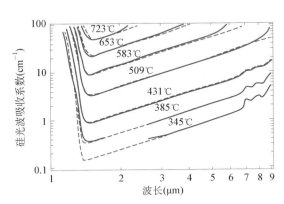

图 13.58　低掺杂硅电磁波吸收系数随波长与温度的变化[33]

（实线为实验测试结果，虚线为模拟曲线。）

α 为光吸收系数，其单位为 cm^{-1}。由图 13.58 可见，随硅片温度升高，在较宽光谱范围内，硅光吸收逐渐增强。

硅电磁波吸收系数随波长与温度的变化，是由硅中存在多种吸收机制决定的。本征激发吸收和自由载流子吸收是硅的两种主要辐照吸收机制，另一种为晶格振动吸收。在短波区域，光子能量足以激发硅价带电子跃迁至导带，形成大量电子空穴对，因而造成强本征吸收。低温下在光子能量小于禁带宽度的长波区域，吸收系数迅速下降至低值。但在较高温度，吸收系数显著增加，其原因在于自由载流子的电磁波吸收机制。热激发电子与空穴浓度随温度上升，使自由载流子吸收增强。源于自由载流子吸收，硅在红外辐射区域的吸收，随掺杂浓度升高而显著增强，室温下就具有很高的吸收系数，如图 13.59 所示。图 13.59 还表明，空穴的红外吸收略强于电子。载流子吸收是由于电荷在电磁场中的阻尼运动引起的，两种载流子具有不同极性及有效质量，导致红外吸收差别。

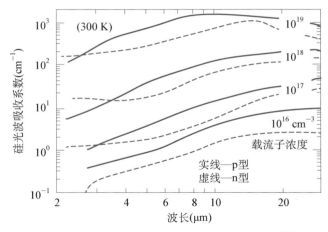

图 13.59　室温下不同掺杂浓度硅红外吸收系数[32]

RTP 系统中硅片在吸收光源热辐射升高温度的同时,也会向外发射电磁波。按照基尔霍夫辐射定律,物体的电磁波发射光谱与其吸收光谱相同,发射率与吸收系数成正比。根据上述热辐射基本规律,在光辐照 RTP 装置中,硅片温度(T)随时间(t)变化与电磁波热辐射吸收及发射功率的关系,可用以下方程描述:

$$\rho c d\,\frac{\mathrm{d}T}{\mathrm{d}t} = \eta P(t) - H_{\mathrm{eff}}\sigma T^4 \tag{13.62}$$

在等式左边,ρ、c 分别为硅材料的质量密度与热容率,d 为硅片厚度;在等式右边,第 1 项为硅片吸收的热辐射功率密度,其中,$P(t)$ 为入射光源辐射功率密度,η 为有效功率耦合参数,第 2 项为按照斯忒藩-玻尔兹曼定律,硅片损失的热辐射功率密度,其中,H_{eff} 为硅片热辐射功率损失参数。P、η、H_{eff} 都是与 RTP 系统的热辐射源、结构和硅片等因素有关的参数,其数值随温度的变化都会影响硅片温度的稳定性。在稳态条件下,硅片的热辐射吸收与发射达到平衡,(13.62)式转化为以下关系式:

$$\eta P = H_{\mathrm{eff}}\sigma T^4 \tag{13.63}$$

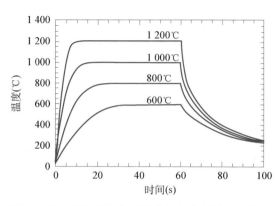

图 13.60　RTP 系统中不同功率密度条件下硅片温度随时间的理想变化曲线

以上描述 RTP 系统中硅片温度、功率密度及热辐射参数的简化方程,完全忽略热传导与对流等相关因素影响。图 13.60 为 RTP 系统中由热辐射源吸收、发射等过程决定的硅片温度随时间的理想变化曲线。对于理想 RTP 系统,在热辐射光源开启后,取决于辐照功率密度,硅片获得高升温速率,实现快速达到稳定峰值温度。对于 RTP 系统同样重要的是,要求光源关闭后可快速降温。硅片温度与热容量决定降温速率,热辐射降温速率随温度下降而减小。在实际 RTP 系统中,器壁热辐射与再反射电磁波吸收会减弱降温速率,低于 500℃时热传导与对流有益于增强降温。

由于热辐射随波长、温度变化,再加上各种部件的发射、吸收与反射,以及热传导与对流等多种因素影响,RTP 反应室内热量传输和温度变化过程十分复杂,其确切描述与模拟比较困难。自 20 世纪 80 年代以来,有大量研究工作致力于优化 RTP 设备、工艺与分析模拟技术。在实际 RTP 系统中,为使硅片获得快速升降温速率和优良温度均匀性、稳定性、重复性,必须具有高功率密度热辐射光源、高灵敏度温度检测与功率反馈控制等子系统,需要对光源功率与硅片温度进行闭环动态高精度自动化调节。

快速热工艺加工的实际硅片表面与结构要复杂得多。硅片表面覆盖有氧化物、硅化物、金属等薄膜。RTP 工艺必须考虑这些薄膜的吸收、透射与反射等光学性质影响。SiO_2 在 $0.3 \sim 2\ \mu m$ 波段透射率很高,其红外吸收特性则取决于 Si—O 键振动及杂质含量等因素。金属与硅化物具有高浓度载流子,在表层有较强自由载流子吸收。此外,硅片正面图形及背面粗糙度也影响其光学性质,因此,电磁波辐射在硅片中的吸收、反射与发射过程较为复杂,受多种因素影响。这些因素在分析和模拟 RTP 工艺时都需考虑。

13.8.3　快速热退火技术演变

自从硅芯片制造进入深亚微米技术阶段以来,快速热工艺已从辅助型技术演变为热加工主流技术。RTA 工艺大幅度压缩热加工时间、适当提高温度,有益于抑制杂质扩散和增强杂质激活。快速热工艺中硅片加工温度、时间、气体组分都可精确控制,有益于不断改进与完善超浅结(ultra shallow junction,USJ)离子注入退火、热氧化、热氮化超薄栅介质制备等工艺,以适应芯片加工从深亚微米向纳米 CMOS 技术发展需求。

图 13.61 显示 RTP 技术在硅芯片制造技术中的主要应用和温度/时间演变趋势。早期广泛应用于离子注入退火的 $10^{0 \sim 1}$ 秒级高温 RTP 技术,在更高与更低温度范围已得到多种工艺应用。高于 1 200℃的高温 RTP 工艺成功用于硅片杂质本征吸除工艺和晶体表

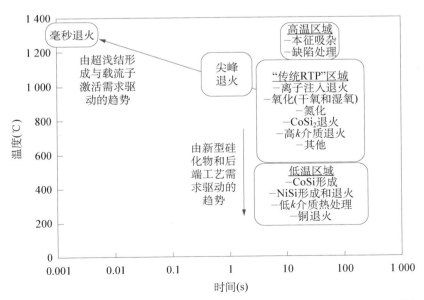

图 13.61　硅芯片制造技术中 RTP 加工温度/时间变化趋势与部分工艺应用[34]

层微缺陷消除退火工艺。快速热氧化与快速热氮化工艺需要应用略低温度 RTP 技术。较低温度 RTP 技术则用于多种自对准硅化物接触形成工艺。在深亚微米和纳米 CMOS 芯片技术中，为了有效抑制瞬态增强扩散效应，制备越来越浅的超浅结，精确控制结深，离子注入退火工艺必须进一步缩短退火时间、提高温度。单元器件缩微需求促使尖峰退火（spike annealing）、闪烁退火（flash annealing）、毫秒退火和激光退火等技术，得到发展和应用。

　　尖峰退火也可以说是一种脉冲退火技术。图 13.62 显示 1 050℃尖峰退火的升温及降温曲线，以及用于 BF_2^+ 注入（1.1 keV，$1×10^{15}$ cm^{-2}）退火形成的硼原子分布特性。在尖峰退火工艺中，硅片温度以～250℃/秒的温升速率达到峰值后，立即快速降温。由硼原子分布的 SIMS 测试曲线可见，尖峰脉冲宽度的 10^{-1} 秒量级差别，仍存在明显硼原子瞬态增强扩散变化，由此可知 RTA 工艺需要向毫秒和亚微秒退火技术发展的原因。

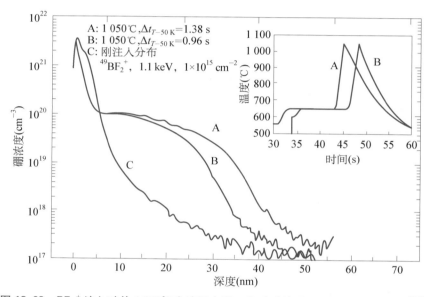

图 13.62　BF_2^+ 注入硅片 1 050℃尖峰退火后工艺形成的硼原子 SIMS 分布曲线[32]

　　超浅结离子注入退火工艺，不仅要尽可能减小瞬态增强扩散，还要防止氧化增强扩散。因此，快速退火工艺要求严格控制反应气氛的纯度，硅片必须处于良好密闭腔内。很低能量离子注入时，硅片表面常无屏蔽氧化层，以免损失注入离子。退火气氛中的 O_2 或水汽易使硅表面氧化，从而引起氧化增强扩散。由图 13.63 所示原子 SIMS 分布曲线可知，对于 B^+ 注入（1.0 keV，10^{15} cm^{-2}）硅片，在 1 050℃/10 s 快速退火后，氮气中的氧含量对硼原子扩散深度有显著影响。

　　对于单元器件趋向纳米尺寸的硅芯片，超低能量离子注入退火工艺必须更加兼顾超浅结深（x_j）与薄层电阻（R_s）的控制。两者都是纳米尺度晶体管性能及集成电路功能的限制性参数。前者要求抑制扩散，后者要求提高载流子浓度。上述尖峰 RTP 工艺难以达到纳米 USJ 器件要求。因而促使毫秒退火（MSA）工艺逐渐成为新一代抑制 TED 等扩散效应的退火技术，应用于 65 nm 及更小尺寸 CMOS 芯片制造。这种技术把 0.1 至数毫秒超短退火时间与接近硅熔点的极高退火温度相结合，以求既可激活杂质、又能减弱扩散。

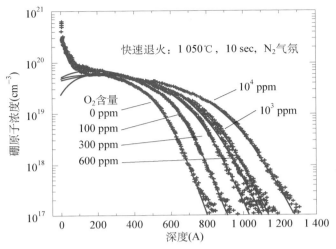

图 13.63　不同氧含量 N₂ 气氛 RTA(1 050℃，10 sec)对 B⁺ 注入硅片中原子 SIMS 分布的影响[32]

图 13.64 显示超浅结技术为何需要这种超短时间与极高温度相结合的退火工艺。图 13.64 以 B⁺(10^{15} cm⁻²，250 eV)注入为例，实线描述硼原子扩散过程，虚线则反映载流子激活过程。实线为按 $L=(Dt)^{1/2}$ 计算得到的退火温度/时间关系曲线，其中不同曲线分别对应图中所标的扩散长度值；虚线则为注入硼原子激活率达到 50% 所对应的退火温度/时间关系曲线。值得注意的是，反映扩散激活与电激活的两种曲线具有不同的变化速率。这是由于硼原子活化激活能(4.7~5.1 eV)高于硼扩散激活能(3.5 eV)，因而提高退火温度更有利于载流子激活，且可显著缩短退火时间[35]。按 13.8.2 节分析，提高退火温度可减弱 TED 效应。因此，为达到扩散距离短与激活率高的要求，注入退火宜于选择超高温度/超短时间组合。为了适应器件缩微需求，从扩散炉、常规 RTA 到毫秒退火工艺，芯片热加工的热积累(thermal budget，常被译为"热预算")逐步降低。

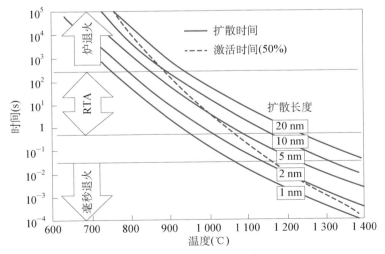

图 13.64　离子注入退火演变和硼原子扩散长度与激活率随退火温度及时间的变化规律[34]

21世纪以来,为适应纳米 CMOS 集成芯片制造需求,多种超短加热时间的快速退火技术受到重视与发展。两类新型退火系统在纳米 CMOS 产品升级换代中得到实际应用:一类为闪光灯退火(flash lamp annealing,FLA)系统,另一类为激光退火(laser thermal annealing,LTA)系统。

13.8.4 闪光毫秒退火技术

FLA 系统的闪光光源通常由多个高强度弧光放电氙灯组成。这种灯辐射以可见光谱为主,为白色光源,其发光体色温很高,光源腔体必须由循环气体高效冷却。有的系统中,石英灯管还应用循环去离子水冷却,被称为"水壁"弧光灯。通过开关电路调节,放电氙灯的闪光脉冲宽度可在数百微秒至亚微秒范围调节。高密度光辐射可使硅片表层温度快速上升至1 200℃左右,甚至接近硅熔点的1 350℃。如图 13.65 所示,闪光灯退火系统中常应用两组灯源,一组卤钨灯作为辅助光源照射硅片背面,硅片先升到一个中间温度,然后由一组高功率闪光灯脉冲照射硅片正面,使表层快速升高至目标温度。关闭闪光灯后,硅片表层可通过向周围热辐射与向体内热传导、快速降温。

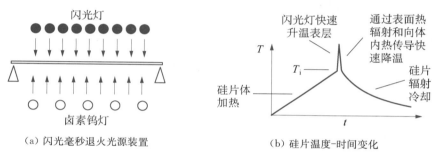

(a) 闪光毫秒退火光源装置   (b) 硅片温度-时间变化

图 13.65 闪光毫秒退火光源装置和硅片温度-时间变化示意图

应该注意到,MSA 工艺与之前 RTA 工艺相比,超短脉冲加热使硅片中的热物理过程发生重要变化。常规 RTA 为等热过程,故也常称其为快速等热退火(rapid isothermal annealing),MSA 则为非等热过程。图 13.66 为毫秒光脉冲辐射后瞬间硅片热剖面示意图。如图 13.58 和图 13.59 所示,硅片对于可见与红外光波具有高吸收率。这使毫秒高强度光辐射的吸收层局限在硅片表层较窄区域,导致表层快速升至极高温度,而硅片内部仍处于较低温度。根据(13.61)式和光吸收系数可估算吸收层厚度,常在数微米量级,大大小于常用 300 mm 硅片厚度(775 μm)。热扩散将使热量向硅片内部传输,硅的室温热扩散率约为 0.9 cm²/s,并随温升有所下降,1 ms 的扩散长度约 100 μm,也小于硅片厚度。把高温加热过程局限于离子注入表层区域,是闪光退火与激光退火的主要特点,有益于在显著提高载流子激活率的同时,降低硅片热积累,既有利于减小表层扩散,也有利于

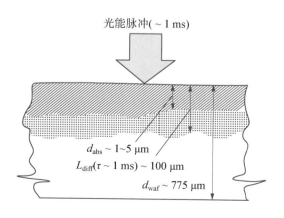

图 13.66 毫秒光脉冲辐射后瞬间的硅片热剖面[34]

抑制硅片内部扩散过程,防止对已形成器件结构损伤。闪光退火工艺存在许多难点,如硅片表层与内部温度不均匀产生的应力,有可能造成硅片变形甚至破裂等问题。又如,由于芯片表面图形与薄膜结构变化以及器件密度起伏,各点热辐射吸收率存在差异,也会引起表层温度不均匀。因此,必须兼顾多种因素,优化退火相关工艺,避免不利因素影响。

毫秒退火工艺要求峰值加热时间不能过长。由于辐射脉冲关闭后瞬间,处于很高温度的硅片表层与内部存在很大温度梯度,通过热传导可促使表层注入区温度以快速下降。但当脉冲宽度过长时,这一突出特点将丧失。闪光脉冲越宽,光源关闭后,表层降温速率越慢,上下层温差越小,体内升温越高,越接近一般尖峰 RTA 情形。为了使硅片表层注入区温度上升与下降都能达到高速率,充分发挥 MSA 退火注入原子激活率高、热积累小等特点,闪光脉冲宽度通常需要控制在 10 ms 以内。

为应用 FLA 技术获得良好 USJ 注入退火效果,必须优化选择闪光脉冲波形、宽度、温度变化等具体工艺方案。图 13.67 显示典型闪光灯退火技术应用于 As^+ 注入硅片退火工艺的实验结果[36]。按照图 13.67(a)所示温度/时间变化曲线,该工艺方案中硅片先以 150℃/s 速率上升到预热温度,如 950℃,再以闪光技术使温度快速上升至 1 200℃以上峰值,平台宽

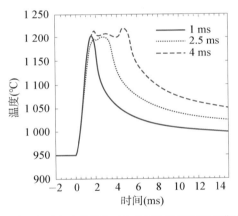

（a）典型闪光灯毫秒退火工艺硅片温度/时间变化曲线　　　（b）As^+ 注入退火前后 SIMS 原子深度分布

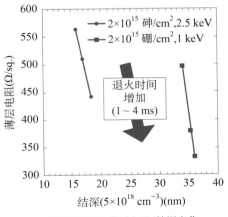

（c）砷、硼注入区薄层电阻/结深变化

图 13.67　典型闪光灯毫秒退火工艺硅片温度/时间变化曲线和该工艺用于 As^+ 注入退火前后 SIMS 原子深度分布,以及砷、硼注入区薄层电阻/结深变化[36]

度分别选取 1、2.5、4 ms。图 13.67(b)为 As^+ 注入($2.5\,keV$，$2\times10^{15}\,cm^{-2}$)硅片采用该工艺退火前后的 SIMS 原子深度分布曲线。图 13.67(c)为砷和同一实验中硼注入($1\,keV$，$2\times10^{15}\,cm^{-2}$)的薄层电阻/结深随闪光脉冲宽度变化。由图 13.67 所示实验数据可见，在毫秒量级，适当增加闪光宽度，可增加 n^+p 结陡峭度，有效降低薄层电阻，而砷和硼注入结深变化较小，显示 MSA 退火优越性。

13.9　激光退火技术

在离子注入器件应用技术发展早期，就有不少利用激光束、电子束辐照，修复注入晶格损伤和激活杂质原子的研究工作，取得有关能束退火特性与效果的初期知识积累。但这些研究对于当年器件制造技术实际需求过于超前，难于和主流生产工艺集成，未能发展成为集成芯片制造的实用技术。进入纳米 CMOS 芯片制造阶段以来，超精细 USJ 器件加工需求推动激光热退火(laser thermal annealing，LTA)、激光热工艺(laser thermal process，LTP)技术新发展。激光技术对超浅结工艺的吸引力，源于激光作为功率密度很高的能束，可以在所选定的硅片区域，通过强光吸收，使表层快速升温至所需温度，甚至达到熔点。通过光斑与硅片的精确相对位移，实现光束扫描，可对所需区域或整个硅片进行热加工。在激光热工艺技术研究与开发中，从 248 nm 准分子深紫外激光到 $10.6\,\mu m$ 的 CO_2 气体红外激光，多种气态与固态激光器得到应用。还可应用半导体激光二极管阵列形成激光束源，制造不同结构与波长(如 810 nm)的激光退火系统。

激光退火系统相对闪光灯及其他灯光退火系统具有显著不同优势。激光热工艺的加工时间可缩短到微秒至纳秒量级，而且激光退火过程中每一瞬间加热，仅限于局部区域，有利于进一步降低硅片的热积累。由于激光辐照的高功率密度与选区局域加热，快速升温速率可达 $10^4\sim10^6\,℃/s$ 量级。降温速率也显著高于灯退火，这种小范围瞬间高温，不会对整个硅片产生过大应力，不会造成硅片因过度应力而导致的损伤、变形。由于激光退火的独特优越性，在纳米 CMOS 芯片制造中，激光热工艺终于逐渐进入实际应用阶段。用于离子注入杂质激活的激光退火工艺可分为两种：一种为亚熔点高温退火工艺，另一种为熔化与再结晶工艺[38-40]。

13.9.1　非熔化激光退火工艺

相对于激光熔化及再结晶工艺，近年非熔化激光退火工艺趋于成熟，已在纳米 CMOS 产品制造中逐步得到应用[37-42]。在这种激光退火中，调节激光器输出功率和扫描速度，激光脉冲辐照使硅片注入区温度快速上升至所需温度，然后迅速下降。这种激光退火温度变化与尖峰退火相似，故常被称为激光尖峰退火(laser spike annealing，LSA)。有多种波长激光器可用于非熔化激光退火。根据具体器件工艺需求，亚熔点激光退火的硅片表层温度，可选择在 $1\,100\sim1\,350℃$ 范围，激光退火峰值温度持续时间可在毫秒至纳秒范围。

非熔化激光退火工艺系统中常用光源之一为 CO_2 激光。图 13.68 显示 CO_2 激光退火系统的主要装置原理与硅片扫描方式。CO_2 分子气体激光器是多种科学技术领域应用广泛的激光器，发射波长为 $10.6\,\mu m$。在激光退火系统中应用长波红外激光，可减弱薄膜光干涉效应，以及入射光对硅片图形变化敏感性。在图 13.68 所示系统中，红外激光束以入射角等

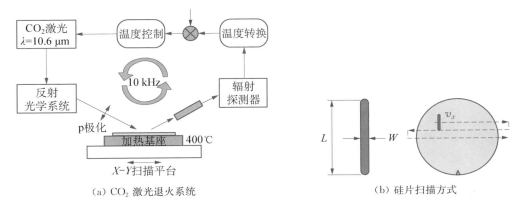

图 13.68 CO$_2$ 激光退火系统和硅片扫描方式示意图

于布儒斯特角(Brewster angle)的斜入射模式照射硅片。根据光学原理,以布儒斯特角入射的 p 偏振光界面反射率趋于零。因此,采用斜入射长波激光辐照,不仅可以抑制反射光能损失,而且有益于克服图形效应,避免硅片表面由于图形变化引起的光能吸收及温度起伏,在硅片上获得均匀退火效果[38, 39]。短波长激光垂直入射时,由于产生较强光波干涉效应,硅、SiO$_2$、多晶硅等不同表面光反射率显著差异,因而造成不同区域温度不均的图形效应。为防止这种有害效应,常需在硅片表面覆盖光吸收层(如非晶碳膜)或抗反射层。应用 CO$_2$ 激光系统,可避免这类附加薄膜工艺。

硅片放置于可精确定位与移动的 X-Y 扫描平台上,随着平台往复位移,照射在硅片上的激光束斑逐步实现整个硅片加热,如图 13.68(b)所示。硅片底座加热器使硅片温度预热至数百度。采用激光束斑 50% 宽度覆盖扫描,有利于保证离子注入退火均匀性。能量密度与表层温度,由激光辐照功率、扫描速度等因素决定。通过表面辐射探测、温度转换、温度/功率瞬时反馈调节(10kHz)等机制,激光退火系统可以精确控制温度等参数。按照图 13.68(b)所示扫描方式,受热时间(t)与扫描速度(v)的关系为 $t=2W/v$,W 为激光束斑宽度。扫描速度则根据器件退火温度与硅片加工产额等需求及设备参数确定。虽然激光退火需经多次扫描完成单硅片加工,但其产额也可达到每小时退火 300 mm 直径硅片数十片。

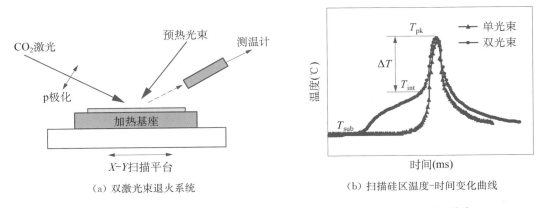

图 13.69 双激光束退火系统示意图与扫描硅区典型温度/时间变化曲线[40]

在纳米 CMOS 制造工艺中,激光退火工艺常用于源漏延伸区和接触区注入退火,以获得超浅结和低电阻,也用于金属硅化物接触形成等某些其他工艺。激光退火必须与其他工艺进行优化集成,以改善器件性能。激光退火常与灯光退火工艺结合使用,相对较低温度与较长时间的灯光快速退火,有利于修复离子碰撞损伤,而更高温度与更短时间的激光退火,则有益于达到更高杂质原子激活率[41, 42]。

为适应新器件研制需求,激光退火技术装置与工艺持续不断改进。在图 13.69(a)所示双激光束退火系统中,在主辐照激光束外,另有一束较宽的辅助加热激光,把扫描硅区先提高到某一中间温度,随后主激光束再使辐照区升高至峰值温度。峰值脉冲加热时间约为 0.2 ms 至数毫秒,预热束加热时间长数倍或有量级变化。图 13.69(b)显示单束与双束激光退火的典型温度/时间变化曲线。双激光束退火系统可增强温度与时间的控制范围及应用灵活性。选择较高中间温度与峰值温度,可一并实现有效损伤修复与杂质高激活率,无需用灯光退火。双激光束退火工艺可使温度梯度有所下降,有益于减弱辐照区与周边之间的应力。

13.9.2　熔化与再结晶激光退火工艺

激光熔化与再结晶是具有独特优越性的离子注入退火技术,可达到很高掺杂浓度与激活率($\sim 1 \times 10^{21}$ cm^{-3})。以 KrF(248 nm)、XeCl(308 nm)等准分子脉冲激光器发射的短波长激光为辐照源,适当能量密度辐照可使注入表层硅区熔化。由于液体硅中杂质原子扩散速率比固态高千万倍以上,杂质将在熔体中均匀分布。激光熔化与再结晶为准稳态热过程,脉冲宽度仅为数十纳秒甚至更短的激光照射,使表层硅熔化后,液态硅冷却再结晶时,替位杂质原子将融入硅晶格,可突破杂质固熔度限制,并使杂质原子激活,显著提高有效掺杂浓度。激光退火加热时间比常规 RTA 缩短约 8 个数量级,而且局限于光斑区域表层,硅片内部温度可保持较低温度,硅片受到的总热积累小,可避免杂质扩散,有利于形成超浅结器件。这些特点表明,激光熔化与再结晶可能成为一种理想退火工艺。12.7.4 节有关气体浸没激光掺杂(GILD)技术,就是应用激光熔化与再结晶原理,实现表层均匀掺杂。激光热工艺是高度局域化的热工艺,可以避免对下层器件结构产生影响,因而也为三维集成技术提供一种有效的加工方法,在 SOI 技术发展中曾受到重视,现今仍用于某些立体结构器件研制。

在纳米 CMOS 器件技术发展初期,研究者就注意到激光熔化与再结晶在超精细纳米芯片加工中的潜在应用前景。有研究工作应用 XeCl-308 nm 准分子脉冲激光系统,对 As$^+$、BF$_2^+$ 注入退火及相关 MOS 晶体管工艺进行研究[43]。实验结果表明,通过激光熔化与再结晶退火,源漏区可形成杂质分布陡峭的超浅结,与其他工艺相结合,可获得性能良好的 n 沟与 p 沟 MOS 晶体管。除了准分子激光系统,有研究采用波长为 1 064 nm 的固态 Nd∶YAG(掺钕钇铝石榴石)脉冲激光器,并应用新的薄膜材料及结构,改进光吸收与温度控制,探索精确控制表层熔化与再结晶过程的途径[44]。图 13.70 为该研究得到的高浓度硼原子注入经激光退火前后的典型分布曲线。

图 13.70 的实验曲线清晰地显示激光熔化与再结晶退火技术的突出优越性。激光退火后,注入硼原子在硅层具有十分陡峭的"箱型"分布,而且其平台浓度高达约 1×10^{21} cm^{-3}。这种高硼原子浓度及其理想分布,应用其他热处理工艺难以获得。实验中对比的 RTA 退火样品曲线,与之呈鲜明反差,硼原子呈现显著扩散与缓变分布特征。特别值得注意的是,激光退火后的硼原子均匀分布区,完全形成于锗离子注入非晶层中。这是激光熔化与再结晶物理过程的必然结果。激光辐照使非晶硅层熔化后,杂质原子熔化层中均匀分布,再结晶使

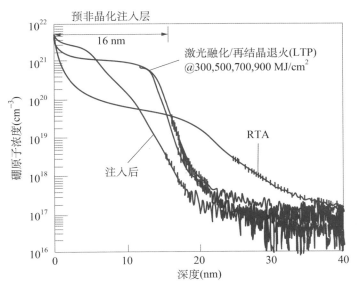

图 13.70 B 离子注入硅片激光与 RTA 退火前后 SIMS 原子分布曲线对比[44]

杂质固化其中。该实验中曾以不同注入锗离子能量,形成不同厚度非晶层,经激光熔化退火后的 SIMS 曲线显示,硼原子都均匀地分布在原先非晶区域。

图 13.70 还显示,在 $300\sim900$ mJ/cm^2 4 种不同能量密度辐照条件下,硼原子分布曲线无显著差异。这是由于在该实验中采用一种被称为"自限制"激光热工艺的退火技术。其原理在于除了淀积光吸收膜注入硅片表层外,还覆盖一层温度敏感的相开关(phase switch,PS)薄膜,用于控制硅熔化层温度。这种材料薄膜具有独特光反射特性,在某一温度之下,初始的光反射率很小,但当超过某一温度后,由于材料发生相变,PS 薄膜反射率显著增加,从而限制硅熔化层光能吸收。考虑非晶硅熔点明显低于单晶硅,在激光熔化退火工艺中,把相变开关温度选择在非晶与单晶熔点之间。因此,通过相变薄膜控制,在入射光能密度变化时,可防止过度加热,实现激光加热过程自限制,使熔化区温度变化较小,保持掺杂区结深和薄层电阻稳定,使激光退火工艺窗口增大,如图 13.71 实验数据所示。而且由于非晶与单晶熔点差别,可实现注入掺杂区选择性局域熔化。

从原理分析和许多实验结果可知,激光熔化及再结晶技术,对于超浅结器件制备具有难得的优越性。近年来这种技术用于新材料、新结构器件研制与探索的研究十分活跃。通过优化选择激光波长、脉冲宽度、辐照能量密度等设备及工艺参数,不断改进与其他工艺的相容性、均匀性、重复性等,逐渐在某些集成与分立器件制造中得到实际应用[45]。近年在 CMOS 图像传感器研制中,采用背面光照结构,以提高像素密度和光敏性能。在这

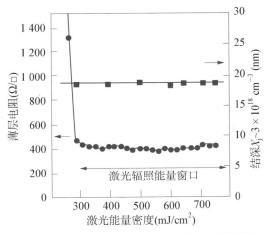

图 13.71 薄层电阻与结深随激光辐照能量密度的变化[44]

种芯片制造中,采用短脉冲激光对 p^+ 注入层进行熔化与再结晶退火,可在硅片背面形成高灵敏度 p^+n 光敏二极管阵列,并可避免影响正面 CMOS 器件结构与性能[45-47]。在绝缘栅双极功率晶体管(IBGT)、新型三维结构不挥发存储器(ReRAM/PCRAM)、再结晶薄膜场效应晶体管(TFT)等新器件研制中,越来越多应用激光熔化与再结晶退火工艺,解决器件结技术中的难题。在探索锗基 CMOS 器件技术中,有研究工作借助 248 nm 激光退火技术研制成功高 k 介质与金属栅锗基 NMOS 器件[48]。

13.10　微波退火技术

近年正在研究和试验的微波退火(microwave annealing,MWA),是一种与上述多种辐照退火十分不同的热处理技术。早在 20 世纪 80 年代初 A. V. Rzhanov(1981)、T. Fukano(1985)等俄、日研究者就曾提出在硅器件工艺中利用微波热效应进行快速热处理的可能性。21 世纪以来,由于器件研制对发展新型热处理技术的需求,半导体应用微波热工艺的研究趋于活跃。近年不断有研究工作报道,微波热退火在相当低温度下,可以有效修复注入损伤、实现注入非晶硅层的固相外延生长和硼、磷、砷杂质激活[49-53]。另一些研究工作发现,应用微波退火技术在较低温度下,可形成均匀低电阻 NiPt 硅化物及 Ni(Si, Ge)化合物接触薄膜[54-56]。还有报道,在氢注入智能键合 SOI 硅片技术中,微波热处理可用于晶片剥离[57]。近年研究者把微波退火与其他低温工艺相结合,用于锗基纳米 CMOS 和立体结构晶体管(FinFET)等器件研制[58, 59]。还有研究工作把低温微波退火与高温激光退火两种热处理工艺相结合,用于立体薄膜晶体管(FinTFT)及其三维集成技术探索[60]。

图 13.72(a)为微波退火装置原理示意图,主要由微波源、波导、加热腔体和控制系统等构成。应用单个或多个磁控管作为微波源,输出功率常在 $10^2 \sim 10^3$ W 量级范围。常用微波频率为 2.45 GHz 和 5.8 GHz,近年应用以后者居多,更高频率有益于提高微波能量吸收效率。微波加热在内外分别为石英和金属腔体中进行,加工硅片置于片架上适当位置。为提高硅片微波耦合吸收效率和增强加热均匀性,在腔体内常放置石英、SiC 等材料,作为微波感受器(susceptor)。图 13.72(b)为微波退火硅片加热过程的典型温度变化曲线,可见与光照快速退火相比较,温度上升速率慢,峰值温度低。硅片温度通常应用红外色温计测量。

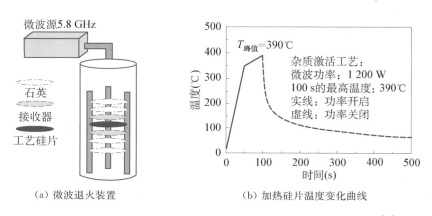

(a) 微波退火装置　　　　　(b) 加热硅片温度变化曲线

图 13.72　微波退火装置原理示意图与典型加热硅片温度变化曲线[58]

　　虽然微波与光波都是电磁波辐射,但两者与物质的相互作用不同,对硅片等材料的退火机制不同。微波源发射的电磁场进入固体物质,作用于电荷,产生介电损耗,部分能量被物体吸收,转化为热能。微波在半导体中的损耗机制主要为电导损耗和极化损耗。载流子在微波电场作用下运动,引起电导损耗。存在电子极化、电偶极子极化等不同极化效应损耗。电子极化损耗表现为,交变电场使电子在原子内偏离平衡位置不断往复位移。微波电场可使晶体中正负电荷取向极化,形成偶极子,并随电磁波振荡。离子注入产生的各种缺陷可对电偶极化损耗有显著贡献。空位与间隙原子缺陷可有不同荷电状态,它们形成的电偶极子振荡可增强微波能量损耗。这些极化运动都促使传播在物体中的部分电磁波能量转化为热能。

　　物体在微波电磁场中吸收的功率密度应与其介电特性密切相关,常用下式描述:

$$P_{abs} = \sigma_{eff} \mid E \mid^2 = \omega \varepsilon_0 \varepsilon_{eff}'' \mid E \mid^2 = \omega \varepsilon_0 \varepsilon_r \tan\delta \mid E \mid^2 \tag{13.64}$$

其中,P_{abs} 为物体单位体积吸收的微波功率,σ_{eff} 为物体有效电导率,E 为均方根内部电场强度,ω 为微波角频率,ε_0 为真空介电常数,ε_{eff}'' 为有效介电损耗参数,ε_r 为材料相对介电常数,$\tan\delta$ 为材料介电损耗角正切。对于离子注入微波退火,这些材料参数(σ_{eff}、ε_{eff}''、ε_r、$\tan\delta$)应与硅片注入离子种类、能量、剂量及晶格损伤程度等因素相关。如果假设所有吸收功率都转换为升温热能,则在 Δt 时段内,物体温度变化(ΔT)可表示为下式:

$$\frac{\Delta T}{\Delta t} = \frac{\omega \varepsilon_0 \varepsilon_{eff}'' \mid E \mid^2}{\rho_{eff} C_p} \tag{13.65}$$

其中,ρ_{eff} 为物体质量密度,C_p 为物体热容量。

　　微波传输入材料体内,材料吸收微波能量而生热,被认为是一种体加热(volumetric heating)方式。对于半导体,微波电磁场传播深度与载流子浓度等因素相关,致使热过程较为复杂。除了微波吸收转化的热效应,电场引起的荷电粒子运动本身,也可能对微波退火特性有贡献。在微波对晶格损伤修复的退火作用中,可存在非热效应的能量交换。对这些因素的确切过程尚缺乏了解,因此,微波退火机制尚需更细致、深入的研究。

　　非晶硅低温再结晶,在微波退火潜在应用领域中受到重视,不仅因为其可用于离子注入非晶化的晶格损伤修复与杂质激活,还可能用于薄膜晶体管(TFT)大面积集成技术。在玻璃等衬底上的 CVD 非晶硅膜,可通过微波低温热处理转化为多晶硅膜,显著提高载流子迁移率。图 13.73 给出的氦离子背散射谱(RBS)实验数据显示,As$^+$ 高剂量离子注入的硅晶片经微波退火,可以实现固相外延晶体生长[53]。该实验以能量与剂量分别为 180 keV、1×10^{15} cm^{-2} 的砷离子注入 Si(100) 晶体,以频率与功率分别为 2.45 GHz、1 300 W 的微波源对硅片进行微波退火。退火硅片放置在表面覆盖有 Al_2O_3 薄膜的 SiC 基座上,提高微波吸收效率。图 13.73 样品的退火温度为 620~680℃,时间为 40 s。由图 13.73 所示微波退火前后硅原子背散射沟道谱与随机谱的差别,可分析硅原子晶态变化。退火前的沟道谱与随机谱对比表明,砷注入区两者信号相同,揭示注入区晶格损伤已达到非晶化。微波退火后的沟道谱,则显示强烈沟道效应,被硅原子核背散射的 He$^+$ 产额很低。图 13.73 上还标出放大 30 倍的被砷原子核散射的 3 种谱,分析也表明,退火样品的沟道谱具有很低 He$^+$ 产额。这些实验事实表明,经 40 s 微波低温退火,硅晶格得到恢复,砷原子已占据晶格原子位置。

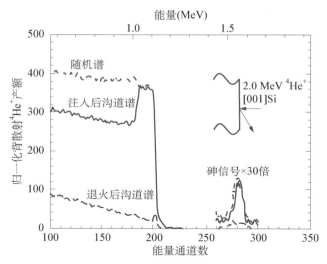

图 13.73　As$^+$ 离子注入（180 keV，1×10^{15} cm^{-2}）硅（100）样品在微波
（2.45 GHz，1 300 W）退火 40 s 前后的 RBS 随机谱与沟道谱[53]

　　有关锗基 CMOS 器件的研究报道表明，微波退火的低温等独特工艺特点，可能为改善锗 MOS 晶体管的制造工艺与特性开辟新途径[58]。研究应用如图 13.72 所示 5.8 GHz 微波装置，把微波退火用于 n 沟与 p 沟锗基 MOS 晶体管的全部热工艺。图 13.74 显示微波退火在锗基 MOS 器件研制中的关键作用。所用微波退火工艺皆在 390℃ 以下进行，与 RTP 工艺对比，实验结果显示出微波退火工艺的明显优越性。n 沟与 p 沟晶体管源漏区分别注入磷、BF$_2$，剂量为 1×10^{15} cm^{-2}。SIMS 测量显示，MWA 处理样品杂质原子无明显扩散，而 RTA 工艺（600℃，10～60 s）就会引起磷原子显著扩散。扩展电阻测试给出微波退火样品

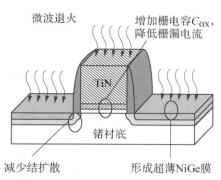

图 13.74　微波退火在锗 MOS 晶体管研制中的关键作用[58]

表面电子与空穴浓度分别达到 2×10^{19} cm^{-3}、7.5×10^{19} cm^{-3}。源漏区淀积各为 15 nm 的 Ti/Ni 双层金属膜后，通过温度更低的两步退火工艺（"MWA，145℃＋MWA，270℃"），形成厚度为 7.5 nm 的超薄均匀 GeNi 接触，具有低薄层电阻和低接触电阻率。在 Ge（100）衬底上制备的栅叠层为 TiN/Al$_2$O$_3$/GeO$_2$ 的 MOS 结构，其 C-V 测试数据表明，经微波退火可以改善界面特性，降低漏电流。GeNi 接触与 MOS 界面特性都比 RTA 对比样品有所改善。应用 MWA 工艺制备的 p 沟与 n 沟锗 MOS 晶体管驱动电流，和 RTA 样品相比，分别增加 50% 与 24%。

　　上面以两种不同器件工艺应用微波退火的研究结果为例，介绍的部分实验事实表明，微波热工艺有可能为包括纳米 CMOS 在内的固态器件研制，提供一种新途径。微波退火在较低温度下展现的注入晶格损伤修复、固相外延、杂质激活、界面优化、固相反应等独特效应与功能，对解决器件制造技术发展中的一些难题十分有益，有可能在开拓锗基 CMOS 之类新器件中成为适用工艺。但微波退火为何能在较低温度下具有这些功能，是值得进一步研究

和探讨的课题。影响半导体器件微波退火过程的多种因素与机制尚需深入研究揭示,微波退火工艺尚需通过多方面完善优化、发展成为成熟的器件加工技术。

思考题

1. 试分析离子注入的物理过程,离子注入射程与其形成的杂质分布由哪些因素决定?

2. 什么是核阻止本领与核阻止截面? 说明两者关系,分析决定核阻滞参数的物理因素。

3. 概括核阻滞与电子阻滞的异同之处,分析它们对注入离子能量依赖关系,以及对晶格损伤影响的差异。

4. 为什么一台扩散炉只可用于一种杂质掺杂扩散,而一台离子注入机却能用于多种不同类型杂质的注入掺杂?

5. 研制某种器件需要形成硅表面下深约 $1\ \mu m$ 的 p 型杂质隐埋层。该工艺线的离子注入机最高加速电压为 200kV。而 200 keV 的 B^+ 离子,其投影射程约为 $0.53\ \mu m$。试问是否可用该离子注入机形成所需隐埋层? 为什么?

6. 为什么高斯分布函数不能精确描述离子注入的"随机"分布? 分析其物理原因和改善杂质原子分布描述的方法。

7. 离子注入对靶硅片温度有什么影响? 针对不同注入工艺,如何选择和控制靶硅片温度?

8. 什么是离子注入沟道效应? 它对器件制造有何影响? 用哪些方法可以克服其影响? 并说明其原理。如何利用 He^+ 离子沟道效应探测硅片晶态?

9. 试分析硅片离子注入损伤与能量、剂量的关系,以及晶格损伤分布与离子射程分布的关系。

10. 离子注入后的热退火有什么作用? 如何选择退火温度? 如何检测退火效果? 分析退火效果与注入剂量的关系,为什么存在逆退火现象?

11. 进入亚微米 CMOS 芯片制造发展阶段以后,为什么需要快速退火技术? 分析快速退火技术及其应用范围的演变过程。

12. 什么是离子注入杂质瞬态增强扩散(TED)现象? 分析 TED 效应的特点及抑制 TED 效应的途径。

13. 分析离子注入点缺陷与扩展缺陷的演变及非平衡自间隙原子的变化规律,归纳 TED 效应的物理机制,对比瞬态增强扩散效应与氧化增强扩散效应的相同与相异之处。

14. 概括光辐照硅片加热的物理原理,分析闪光毫秒退火工艺与常规快速退火工艺的异同之处。

15. 简述激光退火基本原理,分析亚熔点高温退火和熔化/再结晶两种激光工艺的各自特点,讨论它们在今后器件技术发展中的应用前景。

16. 查阅微波退火技术近年在固相外延与反应、损伤修复与载流子激活等方面的研究进展,分析促使微波具有低温退火功能的因素与机制,并讨论其发展及应用前景。

参考文献

[1] W. Shockley, Forming semiconductive devices by ionic bombardment. *U. S. Patent*, 1957: No. 2787564.

[2] M. Graf, Ion implantation and rapid thermal processing, Chap. 10 in *Semiconductor Manufacturing Handbook*. Ed. H. Geng, McGraw-Hill Company, New York, 2005.

[3] J. D. Plummer, M. D. Deal, P. B. Griffin, Ion implantation, Chap. 8 in *Silicon VLSI Technology*. Prentice Hall, Upper Saddle River, NJ, USA, 2000.

[4] M. Ameen, I. Berry, W. Class, et al., Ion implantation, Chap. 7 in *Handbook of Semiconductor Manufacturing Technology*, 2nd Ed.. Eds. R. Doering, Y. Nishi, CRC Press,

Boca Raton, Florida, USA, 2008.

[5] T. N. Horsky, J. Chen, W. E. Reynolds, et al. , Current status of the extended life source: lifetime and performance improvements. *IEEE Proc. 12th Int. Conf. Ion Implant. Technol.* , 1998:416.

[6] J. R. Conrad, J. L. Radtke, R. A. Dodd, et al. , Plasma source ion implantation technique for surface modification of materials. *J. Appl. Phys.* , 1987,62(11):4591.

[7] B. Mizuno, I. Nakayama, N. Aoi, et al. , New doping method for sub-half micron trench sidewalls by using an electron cyclotron resonance plasma. *Appl. Phys. Lett.* , 1988, 53 (21):2059.

[8] P. K. Chu, S. Qin, C. Chan, et al. , Plasma immersion ion implantation semiconductor processing — a fledgling technique for semiconductor processing. *Mater. Sci. Eng. R*, 1996,17 (6－7):207.

[9] S. Qin, Y. J. Hu, A. McTeer, PLAD (Plasma Doping) on 22 nm technology node and beyond — evolutionary and/or revolutionary. *Ext. Abs. IEEE IWJT*, 2012:11.

[10] N. Bohr,尼耳斯玻尔集:第八卷 带电粒子在物质中的穿透(1912—1954).华东师范大学出版社,2012年.

[11] J. Lindhard, M. Scharff, H. E. Schiott, Range concepts and heavy ion ranges. *Mat. Fys. Medd. Dan. Vid. Selsk.* , 1963,33(14):1.

[12] J. F. Gibbons, Ion implantation in semiconductors — Part I range distribution theory and experiments. *Proc. IEEE*, 1968,56(3):295.

[13] J. F. Ziegler, J. P. Biersack, U. Littmark, *The Stopping and Range of Ions in Solids.* Pergamon Press, New York, 1985.

[14] J. F. Ziegler, *SRIM — the Stopping and Range of Ions in Matter.* http://www. srim. org/.

[15] S. Wolf, R. N. Tauber, Ion implantation for VLSI, Chap. 9 in *Silicon Processing for the VLSI Era*, *Vol. 1*, *Process Technology.* Lattice Press, Sunset Beach, CA, USA, 1986.

[16] T. E. Seidel, Ion implantation, Chap. 6 in *VLSI Technology.* Ed. S. M. Sze, McGraw-Hill Book Com. , New York, 1983.

[17] G. H. Kinchin, R. S. Pease, The displacement of atoms in solids by radiation. *Rep. Prog. Phys.* , 1955,18:1.

[18] D. K. Brice, Recoil contribution to ion implantation energy deposition distributions. *J. Appl. Phys.* , 1975,46(8):3385.

[19] L. A. Christel, J. F. Gibbons, T. W. Sigmon, Displacement criterion for amorphization of silicon during ion implantation. *J. Appl. Phys.* , 1981,52(12):7143.

[20] P. J. Schultz, C. Jagadish, M. C. Ridgway, et al. , Crystalline-to-amorphous transition for Si-ion irradiation of Si(100). *Phys. Rev. B*, 1991,44(16):9118.

[21] B. L. Crowder, F. F. Morehead, Annealing characteristics of n-type dopants in ion-implanted silicon. *Appl. Phys. Lett.* , 1969,14(10):313.

[22] Y. Erokhin, Device scaling and performance improvement: advances in ion implantation and annealing technologies as enabling drivers. *Ext. Abs. IEEE IWJT*, 2012:12.

[23] H. S. Chao, S. W. Crowder, P. B. Griffin, et al. , Species and dose dependence of ion implantation damage induced transient enhanced diffusion. *J. Appl. Phys.* , 1996,79(5):2352.

[24] P. A. Packan, J. D. Plummer, Transient diffusion of low-concentration B in Si due to ^{29}Si implantation damage. *Appl. Phys. Lett.* , 1990,56(18):1787.

[25] M. D. Giles, Transient phosphorus diffusion below the amorphization threshold. *J. Electrochem. Soc.*, 1991,138(4):1160.

[26] D. J. Eaglesham, P. A. Stolk, H. J. Gossmann, et al., Implantation and transient B diffusion in Si: the source of the interstitials. *Appl. Phys. Lett.*, 1994,65(18):2305.

[27] C. S. Rafferty, G. H. Gilmer, M. Jaraiz, et al., Simulation of cluster evaporation and transient enhanced diffusion in silicon. *Appl. Phys. Lett.*, 1996,68(17):2395.

[28] J. L. Benton, S. Libertino, P. Kringhoj, et al., Evolution from point to extended defects in ion implanted silicon. *J. Appl. Phys.*, 1997,82(1):120.

[29] L. Pelaz, G. H. Gilmer, M. Jaraiz, et al., Modeling of the ion mass effect on transient enhanced diffusion: Deviation from the "+1" model. *Appl. Phys. Lett.*, 1998,73:1421.

[30] J. M. Poate, D. J. Eaglesham, G. H. Gilmer, et al., Ion implantation and transient enhanced diffusion. *IEDM Tech. Dig.*, 1995:77.

[31] M. Jaraiz, G. H. Gilmer, J. M. Poate, et al., Atomistic calculations of ion implantation in Si: point defect and transient enhanced diffusion phenomena. *Appl. Phys. Lett.*, 68(3):409.

[32] P. J. Timans, Rapid thermal processing, Chap. 11 in *Handbook of Semiconductor Manufacturing Technology*, 2nd Ed.. Eds. R. Doering, Y. Nishi, CRC Press, Boca Raton, Florida, USA, 2008.

[33] H. Rogne, P. J. Timans, H. Ahmed, Infrared absorption in silicon at elevated temperatures. *Appl. Phys. Lett.*, 1996,69(15):2190.

[34] R. B. MacKnight, P. J. Timans, S. P. Tay, et al., RTP application and technology options for the sub-45 nm nodes. *Proc. 12th IEEE Int. Conf. Adv. Thermal Proc. Semicond.*, 2004:3.

[35] A. Mokhberi, L. Pelaz, M. Aboy, et al., A physics based approach to ultra-shallow p$^+$-junction formation at the 32 nm node. *IEDM Tech. Dig.*, 2002:879.

[36] P. Timans, G. Xing, S. Hamm, et al., Flat-top flash annealing™ for advanced CMOS processing. *Ext. Abs. IEEE IWJT*, 2012:68.

[37] A. Shima, Y. Wang, D. Upadhyaya, et al., Dopant profile engineering of CMOS devices formed by non-melt laser spike annealing. *VLSI Symp. Tech. Dig.*, 2005:144.

[38] L. M. Feng, Y. Wang, D. A. Markle, Minimizing pattern dependency in millisecond annealing. *Ext. Abs. IEEE IWJT*, 2006:25; Y. Wang, S. Chen, M. Shen, et al., From millisecond to nanosecond annealing: challenges and new approach. *Ext. Abs. IEEE IWJT*, 2016:5.

[39] T. Miyashita, T. Kubo, Y. S. Kim, et al., A study on millisecond annealing (MSA) induced layout dependence for flash lamp annealing (FLA) and laser spike annealing (LSA) in multiple MSA scheme with 45 nm high-performance technology. *IEDM Tech. Dig.*, 2009:27.

[40] Y. Wang, S. Chen, M. Shen, et al., Dual beam laser spike annealing technology. *Ext. Abs. IEEE IWJT*, 2010:18.

[41] T. Yamamoto, T. Kubo, T. Sukegawa, et al., Advantages of a new scheme of junction profile engineering with laser spike annealing and its integration into a 45-nm node high performance CMOS technology. *VLSI Symp. Tech. Dig.*, 2007:122.

[42] H. Lee, H. S. Rhee, J. H. Yi, et al., Effective reduction of threshold voltage variability and standby leakage using advanced co-implantation and laser anneal for low power applications. *IEDM Tech. Dig.*, 2010:913.

[43] B. Yu, Y. Wang, H. Wang, et al., 70 nm MOSFET with ultra-shallow, abrupt, and super-doped SID extension implemented by laser thermal process (LTP). *IEDM Tech. Dig.*, 1999:509.

[44] A. Shima, H. Ashihara, A. Hiraiwa, et al., Ultrashallow junction formation by self-limiting LTP and its application to sub-65-nm node MOSFETs. *IEEE Trans. Elec. Dev.*, 2005,52(6): 1165.

[45] J. Venturini, Laser thermal annealing: enabling ultra-low thermal budget processes for 3D junctions formation and devices, *Ext. Abs. IEEE IWJT*, 2012:57.

[46] S. G. Wuu, C. C. Wang, B. C. Hseih, et al., A leading-edge 0.9 μm pixel CMOS image sensor technology with backside illumination: future challenges for pixel scaling. *IEDM Tech. Dig.*, 2010:332.

[47] D. N. Yaung, B. C. Hsieh, C. C. Wang, et al., High performance 300 mm backside illumination technology for continuous pixel shrinkage. *IEDM Tech. Dig.*, 2011:175.

[48] W. B. Chen, B. S. Shie, A. Chin, et al., Higher k metal-gate/high-k/Ge n-MOSFETs with $<$ 1 nm EOT using laser annealing. *IEDM Tech. Dig.*, 2010:420.

[49] T. L. Alford, D. C. Thompson, J. W. Mayer, et al., Dopant activation in ion implanted silicon by microwave annealing. *J. Appl. Phys.*, 2009,106(11):114902.

[50] M. I. Current, Y. J. Lee, Y. L. Lu, et al., Microwave and RTA annealing of phos-doped, strained Si(100) and (110) implanted with molecular carbon ions. *Ext. Abs. IEEE IWJT*, 2013:84.

[51] P. Xu, X. Zhou, N. Zhao, et al., Formation of ultra-shallow junctions with pre-amorphization implant and microwave annealing. *Ext. Abs. IEEE IWJT*, 2013:91.

[52] Y. J. Lee, F. K. Hsueh, M. I. Current, et al., Susceptor coupling for the uniformity and dopant activation efficiency in implanted Si under fixed-frequency microwave anneal. *IEEE Elec. Dev. Lett.*, 2012,33(2):248.

[53] R. N. P. Vemuri, M. J. Gadre, N. D. Theodore, et al., Susceptor assisted microwave annealing for recrystallization and dopant activation of arsenic-implanted silicon. *J. Appl. Phys.*, 2011, 110(3):034907.

[54] D. C. Thompson, H. C. Kim, T. L. Alford, et al., Formation of silicides in a cavity applicator microwave system. *Appl. Phys. Lett.*, 2003,83(19):3918.

[55] T. Yamaguchi, Y. Kawasaki, T. Yamashita, et al., Low-resistive and homogenous NiPt-silicide formation using ultra-low temperature annealing with microwave system for 22 nm-node CMOS and beyond. *IEDM Tech. Dig.*, 2010:576.

[56] C. Hu, P. Xu, C. Fu, et al., Characterization of Ni(Si, Ge) films on epitaxial SiGe(100) formed by microwave annealing. *Appl. Phys. Lett.*, 2012,101(9):092101.

[57] D. C. Thompson, T. L. Alford, J. W. Mayer, et al., Microwave-cut silicon layer transfer. *Appl. Phys. Lett.*, 2005,87(22):224103.

[58] Y. J. Lee, S. S. Chuang, C. I. Liu, et al., Full low temperature microwave processed Ge CMOS achieving diffusion-less junction and ultrathin 7.5 nm Ni mono-germanide. *IEDM Tech. Dig.*, 2012:513.

[59] Y. J. Lee, T. C. Cho, K. H. Kao, et al., A novel junctionless FinFET structure with sub-5 nm shell doping profile by molecular monolayer doping and microwave annealing. *IEDM Tech. Dig.*, 2014:788.

[60] Y. J. Lee, T. C. Cho, P. J. Sung, et al., High performance poly Si junctionless transistors with sub-5 nm conformally doped layers by molecular monolayer doping and microwave incorporating CO_2 laser annealing for 3D stacked ICs applications. *IEDM Tech. Dig.*, 2015:129.

第14章

集成芯片制造工艺中的真空技术

本章和第15章将分别讨论真空技术和等离子体技术。这两种技术广泛应用于集成芯片制造工艺,是许多加工设备的共同技术基础。从本书前面的章节中,已可知这两种基础技术在集成电路技术快速演进中的重要作用。后面讨论的各种薄膜淀积、刻蚀等技术创新演变,更强地依赖真空与等离子体技术进步。真空技术也是等离子体技术发展的前提。

现代真空技术演进与电子器件制造持续创新需求密切相关。最早的电子器件是制造在真空腔体内的,称为真空管。晶体管、集成电路等固体电子器件发展以来,也需要真空技术为一系列半导体工艺创造必要的可控环境。随着集成芯片尺寸缩微,对工艺环境要求也不断提高。半导体制造技术升级换代有赖于应用不断改进与创新的真空设备。在集成芯片制造过程中,从离子注入到多种半导体、介质、金属薄膜淀积与刻蚀,都需要在真空洁净环境下进行。薄膜结构及特性与真空度有密切关系。

如何获取真空,是真空技术的核心。研制极限压强更低、性能更优的真空泵,始终是真空技术发展的主要课题。现今有多种以不同方式降低腔体气压的真空泵,可归纳为两种类型:一种为气体压缩型,如机械泵、扩散泵、涡轮分子泵等,另一种为气体吸附型,如分子筛吸附泵、离子泵、低温冷凝泵等。这些泵获取真空的共同原理基础为气体分子运动论和固体表面气体吸附效应。真空条件下各种薄膜的淀积、生长,也与气体分子输运、表面吸附等过程密切相关。

宏观世界中并不存在严格按字面意义的"真空"。在 1×10^{-10} Torr 的超高真空腔体内,气体分子密度仍达 $3.5 \times 10^6 / \mathrm{cm}^3$。即便在具有极高真空的宇宙深空,每立方厘米也约有 4 个分子。按照人们的常规思维,"真空"似乎存在于原子之类的微观世界中,因为由质子、中子和电子构成的原子中应有一个空无一物的"真空"。实则不然,按微观物质结构的基本粒子理论,"真空"是基本粒子的一种能量状态,而非空无一物。因此,"真空"是一个很奇妙的物理概念。但人们常说的真空,只是分子、原子密度很小的空间。

通常把气压明显低于 760 Torr 的空间称为真空。根据气压高低常对真空度进行分级,存在标称范围有所不同的分级。表 14.1 显示一种真空级别划分,并列出部分集成芯片工艺所需的典型运行真空度。这里应强调,在 CVD、溅射等薄膜工艺中,真空系统抽到低压强真空后,需要通入高纯度工作气体,使其保持正常工作压强,但真空腔体仍需达到低本底压强,以保证超洁净工艺环境。例如,某些 CVD 外延晶体薄膜制备需要应用超高真空系统。

表 14.1   真空级别划分及部分集成芯片工艺运行或工作气体压强

真空级别	气压(Torr)	部分典型工艺
低真空	$10 \sim 10^{-3}$	CVD
中真空	$10^{-3} \sim 10^{-6}$	PECVD、RIE、溅射
高真空	$10^{-6} \sim 10^{-9}$	溅射、蒸发、离子注入
超高真空	$10^{-9} \sim 10^{-12}$	MBE、ALD
极高真空	$<10^{-12}$	

真空度以气体压强衡量,存在多种压强单位体系。通用国际标准压强单位为帕斯卡(Pa),其定义为 $1\,Pa = 1\,N/m^2$。常用单位还有毛(Torr)和巴(Bar),标准大气压(atm)也经常使用。毛的定义为 $1\,Torr = 1/760\,atm$,即相当 $1\,mm$ 汞柱高压力差。巴的定义为 $1\,Bar = 10^6$ 达因(dyn)$/cm^2$。现有集成电路制造技术文献中仍多以"Torr"描述压强,本书也较多采用这种单位。不同气体压强单位以及标准大气压之间的换算关系列于表 14.2。

表 14.2   不同真空度衡量单位之间换算关系

	atm	Pa	Bar	Torr
atm(=)	1	1.013×10^5	1.013	760
Pa(=)	0.987×10^{-5}	1	1×10^{-5}	7.5×10^{-3}
Bar(=)	0.987	1×10^5	1	750
Torr(=)	1.33×10^{-3}	133	1.33×10^{-3}	1

鉴于气体分子运动规律与固体表面吸附效应对真空技术的基础性意义,本章将首先简要介绍气体分子运动理论,包括气体压强的微观描述,并引入气体流量、抽速等真空技术常用概念,14.2 节将讨论气体分子与固体表面相互作用的基本规律,气体吸附、脱附对真空获得、测量、硅片表面处理、薄膜生长与刻蚀都有重要影响。随后在 14.3 和 14.4 节中分别讨论真空获得技术和真空测量技术,介绍几种在集成电路工艺中常用的真空泵和真空计。

14.1   气体分子运动和气压

气态是物质存在的一种状态,它本身既无一定形状,也无一定体积。人们经过实验研究,早就总结出一些气体基本定律,其中以反映气压、体积与温度关系的气态方程最重要。许多真空获得与测量装置就是基于这些定律。为了理解这些定律之间的内在联系并得到统一解释,研究发展了气体分子运动论。气体分子运动论的基本假设如下:①气体是由大量分子组成的;②分子运动遵循牛顿定律,且碰撞是弹性的;③气体分子数目巨大,其宏观运动特性可用统计理论分析。本节介绍气体分子运动论的一些基本结论,包括气态方程、气压的微观起源和气体分子运动速度分布规律等。

14.1.1   气态方程

气体压强可以用经典气态方程来描述。气态方程处理的对象是理想气体,即假设分子

(或原子)间相互作用可忽略的气体。由于实际气体的分子间相互作用较弱,因此,经典气态方程可以较准确地描述气体压强、体积、温度等宏观参数与分子浓度之间的关系。在真空系统中,由于气压很低,理想气体模型更适合。气态方程可表述为

$$PV = \frac{M}{\mu}RT = NkT \tag{14.1}$$

其中,P、V、T 分别为气体压强、体积和绝对温度,M 为气体质量,μ 为分子量,(M/μ) 为摩尔数,N 为分子数,R 为气体常数(8.31 J/mol·K),k 为玻尔兹曼常数(1.38×10^{-23} J/K),$R = N_A k$,N_A 为阿伏伽德罗常数(6.02×10^{23} 个/mol)。

　　分子态和原子态气体都可用气态方程描述。常温下为液体,较高温度形成的"汽"也可应用气态方程分析。实质上"汽"与"气"两个概念所描述的为同一物质状态,即气态,只是两者气-液相变的临界温度(T_C)不同。通常把 $T_C < 20℃$ 的气体称为永久气体,即"气",而把 $T_C > 20℃$ 的物质在气化后则称为"汽"。例如,若 $T < T_C$,在一定压力下就能凝结成液体;若 $T > T_C$,气体则不可能液化。

14.1.2　气压与气体分子运动

　　人们通过长期观察和研究发现,气压源于无规则的气体分子热运动。当气体分子以弹性碰撞方式撞击器壁时,必然产生垂直于器壁方向的动量转移,这个定向动量的平均值,造成一个净朝外的作用力,因而产生气体压强。为了分析简单起见,假设一个边长为 d 的正方体容器(如图 14.1),并设气体分子在 x 方向上的运动速度为 v_x,则一次弹性碰撞后传递给器壁的动量为

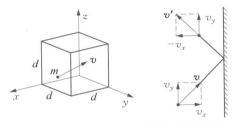

图 14.1　分子撞击器壁动量转移示意图

$$\Delta p = 2mv_x \tag{14.2}$$

　　如假设一个分子在向器壁运动与返回之间,未与其他分子碰撞,则一个气体分子往返运动的时间间隔为 $\Delta t = 2d/v_x$。因此,单个气体分子碰撞器壁传输动量的速率,即器壁受力,可表示为

$$F = \frac{2mv_x}{\Delta t} = \frac{mv_x^2}{d} \tag{14.3}$$

立方体内所有 N 个气体分子的作用力之和除以器壁面积,就得到压强(P),

$$P = \frac{\sum_i F_i}{A} = \frac{NF}{d^2} = \frac{Nmv_x^2}{d^3} = \frac{Nmv_x^2}{V} \tag{14.4}$$

实际上气体分子运动速度并不相同,而是按统计规律分布,(14.4)式应采用 v_x^2 的统计平均,

$$P = \frac{Nm\overline{v_x^2}}{V} \tag{14.5}$$

$N/V = n$ 为气体分子密度。由于气体分子运动为各向同性,(14.5)式可简化为

$$\overline{v_x^2} = \overline{v_y^2} = \overline{v_z^2} = \frac{1}{3}(\overline{v_x^2} + \overline{v_y^2} + \overline{v_z^2}) = \frac{1}{3}\overline{v^2} \tag{14.6}$$

$$P = \frac{1}{3}\frac{Nm\overline{v^2}}{V} = \frac{1}{3}nm\overline{v^2} \tag{14.7}$$

对比(14.1)式与(14.7)式,可以得到气体压强和分子平均动能表达式如下:

$$P = nkT = \frac{1}{3}nm\overline{v^2} \tag{14.8}$$

$$\frac{1}{2}m\overline{v^2} = \frac{3}{2}kT \tag{14.9}$$

$$\frac{1}{2}m\overline{v_x^2} = \frac{1}{2}m\overline{v_y^2} = \frac{1}{2}m\overline{v_z^2} = \frac{1}{2}kT \tag{14.10}$$

以上关系式表明,气体的宏观可测温度,就是气体分子微观运动平均动能的度量,而且每个自由度的平均动能等于 $\frac{1}{2}kT$,这与统计物理得出的结论完全一致。当温度确定时,压强与气体分子密度成正比,压强一旦确定,气体分子密度也唯一确定,与气体种类无关。例如,在 $T = 25\,℃$ 条件下,当 $P = 760$ Torr 时,$n = 2.7 \times 10^{19}$ cm^{-3};当 $P = 1$ Torr 时,$n = 3.5 \times 10^{16}$ cm^{-3};当 $P = 10^{-7}$ Torr 时,$n = 3.5 \times 10^9$ cm^{-3}。

气体压强还遵循叠加原理,即:当多种气体混合时,总压强(P_T)等于各气体分压强(P_i)之和,

$$P_T = P_1 + P_2 + P_3 + \cdots\cdots = \sum_i P_i \tag{14.11}$$

$$P_i = \frac{1}{3}n_i m_i \overline{v_i^2} \tag{14.12}$$

这一原理的物理机制在于,不同气体对器壁的作用相互独立,总作用力及总压强应该为各气体作用之和。

14.1.3　气体分子运动速率分布

如前所述,气体分子运动速率并非是均匀同一的,而应存在一定分布规律。这个规律可以按照统计物理原理导出。设速率在 $v \to v + \mathrm{d}v$ 之间的分子数为 $N_V(v)$,则总分子数为

$$N = \int_0^\infty \mathrm{d}N(v) = \int_0^\infty N_V(v)\mathrm{d}v \tag{14.13}$$

若将 $N_V(v)$ 对 N 进行归一化,定义分布函数为与分子数绝对值无关的一个物理量,

$$f(v) = \frac{N_V(v)}{N} = \frac{1}{N}\frac{\mathrm{d}N}{\mathrm{d}v} \tag{14.14}$$

则根据统计物理可导出该分布函数为

$$f(v) = 4\pi\left(\frac{m}{2\pi kT}\right)^{3/2}v^2\exp\left(-\frac{mv^2}{2kT}\right) \tag{14.15}$$

这就是著名的麦克斯韦-玻尔兹曼分布律。图 14.2 为不同温度下气体分子运动速率(麦克斯韦-玻尔兹曼分布)示意图。

根据(14.15)式可以得出气体分子运动 3 种速率的表达式,最可几速率(v_{p})、平均速率($\bar{v}$)与均方根速率(v_{rms})分别由以下 3 式表示:

$$v_{\mathrm{p}} = \sqrt{\frac{2kT}{m}} \approx 1.41\sqrt{\frac{kT}{m}} \quad (14.16)$$

$$\bar{v} = \frac{1}{N}\int_0^\infty v\,\mathrm{d}N(v) = \int_0^\infty vf(v)\,\mathrm{d}v$$
$$= \sqrt{\frac{8kT}{\pi m}} \approx 1.60\sqrt{\frac{kT}{m}} \quad (14.17)$$

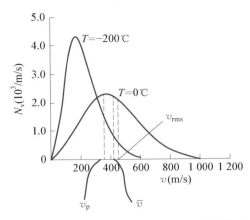

图 14.2　不同温度下气体分子运动速率的麦克斯韦-玻尔兹曼分布示意图

$$v_{\mathrm{rms}} = \sqrt{\overline{v^2}} = \sqrt{\frac{1}{N}\int_0^\infty v^2\,\mathrm{d}N(v)} = \sqrt{\int_0^\infty v^2 f(v)\,\mathrm{d}v} = \sqrt{\frac{3kT}{m}} \approx 1.73\sqrt{\frac{kT}{m}} \quad (14.18)$$

三者之间的关系为 $v_{\mathrm{p}} < \bar{v} < v_{\mathrm{rms}}$,如图 14.2 所示。

气体分子运动速率是很高的,如氩分子,在 15℃时,$\bar{v} = 1.60\sqrt{\dfrac{kT}{m}} = 3.80\times10^4\,(\mathrm{cm/s}) = 380\,(\mathrm{m/s}) = 1\,368\,(\mathrm{km/h})$ 这一速率已高于现有大型喷气式客机($\sim 1\,000\ \mathrm{km/h}$)的速度。表 14.3 为 15℃时各种气体分子运动的平均速率。

表 14.3　15℃时气体分子运动的平均速率

气体分子	H$_2$	He	H$_2$O	N$_2$	O$_2$	Ar	CO	CO$_2$	Hg
$\bar{v}$(m/s)	1 693	1 208	565	454	425	380	454	362	170

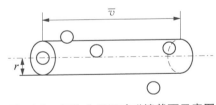

图 14.3　气体分子运动碰撞截面示意图

下面讨论气体分子的平均自由程。前面在讨论理想气体时,假设气体分子之间无相互作用,但实际上气体分子在运动过程中会发生碰撞,平均自由程的定义就是气体分子在相继两次碰撞间的平均路程。假设每个气体分子有一个半径为 r 的碰撞截面,如图 14.3 所示,则单位时间内的碰撞次数即碰撞频率,

$$f = \pi r^2 \bar{v} n \quad (14.19)$$

考虑其他气体分子不是静止的,也是运动的,则碰撞频率应改写为

$$f = \sqrt{2}\,\pi r^2 \bar{v} n \quad (14.20)$$

因此,平均自由时间(τ)和平均自由程(λ)可分别表示为

$$\tau = \frac{1}{f} = \frac{1}{\sqrt{2}\,\pi r^2 \bar{v} n} \quad (14.21)$$

$$\lambda = \overline{v}\tau = \frac{1}{\sqrt{2}\,\pi r^2 n} \tag{14.22}$$

根据(14.8)式，λ 又可写为与气压(P)相关的表达式，而且两者乘积(λP)为只与温度及气体种类有关的常量，

$$\lambda = \frac{kT}{\sqrt{2}\,\pi r^2 P} \tag{14.23}$$

$$\lambda P = \frac{kT}{\sqrt{2}\,\pi r^2} = 常数 \tag{14.24}$$

也就是说，对于确定的气体种类，在固定温度下，平均自由程与压强成反比。对于空气，在 25℃，$\lambda \approx \dfrac{5 \times 10^{-3}}{P/\mathrm{Torr}}\,(\mathrm{cm})$，$P = 1 \times 10^{-6}$ Torr 时，$\lambda \approx 5\,000$ cm。

分子自由程与真空室尺度(d)的比值，称为克努曾(Knudsen)系数，$K_n = \lambda/d$。当 $K_n \ll 1$ 时，即气压高、气体分子密度高情形，气体分子的碰撞主要是分子间碰撞。当 $K_n \gg 1$ 时，即气压低、气体稀薄情形，气体分子运动以碰撞器壁为主，气体分子之间的碰撞可以忽略，气体分子在真空室内自由运动。

应用 $f = \overline{v}/\lambda$ 关系式，可以估算气体分子碰撞频率。以氩为例，当气压为 5×10^{-2} Torr 时，$f = 4 \times 10^5/\mathrm{s}$。气体分子运动 x 距离，未遭受碰撞的几率可由下式表示：

$$P(x) = \exp\left(-\frac{x}{\lambda}\right) \tag{14.25}$$

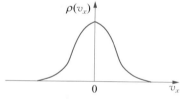

图 14.4　气体分子 x 方向速度分布示意图

分子流密度(J)是真空技术中的重要概念之一，它定义为单位时间内碰撞到单位面积器壁或硅片等衬底上的分子数。显然，分子流密度应与分子密度、速度及其分布相关。例如，对于沿 x 方向的分子流密度，其大小应与速度 v 的 x 方向分量(v_x)有关。图 14.4 为 x 方向速度分布示意图。根据玻尔兹曼定律，x 方向速度分布在 $v_x \to v_x + \mathrm{d}v_x$ 之间的几率 $\rho(v_x)$ 可用下式表示：

$$\rho(v_x)\mathrm{d}v_x = B\exp\left(-\frac{mv_x^2}{2kT}\right)\mathrm{d}v_x \tag{14.26}$$

其中，B 为归一化系数，通过 $\displaystyle\int_{-\infty}^{\infty}\rho(v_x)\mathrm{d}v_x = 1$，可确定出 $B = \left(\dfrac{m}{2\pi kT}\right)^{1/2}$。所以，分子流密度

$$J = n\int_0^{\infty} v_x\rho(v_x)\mathrm{d}v_x = n\int_0^{\infty}v_x\left(\frac{m}{2\pi kT}\right)^{1/2}\exp\left(-\frac{mv_x^2}{2kT}\right)\mathrm{d}v_x = n\sqrt{\frac{kT}{2\pi m}} = \frac{1}{4}n\overline{v}$$

$$\tag{14.27}$$

这个根据玻尔兹曼统计分布得到的粒子流密度表达式非常简洁，却十分有用。它不仅适用于气体分子运动，也可用于分析半导体内的电子运动等。

根据 n 与 P 的关系，可得 $J = 3.5 \times 10^{22}\dfrac{P}{\sqrt{MT}}\,(\mathrm{cm}^{-2}\mathrm{s}^{-1})$，其中，$P$ 以 Torr 为单位，M 为

分子摩尔质量,T 为绝对温度。由简单估算可知,在室温下对于 10^{-6} Torr 空气,$J=3.7\times 10^{14}$ cm^{-2} s^{-1}。

14.1.4　气流类型与流速

气体在真空室或连接管道中的流动有不同类型,气流在不同气压下呈现不同特点。气流描述常用一个无量纲参数——雷诺数(Re),其定义为

$$Re=\frac{du\rho}{\eta} \tag{14.28}$$

其中,d 为真空室尺寸或管道直径(单位为 cm),u 为气体流速(单位为 cm/s),ρ 为气体质量密度(单位为 g/cm^3),η 为黏滞系数(又称为内摩擦系数,单位为 g/cm·s)。在较高气压下,$Re>2\,000$ 时,气流称为湍流或紊流;在中等气压下,当 $Re<1\,200$ 时,且 $\lambda/d<0.01$,以气体分子间碰撞为主,这种气流称为黏滞流;在极低气压下,$\lambda/d>1$,气体分子碰撞以器壁碰撞为主,这种气流称为分子流;在 $0.01<\lambda/d<1$ 的过渡区,气流称为过渡流或克努曾流,这种气流最复杂,气体分子之间碰撞及与器壁碰撞兼而有之,等离子体工艺常工作在此区域。图 14.5 为不同气压和系统尺寸的气流类型划分。表 14.4 为 $d=50$ cm 真空室在不同气压下的气流类型。

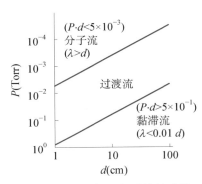

图 14.5　不同气压和系统尺寸的气流类型划分

表 14.4　$d=50$ cm 真空室在不同气压下的气流类型

P(Torr)	λ(cm)	λ/d	气流类型
10^{-4}	50	1	分子流
10^{-3}	5	0.1	过渡流
10^{-2}	0.5	0.01	过渡流
10^{-1}	0.05	0.001	黏滞流
1	0.005	0.000 1	黏滞流

由以上气流分类可知,抽真空过程中,会相继经历湍流、黏滞流和分子流的变化。图 14.6 为黏滞流和分子流的示意图。

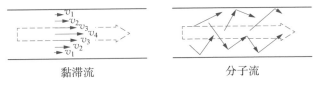

图 14.6　黏滞流和分子流示意图

真空泵抽速表示单位时间内抽出的气体体积,即 $S=\Delta V/\Delta t$,其单位为 L/s 或 L/min。抽速通常与泵进气口气压 P 相关。气体流速一般不用体积流速、而用质量流速表征,因为

气体与液体不同,具有可压缩性。$P \cdot V$ 是一个正比于质量的量,且 P 和 V 是两个较易可测量。因此,气流可定义为 $Q=P \cdot \Delta V/\Delta t=P \cdot S$,单位为 Torr·L/s,常简写为 tL/s。在质量流量中有一常用单位"sccm",即流量为每分钟 1 标准毫升(standard-state cubic centimeter per minute)。1 标准毫升定义为在 0℃、1 atm 条件下 1 mL 气体。所以,1 sccm =760 Torr×10^{-3} L/60 s=$1.27×10^{-2}$ Torr·L/s,或 1 Torr·L/s=79 sccm。因为在 1 个标准大气压下,1 mol 气体的体积为 22.4 L,所以,1 sccm意味着单位时间内流过的气体分子数为 1 sccm=$(10^{-3}/22.4)×6.02×10^{23}$=$2.69×10^{19}$(个/s)。

14.2　固体表面吸附和脱附

气体分子在固体表面的吸附与脱附效应,对真空技术有多方面影响。一方面真空室内器壁等固体表面吸附气体的逐渐脱附放气,常常是高真空系统可达本底真空度的限制因素;另一方面利用固体表面吸附效应,又能制备可获得高真空和超高真空的吸附泵。同时吸附与脱附现象又是真空薄膜技术的重要因素,在本书第 16 章中有专题论述。本节将首先分析固体表面物理吸附与化学吸附的原理及特点,然后讨论表面吸附/脱附规律及对超高真空技术的影响。

14.2.1　物理吸附和化学吸附

固体对气体分子的作用力,归根到底是固体表面原子对气体分子作用力之和。根据作用力形成的起因,分子间作用力一般可分为 4 类,即范德华力、感应力、静电力和化学键力。范德华力是由于原子或分子的瞬时偶极矩,引起另一个原子或分子的感应偶极矩而产生的作用力。瞬时偶极矩的平均值可以为零,但其平方不为零,在两者间形成相互吸引作用力。范德华力与原子振动强度有关,范德华力是一种弥散力(dispersive force)。这种力对气体分子在固体表面的物理吸附和凝聚过程有重要作用。感应力是当两个分子中一个具有永久偶极矩时,该分子可感应出另一个分子的偶极矩,因而两者之间产生相互作用力。静电力是当两个分子都有永久偶极矩时,偶极矩与偶极矩之间的相互作用力。化学键力是源于电子交换或电子云交叠的化学作用力。这 4 种类型作用力都可能引起固体表面的气体吸附现象。当气体分子碰撞到固体表面时,就有可能被固体表面俘获,这种现象称作吸附。根据吸附作用力性质,吸附可分为物理吸附和化学吸附。范德华力普遍存在于各种分子间,但其作用力较弱,感应力、静电力也较弱。这些物理作用力可导致气体在固体表面的物理吸附。化学吸附则由相互作用较强的化学键力产生,即化学吸附源于电子交换或电子云交叠,类似于不完全化合反应。

吸附现象可以用气体分子势能函数,即势能 $E(x)$ 随气体分子与固体表面距离(x)的变化曲线描述,如图 14.7 所示[1]。图 14.7 显示物理吸附和化学吸附的气体分子势能变化。这种势能曲线类似原子结合形成分子时的势能曲线,因为固体表面对气体分子的吸附作用,就是源于大量固体表面原子对单个气体分子作用力之和。当气体分子从远处接近固体表面时,势能逐渐减小,即固体表面对气体分子吸引力逐渐增大,当气体分子接近至某个位置时,势能降到最低,分子达到平衡位置。由于化学吸附作用力显著强于电性力,且作用范围比后者小,化学吸附与物理吸附相比,发生在更接近固体表面处。物理吸附分子距表面约 0.2～

0.4 nm,化学吸附分子距表面约 0.1～0.3 nm。

　　一些气体分子与固体可仅产生物理吸附效应。某些活性气体的化学吸附常先经历物理吸附,而且从物理吸附过渡到化学吸附需要获得热激活能(E_a)以越过势垒,进入化学吸附势阱。因此,化学吸附是一种热激活过程,而物理吸附属非热激活过程。在图 14.7 的吸附势能曲线中,低势阱对应的能量绝对值分别称为物理吸附热(q_p)和化学吸附热(q_c),即气体分子被固体表面吸附时放出的能量。与上述吸附作用力差别相对应,物理吸附热显著小于化学吸附热,前者一般在 84 kJ/mol 以下,而后者常在 210～3 344 kJ/mol 范围[1]。若要使吸附分子离开固体表面,即脱附,则需要吸收一定能量,这一能量称为脱附能(E_d)。由图 14.7 可见,物理吸附分子的脱附能 $E_d = q_p$,而化学吸附分子的脱附能则为 $E_d = q_c + E_a$。

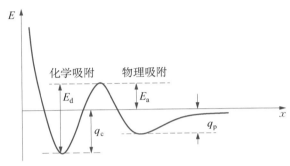

图 14.7　固体表面气体分子物理吸附和化学吸附势能变化示意图

　　物理吸附和化学吸附具有不同表面吸附特性。源于范德华力的物理吸附,存在于各种气体/固体表面,这种力属长程力,可存在于气体分子之间,因而可以引起多层吸附。低温表面的气体凝聚现象就是物理吸附结果。物理吸附为可逆过程,即吸附态获得能量后,可成为脱附态,而脱附态放出能量后,可成为吸附态。吸附热大小不仅与固体材料、气体分子种类有关,还与固体表面结构、气体分子覆盖率以及温度等有关。几种常见气体/固体表面组合的物理吸附能典型值如下:Ar/Al—11.7 kJ/mol(～0.12 eV/分子),Ar/玻璃—15.8 kJ/mol,Ar/W—7.9 kJ/mol,Ar/5 A 型分子筛—6.3 kJ/mol[1]。

　　化学吸附由表面残余化学键力所致,这种化学键力为短程作用力。当固体表面覆盖上一层气体分子后,就不存在残余化学键,即对后来的气体分子没有作用力,因而为单分子层吸附。化学吸附中往往存在气体-固体分子间电子交换,具有一定选择性。与物理吸附热类似,化学吸附热也依赖于气体、固体种类,它还与固体表面的晶向有关。表 14.5 列出几种常见气体在金属表面的化学吸附热数值。

表 14.5　几种常见气体在部分金属表面的化学吸附热(单位:kJ/mol)[1]

	N_2	H_2	CO	O_2
Ni	42	100～166	146	543～627
W	355～397	166～189	～418	678～811
Pt	14	113～125	15	280

　　不同气体分子在新鲜金属膜表面的化学吸附热,从大到小依次为 $O_2 > C_2H_2 > C_2H_4 >$

$CO > H_2 > CO_2 > N_2$。而 H_2、O_2、N_2、CO、CO_2、NH_3 等气体,在不同金属上的化学吸附热,从大到小依次为(Ti、Ta) > Nb > (W、Cr) > Mo > Fe > Mn > (Ni、Co) > Rh > (Pt、Pd) > (Cu、Au)[1]。

上面讨论的无论是物理吸附还是化学吸附都是分子吸附,但有时多原子分子在化学吸附时,分子会分解成原子,这种吸附称为原子化学吸附。图 14.8 展示两种双原子分子在化学吸附过程伴随分子分解的势能曲线 $E(x)$[1]。自由分子需要获得离解能 E_h 才能分解为自由原子,从自由原子变成化学吸附原子,则会放出化学吸附能 E_d,对于两个原子,则放出 $2E_d$ 的能量。若 $2E_d < E_h$,如图 14.8(a)所示,则这种原子化学吸附是吸热过程,通常较难发生;若 $2E_d > E_h$,如图 14.8(b)所示,则这种原子化学吸附是放热过程,较易发生,H_2、N_2、O_2 等在金属表面就属此情形。由图 14.8(b)可知,$2E_d = E_h + q_c$。

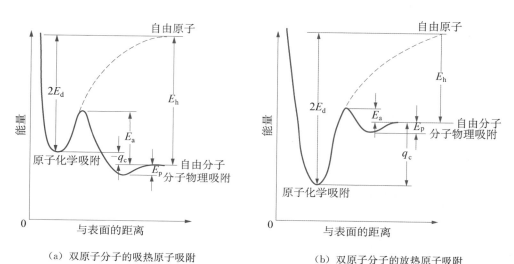

(a) 双原子分子的吸热原子吸附　　　　　(b) 双原子分子的放热原子吸附

图 14.8　双原子分子化学吸附过程伴随分子分解的势能曲线[1]

(E_d 为以原子形式脱附的脱附能;E_a 为化学吸附激活能;E_p 为物理吸附能;q_c 为化学吸附热;E_h 为离解能)

14.2.2　吸附速率

上面讨论了吸附、脱附过程中的能量变化,本节与 14.2.3 节讨论吸附、脱附过程的快慢问题及其对真空的影响。吸附速率定义为单位时间、单位面积上吸附气体分子数,用 u 表示,其单位为 $cm^{-2} s^{-1}$。设气体分子碰撞表面时的吸附几率为 α,则吸附速率即为 α 与气体分子碰撞表面流密度 J 的乘积。

吸附几率 α 与吸附机制有关,物理吸附无需激活能,而化学吸附需要激活能。另外,α 还与表面覆盖率 $\theta(0 \sim 1)$ 有关,所以,物理吸附和化学吸附的吸附速率可分别表示为

$$u_p = \frac{P}{\sqrt{2\pi mkT}} c f(\theta) \tag{14.29}$$

$$u_c = \frac{P}{\sqrt{2\pi mkT}} c f(\theta) \exp(-E_a/kT) \tag{14.30}$$

其中,c 为吸附成功率参数,$f(\theta)$ 是 θ 的函数,表示覆盖率的影响,E_a 为激活能。物理吸附几率 α_p 的大小除依赖于表面覆盖率,还与气体/固体分子种类、固体表面结构、温度等因素有关。表面温度越低,α_p 越大,是因为气体分子在低温固体表面容易把能量转移给固体。液化点越低的气体,其 α_p 越小。化学吸附几率 α_c 也与气体分子种类、表面覆盖率、温度等有关。温度越低、覆盖率越低,则化学吸附几率越高。钛是一种活泼金属,在真空技术中常以蒸发或溅射形成的新鲜钛膜,吸除残余气体。表 14.6 为 300 K 和 78 K 下几种气体在蒸发钛膜上的化学吸附几率 α_c。当温度降至 78 K 时,蒸发钛膜对多种气体都具有较高化学吸附几率。因此,连续蒸发钛膜,且在器壁上施以液氮冷屏,是一种获得超高真空的有效手段。

表 14.6　300 K 和 78 K 下几种气体在蒸发钛膜上的化学吸附几率 α_c[1]

	H_2	H_2O	CO	N_2	O_2	CO_2
300 K	0.06	0.5	0.7	0.3	0.8	0.5
78 K	0.4		0.95	0.7	1.0	

14.2.3　脱附与超高真空

　　气体吸附是固体表面普遍存在的现象。一方面应用强吸附性能固体材料,如钛、分子筛或深低温金属表面,可制造抽取气体的真空泵,另一方面固体表面无处不在的气体吸附,又是获取超高真空的主要障碍之一。真空腔体表面持续释放的气体,会严重阻碍某些薄膜工艺所需达到的真空度。如何降低表面气体吸附率和使吸附分子高效脱附,都是真空技术的重要课题。为降低超高真空腔体器壁吸附率、减少气体分子吸附时间,腔体内器壁常需应用电化学抛光等表面处理,以获得镜面式表面。

　　固体表面吸附的气体分子,可在表面振动或位移,在热运动能作用下,有一定几率脱离固体表面束缚,这就是热脱附效应。设单位面积上覆盖的气体分子数为 σ,假定吸附分子间无相互作用,如物理吸附或非离解的化学吸附,则脱附速率(单位与吸附速率相同,即 $cm^{-2}\ s^{-1}$)正比于覆盖率,可表示为

$$\frac{d\sigma}{dt} = -\frac{\sigma}{\tau_d} \tag{14.31}$$

这里 τ_d 是吸附量下降为初始值 $1/e$ 所需的时间,称为平均吸附时间。依据统计物理计算,设吸附分子垂直于表面方向的振动周期为 τ_0,单位摩尔脱附能为 E_d(其含义参见图 14.7 和图 14.8),则平均吸附时间可表示为

$$\tau_d = \tau_0 \exp(E_d/RT) \tag{14.32}$$

通常 τ_0 在 10^{-13} s 量级。

　　对于原子化学吸附情形,则在脱附时首先必须让原子在表面碰撞结合为分子,然后脱离表面。

　　固体表面吸附分子的脱附总是热激活过程。因此,超高真空系统在抽空过程中,往往首先对工艺腔体进行较长时间高温烘烤,使尽可能多的吸附分子脱附,并排出真空室。在平衡状态下固体表面对某种气体的吸附密度(σ),与该气体压强、温度、平均吸附时间等因素相

关。压强与温度决定撞击固体表面的分子气流密度(J),如(14.27)式所示。因此,平衡条件下的表面吸附分子密度可由下式表示:

$$\sigma = J\tau_{\mathrm{d}} \tag{14.33}$$

上式是以每个分子都能直接碰撞到表面为条件的。如果表面已有较高覆盖率,则气体分子就将撞到吸附分子上,(14.33)式必须修正。对于多层吸附,已有较为适用的表达式。

以水汽分子吸附为例,说明高温烘烤的必要性。暴露于大气的真空系统,腔体内表面必定会吸附大量水汽。H_2O 在固体表面的脱附能 E_{d} 约为 40 kJ/mol,按(14.32)式计算,室温下水分子平均吸附时间(τ_{d})约为 2×10^{-6} s。室温大气压下的饱和 H_2O 蒸气压为 17.5 Torr,可计算出相应水分子浓度(n),进而根据(14.27)与(14.33)式求得,水汽流密度为 7×10^{21} cm^{-2} s^{-1},吸附 H_2O 分子密度为 1.4×10^{16} cm^{-2}。后者已远超过单分子层的数值。即使空气相对湿度为 50%,σ 减半($\sim 7 \times 10^{15}$ cm^{-2}),仍大于单分子层的数值。这表明水汽吸附对真空获取影响很大,必须采用器壁烘烤除气。设加热温度为 250℃,则 $\tau_{\mathrm{d}} \sim 1 \times 10^{-9}$ s,如真空抽到平衡水汽压强 10^{-3} Torr,则 σ 降为 4×10^8 cm^{-2},比单分子层的数值低 6 个数量级。

14.3 真空获得原理和真空泵

在气体分子运动规律和气体分子与固体表面相互作用规律基础上,本节讨论真空获得原理以及常见真空泵的基本工作模式。获取真空是降低系统中气体分子密度的过程,因此,从原理上讲,只要通过某种方法将气体分子排出系统或吸附在固体表面,就能形成某种真空状态。依据真空获得原理,可将真空泵分为两大类型,即气体压缩排出型和气体吸附型。前者有机械泵、扩散泵、涡轮分子泵等,后者包括分子筛吸附泵、钛升华泵、溅射离子泵、低温泵等。吸附型真空泵应用物理和化学效应,将气体分子吸附捕集在特定物质表面来降低气压。吸附型真空泵都是无油气污染的洁净泵。部分吸附型真空泵通过特定材料或表面捕集气体,接近吸附饱和状态后,必须进行再生、激活处理,把吸附气体分子释放出去,恢复材料和表面气体吸附功能。本节在简要讨论真空泵主要性能参数与排气方程后,分别介绍上述几种真空泵的运行原理。

14.3.1 真空泵性能与排气方程

描述真空泵性能的特性参数如下:抽速、极限压强、最高工作气压、工作气压范围、抽气时间常数。真空泵抽速与其类型及尺寸有关,每一类型真空泵都有抽速大小不同的型号可供选用。不同类型真空泵具有各自合适的工作气压范围与功能。集成电路制造产业中部分常用真空泵工作气压范围列于表 14.7。

表 14.7 部分常用真空泵的工作气压范围

	机械泵	扩散泵	涡轮分子泵	离子泵	低温泵
工作气压(Torr)	$10^2 \sim 10^{-4}$	$10^{-3} \sim 10^{-10}$	$10^{-3} \sim 10^{-11}$	$10^{-4} \sim 10^{-12}$	$10^{-5} \sim 10^{-12}$

先进集成电路制造设备常为具有多种功能的复合系统,需要配置多台功能不同的真空泵。工艺腔体为获得高真空和超高真空,常需用低真空前级泵与高或超高真空两种不同类型真空泵相互结合。前级泵有两种工作方式:一可直接自大气压开始工作,使真空室气压降至高或超高真空泵启动工作范围;二与高或超高真空泵相串接,把高或超高真空泵从真空室抽出的气体排出。前级泵主要应用机械泵,半导体工艺常需用无油机械泵,有时也应用分子筛吸附泵。

真空泵的极限压强 P_u,定义为真空泵长时间抽一个非漏系统所能达到的最低气压。所谓非漏系统,是指既无漏孔从外界泄漏入气体,也无表面脱附放气。大多数真空泵在气压过高时,抽气速率显著降低,所以,各种真空泵都有一个起始正常工作气压,即最高工作气压 P_m,如表 14.7 所示。

真空泵另一性能参数是抽气时间常数 τ。假设抽速为常数(S)的真空泵对一个固定体积的系统抽真空,则存在以下排气方程:

$$PS\mathrm{d}t = -V\mathrm{d}P \tag{14.34}$$

若给定初始条件 $P(0)=P_0$,则该微分方程的解为

$$P(t)=P_0\exp(-t/\tau) \tag{14.35}$$

其中,抽气时间常数

$$\tau = V/S \tag{14.36}$$

所以,抽气时间常数 τ 的物理意义为系统气压下降至 $1/e$ 所需时间。根据(14.36)式可知,τ 不仅反映了真空泵的性能,同时与被抽真空室体积有关。V 越大,S 越小,则 τ 越大,气压下降越慢,即 τ 具有反映系统惰性的意义。由以上关系式得到,从初始压强 P_0 抽至目标压强 P 所需时间可用下式描述:

$$t=2.3\frac{V}{S}\log\left(\frac{P_0}{P}\right) \tag{14.37}$$

按照(14.35)式,当 $t\to\infty$ 时,$P\to 0$,即:只要抽气时间足够长,似乎就可把真空室气压抽至任意低,这显然不符合事实。这是由于以上方程中假定真空室无漏气,且真空泵抽速是常数。实际上,必须考虑系统漏气,包括系统可能存在的漏孔、表面脱附、渗透等因素影响。实际系统排气方程应改写为

$$\sum Q - SP = \frac{\mathrm{d}(PV)}{\mathrm{d}t} = V\frac{\mathrm{d}P}{\mathrm{d}t} \tag{14.38}$$

其中,

$$\sum Q = Q_L + Q_D + Q_P + Q_w + Q_B \tag{14.39}$$

Q_L 表示由于真实漏孔造成的单位时间内从外界漏入系统的气体量,Q_D 表示由于系统内表面脱附造成的单位时间内解吸气体量,Q_P 表示单位时间内通过器壁渗透(permeation)进入系统的气体量,Q_w 表示由于溅射、刻蚀等工艺需要向真空系统内输入工作气体流量,Q_B 则表示由于真空泵本身存在的返流气体量。利用排气方程,可讨论各种漏气机制对真空泵抽

速的影响,详细分析可参阅有关书籍[1]。

14.3.2 机械真空泵

机械泵是真空技术中最常用的真空泵,在集成电路工艺设备中广泛应用。它不仅用于对真空室直接抽真空,而且常作为高真空泵的前级泵。其工作原理就是通过机械运动,周期性地改变泵内吸气空腔的容积,使被抽容器中气体反复压缩与膨胀,从而被排出。存在多种不同结构机械泵。下面介绍两种半导体产业常用机械泵,即油封旋片式机械泵和无油罗茨真空泵。

油封旋片式机械泵

图 14.9 为旋片式机械泵的结构示意图。泵内有一圆柱形空腔,空腔内部偏心安装一圆柱形转子。当转子转动时,其顶端始终保持与空腔壁接触。转子中间开有两个槽,槽内两端分别安放一旋片,两者之间有一弹簧将它们撑开,使每个旋片的顶端始终保持与空腔内壁相接触。旋片把空腔分隔为两个部分,即吸气空腔和排气空腔,分别通向进气口和出气口。进气口通过一过滤网可直接连接至真空室,而出气口连接着一个单向排气阀门,当出气口压强高于大气压时气体就可从排气阀门排出。整个空腔被浸没在油中,以抑制机械转子与器壁间可能的漏气,故这种泵又称为油封旋片式机械泵。

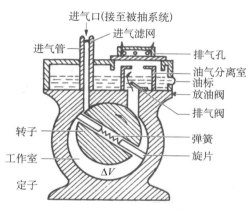

图 14.9　旋片式机械泵的结构示意图

当转子旋转时,旋片分隔开的两个空腔内气体,将分别经历“膨胀→压缩→排出”周而复始过程。当排气空腔中被压缩的气体压强高于大气压时,气体就能顶开排气阀并通过油逸出。随着转子的旋转,就有气体不断抽入进气口,并最终从出气口排出。转子的转速一般在 $450 \sim 1\,450\,\text{r/min}$ 范围,转速越快,抽速越大,但在高速转动下要保证排气和吸气空腔间不漏气也越困难。所以,制造这种泵,需要高机械加工精度。机械泵中的泵油,必须具有低蒸汽压特性,并具有适当黏度,既起油封作用,又能使转子高速转动。泵油还应有化学稳定性,不与被抽气体反应,对不同腐蚀性气体,需选用不同类型泵油。

机械泵的抽速 S、极限压强 P_u 等性能参数取决于转子转速(ω)。例如,最大吸气空腔体积为 $V_{\max}$,转速为 ω,则泵最大抽速 $S_{\max}=2\omega V_{\max}$,系数“2”是因为转子转一圈可以排出两次 $V_{\max}$ 的气体。实际上,机械泵由于存在所谓的“有害空间”(出气口与转子空腔接触处之间的小空间),泵的抽速难以达到这个理想值,应修正为

$$S = S_{\max}\left(1 - \frac{P_u}{P}\right) \tag{14.40}$$

其中,极限压强 P_u 与有害空间体积成正比。(14.40)式表明,泵的实际抽速将随气压减小而降低,当 $P \to P_u$ 时,$S \to 0$。

由于机械泵转速受限,而且存在“有害空间”,故单级机械泵的极限压强在 $10^{-2} \sim 10^{-3}\,\text{Torr}$ 量级。为达到更低极限压强,可采用双级串联机械泵,其极限压强可达 $10^{-4}\,\text{Torr}$

量级。另外,当机械泵在抽除含水蒸气的气体时,水蒸气有时会因压缩而凝结在泵腔中。为了克服水蒸气凝结现象,专门在泵排气阀门附近设计一个可调节大小的掺气孔,不断漏进少量的干燥空气或氮气,帮助打开阀门,使水蒸气在凝结前排出,这种方法称为气镇(ballast)。具有掺气结构的机械泵,称为掺气泵或气镇泵。

无油机械真空泵

　　油封旋片式机械泵运行时的返气现象,会把油蒸汽带入真空室,对加工硅片造成污染。因此,这种泵不适用于洁净度要求很高的集成芯片加工技术。对于某些含有腐蚀性气体的真空工艺,不宜应用油封旋片式机械泵。因此,研制有多种无油、可抗腐蚀性气体的机械泵,这类泵也常称为干泵。这里仅介绍一种称为罗茨泵的无油机械泵。这种泵是以其发明者姓名来命名的。

　　图 14.10 为罗茨泵的抽气原理简化示意图。泵体核心部件为两个相反方向同步旋转的"8"字形转子。两个转子相互垂直地安置于一对平行轴上,转子之间、转子与泵壳内壁之间都不直接密切接触,有均匀而细小的间隙相隔离,间隙宽度约为 0.1 mm,取决于机械加工精度。泵体工作时,两个转子以每分钟数千转高速同步反向旋转,把入口抽进的气体输送至出口,排出泵体。图 14.10 所示两个转子位置的旋转变化,显示这种泵的简单运行机制。因此,罗茨泵是靠一对转子同步反向旋转的推压作用,实现输运气体与抽气的真空泵。与油封旋片式泵相比,罗茨泵抽气过程中气体压缩率较低。

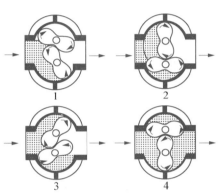

图 14.10　罗茨泵的抽气运行原理示意图

　　罗茨泵具有启动快、功耗少、运转维护费用低、对被抽气体中所含的水蒸气和颗粒不敏感等特点。与旋片式机械泵类似,也存在双级罗茨泵,以降低极限压强。罗茨泵在 $10 \sim 10^{-1}$ Torr 气压范围有较高抽速,不同尺寸型号泵的抽速可达 $30 \sim 10\ 000$ L/s。罗茨泵常把旋片泵作为其前级,两者串接应用,既可抑制油汽污染,又可提高抽速。在高真空系统中,罗茨泵常串接在主抽泵与油封式机械真空泵之间。

14.3.3　扩散泵

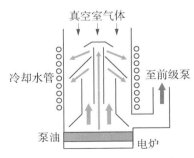

图 14.11　扩散泵结构原理示意图

扩散泵是真空技术发展中的第一种高真空泵,自 20 世纪初研制成功后,在各种高真空系统中得到广泛应用。扩散泵最早的工作物质为水银(Hg),后改用有机高分子液体。扩散泵的基本结构原理如图 14.11 所示,底部为储存扩散泵油的蒸发器,上部为形成高速油汽射流的喷射器。扩散泵油通常为有机高分子液体,经电炉加热沸腾,产生高密度油蒸汽沿着导流管经上面伞形结构反射与喷嘴向下喷射,形成高速油汽射流,速度可高达数百米/秒,甚至超过声速。从真空室通过扩散运动随机到达泵入口的气体分子,在与大质量油汽分子碰撞过程中,获得向下运动的动量,飞向出气口,被前级机械泵抽出系统。而喷向水冷器壁的油汽分子则凝结为液体,流回蒸发器,循环使用。如图14.11 所示,扩散泵常应用多级喷嘴结构,如三四个喷嘴相串联,以提高气体压缩比。通常使下级喷嘴的排气量大于上级,以保证上级排下的气体能顺利地被抽走。多级泵的压缩比是各级喷嘴压缩比的乘积。利用扩散泵可获得 $10^{-4} \sim 10^{-10}$ Torr 的真空。

扩散泵获得高真空的主要机制在于高速油汽分子射流喷射,故可更为贴切地称之为气体射流喷射泵。而真空室气体分子"扩散"进入泵口,是多种泵中的共有现象。在这种真空泵中产生高密度、高速分子流的液体是关键工作物质,它应具有室温饱和蒸汽压低、工作温度饱和蒸汽压高、化学稳定性和抗氧化性好等特性。正是为了满足这些要求,早期扩散泵选择汞作为泵液,但 20 世纪 50 年代后逐渐改用大分子量有机高分子液体。例如,五苯基三甲基三硅氧烷是一种常用扩散泵油,其分子量为 275,故简称"275 硅油",其 25℃时的饱和蒸汽压为 1.8×10^{-8} Torr,工作状态(200~250℃)的饱和蒸汽压可达 $10^0 \sim 10^2$ Torr。全氟聚醚为另一种扩散泵油,分子量更大(1 000~7 000),化学稳定性和抗氧化性更好,且耐腐蚀,可获得更高真空度。

扩散泵油长期工作会使部分分子的长链断裂,生成较小分子量的轻质油,它们的沸点降低,饱和蒸汽压升高,使扩散泵油成为由不同分子量油分子组成的混合物。为了有效利用不同质油,人们设计了一种具有分馏效果的扩散泵。在制造多级泵时,把蒸发器设计成底部由多个同心圆环构成并相通的凹槽分馏器,并将不同级喷嘴对应的导流管,分别设计在每个圆环凹槽上方。由于蒸发器加热时,外圈温度相对较低,中心区度最高,则低沸点的轻质油在外圈就会蒸发并被引导至下级喷嘴,高沸点重质油则在中心区蒸发并被引导至最上级喷嘴,并形成速度较高的油汽分子射流。扩散泵抽速往往取决于这一最上面喷嘴。

扩散泵的抽气速率与尺寸、所用泵油、蒸发温度等多种因素有关。根据扩散泵结构及原理分析,扩散泵有效抽速(S_e)可简化表示为下式:

$$S_e = A \frac{\bar{v}}{4} \frac{1}{1 + \bar{v}/4u} \tag{14.41}$$

其中,A 为扩散泵入口面积,$\bar{v}$ 为真空室气体分子平均速度,u 为油汽分子射流速度。对于一定空间体积的真空系统,为提高抽速及真空度,需选用直径较大的扩散泵。单位面积的有效抽速,即比抽速,可表示为

$$S_{e0} = S_e/A = \frac{\bar{v}}{4} \frac{1}{1 + \bar{v}/4u} = H \frac{\bar{v}}{4} \tag{14.42}$$

$$H = \frac{1}{1 + \bar{v}/4u} \tag{14.43}$$

H 称为何氏系数。由(14.43)式可见,油汽分子射流速度是决定扩散泵抽速的关键参数,而它与喷嘴结构、油蒸发率、导流管等因素相关。理想情况下,即 $u \to \infty$ 时,可获得最大比抽速 $S_{e0,\max} = \bar{v}/4$。 这表明抽速是由扩散入泵口的气体分子流量决定的,即凡是扩散到喷嘴平面上的所有气体分子都被抽除。对于 20℃空气,$\bar{v} \sim 4 \times 10^4$ cm/s,可得 $S_{e0,\max}$ 为 1×10^4 cm/s,即约 10 L/cm^2 · s。在实际扩散泵中,射流速度为数百米/秒,H 系数通常在 0.5~0.7 范围。

上述抽速表达式可用于说明,扩散泵实际运用时抽速与气体分子种类及压强的相互关系。表 14.8 列出不同气体相对于空气的抽速比($S/S_{空气}$)。可见分子质量较小的气体具有较高抽速。这正是由于轻质分子的热运动平均速度高于重质分子。

表 14.8　不同气体相对于空气的扩散泵抽速比($S/S_{空气}$)[1]

	H_2	He	Ar、N_2O	Ne	空气、N_2、CO	O_2	CO_2	Kr
$S/S_{空气}$	1.8	1.6	1.2	1.1	1	0.95	0.85	0.7

图 14.12 显示扩散泵对不同气体抽速随压强的变化特性。当气压较高时,油蒸汽分子与气体分子碰撞频率增大,使油汽分子射流速度很低,从而导致抽速下降。对于以 N_2 为主的大气,扩散泵正常工作范围为 $10^{-1} \sim 10^{-9}$ Pa。这也说明为何扩散泵不能单独使用、不能工作在黏滞气流状态,必须配以机械泵等类前级泵,使扩散泵工作在分子流状态。而且气压过高还会促使泵油氧化。当气压过低时,逆射流的反扩散回流气体分子增多,表现为抽速下降。从图 14.12 中还可看出,对于 He、N_2、Ar 等气体,在 10^{-9} Pa 上下扩散泵仍可工作。而对于某些

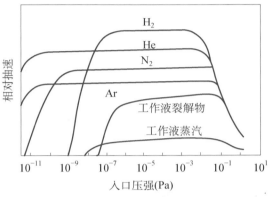

图 14.12　扩散泵对 H_2、He、N_2、Ar 以及泵油蒸汽等的 S-P 特性曲线[1]

泵油裂解物蒸汽,在 $10^{-7} \sim 10^{-8}$ Pa 时,抽速已降为零。因此,需要选用稳定性好的高分子泵油,并及时更换。

　　扩散泵工作过程中可能产生泵油蒸汽分子扩散进入真空室,因而造成油汽污染,这是限制其应用的主要缺点。为抑制油汽污染,在真空室与扩散泵交界处,常安置冷阱,注入液氮,使油泵向上扩散的油汽冷凝。虽然这是一种有效的常用方法,但并不能完全避免油汽污染对某些超高真空薄膜工艺与测试分析的有害影响。因此,超低温冷凝泵、溅射离子泵等超高真空无油系统发展成熟后,它们在集成电路加工设备和测试仪器应用中逐渐取代了扩散泵。

14.3.4　涡轮分子泵

　　20 世纪 50 年代发明与快速发展的涡轮分子泵(turbo molecular pump,TMP),在离子注入、溅射、外延、刻蚀等半导体精密加工和 SEM、电子能谱等精准测试分析技术中,得到愈益广泛的应用。与扩散泵类似,涡轮分子泵也是建立在动量传输原理基础上的气体压缩型真空泵。两者都是使由真空室扩散进入泵体的气体分子获得定向动量、被压缩与排出,但两者的动量传输物质与机制十分不同。扩散泵通过气体分子与高速油汽分子碰撞获得动量,而涡轮分子泵则利用高速旋转的轮叶片给气体分子输送动量。

　　图 14.13 为涡轮分子泵结构示意图。虽然涡轮分子泵的简化原理模型可用电风扇类比,都是通过轮叶高速旋转,将一侧气体抽送至另一侧,但涡轮分子泵结构十分复杂,转速高达数万转/分钟,制造精度与难度很高。由图 14.13 可见,涡轮分子泵的核心部分是由多层系列有序排列的斜置轮叶构成。上下层间隔交错排列的动轮叶片和静轮叶片,两者倾斜角

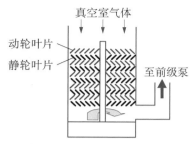

图 14.13　涡轮分子泵结构示意图

反向互为镜像。安装在中心轴承上的旋转涡轮叶列,组成转子;安装在泵壳内侧,处于两个转子叶片圆盘之间的静止涡轮叶片,组成定子。每一对转子和定子叶片构成一级压缩。自泵入口扩散进入的气体分子,经过多级叶片压缩,可达高压缩比,最后被前级泵抽出,从而使真空腔体压强降低到超高真空。

与扩散泵类似,涡轮分子泵也需要与前级真空泵结合,使其工作在分子流气态环境。选用的前级泵,抽速必须保证分子泵出口压强小于其工作允许最大压强。在 10^{-3} Torr 及更低气压下,气体分子平均自由程大于 5 mm,将显著大于轮叶片间距,进入泵体的气体分子在叶片缝隙间运动时,几乎不与其他气体分子碰撞,气体分子通过与轮叶片碰撞获得的定向动量,不会因分子间随机碰撞"丢失"。图 14.13 简化显示由转子/定子叶片对组成的涡轮泵多级结构。实际泵体可由数十对转子/定子轮叶片构成,形成气体多级压缩与抽吸。进入泵体的气体分子将受到旋转动轮叶片高速碰撞,获得向下逐级传输的动量。涡轮分子泵中由于转子/定子叶片的结构及相对运动,气体分子会优先与旋转叶片下表面碰撞,因而获得向下运动的动量。被撞击的气体分子碰撞到固定叶片后又被弹到下一级旋转叶片上,由于旋转叶片和固定叶片的倾斜角方向相反,使分子难于逆行。在叶片连续不断碰撞下,气体分子穿过多级叶片间隙,气体被压缩传输至涡轮分子泵出口,由前级泵抽出系统。

转子的超高速旋转,是涡轮分子泵有效运行的关键,动叶片的线速度应与气体分子热运动速度相近。动叶片只有以高速度碰撞气体分子,才能使分子改变随机散射特性而作定向运动。分子泵的转速越高,对气体的抽速越大,可获得更高真空度。常用涡轮分子泵的抽速在数百至数千升/秒。由于分子质量及热运动速度差异,分子泵对不同气体的抽速不一。分子质量小,热运动速度大的 H_2、He、H_2O 等轻质分子,抽速较低,因而常是分子泵超高真空系统中较难排除的残余气体,成为极限压强的决定因素。

为增加气体压缩比和提高抽气速率,涡轮分子泵不仅需要旋转叶片每分钟数万次的很高转速,而且与叶片几何形状密切相关,倾斜角需优化,间距应尽量小,叶片还要既薄又坚固,可经受高速旋转造成的应力。这就对结构设计、材料与加工工艺,都提出高要求。装置轮叶片的轴承在高速转动时产生的摩擦与损伤,也会严重影响涡轮分子泵的高效运转。传统滚珠轴承机械转动装置需应用润滑油,以降低轴承与轴心间的摩擦力,这也可能造成油汽污染。近年涡轮分子泵技术的突破性进展,是改用磁悬浮轴承。磁悬浮轴承也称磁力轴承或电磁轴承。它是利用永磁体或电磁体产生的磁作用力,把转动轴承悬浮于空间,使转子与转轴之间无机械接触,既有益于提高转速,又完全无需应用润滑油。磁悬浮轴承具有机械磨损小、无污染、噪声小、能耗低、寿命长等多方面独特优点。近年来以磁悬浮轴承技术制造的多种高性能无污染涡轮分子泵,已在先进集成芯片制造工艺中得到广泛应用。

14.3.5　分子筛吸附泵

分子筛吸附泵是利用分子筛的低温物理吸附效应,降低腔体气体压强的真空泵。这种低温吸附泵可以作为无油真空机组的前级泵或超高真空机组的维持泵。通过液氮冷却的多孔分子筛,可使水蒸气及其他沸点较高的气体凝聚,使沸点较低的气体被吸附。图 14.14 为内冷式分子筛吸附泵的一种结构示意图[2]。泵体中间为导热良好的液氮容器,容器外壳装置多层系列金属翼片。由于分子筛导热性能差,必须安放在高热传导翼片上,使分子筛均匀冷却。使用时将液氮灌入容器,分子筛冷却后即可吸附与冷凝气体。吸附泵使用后,液氮消耗完毕,随着温度的上升,被吸附的气体将逐渐从分子筛中脱附释放,当泵内气压超过一个大气压时,安全阀上的塞子被顶开,气体放入大气。但如果吸附气体主要是氢气等易爆气体或有毒气体,则不可直接排放,需在气体脱附前采取防范措施。

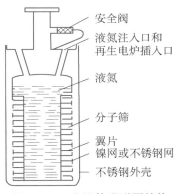

图 14.14　分子筛吸附泵结构示意图[2]

　　分子筛由硅铝酸盐晶体组成,其化学式为 $M_z(Al_xSi_yO_{2(x+y)}) \cdot m(H_2O)$。自然界存在这种化合物矿石,两百多年前被其发现者瑞典人取名"沸石",是因发现其在火焰中加热,会有水蒸发及类似沸腾现象。现今人们可以按需求控制组分,合成不同性能的多种类型分子筛。化学式表明,分子筛由 3 种组分构成,主要组分为 $(Al_xSi_yO_{2(x+y)})$,可以形成由硅氧四面体及铝氧四面体组合的晶格网络,其次为含有部分碱性或碱土金属(M 为钾、钠、钙等)阳离子,还有被吸附的水分子,m 是其摩尔数,加热后去除。显然,在这种晶体结构中硅酸根 Si^{4+} 及铝酸根 Al^{3+} 数目总和与 O^{2-} 数目之比应为 1:2。通常按原子价态,Si—O 可组成四面体结构,而 Al—O 不组成四面体,但铝原子可以通过置换硅氧四面体中的硅,构成铝氧四面体。可是在单纯铝氧四面体中,有一个氧原子的电价未得到中和,造成电荷不平衡,使铝氧四面体带负电,但如有金属阳离子参与,则可使铝氧四面体实现电中和。在这种材料晶体中,相邻四面体之间以顶点相连,即共用一个氧原子,形成晶格网络。根据晶格稳定性要求,铝氧四面体本身不能直接相连,其间至少需有一个硅氧四面体,硅氧四面体则可直接相连。因此,分子筛化学式中的 y/x 比值应大于等于 1。

　　基于以上组分及其基本晶体结构,分子筛材料的主要特点在于,由硅铝四面体及其中的金属离子,结合组成多孔型晶格网络。这种材料的密度显著低于同样由硅、铝原子形成的 SiO_2、Al_2O_3 等化合物。因此,分子筛中存在大量通道与孔穴(或称空腔),它们具有分子尺度孔径,而且孔径大小较均匀,具体尺寸取决于 y/x 比值及其中金属离子类型。分子筛中的空腔体积占比可达约 50%,因而具有很大的内表面积。如用单位质量物质的表面积来表征材料的吸附潜力,分子筛材料可达 600 m^2/g。正是多孔结构使分子筛成为气体高效吸附剂。存在孔径不同的多种类型分子筛可供选用,例如,孔径为 3 Å、4.2 Å、5 Å 的 A 型分子筛,孔径为 (8~9) Å 的 X 型分子筛。除具有气体吸附功能外,分子筛在其他许多领域有广泛应用,例如,用于吸取、过滤大小不同的分子、净化、分离混合成分的物质、处理工业污染等。

　　源于上述分子筛的结构特点,与其他吸附剂相比,分子筛有一些显著不同的吸附特性。

　　(1) 高选择性。其一,由于分子筛具有与分子尺度相近的均匀孔径,它几乎只能吸附那些分子直径小于分子筛孔径的气体分子,难于吸附大于孔径的气体分子,即它具有筛分不同直径分子的能力,"分子筛"的名称即由此而来。其二,由于分子筛具有离子晶体属性,因此,它对 H_2O、CO_2、NH_3 等极性分子具有强亲和力。其三,对活性气体的吸附能力远大于惰性气体。

　　(2) 高效性。由于分子筛是一种具有很高比表面积的材料,因此其吸附能力很强。特别是对于高极性 H_2O 分子,在低浓度、高温等各种苛刻条件下仍有很强的吸附能力。

　　(3) 热稳定性。当吸附量达到饱和时,分子筛需要通过烘烤进行再生(通常为 300~

350℃)或激活(～550℃)恢复其吸附能力。甚至在更高温度下(＜700℃)烘烤除气,分子筛晶体结构不发生变化。

当泵内分子筛数量一定时,真空室可降到的压强与其体积有关,真空腔体越大,极限压强越高。极限压强也与泵的使用次数有关,随着使用次数增加,分子筛吸附速率降低,极限压强变大。

根据分子筛吸附泵工作原理可知,它可以直接从大气开始抽真空。单个吸附泵抽大气能够达到的极限压强约为 10^{-2} Torr,残余气体以氖、氦等惰性气体为主。分子筛吸附泵在初始抽气时,抽速很大。随着吸附量的增加,抽速下降,这与吸附-脱附的平衡有关。尤其是惰性气体的物理吸附不稳定,会出现先吸附、后脱附的现象。因此,在实际使用中,往往同时使用两个吸附泵,用第一级吸附泵先吸除系统中的大部分气体,再启动第二级泵。这时大部分气体已被关入第一级泵,第二级泵就能在较轻负载下工作,极限压强可降低至 10^{-4} Torr量级。第一级泵也可用机械泵,而吸附泵只作为第二级泵,极限压强则更低,可进入 10^{-5} Torr 量级。因此,吸附泵既可单独使用,也可作为离子泵、低温泵等无油泵的前级,组成无油超高真空机组,但它不宜作为油扩散泵的前级。

14.3.6 钛升华泵

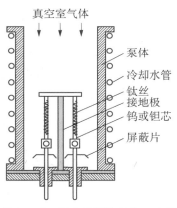

图 14.15　钛升华泵的结构示意图

钛升华泵也是一种超高真空抽气泵,其原理为利用金属钛加热升华形成的钛原子及其薄膜,对气体分子实现化学吸附,降低真空室气压。钛升华泵具有结构简单、抽速大、无油污染、无振动噪声等优点。图 14.15 为一种钛升华泵的结构示意图。钛升华泵的核心部件是升华器,其最简单的结构如下:把钛丝缠绕在一对用钨或钽制成的芯电极上,工作时通以大电流加热钛丝。钛熔点为 1 673℃,但当温度达到约 1 100℃时,就会产生钛原子升华效应。钛原子不仅可淀积到器壁,形成具有强吸气作用的新鲜钛膜,也可能在空间与气体分子反应,形成稳定化合物分子,被器壁钛膜吸附。在高真空下这种空间反应几率较低,主要还是钛膜吸气机制起作用。钛升华泵不能在大气压下工作,其启动压强在 10^{-3} ～ 10^{-5} Torr 范围,气压过高会造成升华金属氧化。因此,必须用机械泵或分子筛吸附泵作为钛泵的前级。而且在超高真空系统中,为达到高抽气效率,钛升华泵启动前,需对器壁进行 300～400℃烘烤除气。经充分除气后,可显著提高抽速,获得低极限压强,还可清洁泵壁,使淀积的钛膜不易脱落。

钛是一种化学反应活性高的金属,极易与 N_2、O_2、CO、H_2O 等气体分子反应,生成 TiN、TiO_2、TiC 等固体化合物,因而对这些气体有强清除能力。实际使用时需选择连续或断续升华方式,不断更新泵体内壁的吸气金属,吸附气体会被不断淀积的新鲜钛膜所覆盖掩埋,可避免吸附饱和现象,始终保持对气体的反应与吸附能力。虽然钛升华泵原理结构较为简单,但经过不断改进优化,已成为一种高效超高真空抽气系统。有钛丝、钛球、钛片等多种不同类型升华器,加热方式也可选用电子束。实际升华泵中常安置多组钛源,以便在不破坏真空条件下更换升华源。钛升华泵的操作较简便,不需要再生或激活处理,所以,在真空技术中得到广泛应用。

钛升华泵的抽速与钛升华速率、钛覆盖面积、钛膜温度等因素相关。应在泵体内设计尽可能大的钛淀积面积,但必须防止钛原子进入真空室加工区,避免钛金属污染。升华器的电极,也需用屏蔽片保护,防止钛淀积使电极与泵壳短路。泵壳外壁用水或液氮冷却,以使内壁钛膜降温,提高其吸附能力。表 14.9 列出钛膜在室温与液氮温度下对主要气体的比抽速,数据显示,液氮冷却可大幅度提高对活性气体的抽速。

表 14.9　室温与液氮温度下钛升华泵对不同气体的比抽速(L/cm² · s)

温度	N_2	O_2	H_2	CO	CO_2	H_2O
20℃	3	1.5	3.1	9.3	7.7	3.1
−196℃	10	6.2	10	10.8	9.3	13.9

实验表明,钛膜对气体吸附作用也具有强选择性,对氩、氖等惰性气体的吸附作用很小,对价键结构饱和、类似惰性气体的甲烷(CH_4)抽速也很低。为了克服钛升华泵吸附惰性气体差的缺点,可把升华泵与涡轮分子泵等组合使用,后者对氩、氖等气体有较高抽速。有的还把把钛升华泵与溅射离子泵结合成为复合钛泵,用于超高真空系统,可获得 10^{-11} Torr 的超低压强。由分子筛吸附泵、离子泵和钛升华泵三者组合,可形成无油污染、无振动噪声、低极限压强的超高真空抽气系统。

14.3.7　溅射离子泵

离子泵也是一种吸附型真空泵,用于获得超高真空。离子泵可分为热阴极离子泵和冷阴极离子泵。热阴极离子泵是利用加热灯丝发射电子来电离气体,冷阴极离子泵则利用电场与磁场的共同作用,形成气体放电等离子体。冷阴极离子泵是现今常用的主流离子泵。与升华泵相同,离子泵中起吸附作用的物质也是钛,但不同之处在于,钛原子是由气体放电离子溅射产生的,因此,常被称为溅射离子泵(sputter ion pump)。离子泵在超低气压下仍可保持高抽气速率,并具有无振动、无油污染等优点,特别适用于 TEM、SEM 等超高真空精密分析仪器,在分子束外延、电子束镀膜等半导体工艺设备中也有多种应用。

溅射离子泵结构如图 14.16 所示[2],它由 3 个关键部件构成:中间为由多个并联空心金属圆筒组成的阳极,圆筒两端分置两块纯钛金属平板作为阴极,最外侧为可产生沿阳极圆筒轴向磁场的磁体。工作时电极间需施加 3～7 kV 电压,沿圆筒轴向的磁感应强度约为 1 000～2 000 Gs。在电场和磁场共同作用下,泵体内可实现低压气体放电,形成稳定等离子体,其中正离子轰击阴极钛靶,溅射出钛原子,淀积在金属圆筒内表面,形成对气体分子具有强吸附能力的大面积新鲜钛膜,达到抽除气体、降低压强效果。溅射离子泵的抽速可达每秒数千升或更大,极限压强可达 10^{-11} Torr 量级。

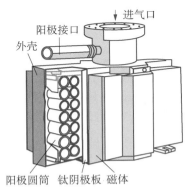

图 14.16　溅射离子泵结构示意图[2]

溅射原子比蒸发原子能量大、活性强,利于与活性气体反应生成 TiN、TiO_2、TiH_2 等固态化合物。等离子体内电子与惰性气体原子碰撞可产生正离子或负离子,它们在电场作用下分别撞击阴极与阳极。负离子既可能注入阳极圆筒的表层内,也可被后续淀积的钛原子

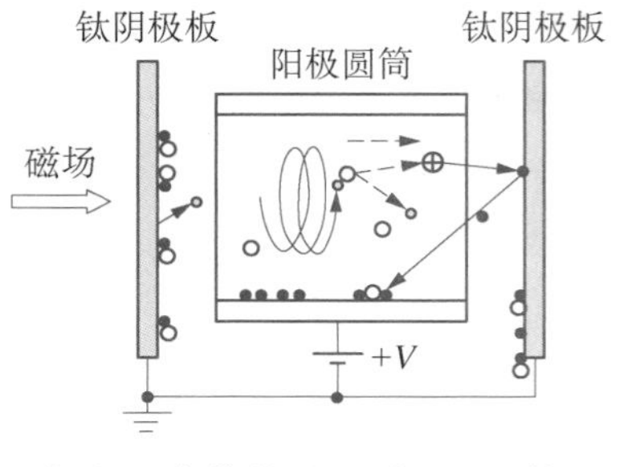

电子 ○气体分子 ⊕ 离子 ● 钛原子

图 14.17 电子等在阳极圆筒内的运动与离子泵运行原理示意图

及其反应生成物所掩埋。因此,离子泵对惰性气体也有除气作用。

溅射离子泵内采用多个阳极圆筒并联结构,有益于提高抽速等性能。气体放电时它们各自内部的物理过程是相同的。图 14.17 显示单个阳极空心圆筒内电子螺旋式运动、气体分子离化、离子溅射、钛膜淀积与吸附等效应。这些效应是由电场、磁场、电子与气体分子碰撞 3 种因素共同作用的结果。这种在磁场作用下的气体自持放电,常称为潘宁(Penning)放电,因此,溅射离子泵有时也称为潘宁泵。电子与气体分子的级联碰撞电离是实现气体放电的关键过程。在仅有电场作用的气体放电中,气体离化产生的电子"寿命"很短,因为电场驱使电子快速飞向阳极。但在有磁场参与的气体放电中,由于磁场洛伦兹力的作用,电子将环绕轴向磁场,在垂直磁场平面内作旋转运动,阻碍电子直接飞向阳极,因而使电子"寿命"延长。由于电子又受到电场和碰撞散射作用,电子运动不断变化,形成螺旋式或轮滚式运动轨迹。运动路程延长的电子,显著增加与气体分子碰撞离化几率。磁场对电子的约束效应,正是低气压下产生潘宁自持放电的基本原因。由于离子质量大,受磁场洛伦兹力的作用微弱,不影响其运动。正离子受电场加速,获得能量,撞击圆筒两端的钛阴极,溅射出钛原子,淀积到圆筒内表面。有关气体放电等离子体、磁场作用和离子溅射机制可参阅本书第 15、第 16 章。

除了磁场对电子有强约束作用,离子泵的电极几何结构也有益于约束电子,增强碰撞电离。当电子从阴极发射出来,在阳极圆筒内沿轴向运动时,将可能先加速、后减速,最后受到对面阴极的排斥而返回,可形成来回振荡运动。这种轴向运动的电场力和绕轴旋转的磁场力相结合,使电子在空心阳极空间作往复式轮滚运动。因而使电子在碰撞阳极前经历更长路程,增加与气体分子碰撞几率,导致在极低的气压下,仍可实现自持放电。

以上讨论表明,离子泵内气体放电区域具有独特的电势、电场和电荷分布。由于大量电子作旋转轮滚运动,而正离子在电场作用下被快速"推向"阴极,因此,在阳极圆筒内形成高密度电子空间电荷,电子密度可达 $10^{10} \sim 10^{11}$ cm^{-3} 量级。这种动态空间电荷,形成由磁场约束的旋转电子流,并具有屏蔽阳极电场的作用。气体放电等离子体中,电子是不断产生和消失的,电子在与气体分子或其他粒子碰撞中受到散射,以及电子之间相互排斥,都可能使电子不断改变其旋转半径与滚动轨迹,并在电场作用下向阳极迁移,最终被阳极收集,形成阳极电流。因此,在溅射离子泵的阳极圆筒内存在两种电流:一种为电子旋转电流,另一种为阳极电流。前者为阳极圆筒内的闭路电流,其数值取决于等离子体密度,即空间电子密度,可达 1 A 数量级。后者则是阳极和阴极之间的回路电流,也就是气体放电电流,是从旋转电流中被电场拉出去抵达阳极的电子电流,其数值比前者要低几个数量级。电子旋转电流和阳极电流随气压的变化如图 14.18 所示。阳极圆筒内的电子旋转闭路电流几乎不变。这是因为低气压条件下,在一定放电电压和磁场作用下,气体放电等离子体密度与磁场约束的空间电子密度随气压变化很小。而阳极电流与气压呈指数关系,$I = KP^n (n > 1)$。气压越高,电子与气体分子碰撞几率越大,能量损失速率越快,电子向阳极内壁迁移的速率越快,导致阳极电流增大。因此,根据阳极电流大小,可以判断泵体内气压高低。这正是广泛应用的潘宁真空规的工作原理。

由于不同气体具有不同电离率和黏附几率,溅射离子泵的抽速也与气体种类有关,对活性气体具有较高抽速,而对惰性气体和氢气抽速较低。溅射离子泵抽速也与气压有关,在 10^{-4} Torr 以上较高气压下,抽速急剧下降。这是因为当气压过高时,放电电流很大,由于施加于阳极的高压电源往往内阻较高,使实际阳极电压下降。因此,应配用性能优良的前级泵。在 $10^{-6} \sim 10^{-11}$ Torr 气压范围抽速虽有变化,但都较高。

溅射离子泵抽速等性能应与阳极电压、磁场强度密切相关。随着磁场强度增加,磁场对电子约束增强,电子路径增加,电子碰撞离化

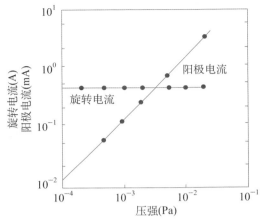

图 14.18　电子旋转电流和阳极电流随气压的变化关系[1]

气体分子几率上升,抽速增加。阳极电压通常存在优化选择范围,过低将使正离子能量过低,钛原子溅射产额较低;过高电场则导致磁场对电子约束相对变弱。

14.3.8　低温冷凝泵

低温泵(cryogenic pumps, cryopumps)是利用低温表面吸除气体的吸附型真空泵。虽然历史上曾有多种低温泵,但现在在多种科技与产业得到普遍应用的,是以液氦为冷源的低温冷凝泵。液氦是温度最低的致冷物质,应用液氦作为低温泵冷源显然是最佳选择。这种泵可达到很高的除气速率,宜于获得极限压强很低的清洁真空。液氦冷凝泵在离子注入、薄膜淀积、芯片分析等集成电路制造工艺与检测装置中得到愈益增长的应用。

低温泵是建立在气体低温物理性质基础上的真空获得技术。图 14.19 为多种常见气体在低温下的饱和蒸汽压。由图 14.19 可见,若用温度为 4.2 K 的液氦作为冷却剂,则由它冷却的表面($\sim$4.2 K),可使其他气体凝聚,且除氢气以外其他气体的饱和蒸汽压,都显著低于 10^{-14} Torr。由于氦气是惰性气体,不像氢气有爆燃危险,氦成为低温泵的理想冷却物质。

低温泵以低温物理效应降低腔体气压、获得真空。由液氦冷却的低温冷板表面可通过 3 种物理机制吸除气体。

(1) 低温冷凝。凝聚温度高于冷板表面温度的各种气体分子,都将冷凝在冷板表面或已冷凝的气体分子层上。如果冷板温度低于 20 K,真空腔体中除氦分子外,包括氢气在内的所有气体都将凝聚成固态或液态,冷凝层厚度可达 10 mm。

(2) 低温吸附。如果冷板表面温度较高,不能凝聚的气体分子可通过物理吸附或化学吸附效应被吸附在冷板表面。为了增强表面吸附功能,冷板表面可涂覆活性炭。

(3) 低温捕集。冷凝温度较低的不可凝气体分子,也可能被不断淀积的可凝气体捕集与掩埋。

早期曾采用储槽式液氦低温泵,直接把液氦灌注在具有中空双层保温壁的容器中,其外层用液氮保温,底面则成为液氦温度的低温冷凝表面,用以实现高效除气。由于这种泵的运行,需要消耗大量昂贵稀有气体氦,难以推广应用。20 世纪 70 年代以来氦气闭路循环式制

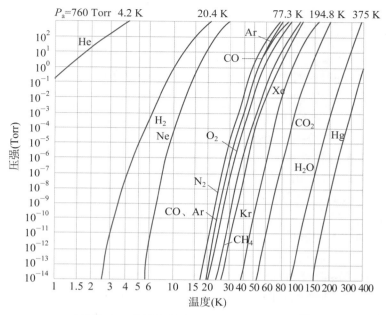

图 14.19　常见气体在低温下的饱和蒸汽压[1]

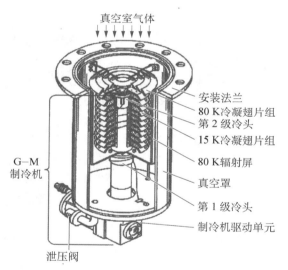

图 14.20　氦气闭路循环制冷式低温泵结构示意图[2]

冷低温泵不断改进,这种低温泵逐渐在多种真空加工与分析设备中得到应用。氦气闭路循环制冷式低温泵结构如图 14.20[2] 所示。这种泵用氦气为工作物质,用吉福德-麦克马洪(G—M)制冷机循环制冷,其制冷温度高于 4.2 K。泵体内设置有两组冷凝翅片:一级冷凝翅片温度较高(~80 K),用于冷凝 H_2O 和 CO_2 等,并预冷其他沸点较低的气体;二级冷凝翅片温度可降至 15 K,这时,N_2、O_2、Ar 等气体可冷凝在其表面。若在二级冷凝翅片内表面涂覆活性炭,其比表面积可高达 $500 \sim 2\ 500\ m^2/g$,在低温下可对 He、H_2、Ne 有很强的表面吸附除气能力。80 K 辐射屏则用于降低冷凝翅片热辐射损耗。

其他低温泵由于对 H_2 和 He 的冷凝作用较弱,真空极限压强往往由它们决定。而真空系统中普遍采用的不锈钢器壁经烘烤除气后容易吸附 H_2,所以,H_2 通常是决定极限压强的主要因素。另外,冷凝层表面的温度实际上会略高于冷凝壁表面的温度,即存在温度差。随着吸气量的增加,冷凝层变厚,温度差增大,饱和蒸汽压也相应升高,冷凝泵抽气能力下降。

真空系统中冷凝泵也必须配用前级泵。冷凝泵开启前,先用前级泵抽真空室,待达到适当真空度后,再以冷凝泵接通真空室。这样可显著减少冷板吸气量,延长高抽速工作时间。当冷凝泵的吸气功能显著降低时,就需要对其进行再生处理。通过加温有控制地让凝聚及吸附气体蒸发,并由前级泵排出。由于 H_2、O_2 混合气体可能诱发爆燃,再生处理含 H_2 凝结层时,必须控制系统内压强不超过 10^{-3} Torr。

14.4　真空测量

真空测量是真空技术的重要组成部分。一方面,它用于对真空腔体与真空工艺实现在线监控,另一方面,它也是真空技术不断向超高真空挑战的必要检测手段。例如,20 世纪早期在研制真空电子管时,人们曾意识到在某些真空管中,可能已达到很高真空度,但当时的热阴极电离规测量却不能判定。直到 20 世纪 50 年代 R. Bayard 和 D. Alpert 发明新结构电离规后,低至 10^{-12} Torr 的超低压强测量取得突破,才使真空技术真正进入超高真空时代。

这里需要强调的是,真空度测量通常是指气体压强判定,但本质上,真空度是由系统中气体分子密度决定的。所以,气体分子密度 n 比压强 P 对某些真空物理过程更具决定性作用。例如,对于一个既不放气也不吸气的密闭真空器件,其内部 n 不变,而 P 会随温度 T 而变化,但该器件内部发生的一些现象,如带电粒子与气体分子的碰撞频率,只与 n 相关,而与 P 无关。由于历史原因,人们讨论真空度时仍习惯将压强作为研究对象。

在真空技术发展过程中,先后研制和应用多种类型真空计。各种真空计按照气体压强测量的物理原理可分为 3 类。一类应用气体力学规律,曾研制有多种压强直接测量装置。例如,U 型管结构的水、油、汞气压计,都是通过液体位移量检测压强变化。又如,电容薄膜压强计,通过压力产生的薄膜位移及电容变化检测压强。这类压强计可用于较高气压真空系统测量。另外两类则为分别应用气体动力学效应和带电粒子效应的真空计,典型产品分别为热传导真空计和电离真空计。两者都是通过测量与气体分子密度 n 相关的物理量,获知真空气压信息,故被称为间接真空测量技术。

热传导真空计主要是利用气体热导率与气体分子密度成正比的原理,加热某一器件使其与环境产生温差,而这个温差的大小则与气体分子密度相关。通过测量器件的温度,就可间接获知气体压强。用热敏电阻来监控温度,可制成电阻真空规(皮拉尼规);用热电偶测量温度,可制成热电偶真空规。电离真空计则是利用气体分子被电离后,在一定气压范围内离子流与气体分子密度成正比的原理。用加热灯丝发射热电子使气体电离,可制造热阴极电离规;而用冷阴极自持放电,即潘宁放电原理使气体电离,则可制成冷阴极电离规,或称潘宁规。每种真空计测量的真空度都有一个适用气压范围。过高或过低压强,测量都会变得不灵敏甚至完全失效,有时还会导致真空计的损坏。下面首先分别讨论皮拉尼规、热电偶真空规和潘宁规等真空计的工作原理及其特点,这些真空规在其适用压强范围具有较高灵敏度,在集成电路工艺真空技术中广泛应用,然后介绍分压强测量或残余气体分析。

14.4.1　皮拉尼规和热电偶真空规

热传导真空规的工作原理建立在气体热导率与气压相关性基础上,气压越低,即气体分子密度越低,气体热导率越低。若在真空环境中有一根通电加热的金属丝,在其他条件相同情况下,其平衡温度将取决于环境气压,所以,通过测量温度或与温度相关的物理量即可得知气压。当然,在真空环境中热传输机制除了气体碰撞热传导外,还有金属丝固相热传导、热辐射和热对流。图 14.21 展示热传输速率与克努曾数 $(K_n = \lambda/d)$ 的关系,λ 为气体分子

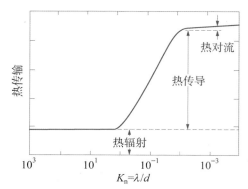

图 14.21　热传输速率与克努曾数($K_n = \lambda/d$)的关系[3]

平均自由程,d 为容器尺寸。克努曾数越小,意味着气压越高;克努曾数越大,则气压越低。在中等气压范围(通常为 $10^{-2} \sim 10^0$ Torr),热传导为气体热传输的主导机制。在此范围内,热导率对气压很敏感,而热传导真空规就是工作在这一范围。不同种类热传导真空规的差别在于测量温度的方法不同,一般为电阻型或热电偶型。

如果把通电加热的金属丝本身当作一个热敏电阻,则只要在真空中测量这根加热电阻丝的电阻就可得知其温度,从而进一步确定气压。图 14.22 为电阻型热传导真空规原理图。这种热传导真空规是 1906 年由 M. Pirani(皮拉尼)发明的,因此又称为皮拉尼规。为提高测量灵敏度,真空规管内部的金属丝通常采用电阻温度系数较大的材料,如铂、钨或镍等。由于气体热导率不仅与气体分子密度相关,也与气体分子种类有关,因此,电阻型热传导真空规的灵敏度也与气体种类有关,使用时需要校准。

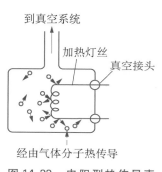

图 14.22　电阻型热传导真空规(皮拉尼规)原理图

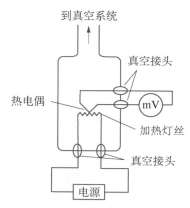

图 14.23　热电偶真空规结构原理图

另一种常用热传导真空规是热电偶真空规。图 14.23 为其结构原理图。与皮拉尼规相似,测试管内也装有一根可通电加热的金属丝,同时将热电偶焊接于这根加热电阻丝的中点,热电偶两端连接至电压表。待测气压越低,气体导热越弱,加热电阻丝的温度越高,热电偶测得的温差电动势越大,因此,热电偶读数与气压存在反向变化关系。同样,热电偶真空规的灵敏度或校准曲线也与气体种类有关。

皮拉尼规和热电偶真空规都基于气体热传导原理,从实际结构和使用角度,各有所长。皮拉尼规结构简单、使用方便,但其校准曲线受外界环境温度影响较大,因为气体的热传导取决于热丝与玻泡间的温差。而热电偶真空规的热端与冷端都安置于同一个器件内,环境温度变化会同时影响热端与冷端,对热端与冷端间的温差没有影响。热传导真空规的主要优点为结构简单、稳定可靠,并且在被测腔体气压突然升高至大气压时,热丝温度随之下降,不会烧毁,适用于低真空压强检测。

14.4.2　潘宁规

在高真空、超高真空中,气体稀薄,压强与分子碰撞热传导的相关性已微乎其微。但若通过气体放电使气体分子电离,则产生的正离子浓度与气体分子密度成正比,借助于微电流测量技术,测出离子流就可以获知压强。电子在电极之间运动时,与气体分子碰撞是一种几率现象,即使在高真空或超高真空中,仍可产生一定量的碰撞电离,因而电离规成为高真空领域的主要真空计,在超高真空领域更是唯一实用的真空计。

热阴极电离规虽然可以测量从高真空至超高真空范围的真空度,但它的主要缺点是热灯丝较易烧毁,尽管有多种设计来延长灯丝寿命,但较长时间使用后,烧毁总是难免。应用冷阴极电离规技术,可以彻底解决这一难题。14.3.7 节中讨论的潘宁放电,正是一种利用冷阴极在稀薄气体中实现自持放电的效应。利用潘宁放电原理,可以制作冷阴极电离规,常简称为潘宁规。

潘宁规的结构与基于潘宁放电原理的溅射离子泵的基本结构类似,即由一个阳极筒、一对阴极以及与阴极垂直的磁场构成,如图 14.24 所示[4]。潘宁规管工作时,阳极与阴极间施加数千伏电压,外磁场由永磁铁产生,强度为几百高斯。潘宁规中电子在正交电磁场的作用下,在垂直于磁场平面内会绕轴作轮滚运动,沿轴向则会作来回振荡。所以,通常电子在最终被阳极筒收集前,会在阳极筒内来回往复多次,使得电子行进路程显著增加,进而使碰撞电离的气体分子数增加。这

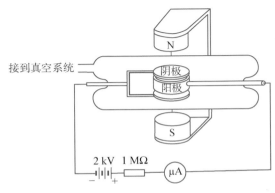

图 14.24　潘宁规结构示意图[4]

不仅使潘宁放电在低至 10^{-6} Torr 压强下仍能维持,而且可测电流显著高于热阴极电离规中的离子流,测量电路也简单得多。

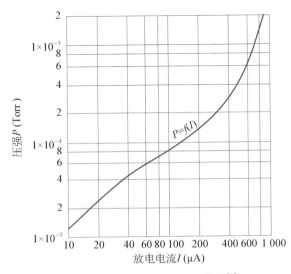

图 14.25　潘宁规典型校准曲线[1]

放电电流由电子流和离子流组成,离子流与压强的关系可由绝对真空计校准测出,图 14.25 为潘宁规典型校准曲线。当压强过低时,放电无法维持;当压强偏高($10^{-3} \sim 10^{-2}$ Torr)时,放电电流逐渐趋于饱和,此时电子自由程很短,电子在自由程中被电场加速获得的能量减小,因此,尽管气压升高,碰撞次数增加,但电离分子并无明显增加。当气压进一步增高,电子自由程过短,在自由程中获得的动能过低,电子与气体分子碰撞电离几率大大下降,不足以激励气体放电。

综上所述,潘宁规是用于气体压强测量的高灵敏度真空计,并具有结构简单、测试响应速度快、适于多种条件下应用、受化

学性活泼气体影响小、使用寿命长等优点,完全避免热丝电离规寿命短等固有缺点。因此,潘宁规在多种真空系统中有广泛应用。应用极低气压下的磁控增强放电技术,经优化改进的潘宁规,已可将其测量范围延伸至 10^{-12} Torr 量级的超高真空领域。

14.4.3　分压强测量质谱仪

前面讨论的真空测量对象都是系统中气体总压强。但是,在真空技术中,被测系统中的气体往往不是单一成分,而是由多种气体混合而成。在包括集成芯片制造的某些真空工艺中,需要测出各种气体成分的分压强。总压强测量值仅反映真空度信息,分压强测量则可同时获得真空腔体内气体组分与含量信息。

在集成电路诸多工艺中,气体分压强的测量非常重要。例如,在物理气相淀积时,气氛中氧气和水蒸气的分压强对薄膜质量影响,可能比总压强更大。另外,在超高真空环境中,气体的成分可能有一些不确定性,会使总压强测量变得困难,因为许多超高真空计的校准曲线对于不同气体是不同的,甚至可能出现数量级的差异。这时若能鉴别出气体组成成分,测出各成分气体的分压强,总压强也就自然得到。还有在对真空系统长时间抽气后,通过残余气体中各成分的分压强测量,借以判断系统漏气或放气的主要来源,可为进一步采取措施改善真空系统提供依据。

用于集成芯片工艺的真空设备工作时,在达到极限真空或一定真空度后,往往需要充入 Ar、N_2 或 O_2 等工作气体。在充入这些工作气体前,需要了解真空系统中的本底气体,即残余气体成分。气体分压强测量有时也称为残余气体分析,分压强测试仪则称为残余气体分析仪。

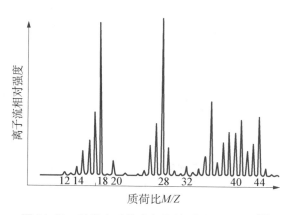

气体分压强测量包括两方面内容:一是分析气体成分,二是确定其浓度。质谱分析技术为真空气体分压强测量的主要手段,可以同时获知气体成分及其浓度。质谱技术本质上就是一种离子质量分析器。当不同气体分子被电离后,由于不同气体离子的质荷比(M/Z)不同,在它们受电场或磁场作用的运动过程中,可以在时间或空间上,把不同离子分辨开来,再通过电流计分别测量各成分的离子流,也就可得到各种气体成分的分压强。图 14.26 展示某真空系统内气体的质谱分析结果。质谱图的横轴为质荷比(M/Z),是以"原子质量单位/电子电荷"

图 14.26　某真空系统内气体的质谱测量结果[1]

作为单位,例如,N_2^+ 的 $M/Z=28$,O_2^+ 的 $M/Z=32$,O^+ 的 $M/Z=16$,Ar^{2+} 的 $M/Z=20$,等等。质谱图的纵轴则为相应离子的离子电流强度。

质谱技术作为气体成分分析和分压强测量的常用手段,使用时应注意它的一些特点。首先,对应同一 M/Z 值的离子不唯一。例如,Ar^{2+} 和 Ne^+ 的 M/Z 同为 20,N_2^+、CO^+、Si^+ 和 $C_2H_6^+$ 的 M/Z 同为 28,CO_2^+ 和 N_2O^+ 的 M/Z 同为 44。其次,同种气体分子在电离时,可产生多种离子。例如,CO_2 电离时除了产生 CO_2^+($M/Z=44$)主离子外,还可产生 C^+

$(M/Z=12)$、CO^+ $(M/Z=28)$、O^+ $(M/Z=16)$、O_2^+ $(M/Z=32)$ 等碎片离子。又如,氩电离时,不仅会产生 Ar^+ $(M/Z=40)$ 单电荷离子,还会产生 Ar^{2+} $(M/Z=20)$ 多电荷离子。再者,质谱分析中还存在同位素效应。例如,地球上天然来源样品中,许多元素除了占绝对主导地位的一种原子外,还存在一种或多种同位素原子。例如,对于氢元素,^1H 占 99.985%,^2H 占 0.015%,这就意味着,在质谱图中,H^+ 除了在 $M/Z=1$ 位置存在一个 $^1H^+$ 主峰外,还会在其邻近位置(即 $M/Z=2$ 处)存在一个很弱的 $^2H^+$ 同位素峰。现今质谱分析已成为真空技术中分压强测量的有效方法。因为各种常用气体都有自己的特征质谱峰,还可由碎片副峰相辅。同时,在实际工作中人们对所用真空系统中的气体成分通常有一定的了解和预期,可以有效判断气体组分。

利用质谱分析技术,测量真空系统内各种气体分压强的装置,称为质谱仪。它是极为有效的多种物质物理化学分析仪器,多年来不断优化完善,在多种科学技术与产业领域有愈益广泛的应用。质谱仪主要由离子源、质量分析器和离子检测器 3 个部分组成,并借助计算机采集与分析数据,作出质谱曲线。图 14.27 为质谱仪组成原理图。

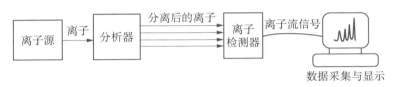

图 14.27 质谱仪组成原理图[1]

离子源的功能是将气体分子电离成离子,并将产生的离子加速、聚焦、引出,送入质量分析器。因为质量分析器的工作气压一般需低于 10^{-5} Torr,当被测气压高于这一范围时,通常在离子源前面会加一个气体压强变换(降压)的进气口。质谱分析所用离子源的种类很多,在真空技术中最常用的是电子碰撞电离型,电子碰撞电离型也有多种类型,如利用热阴极发射电子电离中性气体分子等离子体源、电感耦合等离子体源等。为增强气体放电效应,也可利用磁场加长电子在电离区的运动路程,增强电子碰撞电离效率。

与离子源相对应的是离子检测器。离子检测器就是把经质量分析器分离出来的离子直接收集或放大后检测。离子电流大于 10^{-12} A 时,用法拉第杯可以直接收集离子。离子电流更为微弱时,需要应用电子倍增器检测,由离子轰击倍增器阴极产生的二次电子,进行雪崩式倍增,实现微弱电流放大,放大倍数可高达 $10^3 \sim 10^8$,从而大大提高离子检测灵敏度。

利用磁场或电场作用的质量分析器,可将不同 M/Z 的离子从空间或时间上分离、辨别。它是质谱仪的关键核心部分,质谱仪常直接以质量分析器的工作原理命名。例如,利用磁偏转质量分析器的就称为磁偏转质谱仪,利用飞行时间质量分析器的则称为飞行时间质谱仪,利用四极电场分析器的叫做四极质谱仪。下面以磁偏转分析器为例,简要说明质谱仪工作原理。

磁偏转质量分析器利用带电粒子在磁场中受洛伦兹力作用而偏转的现象。若粒子初速度与磁场垂直,则这种磁偏转轨迹就是圆周运动。根据离子束进入和引出方向之间的夹角大小,可以有不同型号的磁质谱仪,如 $180°$(半圆形)、$90°$ 和 $60°$(扇形)等。图 14.28 是一种常用的 $60°$ 扇形磁偏转质谱仪的原理示意图。从离子源引出的离子经电场加速获得一定动能后进入磁偏转区,在洛伦兹力作用下发生偏转,经简单计算可知,其偏转半径正比于 $(M/$

$Z)^{1/2}$，所以，如果在质量分析器出口置一狭缝，则只有 M/Z 满足一定条件的离子才能通过、被离子检测器收集到。磁场中的偏转半径还与加速电压 V_0 和磁感应强度 B 有关，所以，通过改变其中一个物理量，在实际应用中通常是固定 B 改变 V_0，就可以把不同的离子依次分离出来，检测其强度。有关利用洛伦兹力的磁偏转质量分析器原理可参阅 13.2.2 节。

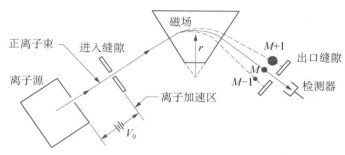

图 14.28　60°扇形磁偏转质谱仪的原理示意图[1]

　　飞行时间质谱仪和四极质谱仪则是应用电场作用的质谱仪。飞行时间质谱仪的工作原理在于，不同离子通过同一电场加速，获得的飞行速度不同，飞行相同距离，到达终点所需时间不同，因而不同离子可从时间上进行分离。在这种质谱仪中，离子流以脉冲方式产生，在周期性输入离子流脉冲间隔期间，可记录一系列不同 M/Z 离子相互分离的脉冲信号。

　　四极质谱仪，或称四极杆质谱仪，是另一种在真空技术中常用的气体分压强测试装置。它是由 4 个双曲面形或柱形电极组成的四极结构，两对中心对称电极分别施加极性相反、数值相等的直流电压与一定频率的射频电压。这样的四极电场形成一个离子分析器，可选择性地使某种质荷比离子在其电场内聚焦与传输。由离子源进入四极电场分析器的多种离子，在特定电压下将只允许一定 M/Z 值的离子，以稳定轨迹运动，穿过四电极杆中央空隙通道，到达位于终端的离子检测器，而其他离子呈现不稳定运动，被电极所收集与过滤。通过直流及射频电压扫描，可以分别获得质荷比不同的气体离子信号。以上简要讨论了 3 种质谱仪基本原理，了解更多相关信息可参阅有关资料[3]。

思考题

　　1. 如何定义真空与衡量真空度？各种不同真空环境是怎样形成的？气压和气体温度的微观本质是什么？

　　2. 讨论哪些集成芯片制造工艺需要应用真空技术，以及各自需要达到何种真空度？

　　3. 试分析气体分子运动与半导体中电子运动有什么相似与相异之处？为什么真空中分子流密度与半导体中电子流密度表达式相似？为什么气体分子和固体电子在一定条件下，都可用麦克斯韦-玻尔兹曼速率分布描述？

　　4. 物理吸附与化学吸附有什么区别？为什么化学吸附为单分子层吸附，而物理吸附可以是多分子层吸附？吸附及脱附效应对真空技术和薄膜工艺有哪些影响？

　　5. 有哪些类型的机械泵？如何选择机械泵与高真空泵组合，构成适于集成芯片制造工艺的真空系统？

　　6. 扩散泵与涡轮分子泵有什么相同与相异之处？分析各自工作机制，讨论各自适用的真空应用系统。

　　7. 分析钛升华泵和溅射离子泵的工作原理，对比两者及其他不同超高真空泵的特点与应用范围。

8. 分析分子筛吸附泵和低温冷凝泵的运行机制,以及异同之处与应用特点。

9. 试比较皮拉尼规和潘宁规在工作原理和测量范围上的差异。导致电离真空计测量误差的主要因素有哪些? 怎样减小这些影响?

10. 试说明分压强测量仪器中离子源、质量分析器和离子检测器的作用。简要说明一种质量分析器的工作原理。

参考文献

［1］王欲知,陈旭,真空技术. 北京航空航天大学出版社,2007 年.

［2］李军建,王小菊,真空技术. 国防工业出版社,2014 年.

［3］D. M. Hoffman, B. Singh, J. H. Thomas, *Handbook of Vacuum Science and Technology*, Academic, San Diego, 1998.

［4］达道安,真空设计手册. 国防工业出版社,2004 年.

第15章

集成芯片制造工艺中的等离子体技术

本书以下各章将分别介绍物理气相薄膜淀积、化学气相淀积、干法刻蚀等薄膜工艺。这些薄膜工艺都需要应用等离子体技术。自20世纪60年代以来，随着半导体集成电路精密结构加工需求，逐步发展了多种等离子体薄膜技术。等离子体技术，现今已成为超大与极大规模集成电路以及其他新型电子、光子器件研制的关键加工技术之一。应用不同气体等离子体的物理和化学特性，可以进行金属、介质、半导体等多种薄膜淀积、刻蚀、改性及其他表面处理，实现多种材料有机结合，形成各种精密微尺寸结构。等离子体科学涵盖多种物理与化学过程，其学科体系及内容十分丰富，等离子体应用技术涉及的学科内容异常广泛。本章将对半导体技术应用有关的主要等离子体物理概念与规律作简要介绍，对淀积、刻蚀等工艺所基于的等离子体基本特性、各种气体等离子体产生方法、工作原理及其中的物理化学过程，进行分析讨论。

15.1 等离子体及其技术应用概述

本节从两方面对等离子体技术发展作概要介绍。一方面简述等离子体物质基本特性及其在自然界的普遍存在，另一方面讨论等离子体技术应用进程。半个多世纪以来，等离子体从纯科学研究对象，逐步演变与获得越来越多技术应用，从低能等离子体加工技术逐渐推广应用到高密度等离子体技术快速发展，持续创新的各种等离子体加工技术，已成为集成芯片及其他电子器件制造中解决诸多技术难题的重要关键途径。

15.1.1 等离子体物质状态

等离子体(plasma)是由电离的离子和电子构成的物质状态，其中还可存在基态原子或分子、激发态原子或分子、活性基等中性粒子。在这种物质状态中，存在相互独立的正负电荷，两者数量相等，整体呈电中性状态，构成与其他物质状态不同的宏观体系。等离子体中的电荷是不被束缚的自由带电粒子，具有导电性。这些带电粒子之间存在由库仑作用决定的电磁力。等离子体始终伴随其中各种粒子的碰撞、电离、复合、光子发射与吸收等动态过程。虽然等离子体也可看作电离的气体，但等离子体的形态和固相、液相、气相物质都显著不同，是具有独特结构与性能的另一种物相，常称为物质的第四态[1,2]。

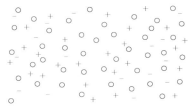

　　图 15.1 为等离子体态示意图。等离子体的各种粒子不是组成凝聚态结合体,而是相对自由与独立的。决定等离子体状态与性质的是其中既独立又相互作用的大量电子和离子。每个带电粒子同时与周围许多粒子相互作用,它们之间存在电磁长程作用力。等离子体中电磁场支配电子与离子的运动,而这些荷电粒子运动又引起电磁场变化。因此,等离子体中存在电子、离子集体运动和电磁场

图 15.1　等离子体态示意图

的紧密耦合。作为可流动的正负电荷粒子聚集体,等离子体也被看作一种磁流体,磁场对等离子体的密度、运动等性质影响很大。

　　包括等离子体在内的不同物质状态,在适当条件下会相互转化。正如一般常态下的固体升温至熔点会相变为液态,达到沸点又转化为气态,许多物质在足够高温度条件下,也可转变为等离子体态。由于等离子体的形成取决于中性原子电离,其转化温度应与原子电离能有关。例如,室温为固态的金属铯(Cs),由于其具有元素中最小电离能(3.89 eV),容易离化为离子与电子,加热至约 4 000 K 时,就会转变为等离子体态。而 4.2 K 以上就为气态的氦,由于其惰性元素本质,在周期表中具有最大电离能(24.58 eV),其转化为等离子体的温度高达 20 000 K。固体、液体、气体、等离子体都是物质的不同聚集状态,它们的形成与转化温度由低到高,等离子体为温度最高的第四态。但是,在各种外界作用激励下,等离子体也可在较低、甚至很低温度下形成和存在。

　　宇宙自然界有众多物体以等离子体物相存在,太阳和其他恒星内部都是由完全电离的高温、高密度等离子体构成,星际空间又存在十分稀薄且温度很低的等离子体物质。地球电离层也由等离子体组成。据天体物理学家估算,宇宙中 99% 以上的物质以等离子体态存在。在地球上燃烧的火焰、大气中的雷电、南北极高空的极光等,都与等离子体形成有关。通过高温加热、气体放电、强激光辐照等物理过程,可形成人工等离子体。日常生活中到处可见等离子体踪迹。荧光灯和霓虹灯发光、电弧焊等加工,都是等离子体作用的结果。人类正在探索研究的受控热核聚变新能源技术关键之一,就在于其实验装置如何获得和控制与太阳温度相近的超高温等离子体。

　　表征等离子体的重要物理参数是电子(离子)密度 n_e(n_i)和温度(T),后者常用电子能量(eV)标志,1 eV 相当于 11 600 K。对于热平衡等离子体,电子温度(T_e)与离子温度(T_i)相等。电离度(β)为等离子体另一重要性能参数,其定义为 $\beta = n_i/(n_i + n_n)$,其中,n_n 为中性粒子密度。不同等离子体的密度和温度有巨大差异,电子数密度相差达 30 个数量级以上,温度相差达 7 个数量级以上,电离度也有相当大差别。恒星和热核聚变形成的等离子体,电离度可达到 100%,电子及离子密度可高达 10^{20} cm^{-3} 以上,温度可达 $10^8 \sim 10^9$ K。在这种高温高密度等离子体中,由于粒子的激烈运动与碰撞而达到热平衡状态,电子和离子温度相同。星际空间电子密度低到 10^2 cm^{-3} 以下,电子温度也降到 10^2 K 以下。总之,与固、液、气其他三相物质相比,等离子体的物质密度与温度参数变化要大得多,分别在 $10^{-1} \sim 10^{28}$ cm^{-3} 与 $10^2 \sim 10^9$ K 范围。

　　人工高气压下的电弧放电也可获得高温高密度等离子体。通过低气压气体放电则可形成非热平衡等离子体。由于低气压下粒子之间碰撞几率较低,离子和电子的质量差异巨大,电子从电场获得的能量显著高于离子,使电子比离子温度高许多,即 $T_e \gg T_i$。这种非平衡等离子体内的电离度一般在 1% 以下,电子密度通常在 $10^9 \sim 10^{13}$ cm^{-3} 量级,电子能量在

$10^0 \sim 10^1$ eV 范围。虽然其中有的电子温度可高达 10^4 K 以上,但离子及原子的温度较低,常常只略高于室温,因而被称为低温等离子体。

除了气体形成的等离子体,固体、液体内某些电荷聚集状态也具有等离子体特征。因此,等离子体概念也被推广到固、液相物质中的某种状态。半导体中的电子与空穴有时会形成局域的等离子体。化学电解液中的正负离子也是分立与自由的,具有等离子体特征。在气体形成的等离子体中,正负电荷都是可动粒子。也存在只有一种可动电荷的等离子体态。例如,在金属表面电磁波可激发表面等离子体振荡,其中可动粒子为电子。在一些科技文献中,等离子体也被称为"等离体"。固体中的等离子体振荡激元,就可被称为"等离体子"(plasmon),这也是一种量子态物质。此外,某些汉语科技文献中等离子体被称为"电浆",这可能是由于英语"plasma"的词义之一为"血浆",由此类比演变得名。

15.1.2 等离子体从科学到技术

等离子体应用技术是一门相对年轻的学科,其发展基础是等离子体物理,后者研究历史较长。等离子体物理研究最早起源于 1835 年英国科学家法拉第(M. Faraday,1791—1867)对气体放电现象的研究。另一位英国科学家克鲁克斯(W. Crookes,1832—1919)于 1879 年提出,用"物质第四态"描述气体放电产生的电离气体。1927—1929 年美国学者朗缪尔(I. Langmuir,1881—1957)与合作者首先提出"plasma"一词,用于描述电离气体。此后,等离子体科学愈益受到重视,引起越来越多研究者的兴趣。20 世纪中期以来,等离子体物理研究逐渐深入与广泛,成为当代物理学主要分支之一和现代技术创新的源泉之一。

长期以来对等离子体物质的探索研究,不仅增强人们对宇宙及地球许多自然现象的深入认识,也逐渐掌握越来越多不同等离子体技术,在各种领域得到广泛应用。传说中人类原始时期发明的"钻木取火",可以说是最早的等离子体"应用技术"。现今全世界科学界合力研究的磁约束超高温等离子体受控热核聚变反应技术,将为解决人类未来长远能源需求开辟崭新途径。在最原始和尚待攻克的最为复杂等离子体技术两端之间,则存在许多领域,人们正在运用不断扩展与创新的等离子体技术,解决现代科学技术中的许多难题。从超大规模集成电路芯片精密微细加工到新型纳米结构器件研制,从各种光源到高清晰等离子体显示器,从等离子体冶金到等离子体磁流体发电,从多种材料等离子体表面改性到有毒废物裂解清除等多种环保技术应用,各种领域的等离子体技术应用不断扩展、日趋完善和升级换代。在军用飞机与舰船隐身技术、宇航发动机研制等多种新技术领域,也正在应用等离子体技术寻求新突破。

15.1.3 低温等离子体加工技术的广泛应用

微电子器件制造是低温等离子体技术研发最为活跃、应用最为广泛的领域之一。半个世纪以来半导体器件技术的持续快速发展,有赖于等离子体加工技术不断创新。如本书第 1 章等处所述,初期集成电路制造并未应用等离子体技术。但进入超大规模集成电路发展阶段以后,集成芯片制造技术的升级换代越来越依赖等离子体技术引入与演进。先后研究开发了多种等离子体加工技术与设备,用于薄膜淀积、刻蚀、SiON 介质形成等工艺,以获得线条更细、结构更精密、集成度更高、性能更优、速度更快的集成芯片。在金属薄膜淀积工艺中,以等离子体溅射替代蒸发,使薄膜更为致密和均匀。应用等离子体增强化学气相淀积技术,使介质淀积温度显著降低,有益于多层互连布线。应用等离子体各向异性刻蚀技术,使刻蚀图形更为精确、刻蚀剖面更为陡直与可控。采用等离子体氮化工艺制备 SiON 栅介质,使超薄氧化硅栅介质工艺得以延伸。等离子体干法灰化去胶、等离子体表面洁净处理也是其他方法难以替代的技术。等离子体技术在离子注入技术中也有多种应用,不仅为各种离子束注入机提供离子源,而且近年发展的新型等离子体注入机,已开始直接用于纳米 CMOS 器件超浅结掺杂。有人估计,现今集成电路制造设备中约有 1/3 需要应用等离子体技术[3, 4]。

　　近 50 年来应用于集成芯片制造的等离子体源技术不断改进与创新。人工等离子体产生的主要途径是气体放电。在适当气压和电压条件下,电极之间的气体击穿电离,产生电子与离子。早期一般采用较简单的直流或射频平行板电极放电或电感耦合气体放电。图 15.2 为平行板式电极结构的电容耦合射频等离子体装置示意图,其原理将在本章后面介绍。等离子体密度和离子能量是影响等离子体加工性能的两个重要参数。但图 15.2 所示结构放电装置中气体电离率低,等离子体密度小,离子能量与密度不能独立调节。如何提高等离子体密度和控制离子轰击能量是等离子体源技术的两个关键课题。20 世纪 70 年代以来等离子体源结构不断改进,推陈出新,显著提高了等离子体密度与离子能量可控性。应用磁场作用增强电子与原子(分子)碰撞,提高电离几率与等离子体密度,使等离子体薄膜加工技术取得突破性进展。磁控溅射取代蒸发成为金属薄膜主流淀积技术。磁控技术也使等离子体刻蚀工艺效率得到提高。

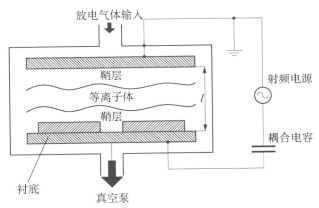

图 15.2　平行板式射频电容耦合等离子体装置示意图

15.1.4　高密度等离子体技术的快速发展

　　20 世纪 90 年代以来亚微米和深亚微米集成芯片制造技术需求,促使高密度等离子体技术迅速发展、多种高密度等离子体产生技术及应用系统研究成功。研究者采用多种电源(直流、射频、微波)、多种电极与磁场结构,并通过多种技术有机结合,使等离子体密度由 10^{9-10} cm^{-3} 提高到 10^{11-13} cm^{-3},并能分别控制离子密度、能量及方向。例如,在某些磁控溅射设备中,应用一组直流电源与两组射频电源相结合,在形成高密度等离子体的同时,也使溅射出的原子离化,并使其在硅片衬底偏压作用下淀积均匀金属薄膜。感应耦合等离子体(inductively coupled plasma,ICP)源、螺旋波(helicon)等离子体源、电子回旋共振(ECR)微波等离子体源等,都正在用于发展多种高密度等离子体加工技术。图 15.3 为 ECR 微波高密度等离子体系统示意图。对这些高密度等离子体新技术,本章将分别介绍其基本结构及原理。

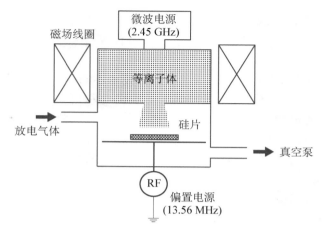

图 15.3　ECR 微波高密度等离子体系统示意图

15.2　气体放电等离子体

虽然有多种方法可以激励等离子体,但集成电路制造工艺中得到广泛应用的,主要为气体击穿放电等离子体。本节在概述低气压下气体击穿放电的电流电压规律基础上,分析电极间的碰撞电离与电极表面的二次电子发射等物理过程,说明等离子体形成机理,讨论气体压强、电极间距两者与气体击穿电压的关系,以及对稳态等离子体形成的影响。

15.2.1　气体放电特性

低压气体放电是实验或实用设备中产生等离子体的基本方法。气体辉光放电早就用于制造多种发光器具。直流、射频、微波等电源都可激励气体放电,产生等离子体。这里首先以直流电压源为例讨论,气体如何在电场作用下放电并转变为等离子体。图 15.4 为二极直流电压气体放电装置示意图。当在电极间逐渐增加输入电压时,极间电流电压关系将发生有趣变化。气体放电特性不仅取决于电极间电压,也与真空室气体压强、极间距离等因素有密切关系[5]。

对于同一个二极气体放电装置,不同电压区间呈现十分不同的伏安特性。图 15.5 显示两个平行电极间电流随电压变化的伏安特性典型实验曲线。图 15.5 显示,放电电流存在 a、b、c、d、e、f 这 5 个不同变化区域,下面分别说明各自的特点与原因。

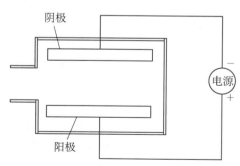

图 15.4　二极直流气体放电装置示意图

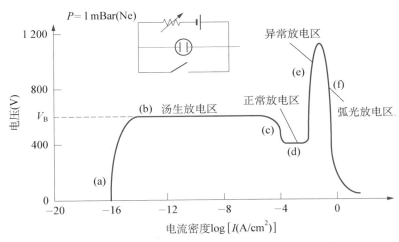

图 15.5　二极直流气体放电典型电压-电流变化特性

（a）区为微电流区。气体通常是绝缘体，但在极板上施加较低电压时，就会有极微弱电流通过。这是因为在热激发、辐照等物理效应因素作用下，气体中总会存在少量电子与离子，从而使气体显现弱导电性。热激发可使固体电极表面发射电子，光照或宇宙射线可能使气体原子电离，这些随机产生的电荷，在外加弱电场作用下定向漂移，形成微电流。这种有限电荷形成的微电流，在一定电压范围近乎恒定、变化很小。

（b）区气体击穿与电流骤升。当极间电压上升到击穿电压（V_{BD}）时，发生气体电击穿，电流瞬间急剧增大。这种气体击穿放电，常以其最早研究者的姓名被称为汤森德放电（Townsend discharge，也有的译为"汤生放电"）。在击穿电压条件下，受电场加速的离子轰击阴极，可产生二次电子（或称次级电子），电子在电场驱动下向阳极运动过程中积累动能，又会与中性原子发生级联碰撞电离，使极间载流子浓度倍增，导致电流大幅上升。伴随气体击穿与电流剧增的另一现象是辉光发射，因此，气体放电也常称为辉光放电（glow discharge）。

（c）区自持放电与极间电压下降。气体击穿放电必将引起电极间电荷与电势的变化，形成电子、离子等构成的等离子体。等离子体的产生及其密度增长，使电极间导电率升高，从而导致极间电压降减小，但电流增加及辉光增强。

（d）区极间电压恒定。此区域电流继续增长，但电压降变化很小。其原因在于，气体击穿放电过程往往自电极边缘或表面不平整局部区域开始，随后逐渐扩展至整个电极表面。随着离子轰击及电子发射面积增加，电流必然上升，阴极发光面积也相应增加。许多低压放电光源，如日光灯、霓虹灯、氖稳压管，就是利用此放电模式产生的辉光。这种特性放电常被称为正常辉光放电（normal glow discharge）。

（e）区电流电压同步增长。离子轰击覆盖整个电极后，继续增加输入功率，将使极间电压与放电电流同步增长。在此区域由于电场增加，获得较大能量的离子，轰击阴极可能溅射出原子，使阴极遭受损伤。这对发光器件是不利的，却是等离子体溅射淀积、刻蚀等薄膜工艺所应用的气体放电模式。这种气体模式常被称为异常辉光放电（abnormal glow discharge）

（f）区低电压大电流弧光放电。当电流密度增大到一定程度时，阴极由于温度升高而产生大量热发射电子，并由于雪崩碰撞电离效应，导致等离子体密度及电导率剧增，使在电流增大的同时，电压降至低值。这种模式气体放电在等离子体加工和发光器件中都有应用。

15.2.2　等离子体形成原理

　　气体放电形成的等离子体中存在电子、正负离子、分子、原子、光子等多种粒子,以及它们之间的多种相互作用。以由 AB 分子气体形成的等离子体为例,其中多种物理过程可用下列一组方程式表示,除了电子碰撞电离,还有原子激发及光子发射。

$$e + AB \rightarrow A^- + B^+ + e$$
$$e + AB \rightarrow e + A + B$$
$$e + A \rightarrow A^+ + 2e \tag{15.1}$$
$$e + A \rightarrow A^* + e$$
$$A^* \rightarrow A + h\nu$$

气体放电等离子体中存在以上多种电离、激发过程,还有离子-电子复合、退激发等相反过程。

　　按照 PVD、CVD、RIE、等离子体掺杂等不同应用需求,用于产生等离子体的气体源有多种选择,既有 Ar、N_2 等元素气体,也有 CHF_3、SF_6 等气相化合物。等离子体中的种种粒子在等离子体产生及各种应用中分别有不同作用。离子密度及其能量是决定溅射薄膜速率的主要因素。对于反应离子刻蚀工艺,除了离子,激发态活性原子/分子也有重要作用。伴随等离子体过程的光子发射光谱常用于刻蚀等工艺过程检测与终点监控。

图 15.6　气体放电形成等离子体机制示意图

　　气体放电形成等离子体是一个电子和离子不断产生和消失的动态过程。两个电极间能否产生和维持气体放电,主要取决于两个过程:一个是二次电子发射,另一是电极间碰撞电离。如图 15.6 所示的框图显示这两个相互关联过程的密切关系。电极间的电子和离子分别向正负电极运动,构成放电电流。

　　(1) 二次电子发射。阴极在正离子轰击下发射二次电子。表征此过程的物理参数为二次电子发射系数(γ),定义为单个离子轰击产生的电子数。发射系数与阴极材料及其表面状态、入射离子种类等因素有关。对于一般元素固体表面,$\gamma \ll 1$。以常用的惰性气体氩离子轰击为例,在其能量 $10 \sim 10^2$ eV 范围内,金属钨和半导体硅的二次电子发射系数分别约为 0.1 与 $0.02 \sim 0.03$。二次电子发射系数与离子能量依赖关系通常很弱。

　　(2) 极间碰撞电离。从电场获取能量的电子在向阳极运动中,存在和中性原子的级联碰撞与电离过程,产生一系列电子和离子对。可用电离系数(α)描述这一物理过程,其定义为电子在电场中移动单位距离的碰撞电离次数。电离系数与极间电压及气压等有关。如果两个电极间距为 d,则由阴极发射的每个电子在到达阳极过程中,产生的电子-离子对数为($e^{\alpha d} - 1$)。

　　由上述气体放电微观过程可知,两个电极间产生持续放电的基本条件是,由阴极发射的电子,在移动至阳极和最后消失过程中,通过碰撞电离必须产生等量或更多的二次电子以及相应反向运动的离子。可用下式表达这一持续放电条件:

$$\gamma(e^{\alpha d} - 1) \geq 1 \tag{15.2}$$

这种不依赖其他电离源激发,完全由极间电击穿形成的气体放电,也常称为自持放电。

显然,自持放电取决于极间电压。根据上面的分析,以氩气气体放电为例,估算放电所需电压。假设 Ar$^+$ 离子轰击阴极的二次电子发射系数为 0.05,则平均需要有 20 个 Ar$^+$ 离子轰击,阴极才发射一个二次电子。这就要求二次电子在向阳极移动中,通过碰撞电离至少产生 20 个离子-电子对。氩原子的电离能为 16 eV,产生 20 个离子所需电子能量为 320 eV。这意味着最低击穿电压约为 320 V。这仅是极为粗略的估算,除了碰撞电离气体还有弹性散射、复合等,都对放电过程有影响。

15.2.3　气体放电电压与气压

电极间气体击穿电压(V_{BD})大小和气体压强(P)与极间距离(d)两者密切相关。1888 年德国学者帕邢(F. Paschen,1865—1947)在其攻读博士学位期间,发现气体放电击穿电压取决于压强与间距的乘积(Pd),可用下式描述:

$$V_{BD} = \frac{a(Pd)}{\ln(Pd) + b} \tag{15.2}$$

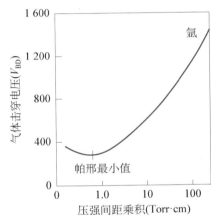

图 15.7　气体放电帕邢曲线

其中,a、b 为与气体组分、阴极电极材料等因素有关的常数。此关系式被称为帕邢定律(Paschen law),可用以得到击穿电压(V_{BD})和压强-间距乘积(Pd)的关系曲线,如图 15.7 所示,被称为帕邢曲线(Paschen curve)。

击穿电压和(Pd)存在以上密切关系,源于气体放电的基本机制——电子原子碰撞电离。如 15.2.1 节所述,当电子在其自由程(λ)区间从电场获得足够能量时,才会引起碰撞电离。一方面,$\lambda \sim 1/P$,$Pd \sim d/\lambda$,因此,Pd 与电子自阴极至阳极运动期间可能的碰撞次数成正比。另一方面,令电子获取足够能量的加速电场强度取决于电压(V_{BD})与极间距(d)之比,即 V_{BD}/d。两方面因素相结合,导致(15.2)式和图 15.7 所示 V_{BD} 与 Pd 依赖关系。

由帕邢曲线可见,对于 $V_{BD}(Pd)$ 依赖关系,存在一个气体放电击穿电压的最小值。由(15.2)式微分可得,对应击穿电压最小值的压强与间距乘积为 $(Pd)_{min} = \exp(1-b)$。大于和小于这个 Pd 乘积最小值时,极间击穿电压都要增高。这说明气体击穿与一般固体介质击穿十分不同,其原因在于气体放电机制。必须合理选择真空室气压及电极间距,以获得合适放电及等离子体形成条件。过低、过高的气压和过小、过大的电极间距,都不利于气体放电。

(1) 气压过低或间距过小。由阴极发射的电子在到达阳极之前,没有足够电离碰撞次数,以产生持续放电所需足够多的离子-电子对。

(2) 气压过高或间距过大。正离子在到达及轰击阴极之前,可能通过与电子复合而消失。或者经历过多弹性散射,或电场强度过低,不能积累足够能量,以轰击阴极使其发射二次电子。简而言之,以上两种情形都不利于阴极表面电子发射和电极间碰撞电离。

上面皆以由两个平行板电极组成的二极管放电为例进行讨论。在实际二极放电及等离子体系统中,常常只有一个明显的基板作为阴极,而整个真空室腔体作为阳极,而且外接地电位,以确保设备与操作人员安全。以上讨论已表明,阴极表面的离子轰击及二次电子发射是影响等离子体形成过程的两个主要因素。下面的讨论还将揭示,在等离子体工艺中输入到放电装置的电压主要降落在阴极附近区域。通常阴极电位约为负($10^2 \sim 10^3$)V。

15.3　等离子体独特性能

不论是直流电压,还是交变电压气体放电形成的等离子体,都具有一系列异于其他物质形态的特性。等离子体主要特性可以概括为以下 4 个方面,本节及随后几节将对这些特性分别作进一步分析讨论。

(1) 等离子体内部虽然由相互分离的离子与电子组成,但宏观范围的正负电荷量相等,仍为中性物质。

(2) 由极间气体放电形成的等离子体区具有整个系统的最高电位,即:等离子体区电位不处于外加电压的中间电位,而是既高于阴极电位、也高于阳极电位。腔体器壁相对等离子体也总是处于负电位。

(3) 射频、脉冲等交变电压气体放电形成的等离子体系统中,电子和离子质量及运动速度的差别,导致在电极上形成直流负偏置电位。

(4) 等离子体周边总是存在一层空间电荷区,由正离子组成。这层空间电荷区被称为离子鞘(ion sheath)。等离子体与任何位于其中的物体之间总是由离子鞘层相隔离。正是利用这种等离子体与其腔体器壁相隔离的特性,使超高温度等离子体有可能形成于某种特制装置中。

15.3.1　直流气体放电电势分布与电流

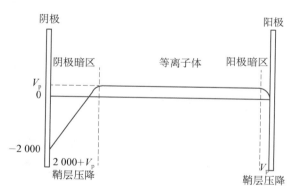

图 15.8　直流气体放电电极间的电势分布

图 15.8 显示直流气体放电形成的稳定等离子体不同区域,从阳极到阴极的电势分布。两个电极中间电势平坦的区域为主等离子体区,其中电子与离子密度相等,电导率高。在阴极和阳极附近分别有厚度不同的空间电荷区,即离子鞘层,或简称鞘层。阴极鞘层较宽,阳极鞘层较薄。离子鞘层的另一特点如下:由于其中缺乏电子,碰撞电离、激发、光子发射等过程几率小,呈现为辉光暗区。在阴、阳二极离子鞘层间则为具有辉光的主等离子体区。由图

15.8 可见,外加直流电压主要降落在阴极离子鞘层。与之相比,等离子体区电势降落很小,甚至可视为等电势区。而在阳极处的鞘层,也存在指向阳极的电场[6, 7]。

上述等离子体系统中的独特电势分布,取决于其中电子和离子质量及可动性的巨大差异。由于电子质量小、可动性强、速度大,在等离子体与电极界面处,以高速度或被电极收集、或进入等离子体区,使电极附近成为电子耗尽区。而质量大、速度小的离子在电极附近形成空间电荷区,即离子鞘层。由于电子耗尽,与等离子体区相比,离子鞘层的电阻抗大。阴极承载离子轰击与电子发射功能,其界面处的离子鞘层较宽,成为外加电压主要降落区

域。等离子体边界的这种界面效应,也使阳极相对主等离子体区产生负偏置电位($-V_p$)。等离子体是类似金属的良导体,其中电势降落很小。

气体放电形成的独特电势分布必然影响其电流。电势主要降落的阴极离子鞘,对电流特性应有决定性影响,电流密度应与空间电荷区物理参数有关。研究表明,在真空气体放电中,由空间电荷区决定的离子电流遵循 Child-Langmuir 定律(也常被简称为 Child 定律)。根据该定律,空间电荷限制决定的离子电流密度(j)与其间电势差(V)的变化规律,可由以下关系式表示:

$$j = K \frac{V^{3/2}}{m_i^{1/2} s^2} \tag{15.3}$$

式中 s 为空间电荷区宽度(单位为 cm),m_i 为离子质量,K 为常数。以氩气气体放电等离子体形成的离子束流为例,如果空间电荷区宽度为 0.2 cm,电压差为 1 000 V,则由(15.3)式得到,氩离子流最大密度为 2.4 mA/cm²。根据 Child 定律可知,由空间电荷限制的气体放电离子电流、电压关系不同于欧姆定律,其物理原因在于,由离子或电子同种电荷粒子形成的空间电荷区,对运动粒子有强排斥力。

15.3.2　等离子体中的电子、离子与原子

等离子体状态与气体等其他物质状态的一个重要区别,是它必须在不断吸取能量的条件下产生与维持。气体原子、电子和离子,是等离子体中的 3 种主要粒子,它们具有不同质量,可分别表示为 m、m_e 和 m_i。气体放电等离子体内电子与离子需要从外加电场获得能量,产生新的电子与离子,以抵消因复合等过程的损失。虽然等离子体中有等量电子与离子,但由于这两种荷电粒子质量的巨大差别,电子可从电场获得的能量显著高于离子。从基本物理原理可理解这一现象。在电场(E)作用下,电子与离子受到方向相反、数值相等的作用力(eE),但由于 $m_e \ll m_i$,电子获得的加速度显著大于离子,$eE/m_e \gg eE/m_i$。因此,在两次散射间隔时间(τ)内,电子在电场驱动下迁移的距离比离子长得多,可以从电场做功获得的能量大大高于离子,即存在以下关系:

$$\frac{(eE\tau)^2}{2m_e} \gg \frac{(eE\tau)^2}{2m_i} \tag{15.4}$$

因此,可以认为维持气体放电与形成等离子体的能量,主要来自外加电源对电子做功。通过电子与其他粒子的局域碰撞过程,转移部分能量,产生新的离子、电子,保持等离子体动态运行。通过电子在电场中加速与碰撞过程,提高电子温度与增强气体电离率。这种从电源吸取能量的机制,常被称为欧姆加热。欧姆加热存在于所有各种放电过程中。除这种欧姆加热之外,等离子体中还有另外一些机制,使其从放电电源吸取能量。

等离子体中电子能量显著高于离子与原子,还有另一个因素,即电子从电场获取的能量不易在与离子或原子弹性碰撞中损耗。根据动量和能量守恒原理,电子在和原子或离子的弹性碰撞过程中,由于两者质量的巨大差异,质量很小的电子不可能把自身能量有效转移给离子或原子。一个电子通过弹性碰撞传递给离子或原子的能量比例,决定于两种粒子的质量比,约只有 $10^{-5} \sim 10^{-4}$。与之相反,离子在与原子碰撞时,由于两者质量相近,两者能量可有显著交换。但电子可以通过非弹性碰撞,使中性原子离化。

由以上讨论可知,气体放电形成的等离子体是一种非热平衡体系,其中的电子、离子、原

子等不同粒子具有不同能量。通常弱电离气体放电等离子体中,等量的电子与离子密度约为 $10^9 \sim 10^{10}$ cm^{-3} 量级,而中性原子密度高出多个数量级($10^{15} \sim 10^{16}$ cm^{-3})。虽然电子与离子、原子之间通过碰撞不能充分交换能量,但电子之间的散射可使其能量与动量充分相互转移。在原子之间、离子之间以及原子与离子之间,各种碰撞、散射过程也可实现动量及能量交换。一般认为,等离子体中的电子处于近热平衡状态,离子则较不易达到热平衡。为了理解等离子体的基本物理特性,通常仍可认为,电子、离子、原子各自分别达到热平衡状态,可分别用各自不同温度和麦克斯韦-玻尔兹曼速度分布统计规律描述。按照麦克斯韦-玻尔兹曼分布规律,等离子体中电子、离子、原子的能量与平均速度(v_e、v_i、v)都可用它们的各自温度(T_e、T_i、T)表征,如下所示:

$$\frac{1}{2}m_e\bar{v}_e^2 = \frac{3}{2}kT_e, \quad \frac{1}{2}m_i\bar{v}_i^2 = \frac{3}{2}kT_i, \quad \frac{1}{2}m\bar{v}^2 = \frac{3}{2}kT \tag{15.5}$$

$$\bar{v}_e = \sqrt{\frac{8kT}{\pi m_e}} = 1.60\sqrt{\frac{kT_e}{m_e}}, \quad \bar{v}_i = \sqrt{\frac{8kT}{\pi m_i}} = 1.60\sqrt{\frac{kT_i}{m_i}}, \quad \bar{v} = \sqrt{\frac{8kT}{\pi m}} = 1.60\sqrt{\frac{kT}{m}}$$

$$\tag{15.6}$$

虽然在与离子及电子碰撞过程中,原子可能获得一些能量,但由于密度差异很大,原子仍可认为具有室温热运动能,约为 0.025 eV,离子能量较高些,可为室温的数倍,约在 0.04~0.1 eV 范围,电子能量则大大高于离子,可达到几个电子伏,常在 2~5 eV 范围。人们常把能量以 kT(eV)直接换算为等效温度(K),作为能量标志。以氩气气体放电在室温下形成的等离子体为例,按等离子体中电子、离子与中性粒子的能量,可以得到这些粒子的等效温度与平均速度数据,如表 15.1 所列。

表 15.1　典型氩气气体放电等离子体中电子、离子、原子的能量、温度及速度对比

	质量(g)	能量(eV)	等效温度(K)	平均速度(cm/s)
电子	9.1×10^{-28}	2	23 200	9.7×10^7
离子	6.6×10^{-23}	0.04	500	5.2×10^4
原子	6.6×10^{-23}	0.025	293	4.0×10^4

在等离子体溅射与刻蚀等实际应用技术中,离子通常起主要作用,离子能量和密度是决定薄膜淀积速率或刻蚀速率等工艺参数的主要因素。从本节及以后的讨论中,可以清晰地看到,电子是激发等离子体和决定其特性的主导因素。

15.3.3　等离子体正电位与离子鞘形成

依据上述等离子体中电子与离子的不同特点,可以分析与理解等离子体区处于正电位与形成离子鞘层的原因。以图 15.9 所示等离子体与其中悬浮体的相互作用,说明等离子体的这两个重要特性。自由运动的电子、离子、原子都会以一定速率撞击悬浮

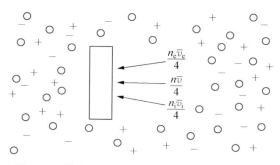

图 15.9　等离子体中悬浮体负电位及离子鞘形成

体表面,并与各自密度(n_e、n_i、n)及平均速度($\bar{v}_e$、$\bar{v}_i$、$\bar{v}$)成正比。按照粒子速度统计分布规律,射向物体表面的电子、离子、原子流密度($cm^{-2}\ sec^{-1}$)分别为 $n_e\bar{v}_e/4$、$n_i\bar{v}_i/4$、$n\bar{v}/4$。其中两种荷电粒子流将会引起等离子体与物体的电势变化。初始时 $n_e = n_i$,由于 $v_e \gg v_i$,电子流密度必然显著大于离子流,导致悬浮体呈现净负电荷,并与中性等离子体间形成电位差。这一电位差将阻挡电子,加速离子,最终达到一个平衡电位差,使两者间的净电流为零,形成如图 15.10 所示等离子体/悬浮体界面区域的电荷与电势分布。可见在等离子体与任何物体组成的体系中,由于电子和离子两者质量与速度的巨大差异,两者运动达到动态平衡状态时,等离子体必然处于相对正电位(V_p),物体必然处于相对负电位(V_f),并在界面间形成电子逐渐减少、离子趋于增加的空间电荷区,即离子鞘层。

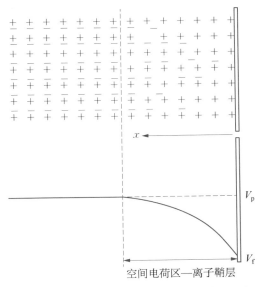

图 15.10　等离子体/悬浮体界面区域的电荷与电势分布

　　值得指出的是,上述等离子体与物体之间的界面特性,与半导体 pn 结、金属/半导体接触等固体界面,有许多相似之处。事实上这并不难理解,这些不同结构有着相近的界面物理过程,其界面物理特性变化都来源于界面不同荷电粒子运动、空间电荷区形成及电势变化。与 pn 结等问题一样,也可用泊松(Poisson)方程描述等离子体界面区的电荷与电势分布。

　　设离子鞘层的净电荷密度为 ρ,则泊松方程可以写为

$$\frac{d^2V}{dx^2} = -\frac{\rho}{\varepsilon_0} \tag{15.7}$$

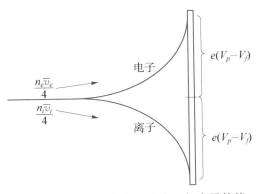

图 15.11　等离子体界面的电子与离子势能变化和流密度平衡

　　其中,ε_0 为真空介电常数,离子鞘层的电势(V)在 $V_p - V_f$ 之间变化。避免繁复的数学运算,可以从基本物理原理分析,推导离子鞘电势降与等离子体参数的依存关系。由图 15.11 可见,对于电子,在等离子体区与物体间存在一个势垒,等离子体中只有能量足够高的电子才能跨越势垒到达悬浮体。根据麦克斯韦-玻尔兹曼分布函数,具有这样能量的电子浓度 n_e' 与主等离子体区内平衡电子浓度 n_e 之比应为

$$\frac{n_e'}{n_e} = \exp\left[-\frac{e(V_p - V_f)}{kT_e}\right] \tag{15.8}$$

在平衡状态下,到达悬浮体的离子与电子流密度应该相等,

$$\frac{n_e'\bar{v}_e}{4} = \frac{n_i\bar{v}_i}{4} \tag{15.9}$$

以上两式相结合,可以得到

$$\frac{1}{4}\bar{v}_e n_e \exp\left[-\frac{e(V_p - V_f)}{kT_e}\right] = \frac{1}{4}n_i\bar{v}_i \tag{15.10}$$

由于 $n_e = n_i$,从(15.10)式可以得到

$$V_p - V_f = \frac{kT_e}{e}\ln\left(\frac{\bar{v}_e}{\bar{v}_i}\right) \tag{15.10}$$

进一步用(15.6)式电子与离子的平均速度关系代入上式,最终获得离子鞘电势降与等离子体主要参数的关系式为

$$V_p - V_f = \frac{kT_e}{2e}\ln\left(\frac{m_i T_e}{m_e T_i}\right) \tag{15.11}$$

以上(15.11)式等数学关系式推导过程中,假设处于正电位的等离子体区直接与离子鞘相接。实际上两者之间有一个电势逐渐变化的准中性过渡区,对离子浓度、速度及电流等有很大影响。进一步分析可以得到 $(V_p - V_f)$ 更为合理的表达式如下:

$$V_p - V_f = \frac{kT_e}{2e}\ln\left(\frac{m_i}{2.3m_e}\right) \tag{15.12}$$

以典型氩等离子体为例,如果电子和离子能量为 2 eV 和 0.04 eV,按(15.11)和(15.12)二式分别计算离子鞘层的电势降落 $(V_p - V_f)$,前者给出 15 V,后者则为 10.4 V。

上面以悬浮体为例讨论得到的结论,应该适合与等离子体接触交界的任何物体,包括电极及处于接地电位的放电腔体器壁。另外,应该指出以上讨论都假设等离子体完全是由正离子和电子组成的,但除了这种可被称为电正性等离子体外,在某些实际应用等离子体中,还可能存在负离子。如果放电气氛中存在电负性强的气体,就会产生有电子附着的负离子。例如,在含氧气体放电时,等离子体中除 O^+ 正离子及氧原子外,还会生成 O^- 负离子。在这种所谓电负性等离子体中,电子与负离子两种负电荷的同时存在,可与正离子中和,使等离子体结构与性能有所变化。研究表明,等离子体中的负离子不是均匀分布在整个等离子体区,而是集中于中间区域,其外围区域则为电正性等离子体区。

15.3.4 等离子体屏蔽效应及德拜长度

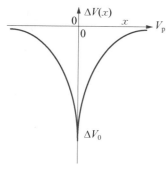

图 15.12 等离子体内外来扰动引起的电势变化

与金属等导体对静电场的屏蔽相同,等离子体对外来电场扰动也具有屏蔽效应,被称为等离子体的德拜(Debye)屏蔽效应。如果外来电荷置于等离子体中某处,由于异性相吸的库仑作用力,必然被相反电荷粒子包围与中和,使外来电荷的电场比在自由空间更快衰减,并局限在一定距离范围,这个距离称为德拜屏蔽距离或德拜长度,用 λ_D 表示。德拜长度应与等离子体电荷密度及温度有关。显然由于电子、离子两者可动性的巨大差异,对外来干扰的屏蔽效应,主要取决于电子运动。下面用图 15.12 所示外来扰动引起的电势变化近似分析,引出等离子体德拜长度的表达式。

如果等离子体某区域外来扰动使电子密度的变化为 $n_e(x)$，并忽略离子密度变化，则反映电荷与电场间自洽关系的泊松方程可简化为

$$\frac{\mathrm{d}^2 V}{\mathrm{d} x^2} = -\frac{e}{\varepsilon_0}\big[n_i - n_e(x)\big] \tag{15.13}$$

在热平衡状态电子按照玻尔兹曼分布规律，其密度变化可表示为

$$\frac{n_e(x)}{n_e} = \exp\left[-\frac{e\Delta V(x)}{kT_e}\right] \tag{15.14}$$

忽略离子密度变化，认为 $n_i = n_e$，(15.13) 式可改写为

$$\frac{\mathrm{d}^2 V}{\mathrm{d} x^2} = -\frac{e n_i}{\varepsilon_0}\left[1 - \exp\left(-\frac{e\Delta V(x)}{kT_e}\right)\right] \tag{15.15}$$

在电势小的区域，$e\Delta V(x) \ll kT_e$，(15.15)式右面指数项可在泰勒级数展开后，只保留最低阶项，(15.15)式可简化为

$$\frac{\mathrm{d}^2 V}{\mathrm{d} x^2} \approx \frac{e^2 n_i}{kT_e \varepsilon_0}\Delta V(x) \tag{15.16}$$

由(15.16)式可以近似得到等离子体扰动区的电势变化与德拜长度的表达式如下：

$$\Delta V(x) = \Delta V_0 \exp\left(-\frac{\left| x \right|}{\lambda_D}\right) \tag{15.17}$$

$$\lambda_D = \sqrt{\frac{kT_e \varepsilon_0}{n_e e^2}} = 6.9\sqrt{\frac{T_e}{n_e}} \tag{15.18}$$

上式中 T_e 的单位为 K，n_e 的单位为 cm^{-3}，λ_D 的单位为 cm，可见反映等离子体屏蔽作用的德拜长度，主要取决于电子密度与能量。以 $n_e \approx 10^{10}\ \mathrm{cm}^{-3}$，$kT_e \approx 2\ \mathrm{eV}$ 的等离子体为例，其 λ_D 的数值约为 $1.05 \times 10^{-2}\ \mathrm{cm}$。

应该指出的是，上述分析中忽略了离子在扰动区的浓度变化，使 λ_D 表达式只与电子参数相关。这显然不够精确，更为全面分析得到的德拜长度表达式与离子密度及温度也相关。(15.18)式称作电子德拜长度表达式应更为确切，因而也宜用 λ_{De} 表示。电子德拜长度可作为近似估算库仑势被屏蔽的等离子体特征空间长度。电荷(q)引起的电势变化随距离(r)的变化，在真空或空气中为 q/r，在等离子体中则为 $(q/r)\exp(-r/\lambda_D)$，电势衰减比真空中要快得多。等离子体受到扰动时，在以大于 λ_D 为半径的球体范围以外，很快恢复到具有电中性的等离子体状态。实际上，离子鞘的形成正是等离子体屏蔽效应的一种体现，离子鞘层厚度约为几个德拜长度的量级。

15.3.5　等离子体振荡

粒子的集体运动是等离子体的主要特性之一。虽然组成等离子体的独立荷电粒子之间存在库仑长程作用力，但大量正负电荷粒子相互屏蔽的集体作用，使两个电荷间的个体作用只局限于德拜长度为半径的球体内。在更大范围粒子的运动行为，则表现为大量粒子共同参与的集体运动。等离子体中荷电粒子间的库仑碰撞是个体作用结果，而等离子体振荡则

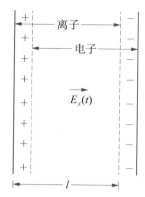

图 15.13　等离子体内电子
分布位移及振荡
示意图

是大量荷电粒子集体运动的体现。图 15.13 为一平行板形等离子体,下面以该图所示电子运动,说明等离子体振荡的产生及其特征振荡频率。

设平板形等离子体宽度为 l,电子与离子均匀分布的等离子体内部,$n_e = n_i = n$。 如果电子相对于离子沿 x 方向位移一段距离,由于离子质量很大,可近似忽略离子运动。由图 15.13 可见,除了边缘区域以外,等离子体内部仍保持电中型,但在边缘区域则形成由电子或离子组成的空间电荷变化,这将使电场发生相应变化。根据泊松方程,电场(E)变化与空间电子电荷密度(n)的关系,可由下式表示:

$$\frac{\mathrm{d}E}{\mathrm{d}x} = \frac{ne}{\varepsilon_0} \tag{15.19}$$

在电子空间电荷区间对(15.19)式积分,可得到电场强度为

$$E = \frac{nex}{\varepsilon_0} \tag{15.20}$$

这些位移的电子必然受到使其朝相反方向运动的电场力(eE)作用,

$$m_e \frac{\mathrm{d}^2 x}{\mathrm{d}t^2} = -eE = -\frac{ne^2}{\varepsilon_0}x \tag{15.21}$$

(15.21)式表示的是一种与位移距离(x)成正比的回复力($F = -kx$),以及这种力决定的质量为 m 的粒子简谐运动微分方程,

$$m \frac{\mathrm{d}^2 x}{\mathrm{d}t^2} = -kx \tag{15.22}$$

以上微分方程的解为 $x = A\cos(\omega t + \phi)$,其中,粒子振荡频率($\omega$)由回复力系数 k 与粒子质量 m 决定,$\omega = (k/m)^{1/2}$。 因此,(15.21)式描述的电子将作简谐振动,等离子体集体对电子运动的回复力系数为 $k = ne^2/\varepsilon_0$。 由以上分析可以得到等离子体的电子振荡频率为

$$\omega_{pe} = \sqrt{\frac{k}{m_e}} = \sqrt{\frac{ne^2}{m_e\varepsilon_0}} \tag{15.23}$$

$$f_{pe} = \frac{\omega_e}{2\pi} = 8.98 \times 10^3 \sqrt{n_e} \tag{15.23a}$$

对于电子密度为 $10^{10} \sim 10^{11}$ cm^{-3} 量级的等离子体,由上式可知,其电子振荡频率处于微波波段($1 \sim 10$ GHz),大大高于集成电路工艺常用射频频率(13.56 MHz)。当等离子体受到频率为 ω 的电磁波干扰时,只要 $\omega < \omega_{pe}$,等离子体将可快速反应,以保持其电中性。等离子体中除了电子振荡,也存在离子振荡,其振荡应可用与电子振荡类似的关系式描述,但频率与幅度都要低得多。

$$\omega_{pi} = \sqrt{\frac{k}{m_i}} = \sqrt{\frac{ne^2}{m_i\varepsilon_0}} \tag{15.23b}$$

等离子体的本征振荡频率应与电子和离子振荡都有关,可由下式表达:

$$\omega_p = (\omega_{pe}^2 + \omega_{pi}^2)^{1/2} \tag{15.23c}$$

由于电子质量显著小于离子,致使 $\omega_{pe} \gg \omega_{pi}$,可以得到

$$\omega_p \approx \omega_{pe} \tag{15.23d}$$

　　等离子体振荡和等离子体屏蔽效应都反映了等离子体中荷电粒子的运动特性。显然表征等离子体振荡频率和德拜长度的这两个物理参数也应密切相关。由两者的乘积,正好得到电子平均热运动速度的近似值,

$$\lambda_D \omega_{pe} = \sqrt{\frac{\varepsilon_0 k T_e}{n e^2}} \cdot \sqrt{\frac{n e^2}{m_e \varepsilon_0}} = \sqrt{\frac{k T_e}{m_e}} \propto \bar{v}_e \tag{15.24}$$

电子振荡运动的周期可以代表等离子体对于外来干扰的响应时间(τ_{pe})。由电子振荡频率、德拜长度、平均速度三者关系,可以得到等离子体的特征响应时间的表达式及其物理含义,

$$\tau_{pe} = \frac{1}{\omega_{pe}} = \sqrt{\frac{m_e \varepsilon_0}{n e^2}} = \frac{\lambda_D}{\bar{v}_e} \tag{15.25}$$

对于上述密度为 10^{10} cm^{-3} 的等离子体,这个特征响应时间约为 1 ns。在等离子体振荡运动周期内,电子的位移距离约为 λ_D。这个时间也就是等离子体对外加扰动的响应时间,或者说,是等离子体把电干扰局限于德拜长度量级鞘层所需要的时间。

15.4　交流放电等离子体

　　交流电源激励气体放电等离子体普遍应用于各种集成芯片与其他电子器件制造技术。根据不同应用需求,可以选择较低频、射频和微波等不同频率电源及放电系统,有电容性放电、电感性放电、单电源、多电源、脉冲电源等多种等离子体系统。通过直流、射频等不同电源有机结合研制的等离子体半导体加工设备,使等离子体密度、工艺可控性及效率不断提高。本节对交流气体放电等离子体产生原理及其特性作简要讨论。

15.4.1　直流气体放电等离子体的局限性

　　一般直流二极放电产生的等离子体密度较低,曾经先后应用多种方法予以提高,其中较为成功的是磁场控制技术,并已经得到广泛应用。利用磁场对运动电子的束缚作用,增强其碰撞电离几率,以提高离子密度及相应溅射、刻蚀等工艺效率。但是,直流气体放电等离子体难以对表面有绝缘薄膜覆盖的硅片或其他介质材料进行加工。以溅射工艺为例,直流等离子体只能用于溅射金属,而无法用于溅射介质。在集成电路加工过程中,硅片表面常覆盖 SiO_2 等介质。在直流等离子体中,绝缘表面将产生电势差仅为 10 V 量级的负电位,难以产生有效刻蚀效果。

　　当电极表面为绝缘物时,气体放电电极间不可能形成持续放电等离子体。图 15.14 显示这一事实的原因。图 15.14(a)上电极覆盖绝缘物的平行板电极放电电路,可用图(b)的等效电路表示,其中极间区域用两个相互串联的等效电容代表,一个是放电空间电容,另

一是绝缘物为介质的电容。如图 15.14(c)电势变化所示,当直流电压接通瞬间,电源电压可通过右边介质电容传输到绝缘物表面,在电极空间建立高电压,使气体空间击穿放电,但即刻介质电容就开始充电过程,使介质表面电位衰减呈指数衰减至零电位,气体放电熄灭。

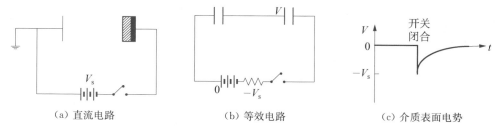

(a) 直流电路   (b) 等效电路   (c) 介质表面电势

图 15.14   电极覆盖绝缘介质时的直流电路、等效电路与介质表面电势变化

15.4.2   射频气体放电等离子体

如果应用交流电压源激励气体放电,则与直流电源情形完全不同。在交流电压作用下,即便电极覆盖介质,电极间仍可产生放电,在频率较低时,放电可为间歇式。但只要电源频率足够高,使其周期小于介质电容充放电时间,电极间将产生持续辉光放电等离子体。利用射频电源,可以在不同结构、不同衬底、不同耦合方式的系统中产生和增强等离子体。射频电源可以通过两种方式激励气体放电,即电容耦合和电感耦合,分别称为容性放电与感性放电。本节以容性放电为例,讨论射频等离子体特性。

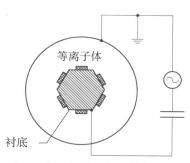

图 15.15   同轴六面体射频放电等离子体系统

射频放电等离子体技术在溅射、刻蚀等半导体工艺及其他加工技术中,得到广泛应用。除应用极为普遍的平行板电极射频电容耦合等离子体装置(见图 15.2)外,还针对不同用途,发展了多种射频等离子体加工系统,以提高生产效率及均匀性等性能。图 15.15 为同轴六面体射频放电等离子体装置示意图。这种结构在反应离子刻蚀技术中曾有广泛应用,共同连接电源驱动电极的 6 个侧面都可放置硅片,生产效率显著提高。

射频等离子体系统常采用的电源频率为 13.56 MHz,这是由国际通信组织专为工业应用规定的频率,以降低对其他射频通信无线电信号干扰。通常射频驱动电压在 $10^2 \sim 10^3$ V 范围。平行板结构的极板间距约为 $2 \sim 10$ cm。反应腔体工作气压通常选取在 $10 \sim 100$ mTorr 区间。一般射频气体放电系统中的等离子体密度约在 $10^9 \sim 10^{11}$ cm^{-3} 区间。

射频等交变电源放电产生的等离子体,同样具有 15.3 节讨论的一些主要等离子体特性。图 15.16 显示平行板电极间气体放电形成的等离子体结构和电荷密度分布。由图 15.16 可见,与直流放电情形类似,在等离子体区域两侧与电极界面处也都形成空间电荷区,即离子鞘层 a 与 b。两者厚度不等,电容耦合电极界面处的鞘层厚度大于另一电极界面鞘层。在非电容耦合电源极板一侧,由于没有电容隔离,使电荷容易泄漏,但因电子与离子的质量差异,仍然会形成离子鞘层,只是其厚度较薄,电势降落较小。如果两个对称极板都直接与电源相接,则等离子体两侧的离子鞘层厚度相同。图 15.16 下部的电荷密度分布显示,两个鞘层中离子密度都显著高于电子,电子密度几乎为零。这导致鞘层阻抗增大,成为主要电势降落区。电极间的射频电流主要由等离子体区的电子传导电流与离子鞘层的位移电流构成。

　　与直流放电等离子体不尽相同的是,射频等离子体由于受到射频电源瞬时电场变化作用,离子鞘层边界也会随时间振荡。根据前面对等离子体振荡特性可知,可动性很高的电子会按电源频率做周期性运动,相比之下,鞘层内质量较大的离子则跟不上射频瞬时电场变化,只受时间平均电场的影响,促使鞘层内形成由离子构成的净正电荷。图 15.17 较具体地显示射频等离子体鞘层中离子和电子的分布。图 15.17 中标出了鞘层中电子的平均密度(虚线)与某一时刻的瞬时密度分布(实线),$s(t)$ 表明射频电源引起的鞘层边界的瞬时变化。

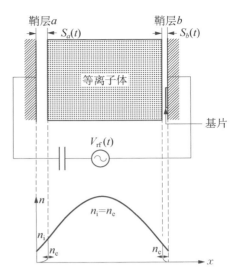

图 15.16　射频放电等离子体电荷密度与电子/离子浓度分布示意图[3]

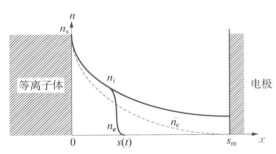

图 15.17　射频等离子体鞘层电荷浓度变化示意图[8]

　　射频气体放电时电子作振荡运动,可以更有效地利用二次电子,产生更多碰撞电离,有益于增加等离子体密度,并有利于在更低气压或电压下激发等离子体。在射频放电过程中,主等离子体区域的欧姆加热表现为,通过作振荡运动的电子与中性粒子碰撞电离,吸收电源功率。而且射频等离子体中除了存在这种欧姆加热机制外,还存在较强的其他加热机制,可以增强电磁场能量吸收。在射频放电过程中,电子与振荡鞘层边界发生碰撞,并反射回主等离子体区,电子受到鞘层电场加速,可使电子获取更大动能。这种能量吸收机制被称为电子随机加热。在低气压电容耦合放电系统中,由于鞘层电场远大于主等离子体区电场,电子随机加热可成为主要能量吸取机制。

15.4.3　交变电源气体放电形成的自偏置电势

　　射频气体放电等离子体的一个重要特性是,在电容耦合电极上会形成相当大的负偏置电压。下面以图 15.18 所示交流电源电容耦合气体放电电路为例,说明这种自偏置电压形成的物理机制。为了便于分析,假设输入电压为高频方波,其峰峰电压为 2 kV、周期为 τ。图 15.19 显示电源放电过程中电源电压(V_a)、电容耦合放电电极电位(V_b)及电流随时间的变化[9]。

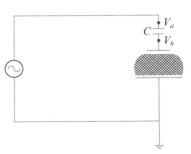

图 15.18　射频电源气体放电等离子体电路示意图

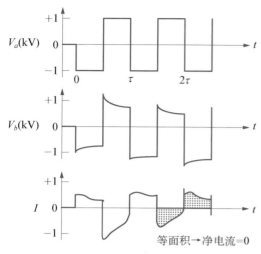

图 15.19　方波电源气体放电形成的电势（V）和电流（I）随时间变化

（1）$t=0$ 时：电源电压 V_a 由 0 V 瞬时跃变至 -1 kV，由于耦合电容（C）对瞬时电压变化的阻抗很小，使气体放电室电极电位 V_b 跟随下降 -1kV，从而触发气体放电，产生等离子体。

（2）$0<t<\tau/2$ 期间：处于负电位的极板受到正离子轰击，形成的电流对耦合电容充电，使 V_b 电位上升，但离子质量较大，速度慢，离子流较小，电位上升速率较缓。

（3）$t=\tau/2$：电源输入电压 V_a 由 -1 kV 上升至 $+1$ kV，瞬时跃变 2 kV，放电电极电位 V_b 跟随上升相同幅度。

（4）$\tau/2<t<\tau$ 期间：处于正电位的极板吸引质量小、速度快的电子，形成较大的反向电流对电容 C 充电，使 V_b 电位以较大速率下降。

（5）$t=\tau$ 时：电源输入电压的负向跃变，使 V_b 再次降至更负电位。

此后周期性外加电压变化，驱使电容耦合极板的平均中点电位不断移向负值。经过数个周期，当正负周期内分别到达极板的电子与离子电荷相等时，V_b 会达到一个稳定的自偏置平均负电压值。

上面从交变电源正负相位电子与离子电流值的差异，分析说明负偏置电压的产生原因。换一个角度，从两种电荷可动性的巨大差异也可说明，在等离子体与电极板之间，必然形成离子密度显著高于电子密度的空间电荷区域，即离子鞘层。交变电源气体放电产生的直流负偏置电压正是降落在这个鞘层。负偏置电压与离子鞘，两者的形成完全是一种自洽现象。

常用射频电源一般输出正弦波电压。对于这种电压放电形成的等离子体，在电源耦合电极板上也同样会形成负偏置直流电位，经过数周期后，输入的交流电压就会在直流负偏置电压上下振荡，如图 15.20 所示。直流负偏置约略小于交变峰峰振幅电压值的一半。在溅射工艺装置中，溅射靶置于此负偏置驱动电极上。图 15.20 显示，在每个周期内，只有很小比例的短暂时间，靶电极电位处于正值，而且幅度较小，绝大部分时间处于负值。因此，溅射靶受到荷能离子轰击，几乎是连续的。

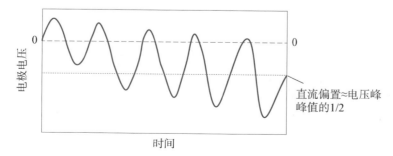

图 15.20　正弦波射频电源放电形成的电势变化及负偏置电压

以上讨论表明,射频放电等离子体的自建负偏置电压特性,也是由于离子与电子两者质量巨大差异,在电极上产生电荷积累效应的结果。图 15.21 显示射频放电等离子体的电流/电压特性曲线及它们随时间的变化,可用于说明负偏置电位的产生机理。图 15.21(a)和(b)分别为起始与稳定状态的射频 $I(t)$、$V(t)$ 及 $I(V)$ 曲线。由图 15.21 可见,基于电子、离子质量及速度巨大差异,等离子体 I-V 曲线具有非对称性,类似整流二极管 I-V 特性。射频放电起始初期正半周的电子电流显著大于负半周的离子电流,使电容耦合电极上积累大量负电荷,从而形成接近 1/2 射频电压峰峰值的负偏置电位,同时在等离子体与电极间建立离子鞘层。

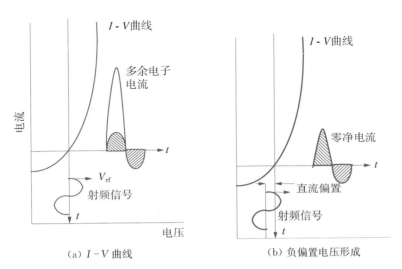

(a) I-V 曲线 (b) 负偏置电压形成

图 15.21 射频放电等离子体 I-V 曲线及负偏置电压形成原理图

15.4.4 射频放电电路匹配网络

在图 15.16 和图 15.18 等讨论射频等离子体原理的示意图中,都把一个射频电源直接接在放电电极上。但是,一般情况下这样直接接入,不能使射频电源功率最为有效地传输给等离子体。对于直流电源电路,通常当负载电阻与电源内阻相等时,负载可获得最大输出功率。对于交流电路,则需同时考虑电阻、电容及电感的影响,要求负载等效复合阻抗与电源输出阻抗适当匹配,以获得负载最大功率。等离子体在气体放电电路中是由等效电阻、容抗、感抗组成的复合阻抗负载。平行板电极气体放电形成的等离子体,如忽略其电感特性,可以看作由等效电阻和电容构成的复合阻抗负载,主等离子体区可等效为一个电阻,而两个电极表面处的空间电荷区则为两个等效电容。

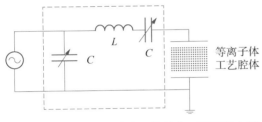

图 15.22 射频放电等离子体放电匹配网络电路

为了使真空室放电区获得最大功率输入、提高等离子体密度,必须使等离子体区负载阻抗与射频电源的输出阻抗相匹配。因此,在射频等离子体设备中,电源应该通过一个匹配网络和放电电极连接。根据不同电源及负载具体情况,选择不同匹配网络接入。图 15.22 为一典型射频气体放电电路示意图。图 15.22 中间虚线方框内是一个由电感及可变电容构成的匹配网络,这种结构常被称为 L 型网络。匹配网络通常安置在真空室外电极邻近处的匹配箱中,以减少无功电流造成的功率损耗。利用以空气或真空为介质的可调电容,可以调节匹配网络的阻抗,以使射频电源传递给等离子体负载最大功率。

15.5　等离子体的离子鞘特性

从直流到射频,各种不同电源激励气体放电产生的等离子体性能表明,不论何种电源驱动,都会在主等离子体区与电极或器壁界面之间形成离子鞘层,并在鞘层中形成直流电势降落。即便在射频放电等离子体系统中,等离子体区的电势也高于任一侧电极及器壁表面的电势。电极及器壁表面附近建立的正空间电荷离子鞘层,促使电子被约束在等离子体区。离子鞘层的稳定性及其中电势分布,常常是等离子体应用系统中的关键所在。金属薄膜溅射、反应离子刻蚀(RIE)速率及图形剖面等,都取决于稳定的鞘层。本节在讨论离子鞘层稳定性后,将分析离子鞘层电势降落与电极面积关系,以及决定鞘层宽度的等离子体特性参数。

15.5.1　等离子体的玻姆鞘层稳定性判据

虽然前面一再谈到离子鞘层的存在及其重要作用,也讨论了鞘层形成的基本原因,但对于稳定鞘层的形成条件却未涉及。显然这是值得考虑的问题。相对于电子,离子的热运动速度低多个数量级,而且离子的低可动性,正是等离子体独特性能的重要原因之一。为了在负偏置的电极或器壁附近形成离子空间电荷区(离子鞘),可以推想,在等离子体动态过程中,由等离子体区流向鞘区的离子流密度,必须足够大。这就要求离子到达鞘层边界时,应具有较大漂移速度,即要求离子达到某种临界速度,越过边界、源源不断进入鞘层,以保持稳定空间电荷区及电势分布。下面讨论为形成稳定离子鞘层,所必需的离子临界速度条件。

对于稳定离子鞘层的形成条件,有一个以 20 世纪著名物理学家玻姆(D. Bohm,1917—1992)命名的判据,被称为玻姆鞘层判据。按照早在 1949 年提出的这一判据,为形成稳定鞘层,离子进入鞘层时的漂移速度应该满足以下条件:

$$u_s \geqslant \left(\frac{kT_e}{m_i}\right)^{1/2} \tag{15.26}$$

u_s 为离子在鞘层边界($x=0$)处的速度,m_i 为离子质量,T_e 为电子温度,k 为玻尔兹曼常数。这个关系式简捷而有意义。该式中$(kT_e/m_i)^{1/2}$ 在物理学中具有流体中声波速度的含义,常被称为玻姆速度,$u_B = (kT_e/m_i)^{1/2}$。因此,(15.26)式所描述的稳定鞘层玻姆判据表明,由主等离子体区向鞘层运动的离子,到达鞘层边界时的定向速度等于或大于声速,是稳定鞘层形成的必要条件。在低气压放电条件下,离子可无碰撞进入鞘层,可以利用离子运动的能量守恒原理和泊松方程,推导出以上玻姆鞘层判据的数学表达式。

图 15.23 为等离子体与器壁界面处的电荷与电势变化,可用以说明玻姆鞘层判据表达式。原先在主等离子体区只具有热运动速度的离子,如何达到玻姆速度? 由图 15.23 可见,在主等离子体区与非电中性的鞘层之间,有一个电势缓变的过渡区,其中电子和离子密度逐

渐有所降低,但两者仍相等,保持电中性。此过渡区可称为预鞘层。预鞘层中电势必然使离子加速,可使其达到与超过玻姆速度。这说明稳定鞘层形成、电荷及电势分布是由离子和电子运动决定的自洽特性。

值得特别注意的是,玻姆鞘层判据中把离子速度与电子温度 T_e 相联系,而 T_e 是标志等离子体特性的重要物理参数。这实际上反映了离子与电子的紧密相互作用。在等离子体中离子获得满足玻姆鞘层判据的定向速度,并非源于外界其他因素,而是等离子体内部电荷与电场自洽相互作用与调整的结果。虽然在非热平衡主等离子体区中,离子平均温度 (T_i) 远低于电子平均温度 (T_e),但是,主要由电子运动造成的电势分布,使向鞘层边界运动的离子受到加速、能量提高。

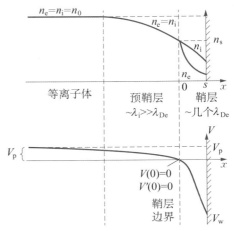

图 15.23　等离子体与器壁间的鞘层及预鞘层中电荷与电势变化[10]

可用简化模型估算抵达鞘层边界的离子能量。在图 15.23 中,由主等离子体区中心向边缘运动的离子速度将逐渐增大,到达鞘层边界时的离子速度为 u_s,离子获得的动能为 $u_s^2/2m_i$。利用(15.26)式的稳定离子鞘层判据表达式,$u_s \geqslant (kT_e/m_i)^{1/2}$,可把离子动能表示为

$$\frac{m_i u_s^2}{2} \geqslant \frac{kT_e}{2} \tag{15.27}$$

上式说明离子以玻姆速度 (u_B) 进入鞘层时,所携带的动能为 $\geqslant kT_e/2$,已与电子具有同样量级。在鞘层中离子还将受到加速,使稳定鞘层中的离子能量远高于主等离子体区。预鞘层和鞘层两者并无严格界限,通常把离子达到声速的位置确定为稳定的鞘层边界。在此边界离子流的速度由亚音速 $(u<u_B)$ 过渡到超音速 $(u>u_B)$。

15.5.2　电极界面鞘层电势降落与其面积关系

图 15.16 与图 15.18 的射频电源驱动二极气体放电电路,可以用图 15.24 的等效电路代表。两个极板界面形成的离子鞘层可用电容代表,主等离子体区在此等效电路中被简化为理想导体。由图 15.24 可见等效电路各点的直流偏置电位极性。主等离子体与驱动电极间的电压 V_a,降落在鞘层 a 电容;主等离子体与接地电极间的电压 V_b,降落于鞘层 b 电容。前面讨论中已强调指出,驱动电极一侧的鞘层电势降显著大于接地电极鞘层。这一结论也可从等效电路分析得到。相互串联电容之间的分压,取决于电容大小。电容小,阻抗大,电压降大。电源驱动电极的鞘层 a 电容通常显著小于接地电极。这是因为鞘层 a 的宽度比鞘层 b 大,而且接地电极面积通常又大大超过驱动电极。

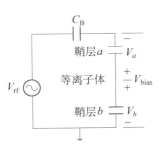

图 15.24　射频等离子体及鞘层的等效电路

依据鞘层电压降与电容的反比关系及(15.3)式所示 Child 定律,可以估算两个鞘层电压降与电极板面积的关系。假设两个电极上的离子电流密度相等,并以 V_a、V_b 和 s_a、s_b 分别代表

两个电极界面鞘层宽度,根据(15.3)式可得如下关系:

$$\frac{V_a^{\frac{3}{2}}}{s_a^2} = \frac{V_b^{\frac{3}{2}}}{s_b^2} \Longrightarrow \frac{V_a^{\frac{3}{2}}}{V_b^{\frac{3}{2}}} = \frac{s_a^2}{s_b^2} \tag{15.28}$$

另一方面,如以 A_a、A_b 分别代表两个平行板电极的面积,则按电压电容关系可以得到

$$\frac{V_a}{V_b} = \frac{A_b s_a}{A_a s_b} \tag{15.29}$$

综合以上两式中的鞘层参数关系,最后得到鞘层电压与平行电极面积的关系为

$$\frac{V_a}{V_b} = \left(\frac{A_b}{A_a}\right)^4 \tag{15.30a}$$

虽然实验确实表明,驱动电极与接地电极离子鞘层电压降与面积反比呈指数关系,但是,大部分实验得到的指数值小于 4。实验数据可表示为

$$\frac{V_a}{V_b} = \left(\frac{A_b}{A_a}\right)^q \tag{15.30b}$$

其中,$q \leqslant 2.5$。 有更为深入的理论分析得到指数值为 5/2,与实验数据很接近。对于非平行电极的其他放电结构也有分析计算,可以得到不同指数关系[8]。

15.5.3　等离子体的鞘层宽度

在集成电路薄膜工艺等许多应用技术中,等离子体的鞘层电压降较大,使鞘层内的电位远低于等离子体/鞘层边界电位。这导致鞘层内电子密度 $n_e = n_s \exp(-eV/kT_e) \to 0$,即按玻尔兹曼分布规律迅速下降,并趋向于零,如图 15.23 所示。为了简化可以进一步假设,鞘层中只有离子,而且在宽度为 s 的鞘层中,离子具有均匀密度分布,即在 $x = 0 \sim s$ 的鞘层内,$n_i = n_s$。在这种条件下,对于鞘层中的电场梯度可以写为

$$\frac{dE}{dx} = \frac{en_s}{\varepsilon_0} \tag{15.31}$$

由上式可知,鞘层内电场随 x 线性变化,

$$E = \frac{en_s}{\varepsilon_0} x \tag{15.32}$$

根据 $dV/dx = -E$,通过积分,可以得到鞘层内的抛物线形电势分布,

$$V = -\frac{en_s}{\varepsilon_0} \frac{x^2}{2} \tag{15.33}$$

设在 $x = s$,即电极上的电位为 $V(x) = -V_0$,则可得到鞘层宽度为

$$s = \left(\frac{2\varepsilon_0 V_0}{en_s}\right)^{1/2} \tag{15.34}$$

由(15.18)式可得鞘层边界处的电子德拜长度可表示为

$$\lambda_{Ds} = \left(\frac{\varepsilon_0 k T_e}{e^2 n_s} \right)^{1/2} \tag{15.35}$$

利用以上两关系式,可获得鞘层宽度与电子德拜长度依存关系的表达式:

$$s = \lambda_{Ds} \left(\frac{2 e V_0}{k T_e} \right)^{1/2} \tag{15.36}$$

由于在很多等离子体薄膜工艺设备中,阴极界面鞘层通常有 $eV_0 \gg kT_e$,故离子鞘层的宽度可为德拜长度的数十倍,其数值可达厘米量级尺寸,使人眼可观察到阴极鞘层暗区[10]。

15.6　高密度等离子体技术

在等离子体技术发展过程中,如何提高等离子体密度始终是一个重要课题。为了适应微细加工技术需求,人们依据气体放电与等离子体基本特性,不断研究改进多种增强气体放电效率、提高电子/离子密度的技术途径。本节将分别分析讨论磁场增强、电感耦合气体放电等离子体(ICP)和电子回旋共振(ECR)微波激励等 3 种主要高密度等离子体技术。

15.6.1　高密度等离子体系统主要特点

自 20 世纪 70 年代以来成功利用磁场控制电子运动轨迹,增加电子碰撞几率,提高气体原子电离率,增强等离子体密度,使离子溅射速率显著提高。这种磁场辅助二极放电等离子体系统至今在溅射、刻蚀等工艺中普遍应用。传统二极放电系统一般工作气压较高、等离子体密度较低,而且等离子体密度、鞘层电压及离子能量难于分别控制。这些局限性阻碍其在尺寸更为精细的半导体器件加工中应用。因此,低气压、高密度等离子体设备和工艺技术自 20 世纪 90 年代以来受到格外重视,并不断取得进展,逐渐成为深亚微米与纳米 CMOS 集成电路中薄膜淀积、刻蚀、微结构形成的关键加工技术。

高密度等离子体系统与一般二极容性放电等离子体系统相比较,一个重要区别在于采用气体离化效率更高的电源激励方式或机制。其中一种是应用感性耦合方式,把射频功率加在感应线圈上,产生电感耦合等离子体(ICP)。另一种则是直接用电磁波激励产生等离子体,其典型就是电子回旋共振等离子体系统(ECR)。在这种系统中,受到微波与磁场共同作用,作共振回旋运动的电子直接吸收微波能量,增强离化率,产生高密度等离子体。在螺旋波等离子体系统(helicon)中,射频电磁波被等离子体直接吸收,也可产生高密度等离子体。

高密度等离子体系统常有多个电源,这是与二极容性放电等离子体系统的另一重要区别。通过感性放电与容性放电密切结合,可以分别控制等离子体密度与能量,达到同时增强等离子体密度和获得所需鞘层电压,以提高加工效率与精度。有的系统甚至可同时输入直流、容性高频与感性射频 3 种电源,以便对等离子体密度、离子能量及工艺过程等作更全面和精确的控制。

表 15.2 列出典型射频二极放电系统与高密度等离子体系统的参数范围。由两种系统数据对比,可以清晰地看到高密度等离子体系统的一些重要特点。等离子体密度与电离率可提高数个数量级,而放电气压降低数个数量级。这对于深亚微米超精细线条及沟槽微结

构的薄膜淀积和刻蚀工艺至关重要。

表 15.2 典型射频二极放电系统与高密度等离子体系统的参数范围对比

参数	射频二极放电系统	高密度等离子体系统
放电气压(mTorr)	$10\sim1\,000$	$0.5\sim50$
输入功率(W)	$50\sim2\,000$	$100\sim5\,000$
电源频率(MHz)	$0.05\sim13.56$	$0\sim2\,450$
等离子体密度(cm^{-3})	$10^9\sim10^{10}$	$10^{10}\sim10^{13}$
电子能量(eV)	$1\sim5$	$2\sim7$
离子加速能量(eV)	$200\sim1\,000$	$20\sim500$
电离率	$10^{-6}\sim10^{-3}$	$10^{-4}\sim10^{-1}$
放电腔体体积(L)	$1\sim10$	$2\sim50$
截面积(cm^2)	$300\sim2\,000$	$300\sim500$
磁感应强度(kG)	0	$0\sim1$

15.6.2　等离子体与磁场

　　磁场在等离子体技术,特别是高密度等离子体获得技术中,具有极为重要的作用。在许多重要技术应用领域,等离子体的产生及控制都与磁场密切相关,许多等离子体系统需要配置专门设计的磁体结构,以增强及控制等离子体密度、分布等性能及加工工艺参数(如溅射速率、刻蚀速率)。磁场对等离子体作用的基本机理在于洛伦兹力。荷兰物理学家洛伦兹最早指出,在磁场中运动的荷电粒子总会受到一个磁场作用力,力的方向垂直于磁场与粒子速度组成的平面,力的大小与粒子电荷量(q)、速度、磁感应强度及后两者之间夹角的正弦函数成正比。洛伦兹力可表示为荷电粒子速度($\boldsymbol{v}$)与磁感应强度($\boldsymbol{B}$)两者的矢量乘积,如下式所示:

$$\boldsymbol{F} = q\boldsymbol{v} \times \boldsymbol{B} \tag{15.37}$$

按螺旋定则可确定洛伦兹力的作用方向,对于相同磁场与粒子速度方向,正负电荷粒子受到的洛伦兹力方向相反。因此,磁场可用于分离等离子体流中的电子和离子。如把粒子速度矢量分解为垂直和平行于磁场方向的两个分量: $\boldsymbol{v} = \boldsymbol{v}_\perp + \boldsymbol{v}_\parallel$,对洛伦兹力有贡献的是其垂直分量。洛伦兹力使荷电粒子以磁场方向为轴心、作回旋或螺旋运动。根据洛伦兹力及圆周运动方程,可求出荷电粒子回旋运动半径与频率。回旋半径取决于磁感应强度、粒子质量(m)、电荷量,以及垂直磁场方向的粒子速度分量($\boldsymbol{v}_\perp$)。

$$r = \frac{mv_\perp}{qB} \tag{15.38}$$

　　由于等离子体中的电子与离子是相互独立与可动的,两者都会受到外加磁场洛伦兹力作用。电子和正离子电荷量相等,在磁场中受到方向相反、大小相等的洛伦兹力,但由于两者质量悬殊,在磁场中电子运动偏转的曲率半径显著小于离子。以磁场中的氩离子和电子为例,它们的速度可由其动能计算,如果假设两者动能皆为 100 eV,磁感应强度为 100 Gs,则可估算得到,电子曲率半径为 0.3 cm,氩离子为 66 cm。这表明磁场引起的离子运动偏转很小,而电子运动在磁场作用下发生巨大变化。虽然洛伦兹力并不对电子做功,不能增加电子能量,但它造成的螺旋运动使电子运动路径大大增加,与中性原子的碰撞几率增大,电离率及等离子体密度也因而显著提高。

洛伦兹力造成的荷电粒子回旋运动的半径随粒子动能变化,但其回旋振荡频率只与磁场强度有关。电子和离子的回旋振荡角频率可以分别表示为

$$\omega_{ce} = \frac{eB}{m_e} \tag{15.39}$$

$$\omega_{ci} = \frac{eB}{m_i} \tag{15.40}$$

又是源于质量的巨大差异,等离子体中的电子回旋振荡频率大大高于离子。如以高斯为磁场强度单位,电子回旋频率可以写为

$$f_e = 2.8 \times 10^6 B (\text{Hz}) \tag{15.41}$$

如果选取磁场强度分别等于 5 Gs 与 875 Gs,电子在磁场中的回旋频率则分别为 13.56 MHz 与 2.45 GHz。这两个频率正好分别与专为工业技术应用规定的非通信射频和微波频率相等。因此,应用微波电源激励等离子体时,可以通过电子回旋共振,直接吸收电磁波能量,获得高密度等离子体。

磁场的作用远不止于提高等离子体密度,磁场还具有控制等离子体分布、分离电荷等多种作用。依据不同应用需求,设计与安置不同结构磁体,可使等离子体分布均匀,也可用非均匀磁场使等离子体聚集与约束。应用中间弱、两端强的不均匀磁场可以把荷电粒子束缚在其中。这种不均匀磁体结构常被称为"磁镜",意为运动的荷电粒子可被两边的强磁场区"反射"回中间弱磁场区,有如镜子反射光。著名的受控热核反应实验研究装置"托卡马克",其原理就是利用特殊设计的环形"磁镜"结构,把高温等离子体约束在一个圆环形空间的系统。非均匀磁场对于荷电粒子的聚焦作用广泛应用于扫描电镜等各种检测技术中。磁流体发电的基本原理,也是利用高温激发的等离子体流在磁场中受洛伦兹力作用,正负电荷向相反方向偏移,形成电压及电流,把热能直接转换为电能。

15.6.3　电感耦合等离子体技术

射频电感耦合气体放电,或简称感性放电,历来是产生等离子体的重要途径,早已在各种技术领域得到应用。近年来为了解决集成电路超精细加工等新课题,电感耦合等离子体(inductive coupled plasma, ICP)技术受到更多重视,并取得许多新发展,成为高密度等离子体加工的重要途径之一。在电感耦合系统中,电源直接施加于真空室外的线圈,由其产生的电磁场能量聚集在真空室内,激发气体放电,形成等离子体。与电容耦合等离子体相比,它具有等离子体密度高、鞘层电压低、加工基片损伤小等优越性,与电子回旋共振等其他高密度等离子体源相比,又具有原理简单、设备成本较低、易于调节控制等特点。ICP 等离子体有时也被称为射频感应等离子体(RF inductive plasma)等[11]。

按 ICP 系统工作频率,有两类电感耦合放电:一种为螺旋共振线圈产生的等离子体,这

种等离子体的激发电源频率与螺旋线圈的自身固有共振振荡频率相等,系统共振工作频率可在 3～30 MHz 范围;另一种为非共振电感耦合放电,这种气体放电中,电源驱动频率低于线圈自身共振频率。两类系统都可在低气压下激发高密度等离子体,在刻蚀、淀积等薄膜工艺中得到应用。

根据不同应用,存在多种不同结构电感耦合等离子体系统。在非共振感性放电系统中,射频功率电源加在非共振螺旋线圈上。ICP 射频频率也常选用 13.56 MHz。图 15.25 显示两种典型 ICP 装置的原理结构,其螺旋电感线圈分别为圆柱形和盘香形。圆柱形电感耦合结构历来应用较普遍。20 世纪 80 年代以来盘香形电感耦合结构得到发展,在刻蚀、外延等工艺设备中有许多应用。如图 15.25(b)所示,盘香形线圈以等离子体真空腔体的轴为中心,由内向外螺旋缠绕而成,可制备在一个平面内。这种结构特别适于低长宽比放电系统。为了提高等离子体径向均匀性,常需缠绕成非均匀结构线圈。在真空腔体周围安置多极永磁体,也是为了提高等离子体均匀性。

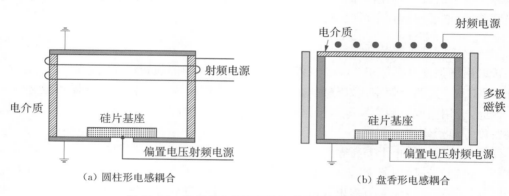

（a）圆柱形电感耦合　　　　　　　　　（b）盘香形电感耦合

图 15.25　电感耦合等离子体两种典型装置示意图

在容性放电系统中,通常应用全金属真空腔体。射频电源功率可通过位于真空室内的电极,耦合给等离子体。感性放电则不同。虽然电感线圈也有置于真空室内的,但如图 15.25 所示,许多系统常把耦合线圈设置在真空腔体之外,以避免金属杂质污染。加在电感线圈的射频功率,需要通过介质窗口耦合给等离子体。因此,射频输入区域的腔体器壁必须由介质材料制成。其他区域的腔体器壁则为金属并接地电位,形成与等离子体大面积良好接触,使等离子体的直流电位被钳制在较低电位,约在 20～40 V 范围。

图 15.25 所示两种等离子体装置中,衬底基座都与另一电容耦合射频电源连接,以便在衬底上产生可以独立控制的直流偏置电位。直流偏压可以调节轰击衬底的离子方向及能量,对于超精密尺寸器件上薄膜淀积、刻蚀等极大规模集成电路工艺十分重要。这也是 ICP 高密度等离子体系统的突出优越性,可以分别控制等离子体密度与离子能量,以获得最佳图形加工效果。

15.6.4　电子回旋共振微波高密度等离子体技术

电子回旋共振(electron cyclotron resonance,ECR)微波等离子体技术,利用微波与磁场两者作用相结合,产生高密度等离子体。在 ECR 系统中,微波可于低气压下激励等离子体,气体直接吸收电磁波能量并引起放电过程,也就是电磁波加热放电过程[12]。但是仅有微波作用时,微波激发的等离子体密度较低。由于等离子体的屏蔽效应,能够进入等离子体的电磁波频率必须大于等离子体本征振荡频率,即满足 $\omega \geqslant \omega_{\mathrm{pe}}$。根据此关系以及等离子体本征振荡频率与电子密度的关系,可知等离子体密度上限为 $n_{\mathrm{e}} \leqslant \omega \varepsilon_0 m_{\mathrm{e}} / e^2$。因此,单独微波作用难于获得高密度等离子体。如果同时施加适当频率的微波和相应强度的磁场,则可使电子更高效地吸收电磁波能量,形成一种微波高密度等离子体技术。

图 15.3 就展示了两者结合的 ECR 等离子体系统基本结构。ECR 等离子体装置通常采用频率(ω)为 2.45 GHz 的微波电源。围绕真空室设置可产生轴向磁场的磁体线圈。微波激励产生的等离子体受到洛伦兹力作用,电子将环绕轴向磁场作回旋运动。如 15.6.2 节所指出,当 $B = 875$ Gs 时,$\omega_{\mathrm{ce}} = 2.45$ GHz,$\omega = \omega_{\mathrm{ce}}$,即电子的回旋运动与电磁波振荡发生共振。在此共振条件下,旋转的电子正好与右旋偏振电磁波具有相同相位。这意味电子在受到下一次碰撞之前,一直受到一个恒定电场加速、增加动能。因此,电子得以共振吸收微波能量、加热等离子体。其结果必然是电子-原子碰撞几率及电离率因而大大提高,使等离子体密度显著增加。

图 15.26 有助于进一步理解 ECR 微波等离子体系统的基本结构及原理。在图 15.26(a)所示圆柱形金属腔体真空室的左端,由波导传输的微波通过介质窗口进入真空室,微波沿着磁力线把能量注入等离子体。在 ECR 装置中可应用一个或多个磁体线圈形成轴向磁场。在低长宽比的系统中常用均匀磁场,而在如图 15.26(a)所示长宽比大的 ECR 系统中,则常用非均匀磁场。图 15.26(b)显示磁感应强度轴向分布,实线为单线圈分布,粗虚线为 3 个线圈时的分布,并标出了与 2.45 GHz 电磁波共振的磁感应强度线(细虚线),$B_{\mathrm{r}} = 875$ Gs。由图 15.26(a)可见,单线圈形成的磁场轴向分布曲线上,在靠近微波窗口和气体入口处有一个 ECR 共振区。此处共振产生的高密度等离子体沿着磁力线扩散进入硅片加

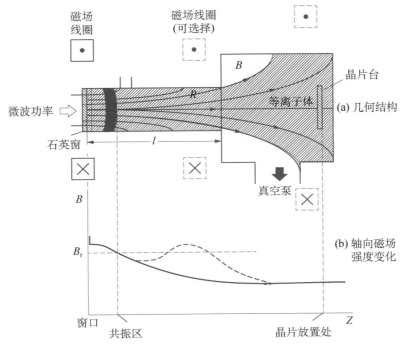

图 15.26　ECR 等离子体系统几何结构及其中磁场作用示意图

工区域。图 15.26(b)显示由 2 个线圈构成的磁场分布中,存在 3 个共振区,除了近窗口处的第 1 个共振区外,在第 2 个线圈的两侧还有两个共振区。这类似于"磁镜"的磁场空间分布,电子可被磁场"俘获"在两个"磁镜"(即高场区)之间。这样的磁场空间分布有益于增强对较高能量电子的约束,从而使等离子体具有更高电离率。

通过调整硅片附近的磁场线圈电流,可以改善加工工艺均匀性。在 ECR 等离子体系统中,为了控制离子能量与方向性,也可在载片台上施加射频偏置电压,如图 15.3 所示。ECR 腔体器壁金属表面常淀积覆盖一层介质薄膜,以降低由于器壁离子轰击溅射而产生的金属污染。

思考题

1. 什么是等离子体? 在集成电路制造工艺中常用等离子体是如何产生的?

2. 在电极表面及电极之间有哪些物理过程影响气体辉光放电? 气体放电电压与气压及电极间距离有什么关系?

3. 在气体放电等离子体系统中,什么是离子鞘层(ion sheath)? 它们存在于何处? 是怎样产生的? 离子鞘层宽度与哪些因素有关?

4. 电子与离子在等离子体同一电场中运动,为什么电子可获取更多能量? 试分析等离子体中电子、离子、原子具有不同温度的含义与原因。

5. 空间电荷区的电流-电压依赖关系有什么特点? 为什么不同于欧姆定律?

6. 对于二极气体放电装置,有哪些方法可用于提高等离子体密度? 分析各自原因,并对比各自应用范围。

7. 在直流电源辉光放电系统中,画出从阳极到阴极的电势分布,并说明其原因。

8. 为什么在辉光放电中,等离子体区总是处于最高电位?

9. 在射频放电时,在哪个电极上会产生较高负偏置电压? 为什么? 这种特性有哪些应用?

10. 直流等离子体和射频等离子体有什么共同点与不同点? 什么是高密度等离子体? 它是如何产生的? 有哪些应用?

11. 分析磁场在等离子体技术中的应用及其原理。

12. ICP 和 ECR 等离子体激励方法各有哪些特点?

参考文献

［1］中国大百科全书,物理卷,"等离子体"条目.

［2］刘万东,等离子体物理导论,第一章-引言.

［3］ M. A. Lieberman, A. J. Lichtenberg 著,蒲以康等译,等离子体放电原理与材料处理,第 1 章-概述. 科学出版社,2007 年.

［4］ D. L. Tolliver, The history of plasma processing, in *VLSI Electronics Microstructure Science*, *Vol. 8*, *Plasma Processing for VLSI*. Eds. N. G. Einspruch, D. M. Brown, Academic Press, London, 1984:1.

［5］ B. N. Chapman, DC glow discharges, Chap. 4 in *Glow Discharge Processes*: *Sputtering and Plasma Etching*. John Wiley & Sons Inc., New York, 1980.

［6］ R. A. Powell, S. M. Rossnagel, Plasma systems, Chap. 3 in *PVD for Microelectronics*: *Sputter Deposition Applied to Semiconductor Manufacturing*. Academic Press, London, 1999.

［7］ B. N. Chapman, Plasmas, Chap. 3 in *Glow Discharge Processes*: *Sputtering and Plasma Etching*. John Wiley & Sons Inc., New York, 1980.

［8］ M. A. Lieberman，A. J. Lichtenberg 著，蒲以康等译，等离子体放电原理与材料处理，第 11 章-容性放电. 科学出版社，2007 年.

［9］ B. N. Chapman，RF discharges，Chap. 5 in *Glow Discharge Processes*：*Sputtering and Plasma Etching*. John Wiley & Sons Inc. ，New York，1980.

［10］ M. A. Lieberman，A. J. Lichtenberg 著，蒲以康等译，等离子体放电原理与材料处理，第 6 章-直流鞘层. 科学出版社，2007 年.

［11］ M. A. Lieberman，A. J. Lichtenberg 著，蒲以康等译，等离子体放电原理与材料处理，第 12 章-感性放电. 科学出版社，2007 年.

［12］ M. A. Lieberman，A. J. Lichtenberg 著，蒲以康等译，等离子体放电原理与材料处理，第 13 章-波加热的气体放电. 科学出版社，2007 年.

第**16**章

薄膜与物理气相淀积技术

　　集成电路芯片制造需要应用多种不同性能、不同厚度的薄膜材料。概括而言,集成芯片的核心结构,可以说是由一系列薄膜和薄层技术加工形成的。图4.15曾把集成电路制造流程分解为晶体管形成的前端和电路互连的后端工艺两个部分。实质上,不论是前端工艺,还是后端工艺,又都是由不同薄膜与薄层加工构成的。因此,可以进一步把集成电路制造过程概括与简化为图16.1的模型。图16.1显示,通过精密图形定位技术和半导体、介质、金属等多种不同薄膜及薄层技术密切结合、往复加工,依次在硅基片上形成晶体管和电路多层次结构,实现功能芯片制造。

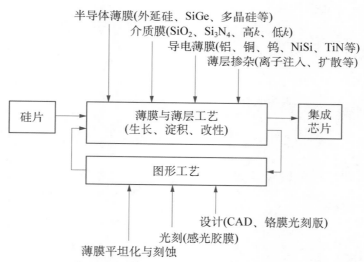

图 16.1　由多种薄膜与薄层加工技术构成的集成电路制造流程方框简图

　　随着集成电路技术升级换代,所应用的薄膜材料及加工技术不断增加、改进与创新。早期硅集成电路制造所应用的半导体薄膜只有同质外延硅膜,现今纳米CMOS芯片则需应用选择性异质外延技术,在特定区域形成应变SiGe膜。早期应用的介质薄膜只有热生长SiO_2,现在芯片加工需要多种工艺生长或淀积的高k和低k介质薄膜。铝是早期制作集成电路互连线的唯一金属膜,现今除了铜在高性能集成芯片中已取代铝布线外,还必须应用钨、钛、钴、TiN、NiSi等多种金属、化合物及合金,完成器件接触与金属化工艺。相对于薄膜技术其他应用,以集成化主导的微纳电子及光电子器件制造,是最为精密、细致而又迅速演变的薄膜加工领域。

本书各个章节中分别对不同类型薄膜性能及制备方法作较详细的讨论。第 9、第 10 章先后介绍半导体单晶薄膜生长和 SiO₂ 及高介电常数介质制备技术。本章及后面几章分别阐述薄膜物理气相淀积、化学气相淀积、刻蚀,以及它们在集成电路制造中的应用。本章讨论的物理气相淀积技术(PVD)在微电子、光电子等器件研制与生产中有广泛应用。在多种 PVD 方法中,本章重点介绍溅射技术,集成电路愈益复杂的互连系统需要应用不断改进与创新的溅射技术,淀积多种金属薄膜。蒸发及其派生的镀膜技术在新材料、新器件探索与研究中仍有重要应用,本章也作简要介绍。

16.1　薄膜生长与淀积概述

在具体讨论 PVD 技术之前,本节首先对薄膜材料与技术的主要特点作概要阐述。无论 PVD 技术,还是 CVD 技术淀积的薄膜,都有某些与体材料不尽相同的共同特性。本节在简要分析薄膜主要特点和基本制备方法后,将重点讨论气相淀积薄膜的成膜机制、生长模式、薄膜生长的热力学与动力学因素,以及 PVD 薄膜的微结构及性能与淀积温度/气压的关系。

16.1.1　薄膜性能特点

薄膜科学与技术是现代科技的重要分支,在现代科学技术发展中具有重要地位,已成为微电子器件、光电子器件等许多先进制造产业的技术基础之一。从半导体器件制造到各种光学元件及系统,从机械制造到建筑装潢等产业都广泛应用各种各样的薄膜材料技术。和半导体科学技术类似,薄膜科学技术也是一门多种学科相互交叉与结合的新兴学科,其发展依赖于物理、化学、材料科学等领域的研究成果,薄膜制备、加工与表征需要应用等离子体、电子束、离子束、激光、真空等多种现代技术。自 20 世纪中期以来,薄膜科学技术得到迅速发展,与集成电路制造技术的持续、快速升级换代关系十分密切。单元器件尺寸越来越小,器件集成规模愈益增大,不断对薄膜性能及制备技术提出新要求,促使薄膜技术日益创新,开发成功一代又一代薄膜新材料、新工艺、新设备[1-3]。

通常薄膜是指 1 nm 至 1 μm 量级的薄层材料。薄膜既可保持与体材料相同的基本物理化学性质,也可能具有与体材料制备及性能显著不同的特点。有多种不同功能的薄膜,从电性膜到磁性膜,从介质膜到超导膜,从光吸收膜到光反射膜,从有机膜到超硬膜,从抗氧化膜到抗腐蚀膜,种类不断增多,应用日益广泛。薄膜晶体管、薄膜太阳能电池、薄膜传感器等完全用薄膜制备的电子器件越来越多。薄膜可以具有不同物相结构,如非晶膜、纳米晶膜、多晶膜、单晶膜。有各种元素单质膜,也有许多化合物与合金膜。薄膜材料的独特性能,在其制备技术和器件应用中十分重要,使薄膜技术得到日益广泛应用。单晶薄膜可在远低于体材料晶体生长温度条件下形成。例如,硅单晶需从温度高于 1 420℃ 的熔体中冷却结晶形成,而硅外延单晶膜可在 1 000℃ 左右甚至低于 700℃ 的较低温度下生长。又如,在低气压条件下,可在较低温度下形成金刚石薄膜,人工金刚石颗粒则需在极端高温、高压条件下制造。当薄膜厚度减薄到一定程度时,由于量子限制效应,薄膜的电学、光学、磁学等性质都会发生显著变化。

薄膜的独特性能促进许多崭新功能器件的研制。利用薄膜材料的某些特殊性能,可以研制体材料所不能形成的结构与器件。薄膜中的晶体结构可与体材料有所不同,形成应变晶格,可使其中载流子迁移率发生变化。如本书第 8 章阐述,晶格应变迁移率增强技术是近年纳米 CMOS 集成芯片产品升级换代技术创新的主要途径之一。利用薄膜技术可以制造自然界不存在的多层异质结构,形成人工超晶格,研制新型电子与光子器件。例如,AlGaAs/GaAs 和 AlGaN/GaN 等结构的高电子迁移率晶体管、InGaAs/GaAs 多层结构量子点激光器等高性能半导体器件,都是应用多层异质晶体薄膜有机组合制造成功的。又如,人们利用 Mo/Si/Mo/Si/… 轻重不同元素组成的周期性多层超晶格,研制 X 射线反射镜,解决 X 射线传输控制的难题。

16.1.2 薄膜制备基本方法

目前已经存在并仍在不断发展多种多样、不同类型的薄膜制备方法。表面及界面化学反应生长、气相淀积生长、液相化学镀膜,是集成电路制造中广泛应用的 3 类薄膜制备方法。在前面章节中已有多处涉及化学反应薄膜生长技术。通过氧化、氮化、硅化等固相化学反应,可在体材料(如硅)表面或内部生长氧化物、氮化物、硅化物等多种优质薄膜。第 10 章讨论了氧化硅及氮化硅的热生长机制。钛等许多金属氧化物和氮化物薄膜也可通过类似方法形成。氧化、氮化是经过氧化剂、氮化剂的吸附、扩散过程,与基片或薄膜原子产生化学反应,生成化合物薄膜,如 TiO_2、Ta_2O_5、TiN、TaN 等。$NiSi$、$PtSi$、$CoSi_2$、$TiSi_2$ 等硅化物薄膜,则通过金属薄膜原子与衬底硅原子相互扩散及相互反应形成。液相化学镀膜可以说是最早得到应用的薄膜制备方法。早在 1817 年,进行光学研究的著名德国物理学家夫琅和费(Joseph von Fraunhofer,1787—1826),曾经应用液相化学方法在玻璃上形成减反射膜。现在各种液相化学镀膜技术仍然广泛应用于许多领域。例如,通过液相电化学反应原理的铜镀膜技术,在集成电路铜镶嵌互连金属化工艺中得到普遍应用。

气相淀积薄膜技术在现代电子器件制造中应用最为广泛。为了适应集成电路和其他电子及光学器件研制需求,先后研究成功许多不同类型和功能的气相淀积技术,制备性能各异的半导体、介质、金属多种薄膜。包括近年快速发展的原子层淀积(atomic layer deposition,ALD)技术在内,多种多样的气相淀积薄膜技术,可以概括为物理气相淀积(PVD)和化学气相淀积(CVD)两大类。

与 CVD 相比,PVD 方法较早得到重视和应用。PVD 技术具有工艺过程相对简单、对环境无污染、耗材少、薄膜均匀致密、与衬底结合力强等特点。过去数十年中先后研究成功多种 PVD 技术,在微电子器件、光学器件、航空航天、机械、建筑等越来越多的工程制造与新材料研究领域广泛应用,制备具有半导体、金属、超导、绝缘、光电、压电、磁性、耐磨、耐腐蚀等特性的多种多样功能薄膜材料。

蒸发和溅射是两种最基本的物理气相淀积方法。这两种方法也可分别简称为蒸镀和溅镀。蒸发淀积是通过加热,使气化原子或分子凝聚在基片表面,形成固体薄膜。溅射淀积则是通过离子轰击出原子,气相原子凝聚于基片表面,形成固体薄膜。这两种基本方法都经过不断改进、更新,与电子束、离子束、等离子体、激光等新技术相结合,演变、派生出许多不同薄膜制备技术。

在以蒸发为基础的淀积技术领域,早期电阻加热蒸发之后,与电子束加热、等离子体离化、超高真空等技术相结合,改进和演变出电子束蒸发、分子束外延(MBE)、离子镀(ion plating)、离化团簇束淀积(ionized cluster beam deposition，ICBD)、脉冲激光淀积(pulsed laser deposition，PLD)等多种薄膜制备技术。在离子镀设备中，真空蒸发气化的原子，经电离化后从电场获得较高能量，可以使衬底上淀积的薄膜致密性提高与附着力增强。在 ICBD 技术中，从加热坩埚蒸发喷射出的原子或分子，由于绝热膨胀引起的降温凝聚效应，形成粒子团簇(cluster)，再通过离化形成离化团簇束，受电场加速作用，淀积到衬底上，获得所需质量薄膜。第 9 章介绍的 MBE 晶体外延技术，实质上是一种超高真空条件下，由多种精密控制技术结合实现的蒸发薄膜生长技术。

以溅射为基础的薄膜淀积技术在过去 50 余年中发展变化很大，研制出一代又一代不断显著改进的新型溅射设备与工艺，在集成电路制造及其他领域薄膜新材料、新结构、新器件演变中有着重要作用。早期为提高溅射速率，在直流二极溅射系统基础上，曾出现三极、四极离子束溅射等多种溅射系统。引入磁场控制电子运动及离子倍增过程，把溅射速率显著提高，使薄膜等离子体溅射工艺得到关键性技术突破，进入迅速发展和广泛应用阶段。平面磁控、圆柱体磁控等多种类型磁控溅射装置，成功用于不同产业薄膜制造。随着集成芯片单元器件缩微、深宽比上升、硅片直径增大等薄膜应用需求变化，溅射技术面临的许多难题，先后通过技术创新，研制出多种精密控制薄膜质量的溅射系统，用于纳米 CMOS 器件制造技术。栅电极、金属硅化物接触和多层金属互连等，都是溅射技术在集成芯片制造过程中的重要应用工艺。本章随后几节将对 PVD 相关原理及技术作进一步阐述。

本书在前面章节中已多次提及的 CVD 工艺，是极为重要和愈益广泛应用的薄膜制备技术。CVD 薄膜具有成膜温度低、组分与晶态易于控制、台阶覆盖特性好、参与淀积的前体反应物多和可选择性强等一系列突出优越性，适宜于淀积单晶、多晶、非晶等不同晶态，半导体、介质、金属等不同功能，单质、化合物、无机或有机等不同组分与性能的多种薄膜。第 9 章已说明，硅和化合物半导体的同质或异质外延薄膜生长通常都是应用各种 CVD 技术。第 10 章说明，CVD 技术也是淀积 SiO_2 与高 k 介质的基本技术。为了适应不同技术应用需求，发展了从常压到超高真空，从高频感应加热到等离子体增强反应的多种 CVD 薄膜技术。近年迅速发展并逐渐得到生产应用的原子层淀积(ALD)，实质上也是一种高精度控制的 CVD 薄膜技术。第 17 章将对 CVD 及 ALD 的技术原理、工艺特点、应用范围等作较全面的讨论。

16.1.3　气相淀积薄膜生长机制与模式

人们知道，如果不用合适的黏合剂，两块固体材料很难通过表面接触结合成一体。应用 PVD 和 CVD 淀积技术，可以把多种多样、性能各异、层次及厚度不等的薄膜材料制备在固体表层，形成各种类型的功能材料。这是由于在气相淀积技术中，可以使成膜原子与固体表面原子间距接近 10^{-8} cm 量级，在原子间吸引力作用下两者可紧密结合。而一般固体材料表面高低不平，难以产生相互直接结合的作用力。近年正在发展晶片键合技术，用于制备 SOI 等异质结构材料。在这种键合技术中，首先必须制备高度平坦化基片，然后在适当压力下通过热处理工艺实现异体表面键合(参见 9.7 节)。

物理气相和化学气相薄膜淀积与生长，都是由气相到固相的物质转变过程。虽然蒸发、溅射、CVD 等淀积技术中，气相原子或分子的形成方法十分不同，但由气相至固相的成膜机制有许多共同之处。薄膜有很多基本性质，如组分、结构、纯度、缺陷、应力、附着力等，取决于薄膜生长机制及模式。薄膜生长与气相及固相表面的一系列物理化学过程密切相关。本书第 9 章中所讨论的硅单晶薄膜外延生长机制，以及图 9.13 显示的硅原子外延生长微观模型示意图,也可用于代表一般薄膜的微观生长过程,只是由于衬底及工艺条件不同,具体成膜过程有所区别,从而可以形成单晶、多晶、非晶等不同结构的薄膜。由气相原子到形成固相连续薄膜,都需要经过表面吸附、扩散、成核、生长、副产物分子脱附等过程。

从气相到固相的成膜过程

气相原子、分子、离子凝聚成为固相薄膜的过程从表面吸附开始。表面吸附源于表面原子和气相原子之间的相互吸引作用力。固体表面原子状态和体内原子不同,表面原子的价键结构不完全,存在未与其他原子结合的悬挂键,导致形成沿表面高低变化的表面势场。到达表面的外来气相原子受到表面势场作用,可发生表面吸附。纯净固体表面存在约 10^{15} cm^{-2} 量级的吸附中心。如本书 14.2 节所述,根据作用力性质差异,有两种不同表面吸附机制,即物理吸附和化学吸附。物理吸附是由分子原子间的弥散电性吸引力产生的。范德华力普遍存在于分子原子之间。当分子、原子间距离接近 10^{-8} cm 量级时,两者之间的范德华吸引力可使它们结合。化学吸附则类似于化学反应,通过电子转移形成化学键,相互吸引。化学键力显著大于范德华力。气相分子或原子与固相物质表面之间在适当温度气压条件下,都会产生物理吸附,化学吸附则具有选择性,依赖于两者的反应活性。化学吸附属热激活过程,物理吸附则不是,且常在低温下吸附较强。在固体表面上,可能同时存在这两种吸附过程,并可能在物理吸附后,进一步经热激活后过渡到化学吸附。化学吸附分子间距小于物理吸附。可参见图 14.7,该图以势能曲线展示表面与原子间相互作用势能随其间距的变化,以及物理吸附和化学吸附的差异。通常表面吸附为放热过程。化学吸附热远大于物理吸附热,其典型数值分别约为 $-400\ kJ/Mol$($\approx-4\ eV/$分子)与 $-40\ kJ/Mol$($\approx-0.4\ eV/$分子)。物理吸附和化学吸附在气相淀积薄膜生长过程中都有重要作用。

通过吸附过程被表面俘获的气相原子,由于其具有的动能,或从与衬底能量交换得到的热运动能,可以继续沿表面扩散,通过在起伏的表面势谷峰间跳跃运动,迁移至低势能位置。表面上也会存在吸附的逆过程——脱附,即表面吸附的原子可以从表面势谷中跃出,再次进入气相。吸附与脱附两种过程的几率与原子间作用力、能量、温度、气压等因素有关。例如,淀积成膜的气相物质应达到足够高蒸汽压,即高于饱和蒸汽压。否则吸附原子在未和其他原子结合之前,就可能重新蒸发入气相。通常这个条件不难满足,因为通常在薄膜淀积的衬底温度状态下,金属等材料的饱和蒸汽压很低。在适当淀积工艺条件下,原子表面吸附和迁移过程,使气相原子得以在自身相互吸引力作用下,结合生成原子团(或称晶核),并逐渐生长、延展成薄膜。

薄膜生长模式

在固体表面上从晶核生成到薄膜生长,存在多种模式,这与衬底及薄膜的表面能等材料特性及淀积工艺条件多种因素有关。最基本的薄膜生长模式可以概括简化为层生长型和核生长型两种:前者是以二维生长方式,逐层增厚形成薄膜,如图 16.2(a)所示;后者则以三维生长方式,逐渐形成薄膜,如图 16.2(b)所示。实验还表明,存在以上两种基本方式相结合的层核生长型,如图 16.2(c)所示。在最初以层状生长后,转为以核生长模式成膜。依照最早研究者姓名,这 3 种生长方式有时被分别称为 FM(Frank-van der Merwe)型、VW(Volmer-Weber)型、SK(Stranski-Kranstanov)型[4]。

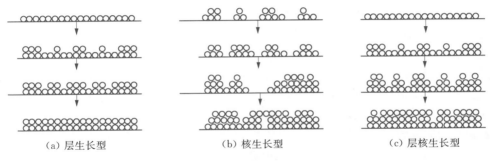

（a）层生长型 （b）核生长型 （c）层核生长型

图 16.2 气相淀积薄膜生长模式

第 9 章中介绍的硅单晶薄膜外延生长为典型的层生长模式。金属、介质等多晶或非晶薄膜生长也可能是层生长型。层生长模式的特点如下：首先在衬底上形成二维晶核，然后表面吸附原子迁移至晶核边界结合，呈二维生长，形成单层原子薄膜后，依次生长下一层，也可能沿多层台阶同时逐层生长。对于晶体外延等类薄膜生长，逐层生长应是最为理想的模式，有利于改善均匀性、降低缺陷密度、制备超薄层膜。核生长模式和层核生长模式存在于多种非晶、多晶薄膜气相淀积过程。

薄膜生长的热力学因素

在衬底表面洁净度高、温度与淀积速率适当等较理想工艺条件下，衬底和薄膜两种材料的表面能值差别，对薄膜生长模式具有决定性影响。当薄膜表面能小于衬底材料表面能时，薄膜生长常为层生长型。如果薄膜表面能大于衬底表面能，则薄膜常以核生长模式生长。显然这种区别可归因于，物质结合过程遵循系统能量趋于最小化的原理。固体表面的薄膜生长可与液体表面浸润相类比。表面能低的液体，通常会在表面能高的固体表面浸润；反之，则相互不会浸润，两者接触后形成球帽形液滴。气相原子聚集成液相或固相凝聚态，都是放热反应，即系统自由能变小。固态晶核的自由能由表面能和体结合能两部分组成。图 16.3 显示气相原子在聚集成核时，自由能随其半径的变化，并分别标出了表面自由能与体自由能变化的尺寸依赖关系曲线。原子结合时释放能量，故体自由能变化为负值，其数值随晶核体积增大而趋向更负。由于表面原子未完全成键，使物质表面与内部相比，存在附加能量，因而表面能变化为正值，并随表面积增大而增加。

根据稳态系统能量最小化原理，由淀积前后自由能变化，可以理解薄膜的不同生长模式。对于衬底淀积薄膜后的体系能量变化，还应考虑膜和衬底表面之间的界面能贡献。在很多情形，界面能与表面能相比很小，起决定作用的还是表面能。在薄膜材料表面能与界面能之和小于衬底表面能情形，层生长可使成膜后的固体表面能下降。在相反情形，则薄膜层状生长导致系统能量上升，处于不稳定状态，因而转向核生长模式。核生长模式的薄膜生长过程从三维晶核形

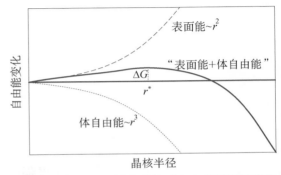

图 16.3 气相原子结合成核时自由能随晶核半径的变化及表面能与体结合能的贡献

成开始。到达衬底的原子在表面上经过吸附、扩散、相互吸引结合,形成原子团。如图 16.3 所示,这种三维晶核的自由能随尺寸增长而变化。当半径小于某一临界值(r^*)时,其自由能上升,这时的原子团是不稳定的,有可能解体,原子可回到气态。这种临界核半径大小与材料及淀积工艺参数有关,约为 10^{-7} cm 级量。吸附原子通过表面迁移与晶核结合使其长大,待其半径大于临界值(r^*)后,自由能趋于降低,形成稳定的晶核。入射原子也有可能直接与晶核碰撞结合,但初期几率较小。此后,在自由能降低驱动力作用下,晶核增长成"小岛"。衬底表面各处形成的三维成核点,可同时成长为众多相互孤立的"小岛",其密度约为 $10^8 \sim 10^{12}$ cm^{-2}。随着尺寸增大,"小岛"之间也可通过原子扩散,产生质量相互转移,聚结成更大的"岛"。"小岛"合并过程也会受到表面能减小的驱动力。"小岛"聚结使合并后的表面积小于分离"小岛"之和,因而有益于降低表面能。在淀积过程中通过"岛"的融合与扩展,逐渐形成连续薄膜。这样淀积生长的薄膜容易产生空洞等缺陷。

以图 16.2(c)所示的层核模式生长,也可用表面能及界面能的变化说明。如果最初自由能变化有利于层生长方式,第 1 层或最初几层会以层状覆盖衬底。但新形成薄膜表面和次表面两者,由于表面能与界面能变化,可导致薄膜继续生长的自由能变化不利于层状方式,从而使薄膜生长转变为核生长型。

薄膜生长的动力学因素

除了以上所述基于热力学规律的因素外,薄膜生长模式及晶体结构,还与影响动力学过程的许多淀积工艺参数有关。衬底温度、气压、表面洁净度、淀积速率、到达衬底气相原子动能等因素,都对薄膜生长模式及晶体结构有重要作用。图 16.4 以硅衬底上硅薄膜气相淀积为例,显示衬底温度对薄膜生长模式及晶体结构的影响。在温度较低条件下,气相淀积得到非晶薄膜。温度升高到一定范围,气相硅原子在衬底上多处成核,呈岛状生长,形成多晶薄膜。在足够高温度下,硅原子则以台阶为媒介,实现层状生长,得到单晶薄膜。温度高低是指在其他工艺参数相同条件下的相对值。在某一适当温度及气压条件下,改变淀积速率由高到低,也可能分别得到非晶、多晶或单晶薄膜。

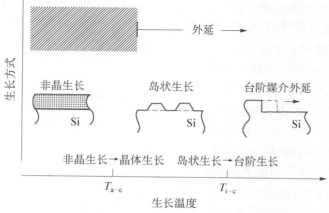

图 16.4　薄膜生长模式及晶体结构随淀积温度的变化[2]

16.1.4　物理气相淀积薄膜的微结构

　　除了硅、SiGe 等外延单晶薄膜用于制作有源器件,集成电路芯片制造中广泛应用的介质、金属以及部分半导体材料常为多晶或非晶结构薄膜。薄膜材料的电学、光学等性能与薄膜微结构密切相关。微结构则取决于气相淀积薄膜的温度、气压等工艺条件。蒸发、等离子体溅射等物理气相技术淀积的薄膜一般为多晶,其微结构和性质随淀积工艺条件变化很大。早在 1969 年乌克兰学者 B. A. Movchan 和 A. V. Demchishin,在镍、钛、钨等多种金属及化合物电子束蒸发薄膜形貌的实验结果基础上发现,不同材料薄膜的微结构,都取决于淀积衬底温度(T)和该衬底材料的熔点(T_m)的归一化绝对温度比值(T/T_m)。他们提出了薄膜微结构随此温度比值的变化模型,被称为 Movchan-Demchishin 结构模型(简称 M - D 模型)[5]。根据此模型,不同衬底温度真空淀积的薄膜形貌,由低温到高温可分为 3 个区域:区域 1 为多孔锥形晶粒结构;区域 2 为致密柱状结构;区域 3 为再结晶等轴晶结构。1974 年 J. Thornton 在 M - D 模型基础上,研究溅射薄膜微结构与温度及氩气压两者关系,发现在区域 1、区域 2 之间存在一个过渡区 T,薄膜由致密纤维晶态构成。由他提出的物理气相淀积薄膜三维结构模型,被称为 Thornton 模型,如图 16.5 所示[6]。在有些资料中仍称其为 M - D 模型,事实上两者是有所区别的。对不同材料和不同方法淀积的薄膜结构,还有其他模型描述,但大同小异。

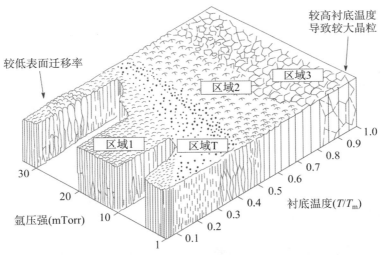

图 16.5　溅射薄膜微结构随归一化生长温度(T/T_m)及氩气压变化的区域模型[6]

　　许多实验表明,金属及化合物的薄膜微结构随溅射条件的变化,可用图 16.5 所示区域模型分析。衬底温度和气压是影响 PVD 薄膜结构与特性的主要因素。图 16.5 显示,溅射薄膜表面形貌与剖面内部晶粒随这两个因素的变化,可以分为 4 个不同区域。在低衬底温度和高压强区域 1,溅射原子散射强、能量低,被衬底表面吸附后,表面迁移率小,结合成晶核后逐渐生长,形成锥状结晶的多孔薄膜,缺陷密度高,锥状晶粒间的空隙可达数十纳米。降低气压与提高衬底温度,散射减弱,吸附原子表面迁移率提高,薄膜生长转变为过渡区 T,形成由细密排列的纤维状结晶薄膜,晶粒间界不明显。衬底温度继续提高,促进晶粒长大,形成具有致密柱状晶结构的区域 2。当衬底温度更高时,薄膜生长进入区域 3。这时原子体扩

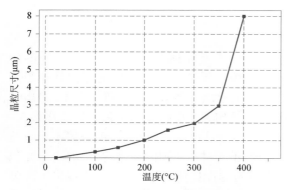

图 16.6   SiO$_2$ 上 Al‐Si‐Cu 合金溅射薄膜晶粒尺寸随衬底温度变化[7]

散迁移率提高,致使薄膜生长过程中的再结晶效应显著增强,形成由等轴晶粒构成的多晶薄膜。等轴晶粒是指在各方向上尺寸相差较小的晶粒。

根据应用要求,薄膜淀积可选择不同区域工艺条件。一般薄膜淀积大多选择在过渡区 T 和区域 2,在这两个区域都可形成致密薄膜,前者晶粒较小,后者晶粒较大。在集成电路制造工艺中,铝薄膜溅射的氩压强常在 3～5 mTorr,衬底温度常在 20～400℃范围,相应的区域即为过渡区 T 和区域 2。图 16.6 显示 SiO$_2$ 上溅射淀积的 Al‐Si‐Cu 合金薄膜晶粒尺寸,随衬底温度升高而增大。晶粒增大将使 Al‐Si‐Cu 合金薄膜的电阻率下降,如图 16.7 所示。铝薄膜光反射率随溅射衬底温度也有显著变化。图 16.8 表明,较低衬底温度溅射淀积的铝膜具有高反射率,随着衬底温度提高,反射率逐渐下降。这种特性可从上述过渡区 T 与区域 2 薄膜形貌的变化得到解释。过渡区 T 生长的晶粒小,薄膜表面平坦反射率高。区域 2 生长的晶粒大,表面粗糙度增加,致使反射率下降。

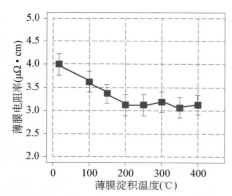

图 16.7   溅射 Al‐1%Si‐2%Cu 合金薄膜体电阻率随衬底温度变化[7]

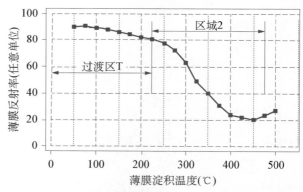

图 16.8   溅射铝薄膜反射率随衬底淀积温度变化[7]

以上讨论了薄膜微结构及性质对衬底温度和溅射气压的依赖关系。事实上,除了这两个因素外,衬底材料、溅射速率等工艺也可对薄膜结构及性能有显著影响。例如,在 SiO$_2$ 衬底上溅射淀积铝膜,通常会得到具有(111)优选晶面取向的多晶薄膜。如果在覆盖钛或 TiN 的硅片上以同样温度条件淀积铝膜,实验发现其(111)优选取向更为强烈,晶粒尺寸显著大于 SiO$_2$ 衬底上的铝膜。

16.2   溅射薄膜工艺基本原理

本节在回顾溅射淀积技术发展过程后,简要介绍离子溅射薄膜工艺基本原理、直流与射频电源等离子体溅射基本装置,然后着重讨论离子与固体的相互作用,分析离子撞击溅射的微观机制,展示不同金属靶材所需的氩、氪、氙离子溅射阈值能。

16.2.1　溅射从效应发现到薄膜淀积技术

物质溅射现象早在 19 世纪中期就被物理学家 W. Grove(1811—1896)和 M. Faraday (1791—1867)先后于 1852、1854 年发现。他们在研究气体放电过程中注意到,阴极物质有损耗,而在放电玻璃管壁上有金属淀积,因此,这种现象最早被称为"阴极蜕变"(cathodic disintegration)。对这种现象的本质,却是直到 50 年后在 20 世纪初原子物理学突破基础上获得理解。1902 年 E. Goldstein 和 J. Stark 给出确切物理解释,认为是由放电产生的正离子轰击阴极造成的,用离子与原子的级联碰撞理论,说明原子溅射现象。此后,溅射物理过程及机制的理论与实验研究趋于活跃。1969 年 P. Sigmund 提出可用于分析溅射产额等参数的量化描述理论。

虽然在溅射现象发现后就有人意识到其应用可能性,但直到 20 世纪 60 年代以后,随着微电子器件制造技术发展需求,溅射技术才得到迅速进步,逐渐演变成为越来越重要的薄膜淀积技术。1960 年贝尔实验室采用直流溅射淀积钽金属薄膜,1965 年 IBM 公司以射频溅射技术制备介质薄膜。70 年代初把控制电子运动轨迹、提高离化效率的磁控技术,与溅射技术结合,显著提高溅射速率,使溅射很快替代蒸发,成为铝等金属薄膜的主要淀积工艺。

溅射是现今物理气相成膜领域中应用最为普遍的淀积技术。应用离子溅射技术,可以在各种材料衬底上,淀积金属或介质、半导体或超导体、光学膜或硬质膜等多种不同组分、不同功能的薄膜,形成其他方法难以制造的多层薄膜材料结构。离子溅射效应既可用于薄膜淀积,也可用于材料刻蚀。在集成电路芯片制造产业中,适应一代又一代缩微器件制造需求,不断改进与创新所用溅射装置与工艺,使其成为各种金属薄膜的主流淀积技术。

由溅射从科学发现到技术应用的演进历程,可见近代科学与技术发展特点之一斑。一种效应从早期发现到对其本质的确切认识,往往需要较长时间探索、研究。而这种效应一旦获得重要实际应用,就可能进入快速发展阶段,并必然吸收其他领域知识成果,迅速融合形成一种新技术,逐渐在科技与产业中扩展应用。离子溅射效应经历 100 余年探索后,在近 50 年中综合吸收等离子体、真空、高纯气体、高纯材料等领域科技成果,迅速发展成为现代科技与先进制造业广泛应用的溅射淀积薄膜技术。

16.2.2　离子溅射原理与装置

溅射薄膜技术的基本原理基础有两个:一为第 15 章讨论的等离子体技术,二为离子与固体的相互作用。有多种溅射技术和设备,其核心都在于等离子体的产生与控制。按离子溅射系统原理可分为两类:一为等离子体溅射,也可称为阴极溅射,另一为离子束溅射。前者直接利用气体放电等离子体中的正离子,轰击处于阴极电位的靶,后者则需要单独的离子源。离子源也是应用气体放电等离子体产生离子,再以适当电场聚集和加速离子,形成离子束。在离子束溅射系统中,离子源可提供一定能量与密度

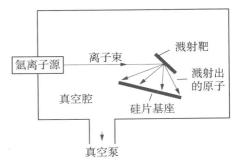

图 16.9　离子束溅射成膜原理示意图

的离子流,有益于精确控制离子能量、溅射速率等参数,但淀积面积较小。这类系统适用于科研工作中的薄膜淀积与刻蚀。在集成电路制造等产业中,普遍应用的是等离子体溅射技术。此处以图 16.9 所示离子束溅射系统,简要说明溅射成膜的基本原理。由离子源产生并加速达到一定能量的离子轰击靶,通过能量和动量交换,靶表层获得足够能量的某些原子挣脱固体束缚、逃逸出靶,淀积到晶片衬底表面、长成薄膜。溅射靶通常用高纯材料制成。

直流电源溅射

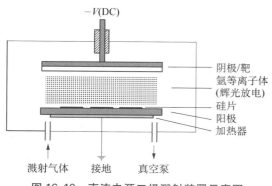

图 16.10　直流电源二极溅射装置示意图

第 15 章讨论的直流与射频电源气体放电等离子体技术,都是溅射淀积薄膜工艺的技术基础。图 16.10 为直流等离子体阴极溅射装置原理示意图。所有薄膜溅射系统都需要配置密封性优良的真空腔体及真空泵系统、放电电源及控制系统、纯净惰性气体输入及调节系统、薄膜厚度检测装置等。在二极直流溅射真空室中,高纯靶紧密覆盖于阴极之上,衬底片置于接地电极表面。为避免靶温过度上升,靶极背面需要冷却装置。部分溅射系统中载片台附有加热或冷却装置,以提供衬底加热或避免衬底与载片台过高温升,调节薄膜结构与性能。通常溅射系统中用氩为工作气体。在一定氩气压范围,外加适当电压激发气体放电,在电极间产生等离子体,并在阴极附近形成空间电荷区(鞘层暗区)及电场。等离子体中的氩离子受阴极鞘层电场加速,带着较大动能轰击靶,溅射出的原子飞行后淀积在衬底表面。

射频电源溅射

除了直流电源,溅射工艺也常采用射频等交变电源激发等离子体。对于介质材料靶,只有射频电源才能在真空室电极间激励气体放电等离子体,从而实现介质薄膜溅射。图 16.11 为射频等离子体溅射装置原理示意图。如图 16.11 所示,在射频二极溅射装置中,靶极与射

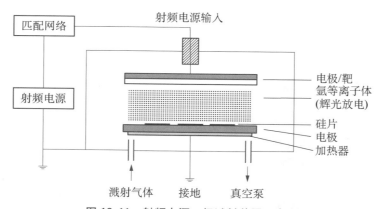

图 16.11　射频电源二极溅射装置示意图

频电源功率输出端通过耦合电容或匹配网络连接,载片基座则与电源接地电极相接。根据射频等离子体的电荷积累效应或整流效应,两个电极间交变电压激励的气体放电,将导致在靶极上建立负极性直流偏置,而且这一偏置电压值接近射频电压峰值的一半(详见 15.4.3 节)。因此,与直流阴极溅射类似,射频等离子体中的正离子,也在靶极空间电荷区电场加速下轰击靶表面,实现原子溅射。射频等离子体中的电子在高频电场作用下作振荡运动,可增加碰撞电离几率,等离子体密度上升,使射频溅射速率高于直流阴极溅射。

16.2.3　离子/固体相互作用与溅射阈值能

载能离子与固体相互作用可产生多种物理效应,包括溅射和第 13 章讨论的离子注入等。图 16.12 显示入射离子撞击固体时可能产生的各种物理效应。这些效应在薄膜淀积、刻蚀、掺杂、材料组分测试及结构表征等方面都有重要应用。入射离子和衬底原子可以产生弹性碰撞或非弹性碰撞,通过碰撞过程中能量及动量交换,溅射出衬底表层的不仅有原子,还有正负离子。后者被称为二次离子,这一效应正是二次离子质谱(SIMS)分析技术的基础。离子轰击产生的二次电子与光子,在形成气体放电等离子体中有重要作用。较低能量$(10\sim10^2\ eV)$的入射离子,对衬底表面吸附气体产生脱附解析效应,可用于薄膜淀积前的表面洁净处理。入射离子自表面层的反射效应,在高能$(10^6\ eV)$离子卢瑟福背散射能谱(RBS)分析技术中得到应用。图 16.12 中标出的表面形貌变化、表层改性、结构损伤、离子混合、溅射原子返回淀积等现象,对某些加工及表征技术也有重要作用或影响。在离子能量不同范围,以上各种效应的强弱有不同变化规律。

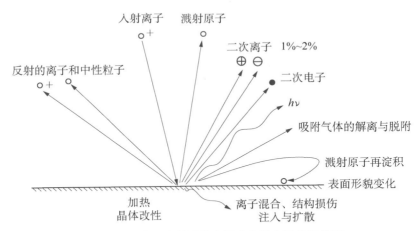

图 16.12　离子入射固体表层产生的多种物理效应

弹性碰撞与溅射

下面进一步分析原子溅射现象的微观机制。溅射是一种随机过程,可以发生在离子初次碰撞,也可能在多次碰撞中。图 16.13 显示入射离子与衬底原子的级联碰撞及溅射过程。入射离子与基体原子的双体碰撞,是产生上述多种物理效应的最主要过程。第 13 章讨论离子注入机理时看到,正是入射离子与基体原子的级联弹性碰撞过程中的能量转移,决定离子注入射程等参数。这种双体级联弹性碰撞也是溅射过程的决定性因素。如图

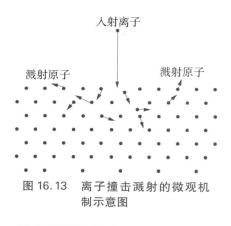

入射离子

溅射原子   溅射原子

图 16.13   离子撞击溅射的微观机制示意图

16.13 所示,射入靶的离子可与一系列原子相继碰撞,如果被碰撞原子获得的能量大于其束缚能,则离开其晶格位置,并可能与其他原子碰撞及转移能量。在这一系列碰撞过程中,当某个位移原子能量足够大,而且其运动方向指向靶表面外时,这个原子就可能脱离靶体,成为可淀积薄膜的气相原子。虽然研究表明,介质材料中受到激发的电子,如果处于激发态时间长,其能量有可能转变为原子动能,使电子溅射出表面,但是这种电子激发溅射几率较小,在一般溅射工艺中可以忽略。

溅射阈值能量

正如离子注入射程由入射离子质量及能量决定,溅射过程也依赖离子能量及质量。通常用于溅射薄膜工艺的离子能量在 $10^2 \sim 10^3$ eV 范围。对于入射离子和靶材料特定组合,应存在产生原子溅射的阈值能量(E_{th})。E_{th} 数值与靶材料的结合能有关,约为其数倍,通常在数十电子伏量级,大多在 20~40 eV 范围。溅射阈值能还应与离子有关。表 16.1 列出氩、氪、氙离子溅射铝、钛等金属的阈值能。表 16.1 中还列出相应金属的升华能(E_s)数据,可见溅射阈值与 E_s 有一定对应比例关系。

表 16.1   部分金属的氩、氪、氙离子溅射阈值能 E_{th}(eV)与升华能 E_s

离子\靶	Al	Ti	Cr	Fe	Co	Ni	Cu	Ge	Mo	Pd	Ag	Ta	W	Pt	Au
Ar	13	20	22	20	25	21	17	25	24	20	15	26	33	25	20
Kr	15	17	18	25	22	25	16	22	28	20	15	30	30	22	20
Xe	18	18	20	23	22	20	15	18	27	15	17	30	30	22	18
E_s(eV)	3.39	4.40	4.03	4.12	4.40	4.41	3.53	4.07	6.15	4.08	3.35	8.02	8.80	5.60	3.90

16.3   离子溅射产额与原子能量分布

对于溅射薄膜技术,影响淀积速率的重要参数是离子溅射的原子产额。溅射产额(Y)定义为平均每个入射离子溅射出的靶原子数,

$$Y = \frac{溅射出的原子数}{入射离子数} \tag{16.1}$$

溅射产额既与离子能量、质量及入射角度密切相关,也与靶材料的原子质量、结合能、原子结构等因素有关。对于溅射产额与这些因素的关系,有许多理论分析和实验测试研究工作。对多种离子与靶材料不同组合的溅射产额,已积累了大量实验数据。本节首先将结合实验数据,分别说明溅射产额与上述多种因素的关系。随后讨论溅射原子的速度分布与发

射方向,以及溅射原子在淀积过程中的输运模式。

16.3.1　溅射产额与离子能量、质量及入射角的关系

　　P. Sigmund 在分析级联弹性碰撞过程中能量及动量转移基础上,研究和获得了离子溅射的理论模型[8]。根据 P. Sigmund 理论,垂直入射离子溅射产额与离子能量、离子质量及靶原子质量的关系可用下式表示:

$$Y = 0.042 \frac{\alpha(M_2/M_1)Sn(E)}{U_s} \tag{16.2}$$

其中,α 是由靶原子质量 M_2 与入射离子质量 M_1 比值决定的参数,$S_n(E)$ 是弹性碰撞核阻止本领,E 为入射离子能量,U_s 为靶材料表面原子结合能,其值可用升华能代表。核阻止本领(nuclear stopping power)是影响溅射产额与离子能量依赖关系的主要因素。在第 13 章中可以看到,核阻止本领与电子阻止本领是决定不同元素离子注入射程及损伤分布的两个主要参数。在溅射过程中,$S_n(E)$ 可代表靶原子由碰撞获得的能量大小,因此,它成为决定溅射产额的主要参数。

　　虽然(16.2)式显示出溅射产额与溅射过程物理参数的相关性,但溅射产额的定量精确描述是一个难题,难于离子注入射程及损伤分布的定量分析。近年仍有一些研究者在 Sigmund 基础上,对溅射产额作理论和计算机模拟分析,以求与实验数据更为接近。

溅射产额与入射离子能量

　　图 16.14 为硅、铝、铜的氩离子溅射产额与入射离子能量的依赖关系。图 16.14 显示,不同材料的溅射产额在高于溅射阈值的低能区域迅速增大,随后缓慢增至最大值,在高入射能量范围又趋于减小。其他金属也有类似溅射特性,以钛为例,氩离子能量在 20~150 eV 区间,溅射产额快速上升,大致与离子能量的平方(E^2)成比例,此后至 1 000 eV 区间转变为线性变化,在更高能量溅射产额趋于饱和、达到峰值,并在大于 10^4 eV 后开始下降。溅射产额的这种变化规律,可以从核阻止本领与离子能量的关系说明。如第 13 章所述,$S_n(E)$ 的变化规律也是在较低能量范围增长,在较高能转为逐渐下降。实质上,这是由于在低能范围,碰撞几率及转移的能量随入射离子能量上升而增加,在高能量区域,碰撞几率及转移的能量随入射离子能量上升而减小。显然,碰撞几率及转移能量的变化必然引

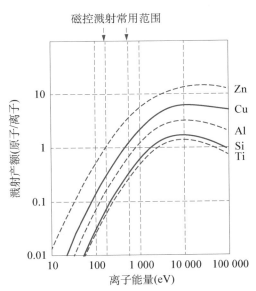

图 16.14　Ar^+ 溅射产额与入射离子能量的依赖关系[9]

起溅射产额的相应变化。虽然较高能量离子可达到峰值溅射产额,但溅射工艺选用的离子能量,通常在 500~2 000 eV 之间,溅射产额约在 0.5~5 范围。磁控溅射可大大提高离子密度,常以低于 1 000 eV 能量离子溅射。

溅射产额与入射离子质量

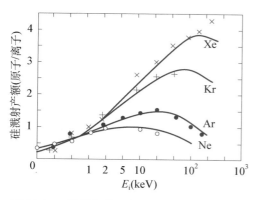

图 16.15　惰性气体元素离子轰击硅靶的溅射产额随离子能量变化[9]

溅射产额与离子质量等也密切相关。离子轰击固体物质产生的各种效应及溅射产额,曾长期是原子物理的热门研究课题之一。研究者实验测试了多种不同离子撞击各种靶材的溅射产额,获得了不同组合随离子能量变化的大量数据[10]。从金属到惰性气体,各种元素离子的溅射产额各不相同。但对于薄膜溅射淀积工艺,通常只选用惰性气体元素离子。与同一周期其他元素相比,惰性气体离子的溅射产额较高。而且利用惰性气体离子溅射,可避免或减小薄膜淀积工艺的金属污染。图 16.15 比较硅靶的各种惰性气体元素离子的溅射产额。图 16.15 一方面说明,随能量增长溅射产额先上升后下降的变化规律,另一方面还显示溅射产额与离子质量的相关性。在较高能量区域大质量离子具有显著高溅射产额,但在 $10^2 \sim 10^3$ eV 范围,不同质量惰性气体元素离子的溅射产额十分接近。薄膜溅射工艺普遍应用的是氩离子。

溅射产额与入射离子方向

基于溅射是离子与原子碰撞动量转移过程的结果,显然应与两者运动方向有关,溅射产额也应与离子入射角度相关。图 16.16 给出了 4 种不同离子/靶组合的溅射产额,随离子入射角变化的实验数据曲线。这些实验数据表明,与垂直靶面入射相比,适当范围的斜入射可以提高溅射产额。而且和正入射相比的相对溅射产额,在 $0 \sim 60°$ 范围,与入射角(θ)存在接近倒余弦函数($1/\cos\theta$)的变化规律。在 $60 \sim 70°$ 区间达到峰值后,掠入射离子的溅射产额急剧下降。

溅射产额的入射角依赖关系可用图 16.17 定性解释。相同能量但不同角度入射的离子在靶上的作用范围有所不同。正入射的离子在靶上的作用区大致为一圆球体,球体与靶面的截面应为可能发射原子的区域。

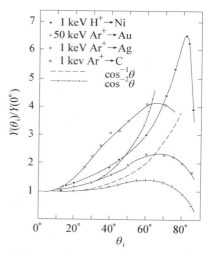

图 16.16　溅射产额与离子入射角度的关系[9]

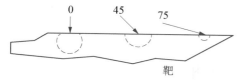

图 16.17　不同角度入射的离子在靶上的作用区域

离子斜入射时,如 $45°$,离子作用深度变浅,但靶表层受离子撞击的作用截面较正入射时增大,相应会导致溅射产额增加。当离子呈掠入射时,如图 16.17 所示的 $75°$,由于表面反射几率上升,进入靶的能量减小,溅射几率又趋于下降。在等离子体溅射设备中,电子与原子碰撞产生的离子,受靶极

（阴极）空间电荷区电场作用，通常为垂直靶面入射。在离子束溅射系统中，由离子枪射出的离子束常控制以 45°轰击靶面。

16.3.2　溅射产额与靶材的关系

同一种离子轰击不同元素靶的溅射产额显著不同。表 16.2 对比了部分元素靶的氩离子溅射产额。图 16.18 显示多种靶材的溅射产额，随 Ar^+ 入射离子能量的变化。不同元素靶材溅射产额的差别主要和两个因素有关，即原子结合能与质量。溅射产额的基本表达式 16.2 已表明与溅射阈值能及碰撞粒子质量的关系，下面定性分析这两种因素影响溅射产额的物理机制。

表 16.2　部分元素靶的氩离子溅射产额

	Al	Si	Ti	Co	Cu	Ge	Mo	Pd	Ag	W
100 eV	0.11	0.07	0.081	0.15	0.48	0.22	0.13	0.42	0.63	0.068
200 eV	0.35	0.18	0.22	0.57	1.10	0.50	0.40	1.00	1.58	0.29
300 eV	0.65	0.31	0.33	0.81	1.59	0.74	0.58	1.41	2.20	0.40
600 eV	1.24	0.53	0.58	1.36	2.30	1.22	0.93	2.93		0.62

不同元素靶溅射产额的周期性变化与结合能

结合能是原子挣脱固体内部电势场束缚，自固体发射成为气相原子所必须跨越的势垒，即溅射原子所必需获得的最低能量。不同固体的原子结合能差异必将导致溅射产额高低不一。结合能大的元素熔点较高，往往具有较低溅射产额。反之，结合能小的较低熔点元素，则具有较高溅射产额。表 16.2 中的数据可以说明这种基本趋势。图 16.18 给出的溅射产额中，银最大，碳最小，两者对应的原子结合能分别为 2.95 eV、7.37 eV。

在分析各种元素固体溅射产额数据时，还可有趣地发现，溅射产额的变化具有某种周期性。图 16.19 显示 400 eV Ar^+ 离子轰击，得到的各种元素溅射产额随原子序数的变化，从中可看到某种周期性变化规律。周期表中过渡族元素钛、钼、钨、钽等金属都具有低溅射产额，而属同一周期的 1B 族金属铜、银、金具有该周期的最高溅射产额。这种变化应与结合能的变化有关，而后者又取决于周期性排列原子的电子结构。从

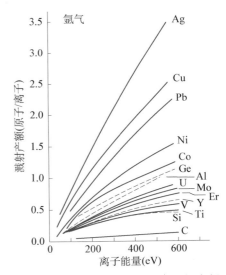

图 16.18　不同元素靶的 Ar^+ 溅射产额随入射离子能量的变化[9]

元素周期表同一周期中过渡族金属的变化，可以看到 3 个物理参数之间的规律性相关变化，过渡族元素自左至右随着原子序数递升，d 电子数目逐渐增加，原子结合能逐渐减小，而溅射产额逐渐增加。由图 16.19 可见，处于同一周期的钛、钴、镍、铜和钼、钌、钯、银，以及钽、钨、铂、金这 3 组元素，都具有这种溅射产额变化趋势。

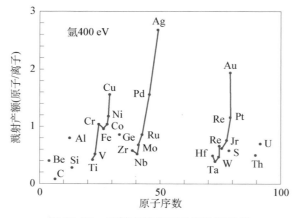

图 16.19　溅射产额随原子序数的变化

溅射产额与原子质量

溅射产额和相互碰撞的离子及原子质量的关系，源于粒子弹性碰撞所遵守的能量及动量守恒原理。按此原理，静止原子(M_2)受到离子(M_1)碰撞，得到的能量正比于 $M_1 M_2 / (M_1 + M_2)^2$。这一能量将影响原子的位移运动轨迹及溅射产额。在同样入射离子及其能量条件下，当两者质量相等$(M_2 = M_1)$时，转移能量具有最大值。因此，靶原子与离子质量相近时，溅射产额较高。

除了以上两个主要因素，溅射产额还与靶材晶面结构等有关。单晶靶溅射实验表明，低晶面指数的靶面具有较低的溅射产额，低于多晶靶。其原因在于沟道效应，部分离子进入沟道的几率增加，对碰撞溅射贡献减少。高晶面指数靶面的溅射产额可能高于多晶靶。一般溅射薄膜工艺中使用多晶或非晶靶。溅射产额对靶体温度不敏感，在较高温度下有些变化，但溅射工艺中靶体温度一般保持在室温附近。

16.3.3　溅射原子的能量与方向分布

溅射原子的速度与能量

溅射产额是影响薄膜生长速率的因素，溅射原子的能量则是决定薄膜致密性、晶体结构等性质的重要因素。溅射原子以较高速度与能量抵达衬底，是溅射成膜工艺的主要优势之一。图 16.20 为 500 eV 氩离子溅射的铜原子速度分布曲线，并给出铜蒸发原子速度分布相对比。可见溅射原子速度大部分在$(3\sim6)\times10^5$ cm/s，大大高于蒸发原子。图 16.21 显示氩离子轰击钼靶的溅射粒子能量分布，图中除了钼原子，还有双原子 Mo_2 的动能数据。在离子溅射过程中，不仅有单原子发射，还可能溅射出双原子及由更多原子构成的团粒（cluster）。例如，在 12 keV 氩离子轰击铝溅射出的粒子中，发现有 Al_7 多原子团粒。但与单原子相比，团粒数量很少。例如，测试表明 Mo_2 仅约为单原子量的 1%。上述两图标出的速度或能量分布曲线都是归一化的。溅射原子动能分布曲线高能一侧的变化，大致与 E^{-2} 成比例。通常溅射原子能量分布峰值处的能量约为数电子伏。表 16.3 列出了多种元素靶受氖或氩离子溅射出的原子平均动能。溅射原子的平均动能约为 10~30 eV。蒸发原子的能量为其蒸发温度的热运动能,一般显著小于 1 eV。

表 16.3　不同靶/离子及其能量组合的溅射原子平均动能

靶元素	Al	Si	Ti	Co	Cu	Cu	Ni	Ge	Mo	Ta	Ta	W
入射离子	Kr	Kr	Kr	Kr	Kr	Ar	Kr	Kr	Kr	Kr	Ar	Kr
离子能量(eV)	1 200	1 200	1 200	1 200	1 200	500	1 200	1 200	1 200	1 200	500	1 200
溅射原子平均动能(eV)	9	10	13	12	10	10	17	13	21	33	25	34

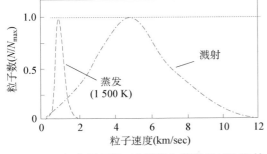

图 16.20　氩离子(500 eV)溅射与蒸发(1 500 K)的铜原子速度分布对比[9]

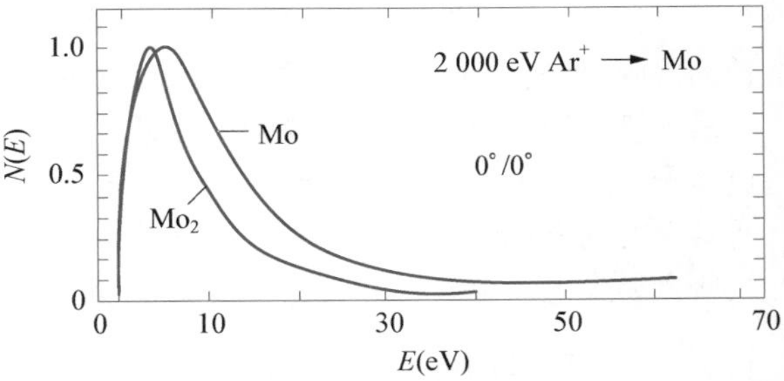

图 16.21　氩离子(2 000 eV)溅射的钼及 Mo_2 的能量分布[9]

溅射原子的发射方向

　　溅射原子的发射方向分布与离子能量、入射方向、靶面形貌等有关。实验表明,对于较高离子能量溅射,出射原子方向分布与离子入射方向相关性较小。测试数据显示,溅射原子在不同方向的分布,通常遵循余弦函数$(\cos^n\theta)$规律,其中,θ 是发射方向与靶面法线的夹角,指数 n 的大小与离子能量有关。对于特定离子/原子组合,在一定能量范围内,$n=1$,而对于较低和较

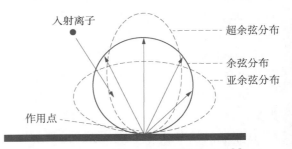

图 16.22　溅射原子的发射角度分布[9]

高能量离子溅射,n 值分别小于和大于 1。图 16.22 给出这种分布的示意图,图 16.22 中自离子入射点的箭头线,代表某个角度方向的溅射原子的相对数量。对于 $n=1$ 情形,溅射原子分布类似圆形球面。较低和较高能量离子溅射出的原子分布则类似椭球面,但前者横向偏移,后者纵向偏移,如图 16.22 所示。

　　实验发现,当离子能量较低时,其入射方向可能影响溅射原子角度分布。斜入射离子溅射出的原子分布可能移向反射角方向。低能离子溅射主要为表面弹性碰撞过程,撞击出的原子具有较强方向性。而较高能量离子进入靶表层较深,经过多次碰撞散射,丧失其原有方向性。实验还表明,由光滑和粗糙表面溅射出原子的角度分布显著不同。图 16.23 显示,相同斜入射低能量的氩离子(250 eV),在光滑钼靶表面溅射出的原子分布偏移向反射角度方

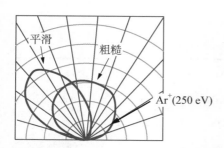

图 16.23　250 eV 氩离子轰击光滑与粗糙表面钼靶的溅射原子角度分布对比[9]

向,而在粗糙钼表面发射出的原子,仍以表面法线为轴,呈对称分布。也有实验发现,如靶为单晶材料,溅射原子也可能呈现优选角度分布。

除了溅射原子,由靶表面反射的离子和发射的负离子,也可能影响形成薄膜的结构与组分。当入射离子质量等于或小于靶原子时,它们有较大几率在靶表面遭到反射。有专门设计的实验表明,当较低能量离子溅射时,淀积到靶的离子能量比例下降,就是由于部分离子被反射。由于离子在撞击靶面时失去电荷,这些原子不受靶极电势作用,而以其反射后的动能,可能射向正在生长的薄膜,把所携带的能量传输给薄膜,从而影响薄膜生长及特性。可能轰击薄膜的另一种粒子是由靶发射的负电荷二次离子。当靶中存在电负性强的元素(如氧)时,有较大几率溅射出负离子。这种负离子受靶极鞘层电场加速进入等离子体,虽然在等离子体内可能失去电子,但所具有的动能仍使其射向衬底片。这种原子轰击会产生刻蚀作用,也可能改变薄膜组分。在某些含易失电子金属(如钡、钇、锆、钛等)的铁电氧化物靶溅射工艺中,这种效应影响较大。

16.3.4　溅射原子的输运模式

溅射原子自靶至衬底片的运动有两种模式:一种为弹道式输运(ballistic transport),另一种为扩散式输运(diffusive transport)。当溅射真空室气压较低时,溅射原子的运动为弹道模式。这时分子/原子运动自由程大于靶-衬底片间距,自靶溅射出的原子在飞行路径中,不经碰撞散射直接到达衬底片。离子束溅射系统中溅射原子飞行区的气压可低至 10^{-4} Torr,原子自由程可达数十厘米,溅射原子的运动常为弹道模式。对于这种模式溅射淀积,溅射原子携带原始出射动能至薄膜表面,一方面可类似离子注入,直接入射到薄膜顶层中,会产生薄膜缺陷;另一方面,淀积原子的同时也淀积了能量,对薄膜有热退火作用。这样溅射的薄膜致密,与衬底黏附性好,薄膜由较小晶粒组成。

如果溅射真空室气压较高,原子自由程小于靶-衬底间距,溅射原子运动将以扩散模式为主。原子在飞行过程中可能与其他原子/分子多次碰撞散射。每次散射都会丧失部分能量,如果碰撞频率过高,到达衬底时,溅射原子能量甚至可能减小到类似蒸发原子水平。图 16.24 显示溅射原子平均动能随真空室气压上升而减小的实验测量与计算模拟结果。一般等离子体溅射的氩气压,约在 $10^{-3} \sim 10^{-2}$ Torr 区间。气压较高时,分子自由程可能降到 10^{-1} cm 量级,溅射原子从浓度较高的靶表面扩散至衬底表面,中间可能经历多次碰撞散射,使其动能显著减小。

溅射淀积是非热平衡过程,也是一种低能效工艺。入射离子 95% 以上的能量淀积在靶极,导致其升温,因而靶需要冷却。仅很小比例的离子能量转化为溅射原子动能。同时,溅射原子出射角度各异,又在飞行过程遭到散射,因此,通常只有部分溅射原子到

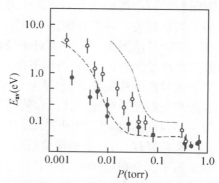

图 16.24　溅射原子平均能量(E_{av})随气压的变化[9]

(空心点与实心点分别为测试与模拟结果)

达衬底表面,参与薄膜生长,相当部分溅射原子淀积到真空室壁等处。实验测量表明,真空室气压越高,到达衬底的原子比例越小。

16.4　磁控溅射技术

磁控溅射是提高淀积速率,发展高效、精密可控 PVD 薄膜工艺的关键技术。本节在回顾溅射技术演变过程后,着重分析磁场增强溅射速率的物理机制,并介绍用于半导体工艺的平面磁控溅射装置结构,随后讨论通常应用磁控溅射工艺实现的化合物反应溅射技术。

16.4.1　溅射技术的演变

应用薄膜制备技术需要较高的溅射速率。但早期二极溅射装置的溅射速率远低于当时的蒸发速率,难于在生产中应用。因此如何提高溅射速率曾是早期溅射技术的主要课题。决定溅射速率的主要因素有两个:一为溅射产额,另一为离子密度。由 16.3 节可知,溅射产额主要取决于离子能量,其值由气体放电电源决定,只能在较小范围内调节。而离子密度取决于二次电子和工作气体原子的电离碰撞过程。但由阴极发射的二次电子,可能因非电离碰撞过程丧失其能量,或直接被阳极收集,大部分电子不能产生电离碰撞作用。这就导致一般直流和射频二极溅射装置中,产生的离子密度都比较低。因此,提高溅射速率的主要途径是如何提高离子密度,即等离子体密度。

为了提高等离子体密度,人们首先想到的方法是增加电子发射,以增强电子/原子碰撞电离。因此,把二极溅射装置中的阴极与靶极分离,设置单独阴极,以利于发射高密度电子,因而曾研制多极溅射设备。图 16.25 为早期制造的一种四极等离子体溅射装置的结构示意图。在处于负电位的靶极和地电位的基片台外,另外单独设置阴极与阳极,因此需应用多个电源。由钨丝或钽丝制成的热阴极,通过大电流加热,产生热发射电子,在阳极电场作用下加速运动,使气体原子碰撞电离,激发等离子体。在这种多极装置中,可产生较高密度正离子轰击靶极,使溅射速率及薄膜淀积速率得到提高。这种具有热阴极的多极溅射装置,可在较低气压下放电,并可分别控制离子能量和离子电流,有益于溅射工艺调节。这种多极溅射装置也存在结构较为复杂、阴极加热丝易耗及引起金属污染、难于获得大面积均匀薄膜等缺点,因而未能在 20 世纪 70 年代以后继续发展。

人们早就意识到,利用磁场对运动电子的洛伦兹作用力,可以避免电子过快飞向阳极,延长运动路径,增加与原子碰撞,有益于提高溅射速率。图 16.25 所示四极溅射装置中,真空室外安置的电磁线圈,就是为了产生可控制电子运动的磁场,提高电离效率。20 世纪 70 年代发明了新型磁控溅射技术,在二极溅射装置中,通过永磁体与阴极靶结构密切结合,电子可更有效地束缚于靶邻近区域,显著提高离化率及溅射速率,从而使等离子体溅射逐渐演变成为普遍应用的多种材料薄膜淀积技术。此后,磁控溅射技术在磁体结构、等离子体密度、溅射原子运动及淀积控制、衬底表面处理及多层薄膜溅射工艺等方面不断改进,引进了多真空腔体复合系统、电感耦合、射频自偏置负电势等技术,从中小直径多片溅射系统演进到大直径单片溅射系统,使溅射工艺适应一代又一代 VLSI/ULSI/SLSI 集成芯片高精度加工需求[11, 12]。

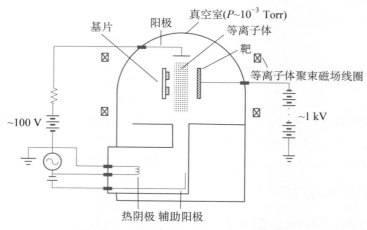

图 16.25　四极等离子体溅射装置示意图

16.4.2　磁场增强溅射原理

15.6.2 节已说明磁场对气体放电等离子体的增强作用。磁场的应用在溅射技术演进中发挥了关键作用。磁场增强溅射的基本原理在于磁场对电子的约束作用,使二次电子与工作气体原子的碰撞电离率得到显著提高。电子在磁场中受到的洛伦兹力,取决于其速度(v)和磁感应强度(B)的矢量乘积,

$$F = qv \times B \tag{16.3}$$

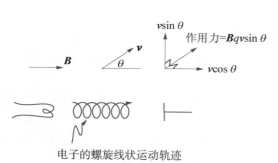

电子的螺旋线状运动轨迹

图 16.26　电子在磁场中受到的洛伦兹力作用及形成的螺旋线状运动

其中,q 为电子电荷。只要电子运动方向偏离磁场方向,电子就会受到一个使其偏转的洛伦兹力作用。图 16.26 显示阴极与阳极间存在轴向磁场时,洛伦兹作用力下电子运动轨迹的变化。图 16.25 的四极等离子体溅射装置正是这种情况。自阴极发射的电子,受到电磁线圈磁场的作用,就会作螺旋线状运动,使电子在被阳极收集前路径显著增长,得以增加碰撞电离、提高溅射速率。本书前面已有多处涉及磁场在集成电路芯片制造技术中的应用,都是基于洛伦兹作用力,离子注入质量分析器利用

洛伦兹力对离子运动的控制,高真空 Penning 离子泵及真空规和溅射技术则都是利用洛伦兹力对电子运动的控制。利用磁场洛伦兹力对电子运动的约束作用,增强电子/原子碰撞电离,提高气体放电离化率。

依据磁场洛伦兹力控制电子运动轨迹的原理,在 20 世纪 70 年代研究开发了由磁体与阴极靶密切结合的磁控溅射(magnetron sputtering)装置。磁控管(magnetron)本是利用磁场控制电子运动的一种真空电子器件,用作大功率微波振荡源。虽然一般真空电子管早已为晶体管代替,但磁控管仍有多种技术应用,如在微波炉中都有一个磁控管作为微波源。在溅射与刻蚀等各种等离子体加工系统中,磁控管是指位于阴极背面,可以控制电子运动轨迹

以提高电离效率的磁场装置,是一种磁控阴极装置,可简称为磁控器。有的中文资料仍译为"磁控管",实际上它与命名为"磁控管"的微波振荡发射器件十分不同。应用于溅射的磁控器是适合于提高溅射速率的磁体/靶阴极复合装置。磁控溅射速率可比非磁控溅射提高10~100 倍,开辟了薄膜溅射技术应用于各种科研与工业生产的途径[13, 14]。

磁控器能够显著提高溅射速率的基本方法及原理如下:在处于阴极电位的靶面上形成与电场方向垂直的磁场,利用磁场产生的洛伦兹力,使由离子轰击靶发射出的电子被约束于靶附近,使之与气体原子发生多次碰撞电离,产生更多离子以轰击靶,从而显著提高溅射速率。图 16.27 显示磁场对靶面附近电子的约束作用,可用以说明靶溅射速率增强的原因。假设靶表面上的磁场(B)与表面平行,并由外向内与纸面相垂直。在无电场作用条件下,由靶面向上发射的电子,受磁场偏转作用将作圆周运动,被局

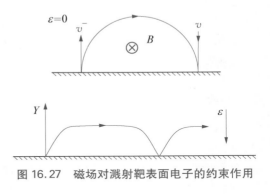

图 16.27 磁场对溅射靶表面电子的约束作用

限于表面附近。在同时受到电场与磁场作用条件下,自阴极射出的电子仍将被局限在阴极附近。真空室气体放电形成等离子体后,阴极靶表面附近将产生空间电荷区(阴极鞘层,参见 15.3 节)。假设空间电荷区的电场为线性变化,即可用下式表示:

$$\varepsilon = \varepsilon_0\left(1 - \frac{y}{L}\right) \tag{16.4}$$

其中,ε_0 为靶表面($y=0$)处电场强度,L 为空间电荷区的宽度。电子在电场力和磁场力的共同作用下,靶平行方向(x)与垂直方向(y)运动的加速度($\ddot{x}$、$\ddot{y}$)与速度($\dot{x}$、$\dot{y}$)可用以下关系式描述:

$$\ddot{x} = \frac{qB}{m}\dot{y} \tag{16.5}$$

$$\ddot{y} = \frac{qE - qB\dot{x}}{m} \tag{16.6}$$

其中,q、m 分别为电子的电荷与质量。由以上关系式可以得到阴极空间电荷区内电子的运动轨迹。

$$y = \frac{qE_0}{m\omega^2}(1 - \cos\omega t) \tag{16.7}$$

$$\omega^2 = \frac{qE_0}{mL} + \frac{q^2B^2}{m^2} \tag{16.8}$$

上式表明,由阴极发射的电子将被磁场洛伦兹力约束在空间电荷区作回旋运动。在靶附近以回旋频率 ω 运动的电子,将大大增加与原子碰撞电离几率,使轰击靶的离子流密度及相应原子溅射速率显著增加。

16.4.3　磁控器结构

针对不同应用领域溅射薄膜需求,人们研制了多种不同结构的磁控器,如平面磁控器(planar magnetron)、S-枪磁控器(S-gun magnetron)、圆柱体磁控器(cylindrical magnetron)、中空阴极磁控器(hollow cathode magnetron)等。永磁体和电磁体都可用于制作不同结构的磁控装置,但以前者为主。磁控器的设计不仅着眼于提高溅射速率,还要顾及溅射淀积薄膜的均匀性。半导体器件薄膜溅射,早期曾采用 S-枪磁控器,现在则通常应用平面磁控装置,有圆形或长方形等不同结构的平面磁控器。

平面磁控器

图 16.28 显示适用于圆形靶材的典型平面磁控靶阴极装置结构及其工作原理。这种圆形平面磁控装置现今普遍应用于大直径硅片金属薄膜单片溅射系统。平面磁控装置的关键部分是靶阴极背面的永磁体结构。由图 16.28 可见,镶嵌在无氧铜材阴极背面的磁体,由一系列相同极性方向排列的环形永磁棒与相反极性方向的圆心磁棒构成。溅射靶紧贴在非磁性铜阴极板的正面。在阴极背面所有磁棒和具有优良导磁性的铁板相接触,用以构成磁体背面磁力线回路,防止磁通量扩展至其他区域。在磁体正面,圆中央和圆环磁棒的磁力线则穿过阴极与靶,在真空室内构成弧线型回路,如图 16.28 中虚线所示。因此,在溅射靶上方存在平行于靶面的磁场。由靶阴极发射的电子,其初始速度垂直于靶表面,必将受到磁场的洛伦兹力作用,使真空室内电子作连续偏转运动,在靶面附近形成圆形转轮线型轨迹,如图 16.28 中实线所示。这表明阴极发射的电子被约束在阴极附近"电子阱跑道"上运动,可与更多氩原子碰撞,产生更多轰击靶的离子,从而提高溅射速率。

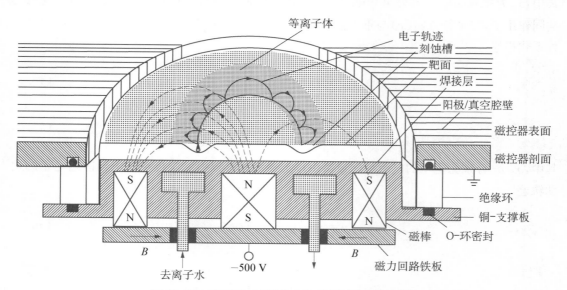

图 16.28　圆形平面磁控阴极靶装置结构示意图[11]

图 16.28 还显示,在靶阴极周边安置有屏蔽环,并接地电位(通常即为阳极电位)。其作用在于抑制靶边缘气体放电,防止阴极其他材料溅射,避免污染。屏蔽环与靶阴极之间距离

必须选择适当,应小于阴极暗区宽度,以避免两者之间放电。另外,由图 16.28 还可见,靶阴极背面有去离子水冷却循环通路。如前面已指出,轰击靶的离子能量只有很小份额转变为溅射原子能量,绝大部分淀积于靶,可使靶及阴极温度显著上升。磁控溅射系统中离子流耗散于靶的功率密度可达每平方厘米数十甚至数百瓦。

对于图 16.28 所示磁体结构,靶面附近的磁场沿径向是不均匀的,因而各处等离子体密度也不同。这导致沿径向靶面的离子溅射速率不一,靶面上平行磁场强度最大的中间环形区,离子密度及溅射速率最大,经过一段时间溅射后,靶上就会呈现明显的环形溅蚀槽(erosion groove),如图 16.28 所示。这将显著降低靶材利用率,增加溅射工艺成本。而且溅射原子的非均匀分布必然严重影响硅片上的薄膜均匀性。在硅片与靶距离较大的系统内,由于原子间散射作用,在硅片上可能获得较均匀的淀积薄膜,但这要以淀积速率有所降低为代价。当硅片与靶的距离较近时,靶的非均匀溅射必将导致淀积薄膜的不均匀性。因此,如何设计磁控装置结构、合理排布磁棒阵列,使靶表面上磁场强度分布及阴极鞘层氩离子密度更为均匀,以便更有效地利用靶材及提高薄膜淀积均匀性,是磁控装置研制的主要课题之一。

旋转式动态磁控器

随着硅片直径增大,磁控溅射技术中靶的溅蚀速率均匀性和薄膜的淀积均匀性问题更为突出,需要改进磁控装置结构。直径 200 mm 硅片溅射应用的平面靶直径约为 300 mm,而 300 mm 硅片溅射用靶直径更是要增大到约 450 mm。如何为这种大直径靶配置高效率、高均匀性的磁控装置是一个技术难题。磁控溅射系统研发及制造公司先后提出各种不同磁控装置专利设计。除了多种由数量众多磁棒组成的静态磁控装置外,有的还应用动态磁控装置,以达到均匀溅射效果。动态磁控装置也被称为场扫描式磁控器(swept-field magnetron)[11]。这种磁控器小于靶直径,但以低速在阴极背面旋转(40～60 rpm),以便使磁场扫描覆盖整个靶。通过合理设计磁体阵列形状及选择旋转轴心,使靶面上产生较为均匀的溅射率,并提高靶材有效利用率。

图 16.29 显示一种动态磁控器结构示意图。这种磁控器为由阵列磁棒组成心脏形状的磁体结构,其中一系列永磁棒(M_1、M_2 等)被夹持在两个平行的心脏形铁环(K_1、K_2)中间。在溅射过程中以靶中心(C)为轴旋转,可在靶表面产生均匀磁场效果,因而使靶体的大部分区域具有相近的溅蚀速率,如图 16.29 中蚀刻曲线所示。

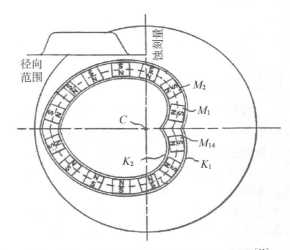

图 16.29　心脏形状磁棒阵列旋转式磁控器[11]

低气压磁控溅射

磁控溅射在提高溅射速率同时,也有利于降低气体放电电源电压和溅射工作气压。低气压有利于提高溅射原子自由程、增强溅射原子束流定向性,更多溅射原子携带较大能量淀积到基片。在典型直流电压($\sim$500 V)、氩工作气压($\sim 10^{-3}$ Torr)及磁感应强度($\sim$300 G)条件下,电子回旋半径约为 2 mm,远小于原子自由程(1×10^{-3} Torr 压强下的原子自由程约为 50 mm)。在某些薄膜淀积技术中,希望溅射在更低工作气压(如 1×10^{-4} Torr)下进行,使原子具有更大自由程。降低气压对气体放电等离子体有两种不同因素影响:一为氩原子密度下降,导致原子-电子碰撞几率减小,不利于气体放电;二为电子自由程增加,使电子平均能量上升,有利于提高碰撞电离率,这将减缓前一因素的作用。

在常用平面结构磁控器中,增加磁场强度可以提高碰撞电离效率,有利于降低工作气体压强。也有一些其他方法用于低气压等离子体溅射,如采用附加低能电子源增加电子密度。但实现低气压溅射较为简便而有效的途径,仍是改进磁控装置结构,进一步提高电子有效利用率。图 16.30 显示一种改进型磁控器结构。如图 16.30 所示,在中间转动平面磁控器的周边,安置一圈固定永磁体,其极性与主磁体相反。主磁体与辅助磁体在靶边缘处形成的净磁场,可使靶边缘区域发射的二次电子返回等离子体区,从而减少电子损失,提高电子及离子密度,有益于低气压溅射。

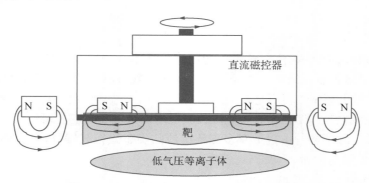

图 16.30　一种适于低气压直流溅射工作的磁控器结构[11]

射频磁控溅射

磁控器技术不仅广泛用于直流溅射系统,也可用于射频等离子体溅射系统。在 RF 系统中等离子体放电形成自偏置阴极(参见 15.4 节)。溅射靶紧密安置在自偏置阴极上面,并可受到置于背面的磁控器作用,因而可显著提高射频溅射速率。射频磁控溅射既可用于导体靶,也可用于介质材料靶的溅射淀积。在许多研究工作中,应用射频磁控溅射技术,可制备多种介质薄膜。例如,近年在高介电常数栅介质材料研究中,研究者曾用溅射技术淀积各种高 k 材料薄膜,进行材料性能表征和筛选。在集成电路生产线上,氧化硅等介质薄膜通常都用热生长或化学气相淀积等技术制备。

16.4.4　反应溅射化合物薄膜

磁控溅射既可用于单质纯金属薄膜制备,也可用于合金与化合物的淀积。对于 Al - Si、Al - Si - Cu、W - Ti 等合金薄膜,通常用适当组分的合金靶,以氩离子直接溅射淀积。应用多靶共溅射技术,也可以获得合金薄膜。还可以应用化合物靶溅射获得化合物薄膜,但是,由于难以制造某些高纯化合物体材料及靶(如 TiN 等),而且溅射薄膜组分往往难以控制,其实际应用受到限制。基于溅射原子与活性气体化学结合的反应溅射,是淀积氮化物、氧化物、碳化物等多种薄膜的重要方法,在研究、开发各种薄膜新材料及新器件中得到广泛应用。

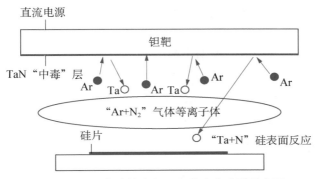

图 16.31　反应溅射淀积 TaN 化合物薄膜示意图

　　图 16.31 以 TaN 为例显示反应溅射基本原理。实现反应溅射,必须在高真空溅射系统中,除了惰性工作气体,通入适当比例的活性气体,如 O_2、N_2、NH_3、CH_4 等。在集成电路金属化工艺中,用作扩散阻挡层的 TiN、TaN 等化合物薄膜,就常应用磁控反应溅射技术制备。虽然在含活性气体条件下通过反应蒸发,也能获得化合物薄膜。但反应溅射更有利于化合物薄膜生长。其原因在于,等离子体中的碰撞过程可使反应气体分子分解为活性原子,而且溅射金属原子的平均能量大大高于蒸发原子,这都有益于激活原子间的化合反应。反应气体通常在衬底表面与金属原子反应,形成化合物。在空间碰撞反应结合的几率一般很小,且存在碰撞解离的相反过程。

　　反应溅射薄膜淀积工艺中必须选择适当溅射系统及工艺,控制活性气体与氩的比例、衬底上反应气体分布均匀性、气流及气压的变化等因素,以便获得所要求化学计量比的化合物及稳定均匀薄膜生长。在反应溅射过程中,不仅硅片淀积薄膜,真空室壁等处也可能有化合物覆盖,靶表面也会氮化或氧化。金属靶表层形成氧化物后,溅射速率会显著下降,并可能引起气体放电状态变化、放电电压下降、真空室压强变化等。因而靶表面化合现象常被称为"靶中毒"。图 16.32 显示,在反应溅射过程中,溅射速率、放电电压和真空室压强都随活性气体流量发生变化,在活性气流上升和下降的一定区域内存在滞后效应。在通入反应气体初期,由于活性气体被靶表面以及淀积在衬底、器壁上的金属原子化合或吸附,真空室气压保持不变,仍完全由氩决定,但溅射速率与放电气压缓慢下降。器壁等对活性气体的吸附逐渐趋于饱和,金属靶完全为化合物所覆盖,溅射速率将陡变下降至化合物的溅射速率。此时,真空室压强陡然上升,放电电压陡然下降。当活性气体流量由高值下降时,溅射速率等参数变化也相应滞后。对于 TaN、TiN 之类的导体氮化物,溅射速率变化较

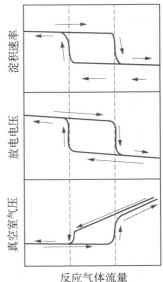

图 16.32　反应溅射过程中溅射速率、放电电压和真空室压强随反应气体流量变化的滞后效应[15]

小。对于反应物为氧化物介质的材料,需应用射频或中频脉冲等交变电源溅射系统进行反应溅射。

16.5 定向溅射淀积技术

对于薄膜溅射技术在集成芯片制造中的应用,除了要求高溅射速率外,还必须具有良好的台阶覆盖及深槽填充特性。为了适应器件缩微工艺需求,先后发展了多种定向溅射技术。本节在简述长程投射与准直溅射技术后,将重点讨论离化金属等离子体(ionized metal plasma,IMP)溅射技术。

16.5.1 长程投射溅射

在集成电路接触与互连工艺中,各种金属薄膜需要淀积在表面形貌高低起伏的结构上。而且在层状金属接触或互连结构中,必须在通孔、沟槽的底部及侧壁,淀积厚度均匀但很薄的扩散阻挡层等。随着器件尺寸缩微,接触通导孔与沟槽的深宽比愈益增大,均匀薄层淀积与填充难度上升。如图 16.22 所示,由靶表面溅射出的原子沿不同方向运动,并且会因散射不断改变。因此,在通常应用的二极溅射系统中,表面形貌不平坦的衬底上难以淀积均匀覆盖的薄膜,如图 16.33(a)所示。在陡峭台阶的通导孔和沟槽内,甚至可能形成无法填充的空洞、空隙。如果溅射原子以垂直方向射向硅片,则可改善薄层淀积均匀性,如图 16.33(b)所示。

在溅射淀积技术演进过程中,如何改善台阶覆盖特性一直受到重视,先后发展了多种垂直于衬底硅片表面的定向溅射技术。如图 16.34(a)所示,长程投射溅射(long throw sputtering)是最早的实现定向溅射的有效方法。靶-衬底距离大和气压低是这种方法的基本条件。在 1×10^{-4} Torr 低气压下,真空室中原子自由程可达 500 mm,溅射原子的运动轨迹类似弹道式输运,可不经散射淀积到不同方向物面。在硅片和靶相互平行的溅射系统内,只有接近靶垂直方向出射的原子,才会到达距离靶较远的硅片,偏离垂直方向较大角度的出射原子将淀积到真空室壁。根据其原理,也可知其缺点。由于滤去大部分非垂直方向出射原子,溅射速率必然减小。同时,在硅片不同位置,直射淀积效果也有所区别。

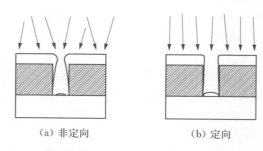

(a) 非定向　　　　　　　　　(b) 定向

图 16.33　非定向与定向溅射对通孔、沟槽台阶覆盖的影响

如 16.4 节所述,采用特殊设计的磁控装置,可制造低气压溅射系统,其中可实现长程定向溅射。离子束溅射通常可在真空室气压较低条件下进行,也有益于实现定向溅射。长程投射定向溅射淀积不仅可用于改善孔、槽台阶覆盖,也可与光刻胶图形结合,应用于剥离

(lift-off)技术,形成自对准金属互连图形或其他结构。

16.5.2 准直溅射

准直溅射淀积(collimated sputter deposition)是早期集成电路金属化薄膜工艺中应用的另一种定向淀积技术。图 16.34(b)显示这一方法的原理。与一般溅射系统不同,在靶与硅片之间安置一个准直器,挡住偏离直射方向的原子,从而增强淀积原子的定向性。准直器是一种原子过滤器,由蜂窝式金属桶阵列构成,并接地电位[16]。

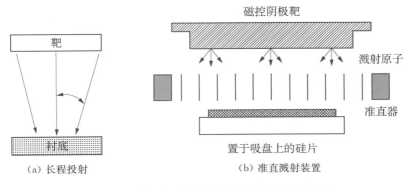

（a）长程投射   （b）准直溅射装置

图 16.34 长程投射与准直溅射装置原理示意图

淀积原子束流的准直度取决于准直器的高宽比。高宽比越大,经过准直器射出的原子平行度越好,硅片上通导孔和沟槽中的淀积厚度越接近平坦区域。无准直器溅射时,小尺寸接触孔内的薄膜淀积厚度,与平坦薄膜相比,可能只有10%~20%,取决于接触孔深宽比。应用准直器后,可显著增加接触孔或沟槽内的覆盖率。准直器高宽比越大,台阶覆盖特性越好。但是,由于准直器屏蔽了斜射的原子,必然导致淀积速率显著减小。如图 16.35 所示,随着准直器高宽比增加,在改善台阶覆盖特性的同时,薄膜淀积速率大幅度下降。随着溅射气压上升,淀积速率也明显减小。此外,准直器必须经常清洗,避免硅片污染。因此,这种准直溅射工艺效率较低、成本较高[17]。

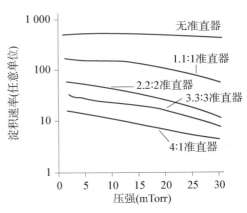

图 16.35 溅射淀积速率随准直器高宽比及气压的变化[18]

16.5.3 离化金属等离子体溅射

在定向溅射技术演进过程中,人们自然会想到,如果溅射成膜的不是原子、而是离子,则在电场作用下,应该可以实现定向淀积。但是,惰性气体离子轰击阴极靶,溅射出来的粒子绝大部分是金属原子,即便有少量金属正离子发射出表面,也受到阴极电场的反向限制作用。由于深亚微米集成芯片制造的持续缩微要求,20 世纪 90 年代以来,离化金属等离子体溅射技术得到迅速发展和应用。一些半导体设备公司在 90 年代中期推出多种 IMP 溅射系统。IMP 技术的基本原理如下:把溅射出的原子在阴极空间电荷区以外,通过高密度等离子体离化成金属离子,并在衬底基片的负偏置电压作用下,定向淀积到硅片上。这种定向淀积技术有时也被称为离化金属物理气相淀积技术(ionized metal PVD, IMPVD)或 I - PVD[18, 19]。

图 16.36 展示离化金属等离子体溅射装置的主要结构。这种溅射装置应用 3 种不同电源。第 1 个为接磁控靶阴极的直流负电压源,用以激励产生溅射作用的等离子体。第 2 个等离子体电源,加在靶-硅片中间环绕溅射原子迁移区域的线圈上,用于激励电感耦合射频等离子体(ICP)。由于直流及 ICP 射频电源的共同作用,溅射真空室内的等离子体密度显著高于一般磁控溅射,可达 $10^{11} \sim 10^{13}$ cm^{-3}。这使溅射出的金属原子离化($M+e \rightarrow M^+ +2e$)。第 3 个电源为加在衬底的另一射频电源,用以产生负偏置电压,引导金属离子定向淀积到硅片上。IMP 溅射的典型氩工作气压为 $10 \sim 30$ mTorr,直流电压为 $10^2 \sim 10^3$ V,ICP 功率为 $10^2 \sim 10^3$ kW,衬底负偏压约为数十伏量级。

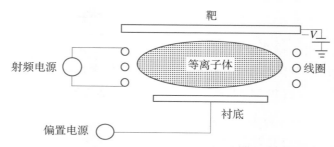

图 16.36   离化金属等离子体溅射装置基本结构示意图

与前述其他定向溅射技术不同,IMP 溅射真空室的气压不能过低。这是因为,溅射原子初始能量较高,低气压下会高速离开等离子体,淀积到衬底或真空室壁。在较高气压下,溅射原子与氩原子之间的碰撞几率提高,通过能量及动量交换,使溅射原子丧失能量、减慢速度,而气体原子能量增加,即气体被加热。这是一个使等离子体放电区域原子趋于热能化(thermalization)的过程。速度降低的金属原子,在高密度等离子体氛围中,有较大几率与电子碰撞电离。IMP 溅射淀积过程可用图 16.37 所示的方框图概括。

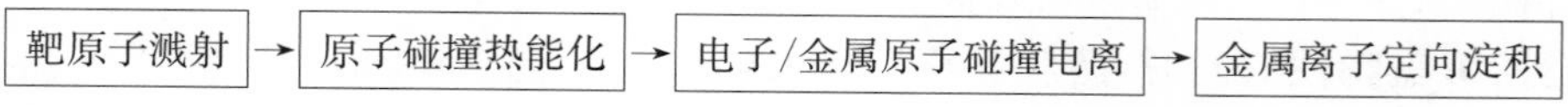

靶原子溅射 → 原子碰撞热能化 → 电子/金属原子碰撞电离 → 金属离子定向淀积

图 16.37   IMP 溅射淀积过程

离子化金属定向淀积是溅射技术中继应用磁控器后的另一重要发展。它把磁控等离子体、电感耦合等离子体(ICP)及射频偏置 3 种技术密切结合,形成新型高密度等离子体溅射技术,既可提高淀积速率,又能改善薄膜台阶覆盖特性。应用合适磁控器并通过增加功率,也可以获得 $10^{11} \sim 10^{13}$ cm^{-3} 的高密度等离子体,但是,在一般真空溅射系统中,衬底邻近区域的等离子体密度显著低于阴极靶表面附近,可能仅为 $10^9 \sim 10^{10}$ cm^{-3}。在 IMP 系统中,由于 ICP 能量注入靶-硅片中间区域,使该处等离子体密度显著提高、大部分金属原子离化,可达到 80% 离化率。基于上述原理不断改进的各种 IMP 溅射系统,在深亚微米和纳米 CMOS 集成电路互连金属淀积工艺中广泛应用。也有的溅射系统通过电容耦合射频功率于硅片近邻区域,获得高密度等离子体,使溅射原子离化。这可称为电容性耦合等离子体技术

（capacitively coupled plasma，CCP）。

　　除了上述应用单独金属离化电源的 IMP 技术，近年还发展有自离化等离子体溅射（self-ionized plasma sputtering，SIP）技术，金属的溅射与离化应用同一电源。图 16.38 显示一种 SIP 溅射技术的基本结构及原理。这种系统可在较低气压（∼10^{-3} Torr）下，通过磁控和输入靶极较大功率（∼20 kW），形成较高密度等离子体。这种技术的关键在于独特的磁控设计。适当选择磁体形状与强度，在靶-硅片中间形成两组密集磁力线：一组紧靠靶表面，用于形成轰击阴极靶的氩离子流，另一组则伸展至硅片邻近区域，用以离化溅射原子，使其受硅片负偏置电场作用作定向淀积。可见在 SIP 溅射系统内等离子体密度及分布与一般溅射装置不同。在一般直流二极溅射真空室内，阴极附近的等离子体密度远高于衬底附近，通过适当磁体结构和加大电源功率，可以提高衬底附近的等离子体密度。

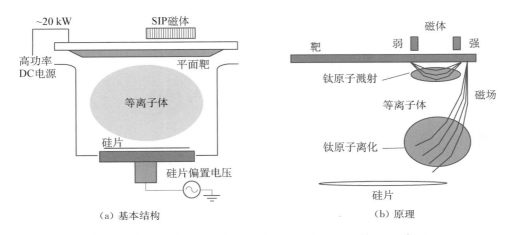

图 16.38　自离化等离子体溅射技术装置基本结构及原理示意图

　　在对磁控溅射物理过程更深入了解的基础上，21 世纪以来研究者应用高功率脉冲电源放电，探索提高等离子体密度和溅射原子离化率的新途径，逐渐发展成功高功率脉冲磁控溅射（high power impulse magnetron sputtering，HiPIMS）新技术[20, 25, 26]。在这种溅射装置中，在脉冲高电压与磁控结构共同作用下，可显著增强二次电子发射与原子离化，产生高密度放电电流，不仅可大幅度提高氩等气体原子离化率（60%∼80%），也可使溅射出的金属原子大部分离化，从而形成由气体离子与金属离子构成的高密度等离子体，可达 10^{14} cm^{-3}。由俄罗斯科学家 V. Kouznetsov 发明的这种脉冲磁控溅射技术，由于应用低占空比（如<10%）脉冲高压放电，可有效克服连续放电等离子体密度受限于溅射靶阴极温升过高的弊病。在这种脉冲模式放电中，氩气体离子可在溅射过程中循环使用。这种高功率脉冲电源放电溅射技术不仅可提高溅射速率，还有利于改善薄膜致密性、黏附性、硬度等物理特性，适于制造硬质薄膜，并可用于反应溅射化合物高致密薄膜淀积，在某些材料刻蚀技术也有应用。

　　IMP、SIP 和 HiPIMS 等溅射技术有益于改善薄膜电导等特性。在溅射薄膜生长过程中，不仅金属离子和原子淀积到硅片上，还受到氩离子的轰击。低能离子轰击可以去除吸附在薄膜表面的污染物及结合不牢固的原子，减少薄膜缺陷，形成更为纯净与致密的结构。因此，应用射频电源在衬底硅片上形成负电压偏置，对于薄膜淀积能够产生多种有益效果。除了上面介绍的定向、除污、增强致密性 3 种功能之外，还可以改善沟槽侧壁淀积均匀性。

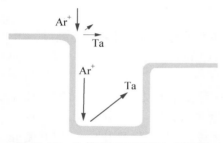

图 16.39 沟槽底部再溅射与侧壁淀积示意图

在深亚微米及更小尺寸芯片制造技术中,高深宽比沟槽与通孔侧壁的薄膜均匀淀积,是溅射技术必须解决的另一难题。适当调节离子化定向淀积工艺,也是解决此难题的一种途径。图 16.39 显示这一方法的基本原理,即应用沟槽、通孔底部金属的再溅射现象。在 IMP 和 SIP 溅射系统中,利用硅片附近高密度离子,以适当能量轰击底部已淀积的金属层,可把部分金属原子再溅射淀积到侧壁。在铜镶嵌互连工艺中,沟槽底部与侧壁的金属扩散阻挡层形成至关重要,既要均匀,又不宜太厚。应用离子化金属溅射工艺,在陡直沟槽或通孔淀积时,底部往往较厚,而侧壁很薄。这不仅失去侧壁扩散阻挡效果,过厚的底部阻挡层也可能导致通导孔电阻增加,因为阻挡层金属的电阻率显著高于铜。图 16.39 还显示,IMP 等溅射工艺的定向离子轰击,可消除台阶顶部处的金属原子过多堆积。

16.6 溅射相关设备与材料

集成电路薄膜溅射工艺要求应用不断改进的先进溅射淀积设备和高纯靶材、高纯氩气体等材料。本节将简要介绍由多种工艺模块和超高真空系统组成的集群式溅射装置,分析微量残余气体对溅射薄膜性能的影响,说明对工作气体和溅射靶的纯度要求,并概述硅片静电吸附基座的结构与原理。

16.6.1 集群式溅射设备

随着集成芯片加工精度要求的不断提高和硅片尺寸的逐步增大,各种薄膜技术设备也需相应地升级换代。薄膜溅射生产设备从多片加工到单片处理,从单一真空室到多真空室系统,从单层薄膜制备到多层薄膜集成加工,一代比一代更为复杂、高效。图 16.40 为近年广泛应用的物理气相淀积集群式设备结构示意图[21]。这种 PVD 薄膜系统可根据器件工艺需要,由一系列功能不同的真空室组装而成。除了可溅射不同材料的多个薄膜淀积工艺真空室外,还配备多种辅助真空腔体,包括真空锁(load locks)硅片装载室、进出缓冲真空室(buffer chamber),以及分别用于硅片烘烤除气、定向、等离子体清洗、冷却降温功能的真空室,并有硅片自动传输装置真空室等。应用多种机械自动化装置,并与计算机精确程序控制密切结合,是这种集群式薄膜加工系统的关键技术。

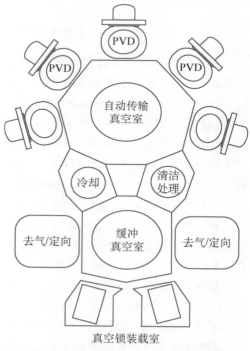

图 16.40 PVD 集群式设备(cluster tool)结构示意图

应用这种集群式自动化加工系统,可按器件结构需求,在各个真空室内淀积多层不同材料薄膜。例如,在铜互连工艺中,可以相继溅射淀积黏附层钽、阻挡层 TaN 和铜籽晶层。在有的集群式加工系统中,还把 CVD、反应离子刻蚀等其他功能真空室与溅射设备相结合,实现更多工艺集成。

16.6.2　溅射工艺的本底真空与氩气体纯度要求

真空是薄膜溅射工艺最重要的基础条件。虽然溅射需要通入惰性工作气体,而且压强通常在 $10^{-3}\sim10^{-4}$ Torr 范围,但先进溅射系统要求真空工作腔体的本底真空度达到超高真空量级。薄膜性质在很大程度上取决于系统本底真空度和氩气纯净度。真空室内器壁与其他装置及硅片等,在真空条件下都可能释放各种气体分子、原子,以及通入的氩气体中的杂质,如 O_2、N_2、H_2O 等,它们都可能在淀积过程中进入薄膜、形成污染。根据气体分子运动规律,撞击真空室内任意表面的气体粒子流密度为

$$j = nv_{rms}/4 \tag{16.9}$$

其中,n 为气体粒子密度,其值与该气体分压(P)及温度(T)关系为 $P = nkT$;v_{rms} 为均方根平均速度,由粒子质量(m)及温度决定,

$$v_{rms} = (8kT/\pi m)^{1/2} \tag{16.10}$$

利用这些基本气态关系式及玻尔兹曼常数(k)值,室温下投射到硅片表面的气体粒子流密度与气体分压强(P)的关系可表示为

$$j = 3.5 \times 10^{22} P(MT)^{-1/2} \quad [\text{粒子}/\text{cm}^2 \cdot \text{sec}] \tag{16.11}$$

式中 M 为分子或原子的摩尔质量,P 的单位为 Torr。

撞击到硅片的异质气相粒子可能被吸附,并随着淀积过程埋入薄膜成为杂质,也可能反射或蒸发返回气相,两者几率取决于这种粒子与衬底薄膜的黏附系数。用于溅射的氩原子及离子也以相应压强的流量射到硅片上,但氩的黏附系数很小,对于一般溅射薄膜及淀积温度,其值小于 0.001。由(16.11)式可以得到撞击表面的氩原子流密度为 $j = 3.2 \times 10^{20} P$ cm$^{-2} \cdot$ sec^{-1}。对于溅射典型氩气压,$P = 3$ mTorr,投射到薄膜表面的氩原子流密度约为 10^{18} cm$^{-2} \cdot$ sec^{-1},计入黏附系数影响,则被薄膜表面吸附的氩原子约为 10^{15} cm$^{-2} \cdot$ sec^{-1},这相当每秒约吸附 1 原子层氩,其等效淀积厚度为 0.1 nm/sec。以磁控溅射铝薄膜为例,如果其淀积速率为 1 μm/min($\approx$16.7 nm/sec),则铝膜中的氩含量为 0.6%。鉴于惰性元素特性,进入薄膜的少量氩,通常对薄膜性能不产生明显影响。

溅射气氛中的微量氧、氮、水汽及钛等活性元素进入薄膜,就可能严重影响薄膜性能。这些元素与衬底的黏附系数常接近 1,极易被薄膜吸附。如果残余活性气体分压为 10^{-6} Torr,利用与上面类似的方法估算,溅射铝膜中的污染水平约为 1%。这可能显著改变薄膜电阻率、光反射率等性质。图 16.41 显示,当溅射真空室内 O_2 分压强超过 10^{-6} Torr 时,Al - Si 合金薄膜的电阻率明显上升。一些实验表明,分压强为 10^{-5} Torr 量级的 N_2 就可能使含 Al - Si 膜的反射率降到 20% 以下。因此,必须应用"6 个 9"(即 99.999 9%)以上的超高纯氩、N_2 等溅射工作气体。为了避免输送管道放气污染,常应用现场气体纯化系统,去除

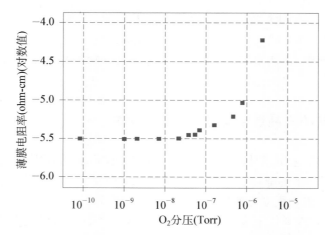

图 16.41　1.2 μm 厚 Al‑1%Si 合金溅射薄膜电阻率随真空室内残余 O_2 分压强的变化[21]

O_2、H_2O、CO_2、CO、N_2、H_2 等，使杂质含量降到 10 ppb 量级。

　　薄膜溅射的杂质污染不仅来源于溅射气体，还取决于溅射腔体表面放气率及真空系统密封性等因素。即便输入的溅射工作气体具有 100% 理想纯净度，真空室内还是存在 O_2、H_2O、CO_2、H_2 等残余污染气体。抽气系统可以达到的本底真空度反映溅射腔体内的残余气体浓度。图 16.42 显示溅射淀积薄膜污染水平与本底真空度及工作气体压强的关系曲线。可见为获得高纯净度薄膜，必须尽可能降低本底真空压强。由图 16.42 可知，在氩气压强为 1 mTorr 条件下溅射时，为使薄膜达到低于 1 ppm 的污染水平，本底真空度应优于 10^{-9} Torr。如需溅射工作气体压强更低，则要应用真空度更高的溅射系统。因此，高质量薄膜溅射设备必须具有密封性好、所用部件材料放气率低的真空腔体，并配备高效超高真空抽气系统。

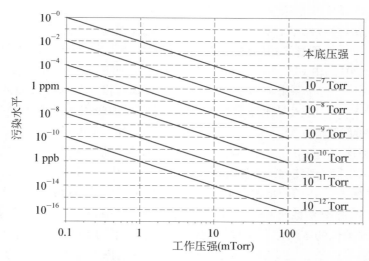

图 16.42　薄膜污染与溅射工作气压及本底真空度的关系[21]

　　图 16.43 为集群式 PVD 薄膜设备的超高真空系统示意框图。溅射设备真空系统需要应用多种类型真空泵相互配合。薄膜淀积室的本底超高真空应用低温冷凝泵获得。硅片装

载真空锁、除气等外围腔体,可应用涡轮分子泵得到高真空。前级抽空应用无油的干式机械真空泵,以避免油气污染。

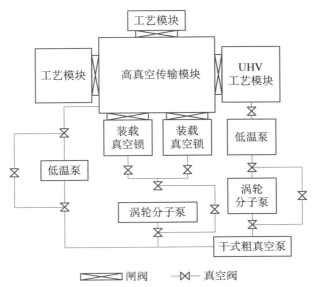

图 16.43　PVD 集群式设备的超高真空抽气系统示意图

16.6.3　硅片静电吸附基座

在早期薄膜淀积和许多其他集成电路工艺中,硅片一般直接置于载片基座上,或用机械夹具固定,或用真空吸附。随后在 PVD、CVD、刻蚀、离子注入等工艺中,逐渐转为应用静电吸附技术固定硅片。先后研制和应用有多种静电吸附基座(electrostatic chuck, ESC)。静电吸附可以避免机械固定方式容易引起的硅片损伤、污染等弊病。这种技术的原理是利用异性电荷的库仑作用力。静电吸附可对硅片产生均匀、平缓作用力,避免机械应力集中。图16.44 显示静电吸附基座(或称静电吸盘)与机械式基座的不同结构。如图 16.44 所示,在金属基座表面覆盖一介质层,放置硅片后,基座电极与硅片形成平板电容。当基座与硅片间加上直流电压时,则两者表面因异性电荷积累而产生吸引力,使硅片得以吸附于基座。这种静电吸附力的大小与所加直流电压(V)、基座涂覆介质的厚度(h_{diel})及其介电常数(k)等因素有关。硅片电位面积受到的力可表示为

$$P_{ESC} = \frac{1}{2}\varepsilon_0 V^2 / (h_{diel}/k + h_{gap})^2 \tag{16.12}$$

其中,ε_0 为真空电容率($=8.85 \times 10^{-14}$ F/cm),h_{gap} 为硅片与基座由于表面不平整等形成的等效间隙距离。如果假设硅片与基座可以完全紧密接触,在两者间的静电吸附力可简化为

$$P_{ESC} = \frac{1}{2}\varepsilon_0 k (V/h_{diel})^2 \tag{16.13}$$

由上式可见,作用于硅片的静电吸附力取决于基座介质层的电场强度和介电常数。因此,常选择介电常数较大,且介电强度也较高的 Al_2O_3、BN、AlN 等陶瓷材料制备 ESC 基座。对

于 PVD 工艺,基座介质材料选取还需注意硅片加温、低放气率真空要求等[21]。

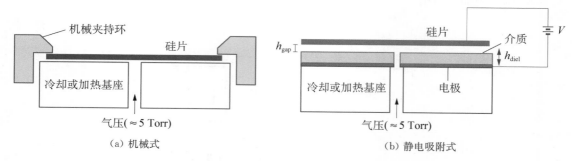

图 16.44 夹持硅片的机械式和静电吸附式基座

薄膜淀积等工艺过程需要控制硅片温度,或加热,或散热。常在基座背面刻制形成分布均匀的气路,通入适当压力的惰性气流,实现硅片均匀控温要求。这种控温气体也与溅射气体一样需要超高纯度,以避免污染。图 16.45 所示为多种静电吸附基座温控气路中的一种。对于这种气路,在计算静电吸附力时,需要按(16.12)式计入基座与硅片间的等效间隙距离。

静电吸附基座存在多种结构。图 16.46 是一种比图 16.45 结构获得更多应用的双极式静电吸附基座结构。基座导电底板由介质相互隔离成两部分,分别接直流电源的正负极。这样在相应位置,硅片的两部分将分别感应产生相反极性的电荷,并与基座形成库仑吸附力,把硅片固定在基座上。这种双极式结构的优越性是在两部分电极面积及电势降值相等、极性相反条件下,将无净电荷流入硅片。

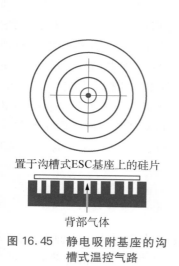

图 16.45 静电吸附基座的沟槽式温控气路

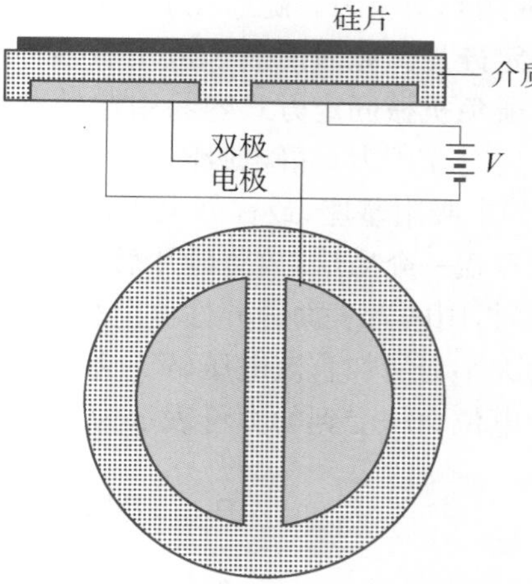

图 16.46 双极式静电吸附基座结构

静电吸附基座不仅要求在加电压时具有吸附作用,而且在电压关闭时应该迅速释放硅片。但是,由于介质的极化作用及陷阱电荷等因素,电压关闭后,存在的残余电荷作用力有可能使硅片得不到及时释放。如果电荷消除时间过长(≫1 s),则将严重降低硅片加工效率。为了克服此弊端,有的集成电路加工设备采用六极静电吸附基座和三相方波电源,如

图 16.47 所示。基座由介质相互隔离的六等分扇形电极构成,相反极性的方波电源施加于对角电极,形成 3 组双极式静电吸附结构($A^+ - A^-$、$B^+ - B^-$、$C^+ - C^-$),各自分别与 3 组方波电源相接,它们之间的相位差为 $120°$。这样变化的方波电源将确保当任何一组电源为零时,其他两组处于完全吸附状态,足以固定硅片。由于 3 组电源始终处于交变状态,基座介质不会产生显著残留极化。因此,当关闭电源时,硅片可及时释放。

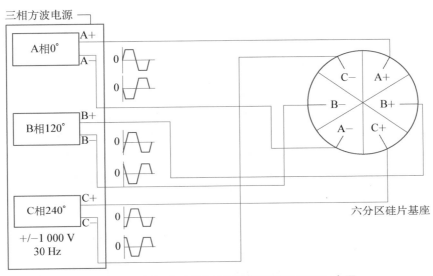

图 16.47　六极式三相方波静电吸附基座原理示意图

16.6.4　溅射靶

溅射靶材是决定溅射工艺及薄膜质量的主要因素之一。随着集成电路器件技术升级换代,对于溅射靶材品种及质量的要求也不断提高。现今超大规模集成电路及其他半导体器件制造技术,需要应用多种不同结构与尺寸的元素、化合物与合金高质量溅射靶。对于半导体器件应用,各种溅射靶最重要的质量指标是高纯度。高可靠性集成电路常需应用“5 个 9”(简称“5N”,即 99.999%)以上纯度的靶,如“5N5”(即 99.999 5%)的高纯靶。这种靶中的杂质总量不仅要小于 5 ppm,而且其中某些会影响集成芯片性能的杂质含量还要降到更低量级。例如,会形成可动离子、导致阈值电压漂移的锂、钠等碱性金属,其含量需降到 $10^{-8} \sim 10^{-9}$ 以下。又如,可发射 α 粒子、会在硅中激发电子-空穴对、造成电路软误差的 ^{238}U、^{232}Th 等放射性元素,其含量也应降低到 ppb 水平。

除了高纯度,还要求单质靶材料结构致密、晶粒尺寸均匀、合金与化合物靶材具有合适化学计量比等。人们实验发现,这些因素对溅射薄膜的均匀度等特性有影响。随着硅片尺寸增大,溅射靶尺寸也需相应增大。有人根据两者的历史变化数据,得到靶直径(D_{Target})与硅片直径(D_{Wafer})两者之间的经验关系式为 $D_{\text{Target}} = 1.46 D_{\text{Wafer}} + 35$(mm)。按此式 300 mm 硅片适用的靶直径约为 475 mm。高纯靶材制备有两种方法,一种是应用熔炼铸造技术,另一种是高温压制粉末冶金技术。两种方法都需要经过合理设计的高温退火工艺,获得合适的晶体微结构,并通过机械加工、制备得到适于特定磁控溅射装置的靶。

16.7　真空蒸发镀膜技术

虽然在集成电路制造中,溅射早已取代蒸发成为物理气相淀积薄膜的主流技术。但蒸发镀膜技术在某些领域仍有重要应用,特别是用于新材料、新结构、新器件的探索与研究。本节将概要分析真空蒸发镀膜原理,介绍蒸发基本装置及方法,着重讨论电子束蒸发技术与激光蒸发/烧蚀镀膜技术的机制与特点。

16.7.1　真空蒸镀基本原理

真空蒸发成膜发现与研究的历史,如溅射镀膜一样,可以追溯到150余年以前。在1854年发现金属溅射淀积现象的著名英国科学家法拉第,在1857年发现可通过蒸发金属丝形成薄膜。由于这两种气相成膜方法都需要真空条件,它们的实际应用技术只有在20世纪30年代扩散泵与机械泵相结合的高真空技术获得突破后,才得到迅速发展。与溅射相比,蒸发薄膜工艺更易于实现。40年代以后热蒸发首先逐步发展成为淀积各种薄膜的成熟工艺,在多种研究与产业领域得到广泛应用。在早期晶体管和集成电路制造工艺中,铝薄膜金属互连普遍应用热蒸发工艺。

蒸发和溅射都是形成气相原子(或分子)的基本物理过程,但两者原理有显著区别。溅射是通过荷能离子与靶材原子双体碰撞的能量与动量转移,产生气相原子,是非热平衡过程;蒸发则是源材料整体或局部加热后,表面原子得到足够大热运动能,挣脱液相或固相束缚而转变为气相原子,通常是热平衡过程。显然,蒸发物温度(T)越高,原子蒸发速率(N_e,原子/cm^2·sec)越大,由这种气相原子形成的饱和蒸汽压(P_v)也相应越高。在热平衡状态下,这3个参数之间的关系可由以下 Herz‐Knudsen 公式描述:

$$N_e = (2\pi mkT)^{-1/2}P_v \tag{16.14}$$

上式中 m 为原子质量,k 为玻尔兹曼常数。由(16.14)式可以得到质量蒸发速率 G(g/cm^2·sec),

$$G = mN_e = \left(\frac{m}{2\pi kT}\right)^{1/2}P_v \tag{16.15}$$

材料的饱和蒸汽压与该物质的汽化热密切相关。汽化热又称蒸发热,为单位质量物质由液相变为同温度的气相所需吸收的能量。研究表明,对于多数材料,在蒸汽压不过高($<10^2$ Pa)的温度条件下,饱和蒸汽压和温度及汽化热的关系可用下式表示:

$$\ln P_v = A - \frac{\Delta H}{RT} \tag{16.16}$$

上式中,A 为常数,R 为气体普适常数,ΔH 为蒸发材料的摩尔汽化热。汽化热数值在通常真空蒸发条件下随温度变化很小。因此,材料饱和蒸汽压的数值变化,主要取决于蒸发物温度。与其他热激活过程一样,饱和蒸汽压强随绝对温度上升呈指数增长,汽化热就是蒸发过程的激活能。

图16.48 显示部分元素物质的蒸汽压强随温度的变化曲线。化合物也有类似蒸汽压与

温度关系曲线。蒸发薄膜工艺要求适当的淀积速率，这就相应要求蒸发物质有足够大的蒸发速率。根据（16.15）、（16.16）两式及图 16.48，可计算某种材料薄膜蒸发工艺所需的温度条件。较高的蒸发速率产生较高饱和蒸汽压强及气相原子浓度，从而导致较高原子凝聚及薄膜生长速率。在图 16.48 曲线上标有部分元素的熔点温度。低于熔点对应固相升华形成的蒸汽压强一般较低，熔点以上液相蒸发饱和压强显著增大。常把元素或化合物饱和蒸汽压强等于 1 Pa 的温度，称作材料的蒸发温度。例如，铝的熔点为 660℃，相应的饱和蒸汽压强仅为 10^{-7} Pa 量级，铝达到蒸汽压 1 Pa 的蒸发温度为 1 140℃。也有些材料在熔点以下就有较高蒸汽压，因而有可能在高真空条件下实现固相蒸发成膜[22]。

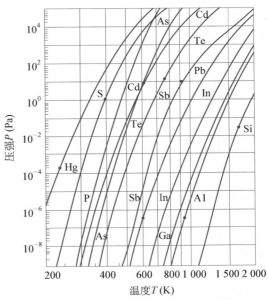

图 16.48　部分金属元素饱和蒸汽压强随温度的变化曲线（圆点对应温度为该元素熔点）

　　应用蒸发技术制备合金膜时，必须考虑不同元素饱和蒸汽压的差异。与反应溅射类似，也可通过反应蒸发制备某些化合物薄膜。例如，在蒸发钛时，真空室内通入适量纯 N_2 气体，可制备 TiN 薄膜。又如，一氧化硅（SiO）作源，在 O_2 气氛下蒸发，可形成 SiO_2 薄膜。

16.7.2　电阻加热与感应加热真空蒸镀技术

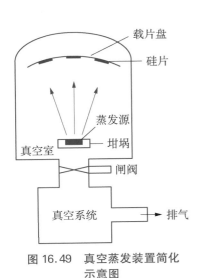

图 16.49　真空蒸发装置简化示意图

　　图 16.49 显示薄膜真空蒸发装置原理示意图。薄膜蒸发设备由高真空系统、蒸发源及加热装置、硅片装载基座等组成。早期的蒸发镀膜工艺，在真空室中以难熔金属电阻通电流，加热搭载在上面或置于坩埚中的蒸发材料，使其熔化、蒸发。与溅射镀膜相比，除了制备化合物膜的反应蒸镀，一般蒸镀不需通入气体，因此，蒸发可在超高真空条件下进行。在高真空条件下，由蒸发源发射出的原子或分子具有较大平均自由程，以热运动速度直接射向衬底基片或真空室器壁。基片一般处于室温或适当加热，但温度显著低于蒸发温度，使气相原子或分子在基片表面凝聚成固相薄膜。除了蒸发速率和蒸发源面积，薄膜淀积速率还依赖于蒸发源与基片之间的距离、角度等结构因素。蒸发气相原子的出射方向与一般溅射原子相近，通常按 $\cos\theta$ 规律空间分布，θ 为原子运动方向与蒸发面法线夹角。基于薄膜均匀性要求，蒸发源和基片距离与源尺寸相应大许多，类似于溅射工艺中的长程投射。早期应用于硅片金属蒸发的载片基座，常具有球弧面形状，并可转动，以改善薄膜均匀性及台阶覆盖。为了调节镀膜时衬底基片温度，载片基座设计还常需具有加温功能。

图 16.50　螺旋状和箔舟状电阻加热蒸发器示意图

加热方式是影响蒸发工艺和薄膜质量的重要因素。耐熔金属电阻加热是早期普遍应用的蒸镀方法,人们曾利用钨、钽、钼的丝状或箔状材料,制成多种不同形状的电阻加热器,用于蒸发不同元素及化合物。图 16.50 展示两种电阻加热器形状。由多股钨丝绕成的螺旋状电阻曾用于铝薄膜蒸发,两端通电流,电流加热到令所挂铝丝熔化,液态铝会浸润钨丝表面,继续加大电流、提高温度,可使铝原子迅速蒸发。图 16.50 所示箔舟状电阻加热器,适于蒸发粉末材料。电阻加热方法简便易行,但不易控制薄膜厚度及均匀性,高熔点金属薄膜蒸发难度大,耐熔金属加热器也会微量蒸发,引起薄膜污染。多种缺点都限制了电阻加热法在高质量薄膜制备中的应用。

随着各种薄膜应用需求推进和其他领域技术演进,发展了高频感应、电子束、激光束等加热方法,使蒸发技术不断改进。图 16.51 显示高频感应加热蒸发器的基本结构。采用耐高温材料(如氮化硼陶瓷)制备的坩埚,其周围环绕可通大电流的螺旋线圈,通过线圈高频电磁场产生的感应电流,使坩埚内蒸发物加热熔化与蒸发。所用频率多为 $10^4 \sim 10^5$ Hz。这种方法有益于精确控制温度和提高蒸发速率,可

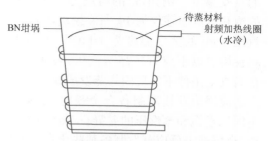

图 16.51　高频感应加热蒸发器结构示意图

增大坩埚蒸发面积,使薄膜均匀性得到改善,用于较大面积衬底蒸镀。对于高熔点材料仍有困难,且仍存在坩埚污染等难题。

16.7.3　电子束真空蒸镀技术

自 20 世纪 70 年代以来,电子束加热逐渐成为真空蒸发镀膜的主流技术。电子束蒸发可以克服电阻与感应加热蒸发的缺点,可用于包括难熔金属及氧化物在内的各种材料蒸发,有益于淀积高纯薄膜。电子束加热蒸发器由电子束源和坩埚容器两部分组成。电子束源常被称为电子枪。曾设计有多种不同结构的电子枪。图 16.52 显示的是一种常用电子枪,它由电子发射、聚束、加速、电场偏转等电极和偏转磁体构成。由图 16.52 可见,经过发射与加速,达到一定能量的电子,在磁场洛伦兹力作用下偏转 $270°$,轰击坩埚中蒸发材料,电子束能量转化为热能,使材料熔化与蒸发。由于电子运动轨迹类似字母"e",这种电子枪有时被称为 e 形枪,其结构有利于避免发射灯丝材料气化对淀积膜的杂质污染。此外,还有直形、环形电子枪,适于不同应用领域。与电阻或感应加热不同,盛放蒸发材料的坩埚可不用耐高温材料,而用易于导热的金属(如铜)制成,且可通水冷却。

在电子束加热方式中,电子直接携带能

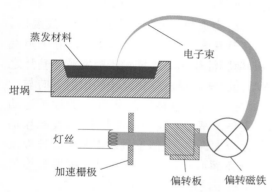

图 16.52　电子束加热蒸发器结构示意图

量给蒸发材料,热转换效率高。质量为 m、电荷为 e 的电子,在电子枪加速电压 V 作用下,电子获得能量 eV 及相应速度 $v=\sqrt{2\,eV/m}$ 。 常用电子枪的加速电压在 $10^3 \sim 10^4$ V 范围。当 $V=10$ kV 时,撞击蒸发物的电子速度可达 6×10^9 cm/s。如果电子发射速率为 $n(\mathrm{s}^{-1})$,则电子束流(I)为 ne。电子束加热功率(P)可表示为

$$P = neV = IV(\mathrm{W}) \tag{16.17}$$

电子束轰击时间(t)内所产生的热量(Q)为

$$Q = 0.24Pt = 0.24IVt(\mathrm{Cal}) \tag{16.18}$$

通过改变电子加速电压和束流,可以调节蒸发物的温度及蒸发速率。电子束能量密度可达到很高,用以蒸镀难熔材料,也可降低能量密度及蒸发速率,在超高真空内实现晶体薄膜生长。电子束加热也是一种电流加热,但与电阻或感应加热的固体传输电流显著不同,它是真空中输运的电子流,在其进入蒸发物时,瞬间直接转换为热运动能,促使物质熔化与气化,不在蒸发物载体等处损耗能量,而且电子束加热中热辐射与热传导的损失也比较小。

电子束加热等蒸发技术创新,并与其他新技术密切结合,在过去半个世纪中,派生出分子束外延、离子镀、离化团簇束淀积、脉冲激光淀积等多种新型物理气相薄膜制备技术。虽然在集成电路等器件工业生产中,一般蒸发薄膜方法已为溅射技术所代替,但蒸发派生的这些新技术,为薄膜制备与应用开辟了新途径和新领域。

16.7.4　激光束蒸发与烧蚀镀膜技术

激光束镀膜是 20 世纪 80 年代以来逐渐发展起来的薄膜淀积新技术,与其他 PVD 技术相比,有许多独特之处。图 16.53 为激光蒸发装置原理简化示意图。用于蒸发物加热的激光器可以置于真空镀膜室之外。高功率激光束辐照,可使吸收其能量的镀膜材料(常被称为靶)瞬间温度升高,导致熔化、蒸发,或直接升华成气相原子、分子,淀积到基片上形成薄膜。除了适于蒸镀高熔点材料、污染少、真空室中可转换多靶、易于淀积多层薄膜等特点外,激光蒸发还具有可使薄膜保持与原料相同组分的独特优点。1987 年在 $YBa_2Cu_3O_{7-x}$ 多元体系高温超导材料研究高潮

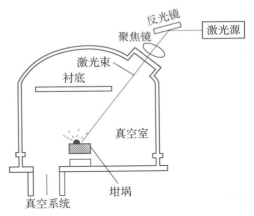

图 16.53　激光束镀膜装置简化示意图

期间,有研究者报道用激光蒸发淀积技术,实验获得与体材料组分及特性相同的高温超导薄膜。这一发现引起人们对激光薄膜技术更多关注,促进了激光镀膜技术的迅速发展[23,24]。

从红外到紫外有多种波长激光源用作薄膜制备与研究,如波长为 $10.6\ \mu m$ 的 CO_2 气体激光器、波长为 $1\,064$ nm 的掺钕钇铝石榴石(Nd:YAG)固体激光器、波长为 248 nm 的准分子激光器等。选择蒸发材料及激光器,必须考虑材料的光波吸收、反射及透射特性。高反射率和高透射率的波长及材料组合,难于应用激光蒸发成膜。

激光薄膜淀积既可用脉冲波激光束,也可用连续波激光束。由于脉冲激光淀积(pulsed laser deposition, PLD)技术具有与其他淀积技术极为不同的特点,因而成为激光薄膜技术

主流。脉冲激光器可以输出瞬间功率极大的激光束,应用这种高功率激光辐照,能够形成其他技术难以得到的材料。常用激光器的脉冲能量在 $10^{-1} \sim 10^{0}$ J 范围,脉冲宽度在 $10^{-6} \sim 10^{-9}$ s 区间,脉冲重复频率在 $10 \sim 50$ Hz 区间,束斑为毫米量级。聚焦在照射物表面的脉冲激光束瞬时功率密度可高达 10^{6} W/cm^2 以上。高功率的激光束不仅可使辐照物瞬刻熔化与气化,产生密度极高的气相粒子(可达 $10^{16} \sim 10^{21}$ cm^{-3}),而且强激光辐照使气相粒子离化,形成高温高压高密度等离子体,其温度可达 10^{4} K 量级。这种强激光辐照加热产生的物理过程与其他加热蒸发过程十分不同,因此,常把此过程称为激光烧蚀(laser ablation)。激光烧蚀通常应用强脉冲激光束产生,但如果连续波激光的能量密度足够高,也可形成烧蚀现象。

激光烧蚀淀积与普通热蒸发淀积过程有显著区别,其物理过程及机制较为复杂,这里仅作简化描述。蒸发与烧蚀都是激光和物质相互作用的物质气化相变方式,激光能量密度较低时,气化过程与其他加热蒸发基本相同,高强度激光则可能产生烧蚀,其特点为同时发生气化与离化两种相变,产生的粒子运动也有不同规律。一般蒸发的气相粒子空间分布按 $\cos\theta$ 函数(θ 为粒子出射与靶法线之间夹角),以自由热运动方式到达基片、淀积成膜。但高功率激光烧蚀产生的高密度气相粒子,受到等离子体屏蔽效应作用,被局限于靶平面法线方向周围区域,呈 $\cos^{n}\theta$ 函数择优空间分布($n \gg 1$),以高速度和独特方式淀积到基片上,如图16.54 所示。由于烧蚀物等离子体发射辉光,在 PLD 淀积真空室内可以看到羽毛状(plume)的辉光。这种由电离和中性粒子组成的等离子体态聚集物,以高速运动射向基片,可淀积形成独特结构与特性的薄膜。

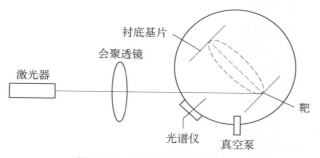

图 16.54 激光烧蚀镀膜示意图

近年来 PLD 激光淀积成为极为活跃的薄膜制备新技术。不仅成功用于高温超导薄膜制备,而且在 ZnO 等化合物半导体、铁电体、氧化物、碳化物、类金刚石等多种材料的薄膜制备与研究中取得进展,显示了 PLD 技术的独特优越性。人们还发现,PLD 技术可用于制备碳纳米管等纳米材料。虽然为了实现生产实际应用,PLD 薄膜技术还有许多课题需要研究,但现有研究结果已说明,PLD 技术可能是探索研究微电子、光电子等领域新一代材料与器件的重要技术途径之一。激光蒸发也可与其他技术结合,派生出新的薄膜制备技术。例如,与分子束外延工艺结合,控制激光蒸发速率,实现原子层淀积,形成激光分子束外延技术(L - MBE)。

思考题

1. 如何分析与概括集成电路制造与薄膜技术两者间的密切关系?
2. 微电子器件制造需要应用哪些薄膜材料及其制备技术?
3. 如何定义薄膜?一种物质的薄膜与体材料有哪些相同与相异之处?

4. 列举常用薄膜制备方法及其适于制备的薄膜材料。

5. 气相淀积的薄膜生长过程与机制有哪些共同特点? 受哪些因素影响?

6. 分析材料表面能如何影响薄膜的生长模式。

7. 举例说明薄膜晶体结构如何影响薄膜性能。

8. 列举所知离子轰击固体产生的物理效应,分析它们各自的应用领域。

9. 溅射与蒸发有什么共同点与不同点? 各自派生出哪些新技术? 比较分析溅射与蒸发两种薄膜淀积技术各自的优越性与局限性。

10. 等离子体溅射与离子束溅射有什么区别? 各自适于哪些应用?

11. 过渡金属的溅射产额存在周期性变化,试分析其原因。

12. 离子溅射产额与哪些因素有关? 如何选择离子能量?

13. 为什么在溅射淀积技术中应用磁场? 磁控溅射与离子注入设备应用磁场相比,其作用原理有什么共同点与不同点? 分析磁控溅射等离子体密度的限制因素及其解决途径。

14. 深亚微米和纳米 CMOS 器件的 PVD 技术遇到哪些难题? 分析其解决途径。

15. 为什么在应用于深亚微米器件制造的溅射设备常用多种电源? 例如,铜互连工艺中溅射金属时常用 3 个电源:一个直流电源,一个电容耦合的射频电源,以及一个电感耦合的交变电源。试分析它们应分别加在何处? 各起什么作用?

16. 离子化金属溅射淀积真空室内等离子体密度分布有什么变化?

17. 反应溅射和反应蒸发中的金属原子与气体原子在何处形成化合物? 化合反应对溅射工艺过程有什么影响?

18. 溅射工艺通常在高真空甚至中真空条件下进行,为什么仍需要应用超高真空系统?

19. 电子束蒸发相对于电阻或感应加热蒸发有哪些显著优越性? 电子束蒸发薄膜制备中为什么常用 e 型电子枪?

20. 激光烧蚀镀膜与其他 PVD 技术相比,有什么独特之处? 试分析其可能应用的领域。

参考文献

[1] K. N. Tu, S. S. Lau, Thin film deposition and characterization, in *Thin Films — Interdiffusion and Reactions*. Eds. J. M. Poate, K. N. Tu, J. W. Mayer, John Wiley & Sons Inc., New York, 1978:81.

[2] K. N. Tu, J. W. Mayer, L. C. Feldman, *Electronic Thin Film Science for Electrical Engineers and Materials Scientists*. Macmillan Publishing Com., 1992.

[3] 叶志镇,吕建国,吕斌等,半导体薄膜技术与物理. 浙江大学出版社,2008 年.

[4] 陈国平,薄膜物理与技术. 东南大学出版社,1993 年.

[5] B. A. Movchan, A. V. Demchishin, Structure and properties of thick vacuum condensates of nickel, titanium, tungsten, aluminum oxide and zirconium dioxide. *Fiz. Metal. Mettaoved*, 1969,28(4):653.

[6] J. A. Thornton, Influence of apparatus geometry and deposition conditions on the structure and topography of thick sputtered coatings. *J. Vac. Sci. Technol.*, 1974,11(4):666.

[7] R. A. Powell, S. M. Rossnagel, PVD materials and processes, Chap. 9 in *PVD for Microelectronics: Sputter Deposition Applied to Semiconductor Manufacturing*. Academic Press, London, 1999.

[8] P. Sigmund, Sputtering by ion bombardment: theoretical concepts, in *Sputtering by Particle Bombardment*. Ed. R. Behrisch, Sprnger-Verlag, Berlin, 1981:9.

[9] R. A. Powell, S. M. Rossnagel, Physics of sputtering, Chap. 2 in *PVD for Microelectronics:*

Sputter Deposition Applied to Semiconductor Manufacturing. Academic Press，London，1999.

[10] H. Andersen，H. Bay，Sputtering yield measurements，in *Sputtering by Particle Bombardment*. Sprnger-Verlag，Berlin，1981：145.

[11] R. A. Powell，S. M. Rossnagel，The planar magnetron，Chap. 4 in *PVD for Microelectronics*：*Sputter Deposition Applied to Semiconductor Manufacturing*. Academic Press，London，1999.

[12] J. D. Plummer，M. D. Deal，P. B. Griffin，Thin film deposition，Chap. 9 in *Silicon VLSI Technology*. Prentice Hall，Upper Saddle River，NJ，USA，2000.

[13] B. N. Chapman，Chap. 6 in *Glow Discharge Processes*：*Sputtering and Plasma Etching*. John Wiley & Sons Inc. ，New York，1980.

[14] R. Wilson，L. Terry，Application of high-rate $E \times B$ or magnetron sputtering in the metallization of semiconductor devices. *J. Vac. Sci. Technol.*，1976，13(1)：157.

[15] R. A. Powell，S. M. Rossnagel，Plasma system，Chap. 3 in *PVD for Microelectronics*：*Sputter Deposition Applied to Semiconductor Manufacturing*. Academic Press，London，1999.

[16] S. M. Rossnagel，D. Mikalsen，H. Kinoshita，et al. ，Collimated magnetron sputter deposition. *J. Vac. Sci. Technol. A*，1991，9(2)：261.

[17] R. A. Powell，S. M. Rossnagel，Directional deposition，Chap. 6 in *PVD for Microelectronics*：*Sputter Deposition Applied to Semiconductor Manufacturing*. Academic Press，London，1999.

[18] R. V. Joshi，S. Brodsky，Collimated sputtering of TiN/Ti lines into sub-half-micrometer high aspect ratio contacts/lines. *Appl. Phys. Lett.*，1992，61(21)：2613.

[19] R. A. Powell，S. M. Rossnagel，Ionized magnetron sputter deposition：I-PVD，Chap. 8 in *PVD for Microelectronics*：*Sputter Deposition Applied to Semiconductor Manufacturing*. Academic Press，London，1999.

[20] V. Kouznetsov，K. Macak，J. M. Schneider，et al. ，A novel pulsed magnetron sputter technique utilizing very high target power densities. *Surf. Coat. Technol.*，1999，122(2－3)：290；K. Macak，V. Kouznetsov，J. Schneider，et al. ，Ionized sputter deposition using an extremely high plasma density pulsed magnetron discharge. *J. Vac. Sci. Technol. A*，2000，18(4)：1533.

[21] R. A. Powell，S. M. Rossnagel，Sputtering tools，Chap. 5 in *PVD for Microelectronics*：*Sputter Deposition Applied to Semiconductor Manufacturing*. Academic Press，London，1999.

[22] S. Wolf，R. N. Tauber，Aluminum thin film and physical vapor deposition in VLSI，Chap. 10 in *Silicon Processing for the VLSI Era*，*Vol. 1*，*Process Technology*. Lattice Press，Sunset Beach，CA，USA，1986.

[23] D. Dijkkamp，T. Venkatesan，X. D. Wu，et al. ，Preparation of Y-Ba-Cu oxide superconductor thin films using pulsed laser evaporation from high T_c bulk material. *Appl. Phys. Lett.*，1987，51(8)：619.

[24] 刘晶儒，白婷，姚东升等，脉冲准分子激光淀积薄膜的实验研究. 强激光与粒子束，2002，14(5)：646.

[25] A. Anders，J. Andersson，A. Ehiasarian，High power impulse magnetron sputtering：Current-voltage-time characteristics indicate the onset of sustained self-sputtering. *J. Appl. Phys.*，2007，102(11)：113303.

[26] A. Anders，Tutorial：reactive high power impulse magnetron sputtering（R-HiPIMS）]*J. Appl. Phys.*，2017，121(17)：171101.

第17章

化学气相淀积与原子层淀积薄膜技术

随着集成电路升级换代,化学气相淀积(CVD)薄膜技术不断发展演变,在集成电路制造过程得到越来越多的应用。现今各种超大规模集成芯片制造,从晶体管结构形成到电路互连,以至芯片的钝化保护,一系列工艺步骤都需要应用 CVD 技术淀积不同性能及厚度的各类薄膜。从单晶外延到多晶硅,从 SiO_2 到 Si_3N_4,从低 k 到高 k 介质,从钨到 TiN 导体薄膜,各种化学气相淀积技术都先后应用于集成电路制造工艺,以适应集成芯片结构改进与性能升级需求。进入 21 世纪以来,迅速演进的原子层淀积(ALD)技术,在纳米 CMOS 产品制造中得到愈益增多的应用。不仅在硅集成电路,而且在化合物半导体器件、太阳能转换器件、半导体发光器件等领域,CVD 与 ALD 薄膜技术也获得越来越多的应用[1-6]。

CVD 技术与半导体器件技术的发展是相互促进的。虽然早在 19 世纪末已经有人试验,通过金属氯化物的氢还原方法获得某些金属,但 CVD 薄膜技术的迅速发展还是在近半个多世纪。自 20 世纪 50 年代以来,正是在各种半导体器件技术需求推动下,CVD 技术不断创新,从大气常压到低气压淀积技术,从无机化合物前体到金属有机化合物前体反应淀积技术,从等离子体增强到光波增强淀积技术,从高密度等离子体淀积(HDPCVD)到原子层淀积(ALD)技术,发展了多种不同机制、结构与工艺的 CVD 薄膜淀积技术,应用于不同性能、组分的功能薄膜材料制备。近年晶体管尺寸愈益缩微的纳米 CMOS 等器件研制需求,促使 CVD 技术继续创新演进,不断出现各种 CVD 新设备及新工艺。在纳米集成芯片和其他新型固态器件技术发展需求推动下,原子层淀积逐渐成为超薄膜制备关键新技术。

本书前面多个章节对 CVD 薄膜技术具体应用已有涉及。第 9 章已专门介绍硅与 SiGe 半导体薄膜工艺,虽然也可应用 PVD 技术,但在半导体器件制造产业中,通常都是应用 CVD 技术。本章局限于介质、金属等非晶与多晶薄膜的淀积技术。本章将对化学气相淀积薄膜基本原理、主要化学物理过程、不同 CVD 技术特点及应用范围等进行讨论。本章 17.8 节将阐述原子层淀积薄膜技术的原理、特点及工艺。

17.1 化学气相淀积技术原理与类型

经过数十年发展演变,现今化学气相淀积技术多种多样,设备与工艺变化很大,但其基础原理可归纳为,气相化学分子在固态基体材料表面发生化学反应,产生新的化学物质,在基片表面形成固相薄膜。本节在分析 CVD 技术基本原理、特点和优越性后,将结合集成芯片制造技术需求与 CVD 技术发展历史,讨论 APCVD、LPCVD、MOCVD、PECVD、HDPCVD 等不同化学气相淀积薄膜工艺的演变及各自应用领域。

17.1.1 CVD 薄膜工艺基本原理与特点

虽然在化学气相淀积过程中,气相化学反应也可能在气相状态发生,生成物淀积在基片上成膜,但在基片表面实现化学反应成膜,是化学气相淀积薄膜技术的主要机制。这是因为,表面反应形成的薄膜通常在结构致密性、均匀性等方面,显著优于气相反应薄膜,集成电路制造应用的各种薄膜都选择表面反应模式工艺。化学气相淀积技术可以利用多种不同气相化合物作为反应前体物(precursor,或称前驱物),通过分解、还原、氧化等多种化学反应完成。化学气相淀积反应的另一基本要求为,在固相薄膜生长的同时,反应生成的其他副产物均应为气相物质,并易于逸出基片表面和排出反应室。

广义而言,化学气相淀积不仅是制备薄膜材料的技术,也是制备高纯块状材料的重要途径。以硅为例,本书第 9 章曾分别介绍,既用化学气相淀积方法,制备高纯多晶硅体材料,又用 CVD 技术在硅片上外延生长单晶硅薄膜。与此前历史上早已发展成熟的高温熔炼、液相反应和沉淀等材料制备技术相比,化学气相淀积技术发展历史较短,但近半个世纪以来发展迅速,并已成为研制各种单质与化合物新型材料的有效途径和新技术,可以获得纯度、组分、结构等都可精确调节与控制的薄膜或体材料。本章内容局限于薄膜有关化学气相淀积技术。

与物理气相淀积薄膜技术相比,化学气相淀积薄膜技术可应用的材料更丰富,能够调节的工艺参数更多,用以制备的薄膜类型与性能范围更广。化学气相淀积技术可以选取不同气相反应前体化合物,通过不同化学反应,选择不同温度、气压等条件,在硅片等不同基片上,淀积多种多样的功能薄膜。CVD 技术可用于制备单晶、多晶、非晶等不同晶态及结构,半导体、介质、金属等不同功能及类型,单质、化合物、无机或有机等不同组分及性能的多种薄膜。薄膜化学组分可以根据需要,通过改变气相反应剂组成进行调节,可以得到均匀、多层或梯度变化薄膜。近几十年来,随着 CVD 技术进步,过去许多难以获得的各种 Ⅲ-Ⅴ、Ⅱ-Ⅳ、Ⅳ-Ⅵ族二元或多元的化合物半导体,以及多种氧化物、氮化物、碳化物等材料的高质量薄膜,都应用化学气相淀积技术制备成功,并广泛用于微电子、光电子、光学、磁学等多领域先进器件研制。此外,与 PVD 技术相比,CVD 薄膜技术还常常具有生产效率较高和工艺成本较低的优势。

保形性是 CVD 薄膜的另一重要特点。如图 17.1 所示,在非平坦结构基片上用 CVD 方法制备的薄膜,比 PVD 薄膜可获得更好的保形性及台阶覆盖性能。在集成电路薄膜工艺

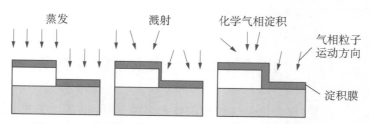

图 17.1　CVD 薄膜的优良台阶覆盖特性及与 PVD 薄膜对比

中,有的需要定向淀积,如第 16 章所述。在另一些工艺中,台阶覆盖保形性则是薄膜淀积的关键要求,如隔离沟槽内的介质填充工艺。虽然一般金属淀积多采用溅射工艺,但多层互连的上下层通道孔 W 塞工艺却需 CVD 工艺制备,主要原因就在于利用 CVD 淀积的优良台阶覆盖特性。化学气相淀积工艺的这种特性,不仅与反应粒子运动方向有关,更为重要的是在于其表面反应成膜机制。在 CVD 技术基础上发展的 ALD 技术,更充分地发挥了这种机制与特点的优越性。

17.1.2　CVD 技术的主要因素和分类

化学气相淀积方法,自从成功用于半导体外延晶体薄膜生长以来,技术不断创新,应用不断扩展,发展成功适于淀积不同功能薄膜的多种 CVD 装置系统与工艺。相对于物理气相淀积,CVD 技术在材料、工艺及控制等因素方面有更多选择,也是其突出特点之一。化学气相淀积是涉及多种化学与物理变化的复杂过程。影响 CVD 薄膜形成与性能的主要因素包括反应剂及其化学反应、反应温度及加热方式、气压及气流、反应激活能源、反应器结构等。多种多样的 CVD 技术常常依据这些因素中某一因素的变化进行分类。但应强调的是,任何一种 CVD 工艺都与所有这些因素密切相关,其正常运行都需要对各个因素相关参数的合理调节。

化学反应剂及其携带气体的压强是影响薄膜淀积速率、均匀性与性能的重要因素。已发展了多种不同压强的 CVD 系统,适用于不同晶体结构与特性薄膜制备。在大气压强下进行的常压化学气相淀积(atmospheric pressure CVD, APCVD),是最早得到较多应用的 CVD 技术。此后发展了亚大气压(SACVD)、低压(LPCVD)等较低压强下工作的化学气相淀积技术,广泛用于介质、多晶硅等薄膜制备。超高真空化学气相淀积(UHVCVD)技术,则主要用于硅、SiGe、化合物半导体等单晶薄膜外延生长。在较低反应气体压强下实现反应与成膜,有益于提高薄膜致密性、减少杂质浓度、改善均匀性、降低反应气体消耗等。

按照 CVD 反应器结构来分,有横式、直式、桶式、平行板式等不同系统。图 9.10(a)所示横式常压外延装置,就是早期常用的 CVD 系统。这种系统与热氧化及扩散炉管类似。随着硅片直径增大,用于 SiO₂ 等薄膜淀积的横式 CVD 炉管尺寸也相应增大,并且自 200 mm 直径硅片开始,改用垂直式 CVD 炉管系统。对于 CVD 装置的结构设计,既要从气流分布等角度,充分考虑如何满足均匀性等薄膜性能要求,也需兼顾硅片加工产额及成本。图 17.2 显示 3 例 CVD 薄膜系统结构示意图。桶式 CVD 装置适于多片同时淀积,平行板式 CVD 装置用于多片或单片薄膜淀积,炉管式则适用 LPCVD 多晶硅等薄膜淀积。自 200 mm 直径硅片技术以来,与氧化、扩散工艺相同,CVD 工艺普遍应用的垂直式反应淀积系统仍在不断改进。为了提高加工效率,还有基片薄膜连续淀积的 CVD 系统。图 17.2(c)显示,CVD 系统需要有精确控制的反应剂气流、温度和压强等子系统,与 CVD 工艺腔体密切结合。与图 16.39 所示 PVD 系统相近的 CVD 多功能集群式设备,近年也获得广泛应用。随着应用需求变化与 CVD 技术发展,不断继续研制各种新型 CVD 淀积设备。

基片温度是影响化学气相淀积薄膜性质与淀积速率的另一主要因素。分解、化合等化学反应都需要适当温度热激活,成膜粒子的迁移与副产物的脱附等过程也依赖热运动能。高纯、致密与质优薄膜往往需要在较高温度条件下生成。例如,硅单晶外延膜生长常需 1 000～1 200℃的高温。但薄膜淀积温度常常受到器件性能、结构与制造工艺相容性及完好性要求限制,往往需要尽可能降低。器件不同结构或部位的薄膜,需要应用不同温度 CVD

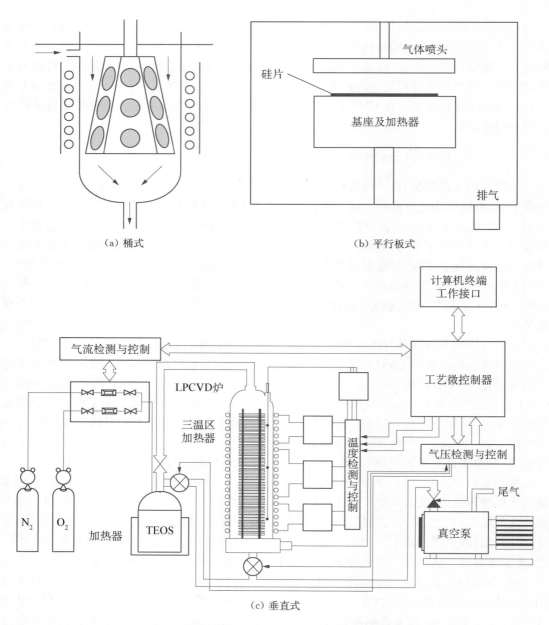

（a）桶式　　　　　　　　　　　（b）平行板式

（c）垂直式

图 17.2　多种 CVD 薄膜淀积系统示意图（桶式、平行板式、垂直式炉管
LPCVD－TEOS 二氧化硅淀积系统）

工艺制备。薄膜所需淀积温度与淀积所用反应剂有关。同一种薄膜可用不同反应剂在不同温度工艺条件下获得。例如，可用高于 700℃ 的高温 HTO－CVD 工艺和低于 400℃ 的 LTO－CVD 工艺，分别制备适于集成电路制造前端工艺和后端工艺的 SiO_2 薄膜。完全通过热激活反应的淀积工艺常统称为热 CVD(TCVD)工艺。依据加热方式，有热壁 CVD 和冷壁 CVD 系统之别。前者与扩散或氧化炉管的加热方式相近，后者则应用射频感应方法直接加热衬底及硅片。

虽然不同温度及气压条件下的各种热 CVD 工艺早就得到多方面应用，但为了降低薄膜淀积温度、改善薄膜质量,利用气体放电等离子体的激活作用,逐渐发展成功等离子体增强化学气相淀积(PECVD)工艺,广泛用于氧化硅、氮化硅等多种薄膜制备。PECVD 工艺中的气体放电电源可以有高频、射频、微波等多种。针对深亚微米和纳米 CMOS 芯片加工需求,在一般 PECVD 基础上,应用多个电源的高密度等离子体化学气相淀积技术(HDPCVD)得到迅速发展和应用。等离子体还应用于 ALD 薄层制备,发展了等离子体原子层淀积(PEALD)技术。除了等离子体,也有以紫外光辐照激活化学气相淀积的光 CVD 技术,但在集成电路制造中很少应用。

选择和研制合适的化学反应前体化合物,是 CVD 技术的主要课题之一。用于淀积薄膜的前体化合物,或为气体,或为液体,后者可用惰性气体携带蒸汽输入 CVD 反应室。为应用 CVD 方法制备某种薄膜,必须要有符合要求的气相化合物物质,其组分含有薄膜元素。对于许多金属与非金属元素,其无机化合物多数为固体,且熔点高,却常常存在液相甚至气相的有机化合物。许多介质、金属、单质或化合物半导体薄膜,都可选用相应元素的有机化合物,作为 CVD 反应前体。因此,常把这类薄膜淀积技术,称为金属有机物化学气相淀积技术(metalorganic chemical vapor deposition,MOCVD)。

17.2　化学气相淀积的动力学机制

在第 9 章中针对硅外延工艺,曾讨论化学气相淀积硅单晶薄膜的生长过程。实际上,各种类型薄膜的化学气相淀积都具有相近的物理化学过程。16.1.3 节讨论的气相淀积薄膜生长机制与模式,也适用于分析 CVD 薄膜生长过程。本节针对 CVD 薄膜形成的共同特点,分析其主要物理化学过程,进而讨论 CVD 工艺的动力学机制。

17.2.1　CVD 主要物理化学过程和薄膜性能要求

薄膜化学气相淀积,是经过一系列相互关联的物理化学过程实现的,其中以生成薄膜物质的化学反应为中心环节。以硅烷和氨气两种前体化合物反应制备氮化硅为例,其化学反应方程式为

$$3SiH_4(g) + 4NH_3(g) \longrightarrow Si_3N_4(s) + 12H_2(g) \tag{17.1}$$

这种反应可用 LPCVD 工艺在较高温度(700～900℃),或 PECVD 工艺在较低温度(～300℃)下进行。在参与反应及生成的物质中,除需要成膜的物质外,其余皆应为气相化合物。这是 CVD 化学反应的首要条件。如以 A、B 分别代表参与反应的前体化合物,C、D 分别代表反应生成的薄膜物质与副产物,可用下式概括 CVD 化学反应方程:

$$A(g) + B(g) \longrightarrow C(s) + D(g) \tag{17.2}$$

在反应条件下,上式中 A、B、D 皆为气相。进入 CVD 反应腔体的,还有携带和稀释反应化合物 A、B 的气体,如 N_2、Ar 等。参与反应及掺杂的还可能有更多种气相化合物。代表副产物的 D,也可能由多种气态物组成。例如,在另一种制备氮化硅的 CVD 工艺中,应用 SiH_2Cl_2 与 NH_3 反应,就会产生 H_2、HCl 两种副产物气体。

CVD 薄膜形成的物理化学过程是比较复杂的,图 17.3 为其简化示意图。图 17.3 中用

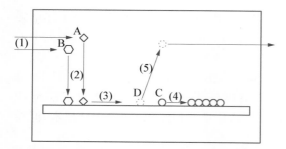

图 17.3 CVD薄膜淀积主要物理化学过程示意图

4种不同图形分别标志反应前体 A、B 与生成物 C、D。CVD 中的主要物理化学过程可概括为 5 步。

（1）前体化合物由反应源通入反应室，并输运至硅片上方。

（2）反应物由主气流通过扩散、对流物理效应，输运至硅片表面，并被吸附。

（3）在表面发生化学反应，产生目标化合物和副产物。

（4）目标化合物或单质原子在表面迁移、成核、组合、生长，形成固相薄膜。

（5）气相副产物自表面脱附，并被主气流携带或真空系统抽出 CVD 反应腔体。

以上这些相互关联的过程并非只是单向进行的，有些是双向的，存在逆过程。例如，反应剂在基片表面，既存在反应剂吸附，也有其逆过程——脱附。

应用化学气相淀积过程制备的薄膜，必须满足一系列性能要求：①组分可控，化合物具有一定化学计量比；②厚度均匀；③晶体（非晶、多晶或单晶）结构致密，缺陷及杂质浓度低；④电学性能优良（绝缘性、导电性或半导体性等）；⑤与衬底基片具有良好黏附性，应力匹配性能合适；⑥台阶覆盖性好；⑦薄膜工艺与其他集成工艺具有相容性；⑧薄膜制备产额高。

17.2.2 表面反应与气相反应

输送入 CVD 腔体的不同气相化合物之间，既可发生固相表面反应，也可能发生气相反应。后者称为同相反应，前者称为异相反应。在上述化学气相淀积原理和过程的讨论中，始终将异相表面化学反应，视为 CVD 薄膜生长的途径。为获得结构致密、性能优良的薄膜，必须选择合适的反应化合物及工艺，抑制同相反应。

正是由于表面反应机制，使 CVD 薄膜的台阶覆盖与沟槽及通孔填充性能优于 PVD 薄膜。表面反应以反应剂吸附为前提，但到达表面的反应剂有一定几率脱附。表面反应过程和反应剂与基片的黏附几率密切相关。这一黏附几率（S）可定义为

$$S = \frac{反应剂表面反应速率}{反应剂到达速率}$$

黏附几率与温度、气压等因素有关，通常在 $10^{-1} \sim 10^{-4}$ 范围。CVD 工艺中反应剂与基片的黏附几率小表明反应剂在表面黏附之前，与基片表面的碰撞次数增多，进入沟槽或通孔的几率增大，因而使侧面及底面的表面反应速率提高。

气体反应剂通过表面化学反应、形成固相物质的过程比较复杂。表面反应涉及热力学和动力学多种因素。对于不同 CVD 薄膜淀积过程，可能有不同的表面反应路径。许多 CVD 反应过程仍是理论与实验研究的课题。在 CVD 技术发展中，已通过实验与理论分析，获得多种薄膜的成熟制备工艺。

相对于表面化学反应，人们对气相反应的了解更多。这里要强调的是，气相反应对于 CVD 工艺的不利效应及其抑制方法。在腔体空间气相反应产生的分子或原子可以被基片表面吸附，也可能在空间成核、形成颗粒，之后沉降在基片表面，就如同空气中水气凝聚降雪。这种同相反应形成的薄膜，结构疏松，与基片黏附性差，电学性质不良。某些薄膜制备

工艺也可能需要存在产生中间化合物的气相反应,最终成膜反应仍应在固相表面完成,以确保薄膜的致密性。

气相反应不仅影响薄膜质量,还会造成其他不利效应,有害于 CVD 设备和工艺控制。气相反应产物会通过杂质凝聚、形成颗粒,降落在 CVD 反应室内各处。降落在硅片上,会影响薄膜及器件性能、增加失效几率。进入抽气系统,可能堵塞管道、损害真空泵、降低抽气速率与真空泵寿命。器壁表面反应也是一种无效而有害的现象。因此,常以冷壁反应腔体代替热壁反应器,以抑制气相反应和器壁表面反应。

如何抑制气相反应,是 CVD 薄膜技术的重要课题之一。有些化合物容易产生气相反应。例如,用于淀积 SiO_2 薄膜的 SiH_4/O_2 和 WSi_2 薄膜的 SiH_4/WF_6,在室温条件下就可能发生气相反应。在 APCVD 工艺中由于气体分子间的密集碰撞,气相反应的几率很大。有多种方法可用于抑制气相反应困扰。应用 LPCVD 工艺,降低反应剂浓度,可以显著减少气相反应。在 PECVD 技术中,离子碰撞也有益于抑制气相反应及成核。选择活性较低的前体化合物组合,是抑制气相反应及成核的另一有效途径。例如,应用 TEOS 或 TEOS/O_3 前体化合物淀积 SiO_2。又如,应用 SiH_2Cl_2/WF_6 淀积 WSi_2。合适反应剂、低压和等离子体等技术的综合应用,可以更有效地避免气相反应,实现表面反应。

17.2.3　CVD 薄膜淀积的动力学方程

化学气相淀积的物理化学过程分析表明,CVD 薄膜淀积中存在两个主要因素,影响淀积速率及薄膜性能:一个是气相物理输运,另一个为表面化学反应。前者不仅指反应剂的输送,也包括反应副产物的排除。表面反应与薄膜生长过程不仅取决于化学反应本身,也与某些副产物的脱附过程相关。在各种 CVD 系统与工艺流程设计中,必须同时充分考虑气体输运流体力学和反应化学特性,两方面都需要作合理与优化设计。

把表面化学反应与反应剂物理输运相结合,是分析 CVD 薄膜生长动力学的有效途径。图 17.4 显示薄膜淀积过程中反应剂气相输运和表面反应的简化模型。图 17.4 中 F_1 代表从主气流穿过界面层、到达表面的反应剂流量(单位为 $cm^{-2}\ sec^{-1}$)。在主气流反应剂充分供应的通常条件下,主气流和衬底表面之间的滞留层(或称界面层)内,反应剂浓度逐渐降低,其中的反应剂扩散流是决定质量输运的重要参数。如果设 C_g 为主气流中反应剂浓度,C_s 为硅片表面反应剂浓度(单位为 cm^{-3}),则它们与 F_1 应有以下关系式:

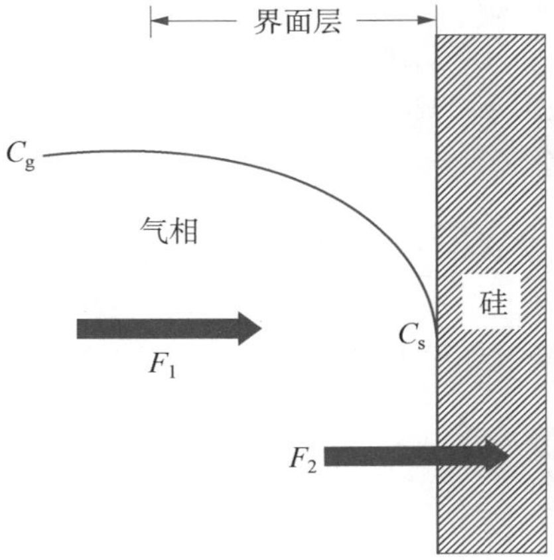

图 17.4　CVD 过程中气相输运和表面反应的简化模型

$$F_1 = h_g(C_g - C_s) \tag{17.3}$$

上式中 h_g 为反应剂质量输运系数(单位为 cm/s)。形成固相薄膜的表面反应速率,应该与表面处的反应剂浓度成比例。如果用 F_2 代表通过表面化学反应所消耗的反应剂流量,则 F_2 应与表面反应剂浓度 C_s 成比例。在一级近似条件下,可用下式描述表面反应过程:

$$F_2 = k_s C_s \tag{17.4}$$

k_s 为表面化学反应系数(单位为 cm/s)。k_s 和 h_g 是表征 CVD 动态过程的主要动力学参数。

反应剂气相质量输运和表面化学反应,是两个前后相互关联的过程。在稳态淀积条件下,根据气相输运与表面反应连续性原理,表征两个过程的反应剂流量应该相等,

$$F_1 = F_2 = F \tag{17.5}$$

由(17.3)、(17.4)、(17.5)三式,可得到 CVD 薄膜淀积过程中,反应剂表面浓度与主气流浓度及动力学参数 h_g、k_s 的关系:

$$C_s = C_g(1 + k_s/h_g)^{-1} \tag{17.6}$$

由以上关系式可得到稳态条件下反应剂流量 F 与薄膜淀积速率 R(cm/sec),分别有以下表达式:

$$F = k_s h_g (k_s + h_g)^{-1} C_g \tag{17.7}$$

$$R = F/N = k_s h_g (k_s + h_g)^{-1} C_g/N \tag{17.8}$$

上式中 N 为淀积薄膜的分子密度(单位为 cm^{-3})。这里假设化学反应前后分子比为1。

17.2.4 CVD 薄膜生长的两种基本模式

以上分析表明,化学气相淀积薄膜的生长过程,主要取决于两个动力学参数,即物理输运参数 h_g,与表面化学反应参数 k_s。在 CVD 薄膜生长过程中,输运参数 h_g 与反应腔体气压及输运方式等因素密切相关,而反应参数 k_s 则对淀积基片温度十分敏感。与图 9.12 所示的硅气相外延薄膜生长速率/温度依赖关系类似,CVD 薄膜淀积速率也随硅片温度上升而增长。在决定淀积速率的两个主要因素中,反应剂输运过程有较大共性,表面反应则对不同化学反应可能显著不同。通常表面反应是热激活过程,表征这种过程的表面反应参数可用下式表示:

$$k_s = k_{s0} \exp(-E_a/kT) \tag{17.9}$$

上式中 E_a 为表面反应激活能,k 为玻尔兹曼常数,T 为绝对温度,k_{s0} 为表面反应系数常量。E_a 和 k_{s0} 是某种薄膜表面反应的特征参数。CVD 薄膜淀积速率的温度特性,主要取决于 E_a 及其决定的 k_s(T)。这是因为另一参数——反应剂气相输运系数,受薄膜衬底温度影响

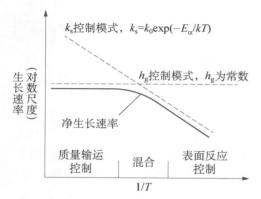

图 17.5 CVD 薄膜淀积速率的温度依赖关系及控制模式

较小。这种特性表现为 CVD 薄膜淀积速率与 $1/T$ 的指数依赖关系(如图 9.12 所示),由实验曲线较低温区域的直线斜率,可求得相应 CVD 淀积的表面反应激活能数值。例如,对于制备非掺杂 SiO$_2$ 的两种典型 CVD 工艺,"SiH$_4$+O$_2$"反应激活能为 0.6 eV,而 TEOS 分解反应为 1.9 eV。如有掺杂物加入反应时,E_a 值可能显著变化。

虽然气相输运与表面反应是薄膜生长的相互关联过程,但在不同温度、反应剂流量等淀积工艺条件下,两者对生长速率的影响不同。图 17.5 显示由气相输运参数 h_g 和表面反应参数 k_s

决定的薄膜生长速率随温度变化曲线。由图 17.5 可见,在不同温度区间,薄膜生长速率随温度变化规律显著不同。在较低温度范围,生长速率随温度呈指数增长,是表面反应控制模式作用区;在较高温度范围,生长速率变化趋于平缓,转变为气相输运控制模式。这里还应强调指出,反应剂气相输运及其参数 h_g 显著依赖反应器压强,使压强成为影响薄膜生长模式、速率及均匀性的另一重要 CVD 工艺参数,并因而导致 LPCVD 等非常压 CVD 技术的独特优越性。17.6.1 节将结合多晶硅薄膜淀积,对 LPCVD 特点作进一步讨论。

表面化学反应控制模式

在较低温区域,热激活的表面化学反应速率小,可显著低于反应剂气相输运速率,即 $k_s \ll h_g$。在这种条件下,表示薄膜淀积速率的(17.8)式可简化为下式:

$$R = k_s C_g / N = k_{s0} \exp(-E_a / kT) C_g / N \qquad (17.10)$$

这种(反应剂)"供应"大于(反应)"需求"的情形,使薄膜生长速率取决于表面反应过程,故被称为表面反应控制模式,或表面反应限制模式,有时也被称为化学动力学反应模式。在这种模式下,薄膜生长速率随温度的变化主要由表面反应激活能(E_a)决定,由图 17.5 类似的实验曲线斜率,可得到激活能数值。

集成电路常用的许多介质、半导体和导体薄膜,常以表面反应控制模式 CVD 工艺制备。例如,TEOS 或 TEOS/O_3 热反应制备 SiO_2 膜,SiH_4 热分解淀积多晶硅膜,WF_6/H_2 热反应淀积钨膜,$TiCl_4/NH_3$ 热反应淀积 TiN 膜,等等,都可以在较低硅片温度下以表面反应控制模式工艺实现。

影响薄膜表面反应动力学的因素,不只是化合物化学反应本身。反应生成物粒子的表面迁移、反应副产物及其他吸附物的脱附等表面物理化学过程,也都可能对表面反应参数及淀积速率,存在显著甚至决定性的影响。一些薄膜淀积应用多种不同化合物反应,却可能有相同的激活能。例如,CVD 技术淀积硅单晶或多晶薄膜,可以分别应用 SiH_4 与 $SiCl_4$ 等 3 种不同氯化物,虽然在相同温度条件各自生长速率不同,但它们的温度依赖关系给出相等的激活能数值(参见图 9.12)。这表明在硅薄膜生长过程中,表面迁移与脱附等物理化学因素决定表面反应与生长的激活过程。

反应物输运控制模式

随着衬底基片温度升高,热激活表面反应速度显著增大,可导致表面反应速度显著高于气相输运速度,即 $k_s \gg h_g$,使反应剂输运成为淀积过程的限制因素。这时,(17.8)式可简化为下式:

$$R = h_g C_g / N \qquad (17.11)$$

上式表示薄膜淀积速率取决于反应剂气相输运系数。因此,这种条件下的 CVD 薄膜淀积,常称为气相输运或质量输运控制模式。图 17.6 显示 CVD 薄膜淀积速率与反应剂流量的依赖关系。质量输运控制 CVD 工艺通常在较高温度下进行,淀积的薄膜结构致密性较好,杂质浓度较低。硅单晶薄

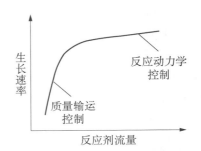

图 17.6　CVD 薄膜淀积速率随反应剂流量变化示意图

膜外延常选用这种模式工艺。CVD 所用的前体化合物,有些很昂贵,这种模式工艺有益于充分利用反应剂,能够降低工艺成本。

参与反应的前体化合物可以有多种,只要有一种短缺,就可能形成这种"供低于求"的状态。某些热 CVD 薄膜工艺在正常运行条件下,往往有一种前体反应气体输入速率较小、成为控制薄膜生长速率的主要工艺参数。例如,SiH_4/O_2 制备 SiO_2 薄膜时,淀积速率取决于 SiH_4 流量;SiH_4/WF_6 制备 WSi_2 薄膜的 CVD 工艺中,淀积速率受 WF_6 流量控制。

以上讨论了 CVD 薄膜淀积的动力学机制,用于分析 CVD 工艺过程及淀积速率。各种类型 CVD 工艺具有各自不同特点,需作具体研究。在热 CVD 工艺中,可以确切界定气相质量输运与表面化学反应两种薄膜生长控制模式,但在等离子体增强 CVD 工艺中,往往难以简单用这两种模式界定,需要考虑气体流量和等离子体功率等因素。

17.3　等离子体增强化学气相淀积技术

等离子体增强化学气相淀积(PECVD),是应用越来越广泛的 CVD 技术。等离子体不仅应用于多种传统 CVD 薄膜工艺,也成功用于原子层淀积超薄膜制备。在高密度集成芯片和其他某些微纳电子器件制造技术发展中,等离子体技术用于解决许多薄膜工艺难题,有效降低 CVD 工艺温度,扩展 CVD 应用范围,改善薄膜结构与特性。例如,应用高密度等离子体 CVD 技术,在高深宽比值的沟槽或通孔中,有利于实现无空隙淀积、填充介质或金属[5-9]。

17.3.1　PECVD 技术原理和特点

PECVD 技术的基本原理在于通过等离子体激活作用,增强化学气相反应物质活性,提高表面反应速率,显著降低薄膜淀积温度,改善薄膜结构与性能。气体放电、电子及离子碰撞,可以促进反应剂气体的分解与活化、增加粒子能量及其扩散运动,使原来热 CVD 工艺中需用较高温度的表面反应,可以在较低温度基片上实现。打断反应剂化学键所需能量为几个电子伏,而 PECVD 装置中气体放电产生的电子能量分布在 $10^0 \sim 10^1$ eV 范围,远高于热运动能。电子与反应剂分子碰撞,可导致后者激发/解离,使相应化学反应易于进行。因此,PECVD 工艺可应用化学活性较低的化合物,有益于限制气相反应,在较低温度下淀积集成电路所需多种薄膜。例如,以 TEOS 和 N_2O 反应制备 SiO_2 薄膜,热 CVD 工艺需要 700℃ 以上的基片温度,应用 PECVD 工艺,该反应的淀积温度可降低到 300～400℃。又如,利用 LPCVD 工艺淀积 Si_3N_4 薄膜,通常需要 750℃,而应用 PECVD 技术,基片温度可降低到约 350℃。但是温度也不能过低,否则可能对薄膜质量产生不利影响,使薄膜可能掺入挥发性较低的副产物杂质。

在 PECVD 淀积工艺中,衬底温度控制活性粒子的表面及体扩散,等离子体控制离子等活性粒子能量及分布,两者必须合理调节与结合,以获得器件功能所需要的薄膜结构、形貌、密度和应力等性能。PECVD 工艺淀积的薄膜,晶粒通常较小,或为非晶结构。等离子体中能量显著高于热运动能的离子和电子,它们可在淀积过程中轰击薄膜。这种轰击有益于去除表面杂质污染、改善薄膜质量。离子轰击可产生刻蚀效应,其速率通常低于薄膜淀积速率。离子轰击对薄膜形成有重要影响,可使薄膜结构致密化,并可用于调节薄膜应力特性等。例如,一般 CVD 工艺制备的 Si_3N_4 薄膜具有较大的张应力,通过离子轰击可降低张应力,甚至可使其转变为压应力膜。如第 8 章所述,Si_3N_4 薄膜应力的双向调节特性,可用于制造应变 CMOS 器件,分别提高沟道电子和空穴的迁移率。

　　PECVD 不仅可显著降低薄膜淀积温度,调节薄膜特性,增加化学气相淀积技术的适用领域,而且可以扩展用于 CVD 技术的前体化合物选择范围。某些在热 CVD 工艺中难以分解与化合的反应剂,可以在等离子体增强作用下,实现化学反应,从而可应用于化学气相薄膜淀积技术。

　　PECVD 工艺中的动力学特性与 TCVD 有所不同。由于运行于较低气压与较低温度,基片附近不存在滞留层。PECVD 薄膜淀积可区分为两种运行模式,即低反应剂流量速率的供应限制模式和等离子体功率限制模式。在低反应剂流量速率条件下,等离子体可以充分分解离所输入的反应剂,这时薄膜淀积速率取决于反应剂流量速率;在高反应剂流量速率条件下,等离子体不能完全解离所输入的反应剂,薄膜淀积速率将取决于等离子体功率。工艺模式影响薄膜性质:在反应剂流量速率限制模式淀积的薄膜中,杂质含量较低;在等离子体功率控制模式得到的薄膜中,杂质含量较高。

17.3.2　PECVD 薄膜淀积系统

　　图 17.7 为典型 PECVD 生产设备的原理方框示意图。图 17.7 显示 PECVD 薄膜淀积系统以淀积反应室为中心,由硅片输入/输出、反应气体输入、衬底加热及温控、剩余气体及反应副产物排出、真空泵及其测控、电源及等离子体放电控制等多个子系统相结合构成。PECVD 薄膜淀积反应腔体与 TCVD 一样,也有多种不同结构。为抑制反应室器壁薄膜淀积与有效利用等离子体功率,PECVD 系统中应把气体放电等离子体限定在基片有效淀积区域。图 17.8 为一种平行板型 PECVD 薄膜淀积反应器的示意图。这是一种电容耦合的射频气体放电等离子体装置。射频电源接上电极,硅片置于下电极,其衬底背面设置有加热器,温度可控制在 $100\sim400℃$ 区间。不同 PECVD 工艺装置的电源功率输入,除了电容耦合,也常用电感耦合输入,或同时应用两种电源。

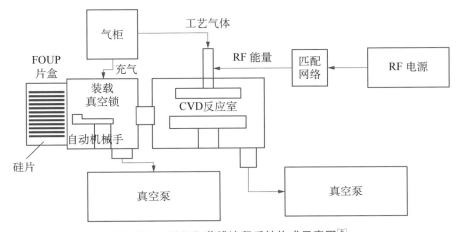

图 17.7　PECVD 薄膜淀积系统构成示意图[5]

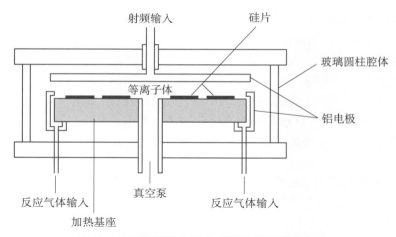

图 17.8 平行板型 PECVD 薄膜淀积装置示意图

除部分常压 CVD 系统外,PECVD 与大部分热 CVD 系统都需要配备性能合适的真空泵。一般薄膜淀积反应室的工作真空度不高,就是工作气压较低的 PECVD 工艺,也常在 $10^0 \sim 10^{-3}$ Torr 范围。在工艺过程中会有大量具有反应性与腐蚀性的气体进入真空泵,会影响一般油真空泵的正常运行与寿命,因而 CVD 系统通常应用无油干式机械泵,并可避免油蒸汽污染。对于需要较高真空度的系统,常用涡轮分子泵等。选用腐蚀性尽可能低的反应剂,也是 CVD 工艺设计的重要因素。CVD 系统设计还应考虑,如何使反应气体输入与真空抽气气路相配合,有利于气流与反应剂的均匀分布,确保薄膜淀积的均匀性与重复性。

虽然 CVD 工艺在低真空运行,但要求反应腔体具有高密封性,抑制水气及其他杂质气体影响薄膜质量。因此,硅片的输入/输出需要通过预真空室。如图 17.7 所示,在生产线上装载和传送硅片的 FOUP(front opening unified pod) 容器直接与预真空室相接,通过自动机械手把硅片置入预真空室,随后在真空条件下传输至反应室加工。在 300 mm 等大直径硅片 CVD 工艺中,常应用单片式加工装置,并以静电吸附方法夹持硅片。

如第 15 章所述,电源功率与气压是决定等离子体密度与粒子能量的因素。在 PECVD 系统中,这两者成为调节等离子体淀积工艺和薄膜性能的重要途径。在某些 PECVD 工艺中,也可与图 17.8 不同,射频放电电源由放置硅片的电极板接入,或者用另一射频电源接在硅片衬底板上。在这种气体放电等离子体系统中,硅片衬底板上将建立自偏置负电压。负电压可用于控制离子能量及其对硅片的轰击作用与刻蚀效应,可在高密度等离子体 CVD 技术中,用于调节薄膜工艺与性能。

等离子体淀积工艺中的电荷粒子,也可能对薄膜产生不利作用。如果薄膜中引入较多电荷,就可能影响薄膜的电学性质及其应用。因此,在 PECVD 反应室与工艺设计中,如何减少薄膜电荷密度也是重要课题。一种较理想的方法是应用与硅片相分离的远程等离子体(remote plasma)技术,即:在远离衬底表面的区域产生等离子体,等离子体中的活性粒子可以扩散至衬底表面,促成表面化学反应,形成薄膜。这就要求活性粒子具有较长寿命。一个成功范例是 $TEOS/O_3$ 反应淀积 SiO_2。在 CVD 系统的一个单独区域,通过电晕放电等离子体产生的 O_3 活性分子可输运至淀积区,与 TEOS 发生表面反应,淀积保形性优良的 SiO_2 膜。

CVD 工艺腔体需要适时进行清洗处理,去除淀积在器壁等处的淀积物、颗粒、杂质。这对于保证薄膜质量十分重要。等离子体刻蚀是 CVD 腔体清洗的常用方法。PECVD 系统易于进行等离子体清洗,也是其优点之一。早期应用 C_2F_6 或 CF_4 和 O_2 混合气体形成等离子体,产生活性氟离子,可清除器壁上的 SiO_2 和 Si_4N_3 等淀积物,形成易于挥发的氟化硅等化合物。近年等离子体清洗工艺多采用 NF_3 气体,以减少氟碳化合物温室气体排放。这种等离子体刻蚀清洗应避免对腔体内加热器等装置的损害,故常采用远程等离子体装置与工艺。

17.3.3　高密度等离子体化学气相淀积技术

　　高密度等离子体化学气相淀积(HDPCVD),是在深亚微米器件加工需求推动下发展起来的薄膜技术。20 世纪 90 年代深亚微米 CMOS 芯片制造遇到的难题之一,是原有薄膜工艺难以有效填充深宽比值不断增大的沟槽与通孔。PVD 和 CVD 薄膜淀积都应用高密度等离子体技术,解决这一难题(参见本书 15.6.1 和 16.5.3 节)。应用一般 PECVD 工艺,由于在沟槽或通孔顶部边缘处与平坦区域的淀积速率不同,会形成如图 17.9 所示的夹断及空洞现象。曾经采用淀积-氩离子刻蚀-再淀积的 3 步工艺克服这种现象。但这种繁复工艺效率低、成本高,逐渐为 HDPCVD 技术所替代。自 90 年代后期以来,HDPCVD 设备及工艺不断改进,在多代深亚微米和纳米 CMOS 芯片研制中,成功应用于浅沟槽隔离(STI)介质、金属前绝缘介质(PMD)、金属间绝缘介质(IMD)等工艺的薄膜淀积。

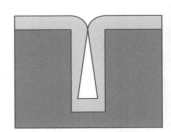

图 17.9　化学气相淀积不均匀形成的夹断及空洞

　　如本书第 15 章介绍,常用电感耦合射频放电,产生高密度等离子体,也可应用电子回旋共振(ECR)微波激励等 HDP 技术。图 17.10 为电感耦合高密度等离子体 CVD 装置原理结构示意图。除了电感耦合的射频功率电源以外,另一射频电源以电容耦合方式接在放置硅片的电极板上,形成负偏置电压。在此电场作用下,硅片上薄膜淀积的同时,也受到离子轰击造成的溅射刻蚀,从而避免沟槽顶部边缘薄膜过快生长及空洞现象。

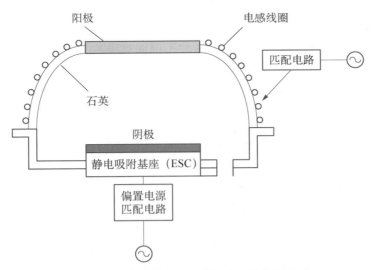

图 17.10　电感耦合 HDPCVD 装置结构示意图

　　HDPCVD 反应室内气压较一般 PECVD 工艺要低。后者常在 $1\sim10$ Torr 下运行,前者真空度通常为 10^{-3} Torr 量级。除了反应剂气体,如"SiH_4+O_2",还需通入适量氩气。HDPCVD

薄膜淀积原理可归纳为,利用高密度等离子体中的氩离子轰击作用,把刻蚀与淀积两种相反过程有机结合,如图 17.11 所示。通过优化选择气体组分及流量、等离子体电源功率、硅片负偏置电压等工艺参数,调节淀积与刻蚀速率,就可能在沟槽或通孔中实现完满的薄膜填充。

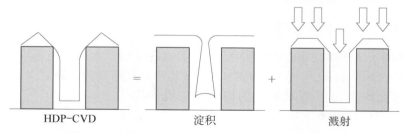

图 17.11　淀积与溅射刻蚀相结合的 HDPCVD 原理示意图

17.4　SiO₂ 薄膜 CVD 工艺

前面介绍的各种化学气相淀积技术,都常用于 SiO_2 薄膜淀积。虽然研究与应用越来越多不同材料介质薄膜,但 SiO_2 及其掺杂薄膜仍然是集成电路工艺和结构的重要基础介质材料。这是因为 SiO_2 具有机械强度高、绝缘性能好、与多种材料黏附性优良、化学及抗辐照性能稳定等特点。应用含硅和氧原子的前体化合物,通过 CVD 工艺可淀积非晶态 SiO_2 薄膜。与热氧化 SiO_2 膜一样,CVD‐SiO_2 也是由 SiO_2 四面体网络构成的。但在薄膜致密性、纯净度、界面特性等方面,两者不尽相同,相差程度取决于具体 CVD 工艺。

17.4.1　CVD‐SiO₂ 薄膜工艺及应用的多样性

相对于热氧化 SiO_2 薄膜生长,CVD 淀积 SiO_2 技术,有更多不同工艺方法及参数可供选择与调节。在集成电路芯片加工要求的多种不同温度条件下,都可选择合适的 CVD 工艺,淀积所需性能及厚度的 SiO_2 薄膜。SiO_2 薄膜的 CVD 淀积速率常在 $10^2 \sim 10^3$ nm/min 量级,大大高于热氧化速率。采用不同类型 CVD 工艺,可淀积不同特性 SiO_2 薄膜,分别应用于前端和后端多种工艺,构成多种器件结构。不同 CVD 工艺淀积的 SiO_2 薄膜密度、介质强度、台阶覆盖等物理化学特性有所区别,可适应不同器件工艺需求。

表 17.1 列举多种制备 SiO_2 介质薄膜的 CVD 工艺及其在集成芯片中的应用。表 17.1 显示了 SiO_2 薄膜 CVD 技术的多样性和对各种加工需求的适应性。用于 SiO_2 淀积的有硅烷(SiH_4)、正硅酸乙酯(TEOS‐$Si(OC_2H_5)_4$)、二氯硅烷(SiH_2Cl_2)等含硅反应前体化合物,又有 O_2、N_2O、O_3 等氧化剂可供选择,还有不同元素掺杂剂。SiO_2 淀积方法及系统有 TCVD、PECVD、HDPCVD 等,其中,TCVD 又有 APCVD、SACVD、LPCVD 等多种。不同反应剂与淀积方法相组合,形成多种多样的 SiO_2‐CVD 淀积技术,适于各种集成电路结构和工艺的介质薄膜应用需求。

表 17.1 中所列各种 CVD‐SiO_2 薄膜应用,在本书前面 CMOS 工艺相关多个章节中都曾涉及。由表 17.1 可见,集成芯片不同结构功能应用的 SiO_2,需要选择不同 CVD 工艺。深亚微米与纳米 CMOS 制造技术中的浅沟槽隔离(STI),在晶体管形成工艺之前进行,可以

选择高温热 CVD 工艺和 HDPCVD 淀积工艺,充分利用 CVD 工艺的优良沟槽填充特性。晶体管源漏区掺杂和自对准硅化物工艺所需边墙介质淀积,要求 SiO_2 薄膜致密纯净、避免电荷损伤,也可应用较高温度的热 CVD 工艺。多层金属互连工艺中精密线条层次的绝缘介质制备,则必须应用淀积温度低、但台阶覆盖性能优异的 PECVD 或 HDPCVD 工艺。

表 17.1　SiO_2 介质薄膜的多种 CVD 工艺

薄膜类型	化学反应剂	淀积工艺	应用功能
SiO_2	$SiH_4 + O_2$	TCVD	钝化膜
	$SiH_4 + N_2O$	PECVD	金属间绝缘介质
	$TEOS + O_2$	PECVD	金属间绝缘介质
	$TEOS + O_2$	TCVD	边墙介质
	$SiH_2Cl_2 + N_2O$	TCVD	边墙介质
	$TEOS + O_3$	TCVD	间隙填充介质
	$SiH_4 + O_2$	HDPCVD	间隙填充介质
BPSG	$SiH_4 + O_2 + PH_3 + B_2H_6$	TCVD	金属前介质
	$TEOS + O_3 + TEPO + TRB$	TCVD	金属前介质
FSG	$SiH_4 + O_2 + SiF_4$	HDPCVD	金属间绝缘介质
	$SiH_4 + N_2O + SiF_4$	PECVD	金属间绝缘介质

注:① TEOS:正硅酸乙酯(tetraethylorthosilicate), $Si(OC_2H_5)_4$;② TEPO:磷酸三甲酯(Trimethylphosphate), $(CH_3O)_3PO$;③TRB:硼酸三甲酯(Trimethylborate), $(CH_3O)_3B$

17.4.2　CVD‑SiO_2 薄膜基本特性

不同方法制备的 SiO_2 薄膜性质可有较大变化。表 17.2 列举 PECVD 和低温 TCVD 淀积的 SiO_2 薄膜部分性质典型数据,并与热 SiO_2 膜对比。CVD 薄膜的密度一般低于热氧化膜,在缓冲 HF 溶液中的腐蚀速率显著高于热氧化 SiO_2,特别是低温淀积的薄膜,其腐蚀速率可快 10 倍。CVD 薄膜的折射率(n)也异于热氧化 SiO_2,常用作检测薄膜质量的一个参数。热氧化 SiO_2 的折射率为 1.462,大于此值的 CVD 薄膜富硅,小于此值则表明薄膜密度低、多孔。热氧化与 PECVD 工艺制备的 SiO_2 薄膜通常具有压应力,但低温热 CVD‑SiO_2 却是张应力薄膜。低温 SiO_2(LTO)通过 $700 \sim 1\,000 \, ℃$ 热退火,可使其致密化,密度可增加到 $2.2 \, g/cm^3$,并转变为压应力 SiO_2 薄膜。CVD 氧化硅技术进步的推动力,一方面是如何获得更为接近热氧化 SiO_2 优良电学特性的薄膜,另一方面则是如何更好地发挥 CVD 工艺的低温、保形、适应性强等优越性。如表 17.1 所示,经过多年发展优化的多种 CVD‑SiO_2 工艺,成功应用于集成电路芯片结构多个关键部位加工。

表 17.2　不同方法制备的 SiO_2 薄膜部分性质对比

性质	热氧化生长	低温热 CVD 淀积	PECVD 淀积
密度(g/cm^3)	2.27	2.1	2.2
腐蚀速率(6:1 BHF,$Å/min$)	900	$2\,700 \sim 9\,000$	1 200
薄膜应力($\times 10^9 \, dynes/cm^2$)	2~3(C)	0.1~3(T)	0.1~3(C)
折射率	1.462	1.44	1.46~1.48

17.4.3 CVD‑SiO₂ 薄膜工艺温度和压强

不同 CVD 技术可以在不同温度范围运行,适于在集成芯片不同层次及温度要求的工艺中淀积 SiO₂ 薄膜。气体压强和反应器结构类型也是对 CVD 工艺运行、SiO₂ 薄膜特性及生产效率等有显著影响的重要因素。表 17.3 对比了 5 种常用 CVD‑SiO₂ 薄膜工艺的温度与气压范围。每种 CVD 工艺都可能有多种不同结构反应器,表 17.3 中所列为大直径硅片加工较常用的类型。

表 17.3　主要 CVD‑SiO₂ 薄膜工艺气压、温度及反应器

工艺参数	APCVD	LPCVD	SACVD	PECVD	HDPCVD
压强(Torr)	760	<10	$50\sim700$	$1\sim10$	$10^{-2}\sim10^{-3}$
温度(℃)	<500	$300\sim900$	<600	$200\sim550$	$200\sim550$
反应器类型	连续传送带式	炉管式	单片式	单片式	单片式

17.4.4 CVD‑SiO₂ 工艺的前体化合物与化学反应

硅烷/氧化剂化合反应

SiH_4 是硅基薄膜最常用的反应前体化合物之一,广泛用于 CVD‑SiO₂ 工艺。SiH_4 与 O_2 的反应活性高,其激活能依赖 O_2/SiH_4 值(小于 9.2 kcal/mol 或 0.4 eV/分子),可在 $300\sim450$℃ 低温范围发生化学反应、淀积 SiO₂ 薄膜,这种薄膜常被称为 LTO(low temperature oxide)SiO₂ 膜。

$$SiH_4(g) + O_2(g) \longrightarrow SiO_2(s) + 2H_2(g) \tag{17.12}$$

有多种热 CVD 技术可应用这种化学反应,淀积 SiO₂ 薄膜,如 APCVD、LPCVD。由于反应活性大,在表面反应的同时,SiH_4 和 O_2 也可能发生气相反应、生成 SiO₂ 颗粒。采用冷壁和低气压反应器有益于减少颗粒污染。在较高温度淀积,有益于改善薄膜质量。

PECVD 与 HDPCVD 技术可通过 SiH_4 与 N_2O 反应淀积 SiO₂ 薄膜,且可用更低硅片温度($200\sim400$℃),并能抑制气相反应,增强沟槽填充性能。

$$SiH_4(g) + 2N_2O(g) \longrightarrow SiO_2(s) + 2H_2(g) + 2N_2(g) \tag{17.13}$$

二氯硅烷/氧化剂化合反应

硅的氯化物与氧化剂反应也可生成 SiO₂。表 17.1 所列的 SiH_2Cl_2/N_2O 就是一个典型反应。这种反应可应用 LPCVD 技术在 900℃ 高温下进行,其化学反应方程式如下:

$$SiH_2Cl_2(g) + 2N_2O(g) \longrightarrow SiO_2(s) + 2HCl(g) + 2N_2(g) \tag{17.14}$$

这种高温 LPCVD 工艺获得的薄膜质量接近热氧化 SiO₂ 性质,故可用于多晶硅边墙等集成电路前端工艺。

正硅酸乙酯(TEOS)热分解反应

正硅酸乙酯,也称硅酸四乙酯或四乙氧基硅烷($Si(OC_2H_5)_4$),简称为 TEOS(tetra ethyl

ortho silicate),是一种有机硅化合物,常温下为无色透明液体,沸点为 165.5℃。TEOS 是现今常用的 CVD-SiO$_2$ 工艺反应剂之一,在许多工艺中替代硅烷,以改善 SiO$_2$ 薄膜台阶覆盖特性。TEOS-SiO$_2$ 的优异台阶覆盖特性,源于其淀积过程完全为表面化学反应控制模式。TEOS 以蒸汽形态通入 CVD 反应器,在高于 600℃ 的中等温度条件下,可直接热分解形成 SiO$_2$ 薄膜,

$$Si(OC_2H_5)_4(vapor) \longrightarrow SiO_2(s) + 挥发性副产物(g) \tag{17.15}$$

常应用 LPCVD 系统制备 TEOS-SiO$_2$ 薄膜。实验表明,680~730℃ 是 TEOS-CVD 薄膜较为适宜的工艺温度范围,可获得良好均匀性及较高淀积速率。此温度范围 TEOS 热分解反应激活能约为 40 kcal/mol 或 1.7 eV/分子。

在 TEOS-SiO$_2$ 工艺中,反应气氛加入适量 O$_2$,有益于改善薄膜质量。TEOS/O$_2$ 的化学反应方程式如下:

$$Si(OC_2H_5)_4(vapor) + 12O_2(g) \longrightarrow SiO_2(s) + 10H_2O(g) + 8CO_2(g) \tag{17.16}$$

以 TEOS/O$_2$ 为化学反应源,应用 PECVD 技术,可显著降低 SiO$_2$ 淀积温度。在较低衬底温度下,就可以淀积台阶覆盖性能良好的 SiO$_2$ 薄膜。

TEOS/O$_3$ 化学反应

TEOS-CVD 技术演变中发现,在反应剂中加入具有强氧化作用的臭氧(O$_3$),可以大幅度降低 TEOS-SiO$_2$ 淀积温度,并改善薄膜性能。LPCVD、SACVD 等热 CVD 工艺,应用 TEOS/O$_3$ 反应剂,SiO$_2$ 淀积温度可降低至 400~600℃ 范围。利用 PECVD 技术,可进一步改进 SiO$_2$ 淀积工艺。TEOS/O$_3$ 化学反应的确切路径较为复杂,其整体反应可归纳为以下方程:

$$Si(OC_2H_5)_4(vapor) + 8O_3(g) \longrightarrow SiO_2(s) + 10H_2O(g) + 8CO_2(g) \tag{17.17}$$

基于 O$_3$ 的高活性,可以认为它参与的反应过程,可能先经过气相反应生成某种中间化合物,这种中间物被基片吸附,再分解产生 SiO$_2$。这种中间化合物表面迁移率较高,有利于实现保形性强的 SiO$_2$ 薄膜生长。

17.4.5　CVD-SiO$_2$ 薄膜掺杂

在 CVD-SiO$_2$ 技术演进过程中,逐渐引进多种掺杂工艺,获得某些新功能,用于集成电路某些加工。如表 17.1 所示,在 CVD 反应剂中加入含磷、硼、氟、碳等元素的化合物,参与反应过程,可淀积具有独特性质的二元或三元硅基氧化物薄膜。例如,硼磷硅玻璃(BPSG)薄膜具有高温回流(reflow)特性,可用于平坦化工艺;磷硅玻璃(PSG)能够吸收碱性可动离子,可产生钝化保护作用;氟硅玻璃(FSG)膜、掺碳氧化硅(CDO)膜等可降低介电常数,有益于降低介质分布寄生电容,提高互连传输速度。

BPSG 是由 SiO$_2$/B$_2$O$_3$/P$_2$O$_5$ 构成的三元化合物网络硅玻璃薄膜。在多种 TCVD 和 PECVD 工艺中,都可用硼烷(B$_2$H$_6$)、磷烷(PH$_3$)气体掺入硅烷等反应剂,与氧反应,得到含一定硼、磷比例的硼磷硅玻璃薄膜,

$$2B_2H_6(g) + 3O_2(g) \longrightarrow 2B_2O_3(s) + 6H_2(g) \tag{17.18}$$

$$4PH_3(g) + 5O_2(g) \longrightarrow 2P_2O_5(s) + 6H_2(g) \qquad (17.19)$$

鉴于这类氢化物具有较大危险性和不稳定性,淀积 BPSG 薄膜常应用其他有机化合物掺杂剂。例如,在 TEOS/O$_3$ 反应中加入硼酸三甲酯[(CH$_3$O)$_3$B],简称 TRB(trimethylborate)和磷酸三甲酯[(CH$_3$O)$_3$PO],简称 TEPO(trimethylphosphate),制备硼磷硅玻璃薄膜。TRB 和 TEPO 在室温下皆为液体,可用氩气或 N$_2$ 携带这些有机化合物蒸汽,通入 CVD 反应腔体,进行分解与化合,淀积硼、磷掺杂的 SiO$_2$ 薄膜。

硼磷硅玻璃薄膜的主要特性如下:在 800℃ 附近较高温度下,具有黏滞流体特性,可产生薄膜回流现象。因此,在台阶及高低起伏硅片表面淀积 BPSG 薄膜,并在较高温度退火后,介质薄膜表面趋于平坦化,台阶变得圆滑,消除沟槽填充薄膜内的孔洞。BPSG 薄膜高温回流工艺是 CMP 工艺之前的主要介质平坦化技术。最早回流工艺应用磷硅玻璃(PSG)薄膜,但其回流所需温度高达 1 000~1 100℃。加入 B$_2$O$_3$ 后,使回流温度显著降低至 800~850℃。BPSG 性能还与 CVD 类型及具体工艺有关,有些工艺可使回流温度更低。BPSG 的高温流动性取决于其中硼、磷的含量,在一定范围内提高浓度,薄膜高温流动性增强,回流工艺温度可降低。通常 BPSG 中硼、磷各自约占薄膜的 5wt%,两者合计总浓度通常不宜超过 11wt%。硼、磷的浓度过高,可能引起薄膜结晶化不稳定,以及形成难溶性 BPO$_4$ 化合物等不良变化。

虽然已有成熟的 CMP 平坦化技术,可不再依赖 BPSG 回流工艺,但它仍是形成绝缘层、钝化层的重要介质薄膜。表 17.1 把 BPSG 列为金属前的典型介质工艺。完成晶体管阵列器件制作,形貌起伏不平的硅片表面淀积 BPSG 薄膜可有多种作用:一是 BPSG 薄膜淀积,并经适当温度(如 800℃)热退火,可获得较为平坦和稳定的介质覆盖;二是这种 BPSG 薄膜对所覆盖的器件具有抗可动离子的屏蔽钝化作用;三是有利于改善接触金属淀积工艺。在接触孔光刻与蚀刻后,硅片再经过高温回流退火,使接触孔顶部边缘陡峭拐角处的 BPSG 薄膜变得圆滑,从而使随后的金属淀积易于填充接触孔。

单独的磷硅玻璃(PSG)和硼硅玻璃(BSG)在半导体器件制造中也有多种用途。除了作为绝缘薄膜,还可用作掺杂扩散源。而且利用 CVD 保形淀积的 PSG 或 BSG 薄膜,可在高深宽比沟槽或间隙中,实现均匀杂质扩散。这种作为扩散源的薄膜,杂质浓度不能过高,当磷、硼含量分别高于 8wt%、6wt% 时,可能形成磷酸、硼酸,使薄膜失去稳定性。

17.5 CVD 氮化硅和氮氧化硅薄膜

由多种集成电路制造工艺流程可知,Si$_3$N$_4$ 薄膜是应用频度仅次于 SiO$_2$ 的介质材料。Si$_3$N$_4$ 最为重要的独特性质是其结构具有高致密性,使它成为抑制 H$_2$O、O$_2$ 和许多金属原子扩散或渗透的高效阻挡层薄膜材料。结构高致密性也为其他多种氮化物(如 TiN、TaN)所共有。也正是这种材料特性决定了氮化物薄膜的应用领域。Si$_3$N$_4$ 是在高温氧化、扩散等工艺中的优良阻挡层介质,金属氮化物则常作为多层互连金属化工艺中的优良扩散阻挡层导体。

17.5.1 Si$_3$N$_4$ 的独特性质

集成电路工艺制备和应用的 SiO$_2$ 和 Si$_3$N$_4$ 两种介质都是非晶薄膜。由于组分和结构的不同，两者的物理化学性质有很大差别。Si_3N_4 的密度（$3.1\ g/cm^3$）高于 SiO_2（$2.2\ g/cm^3$），它的折射率（$2.05：1.46$）、介电常数（$7.5：3.9$）、热膨胀系数（$4\times10^{-6}/℃$：$5\times10^{-7}/℃$）也都大于 SiO_2。Si_3N_4 薄膜具有很大张应力，约 10 倍于 SiO_2 膜。硅片上厚度大于 200 nm 的 Si_3N_4 薄膜，可由于过大应力而剥离、断裂。Si_3N_4 薄膜的高致密性也表现在其抗化学腐蚀特性，纯 Si_3N_4 在 BHF（$6：1$）溶液中的腐蚀速率仅为 $10\sim15\ Å/min$，远低于 SiO_2（$900\ Å/min$）。

　　Si_3N_4 的高致密特性及其与 SiO_2 的多种物理化学性质差别，决定了 Si_3N_4 在集成电路中的应用领域。从 LOCOS 氧化物隔离到 STI 浅沟槽隔离，都应用 Si_3N_4 薄膜界定集成电路有源区。在 LOCOS 工艺中，覆盖有源区的 Si_3N_4 薄膜具有氧化掩蔽作用，使隔离区得以自对准局域生长厚 SiO_2。在 STI 隔离工艺中，既利用 Si_3N_4 薄膜的抗蚀性，形成沟槽，又应用其作为 CMP 平坦化工艺终止层。由于具有较高介电常数，Si_3N_4 不宜于用作金属间绝缘介质，却可用作晶体管栅介质与电容器介质。Si_3N_4 的抗金属离子扩散与抗水气渗透作用，使其成为半导体芯片的优良钝化保护层，增强集成电路可靠性。由于 Si_3N_4 薄膜的热膨胀系数大，为避免其对硅衬底的应力损伤，通常在实际应用中在 Si_3N_4 薄膜淀积前，先热生长或淀积适当厚度的 SiO_2 作为缓冲层。

17.5.2　Si_3N_4 的 CVD 淀积方法

　　化学气相淀积是制备 Si_3N_4 薄膜的主要方法。在 1 000 ℃ 以上高温和 N_2 或 NH_3 气氛条件下，硅片表面也可热氮化，但只能生长纳米量级厚度的极薄层 Si_3N_4 膜。源于其致密性，氮化剂与硅原子均难以穿过初始 Si_3N_4 层，生长更厚的 Si_3N_4 薄膜。利用化学气相淀积技术，选择含硅与氮的化合物为前体反应剂，则可以较快速率在硅片上淀积 Si_3N_4 薄膜。本章前面曾以（17.1）式的 SiH_4/NH_3 反应生成 Si_3N_4 为例，分析 CVD 工艺原理。LPCVD、PECVD、HDPCVD 是常用的 Si_3N_4 薄膜淀积技术。Si_3N_4 淀积通常也需要通过表面化学反应控制模式实现，以获得良好台阶覆盖和薄膜均匀性。虽然 APCVD 等也可淀积 Si_3N_4，但由于需要较高温度，且随温度变化大，易产生气相反应及引起颗粒污染，因而很少采用。

　　LPCVD 技术适宜于制备符合化学计量比的 Si_3N_4 薄膜。除了 SiH_4/NH_3 反应，也常应用二氯硅烷作为前体化合物与 NH_3 反应。这种薄膜淀积工艺采用炉管式 LPCVD 反应器，可在 $650\sim800\ ℃$ 温度范围进行。

$$3SiH_2Cl_2(g) + 4NH_3(g) \longrightarrow Si_3N_4(s) + 6H_2(g) + 6HCl(g) \qquad (17.20)$$

此淀积反应的激活能约为 1.8 eV。淀积速率由温度、气压、反应剂浓度等决定。典型淀积速率约为 $15\sim20\ Å/min$。这种工艺不仅可淀积纯 Si_3N_4 薄膜，还具有薄膜均匀性好、淀积速率较快、生产效率高等特点。从早期横式炉管到现今直式炉管加工大直径 300 mm 硅片，这种 LPCVD-Si_3N_4 薄膜制备工艺一直得到广泛应用。

　　Si_3N_4 薄膜性质与其组分密切相关。用 LPCVD 工艺淀积的 Si_3N_4 薄膜，可具有前述典型 Si_3N_4 特性。这种 Si_3N_4 有时也被称为硬氮化硅。为获得符合化学计量比的 Si_3N_4 薄膜，需要通入过量 NH_3 气，可为 SiH_2Cl_2 或 SiH_4 的数倍至数十倍。如果使用 N_2，由于其分解难，通入的氮气比例还要高；否则，会得到富硅薄膜，使 Si_3N_4 特性弱化。Si_3N_4 淀积工艺必须应用高纯气体源,并要求真空系统的密封性优良,防止由于 O_2、H_2O 等杂质气体渗入,形成 SiO_2 等掺入薄膜。含氧化物较多的 Si_3N_4 薄膜,其性能发生很大变化,如折射率减小、BHF 腐蚀速率显著上升等,因而有时被称为软氮化硅膜。

PECVD 及 HDPCVD 技术是在较低温度淀积 Si_3N_4 薄膜的有效途径。应用射频等离子体技术,以 SiH_4/NH_3 或 SiH_4/N_2 反应,可在相当低温度(200~550℃)范围淀积 Si_3N_4 薄膜。但用 PECVD 技术通常难以得到符合化学计量比的 Si_3N_4 薄膜,故常以 SiN 或 Si_xN_y 分子式代表这种薄膜。由于膜中含有较高浓度氢,而且氢原子与硅、氮皆可成键,故也可用 $Si_xN_yH_z$ 表示。LPCVD 淀积的 Si_3N_4 薄膜内也含有氢,但浓度低得多,

$$SiH_4(g) + NH_3(g) \longrightarrow Si_xN_yH_z(s) + H_2(g) \qquad (17.21)$$

PECVD 工艺淀积的 Si_3N_4 常为富硅薄膜,导致其具有较低密度和较高腐蚀速率。薄膜组分与性质可通过 NH_3/SiH_4 比例、气压、淀积温度、射频能量等参数调节。实验表明,提高淀积温度,可降低 Si_3N_4 膜中的氢浓度。400℃淀积的薄膜中氢浓度为 25at%,如提高至 480℃ 或 550℃淀积,则膜中氢浓度可分别降低至 16at% 和 13at%。应用 HDPCVD 技术,以 SiH_4/N_2 为反应剂,并加入适量氩气体,可淀积氢含量较低的均匀 Si_3N_4 薄膜。这种工艺淀积过程中的离子轰击还可改变薄膜应力性质。

表 17.4 列出了 LPCVD 和 PECVD 两种工艺制备的 Si_3N_4 多种性质典型数据。由表 17.4 可见,薄膜组分、密度、酸液腐蚀速率等许多性质随工艺有较大变化。也有些性质,如台阶覆盖保形性、Na^+ 离子屏蔽性能,变化较小。两种薄膜的性能差别决定各自应用范围。LPCVD - Si_3N_4 薄膜技术在 LOCOS、STI、多晶硅栅边墙等集成电路前端工艺中广泛应用。在选择性掩蔽氧化等许多应用中,必须应用纯 Si_3N_4 薄膜。但由于其淀积温度较高,不适于后端金属互连工艺。低温等离子体 Si_3N_4 薄膜用于芯片钝化,可有效保护器件免受水气和金属离子侵蚀。而稍高温度 PECVD 制备的薄膜由于氢含量低,BHF 腐蚀速度降低,也可作为腐蚀阻止层与边墙介质等。

表 17.4　LPCVD 和 PECVD 淀积的 Si_3N_4 薄膜部分性质对比

薄膜性质	LPCVD 薄膜	PECVD 薄膜
组分	Si_3N_4	$Si_xN_yH_z$
Si/N 原子比	0.75	0.8~1.0
薄膜密度(g/cm^3)	2.8~3.1	2.4~2.8
电阻率($\Omega \cdot cm$)	10^{15}~10^{17}	10^{15}
介质强度(V/cm)	1×10^7	$(1~6) \times 10^6$
折射率	2.0~2.1	2.0~2.1
介电常数	6~7	6~9
热膨胀系数($\times 10^{-6}$℃$^{-1}$)	4×10^{-6}	$(4~7) \times 10^{-6}$
硅上薄膜应力($Dyne/cm^2$)	$(1.2~1.8) \times 10^{10}$(张应力)	$(1~8) \times 10^9$(压应力)
台阶覆盖	保形	保形

薄膜性质	LPCVD 薄膜	PECVD 薄膜
Na$^+$ 渗透	<100 Å	<100 Å
6:1 BHF 室温腐蚀速率(Å/min)	10~15	200~350
85% H$_3$PO$_4$,180℃腐蚀速率(Å/min)	120	600~1 000
等离子体刻蚀速率(Å/min) (70% CF$_4$/30% O$_2$,150 W,100℃)	200	500

17.5.3　CVD 氮氧化硅薄膜

本书第 10 章曾讨论超薄氮氧化硅栅介质的性质及制备工艺(见 10.9 节)。应用 CVD 技术则可淀积较厚的氮氧化硅薄膜。在 PECVD 氮化硅淀积工艺的反应前体化合物中,加入氧化剂,如 N$_2$O,就能淀积氮氧化硅薄膜(Si oxynitride)。改变参与反应气体流量比例,可以得到组分和性质连续变化的不同 SiO$_x$N$_y$ 薄膜。适当工艺制备的氮氧化硅薄膜,既可保持 Si$_3$N$_4$ 的部分特性,又能降低氢浓度、减小薄膜应力,还可改善与硅的界面性质,可在多种集成芯片工艺中应用。由于氮氧化硅薄膜应力较小,在 STI 等隔离工艺中有可能不生长衬垫氧化层,而直接淀积氮氧化硅薄膜作为掩蔽膜。除了可用作钝化覆盖膜外,由于 SiO$_x$N$_y$ 薄膜的光吸收率、反射率等光学参数可通过其组分调节,近年氮氧化硅薄膜还常在深紫外(DUV)光刻工艺中,作为介质抗反射涂层(dielectric anti-reflection coating, DARC)。以适当组分的 SiO$_x$N$_y$ 薄膜淀积在硅片表面与光刻胶之间,可以减弱光的反射与干涉效应,消除光刻胶不均匀曝光影响,提高细线条分辨率。

17.6　多晶硅薄膜的化学气相淀积

在集成电路制造发展过程中,多晶硅是最早成功应用化学气相淀积技术的薄膜材料之一。如本书多处所述,多晶硅薄膜广泛应用于自对准栅电极与局部互连等关键器件结构,对集成电路技术进步具有极为重要的作用。即便在金属栅纳米 CMOS 技术中,多晶硅薄膜仍然常作为形成自对准器件结构的初始薄膜材料。虽然用 PVD 方法也可淀积多晶硅膜,但 CVD 多晶硅薄膜具有一系列优异的物理化学性质,如纯净度高、化学和高温稳定性好、与 SiO$_2$ 的界面特性极为优良等。多晶硅薄膜还具备极佳的可加工性,在 SiO$_2$ 与其他材料表面,都可应用 CVD 技术淀积均匀、保形的多晶硅薄膜,并宜于与光刻及刻蚀工艺相结合,形成精度可达纳米量级的线条与结构[10-12]。

17.6.1　LPCVD 多晶硅薄膜淀积工艺

如第 9 章所述,在高质量硅晶体材料制造流程中,化学气相淀积是获得纯净多晶硅材料的主要技术,而且常用的硅单晶薄膜外延也主要应用化学气相淀积技术。常压、低压等多种 CVD 技术可用于单晶硅、多晶硅和非晶硅薄膜生长。用于硅单晶薄膜外延生长的化合物硅源,硅烷(SiH$_4$)与多种硅的氯化物(SiCl$_4$、SiHCl$_3$、SiH$_2$Cl$_2$),都可用作多晶硅薄膜淀积的

前体化合物。但最为常用的多晶硅薄膜淀积工艺是通过硅烷热分解反应，

$$SiH_4(g) \longrightarrow Si(s) + H_2(g) \tag{17.22}$$

SiH_4 分解反应不仅可在较低温度下进行，而且宜于在 SiO_2 等非晶表面上成核生长，形成覆盖均匀的多晶薄膜。多晶硅 CVD 生长工艺条件必须有利于抑制气相反应，以表面反应控制机制生长，获得保形性薄膜。(17.22)式为硅烷分子在被表面吸附后的综合反应，反应室中可能存在多种分解与化合反应。实际上表面吸附的 SiH_4 分子可能先分解为"$SiH_2 + H_2$"，随后 SiH_2 再分解出硅原子，相互结合成膜。

多晶硅薄膜淀积通常采用低压化学气相淀积工艺，在水平或垂直式炉管反应器中进行。近年也有设备制造公司提供单片式多晶硅淀积装置。多晶硅淀积可以应用纯硅烷气体，也可应用 H_2、N_2 等气体稀释至20%~30%的硅烷气体。淀积气压约在25~130 Pa(约0.2~1 Torr)范围。有的单片式 CVD 多晶硅淀积工艺在较高气压(20~200 Torr)下进行。LPCVD 多晶硅工艺具有薄膜纯度高、均匀性好、生产效率高等特点，因而一直应用于不断缩微的一代又一代集成芯片制造。

制备多晶硅薄膜的 LPCVD 技术优越性，同样也展现在其他材料薄膜淀积中。在低气压条件下，化学反应剂可以更均匀地输送到炉管中密集排列的硅片表面，实现薄膜均匀淀积。为了获得优良保形性，薄膜淀积必须以表面反应控制模式进行。如 17.2 节分析，表面反应控制模式的前提条件是，必须有充分的反应剂输运供应，即要求气体输运系数(h_g)显著大于表面反应系数(k_s)。而气体输运系数(h_g)取决于反应剂分子的气相扩散系数(D_g)和基片表面上的滞留层(界面层)厚度(δ)，其相互关系如下式所示：

$$h_g = D_g/\delta \tag{17.23}$$

扩散系数与滞留层厚度都与反应室气压有关。气压降低可使气体分子间的碰撞几率减小，促使分子扩散系数增加。分子扩散系数应与压强(P)成反比，$D_g \sim 1/P$。由大气压760 Torr 降低到1 Torr，扩散系数可增长760倍。低气压下滞留层厚度也会增加，但幅度较小，约有数倍变化。因此，低气压可使反应剂分子由气相至基片表面的输运显著增强，导致薄膜淀积动力学过程发生变化。由图 17.12 可见，降低反应气压有利于增加气相输运速率，并可使表面反应控制模式的温度区间增大。选择适当低气压及反应剂流量，可以保证充裕的反应剂气相输运，促使多晶硅薄膜淀积过程处于表面反应控制模式，获得保形性优良的薄膜生长。

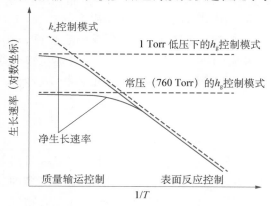

图 17.12　LPCVD 与 APCVD 薄膜淀积速率随温度的变化规律

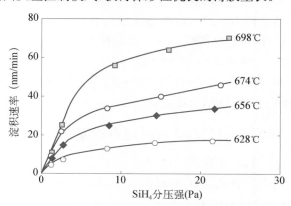

图 17.13　硅烷分压及基片温度对多晶硅薄膜淀积速率的影响[13]

硅片温度和硅烷浓度是决定 LPCVD 多晶硅淀积速率的主要工艺参数。硅烷分压（浓度）对多晶硅薄膜淀积速率的影响如图 17.13 所示。在硅烷分压很低时，淀积速率近似线性变化，随 SiH_4 分压继续增加，逐渐趋向饱和，其值主要由温度决定。图 17.12 及图 17.13 表明，在表面反应控制区域，多晶硅薄膜淀积速率随温度上升呈指数增长。多晶硅淀积温度一般选取在 580～650℃ 区间，在此区间的表面反应激活能约为 1.6～1.7 eV。过低淀积温度，薄膜生长速率很小，且常为非晶膜。工艺温度过高，则容易产生气相反应，得到的薄膜与衬底黏附性差、粗糙且厚度不均匀。实际生产中常应用的工艺温度在 620℃ 附近，薄膜淀积速率约为 10 nm/min 量级。为了使淀积炉管各处达到薄膜厚度均匀，常需在气流上下游方向建立适当温度梯度。例如，出口处温度较入口提高 30℃，以补偿反应剂减少引起的反应速率下降。依据器件需要，多晶硅薄膜厚度可在较大范围变化。早期多晶硅栅薄膜厚度常约为 500 nm，随着器件尺寸缩微，厚度逐渐减薄，在纳米 CMOS 工艺中已减薄到约 100 nm。

总之，低温、低压是多晶硅薄膜淀积技术最主要的特点。选择合理工艺温度与气压，既可保证薄膜保形性、均匀性及与衬底的优良界面等特性，又可降低热积累（资料中也称"热预算"）、减少反应剂消耗和提高硅片加工效率。

17.6.2　多晶硅薄膜掺杂

多晶硅薄膜实际应用需要掺入适当浓度杂质，达到所需导电类型、载流子浓度及电导率。而且在栅电极及互连等器件应用中，要求掺杂浓度尽可能高，以减小多晶硅互连线薄层电阻。与单晶硅掺杂相同，磷、砷是多晶硅常用 n 型薄膜掺杂元素，硼为 p 型掺杂元素。存在 3 种主要掺杂工艺，即扩散、原位掺杂和离子注入。薄膜淀积后高温扩散曾是最常用的多晶硅掺杂技术，广泛应用于早期集成电路制造。多晶硅薄膜淀积后，可用三氯氧磷（$POCl_3$）或磷烷（PH_3）气体，在 900～1 000℃ 高温下，通过热扩散，形成均匀分布的高浓度 n^+ 型杂质。同样，可用硼扩散工艺获得 p^+ 型多晶硅薄膜。

原位掺杂是把掺杂过程和薄膜淀积结合在一起完成。在多晶硅淀积炉管内，同时通入硅烷和掺杂剂气体，通过气相输运与表面反应过程，在硅原子淀积成膜的同时，掺杂原子也进入薄膜。虽然原位掺杂具有精简工艺步骤的优点，但薄膜工艺精确控制难度增大，使其应用受到限制。

离子注入多晶硅掺杂技术广泛用于集成芯片制造。利用离子注入技术，通过能量和剂量控制，可以把所需浓度的磷、砷、硼等元素注入多晶硅膜，再经过炉管或快速高温退火，使杂质原子活化和均匀分布，形成低电阻薄膜。而且在先进 CMOS 器件工艺中，通常把多晶硅栅掺杂分别与 NMOS、PMOS 晶体管源漏区掺杂相结合，应用离子注入和快速退火技术完成。

17.6.3　多晶硅薄膜晶体结构和电学性能

多晶硅薄膜由大量尺寸与方向各异的微小单晶粒构成。晶粒尺寸取决于衬底温度、淀积速率及掺杂浓度等多种因素。晶粒取向分布也与温度等工艺参数有关，可能存在优选晶向。LPCVD 工艺淀积的多晶硅薄膜常具有柱状晶粒结构，即晶粒可贯穿薄膜厚度。依赖不同淀积工艺条件，柱状晶粒直径或晶粒尺寸可在数十至数百纳米范围变化，典型值为 50～100 nm。多晶硅薄膜晶体常有一定晶向织构，即存在垂直于薄膜的优选晶向。典型工艺温度下淀积的柱状形多晶硅薄膜常具有〈110〉晶向织构,即薄膜中大部分晶粒的〈110〉晶向沿薄膜法线方向,而在其他方向仍大致随机分布。薄膜晶体结构在高温退火后可发生显著变化,晶粒尺寸增大,优选晶向也可能改变。对于较低温度淀积的非晶薄膜,高温退火后的晶粒尺寸变化更大。掺杂对晶体结构也有影响,高浓度磷、砷掺杂的多晶硅薄膜,其晶粒显著大于非掺杂多晶硅,硼掺杂则对晶体结构影响较小。

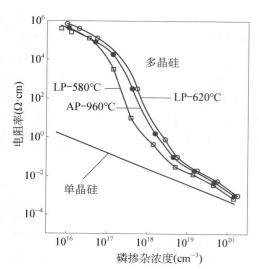

图 17.14　多晶硅薄膜热退火后电阻率随注入磷原子浓度的变化[11]

多晶硅薄膜的电学特性与其多晶结构关系密切。图 17.14 显示 n 型多晶硅薄膜在高温退火后,电阻率和掺杂磷原子浓度的依赖关系,并与相同浓度掺杂的单晶薄膜对比。可见在低掺杂浓度区域,相同掺杂浓度的多晶硅电阻率比单晶薄膜高多个数量级。由图 17.14 可见,在磷原子浓度约高于 1×10^{17} cm^{-3} 后,两者差距逐渐减小。因此,为了获得高电导率多晶硅薄膜,必须尽可能提高掺杂浓度。多晶与单晶薄膜导电性能的巨大差别说明,多晶硅的载流子浓度及迁移率都显著低于单晶硅,其原因可从多晶硅的晶体结构分析。

多晶薄膜由大量单晶晶粒及其之间的晶界构成。晶粒间界宽度约为 0.5~1 nm,是缺陷密集区域。晶粒间界对杂质及载流子有两方面影响。其一,掺入多晶硅薄膜的磷、砷原子会分凝及聚集在晶粒间界区域,这些杂质原子不能激活及提供载流子;其二,晶界区域的悬挂键之类缺陷,还可能成为载流子陷阱,俘获多晶晶粒产生的载流子,进一步减少载流子浓度。因此,只有当陷入晶粒间界的掺杂原子及载流子达到饱和以后,继续增加掺杂浓度,才会使薄膜中有效杂质及载流子浓度相应升高,电阻率随之下降。图 17.14 上电阻率显著下降的起始点浓度($\sim 1 \times 10^{17}$ cm^{-3}),可以衡量晶粒间界的陷阱密度。晶粒间界还会显著降低载流子迁移率。这也有两方面因素:一方面在于晶粒间界缺陷的散射作用,另一方面,晶粒间界陷阱与晶粒交换载流子,可形成耗尽区与界面势垒,对载流子运动产生阻挡作用。由图 17.14 可见,以 LPCVD 工艺在 580℃淀积的薄膜和更高温度 LP 或 APCVD 淀积的薄膜相比,电阻率反而下降更快。这种现象的原因也与晶粒结构有关。580℃淀积的是非晶薄膜,但高温退火后,其晶粒常比较高温度淀积的大,使晶粒间界面积减小、陷入的杂质原子及载流子浓度比例相应下降。

17.7　导体薄膜的化学气相淀积

相对于介质和多晶硅 CVD 薄膜,在金属及化合物导体薄膜制备方面,化学气相淀积技术的应用范围至今还较为局限。如第 16 章所述,以溅射为主的物理气相淀积技术长期以来是制备金属薄膜的有效途径。但由于 CVD 技术所特有的保形性好等突出优越性,人们早就开始探索包括铝、铜等金属在内的 CVD 导体薄膜淀积技术。已取得技术突破并获得生产普

遍应用的钨和 WSi_2,是 CVD 金属和化合物导体薄膜的突出范例。TiN 等多种其他导体薄膜的 CVD 和 ALD 技术近年也取得进展。随着纳米器件技术发展,导体薄膜 CVD 与 ALD 技术将会继续扩展其应用领域[2, 4, 14]。

17.7.1　钨的化学气相淀积

钨、钼、钽、钛等的导电性不及铝、铜,却显著高于其他许多金属及化合物导体,而且它们具有高温稳定性以及化学稳定性也较好等特点。因此,在半导体器件制造技术发展中,这些难熔金属始终受到重视,对于它们的 CVD 薄膜制备方法也有许多研究。其中,CVD - W 技术最为成熟,在晶体管接触孔金属化和多层互连技术中都得到应用。钨是熔点最高的金属(3 410℃),导电及导热性能也较好,其室温电阻率可低达 $5\sim7~\mu\Omega\cdot cm$,并具有良好的抗电迁移可靠性。钨在集成电路结构中主要用作垂直互连导体。在铝和铜互连体系中,都可

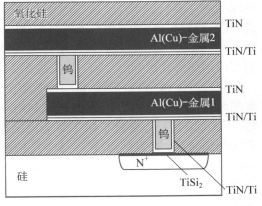

图 17.15　铝或铜互连中的层间钨垂直互连插塞

把钨填充到器件接触孔或金属层间上下互通孔中,形成钨塞,实现上下垂直连接,如图 17.15 所示。钨薄膜线条有时也应用于晶体管层的平面互连。CVD - W 工艺在高深宽比的接触孔或连通孔淀积时,具有优良保形覆盖性能,并与 CMP 等相关工艺相容性良好,使其得到广泛应用。通常应用 LPCVD 工艺在硅片上实现钨薄膜淀积。

虽然多种钨的化合物通过还原反应都可能释放出钨原子,但用于化学气相淀积钨的前体化合物通常为 WF_6。这种化合物常温下为液体,沸点为 17℃,易于气化,可以适当气态流量输入反应器。WF_6 和硅、H_2、SiH_4 等通过还原反应,可以进行两种不同覆盖特性的钨薄膜淀积:一种为局部区域覆盖的选择性淀积,另一种为全覆盖的非选择性淀积。通过 WF_6 和硅的化学反应,可在硅片上硅暴露区选择性淀积钨,如下面的化学反应式所示:

$$2WF_6(g) + 3Si(s) \longrightarrow 2W(s) + 3SiF_4(g) \tag{17.24}$$

此反应从接触孔底部的硅清洁表面开始,反应会消耗硅。如存在残留氧化层,则不能反应。当钨膜厚度达到约 10 nm 厚度后,将阻断 WF_6 与硅接触,上述反应终止。这时可把 H_2 气通入反应系统,通过氢还原反应,使钨淀积过程继续,

$$WF_6(g) + 3H_2(g) \longrightarrow W(s) + 6HF(g) \tag{17.25}$$

这时淀积仍可以具有选择性,因为在 SiO_2 表面钨难于附着及成核。WF_6 在铝暴露区通过还原反应也可进行类似的选择性钨淀积。根据以上原理,选择性钨淀积可形成自对准定域金属接触结构,但未能发展成为适于规模生产的成熟技术。目前在集成电路制造中广泛应用的标准钨薄膜工艺,是非选择性的钨全覆盖淀积技术。

钨全覆盖淀积技术与 TiN(或 TaN)扩散阻挡层及 CMP 等工艺相结合,形成接触孔/通孔金属化,是目前深亚微米集成芯片多层互连的关键技术之一。化学方程式(17.25)为钨全覆盖式淀积的主要反应。但鉴于钨与 SiO_2 的非亲和性,难于在 SiO_2 表面成核,并根据可靠

性要求,两者之间必须有扩散阻挡层相隔离,钨通常淀积在 TiN/Ti 双层超薄膜上,如图 17.15 所示。首先淀积一层钛膜,用于去除硅或金属表面的残留氧化物,并与下层及上面随后淀积的 TiN 增加黏附性。TiN 既可作为 WF_6(工艺过程中)和钨(薄膜淀积后)的扩散阻挡层,也具有增强钨膜附着性作用。少量 WF_6 与硅、铝、钛等材料直接接触,可能通过化学反应,在接触孔或通孔区域形成挥发性气态物质(SiF_4),挥发后可产生孔洞,或淀积固态绝缘物质(AlF_3、TiF_4)。这些现象都会破坏钨接触特性,导致电阻增加、可靠性下降。因此,在钨膜淀积前,必须用保形性好的 TiN/Ti 双层膜覆盖在硅片上作为衬垫,阻断 WF_6 侵蚀。90 nm 芯片技术以前,尚可用物理溅射工艺淀积这种双层膜,在纳米 CMOS 技术中,则需要应用保形性更好的 CVD 工艺或 ALD 工艺。

WF_6/H_2 和 WF_6/SiH_4 是两种常用于钨全覆盖淀积的化学反应剂,而且在实际工艺中,常把两种化学反应相结合,经过成核与增厚两步工艺,实现全覆盖保形淀积。两种反应相比较,WF_6/SiH_4 反应更宜于在 TiN 表面上形成晶核层。因此,常首先应用硅烷还原反应,淀积均匀钨薄层,随后再以 WF_6/H_2 反应淀积达到所需厚度,完满填充接触孔或通导孔。WF_6/H_2 反应对表面极为敏感,不易在 TiN 上形成均匀钨晶核层。在适当反应剂流量及温度等条件下,下面的 WF_6/SiH_4 反应则宜于钨在 TiN 上均匀成核:

$$2WF_6(g) + 3SiH_4(g) \longrightarrow 2W(s) + 3SiF_4(g) + 6H_2(g) \qquad (17.26)$$

为了获得优良保形性钨薄膜淀积,同一反应器内相继进行的 WF_6/SiH_4 和 WF_6/H_2 两种反应,都必须工作在表面反应控制模式。这就需要选择合适的温度、气压和流量等工艺参数。两种不同化学反应的工艺温度都可选择在 350~450℃ 区间,反应气体压强可在 4~100 Torr 范围。如图 17.16 所示,在 WF_6 流量较低时,钨膜淀积过程处于反应剂输运限制模式,钨膜淀积速率随 WF_6 流量增长相应变化。在 WF_6 充分供应条件下,钨膜淀积速率趋于饱和,取决于吸附于表面的 H_2 和 WF_6 之间的反应速率。图 17.16 中的曲线也显示氢在表面反应中的重要作用。在相同 WF_6 流量条件下,压强较高意味 H_2 流量较大,使表面激活反应速率显著增加。WF_6/SiH_4 反应生成的钨晶核薄层约为 10~50 nm。此反应过程中的硅烷比例不宜过高,否则会形成 W-硅化物。WF_6/H_2 反应淀积的钨膜厚度由接触孔或通孔高度而定,约在 150~1 000 nm 范围。

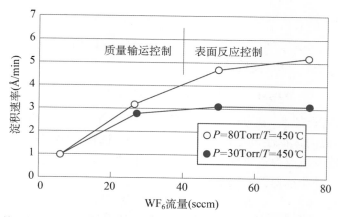

图 17.16 在等温及两种压强条件下 WF_6/H_2 化学反应淀积钨膜速率随 WF_6 流量的变化[4]

上述 CVD 方法淀积的钨,为体心立方结构多晶薄膜。CVD－W 薄膜的电阻率约为 8～15 $\mu\Omega\cdot$cm,具体数值与其多晶晶粒尺寸等因素有关。通常较厚的钨膜,晶粒尺寸较大,电阻率较低,更接近钨的体材料电阻率。在 CVD 淀积过程中,有较多氟原子掺入钨薄膜,浓度约在 $1\times10^{19}\sim1\times10^{20}$ cm^{-3} 范围。高浓度的杂质也使钨膜电阻率升高。CVD－W 膜内存在张应力,根据工艺及厚度变化,约在 $3\times10^{9}\sim1.2\times10^{10}$ dyn/cm^2 范围。

纳米 CMOS 芯片的钨金属化工艺,要求应用原子层淀积(ALD)技术,淀积钨的晶核层,以便在高深宽比通孔中,实现保形性完满覆盖。以 WF$_6$/SiH$_4$ 或 WF$_6$/B$_2$H$_6$ 为反应前体组合,都可应用 ALD 技术,淀积钨晶核层。图 17.17 显示 WF$_6$、B$_2$H$_6$ 两种化学分子在基片表面依次饱和性吸附与反应,实现原子层钨晶核层生长的过程。17.8 节将具体讨论 ALD 技术原理,这里仅就 ALD－W 淀积作简要说明。首先输入反应器的 WF$_6$ 气体分子,将被基片表面化学吸附,形成被氟覆盖的单原子钨层;接着在驱除多余 WF$_6$ 气体后,通入 B$_2$H$_6$ 气体,这种分子在表面分解成原子,并与氟原子反应生成 HF、BF$_3$ 等挥发物,随气流排出反应器;再次通入 WF$_6$ 可生长第二层钨原子。如此交替输入和排出两种反应剂,经过若干周期,在基片上可生成全覆盖的超薄钨膜。实验表明,这种 ALD－W 工艺可在 250～350℃区间进行,淀积的钨膜为非晶结构,具有高达 800℃的热稳定性,适于作为高保形性钨淀积的初始晶核层。

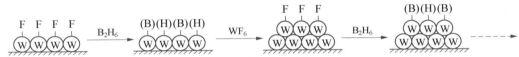

图 17.17　WF$_6$/B$_2$H$_6$ 吸附与反应的 ALD－W 晶核层生长化学路径示意图[4]

17.7.2　硅化钨化学气相淀积

在金属硅化物技术演变过程中,曾研究 WSi$_2$、MoSi$_2$、TaSi$_2$、TiSi$_2$ 等多种金属硅化物的化学气相淀积技术,但至今只有 CVD－WSi$_2$ 发展成为成熟的生产工艺,广泛用于存储器等集成芯片制造。由多晶硅淀积与掺杂、WSi$_x$ 淀积与退火等多种硅片工艺模块组合在一起的集成装置系统(cluster tool),可连续形成硅化钨/多晶硅复合栅电极薄膜结构(polycide),早已在集成电路规模生产中成功应用。WSi$_x$ 淀积通常应用冷壁低压化学气相反应器。用于 WSi$_x$ 淀积的化学反应前体有两种:一种为 WF$_6$/SiH$_4$,另一种为 WF$_6$/SiH$_2$Cl$_2$。两者生成硅化钨薄膜的反应,可分别由以下化学方程式表示:

$$WF_6(g) + 2SiH_4(g) \longrightarrow WSi_2(s) + 6HF(g) + H_2(g) \tag{17.27}$$

$$WF_6(g) + 3.5SiH_2Cl_2(g) \longrightarrow WSi_2(s) + 1.5SiCl_4(g) + 6HF(g) + HCl(g) \tag{17.28}$$

(17.27)式的 WF$_6$/SiH$_4$ 反应为放热反应,适于在较低温度及气压下进行。这种 WSi$_x$ 淀积工艺,通常选用的温度与压强分别在 300～350℃与 0.5～0.8 Torr 范围。薄膜厚度常为 200～500 nm。如 17.7.1 节所述,相近反应也用于淀积钨膜,但对于淀积 WSi$_x$,要求反应气体 SiH$_4$/WF$_6$ 的比值较大,使淀积薄膜的 Si/W 原子比大于 2.6,常为 2.6～2.8。实验表明,Si/W 原子比大,有利于 WSi$_x$/多晶硅复合膜的稳定性,在高温退火处理中,WSi$_x$ 薄膜不易

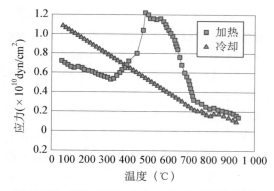

图 17.18　WF_6/SiH_4 反应 WSi_x 薄膜应力随热
处理温度的变化[4]

与多晶硅剥离。此工艺淀积的 WSi_x 为非晶薄膜，电阻率高达 $800 \sim 950 \ \mu\Omega \cdot cm$。热退火可导致薄膜结晶化及相变，使电阻率大幅下降。热退火自 $450℃$ 开始可使薄膜由非晶态向六角晶相 WSi_2 转化，$650℃$ 以上退火将促使六角晶相逐渐转化为四方晶相薄膜。WSi_x 薄膜由非晶向六角晶相转变的过程，将伴随体积显著收缩，使薄膜的张应力急剧增大，如图 17.18 所示。这种急剧变化可能使薄膜剥离、破裂，或在台阶处断裂。

通常 WF_6/SiH_4 反应淀积的 WSi_x 薄膜，经过 $900℃$ 热退火后，具有稳定的四方晶相 WSi_2 多晶结构，电阻率可降低到 $50 \sim 70 \ \mu\Omega \cdot cm$。在退火过程中，形成 WSi_2 多晶的同时，部分硅原子会分凝在多晶硅/硅化钨界面。退火后硅化钨膜内的 Si/W 原子比约为 2.2，超过化学计量比的硅原子分布在 WSi_2 多晶晶粒间界中。CVD 工艺形成的硅化钨/多晶硅复合结构，可以经受高温氧化处理，保持硅化物稳定性。这种复合结构表面可生长 SiO_2 薄层，参与氧化的硅原子可来自晶粒间界或多晶硅。

WF_6/SiH_4 反应淀积的 WSi_x 薄膜中含有大量氟原子，其浓度可达 $5 \times 10^{20} \ cm^{-3}$。在高温退火后，部分氟原子可能迁移至多晶硅/栅氧化层界面附近，从而对晶体管界面特性有不利影响。因此，在栅氧化层小于 10 nm 后，转向应用 WF_6/SiH_2Cl_2 淀积 WSi_x 薄膜。相对于 WF_6/SiH_4 反应，(17.28)式所示 WF_6/SiH_2Cl_2 反应活性较低，需要在较高温度反应，或应用等离子体促进反应。也可应用 WF_6/SiH_4 反应为起始反应剂，先在多晶硅膜上形成晶核层，再以 WF_6/SiH_2Cl_2 反应完成 WSi_x 淀积。WF_6/SiH_2Cl_2 淀积工艺常用的温度与压强分别约在 $550 \sim 600℃$ 与 $0.5 \sim 1.2$ Torr 范围。刚淀积的硅化钨薄膜为六角晶相，较高退火后转化为四方晶相。在用这种反应剂淀积的 WSi_x 薄膜中，氟原子浓度显著降低至 $1 \times 10^{18} \ cm^{-3}$ 以下，可避免氟对栅界面的不良影响。薄膜体积与应力变化较小，不易产生薄膜剥离及台阶断裂现象。与上述硅烷反应相同，在此 CVD 工艺中，同样要求输入的 SiH_2Cl_2/WF_6 比值较大，使淀积及退火后都能得到富硅薄膜，以确保 WSi_2 薄膜稳定性。此反应淀积的硅化物薄膜电阻率可能略高于 WF_6/SiH_4 反应膜，原因可能在于晶粒尺寸较小。

17.7.3　钛和 TiN 的化学气相淀积

钛和 TiN 薄膜的常用制备方法为溅射和反应溅射，并应用多种方法改善其台阶覆盖能力（参阅本书第 16 章）。但在某些小尺寸器件高深宽比结构中，应用 CVD 技术可以获得更好的底部及侧壁淀积效果。例如，高密度 DRAM 存储器中存在深宽比很大的接触孔，可以应用 PECVD 技术淀积钛，并可形成 $TiSi_2$ 接触。常应用 $TiCl_4/H_2$ 还原反应淀积钛，反应需要在较高温度下进行，不适用于铝通导孔工艺。在硅片温度高于 $500℃$ 时，可在硅接触孔底部直接形成 Ti-硅化物。实验表明，等离子体增强 $TiCl_4/H_2$ 反应机制较为复杂。等离子体激励产生的非饱和氯化物 $TiCl_x$ 可能易于与硅反应，在较低温度下直接生成 Ti-硅化物，如下式所示：

$$TiCl_x(g) + (2+4/x)Si(s) \longrightarrow TiSi_2(s) + 4/xSiCl_4(g) \qquad (17.29)$$

$TiCl_4$ 本身也可与硅发生选择性反应,但需在高于 700℃ 条件下。

在以 $TiCl_4$ 为反应基的等离子体增强 CVD 工艺中,反应室内存在多种强腐蚀性气体,对淀积系统设计及所用材料提出严格的抗蚀性要求,成为 CVD 技术的难题之一。因此,钛与 TiN 的 CVD 工艺远不及 CVD - W/WSi$_2$ 工艺成熟。

有两种 TiN 薄膜 CVD 淀积技术:一种应用 $TiCl_4$/NH_3 反应剂,另一种则为应用钛有机化合物作为反应前体的 MOCVD 方案。$TiCl_4$ 与 NH_3 反应淀积 TiN 膜的化学方程式如下所示:

$$6TiCl_4(g) + 8NH_3(g) \longrightarrow 6TiN(s) + 24HCl(g) + N_2(g) \qquad (17.30)$$

这种反应常在 LPCVD 系统进行,气压在 1~20 Torr,硅片温度在 500~650℃ 间。此工艺淀积的 TiN 为具有立方晶相结构的多晶薄膜,厚度通常小于 100 nm,电阻率约为 150~500 $\mu\Omega\cdot cm$,存在张应力,约为 $(1\sim2)\times10^{10}$ dyn/cm^2。应用 $TiCl_4$ 反应源,有利于在同一 CVD 系统中,通过调节反应气体、流量、温度等工艺,在硅片上先后淀积钛和 TiN 双层膜。

$TiCl_4$/NH_3 反应的麻烦问题是氯化物可与氨分子结合为加成化合物 $TiCl_4$-$(NH_3)_x$,而这种化合物容易在反应器壁、管道壁甚至真空泵等较低温度处凝聚。这不仅会产生颗粒污染,而且可能堵塞管道、损害真空泵。这种加成化合物可在 100~200℃ 条件下升华。因此,必须很好地控制气路的温度。$TiCl_4$/NH_3 反应淀积 TiN 膜的另一问题为薄膜含有较高浓度氯,原子比浓度常超过 1%,有时可达 5%。在硅接触扩散阻挡层等实际应用中,淀积工艺常选择较高硅片温度,以利于减少薄膜中氯含量,降低薄层电阻,获得较好台阶覆盖。提高反应气体中 NH_3 的比例,也有益于降低氯浓度和电阻率。一般工艺中 $TiCl_4$/NH_3 比例常在 1:5~1:10 范围。

利用钛的有机化合物分解反应,淀积 TiN 薄膜可在低于 500℃ 下进行,可以避免腐蚀性氯掺入,并具有良好台阶覆盖性能。这种 MOCVD 淀积膜必须经过 H_2/N_2 等离子体处理,才能获得性能优良而稳定的 TiN 薄膜。用于 TiN 淀积工艺的有机钛化合物有两种:一种是四二甲基胺基钛,化学分子式为 $Ti[N(CH_3)_2]_4$,或表示为 $C_8H_{24}N_4Ti$,简称 TDMAT(tetrakisdimethylamido titanium);另一种为四二乙基胺基钛,化学分子式为 $Ti[N(C_2H_5)_2]_4$,或表示为 $C_{16}H_{40}N_4Ti$,简称 TDEAT(tetrakisdiethylamido titanium)。这两种有机钛化合物在室温附近均为液体,可应用气体(如氦气)携带其蒸发分子输入反应器,或以其液体直接喷射入反应器,在较高温度下气化。有机钛化合物可以在硅片上热分解淀积 TiN 薄膜。TDMAT 的分解反应可用下式简化表示:

$$Ti[N(CH_3)_2]_4(g) \longrightarrow TiN(C、H)(s) + HN(CH_3)_2(g) \qquad (17.31)$$

在此类分解反应中可能还有其他碳氢化合物产生。

通过以上反应得到的是含有较高浓度碳、氢的非晶薄膜,可表示为 $TiN_xC_yH_z$。这种薄膜的电阻率很高,刚淀积后约为 2 000 $\mu\Omega\cdot cm$,暴露大气及氧化后,还可能升高 10 倍。因此,需要应用 H_2/N_2 等离子体对薄膜进行处理。在等离子体中,具有较大能量的氢、氮等活性粒子轰击薄膜,并可能扩散入薄膜,与膜中组分发生反应。氢与碳可结合成碳氢化合物,氮与氢构成的氨基分子,它们都易于扩散出薄膜。这种等离子体处理,一方面可去除部分杂质元素,另一方面进入薄膜的活性氮原子,也可能与钛结合,提高薄膜的致密性和稳定性。

已有氮同位素实验表明,经等离子体处理后,TiN 薄膜中的部分氮元素,来之于等离子体处理的氮气。因此,H_2/N_2 等离子体处理,可以使杂质较多的非晶膜转变为纳米晶粒结构的 TiN 薄膜。这种等离子体处理,可使 TiN 薄膜中的碳含量减少到 5% 以下,电阻率可降低至 200 $\mu\Omega \cdot cm$。等离子体表面处理的有效作用深度约为 10 nm。如要制备较厚的 TiN 薄膜,需要多次淀积和等离子体处理相结合。TiN 作为扩散阻挡层,通常并不需要太厚。

17.8　原子层淀积技术

在第 16 章和本章讨论的多种薄膜技术中,原子层淀积(atomic layer deposition,ALD)可以说是一个"新秀",属于近年研究最为活跃、应用急剧扩展的薄膜技术之列。原子层淀积,顾名思义,是一种在基片表面原子逐层淀积的薄膜形成技术。本节首先简要概述 ALD 技术的发明与发展历史,说明 ALD 与 CVD 技术之间的渊源关系,接着将重点讨论原子层薄膜淀积的基础原理,分析 ALD 技术设备及操作模式特点,以及 ALD 工艺温度、衬底表面、化学反应剂等因素影响,最后介绍等离子体增强原子层淀积(plasma enhanced ALD,PEALD)的技术原理、工艺与应用领域。

17.8.1　原子层淀积技术的发明与发展

虽然从技术应用角度看,原子层淀积是新秀,但其相关研究历史已超过半个世纪。在这一技术的早期研究中,国际上有两个研究集体发挥了重要作用,分别有可贵的贡献。一组是以 T. Suntola 为首的芬兰研究者[6, 15, 16],另一组为以 V. B. Aleskovskii(后来成为俄罗斯科学院院士)为首的俄罗斯研究者[17, 18]。早在 1952 年,Aleskovskii 在其研究生毕业论文中,曾提出有关原子/分子层化学淀积的类似基本概念。随后在 20 世纪 60 至 70 年代,Aleskovskii 和他的合作者曾在多篇论文以及教科书中介绍他们的理论与实验研究结果。他们当时对其研究成果所应用的名称是"Molecular Layering",有"分子层合成"的含义,或者是"分子层淀积"(molecular layer deposition)。

芬兰的 Suntola 与合作者,自 1974 年开始对 ZnS 等薄膜的 ALD 生长及其装置进行实验研究,并在 1977 年获准技术专利申请。他们应用的名称也不是"ALD",而是"atomic layer epitaxy"(ALE),即原子层外延。他们在 20 世纪 80 年代初用 ALE 技术研制成功 ZnS 电致发光平板显示器,实际证明 ALD 技术的应用前景。由于这些历史事实,在 ALD 技术文献及相关报道中,对于 ALD 技术发明者,有 Suntola 和 Aleskovskii 两种不同讲述。事实上,这两位学者对 ALD 技术的发明与发展都进行了各自有所侧重的开创性研究。

原子层淀积技术的基本特点是其薄膜生长过程的非连续性,即可以周期性地使原子/分子一层又一层淀积在衬底基片上。而其他各种 PVD/CVD 薄膜生长过程,通常是连续性的。即便在层状生长模式的分子束外延或化学气相外延中,由蒸发原子或化学反应形成的原子/分子单晶生长,也都是连续性物理/化学过程。按照间断性逐层生长的特点,为实现原子层淀积,既可应用 CVD 方法,也可应用 PVD 方法。事实上,Suntola 与合作者早期研究原子层外延(ALE)过程中,以及在其最早相关专利申请中,就曾采用单质元素蒸发的方法。例如,ZnS 制备就是利用两个蒸发源,分别获得锌、硫气相原子,并以阻挡快门或其他控制方式,形成到达衬底基片的原子束脉冲。同时,设置衬底基片温度高于两种元素的升华温度,但低于化合物 ZnS 的升华温度。在这样的温度及交替原子脉冲条件下，由于锌、硫升华，基片上不能淀积它们的单元素薄膜，却能在硫层上生长单层锌，在锌层上生长单层硫，从而完成 ZnS 原子/分子层外延生长。研究者也曾把这种方法称为原子层蒸发（atomic layer evaporation，ALE）。可见这是以 PVD 为基础的原子层淀积。由于其实际效果欠佳，这种方法逐渐被淘汰。人们现今研究和应用的 ALD 技术，通常都是基于化学气相淀积方法。这种原子层淀积技术，本质上是化学气相淀积技术的变种，而且把 CVD 技术的表面反应及保形性等特性发挥至极致。因此，ALD 技术也可称为化学气相原子层淀积技术或原子层化学气相淀积（ALCVD）。ALD 技术在以往文献中曾有多种其他名称，如原子层生长（atomic layer growth，ALG）、化学组装（chemical assembly）等。大约在 2000 年后，"ALD"的名称得到普遍应用。

随着微电子、光电子等器件技术发展，自 20 世纪 90 年代以来，ALD 技术受到越来越广泛重视。ALD 技术适于淀积致密超薄膜的特点，正好与微电子器件缩微需求相吻合。这促使 ALD 技术从实验研究逐步演进成为一种新型实用精密薄膜制备技术。进入 21 世纪以来，为了适应纳米量级器件结构需求，ALD 技术正在成为制备介质、导体和半导体超薄膜，解决许多器件加工难题的有效途径。ALD 工艺、设备及应用是近年进步最为迅速的薄膜技术领域。在热激发原子层淀积技术加速发展的同时，等离子体增强原子层淀积技术，也得到越来越多应用。现在多种材料的 ALD 技术已作为纳米 CMOS 集成芯片制造的关键加工技术，用于制备前端晶体管工艺中的超薄栅介质膜和栅金属膜、后端互连工艺中的超薄扩散阻挡层及籽晶层、DRAM 存储器中的超薄电容介质膜等。随着单元器件缩微至更小的纳米尺寸范围，应用 ALD 技术加工的层次将愈益增多。在 ALD 技术日益广泛应用于集成芯片等固态器件制造的同时，ALD 技术在其他领域的基础与应用研究也非常活跃。基于 ALD 薄膜逐层和低温生长等特点，人们试验和研究在各种不同材料上的薄膜生长技术，其中包括有机聚合物及生物材料。从表面钝化膜淀积到制备多层 Al_2O_3/W 超晶格 X 射线反射器，ALD 技术可为解决许多科技难题提供有效新途径[4, 6, 16-20]。

17.8.2　原子层淀积技术原理

原子层淀积技术所依据的基本原理，可归纳为饱和性表面化学吸附和自终止（或称自限制）性表面化学反应。两者相结合，通过适当的工艺步骤，可以形成原子/分子层的逐层生长。表面化学吸附源于化学键力作用，形成饱和性单层吸附。物理吸附则不同，可有多层吸附现象。表面化学吸附和反应都是热激活过程，需要在合适温度下进行。图 17.19 所示为原子层淀积主要工艺步骤，可用于分析 ALD 薄膜生长原理。原子层淀积的基片需要进行充分清洗和表面活化处理。ALD 薄膜生长的步骤如下：①前体化合物 A 以单脉冲气流方式通入反应器，通过表面化学吸附及反应，在基片表面形成一层 A 化合物分子；②通入惰性气体，驱除未被吸附的化合物 A 及反应副产物；③在反应器排空后，通入前体化合物 B 气流脉冲，分子 B 将与分子 A 发生化学反应，在基片表面生成一层新材料化合物分子；④再次以惰性气体驱除多余的化合物 B 及反应副产物，完成一个 ALD 周期。通过以上步骤的周期性循环往复，可以淀积所需厚度薄膜。

图 17.19 的示意图形象地说明，ALD 薄膜生长由一系列自终止表面反应完成，是一种表面反应精确控制技术。这里用 A、B 两种前体化合物参与的表面反应为例说明 ALD 原理。实际上，也确实是绝大部分 ALD 系统应用两种反应剂，制备二元化合物薄膜。如果薄

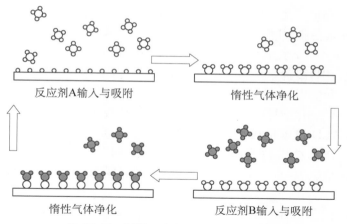

反应剂A输入与吸附   惰性气体净化

惰性气体净化   反应剂B输入与吸附

图 17.19   原子层淀积原理及步骤示意图

膜制备需要,也可以有第 3 种或更多化合物,按类似上述循环方式参与,在表面上逐层生长多元化合物。ALD 技术实际应用中多为氧化物、氮化物等化合物薄膜。应该强调,在 A、B两种前体化合物分别输入与淀积过程中,存在一系列较为复杂的表面化学吸附、反应等相互作用过程,影响薄膜生长及性质。

下面以 Al_2O_3 薄膜原子层淀积为例,进一步说明 ALD 化学过程原理。选择适于饱和性吸附与自终止反应的反应剂,对于 ALD 薄膜工艺至关重要。已试验多种反应剂,用于制备Al_2O_3 薄膜。这里选择应用较多的三甲基铝($Al(CH_3)_3$,trimethylaluminum,TMA)和水蒸气为前体化合物,分析 ALD – Al_2O_3 薄膜生长过程。TMA 的熔点为 15℃,在适当温度下,$Al(CH_3)_3$ 可用惰性气体携带输入反应室。TMA 是铝及其化合物薄膜淀积最常用的ALD 反应剂,水是 ALD 工艺中较多应用的氧源。TMA/H_2O 反应也是研究最充分的 ALD过程之一。图 17.20 显示 ALD – Al_2O_3 生长过程中的表面化学吸附与反应的路径。

ALD 是在气相/固相界面的物理化学过程,与固体表面状态密切相关。通过清洗及活化处理,可在基片上形成羟基化表面,即表面为活性 OH 自由基所覆盖。在 ALD 工艺第一步通入 TMA 后,$Al(CH_3)_3$ 分子被表面吸附,并与活性基 OH 反应,形成 O—Al 键和由—CH_3 基终止的活性新表面,羟基中的氢与 TMA 分子释放出的甲基结合成 CH_4 气体分子,离开表面。

$$OH + Al(CH_3)_3 \longrightarrow OAl(CH_3)_2 + CH_4 \tag{17.32}$$

上述反应的驱动力在于参与反应原子间的表面反应系数(k)差别。这种反应也可以说是一种配体交换反应,TMA 分子通过其配体(CH_3)交换与 OH 反应,产生 O—Al 键,释放出甲烷分子。如图 17.20 所示,$k_{Al-O} > k_{Al-H}$,$k_{C-H} > k_{Al-H}$,反应必然导致 Al—O 成键与 CH_4形成。接着在关断 TMA 气源、通入惰性气体时,以上反应的副产物 CH_4 和未反应的$Al(CH_3)_3$ 气体,一起被驱除出反应腔体。第三步通入水气后,水分子被 $OAl(CH_3)_2$ 表面吸附,并发生第二个表面化学反应,

$$OAl(CH_3)_2 + 2HOH \longrightarrow OAl(OH)_2 + 2CH_4 \tag{17.33}$$

在以上反应中,HOH 中的氢与表面活性甲基结合为 CH_4 气态分子,而 OH 与铝结合,再现基片初始的 OH 活性表面。在表面所有 CH_3 活性基都转化为 CH_4 后,反应达到饱和。OH

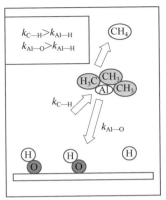

（a）表面 Al(CH₃)₃ 饱和吸附

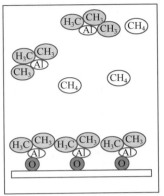

（b）惰性气体净化

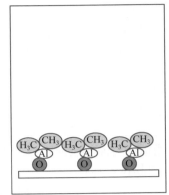

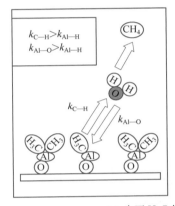

（c）表面 H₂O 饱和吸附与反应

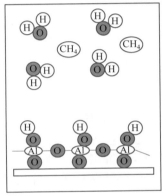

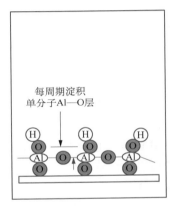

（d）惰性气体净化

图 17.20　以 TMA/H₂O 为源的原子层淀积 Al₂O₃ 生长机制示意图[4]

终端表面将阻止 HOH 继续吸附/反应,却为下一周期 Al(CH₃)₃ 吸附与反应形成了活性表面。在惰性气体排空反应腔体后,又可周而复始下一轮 ALD 薄膜淀积过程。应用 TMA/H₂O 前体化合物,在一个周期内,先后进行(17.32)和(17.33)式的两种自终止表面反应,完成通常用下式表达的 Al₂O₃ 生成化学反应,

$$2Al(CH_3)_3 + 3H_2O \longrightarrow Al_2O_3 + 6CH_4 \tag{17.34}$$

(17.32)和(17.33)式有时也被称为半反应。ALD 过程的化学反应,从动力学角度看是热激活过程,需要在一定温度下进行,从热力学分析看又都伴随大小不等的负值反应热释放。依据热力学分析,上述 TMA/H₂O 化学反应极为有利,其释放的反应热很高($\Delta H = -376$ kcal)。

由以上讨论可以看出 ALD 与 CVD 两种薄膜淀积模式的基本区别。CVD 工艺把适当比例的反应前体化合物同时输入反应器,通过表面反应,获得所需薄膜。ALD 工艺则需把两种反应前体分别隔离单独输入,通过前后两组化学吸附与反应,在基片表面使相关原子成键,而其他组分反应生成挥发性副产物被驱除,从而完成固相薄膜的原子/分子逐层生长。在理想 ALD 薄膜生长过程中,由两种前体化合物先后进行的表面反应,都是自限制性和饱和性化学反应,并且是不可逆反应,各自在衬底表面形成单层物质。理想 ALD 工艺的反应室内应无气相反应,也无反应剂与副产物的物理吸附。通过两个前后密切相互依赖的成对

表面化学反应,完成原子或分子的逐层淀积和副产物的分离。

与 Al_2O_3 薄膜原子层淀积类似,其他金属氧化物或氮化物的 ALD 薄膜淀积,也必须选择合适的金属化合物与氧化剂或氮化剂,它们应具有实现表面饱和性化学吸附和自限制性化学反应的特性。即便对于单质材料的 ALD 工艺,也需要选择适当的化合物组合,在 17.7.1 节中图 17.17 所示钨原子层淀积即为一例。在 ALD 工艺化学过程中,不仅要求通过表面反应,使反应剂中的部分物质淀积成膜,同样重要的是生成气态副产物,使反应剂中的其他物质分离并逸出表面。

由以上对原子层淀积原理的分析可知,其周期性逐层化学吸附与反应的工艺过程,使 ALD 薄膜技术具有一系列独特的优越性。

(1) 周期性分子/原子逐层淀积保证超薄膜厚度精确控制,可达到 Å 级精度。

(2) 完全的表面反应机制有益于实现优异保形性薄膜生长。

(3) 具有选择性/饱和性的表面化学吸附,与自终止表面化学反应相结合,可同时保证薄膜的均匀性与选择性,既有利于大面积平面淀积,也可以在高宽比大的三维结构表面淀积所选材料薄层,甚至可在纳米多孔衬底材料的内外表面形成化合物或单质膜层[20]。

(4) 宜于制备致密超薄膜、降低针孔等缺陷密度,并可能具有较低杂质含量。

(5) 有益于调节薄膜组分和制备复合结构薄层材料。

(6) 反应剂分别隔离输入与反应,有利于限制气相反应、避免颗粒污染。

上述 ALD 薄膜技术独特的优越性,是其拓展多种新材料、新器件、新工艺的技术基础。ALD 技术也有其特有局限性,通常它适用于淀积小于 10 nm 的薄膜。淀积较厚的薄膜,则费时长、效率低。21 世纪以来,研究者对多种材料 ALD 薄膜淀积所需前体化合物的选择与工艺特点、不同 ALD 薄膜的晶体结构等物理化学特性,进行了多方面深入、细致的研究,积累了大量数据资料,为 ALD 技术在更多领域中的应用扩展创造了可贵的技术储备[18-22]。

17.8.3 原子层淀积装置特点与周期操作模式

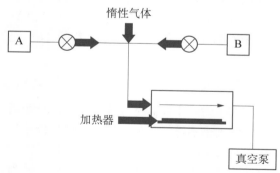

图 17.21 原子层淀积装置简化结构及气路示意图

原子层淀积技术发展要求不断改进 ALD 薄膜淀积装置。近年研制有多种用于实验研究与生产的 ALD 设备,结构愈益改进,功能日趋完善,数量快速增长。这里仅就 ALD 装置的一些基本特点作简要讨论。虽然也有在常压条件下的 ALD 工艺报道,但原子层淀积通常在低气压反应器中进行,反应剂压强一般选择在 0.1～5 Torr 范围。ALD 薄膜淀积系统的基本装置,与一般 CVD 系统有许多相近之处,但根据 ALD 工艺原理,其气路及操作流程显著不同。图 17.21 为 ALD 装置简化结构的原理性示意图。图 17.21 显示参与淀积反应的 A、B 两种前体化合物,各自由单独气路控制,需分别交替输入至反应器。对于液态或固态源,需要应用惰性气体携带进入反应室。另外有单独气路,用于通入惰性气体,以排空和净化反应腔体。真空泵既用于调节反应气体压强,也需要在 ALD 工艺过程中,周期性地抽空剩余反应气体和副产物。衬底加热器用以调节 ALD 反应所需基片温度。

图 17.22 显示 ALD 薄膜生长过程中，两种反应剂交替输入及清除的周期性模式。ALD 薄膜生长的一个周期（T），由第一种前体化合物的通导与作用时间（t_{1e}）及其剩余气体与副产物清除时间（t_{1r}）、第二种前体化合物的通导与作用时间（t_{2e}）及其剩余气体与副产物清除时间（t_{2r}）之和决定，

$$T = t_{1e} + t_{1r} + t_{2e} + t_{2r} \quad (17.35)$$

前体化合物气流的通导时间（t_{1e} 和 t_{2e}），分别由两种反应剂的饱和性表面吸附及反

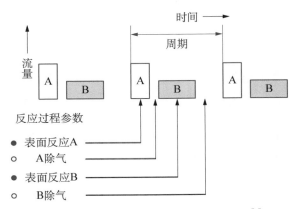

图 17.22　原子层淀积过程周期性示意图[6]

应所需时间决定，与反应剂气体流量、压强和衬底温度等因素有关。反应腔体净空所需时间（t_{1r} 和 t_{2r}），应由惰性气体流量、真空系统抽速等因素决定。图 17.22 中的 A、B 图形宽度及横向间距，分别代表以上各段不同时间宽度，A、B 高度象征流量。对于不同材料及系统的薄膜淀积工艺，ALD 周期时间可在较大范围变化，可从短于 1 s 到数分钟。

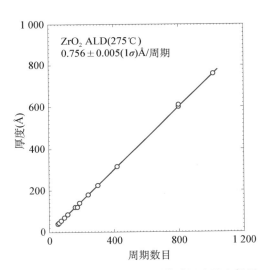

图 17.23　原子层淀积 ZrO_2 薄膜厚度随生长周期数的变化（反应剂为 $ZrCl_4/H_2O$）[16]

按照理想 ALD 薄膜生长模式，可以说它是一种"数字化"薄膜制备技术。薄膜厚度可以通过 ALD 工艺的循环周期数目精确控制。不同材料 ALD 薄膜生长周期不同，一个周期淀积的厚度也有差别，约在 0.1Å 至数埃范围。图 17.23 可显示典型 ALD 薄膜的"数字化"逐层生长特点。图 17.23 中的实验数据以 $ZrCl_4/H_2O$ 为反应剂，在 275℃ 淀积的 ZrO_2 薄膜厚度，与 ALD 生长周期数呈现良好线性关系。有些其他实际 ALD 工艺并不总是按照理想 ALD 生长模式。ALD 薄膜生长模式与衬底表面状态密切相关。表面化学反应不完全、反应腔体清空处理不充分、反应剂热分解等，都可能使淀积过程偏离理想模式。在偏离理想 ALD 的工艺中，也可能存在 CVD 模式淀积，使各个周期生长厚度有所起伏。表面上的杂质原子或副产物粒子，可能产生立体位阻效应，阻碍完整单层化学吸附与反应，使薄膜密度变化。

由于 ALD 过程中反应剂化学吸附与反应的自终止性，ALD 工艺对衬底温度与反应剂流量，在一定范围内不敏感。这对保证薄膜的均匀性和重复性极为有益。对于生产工艺来说，ALD 薄膜淀积的效率与成本十分重要。单层薄膜周期长短、反应剂有效利用率，都是影响 ALD 效率与成本的重要因素。而温度、反应剂压强及流量，对淀积周期和反应剂利用率都有影响。适当提高温度，不仅可以增强薄膜致密性，也有益于减少反应剂化学吸附与反应所需时间、缩短 ALD 周期，有利于提高效率。较高反应气体压强或流量，有益于缩短反应化

合物通导时间,却有可能增加反应腔体清空时间,且可能增加气体耗费及成本。因此,在ALD技术中必须优化选择温度、压强、流量等工艺参数。

17.8.4　原子层淀积与表面状态

在纳米 CMOS 集成电路技术演进中,高 k 栅介质是最需要应用 ALD 技术制备的薄膜之一。但是,早期实验研究发现,在 Si(100) 衬底上,很难用 ALD 技术淀积超薄 HfO_2、ZrO_2 等高 k 介质薄膜。这成为高 k 栅介质制备工艺的一个难题。应用 $HfCl_4/H_2O$ 或 $ZrCl_4/H_2O$ 反应剂组合,在 Si(100) 衬底上的 ALD 淀积实验发现,直到数十个周期以后,才观察到薄膜厚度按线性规律增长。TEM 等测试显示,这样在硅上生长的 HfO_2、ZrO_2 薄膜呈现颗粒与岛状结构。这实际上说明,在初始硅表面上,HfO_2 或 ZrO_2 不是以逐层方式生长,而是以岛状生长开始。前面讨论的可按典型 ALD 模式生长的 Al_2O_3 及其他许多氧化物,也往往难以在硅表面实现 ALD 薄膜淀积。

按照 17.8.2 节所讨论的理想原子层淀积过程,薄膜生长模式应为逐层生长,也就是典型的 FM(frank van der merwe)型薄膜生长机制(见本书 16.1.3 节有关气相淀积薄膜生长模式讨论)。薄膜生长以二维成核开始,在一种反应化合物作用期间扩展至整个表面。如果反应剂不能和衬底初始表面反应,则薄膜将难以在表面均匀成核,而可能在某些缺陷处成核,并呈现三维岛状生长,如本书 16.1.3 节所描述的 VW(volmer-weber)型薄膜生长模式。按此种模式,只有在多个周期淀积后,才能形成连续薄膜。显然这种生长模式淀积的薄膜表面往往比较粗糙,并且不能很好地与衬底保形。

ALD 模式的薄膜生长,在很大程度上取决于衬底表面状态。ALD 模式的薄膜生长要求,衬底应有一个活性终端表面,即:表面存在活性物,易于吸附反应剂,并与其进行表面反应。前面在分析 Al_2O_3 原子层淀积过程时,即以衬底初始表面有 OH 活性基覆盖作为前提。实际上,一般氧化物表面常可形成与金属、硅等原子成键的 OH 活性基终端表面。实验表明,在 SiO_2 等氧化物表面上,Al_2O_3、ZrO_2 等可从一开始就呈线性 ALD 周期性逐层生长。但是,在通常 HF 清洗处理的硅片上,这些金属氧化物却难以实现 ALD 生长。其原因就在于表面上的硅原子与氢原子成键,形成表面钝化层。金属化合物反应剂和氧化剂都难于与这种表面反应。有人让 H-Si(100) 表面长时间暴露于水气中,未能观察到 H_2O 与表面发生反应。在反应剂难于形成表面反应的情况下,ALD 工艺起始阶段常会有一个迟滞期,并可能以三维岛状方式开始生长,在起初若干周期内呈现亚线性或抛物线性生长,可能直至数十个周期后,才以线性方式周期性生长。

以上事实及分析说明,衬底表面处理对于 ALD 起始工艺十分重要。因此,解决高 k 栅介质薄膜 ALD 工艺难题的途径,在于 Si(100) 表面处理。实验显示,经过氧化性化学清洗或快速热氧化等处理,Si(100) 表面生成氧化物薄层后,可以实现 HfO_2 等薄膜的 ALD 模式生长,从第 1 个周期就展现 ALD 的线性生长特征。自 Intel 的 45 nm CMOS 微处理器以来,已有越来越多公司和高性能集成电路产品应用高 k 栅介质。集成芯片对高 k 栅介质薄膜特性及其制备工艺要求很高。高 k 介质 ALD 工艺所必需的界面氧化层制备工艺,既要满足 ALD 工艺需求,又要有极薄的厚度,以使等效栅介质厚度尽可能小。

表面状态影响多种不同材料之间的 ALD 工艺。除了硅上难于直接用 ALD 技术淀积金属氧化物之外,在氧化物上一些金属的 ALD 工艺也遇到难以成核的问题。这可能是由于金属的表面能较高,难以在氧化物表面浸润所致。WF_6、Si_2H_6 是钨金属膜 ALD 淀积的常用反应剂。在 SiO$_2$ 表面用该工艺淀积时,实验发现存在钨膜形成迟滞现象。图 17.24 为俄歇电子能谱(AES)测量所得钨等元素随淀积时间的变化。由图 17.24 可见,经过两种反应剂交替作用 8~9 个周期后,氧化层表面才检测到较强的钨原子信号。这段时间应是钨在 SiO$_2$ 表面成核所需。钨在 Al$_2$O$_3$ 等表面上淀积也有类似情形。通过电子束等表面处理,有可能缩短成核时间。

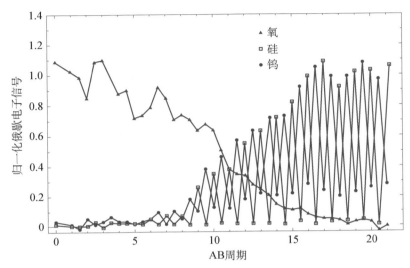

图 17.24   WF$_6$/Si$_2$H$_6$ 反应中 ALD - W 膜形成迟滞现象:AES 元素信号强度随淀积周期变化[19]

以上讨论了衬底起始表面状态对 ALD 初始生长模式的影响。表面上的各种因素对随后的生长过程也有显著影响。即便是层状生长模式,表面上仍会有多种非理想因素,影响 ALD 薄膜淀积过程及结果。按照理想模式,一个 ALD 周期生长的厚度应为一个分子层厚。但在许多 ALD 工艺过程中,实际厚度远低于分子层或原子层厚度。由于衬底表面可能存在缺陷或杂质等非均匀性,表面反应剂的化学吸附与反应都可能难以全覆盖。在表面反应过程中,还可能存在立体位阻效应(steric hindrance effect),阻碍部分位点的化学过程。反应剂及其释放出的配体(如 CH$_3$),如果被吸附在表面层上,就可能阻挡其紧邻处化学反应。因此,一个 ALD 周期生长的厚度可能偏离单分子层厚。利用 TMA/H$_2$O 反应剂组合,某些实验在 300℃ 下淀积 Al$_2$O$_3$ 薄膜,得到的周期平均厚度约为 0.09 nm,也有实验得到 0.11~0.12 nm,大致相当于 Al$_2$O$_3$ 单层分子厚度的 30%。各种影响 ALD 薄膜生长的因素及其物理化学机制,是 ALD 技术发展中不断研究的重要课题。

17.8.5   原子层淀积化学反应剂

化学反应前体化合物是影响 ALD 工艺及薄膜质量的关键因素。优化选择和制备适于 ALD 薄膜工艺的前体化合物,始终是 ALD 技术发展中的重要课题之一。虽然 CVD 工艺中应用的许多前体化合物都有可能用于 ALD 薄膜制备,在数十年 ALD 技术发展过程中,针对各种介质、导体和半导体单质与化合物薄膜制备需求,不断研究和试验不同类型和组分的 ALD 反应剂。随着 ALD 物理化学基础理论研究和应用技术迅速扩张,在元素周期表中除了碱金属和放射性等元素外,ALD 薄膜制备已涉及大部分金属和非金属及它们的化合物[18, 21, 22]。因此,用于 ALD 的无机化合物与有机化合物反应剂种类繁多。也有一些单质元素可用作 ALD 源。

根据 ALD 工艺原理,其反应剂应满足 ALD 工艺过程的一些独特要求。ALD 反应剂应具有的主要性能如下:在所需工艺温度窗口内,既要具有较高蒸汽压,又要保持热稳定性;既要宜于在表面进行饱和性吸附与反应,又要易于用惰性气体驱除其剩余气体;表面反应产生的副产物既要具有挥发性,并不易被吸附,又要应对薄膜及反应器无腐蚀性;既要制造杂质浓度尽可能低的超纯材料,又要使其成本不过高。

研究与应用最多的 ALD 薄膜为氧化物、氮化物、硫化物等。如图 17.19 与图 17.20 所示,这些薄膜的原子层淀积需要通过 A、B 两种前体化合物的反应完成。通常 A 为提供金属或硅元素的化合物,B 为非金属化合物,如 H_2O、O_2、O_3、H_2、NH_3、H_2S 等,也可用有机物。A 反应剂的类型与品种很多,可分为两大类:一类为无机化合物,另一类为金属有机化合物。用于 ALD 工艺的金属无机化合物主要为卤素化合物,如 $ZnCl_2$、$AlCl_3$、$HfCl_4$、WF_6 等。卤素化合物化学活性强,热稳定性好,是最先用于 ALD 研究的反应剂,与 H_2O、NH_3 等结合,可制备多种金属、氧化物、氮化物等 ALD 薄膜。但卤素化合物反应剂有一些突出缺点,不利于 ALD 薄膜生长。许多卤素化合物为固体,如何气化并在反应器内保持气相状态常为一大难题,容易形成颗粒混入薄膜。卤素化合物与含氢化合物在 ALD 工艺过程中产生 HCl、HF 等副产物,它们可能腐蚀薄膜与反应器。

在 ALD 薄膜技术发展过程中,逐渐增多应用各种金属有机化合物作为 ALD 反应剂,用以改善薄膜质量。金属烷基化合物是最早应用于 ALD 工艺的有机化合物。多种材料 ALD 薄膜可用相应烷基化合物制备。前面讨论的 TMA – $Al(CH_3)_3$ 就是一例。这类金属有机化合物的烷基配体,体积较小,可减小薄膜生长过程中的立体位阻效应,有利于薄膜均匀生长。金属烷基化合物与含氢化合物反应,生成的挥发性碳氢化合物化学活性小,不会侵蚀薄膜与反应器,易被惰性气体驱除。这类反应剂的缺点是其热稳定性较低,如 TMA 在高于 300℃ 时会分解。除了金属烷基化合物,还有金属茂基化合物、金属醇盐等其他有机配体与金属的化合物,也常被选择作为 ALD 反应剂,用于不同薄膜研制。这些不同金属有机化合物反应剂,各有所长与所短,适用于不同 ALD 薄膜工艺。不同金属有机化合物,需要选择不同化学反应机制,进行 ALD 薄膜淀积。某些金属有机化合物与 O_2 作为反应剂,通过氧化反应,生成 CO_2、H_2O,可以淀积钌、铂等金属。另有一些金属,可通过氢还原化学反应淀积。在热 ALD 工艺中,需选择合适的金属有机反应剂和氢还原剂。除了 H_2,甲醇、乙醇和甲醛也可作为还原剂。有实验显示,应用这种工艺,可在沟槽中淀积保形性很好的 Cu – ALD 薄膜。

对于制备特定材料薄膜,前体化合物 A、B 及其组合都有多种可能选择。需要选择最适宜于 ALD 工艺且薄膜性能更符合应用要求的反应剂。Al_2O_3 薄膜常用作高密度 DRAM 存储器的超薄电容介质。上面讨论的以 TMA/H_2O 为反应源的 Al_2O_3 薄膜淀积,曾是 DRAM 介质层制备的标准工艺之一。近年研究表明,用 TMA/O_3 化学反应剂组合淀积 Al_2O_3,可使器件漏电流更小,因而成为 DRAM 技术的新选择。作为纳米 CMOS 芯片关键材料的高 k 栅介质 HfO_2 薄膜,其 ALD 工艺也有许多不同反应剂可供选择,由含铪无机化合物与氧化剂组合,如 $HfCl_4/H_2O$。更有多种铪金属有机化合物,如四二甲胺基铪($Hf[N(CH_3)_2]_4$)(简称 TDMAH)、四乙基甲胺基铪($Hf[N(C_2H_5)(CH_3)]_4$)(简称

TEMAH)等。它们可与 H_2O 或 O_3 组合,通过 ALD 技术制备 HfO_2 及组分较复杂的高 k 介质薄膜。

17.8.6　原子层淀积工艺温度选择

虽然原子层淀积是一种低温工艺,但其表面化学反应是典型热激活过程,需要在一定温度条件下进行。不同化合物具有不同的反应温度特性,需要选择合适的工艺温度窗口。由于 ALD 表面反应的自终止与饱和性特点,ALD 工艺可以选取较低的衬底温度,并可以具有较宽的工艺温度窗口。这也是 ALD 技术的一个长处,并且与其他某些固有优越性密切相关。各种材料 ALD 工艺适于饱和性表面反应的温度多在 $125\sim500℃$ 范围。实际 ALD 工艺温度选择与多个因素有关,既不宜过低,也不能过高。过低温度形成的薄膜,致密性等物理性能较差。由于前面已提到的 TDMAH 或 TEMAH 高温稳定性差,使 HfO_2 薄膜 ALD 工艺只能在低于 $300℃$ 下进行。因此,需要研制其他含 Hf 有机化合物源以提高工艺温度,并降低杂质浓度和改善薄膜特性。对于特定 ALD 化学反应,可以保持淀积速率接近恒定的温度窗口宽度约为 $50\sim100℃$。实际 ALD 工艺中,很少能达到淀积速率完全恒定的温度窗口。

图 17.25 显示 ALD 一个周期的生长速率与衬底温度之间的关系。在图 17.25 的中间区域,单个周期淀积速率变化较小,是适于 ALD 工艺的温度范围,其具体数值依不同反应而异。过低或过高温度的区域都存在非 ALD 模式淀积,不宜于 ALD 工艺。在过低或过高温度下,薄膜淀积速率既可能低于、也可能高于典型 ALD 工艺,但其原因不同。在低温端,由于热激活表面反应系数较低,表面化学反应不完全,使淀积速率下降。在低温条件下,也可能因反应剂凝聚表现为薄膜生长

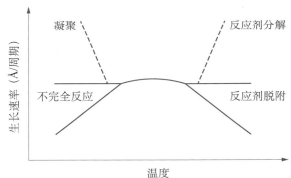

图 17.25　原子层淀积平均周期生长速率与衬底温度的相互关系示意图[6]

速率上升,如图 17.25 左上部虚线所标。在高温端,可能由于热脱附效应,使反应剂从表面返回气态的几率增加,导致淀积速率下降。例如,前面讨论的 TMA/H_2O 化学反应过程中,在较高温度下,OH 活性基的脱附率有可能大于其吸附率,从而使 Al_2O_3 生长速率下降。另一方面,高温下前体化合物可能分解,转换为 CVD 式淀积,也可使薄膜淀积速率高于 ALD 模式,如图 17.25 右上部虚线所示。

由于决定 ALD 独特生长模式的饱和性化学吸附、自限制性化学反应、反应剂稳定性与及时驱除等条件,在超过一定温度后会遭到破坏,ALD 淀积过程将转换为 CVD 模式。图 17.26 显示,应用不同反应剂($HfCl_4$/H_2O、TDMAH/H_2O、TDMAH/O_3、TEMAH/H_2O、TEMAH/O_3),实验得到的 HfO_2 薄膜淀积速率与衬底温度的依赖关系。这些数据表明,在 $350℃$ 以下的 ALD 模式生长区域,不同反应剂的平均周期淀积速率虽有所差别,但随温度的变化都比较小,说明表面反应的自终止特性。超过 $400℃$ 后,各种反应剂的反应淀积速率都随温度迅速上升,说明化学反应进入 CVD 模式。

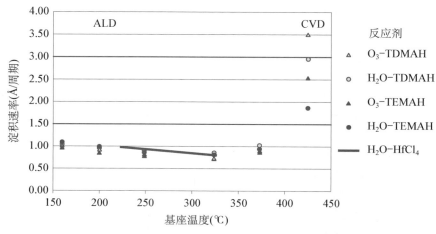

图 17.26　HfO₂ 薄膜淀积速率与衬底温度及反应剂的依赖关系[6]

17.8.7　等离子体增强原子层淀积

在原子层淀积工艺中应用等离子体增强技术,不仅有益于进一步降低某些 ALD 薄膜工艺温度,也可用于制备热 ALD 技术难以淀积的材料薄膜。以 Al₂O₃ 薄膜为例,利用 TMA 和 O₂ 等离子体,ALD 工艺可在低至室温下淀积性能良好的薄膜。这种低温 PEALD 工艺可有多种应用。很多金属和半导体单质元素难以用热 ALD 技术淀积优质薄膜。等离子体增强 ALD 作用机理在于,它所产生的活性基与其他荷能粒子,可以诱发单靠热运动能难以产生的表面化学反应。

常用氢等离子体 ALD 技术淀积金属和半导体单质薄膜。H₂ 等离子体中的氢活性基,可以使金属或半导体化合物发生还原反应,得到元素薄膜。图 17.27 为利用氢活性基和化合物反应,进行单质元素薄膜淀积的流程示意图。钛、钽、硅、锗等元素薄膜都可通过氢活性基还原反应实现 ALD 淀积。因此,有的文献把等离子体增强 ALD,也称为活性基增强 ALD。

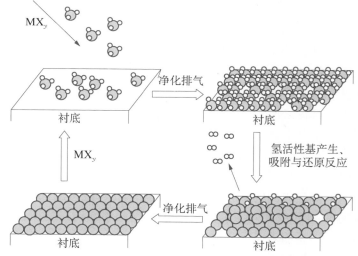

图 17.27　单质元素 PEALD 淀积中氢活性基和化合物反应流程示意图

针对不同薄膜淀积工艺需求,有多种等离子体增强原子层淀积设备。图 17.28 展示一种 PEALD 系统的原理结构示意图。PEALD 系统常应用射频感应耦合等离子体源(ICP)。气体放电压强约在 0.1~0.5 Torr 区间。在此种装置中,衬底表面不直接暴露于等离子体。金属化合物蒸汽由氩携带入反应室,氢气则通过等离子体放电区,其中激发产生的氢活性基扩散进入反应室,与衬底表面发生作用。这种装置既可用于单质金属,也可用于 TaN、TiN 等化合物薄膜淀积。

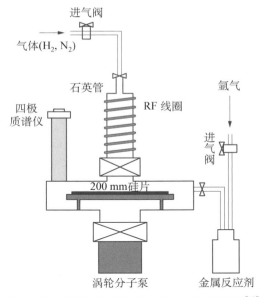

图 17.28　等离子体增强 ALD 系统结构示意图[19]

图 17.27 显示,PEALD 工艺周期同样由 4 个步骤构成:①反应室首先通入金属化合物(MX$_y$),通过化学吸附在表面形成化合物分子层;②惰性气体驱除多余反应剂;③等离子体放电区产生的氢活性基扩散进入反应区,与表面吸附的金属化合物进行还原反应,生成金属原子与挥发性氢化物;④驱除反应器内的氢与氢化物气体,形成可进行下一周期 ALD 过程的单质金属清洁表面。以 TaCl$_5$ 的氢活性基还原反应为例,上述 PEALD 的表面化学吸附和氢还原反应两个主要过程,也可用两个相关联的化学方程式表示:

$$Ta + TaCl_5 \longrightarrow TaTaCl_5 \tag{17.36}$$

$$TaCl_5 + 5H \longrightarrow Ta + 5HCl \tag{17.37}$$

实验表明,用这种方法淀积钽薄膜,平均每个周期淀积厚度仅约为 0.08 Å,其原因可能为立体位阻效应所致,较大的 TaCl$_5$ 表面吸附分子阻碍还原反应。钽的 ALD 薄膜具有纳米晶粒结构和良好导电特性,可用作铜的扩散阻挡层。但是,这种 PEALD 工艺在高深宽比值的沟槽或通导孔中的保形性不如热 ALD 工艺。其原因在于氢活性基在沟槽内的扩散过程中部分复合,使沟槽内部还原反应受到限制。

等离子体增强 ALD 技术可以应用多种有机化合物反应剂,制备多种单质元素、氧化物、氮化物等薄膜,并改善其特性。例如,利用相应金属有机前体化合物,淀积铂、钌等金属膜。利用 O$_2$ 等离子体产生的氧活性基与有机反应剂结合,可在较低温度下制备 Al$_2$O$_3$、Y$_2$O$_3$ 等多种氧化物薄膜,且可降低碳含量。在集成电路接触与互连工艺中应用很多的 TiN、TaN,也可以用 PEALD 工艺制备。有实验表明,用钽有机化合物和 PEALD 工艺淀积的 TaN 薄膜,与热 ALD 工艺相比,密度更高,电阻率更低。

思考题

1. CVD 与 PVD 工艺有什么不同? CVD 有什么优越性? 试分析 CVD 技术的演变特点。

2. 有哪些常用的 CVD 薄膜制备工艺? 试分析它们各自的特点及应用领域。

3. 如何概括 CVD 固相薄膜形成的基本原理及其物理化学过程?

4. 试分析气相反应与表面反应对 CVD 薄膜质量的影响,并分析如何抑制气相反应。

5. 有哪些因素影响表面反应过程及 CVD 薄膜生长模式？

6. CVD 和热氧化都是集成电路制造中常用的 SiO_2 制备方法，试分析它们的物理化学生长过程有哪些共同点与不同点？所获得的 SiO_2 薄膜性能有什么不同？

7. LPCVD 技术有什么优越性？其原因何在？适用于哪些薄膜淀积？

8. 什么是等离子体增强 CVD 技术？有什么优越性和应用？

9. 在深亚微米器件制造中，为什么要应用高密度等离子体化学气相淀积（HDPCVD）技术？如何实现？

10. 试分析对比氮化硅、氮氧化硅和氧化硅的性质、应用及制备方法的异同之处。

11. 多晶硅薄膜 CVD 工艺与硅单晶薄膜外延工艺有哪些相同和相异之处？两种薄膜的掺杂及电学特性为什么不同？

12. 在 W－CVD 工艺中为何需要 TiN/Ti 作为衬垫层，又为什么需要应用 WF_6/SiH_4 与 WF_6/H_2 两种化学反应分两步完成？

13. 说明原子层淀积技术的基本原理、ALD 与 CVD 工艺的共同点与不同点，试分析 ALD 技术的优越性和应用范围。

14. 为什么在某些金属或化合物薄膜 CVD 与 ALD 淀积技术中，常选用有机化合物作为化学反应源？

15. 在 ALD 周期性淀积工艺中，平均一个周期淀积的厚度是否等于薄膜材料的原子或分子层厚度？分析其原因。

16. 分析 ALD 工艺对前体化合物有哪些要求，如何选择 ALD 工艺反应剂流量、压强和反应温度？

17. 等离子体增强原子层淀积技术与热 ALD 技术相比有什么优越性与缺点？举例说明。

参考文献

[1] S. Wolf, R. N. Tauber, Chemical vapor deposition of amorphous and polycrystalline thin films, Chap. 6 in *Silicon Processing for the VLSI Era*, *Vol. 1*, *Process Technology*. Lattice Press, Sunset Beach, CA, USA, 1986.

[2] J. D. Plummer, M. D. Deal, P. B. Griffin, Thin film deposition, Chap. 9 in *Silicon VLSI Technology*. Prentice Hall, Upper Saddle River, NJ, USA, 2000:509.

[3] 叶志镇,吕建国,吕斌等,半导体薄膜技术与物理.浙江大学出版社,2008 年.

[4] L. Q. Xia, M. Chang, Chemical vapor deposition, Chap. 13 in *Handbook of Semiconductor Manufacturing Technology*, 2nd Ed.. Eds. R. Doering, Y. Nishi, CRC Press, Boca Raton, Florida, USA, 2008.

[5] E. J. Mclnerney, Chemical vapor deposition, Chap. 14 in *Semiconductor Manufacturing Handbook*. Ed. H. Geng, McGraw-Hill Company, New York, 2005.

[6] T. E. Seidel, Atomic Later Deposition, Chap. 14 in *Handbook of Semiconductor Manufacturing Technology*, 2nd Ed.. Eds. R. Doering, Y. Nishi, CRC Press, Boca Raton, Florida, USA, 2008.

[7] T. B. Gorczyca, B. Gorowitz, Plasma-enhanced chemical vapor deposition of dielectrics, in *VLSI Electronics Microstructure Science*, *Vol. 8*, *Plasma Processing for VLSI*. Eds. N. G. Einspruch, D. M. Brown, Academic Press, 1984:69.

[8] M. A. Lieberman, A. J. Lichtenberg 著,蒲以康等译,等离子体放电原理与材料处理,第 16 章-沉积与注入.科学出版社,2007:483.

[9] Y. Hayashi, BEOL technology toward the 15 nm technology node. *2010 IEDM Short Course*.

[10] T. I. Kamins，Resistivity of LPCVD polycrystalline-silicon films. *J*. *Electrochem*. *Soc*. ，1979，126：833.

[11] M. M. Manduarh，K. C. Saraswat，T. I. Kamins，Phosphorus doping of low pressure chemically vapor deposited Si films. *J*. *Electrochem*. *Soc*. ，1979，126(6)：1019.

[12] 王阳元，T. I. Kamins，多晶硅薄膜及其在集成电路中的应用. 科学出版社，1988 年.

[13] A. C. Adams，Dielectric and polysilicon film deposition，Chap. 3 in *VLSI Technology*. Ed. S. M. Sze，McGraw-Hill Book Com. ，New York，1983：93.

[14] S. Wolf，R. N. Tauber，*Silicon Processing for the VLSI Era*，*Vol*. *1*，*Process Technology*. Lattice Press，Sunset Beach，CA，USA，1986：400.

[15] T. Suntola，J. Atson，Method for producing compound thin films. *U*. *S*. *Patent*，1977：No. 4058430.

[16] O. Sneh，R. B. Clark-Phelps，A. R. Londergan，et al. ，Thin film atomic layer deposition equipment for semiconductor processing. *Thin Solid Films*，2002，402(1－2)：248.

[17] A. A. Malygin，The molecular layering nanotechnology：basis and application. *J*. *Industrial Eng*. *Chem*. ，2006，12(1)：1.

[18] R. L. Puurunen，Surface chemistry of atomic layer deposition：A case study for the trimethylaluminum/water process. *J*. *Appl*. *Phys*. ，2005，97(12)：121301.

[19] S. M. George，Atomic layer deposition：an overview. *Chem*. *Rev*. ，2010，110(1)：111.

[20] C. Detavernier，J. Dendooven，S. P. Sree，et al. ，Tailoring nanoporous materials by atomic layer deposition. *Chem*. *Soc*. *Rev*. ，2011，40(11)：5242.

[21] V. Miikkulainen，M. Leskelca，M. Ritala，et al. ，Crystallinity of inorganic films grown by atomic layer deposition：Overview and general trends. *J*. *Appl*. *Phys*. ，2013，113(2)：021301.

[22] D. J. H. Emslie，P. Chadha，J. S. Price，Metal ALD and pulsed CVD：fundamental reactions and links with solution chemistry. *Coord*. *Chem*. *Rev*. ，2013，257(23－24)：3282.

第**18**章

刻蚀工艺

本书 4.4.5 节已简要说明刻蚀工艺在集成芯片制造技术中的功能,前面其他章节中,也有多处显示刻蚀在形成各种器件结构中的作用。集成电路芯片越来越复杂的纵向与横向微细结构都有赖于刻蚀技术。在集成芯片尺寸缩微、功能升级过程中,刻蚀技术从湿法到干法,从等离子体刻蚀到反应离子刻蚀,从低密度等离子体到高密度等离子体,刻蚀技术所应用的设备、材料、工艺不断演进。在前端工艺晶体管形成和后端工艺电路互连流程中,刻蚀始终是需要不断创新的关键工艺技术。通过愈益精密光刻技术形成的高密度、高精度二维图形,必须通过超精密刻蚀技术,转化为三维实际器件结构。本章将讨论各种刻蚀工艺的基本原理、性能要求与演变,分析湿法腐蚀、等离子体刻蚀与反应离子刻蚀的化学、物理机制,介绍等离子体刻蚀基本装置及特点,概述适于不同材料刻蚀的气体及工艺等。

18.1 刻蚀工艺的主要性能要求

半导体晶体管与集成电路制造技术发展早期,光刻图像转移完全由湿法腐蚀实现。器件形成过程中所需去除的氧化物或金属等局域薄膜,都需选择适当化学溶液,通过化学反应腐蚀去除。液体化学反应通常具有各向同性,当图形尺寸缩微接近 $1~\mu m$ 时,湿法腐蚀线条尺寸就变得难以精确控制,严重影响器件性能与集成度提高。因此,自 20 世纪 70 年代初起,以气体等离子体为基础的干法刻蚀技术逐渐发展,成为精密结构刻蚀工艺的主要途径。虽然以等离子体为基础的干法刻蚀,已成为硅集成芯片加工的主流刻蚀技术,但多种湿法腐蚀工艺,特别是选择性腐蚀工艺,在许多硅器件制造流程中仍不可或缺。后面将对湿法"腐蚀"与干法"刻蚀"两者的工艺机理进行具体分析讨论。虽然两者都可称为刻蚀,在英文中皆用"etching"一词,但中文常以不同词表示,不仅可以反映两者差别,而且更为准确地反映两种工艺特点。湿法"腐蚀"显然为化学作用,"刻"与"蚀"二字的组合词,则分别含有物理与化学两种作用的寓意,等离子体干法刻蚀过程确有赖于物理效应与化学效应的有机结合。

无论湿法腐蚀或等离子体干法刻蚀工艺,都需要满足一系列刻蚀性能要求,如刻蚀速率、材料选择性、刻蚀方向性、刻蚀表面平坦性、均匀性与重复性等。其中选择性和方向性是反映刻蚀工艺特性的两个基本参数,两者决定刻蚀形成的图形层次及剖面结构完好性。选择性与方向性取决于刻蚀过程中的化学与物理效应。大部分刻蚀工艺与光刻相继进行。光刻胶图像形成后,一般要通过刻蚀工艺,把光刻图像转化为硅衬底上的实际器件结构。刻蚀通常以光刻胶作为掩蔽膜,有时还需应用 SiO_2、Si_3N_4 等硬掩蔽膜,以便使刻蚀形成的几何轮廓与光刻图形之间有良好保真性。例如,在 STI 隔离或 FinFET 集成芯片的薄硅体形成工艺中,刻蚀硅就必须用这种硬掩蔽膜。刻蚀选择性是指刻蚀过程中不同材料的刻蚀速率比值。对特定材料的刻蚀速率,与所用刻蚀剂和工艺方式及条件等多种因素相关。当掩蔽膜和衬底材料的刻蚀速率,远低于需要除去材料的刻蚀速率时,掩蔽膜可在刻蚀过程中有效掩蔽,避免对衬底的损蚀,才能通过刻蚀获得完好的器件结构。刻蚀工艺的选择性主要由两方面因素决定:一为刻蚀溶液或气体组分,二为刻蚀的化学与物理机制。依据刻蚀材料及相关材料性质,选择合适化学组分的溶液或气体,以求达到必要刻蚀选择比。化学反应机制通常具有较强的湿法与干法刻蚀选择性,造成不同材料刻蚀速率有较大差异及比值。纯物理刻蚀过程,如离子溅射刻蚀效应,则对不同材料呈现相近的刻蚀速率,选择性较差。

有些刻蚀工艺可以不用掩蔽,而是利用刻蚀工艺的选择性,除去某种异质薄膜。例如,在多种自对准硅化物接触工艺中,就是利用金属腐蚀液对固相反应生成的硅化物以及硅、SiO_2 具有极低腐蚀速率,因而实现选择性金属腐蚀,形成硅化物接触图形。也可利用定向刻蚀,除去部分区域同质薄膜。在硅片已有结构上,与介质薄膜淀积相结合,可通过反应离子定向刻蚀技术,形成更为精细的自对准图形结构,如形成边墙及其多种器件结构。图 11.50 所示的自对准边墙间隔双重图形工艺(SADP),就是这种刻蚀技术的范例,成为突破现有光刻系统分辨率限制、形成 10 nm 量级线条的有效途径。在这种定向刻蚀中也需要有一定选择性,使刻蚀终止在平坦衬底。

刻蚀工艺的方向性取决于不同方向的刻蚀速率异同特性,以形成不同结构剖面。图 18.1 显示部分刻蚀剖面。刻蚀的方向性常用刻蚀各向异性度(A)衡量,该参数可用下式表示:

$$A = 1 - \frac{L_{横向}}{L_{纵向}} \tag{18.1}$$

其中,$L_{横向}$ 为横向刻蚀量,$L_{纵向}$ 为纵向刻蚀量。$A=0$ 表示完全各向同性刻蚀,如图 18.1(a)所示;$A=1$ 则表示理想定向刻蚀,如图 18.1(c)所示;图 18.1(b)表示横向刻蚀速率低于纵向,为刻蚀工艺常见情形。湿法腐蚀、干法刻蚀都可能具有方向性,与刻蚀机制、衬底晶态等因素有关。SiO_2、Si_3N_4 等非晶薄膜的湿法腐蚀通常为各向同性,硅单晶则按照腐蚀溶液及化学反应机制差异,可分别实现各向同性或异性腐蚀。随着单元器件尺寸缩微与集成密度提高,越来越多器件结构,如多晶硅栅、STI 隔离、FinFet 硅体、铜镶嵌介质沟槽等,都需要应用各向异性刻蚀技术形成。各向异性度高的定向刻蚀,可以将光刻掩蔽膜图形精确转化为硅片结构,从而保证器件特征尺寸与设计一致。如果说刻蚀工艺选择性主要取决于刻蚀中的化学效应,定向干法刻蚀技术则有赖于物理效应及其与化学效应的密切结合。

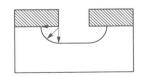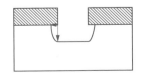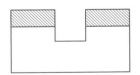

(a) 完全各向同性刻蚀($A=0$)　　(b) 常见情形(横向刻蚀速率低于纵向)　　(c) 理想定向刻蚀($A=1$)

图 18.1　不同刻蚀工艺方向性的刻蚀剖面示意图

18.2 湿法腐蚀

在集成电路和其他各种半导体器件制造中,湿法腐蚀工艺仍有许多独特应用,形成某些器件局部结构。对于介质、金属、半导体各类不同材料的腐蚀工艺,需要选择不同化学腐蚀剂溶液。化学腐蚀液通常为由酸、碱腐蚀剂与去离子水配制而成的混合溶液。对特定材料的腐蚀液,应具有较好选择性,并具有均匀性、稳定性与重复性。利用各种材料的化学性质差异,湿法腐蚀可具有优良选择性。例如,钛、钴、镍等自对准硅化物工艺,就是因为可以应用某种选择性化学腐蚀液,只腐蚀未反应的金属,而对金属硅化物、硅、SiO_2 等,腐蚀速率都很低。湿法腐蚀工艺涉及的材料与腐蚀溶液很多,常用材料湿法腐蚀工艺已较为成熟,但半导体加工不断应用新材料,就需要研究新的腐蚀剂与工艺。本节仅就常用硅、SiO_2 和 Si_3N_4 的腐蚀工艺作简要讨论。

18.2.1 SiO_2 湿法腐蚀

以氢氟酸溶液腐蚀 SiO_2 薄膜,是集成芯片加工中最为常用的化学腐蚀工艺。由气态 HF 溶于水形成的低浓度氢氟酸,虽然是氢卤酸中的弱酸,对许多氧化物却具有较强的腐蚀性。氢氟酸不与硅反应,是硅衬底上 SiO_2 薄膜的理想腐蚀剂。SiO_2 与氢氟酸的化学反应可用下式表示:

$$SiO_2 + 6HF \longrightarrow H_2SiF_6 + 2H_2O \tag{18.2}$$

以上反应生成的氟硅酸是 pH=1 的强酸。氢氟酸腐蚀 SiO_2 的反应,也常用下式描述:

$$SiO_2 + 4HF \longrightarrow SiF_4 + 2H_2O \tag{18.3}$$

常温下 SiF_4 为气态物质,其沸点为 $-65℃$。在氢氟酸溶液中生成的 SiF_4 分子,极易与 HF 反应,生成液态氟硅酸,

$$SiF_4 + 2HF \longrightarrow H_2SiF_6 \tag{18.4}$$

以上氟化物都为剧毒及强腐蚀性物质。其他材料腐蚀工艺所用的腐蚀剂及化学反应产物,往往也是有毒有害物质,因此,进行化学腐蚀工艺,必须注意确保操作安全与身体防护。

HF 溶液对 SiO_2 的腐蚀速率很高,实际工艺常应用 H_2O/HF 比例为 $10\sim100$ 的稀释 HF 腐蚀液(DHF),以更好地控制 SiO_2 的腐蚀速率。例如,常以 50:1 甚至 100:1 的 DHF 溶液,去除硅表面残余氧化层。光刻常用 SiO_2 腐蚀液中,常添加氟化铵(NH_4F)作为缓冲剂,以改善腐蚀速率稳定性。(18.4)等反应式表明,SiO_2 腐蚀消耗 HF,随着腐蚀过程,溶液中 HF 浓度下降,腐蚀速率趋慢。添加的 NH_4F 并不直接参与腐蚀反应,但由于其在溶液中的分解与复合双向反应,可调节 HF 溶液中的 pH 值,补充氟离子的消耗,稳定 SiO_2 腐蚀速率,

$$NH_4F \longleftrightarrow HF + NH_3 \tag{18.5}$$

由适当比率 HF、NH_4F、H_2O 配制的溶液称为缓冲氢氟酸腐蚀液(BHF)。由于这种溶液用于 SiO_2 腐蚀,因而也被称为 BOE(buffered oxide etch)溶液。图 18.2 显示不同浓度比

BHF 溶液的 SiO_2 腐蚀速率随温度的变化。通常 SiO_2 腐蚀选择在 30℃上下。

18.2.2　Si_3N_4 湿法腐蚀

　　作为集成芯片制造中常用的 Si_3N_4 薄膜，基于其独特性能,既可应用等离子体干法刻蚀工艺形成 Si_3N_4 图形,也常应用湿法腐蚀工艺,利用相对硅与 SiO_2 的腐蚀高选择性,在不同工艺模块中,形成多种器件精密结构。Si_3N_4 是一种化学稳定性很高的超硬介质材料。Si_3N_4 具有强抗蚀性,不和盐酸、硫酸等多种强酸反应。Si_3N_4 在氢氟酸溶液中可有以下化学反应:

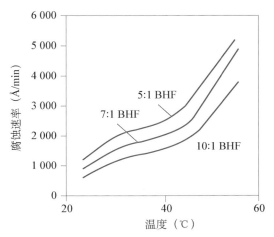

图 18.2　SiO_2 腐蚀速率随 BHF 浓度(NH_4F∶HF)和温度的变化[1]

$$Si_3N_4 + 4HF + 9H_2O \longrightarrow 3H_2SiO_3 + 4NH_4F \tag{18.6}$$

以上反应速率较慢,在 BHF 溶液中纯 Si_3N_4 的腐蚀速率约为 SiO_2 的 1/200。因此,器件工艺中很少用 HF 溶液腐蚀纯 Si_3N_4。但氧含量较高的氮氧化硅,在 HF 或 BHF 溶液中的腐蚀速率显著升高。

　　集成电路工艺中纯 Si_3N_4 薄膜通常应用高浓度热磷酸溶液腐蚀,浓度常在80%以上,温度在150~200℃范围。这种腐蚀液具有较高选择性,应用85%的 H_3PO_4 溶液,在180℃下,Si_3N_4 的腐蚀速率约为 10 nm/min,对 SiO_2 则小于 1 nm/min。这种 Si_3N_4 腐蚀液对硅的腐蚀速率更低,两者比例大于 33∶1。H_3PO_4 溶液湿法腐蚀工艺的困难在于高温下光刻胶黏附性退化,难以起到掩蔽作用。如选用热磷酸腐蚀工艺,则可用薄 SiO_2 层作为硬掩蔽膜,即:在 Si_3N_4 薄膜上面,淀积薄 SiO_2 层,在光刻胶掩蔽图像形成后,先以 BHF 腐蚀 SiO_2 层,然后用热磷酸溶液腐蚀,形成 Si_3N_4 薄膜图形。在 LOCOS/STI 隔离区等器件结构形成后,也常用热磷酸腐蚀去除 Si_3N_4 掩蔽膜。对于热磷酸溶液腐蚀 Si_3N_4 的化学机制,可以认为通过水解反应使 Si_3N_4 分解,并与磷酸反应生成磷酸铵与硅酸($Si_3N_4 + H_2O + H_3PO_4 \longrightarrow (NH_4)_3PO_4 + H_2SiO_3$)。

18.2.3　硅的湿法腐蚀

　　在硅集成芯片、微机械和其他硅器件结构加工中,常应用硅湿法腐蚀工艺。以上讨论的介质湿法腐蚀都具有各向同性特点,非晶硅与多晶硅也大致类似。单晶硅化学溶液腐蚀则显著不同,存在各向同性与异性两类腐蚀剂。由强氧化剂与氢氟酸组成的腐蚀液对硅的腐蚀无方向性。硅的典型各向同性腐蚀剂,为硝酸(HNO_3)与氢氟酸的混合溶液。其中强氧化剂硝酸分解出的 NO_2,与硅表面原子反应,形成 SiO_2,如下式所示:

$$Si + 2NO_2 + 2H_2O \longrightarrow SiO_2 + H_2 + 2HNO_2 \tag{18.7}$$

表面氧化反应产物 SiO_2 将与溶液中的 HF,产生(18.1)式所示腐蚀反应。整合(18.1)式与(18.7)式,可以得到硅化学腐蚀反应式如下:

$$Si + HNO_3 + 6HF \longrightarrow H_2SiF_6 + HNO_2 + H_2O + H_2 \tag{18.8}$$

可见这种硅腐蚀机制取决于溶液中 HNO_3 的硅表面氧化反应和 HF 的 SiO_2 腐蚀反应两个关联过程。为了更好地控制硅的腐蚀速率,可以在氢氟酸 SiO_2 腐蚀液中加入 NH_4F 作为缓冲剂,在这种硅腐蚀溶液中,也常添加醋酸(CH_3COOH)作为缓冲剂,以减缓 HNO_3 的离解与氧化作用。由以上硅腐蚀的反应机制可知,这种腐蚀具有各向同性的特点。

硅晶体的各向异性腐蚀剂有多种,通常为碱性化合物溶液,有无机化合物,如 KOH、NaOH、NH_4OH 等,也有有机化合物,如四甲基氢氧化铵[(CH_3)$_4$NOH,简称 TMAH]等。这些氢氧化合物溶液对硅晶体的腐蚀速率强烈依赖晶面方向,(111)晶面腐蚀速率显著低于(100)与(110)晶面。例如,含 19wt% KOH 的水溶液 80℃时,对硅 3 个晶面的腐蚀速率比为(100):(110):(111)=100:16:1。由于不同晶面腐蚀速率差异,〈100〉或〈110〉晶向衬底硅片经碱性腐蚀液腐蚀后,形成的腐蚀坑侧壁总是(111)晶面,如图 18.3 所示。SiO_2 可作为腐蚀掩蔽膜,Si/SiO_2 腐蚀选择比约为 150:1。由图 18.3(a)可见,在〈100〉晶向表面腐蚀,可形成 V 形槽或 U 形槽,取决于图形腐蚀窗口宽度与腐蚀时间。宽度窄、时间长的腐蚀,可形成 V 形槽;宽度宽、时间短的腐蚀,则常形成 U 型槽。在〈110〉晶向硅衬底上,可形成几乎陡直、侧面为(111)的 U 型槽,如图 18.3(b)所示。

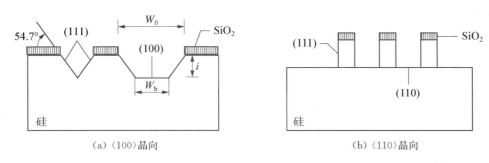

(a)〈100〉晶向　　　　　　　　　　　(b)〈110〉晶向

图 18.3　〈100〉与〈110〉晶向硅衬底碱性腐蚀液腐蚀形成的剖面结构示意图[2]

单晶硅在碱性溶液中的各向异性腐蚀机理,显然与晶体结构及晶面间原子结合价键相关。由硅的金刚石结构可知,Si(111)为双层原子密排面,暴露在晶体表面的总是这种结构紧密的密排面(详见本书第 9 章)。Si〈111〉晶向的表面原子有 3 个背键,与内部原子结合,仅有 1 个悬挂键,而 Si〈100〉晶向表面原子有 2 个悬挂键。悬挂键可使表面硅原子直接与腐蚀剂中的 OH^- 基团结合成键,有利于硅原子的腐蚀反应。(111)晶面硅原子要脱离衬底束缚,必须在反应过程中打破 3 个背键。因此,(111)晶面腐蚀速率显著低于(100)面。Si〈110〉晶向表面原子也只有 1 个悬挂键,但背键也是 1 个,另 2 个为表面键,这使其腐蚀速率也高于(111)晶面,但低于(100)晶面。

多年来研究者从不同角度分析硅各向异性腐蚀的机制与因素,以求可更精确地控制腐蚀工艺,形成所需结构[3,4]。硅在碱性溶液中的各向异性腐蚀,源于其在碱性溶液中的电化学反应,伴随着离子与电子的转移过程。OH^- 基团是硅腐蚀反应中的主导离子,与硅原子可以形成中间产物,如 $Si(OH)_2^{2+}$、$Si(OH)_4$,但这些基团、化合物是不稳定的。由于 Si—Si 键结合能(226 kJ/mol)显著小于 Si—O 键(452 kJ/mol),硅的腐蚀反应将趋于形成由 Si—O 键主导的化合物,在碱性溶液中的电化学反应可用以下简化方程表示:

$$Si + 2OH^- + 2H_2O \longrightarrow SiO_2(OH)_2^{2-} + 2H_2 \tag{18.9}$$

虽然 KOH 等金属碱性溶液对硅的腐蚀速率较大,但为避免金属离子污染,在各种硅电子器件加工中,通常应用 TMAH 有机碱性腐蚀液。TMAH 腐蚀速率约为 KOH 的一半,但具有相近的硅各向异性腐蚀比。且对 SiO_2 的腐蚀速率很低,在 90℃ 下约为 15 nm/h,对 Si_3N_4 也无明显腐蚀。在硅碱性腐蚀液中常加入某些添加剂,用于改善腐蚀工艺。例如,常以适量异丙醇[$(CH_3)_2CHOH$,简称 IPA]作为缓冲剂,调节腐蚀速率,改善硅腐蚀表面平整性。

利用硅各向异性湿法腐蚀工艺,人们研制成功多种 V 型、U 型结构的晶体管与其他器件。特别是在各种硅基 MEMS 器件研制中,广泛应用这种腐蚀技术,研制多种压力、加速度传感器和结构更复杂的分立或集成器件。在高性能纳米 CMOS 集成芯片制造中,PMOS 晶体管的 SiGe 源漏区镶嵌结构,就需要首先应用硅各向异性腐蚀技术,形成腐蚀坑,再用异质外延工艺生长 SiGe(详见本书第 8 章)。

18.3　等离子体刻蚀系统

在集成芯片制造技术演进过程中,先后发展了多种干法刻蚀工艺。从离子束溅射刻蚀到反应离子刻蚀,各种干法刻蚀工艺的技术基础都是等离子体。等离子体刻蚀技术需求与进步,也推动着低温等离子体技术的发展与应用。本书第 15 章中讨论的多种等离子体产生方法都可用于干法刻蚀。随着集成芯片技术升级换代,先后发展有多种不同结构、不同功能和愈益精密的等离子体刻蚀系统。等离子体刻蚀具有适用性广、可控性强、定向刻蚀等特点,适于尺寸持续缩微的芯片制造工艺。集成芯片加工所涉及的大部分材料,都可选择相应等离子体干法刻蚀工艺,形成所需要的精密结构。本节将分别介绍单频/双频电容耦合、电感耦合、微波等离子体、离子束与中性束等刻蚀系统的基本结构,分析不同刻蚀模式原理及高密度等离子体刻蚀系统的特点。

18.3.1　电容耦合等离子体系统与刻蚀模式

如本书以上 3 章所述,有多种方式通过气体放电产生等离子体。直流、射频和微波电源都可激励低温等离子体,用于 PVD、CVD 等不同薄膜工艺。刻蚀工艺通常应用射频等离子体系统,有电容耦合(CCP)系统,也有电感耦合(ICP)系统。既有应用较低频电源的(<1 MHz),也有应用高频甚至超高频率电源的,还有应用双频甚至多频电源的等离子体系统。等离子体刻蚀系统由气体放电真空腔体、射频电源及匹配电路、刻蚀气体输入及气路调节、真空及排气系统等组成。图 18.4 是电容耦合等离子体刻蚀装置简化示意图。在一对平行板式真空系统中,射频电源在两个金属电极板间施加适当电压,触发气体放电,形成等离子体。通过调节刻蚀剂气体输入流量和真空泵尾气排出速率,使腔体内维持适当放电气压,在一定射频输入功率下,形成稳态等离子体。各种不同商用等离子体刻蚀机的工作压强约在 5~500 mTorr 区间,射频功率在 100~3 000 W 范围变化。

如第 15 章所分析,在气体放电系统中,等离子体处于等电势的正电位,电极及任何物体都相对处于负电位,在电极和任何物体周围形成空间电荷区,被称为离子鞘层,其中存在一定电势降落。图 18.5 为这种等离子体刻蚀系统中的电势分布。对于完全对称平行电极结构,两个电极附近的鞘层及电势降可以相同。但刻蚀系统的电极结构是不对称的,通常一个

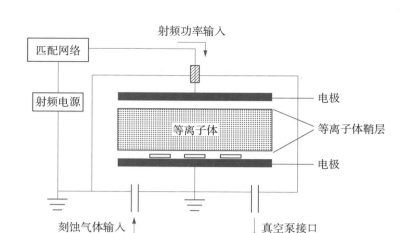

图 18.4　典型电容耦合等离子体刻蚀系统示意图

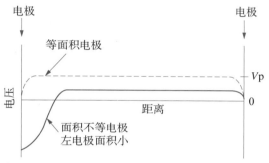

图 18.5　等离子体刻蚀系统中的电势分布(右侧极板接地,左侧接射频电源)

电极与真空腔体并联接地,而电源耦合电极面积要小许多,因此,两个电极的负偏置电势降不等,如图 18.5 所示。稳态条件下在射频电源输入极板一侧,形成较厚的离子鞘层,以及相应较大的电势降。

这种平行板电极气体放电等离子体系统中,待刻蚀硅片可以置于接地极板,也可置于电源耦合极板,但两种情况下硅片受到的刻蚀作用有所不同,形成两种不同刻蚀模式,常分别称为等离子体刻蚀(PE)模式和反应离子刻蚀(RIE)模式。这是因为等离子体中的刻蚀物质有两类:一为离子,二为化学活性原子与分子。当硅片处于接地电位时,能量较低的离子对刻蚀作用贡献较弱,刻蚀过程主要由等离子体中的化学活性物质控制。这种等离子体刻蚀模式通常为各向同性。如果硅片位于电源驱动电极板,较高能量的离子轰击将可主导硅片表面刻蚀过程,形成反应离子刻蚀模式。

图 18.6 显示反应离子刻蚀装置的原理结构。在这样配置的二极气体放电系统中,等离子体/电极界面处,由于电子和离子的质量及运动速度差异,将在电源驱动极板上方形成较厚的正离子空间电荷鞘层,使硅片处于较大负偏置电势,可达 10^2V 量级,而接地端电极的负偏置仅为 15 V 左右。因此,在 RIE 刻蚀模式下,由等离子体区扩散到鞘层界面的离子,在负偏置电势作用下加速,从鞘层电场获取较大能量,以较高速度撞击硅片表面。较高能量的离子轰击,可以从多方面影响刻蚀过程,不仅可能直接溅射出表层物质,而且会显著增强化学

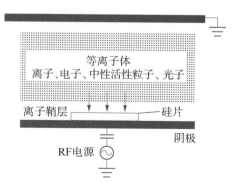

图 18.6　典型反应离子刻蚀装置结构示意图

刻蚀反应。并且由于空间电荷区电场方向垂直于硅片表面,电场驱动离子定向运动,使离子轰击主导的刻蚀过程具有定向性。本章后面将对 RIE 刻蚀机理作进一步讨论。

集成芯片加工技术持续进步,要求不断提高反应离子刻蚀精度、速率与均匀性等。因此,需要不断改进等离子体刻蚀装置。增加等离子体密度是优化刻蚀技术的主要途径之一。一般等离子体中的电子密度在 $10^9 \sim 10^{10}$ cm^{-3} 量级。例如,在 PVD 淀积技术中应用磁场提高溅射速率,也可应用磁场对电子的束缚作用,提高刻蚀等离子体密度,从而发展了磁场增强反应离子刻蚀(magnetically enhanced reactive ion etching, MERIE)。这种技术的难点在于需要设计合理磁场分布,以便获得高均匀性等离子体,从而不仅可提高刻蚀速率,也能保持刻蚀均匀性。刻蚀系统与淀积系统类似,常需应用旋转式动态磁场控制装置(参见16.4.3 节)。

18.3.2 双频电容耦合等离子体刻蚀

对于增强电容耦合等离子体刻蚀性能与效率,更为有效的方法是应用双频电源等离子体系统。自 20 世纪 90 年代初以来,双频电容耦合等离子体刻蚀技术一直很受重视,人们从多角度研究高低频率电源对等离子体密度、离子电流、离子能量等特性的影响及机理[7-10]。等离子体中的离子流和离子能量是决定刻蚀速率与刻蚀剖面的主要参数,前者由等离子体密度决定,后者由衬底负偏置电压决定。但是,在单频电源 RIE 系统中,两者完全取决于单一电源。为增加等离子体密度,必须通过增大电源输入功率,提高刻蚀气体离化率,而这同时将导致衬底自偏置负电压值增加,使离子撞击能量上升,引起硅片损伤加剧。图 18.7 显示双频电容耦合等离子体刻蚀系统的原理。在图 18.7 所示平行板气体放电装置中,高低两种频率电源同时输入,以高频或超高频电源(10~200 MHz)通过电容耦合接到上电极,以较低频率(0.5~20 MHz)电源输入硅片承载电极。用于增强刻蚀速率的磁体置于上电极背

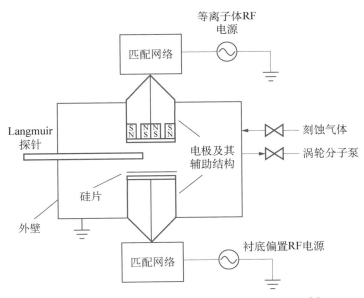

图 18.7 双频电容耦合等离子体刻蚀实验系统示意图[7]

面。图 18.7 所示为实验型系统,其中还可置入 Langmuir 探针,测试等离子体密度与电势分布特性,用于研究上下电极功率、频率对刻蚀的影响。双频电容耦合等离子体系统有多种特性,有益于优化集成芯片刻蚀工艺。其中最为突出地表现在两个方面:一为可相对独立控制等离子体密度和离子能量,二为显著提高等离子体密度。双频电源与磁场增强相结合,可以进一步改进电容耦合反应离子刻蚀技术,用于深亚微米和纳米集成芯片刻蚀工艺。

为了更好地理解高低双频系统的优越性,首先讨论等离子体密度和电子能量与放电电源频率的关系。多种实验与分析研究工作揭示,提高激励电源频率,有利于增强等离子体射频功率吸收和提高等离子体密度[7, 11]。图 18.8 显示相同氩气压强(1.0 Torr)条件下,不同频率电源激励等离子体特性的实验数据。由图 18.8 可见,在 1~100 MHz 频率范围,在输入射频电压相等的情况下,等离子体所吸收的功率(即射频输入功率损耗)随频率上升而急剧增加。这是因为提高频率可使等离子体阻抗下降,促进电子从电磁场更有效地吸收能量,并抑制电子向电极及腔体表面的扩散,增强电子碰撞电离,从而使电子密度(即等离子体密度)增加。图 18.8(b)所示实验数据表明,对于常用 13.56 MHz 或 100 MHz 超高频电源激励等离子体,其电子密度随射频电压上升都接近线性增长规律,但 100 MHz 电源等离子体密度增长速率高得多。这符合射频放电等离子体理论,对于由射频电压为 V_{rf}、振动角频率为 ω 电源激励的等离子体,其中电子密度 n_e 应与 $\omega^2 V_{rf}$ 成正比例。4 MHz 的较低频率气体放电,其等离子体的电子密度在 V_{rf} 接近 200 V 时仍很低,在更高电压(>250 V)下,电子密度急剧上升,这源于电极上二次电子发射增强效应。该实验及其他研究结果还显示,100 MHz 超高频电源与常用 13.56 MHz 相比,不仅可在较低放电气压下显著提高等离子体密度,而且可获得更好的均匀性。

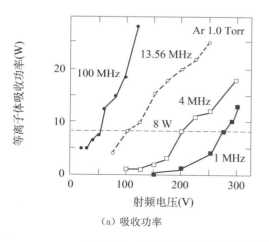 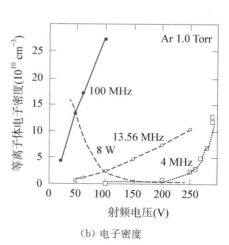

(a) 吸收功率   (b) 电子密度

图 18.8 等离子体功率吸收和电子密度随射频电压及频率的变化[11]

射频驱动电极的自偏置电压与鞘层宽度,也强烈依赖电源频率。图 18.9 显示在氩气压(7 mTorr)与输入功率(100 W)皆恒定的放电系统中,电极负偏置电压随电源频率变化的实验数据。射频驱动电极的负偏置电压值随频率升高而显著减小。这显然表明,提高放电电源频率有利于束缚等离子体,减少电子流失及电极上的负电荷积累,从而减少空间电荷密度与鞘层厚度。气体放电等离子体自偏置电势随频率变化的机制,也可从射频电流构成变化说明。电容耦合等离子体的电流为传导电流和位移电流之和,前者取决于电子与离子在电

场作用下的漂移运动,后者则由电场的
时间变化率决定,无需载流子迁移。导
电性能优良的等离子体区以传导电流为
主。鞘层电流特性与频率密切相关,低
频时离子渡越时间小于电源周期,仍可
把鞘层看作电阻性的,其中电流以传导
电流为主。随着频率上升,鞘层的电容
性趋于增强,通过鞘层的位移电流逐渐
增加,传导电流逐渐减少,导致电极板上
电荷积累及其负偏置电压下降。

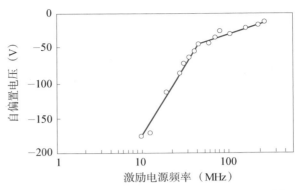

图 18.9 自偏置电压随放电激励电源频率的变化[7]

(实验条件:氩气压 = 7 mTorr,放电功率 = 100 W)

　　基于上述射频等离子体特性与电源
频率的变化关系,应用双频电源,可以显
著改进电容耦合反应离子刻蚀系统。在双频等离子体系统中,根据等离子体密度与自偏置
电压对射频电源频率的强烈依赖关系,可应用数十兆赫的射频电源激励等离子体,同时选用
低得多的射频电源,用于调节硅片负偏置电势。高低两种频率应有较大差别,以避免两种电
磁波之间耦合、产生驻波。图 18.10 显示一组双频系统中自偏置电压随电源功率及频率变
化的实验数据,实验以"CF_4 + Ar"为放电气体,上电极接 100 MHz 驱动电源,安置硅片的下
电极则分别接入不同频率的偏置电源[7]。这些实验数据显示,衬底自偏置负电压值随衬底
功率增加而增大,随频率提高而减小。与较低频率驱动的下电极相比,100 MHz 驱动的上电
极负偏置电压要小得多,且随下电极电源频率及功率无明显变化。该实验还显示,上电极
100 MHz 高频驱动功率由 100 W 增大到 300 W,下电极衬底负偏压仅趋于小幅下降。这些
实验事实说明,在双频电容耦合 RIE 刻蚀系统中,决定离子能量的衬底负偏置电压可由低频
电源功率与频率决定,受高频驱动电源影响较小。

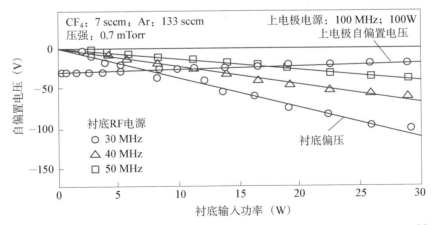

图 18.10 双频等离子体系统中衬底自偏置电压随衬底电源功率及频率的变化[7]

　　高低双频电源可用不同方式接入等离子体刻蚀系统,除分别输入平行板上下电极,也可
共同从上电极或下电极输入平行板气体放电腔体[12-15]。图 18.11 为从单电极输入的双频等
离子体系统示意图。近年许多研究工作表明,这种单极输入的双频系统,也同样具有上述双

极输入双频等离子体系统的特点,即:在高低频率相差大的条件下,等离子体密度和离子能量可分别由高频和低频电源功率控制。图 18.12 显示的双频单电极输入 Ar/CF₄ 气体放电的实验数据说明,等离子体中电子密度与高频电源功率呈现线性变化规律,低频电源功率只有微弱影响。双频输入电极的自偏置负电势及离子鞘层宽度,仍主要由低频电源功率决定[15, 16]。

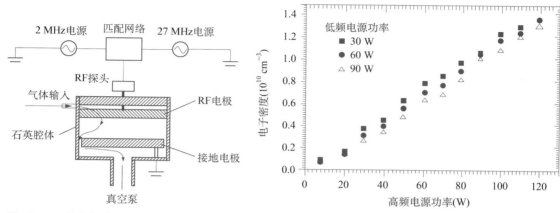

图 18.11　单电极输入的双频电源等离子体刻蚀系统示意图[14]

图 18.12　60/2 MHz 双频等离子体中电子密度随高频及低频功率的变化[15]
（放电气体:Ar/CF₄;气压:5.3 Pa;CF₄ 占 10%）

　　20 世纪 90 年代初以来,研究者分别选择多种不同高低频率组合,如 27/2、60/2、60/13.56、100/1、162/13.56(频率单位为 MHz)等,研究对比双频电源电容耦合系统特性,探索等离子体刻蚀装置与工艺的优化配置。大量实验事实说明,高低频率之比大于或接近 5～10 的双频放电系统,有利于实现分别独立控制等离子体密度和决定离子能量的自偏置电势,而且这种双频系统可在较低气压下获得较高的等离子体密度与合适的衬底负偏置电压。

18.3.3　电感耦合高密度等离子体刻蚀

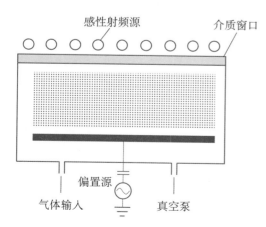

图 18.13　电感耦合等离子体 RIE 刻蚀装置结构示意图

　　随着亚微米与深亚微米集成芯片制造技术演进,为刻蚀高宽比愈益增大的结构,需要定向性更强、刻蚀精度更高的刻蚀技术。在此背景下,自 20 世纪 90 年代以来,电感耦合等离子体(ICP)刻蚀技术得到发展与应用。图 18.13 为 ICP 等离子体刻蚀系统的结构原理示意图。ICP 系统可在较低气压(3～50 mTorr)下形成稳态等离子体。低气压可减小电子散射几率、提高自由电子能量、增强电子碰撞离化率与解离率,有利于形成高密度等离子体。在有的 ICP 气体放电等离子体中,刻蚀气体的解离率可高达 90% 以上。

　　由图 18.13 可见,电感耦合高密度等离子体

（HDP）装置通常也为双频电源系统。一个射频电源输入至电感线圈，用于激发等离子体。电感线圈与气体放电真空腔体之间由介质相隔离，射频电流通过线圈产生和发射的电磁波，透过真空室介质窗口传播入气体放电腔体，可以高效激励等离子体。另一电源通过电容耦合输入至承载硅片的电极板，用于形成负偏置电势。因此，这是一种电感耦合与电容耦合相结合的系统，可以分别控制等离子体密度与轰击硅片的离子能量。例如，电感耦合电源功率密度在 $3\sim10\ Wcm^{-2}$，等离子体密度可达 $10^{11}\sim10^{12}\ cm^{-3}$。如果电容耦合至硅片电极的功率密度在 $0.1\sim3\ Wcm^{-2}$ 区间，轰击离子的能量可在较大范围（$10\sim500\ eV$）调节。这种反应离子刻蚀系统宜于优化离子密度和能量调节，可以提供更大的灵活性，有益于优化控制精细结构的刻蚀工艺。

18.3.4　电子回旋共振微波等离子体刻蚀

由于微波可以比电容耦合的射频电源，能够以更高效率激励气体放电等离子体，先后研究成功多种微波等离子体刻蚀系统及工艺。其中电子回旋共振（ECR）等离子体刻蚀技术最为成熟，与 ICP 技术共同成为高密度等离子体高效刻蚀技术。由 15.6.4 节讨论可知，在较低气体压强条件下（$<10\ mTorr$），由输入的 $2.45\ GHz$ 电磁波和场强为 $875\ Gs$ 的磁场共同作用下，可在电子回旋共振腔体内激励产生高密度等离子体（详见 15.6.4 节），用于多种等离子体加工工艺。

图 18.14 显示 ECR 微波等离子体刻蚀系统的简化原理结构。在 ECR 反应器的一定区域，电子环绕磁场的回旋运动频率与微波频率相等，促使电子从电磁波高效吸收能量，并显著增加电子与刻蚀气体分子的碰撞几率，使刻蚀气体离化率与解离率大大提高。ECR 刻蚀系统的等离子体密度与 ICP 系统相近或更高，可达 $10^{13}\ cm^{-3}$ 量级，分子解离率可接近 100%，产生高密度活性刻蚀物质。反应腔体通过合理设计，可以在硅片附近形成高度均匀等离子体。同时可用独立射频电源，经电容耦合输入硅片基座电极，通过调节射频功率，控制负偏置电压，精确控制轰击硅片的离子能量。因此，ECR 系统可以实现速率高、定向性强、均匀性好及损伤小的反应离子刻蚀。

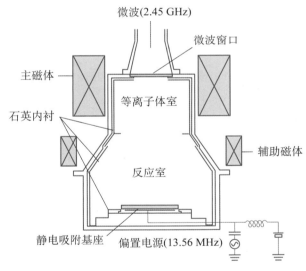

图 18.14　ECR 高密度等离子体 RIE 刻蚀装置结构示意图

与 ECR 微波等离子体相近的射频螺旋波（helicon）等离子体技术，也可用于形成高密度等离子体刻蚀系统。

ECR 微波技术还宜于制造远程等离子体反应系统（remote plasma reactor）。如果在 ECR 刻蚀系统中，把硅片基座设计在远离微波输入及电子共振等离子体产生区域，在无衬底偏置电压条件下，可避免离子轰击及其损伤，而中性化学活性物质可以扩散至硅片表面，实现纯化学刻蚀。这对离子轰击损伤敏感的刻蚀工艺十分重要。

18.3.5　溅射刻蚀与离子束刻蚀

利用氩等惰性元素离子的溅射刻蚀,是最早的干法刻蚀技术,得到多种实际应用。溅射刻蚀完全是物理刻蚀技术,对于溅射原理在本书第 16 章有较详细的讨论。在物理溅射效应基础上发展了多种刻蚀技术。最为简便的方法是把待刻蚀衬底置于二极氩气体放电等离子体系统的阴极。由于存在选择性差、损伤大等难以避免的弊病,纯溅射刻蚀较少单独用于硅片加工。但是,作为一种去除表面残留氧化层及其他污染物的有效方法,较低能量的离子溅射技术在一些工艺中仍得到应用。

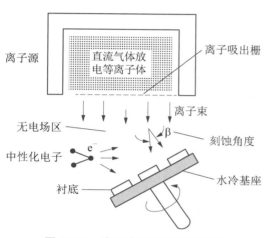

图 18.15　离子束刻蚀装置示意图

离子束刻蚀是效率较高的溅射刻蚀技术。这种干法刻蚀应用离子源发射的离子轰击待刻蚀基片,通过溅射效应,剥蚀基片表面层原子。图 18.15 显示离子束刻蚀系统的简化原理结构。如图 18.15 所示,离子源输出端的吸出栅极利用所加电场把离子吸出并加速,聚成离子束,射向待刻蚀基片。刻蚀速率由离子能量与束流密度决定,刻蚀均匀性取决于离子束流均匀性。这些都和离子束溅射淀积工艺类似。实际上刻蚀应用的离子源等装置结构,与离子束溅射淀积系统(参见图 16.9)十分相近。多年来已应用气体放电或热阴极电子激发等离子体、磁场增强等技术,研究成功多种离子源。其中以发明者命名的考夫曼(Kaufman)离子源,在刻蚀与淀积工艺中都有多种应用。离子束刻蚀具有定向性好、分辨率高、可控性强等特点。

虽然离子束刻蚀具有定向性、精密性等优点,但由于离子轰击损伤、杂质污染、刻蚀选择性差等弊端,在半导体器件制造工艺中较少应用。对于损伤不敏感的某些器件,应用离子束刻蚀可形成精细结构。常被称为离子铣(ion milling)的离子束刻蚀机,是制备高分辨率透射电镜剖面分析样品的基本装置。近年不断改进、分辨率愈益提高的聚焦离子束(focused ion beam, FIB)机,已成为集成芯片失效分析及器件结构解剖表征的有力工具。在离子注入技术发展过程中,还曾经研究以 FIB 技术进行无掩模离子注入微区掺杂,研制硅与化合物半导体实验新器件。一般离子束刻蚀通常应用 Ar^+、Xe^+ 等惰性气体离子源,但在有些聚焦离子束装置中,应用液体金属离子源,如 Ga^+ 等金属离子。此外,还有反应性离子束刻蚀技术,利用 F^+、Cl^+、CF_3^+ 等活性离子,以表面化学反应和溅射作用相结合进行刻蚀。

18.3.6　中性束刻蚀

在刻蚀过程中,以上各种等离子体刻蚀技术都可能对硅片造成损伤。损伤不仅来自离子、电子轰击及电荷积累,而且等离子体中的紫外与真空紫外(UV/VUV)光辐射也可能在器件中引入某些界面缺陷和介质缺陷,影响器件性能。随着单元器件缩微,更需寻求避免或减少刻蚀损伤的途径。因此,自 20 世纪 80 年代后期以来一直有研究者探索中性原子束、分子束刻蚀技术。为了达到实际应用,中性束源既要能提供较大束流密度,以达到一定刻蚀速率,又需有定向性,以实现各向异性刻蚀。这是一个难题,研究者曾应用电子束加热喷射、激光束爆轰、离子表面碰撞中和等多种方法制造中性束源[17-19]。这种具有一定能量的原子/分子束,有时也被称为超热中性束(hyperthermal neutral beam)。

ICP 等离子体技术与石墨表面碰撞中性化相结合,是获得较大中性束流密度的有效方法,宜于发展大面积硅片中性束刻蚀工艺。近年中性束刻蚀装置不断改进,并应用于高纵横比亚微米器件结构刻蚀实验,显示出良好效果[20-23]。图 18.16 为中性束刻蚀装置的结构原理示意图。这种装置由等离子体产生和中性束刻蚀两个真空室组成。上下两室的气压不同,等离子体室气压约为 0.5~1 Pa,刻蚀室气压则降低至 0.05~0.1 Pa。等离子体室两端有不同功能的平行石墨板电极,SF_6、C_4F_8、Cl_2 等刻蚀气体由上电极多孔石墨板通入放电室。下电极由较厚石墨板制成,上面布满纵横比较大的穿通圆孔,例如,孔直径为 0.5 或 1 mm,孔长度为 10 mm,圆孔总面积占比约为 50%。

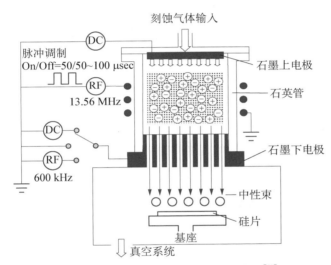

图 18.16　中性束刻蚀装置结构示意图[20]

应用脉冲调节电路,控制 13.56 MHz 射频电源电感耦合放电,在石英真空室内激励脉冲式高密度等离子体。可选择适当脉冲开关周期(如 50/50~100 μs)。放电脉冲间隙期间,离子在放电室上下电极形成的电场加速作用下,穿越石墨电极孔径,离子通过与侧壁石墨表面碰撞失去电荷,形成中性粒子束,射向待刻蚀硅片。载片基座常用低温氦气循环冷却(−30~−7℃),以防刻蚀硅片过热[20]。

通常连续波等离子体是由正离子和电子构成的,实验显示在脉冲调制卤素气体等离子体中,低能电子有较大几率附着于气体分子,形成负离子[20, 22]。对于正负离子,上电极可分别接正负电压(如+/−100 V),促使离子向布满孔径的石墨下电极漂移。通过加在下电极的直流电压或 600 kHz 交流电压,可调节离子及其中性化后的粒子能量。

选择石墨作为电极,有时还在表面淀积类金刚石薄膜,利用结构致密碳材料的化学稳定性与低离子溅射特性,降低对硅片的污染。更为重要的是,离子与碳膜碰撞中性化效率高。图 18.17 显示高纵横比石墨孔使穿越离子失去电荷的机制。在高纵横比石墨通孔中运动的离子,与具有优良导电性能的石墨表面碰撞,通过相互作用及电子交换,使离子转化为中性

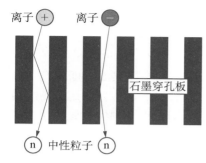

图 18.17   正负离子石墨表面碰撞
中性化示意图

粒子,但仍携带一定能量与定向动量。实验表明,负离子与石墨表面碰撞中性化效率高于正离子,可达 90% 以上。这是因为,负离子的电子分离所需能量显著低于正离子的电荷转移能量[22]。

18.4   等离子体刻蚀机理

18.3 节对干法刻蚀系统结构与原理的分析说明,等离子体刻蚀工艺中存在多种物理与化学效应,影响刻蚀速率、均匀性、方向性等性能。等离子体物理与化学的密切结合,是超精密刻蚀技术进步的基础。本节将对等离子体中的刻蚀物质,以及刻蚀过程中的物理与化学机制作进一步分析。实验事实表明,基于等离子体独特物质特性的刻蚀机理,并非只是多种因素的简单迭加,而是有机结合形成的独特刻蚀机制。本节在刻蚀物质分析基础上,首先讨论等离子体表面化学反应刻蚀机制,然后分析表面化学反应与离子轰击效应密切结合的 RIE 刻蚀及各向异性刻蚀机制。

18.4.1   等离子体中的刻蚀物质

等离子体刻蚀常用气体为卤素元素及其化合物,如 CF_4、NF_3、SF_6、Cl_2 等。集成电路制作工艺发展早期,曾有应用某些气体直接腐蚀的尝试,并曾对氟原子等与硅的刻蚀反应机制进行过多方面研究。这些气体虽然具有腐蚀性,但常态下反应活性较低,且在硅等材料表面的化学吸附率低,因而气体直接刻蚀速率很低,并难于控制。气体放电等离子体可产生大量高反应活性物质。在实际刻蚀工艺中,为了改善选择性、定向性等刻蚀特性,还常需要加入 Ar、O_2、H_2 等辅助性气体,形成适当比例的混合气体等离子体。对于不同材料刻蚀工艺,需要选择不同刻蚀气体。例如,用卤素化合物等离子体刻蚀硅与硅基介质,用 O_2 等离子体刻蚀去除包括光刻胶在内的高分子薄膜等。气体放电形成的等离子体由电子、离子、原子、分子、自由基等多种粒子组成。这些粒子间的相互作用,导致电离、解离、复合、激发、光辐射等多种物理和化学过程。

分析等离子体中的刻蚀物质及其形成机制,是理解等离子体刻蚀模式及特性的基础。等离子体中实现刻蚀功能的物质,可以归纳为两类:一类为各种离子,另一类为各种化学自由基。自由基又称游离基,是含有不成对电子的原子、分子或原子团。自由基是不稳定的高化学活性粒子,与其他物质相遇时,自由基常常会"急于"夺取其他物质的电子,反应形成稳定的化合物。各种离子与自由基都是主要通过电子碰撞产生的。电子是等离子体中的主导粒子,它们从气体放电功率获取能量。在常用低温等离子体中,电子能量及其等效温度大大高于气体分子及其他粒子。电子通过与气体分子碰撞,诱导多种物理与化学过程。电子碰撞离化和电子碰撞解离,是等离子体刻蚀中的两个主要过程,它们决定离子和自由基的浓度。电子与某些刻蚀气体原子或分子的典型碰撞离化反应方程如下:

$$e + Ar \longrightarrow Ar^+ + 2e \tag{18.10}$$

$$e + O_2 \longrightarrow O^+ + O + 2e \tag{18.11}$$

$$e + CF_4 \longrightarrow CF_3^+ + F + 2e \tag{18.12}$$

除了形成电离态原子,电子碰撞还可能使外层电子跃迁至高能级,形成激发态原子,如 Ar^*、O^*。这些准稳态原子对促进等离子体中的化学反应也有重要作用。激发态原子返回基态时的光辐射谱,也可用于等离子体特性表征与刻蚀过程检测及控制。

在刻蚀等离子体中除了电离碰撞,电子解离碰撞对刻蚀的贡献也很大。这是因为,解离碰撞可以使活性较低的气体分子分裂,产生多个高反应活性自由基。例如,

$$e + O_2 \longrightarrow O + O + e \tag{18.13}$$

$$e + CF_4 \longrightarrow CF_3 + F + e \tag{18.14}$$

$$e + Cl_2 \longrightarrow Cl + Cl + e \tag{18.15}$$

电子碰撞电离或解离过程,对于各种气体分子都存在一定能量阈值。离化要求外层电子完全挣脱原子束缚,其阈值能量显著高于分子的结合能。这导致碰撞解离过程几率高于电离过程。低密度等离子体中的中性粒子浓度在 10^{15} cm^{-3} 量级,其中自由基约占 1%～10%,而离子浓度常在 $10^9 \sim 10^{10}$ cm^{-3} 量级。在高密度等离子体中,气体分子解离比可高达近 100%,而离化率常难超过 10^{-3}。因此,各种化学活性高、浓度大的自由基常常是等离子体刻蚀中的主要反应物质。

除了电子碰撞,刻蚀等离子体中的离子、原子、分子之间也存在各种碰撞过程。例如,

$$O^+ + Cl^- \longrightarrow O + Cl \tag{18.16}$$

$$O^+ + O_2 \longrightarrow O + O_2^+ \tag{18.17}$$

$$Ar^* + O_2 \longrightarrow Ar + O^* + O \tag{18.18}$$

这些较重粒子之间的各种碰撞几率,随着放电腔体气压上升而增高,因而对等离子体的过程和特性作用增强。不同粒子间的相互碰撞,以及与之相伴的能量、电荷转移,还有光子发射与吸收等,都会影响等离子体特性及其刻蚀过程。

以上讨论表明,刻蚀气体放电形成的等离子体中,存在多种多样的碰撞过程,产生各种不同离子、自由基、激发态原子等刻蚀反应活性物质。以上列举的碰撞反应方程仅反映部分过程及生成物质。实际上,在等离子体中除了刻蚀物质决定的刻蚀过程,同时存在某些分子淀积过程。例如,在 CF_4 等气体放电等离子体中,碰撞解离产生的不饱和分子 CF_2,可淀积在硅衬底和腔体表面,形成聚合物薄膜。虽然这是完全与刻蚀相反的过程,但在等离子体刻蚀工艺中也可能加以利用,促进刻蚀的定向性与选择性。

18.4.2　等离子体表面化学反应刻蚀

等离子体刻蚀总是在固体表面进行的,由表面物理与化学过程决定。离子轰击产生的表层原子物理溅射、自由基驱动的表面化学反应,分别是最基本的物理与化学刻蚀效应。虽然这两种刻蚀效应可以分别用于刻蚀工艺,但最常用的反应离子刻蚀(RIE)技术,则建立在两者有机结合基础上。单纯的离子溅射刻蚀,其原理与本书第 16 章讨论的薄膜溅射靶上的物理过程类似,但由于选择性差、损伤大等弊端,不利于集成芯片精密刻蚀工艺。在图 18.4 所示之类刻蚀系统中,硅片处于地电位,附近电场强度小,轰击硅片的离子能量低,离子对刻

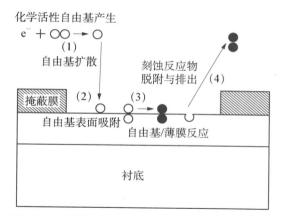

化学活性自由基产生
$$e^- + \bigcirc\bigcirc \longrightarrow \bigcirc$$
(1)

自由基扩散

刻蚀反应物
脱附与排出 (4)

掩蔽膜 (2) (3)

自由基表面吸附   自由基/薄膜反应

衬底

图 18.18 等离子体表面化学反应刻蚀过程示意图

蚀影响弱。因此,在这类等离子体装置中,对硅片的刻蚀作用取决于等离子体中的大量活性自由基,刻蚀主要为表面化学反应过程。

由活性原子与其他自由基主导的等离子体刻蚀,与湿法腐蚀有某种相似之处,都是通过刻蚀剂与材料表面物质间化学反应实现的。同时,等离子体表面化学刻蚀过程又与化学气相淀积过程有类似之处(参见 17.2.1 节及图 17.3)。图 18.18 显示,等离子体表面化学刻蚀的主要物理化学过程可归纳如下:

(1) 输入刻蚀气体经电子碰撞产生活性物质——原子、分子等自由基。

(2) 等离子体中的化学活性自由基扩散至衬底表面,以一定几率被刻蚀材料表面吸附、迁移,也有可能自表面脱附,返回等离子体区,取决于黏附系数。

(3) 被吸附的自由基与衬底表层原子相互作用。例如,向晶格扩散,打破化学键,发生化学反应,生成挥发性分子。

(4) 刻蚀反应生成的挥发物自表面脱附,被真空排气系统抽出气体放电腔体。

常用的氧等离子体去除光刻胶工艺,就属典型的表面化学反应刻蚀过程。氧等离子体中的活性氧原子被吸附后,在表面与有机高分子的碳、氢结合,生成 CO_2、H_2O 等挥发物,从而去除胶膜。又如,含氟等离子体用于刻蚀硅,其典型刻蚀反应,为活性氟原子与硅的表面化学反应,如(18.19)式所示。生成的 SiF_4 气态分子被抽气系统排出。SiF_4 是一种易挥发的化合物,其沸点为 $-65℃$,易于从衬底表面脱附,

$$Si + 4F \longrightarrow SiF_4 \uparrow \qquad (18.19)$$

表面化学反应刻蚀也是一种热激活过程,刻蚀速率会随衬底温度上升而提高。如(18.19)式所示的一般等离子体表面化学反应刻蚀,其热激活能较小,约为 0.1 eV,在室温下就有较高反应速率。根据具体刻蚀工艺需要,可以适当提高或降低衬底温度。降低温度有利于自由基表面吸附,升温则有利于刻蚀产物脱附。某些其他表面特性与过程可能对刻蚀速率有更大影响。例如,n^+-Si 的刻蚀速率显著高于 p^+-Si(参见后面的 18.5.1 节)。离子轰击对刻蚀的关键作用之一,也在于改变衬底表面及表层性质,增强表面化学反应。

以表面化学反应主导的等离子体刻蚀,可具有良好选择性。选择合适的刻蚀气体,可达到对特定材料的选择性刻蚀。存在多种因素影响刻蚀的选择性。在某种刻蚀气体等离子体中,不同材料的反应活性可有巨大差异。例如,去除光刻胶的 O_2 等离子体,对 SiO_2 完全无刻蚀作用。O_2 等离子体对硅表面可有氧化反应,但生成的 SiO_2 不是挥发物,反而可以保护硅。调节刻蚀气体的组分,可以显著提高刻蚀选择性。例如,硅衬底上刻蚀 SiO_2 时,在 CF_4 中加入适量 H_2,可使硅的刻蚀速率显著降低。又如,SiO_2 层上刻蚀 Si_3N_4 时,在 CF_4 中加入适量 O_2,可提高 Si_3N_4 相对 SiO_2 的刻蚀选择性。自由基在不同材料表面上黏附系数的差异,也有益于提高表面化学反应的刻蚀选择性。

由于中性自由基粒子运动方向在不同角度的随机分布,表面化学反应决定的刻蚀过程,通常表现为各向同性刻蚀,如图 18.19 所示。当刻蚀材料为晶体时,也可能在不同晶向有所

差别。在电容耦合和电感耦合等离子体刻蚀装置中，如果衬底上方无较强电场，等离子体刻蚀将主要表现为各向同性刻蚀。

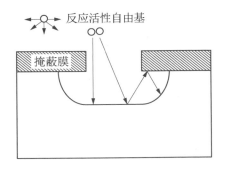

图 18.19　随机分布中性自由基诱导的化学反应刻蚀剖面示意图

18.4.3　反应离子刻蚀机制

反应离子刻蚀（RIE）是形成集成芯片微细结构的关键技术。如 18.3 节所述，随着器件缩微和集成规模增大，RIE 刻蚀工艺装置不断升级换代。双频 CCP、ICP、ECR 等多种高密度等离子体技术为 RIE 技术进步开辟新途径。RIE 技术的成功在于充分发挥等离子体中离子和自由基两类刻蚀物质的作用，把离子轰击的物理效应和自由基反应的化学效应密切结合。

反应离子刻蚀与一般等离子体刻蚀的区别，在于充分利用等离子体中的刻蚀物质和鞘层电场，通过离子轰击和自由基表面化学反应有机结合，实现高效与定向刻蚀。这种物理与化学作用的结合，并非简单相互迭加，而是促成一种独特新型物理化学刻蚀机制。离子轰击除了溅射效应，还具有清除表面吸附物、打断分子化学键、造成表面损伤等作用，从而可显著增强自由基与材料的表面反应刻蚀过程。离子轰击也可促进刻蚀反应生成物的脱附，这也有益于提高化学反应刻蚀速率。反应离子刻蚀机制是人们长期研究的课题，也先后提出多种见解与模型。例如，有人把离子轰击诱导的化学刻蚀反应与脱附，称为化学溅射机制。RIE 刻蚀过程涉及离子、自由基、固体表面多种相互作用的物理与化学效应，是一个复杂而有趣的课题。

为了分析离子轰击与表面化学两者对干法刻蚀的作用，曾有研究者通过离子束与反应气体组合实验，获得一些富有启示的实验事实，其中之一如图 18.20 所示。该实验利用干法刻蚀反应实验腔体，先以流量为 6×10^{15} 分子/$cm^2 \cdot s$ 的 XeF_2 分子束射向多晶硅表面，随后在保持 XeF_2 流量不变条件下，以能量为 450 eV 的 Ar^+ 离子束轰击硅表面，其流量为 1.6×10^{14} 离子/$cm^2 \cdot s$，最后关闭 XeF_2 分子束反应气体流，样品仅受 Ar^+ 离子束轰击。用石英晶体微天平在线记录刻蚀速率[24, 25]。由图 18.20 所示硅刻蚀速率变化曲线可见，纯化学气体分子反应刻蚀和单独离子束溅射刻蚀的速率都很低，但在化学刻蚀剂和离子束轰击同时作用时，硅的刻蚀速率急剧升高。这一实验事实表明，离子与化学腐蚀剂的协同作用，是决定刻蚀过程的关键因素。类似实验用于刻蚀 SiO_2 也得到相同结果[26]。这些实验说明，离子轰击物理效应与刻蚀剂化学作用两者结合，可以形成一种全新

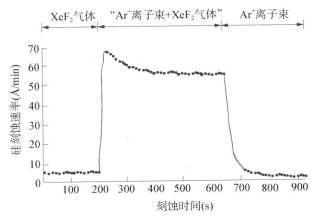

图 18.20　XeF_2 分子束和 Ar^+ 离子束单独和共同刻蚀硅的速率变化[24, 25]

的刻蚀机制,可以产生两者单独难以达到的刻蚀效果。因此,这种刻蚀可称为离子增强反应刻蚀,有时也称为离子诱导反应刻蚀。

　　同样有实验表明,F_2 气流单独对硅刻蚀效应很弱,腐蚀速率甚至难以检测(<0.01 nm/min)。室温下多种氟基腐蚀性气体都不能有效刻蚀非掺杂硅。单独以数百电子伏 Ar^+ 离子溅射硅的刻蚀速率也很低,但两者同时作用,则可使刻蚀速率急剧升高,如图 18.21 所示。还有实验以能量为 1 500 eV 的电子束,取代 Ar^+ 离子束,轰击 SiO_2 或 Si_3N_4 薄膜的 XeF_2 刻蚀实验,也观察到类似刻蚀速率变化。图 18.22 显示 XeF_2/电子束(1 500 eV)组合刻蚀 Si_3N_4 的实验曲线。该实验表明,同步电子束轰击可显著增加 XeF_2 气体对 Si_3N_4 的刻蚀速率。如图 18.22 所示,流密度为 50 mA/cm^2 的电子束轰击,可使刻蚀速率达到 60 nm/min。

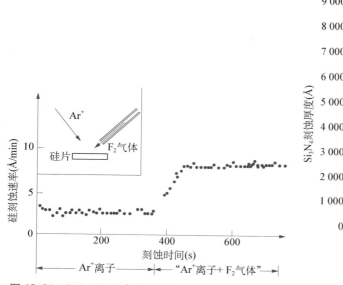

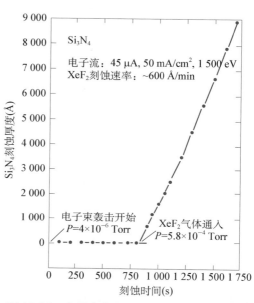

图 18.21　500 eV - Ar^+ 离子束轰击引起 F_2 刻蚀硅的显著速率变化[26]

图 18.22　电子束轰击对 XeF_2 气体刻蚀 Si_3N_4 速率的影响[24]

　　以上实验一方面说明离子轰击在反应离子刻蚀中的关键作用,另一方面电子束参与的刻蚀实验事实也间接表明,离子轰击增强刻蚀的机制并不能简单归结于其溅射效应。电子束轰击虽然不产生溅射效应,却和离子束类似,也能显著增强表面化学反应。因此,离子轰击与刻蚀气体共同作用的结果,并非为溅射与化学反应的简单迭加,而是由多种物质相互作用决定的。例如,离子束与电子束轰击都可促使气体分子解离,也都能促进刻蚀产物的脱附。还应注意到,溅射效应对于刻蚀并非总是有益的,其副作用可能造成损伤与污染。例如,部分被溅射出来的物质会重新沉积在硅片上。在刻蚀工艺中常需要适度减小离子能量,抑制溅射效应。

　　上述实验中离子束或电子束对固体表面轰击的共同物理作用,在于促使固体表层材料改性,使表层原子/分子结构发生不同程度变化。离子轰击不仅诱导被刻蚀材料表层改性,也对刻蚀剂的表面吸附、解离、反应、脱附等状态及过程有重要影响。在刻蚀过程中,往往会产生一些低活性、低挥发性中间产物,淀积在待刻蚀材料表面,特别是在刻蚀槽或通孔底部表面时,会形成抗蚀层,阻止自由基的腐蚀反应。离子轰击则可以通过溅射、分解、脱附等效应将这些抗蚀层清除,从而促进自由基的化学反应刻蚀。因此,离子轰击造成的表层改性,可导致活性刻蚀物质与材料之间的表面化学反应显著增强。例如,离子轰击造成的表层硅晶格损伤,可促进氟、氯原子吸附与迁移,增强它们与硅表层原子的化学反应,提高刻蚀速率。

　　在反应离子刻蚀模式的等离子体中,上述实验中的两个要素(即离子和化学反应刻蚀物质),完全出于同源(即等离子体源),使离子轰击的物理作用和表面化学反应有机密切结合于基片刻蚀过程。因此,反应离子刻蚀成为易行而有效的干法刻蚀技术,得到迅速发展与广泛应用。以上分析也显示,按照字面含义,"反应离子刻蚀"一词,并不能确切反映这种等离子体刻蚀模式的内涵与特点。电离过程产生的 F^+、CF_3^+ 等反应活性离子,在刻蚀中确有重要作用。在 RIE 工艺中也常掺入氩等惰性气体,它们提供无反应活性的离子。如在 18.4.1 节中已指出,在刻蚀剂气体放电形成的等离子体中,反应活性中性自由基密度远大于离子密度。离子轰击在基片表层的改性作用可表现为溅射、损伤、混合(ion mixing)、化学键断裂、分子解离、脱附等多种效应。这些改性效应都有利于激活刻蚀物质,促进表面化学反应。不同衬底材料和刻蚀气体的具体刻蚀反应机制可能有所不同,但可以概括认为,反应离子刻蚀是以离子增强表面化学反应为主的复合刻蚀过程。

18.4.4　定向性刻蚀机制

　　反应离子刻蚀的突出特征在于其定向性,可以在集成芯片上形成陡直刻蚀剖面。等离子体刻蚀工艺中存在两种导致各向异性的因素:一为离子定向轰击效应,二为侧壁聚合物掩蔽效应。这两种因素可以单独作用,也可以相互结合,增强刻蚀方向性。图 18.23 显示离子增强表面反应和侧壁聚合物掩蔽两种定向刻蚀机制的示意图。其中图 18.23(a)显示离子轰击诱导刻蚀的定向性。由于离子在电场加速下沿基片表面垂直方向运动,因此,离子轰击改性与诱导的化学活性物质与基片材料之间的刻蚀反应,应该限于被离子轰击的表面,而不扩展至侧壁。下面讨论抑制侧壁刻蚀的聚合物产生与作用机制。

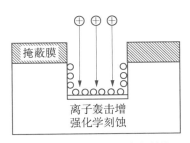
(a) 离子增强表面反应定向刻蚀

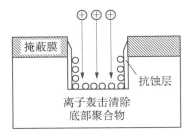
(b) 侧壁聚合物掩蔽定向刻蚀

图 18.23　RIE 各向异性刻蚀机制示意图

　　18.4.1 节已指出,在刻蚀气体等离子体中可能产生部分低挥发性物质,淀积在硅片表面上。在常用氟基碳化物刻蚀气体等离子体中,实际上可能存在两种表面化学反应,既有氟及其他含氟活性自由基的刻蚀反应过程,也可能发生 F－C 分子聚合反应过程。CF_4 等气体放电解离形成多种原子与基团,其中,CF_2 等低挥发性基团可能相互结合形成聚合物,例如,发生 $CF_2 + C_2F_6 \longrightarrow C_3F_8$、$C_3F_8 + CF_2 \longrightarrow C_4F_{10}$ 等聚合反应。这种反应在气相或衬底表面都可能发生。在较高气压等离子体中聚合物更易生成。聚合反应显然会降低刻蚀速率。

在等离子体刻蚀工艺中,这种看似不利效应,却可用于优化定向刻蚀剖面,还可能改进刻蚀工艺的选择性。不同材料表面上的聚合反应几率不同。例如,硅表面与 SiO_2 表面相比,更易吸附 CF_2 等分子,导致更易发生聚合反应,因而在刻蚀 SiO_2 薄膜时,有利于提高其相对硅的选择性。

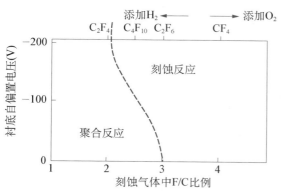

图 18.24　硅片表面刻蚀反应和聚合反应对 F/C 比值及负偏置电势等因素的依赖关系[26]

硅片上刻蚀与聚合两种过程的强弱,取决于反应气氛中的 F/C 比值和承载硅片电极的负偏置电势等因素。图 18.24 显示氟碳刻蚀剂等离子体表面刻蚀和聚合反应与相关参数的变化趋势。由图 18.24 可知,当 F/C 比值较低和硅片负偏置电势较小时,聚合反应较强,而 F/C 比值增加和硅片负偏置电势增高将导致刻蚀作用增强。这显然源于碳原子是聚合反应的主导元素,而氟原子是刻蚀过程的主导元素。离子轰击应有利于抑制聚合反应、增强刻蚀反应。负偏置电势越高,离子获得越大能量撞击表面,对表面反应影响就越大。图

18.24 还显示,等离子体放电气体中加入 H_2,可使聚合反应增强,这是由于氢与氟结合为 HF,使碳作用上升;如果加入 O_2,则使刻蚀作用增强,这是因为碳、氧结合生成 CO、CO_2,释放出更多氟原子,但 O_2 含量比例不能过高,避免刻蚀剂过度稀释。

　　依据以上所述等离子体中的刻蚀与聚合两种效应特点,可以调节 RIE 工艺参数,实现图 18.23(b)所示侧壁聚合物掩蔽定向刻蚀。虽然在刻蚀过程中图形表面和侧壁都可生成聚合物膜,但垂直表面受到离子轰击,其溅射效应可分解与清除聚合物,从而增强表面化学刻蚀反应,而较少受离子轰击的侧壁聚合物薄层,则可有效抑制横向刻蚀。

18.4.5　高密度等离子体刻蚀

　　在分析等离子体刻蚀机制后,可以进一步理解高密度等离子体在实现高集成度、高性能芯片刻蚀工艺中的关键作用。对于高宽比越来越大的沟槽、接触孔与通导孔刻蚀,必须应用高密度等离子体刻蚀技术。一般气体放电等离子体的气压较高,离化率低,中性分子、原子粒子密度高,离子遭到中性粒子散射,产生横向运动与侧壁刻蚀。对于较大尺寸沟槽和孔,适度侧向刻蚀尚可接受。随着沟、孔尺寸变小,纵横比增大,刻蚀的定向性愈益困难。进入大纵横比狭窄微结构的离子,将会有较高几率遭到中性粒子碰撞散射而改变运动方向,导致侧向刻蚀增强,难以实现有效各向异性刻蚀。

　　在深亚微米与纳米器件芯片加工中,只有选择应用 18.3 节介绍的各种高密度等离子体技术,才能实现高宽比愈益增大的结构刻蚀。ICP、ECR 和双频 CCP 等高密度等离子体系统,可在较低气压下激励等离子体,使粒子运动自由程显著增加,离子遭遇中性粒子散射几率下降,可显著增强离子定向运动与刻蚀反应。虽然低气压下刻蚀气体浓度下降,但由于高密度等离子体系统输入与淀积的射频或微波功率增大,刻蚀剂的离化率与解离率可得到显著增强,离子和自由基两种有效刻蚀物质浓度反而上升,因而可使刻蚀速率提高。

18.5　不同材料的等离子体刻蚀

集成芯片制造技术需要应用愈益增多的材料,形成愈益缩微的器件结构,这也就需要愈益精密的刻蚀系统与工艺。不同材料需要选择不同刻蚀剂,并根据选择性、方向性等不同要求,采用合适的刻蚀系统与工艺。除了全溅射刻蚀工艺以外,等离子体刻蚀技术都需要应用化学反应腐蚀性较强的卤素元素化合物。从微米到亚微米与深亚微米,再到纳米 CMOS 芯片制造的等离子体刻蚀技术一直不断改进与创新,变化很大。不断演变的刻蚀工艺,应用于一代又一代芯片结构形成,其共同追求的技术目标为实现预期的特征尺寸与剖面,并具有高选择性、高均匀性、高重复性、高速率、低损伤和低污染。为达到这些要求,针对不同材料与结构刻蚀,需要不断改进、优化刻蚀系统、刻蚀剂配方和刻蚀工艺。即便对同一种材料,在不同器件与结构中也可能需要应用不同刻蚀工艺。本节只能简要介绍集成电路制造中硅、SiO_2、Si_3N_4、铝和光刻胶等常用材料的基本刻蚀工艺。

18.5.1　硅的等离子体刻蚀

硅是集成芯片中最重要,也是研究最为深入的刻蚀材料。在集成芯片制造技术演进过程中,反应离子刻蚀技术最早应用于多晶硅薄膜刻蚀工艺,形成自对准多晶硅栅 MOS 器件结构,开启了高密度集成芯片快速发展的道路。在浅沟槽介质隔离(STI)、FinFet 立体晶体管等集成芯片功能结构形成中,单晶硅刻蚀也成为决定芯片集成密度与器件性能的一种关键工艺。上述多晶与单晶硅刻蚀都必须应用各向异性刻蚀工艺,形成陡直剖面结构。因此,硅等离子体刻蚀通常采用反应离子刻蚀模式。在多晶硅栅、浅沟槽或立体晶体管薄硅体的刻蚀工艺中,都需要充分应用定向刻蚀机制。

本章前面讨论中多处以氟基等离子体为例,分析干法刻蚀原理与特点。氟、氯、溴卤素及其化合物气体放电等离子体,都可用于刻蚀硅。化学反应生成 SiF_4、$SiCl_4$、$SiBr_4$ 等硅的卤素化合物都具有一定挥发性,可从刻蚀腔体排出。在硅等离子体刻蚀技术发展中,曾先后应用与试验许多不同组分的卤素化合物刻蚀剂,如 CF_4、SF_6、CF_4/O_2、CF_4/H_2、CHF_3、Cl_2、CCl_4、CF_3Cl、$Cl_2/HBr/O_2$、$SF_6/Cl_2/O_2$、CF_3Br、C_2F_6/Cl_2 等多种卤化物及其混合物气体[5,6,28]。选择多种混合气体刻蚀剂的着眼点,在于优化等离子体刻蚀的速率、方向性、选择性等。为了优化刻蚀特性,还常需添加氩、氦等惰性辅助气体,以及调节衬底偏置电压等工艺参数。氟自由基可与硅产生自发反应,刻蚀表现为各向同性。为了增强氟基等离子体刻蚀的定向性,常在刻蚀工艺中添加 C_2F_6、CHF_3 等气体。由图 18.24 可知,这将增强聚合反应,侧壁淀积氟碳薄膜,抑制氟等自由基的横向刻蚀,从而获得各向异性刻蚀剖面。在多种刻蚀气体中加入适当比例 O_2、H_2,都可产生如图 18.24 所示的刻蚀或聚合增强效应。

氯基等离子体刻蚀硅可有多种长处,其相对 SiO_2 的选择性,优于氟基等离子体,并可实现更为理想的各向异性刻蚀。虽然反应产物 $SiCl_4$ 的挥发性不如 SiF_4,但可以接受。室温下单独 Cl_2 分子及原子难以打破 Si—Si 键,氯与非掺杂单晶硅通常也不能产生自发化学刻蚀反应。氯气体放电等离子体刻蚀硅,需要应用离子增强表面化学反应机制。在硅表面同时受到离子轰击条件下,尽管单独离子对硅的溅射速率很低,但两者共同作用于硅表面,可使刻蚀速率显著提高,如图 18.25 所示。Ar^+ 或其他离子轰击的作用不仅在于引起硅表面改

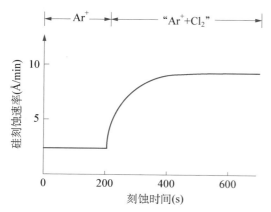

图 18.25　Cl_2 刻蚀硅的 Ar^+ 离子轰击增强效应示意图

性,而且可使吸附的 Cl_2 分子解离为原子,显著提高氯与硅表面的反应活性。利用 Cl_2 和适量氩气混合气体放电等离子体,形成的反应离子刻蚀模式,既可增强硅刻蚀速率,也可实现各向异性刻蚀。在氯基等离子体刻蚀过程中,Si—Cl 反应产生的较低挥发性非饱和产物(如 $SiCl_2$),也可结合成聚合物[如 $(SiCl_2)_n$],淀积在侧壁,进一步增强刻蚀定向性。

由于多晶硅通常淀积在栅氧化层上面,多晶硅刻蚀必须相对 SiO_2 具有高选择比,单晶硅沟槽刻蚀常以 SiO_2 和 Si_3N_4 为掩蔽膜,也要求硅对这两种介质的刻蚀选择比足够大,常要求大于 $30\sim100$。氯化物一般对 SiO_2 的刻蚀速率较低,SiO_2 刻蚀通常不应用氯基刻蚀剂(见 18.6 节)。在氯化物刻蚀剂中加入 O_2,可以进一步增强刻蚀的各向异性,并提高对 SiO_2 的选择性。这是因为加入 O_2,可使侧壁上暴露出的多晶硅氧化反应生成 SiO_2,形成非聚合物抗蚀层,提高刻蚀定向性。溴基等离子体也在多晶硅 RIE 刻蚀中得到应用,可获得较满意的刻蚀定向性和选择性。$Cl_2/HBr/O_2$ 混合气体等离子体刻蚀就是通过多种气体结合,改善硅刻蚀性能。这种混合气体不仅增强刻蚀定向性,而且可使 SiO_2 刻蚀速率更低,显著提高硅刻蚀选择比。以上讨论说明,硅刻蚀有许多不同刻蚀剂及工艺,必须根据具体芯片制造要求优化选择。

硅刻蚀存在较强掺杂效应,即硅刻蚀速率强烈依赖掺杂水平与导电类型。在氯等离子体中,高掺杂浓度($\sim10^{20}$ cm^{-3})的 n 型单晶或多晶硅,可与氯原子产生自发化学反应,刻蚀速率比非掺杂硅高 $15\sim25$ 倍。在氟基刻蚀气体等离子体中,也有类似掺杂效应。图 18.26 的实验数据显示 CF_4 等离子体中硅刻蚀的掺杂效应。该实验所用刻蚀气体组分为(76.8% $CF_4+19.2\%$ $O_2+4\%$ Ar),样品为非掺杂和高掺杂砷($\sim1\times10^{21}$ cm^{-3})的多晶硅薄膜,采用电容耦合放电系统,分别以反应离子刻蚀(RIE)和一般等离子体(PE)模式刻蚀样品[29]。实验数据表明,以 RIE 或 PE 模式刻蚀,n^+-Si 的刻蚀速率都显著高于低掺杂多晶硅。但 p 型硅刻蚀完全不同,对于 p^+-Si,在氯基和氟基等离子体中,刻蚀速率都显著低于 n^+-Si,也低于非掺杂硅[30]。

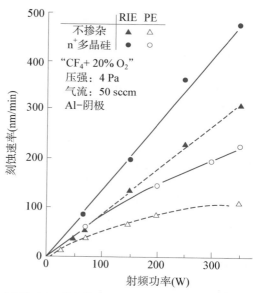

图 18.26　CF_4 等离子体多晶硅刻蚀速率随射频功率、掺杂浓度、刻蚀模式的变化[29]

为何氟和氯等离子体硅刻蚀有如此强烈的掺杂效应,也是一个很有趣的研究课题。分析其原因,应有益于揭示刻蚀过程的物理化学机制。研究者曾提出不同分析模型,图 18.27

为说明不同掺杂刻蚀过程差异的空间电荷机制模型[28-30]。图 18.27 显示硅表面吸附氟或氯原子的能带及电荷分布图。硅表面卤素原子化学吸附会引起电荷极化，这是由于卤素原子具有强电子亲和性。卤素原子的负电荷电子既可为来自等离子体的电子，也可能是来自硅导带的隧道穿通电子。由图 18.27 所示硅表面能带可见，n^+－Si 表面存在由施主元素离子（如 As^+）构成的正空间电荷区，这种正电荷与卤素原子负电荷之间的库仑吸引力，必然增强卤素原子向硅晶格扩散，因而提高化学反应几率与刻蚀速率。对于 p^+－Si，表面层为由 B^- 离子构成的负空间电荷区，与卤素原子之间形成库仑排斥力，因而不利于卤素原子与硅原子的刻蚀反应。

以上模型表明，不同掺杂硅的刻蚀速率差异，就在于 18.4.2 节及图 18.18 所述刻蚀微观过程（3）之差别，即被硅表面吸附的活性自由基，与表面状态不同硅层之间的不同作用力，可使刻蚀速率发生显著变化。

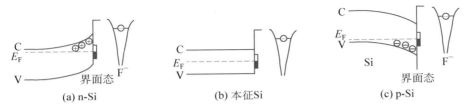

(a) n-Si　　　　(b) 本征Si　　　　(c) p-Si

图 18.27　硅刻蚀掺杂效应的空间电荷机制模型[29]

18.5.2　SiO_2 与 Si_3N_4 的等离子体刻蚀

SiO_2 是在集成芯片结构加工过程中应用最为频繁的介质薄膜。从前端晶体管形成到后端多层互连，多种芯片器件结构需由 SiO_2 图形光刻与刻蚀工艺实现。SiO_2 刻蚀剂通常应用氟化物气体，如 CF_4、SF_6、NF_3、CHF_3、C_2F_6、C_4F_8 等。氟基气体放电等离子体中有多种多样的分解与化合反应，氟原子和 CF_2、CF_3 等自由基都参与刻蚀过程，SiO_2 刻蚀的基本化学反应方程可归纳为

$$SiO_2 + 4F \longrightarrow SiF_4 + O_2 \tag{18.20}$$

SiO_2 和硅的等离子体刻蚀主要产物都是 SiF_4，两者刻蚀机制也相近。在 SiO_2 刻蚀工艺中，也常应用混合气体放电，在刻蚀剂中加入 O_2、H_2 等辅助气体，可以提高刻蚀速率，或改善刻蚀选择性与定向性。应用适当比例的 CF_4/O_2 混合气体放电等离子体，可以提高 SiO_2 刻蚀速率。图 8.24 所示的多种因素对硅等离子体刻蚀过程的影响也适用于 SiO_2 刻蚀。CF_4 等离子体中加入约 10%～20% 比例的 O_2，可显著增大 SiO_2 刻蚀速率。这是由于氧与碳基化合物反应形成 CO 等气态化合物，被抽出反应腔体，使氟自由基浓度增加。然而 O_2 含量也不能过高，过高反而会导致刻蚀活性物质浓度下降，而且会增强(18.20)式的逆过程（即 SiO_2 淀积过程），从而降低刻蚀速率。

某些 SiO_2 刻蚀工艺也要求各向异性，并对硅或多晶硅具有较高选择性。CF_4 中加入适量 H_2，是提高刻蚀定向性和增强对硅选择性的有效途径。氢原子可以和氟原子反应形成气态 HF，从而减少氟自由基含量。一方面，氟自由基浓度下降，会减少对剖面侧壁的自发刻蚀过程，而在平坦部位表面，由于离子轰击增强化学反应，刻蚀过程受影响较小；另一方面，H－

F 反应也导致反应室内碳含量增加,因而增强氟碳聚合物淀积,在刻蚀窗口侧壁形成抗蚀层。抗蚀层可有效抑制活性粒子的侧向化学刻蚀,从而增强刻蚀的各向异性。当然,碳含量也不宜过高,否则会造成抗蚀层沉积速率过快,影响刻蚀速率及剖面控制。

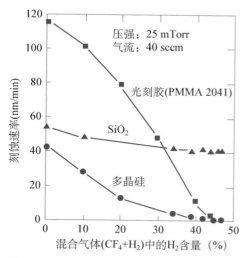

图 18.28　SiO$_2$、多晶硅、光刻胶刻蚀速率随气体 H$_2$/(CF$_4$ + H$_2$)含量的变化[31]

增加 H$_2$ 含量,降低 F/C 比,也有益于提高 SiO$_2$ 对硅的刻蚀选择性。在纯 CF$_4$ 等离子体中,SiO$_2$ 和硅的刻蚀速率相近。在"CF$_4$ + H$_2$"混合气体等离子体中,相对于 SiO$_2$ 表面,氟碳聚合物更易于在硅表面淀积成膜,致使硅刻蚀速率下降。而且在 SiO$_2$ 表面淀积 F-C 聚合物时,碳可能与 SiO$_2$ 中的氧反应生成 CO 挥发物,也会降低 SiO$_2$ 表面聚合物成膜几率,因而使 SiO$_2$ 刻蚀对硅的选择性得到提高。图 18.28 显示 CF$_4$/H$_2$ 混合气体中 H$_2$ 含量对 SiO$_2$、多晶硅、光刻胶刻蚀速率的影响。H$_2$ 含量增加时,不仅使多晶硅刻蚀速率下降较快,以碳氢化合物为主体的光刻胶抗蚀性也得到增强。因此,SiO$_2$ 相对多晶硅及光刻胶的刻蚀选择比大幅度上升,可高达 40 倍以上。

除了 CF$_4$/H$_2$ 混合气体,应用 CHF$_3$/O$_2$、C$_2$F$_6$、C$_3$F$_8$ 之类气体放电等离子体刻蚀 SiO$_2$,也可以实现各向异性刻蚀,并相对硅获得较高刻蚀选择性。

SiO$_2$ 刻蚀工艺完成后,剩余的抗蚀层必须彻底去除,特别是接触孔和通导孔内的残留聚合物。通常采用 O$_2$ 或 CF$_4$ 等离子体去除聚合物。CF$_4$ 更易于去除聚合物,但由于 CF$_4$ 对硅的选择性差,会产生钻蚀现象,其工艺需严格控制。在清除聚合物过程中,为避免暴露的下层材料受到损伤,应该适当降低离子轰击能量。由于较高温度(>280℃)下,聚合物化学键容易断裂,提高衬底温度可利于在低能离子轰击下完全去除聚合物。

Si$_3$N$_4$ 是半导体器件制造技术中另一常用介质。Si$_3$N$_4$ 和 SiON 在集成芯片晶体管与互连多种结构形成中,也是频繁应用的关键介质材料。从局部氧化隔离与浅沟槽隔离到互连绝缘层与钝化层,都需要应用不同工艺淀积的 Si$_3$N$_4$ 介质。Si$_3$N$_4$ 的湿法腐蚀工艺与 SiO$_2$ 相比较为复杂,因而等离子体干法刻蚀更早在 Si$_3$N$_4$ 图形刻蚀中得到普遍应用。等离子体刻蚀形成的 Si$_3$N$_4$ 薄膜掩蔽局部氧化(LOCOS)工艺,是干法刻蚀技术获得芯片生产实际应用的最早成功范例之一。

Si$_3$N$_4$ 薄膜通常也采用氟基等离子体刻蚀工艺,并为增强 Si$_3$N$_4$ 刻蚀选择性、定向性,添加合适辅助气体。适当比例的 CF$_4$/O$_2$ 混合气体等离子体可对 Si$_3$N$_4$ 进行各向同性刻蚀,相对 SiO$_2$ 可具有较大选择比,对硅则不然。这种 Si$_3$N$_4$ 刻蚀可用于 LOCOS 工艺中,开出待局域氧化的隔离区。如果选用 CF$_4$/H$_2$ 混合气体,则可实现 Si$_3$N$_4$ 各向异性刻蚀,并对硅具有较大选择比,对 SiO$_2$ 却不然。应用 CHF$_3$/O$_2$ 或 CH$_2$F$_2$ 气体等离子体,可对 Si$_3$N$_4$ 进行各向异性刻蚀,相对 SiO$_2$ 与硅都具有选择性。

18.5.3　铝等金属的等离子体刻蚀

铝刻蚀是形成铝互连多层布线的关键工艺。在集成芯片接触与互连工艺中,常应用的钨、TiN 等其他金属及金属化合物,也需采用适当刻蚀工艺形成功能图形。相对于硅和 SiO_2 等介质,铝等离子体刻蚀技术曾遇到更多难题。铝及其他金属等离子体刻蚀技术的一个主要困难,在于卤素元素的金属化合物通常为非气态物质,挥发性弱。例如,铝的氟化物 AlF_3 熔点高达 1 040℃,不可能用 CF_4 作为铝的刻蚀剂。Cl_2 和铝之间的化学反应活性较高,因而铝通常应用氯基化合物等离子体刻蚀。$AlCl_3$ 虽然在室温常态下是固体,但其熔点较低(～194℃),易升华,蒸汽压高。在低气压等离子体中,表面化学反应生成的 $AlCl_3$,易从适度加温的衬底脱附,被抽出腔体。

铝刻蚀工艺需要解决的另一问题是淀积的铝膜暴露于空气后,表面总会生长稳定的数纳米 Al_2O_3 自然氧化层,而氯等离子体难以刻蚀 Al_2O_3。因此,进行铝主刻蚀工艺前,需要应用 BCl_3、$SiCl_4$、CCl_4 或 BBr_3 等刻蚀剂,通过 RIE 工艺清除铝表面的 Al_2O_3 薄层。也可应用 Ar^+ 溅射刻蚀方法去除 Al_2O_3 层。为了防止继续生长 Al_2O_3 层,后续工艺中必须严格控制刻蚀系统中的氧与水气含量。

与图 18.25 所示硅刻蚀不同,Cl_2 等离子体可以直接反应刻蚀铝,并可达到较高刻蚀速率,Ar^+ 之类离子轰击对刻蚀过程影响较小。因而在 Cl_2 反应离子刻蚀中,难以避免侧向铝腐蚀,而且氯对光刻胶有较强腐蚀性。为了实现定向性刻蚀,铝刻蚀常应用 Cl_2 与某些卤素碳化合物组成的混合气体等离子体。如前所述,诸如 $CHCl_3$、$CFCl_3$、CCl_4 等化合物在气体放电过程中,可形成聚合物,淀积在侧壁,形成抗蚀层。铝刻蚀气体中还常添加 N_2,作为抗蚀聚合物生成促进剂。N_2 的作用在于刻蚀过程中氮可与光刻胶刻蚀释放的碳反应产生 CN 聚合物,淀积在光刻胶表面形成抗蚀层。铝的混合气体刻蚀工艺方案选择,还必须同时满足对 SiO_2 低刻蚀率的选择性要求。

为了提高铝线的抗电迁移性,并减少 Al/Si 互溶引起的"尖刺"效应,芯片互连需要应用掺有少量铜和硅的铝合金薄膜。如 18.5.1 节所述,氯基等离子体可以刻蚀硅,但铜的氯化物 $CuCl_2$ 挥发性很低,难以从硅片表面清除。这也是铝互连刻蚀工艺难题之一,解决途径为采用 RIE 模式刻蚀铝,通过增强离子轰击效应,并提高硅片温度以增加 $CuCl_2$ 挥发性,两方面相结合清除铜的氯化物。由于铝主刻蚀工艺需要利用聚合物抗蚀层实现定向性,在铝膜刻蚀完成后,必须通过适当的过刻蚀工艺清除抗蚀层。铝刻蚀工艺还必须注意避免氯及其化合物残留在硅片表面。残留的氯可与硅片在环境中吸附的水气结合生成 HCl,从而对铝互连线产生腐蚀,而且铝中的微量铜还可能由于原电池电化学反应,进一步增强腐蚀过程。

铝刻蚀残留物可使芯片可靠性严重退化,导致互连失效。为了避免这种有害后果,需要在铝暴露空气之前采取补充工艺措施,完全驱除残留物。一种方法为提高衬底温度至100～150℃,有利于残留氯的脱附与挥发。另一方法为铝刻蚀后改用 CF_4 或 CHF_3 等离子体处理硅片,使铝表面吸附的氯化物被氟化物取代,形成高分子聚合物钝化层。然后用 O_2 等离子体去除光刻胶,再用去离子水清洗硅片,进一步去除刻蚀残留物。有时在光刻胶灰化处理前,用有机溶剂处理和去离子水冲洗硅片,也有益于去除残留物。

对于铝互连刻蚀工艺,还应适当选择铝膜上下扩散阻挡层及黏附层金属的多层刻蚀工艺。典型铝互连结构自上而下为 TiN/Al(Cu)/TiN/Ti,因此,铝互连刻蚀需由多个不同的等离子体工艺步骤组成,需优化选择不同材料刻蚀工艺参数。钛、TiN 可应用与铝类似的刻蚀气体,如 Cl_2/BCl_3、CCl_4 等。由于其主要化学反应产物 $TiCl_4$ 的挥发性较低,TiN 和钛的刻蚀速率低于铝。例如,TiN 约为铝刻蚀速率的 1/4 至 1/3。覆盖于铝上表面的 TiN 尚可采用与铝相同的刻蚀工艺参数。刻蚀下方的 TiN/Ti 扩散阻挡及黏附层,则需调整工艺,如增强离子轰击物理刻蚀作用等,以加速垂直定向 TiN、钛刻蚀和避免侧向铝过度刻蚀。

18.5.4　氧等离子体光刻胶灰化工艺

去除光刻胶的等离子体刻蚀工艺,常被称为光刻胶灰化工艺。光刻胶是由碳、氢、氧、氮等元素组成的有机物。在 O_2 等离子体中,光刻胶被分解与氧化,反应生成 CO、CO_2、H_2O、N_2 等挥发性物质,从而将其去除。为了避免灰化过程中离子及其他电荷轰击造成器件性能损伤,通常采用非 RIE 的一般等离子体模式,以化学反应刻蚀机制实现。由于除胶工艺过程中将使硅片逐渐完全暴露于等离子体,器件容易受到离子、电子及电磁辐照损伤,必须应用可有效避免此类损伤的等离子体刻蚀系统与工艺。

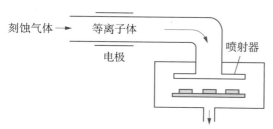

图 18.29　"下游式"射频干法刻蚀系统结构原理示意图

为了对硅片实现均匀、无损伤光刻胶清除,光刻胶灰化工艺常采用"下游式"等离子体刻蚀装置。图 18.29 为这种装置的结构原理示意图。在这种"下游式"干法刻蚀系统中,硅片刻蚀区在空间上和等离子体产生区相分离。在"上游"区域,输入气体经射频电源激励产生等离子体,其中自由基及其他化学活性粒子在气体压力差和浓度梯度共同作用下,输运到硅片刻蚀区。通过合理设计进气与真空抽气气路,应用合适的气流喷射器,适当控制气流分配,可在硅片表面获得均匀分布的刻蚀物质,实现纯化学表面反应刻蚀。由于硅片化学刻蚀反应区远离等离子体辉光放电区,这种装置也被称为"余辉"反应器(afterglow reactor),与 18.3.4 节中讨论的 ECR 远程等离子体反应器相近。这类可避免离子轰击和等离子体辐照损伤的刻蚀技术,不仅可用于去胶工艺,也可用于其他材料及结构刻蚀工艺。

氧等离子体灰化工艺,除了在光刻及刻蚀工艺后用于完全清除光刻胶,还是超越光刻曝光系统分辨率,通过光刻胶工艺调节和"剪裁",获得更细光刻胶线条图形的一种途径[32, 33]。在常规光刻工艺形成一定宽度的光刻胶线条图形后,通过 O_2 等离子体刻蚀处理,使光刻胶线条宽度缩小。由于化学氧化反应的各向同性特点,光刻胶图形同时受到横向与纵向刻蚀,线条宽度和厚度都将均匀缩减,从而获得更细光刻胶线条,如图 18.30 所示。以这样缩微处理的光刻胶作为图形掩蔽,对多晶硅栅薄膜刻蚀,就可超越光刻机分辨率

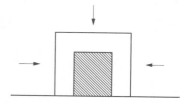

图 18.30　氧等离子体刻蚀工艺用于光刻胶线条宽度缩微

限制,制作超短沟道晶体管结构。显然这种工艺必须要求精确控制光刻胶刻蚀速率。

随着集成芯片缩微技术推进,尺寸愈益变小,新材料应用增多,如高 k 和低 k 介质、SiGe 和 SiC 等半导体材料等,对包括灰化除胶在内的硅片工艺不断提出新要求。例如,O_2 等离子体除胶工艺就需要避免对高低 k 介质材料的组分及性能的损伤。工艺不当可使高 k 介质的有效介电常数变小,而低 k 介质的有效介电常数增大。此外,光刻胶在灰化前作为掩蔽膜

承受过离子注入或刻蚀过程中的离子轰击,其结构往往发生变化,有时会形成一层石墨状"硬壳"。在灰化除胶工艺之前往往需要采用物理轰击程度较强的短时间预刻蚀步骤,以去除外层硬壳。等离子体灰化还必须与湿法清洗工艺结合,有时灰化处理前先用去离子水冲洗,去除残留刻蚀剂。在光刻胶灰化主刻蚀完成后,还要考虑灰化残留物的清除问题。常需要在过刻蚀阶段采用其他刻蚀剂处理。例如,$CF_4 + O_2$ 等离子体使残留物质形成易溶于水的产物,以便随后用去离子水冲洗清除。一般等离子体刻蚀及去胶工艺后,必须进行湿法化学清洗。

以上讨论表明,刻蚀气体配方是等离子体刻蚀工艺的主要调节因素之一,并且随着技术演变,需要不断优化。表 18.1 列举部分常用材料的部分刻蚀气体。在实际应用时,在不同工艺模块中,对同一材料的刻蚀常应用不同刻蚀剂及工艺方案,以适应不同模块工艺集成需求。

从以上几种材料刻蚀工艺讨论可知,实际刻蚀工艺通常有预刻蚀、主刻蚀和过刻蚀 3 个阶段,其间刻蚀气体有时也需变化。预刻蚀是为了清除待刻蚀材料上的覆盖层,为主刻蚀工艺创造条件。例如,在多晶硅和铝薄膜刻蚀工艺中,都需选用合适配方先刻蚀去除 SiO_2 和 Al_2O_3 薄层。过刻蚀则是为了完全蚀刻厚度不一的薄膜和彻底清除各种刻蚀残留物。例如,在某些多晶硅栅刻蚀工艺中需要过刻蚀,以去除台阶处较厚的残留多晶硅,如图 18.31 所示。为了矫正 18.6 节将讨论的刻蚀负载效应与尺寸效应等,也需要适当的过刻蚀。为了达到预期的选择性、方向性及刻蚀速率,常需选择不同混合气体作为刻蚀剂。为了减小额外损伤和完全清除残留物,过刻蚀阶段必须选择使用对下层材料选择比足够高的刻蚀剂。

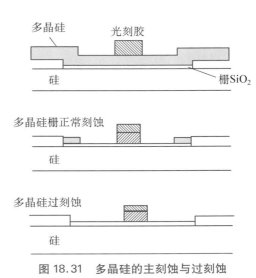

图 18.31　多晶硅的主刻蚀与过刻蚀

表 18.1　硅基器件部分材料等离子体刻蚀常用化学刻蚀剂及辅助气体

刻蚀材料	刻蚀剂	辅助气体	简注
Si	Cl_2, HBr, SF_6, NF_3	O_2	对 SiO_2 的刻蚀选择性
SiO_2	CF_4, C_4F_8, CHF_3, NF_3	H_2, O_2, CO_2	对硅的刻蚀选择性
Si_3N_4	CF_4, NF_3, CHF_3, SF_6	H_2, CO_2	需调节对硅、SiO_2 两者的选择性
高分子膜	O_2	CF_4, C_2F_6	添加氟化物有利于提高刻蚀速率
Al	Cl_2	BCl_3, $SiCl_4$	需先刻蚀清除 Al_2O_3
Al(Cu)	Cl_2	BCl_3, $SiCl_4$	离子轰击有利于清除铜
W	CF_4, SF_6	O_2	
Cr	Cl_2, $CHCl_3$	O_2	典型 O_2 含量近 1:4
Au	Cl_2		调节温度与离子能量
$TiSi_2$	CCl_2F_2	H_2, CO_2	需降低 O_2 含量

刻蚀材料	刻蚀剂	辅助气体	简注
WSi_2	CF_4，SF_6	O_2	
$MoSi_2$	Cl_2，SF_6，CF_4	O_2	

18.6　等离子体刻蚀损伤与负载效应等因素

集成芯片等离子体刻蚀工艺是受物理、化学、材料、设备等多方面因素影响的微细结构加工工艺。虽然以上对等离子体刻蚀系统、刻蚀的化学与物理机制、刻蚀的选择性与定向性、不同材料的刻蚀剂与刻蚀工艺特点进行了分析讨论,但还有许多刻蚀相关效应与因素未曾涉及。本节仅就等离子体损伤、负载及尺寸效应、刻蚀剖面结构、刻蚀工艺的安全环保等作简要讨论。

18.6.1　刻蚀的负载效应与尺寸效应

硅片刻蚀均匀性是刻蚀工艺基本要求之一。有多种因素影响刻蚀均匀性,负载效应就是其中之一。在多片等离子体刻蚀系统中,负载效应通常指如果位于进气端的硅片通过刻蚀反应消耗过多刻蚀物质,则可使位于后端的硅片得不到足够刻蚀物质。这种由于硅片刻蚀活性物质供应不足,因而影响刻蚀速率变化的现象,常称为宏观负载效应。还有一种微观负载效应,或称局域负载效应,可能影响芯片范围内的刻蚀均匀性。通常一个芯片上的待刻蚀图形及材料分布是不均匀的,有的区域需要刻蚀的图形多(密集区),有的区域则很少(孤立区)。均匀分布的离子和自由基刻蚀物质扩散到表面参与刻蚀反应,密集区将需要消耗更多反应活性物质,这可能导致密集区活性物质浓度快速消耗甚至耗尽,在活性物供给能力不够充分的情况下,密集区刻蚀速率势必慢于孤立区。为避免由于负载效应造成的非均匀刻蚀,必须增加刻蚀剂流量,使得密集区和孤立区都能得到反应活性物质的充分供给。

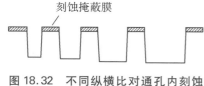

图18.32　不同纵横比对通孔内刻蚀速率的影响[5]

除了刻蚀图形分布不均匀可能影响刻蚀速率,图形具体尺寸变化也可能造成刻蚀速率不等。实验表明,RIE沟槽或通孔刻蚀速率可能显著依赖其纵横比。图18.32为一组不同纵横比通孔的刻蚀深度变化示意图。图18.32显示纵横比大的狭窄通孔,刻蚀速率明显低于较宽大的通孔,呈现典型尺寸相依刻蚀效应,这种现象常被称为纵横比相依刻蚀效应(aspect ratio dependent etching effect,ARDE)。可能有多种因素造成这一现象,但其基本原因可归纳为,进入通孔或其他微结构的自由基浓度与其宽度相关。

在RIE模式下,被鞘层电场加速的定向离子轰击入射角分布比较集中,基本垂直于被刻蚀表面,因此,离子轰击受通孔开口大小的影响较小。而自由基等中性活性反应粒子,则需通过扩散进入图形通孔内部,其入射角分布往往比较分散,相当部分偏离垂直方向的入射自由基将被通孔侧壁阻挡,因此,通孔开口的大小直接影响入射到通孔底部的自由基数量,纵横比大的狭窄通孔可能有较低密度的自由基到达底部参与反应。由于 RIE 刻蚀依赖于离子轰击与化学自由基的共同作用机制,因此,纵横比大的通孔底部刻蚀速率,会随着通孔深度的增加而明显下降,导致相同刻蚀时间内,其通孔刻蚀深度小于纵横比较小的通孔,造成刻蚀不均匀。适当过刻蚀可有助于克服非均匀刻蚀速率问题。

18.6.2　不同刻蚀剖面及其原因

如何控制反应离子刻蚀剖面是刻蚀工艺的关键问题之一。由于离子、自由基、溅射、反应、聚合、淀积、散射、反射、电荷积累等多种因素,在刻蚀过程中的相互作用,常形成不同刻蚀剖面,图 18.33 显示多种典型剖面结构。下面分别对这些刻蚀剖面的特点及其物理化学形成机制作简要分析。

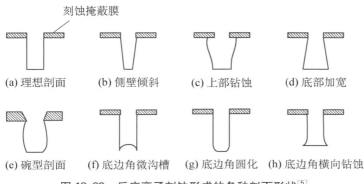

图 18.33　反应离子刻蚀形成的各种剖面形状[5]

(1) 定向刻蚀理想剖面。如图 18.33(a)所示,这是按照反应离子刻蚀机制,理应形成的侧壁陡直、底面平坦的理想沟槽或通孔刻蚀剖面,但在实际工艺中很难完全实现,只能尽可能接近。

(2) 侧壁倾斜剖面。如图 18.33(b)所示,在一定工艺条件下,侧壁聚合物淀积可减弱底部弯角处刻蚀,使刻蚀开孔逐渐缩减,形成侧壁倾斜的刻蚀剖面。这种适当倾斜侧壁剖面结构,有利于后续薄膜保形淀积与均匀填充。但聚合物过度淀积有害,甚至使刻蚀停止。

(3) 上部钻蚀剖面。如图 18.33(c)所示,与以上刻蚀相反,如果聚合物淀积速率过低,以至于在侧壁无足够钝化保护膜阻挡活性原子与侧壁反应,则可能在光刻胶掩蔽膜下出现横向钻蚀,使刻蚀图形窗口增大。

(4) 底部加宽剖面。如图 18.33(d)所示,由于侧壁刻蚀逐渐过量,导致底部加宽。两方面因素可能形成这种剖面:其一,在溅射作用强的刻蚀过程中,偏离垂直方向的掠入射离子溅射产额更高,导致底部侧壁刻蚀较大;其二,如果侧壁掩蔽膜以中性粒子“黏附”机制形成,在狭窄、纵横比大的结构内,中性粒子流量势必自上而下减小,导致下部侧壁掩蔽膜保护作用趋弱,使底部因侧壁自由基刻蚀增强而加宽。从工艺集成角度显然不希望形成这种刻蚀剖面,其将使后续薄膜淀积填充工艺变得困难。

(5) 碗型剖面。如图 18.33(e)所示,离子和自由基的反射和散射也对刻蚀剖面形状的形成有重要影响。例如,当光刻胶掩蔽膜图形剖面呈斜面状时,离子、自由基都可被反射或散射到刻蚀结构侧壁,如果黏附系数较小,就可能在结构内反复多次反射,或者如果正常入射粒子不易在待刻蚀材料表面吸附,也可能在结构内部多次反射,这些现象都会导致进入结构内部的入射离子和自由基与侧壁发生较频繁的刻蚀反应,因而形成如图 18.33(e)所示的碗型等弓形弯曲剖面。

图 18.34　微沟槽刻蚀现象的物理化学机制示意图

（6）底边角微沟槽。如图 18.33(f)所示,这种被称为微沟槽（micro-trenching)的刻蚀现象可产生极为有害的后果。这种现象的原因在于当侧壁呈现微倾斜剖面时,通常垂直入射的离子将以掠入射角度被侧壁反射,使底部边角处轰击离子数量增加,从而在底部边角处形成过刻蚀微区沟槽,图 18.34 显示这种物理化学刻蚀机制。

（7）底边角圆化。如图 18.33(g)所示,如果反应离子刻蚀工作于中性刻蚀粒子供应不足模式,到达底部边角的自由基流量下降,则可导致边角区域刻蚀减弱,形成圆化弯角。

（8）底边角横向钻蚀。如图 18.33(h)所示,这种现象可能在多晶硅/SiO_2 或 SOI 材料上层硅刻蚀时,发生在界面附近,是一种由电荷积累引起的钻蚀现象。图 18.35 可用于分析这种现象的物理化学机制,由其中左右两图对比可见,在刻蚀未达介质之前,由于硅为导体,射入的电荷可以中和,不会形成电荷积累,但当刻蚀至介质界面时,在底部介质表面会形成正电荷积累和电场畸变,从而改变入射离子运动轨迹,使离子向边角聚集,导致该处过度刻蚀。

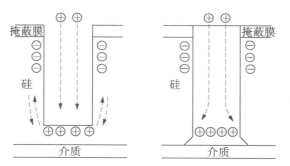

图 18.35　介质表面电荷积累造成硅刻蚀底边角横向钻蚀[6]

18.6.3　等离子体刻蚀损伤

由于等离子体刻蚀过程存在离子、电子轰击,以及电磁辐射、化学刻蚀物质与衬底的多种相互作用,在形成各种芯片功能所需结构的同时,往往可能造成器件结构与性能的损伤。图 18.33 所示(f)、(h)就是典型结构损伤。刻蚀中衬底上形成的电荷积累,不仅可产生如图 18.35 所示刻蚀离子运动轨迹扭曲,形成结构损伤,而且可能造成电性能损伤。MOS 晶体管性能往往较易受等离子体刻蚀损伤,栅介质最易遭到损害。MOS 晶体管栅介质上的栅电极及其互连线的面积,往往总是比栅介质的面积大得多,如图 18.36 所示。在等离子体刻蚀或其他辐射环境中,栅电极及其相连成一体的多晶硅或金属导体,会产生类似天线的效应,吸收电荷与电磁波,可对器件造成严重损伤。暴露于等离子体的天线面积越大,吸收电荷就越多。对于多晶硅栅刻蚀,如果由于天线效应积累的正电荷足够大,使栅介质承受的电场接近介质击穿强度（$\sim 10^7$ V/cm）,栅介质可能被击穿,导致晶体管与电路失效。因此,等离子体刻蚀损伤可能造成芯片加工成品率显著降低。任何与栅电极直接相连的导电薄膜,包括相通的多层布线,都可能产生天线效应。随着晶体管尺寸不断缩微,天线效应对 CMOS 芯片的有害作用上升,需要采取措施防范。

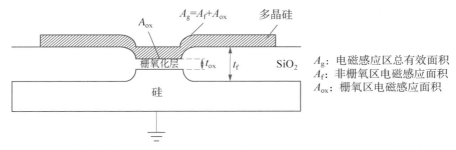

图 18.36 MOS 器件中的栅电极与其连接线形成的"天线"结构

等离子体刻蚀工艺造成的衬底损伤,可能影响集成电路长期应用可靠性。刻蚀中离子与电子轰击或电磁波辐照,可有多种机制造成损伤,可能在硅和 SiO₂ 等介质中引入离子电荷和电子损伤缺陷能态,如栅介质电子陷阱等。某些刻蚀损伤的破坏性后果并不立刻显现,而是可能隐藏在集成芯片内部,缓慢释放其作用,使器件在工作过程中性能逐渐退化与失效。栅电极天线效应就可能造成这种后果。由于等离子体刻蚀天线效应,较大面积积聚的电荷,即便不足以使栅介质击穿,但其产生的较强电场,可增强电子 Fowler-Nordheim 隧穿效应,通过面积较小的薄栅介质,泄放较大面积天线集聚的电荷。这种泄放电流会造成栅介质损伤,损伤程度与电荷量相关。隧穿电子穿越栅介质时,可能被界面或内部陷阱能态俘获,使介质绝缘性能退化。随后在器件工作状态下,这些能态的电子交换以及离子电荷迁移等变化,都可能造成晶体管阈值电压漂移、器件漏电流增加等不良后果。

另外,刻蚀过程中腔体溅射等产生的各种金属与化学污染物,如未能被清洗工艺清除干净,也可能与刻蚀剂残留物一起,逐渐扩散、迁移至晶体管关键区域,侵蚀芯片结构,破坏器件功能。

因此,在等离子体刻蚀工艺中,必须应用多种工艺表征和器件测试技术,分析特定刻蚀工艺造成的结构与器件损伤,评估损伤对芯片加工成品率及器件应用可靠性的影响,适时修正工艺方案。在某一刻蚀工艺开发阶段常需反复试验,调整刻蚀具体工艺步骤及参数。刻蚀工艺必须承上启下,与芯片整体加工步骤密切结合与集成。在集成芯片设计时,就需考虑如何避免与减少等离子体工艺对芯片可靠性的影响。为抑制天线效应对 MOS 芯片成品率和可靠性的有害影响,在芯片设计时,必须尽可能减小栅电极的天线比,即减小栅电极相连导体面积与栅介质面积之比值。芯片版图设计技术中还常需应用其他一些抑制天线效应的方法。

18.6.4 等离子体刻蚀的安全与环保影响

等离子体刻蚀普遍应用的各种气体中许多是有毒、强腐蚀性有害物质,可对工作人员产生严重伤害。硅片刻蚀工艺必须应用严密封闭的气体装置及刻蚀系统,并采取严格监控措施,严防刻蚀剂泄漏,制定严格防毒操作安全规程。刻蚀工艺设备、材料和工具的绝对安全性,刻蚀工艺相关人员的强烈安全与防范意识,安全操作规程的严格遵守,都是任何刻蚀工艺得以顺利进行的前提。

　　卤素化合物刻蚀气体不仅对人体有毒有害,其中许多还属于温室气体,对地球温度上升有影响。氟碳化合物与 SF_6 等气体虽然在大气中含量不高,但其单位质量物质对温室效应的影响,可大大高于人们熟知的温室气体 CO_2。这些化合物气体的特点是在大气中对红外辐射有较强的吸收率,并且难以自然分解,大气存留时间长。例如,CF_4 的大气存留半衰期长达 5 万年,SF_6 的寿命约为 3 400 年。气体对温室效应的影响,可用全球变暖潜势(global warming potential,GWP)来衡量、对比。GWP 是一个反映气体分子吸收与保持热量能力及在大气中存留时间的综合指数,CO_2 的 GWP 值为 1。等离子体刻蚀常用的 SF_6、氟碳化合物和氢氟碳化合物都具有高 GWP 值。其中 SF_6 的 GWP 值最高,约为 23 900,即 SF_6 分子对温室效应的影响力为 CO_2 分子的 23 900 倍。氟碳化合物的 GWP 值为 6 500~9 200,氢氟碳化合物的 GWP 值在 140~11 700 范围。因此,这 3 类化合物与 CO_2、CH_4、N_2O 一起,早在 1997 年就成为联合国气候会议《京都议定书》规定必须逐渐减排的 6 种温室气体。

　　在等离子体刻蚀技术发展中,不仅需要不断改进刻蚀系统与工艺,还必须改善安全与环保措施。一方面,要尽可能减少刻蚀气体空中排放,为此需对刻蚀腔体排出的尾气,应用专门设施进行无害化处理,通过物理作用和化学反应,分解与吸附有害物质。另一方面,需要开发与应用 GWP 值较低的刻蚀气体,如 C_5F_8、C_4F_6 等。

　　安全与环保措施不仅对等离子体刻蚀工艺十分重要,在半导体器件加工许多其他工艺过程中,也有一系列涉及安全与环保的问题。集成电路制造业也是耗能、耗水严重的产业。因此,在历年国际"半导体技术发展路线图"中,都把"环境、健康和安全"列为专题之一,提出与集成芯片制造技术升级换代相适应的环保与安全要求[34]。

思考题

　　1. 湿法腐蚀工艺有哪些特点?在纳米 CMOS 集成芯片制造技术中,是否仍有应用?

　　2. 简要讨论一般等离子体刻蚀(PE)和反应离子刻蚀(RIE)系统的共同与不同之处。对比分析 RIE 与离子束刻蚀技术的各自特点与应用领域。

　　3. 为什么需要应用双频电容耦合等离子体刻蚀系统?简要分析气体放电电源频率对等离子体密度和自偏置电势的影响与原因。

　　4. 分别简要分析电感耦合与电子回旋共振微波等离子体刻蚀技术的特点。

　　5. 为什么需要开发中性束刻蚀技术?分析把气体放电等离子体转化为中性束的物理机制。

　　6. 等离子体中存在哪些刻蚀作用粒子?试对比分析这些粒子的生成机制与作用。

　　7. 讨论等离子体表面化学反应刻蚀的机制、过程与特点。

　　8. 试分析反应离子刻蚀的机理有哪些物理与化学因素?分析各种因素之间的关系。"RIE"之名是否"符实",是否有更为确切的名称?

　　9. 为什么在等离子体刻蚀过程中可能存在聚合反应与薄膜淀积?它们与哪些因素相关?如何利用聚合反应优化刻蚀工艺?

　　10. 从刻蚀机理分析,为什么深亚微米及纳米 CMOS 集成芯片加工需要应用高密度等离子体刻蚀技术?

　　11. 结合刻蚀微观过程,分析硅刻蚀速率依赖掺杂水平与类型的机理。

　　12. 对比分析硅、SiO_2、Si_3N_4、铝等不同材料等离子体刻蚀的各自特点。

　　13. 光刻胶刻蚀为什么被称为"灰化工艺"?为什么需采用"下游"刻蚀工艺?光刻胶刻蚀工艺如何用于获取超越光刻分辨率的细线条?

　　14. 以接触孔刻蚀为例,分析刻蚀均匀性与剖面受到哪些物理与化学因素影响。

15. 如何理解集成芯片中的天线效应? 分析其机制及危害,设想抑制其作用的途径。

参考文献

[1] P. Zhang, Wet etching, Chap. 11 in *Semiconductor Manufacturing Handbook*. Ed. H. Geng, McGraw-Hill Company, New York, 2005.

[2] G. S. May, S. M. Sze, Etching, Chap. 5 in *Fundamentals of Semiconductor Fabrication*. John Wiley & Sons Inc. , New York, 2003.

[3] 王涓,孙岳明,黄庆安等,单晶硅各向异性湿法腐蚀机理的研究进展. 化工时刊,2004,18(6):1.

[4] 唐彬,袁明权,彭勃等,单晶硅各向异性湿法刻蚀的研究进展. 微纳电子技术,2013,50(5):327.

[5] P. L. G. Ventzek, Shahid Rauf, Terry Spark, Plasma etch, Chap. 21 in *Handbook of Semiconductor Manufacturing Technology*, 2nd Ed. . Eds. R. Doering, Y. Nishi, CRC Press, Boca Raton, Florida, USA, 2008.

[6] S. Lai, Plasma etching, Chap. 12 in *Semiconductor Manufacturing Handbook*. Ed. H. Geng, McGraw-Hill Company, New York, 2005.

[7] H. H. Goto, H. D. Lowe, T. Ohmi, Dual excitation reactive ion etcher for low energy plasma processing. *J. Vac. Sci. Technol. A*, 1992,10(5):3048.

[8] T. Tatsumi, H. Hayashi, S. Morishita, et al. , Mechanism of radical control in capacitive RF plasma for ULSI processing. *Jpn. J. Appl. Phys.*, 1998,37(4B):2394.

[9] Q. H. Yuan, Y. Xin, G. Q. Yin, et al. , Effect of low-frequency power on dual-frequency capacitively coupled plasmas. *J. Phys. D: Appl. Phys.*, 2008,41(20):205209.

[10] M. Ishimaru, T. Ohba, T. Ohmori, et al. , Diagnostics for low-energy electrons in a two-frequency capacitively coupled plasma in Ar. *Appl. Phys. Lett.*, 2008,92(07):071501.

[11] T. Kitajima, Y. Takeo, N. Nakano, et al. , Effects of frequency on the two-dimensional structure of capacitively coupled plasma in Ar. *J. Appl. Phys.*, 1998,84(11):5928.

[12] P. C. Boyle, A. R. Ellingboe, M. M. Turner, Independent control of ion current and ion impact energy onto electrodes in dual frequency plasma devices. *J. Phys. D: Appl. Phys.*, 2004,37 (5):697.

[13] S. K. Karkari, A. R. Ellingboe, Effect of radio-frequency power levels on electron density in a confined two-frequency capacitively-coupled plasma processing tool. *Appl. Phys. Lett.*, 2006, 88(10):101501.

[14] V. Lisovskiy, J. P. Booth, K. Landry, et al. , Modes of low-pressure dual-frequency (27/2 MHz) discharges in hydrogen. *Plasma Sources Sci. Technol.*, 2008,17(2):025002.

[15] J. Liu, Y. X. Liu, Z. H. Bi, et al. , Experimental investigations of electron density and ion energy distributions in dual frequency capacitively coupled plasmas for Ar/CF_4 and Ar/O_2/CF_4 discharges. *J. Appl. Phys.*, 2014,115(1):013301.

[16] T. H. Chung, Scaling laws for dual radio-frequency capacitively coupled discharges. *Phys. Plasmas*, 2005,12(10):104503.

[17] K. P. Giapis, T. A. Moore, T. K. Minton, Hyperthermal neutral beam etching. *J. Vac. Sci. Technol. A*, 1995,13(3):959.

[18] M. J. Goeckner, T. K. Bennett, S. A. Cohen, A source of hyperthermal neutrals for materials processing. *Appl. Phys. Lett.*, 1997,71(7):980.

[19] S. Samukawa, K. Sakamoto, K. Ichiki, High-efficiency neutral-beam generation by

combination of inductively coupled plasma and parallel plate DC bias. *Jpn. J. Appl. Phys.*, 2001,40(7B):L779.

[20] S. Noda, H. Nishimori, T. Ida, et al., 50 nm gate electrode patterning using a neutral-beam etching system. *J. Vac. Sci. Technol. A*, 2004,22(4):1506.

[21] T. Kubota, O. Nukaga, S. Ueki, et al., 200-mm-diameter neutral beam source based on inductively coupled plasma etcher and silicon etching. *J. Vac. Sci. Technol. A*, 2010,28 (5):1169.

[22] T. Kubota, N. Watanabe, S. Ohtsuka, et al., Numerical simulation on neutral beam generation mechanism by collision of positive and negative chlorine ions with graphite surface. *J. Phys. D: Appl. Phys.*, 2011,44(12):125203.

[23] K. Miwa, Y. Nishimori, S. Ueki, et al., Low-damage silicon etching using a neutral beam. *J. Vac. Sci. Technol. B*, 2013,31(5):051207.

[24] J. W. Coburn, H. F. Winters, Ion and electron assisted gas-surface chemistry-an important effect in plasma etching. *J. Appl. Phys.*, 1979,50(5):3189.

[25] J. W. Coburn, Surface-science aspects of plasma assisted etching. *Appl. Phys. A*, 1994,59 (5):451.

[26] J. W. Coburn, H. F. Winters, Plasma etching—a discussion of mechanisms. *J. Vac. Sci. Technol.*, 1979,16(2):391.

[27] H. F. Winters, Ion-induced etching of SiO_2: the influence of mixing and lattice damage. *J. Appl. Phys.*, 1988,64(5):2805.

[28] C. J. Mogab, H. J. Levinstein, Anisotropic plasma etching of polysilicon. *J. Vac. Sci. Technol.*, 1980,17(3):721.

[29] Y. H. Lee, M. M. Chen, Silicon doping effects in reactive plasma etching. *J. Vac. Sci. Technol. B*, 1986,4(2):468.

[30] Y. H. Lee, M. M. Chen, A. A. Bright, Doping effects in reactive plasma etching of heavily doped silicon. *Appl. Phys. Lett.*, 1985,46(3):260.

[31] L. M. Ephrath, E. J. Petrillo, Parameter and reactor dependence of selective oxide RIE in $CF_4 +$ H_2. *J. Electrochem. Soc.*, 1982,129(10):2282.

[32] J. Chung, M. C. Jeng, J. E. Moon, et al., Deep-submicrometer MOS device fabrication using a photoresist-ashing technique. *IEEE Elec. Dev. Lett.*, 1988,9(4):186.

[33] M. Ono, M. Saito, T. Yoshitomi, et al., A 40 nm gate length n-MOSFET. *IEEE Trans. Elec. Dev.*, 1995,42(10):1822.

[34] Environment, safety, and health (ESH), *ITRS-2013*. http://www.itrs2.net.

第**19**章

金属硅化物与集成芯片接触工艺

如本书第 4 章所述,集成芯片加工过程可分为两部分,通过前端工艺制造晶体管及其他单元器件,再以后端工艺把大量单元器件互连成电路和系统。器件接触则是"承前启后"的中间关键工艺步骤,是影响和决定集成芯片集成度、速度与可靠性的主要因素之一。器件接触工艺优劣,既影响晶体管性能,也影响集成电路互连良率。在集成电路技术不断升级换代过程中,促使这种"承前启后"工艺能够同步快速演进的,可以说是金属硅化物技术。随着集成芯片单元器件微小型化进展,一代又一代金属硅化物接触工艺研究与应用相继成功。芯片前、后端技术的持续进步,要求金属硅化物材料和工艺不断相应创新。从双极型集成电路中的 PtSi、Pd_2Si 欧姆接触及肖特基接触,到 MOS 集成电路中与多晶硅复合的 WSi_2、$MoSi_2$、$TaSi_2$ 栅电极,从适于亚微米器件的 $TiSi_2$,到深亚微米器件的 $CoSi_2$,再到纳米器件的 NiSi 源漏栅自对准硅化物接触工艺,先后成功用于一代又一代高性能硅集成芯片制造。金属硅化物成为先进微电子器件技术的关键薄膜材料之一。

在典型 NPN 双极和 CMOS 芯片制造流程中,"硅化物"工艺模块都是处于前端和后端工艺之间"承前启后"的关键部分。图 19.1 显示典型 NPN 双极型和 CMOS 器件剖面及它们的金属硅化物接触电极结构。硅化物在双极型器件中用于制备发射极、基极和集电极的欧姆接触,如图 19.1(a)所示。在双极型集成电路中还应用肖特基接触器件,提高器件工作频率。硅化物广泛应用于 MOS 集成电路,用作源漏区接触与栅电极,如图 19.1(b)所示。

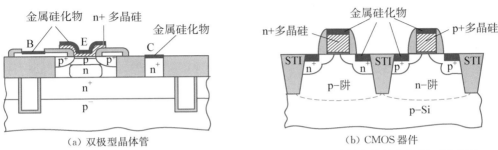

（a）双极型晶体管　　　　　　　　（b）CMOS 器件

图 19.1　典型 NPN 双极型晶体管和 CMOS 器件结构及金属硅化物接触电极剖面示意图

金属硅化物是一个材料与技术内容十分丰富的领域,自 20 世纪 60 年代以来,始终与微电子器件技术发展密切结合,其相关材料研究与器件工艺技术开发不断创新,积累了大量文献资料,其中包括许多综述论文及专著[1-8]。本章仅就集成芯片制造相关最基本的硅化物材料及工艺技术进行讨论,更为深入的专门论述,读者可查阅相关资料并关注最新发展。高性能集成芯片中,有源器件通常都需要通过其金属硅化物接触电极,与整体电路相连接。金属硅化物还可用于形成器件间的局部互连。在探索未来微纳电子器件技术发展途径的研究中,金属硅化物薄膜材料与工艺技术仍是重要课题之一。在本书第4、第5、第6、第8章等内容中,结合各种集成电路制造工艺介绍,已有多处涉及金属硅化物在集成电路中的应用。本章将首先简要介绍金属硅化物基本制备方法,随后概述集成电路接触工艺演变、金属硅化物的种类、结构及特性、器件工艺要求及存在问题等,接着分别讨论在CMOS集成芯片制造中得到应用的 $TiSi_2$、$CoSi_2$、$NiSi$ 3 种自对准金属硅化物技术,最后简要分析立体多栅集成芯片中的新型超低接触电阻率硅化物接触技术。

19.1 金属硅化物薄膜制备基本方法

本节在简要介绍制备金属硅化物薄膜的物理气相淀积和化学气相淀积方法后,重点讨论适于形成自对准硅化物器件结构的金属/硅固相反应薄膜技术。

19.1.1 物理和化学气相淀积硅化物薄膜

金属硅化物薄膜不仅广泛用于各种硅器件,也在 GaAs 等其他半导体材料器件制造中得到应用。硅化物薄膜的基本制备方法可分为两类:一类为气相淀积,另一类为固相反应。前者又有两种,即物理气相淀积和化学气相淀积。由这两种气相方法淀积的薄膜,都需要经过适当温度热处理工艺,以获得具有优良导电等物理化学性能的薄膜。PVD 或 CVD 直接淀积的金属-硅组合薄膜,通常为非晶态,电阻率高,只有经过适当热退火工艺,才能转变为低电阻导电薄膜。实际上气相淀积薄膜热退火,也是一种固相化学反应过程。金属硅化物薄膜需应用薄层电阻、霍尔效应等测试其导电特性,用 XRD、TEM 等表征技术测定与分析其晶体结构。

PVD 硅化物薄膜淀积是用溅射或蒸发等物理气相淀积技术,在基片上形成一定比例金属与硅的组合薄膜,是许多金属硅化物的早期制备方法。20 世纪 80 年代初以前,曾经应用共蒸发、溅射等方法制备多种金属硅化物薄膜,用于测试分析各种硅化物的基本物理化学性质,获取导电性、晶体结构等数据。其后随着溅射技术发展,磁控溅射广泛用于金属硅化物材料研究与器件制造工艺。80 年代初曾以溅射技术淀积 WSi_2、$MoSi_2$ 和 $TaSi_2$ 等多种硅化物薄膜,用于 MOS 超大规模集成电路接触与互连实验研究。这些难熔金属硅化物往往需要经过 $900℃$ 上下较高温度退火,以获得良好导电性。目前存在两种溅射淀积工艺:一种采用高纯度金属靶和硅靶,通过同时共溅射或交替多层溅射,在基片淀积适当原子比的合金薄膜;另一种采用预制的金属-硅合金靶溅射,这种合金靶通常由一定比例的高纯金属与硅粉末,经压制、烧结等工艺制成。实验研究表明,为制备应力较小、电导性能较好的金属硅化物,共溅射与合金靶溅射都常使淀积薄膜具有富硅组分。有关薄膜溅射技术可参见本书第 16 章。硅化物薄膜溅射淀积方法具有适用范围广、工艺简便、易于调节薄膜组分等特点,宜于研究开发新型硅化物材料与工艺,也可用于非硅材料器件。在集成芯片规模生产领域,金属硅化物已较少应用 PVD 直接淀积技术。

CVD 硅化物薄膜淀积是自金属硅化物在集成电路中的应用技术受到重视以后,有一些机构和研究者开始研究的硅化物薄膜化学气相淀积技术。$TiSi_2$、WSi_2、$MoSi_2$ 和 $TaSi_2$ 等难熔金属硅化物的 CVD 工艺都曾有研究报道,但得到集成芯片制造产业成功应用的为 CVD–WSi_2 工艺,其具体工艺参见本书 17.7.2 节。CVD 方法制备 WSi_2 具有薄膜台阶覆盖性能优、均匀性好、与多晶硅等工艺相容性强、适用于生产环境等特点。对于其他金属硅化物 CVD 薄膜技术,存在反应前体选择与制备、淀积工艺控制等难点。

19.1.2　固相反应金属硅化物薄膜

通过在硅表面淀积金属(M)薄膜和适当温度热处理,实现金属/硅固相化学反应,生成一定化学计量比的金属硅化物,是高性能硅集成芯片制造中普遍应用的主要方法。通常用溅射技术淀积金属膜,用快速热退火或其他加热方法实现固相反应,也可应用激光束等能束辐照诱导 M/Si 反应。固相反应金属硅化物,是自对准硅化物器件结构与工艺的基础原理。图 19.1 所示 CMOS 与双极型集成器件中单晶或多晶硅接触区的金属硅化物薄层,就是应用这种方法制备的。M/Si 固相反应可用下式表示:

$$m\,\mathrm{M} + n\,\mathrm{Si} \longrightarrow \mathrm{M}_m\mathrm{Si}_n \tag{19.1}$$

固相反应是通过金属和硅原子相互扩散运动及化学结合完成的。在远低于金属和硅熔点的较低温度下,金属与硅原子间的互扩散和界面反应,可生成某种晶相的金属硅化物。表 19.1 列出部分常用硅化物固相反应形成温度,以及薄膜的稳

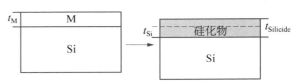

图 19.2　M/Si 固相反应形成金属硅化物示意图

定温度范围与材料熔点。表 19.1 还给出形成特定晶相金属硅化物反应过程中的主导扩散原子。金属与硅两者中何种原子为主导扩散粒子,对硅化物薄膜形成的自对准性等有重要影响。镍等金属原子在硅中以间隙方式扩散,故可在较低温度通过固相反应,形成金属硅化物。例如,Ni/Si 在约 200℃ 就开始固相反应生成 Ni_2Si,然后在约 300℃ 以上进一步反应生成 NiSi。钨等难熔金属原子不能以间隙方式扩散,导致固相反应温度较高。图 19.2 显示硅片上 M/Si 固相反应前后的结构变化。

表 19.1　部分金属硅化物固相反应形成温度及主导扩散原子

硅化物	固相反应温度(℃)	主导扩散原子	最高应用温度(℃)	熔点(℃)
$TiSi_2$(C54)	750~850	Si	<950	1 500
$CoSi_2$	600~750	Co	<900	1 326
NiSi	300~500	Ni	<700	992
PtSi	400~600	Pt	<800	1 229
Pd_2Si	175~450	Pd, Si		901
WSi_2	690~740	Si	1 000	2 160
$MoSi_2$	850	Si	1 000	2 007

由钛、镍、铂等金属与硅的相图可知,存在多种不同化学计量比的化合物。通过固相反应,可以获得其中部分硅化物薄膜,包括富金属或富硅不同原子比的硅化物。例如,在 Ti‐Si 相图上可见 5 种硅化物,Ti/Si 固相反应通常可生成 Ti_5Si_3、TiSi、$TiSi_2$。不同组分的硅化物具有不同晶体结构,这些化合物有不同的形成热。在较低温度下 Ti/Si 固相反应首先生成 Ti_5Si_3,提高退火温度会相继生成 TiSi、$TiSi_2$。较高温度形成的 $TiSi_2$ 是钛系硅化物中最为稳定的化合物。钨、钼、钽、钴、镍等许多过渡金属也都形成稳定性高的双硅化合物 MSi_2。

固相反应金属硅化物与气相淀积硅化物的重要区别在于,硅化物/硅界面形成在硅内部。TEM 等表征技术显示,由铂、钛、钴、镍等金属固相反应形成的硅化物/硅界面,可具有原子级平整度,是一种较理想的异质接触界面。某些与硅晶格排列相接近的硅化物,如 $CoSi_2$、$NiSi_2$,还可通过固相反应形成外延硅化物晶体薄层。图 19.2 显示硅化物/Si 界面位于硅初始表面以下 t_{Si} 深度之处。以厚度为 t_M 的金属膜与硅衬底固相反应,形成厚度为 $t_{Silicide}$ 的硅化物,所消耗的硅层厚为 t_{Si},可用以下简式表达这种关系:

$$t_M + t_{Si} \longrightarrow t_{Silicide} \tag{19.2}$$

上式并非简单厚度的叠加关系,而是表达固相反应中反应物与生成物的体量关系。在固相反应过程中金属、硅和硅化物三者体积的变化是由它们的晶体结构及原子密度决定的。表 19.2 列出部分金属硅化物形成时 t_M、t_{Si}、$t_{Silicide}$ 三者之间比值数据。这些数据可以根据金属、硅和金属硅化物三者的晶体结构,以及其中分子或单个原子占据的体积之比计算得到。

表 19.2　部分 M/Si 固相反应形成金属硅化物的体积变化

金属	硅化物	$t_{Silicide}/t_M$	t_{Si}/t_M	$t_{Silicide}/t_{Si}$	$t_{Si}/t_{Silicide}$	$t_{Silicide}/(t_M+t_{Si})$
Ti	$TiSi_2$	2.44	2.22	1.10	0.91	0.76
Co	$CoSi_2$	3.49	3.61	0.97	1.03	0.76
Ni	NiSi	2.22	1.83	1.21	0.82	0.78
Ni	$NiSi_2$	3.59	3.67	0.98	1.02	0.77
Pt	PtSi	1.98	1.32	1.50	0.67	0.85
Pd	Pd_2Si	1.42	0.68	2.09	0.48	0.84
W	WSi_2	2.58	2.53	1.02	0.98	0.73
Mo	$MoSi_2$	2.60	2.58	1.01	0.99	0.73

根据表 19.2 数据,可以计算形成硅化物时需要消耗的硅层厚度,结合电阻率高低,可用以分析不同硅化物的实用性。表 19.2 数据还表明,在硅衬底上 M/Si 固相反应形成硅化物时,物质体积显著压缩。例如,Ni/Si 形成 NiSi,体积收缩 22%,相应线性收缩达 60%。因此,固相反应硅化物薄膜通常存在张应力,但通过热处理可消除部分应力,使实际测得的应力显著减小。硅衬底上硅化物薄膜应力,还与两者晶格失配及热膨胀系数的差别有关。

19.2　金属/半导体接触电阻

本节首先介绍包括金属硅化物在内的金/半接触电阻对缩微 MOS 器件性能影响,随后分析决定金/半接触电阻率的材料因素,并讨论不同金属硅化物/硅接触界面势垒,及其接触电阻率与硅表面掺杂浓度的关系。

19.2.1　MOS 晶体管的串联电阻与接触电阻

在集成电路演进过程中,降低晶体管串联电阻,一直是改善器件性能、提高电路速度的途径之一。图 19.3 显示典型 MOS 晶体管部分结构及导通状态下相应区域串联电阻构成。理想 MOS 晶体管可以说是一个由栅电压控制的可变沟道电阻(R_{ch}),源漏区之间电流应由栅电压控制的沟道区可变电阻决定。但是,实际 MOS 晶体管中有一系列其他性质的电阻,与沟道电阻相串联,如图 19.3 所示。其中,R_{ac} 为源漏区与栅电极交叠处的载流子积累区电阻,R_{sp} 为沟道电流进入源漏区的扩展电阻,R_{sh} 为高掺杂源漏区的薄层电阻,R_{co} 为宽度为 L 的源漏区接触窗口内、金属与硅的界面接触电阻及其下面的扩展电阻。MOS 晶体管的整体等效电阻(R_{eff})可用下式表示:

$$R_{eff} = R_{ch}(V_g) + 2(R_{ac} + R_{sp} + R_{sh} + R_{co}) \tag{19.3}$$

对于沟道较长的 MOS 晶体管,与沟道电阻相比,其他各项串联电阻都较小,对晶体管输出电流影响小。随着晶体管缩微,串联电阻的影响愈益增大。上述几种串联电阻中,受尺寸缩微影响最大的,当属接触电阻。接触电阻与体电阻不同,其大小由异质接触界面性质决定,与接触面积成反比,其比例常数称为接触电阻率,量纲为 $\Omega \cdot cm^2$。面积缩微可使晶体管接触电阻增大,成为影响器件性能的主要因素之一。对于双极型器件,随着尺寸缩微,接触电阻对晶体管性能影响也越来越大。因此,为了降低接触电阻、提高晶体管性能,必须研究具有更低接触电阻率的接触材料与工艺,这是集成电路性能优化的关键课题之一。

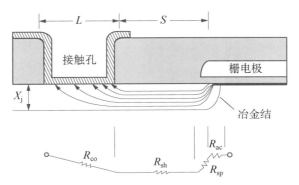

图 19.3　MOS 晶体管沟道区与源漏区接触间的串联电阻分布模型[9]

19.2.2　金-半接触电阻率

如本书 3.2 节所讨论,金属与半导体的接触性质取决于它们之间的界面特性。依赖于两者的电子功函数大小差别,可以形成肖特基接触,也可以形成欧姆接触。但铝等常用金属及金属硅化物,通常和硅的界面存在肖特基接触势垒。对于势垒接触,跨越势垒的热发射载流子电流密度(J)与所施加电压(V)的依赖关系可用下式表示:

$$J = A^* T^2 \exp(-q\phi_B/kT)\left[\exp\left(\frac{qV}{kT}\right) - 1\right]$$ (19.4)

其中,$q\phi_B$ 是界面势垒高度,A^* 为由载流子有效质量等参数决定的有效理查逊常数,其单位为 $A/(K^2 \cdot cm^2)$,k 为玻尔兹曼常数,T 为绝对温度。通过对(19.4)式微分,可以得到反映界面电学特性的接触电阻率(也称比接触电阻),如下式所示:

$$R_c = \frac{dV}{dJ}\bigg|_{V=0} = \frac{k}{qA^*T}\exp\left(\frac{q\phi_B}{kT}\right) \quad [\Omega \cdot cm^2]$$ (19.5)

晶体管单个接触孔的接触电阻与其面积(S)成反比,可用下式计算:

$$R_{co} = R_c/S \quad [\Omega]$$ (19.6)

上式表明,接触电阻率的变化取决于接触界面势垒高度。当界面势垒为 0.85 eV 时,室温 R_c 值可达 10^5 $\Omega \cdot cm^2$,呈现典型的肖特基接触特性;如果界面势垒降为 0.25 eV,室温下接触电阻率可降至 10^{-7} $\Omega \cdot cm^2$ 量级,则呈现欧姆接触特性。金-半接触特性不仅依赖于势垒高度,也与势垒宽度密切相关。由金-半接触电势差决定的势垒宽度,即半导体耗尽层宽度,取决于半导体的掺杂浓度。在高掺杂半导体接触界面,势垒宽度窄,载流子有很大隧道穿越几率,隧穿载流子构成主导电流,即便界面势垒高,也可使接触电阻显著降低。基于载流子隧穿效应,对于较高掺杂浓度半导体,接触电阻率可用下式计算:

$$R_c \approx A \exp\left[\frac{4\pi\sqrt{\varepsilon m^*}}{h}\left(\frac{\phi_B}{\sqrt{N_D}}\right)\right]$$ (19.7)

其中,N_D 为半导体掺杂浓度,A 为常数,ε 为介电常数,m^* 为载流子有效质量,h 为普朗克常数。

图 19.4 为计算所得 4 种不同势垒高度条件下,接触电阻率与掺杂浓度的关系曲线,并给出 Al/Si 和 PtSi/Si 接触的部分实验数据。图 19.4 显示接触电阻率随掺杂浓度有多个数量级变化。在高掺杂区域,接触电阻率随浓度上升而快速降低,呈现欧姆接触特性;在小于 10^{17} cm^{-3} 的低掺杂区域,接触电阻率趋于平坦,不按照浓度变化,而是取决于接触势垒高度,呈现肖特基单向导电接触特性。

以上分析表明,降低晶体管接触电阻率主要可以通过两个途径:一是尽可能增

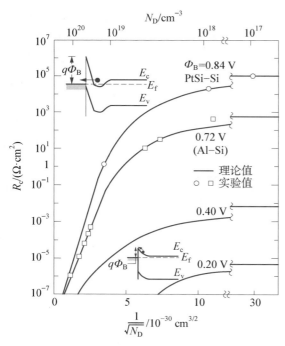

图 19.4 接触电阻率对于掺杂浓度的依赖关系[3]

大接触区表层杂质浓度,二是选用接触势垒尽可能低的导体材料。图 19.4 中上下两个插图分别显示这两种途径的载流子输运物理机制。

19.2.3　硅化物/硅接触界面势垒

　　在半导体器件技术演进过程中,金属硅化物既可应用于制备具有优良单向导电性能的肖特基接触,也能用于形成低电阻欧姆接触。由前面的分析可知,应用同一种硅化物,在同一硅片上,可在不同掺杂区域同时形成肖特基接触和欧姆接触,如图 19.5 所示。在一些高速双极型器件中,正

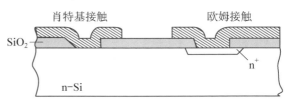

图 19.5　同一硅片上的肖特基与欧姆两种不同性质接触

是利用图 19.5 所示结构制作高频肖特基接触二极管。金属硅化物更为普遍的应用,是形成各种超大规模集成芯片中的晶体管欧姆接触。决定两种不同接触性能的共同重要参数是界面势垒高度。表 19.3 列出 8 种金属硅化物和硅的接触势垒高度,$q\phi_{Bn}$ 为 n - Si 接触的电子势垒,$q\phi_{Bp}$ 为 p - Si 接触的空穴势垒。通常利用低掺杂硅衬底上制备的硅化物接触,测量其势垒高度。测量可采用 I - V 、C - V 和光吸收谱等不同方法。虽然按一般理论,接触势垒是由两种材料的功函数差值决定,但是,由于受界面缺陷等多种因素影响,不同出版物报道的势垒高度测试数据常有差别。有关 $q\phi_{Bn}$ 的报道较多,表 19.3 中的 $q\phi_{Bp}$ 是依据 $q\phi_{Bn}$ + $q\phi_{Bn}$ = E_g(硅禁带宽度)关系推测的。同样,由于实际样品接触界面的复杂性,实测数据常常不严格符合此关系。

表 19.3　部分金属硅化物与硅的接触势垒高度(eV)

硅化物	TiSi₂	CoSi₂	NiSi	PtSi	Pd₂Si	WSi₂	MoSi₂	ErSi₂
$q\phi_{Bn}$	0.61	0.65	0.67	0.87	0.75	0.67	0.55	~0.3
$q\phi_{Bp}$	0.49	0.45	0.43	0.23	0.35	0.43	0.45	~0.8

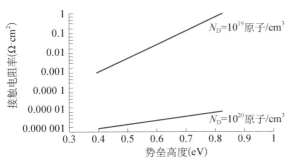

图 19.6　接触电阻率随界面势垒高度的变化

　　迄今集成电路中应用的金属硅化物材料与硅的势垒高度大多约为 0.6 eV,降低欧姆接触电阻率的实际途径主要是提高接触区(如源漏区)和多晶硅的掺杂浓度。随着纳米 CMOS 单元器件尺寸持续缩微,接触电阻对晶体管电流限制更为严重,而硅中掺杂浓度已接近和超过硼、砷等杂质固溶度,继续以增加掺杂浓度来降低接触电阻的难度增大。根据(19.7)式,图 19.6 显示接触电阻率随界面势垒高度降低呈现指数减小规律。

即便在高达 10^{20} cm^{-3} 的高掺杂表层浓度条件下,选择界面势垒高度更低的导体接触材料,也可进一步降低接触电阻率。因此,应用更低势垒接触硅化物材料,成为进一步减小接触电阻率的有效途径。显然用一种硅化物薄膜难以在 n⁺ - Si 和 p⁺ - Si 上同时形成低势

垒接触。因此有研究者建议,以与 p 型硅具有低势垒的 PtSi 用于 PMOS 晶体管,以与 n 型硅具有低势垒的 ErSi$_2$ 用于 NMOS 晶体管。

早在 MOS 器件发展初期的 1968 年,M. P. Lepselter 和 S. M. Sze 就提出用肖特基接触代替 pn 结做源漏区,形成肖特基结源漏 MOS 晶体管结构(SBSD - MOSFET)。近年在纳米 CMOS 制造技术中,遇到需要源漏 pn 结深越来越浅、晶体管串联电阻愈益增大的难题,促使人们对肖特基结源漏 CMOS 器件的可行性研究兴趣增强。在这种课题研究中,也需要应用低势垒硅化物形成肖特基接触,以获得较大的晶体管驱动电流。

19.3 从铝接触到金属硅化物接触

优良的金属/半导体接触,需要通过两者之间均匀而有限的反应实现。通过适度热处理,在金属/硅之间形成均匀而有限界面反应,是获得平坦紧密接触的关键所在。过度反应则导致接触电学性能失效。本节在分析 Al/Si 接触工艺的优势和界面尖刺及电迁移效应等可靠性问题后,分析改进 Al/Si 接触工艺途径,讨论定域固相反应硅化物/硅接触工艺的突出优越性。

19.3.1 Al/Si 直接接触的优势与弊病

自从应用硅平面工艺,集成电路进入工业化生产以来,铝就成功用于晶体管接触与电路互连金属化。这是由于铝既具有高电导性,又具有优良可加工性,且工艺简便,易于制备薄膜及形成图形,Al/Si 接触和铝层互连布线可同时完成。因此,铝薄膜接触与互连技术在各种集成电路制造中,长期得到广泛应用,至今在尺寸较大、pn 结较深器件生产中仍采用已有许多改进的铝金属化技术。

但是,随着硅器件缩微技术发展,Al/Si 接触的某些固有缺点,限制其在高集成密度及高传输速度硅芯片制造中的应用。图 19.7 显示 Al/Si 接触的结构及其可能存在的问题。图 19.7(a)为 Al/Si 接触的全覆盖理想结构;图 19.7(b)为光刻工艺对准错位形成的不完全 Al/Si 接触;图 19.7(c)则揭示由于 Al/Si 互溶导致的 pn 结损伤及穿通现象,严重影响集成芯片生产成品率和应用可靠性。

为了获得良好欧姆接触特性,硅接触孔表面必须被铝薄膜完全覆盖。这就要求铝光刻图形尺寸必须有足够对准宽余度,以避免出现图 19.7(b)的情形。接触孔的不完全铝覆盖,既会使接触电阻增大,硅表面暴露又可能影响晶体管性能。铝膜光刻掩模设计的严格对准要求,显然有碍于提高金属互连和器件集成密度。铝互连的其他弊病在第 20 章将有更多讨论。

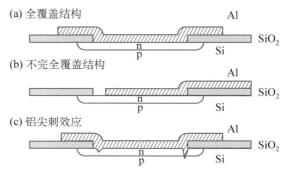

图 19.7 Al/Si 接触的全覆盖结构、不完全覆盖结构和铝尖刺效应

19.3.2　铝尖刺效应及其机制

Al/Si 接触存在的严重问题,是导致 pn 结穿通的铝尖刺效应(spiking effect),如图 19.7 (c)所示。尖刺效应也常被称为尖镦或尖峰效应,是由于 Al/Si 界面扩散与互溶现象造成的。由 Al–Si 相图可知,这两种元素不能形成化合物。但如图 19.8 所示,硅在铝中有较高溶解度,在 500℃ 约为 1% 原子比,当温度升至共晶点(577℃)时可达近 2% 原子比,而且硅在铝中具有很高的扩散速率。由本书第 12 章所列数据可以看到,铝在硅中的溶解度很低,小于 0.001%,较低温度下铝原子在硅中的扩散速率也微乎其微,比硅在铝中的扩散速率小十多个数量级。形成低电阻 Al/Si 接触,通常必须经过 450~500℃ 合金化退火,铝可以溶解硅表面残余氧化层,这有益于形成 Al/Si 紧密接触。但在加热过程中,硅原子在铝膜中以较高扩散速率溶入铝膜。有实验显示,450℃ 下 5 min 退火后观察到,硅原子可自接触孔扩散出 15 μm。这种“Al 吃 Si”的现象也可以说是一种“固相腐蚀”。硅表面残余氧化层不均匀性,使各点扩散与溶入铝膜的硅原子数量可有很大差别,导致 Al/Si 界面物质迁移或腐蚀现象的非均匀性。硅表层有较多原子迁移的区域会形成空隙(空洞)。这种空隙随后可被铝填充,形成铝导电尖刺,深入硅层。对于尺寸较大、pn 结较深的器件,这种铝尖刺效应影响尚小;对于浅 pn 结缩微器件,铝尖刺效应则可能导致漏电增加、性能退化。如果铝尖刺穿越过 pn 结,则造成结穿通,使器件完全失效。

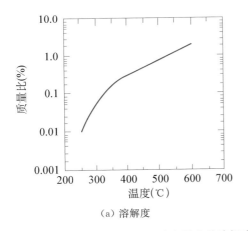
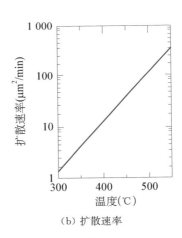

(a) 溶解度　　　　　　　　　(b) 扩散速率

图 19.8　硅在铝中的溶解度和扩散速率随温度变化关系

硅晶体结构的各向异性,也会影响 Al–Si 相互作用产生的固相腐蚀现象。与某些液相化学腐蚀类似,不同晶面的固相腐蚀速率可显著不同。图 19.9 为 Al/Si 接触经热退火合金化、并腐蚀去除铝层后,两种不同晶面衬底的硅表面腐蚀坑 SEM 图形。Si(111)衬底上的腐蚀坑为三角形,Si(100)衬底上则呈现倒四棱锥体形的腐蚀坑,其侧面为 Si(111)晶面。两者与典型液相各向异性腐蚀坑相似,都是由硅晶体结构决定的。由于 Si(111)双层密排面的腐蚀速率最慢,各向异性腐蚀坑的暴露面通常为(111)晶面。

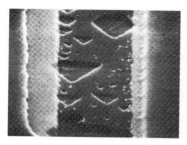　　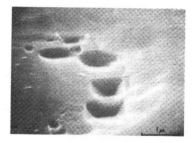

(a) Si(111)衬底　　　　　　　　　(b) Si(100)衬底

图 19.9　金属化 Al/Si 接触去除铝层后不同晶面衬底的硅表面腐蚀坑

19.3.3　克肯达耳效应与电迁移效应的影响

　　应该指出,上述 Al/Si 界面的物质迁移现象,是异质元素固体界面普遍存在的克肯达耳效应(Kirkendall effect)的一种体现。1942 年发现,随后以发现者命名的克肯达耳效应,是在两种相互扩散速率显著差异的异质元素固体界面,可能发生不对称的物质迁移现象,在较高温度下,扩散速率大的元素物质输运至扩散速率小的材料中,而自身内部产生空洞。这种空洞被称为克肯达耳空洞(Kirkendall void)。两种材料原子的不对称扩散,晶格空位的产生、迁移与凝聚,导致产生克肯达耳空洞。因此,在某些其他金属/半导体组合接触界面,也可能发生具有破坏性的类似铝尖刺效应。

　　电迁移效应对于半导体器件接触可靠性也有重要影响。在某些器件结构中,电迁移效应可能与克肯达耳效应相结合,增强物质输运,促使器件失效。图 19.10 用于说明电迁移效应和克肯达耳效应共同作用引起的接触退化及失效。图 19.10 中显示一种扩散薄层电阻结构剖面及外加电压、电场方向。在所标电场作用下,电子运动路径为由接触电极 A 至 B。在 B 界面附近,由电子流推动的硅原子迁移,与克肯达耳效应相叠加,增强硅原子输运至铝膜。在 A 界面附近,电迁移效应促使铝原子进入硅,但由于硅中铝的溶解度很低,实际物质输运较弱。因此,在较高电流密度条件下,阳极接触界面(B)附近空洞及铝尖刺不断增长,较阴极界面(A)易于失效。

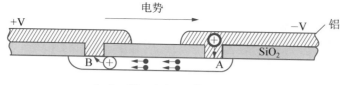

图 19.10　电迁移效应和克肯达耳效应的共同作用

19.3.4　Al‐Si 合金薄膜与多层结构接触工艺

　　以上讨论的 Al/Si 接触缺陷,严重影响集成电路成品率与可靠性。先后曾研究多种方法,用于克服 Al/Si 接触的弊端。一种简单途径是尽可能降低 Al/Si 接触合金化热处理温度,以便抑制 Al‐Si 之间过度反应及尖刺生长。但是,过低退火温度将难以获得优良欧姆接触。抑制铝尖刺效应较为有效的方法有两种:一为以 Al‐Si 合金代替纯铝,二为在铝与硅之间加入防扩散阻挡层。如果用含硅约 1% 原子比的 Al-Si 合金淀积,使铝薄膜中已含有超过固溶度的硅,则在退火过程中衬底硅原子不再溶入,即铝不再"吃"硅,从而避免在器件接触区形成铝尖刺。这种方法的代价之一是由于掺硅使铝膜电阻率略有上升。此外,Al-Si 合金工艺可能产生另一问题,即铝原子掺杂引起的杂质分布变化。当接触合金化退火后降温时,铝膜中硅溶解度下降,硅原子将析出并固相外延于硅衬底,同时携带部分铝原子,掺杂入硅层。如果衬底为 n 型,作为 p 型杂质的铝掺入会影响杂质分布,甚至形成 p 型层,这可能导致接触电阻率上升。

　　Al/Si 接触性能改进的另一方法,是利用多层导体替代直接铝接触。得到广泛应用的扩散阻挡层工艺,对于抑制 Al-Si 反应十分有效。用作扩散阻挡层的导体材料(如 TiN 等),应具有致密结构,可以防止铝、硅之间互扩散。为了增强扩散阻挡层与硅之间的附着性,常在阻挡层材料前先淀积黏附层(如钛)。在引线孔光刻仔细清洗后,先后连续淀积钛、TiN、铝,就可以形成可靠性显著提高的多层接触结构。在铝或铜多层金属互连工艺中,常以 W/TiN/Ti 为晶体管的多层接触结构。

19.3.5　定域固相反应硅化物/硅界面接触工艺

以上讨论表明,对于浅 pn 结器件,铝、硅之间较难形成均匀平坦界面接触。固相反应金属硅化物工艺成为解决这一难题的有效途径。铂、钛等多种金属薄膜可以与硅在较低温度下实现均匀而有限的固相反应,形成一薄层金属硅化物接触。在本书 4.4.7 节及第 8 章等章节有多处涉及自对准硅化物接触工艺。本章将对金属硅化物性质与应用工艺等作更深入的讨论。此处仅以图 19.11 所示图形,说明如何应用金属硅化物工艺克服 Al/Si 直接接触工艺的弊端。图 19.11 中与硅接触

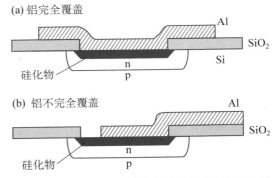

图 19.11　定域固相反应金属硅化物接触及铝互连

区域完全吻合覆盖的金属硅化物,是通过金属/硅固相反应形成的。硅片上淀积铂或其他金属薄层后,在适当温度退火时,基于金属与硅固相反应而不与 SiO₂ 发生反应的特性,可以仅在接触孔区域形成硅化物,随后应用只腐蚀金属、但不能腐蚀硅化物的选择性腐蚀溶液,去除接触孔以外区域的金属,从而形成完全限定于硅区域的硅化物/硅接触。

　　上述金属硅化物接触工艺也可称为自对准硅化物工艺,为了区别于自对准硅化物源漏栅 MOS 结构器件工艺,此处以定域硅化物接触工艺概念,用以标志硅限定区域金属硅化物的形成技术。对比图 19.11 和图 19.7 可知,应用这种定域硅化物接触工艺,可以完全克服 Al/Si 直接接触工艺的固有弊端。铝膜光刻对准要求降低,有益于提高集成密度。由于金属硅化物已完全覆盖接触孔,而且它和铝两种导体之间接触电阻率很低,即便铝层不完全覆盖,对接触性能也不会有显著影响。在一定程度上,硅化物可起扩散阻挡层作用,但是,为了防止铝与硅化物相互作用,仍常在两者之间加入薄层 TiN 作为扩散阻挡层材料。

　　固相反应金属硅化物形成于接触区硅内部一定深度,可避免原始硅表面上杂质与缺陷对接触特性的不良影响。在低掺杂硅区域形成优良肖特基势垒接触界面,整流效应强;在高掺杂区域则形成理想的均匀欧姆接触界面,接触电阻率低。为防止对 pn 结的不利作用,通

过选择淀积适当厚度的金属,可使反应生成的硅化物厚度小于 pn 结深的 1/3 至 1/2。这种金属硅化物接触技术,随着器件尺寸缩微愈益重要。尽管近年集成电路制造技术中有铜互连工艺代替铝、金属栅替代多晶硅等重大变化,但对许多集成芯片,金属硅化物仍然是难以取代的选择。为了适应持续缩微器件需求变化,需要不断发展、优化和更新金属硅化物材料及工艺,才能提高硅芯片性能。

19.4　金属硅化物薄膜特性

金属硅化物之所以成为集成电路器件较理想的接触材料,在于其独特的物理与化学特性。本节将分别讨论金属硅化物材料的种类、晶体结构、导电特性、力学和化学特性等。

19.4.1　金属硅化物种类

金属硅化物是一个“大家族”,有多种不同性质的硅化物可供选择。为了适应器件缩微和不同功能需求,可发展多种金属硅化物接触工艺。在元素周期表中,除了 Be、Al、Ag、Au、Zn、Ga、In 等约 20 种金属外,有 50 余种金属都可与硅形成化合物,而且一种金属元素与硅可组成多种化学计量比及不同晶体结构的金属硅化物。金属(M)和硅形成的化合物按组分分类主要有 M_3Si、M_2Si、M_5Si_3、MSi、M_2Si_3、MSi_2 等。除了二元金属硅化物,还可形成三元等多元金属硅化物。文献中可检索到的金属硅化物总数有 200 余种[2],其中研究较多的为过渡族金属硅化物。周期表中 IIIB 至 VIII 族的过渡族金属,与硅都可能经不同温度热处理,形成多种组分硅化物。大部分金属硅化物具有金属类能带结构,为导电体。也有少部分金属硅化物具有半导体特性。

有两类过渡族金属硅化物在半导体器件技术发展中受到重视与应用。一类为 IVB 至 VIB 副族的金属硅化物,如 $TiSi_2$、WSi_2、$MoSi_2$ 和 $TaSi_2$ 等。这类化合物常被称为难熔金属硅化物。这些化合物的熔点多在 2 000℃ 以上,如 $MoSi_2$ 的熔点约为 2 030℃。它们的稳定相化合物通式为 MSi_2,在其金属和硅固相反应形成过程中,主导运动粒子通常为硅原子。另一类为 VIII 族金属硅化物,如 PtSi、NiSi、$CoSi_2$。有时这类化合物被称为近贵金属硅化物。它们的稳定相化合物既有 MSi(如 PtSi),也有 MSi_2(如 $CoSi_2$)。在 M/Si 固相反应形成不同化合物的过程中,主导运动粒子既有金属原子,也有硅原子。

除了以上两类过渡金属硅化物,受到研究者重视的还有部分稀土金属硅化物,如 $ErSi_{2-x}$、YSi_{2-x} 等。$ErSi_{2-x}$ 和 YSi_{2-x} 与 n - Si 接触具有较低势垒高度,使它们成为可用于形成低接触电阻的候选材料。包括 PtSi/p - Si 与 $ErSi_{2-x}$/n - Si 等低势垒肖特基接触,还用于研制红外光学成像探测器件等。

19.4.2　金属硅化物晶体结构

和其他固体材料一样,金属硅化物的物理化学性质与其晶体结构密切相关。不同金属硅化物具有不同晶体结构。绝大部分金属硅化物都属于正交、四角、六角和立方 4 种晶系。表 19.4 按元素周期表顺序列出过渡金属硅化物晶体结构。表 19.4 中包括集成电路常用的各种硅化物,如 $TiSi_2$、WSi_2、PtSi 等。由表 9.14 可以发现,过渡金属硅化物的晶体结构也表现出一定周期性规律。IVB 族元素的 $TiSi_2$、$ZrSi_2$ 和 $HfSi_2$ 都属正交晶系结构,VB 族的

表 19.4　金属硅化物晶体结构[2, 3]

IVB	VB	VIB	VIIB	VIII	VIII	VIII
22　Ti	23　V	24　Cr	25　Mn	26　Fe	27　Co	28　Ni
$TiSi_2$	VSi_2	$CrSi_2$	$MnSi_2$	$\beta\text{-}FeSi_2$	$CoSi_2$	$NiSi_2$
正交(C54)	六角(C40)	六角(C40)	四角	正交	立方(C1)	立方(C1)
$a=8.2687$	$a=4.5723$	$a=4.4281$	$a=5.525$	$a=9.879$	$a=5.365$	$a=5.406$
$b=4.7983$				$b=7.799$	$D=4.95$	$D=4.859$
$c=8.5534$	$c=6.3730$	$c=6.3691$	$c=65.550$	$c=7.839$		NiSi
$D=4.07$	$D=4.62$	$D=4.98$	$D=5.159$	$D=4.93$		$a=4.446$
40　Zr	41　Nb	42　Mo	43　Tc	44　Ru	45　Rh	46　Pd
$ZrSi_2$	$NbSi_2$	$MoSi_2$		RuSi	RhSi	Pd_2Si
正交(C49)	六角(C40)	四角(C11)		立方	立方	六角(C22)
$a=3.6958$	$a=4.797$	$a=3.200$		$a=4.703$	$a=4.675$	$a=6.493$
$b=14.751$						
$c=3.6554$	$c=6.592$	$c=7.850$				$c=3.472$
$D=4.90$	$D=5.65$	$D=6.28$		$D=8.246$	$D=8.513$	$D=9.59$
72　Hf	73　Ta	74　W	75　Re	76　Os	77　Ir	78　Pt
$HfSi_2$	$TaSi_2$	WSi_2	$ReSi_2$	$OsSi_2$	$IrSi_3$	PtSi
正交(C49)	六角(C40)	四角(C11)	四角	正交	六角	正交(B31)
$a=3.6798$	$a=4.7835$	$a=3.211$	$a=3.128$	$a=10.150$	$a=4.350$	$a=5.932$
$b=14.5562$				$b=8.117$		$b=5.595$
$c=3.6491$	$c=6.5698$	$c=7.829$	$c=7.676$	$c=8.223$	$c=6.630$	$c=3.603$
$D=7.97$	$D=9.07$	$D=9.88$	$D=10.66$	$D=9.66$	$D=8.64$	$D=12.40$

(注：a、b、c 为晶格常数(单位为 Å)；D 为密度(单位为 g/cm^3)；晶系后面括号内为国际通用晶体结构具体类型符号。)

VSi_2、$NbSi_2$ 和 $TaSi_2$ 具有相同六角晶体结构(C40)，它们的晶格常数(a、c)也比较接近，而 VIB 族的 $MoSi_2$、WSi_2 皆为四角晶体结构，且两者晶格常数失配小于 0.2%。VIII 族金属硅化物虽然没有上述难熔金属硅化物那样明显的规律性，但晶格结构也有某些相似特点，有多种硅化物，如 $CoSi_2$、$NiSi_2$、NiSi、CoSi，都具有立方晶体结构。$CoSi_2$(5.364 Å)、$NiSi_2$(5.406 Å)的晶格常数与 Si(5.431 Å)很接近，室温下的失配率分别为 1.2% 与 0.4%。因此，这两种硅化物有可能在硅晶面上外延生长。近年广泛用于纳米 CMOS 接触工艺的 NiSi，在表 9.14 中列于 $NiSi_2$ 之下。

过渡金属硅化物晶体结构的规律性，源于金属与硅原子间的结合力，而这种结合力取决于原子的电子壳层结构，特别是外层电子。过渡金属原子的化学、物理性质主要由最外层的 s 电子与次外层的 d 电子轨道填充情况决定。同族元素原子具有相近外层电子结构，例如，IVB 族原子的外层电子结构都由 2 个 s 电子和 2 个 d 电子构成。组成硅化物时，金属与硅两者的价电子形成化学键。实验与理论研究表明，共价键在 MSi_2 类型金属硅化物中起主导作用。与硅晶体中 s-p 态杂化形成 sp^3 杂化轨道类似，在这种硅化物中，硅和金属原子外层电子也可通过 s-p-d 轨道杂化形成共价键结合。过渡金属元素价电子变化的周期性,导致相应硅化物的杂化轨道变化及所形成晶体结构的规律性。

　　表 19.4 所列多为该元素与硅最为稳定的硅化物。只有 NiSi 例外,鉴于其重要应用,也将它列于表 19.4 中。一种金属的硅化物可能有许多不同组分及晶体结构。即便同一组分的金属硅化物,由于形成条件差别,也可能形成不同晶体结构。表 19.4 中 $MoSi_2$ 和 WSi_2 都属典型四角晶系,这是它们的高温晶相。但在低于 600℃ 下形成的 $MoSi_2$ 和 WSi_2,具有六角晶体结构,与同族的 $CrSi_2$ 结构相同。又如,在较低温形成的 $TiSi_2$,具有体心正交结构(C49),在更高温度热处理后,则转变为面心正交结构(C54)稳定相。

19.4.3　金属硅化物的导电特性

　　绝大部分金属硅化物都具有典型金属导电性,其电阻率通常高于纯金属。也有的硅化物电阻率低于其金属,$TiSi_2$ 就是一例,其导电性显著优于钛。硅化物导电性能与其晶体结构密切相关。例如,C49 - $TiSi_2$ 电阻率较高,经热退火转变为 C54 面心正交结构后,电阻率显著下降。晶体结构变化还可能使电子能带结构变化及导电类型改变。例如,四角晶系的 α - $FeSi_2$ 为导体,而正交结构的 β - $FeSi_2$ 为半导体。

　　图 19.12 显示 $TiSi_2$ 的电阻率在 2～300 K 范围随温度变化的实验曲线,样品为通过 Ti/Si 固相反应制备的 C54 晶相薄膜。该曲线呈现典型的类金属电阻率变化规律。按马德森定则,导体电阻率(ρ)由两部分组成,

$$\rho(T) = \rho_r + \rho_i(T) \tag{19.8}$$

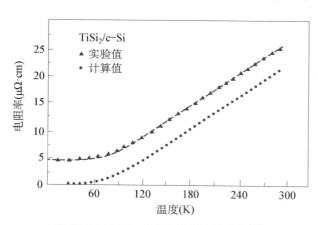

图 19.12　$TiSi_2$ 电阻率随温度的变化[10]

其中,ρ_r 称作剩余电阻率,来源于杂质和晶粒间界等缺陷散射,不随温度变化,取决于材料中的杂质与缺陷浓度。$\rho_i(T)$ 称为本征电阻率,取决于载流子所受到的晶格振动散射(或称声子散射)。晶格振动散射随温度上升而增强,所决定的电阻率依赖于温度,其具体数值与材料晶体及能带结构等因素有关。图 19.12 所示实验数据表明,$TiSi_2$ 之类的金属硅化物在室温附近的电阻率主要由晶格振动散射决定,随温度变化接近线性关系。在小于 50 K 的低温范围,电阻率趋向一个最小值,即该材料的剩余电阻率。图 19.12 中的虚线为根据金属本征电导理论公式计算得到的 $TiSi_2$ 本征电阻率 $\rho_i(T)$ 模拟值。这些数据表明,金属硅化物具有与金属完全类似的导电特性。

　　在金属硅化物应用技术发展的同时,研究者也利用电阻及霍尔效应等测试技术,对多种硅化物的电阻率、载流子浓度、迁移率等进行测定。表 19.5 为在集成电路制造工艺中先后得到应用的部分金属硅化物电导输运参数数据。这些数据来源于不同文献报道,由于所用样品制备方法及实验条件差别,参数数值有分散性。载流子浓度(n)由霍尔系数(R)计算得到,$n = 1/qR$,q 为单位电荷。载流子迁移率则按 $\mu = R/\rho$ 关系式得到。表 19.5 中 n、μ 等

参数数据取自部分研究报道,仅可作参考。与某些金属类似,也有金属硅化物的霍尔系数为正值,如 $CoSi_2$,表明材料具有空穴型载流子导电。常用金属硅化物的载流子浓度和迁移率分别在 $(1\sim10)\times10^{22}$ cm^{-3} 和 $(2\sim10)$ $cm^2/V\cdot s$ 范围。

表 19.5　部分金属硅化物的电导性能参数[2]

金属硅化物	室温电阻率 ($\mu\Omega\cdot cm$)	室温霍尔系数 (10^{-4} cm^3/Coul.)	载流子浓度 (10^{22} cm^{-3})	载流子室温迁移率($cm^2/V\cdot sec$)	薄层电阻 (厚 100 nm, $\Omega/\square$)
$TiSi_2$	12~20	$-(0.6\sim0.2)$	10~30	2~5	1.2~2.0
$CoSi_2$	15~20	+1.8	3.5	12	1.4~2
NiSi	10~20	$-(0.9\sim0.6)$	7~10	5~6	1.4~2
$NiSi_2$	35~60	+3.1	2	9	3.5~6
PtSi	28~40		1.5	13	2.8~4
WSi_2	30~80	$+(8\sim5)$	0.8~1.2	4~10	3~8
$MoSi_2$	40~100	$-(15\sim5)$	0.4~1.2		4~10
$TaSi_2$	35~55	-0.88	7.1	1.6~2.5	3.5~5.5
Pd_2Si	25~35	-1.56	4	4~6	2.5~3.5
高掺杂多晶硅	~1 000				~100
Al	2.7				0.27
Cu	2				0.2

在固态器件工艺中,对于导电薄膜和半导体薄层的导电性,常用一个可简便测量的参数——薄层电阻 (R_s) 表征。薄层电阻反映材料的电阻率,但又与薄膜厚度相关。图 19.13 为一长为 L、宽为 W、厚度为 T 的薄层导体线条示意图。图 19.13 中导体线条沿所标电流传输方向的电阻 (R) 可表示为

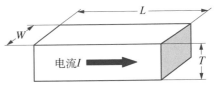

图 19.13　薄层电阻定义推导示意图

$$R = \rho\frac{L}{S} = \rho\frac{n\times W}{T\times W} = n\times\frac{\rho}{T} = n\times R_s \qquad (19.9)$$

其中,ρ 为导体电阻率,S 为线条截面积,$S=tW$;n 为线条的方块数,$n=L/W$;R_s 即为由电阻率与线条厚度决定的薄层电阻,$R_s=\rho/T$。

(19.9)式给出的导体线条电阻表达式可简化为 $R=nR_s$。R_s 可用四探针电阻测试仪或测试图形技术测得,n 也易于根据设计及实测数据得知。R_s 代表导体在电流传输方向上长宽相等的一个方块的电阻值,因而也常称为方块电阻,其量纲为 Ω,常表示为 $\Omega/\square$(方块)。由其定义可知,在集成电路接触与互连工艺中,需要尽可能选用薄层电阻小的薄膜。表 19.5 最后一列给出厚度为 100 nm 硅化物薄膜的薄层电阻值范围。为与高掺杂多晶硅、铝、铜对比,表 19.5 也列出三者电阻率及薄层电阻的数据。

表 19.5 所列数据表明,CMOS 集成芯片技术演进中,先后成功应用的 3 种自对准接触硅化物,$TiSi_2$、$CoSi_2$ 和 NiSi,都属于导电性能最优之列。在研究材料导电性能时还发现,过渡金属硅化物电阻率也具有周期性变化特点,如图 19.14 所示。每一周期中由 IVB 至 VIB 族元素,其硅化物电阻率都由低至高变化。有趣的是,其相应单质金属的电阻率变化趋势,

却是由高至低。图 19.14 还可进一步说明硅化物导电性与其晶体结构的相互关系。由图 19.14 上标出的正交(O)、六角(H)、四角(T)晶体结构变化可见,硅化物电阻率与晶体结构存在密切关联的相同周期性,正交晶体结构电阻率低,四角结构电阻率高。图 19.14 列出的 VIII 族金属中立方(C)和正交晶体结构的硅化物也都具有较低电阻率。

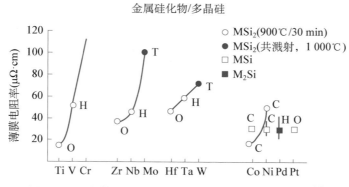

图 19.14 过渡金属固相反应硅化物薄膜的电阻率变化[3]

金属硅化物导电性对于其晶体结构的敏感性,在两种同为正交晶体结构的 TiSi₂ 电阻率的变化中得到体现。Ti/Si 在 700℃ 热退火,通过固相反应已可生成 TiSi₂,但其晶体结构属 C49 型的体心正交晶系,电阻率在 $60 \sim 100 \ \mu\Omega \cdot cm$ 范围。这种 C49 型 TiSi₂ 薄膜经约 850℃ 更高温度热处理,转变为稳定的 C54 型面心正交晶体结构,室温电阻率可降至 $12 \sim 20 \ \mu\Omega \cdot cm$。同样化学组分的 WiSi₂ 在高温下形成的四角晶系薄膜电阻率,显著低于较低温度形成的六角晶系材料。

19.4.4　金属硅化物的力学和化学特性

虽然大部分过渡金属硅化物具有类似金属的导电特性,它们的力学和化学特性却与金属显著不同。许多金属具有范性(或称塑性),在适当温度下可以产生相当大的范性形变。这与它们的金属键结合特点有关。金属键结合比较容易产生原子排列的不规则性,即形变。而金属硅化物硬度高、弹性模量大(如 MoSi₂ 的弹性模量为 440GPa)、范性小。常用金属硅化物的化学稳定性往往显著优于其金属。可腐蚀金属的某些化学溶液,却不能腐蚀其金属硅化物。硅化物还具有优良抗氧化性、高温稳定性、导热性等特点。这些有别于金属的硅化物物理化学特性,源于其原子结合的共价键与离子键特点。在其优良电学特性得到半导体器件应用之前,历史上更早受到重视的金属硅化物特性,正是它们的力学和化学特性,使金属硅化物成为高温高强度结构材料研究对象。MoSi₂ 等金属硅化物块体材料在电力、冶金、航空航天、汽车等工业用于制造某些高温高强度部件,如 MoSi₂ 可用作电炉发热元件。MoSi₂ 膜也可用于形成高温抗氧化涂层,其膜厚常在 $100 \ \mu m$ 及以上。电子器件领域应用的金属硅化物薄膜则在 $10 \sim 100 \ nm$ 范围。

金属硅化物所具有的优良化学稳定性,对于其电子器件应用也十分重要。表 19.6 列出 7 种常用硅化物在各种化学溶液中的反应特性。表 19.6 显示这些金属硅化物在绝大部分酸碱溶液中具有化学稳定性,不被溶解。而它们的金属易于用适当配比的酸性或碱性溶液腐蚀。正是利用这种化学特性,可以实现选择性液相腐蚀,形成局域性硅化物薄膜或自对准硅化物接触器件结构。由表 19.6 可见,这些金属硅化物可用含氢氟酸的溶液腐蚀。一些含氟的化合物气体等离子体干法刻蚀技术也可用于金属硅化物薄膜刻蚀,形成所需图形。

表 19.6 部分金属硅化物的化学反应特性

硅化物	不溶性溶液	可溶性溶液
$TiSi_2$	碱性水溶液,H_2SO_4 等所有无机酸	含 HF 溶液
$CoSi_2$	硝酸,硫酸,磷酸;"$H_2SO_4 + H_2O_2$"混合液	含 HF 溶液;沸腾的 HCl;沸腾的碱液
$NiSi$	硝酸,硫酸,磷酸;"$H_2SO_4 + H_2O_2$"混合液	含 HF 溶液
$PtSi$	王水,HCl,HNO_3,H_2SO_4,HF,"$H_2SO_4 + H_2O_2$"	弱溶于"$HF + HNO_3$"
Pd_2Si	王水,HCl,H_2SO_4,HF,"$H_2SO_4 + H_2O_2$"	HNO_3,"$HF + HNO_3$"
WSi_2	王水,无机酸	"$HF + HNO_3$"
$MoSi_2$	王水,无机酸,碱性溶液	"$HF + HNO_3$"

19.5 金属硅化物器件结构及基本工艺

在集成芯片中,金属硅化物不仅用于接触工艺,也常用作低电阻局部互连等。针对不同应用,发展了不同结构及工艺。本节讨论的 Polycide 和 Salicide,是两种应用最为普遍、并不断改进的金属硅化物器件结构及工艺。

19.5.1 金属硅化物器件结构及工艺演变

推动 IC 持续发展的主要动力来源于信息技术对具有更高性能、更低成本集成芯片的渴求。而更快的电路工作速度就是其中主要期望性能之一。为了提高速度,必须尽可能减少电路中的寄生电容和串联电阻,以降低信号传输的 RC 延迟,提高系统时钟频率。正是基于提高速度的目的,金属硅化物在 IC 制造中被用于实现接触金属化和局部互连[11]。在硅基集成芯片制造中选择金属硅化物的理由很简单,因为它们具有如下优点:低体电阻率、低接触电阻率、高热稳定性、很好的工艺可加工性,以及与标准硅平面工艺的优良兼容性。

金属硅化物在半导体器件中的应用最早可以追溯到 1965 年。当时为了增强器件的整流特性,铂,铜,钼和钨的硅化物被用来制造平面肖特基接触二极管,与铝相比,二极管的电学性能及热稳定性得到很大改善[12, 13]。在集成电路接触工艺中,$PtSi$[14]和 Pd_2Si[15]最早被用在铝和硅之间,既可避免 Al/Si 接触"针刺"有害现象,又能实现低接触电阻。

随着 MOS 单元器件微小型化和集成度及电路速度提高,20 世纪 70 年代末开始,金属硅化物获得更广泛重视与深入研究,成为发展高性能超大规模集成电路制造技术的关键硅基薄膜材料之一。如本书前面有关章节所述,在 MOS 集成电路制造技术演进过程中,逐渐形成两种金属硅化物器件结构与相应工艺。一种是把硅化物与多晶硅栅工艺相结合,形成 Polycide 复合栅结构及工艺[16]。另一种则应用固相反应与选择腐蚀工艺,在源漏栅区形成相互自对准的金属硅化物接触,简称 Salicide 自对准硅化物结构及工艺[17]。如第 4、第 5、第 8

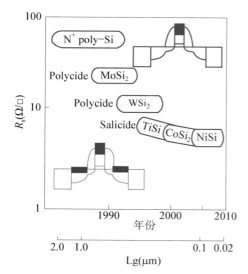

图 19.15　MOS 集成芯片制造中硅化物材料与工艺演变示意图（L_g 为 MOS 晶体管沟道长度）

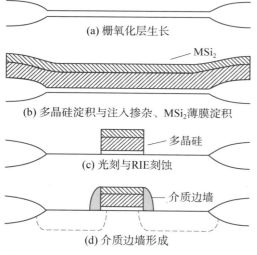

(a) 栅氧化层生长

(b) 多晶硅淀积与注入掺杂、MSi_2薄膜淀积

(c) 光刻与RIE刻蚀

(d) 介质边墙形成

图 19.16　金属硅化物/多晶硅复合栅 MOS 器件工艺基本流程

章等内容所讨论，集成电路性能升级赖以持续的单元器件缩微，要求研究和应用不同硅化物材料及工艺，用于不同技术代集成芯片制造。图 19.15 为 MOS 集成电路所用金属硅化物材料及工艺演变示意图。

19.5.2　硅化物/多晶硅复合栅

金属硅化物不仅可用于形成优良的欧姆或肖特基接触，源于其低电阻率特性，还在集成电路某些层次可用作局部互连。通过硅化物/多晶硅复合结构的并联旁路效应，可以显著降低通常由高掺杂多晶硅线条构成的栅电极及栅级互连的串联电阻。为了实现这种电流旁路，在早期金属硅化物应用工艺中，通过合金靶溅射或多靶共溅射技术，直接把适当原子比的金属和硅淀积在多晶硅衬底上，后来又发展 CVD 硅化物淀积工艺。通过光刻工艺，形成金属硅化物与掺杂多晶硅构成的叠层薄膜线条图形，这就是被命名为"Polycide"的结构和工艺。具有这种复合栅结构的 MOS 器件，既能显著减小栅级互连的串联电阻，又能保持多晶硅/SiO_2/单晶硅的优良界面特性，因而在高密度 DRAM 等集成芯片技术中得到长期广泛应用。

图 19.16 显示形成金属硅化物/多晶硅复合栅 MOS 器件及局部互连的主要工艺步骤。

（1）制备高质量的栅氧化层。

（2）淀积多晶硅层，并以离子注入对多晶硅进行高浓度掺杂，然后应用 PVD 或者 CVD 技术淀积硅化物（MSi_2）。

（3）通过光刻工艺和反应离子刻蚀（RIE）技术，形成硅化物/多晶硅复合栅线条，刻蚀后需经适当热氧化处理，消除由于 RIE 工艺给栅氧化层边缘造成的损伤。

（4）应用 CVD 技术淀积绝缘介质薄膜，并以 RIE 定向刻蚀技术，在硅化物/多晶硅复合结构线条侧壁形成介质边墙（sidewall）隔离层，最后通过高浓度杂质离子注入和热退火，形成自对准源漏区。

为形成这种硅化物/多晶硅复合结构，必须使用热稳定性高的金属硅化物，如 $MoSi_2$、WSi_2、$TaSi_2$ 和 $TiSi_2$。这是因为源漏区离子注入掺杂与杂质激活高温退火需在 Polycide 栅电极形成后进行。PVD 或 CVD 淀积的金属-硅合金薄膜，也需要经过适当温度热处理，才能形成低电阻多晶态薄膜。作此应用的硅化物，还应和多晶硅栅工艺具有良好相容性，易于应用反应离子刻蚀技术形成复合栅陡直结构，并在氧化气氛中保持稳定性。经过早期多种材料及淀积方法的实验筛选,CVD 淀积 WSi_2 工艺胜出,成为形成 Polycide 结构、用于集成芯片规模生产的普遍应用技术。

Polycide 工艺应用到大规模集成电路生产的第一个实例为 1980 年前后 $MoSi_2$/多晶硅结构,曾在 256 K 动态随机存储器研制中用作晶体管栅极及字线(word line)互连。到了 80 年代中期,WSi_2 替代了 $MoSi_2$,因为 WSi_2 的 CVD 工艺趋于成熟,且电阻率比 $MoSi_2$ 要小。在 DRAM 存储器芯片中,WSi_2/多晶硅复合结构不仅置于栅电极上,而且各个晶体管栅极线条在场氧化层上延伸互连、形成字线,对提高存储器运行速度十分有效。对于存储单元晶体管,通常不需要在源漏区上制备硅化物,源漏区电阻对存储器工作频率影响不大。而连接所有存储单元栅极的字线阵列很长,致使多晶硅栅级互连字线串联电阻很大,导致 RC 延时增大及存储器工作频率降低。由于 WSi_2/多晶硅线条的薄层电阻,比相同厚度多晶硅减小一个数量级以上,可使字线电阻大幅度下降,从而能够显著提高信息存储及读取速度。

19.5.3 自对准硅化物结构与工艺要求

硅化物/多晶硅复合栅工艺可以降低栅电极及栅级互连线串联电阻,但不能减小与源漏区相关的串联电阻。由图 19.3 所示 MOS 晶体管串联电阻分布模型可知,对于晶体管栅长和结深愈益缩微的源漏区,不仅接触电阻 R_{co} 增大,源漏区薄层电阻 R_{sh} 也会显著增加,它们逐渐成为提高器件驱动电流与工作频率的瓶颈。如图 19.1(b)MOS 晶体管结构所示,在源漏区形成硅化物薄层接触,既可改善其接触特性,降低接触电阻,又可使源漏区薄层电阻被金属硅化物旁路,从而使晶体管串联电阻显著减小。而且图 19.1(b)显示的是一种自对准金属硅化物器件结构,即源、漏、栅 3 个区域表层通过金属/硅固相反应,同时形成硅化物薄膜。这种自对准硅化物工艺(self-aligned silicide,简称 Salicide),自 20 世纪 80 年代初提出后,通过大量材料研究与器件技术开发,不断完善与演变,逐步成为高性能集成电路的关键制造技术之一,在集成度与性能持续升级换代的硅芯片技术中得到广泛应用[17-19]。

应用 Salicide 工艺,不仅在晶体管源漏上形成硅化物接触,同时在栅电极及栅级互连多晶硅线条上,形成自对准的硅化物/多晶硅叠层,即包含 Polycide 结构。毕竟 Salicide 工艺复杂性及成本高于单纯 Polycide 工艺。因此,这两种硅化物工艺长期并存,分别应用于不同类型集成电路。Salicide 用于逻辑、通信等类芯片,Polycide 则用于 DRAM、Flash 等存储阵列器件。在存储芯片外围电路及某些存储阵列器件中也应用 Salicide 工艺。对于微处理器等逻辑芯片,晶体管驱动能力是影响器件速度的主要因素之一。源漏区表层形成硅化物,可以降低源漏区的串联电阻及相应电压降,增强栅电压对沟道电阻和电流的调制效应,提高晶体管驱动能力。在这类芯片中用硅化物/多晶硅复合结构线条进行局部互连,对提高信号传输速度也极为有益。

图 19.17 显示 Salicide 结构形成的主要工艺步骤。

(1) 完成多晶硅栅、边墙结构、沟道和源/漏区

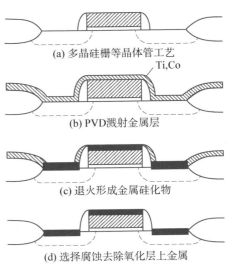

(a) 多晶硅栅等晶体管工艺

Ti,Co

(b) PVD 溅射金属层

(c) 退火形成金属硅化物

(d) 选择腐蚀去除氧化层上金属

图 19.17 自对准硅化物器件工艺基本流程。

掺杂等晶体管制备工艺。

（2）应用 PVD 设备溅射淀积金属（金属钛、钴或镍）。

（3）硅片在 N_2 中进行第一步较低温度热退火,通过金属和单晶及多晶硅的固相反应,在源漏区及多晶硅栅表层形成高阻晶相硅化物,所选温度应可避免绝缘层上金属参与反应。

（4）应用合适的选择性化学腐蚀溶液,去除未参与反应的金属,随后经过较高温度的第二步退火处理,形成低电阻率相的硅化物。

Salicide 和 Polycide 两种工艺的区别,决定两者需要选择不同硅化物材料。两者的基本区别在于,Polycide 工艺是在晶体管制造过程中间进行的,其后经离子注入掺杂和高温退火,才完成晶体管形成工艺。因此,所应用的金属硅化物材料应具有良好高温稳定性。Salicide 工艺则在晶体管所有掺杂工艺完成后实现,其关键为如何在越来越微小而精密的器件不同区域及线条上,经过金属膜淀积、快速退火、选择腐蚀等步骤,形成精确定位且相互隔离的硅化物图形。因此,对用于 Salicide 工艺的金属硅化物有一系列性能要求。首先,在具有低电阻率的前提条件下,应宜于通过金属/硅热处理固相反应和选择性化学腐蚀,形成定域硅化物薄膜图形,这就要求应用硅化物抗蚀性强的选择性金属腐蚀剂。同时,硅化物工艺应与其他相关工艺具有良好相容性:对氧化硅 RIE 刻蚀工艺具有较强抗蚀性,以利于硅化物上的接触孔刻蚀;形成的硅化物/硅界面平坦、均匀,以利于其接触的 pn 结保持优良性能,漏电流小;具有后端工艺温度范围的薄膜形貌稳定性;具有适当抗氧化性和杂质扩散阻挡作用;耗硅量低及薄膜应力可控等。虽然存在众多金属硅化物,但能达到这些基本要求,并在 CMOS 集成芯片制造中得到实际应用的仅有 $TiSi_2$、$CoSi_2$ 和 NiSi 这 3 种硅化物,分别适用于不同技术代集成芯片制造。

自对准金属硅化物 MOS 器件工艺自 20 世纪 80 年代初提出,到 90 年代在高性能集成芯片中逐渐得到普遍应用,其间研究与解决了许多技术难题。开发与前端及后端工艺具有优良相容性的自对准硅化物技术,不仅需要优化金属薄层淀积、固相反应热处理、化学选择腐蚀等工艺,更为重要的是对比、优选金属硅化物材料。随着从亚微米到纳米 CMOS 器件集成技术演进,逐步升级换代,至今已先后优选出 3 种硅化物材料,开发成功 $TiSi_2$、$CoSi_2$、NiSi 三代 Salicide 器件工艺。图 19.18 显示 Salicide 器件工艺中常遇到的几个典型技术问题。如源漏区与栅电极之间"桥连"短路现象、窄线条等小尺寸薄膜电阻率上升效应、硅化物薄膜高温退化、硅化物工艺引起的源漏结漏电及栅漏电等。

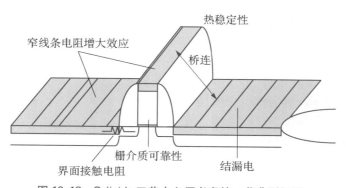

图 19.18　Salicide 工艺中必须考虑的一些典型问题。

最早在 MOS 集成芯片中用于形成源漏栅自对准硅化物结构的是 $TiSi_2$，其电阻率在各种硅化物中属最低之列，并与集成电路基本制造工艺具有较好相容性和高温稳定性。然而随着集成电路器件尺寸缩小至深亚微米领域，人们发现，窄线条 $TiSi_2$ 在第 2 步高温退火时，难以从高电阻相结构（C49）转变为低电阻相（C54）结构。这种薄膜相变阻滞现象，导致 $TiSi_2$/多晶硅复合结构的薄层电阻随线条变窄急剧增加。研究者曾提出非晶化、激光诱导等多种途径，力图抑制或延缓窄线条效应[20, 21]。19.6 节将对这种窄线条效应的原因及缓解途径作进一步讨论。在 20 世纪 90 年代晚期，自 0.25 μm CMOS 技术代开始，$TiSi_2$ 逐渐被更宜于适应深亚微米 CMOS 工艺要求的 $CoSi_2$ 所替代。

进入亚 0.1 μm 芯片制造技术后，实验数据又显示出 $CoSi_2$ - Salicide 工艺的局限性。一方面，Co/Si 固相反应所需的高耗硅量，不利于超浅源/漏结晶体管性能；另一方面，对于小于约 50 nm 物理线宽的多晶硅线条，$CoSi_2$ 薄膜也呈现窄线条效应。而且在纳米 CMOS 工艺中，PMOS 晶体管需要采用 SiGe 外延源漏区，产生沟道晶格压应变，以提高空穴迁移率。NiSi 被证明比 $CoSi_2$ 更适合于在 SiGe 衬底上形成硅化物接触。因此，NiSi 成为替代 $CoSi_2$ 的第三代自对准金属硅化物材料[22-24]。

19.6　$TiSi_2$ 自对准硅化物工艺

$TiSi_2$ 曾是最广泛应用的一种硅化物，在大于 0.25 μm 的 CMOS 集成电路制造中得到普遍应用。$TiSi_2$ 不仅应用于 Salicide 工艺，有时也可用于 Polycide 工艺。$TiSi_2$ 除了具有低电阻率和相对较高热稳定性外，其形成过程还有一个重要特点。由于氧在钛中的溶解度很高（700℃时达到 34 at.%），使钛易于消除接触区的残余氧化层影响，利于与硅产生固相反应。但是，在硅化物器件工艺中，仍需在淀积钛膜之前，通过湿法化学腐蚀和等离子体清洗，尽可能去除表面各种杂质残留物，获得纯净硅表面，以便在淀积钛膜后，通过热退火在单晶硅和多晶硅表层形成均匀致密 $TiSi_2$ 薄膜。除了本节介绍的 $TiSi_2$ 工艺，19.9 节还将讨论不同于本节的工艺，即近年用于立体多栅集成芯片的超低接触电阻率新型 $TiSi_x$/Si 接触技术。

19.6.1　为什么需要两步退火工艺

如前已提及，$TiSi_2$ 存在两种晶相：较低温度下形成体心正交结构（C49），为亚稳态晶相，且导电性很差，在较高温度才能形成面心正交结构（C54）的高电导稳态薄膜。在集成电路自对准硅化物接触与局部互连工艺中，不能用一次高温退火直接形成低电阻 C54 - $TiSi_2$ 图形。有两个原因促使自对准 $TiSi_2$ 工艺必须应用两步退火工艺：其一为避免钛与 SiO_2 的反应，必须在较低温度下进行第 1 步热退火。钛是一种活性较强的元素，在较高温度下，覆盖在隔离区及多晶硅边墙上的钛膜，可与 SiO_2 层产生显著反应，生成钛氧化物与硅化物，导致氧化层损伤和晶体管结构破坏。其二为抑制硅化物横向生长，避免栅与源漏区的桥连现象，也必须经过低温退火，先形成局域化硅化物图形。在 $TiSi_2$ 形成过程中，硅是主导扩散粒子，如果初始退火温度过高，硅原子沿晶粒间界扩散进入钛膜，与钛反应，会造成硅化钛横向生长。这将引起源漏区与多晶硅栅区之间的硅化物桥连现象，导致晶体管短路失效。图 19.19 为硅化物横向生长破坏晶体管结构的示意图。

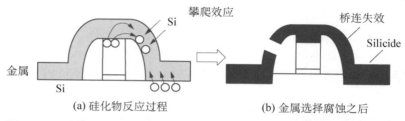

攀爬效应　Si　　　桥连失效　Silicide

金属

Si

(a) 硅化物反应过程　　　　(b) 金属选择腐蚀之后

图 19.19　硅横向扩散造成的氧化物上硅化物生长与源漏栅电极桥连示意图

在自对准硅化物工艺中,第一步退火温度与时间选择必须确保固相金属硅化反应区域严格局限于源漏区和多晶硅线条表层,既不能产生硅化物横向生长,也不能使金属与氧化物之间反应。这决定第一步退火温度上限,其下限温度则要求确保源、漏、栅表层形成选择腐蚀液不能侵蚀的硅化物晶相,从而在选择腐蚀后得到与器件结构完全自相对准的金属硅化物薄膜图形。因此,第一步退火常采用快速退火技术,温度应尽可能低,时间尽可能短。对于 Ti–Silicide 工艺,第一步退火温度常选择在 $600\sim700℃$ 之间,使 Ti/Si 界面反应生成 C49 晶相 $TiSi_2$。退火在高纯 N_2 气氛中进行,既可抑制钛膜氧化,也有益于克服桥连现象。这是因为氮分子在钛膜表面会扩散进入晶粒间界,并引起氮化反应生成 TiN,有益于限制硅原子在钛膜中扩散及硅化物横向生长。硅区域的表面氮化反应速率远低于硅化反应,对硅化物厚度影响不大。在场氧化层及边墙区域,钛膜上生长的 TiN 层,也可通过随后的化学选择腐蚀,与未反应金属一并去除。

在实际 Ti–Salicide 工艺中,常在真空室中直接溅射 TiN/Ti 双层薄膜于图形硅片上。TiN 作为覆盖层,可保持容易吸附杂质的钛膜纯净性,极为有益于改善 Ti/Si 固相反应工艺可控性及 $TiSi_2$ 薄膜质量。Ti–Salicide 工艺常用的化学选择腐蚀液为硫酸和双氧水溶液,其配比约为 $H_2SO_4:H_2O_2=4:1$,温度为 $120℃$,腐蚀时间由双层膜厚度决定,约需若干分钟。选择腐蚀与清洗后进行第二步退火,需应用 $800℃$ 以上较高温度,以保证 C49 晶相 $TiSi_2$ 薄膜完全转变为低阻相 $C54-TiSi_2$。也有某些器件工艺利用氧化层上的 TiN 膜,形成部分局域互连,这时需要经过一次光刻,掩蔽局域互连线条后,再腐蚀去除其他区域上的金属层并作第二步热处理。

19.6.2　低电阻 $TiSi_2$ 晶相形成的尺寸效应及其原因

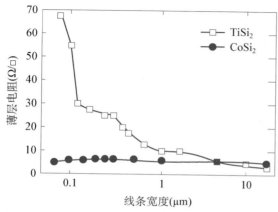

图 19.20　$TiSi_2$ 和 $CoSi_2$ 的薄层电阻随多晶硅线条宽度的变化

作为第一代得到普遍应用的自对准硅化物材料,$TiSi_2$–Salicide 工艺遇到的主要困难,是其薄膜导电性的器件尺寸依赖效应。图 19.20 显示固相反应 $TiSi_2$ 薄层电阻与多晶硅线条宽度之间的依赖关系。图 19.20 也标出 $CoSi_2$ 的测试值作为对比。测试数据显示,在进入亚微米器件领域后,$TiSi_2$ 薄层电阻就随线宽变窄而上升。初期尚可通过提高第二步退火工艺温度,获得较低电阻率。随着 CMOS 集成芯片技术升级换代至深亚微米领域,多晶硅线条宽度和源漏区面积愈益减小,TiSi$_2$ 薄膜向低电阻态转化变得愈益困难。过高温度退火会导致薄膜团聚失效。为解决这一难题,研究机构和产业界对这种尺寸效应及其抑制方法进行了多方面研究[5, 20, 25]。

　　研究者曾对促使 TiSi$_2$ 薄层电阻增大的原因进行实验分析。IBM 公司等机构的研究者,曾用原位 X 射线衍射(XRD)技术,在热退火过程中同步测量薄膜晶相变化。测试结果揭示,Ti/Si 热退火固相反应由 C49 至 C54 的转化温度,随着线条尺寸缩微显著升高[5]。图 19.21 为典型原位 X 射线衍射谱图,由相应晶体结构的特征 X 射线衍射峰角度,判断温度上升过程中的晶相演变。图 19.21(a)为宽线条情形,可见薄膜晶相随温度升高的典型变化规律,在 600~800℃ 之间出现形成 C49 - TiSi$_2$ 晶相的 XRD 信号,自 800℃ 开始出现标志 C54 - TiSi$_2$ 晶相的典型 XRD 信号,显示 TiSi$_2$ 薄膜晶相结构的转化过程。图 19.21(b)和(c)为相同宽度(0.35 μm)窄线条,但图形面积(11 μm^2、3 μm^2)不等的薄膜 XRD 测试数据图,两者图上对应 C54 - TiSi$_2$ 的 XRD 信号很弱,出现在更高退火温度。较大面积的(b)样品,其 C54 - TiSi$_2$ 晶相形成温度升至 900℃ 以上。相同宽度但面积小的薄膜(c)原位 XRD 显示,C49 至 C54 晶相转化更困难,说明尺寸效应不仅与线条宽度有关,还依赖于面积。

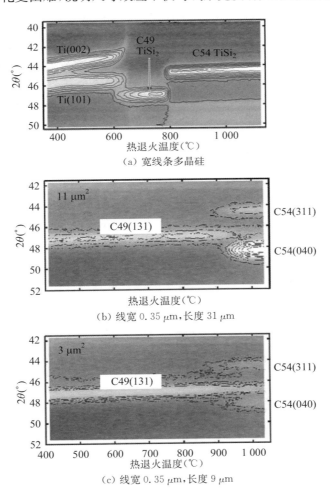

(a) 宽线条多晶硅

(b) 线宽 0.35 μm,长度 31 μm

(c) 线宽 0.35 μm,长度 9 μm

图 19.21　Ti/Si 固相反应薄膜晶相随退火温度变化的原位 XRD 测试数据图;钛膜厚度皆为 32 nm,升温速率相同(3℃/s)[5]

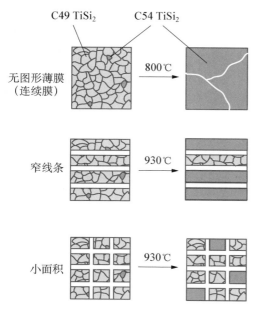

C49 TiSi₂   C54 TiSi₂

无图形薄膜（连续膜） → 800℃

窄线条 → 930℃

小面积 → 930℃

图 19.22　不同线条尺寸 TiSi₂ 薄膜由 C49 至 C54 的相变与生长对比示意图[5]

有多种因素可能影响 TiSi₂ 薄膜晶相转化的尺寸效应。虽然，C49 - TiSi₂ 为亚稳态结构，C54 - TiSi₂ 为稳态结构，但两者的形成热差别较小，仅约 0.48 kJ/Mole，致使 C49 至 C54 晶体相变的热力学驱动力较弱。动力学因素在晶体结构相变过程中也有重要作用，相变与新晶体相成核及生长过程密切相关。TiSi₂ 薄膜晶体结构转化，应取决于 C49 薄膜中 C54 相晶体成核与生长机制。上述 Ti/Si 固相反应 TiSi₂ 薄膜结构演变 XRD 实验结果，可形象化地用图 19.22 表示，用 C54 相晶核生成及其生长机制，分析该实验事实。

硅化物薄膜的晶相转化，自新晶相成核点开始，通过原子迁移与相互作用，逐步扩展生长完成。新晶相的成核点往往产生在薄膜不均匀处，常在多个晶粒交界点。如图 19.22 所示，经第一步退火形成的 C49 - TiSi₂ 薄膜中，初始 C54 相成核点都位于多个晶粒相交处。对于厚度、温度、衬底等一定条件下形成的 C49 - TiSi₂ 薄膜，成核点有一定的密度并随机分布。为使某一图形区域薄膜的晶相实现转化，其中至少要有一个成核点。图 19.22 中假设 3 种不同尺寸的薄膜（连续膜、窄线条、小面积），具有相同成核点密度及分布。图 19.22 显示，对于连续膜，800℃ 热退火已可使整个薄膜转化为 C54 晶相 TiSi₂。对于窄线条图形，提高热退火温度至 930℃，也不能使所有线条薄膜转化。对于面积很小的 C49 - TiSi₂ 薄膜，高温退火后完全转化为 C54 - TiSi₂ 的可能性更低。

以上讨论表明，TiSi₂ 薄膜中由 C49 至 C54 的晶相结构转化，受成核机制及成核密度控制。C49 - TiSi₂ 薄膜中 C54 晶相成核点密度取决于薄膜制备条件，其数值量级可用第二步退火后 TiSi₂ 薄膜中测量得到的 C54 晶粒尺寸作粗略估算。C54 晶粒的典型直径约在 3 μm 左右，相应的成核点密度约为 0.1 μm^{-2}。有实验曾观察到 C54 晶粒直径达 60 μm，相应成核点密度可能降低到 10^{-4} μm^{-2} 量级。成核点密度越低，可能发生晶相转化困难的薄膜线条越宽、面积越大。因此，TiSi₂/多晶硅复合栅线条宽度及源漏区面积越小，与薄膜中 C49 晶粒尺寸越接近，其中存在 C54 成核点的几率就越小，C54 晶相生长就越困难，使得 TiSi₂ 图形薄膜难于完全转化为低电阻的 C54 相结构。

19.6.3　促进 C49/C54 晶相转化的方法

针对以上分析的 C49 至 C54 晶相转化困难原因，人们曾研究多种改进 TiSi₂ - Salicide 工艺的方法。克服或缓解低电阻晶相薄膜形成困难的基本途径，在于提高 C54 成核密度。一种行之有效的方法是在钛膜淀积及硅化反应前，进行预非晶化注入（pre-amorphization implant，PAI）处理。应用硅或锗离子高剂量注入形成非晶化，促使第一步退火后形成的薄膜中 C49 晶粒尺寸减小，多重晶粒交叉点增多，从而使 C54 晶相成核点密度上升，窄线条与小面积薄膜内存在 C54 晶核，C49 - TiSi$_2$ 在第二步退火过程中，得以转化为 C54 晶相的高电导薄膜。实验表明，应用适当 PAI 技术，可使 C49 晶粒尺寸降低约 3 倍，晶粒直径可降至约 70 nm，曾在线宽近 100 nm 的线条成功制备 C54 - TiSi$_2$ 薄膜。

　　另一种有效方法是在 Ti/Si 反应中引入少量钼、钽、钨、铌之类难熔金属，也可降低 C54 - TiSi$_2$ 薄膜形成温度[5]。这种技术是 IBM 公司研究者首先发现的，他们发现，钼、钨离子注入，可使 C54 - TiSi$_2$ 薄膜形成温度下降 100～150℃。有的把 PAI 与钼离子注入两种方法相结合，可形成宽度为 60 nm 的 C54 - TiSi$_2$ 薄膜线条。最为简便的途径是用掺入少量难熔金属的钛合金靶代替纯钛靶，在硅片上淀积合金膜。图 19.23 显示相同宽度（0.35 μm）及面积（3 μm^2）线条图形上，淀积含原子比 5.5% 钽的钛合金膜与硅反应，形成 C54 - TiSi$_2$ 薄膜的温度可降低到 900℃ 以下，显著低于相同厚度纯钛膜反应情形。也有实验在钛膜与硅之间加入一薄层难熔金属，形成 C54 - TiSi$_2$ 晶相的退火温度也可降低。研究者对于难熔金属的作用机制有多种解释，是有趣的研究课题。最为易于理解的原因可归结为，难熔金属参与的 Ti/Si 反应，可生成晶粒尺寸较小的 C49 薄膜。也有研究者认为，在固相反应过程中难熔金属原子的存在，可能形成原子排列与 C54 相近的中间晶相（如 C40），导致 C54 晶相成核点密度增加。

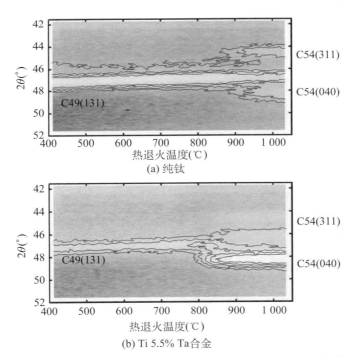

图 19.23　纯钛与 Ti - 5.5at% Ta 合金硅化反应随退火温度变化的原位
XRD 晶相表征图[5]（两种样品具有相同金属线条图形及膜厚：线
宽为 0.35 μm，面积为 3 μm^2，厚度为 32 nm）

　　在钛自对准硅化物工艺改进中，还通过调节第一次退火工艺，促进 C54 - TiSi$_2$ 晶相生长。例如，在达到 C49 生成的较高温度退火前，先在较低温下进行较长时间热处理，也有利于增强 C54 - TiSi$_2$ 晶核形成。一些研究还发现，应用准分子激光辐照代替第一步热退火，可形成和 C49 同为亚稳态的 C40 晶相,选择腐蚀后,形成 C54 - TiSi$_2$ 晶相的第二步退火温度可显著降低[21]。由于近年来纳米 CMOS 集成芯片技术中激光技术成功用于离子注入杂质激活,激光诱导的 TiSi$_2$ 工艺有可能再次引起研究者兴趣。

虽然早期 TiSi$_2$ 工艺缩微到约 0.5 μm 线宽时就出现严重窄线条效应,但通过利用上述非晶化等方法,改进具体工艺,自对准 TiSi$_2$ 器件工艺成功应用至 0.35 μm CMOS 集成芯片制造技术。从 0.25 μm 或 0.18 μm 工艺开始,适应器件缩微升级换代需求,CoSi$_2$ 取代 TiSi$_2$,逐渐发展成为新一代自对准硅化物器件技术,用于研制更高集成度、更高性能的近 0.1μm CMOS 集成芯片。

19.7　CoSi$_2$ 自对准硅化物工艺

在诸多金属硅化物中,CoSi$_2$ 有许多独特的物理与化学特性。CoSi$_2$ 受到人们重视与多方面研究,并作为第二代自对准硅化物材料,得到广泛应用。如表 19.5 所列数据,CoSi$_2$ 与 TiSi$_2$、NiSi 同为导电性最优硅化物,并且三者都易于通过固相反应形成。但它们各有所长,与 TiSi$_2$ 相比,CoSi$_2$ 的形成温度要低很多,其高温稳定性略低(约 50℃),却比 NiSi 高约 150℃。CoSi$_2$ 的突出不同之处还在于其晶体结构与硅同为立方晶格,且失配率较小。虽然 NiSi$_2$ 也具有立方结构,且与硅晶格常数的失配率更小,但其电阻率过高。因此,在硅衬底上外延生长单晶 CoSi$_2$ 薄膜,成为有趣的研究课题。研究者曾应用分子束外延和固相反应等多种方法,探索研究这种导体与半导体之间的异质外延技术。

19.7.1　Co/Si 反应薄膜晶相与电阻的温度变化规律

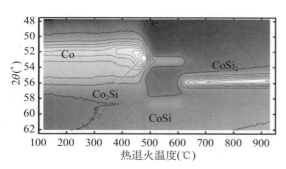

图 19.24　Co/Si 固相反应随温度晶相变化的 X 射线衍射表征图[5]

为确定 CoSi$_2$ 工艺在近 0.1 μm 器件领域的适用性,也曾对其电阻率的线条尺寸依赖关系进行实验研究。如图 19.20 所示,实验数据表明,在低电阻态 TiSi$_2$ 已很难形成 0.25～0.05 μm 线宽范围,Co/Si 反应硅化物不存在尺寸依赖效应,宜于形成高电导 CoSi$_2$ 薄膜。与 Ti/Si 体系类似,Co/Si 固相反应也形成多种不同组分及结构的硅化物。图 19.24 的原位 X 射线衍射晶相测试图显示 Co/Si 固相反应的相变过程。在约 400℃形成富硅化合物 Co$_2$Si,然后在 500～600℃间转化为 CoSi 晶相,在约 650℃以上形成 CoSi$_2$。

图 19.25 显示 Co/Si 固相反应薄膜薄层电阻随温度变化的实验曲线。图 19.25 的薄层电阻变化规律与薄膜晶相演变完全相对应。在 400～600℃区间薄层电阻上升是由于先后生成 Co$_2$Si 和 CoSi,这两种晶相化合物的电阻率都高于金属钴,并比 CoSi$_2$ 高一个多数量级。600℃以上温度退火,随着薄膜 CoSi$_2$ 形成,薄层电阻迅速下降。

为了在硅片上形成精确对准定位的硅化物图形,与 TiSi$_2$ 工艺一样,CoSi$_2$ 也需要使用两步退火工艺。第一步退火温度选择在较低温度（450～580℃）区间，以便抑制硅化物的边缘和横向生长。在 Co/Si 固相反应先后形成的 3 种硅化物中，对于 Co_2Si 与 $CoSi_2$，钴是主导扩散原子，而 CoSi 形成的主导扩散原子为硅。主导扩散粒子对薄膜生长过程有重要影响，前者可能促使氧化物上的部分钴原子扩散至多晶硅栅及源漏区边缘，导致边缘处生长的硅化物厚度增加。后者则可能促使多晶硅和源漏区的部分硅原子扩散至边墙氧化物，导致硅化物横向生长，甚至造成源漏区与栅极桥连。

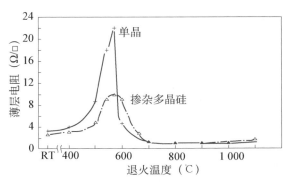

图 19.25　单晶和掺杂多晶硅衬底上 Co/Si 固相反应薄膜薄层电阻随温度的变化[26]（钴膜厚度为 60 nm，退火时间为 60 s）

因此，必须通过较低温度及较短时间的第一步退火，形成精确定域的高阻相 CoSi 薄膜。随后通过湿法选择性腐蚀，去除氧化层上的金属钴，最后经过第二步较高温（650～800℃）热退火，形成稳定的低阻 $CoSi_2$ 薄膜。热退火常在纯净 N_2 气氛中进行。

19.7.2　$CoSi_2$ 器件工艺的弱点与难点

相对 $TiSi_2$ 来说，$CoSi_2$ 也有其固有的弱点，即：在金属/硅固相反应中它是一种耗硅量更大的硅化物。如表 19.2 所示，为获得相同的薄层电阻，生成 $CoSi_2$ 要消耗更多的硅。由于 $TiSi_2$ 和 $CoSi_2$ 的电阻率相近，为得到相同的薄层电阻值，可生成相同厚度的硅化物薄膜。但生成 1 nm 的 $TiSi_2$ 的耗硅量为 0.91 nm，而生成 1 nm 的 $CoSi_2$ 的耗硅量则为 1.03 nm。两者相差约 10%，应依据结深及多晶硅厚度控制所淀积的钴膜厚度。对于体硅衬底芯片，耗硅量主要受源漏结深限制，对于 SOI 衬底 CMOS，则受限于硅层厚度。耗硅量因素对结深及多晶硅厚度的下限限制，还要考虑硅化物/硅界面不平整的影响。由于高温退火 $CoSi_2$ 薄膜生长，依赖由 CoSi 至 $CoSi_2$ 转化的成核过程，使硅化物/硅界面比较粗糙。

$CoSi_2$ 器件工艺的主要难点表现在，Co/Si 反应对于硅表面状态及退火气氛纯净度十分敏感。表面残留氧化物会严重影响硅化物薄膜的均匀性及硅化物/硅平坦界面形成，因而导致 $CoSi_2$ 薄层电阻上升，所接触的 pn 结漏电流增大。这显然与硅化物形成的整个工艺过程密切相关。在钴淀积之前，经过边墙刻蚀、屏蔽氧化层腐蚀、硅片清洗等步骤，表面通常难以避免存在残留氧化物。钴不能像钛那样易于溶解与清除硅表面残留氧化物。通过互扩散进行的 Co/Si 固相反应，容易受到残留氧化物及损伤缺陷的阻碍与干扰，使硅化物难以均匀形成，$CoSi_2$/Si 界面不平整，表面粗糙。甚至有实验发现，在第一步退火处理中会产生深入硅中的钴"针刺"。Co/Si 反应不仅易受表面残余氧化物影响，而且对退火气氛中的残余氧含量等也很敏感。实验表明，退火气氛中 ppm 级的微量氧与水气可能对 Co/Si 反应有破坏性作用。硅化物形成中的这些问题必然损害器件特性，致使所接触的 pn 结漏电流上升。

19.7.3　$CoSi_2$ 器件工艺的优化途径

为使 $CoSi_2$ 薄膜成功应用于高性能 CMOS 集成芯片制造，曾从多方面改进钴膜淀积、退火温度选择等工艺步骤，以优化 Co/Si 反应薄膜均匀性、降低器件漏电流[27]。以下分别作简要讨论。

完善硅片清洗与表面处理工艺

　　$CoSi_2$ 薄膜形成对硅片清洗工艺十分敏感。完善钴膜淀积前的硅片化学清洗与表面处理工艺,是抑制表面残余氧化层及缺陷影响的最直接途径。在真空室内钴膜淀积前,应用 Ar/H_2 低能等离子体对硅片进行原位溅射洁净处理,去除影响 Co/Si 均匀反应的杂质沾污。但时间不能过长,需避免产生新的缺陷,如氧化层和 Si_3N_4 边墙溅出的杂质再淀积,以及对栅介质的等离子体损伤。实验表明,短时间溅射处理有利于降低器件漏电流,长时间溅射和不当化学清洗都可能不利于 $CoSi_2$ 薄膜形成,使其接触器件性能退化。如图 19.26 所示的实验表明,在氧化物完全去除、表面为氢原子钝化的硅片上,反应形成的硅化物/Si 界面并不平整,甚至有尖刺深入硅层。其可能原因在于,虽然氧化物全被清除,但清除工艺可能在表面造成局部损伤,该处硅化物生长异于他处,如图 19.26(a)所示。TEM 所示沿 Si(111)面生长,形成深入硅内部的尖刺。而在有均匀极薄氧化物的硅表面上,可以形成界面较平整的 $CoSi_2$ 薄膜,如图 19.26(b)所示。为提高 $CoSi_2$ 薄膜均匀性,还有实验在钴膜淀积前先进行低能锗离子注入非晶化,初期退火形成较小晶粒,这样可使钴原子在硅化物小晶粒间界中的扩散较为均匀,有利于获得较为平坦的 $CoSi_2/Si$ 界面。19.8.3 节介绍的"SiCoNi"硅片清洗技术,也可用于优化 Co/Si 固相反应工艺。

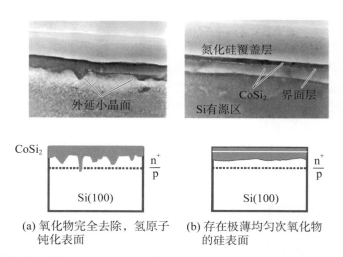

图 19.26　不同硅片清洗表面 Co/Si 反应形成的 $CoSi_2/Si$ 结构 TEM 剖面(上图)和示意图(下图)[5]

优化钴薄膜淀积和 Co/Si 热退火工艺

　　优选钴膜淀积和 Co/Si 反应工艺条件,是优化 $CoSi_2$ 自对准器件技术的另一重要途径。TI 公司的工程师曾对比分析热退火温度对 $CoSi_2$ 薄膜形貌及 pn 结漏电流的影响[27]。高温退火与低温退火相比,可以获得界面更为平坦的硅化物/Si 界面,因而使 $CoSi_2$ 接触的 n^+p 结漏电流明显低于较低温度退火器件,如图 19.27 所示。高温退火有利于增强均匀性较高的晶格扩散在硅化物形成中的作用,而低温退火过程中,非均匀性的晶粒间界扩散作用较强,导致粗糙薄膜形成。有实验证明,800℃以上热退火可使在较低温下形成的钴"尖刺"溶解消失[28]。因此,提高第 2 步退火温度是改善 CoSi₂ 薄膜特性的有效途径。但温度也不能过高,高温下硅化物的团聚现象和源/漏串联电阻上升,为退火温度设置上限。选择较高温度分别进行第 1 步和第 2 步快速退火等工艺,都有益于改善 CoSi₂ 薄膜特性,降低所接触的 pn 结漏电流。研究还表明,钴膜淀积时适当提高硅片温度,也有益于改善 CoSi₂ 薄膜均匀性,可使 pn 结漏电流有显著降低。

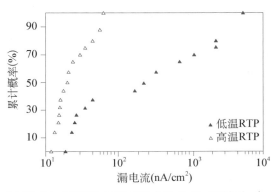

图 19.27　不同退火温度形成的 CoSi₂ 接触对 n⁺ p 结漏电流的影响[27]

TiN 或钛覆盖等多层膜优化 CoSi₂ 形成工艺

　　以 TiN/Co/Si、Ti/Co/Si 及 TiN/Co/Ti/Si 等多层结构进行固相反应,也是改进 CoSi₂ 薄膜性能的有效途径。TiN 薄膜是有效扩散阻挡层,而钛对 O_2、H_2O 等具有强吸附作用。在钴膜淀积后,立即淀积 TiN 覆盖层,有益于屏蔽钴膜与硅片,免受环境杂质污染。实验表明,TiN 覆盖可阻挡退火气氛中微量 O_2、H_2O 等对 Co/Si 反应的有害作用,与适当退火工艺相结合,可形成界面与表面较为平整、漏电流较小的 CoSi₂ 薄膜接触,增大工艺窗口[28,29]。另有研究表明,应用钛覆盖也有益于制备均匀性好的低电阻 CoSi₂ 薄膜,显著降低 pn 结漏电流[30,31]。还有实验显示,在钴膜与硅之间淀积一薄层钛,形成 Co/Ti/Si 组合结构,或表面再淀积 TiN 保护层,形成 TiN/Co/Ti/Si 多层结构,在纯 N_2 气氛下热退火,也可在硅界面生成优质 CoSi₂ 薄膜,而钛原子扩散至外表面形成 TiN。根据钛的物理化学特性,在不同结构组合薄膜中钛对 CoSi₂ 薄膜生长过程的影响,应源于钛具有极强活性及吸附作用。钛原子不仅可以吸附退火气氛中的 O_2、H_2O 等残留活性有害气体,也有利于分解硅界面氧化物,吸附氧原子至表面并与之结合。

　　以上从 3 个不同方面介绍改进 CoSi₂ 薄膜性能的多种工艺途径。在实际自对准硅化物器件工艺中,可以选择与硅片前后端加工相匹配的若干种方法相结合,获得适于特定 CMOS 集成芯片的 CoSi₂ 薄膜优化制备工艺。根据优化工艺要求,集成电路设备公司(如 Appl. Mat.)开发有制备 CoSi₂ 的专用设备。应用优化工艺及设备,有的集成芯片制造企业把 CoSi₂ 薄膜工艺延伸应用到 90 nm CMOS 芯片生产。

19.7.4　CoSi₂/Si 异质固相外延

　　金属硅化物/硅异质固相外延,是多年来薄膜材料与技术领域的一个有趣研究课题[32]。其中,CoSi₂ 更曾是研究热点之一,因为它不仅导电性好,而且具有晶格常数与硅相近的立方晶体结构。如本书第 2 章所述,硅的金刚石结构可看作两个面心立方晶格沿体对角线移动 1/4 套构而成。图 19.28 所示 CoSi₂ 的周期性立方晶格,可设想为由一个面心立方钴晶格,与一个占据其体对角线 1/4 与 3/4 部位的硅原子简立方晶格组合而成。CoSi₂ 的立方晶格常数为 5.365 Å,硅金刚石立方晶格常数为 5.43 Å,室温下两者失配率约为 1.2%。由于

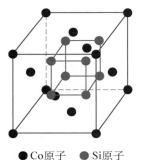

●Co原子 ●Si原子

图 19.28 CoSi$_2$ 的立方
晶体结构

CoSi$_2$ 的温度膨胀系数高于硅,高温下两者失配率更小。显然,CoSi$_2$ 与硅之间的异质外延是一个很有意义的课题。人们曾应用分子束外延、离子束合成及固相外延等多种方法,研究不同晶向硅衬底上的 CoSi$_2$ 外延技术。有趣的是,在研究 Co/Ti/Si 结构固相反应改善 CoSi$_2$ 薄膜性能的过程中,有研究发现,利用这种多层结构固相反应有可能在 Si(111) 与 (100) 衬底上实现 CoSi$_2$/Si 异质外延[33-36]。

图 19.29 为由 Co/Ti 双层膜与单晶硅衬底固相反应,实现 CoSi$_2$/Si 异质外延生长的示意图。Co/Ti/Si 在适当温度热退火过程中,通过 3 种原子的相互扩散和反应,钛原子趋于向表层迁移,而钴原子则向内扩散并与硅原子结合。这种在硅衬底上 Co/Ti 原子翻转并产生 CoSi$_2$/Si 异质固相外延的现象,应是 3 种原子内在特性及相互作用的外在反映。钴与硅原子有相近的共价键原子半径,分别为 1.16 Å、1.17 Å,而钛原子半径显著不同(1.32 Å)。而且钴、硅原子还具有相近的电负性,按鲍林标度分别为 1.88、1.90,与钛原子电负性值(1.54)差别较大。相近的原子半径及电负性表明,钴、硅原子之间具有更强化学亲和力。在 CoSi$_2$ 晶体结构中,硅原子与 4 个最近邻钴原子结合成键。Si—Co 原子键长为 2.32 Å,与两种原子共价键半径之和极为接近,应为共价性主导的化学键,略小于硅晶体中的 Si—Si 键长(2.35 Å)。硅晶体的 Si—Si 共价键由 sp^3 杂化轨道电子实现,CoSi$_2$ 中 Si—Co 共价键则应由 spd 杂化轨道电子完成。这两种键都各自构成四面体,显示 CoSi$_2$ 立方晶格与硅晶格的相似特点。

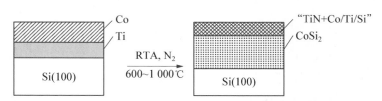

图 19.29 钛界面层调节固相反应 CoSi$_2$/Si 异质外延示意图

Co/Ti 双层膜与单晶硅热退火导致 CoSi$_2$/Si 异质外延生长的事实表明,钛界面层不仅有益于分解硅表面残余氧化层,促进 Co/Si 反应,还有益于调节钴与硅之间反应过程,促成 CoSi$_2$/Si 异质外延生长。已有研究揭示,某些金属溅射淀积在硅衬底上,界面会发生固相非晶化反应,形成一非晶化界面薄层。在图 19.29 所示的结构中,钛淀积在有残余氧化层的硅衬底上,可形成 TiSiO 非晶化层。这种界面层可起阻挡与调节作用,影响具有强亲和力的钴、硅两种原子间的扩散与反应,可导致在硅衬底上直接外延生长 CoSi$_2$ 相。在 CoSi$_2$ 形成过程中硅、钴两者都是扩散粒子。分析硅和 CoSi$_2$ 两者晶格中原子排列差异,可以想象,在非晶界面层调节控制作用下,通过钴和硅原子相互迁移与成键,硅晶格趋于转变为结构相近的 CoSi$_2$ 立方晶格。如本书 12.1.2 节所述,硅晶格中存在多个势能最小的间隙空位点,这些空位将成为钴原子扩散占据的最初间隙位置。钴原子进入,势必打破硅晶格平衡,促使硅原子与钴原子结合成键,形成 CoSi$_2$ 立方晶格。每个硅原子与相邻 4 个钴原子以 spd 杂化轨道形成共价键,构成与纯硅键相近的四面体,而每个钴原子近邻则有 8 个分别与其成键的硅原子。CoSi$_2$ 晶格原子密度大于硅晶格,单元立方晶胞多 4 个原子,使 CoSi$_2$ 的原子及化学键密度显著增加。

综上所述,基于 Si、Co 两种原子的化学亲和性,以及其导致的 $CoSi_2$ - Si 两种晶格价键和结构的相似性,通过钛中间界面层对原子迁移和反应的调控作用,从而使 Co/Ti/Si 三元多层反应成为实现 $CoSi_2$/Si 固相外延的一种新途径。实验研究表明,不仅钴、硅之间的钛中间层可促进 $CoSi_2$/Si 异质外延生长,在硅表面存在均匀超薄氧化层或某些其他薄金属层,钴与硅的固相反应也可导致 $CoSi_2$/Si 异质外延。还有研究者用 Co - Ti 合金(Ti:10～20 at.%)薄膜与覆盖有化学清洗氧化层的硅反应,实现 $CoSi_2$ 单晶薄膜生长[36]。其原理也在于合金膜中的钛还原氧化物,形成一层控制钴、硅相互反应的界面层。因此,以上这些异质外延方法,可概括为中间层调控固相外延(interlayer mediated solid phase epitaxt,IMSPE),这是一种独特的固相外延机制。

　　对这种 IMSPE - $CoSi_2$/Si 异质外延技术,有研究工作探索其在 CMOS 集成芯片研制中的应用可能性[37,38]。以 Co/Ti/Si 或 TiN/Co/Ti/Si 等多层薄膜结构,通过两步热退火及其间选择腐蚀工艺,在源漏区可形成单晶 $CoSi_2$ 薄膜,同时在多晶硅栅线条上形成多晶 $CoSi_2$ 层。一些初步 CMOS 器件实验数据显示,这种工艺可得到较低的薄层电阻与接触电阻率,以及良好的晶体管电学特性。在尺度愈益缩微的浅 pn 结器件中,上述固相外延技术尚有界面平整度、均匀性等问题,阻碍其在 CMOS 器件制造技术中的实际应用。这种导体/半导体固相外延方法,有可能在某些新器件技术中得到应用。

19.8　NiSi 自对准硅化物工艺

　　自对准 $CoSi_2$ 器件工艺成功用于自 0.25 μm 开始的多代超大规模集成电路制造。但是,在进入纳米 CMOS 技术之后,$CoSi_2$ 已难以适应纳米芯片制造工艺的新要求。有 3 个因素限制 $CoSi_2$ 接触薄膜向更小尺寸器件制造工艺延伸,分别是耗硅量大、窄线条电阻增大现象、不能在 SiGe 源漏区形成低阻三元化合物。应用 NiSi 可以解决这些难题,NiSi 还具有形成温度低、表面及界面较均匀平坦、薄膜应力小等优越性。因此,Ni/Si 固相反应自对准硅化物工艺,成为纳米 CMOS 集成芯片制造技术的新选择。NiSi 接触工艺也存在高温稳定性、镍侵入缺陷等特有难题,影响其在超精密纳米集成器件中的应用。本节在讨论 Ni/Si 固相反应特点及其硅化物工艺后,将分析 NiSi 接触工艺中的难题、原因及解决途径,并简要介绍激光退火超薄硅化物形成技术。

19.8.1　纳米 CMOS 技术中 NiSi 接触工艺的优越性

NiSi 形成耗硅量低

　　固相反应硅化物工艺必须折中考虑薄层电阻与耗硅量两者的关系。一方面,从接触与互连性能考虑,薄层电阻越小越好,但是,在硅化物材料电阻率相近情况下,如果靠增加硅化物薄膜厚度来降低薄层电阻,将使耗硅量上升。另一方面,随着器件特征尺寸不断减小,源漏区结深、多晶硅栅厚度也相应减小,因此,需要尽量减少硅化反应中的硅消耗,以保证器件优良电学特性。根据表 19.2 所示固相反应硅化物的耗硅量数据,NiSi 耗硅量显著低于 $TiSi_2$ 和 $CoSi_2$。进入纳米 CMOS 集成芯片加工领域后,$CoSi_2$ 不得不让位于 NiSi。器件漏源区的结深需自数十纳米继续缩微,在 90 nm 芯片中源漏区 pn 结深已缩减至不到 50 nm,

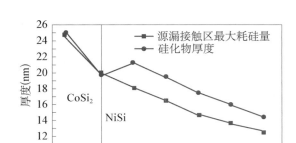

图 19.30　源漏接触区可允许最大耗硅量与硅化物
厚度随纳米 CMOS 器件缩微的变化[39]

在 65 nm 芯片中减小至 30 nm 以下。为保证 pn 结不受影响,晶体管漏电流小,硅化反应中硅消耗深度应控制小于 1/2 结深。多晶硅硅化反应中过度硅消耗,还可能引起金属沾污,损害栅氧化层特性。硅化物的厚度需要减薄,但过薄会使薄层电阻过高。图 19.30 显示典型纳米 CMOS 芯片中,可允许固相反应最大耗硅量及硅化物厚度随晶体管缩微变化。由图 19.30 可见,在 90 nm 芯片以后,应用 NiSi 可使耗硅量与硅化物厚度之间的矛盾有所缓解。在纳米 CMOS 集成电路制造中,为制备漏电小的低电阻硅化物接触,常需要在接触区通过外延工艺形成提升源漏区(raised S/D)。

因此,从耗硅量分析,可知 Co/Si 反应工艺已不适于纳米 CMOS 制造技术。由图 19.31 两种硅化物耗硅量对比可见,以 NiSi 替代 $CoSi_2$,在假设两者电阻率相等的条件下,为了获得相同硅化物厚度及薄层电阻,耗硅量可降低 19%。如果按表 19.5 所列电阻率范围,可以取其平均值(NiSi 为 15 $\mu\Omega \cdot cm$,$CoSi_2$ 为 18 $\mu\Omega \cdot cm$)。为了得到相同薄层电阻,NiSi 的耗硅量可减少 33%。

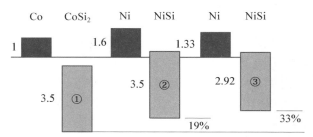

图 19.31　NiSi 和 $CoSi_2$ 薄膜形成耗硅量对比[5]:
①$CoSi_2$;②相同厚度 NiSi;③相同薄层电阻 NiSi

保持窄线条低电阻率

实验表明,对于宽度小于 50 nm 的线条,$CoSi_2$ 薄膜电阻也趋于显著增加。图 19.32 对比 $CoSi_2$ 与 NiSi 的硅化物/多晶硅复合栅线条电阻随宽度的变化。可见窄于 50 nm 的 $CoSi_2$ 薄膜电阻急剧上升,而 NiSi 的电阻仅有较小变化。在 90 nm 技术代 CPU 等类芯片中,多晶硅栅线条宽度已缩微至 50 nm 以下。因此,从接触层电阻要求角度,CMOS 芯片制造自 90 nm 技术代开始,就已难于应用 Co/Si 反应工艺,Intel 等 CPU 芯片制造公司开始应用 NiSi 技术[23, 24]。

有实验发现,窄线条多晶硅或 SOI 薄层 $CoSi_2$ 薄膜中存在空洞,可能是电阻增大的原因。这些空洞的产生可能源于固相反应薄膜形成过程中的克肯达耳效应(参见 19.3.3 节),也受到线条尺寸、缺陷、应力等因素影响。空洞的产生应与原子扩散与空位缺陷运动有关。

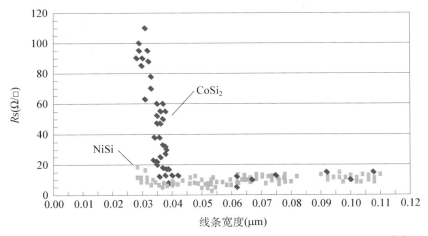

图 19.32　窄线条多晶硅上形成的 CoSi$_2$ 与 NiSi 电阻随线条宽度的变化[40]

CoSi 形成过程中硅为主扩散粒子,高温形成 CoSi$_2$ 过程中,钴与硅都是扩散粒子。图 19.33 显示不同扩散粒子对薄膜空洞形成的影响。在金属/硅界面反应中,晶格空位是伴随原子扩散运动产生的,也是克肯达耳效应的一种体现。空位通常具有高扩散速率,可以分布在硅片较大范围。对于金属原子扩散至硅层的情形,空位产生于金属层内,它们可扩散至表面消失,即便仍存在于未反应金属层内,也会被后续选择

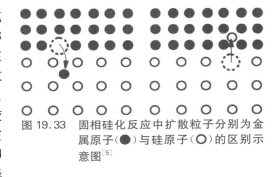

图 19.33　固相硅化反应中扩散粒子分别为金属原子(●)与硅原子(○)的区别示意图[5]

腐蚀工艺去除,因而对生成的硅化物薄膜可无明显影响。硅原子向金属层扩散,则在多晶硅层中留下空位。对于细线条硅化物/多晶硅情形,有限硅体积中的空位通过扩散与聚集容易形成空洞,即克肯达耳空洞。NiSi 形成温度低,而且主导扩散粒子始终是金属原子,硅原子扩散慢,不易生成克肯达耳空洞,因而窄线条仍能保持优良导电性。

Ni/SiGe 反应形成低电阻三元化合物接触

自 90 nm 技术代起,CMOS 开始应用 SiGe 二元晶体薄膜改善器件性能,以 Si$_{1-x}$Ge$_x$ 源漏区,形成压应变沟道 PMOS 晶体管。Co/SiGe 反应难于形成低电阻化合物接触薄膜。虽然 CoSi 与 CoGe 皆为立方结构、可以互溶,但 CoSi$_2$ 与 CoGe$_2$ 两者晶体结构不同,后者属正交晶系,使两者难以共溶。TiSi$_2$ 与 TiGe$_2$ 两者都具有正交晶体结构、能互溶,钛在 SiGe 上可反应形成三元钛硅锗化合物,但 C54 - Ti(Si$_{1-y}$Ge$_y$)$_2$ 的形成温度较高,且高温稳定性较差。

NiSi 和 NiGe 皆为四角结构,两者可以无限互溶。NiGe 也具有良好导电性,其室温电阻率约为 15 ~ 19 $\mu\Omega \cdot$ cm。NiSi/Si$_{1-x}$Ge$_x$ 在 500℃ 以下反应可以形成三元化合物 NiSi$_{1-y}$Ge$_y$,其电阻率在 20 $\mu\Omega \cdot$ cm 上下。由于在固相反应过程中锗的分凝效应,三元镍化合物中的硅锗比例不同于反应前的合金。单硅锗镍化合物在超固溶度的硼高掺杂 p$^+$ — Si 源漏区,可以形成优良欧姆接触,接触电阻率可低达 10^{-8} $\Omega \cdot$ cm^2(即 1 $\Omega \cdot \mu$m^2)量级。这种三元单硅锗镍化合物不易向高阻相双硅锗化合物转化,转化温度需升高至 850℃。

NiSi/Si 表面及界面平坦性

相对于 $TiSi_2$ 和 $CoSi_2$，固相反应 NiSi 薄膜具有显著改善的表面与界面，粗糙度减小，均匀性及平坦性增强。其原因在于它们的成膜机制不同。由本章前面讨论可知，$TiSi_2$ 和 $CoSi_2$ 的薄膜生长受晶核形成过程控制，而 NiSi 主要由扩散控制其形成及生长过程。实验揭示，NiSi 晶核容易在硅与前体富镍晶相（如 Ni_2Si）界面产生，界面处可形成高密度 NiSi 晶核，通过镍原子扩散，NiSi 逐渐生长，直至薄膜反应完全。因此，NiSi 生长是平面式的，反应前沿及界面均匀推进。在恒定退火温度条件下，NiSi 薄膜生长厚度（x_{NiSi}）与退火时间（t）的关系具有典型扩散控制生长规律，即 $x_{NiSi} \sim t^{1/2}$。扩散控制反应生长的薄膜（如本书第 10 章讨论的热生长 SiO_2）通常具有平坦光滑的表面与界面。对于尺寸愈益缩微的纳米 CMOS 器件，NiSi 薄膜的这种特点也极为有益。

NiSi 形成温度低

Ni/Si 固相反应可在 450℃ 以下形成低电阻 NiSi 薄膜，形成温度显著低于 $TiSi_2$ 和 $CoSi_2$。但是，NiSi 稳定性的温度上限低，700℃ 以上就可能转化为电导率较低的 $NiSi_2$。虽然早在 20 世纪 90 年代初，在一些 NiSi 薄膜材料及器件工艺研究中，已注意到 NiSi 的优越性，但 NiSi 未能得到集成芯片生产实际应用[22]。这是因为那时集成芯片制造中，硅化物后续部分工艺尚需在 800℃ 以上，已经超出 NiSi 薄膜稳定温度范围。集成电路发展至纳米 CMOS 技术后，应用高密度等离子体磷硅玻璃（HDP－PSG）薄膜淀积，与化学机械抛光（CMP）介质平坦化等技术，不再需要应用氧化物高温回流平坦化工艺，使后端工艺温度显著降低，可低到 550℃ 以下。应用 NiSi 自对准接触工艺，可进一步减少硅片高温处理时间，对于愈益缩微的纳米集成芯片加工十分必要，有益于工艺改进与器件性能提高。应用较低温形成的 NiSi 工艺，可以避免过高硅化反应温度对源漏区杂质分布的影响。

NiSi/p－Si 接触势垒低

NiSi 与 p 型硅具有较低的空穴势垒（0.43 eV，见表 19.3），有利于形成低电阻接触。根据（19.5）式，提高掺杂浓度和降低接触势垒高度是形成低接触电阻的途径。在导体与硅欧姆接触中，p 型硅的接触电阻（R_c）通常要比 n 型硅的接触电阻大。这是因为尽管硅化物的电子势垒较高，但 n 型杂质（砷、磷）比 p 型杂质（硼）在硅中的溶解度高，在 n 型硅上相对容易通过高掺杂降低接触电阻。在 p 型半导体上，应用低空穴势垒硅化物接触，有益于降低接触电阻。所以，NiSi 相对 $CoSi_2$ 和 $TiSi_2$ 来说，更有利于制备性能对称的 NMOS 和 PMOS 器件。综合以上多方面因素，NiSi 成为最适用的纳米 CMOS 接触工艺优选硅化物材料。

19.8.2　Ni/Si 反应形成 NiSi 过程与两步退火工艺

如图 19.34(a)所示，Ni/Si 固相反应薄层电阻随退火温度的等时变化曲线表明，两种不同掺杂类型衬底上的薄层电阻虽然数值不同，但其变化趋势相同。当退火温度逐步升高时，Ni/Si 固相反应薄层电阻迅速上升，在 300℃ 左右达到近乎平台的高值，随后急剧下降，在约 400℃ 快速退火后，降到稳定最低值。电阻的这种变化源于化合物组分及薄膜晶相演变。根据 Ni-Si 相图,镍与硅可组成 11 种不同组分化合物,其中 6 种(Ni_3Si、Ni_5Si_2、Ni_2Si、Ni_3Si_2、$NiSi$、$NiSi_2$)为室温稳定物相。由于存在多种晶相,Ni/Si 反应的相变过程也较为复杂。依据图 19.34(b)和(c)所示 X 射线衍射谱,可以认为 300℃ 退火形成的薄膜晶相,主要为富镍高阻化合物 Ni_2Si,450℃ 热处理后则形成低阻 NiSi 晶相。虽然有研究表明,在退火过程中也可能出现其他中间相(如 Ni_3Si_2),但在镍薄膜与硅衬底反应情形中,Ni_2Si 和 NiSi 是通常可观察到的化合物相。

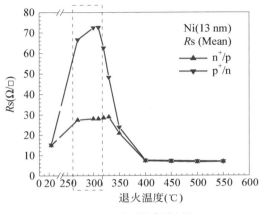

(a) 30 s 退火后的薄层电阻

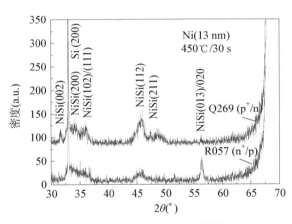

(b) 300℃退火后的 X 射线衍射谱

(c) 450℃退火后的 X 射线衍射谱

图 19.34　Ni/Si 固相反应薄膜性质随退火温度的变化[41, 42]

由图 19.34 所示镍-硅化物薄层电阻及晶相变化可见,n^+/p 和 p^+/n 两种衬底上的 Ni/Si 反应基本规律相同,但两者具体数据存在明显差别。薄层电阻温变曲线显示,经 300℃ 附近同样温区退火,p^+-Si 衬底上形成的 Ni_2Si 相薄膜电阻显著高于 n^+-Si 上的样品,后者向 NiSi 相转化温度要高数十度。XRD 和 TEM 测试都发现,300℃ 退火的 p^+-Si 衬底硅化物薄膜样品中已存在 NiSi 晶相。有研究应用 XRD 在线测试发现,$n-Si$ 衬底上 NiSi 晶相形成温度比 $p-Si$ 衬底高约 50℃[5]。上述两种衬底薄膜样品的平面 TEM 显微照片如图 19.35 所示,掺硼 p^+-Si 衬底上形成的镍-硅化物薄膜晶粒尺寸(~12 nm),显著小于掺砷的样品(~19 nm)。在晶粒大的硅化物薄膜中,载流子迁移率应较大,这一因素与 n^+-Si 层导电性较高相结合,可导致薄层电阻降低。两种薄膜样品的剖面 TEM 分析则显示,硅化物与掺砷 n^+-Si 的界面较粗糙,与掺硼 p^+-Si 的界面较平整。这些事实及其他实验都表明,高浓度砷、硼杂质对 Ni/Si 固相反应薄膜生长、结构及性质有显著影响。这可能与杂质分凝、杂质缺陷相互作用等因素密切相关。

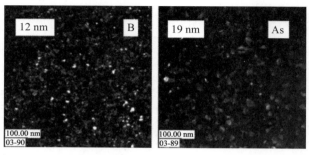

图 19.35　掺硼 p^+-Si 和掺砷 n^+-Si 上 Ni/Si 固相反应(300℃退火)薄膜的平面 TEM 照片[41]

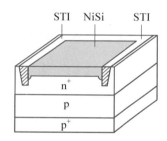

图 19.36　单步退火在 n^+p 结有源区边缘 Ni/Si 过度硅化反应示意图

由于 NiSi 可在 400~450℃ 的较低温度下形成,早期曾认为可以通过一步退火工艺实现自对准 NiSi 器件工艺,与 $TiSi_2$、$CoSi_2$ 的两步退火工艺相比,可简化流程、降低成本。但是进一步研究表明,对于小尺寸器件使用单步退火 NiSi 工艺,可导致在器件图形边缘区域发生过度硅化反应。由于 Ni/Si 反应时总是镍原子为主导扩散粒子,虽然可以避免桥连失效现象,但由于镍原子在硅中是快扩散元素,其扩散速率显著大于钛、钴,器件周围氧化层或多晶硅边墙上的镍原子向有源区扩散,使有源区边缘处过度反应,消耗过多硅,形成较厚 NiSi,如图 19.36 所示。浅结器件中边缘区域过度硅化,可使接触区周边硅化物底部与 pn 结界面间的距离减小,甚至在有缺陷情况下穿通,从而导致漏电增加和击穿电压下降。

由于金属原子快扩散引起的 NiSi 薄膜厚度非均匀性,会随着尺寸缩微愈益加剧。如图 19.37 所示,当 Ni/Si 退火条件令镍原子扩散距离超过薄膜厚度时,可导致窄线条的 NiSi 薄膜厚度显著增加,使其薄层电阻减小。这与 $TiSi_2$、$CoSi_2$ 的窄线条薄层电阻上升现象恰好相反,故称为反向窄线条效应。

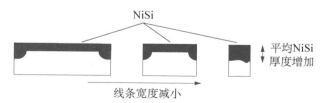

图 19.37　边缘过度硅化反应造成的 NiSi 反向窄线条效应

基于上述 Ni/Si 反应特点,自对准源、漏、栅区 NiSi 接触形成,仍需采用两步退火工艺。这既有利于自对准局域化均匀 NiSi 薄膜生长,也有益于改善所接触器件的电学性能。按照 Ni/Si 反应相变规律,第 1 步退火温度可选择在形成 Ni_2Si 相的 300℃ 左右,以利于限制镍横向扩散,生长局域化硅化物。应用含"$H_2SO_4 + H_2O_2$"的选择腐蚀液去除硅片上未反应镍膜后,再通过 450~600℃ 的较高温第 2 步快速退火,形成低电阻 NiSi 晶相薄膜。实验证明,应用两步退火工艺,可有效抑制边缘过度硅化反应,显著降低 pn 结反向漏电流[23]。

19.8.3　用于 NiSi 等工艺的真空化学表面处理技术

在纳米 CMOS 集成芯片制造技术中,由于薄膜厚度等器件尺寸逐步缩微至数十个乃至数个分子或原子的尺度,而且密度增高、高宽比增大,硅片清洗与表面处理成为器件结构形成的难题与关键之一。其中,晶体管有源区均匀平坦 NiSi 接触的形成,在很大程度上取决于硅片表面处理工艺。常规自对准硅化物工艺中,硅片清洗工艺的最后一步是在稀释 HF 溶液中腐蚀,以去除其表面残留氧化物,烘干后进入 PVD 腔体,淀积镍膜。由于硅片暴露在大气中一段时间,硅片表面又会吸附氧,形成自然氧化物,而且在化学清洗和镍膜淀积前过程中,还可能受到颗粒微尘等沾污。镍与钴一样,不能如钛那样可分解硅表面氧化物。常在淀积镍膜前,先用氩等离子体轰击,溅射去除硅片表面氧化物及沾污。但是,这种干法清洗工艺又可能在硅表面产生损伤、缺陷。Ni/Si 反应对硅表面状况异常敏感,在表面存在缺陷的图形硅片上,可能出现反应不均匀、界面不平坦、生长 $NiSi_2$ 相尖刺等现象。虽然通常 Ni/Si 固相反应要在 700℃ 以上才能生成 $NiSi_2$,但在硅表面某些缺陷处,较低温度下就可能外延生长。NiSi/Si 界面的各种缺陷会严重影响器件的电学特性。

以上讨论说明,如何既能完全清除表面氧化物及沾污,又可避免硅表面损伤,是形成优质均匀 NiSi 薄膜接触的关键课题。因此,对于硅片表面处理技术,有许多相关设备、材料及工艺研究工作,极力发展更为有效的硅片清洗及表面处理技术,以克服常规 HF 溶液湿法清洗和一般等离子体除污的弊端。其中,集成电路工艺设备主要制造商之一的应用材料公司,为开发钴、镍自对准硅化物工艺,研制成功一种既可利用等离子体产生高效腐蚀剂、又使硅片避免带电粒子轰击的预清洗处理装置,称为"SiCoNi"技术,把一种新型表面清洗工艺与薄膜淀积密切结合。硅片化学清洗和镍膜淀积在同一 PVD 工艺集成系统内完成,可以有效解决钴、镍等硅化物工艺中的难题[43-45]。

这种真空化学表面清洗工艺基本原理在于,利用等离子体技术把输入气体合成为可选择性腐蚀氧化物的化合物,作用于硅片表面,通过化学反应与物理升华过程,清除硅片表面氧化物及其他污染。图 19.38 为这种真空硅片表面预清洗装置原理示意图。在"SiCoNi"真空化学清洗装置中,硅片清洗工艺经过以下 3 个步骤完成。

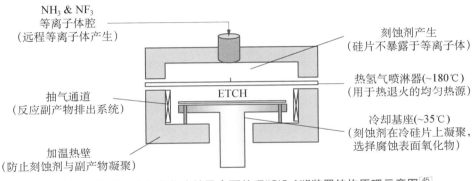

图 19.38　真空硅片氧化物腐蚀及表面处理"SiCoNi"装置结构原理示意图[45]

(1) 等离子体合成氧化物腐蚀剂。应用低频($<100\,\mathrm{kHz}$)的低功率($<100\,\mathrm{W}$)电源激发低能等离子体,把通入真空腔体的 NF_3、NH_3 气体分子活化,使它们合成对氧化物具有腐蚀作用的化合物 NH_4F 和 $NH_4F \cdot HF$,

$$NF_3 + NH_3 \longrightarrow NH_4F + NH_4F \cdot HF \tag{19.10}$$

为提高气体分子活化与合成效率,需设计合适的等离子体腔结构,腔体内壁镀镍,以防止颗粒微尘等污染。

(2) 氧化物选择性腐蚀。等离子体辅助合成的氟化物腐蚀气体分子,在输入气流带动下,扩散至等离子体放电区外的硅片处。硅片基座保持在 $30\sim35\,^{\circ}\mathrm{C}$,在此较低温度下,氟化物气相分子将在硅片表面冷凝,并与氧化物反应,形成六氟硅铵($(NH_4)_2[SiF_6]$),

$$NH_4F \ 或 \ NH_4F \cdot HF + SiO_2 \longrightarrow (NH_4)_2[SiF_6](s) + H_2O \tag{19.11}$$

$(NH_4)_2[SiF_6]$ 也称氟硅酸铵或六氟硅酸铵,在近室温条件下为固相,但在 $70\,^{\circ}\mathrm{C}$ 以上可升华。以上腐蚀反应不仅可有效去除硅片表面氧化物及污染,而且具有良好选择性,对多晶硅的腐蚀速率极低,两者腐蚀速率比可大于 20。SiO_2 相对 Si_3N_4 的刻蚀选择性,受到温度、NF_3 和 NH_3 流量、刻蚀时间等多个因素的影响。在通常工艺条件下,Si_3N_4 的腐蚀速率约为 SiO_2 的 1/5 至 1/10。

(3) 硅片升温使反应物升华。通过提升硅片、接近上方的气体喷淋器,用热氢气流快速加热硅片至 $100\,^{\circ}\mathrm{C}$ 以上,使反应生成物氟硅酸铵从硅片表面升华、分解成气相化合物,

$$(NH_4)_2[SiF_6](s) \longrightarrow SiF_4(g) + NH_3(g) + HF(g) \tag{19.12}$$

这些气相化合物与其他气体一并被抽气泵排出。在集群式物理气相淀积系统中,经清洗腔体完成表面处理的硅片可直接传输到溅射室,淀积镍反应膜及 TiN 覆盖保护膜。

这是一种远程等离子体清洗系统,硅片远离等离子体放电区域,不受带电粒子轰击、损伤。等离子体的作用仅在于生成氧化物腐蚀剂。硅片上的氧化物实际上是受冷凝的液相腐蚀剂化学作用清除的。这种表面清洗技术,把等离子体合成、冷凝、腐蚀、升华、分解等多种物理与化学效应及作用紧密结合,解决了硅片表面高效清洗的难题。由于真空环境及上述独特作用机制,硅片表面清洗均匀性也较好。实验证明,这种技术可以显著改善小尺寸器件上的 Ni/Si 固相反应特性。这种真空化学清洗技术也可用于外延、氮氧化硅栅介质生长、CVD 薄膜淀积等其他工艺中的硅片表面处理。

19.8.4　提高 NiSi 薄膜稳定性的途径

NiSi 薄膜形成温度低是其优越性之一,但在后端工艺较高温下的稳定性是 NiSi 工艺的一个突出问题。影响 NiSi 薄膜高温稳定性的因素主要有两个方面,源于两种不同机制。其一为高温下 NiSi 要向 $NiSi_2$ 高电阻相转化。虽然 NiSi 的熔点为 $992\,^{\circ}\mathrm{C}$,但硅衬底上 Ni/Si 固相反应形成的 NiSi 薄膜,温度高于 $800\,^{\circ}\mathrm{C}$,将转化为 $NiSi_2$。这一转化与 NiSi 生长机制不同,是与 $TiSi_2$、$CoSi_2$ 形成类似的成核控制机制,其薄膜表面及界面粗糙度增加。在小尺寸器件图形衬底上,还可能在更低温度下,甚至如 $400\,^{\circ}\mathrm{C}$ 的低温,就可能局部生长 $NiSi_2$,使界面不平、薄层电阻上升。

影响 NiSi 稳定性的另一因素为高温下超薄膜形貌退化。通常熔点较低的化合物,其组成原子往往具有较高扩散速率,使化合物形态容易退化。与 $NiSi_2$ 等硅化物相比,NiSi 熔点

低,其薄膜中的镍、硅原子扩散速率大,影响薄膜形态的高温稳定性。厚度较薄的 NiSi 膜在较低温度就可能发生团聚现象,导致界面和表面形貌变粗糙,薄层电阻也因而增大。连续薄膜团聚成分离的岛状膜,可使相同体积薄膜的表面、界面面积减小,促使界面能与表面能之和的自由能趋于最小化。随着 NiSi 厚度减薄,这种薄膜形态退化现象更易发生,往往先于 NiSi$_2$ 形成。例如,有实验观察到,45 nm 厚的 NiSi 膜 700℃就开始形态退化。如图 19.30 所示,随着 CMOS 器件缩微,需要应用的正是愈益减薄的 NiSi 膜。NiSi 薄膜的形态稳定性还与衬底有关,多晶硅上的 NiSi 薄膜形态稳定温度通常低于单晶硅衬底薄膜。SiGe 单晶和多晶衬底上形成的三元镍化合物薄膜,虽然不易向高阻相化合物转化,但其高温形貌稳定性也是必须解决的工艺难题。含锗硅化物熔点更低,较高温度下更易产生扩散、分凝等现象,导致 NiSiGe 薄膜表面与界面的不稳定性。

曾研究多种提高 NiSi 高温稳定性的途径,一种有效方法为硅化物薄膜中掺入铂[46]。利用含铂原子比为 5%～10% 的 NiPt 合金靶,在硅片上溅射合金膜,通过固相反应获得 $(Ni_{1-x}Pt_x)Si$ 薄膜。这种三元化合物薄膜在保持 NiSi 基本电学特性的同时,高温稳定性可以得到显著改善。也可以通过 Ni/Pt/Si 双层金属膜与硅反应形成这种薄膜。有研究工作曾对多达 20 余种元素的镍合金与硅反应薄膜特性进行对比,实验表明,加入约 5%铱、铑、钼等多种金属,也有助于增强 NiSi 膜高温稳定性[47]。目前在生产技术中得到实际应用的多为掺铂薄膜工艺。

铂掺入镍中后,固相反应中可替代部分镍原子位置,形成互溶性较好的硅化物物相。单硅化合物 NiSi 和 PtSi、PdSi 具有相近的晶体结构,可以互溶成为三元化合物。但 Pt/Si 与 Ni/Si 反应的不同之处在于,PtSi 是其两种原子结合的终极稳定物相,无双硅化合物晶相,两者结合难于形成三元双硅化物相,因此,掺铂有助于阻滞 NiSi$_2$ 的形成。同时,PtSi 的熔点及形变温度都显著高于 NiSi,可以抑制单晶硅上 NiSi 薄膜的团聚现象,使三元化合物 $(Ni_{1-x}Pt_x)Si$ 薄膜形态稳定性提高约 150℃,影响 NiSi 稳定性的两个因素都得到缓解。由于铂掺入会引起硅化物薄膜电阻率有所升高,且铂的湿法腐蚀也存在困难,NiPt 合金膜中铂含量不宜过高,应低于 10%。掺铂也是改善 SiGe 区域上 NiSiGe 化合物薄膜高温形貌稳定性的有效途径。

研究者还曾试验其他一些方法改进 NiSi 薄膜稳定性。例如,应用 TiN 覆盖层,离子注入氮、氢、BF$_2$ 等。这些方法可在一定程度上抑制薄膜形貌退化。有实验显示,注入适当剂量的 BF$_2$,可使 NiSi 薄膜发生团聚的温度提高约 200℃。氟原子在 NiSi/Si 界面凝聚,可能是这种稳定性增强效应的原因。

19.8.5　NiSi/Si 接触器件中的镍侵入缺陷

虽然通过优化硅片清洗工艺和掺入铂,可显著改进 Ni/Si 固相反应工艺和 NiSi 热稳定性,但在纳米 CMOS 集成芯片的 NiSi/Si 接触工艺应用中发现,随着尺寸缩微和晶体管结构变化,源漏间漏电成为影响器件合格率的严重诱因。研究揭示,NiSi 接触形成及其相关工艺中易于产生的镍侵入缺陷(encroachment),是导致部分晶体管失效的关键因素[48,49]。快速扩散迁移的镍原子与硅中的各种缺陷(如位错、离子注入 EOR 缺陷)相结合,可能构成多种镍侵入缺陷,造成源漏区 NiSi 接触突入沟道区的漏电管道(pipe)。在硅有源区与 STI 隔离区界面也较易产生镍侵入缺陷。

镍是硅晶体中扩散速率最大的快扩散元素之一(参见图 12.9)。镍原子的快扩散特性使

Ni/Si 可在较低温度反应,并具有快反应速率,镍原子在其硅化物中的扩散速率也很大。在集成芯片缩微技术演变进程中,先后应用的 3 种金属硅化物生长速率常数对比如图 19.39 所示,可见 NiSi 生长速率高于钛、钴硅化物多个数量级。图 19.39 还显示镍原子的快速扩散特性,500℃下未反应镍原子 1 s 的扩散距离可达 1 μm。Ni-Si 体系的快速扩散与反应特性,既是 NiSi 低温形成等特点的决定性因素,也是其接触易产生缺陷漏电等负面现象的缘由。研究还发现,纳米 CMOS 芯片中 PMOS 器件 SiGe 源漏区往往存在较大几率产生 NiSi 侵入缺陷。下面讨论分析这种侵入缺陷的产生机制。

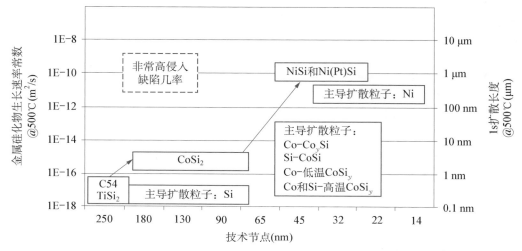

图 19.39　Ni/Ti/Co 3 种金属硅化物生长速率常数对比与镍原子快速扩散特性[49]

近年对 Ni/SiGe 固相反应过程及其后续工艺影响更为细致的研究表明,源于镍原子在硅及硅化物中的快扩散特性,SiGe 源漏区 NiSi 接触形成的后续热工艺中,镍原子的横向扩散有可能在沟道区形成由 NiSi 构成的侵入缺陷[49]。IBM 公司研究者应用 TEM、XRD 等多种物理检测技术,对外延 SiGe 源漏区 NiSi 接触形成前后的结构与物相演变进行分析,其结果揭示,镍硅化物接触工艺中,在沟道区界面可能产生一种独特的横向 NiSi 侵入缺陷,被研究者称为"NiSi-Fang"(尖刺)缺陷,其形成机制如图 19.40 所示,其形状见图 19.41 右侧示意图。TEM 分析还显示,这种生长在硅晶体内的 NiSi 缺陷可具有单晶结构。

图 19.40　低温热处理过程中,SiGe 源漏 PMOS 沟道区形成 NiSi 横向侵入缺陷的机制示意图[49]

(a)源漏区 NiSiGe 接触及其反应阻挡界面形成;(b)后续氧化或等离子体工艺诱生的表层硅化物退化与富金属 Ni$_x$SiGe 层形成;(c)镍原子横向快速扩散至硅沟道区,形成 NiSi 侵入缺陷

硅化物接触形成后，硅片还需经过若干后续热处理工艺步骤。实验发现，NiSi 或 NiSiGe 在氧化、氮化或等离子体刻蚀气氛中，表层易于失去硅原子，转变为富金属化合物，如图 19.40(b) 所示 Ni_xSiGe。后端热工艺通常在 400℃ 上下，这种热处理条件下，依照 Ni-Si 化合物的相变规律，富镍化合物又趋于向 NiSi 转化，释放出镍原子。源于镍原子的快扩散特点，由表层扩散到内部的镍原子有可能沿硅化物晶粒间界横向扩散至沟道区，与硅原子结合形成 NiSi，如图 19.40(c) 所示。

在 PMOS 器件 SiGe 源漏区，横向 NiSi 侵入缺陷形成几率增大，其原因在于与硅界面相比，在较低温度下 SiGe 层上界面反应生成 NiSiGe 的速率非常慢，使已形成的 NiSiGe/SiGe 界面成为阻挡层，具有阻遏镍原子垂直扩散与反应的作用。纵向路径受到阻滞，使富金属化合物释放出的镍原子横向扩散运动增强，镍原子有更大几率扩散至沟道区，并与硅快速反应，形成横向侵入式 NiSi 缺陷。这可说明纳米 CMOS 芯片中 PMOS 晶体管漏电流，往往显著高于 NMOS 器件。

基于镍原子的快扩散特性，NiSi 接触形成过程及后续工艺中形成的这种侵入缺陷，在晶体管内部形成导电管道缺陷，必然造成 pn 结漏电，甚至可能使源漏区短路，成为晶体管致命损伤。这种缺陷在硅片上随机分布，可使芯片合格率下降。如何避免这类缺陷，成为优化 NiSi 接触形成及其后续工艺的重要课题。

19.8.6　激光退火优化 NiSi 接触特性与超薄膜稳定性

如本书 13.9 节所述，激光作为高功率密度辐照能束，成为独特的超快速退火技术，有效用于超浅结离子注入杂质激活与损伤修复。激光束尖峰脉冲热处理技术，也有益于在超浅源漏区形成超薄自对准硅化物接触。在改进纳米 CMOS 器件 NiSi 接触技术的研究中发现，毫秒激光诱导 Ni/Si 固相反应，不仅可形成高电导 NiSi 薄膜，还可有效抑制镍侵入缺陷产生，优化 NiSi 接触工艺，显著降低 PMOS 晶体管漏电流。

激光退火与常规退火两种技术用于 NiSi 接触工艺的对比研究表明，激光退火技术在纳米 CMOS 接触工艺中具有显著优势[50]。图 19.41 显示 PMOS 器件漏电对比实验结果，该图为 5 000 个沟道长度为 60 nm 晶体管的统计数据，可见激光退火器件的漏电流显著低于常规快速退火样品，且均匀性优。图 19.41 右侧为晶体管有源区存在"NiSi 管道"横向侵入缺陷及其漏电示意图。正是这种统计分布的镍侵入缺陷，造成常规退火工艺 NiSi 接触器件的漏电。激光退火器件性能的显著改善，应源于对镍侵入缺陷的有效抑制，这种抑制作用可归因于毫秒量级热处理可使镍原子扩散距离显著减小，降低 NiSi 侵入漏电缺陷形成几率。

还有对比实验表明，相对于常规退火工艺，激光辐照诱导 NiPt/Si 固相反应，有益于改进超薄 Ni-硅化物膜的稳定性[51,52]。图 19.42 为经不同常规与激光退火工艺，不同厚度 Ni(Pt)/Si 固相反应膜薄层电阻变化的实验结果。实验采用波长为 10.6 μm 的 CO_2 气体激光器，通过调节激光器输出能量和硅片扫描速度，可使辐照区域快速上升至设置的实验温度（700～900℃），实现局域固相反应，通过扫描逐步完成整个硅片硅化反应。硅片表面溅射淀积 5～9 nm 薄镍膜，其中含 5% 原子比铂。图 19.42 实验数据显示，经过常规两步快速退火工艺（"300℃,30 s＋选择性腐蚀＋410℃,30 s"）热处理的 5 nm 镍膜，难于形成低电阻均匀硅化物薄膜，而应用激光退火工艺，则可以获得较均匀超薄 NiSi 膜。毫秒激光退火温度显著高于一般 RTA 工艺，且 5～9 nm 镍膜实验数据表明，镍膜越薄，要求激光退火温度越高。

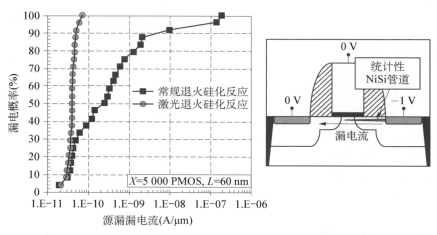

图 19.41　激光退火与常规退火 NiSi 接触芯片 PMOS 晶体管的漏电几率对比[50]

这可能由于激光反射、散射、透射等效应,厚度小于 10 nm 超薄膜的光能吸收率降低,由表面辐射测试的温度,可显著高于硅片内反应区温度。虽然激光退火脉冲峰值温度较高,但是,由于局部及瞬态作用特点,激光退火硅片的实际热积累可减弱,有利于形成均匀稳定的 NiSi 薄膜。

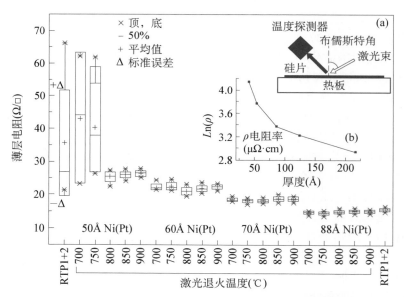

图 19.42　常规与激光退火工艺对不同厚度 Ni(Pt)/Si 固相反应膜薄层电阻的影响[51]

　　不同厚度超薄镍硅化物膜的 XRD 与微区拉曼散射谱(MRSS)测试显示,源于局域超短时间加热特点,激光束退火有助于降低薄膜应力和抑制团聚现象[52]。多种实验与测试结果还表明,激光退火与快速退火两种技术相结合,可改善自对准超薄 NiSi 工艺。经过约 300℃低温快速退火和选择性腐蚀后,再进行适当温度激光退火,不仅在接触区可形成高稳定 NiSi 超薄膜,而且可避免边缘区过度硅化反应。

19.9　立体多栅集成芯片中硅化物工艺新演变

立体多栅集成芯片结构与缩微,促使许多工艺创新演变。金属硅化物接触从材料选择到工艺途径也发生相应变化。超低金半接触电阻率,正在成为影响纳米 CMOS 集成芯片及超高频器件性能升级的关键因素之一。近年立体纳米 CMOS 技术发展表明,传统金属硅化物工艺,无法满足源漏区形成高可靠超低电阻金半接触的需求。这一方面由于 19.8 节分析的 NiSi 固有缺陷所致。另一方面,也因为立体纳米 CMOS 器件结构及工艺变化,为应用其他金属与硅化物研发源漏区低接触电阻工艺开辟新途径。因此,钛基金属硅化物近年又获得新应用。本节将讨论立体超微器件的接触技术需求与解决途径,介绍可在高掺杂源漏区,形成接近 1×10^{-9} $\Omega \cdot cm^2$ 超低接触电阻率的 $TiSi_x/Si$ 接触工艺,并简要讨论一种新型源漏区硅化物接触工艺。利用 CMP 等工艺集成,可以不再沿用传统 Salicide 工艺,而是把硅化物与钨沟槽连接工艺相结合,形成源漏区接触。

19.9.1　超微器件的超低电阻接触需求与途径

MOS 晶体管输出电流特性,由栅控沟道电阻与其串联电阻之和决定,当串联电阻增大时,器件性能必将趋于退化。如图 19.3 及(19.3)式所示,串联电阻由源漏区两端的多种局域电阻构成(详见 19.2 节)。在纳米 CMOS 器件中由于尺寸缩微及结构变化,金属硅化物与源漏区的接触电阻,成为决定串联电阻的主要因素。依据每一代集成芯片对晶体管的性能要求,必须使金半接触电阻率降低至一定范围。按照 ITRS-2013,纳米 CMOS 器件缩微,要求金属硅化物与源漏区的接触电阻率,由 1.5×10^{-8} $\Omega \cdot cm^2$ 逐步降低到 1.5×10^{-9} $\Omega \cdot cm^2$(参见本书表 7.5)。因此,超低电阻接触材料与工艺成为近年集成芯片制造技术的热点课题之一。

虽然如 19.8 节所述,自 90 nm 集成芯片技术以来,NiSi/Si 自对准硅化物接触工艺,成功用于多代二维纳米 CMOS 器件制造,但随着器件缩微,镍侵入缺陷有害影响更趋严重。近年研究表明,对于应用多种新结构、新工艺的超微立体晶体管 CMOS 集成芯片,NiSi 并非一定是源漏区接触技术的最佳选择。最新实验研究揭示,对于由选择外延及在线高浓度掺杂形成的源漏区,一种低温 Ti/Si 固相反应硅化物成为接触工艺新选择,应用这种新型钛硅化物接触技术,可获得超低接触电阻率。

如 19.2 节所述,金半(MS)接触电阻率(ρ_c),由两者界面势垒高度与半导体表层掺杂浓度决定。降低界面势垒高度与提高半导体表层掺杂浓度,是减小 ρ_c 值的基本途径。为提高 CMOS 器件源漏区掺杂浓度,近年应用外延原位高掺杂、离子注入、激光退火等技术相结合,对 n^+ 与 p^+ 源漏接触区的掺杂工艺进行优化,已可使杂质原子浓度高于 1×10^{21} cm^{-3},超过硅中杂质原子的固溶度。

为降低金半接触势垒高度,特别是对由于界面费米能级钉扎效应,MS 接触势垒较高的 n-Si,研究者曾探索多种解除界面能级钉扎方法。在接触界面引入超薄层介质(如 $0.5 \sim 1$ nm TiO_x),形成 MIS 结构,可以改变界面能级钉扎,成为降低势垒高度的有效方法。图 19.43 显示金属和高低两种掺杂 n 型半导体形成的 MS、MIS 界面势垒及接触特性变化。低掺杂半导体表面与金属形成的典型肖特基接触势垒,如图 19.43(a)所示。同样,如图

19.43(b)所示的掺杂半导体的 MIS 结构,则可使界面势垒高度显著降低。例如,Ti/n-Si 势垒高度为 0.47 eV,而中间有 0.8 nm TiO$_2$ 介质层的 MIS 接触,势垒高度降低到 0.12 eV,导电性能可显著增强,源于电子热发射与电子隧穿两种输运机制相结合。高掺杂半导体的 MS 和 MIS 界面,分别如图 19.43(c)和(d)所示,皆可形成欧姆接触,都由电子隧穿效应实现导电。实验数据显示,利用 MIS 接触结构,可使 n$^+$-Si 的接触电阻率降低到 10^{-8} Ω·cm^2 量级,还可能降至 10^{-9} Ω·cm^2 范围[53,54]。MS、MIS 两种接触相比较,已报道的 MIS 接触电阻率最小值仍大于 MS 接触多倍,而且金属与介质易相互反应,热稳定性差,难于经受 CMOS 后端工艺常用的 400~450℃热处理[55]。

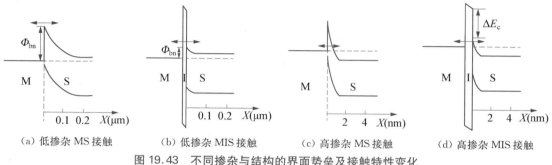

(a) 低掺杂 MS 接触　　(b) 低掺杂 MIS 接触　　(c) 高掺杂 MS 接触　　(d) 高掺杂 MIS 接触

图 19.43　不同掺杂与结构的界面势垒及接触特性变化

19.9.2　新型 TiSi$_x$/Si 超低电阻接触工艺

近年多方面研究表明,应用 Ti/Si 低温退火工艺,在高掺杂 n$^+$-Si 和 p$^+$-Si 表层,形成富钛相 TiSi$_x$ 合金薄层接触,不仅可获得超低接触电阻率,且无传统 TiSi$_2$ 工艺中的窄线条效应、热稳定性优良、与纳米 CMOS 前后工艺具有相容性[55-58]。如本书8.6节所述,Si(100)衬底上多栅纳米 CMOS 超短沟道立体晶体管中,沟道区两侧薄硅体,经原位掺杂选择外延,源漏区具有多面体结构(见图8.55),并具有尽可能高的掺杂浓度。本节以平面结构对 TiSi$_x$ 接触工艺原理作简要讨论。图 19.44 为 TiSi$_x$/n$^+$-Si 接触形成工艺示意图。

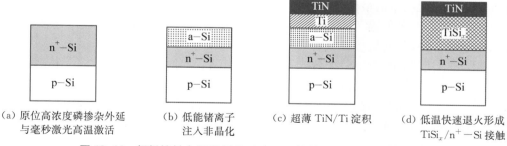

(a) 原位高浓度磷掺杂外延　　(b) 低能锗离子　　(c) 超薄 TiN/Ti 淀积　　(d) 低温快速退火形成
　　与毫秒激光高温激活　　　注入非晶化　　　　　　　　　　　　　　TiSi$_x$/n$^+$-Si 接触

图 19.44　超低接触电阻率 TiSi$_x$/n$^+$-Si 接触形成工艺步骤示意图

为降低薄层电阻与接触电阻,外延原位高浓度掺杂的 n$^+$-Si 薄层,需经毫秒激光高温脉冲退火,提高杂质激活率。实验表明,激光退火可使外延原位掺杂的杂质激活率显著高于离子注入掺杂。经 1 200℃激光脉冲退火后,掺杂浓度为 3×10^{20} cm^{-3} 的磷原子,可实现全激活,超高浓度磷掺杂(2×10^{21} cm^{-3})的激活浓度可达到 9×10^{20} cm^{-3}。基于这种外延原位高掺杂和激光退火激活技术,新型 $TiSi_x/n^+-Si$ 低电阻接触工艺主要步骤如下:首先,以适当能量与剂量的低能锗离子注入($\sim 3\ keV$, $6\times 10^{14}\ cm^{-2}$),使掺杂区数纳米表层非晶化。接着,先后用溅射或 ALD 技术淀积厚度分别为数纳米的钛($\sim 5\ nm$)与 TiN($\sim 3\ nm$)覆盖层。然后,在 N_2 气氛中进行低温快速退火(1 min)。通过这种热处理工艺,既促使 Ti/Si 反应形成 $TiSi_x$,也使硅非晶层实现固相再结晶,修复注入终端缺陷。

图 19.45 实验数据说明,经以上工艺在 $500\sim 575℃$ 范围快速热退火形成的 $TiSi_x/n^+-Si$ 界面,其接触电阻率可降至 $10^{-9}\ \Omega\cdot cm^2$ 量级,其中 525℃ 退火后的最小值为 $1.5\times 10^{-9}\ \Omega\cdot cm^2$。该样品磷掺杂浓度为 $2\times 10^{21}\ cm^{-3}$。掺杂浓度较低样品($3\times 10^{20}\ cm^{-3}$)的接触电阻率明显增高。实验也证明,锗离子注入非晶化工艺有利于低温 Ti-Si 反应,对降低接触电阻率有显著效果。这种新型 $TiSi_x$ 接触形成温度不仅远低于常规 $TiSi_2$ 工艺的第 2 步退火温度($\sim 850℃$),也低于第 1 步退火温度($\sim 650℃$)。经 500℃ 上下热处理形成的 $TiSi_x$ 薄膜是一种含有多晶相(如 Ti_5Si_4)微小晶粒的合金,虽然其体电阻率高于 $TiSi_2$,但可与高掺杂硅区形成低电阻接触。由于这种合金膜中不存在图 19.22 所示的 $TiSi_2$ 两种晶相结构转化受阻问题,因而可避免小尺寸效应。

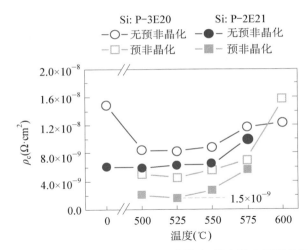

图 19.45　$TiSi_x/n^+-Si$ 接触电阻率随 Ti/Si 退火温度、掺杂浓度及预非晶化的变化[57,58]

虽然 p-Si 衬底上的金半接触势垒较低,Ni-Pt 合金可在 p^+-Si(或 SiGe)区域形成具有低接触电阻率的镍硅化物接触,但由于其工艺易产生侵入缺陷,而且 CMOS 集成芯片制造技术中,PMOS 和 NMOS 源漏区宜应用相同的接触材料与工艺。实验表明,应用上述预非晶化与低温快速退火工艺,也可在高掺杂 p^+-SiGe 区域形成超低电阻接触。图 19.46 显示 $TiSi_xGe_y/p^+-SiGe$ 接触电阻率随退火温度的变化,其低电阻接触形成的热处理温度窗口为 $450\sim 550℃$,可与 n^+-Si 接触工艺温度相契合。外延原位掺杂后,再添加一次离子注入,以进一步提高硼杂质浓度,利于降低接触电阻。为提高应变沟道空穴迁移率,PMOS 外延原位掺杂 SiGe 源漏区的锗组分越来越高。在硼掺杂浓度大于 $6\times 10^{20}\ cm^{-3}$ 的 $p^+-Si_{0.3}Ge_{0.7}$ 区域,可形成 $2.1\times 10^{-9}\ \Omega\cdot cm^2$ 的超低接触电阻率[58]。

19.9.3　与钨连接工艺相集成的钛硅化物接触技术

形成超低电阻接触的上述 $TiSi_x$ 工艺,可称为第四代硅化物工艺。这种硅化物工艺已

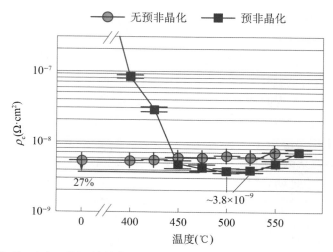

图 19.46 TiSi$_x$Ge$_y$/p$^+$ − SiGe 接触电阻率随 Ti/SiGe 退火温度与离子注入非晶化的变化[58]

与传统自对准工艺大不相同。自 20 世纪 80 年代初期以来,自对准金属硅化物技术演变,从钛硅化物开始,数十年后又回到钛硅化物,但以上讨论表明,这是一种全新 TiSi$_x$ 工艺。这可以说是技术演进的典型螺旋式发展规律。这种螺旋式创新演进,常见于多种技术发展过程。本节中与 TiSi$_x$ 工艺相关的源漏区选择外延掺杂技术,也是在全离子注入掺杂技术后,近年发展的 CMOS 器件掺杂新工艺,原位掺杂外延工艺也与早期硅集成芯片制造中所应用的工艺相近。

随着立体纳米 CMOS 集成芯片制造技术演进,不仅所应用金属硅化物材料发生改变,硅化物与其他相关工艺的组合也在相应变化。在硅集成电路制造技术演进过程中,一种针对某一难题研发成功的新技术,往往随后也用于优化其他工艺。例如,为解决多层金属互连和铜镶嵌工艺,发展成熟的介质与金属化学机械平坦化(CMP)技术(详见第 20 章),现今在立体纳米 CMOS 器件结构形成中,与 RIE 刻蚀、ALD 淀积等技术相结合,成功用于高 k 介质/金属栅(HKMG)形成工艺。这些工艺自然也可用于优化金属硅化物源漏接触及其集成工艺。

立体栅晶体管源漏区的金属硅化物接触工艺与 CMP 等技术结合,可采用新的形成方法,显著简化自对准硅化物接触工艺步骤。按照 8.6 节讨论所述,立体多栅 CMOS 集成芯片的前端工艺主要步骤可归纳如下:三维超薄硅体与介质隔离沟槽形成、多晶硅假栅与晶体管结构定位、源漏区选择外延与原位掺杂、HKMG 栅置换工艺等。在 8.6 节描述的工艺中,仍按传统自对准硅化物接触工艺方法,在源漏区选择外延后进行。但是,在立体多栅晶体管工艺中,可把硅化物接触与钨垂直通孔工艺相集成,在晶体管工艺最后进行。具体方法如下:在晶体管源漏栅形成并由平坦化介质覆盖的硅片上,以光刻与 RIE 定向刻蚀工艺,在覆盖源漏区的介质层上开出接触及钨通孔,然后先以 PVD 技术淀积 Ti/TiN 薄层,再用 CVD 技术淀积钨,填充接触通孔,随后应用 19.8 节讨论的低温热退火等工艺,既可实现 Ti/Si 固相反应,形成 TiSi$_x$/n$^+$(p$^+$)- Si 低电阻接触,又可制备钨通孔。在此工艺中无需两步退火及其间的选择腐蚀工艺,源漏区通孔以外的 Ti/TiN/W 金属膜可应用 CMP 工艺完全去除。因此,19.8 节讨论的超低接触电阻率 TiSi$_x$/Si 接触技术,可通过应用这种集成工艺实现。这显然是一种与传统工艺全然不同,但可适用于立体多栅集成芯片制造技术的自对准硅化物接触工艺。

思考题

1. 集成电路制造技术中,为什么接触与金属硅化物工艺可称为承前启后的关键工艺步骤?

2. 接触电阻率与体电阻率有什么不同? 分别由哪些因素决定? 如何形成优良欧姆接触?

3. MOS 晶体管的串联电阻由哪些部分构成? 如何影响集成电路性能? 分析改进工艺与器件性能的技术途径。

4. Al/Si 接触工艺有什么优越性? 存在哪些缺点? 通过哪些途径能够使其有所改进?

5. 概括分析金属硅化物薄膜的主要制备方法及各自应用领域。

6. 什么是 Polycide 工艺? 为什么在 DRAM 等存储芯片中得到广泛应用?

7. 什么是 Salicide 工艺? 它们用哪些金属硅化物形成? 概述 Salicide 结构形成的主要工艺步骤。为什么随着器件缩微要应用一代又一代新型硅化物材料与工艺?

8. 在接触工艺中为什么需要用扩散阻挡层工艺? 举例说明扩散阻挡层材料和工艺。

9. 根据金属在元素周期表中的位置,试分析不同金属硅化物晶体结构及导电性的周期性变化规律。

10. 试分析说明 $TiSi_2$ 自对准硅化物工艺的优点、问题、原因及改进途径。

11. 试分析说明 $CoSi_2$ 自对准硅化物工艺的弱点、难点与优化方法。

12. 讨论 NiSi 自对准硅化物工艺的特点与适用范围。NiSi 制备需要应用何种硅片表面处理技术?分析其技术原理。

13. NiSi 接触工艺中可能产生哪些缺陷? 分析其形成机制。

14. 试分析激光诱导源漏区 NiSi 接触形成技术的优越性及其原因。

15. 讨论立体多栅纳米 CMOS 器件源漏区接触工艺特点与要求,分析对比制备超低接触电阻率源漏区接触的不同方法。

16. 为什么在立体多栅 CMOS 集成芯片中,需要应用钛形成新一代硅化物源漏区接触技术? 分析新型 $TiSi_x$ 接触工艺与传统 $TiSi_2$ 工艺的区别。

参考文献

[1] K. N. Tu, J. W. Mayer, Silicide formation, in *Thin Films — Interdiffusion and Reaction*. Eds. J. M. Poate, K. N. Tu, J. W. Mayer, John Wiley & Sons, Inc. , New York, 1978:359.

[2] M. A. Nicolet, S. S. Lau, Formation and characterization of transition-metal silicide, in *VLSI Electronics Microstructure Science*, *Vol. 6*, *Materials and Process Characterization*. Eds. N. G. Einspruch, G. B. Laraabee, Academic Press, New York, 1983:329.

[3] S. P. Murarka, *Silicide for VLSI Applications*. Academic Press, New York, 1983.

[4] K. Maex, M. van Rossum, *Properties of Metal Silicides*. *INSPEC*, the Institution of Electrical Engineers, London, 1995.

[5] C. Lavoie, F. M. d'Heurle, S. L. Zhang, Silicide, Chap. 10 in *Handbook of Semiconductor Manufacturing Technology*, 2nd Ed. . Eds. R. Doering, Y. Nishi, CRC Press, Boca Raton, Florida, USA, 2008.

[6] L. P. Ren, K. N. Tu, Fundamentals of silicide formation, Chap. 5 in *Semiconductor Manufacturing Handbook*. Ed. H. Geng, McGraw-Hill Company, New York, 2005.

[7] S. L. Zhang, M. Ostling, Metal silicides in CMOS technology: past, present, and future trends. *Crit. Rev. Solid State Mater. Sci.*, 2003,28(1):1.

［8］ C. Lavoie, C. Detavernier, P. Besser, Nickel silicide technology, in *Silicide Technology for Integrated Circuits*. Ed. L. J. Chen, IEEE, London, 2004.

［9］ K. K. Ng, W. T. Lynch, The impact of intrinsic series resistance on MOSFET scaling. *IEEE Trans. Elec. Dev.*, 1987,34(3):503.

［10］ B. Z. Li, A. M. Zhang, G. B. Jiang, et al., Electrical resistivity and Hall effect of $TiSi_2$ thin films in the temperature range of 2 – 300 K. *J. Appl. Phys.*, 1989,66(11):5416.

［11］ J. P. Gambino, E. G. Colgan, Silicides and ohmic contacts. *Mater. Chem. Phys.*, 1998,52(2): 99.

［12］ D. Kahng, M. P. Lepselter, Planar epitaxial silicon Schottky barrier diodes. *Bell Syst. Tech. J.*, 1965,44(7):1525.

［13］ R. Rosenberg, M. J. Sullivan, J. K. Howard, Effect of thin film interaction on Si device technology, in *Thin Films — Interdiffusion and Reaction*. Eds. J. M. Poate, K. N. Tu, J. W. Mayer, John Wiley & Sons, Inc., New York, 1978:13.

［14］ A. K. Sinha, Electrical characteristics and thermal stability of platinum silicide-to-silicon ohmic contacts metalized with tungsten. *J. Electrochem. Soc.*, 1973,120(12):1767.

［15］ C. J. Kircher, Metallurgical properties and electrical characteristics of palladium silicide-silicon contacts. *Solid-State Electron.*, 1971,14(6):507.

［16］ M. Y. Tsai, H. H. Chao, L. M. Ephrath, et al., One-micron polycide (WSi_2 on poly-Si) MOSFET technology. *J. Electrochem. Soc.*, 1981,128(10):2207.

［17］ C. M. Osburn, M. Y. Tsai, S. Roberts, et al., High conductive diffusion and gate regions using self-aligned silicide technology, in *VLSI Science and Technology*. Eds. J. Dell'Oca, W. M. Bullis, Electrochemical Society Inc., Pennington N. J., 1982:213.

［18］ C. Y. Ting, S. S. Iyer, C. M. Osburn, et al., The use of $TiSi_2$ in a self-aligned silicide technology, in *VLSI Science and Technology*. Eds. C. J. Dell'Oca, W. M. Bullis, Electrochemical Society Inc., Pennington N. J., 1982:224.

［19］ C. M. Osburn, J. Y. Tsai, J. Sun, Metal silicides: active elements of ULSI contacts. *J. Electron. Mater.*, 1996,25(11):1725.

［20］ J. B. Lasky, J. S. Nakos, O. J. Cain, et al., Comparison of transformation to low-resistivity phase and agglomeration of $TiSi_2$ and $CoSi_2$. *IEEE Trans. Elec. Dev.*, 1991,38(2):262.

［21］ S. Y. Chen, Z. X. Shen, S. Y. Xu, et al., Excimer laser-induced Ti silicidation to eliminate the fine-line effect for integrated circuit device fabrication. *J. Electrochem. Soc.*, 2002, 149 (11):G609.

［22］ H. Iwai, T. Ohguro, S. Ohmi, NiSi salicide technology for scaled CMOS. *Microelectron. Eng.*, 2002,60(1 – 2):157.

［23］ T. Morimoto, T. Ohguro, H. S. Momose, et al. Self-aligned nickel-mono-silicide technology for high-speed deep submicrometer logic CMOS ULSI, *IEEE Trans. Elec. Dev.*, 1995,42(5): 915.

［24］ T. Ghani, M. Armstrong, C. Auth, et al., A 90 nm high volume manufacturing logic technology featuring novel 45 nm gate length strained silicon CMOS transistors. *IEDM Tech. Dig.*, 2003:978.

［25］ J. A. Kittl, D. A. Prinslow, P. P. Apte, et al., Kinetics and nucleation model of the C49 to C54 phase transformation in $TiSi_2$ thin films on deep-sub-micron n^+ type polycrystalline silicon lines. *Appl. Phys. Lett.*, 1995,67(16):2308.

[26] 刘平,李炳宗,姜国宝等,快速退火 Co/Si 固相反应及 CoSi$_2$ 薄膜特性研究. 半导体学报,1992,13(5):302.

[27] Q. Z. Hong, W. T. Shiau, H. Yang, et al., CoSi$_2$ with low diode leakage and low sheet resistance at 0.065 μm gate length. *IEDM Tech. Dig.*, 1997:107.

[28] K. Goto, A. Fushida, J. Watanabe, et al., Leakage mechanism and optimized conditions of Co salicide process for deep-submicron CMOS devices. *IEDM Tech. Dig.*, 1995:449.

[29] K. Goto, T. Yamazaki, A. Fushida, et al., Optimization of salicide process for sub-0.1 μm CMOS devices. *VLSI Symp. Tech. Dig.*, 1994:119.

[30] Q. F. Wang, K. Maex, S. Kubicek, et al., New CoSi$_2$ SALICIDE technology for 0.1 μm processes and below. *VLSI Symp. Tech. Dig.*, 1995:17.

[31] A. Lauwers, P. Besser, M. de Potter, et al., Performance and manufacturability of the Co/Ti (cap) silicidation process for 0.25 μm MOS-technologies. *Proc. IEEE IITC*, 1998:99.

[32] L. J. Chen, K. N. Tu, Epitaxial growth of transition-metal silicides on silicon. *Materials Sci. Rep.*, 1991,6(2-3):53.

[33] M. L. A. Dass, D. M. Fraser, C. S. Wei, Growth of epitaxial CoSi$_2$ on (100)Si. *Appl. Phys. Lett.*, 1991,58(12):1308.

[34] P. Liu, B. Z. Li, Z. Sun, et al., Epitaxial growth of CoSi$_2$ on both (111) and (100) Si substrates by multistep annealing of a ternary Co/Ti/Si system. *J. Appl. Phys.*, 1993,74(3):1700.

[35] B. Z. Li, W. J. Wu, K. Shao, et al., Epitaxial growth of CoSi$_2$/Si hetro-structure by solid state interaction of Co/Ti/Si multilayer. *Proc. MRS Symp.*, 1994,337:449.

[36] X. P. Qu, G. P. Ru, Y. Z. Han, et al., Epitaxial growth of CoSi$_2$ film by Co/a-Si/Ti/Si(100) multilayer solid state reaction. *J. Appl. Phys.*, 2001,89(5):2641.

[37] T. Iinuma, H. Akutsu, K. Ohuchi, et al., Highly uniform heteroepitaxy of cobalt silicide by using Co-Ti alloy for sub-quarter micron devices. *VLSI Symp. Tech. Dig.*, 1998:188.

[38] 邵凯,李炳宗,邹斯润等,自对准外延 CoSi$_2$ 源漏接触 CMOS 器件技术. 半导体学报,1996,17(4):294.

[39] 国际半导体技术路线图,ITRS-2004 版.

[40] J. P. Lu, D. Miles, J. Zhao, et al., A novel nickel salicide process technology for CMOS devices with sub-40 nm physical gate length. *IEDM Tech. Dig.*, 2002:371.

[41] Y. L. Jiang, A. Agarwal, G. P. Ru, et al., Nickel silicidation on n and p-type junctions at 300℃. *Appl. Phys. Lett.*, 2004,85(3):410.

[42] Y. L. Jiang, A. Agarwal, G. P. Ru, et al., Nickel silicide formation on shallow junctions. *Nucl. Instrum. Method Phys. Res. B*, 2005,237(1-2):160.

[43] J. X. Lei, S. E. Phan, X. L. Lu, et al., Advantage of siconi preclean over wet clean for pre salicide applications beyond 65 nm node. *Proc. IEEE Int. Symp. Semicond. Manuf.*, 2006:393.

[44] R. Yang, N. Su, P. Bonfanti, et al., Advanced in situ pre-Ni silicide (Siconi) cleaning at 65 nm to resolve defects in NiSi$_x$ modules. *J. Vac. Sci. Technol. B*, 2010,28(1):56.

[45] 杨柳,最新 PVD 预清工艺-SiCoNi. 集成电路应用,2007,6:55.

[46] P. S. Lee, K. L. Pey, D. Mangelinck, et al., New salicidation technology with Ni(Pt) alloy for MOSFETs. *IEEE Electron Dev. Lett.*, 2001,22(12):568.

[47] C. Lavoie, C. Detavernier, C. Cabral Jr., et al., Effects of additive elements on the phase

formation and morphological stability of nickel monosilicide films. *Microelectron. Eng.*, 2006, 83(11 - 12):2042.

[48] B. Imbert, R. Pantel, S. Zoll, et al., Nickel silicide encroachment formation and characterization. *Microelectron. Eng.*, 2010,87(3):245.

[49] N. Breil, C. Lavoie, A. Ozcan, et al., Challenges of nickel silicidation in CMOS technologies. *Microelectron. Eng.*, 2015,137:79.

[50] C. Ortolland, E. Rosseel, N. Horiguchi, et al., Silicide yield improvement with NiPtSi formation by laser anneal for advanced low power platform CMOS technology. *IEDM Tech. Dig.*, 2009:23.

[51] L. Li, Y. L. Jiang, B. Z. Li, Ultrathin Ni(Pt)Si film formation induced by laser annealing. *IEEE Elec. Dev. Lett.*, 2013,34(7):912.

[52] J. C. Zhang, Y. L. Jiang, B. Z. Li, Thermal stability improvement induced by laser annealing for 50-Å Ni(Pt) film silicidation. *IEEE Trans. Elec. Dev.*, 2016,63(2):751.

[53] A. Agrawal, J. Lin, M. Barth, et al., Fermi level depinning and contact resistivity reduction using a reduced titania interlayer in n-silicon metal-insulator-semiconductor ohmic contacts. *Appl. Phys. Lett.*, 2014,104(11):112101.

[54] J. Borrel, L. Hutin, H. Grampeix, et al., Metal/insulator/semiconductor contacts for ultimately scaled CMOS nodes: projected benefits and remaining challenges. *Ext. Abs. IEEE IWJT*, 2016:14.

[55] H. Yu, M. Schaekers, S. Demuynck, et al., MIS or MS? source/drain contact scheme evaluation for 7 nm Si CMOS technology and beyond. *Ext. Abs. IEEE IWJT*, 2016:19.

[56] C. N. Ni, X. Li, S. Sharma, et al., Ultra-low contact resistivity with highly doped Si:P contact for nMOSFET. *VLSI Symp. Tech. Dig.*, 2015:118.

[57] H. Yu, M. Schaekers, E. Rosseel, et al., 1.5×10^{-9} $\Omega \cdot cm^2$ contact resistivity on highly doped Si:P using Ge pre-amorphization and Ti silicidation. *IEDM Tech. Dig.*, 2015:592.

[58] H. Yu, M. Schaekers, A. Hikavyy, et al., Ultralow-resistivity CMOS contact scheme with pre-contact amorphization plus Ti (germano-)silicidation. *VLSI Symp. Tech. Dig.*, 2016:66.

第20章

多层金属互连技术

如本书图 4.15 所示，集成电路芯片制造过程可概括为两个阶段，通过前端工艺（FEOL），在硅片上制作大量相互隔离的晶体管，然后通过后端工艺（BEOL），即金属互连技术，连接成具有特定功能的电子电路。近年也有人把两者之间的接触形成等中间加工步骤称为中段工艺（middle of line，MOL）。金属互连对集成电路的重要意义不言而喻。1959 年 R. N. Noyce 在 Fairchild 公司研究成功的单片双极型集成微芯片（micro chip）工艺中，首次应用铝薄膜线条把单元器件连接成电路，并把"金属互连"列入他的专利"半导体器件及引线结构"（semiconductor device-and-lead structure）[1]。随着集成电路技术快速演进，金属互连结构与制作工艺日趋复杂。

早期集成电路应用单层铝布线互连。在多晶硅栅 MOS 集成芯片中，高掺杂多晶硅线条也常用作栅级电路部分局域互连。然后在多晶硅局域互连层上制作铝金属布线，形成电路全局互连。从小规模直到早期超大规模集成电路，都采用这种单层金属互连技术。随着集成电路单元器件尺寸减小，集成密度增大，金属互连对集成电路集成度、速度、可靠性影响愈益增强，逐渐需要应用越来越多层金属，形成功能越来越复杂的电路互连。高性能集成芯片需要应用一系列新材料、新结构与新工艺，不断改进和优化多层金属互连技术。对于集成芯片多层互连基本结构和工艺，本书 4.4.8 节曾作简要描述。在有关 CMOS 与双极型集成芯片制造工艺流程等章节中，对互连材料及工艺也有所涉及。

本章将较全面介绍集成电路多层金属互连工艺原理，讨论金属互连体系中的关键工艺、结构与材料。阐述金属互连对集成电路速度、集成度与可靠性影响，分析金属连线分布电阻（R）与寄生电容（C）造成的信号传输延时（RC）及其相关因素。在概述铝互连工艺后，重点讨论铜多层互连技术相关的各种结构、材料和工艺关键问题。其中包括铜镶嵌水平与垂直导电结构、低介电常数层间介质、扩散阻挡层材料及工艺、铜籽晶层淀积与电化学镀铜工艺、化学机械抛光平坦化工艺等。三维互连是近年活跃研究的新技术，用于进一步提高芯片集成度和速度，增强集成系统功能，本章将作简要讨论。在分析铜等金属电阻率小尺寸效应特点基础上，讨论在超微细线条互连中替代铜的金属，如钴、金属硅化物纳米线等新型导电材料。本章的最后对正在不断探索的碳纳米管与石墨烯碳基互连材料与工艺进展作简要介绍。

20.1 互连技术演进与互连延时

在 1959 年 Noyce 的集成电路发明专利中,双极型晶体管和电阻通过 SiO₂ 上的铝膜线条相连接[1]。其工艺如下:在 SiO₂ 层上刻蚀出器件接触孔,淀积铝薄膜,经光刻与化学刻蚀形成铝互连图形。这种简洁易行的铝互连技术成功用于集成芯片研制与生产。随着集成电路器件密度增大与功能增强,需要更多层金属互连。早期 CMOS 器件中用高掺杂多晶硅线条作为局域互连,然后在局域互连上以金属铝或者 Al - Si 形成双层互连。在双层互连技术中,淀积第 2 层金属前,需要对层间介质(ILD)进行平坦化。早期应用的平坦化方法为光刻胶回刻(resist etch-back)与二氧化硅胶体旋转涂覆(spin - on)工艺。这种层间介质的局部平坦化可改善上层金属台阶覆盖特性,但是,如果再制备第 3 层金属互连线,则难以保证其台阶覆盖。

为了形成 3 层及更多层次金属互连,发展了层间介质的全局平坦化工艺,即化学机械抛光(CMP)技术。采用这种工艺,金属将淀积在完全平坦的介质表面。但同时产生了另一问题,就是在平坦化后层间介质的通孔深浅不一,较深的通孔难以用传统 PVD 金属淀积技术均匀填充。采用 CVD - W 工艺,可解决这一难题[2]。在平坦化介质层上刻蚀通孔后,用 CVD 工艺淀积钨,具有优良的台阶覆盖特性,可以填满各个通孔,形成"钨塞"。通孔以外的钨薄膜,通过 CMP 工艺去除。这种先在介质孔中淀积金属,然后通过 CMP 工艺去除多余金属、仅在通孔或沟槽中留下金属的方法,称为镶嵌技术(damascene),也有人称它为"大马士革"工艺。

金属镶嵌工艺解决了多层互连技术的一个难题,具有多种优越性:①每层互连布线都是平坦的;②不同深度的通孔可以通过 CVD 或电镀工艺完全填充钨或铜;③上层通孔可以叠在下层通孔上方,有利于提高互连线密度。

随着集成电路器件不断缩微,互连延时(RC)对集成电路速度影响越来越严重。减小晶体管尺寸可以提高器件本征速度与集成度,但是,集成规模上升导致互连延时增大。采用低电阻率金属作为互连导体和低介电常数介质,可以显著降低 RC。表 20.1 列出几种常用低电阻率金属的主要性能对比。1997 年 IBM 研究者报道铜互连工艺成功应用于集成芯片研

表 20.1 互连应用金属的室温物理性质对比

性质	金属						
	Cu	Ag	Au	Al	W	Co	Ru
熔点(℃)	1 085	962	1 064	660	3 387	1 493	2 250
电阻率($\mu\Omega \cdot cm$)	1.67	1.59	2.35	2.74	5.65	6.2	7.8
热导率($Wcm^{-1}℃^{-1}$)	3.98	4.25	3.15	2.38	1.74	1.00	1.17
热膨胀系数($\times 10^{-6}℃^{-1}$)	17	19.1	14.2	23.5	4.5	13	20.1
杨氏模量(GPa)	129	83	78	70.6	411	209	447
电子平均自由程(nm)	39	52	38	15	50	7.7	6.6

制[3]。在 0.13 μm 技术代后,互连延时已超过晶体管延时,在集成芯片生产工艺中开始采用铜互连。互连技术从早期单层铝互连刻蚀工艺,逐渐发展到多达 10 层及以上铜互连镶嵌工艺,最近又出现三维互连、碳纳米管/石墨烯互连等新技术。新材料、新结构和新工艺推动集成电路互连技术不断变革。

集成电路多层互连由局域互连和全局互连构成,图 20.1 显示典型多层互连剖面示意图[4]。局域互连包括栅级多晶硅和低层金属互连。器件层局域互连通常应用最窄的短线条,减小线条尺寸效应影响。中间层局域互连金属线条较窄,而用于电源接入和信息输入输出的上层全局互连线条较宽、较长,对集成电路的速度影响较大。下面讨论影响集成电路互连 RC 延时的各种因素,分析减小 RC 延时的途径。

互连 RC 延时与晶体管本征门延时(gate delay)共同决定集成芯片内部的信号传输速度。电

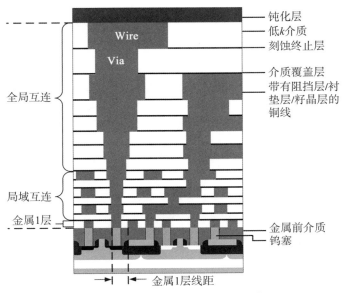

图 20.1　集成芯片多层互连示意图[4]

阻 R 由互连金属线的分布电阻决定,电容 C 由线间和层间的寄生有效电容决定。

根据图 20.2 所示互连线结构模型,设金属线条宽度为 W,金属厚度为 T,两条线之间距离为 X,金属层的线距(pitch)就是 P＝W＋X,P 也常称为特征尺寸。上下层金属之间的介质厚度为 H,L 为金属线长度,ρ 为金属电阻率。如果用线距 P 和金属厚度 T 作为基本参数,则 W＝aP,H＝bT,a 和 b 是反映互连结构几何形状的参数。金属线的电阻 R 可表示为

$$R = \frac{\rho L}{WT} = \frac{\rho L}{aPT} \tag{20.1}$$

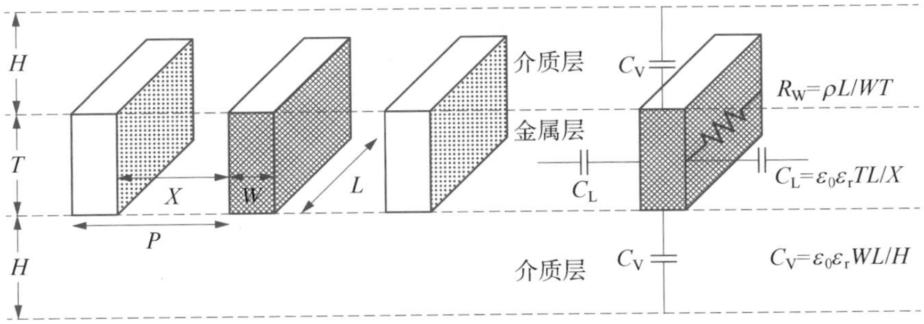

图 20.2　互连线结构模型图

假设层间与线间介质的介电常数皆为 k,忽略金属线的边缘效应以及金属线边墙对地平面的耦合效应,上下两层金属的层间寄生电容可用下式表达:

$$C_V = \frac{k\varepsilon_0 WL}{H} = \frac{k\varepsilon_0 aPL}{bT} \tag{20.2}$$

相邻金属线条间的线间电容则可表示为

$$C_L = \frac{k\varepsilon_0 TL}{X} = \frac{k\varepsilon_0 TL}{P-W} = \frac{k\varepsilon_0 TL}{(1-a)P} \tag{20.3}$$

其中，ε_0 为真空介电常数。互连金属线与介质形成的寄生电容可以写为

$$C = 2(C_V + C_L) = 2k\varepsilon_0 L \left(\frac{aP}{bT} + \frac{T}{(1-a)P} \right) \tag{20.4}$$

RC 延时可表示为

$$RC = 2R(C_V + C_L) = 2\rho k\varepsilon_0 L^2 \left(\frac{1}{TH} + \frac{1}{WX} \right) \tag{20.5}$$

由上式可知，RC 延时主要由互连金属电阻率(ρ)、介质介电常数(k)和互连几何尺寸决定。如果定义 A 为金属线厚度和宽度的比例，即高宽比，$A = T/W = T/aP$，(20.5)式可以写成

$$RC = 2\rho k\varepsilon_0 \left(\frac{L^2}{P^2} \right) \left(\frac{1}{a^2 bA^2} + \frac{1}{a(1-a)} \right) \tag{20.6}$$

从上式可见，当线条长度 L 和高宽比 A 固定时，RC 延时随线条特征尺寸 P 减小，呈平方规律增大。当线条高宽比很小，即 $A \ll 1$ 时，层间电容(C_V)比线间电容(C_L)对集成电路速度的影响要大，而当 $A \gg 1$ 时，线间电容作用增强。如选取金属线条宽度、厚度及层间介质厚度三者相等的简化几何结构，即 $W = T = H$，$a = 0.5$，$b = 1$，则(20.6)式可以简化为

$$RC = 8\rho k\varepsilon_0 \left(\frac{L^2}{P^2} \right) \left(\frac{1}{A^2} + 1 \right) \tag{20.7}$$

以上互连 RC 表达式中，假设金属层间与线间为相同绝缘介质。而在实际互连结构中，层间介质与线间介质常为不同材料，如果两者介电常数分别为 k_V、k_L，则互连传输延时可以写为

$$RC = 2\rho\varepsilon_0 \left(\frac{L^2}{P^2} \right) \left[\frac{k_V}{a^2 bA^2} + \frac{k_L}{a(1-a)} \right] \tag{20.8}$$

当 $a = 0.5$，$b = 1$ 时，上式可以简化为

$$RC = 8\rho\varepsilon_0 \left(\frac{L^2}{P^2} \right) \left(\frac{k_V}{A^2} + k_L \right) \tag{20.9}$$

以上分析表明，线间电容不受高宽比的影响，而大高宽比结构有利于降低层间电容影响、减小 RC 延时。由(20.8)式还可以看到，线间电容 C_L 带来的 RC 延时正比于 $1/a(1-a)$，当 $a = 0.5$ 时，线间电容最小。

(20.6)式至(20.9)式表明，L/P 是影响 RC 延时的主要参数。随着单元器件尺寸减小，芯片集成度增大，L/P 的数值增大。规模越来越大的集成电路互连，需用越来越长的金属互连线完成。例如，一个 10 层互连的集成芯片，金属线总长度可达 10^3 m 量级。图 20.3 显

示当集成电路特征尺寸逐渐减小时,门延时逐渐减小,而互连延时却趋于增大,在 0.13 μm 技术代后,铜与低 k 介质构成的互连延时已经显著超过门延时,成为制约电路工作频率的主要因素[5]。

降低 RC 延时的主要途径如下:①从材料角度,为降低互连电阻,应选择电阻率更低的互连金属,减小阻挡层厚度,降低金属和界面的散射;为降低电容,应选择介电常数更低的介质,不仅要降低层间介质的介电常数,也要降低覆盖层、刻蚀终止层的介电常数,从而降低整个体系的有效介电常数,其至采用空气隙作为局域绝缘层。②从结构角度,优化互连几何形状,增加高

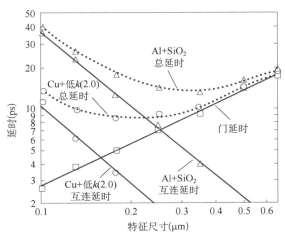

图 20.3　不同技术代集成芯片的器件本征门延时和互连延时对比[5]

宽比,采用多层结构降低互连线长度。③从电路设计角度,在电路设计时采用模块设计,利用中继器,长线条只用在连线较宽的层中,并通过合理布局来减小互连线的总长度。

20.2　铝刻蚀互连工艺

铝互连具有多方面优点:铝的电阻率较低,其室温电阻率为 $2.7 \mu\Omega \cdot cm$;铝和硅、SiO_2 都有良好黏附性;铝和重掺杂硅具有良好欧姆接触特性。铝的氧化物形成能大于 SiO_2,在 SiO_2 上淀积铝时,界面会发生如下反应[3]:

$$3SiO_2 + 4Al = 2Al_2O_3 + 3Si \qquad (20.10)$$

或者

$$x SiO_2 + y Al = Al_y Si_z O_{2x} + (x - z) Si \qquad (20.11)$$

由于铝膜淀积温度比较低(一般小于 450℃),SiO_2 中铝和硅的扩散率都很小,界面反应是自终止的,生成的薄层作为黏附层,可以增强铝与 SiO_2 的黏附性。在 Al/Si 界面,铝会还原硅表面的氧化物,与硅可形成良好欧姆接触。

Al/Si 接触特性已在 19.3 节中讨论,这里不再赘述。现今铝互连工艺中,在多层铝金属之间采用钨塞作为两层之间垂直连接和多晶硅或硅化物接触钨塞。图 20.4 显示 0.5 μm 工艺中的铝互连结构剖面图。钨塞工艺参见 17.7.1 节。

传统铝刻蚀互连工艺,已在第 4 章中结合图 4.13 简述。实现图 20.4 所示互连结构的主要工艺流程如下:首先淀积层间介质 SiO_2,并进行平坦化工艺;然后进行光刻和反应离子刻蚀介质通孔,去除光刻胶后,淀积 Ti/TiN 衬垫层/阻挡层,再用 CVD 方法淀积钨膜;用化学机械抛光平坦化工艺,除去通孔以外金属,形成钨塞;再淀积 Ti/TiN 作为黏附层/阻挡层,随后淀积 Al - Cu 合金导电薄膜,并在表面淀积 TiN 抗反射层;然后对复合金属膜进行光刻和干法刻蚀,形成铝互连线图形。干法刻蚀铝可采用 Cl_2 作为主要刻蚀气体,氯和铝形成挥

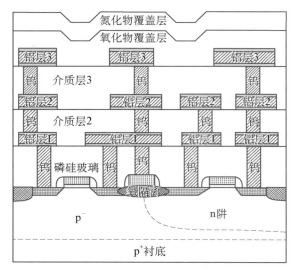

图 20.4 0.5 μm 工艺中 3 层铝互连结构示意图

发性副产物 $AlCl_3$；接着以 H_2O 或 O_2 等离子体去除残余光刻胶后，在上面淀积层间介质，再次应用化学机械抛光介质平坦化工艺，用于上层金属布线。在这种工艺中，金属淀积后刻蚀出图形，也称为"减法"工艺。这种工艺要求金属能够被有效刻蚀，采用 RIE 干法刻蚀时，其产物应为可挥发气体。多层互连工艺也要求介质和金属薄膜淀积都具有良好保形性。

在铝互连薄膜表面或侧面，常可观察到铝小丘形成（hilllock formation），如图 20.5 所示[6, 7]。这种小丘对金属互连有多种不良影响，甚至可能造成层间或线间金属短路。小丘是由于铝薄膜受到高压应力作用形成的。由于铝比 SiO_2 的热膨胀系数大（Al：$23 \times 10^{-6} ℃^{-1}$，SiO_2：$0.5 \times 10^{-6} ℃^{-1}$），低温下淀积在 SiO_2 上的铝膜在升温时趋于扩展，铝膜中产生高压应力。为了释放这种应力，一部分铝会被挤压形成小丘，造成表面形貌粗糙。这是由于晶界扩散比晶粒内部扩散速率快得多，铝原子会沿着晶界向表面扩散，生成约 0.5～3 μm 尺度的小丘。图 20.6 显示铝互连薄膜小丘的产生机制。在铝膜上可淀积一层硬质薄膜，作为机械阻挡层，抑制小丘形成，但难于完全消除这种现象。在铝中添加金属，如铜，也有益于抑制小丘形成，因为分凝、沉积在铝晶界的铜原子，可减弱铝原子沿晶界扩散，从而抑制小丘生长。

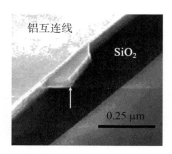

图 20.5 铝互连线侧面形成的
小丘 SEM 图像

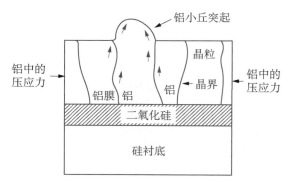

图 20.6 铝互连薄膜中应力诱生小丘机制示意图

当铝膜受到张应力时，会形成空洞。在温度下降过程中，铝膜趋于收缩，而且比衬底收缩更多。但是，小丘一旦形成，就不会在温度下降过程中消失。由于 SiO_2/Si 衬底机械硬度显著大于铝膜，应力释放只能通过空位移动和铝的团聚，从而形成空洞。空洞形成会增大互连电阻，并可能造成开路。在铝中加入铜，也可以抑制空洞的形成。

因此，为了提高抗电迁移与应力迁移效应，宜在铝中添加少量铜。采用 Al - Cu 合金，杂质在铝晶粒间界分凝，可以有效降低铝原子在晶界的扩散系数，可使失效时间值提高一个数量级。但是,Al-Cu 合金会增加互连薄膜电阻率。在外加电场长时间作用后,也观察到铝互连线中出现空洞,这应和薄膜中的应力有关。

20.3　铜镶嵌互连工艺

由表 20.1 可见,和铝相比,铜作为互连材料具有诸多优点。铜的体电阻率为 $1.67\ \mu\Omega\cdot$ cm,比铝低约 35%;与低 k 介质相结合,RC 延时可以显著减小,如图 20.2 所示。铜的热导率高于铝,铜互连线比铝更宜于集成芯片功耗热量发散,有益于增加电路功耗容量、提高可靠性。

铜 RIE 刻蚀生成的卤族化合物挥发性低,难以用干法刻蚀形成铜膜图形。铜互连采用镶嵌工艺,分为单镶嵌(single damascene, SD)和双镶嵌(dual damascene, DD)两种。图 20.7 和图 20.8 分别显示两种镶嵌工艺的主要流程。两者相比可见,在单镶嵌工艺中,在通孔光刻刻蚀后淀积金属并经 CMP 工艺,先实现通孔金属镶嵌,然后通过介质淀积、沟槽刻蚀、金属淀积和 CMP 等工艺,再实现横向互连铜镶嵌。而在双镶嵌工艺中,上下层通孔和水平沟槽的金属镶嵌,通过一次铜淀积与 CMP 工艺完成。双镶嵌铜多层布线具有工艺简化等优越性,在高性能集成芯片互连技术中广泛应用。实际上目前单镶嵌工艺仅在金属一层使用。

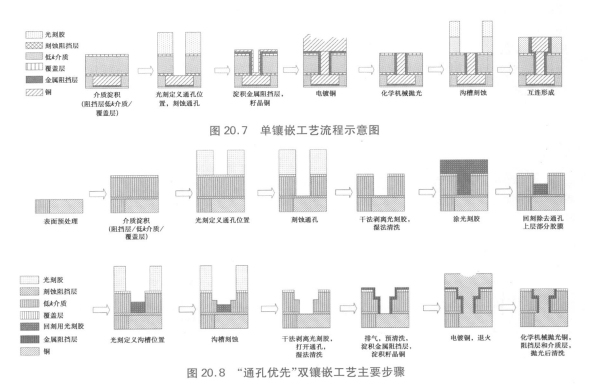

图 20.7　单镶嵌工艺流程示意图

图 20.8　"通孔优先"双镶嵌工艺主要步骤

双镶嵌互连技术有两种不同实现途径:先刻蚀通孔或先刻蚀沟槽,即"通孔优先"(via first)或"沟槽优先"(trench first)两种工艺。图 20.8 显示"通孔优先"双镶嵌技术的主要工艺步骤如下:

（1）介质淀积。在前-互连层平面上应用 CVD 技术，先淀积致密薄介质层（如 Si_3N_4），作为刻蚀终止层（etch stop layer），用以在刻蚀上层介质通孔时，阻断对下层金属侵蚀，随后淀积低 k 介质膜，并以硬度较高的致密薄介质膜（如 SiCN、SiN）作为覆盖层，保护低 k 介质结构完整性。

（2）通孔光刻。涂布光刻胶膜，先后进行通孔图形曝光、显影与刻蚀工艺，刻蚀停止于介质终止层，然后用 O_2 等离子体去除光刻胶。

（3）沟槽光刻。先在硅片上涂布填充通孔的平坦化光刻胶膜，接着利用回刻技术，除去通孔上层部分胶膜；然后涂覆光刻胶，进行沟槽光刻与刻蚀，并去除光刻胶与通孔底部的刻蚀终止层，形成沟槽、通孔相结合结构。

（4）金属淀积与平坦化。硅片清洗与表面处理后，溅射淀积金属阻挡层和铜籽晶层，并刻蚀去除通孔底部的阻挡层，再应用电镀工艺完全填充通孔和沟槽，随后对硅片退火，最后利用 CMP 技术去除沟槽和通孔之外的金属，形成上下与水平铜镶嵌互连。然后用选择淀积方式在金属上淀积金属覆盖层，再大面积淀积介质阻挡层，形成铜表面的钝化层（图 20.8 中未标出）。

图 20.9 显示"沟槽优先"双镶嵌互连工艺流程。在这种工艺中，在介质顶部的 SiN 上涂布光刻胶，对低 k 介质作定向光刻，停留于底部刻蚀终止层，去除光刻胶后，形成沟槽图形。然后涂布光刻胶填满沟槽，进行通孔光刻。通孔刻蚀要刻穿中间层的刻蚀终止层到通孔底部的 SiN 阻挡层。然后去除底部阻挡层，去除光刻胶，获得通孔和沟槽图形。再进行阻挡层、籽晶层、电镀和 CMP 等工艺。在高性能集成芯片精密多层互连形成工艺中，淀积低 k 介质及其覆盖层后，常淀积薄 TiN 金属层作为硬掩模（hard mask），用于优化光刻与刻蚀工艺分辨率，更好地控制沟槽和通孔图形尺寸，提高光刻线条精度。这种 TiN 硬掩模层，光刻后必须清除。

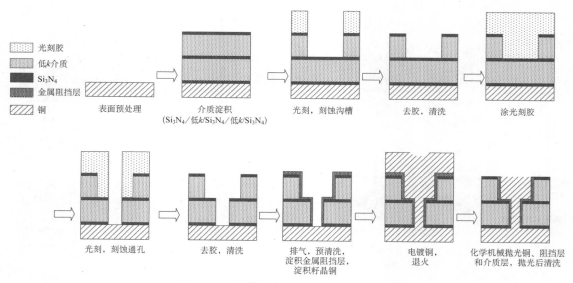

图 20.9　"沟槽优先"双镶嵌工艺主要步骤

上面以图 20.7 至图 20.9 讨论铜镶嵌互连原理，所示工艺在 32 nm 及之前工艺中得到广泛应用。随着集成电路尺寸不断缩小，为了降低整个互连体系的有效 k 值，互连所用介质材料和相应集成工艺不断演变,持续优化纳米 CMOS 等集成芯片制造技术。

双镶嵌工艺中阻挡层和籽晶层的保形淀积、电镀膜的无缝填充、CMP 的完全平坦化,都是关键工艺。围绕这些新材料和新工艺,发展了多种互连集成技术,以下各节将分别讨论这些材料与技术原理,以及一些新工艺。

20.4　铜扩散阻挡层与籽晶层

铜是硅中扩散最快的金属之一(见图 12.9),铜原子在硅中以间隙方式扩散,其扩散系数远大于铝[8]。铜在硅中作为深能级杂质,对器件性能极为有害,可引起 pn 结漏电等弊病。在约 200℃ 较低退火温度下,铜就开始与硅形成 Cu_3Si 化合物,使晶体管结构遭到破坏。铜沾污不仅损害硅,也有害于介质。当铜原子扩散进入 SiO_2 或低 k 介质时,会形成可移动的一价金属离子 Cu^+,从而破坏介质绝缘性能,使漏电流上升、阈值电压漂移。因此,在集成芯片制造厂中,后端铜互连工艺必须与前端工艺严格隔离。

由图 20.8 和图 20.9 可见,在双镶嵌工艺中,通孔和沟槽光刻刻蚀后,需要在孔中先后淀积阻挡层、籽晶层和电镀铜,形成集成芯片水平和上下层互连。为了阻挡铜的快扩散,整个铜互连线都被导电扩散阻挡层、表面覆盖层封闭,避免铜原子侵入周围介质与器件,并保证具有良好抗电迁移特性。

20.4.1　扩散阻挡层材料性能要求

扩散阻挡层(diffusion barrier),顾名思义,要阻挡不同材料之间的原子扩散。理想扩散阻挡层应能有效阻断铜扩散,同时不增加互连线的电阻和电容。目前集成电路工艺常用扩散阻挡层具有双层结构。与铜紧密接触的为金属黏附层,也称为衬垫层(liner);和介质接触的材料应具有优良阻挡特性,并与介质有良好黏附性。现今铜镶嵌互连工艺中的典型黏附层/扩散阻挡层材料为 Ta/TaN。阻挡层的有效性和可靠性,应该从阻挡层材料本身的热学稳定性、阻挡层和铜的反应特性、阻挡层和铜以及介质的黏附性、阻挡层的淀积方法和台阶覆盖特性等多个角度考量。优良黏附层/阻挡层体系应具备如下特性:

(1) 阻挡层材料和铜的互溶度低,两者不形成金属间化合物,阻挡层具有高熔点及高稳定性,其自扩散系数小。

(2) 黏附层与铜应具有良好界面黏附特性,以利于铜籽晶成核。黏附层和铜界面会产生载流子散射,良好界面有益于降低载流子界面散射,提高铜互连线电导率。阻挡层与 SiO_2/低 k 介质具有良好黏附性。

(3) 阻挡层材料的电阻率应尽可能低。由于互连尺寸减小,铜的有效电阻率随尺寸减小而升高,而阻挡层的厚度在小尺寸沟槽内占有部分空间,降低其电阻率,对减小互连延时有益。

(4) 在后端工艺温度(≤400℃)下,超薄阻挡层仍需具有对铜原子的强扩散阻挡特性。10 nm 技术代集成芯片中,扩散阻挡层厚度需小于 3 nm。

(5) 常用阻挡层薄膜多用 PVD 工艺淀积。由于一般溅射工艺的保形性比较差,需要应用离化金属等离子体溅射技术。通孔内淀积阻挡层金属后,在衬底偏压作用下,通过氩离子溅射刻蚀,可使底部阻挡层金属再淀积到侧壁上,从而改善阻挡层均匀性,并使后续淀积的超薄钽层及铜籽晶层和下层铜连线接触,有利于降低接触电阻。随着器件尺寸缩微,为改善台阶覆盖保形性及沟槽内壁淀积均匀性,趋向应用化学气相淀积与原子层淀积技术。因此,需要研制适于 CVD 与 ALD 淀积的化学反应前体化合物。

(6) 阻挡层应具有良好抗氧化和湿气阻滞特性,能够避免低 k 介质中水气造成的铜氧化。阻挡层还应适于 CMP 平坦化加工,与铜有尽可能小的电偶接触腐蚀。

(7) 正在研发的铜直接电镀工艺,不需淀积铜籽晶层,直接在阻挡层或者黏附层上电镀铜,要求阻挡层/黏附层具有更低电阻和抗氧化能力。常用的钽、钛不适于这种新工艺。近年正在研究的金属钌等阻挡层,有望实现直接铜电镀。

20.4.2　Ta/TaN 双层结构阻挡层

在多种材料及工艺对比研究基础上,TaN 被优选为铜互连中的扩散阻挡层。非晶 TaN 薄膜可有效阻挡铜原子扩散。TaN 与介质有较强黏附性,这也是阻挡层所必须具备的特性。但 TaN 与铜的黏附性较差,不能满足后续籽晶铜层均匀生长工艺要求,因而选择金属钽作为铜的衬垫黏附层。TaN 与钽相结合,研究成功第一代铜扩散阻挡层,用于高速集成芯片产品制造所需的铜镶嵌多层互连工艺。

钽为难熔金属,熔点高达 2 996℃,和铜不相熔,与铜有良好的黏附特性,因此,可用作铜籽晶层的有效衬垫层材料。通常溅射的钽薄膜有多种晶相结构,分别为 bcc 多晶相 α-Ta、fcc 多晶相 β-Ta 和非晶相。α-Ta 和 β-Ta 薄膜电阻率分别为 15~50 $\mu\Omega \cdot cm$ 和 150~200 $\mu\Omega \cdot cm$。刚淀积的钽常呈现 β-Ta 相,具有柱状多晶结构。钽的晶体结构与衬底有关,在 TaN 衬底上溅射的钽具有低电阻率的 α-Ta 结构。

TaN 是一种结构致密的氮化物,熔点高达 3 087℃,通常应用反应溅射工艺淀积。反应溅射氮化物薄膜组分与结构,随溅射气氛中 N_2 含量变化,可形成 Ta_2N、TaN 等化合物。其中 TaN 为立方结构晶相,具有高稳定性,成为铜互连性能优越的扩散阻挡层。随着互连尺寸缩微,要求扩散阻挡层越来越薄,目前许多公司应用 ALD 或 CVD 技术,淀积更为均匀的保形超薄 TaN 膜,再用 PVD 技术快速淀积钽。

扩散阻挡层对互连线电导率的影响

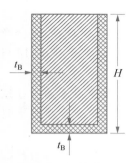

图 20.10　铜镶嵌互连沟槽剖面图

随着沟槽宽度变窄,铜所占体积比趋于下降,要求黏附层/扩散阻挡层厚度尽可能薄,从而增加铜体积占比。在 10 nm 宽度沟槽内扩散阻挡层的厚度如增加 1 nm,则铜有效导电体积减小 20%。因此,超薄扩散阻挡层材料及工艺成为热点研究课题。

铜线(R_{Cu})和阻挡层(R_B)相互并联,形成的等效电阻可以写为

$$\frac{1}{R_{eq}} = \frac{1}{R_{Cu}} + \frac{1}{R_B} = \frac{W_{Cu}T_{Cu}}{\rho_{Cu}L} + \frac{W_B t_B}{2\rho_B L} \tag{20.12}$$

上式中,R_{eq} 为铜互连线等效电阻,ρ_{Cu} 为铜的电阻率,ρ_B 为阻挡层金属电阻率,L 为沟槽长度,W 为沟槽宽度,t_B 为阻挡层厚度,T_{Cu} 为铜厚度,$T_{Cu} = H - t_B$。

$$R_{eq} = \frac{\rho_{Cu}\rho_B L}{\rho_B[(W-2t_B)(H-2t_B)]+\rho_{Cu}[(t_B)(H+W-2t_B)]} \tag{20.13}$$

下式为有无阻挡层造成的电阻增加比值,

$$\frac{R_{eq}}{R} = \frac{1}{1-2\left(\dfrac{t_B}{W}+\dfrac{t_B}{H}-2\dfrac{t_B}{W}\times\dfrac{t_B}{H}\right)\left(1-\dfrac{\rho_{Cu}}{\rho_B}\right)} \tag{20.14}$$

通常 $\dfrac{\rho_{Cu}}{\rho_B} < 0.1$,上式中 $\left(1-\dfrac{\rho_{Cu}}{\rho_B}\right)$ 可近似为 1,而 $\left(\dfrac{t_B}{W}\times\dfrac{t_B}{H}\right)$ 项与前项相比也可忽略,因此, (20.14) 式可以近似写成

$$\frac{R_{eq}}{R} = \frac{1}{1-2t_B\left(\dfrac{1}{W}+\dfrac{1}{H}\right)} \tag{20.15}$$

上式表明,较厚阻挡层可使铜互连结构电阻显著增大。

20.4.3 新型扩散阻挡层材料和工艺

为适应纳米 CMOS 技术升级换代步伐,扩散阻挡层材料、结构与工艺需要优化与创新,要求制作导电性能更优、黏附性更强、厚度更薄、可靠性更高的阻挡层。近年研究者对多种单质金属的铜黏附特性、双层阻挡层的优化组合、单层扩散阻挡层和自形成阻挡层等课题进行多方面探索与研判。优良黏附层金属应具有低电阻率、铜对其有强浸润特性、和铜及其下的阻挡层有强黏附性。

铜镶嵌工艺中可能应用的黏附层金属材料包括钛、钽、钴、钌、钼等。这些金属是热、电良导体,并具有较高结合能与熔点,延展性较好。一般熔点越高的金属,其热稳定性越好。材料的扩散率和熔点相关,熔点较高材料的扩散系数较小,因此,选择高熔点金属,如钛、钽、钴等,用于形成铜黏附层。这些金属的氮化物与合金性质稳定,不易被氧化,常被用作扩散阻挡层。

黏附性是由两种材料界面原子间的键合力决定的,范德华力可形成物理键合,化学键力可形成黏附性更强的化学键合。金属和金属的清洁界面通常具有良好黏附性。用第一性原理计算铜和不同金属之间吸附能的分析表明,铜和金属之间的晶格匹配和化学键等都对吸附能产生影响,与钽相比,钌、钴、铱、钼等金属和铜具有更强黏附性[9]。实验结果显示,用钌、钴作为黏附层的铜互连可具有更强抗电迁移特性[10]。铜和其他材料的黏附性,可以用撕胶带法[11]、四点弯曲[12]等方法测量。

浸润性影响铜在阻挡层金属上的成核特性。在各类淀积方法中,当铜在阻挡层上具有较多成核点时,可生长更加致密的择优晶向铜薄膜,有利于优化其后电镀铜特性。IBM 研究者在钴和钽上用 2 s、5 s 或更长时间淀积铜,然后把铜溶解,用 X 射线荧光方法,测量溶液中铜的浓度,高铜原子浓度表明铜在该阻挡层上有强黏着系数(sticking coefficient)[13]。结果显示,铜在钴上有更高成核密度。实验还表明,在钴上制备的铜籽晶层电镀铜,具有优良填充特性,而在 Ta/Cu 籽晶层上电镀,由于填充不全,抛光后显现孔洞(见图 20.11)。钌黏附层的实验结果也显示完全填充特性。

阻挡层材料根据所含材料的种类可分为单质金属阻挡层(钽、钴、钌)、二元化合物阻挡

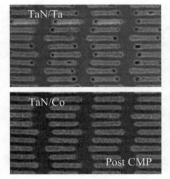

图 20.11　TaN/Ta 和 TaN/Co 两种结构上经铜籽晶层淀积、铜电镀和 CMP 工艺形成的互连形貌对比，可见前者沟槽内存在孔洞[24]

层或者合金阻挡层（前者如 TaN、TiN，后者如 RuTa[14]、CoW[15]、CoTi[16]、CoMo[17] 等）、三元化合物阻挡层（WSiN[18]、TaSiN[19] 等）和多元高熵合金阻挡层[20]。

阻挡层结构可分为单层阻挡层、双层阻挡层、自形成阻挡层和自组装阻挡层。单层阻挡层研究近年受到重视，是减薄阻挡层的有效途径。制备两层都非常薄的阻挡层十分困难，使单层合金阻挡层成为新选择。除了 RuTa 合金阻挡层外，钴系单层二元合金阻挡层，如 CoTi、CoMo、CoW 等也有报道，是近年研究活跃的课题，这种合金薄膜有可能兼具黏附与阻挡特性，可能实现铜的直接电镀。Intel 在 2016 年 IITC 会议上曾报道，在 14 nm 工艺中已采用单层扩散阻挡层[21]。下面讨论几种具有较好应用前景的新型扩散阻挡层。

Ru/TaN 与钌合金阻挡层

钌金属熔点高（2 310℃），和铜不共溶。实验表明，溅射钌膜具有柱状多晶结构，可能提供铜原子快速扩散通道，不适于制作铜扩散阻挡层。但是，钌和铜有优良黏附特性，以 Ru/TaN 代替 Ta/TaN，可显著改善铜的电学可靠性。这是因为钌比钽对铜有更好的黏附特性。采用钌作衬垫层的主要优点在于可以在钌上直接电镀铜，而不需先淀积籽晶铜，这既可减少工艺步骤，又利于改善薄膜保形性。近年也有许多钌合金研究工作，例如，采用单层 RuTa 合金，既有阻挡层防扩散效果，又具有黏附特性[14]。还有 RuTi[22]、RuTiN[22]、RuTaN[23] 等多种合金薄膜的阻挡层研究报道。钌可以采用 PVD、CVD 或 ALD 淀积技术。原位淀积的 ALD Ru/TaN 具有良好保形与阻挡层特性。但钌的化学机械抛光工艺存在难题，在酸性条件下抛光，会产生有毒 RuO_4 气体。只能应用碱性抛光液，用传统 H_2O_2 基抛光液，其抛光速率很慢，远低于铜和 TaN 的抛光速率，易在铜和 TaN 层中产生缺陷，影响可靠性。

Co/TaN 阻挡层

和钌一样，钴本身也不能作阻挡层，钴会扩散溶解到铜的晶界中，但是对铜的电阻率无明显影响。钴和铜有较好黏附性，采用 Co/TaN 双层阻挡层的铜镶嵌互连结构，其电学可靠性优于 Ta/TaN，并已经开始在集成电路生产中得到应用。如图 20.11 所示，在钴上淀积铜籽晶层后，沟槽内电镀铜填充性能优于 TaN/Ta/Cu 籽晶层工艺[24]。

自形成锰基氧化物阻挡层

近年阻挡层技术研究中，另一研究热点是自形成阻挡层工艺。这种工艺是在铜中掺入金属，如铝、锰，形成合金。铜掺入锰后，经过适当温度退火，锰原子扩散到铜和介质界面，形成非常薄的具有良好阻挡特性的 MnO_2，另有部分锰扩散至顶层，这可避免铜层电阻率升高[25]。实验表明，采用自形成阻挡层，可提高互连可靠性，介质 TDDB 性能也得到改善。研究还发现，用 CVD 或者 ALD 方法把锰或 MnO_2 淀积在 SiO_2 或低 k 介质表面，可形成具有良好阻挡层特性的 $MnSiO_x$ 介质层，这也是一种自形成阻挡层，其厚度比 Ta/TaN 双层薄膜厚度显著减小。最近有报道,把 1 nm 锰和 1 nm 钴或钌衬垫层结合使用,既具有锰基扩散阻挡层优良特性,又能保持钌或钴衬垫层良好黏附性,对于钌,还可能实现铜直接电镀[26]。

20.4.4　铜籽晶层

在阻挡层之上淀积保形、均匀、低电阻率薄铜籽晶层,是确保在沟槽内应用电镀工艺实现无缝隙铜填充的前提。如果籽晶薄膜保形性差、侧壁与底部籽晶膜覆盖不全、沟槽顶部边缘淀积过多以及表面污染等,都会造成电镀填充缺陷。在电镀开始阶段,自硅片边缘至中心的电流都在籽晶层上流过,籽晶层必须提供从边缘到中心的低电阻通道,使电镀过程中硅片上电流密度均匀分布,以保证硅片各处电镀速率均匀。

铜籽晶层淀积,通常应用离化金属等离子体溅射(参见 16.5.3 节)或 CVD/ALD(参见 17.8 节)技术。籽晶层淀积工艺,必须确保在高深宽比的沟槽底部和侧壁形成适当厚度的连续性铜薄膜,实现全覆盖,为后续均匀、无空隙电镀铜填充工艺创造条件。籽晶层应具有均匀致密形貌。粗糙的沟槽侧壁籽晶层,在电镀时容易形成空隙。沟槽顶角处籽晶膜分布应具有保形性,否则可导致电镀铜填充完全前,顶部先闭合,形成空隙。铜籽晶层的择优取向受到阻挡层晶体结构的影响,而铜籽晶结构又强烈影响电镀铜微观结构。在淀积阻挡层后,即刻原位淀积铜,有益于 Cu(111)晶面择优生长。

为了增强铜籽晶层的保形性,避免随后电镀产生空隙,通常在溅射时衬底加温或者溅射后退火,即"铜回流"工艺。由于高温下铜原子具有较高流动性,可以沿着沟槽侧壁向下流动,使得籽晶铜层具有良好保形性[27]。铜溅射后回流退火温度约为 450℃。研究表明,当采用钌作为衬垫层时,由于铜与钌具有优良浸润性,可以采用溅射铜工艺直接填满沟槽,而无需电镀[28]。图 20.12 显示在钌层上铜回流工艺前后的铜沟槽 TEM 形貌[28]。可见经过 240℃/30 min 回流工艺后,铜已均匀填满沟槽。与电镀制备的铜相比,溅射淀积铜膜所含杂质浓度较低,电导性能更优。

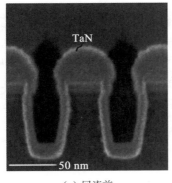
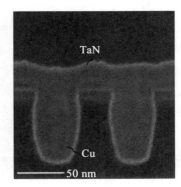

(a) 回流前　　　　　　　　　　(b) 回流后

图 20.12　Ru/TaN 阻挡层上溅射铜在回流前(a)和回流后(b)的沟槽形貌变化[28]
(图中所见 TaN 层为制备 TEM 样品时淀积)

20.4.5　顶覆盖层

为抑制铜表面氧化、腐蚀、扩散,镶嵌沟槽铜顶部也需要阻挡层覆盖。由于多层铜互连需经多次刻蚀、清洗等工艺,铜顶覆盖层应具有多种功能:铜表面以覆盖层密封,阻止铜外扩散入介质;在具有氧化气氛的等离子体工艺中,防止铜氧化;防止湿气侵入;用作通孔光刻终止层,防止铜在光刻时受到侵蚀。覆盖层应具有高击穿电压、低漏电流以及适当机械强度。

最早采用 Si_3N_4 等介质作为覆盖层。但 Si_3N_4 与铜黏附性差,导致铜原子沿两者界面扩散[29]。两者界面特性是决定铜互连线抗电迁移性能的重要因素[30]。较高 k 值介质覆盖不利于降低 RC 延迟。纳米集成芯片技术中常用的非晶 SiC∶H、SiCN∶H 和 SiCO∶H 等薄膜,k 值在 3.5~5.8。近年正在研究 k 值更低的介质覆盖层材料及工艺[31]。其中,CuSiN 是一种自对准形成介质阻挡层工艺[32]。铜互连硅片在 SiH_4、NH_3 气氛中,以热 CVD 工艺淀积 SiN 时,铜表面可反应生成 CuSiN。这种介质和铜有良好黏附性,可避免导电覆盖层易产生的短路问题。

IBM 公司早就报道用化学镀制备 CoWP,作为导电覆盖层,四点弯曲黏附性测试表明,其与铜的黏附性比 SiC 或 SiN 与铜的黏附性高 2~3 倍[33],可有效增强铜互连线抗电迁移特性[34]。CoWP 可采用选择性自对准化学镀工艺制备,只在高电导铜表面镀膜。CoWP 具有较高导电性,有益于增强铜互连线电流承载能力。采用金属顶覆盖层的缺点是,当金属生长工艺没有良好控制时,金属可能淀积在介质上,导致互连短路。

IBM 报道,采用 CVD 工艺在平坦化后的铜互连线上选择性生长钴和介质阻挡层作为顶覆盖层,可以大幅度提高铜互连抗电迁移特性[35]。该工艺中钴原子仅淀积在铜表面,而不会淀积在富氧的 SiCOH 介质表面。结果表明,当采用钴覆盖层以及钴衬垫层后,互连抗电迁移特性比仅用介质覆盖层高出 1 000 倍[35]。利用选择性 CVD 或 ALD 技术在铜表面淀积自对准钴覆盖层,是目前工艺研究的一个热点[36]。

20.5　低 k 介质

本节讨论与互连金属共同决定集成芯片传输延时的低 k 介质材料与工艺技术,分别介绍低 k 介质的特性、种类、制备方法与集成工艺。多年来应用 PECVD 和 SOG 技术已开发多种介电常数低于 SiO_2 的介质材料。为有效用于集成电路互连工艺,低 k 介质还必须具备一系列其他性能要求,如高击穿电场强度、低漏电流、良好化学稳定性和热稳定性、适当机械强度、低热胀系数、低薄膜应力、与 SiO_2 及金属较好的黏附性、低吸水性以及与 CMP 工艺的相容性等。

20.5.1　降低材料介电常数的物理机制

介电常数是在外加电场作用下,决定介质材料内电荷与电场强度变化的物理参数。介电常数取决于材料的电场极化特性。通常存在电子极化(原子核外电子云的畸变极化)、离子极化(分子中正、负离子的相对位移极化)和取向极化(分子固有电矩的转向极化)3 种机制。这 3 种极化机制对于电场变化的频率响应不同。电子极化的响应频率最高,椭圆偏振光测试可反映和获取电子极化决定的 k 值。取向极化的响应频率最低,在 10^8 Hz 以下,对 MOS 电容 C-V 测试有贡献。离子极化效应通常发生在 10^{14} Hz 频率以下,红外光谱测试可反映离子键变化。介电常数与三者的关系由德拜公式决定[37],

$$\frac{\kappa-1}{\kappa+2}=\frac{N}{3\varepsilon_0}\left(\alpha_e+\alpha_i+\frac{p^2}{3kT}\right)\qquad(20.16)$$

其中,κ 为相对介电常数,N 为分子密度,α_e 和 α_i 分别为外电场作用下的电子极化率和离子极化率,第 3 项可称为分子极化率,p 为极性分子的固有电矩。(20.16)式表明,对于极性分子和强极化材料,其介电常数较高;反之,则较低。

降低材料介电常数的基本途径可归纳为两方面:一为减弱材料极化程度,二为降低材料密度,增加空隙度。前者基于化学效应,后者则基于物理效应。两者结合可获得更低介电常数的介质材料。对于提高集成电路互连传输速度,降低介质的介电常数是关键,同样重要的是,这种介质的其他物理、化学性质必须具有与芯片制造工艺的相容性,以保证多层互连集成的可行性和金属/介质结构的稳定性与可靠性。如何获得同时具有介电常数低、击穿场强高、机械硬度大、工艺集成相容性好的介质薄膜,是低介电常数材料技术进步的最大难点,也是近 30 年来低 k 介质实用技术发展,滞后于 ITRS 历年版本预计的基本原因。虽然碳基介质薄膜相对易于达到更低 k 值,但硅基低 k 介质的其他性能,可达到更好的工艺集成相容性,因而获得更多实际应用。

低 k 介质根据其薄膜形态可分为致密介质和多孔介质两类。其中致密低 k 介质又可以分为氧化硅基、硅倍半氧烷(silsesquioxane,简称 SSQ)基、有机聚合物等。氧化硅基低 k 介质属于无机低 k 介质,就是在传统 SiO_2 中掺入氟、碳等元素,通常用 PECVD 工艺制备。加入氟、碳等元素,可以同时降低材料极化率和密度。氟比碳有更大的电负性,说明氟比碳具有更强束缚电子的能力,因此,相对于 Si—O 键,Si—F 键更难极化。

随着 CMOS 制造技术升级换代,经过材料和工艺大量试验与改进,低 k 介质实用 CVD 技术逐步向更低 k 值演进。图 20.13 显示低 k 材料随集成电路缩微技术的演变趋势。在 $0.13\,\mu m$ 深亚微米芯片技术中,得到普遍应用的是 k 值略低于 SiO_2 的掺氟氧化硅(FSG)。进入纳米 CMOS 器件发展时期后,掺碳 SiO_2(carbon doped oxide,CDO,或表示为 SiOCH)低 k 介质 CVD 工艺渐趋成熟,在双镶嵌铜互连技术中得到应用。通过选择优化反应剂和不断改进工艺,调节碳含量和多孔结构及密度,使 k 值逐步趋近 2.5。90 nm 技术代芯片应用的金属间介质介电常数约为 $2.9\sim3.0$,65 nm 器件技术中淀积的 CDO 薄膜 k 值降为约 $2.6\sim2.9$,各个公司 45 nm 技术代集成芯片应用的低 k 介质介电常数约在

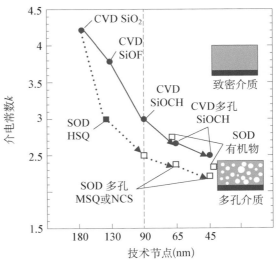

图 20.13　CVD/SOG 低 k 介质材料随芯片缩微技术的演变

$2.5\sim2.8$ 之间,32 nm 芯片多层互连则应用 k 值接近 2.5 的 SiOCH 薄膜。人们把 $k<2.5$ 或更低值的材料,称为超低 k 介质(ULK)。对于纳米 CMOS 芯片多层互连技术进步,超低 k 介质薄膜 CVD 淀积及其工艺集成仍为正在研究的关键课题之一。按照纳米 CMOS 集成

技术演进需求,期望能把 ULK 介质的 k 值降到 2.0 以下,但实际进展存在差距。

20.5.2　FSG 与 CDO 低 k 介质

掺氟 SiO_2,或称氟硅玻璃(FSG),是通过减弱极化效应降低 k 值的典型材料。FSG 薄膜通常应用 PECVD 或 HDPCVD 系统淀积。后者更有益于填充高深宽比值的沟槽。TEOS 或 SiH_4 用作硅源,掺氟的 TEOS 氧化硅有时也被称为 FTEOS。可选用的氟源,既有氟碳化合物,如 CF_4、C_2F_6,也有 NF_3、SiF_4 等化合物。相对于 CF_4、NF_3 等化合物,应用已含有 Si—F 键的 SiF_4 等化合物,有利于 FSG 薄膜形成,键能较大的 Si—F(565 kJ/mol)可直接结合进入 FSG 网络。如果应用 CF_4、C_2F_6 或 NF_3 为反应前体化合物,等离子体分解产生的 F^*、CF^* 游离基,除与硅原子结合成键,可能有部分游离基以自由态或松弛结合状态进入薄膜,不利于降低极化率。

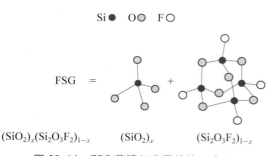

Si● O◐ F○

FSG ＝ $(SiO_2)_x(Si_2O_3F_2)_{1-x}$ ＋ $(SiO_2)_x$ $(Si_2O_3F_2)_{1-x}$

图 20.14　FSG 薄膜组分及结构示意图

FSG 可看成由 SiO_2 与 $Si_2O_3F_2$ 两种分子组成的非晶网络,如图 20.14 所示。氟原子是电负性最高的元素,在 SiO_2 中,它取代部分氧原子与硅成键。在这种含氟 SiO_2 网络中,由于氟对周围电子的吸引力很强,减弱了电子位移能力,从而使极化率降低。FSG 薄膜介电常数应随氟浓度上升而减小,可能降低到近 3.0。但氟的浓度不能过高,以避免引起薄膜不稳定性。氟含量过高,可能导致生成具有挥发性的 SiF_2O。应用 CVD 工艺淀积的稳定 FSG 薄膜,其介电常数通常为 3.5~3.7,是较早得到普遍应用的低 k 材料。

如前已提及,SiO_2 中掺入适量碳,是降低硅基介质薄膜介电常数的另一方法。这种方法的基本原理在于,在 SiO_2 的 Si—O 四面体网络中,硅氧烷中的部分桥连氧原子被末端有机基团取代($\equiv$Si—CH_3),从而形成有机硅酸盐玻璃体(organo-silicate glass, OSG),可简化表示为 SiOCH 或 SiOC 低 k 介质薄膜,也常称为 CDO。硅原子与末端基团—CH_3 成键,可增大原子之间距离,而且 Si—C 键比 Si—O 键极性弱,都有利于降低 k 值。有机末端基团使 OSG 薄膜具有憎水性,可以在后续工艺中防止因水分子进入而增大 k 值。SiO_2 的密度通常在 2.1~2.3 g/cm^3 范围,而 CDO 的密度可减至 1.2~1.4 g/cm^3 范围。

应用 PECVD 等低温化学气相淀积技术,可以制备多种低 k 薄膜。以硅烷、硅氧烷等有机化合物和 O_2 或 N_2O 氧化剂作为反应前体,用 PECVD 工艺制备的含碳氧化物薄膜,其结构可与 SOG 材料接近,具有低质量密度和多孔性特点,使介电常数较无机 SiO_2 显著降低。这种 PECVD 薄膜的机械与电学性能优于 SOG 薄膜,在集成电路多层互连技术中可具有更好的工艺集成相容性,因而在铜互连工艺中得到普遍应用。一些半导体设备公司推出多种此类低 k 介质薄膜 CVD 淀积装置及工艺技术,如应用材料公司(AMAT)的"黑钻石"(Black Diamond)等。

低 k 介质制备工艺常采用 PECVD 平行板型反应器,在 200~300℃的低温衬底条件下淀积薄膜,然后薄膜需在稍高温度下热处理,以除去吸附在薄膜内的气体。薄膜淀积后还需进行紫外辐照固化处理（UV curing）。图 20.15 为掺碳 SiO_2 薄膜的网络结构示意图。由图 20.15 可见，在 Si—O—Si 网络中，有一部分氧原子被 CH_3 甲基所代替，与硅结合成键。虽然薄膜中也可能存在 Si—H、Si—CH_2 等类分子键，但 FTIR 光谱测试表明，PECVD 淀积的 SiOCH 薄膜中，以 Si—CH_3 有机键为主。理论分析说明，Si—CH_3 键与 Si—O 键相比，单位体积的极化程度，前者显著低于后者。薄膜中 Si—CH_3 键含量越高，其 k 值越低。如果 Si—O—Si 网络中硅的 3 个价电子都与甲基成键，即其单元结构分子式为 $SiO_{0.5}(CH_3)_3$，则对于这种甲基含量最大的 CDO 薄膜，计算得到 k 值为 2.53[38]。这说明应用 CVD 淀积工艺，仅靠增加碳有机物掺杂，难以获得介电常数低于 2.5 的超低 k 介质薄膜。

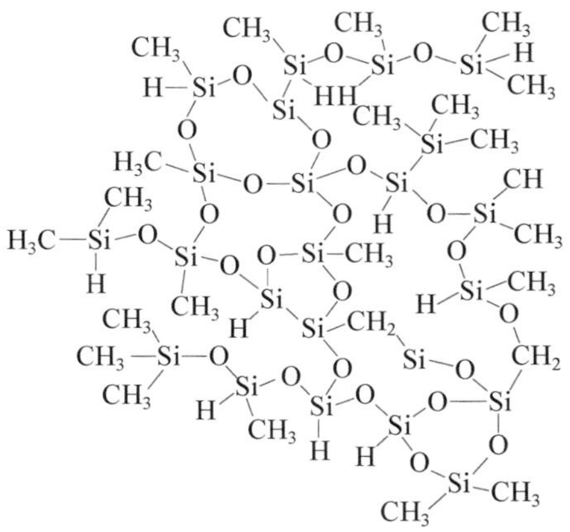

图 20.15　硅基低介电常数 SiOCH 薄膜的网络结构及组分示意图

20.5.3　SOG 有机聚合物低 k 介质

在低 k 介质技术发展过程中，曾研发多种适用于旋涂工艺的有机聚合物介质薄膜材料。用旋涂法制备获得的介质简称 SOG(spin-on glass)，或称 SOD(spin-on dielectric)。这些材料常为硅倍半氧烷聚合物。SSQ 基低 k 介质分子式可表示为 $(R - SiO_{1.5})_n$，或 $(R - SiO_{1.5})_n$ $(H - SiO_{1.5})_m$，其中 R 为 CH_3、CH_2、烷氧基或芳基等有机官能团。用于集成电路的 SSQ 主要有氢化硅倍半氧烷(hydrogen-silsesquioxane，HSQ)和甲基硅倍半氧烷(methyl-silsesquioxane，MSQ)。由这些材料配制的溶凝胶体，应用 SOG/SOD 旋涂薄膜工艺，可在硅片表面形成平坦化绝缘介质层。SOG 材料的 k 值可降到 3 以下。MSQ 的 CH_3 基团比 H 具有更大的尺寸，Si—CH_3 键比 Si—H 键的极化率更低。通常 HSQ 的 k 值约为 3.0～3.2，而 MSQ 则为 2.8。在实际工艺中，往往很难得到纯的 MSQ，通常是 MSQ 与 HSQ 的混合物，但常称其为 MSQ。碳含量为 25% 的 MSQ 薄膜 k 值可低至 2.5。

有机聚合物低 k 介质根据其分子极性又可分为非极性聚合物和极性聚合物。非极性聚合物主要由 C—C 共价键构成，极性聚合物则由电负性相差较大的键构成。通常采用旋涂法制备的有机聚合物低 k 介质，除了具有较低 k 值外，还具有制备成本较低的优点。聚合物低 k 介质存在热稳定性问题，C—C、C—H、C—N 等键在 300～400℃ 处理时都会变得不稳定。在其中掺入一些氟原子，实验证明可以提高热稳定性，而且能降低 k 值。有机聚合物低 k 介质的刻蚀也是一个问题。已能经受后端工艺热处理的低 k 聚合物介质的 k 值可以达到 2.6～2.8。有机聚合物低 k 介质的代表性产品有 Dow Chemical 公司的 SiLK，其他包括聚酰亚胺、降冰片烯聚合物(PNBE)、苯并环丁烯(BCB)、聚四氟乙烯(polytetrafluoroethylene，PTFE)等。

20.5.4　多孔低 k 介质

致密低 k 介质的 k 值一般高于 2.7，若想进一步降低介质的 k 值，一个有效方法就是制备多孔介质。多孔低 k 介质的 k 值可以降至 2.5 甚至更低，获得超低 k 介质。根据介电物

理原理,当两种电介质混合在一起,其有效介电常数 κ_{eff} 可由下式描述:

$$\frac{\kappa_{eff}-1}{\kappa_{eff}+2}=P\cdot\frac{\kappa_1-1}{\kappa_1+2}+(1-P)\cdot\frac{\kappa_2-1}{\kappa_2+2} \tag{20.17}$$

其中,κ_1、κ_2 分别为两种介质的本征介电常数,P 为第一种电介质所占比例。对于多孔材料,假设第一种电介质为空气,则 $\kappa_1\approx1$,而 P 为多孔率,第二种电介质为实际低 k 介质,则(20.17)式可化简为

$$\frac{\kappa_{eff}-1}{\kappa_{eff}+2}=(1-P)\cdot\frac{\kappa_2-1}{\kappa_2+2} \tag{20.18}$$

上式表明,随着多孔率上升,有效介电常数将明显降低。增加多孔率虽然有助于降低 k 值,但不利于介质薄膜的机械强度,通常需要后续固化工艺处理,如加热、紫外光束或电子束辐照。研究表明,热处理可以去除表面有机物、提高介质机械强度、提高孔径均匀性等,紫外光或电子束照射更为有效。近年来一些公司曾推出多种多孔低 k 介质材料产品及工艺,提高多孔率、降低 k 值,并改善经受后续工艺处理的机械强度性能。前面介绍的多种致密介质都可以形成相应的多孔低 k 介质,如多孔 SiO_2、多孔 CDO、多孔 HSQ、多孔有机聚合物等。在众多低 k 介质中,多孔有机硅酸盐玻璃(porous organosilicate glass,POSG),可能是最具应用前景的多孔低 k 材料[39]。

　　多孔低 k 介质的制备方法有两种,即构造法(constitutive)和消除法(subtractive)。顾名思义,构造法是在薄膜淀积过程中引入多孔,消除法则是先淀积多相材料,然后通过热处理,将其中热稳定性差的相去除,从而形成多孔结构。

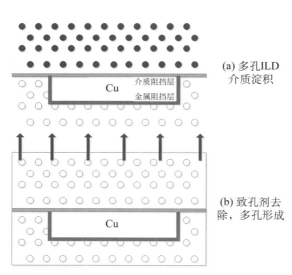

(a) 多孔ILD介质淀积

(b) 致孔剂去除,多孔形成

图 20.16　多孔 SiOCH 介质薄膜形成示意图

图 20.16 显示一种孔洞密度及尺寸可控的纳米多孔低 k 介质制备技术的基本原理。在这种 PECVD 淀积技术中,首先要选择不同性能的两种反应前体化合物,通入反应器,把可形成骨架结构的反应化合物,和随后可逸出而形成孔洞的化学物质,同时淀积在硅片上,如图 20.16(a)所示。形成薄膜 Si—O—Si 骨架主体结构的前体化合物为有机硅氧烷,如二乙氧基甲基硅烷(Diethoxymethysilane,DEMS)等。同时通入反应器的另一种反应前体是碳氢基化合物,如聚苯乙烯(PS)、环氧环己烷(ECH)等。这种可在薄膜中形成孔洞的物质可称为致孔剂(porogen)。然后通过加热、UV辐照或电子束辐照等淀积后处理,使薄膜中的致孔剂逸出,从而形成纳米量级尺寸的孔洞,均匀分布于薄膜内部,如图 20.16(b)所示。致孔剂是有机分子化合物,适当温度加热及 UV 光子或电子轰击,可使这种化合物分解成小分子,并扩散出薄膜。

　　孔洞尺寸与分布由 PECVD 工艺(反应前体、衬底温度、压强、射频功率等)及淀积后处

理决定。由于单个孔洞直径小,对薄膜机械强度的影响可减弱。由图 20.17 可见,与一般碳掺杂 SiO_2 薄膜相比,以上方法制备的多孔介质薄膜可使介电常数进一步降低至超低 k 值区域,而薄膜的弹性模量仍可达到较高值。降低介质薄膜 k 值,同时保持工艺集成所必需的机械强度,始终是低介电常数材料与工艺技术进步的关键所在。

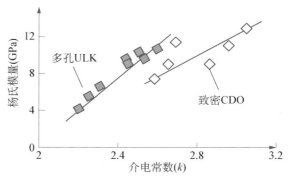

图 20.17　多孔超低 k(ULK)与一般 CDO 介质薄膜性质对比[40]

为适应纳米器件集成技术演进需求,近年研究者仍在继续探索既能降低 k 值,又具较强机械性能的介质材料与工艺。周期介孔有机氧化硅(periodic mesoporous organioixde,PMO),就是正在研究的一种新型低 k 介质材料。这种硅基介质骨架中,硅原子周围至少有一个 Si—O 键被有机桥取代,形成 $(R'O)_3Si—R—Si(OR')_3$ 网络结构,R 代表—CH_2—基团。在这种网络中可形成周期性空隙结构,桥连基团均匀分布在孔壁内部和表面,使孔洞和孔壁以一种有序方式分布。图 20.18 显示普

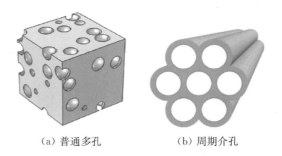

(a) 普通多孔　　　　(b) 周期介孔

图 20.18　普通多孔低 k 介质和周期介孔低 k 介质结构示意图

通多孔低 k 介质和 PMO 介质的对比示意图。PMO 介质可在表面活化剂辅助下通过有机硅烷水解和缩聚反应形成,这是一种自组装过程。与普通多孔低 k 介质(如前所述的 SSQ 介质)相比,PMO 整体结构连接性增强,使机械性能和热导率提高,其二维六角结构的长程有序,也使得材料稳定性更好,因此,这些材料具有更高的孔率,但仍然具有较强机械性能。利用 PMO 材料作为低 k 介质,可以通过调节骨架材料,从而调节孔径及孔率,工艺灵活性增加。因此,这种低 k 介质材料新技术不断受到关注[41-43]。

20.5.5　空气隙介质

空气隙(air gap)是指在介质层中引入局域空腔以降低 k 值,其引入方法有两种[44, 45]:一种是利用介质非均匀淀积,在狭窄沟槽中形成空隙,空气隙区域由刻蚀与淀积工艺界定;另一种是在介质层中置入可以在一定温度下分解的高分子材料(thermal degradable polymers,TDP)作为牺牲材料[44],其热分解温度约 350℃,在后期工艺中通过退火工艺去除,但形成的薄膜结构机械性能较差。图 20.19 显示第 1 种空气隙结构及形成路径[46]。图 20.19 显示,在下层密集铜互连线间的空气隙形成后,上一层双镶嵌铜与空气隙隔离结构的制作步骤。在形成双镶嵌铜连线并进行抛光后,刻蚀去除铜线条之间的介质,经湿法清洗和 H_2 退火,去除铜表面氧化层,再利用 CVD 工艺淀积薄 SiON 介质层,然后淀积层间介质并进行抛光,利用所选 CVD 淀积工艺填充覆盖差异特性,在狭窄的互连线间,形成空气隙隔离。这种空气隙技术适用于密集互连线间,可显著减小线间电容。

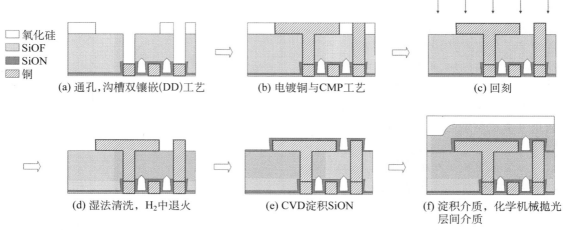

<table>
<tr><td>□</td><td>氧化硅</td></tr>
<tr><td>▨</td><td>SiOF</td></tr>
<tr><td>▩</td><td>SiON</td></tr>
<tr><td>▧</td><td>铜</td></tr>
</table>

(a) 通孔,沟槽双镶嵌(DD)工艺　　(b) 电镀铜与CMP工艺　　(c) 回刻

(d) 湿法清洗,H₂中退火　　(e) CVD淀积SiON　　(f) 淀积介质,化学机械抛光层间介质

图 20.19　一种互连线间形成空气隙隔离的工艺步骤[46]

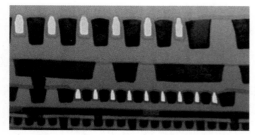

图 20.20　密集铜互连线条间空气隙结构 TEM 剖面图[47]

早在 90 年代铝互连工艺中就开始探索利用空气隙介质的可行性。但是,由于工艺步骤多,成本较高,还存在如何保证空气隙介质结构可靠性问题,故长期没有得到实际应用。2015 年国际互连技术会议(IITC)上 Intel 报道,在 14 nm 技术代 CPU 芯片部分关键层次铜互连线间,已成功采用空气隙绝缘结构,如图 20.20 所示。测试表明,采用空气隙结构后,互连 RC 延时减小约 14%～17%[47]。

20.6　铜互连工艺中的电镀

在铜双镶嵌工艺中,电镀是填充深槽的主要工艺。铜电镀具有悠久历史和广泛应用。早在 1800 年左右,就有研究者从硫酸铜溶液中电镀出铜。1997 年,IBM 公司利用铜电镀和化学机械抛光工艺在沟槽中形成铜互连线。电镀工艺可在低于 40℃下进行,无需超高真空,电镀沉积速率快,每分钟可以达到 0.5～1 μm 厚度,产出高,成本远低于 PVD 或 CVD 工艺。自 1997 年以来铜电镀工艺已在互连技术中得到广泛应用。

20.6.1　电镀基本原理

电镀是应用电化学电解效应淀积薄膜的工艺。金属电镀是以表层导电的衬底作为阴极,置于含金属离子(M^+)的电镀溶液中,阳极为待镀金属,在外部电源电流作用下,阳极表面发生氧化反应,失去电子与释放金属离子,传导至阴极表面的金属离子获得电子被还原,淀积在阴极上,形成导电薄膜。电化学反应的驱动力是电化学势。当在阴极上加足够大的负电位时,会发生电镀反应。铜互连电镀工艺中,需先在衬底上覆盖金属阻挡层和铜籽晶层。然后把硅片正面朝下浸入电解液中。硅片背面通过密封金属环与直流电源负极连接。电流接通后,电解液中铜离子输运到达负偏置电极(硅衬底)时,被吸附在硅片表面,并获得电子,还原成铜原子,实现铜膜电镀。图 20.21 显示铜电镀化学反应槽原理结构及其中的电化学反应。电镀中的化学反应式如下:

$$阴极:Cu^{2+} + 2e^- \longrightarrow Cu^0 \tag{20.19}$$

$$阳极:Cu^0 \longrightarrow Cu^{2+} + 2e \tag{20.20}$$

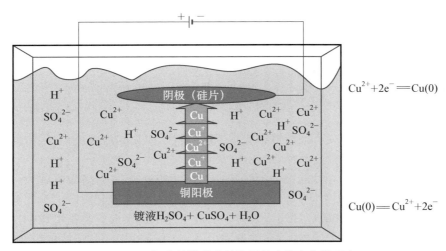

图 20.21   铜电镀槽基本结构及其中的电化学反应

依据法拉第电解定律,在没有任何二级反应时,电镀淀积金属量与流过导体表面的电流成正比,$M = I \cdot t \cdot \dfrac{A_m}{nF}$。其中,$M$ 为电镀金属质量(单位为克),t 为淀积时间(单位为秒),I 为电流(单位为安培),F 为法拉第常数(96 485 C/mol,C 为库仑电量),n 为淀积一个原子的转移电子数目,A_m 为金属原子量。利用以上关系式,可以通过控制电流和时间,计算淀积的铜质量。

20.6.2   铜电镀液组分和电镀工艺

半导体工艺中应用的铜电镀液多为硫酸铜溶液,溶液中含有硫酸、硫酸铜、氯离子,另外加入微量有机添加剂,用以调节淀积工艺及电镀膜性质。硫酸铜提供电镀过程中的铜离子,低浓度铜离子有益于薄膜厚度控制,高铜离子浓度会产生较高的电镀电流,可提高沉积速率。硫酸用来提高溶液的酸性,H^+ 作为溶液中的电荷载流子,使溶液具有高离子电导率,从而减小电镀过程中的电场变化,因此,一般电镀采用高酸性电镀液。氯离子可增强有机添加剂的有效性,而且可增强阳极腐蚀。

电镀铜的沟槽填充,可呈现不同形貌,分别为亚保形(subconformal)、保形(conformal)与超保形(superconformal)填充,如图 20.22 所示。在亚保形填充电镀中,由于在沟槽开口处电场增强效应,电流密度最大(见图 20.23),使得铜在孔顶部比底部淀积更快,这样会使顶部提前封闭,在沟槽内形成空洞。在保形填充电镀中,虽电镀初期金属层的厚度在各点相近,沟槽中间仍可能留下铜缝隙。在超保形电镀工艺中,沟槽底部填充速率高于沟槽顶部,可实现沟槽无缺陷均匀填充。

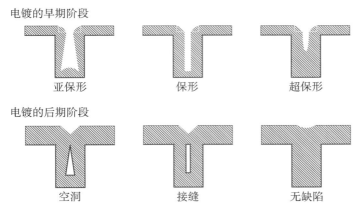

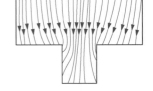

图 20.22　不同电镀工艺形成的铜填充形貌　　　　图 20.23　沟槽中的电流密度分布

选择合适的电解液,需要考虑溶液电导率、润湿特性、氧化物溶解能力、铜籽晶层在溶液中的溶解速率、添加剂的溶解度和活性、成本、废液处理与环保要求等。

硫酸铜电解液,按组分和性能可分为高酸、中酸、低酸 3 类[48]。高酸电解液中硫酸浓度为 150～200 g/L,铜离子浓度为 15～20 g/L,其电导率高,在各种电镀槽中都能够减小由于厚度分布不均匀而造成的场效应和边缘效应。电镀工艺中边缘效应是指电镀初期阻挡层和籽晶层电阻比较大,随着电镀膜增厚,薄膜电阻下降,由于硅片中心和边缘的电势存在差异,导致电流密度不均匀,使电镀填充特性、添加剂作用、晶粒尺寸和厚度发生变化。高酸溶液有利于在电镀前快速溶解籽晶层上的氧化铜。

电镀铜工艺优化要求减少籽晶铜溶解、减小阻挡层腐蚀,可在更薄、电阻更高的籽晶层上高效淀积均匀薄膜。为了解决这些问题,开始使用低酸、中酸或者高度饱和的电镀液。在低酸电解液中,硫酸浓度降低到 10 g/L,溶液电阻显著增加。这虽然对厚度分布的边缘效应不利,但可以减小超薄籽晶层高电阻的影响,进而可以改善整个硅片上镀膜的均匀性。在低酸电解液中,铜离子浓度约 35～70 g/L,在相对大电流密度下进行沉积,可避免固液界面处铜离子耗尽。低酸电解液的缺点是铜表面的氧化物溶解速率降低、添加剂作用变差等。当酸浓度低于 5 g/L 时,添加剂产生自下向上电镀的能力会变差。

中酸电镀液约含 20～60 g/L 硫酸、28～70 g/L 铜离子。中酸减弱铜籽晶层溶解,可以改善薄铜籽晶层上的成核和底部淀积。高度饱和的电镀液,指的是硫酸铜在水中的溶解度趋于饱和。与中酸及低酸电解液相比,这种电镀液可以改善薄籽晶铜上的成核,避免底部空洞现象。

阴极电流密度对镀层的质量有很大的影响:当电流密度过小时,极化作用就越小,这样得到的晶粒就越大,镀层也就越粗糙;当电流密度过大时,虽然极化程度高,但是,也容易出现析氢反应,导致在阴极表面生成疏松的铜镀层。所以,电流密度应选在与 $CuSO_4$ 浓度相宜的范围内,有利于得到结晶细致、电阻率低的铜膜。

升高温度意味着加快铜离子的扩散运动,减小阴极极化作用,容易形成粗糙的铜膜。另一方面,升高温度能提高溶液电流密度上限,提高阴极极化作用。所以,合适温度可以在获得较快铜沉积速度的同时,不会影响铜镀层质量。

20.6.3　铜电镀液中的添加剂

无缝填充是沟槽电镀工艺的最基本要求。因此,需要应用超保形电镀工艺,即电镀时沟槽底部的淀积速率显著高于侧壁和顶部。这种工艺需要在电镀液中添加抑制剂、加速剂和整平剂。在抑制剂和加速剂的共同作用下,沟槽底部的电镀沉积速率高于沟槽顶部与场氧化层区域,利于沟槽无缝填充。

抑制剂是一种表面活性剂,有长链聚合物,如聚乙烯-乙二醇(polyethylene glycol,PEG)、聚丙二醇(polyoxypropylene glycol, PPG),或者共聚合物,如 PEG/PPG。抑制剂的溶解度小且分散性不好,主要分布在沟槽上端和平面处。其分子吸附在电解液/电极界面,减小 Cu^+ 与电极有效接触面积,抑制金属还原过程及铜的沉积。抑制剂 PEG 或 PPG 必须在含氯的电解液中才能有显著作用。氯离子易吸附在铜表面,并和抑制剂在表面形成 PEG—Cu—Cl 络合物,阻挡界面电荷交换。通过这种机制可减小硅片沟槽顶部电镀电流,有利于沟槽自下向上均匀填充[49]。

加速剂是有机含硫或其官能团的化合物,如聚二硫二丙烷磺酸钠(SPS,分子式为 $C_6H_{12}O_6S_4Na_2$)或 3-巯基丙烷磺酸(MPS,分子式为 $C_3H_7O_3NaS_2$)。加速剂分子量较小,比抑制剂更易扩散到通孔底部,吸附在铜表面和沟槽底部,与铜反应生成 Cu^+—SPS 络合物,促进铜的还原,使该部位沉积速率加快,实现沟槽的超保形填充。

整平剂是具有大质量的高分子聚合物,带有 NH_3 或者 NH_2 功能团,如铵基化合物 JGB(janus green B),其分子式为 $C_{30}H_{31}ClN_6$。整平剂与铜结合紧密,对电镀反应具有抑制作用。整平剂在质量传输速率快(即电流密度大)的地方抑制电流,而且优先吸附在一些高密度电荷区域,如角落、边缘,可以防止沟槽、通孔开口处产生悬垂结构,起到整平效果。

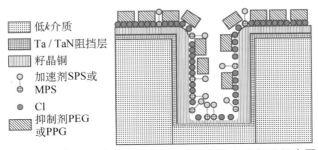

图 20.24　超保形电镀中的多种添加剂相互作用机理示意图

在电镀过程中,这几种添加剂是相互作用的。如前所述,加入硅片电镀液中的抑制剂,在平坦区域可形成 Cu—Cl—PEG 络合物膜,抑制铜离子接近硅片表面,阻滞电荷交换,降低电流。在沟槽和通孔内部,由于抑制剂扩散比较困难以及位阻效应,不能形成抑制膜。但是,加速剂分子较小、浓度较低,可以均匀扩散与吸附在铜层的表面和沟槽内部,形成 Cu—SPS 络合物,促进铜的还原,从而加速铜的沉积。当沟槽内部部分填满时,加速剂会置换原来形成的抑制剂络合物,使沟槽内电流增加。当溶液中有整平剂时,整平剂部分抵消加速剂的作用,使得在沟槽接近填平时避免过度电镀,达到整平效果。

20.6.4　电镀薄膜性能

为了获得优良电学特性与可靠性,要求电镀铜薄膜具有大晶粒、高密度及低杂质浓度。

电镀铜薄膜质量与电镀电流、添加剂选择、薄膜退火条件都紧密相关。刚电镀的铜膜晶粒尺寸较小,电镀后需要对铜薄膜进行 N_2 和 H_2 混合气体退火,使铜晶粒尺寸长大。

如果在电镀液中不加添加剂或者只有抑制剂,电镀铜会按籽晶层晶粒结构生长成柱状晶膜。当有加速剂和抑制剂时,铜生长的成核行为改变,会形成细小晶粒结构。电镀铜膜需经过一个晶粒生长过程,即使在室温下晶粒也会长大,晶粒尺寸将长大到接近薄膜厚度。这种晶粒自发生长现象称为"自退火效应"(self annealing)[50]。自退火效应和薄膜中的应力、杂质浓度有关,晶粒生长速率和薄膜厚度、电镀铜工艺有关。经过完全退火及晶粒长大的薄膜,应力减小,延展性改善,电阻率下降约 20%,抗电迁移特性增强。

提高互连抗电迁移特性的简单方法是铜膜掺杂,如掺入铝[51]、银[52]、钛[53]或锰[51],可利用合金籽晶层或者共电镀实现掺杂。通过退火杂质会在晶界和表面处分凝。界面和表面处的杂质覆盖有益于抑制铜原子扩散,可显著增强抗电迁移特性。这种方法的主要问题在于掺杂导致电阻率上升,需要对相关工艺作优化选择。

近年正在研究阻挡层上直接铜电镀工艺[54]。这要求阻挡层具有较低电阻率,并在电镀液中不易氧化。研究者正在实验探索的直接电镀阻挡层金属有钌[55]、钴[56, 57]、钼[58]等。直接电镀的难点在于这些金属电阻率显著高于铜,而且钴、钼等容易在酸性溶液中溶解。为形成均匀、低电阻率电镀铜膜,需要对化学电解液、阻挡层金属等电镀材料及工艺继续进行多方面研究。

20.6.5 化学镀

化学镀是利用化学反应,使溶液中的还原剂被氧化,释放自由电子,金属离子还原成原子,并沉积在衬底表面。由于没有外加电场,化学镀层无场效应和边缘效应,各部位镀层的厚度均匀。经过适当催化预处理,化学镀可以在金属、非金属不同材料表面形成金属镀层。

化学镀在铜互连工艺中已经得到一些应用[59]。IBM 报道,在铜表面可采用化学镀方法淀积金属与合金扩散阻挡覆盖层,如钴、CoWP、CoWB[60]。金属覆盖层和介质覆盖层相比,与铜界面结合力强。铜表面淀积金属覆盖层后,抗电迁移特性可增加约 10 倍[60],化学镀工艺成本较低,薄膜质量较优。存在的问题在于化学镀可能在其他材料表面有部分沉积。此外,化学镀溶液可能污染低 k 介质,使其性能下降[39]。

由于铜的尺寸效应和难于在小尺寸沟槽及通孔中电镀,人们正在试验在互连层间通孔中以化学镀钴取代电镀铜填充工艺[61]。采用化学镀钴的突出优点如下:介质通孔中不需要淀积扩散阻挡层,增大有效导电体积,降低通孔电阻,失效几率下降。人们还在探索部分局域互连层中以金属钴取代铜的可行性[62],实验表明,钴互连具有优良填充特性与抗电迁移特性。

20.7 铜互连化学机械抛光工艺原理

化学机械抛光(chemical mechanical polishing,CMP)工艺早就成功用于玻璃、硅片等衬底基片制备。平坦化工艺的基本要求为在整个硅片范围内形成无缺陷平整表面。多层互连工艺对于介质绝缘层的平坦化要求较高。早期采用 BPSG 回流等工艺只能实现局域平坦化,当多层互连布线起伏过大时,不仅会造成光刻对准偏差,还可能形成断线等弊病。1980

年 IBM 的 K. D. Beyer 首先把 CMP 工艺应用于氧化硅层平坦化。用 CVD 工艺淀积 SiO₂ 介质,然后以 CMP 工艺磨抛表层,获得平坦介质表面,用于改善光刻工艺精度[63]。此后,集成芯片制造中 CMP 技术逐渐用于多种介质、金属、聚合物等材料表面平坦化。现今 CMP 已经成为全局平坦化标准工艺,用于多种半导体器件制造。CMP 工艺不仅应用在集成芯片后端互连工艺中,也应用于前端的 STI 介质隔离工艺、高 k 介质/金属栅工艺、FinFET 立体晶体管结构形成等。MEMS 等器件制作也需应用 CMP 工艺。随着器件尺寸持续减小,硅片尺寸持续增大,平坦化技术要求越来越高,需要不断改进优化。本节将简要讨论 CMP 平坦化原理、CMP 设备及器材、CMP 工艺要求、金属及介质 CMP 机理、互连 CMP 集成工艺难题等。

20.7.1　CMP 平坦化原理

图 20.25 为常用旋转型 CMP 装置结构示意图。抛光垫(polishing pad)应用防水胶贴在具有光学平整度的抛光平台上。抛光过程中平台作旋转运动。硅片背面贴在抛光头表面,抛光头以适当压力置于抛光垫上。在抛光过程中,硅片随着抛光头旋转,抛光垫平台也旋转。抛光液通过泵注入抛光区域,使抛光垫饱和吸收抛光液。抛光垫旋转拖动抛光头下面的抛光液,对硅片表面抛光。抛光机还设置有抛光垫金刚石修整器(pad conditioner),用于修复抛光垫形状、保持抛光速率。

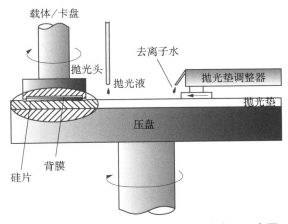

图 20.25　旋转型抛光装置结构及抛光台面示意图

化学机械抛光原理在于把来自抛光垫及磨料的机械研磨,与来自化学抛光液的化学作用密切结合。在抛光设备上,通过控制压强、速度和抛光垫硬度,实现硅片表层抛光速率、平坦化和均匀性之间的平衡及优化。为了保证具有稳定的抛光速率,降低晶片表面不均匀性,抛光台必须保持较大转速,晶片中心与抛光台中心距离应较大,抛光台和抛光头同向旋转,转速大小相近但不相等。

抛光速率(removal rate, RR),即材料表层减薄速率。对无图形平面硅片在一定时间与压力下抛光,测量材料厚度变化可以得到 RR 值,$RR = \Delta T/t$,ΔT 为时间 t 内去除的厚度,常用单位为 Å/min。抛光速率和硅片承载压力及其与抛光垫之间的相对速度有关,可以用 Preston 方程描述:

$$RR = K_p P S_t \tag{20.21}$$

其中，P 为加在硅片上的压力，S_t 为硅片中心的平台速度，K_p 为 Preston 系数，是一个由 CMP 工艺决定的实验系数。Preston 方程可较好地模拟无图形基片均匀薄膜的抛光速率，对于图形基片则需要更多因素的分析与拟合。Preston 方程较适用于以机械作用为主的抛光过程，但在铜互连抛光工艺中，化学作用可能大于机械作用，此线性关系式已不完全适用。

早期 CMP 只有一个抛光头，现今设备中有多个抛光头和多个平台，抛光工艺效率得以提高，并使设备可用于多种工艺。商用 CMP 设备都配备有硅片干进干出装置。抛光好的硅片需要迅速进行清洗、吹干，避免铜薄膜的氧化和腐蚀，以及对低 k 介质的损伤。

20.7.2 抛光垫和抛光液

化学机械抛光工艺质量取决于所用抛光垫、抛光液、修整器等消耗器材品质。抛光垫材料对抛光速率、平坦化、均匀性等性能有重要影响。CMP 常用抛光垫材料为聚氨酯。聚氨酯抛光垫在化学机械抛光工艺和化学溶液中具有优异的稳定性。抛光垫受到机械压力和抛光液化学腐蚀同时作用。机械压力和抛光引起的摩擦力造成抛光垫的挤压和磨损，抛光液中的氧化剂等化合物也可能和抛光垫化学组分产生反应。因此，抛光垫需具有足够的机械强度和抗化学腐蚀性，并具有亲水性，可以有效吸纳抛光液作用于硅片表面。

抛光垫上分布有孔和沟槽，如图 20.26 所示。这些孔与沟槽可存储抛光粒子，增加抛光液粒子和硅片的相互作用时间。沟槽增强抛光液在抛光垫与硅片表面间的均匀分布，并避免抛光碎屑堆积在硅片表面，减少划伤等缺陷产生，同时帮助散热，避免由于摩擦和化学反应热造成的局域升温及其导致的快速化学反应。抛光垫上的沟槽形状有多种，如同心圆形、螺旋形、X - Y 正交形等不同结构。

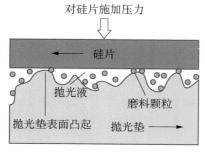

（a）硅片和抛光垫接触区

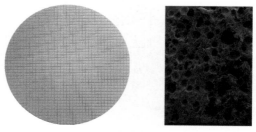

（b）IC - 1 000 型抛光垫照片（左）显示 X - Y 正交沟槽，新抛光垫沟槽之间区域的表面形貌（右）显示抛光垫表面有大量孔洞

图 20.26　抛光垫

抛光垫的硬度越大，抛光速率越快，平整度越好，但是，硬度过大的抛光垫易使硅片产生表面划痕。在多层互连工艺中，由于低 k 介质的机械强度较低，需要使用比较软的抛光垫。抛光垫表面粗糙度和孔隙率决定抛光质量，只有当抛光垫表面保持优化设置的粗糙度和孔隙率，才能有恒定的抛光速率。事实上，常观察到抛光速率随时间降低。例如，对于一个起始抛光速率为 210 nm/min 的新抛光垫，抛光 50 片后，抛光速率可能降到 75 nm/min。这是因为抛光垫表面在抛光工艺中经历塑性形变，变得比较光滑，而且孔隙可能堵塞，使输运到表面的抛光液减少。由于抛光产物嵌在抛光垫上，还会造成抛光片刮伤。

在抛光过程中,必须对抛光垫不断修整。修整器为有金刚石细颗粒镶嵌的镍金属圆盘。根据抛光速率与平整度要求,选择适当颗粒度的金刚石颗粒。例如,工业界常用的 3M 公司针对铜互连工艺的修整器,金刚石颗粒直径为 251 μm。修整器在旋转的抛光垫上下来回移动,打开抛光垫上的孔,使抛光垫恢复平整度和表面粗糙度。新抛光垫需要预修整过程,才能达到稳定的抛光速率。

CMP 抛光液

抛光液由具有一定 pH 值的化学试剂水溶液和磨料组成。磨料是具有一定尺寸($10 \sim 100$ nm)的微细颗粒,如 Al_2O_3、SiO_2、CeO_2。这些材料具有与待抛光物质相同或相近的硬度。根据抛光材料特性,抛光液中需选择添加合适氧化剂、适当 pH 值的酸或碱、表面活性剂、缓冲剂、腐蚀抑制剂和络合剂。

金属抛光一般采用酸性抛光液,具有较高腐蚀速率和抛光速率。碱性抛光液中,如无合适的络合剂,容易形成氢氧化物沉淀。但是,随着互连结构应用多种新材料,如钌、钴作为新型黏附层,采用酸性抛光液可能会产生有毒气体(RuO_4),或腐蚀速率过快(如钴),因而需研发碱性抛光液工艺。

(1)磨料。抛光液中的磨料为悬浮在液体中的硬质氧化物颗粒。磨料可增强抛光垫的机械研磨作用,把抛光头施加的机械力传递到硅片表面,增加抛光速率。根据不同抛光目的,选用适当磨料。抛光磨料选择需要考虑其密度、硬度、晶粒尺寸等[64]。磨料颗粒直径在数十纳米到数微米范围。过大尺寸的磨料粒子会划伤硅片表面,需过滤去除。磨料发生团聚后形成的大颗粒,也会造成划伤,需要通过搅拌和添加化学分散剂防止团聚。

第一代氧化物 CMP 工艺采用煅制氧化硅(fumed silica)磨料,目前仍有部分应用。煅制 SiO_2 是 $SiCl_4$ 在高温 H_2 和 O_2 火焰中燃烧,并通过气相水解形成的粉末状 SiO_2。胶体 SiO_2 直接在溶液中制备,通过 Na_2SiO_3 水解获得,然后通过离子交换降低钠离子含量。胶体 SiO_2 由形状一致的圆形颗粒构成,比煅烧 SiO_2 稳定、不易团聚,也不易引起表面划伤。

Al_2O_3 磨料颗粒较大,硬度较高,抛光速率较快,可用作金属 CMP 磨料,对 ILD 介质有较高选择比[65-67]。Al_2O_3 和 SiO_2 磨料相似,既可通过燃烧工艺制备,也可通过 $Al(OH)_3$ 沉积制备,随后需经煅烧过程,改变磨料的晶体结构。Al_2O_3 不同晶体结构及硬度对抛光速率与表面缺陷有很大影响,由于其抛光表面缺陷密度高,现在金属抛光常选用胶体 SiO_2 磨料[68]。

CeO_2 磨料一直用于玻璃抛光,其抛光速率快,而且抛光表面划伤少。在集成电路中常用于 STI 氧化物抛光 Si_3N_4。CeO_2 和 SiO_2 表面亲和性好,其抛光速率比胶体 SiO_2 高,在 STI 抛光工艺中,能够获得 SiO_2 对 Si_3N_4 的高选择比[69]。

(2)氧化剂。金属抛光工艺中常利用氧化剂使金属表层氧化,从而获得光滑、均匀、无划伤的表面。抛光前氧化剂和磨料必须分开放置,以保证胶体的稳定性,增加抛光液寿命。氧化剂和金属反应形成金属氧化物,通过溶解反应去除;或者形成连续、稳定的氧化物膜,通过机械研磨作用去除。常用氧化剂有硝酸、H_2O_2、硝酸铁、$KMnO_4$、KIO_4 等,应用最广的是 H_2O_2。在碱性溶液中氨水也常作为氧化剂。以铜抛光为例,在一定 pH 值下,表面形成 Cu_2O 层。在低浓度 H_2O_2 和络合剂(如甘氨酸)溶液中,铜表面生成的多孔 Cu_2O 薄膜,容易通过机械研磨去除,其抛光速率随 H_2O_2 浓度升高而增加。但是,过高 H_2O_2 浓度会导致表面氧化薄膜增厚、致密,形成表面钝化层,使化学腐蚀作用减弱,薄膜抛光速率和静态腐蚀

速率反而随 H_2O_2 浓度上升而减小。

（3）其他添加剂。金属 CMP 取决于机械研磨和化学溶液的协同作用。被研磨的金属可能仍然保留在表面或抛光液中，造成再淀积，增加表面损伤。为加速金属溶解，常在抛光液中添加络合剂，如甘氨酸、柠檬酸等，可以和金属表面氧化物形成可溶解的络合物，从而提高金属去除速率。还需要添加腐蚀抑制剂，如苯丙三氮唑（BTA）等，通过在金属表面吸附一层分子，并和金属反应形成络合物，减小金属的过度腐蚀，降低铜的抛光速率。另有一些添加剂用于提高不同材料之间的选择比，优化抛光效果。

20.7.3 铜、钨与阻挡层金属抛光工艺

金属 CMP 抛光机制在于抛光液中氧化剂腐蚀金属，使金属表层形成多孔氧化络合物、硬度下降，经机械研磨去除该氧化物，即有效抛光是氧化和研磨协同作用的结果。实验表明，单独机械研磨或氧化剂腐蚀，抛光速率较小，只有两者协同作用，才能实现高效抛光。

CMP 工艺中的金属表面氧化过程具有双重作用：一方面，在抛光液中生成氧化物及水合化合物层，经机械研磨去除，因而提高抛光速率；另一方面，生成的氧化层又对金属表面有钝化作用，可保护金属不直接接触磨料，避免损伤。一旦氧化层被磨削去除，下面的金属又迅速氧化，形成钝化层。因此，金属 CMP 是一个钝化、去除、再钝化的重复过程，直到实现预设平坦化结构，如图 20.27 所示。在抛光过程中能够形成钝化膜的金属有钨和铝。而铜的氧化物 Cu_2O、CuO 具有多孔结构，不能起钝化作用。

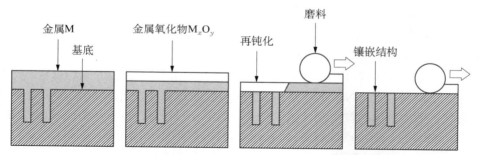

图 20.27　金属抛光工艺的钝化、机械去除和再钝化过程示意图

钨抛光

钨常为多层金属互连的第一道工艺。钨镶嵌硅片 CMP 工艺步骤如下：抛除钨膜，停留在衬垫层；抛除 Ti/TiN 衬垫层，停留在介质层；最后进行抛光后清洗。早期钨抛光采用 Al_2O_3 磨料，以硝酸铁或碘酸钾作为氧化剂，现在大多使用胶体 SiO_2 作为磨料，双氧水作为氧化剂。在含双氧水的抛光液中，钨表面会产生多孔的四价或六价氧化物层，溶解在溶液中。钨的 CMP 工艺通常用同一抛光液去除多余的钨及其下阻挡层。而铜的抛光工艺一般分为 3 步，应用不同组分抛光液，首先去除大面积的铜，然后去除阻挡层上的剩余薄层铜，再去除阻挡层。

铜抛光

铜抛光工艺常采用双氧水作为氧化剂。铜在溶液中可以溶解成 Cu^+ 和 Cu^{2+}，其反应式如下：

$$Cu \longrightarrow Cu^+ + e^- \tag{20.22}$$

$$Cu \longrightarrow Cu^{2+} + 2e^- \tag{20.23}$$

在酸性溶液中,铜溶解生成铜离子,可以获得较高抛光速率。在近中性溶液中,容易表面出现 Cu_2O 薄膜。在更高 pH 值的溶液中,会出现 $Cu(OH)_2$ 沉淀。铜在近中性和碱性溶液中的抛光速率较低,因此,需要在溶液中加入络合剂。络合剂和表面生成的铜氧化物或者氢氧化物生成可溶的络合物,然后经机械研磨去除,暴露出新鲜表面,重新生长氧化层并去除。常用络合剂为甘氨酸,和铜生成可溶性铜-甘氨酸络合物,可以提高铜的溶解速率及抛光速率。

现在大多选择胶体 SiO_2 作为磨料。胶体 SiO_2 磨料对 Ta/TaN 阻挡层也有抛光作用,因此,在抛光液中需要添加可抑制阻挡层腐蚀的组分。在铜的抛光过程中,也需避免铜的过度腐蚀。BTAH($C_6H_5N_3$)是目前常用性能最好的抑制剂。BTAH 会在铜表面形成吸附膜,保护铜膜不受腐蚀。吸附膜的厚度和表面处理工艺有关。BTAH 在溶液中的存在形式和pH 值有关,在低 pH 值(~ 2.0)溶液中,以 BTAH 分子形式存在;在高 pH 值(> 8.5)溶液中,以 BTA 负离子形式存在[70]。在水溶液中,铜表面氧化形成 Cu_2O,溶解为 Cu^+,吸附的BTAH 和 Cu^+ 形成络合物 Cu-BTA。反应方程式可以写为

$$4Cu + 4BTAH(ads) + O_2 \longrightarrow 4(Cu-BTA) + 2H_2O \tag{20.24}$$

阻挡层抛光

Ta/TaN 抛光比铜抛光更为复杂,在去除 Ta/TaN 层后,还要去除光刻硬掩模层和适当厚度低 k 介质层。阻挡层抛光液也需要对铜有适当的抛光速率,避免铜残留在阻挡层和介质上。因此,阻挡层抛光过程涉及 Ta/TaN、铜、硬掩模层和介质膜。氧化剂浓度影响 Ta/TaN 和铜的抛光速率,磨料浓度影响 Ta/TaN、铜、硬掩模层和介质膜的抛光速率。控制不同材料的抛光速率之间合适的选择比非常困难。

典型钽抛光液由氧化剂 H_2O_2、磨料、BTA、铜络合剂和高分子电解质构成。磨料常采用均匀球形颗粒 SiO_2 溶胶。在大多数酸性和碱性非络合溶液中,由于受到形成的 Ta_2O_5 保护,钽表面是稳定的。但在高碱性溶液中,氧化层部分溶解。钽轻微溶解在硫酸中,容易溶解在草酸和浓 HF 中,形成络合物后快速溶解。钽在水溶液中的氧化反应式如下:

$$2Ta + 5H_2O \longrightarrow Ta_2O_5 + 10H^+ + 10e^- \tag{20.25}$$

在酸性溶液中,同时存在氢的还原反应:

$$O_2 + 4H^+ + 4e^- \longrightarrow 2H_2O \tag{20.26}$$

因为这个反应在低 pH 值下具有高速率,钽氧化速率也在低 pH 值下较高。在碱性溶液(pH$= 12$)中,钽也具有高氧化速率。因此,对于 SiO_2 为磨料的抛光液,钽的抛光速率在 pH 值为 $2 \sim 3$ 和 $11 \sim 12$ 之间最快。与钽相比,TaN 是较致密的硬质材料,在无氧化剂溶液中抛光速率较慢。但是,当抛光液中存在 H_2O_2 氧化剂时,两者表面都形成多孔 Ta_2O_5,抛光速率相近。因此,TaN 抛光可采用与钽抛光相同的抛光液[71]。

随着互连特征尺寸减小,阻挡层厚度不断降低,当阻挡层厚度为 $3 \sim 4$ nm 时,阻挡层金

属仅数秒就被去除,随后抛光过程主要是去除金属及介质硬掩模层,为了保证无金属残留和高 k 值介质残留,还需去除适当厚度的低 k 介质。这时低 k 材料会暴露在抛光液中,对低 k 介质结构稳定性和电学性能不利。实验表明,CMP 溶液及后清洗溶液,会造成低 k 介质介电常数上升、漏电流增加,还会改变低 k 介质表面亲水特性,因此,抛光后工艺需恢复低 k 介质性能[72]。

钴的抛光也是近年热门研究课题。钴在酸性抛光液中不会形成钝化层,因此,钴抛光必须抑制钴的腐蚀,保证钴和铜的抛光选择比接近 1。钴衬垫层厚度仅为 3 nm 左右,要求钴具有比较慢的抛光速率;而当钴作为通孔导电材料时,要求钴抛光速率较快。由于钴抛光液一般对铜抛光速率也较快,因此需要加入抑制剂,调节两者的抛光选择比。目前研究热点是如何选择抛光液中的抑制剂。另外,要注意尽量减小钴和铜的电偶腐蚀。钴在酸性溶液中静态腐蚀速率和抛光速率都较快,而在碱性溶液中,特别是在 pH 值为 10 时,抛光速率很慢。文献报道在 1wt% 双氧水和 3wt% 硅溶胶的 pH=10 的抛光液中,钴的抛光速率小于 5 nm/min[73]。钴抛光液应用 H_2O_2 作为氧化剂、甘氨酸作为络合剂,可以提高钴氧化物的络合速率,从而改善表面粗糙度[74]。

如前所述,钌在酸性溶液中易形成有毒气体 RuO_4,因此需用碱性抛光液。可选择的氧化剂也有多种,如 H_2O_2[75]、KIO_4[76]、$KMnO_4$[77]、$NaIO_4$[78]等。钌硬度较高,在双氧水中的抛光速率非常慢,难于获得对铜和钽满意的选择比,容易造成铜碟型坑等缺陷和钌下的阻挡层被抛光液腐蚀,后者造成低 k 介质可靠性下降。而且由于钌比铜活性差,在抛光中容易造成电偶腐蚀,使得铜作为阳极被腐蚀。在钌的抛光研究中,如何提高钌的抛光速率,或者降低铜和钽的抛光速率,获得比较满意的选择比,并且降低三者之间的电偶腐蚀正在成为研究热点。

20.7.4 介质抛光工艺

介质抛光常为互连工艺的第一步。介质 CMP 工艺以机械作用为主,较好地遵循 Preston 定律。SiO_2 薄膜等硬质材料抛光,通常采用 SiO_2 基磨料与 KOH 碱性抛光液。KOH 和 SiO_2 产生化学反应,硅氧键(Si—O—Si)断裂,并在 SiO_2 表面发生水合反应。SiO_2 解聚合(depolymerization)反应可用以下方程描述[79]:

$$Si—O—Si + H_2O \longrightarrow 2Si—OH \tag{20.27}$$

$$(SiO_2)_x + 2H_2O \longrightarrow (SiO_2)_{x-1} + Si(OH)_4 \tag{20.28}$$

以上二式表明,氧化物抛光的反应步骤如下:由于水合反应水分子扩散进入氧化层表面,形成 Si—OH;氧化物表面硬度降低,在抛光压力及与磨料粒子相互碰撞作用下,表面氧化物溶解,并吸附在磨料粒子上,从表面去除。氮化物抛光与 SiO_2 相近,Si—N 键先通过表面水解反应变成 Si—O 键,其反应方程如下[80]:

$$Si_3N_4 + 6H_2O \longrightarrow 3SiO_2 + 4NH_3 \uparrow \tag{20.29}$$

然后改性表面层将发生(20.28)式反应,生成物通过机械研磨除去。STI 工艺中的氧化物或者氮化物抛光可以采用 SiO_2 或 CeO_2 磨料,采用 CeO_2 磨料时,表面反应可以用下式描述[80]:

$$—Ce—OH + —Si—O^- \longleftrightarrow —Si—O—Ce— + OH^- \tag{20.30}$$

反应生成的 Si—O—Ce 键比 Si—O—Si 键更强。利用 CeO_2 作为磨料,抛光介质的速率比利用 SiO_2 磨料更快。

20.7.5　CMP 后清洗工艺

CMP 工艺后必须快速清除硅片上残留的颗粒污染、化学污染和相应缺陷。化学机械抛光造成的缺陷,可以分为表面缺陷和颗粒缺陷。表面缺陷包括划伤、空洞、沟槽、小坑,是由于在抛光过程中磨料粒子对金属、介质表面层的机械损伤造成的。表面损伤层厚度约 $1\sim$ 10 nm,表面缺陷密度和 CMP 具体工艺相关。

在 CMP 工艺中颗粒污染的来源包括抛光垫材料碎屑、磨料颗粒、被抛光材料颗粒等。磨料颗粒通过范德华力或者静电力吸附于硅片表面,颗粒在抛光过程中也会受压力嵌入衬底。颗粒和衬底黏附性随时间增加而增强,必须尽快及时清除。

基于化学作用的缺陷和污染有金属颗粒、抛光液和抛光物质表面形成化合物、腐蚀损伤等。化学污染中最危险的是金属粒子与金属化合物,如氧化物、氢氧化物和盐。通常金属原子污染面密度约为每平方厘米 $10^{11}\sim10^{12}$ 个原子[81]。金属离子可通过表面快速扩散入硅和介质,造成器件性能破坏和互连漏电,甚至短路。腐蚀损伤对于互连线条危害很大。腐蚀常产生不可溶解产物,会堆积在硅片表面。如果用氨水清洗硅片,氨水侵蚀铜,可使表面粗糙。

清洗液的选择应有利于使磨料在清洗液中形成互相排斥的荷电粒子。硅溶胶、Al_2O_3、聚乙烯醇(polyvinyl alcohol,PVA)等材料在高 pH 值时表面带负电,加入 NH_4OH 后会增加这些材料之间的相互电学排斥,这就是由 SC1($NH_4OH/H_2O_2/H_2O$)类硅片清洗液能够去除氧化物和金属粒子的原因。SC1 化学清洗溶液清除粒子效率很高,但是去除金属残留物的效率较低;而 SC2(HCl/H_2O)等酸性化学清洗液去除金属残留物效率高、去除粒子效率低。因此,在后清洗工艺中,常先用 SC1 溶液清洗,再用 SC2 酸性溶液清洗。

硅片表面黏附颗粒可用刷擦(brush scribing)和兆声波清洗方法去除。刷擦法利用 PVA 刷子在去离子水冲洗下,刷擦硅片表面,可清除各种颗粒物,不会在表面造成划痕。在刷洗工艺中,常在溶液中添加表面活性剂,降低粒子和衬底之间的黏附力,或者通过调整 pH 值来降低静电吸引力,甚至把吸引力变成排斥力,从而阻止粒子和表面形成化学键,使得颗粒在刷洗中去除。兆声波清洗采用频率近 1 MHz 的声波,可以高效去除表面颗粒。图 20.28 显示刷洗工艺前后的铜线表面形貌变化。抛光后立刻用去离子水冲洗,铜表面仍留下大量硅溶胶磨料粒子,如图 20.28(a)所示。采用含表面活性剂的 HNO_3/BTA 溶液处理后,再经过刷洗工艺,磨料粒子可以有效清除,而不损伤铜表面[82],如图 20.28(b)所示。

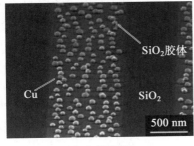
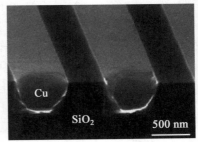

(a) 去离子冲洗　　　　　　　　　　　　(b) PVA 刷洗

图 20.28　铜和 SiO_2 表面抛光后经去离子冲洗与 PVA 刷洗后的表面 SEM 图[82]

擦洗对清除物理吸附和化学吸附颗粒物有效,但难于去除嵌入衬底的颗粒。这些粒子需要通过腐蚀去除。用稀释 HF 溶液,不但能够去除 SiO_2 的损伤层,同时能够溶解铜和其他金属污染物,溶解的铜离子可以和氟离子络合。HF 溶液对于去除铜的氧化物和氢氧化物特别有效。NH_4OH、H_2O_2 也常用于去除介质层中的 Al_2O_3 和 SiO_2 颗粒。

20.7.6　抛光产生的表层缺陷

经抛光工艺后,沟槽区域薄膜可能出现形貌起伏,呈现局域下陷,形成侵蚀坑(erosion)和碟形坑(dishing)之类的缺陷,如图 20.29 所示。在互连 CMP 工艺中,为了避免金属残留造成的短路失效,通常对金属进行过抛(即在抛光完铜和阻挡层后再抛一段时间),但应尽量缩短过抛时间。如果过抛工艺控制不当,就会造成氧化层与铜过蚀缺陷。腐蚀坑和线宽及密度有关,会造成互连电阻从密线到疏线的变化。如果下层金属抛光后有侵蚀坑和碟型坑,则在上一层工艺引入铜膜厚度变化,导致铜电阻在不同区域存在差异。为改善铜互连抛光表面质量,在改进 CMP 工艺的同时,必须优化其终点检测与控制技术。

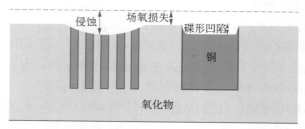

图 20.29　抛光工艺形成的铜碟形凹陷和介质侵蚀坑

20.8　铜互连线的可靠性

铜互连结构的可靠性主要取决于铜互连线的抗电迁移特性和低 k 介质可靠性两个方面。本节主要讨论铜互连线可靠性问题。

20.8.1　互连薄膜的电迁移效应

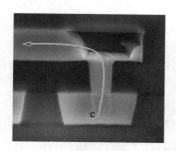

图 20.30　铜原子电迁移效应造成的空洞

电迁移是一种在大电流密度作用下的金属原子质量输运现象,其机制在于金属晶格原子或离子与电子流之间的相互作用。其中金属离子还受到沿电场方向的静电作用力。大量高速运动电子撞击原子,引起动量交换与原子位移,是电迁移效应的诱因。有如环境中大量空气分子流动形成的"风",金属中的电子流可比喻为"电子风"。"电子风"是反映电子群体运动特点的形象描述。"电子风"作用力推动金属原子迁移,造成沿电子流方向的质量输运。这种电迁移效应可导致在阳极局域形成金属原子堆积,可能造成短路,在阴极局域则产生空位聚合,使电阻上升甚至断路。当沿金属连线存在温度梯度时,这种原子输运现象将加剧,在高温端积累空洞,在低温区呈现金属积累。图 20.30 显示在铜互连结构中的通孔上方出现空洞。

在铜、铝等面心立方金属中,原子扩散是通过空位机制实现的。原子由于电迁移力向阳极运动,需要来自相反方向的空位流。如果能够阻止空位流,就能够阻滞电迁移现象。在互连金属中,自由表面、位错和晶界是空位的来源,但是,自由表面通常是最重要、最有效的空位来源。对于铝互连线,表面有自然氧化物(Al_2O_3)钝化层,由于金属和氧化物界面不能提供空位源,因此在铝互连线中,电迁移现象是由晶界扩散造成的。而在铜互连中,铜表面没有致密氧化物钝化层,为抑制其较强的表面扩散,需在铜膜上淀积绝缘介质(如 SiN)或金属(如钴)覆盖层。

常用 Black 方程描述电迁移失效过程,分析互连线的中值失效时间,

$$t_{50} = AJ^{-n} \exp\left[\frac{E_a}{kT}\right] \quad (20.31)$$

其中,t_{50} 为中值失效时间,即为 50% 互连引线失效的时间,A 为与薄膜截面积等结构有关的常数,J 为电流密度,n 为电流指数因子,E_a 为激活能。金属原子迁移率相关的 E_a 越大,质量输运率越低,中值失效时间越长。铝的晶界自扩散系数在 100℃ 时比铜大 4 个数量级,在 350℃ 下大 2 个数量级[8]。铝的 E_a 为 0.6 eV,在铝中掺入铜,可以改善 Al(Cu) 互连线的抗电迁移特性,E_a 提高到 0.7 eV。铜互连线中由晶界自扩散造成的 E_a 为 2.3 eV[83]。图 20.31 比较 Al(Cu) 合金和铜的中值失效时间,在同样测试条件下,铜互连中值失效时间比铝互连提高 110 余倍,表明铜互连的抗电迁移特性显著优于铝[84]。

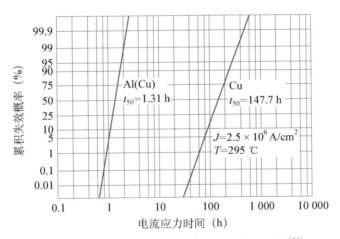

图 20.31　Al(Cu) 合金和铜的中值失效时间比较[84]

互连铜膜的电迁移寿命由铜空位产生速率决定,与铜互连结构、铜界面扩散系数、铜膜结构等因素相关。由电迁移形成的临界空洞体积,也就是造成线条失效的空洞体积,与阻挡层/黏附层的电阻相关联。

当线宽减小到和晶粒尺寸相比拟时,金属薄膜线条的电学、机械等物理特性将不再和体材料相同。随着器件尺寸缩微,在集成电路性能、功能需求与互连金属最大可允许电流及功耗之间存在严重差距。这种功耗危机,也可称为器件缩小的"EM 危机"。当金属线的电流密度过高时,将造成应力上升、电迁移等一系列可靠性问题,在金属连线中产生空洞、小丘、

通路减薄(track thinning)等缺陷,如图 20.32 所示[85]。

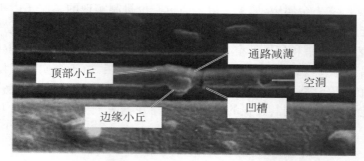

图 20.32   电迁移效应在互连线中造成的小丘、空洞、通路减薄等缺陷[85]

铜电迁移效应,可以用 Nernst - Einstein 方程描述铜原子的迁移速度[30]:

$$V_{\mathrm{d}} = \frac{D_{\mathrm{eff}}}{kT} \mathrm{e}^{-\frac{\Delta H}{kT}} \left(Z^{*} e\rho j - \Omega \frac{\Delta\sigma}{\Delta L} \right) \tag{20.32}$$

其中,j 为电流密度,D_{eff} 为原子有效扩散系数,Ω 为原子体积,k 为玻尔兹曼常数,T 为绝对温度、Z^{*} 为有效电荷数,e 为基元电荷,ρ 为电阻率,σ 为应力。$\sigma = B\theta$,B 为有效弹性模量(effective elastic modulus),θ 为铜线段中耗尽原子体积占比,ΔH 为扩散激活能。方程(20.32)右边第一项是由电子风造成的电迁移驱动力。(20.32)式中以 $Z^{*}e$ 标志有效电荷,表明电迁移驱动力源于静电场力与电子风作用力两者的结合。(20.32)式第二项反映由铜质量输运造成的应力梯度变化影响。这种应力梯度使阳极积累的铜原子,具有指向阴极的回流(backflow)现象。

(20.32)式括弧外的公因式表达温度对铜原子扩散运动的影响。如果存在沿不同扩散路径的相互独立质量流,则在一个截面有效扩散系数可以写成

$$D_{\mathrm{eff}} = \sum_{i} n_{i} D_{i} \tag{20.33}$$

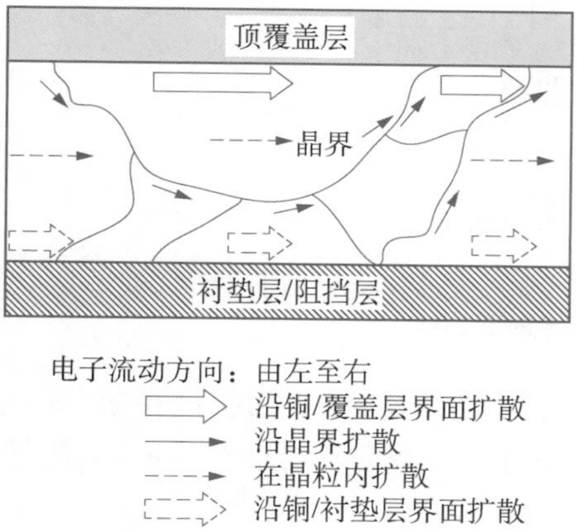

i 表示第 i 个扩散路径,D_{i} 为该扩散路径的原子扩散系数。快扩散通道的原子扩散在电迁移效应中起决定性作用。铜互连结构中可能的扩散通道有铜/介质界面、铜/金属阻挡层界面、自由表面和晶界,如图 20.33 所示[86]。铜的体扩散速率最慢,其激活能高达 2.3 eV,比其他扩散通道的扩散率慢多个数量级。不同路径扩散激活能如下:铜位错线为 1.53 eV,Cu/SiN$_{x}$ 界面为 0.8~1.1 eV,自由表面为 0.5~2 eV,晶粒间界为 0.8~1 eV。杂质也影响铜原子扩散率,如铜中锡、钯、锆等杂质会降低铜晶界的扩散率。

铜膜的微观结构是决定铜原子输运途径的重要因素。晶粒尺寸及分布、晶向、界面特性都影响铜原子扩散系数,决定铜的快扩散途径。局部微观结构的变化引起铜原子扩散系数变化,从而造成电迁移流量梯度。实验表明,〈111〉择优取向的铜膜具有较强抗电迁移特性。

顶覆盖层

晶界

衬垫层/阻挡层

电子流动方向:由左至右
　　　　　　沿铜/覆盖层界面扩散
　　　　　　沿晶界扩散
　　　　　　在晶粒内扩散
　　　　　　沿铜/衬垫层界面扩散

图 20.33   铜线中不同的扩散/迁移路径示意图[86]

在较大尺寸互连线中,铜的晶粒结构是比较理想的竹节结构,如图 20.34(a)和(b)所示,其快速铜扩散通道为沿 Cu/介质覆盖层界面,并与制造工艺及材料有关。随着互连线宽降至 100 nm 以下,铜晶粒结构以多晶晶粒为主,如图 20.34(c)和(d)所示[86]。对于尺寸较小互连线,有关其快扩散通道与铜电迁移激活能的报道数据较分散,有从 0.7 eV 到 1.2 eV。近年可靠性工艺改进主要集中于改善铜和阻挡层及介质的界面,降低铜的电迁移速率。

(a) 理想竹节结构

(b) 竹节结构占主导地位

(c) 多晶结构占主导地位

(d) 以多晶晶粒为主的 50 nm 线宽铜的 TEM 剖面照片

图 20.34　铜互连膜的晶粒尺寸分布随缩微变化示意图[86]

当电流密度过高,在由于电迁移形成空洞互连线变细的阴极区域,容易形成电流聚集和局域加热,出现焦耳加热增速过程。在高电流密度下,互连线温度由于焦耳热效应上升,并沿互连线产生温度梯度。这种加热效应可能加剧失效过程。原子、离子在高温下运动加速,离开阴极端的物质比进入的多,造成阴极端材料耗尽和空洞形成。在阳极进入的原子、离子比离开的多,造成物质积累、形成小丘。但是,应力和浓度梯度也可能导致与电子流反方向的原子迁移,反向原子流有时能部分修复 EM 缺陷。

20.8.2　应力迁移

机械应力导致的失效是影响集成芯片可靠性的另一重要因素。当金属处于机械应力大于其屈服点时,金属将会随时间发生塑形形变,这种形变也被称为"蠕变"[87]。蠕变将一直持续,直到金属失效。芯片上铝、铜互连线等都可能产生这种失效。

人们发现,在外加电流密度很小甚至没有外加电流的情况下,在铝、铜互连线中也有空洞形成与导线失效现象,如图 20.35 所示[87,88]。这种现象就可能是由机械应力所致。应力迁移(stress migration, SM)用于描述金属原子由于应力梯度导致的流动。应力迁移的产生原因在于互连线和中间层介质的热膨胀系数显著差异。铝的热膨胀系数为 $23.9 \times 10^{-6}/K$,铜的热膨胀系数为 $16.5 \times 10^{-6}/K$,而 SiO_2 的热膨胀系数为 $0.6 \times 10^{-6}/K$。在金属淀积或者退火过程中,金属体积增加,在冷却后会在薄膜中产生张应力和应力梯度,造成金属原子迁移。金属在升温过程的体积膨胀与降温时收缩,会在金属线或者通孔连接区产生空洞。这种应力迁移甚至可以在室温下经过长时间积累形成[89]。当线宽减小和薄膜厚度减小时,线条中的应力会增大。电迁移特性和应力弛豫的释放速率都是由空位扩散决定的。

当应力超过金属的屈服点时,金属原子会出现相对运动,金属原子流一般沿着晶粒间界。在晶粒结构呈"竹节"状的互连线中,原子应力迁移可能出现在晶粒内部。这种金属移动的流量梯度会导致金属线条内形成凹口和空洞,使电阻上升,最终可能形成开路失效。这种上下金属层间的空洞常应用 VDP 电阻测试发现,如图 20.35(b)右上角插图所示。

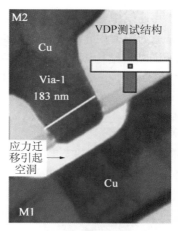

(a) 铝互连线的空洞 SEM 照片   (b) 铜互连线的空洞断面形貌

图 20.35 铝互连线[88]和铜互连线中由于应力迁移引起的空洞断面形貌[87];图(a)的 SEM 黑白照片中,白色铝互连线条中的缺损为空洞,图(b)中在 Via 下面白色区域为空洞

应力迁移引起的互连金属失效时间可以表示为

$$TF = A_0 \sigma^{-n} \exp\left(\frac{Q}{kT}\right) \tag{20.34}$$

其中,σ 为恒定外加应力,指数 n 因子对于铜、铝等金属约为 $2\sim3$,Q 为发生应力失效的激活能,对小晶粒的铝此值约 $0.5\sim0.6$ eV,在晶粒内部扩散时约为 1 eV[88]。如果机械应力源于薄膜材料之间的热膨胀系数差异,常被称为热机械应力,其值正比于温度差,$\sigma \propto (T_0 - T)$,T_0 定义为无应力时的温度,即互连线中热机械应力从张应力转变为压应力的温度,一般在 $300\sim400$℃之间。在此温度以下,铜互连中主要存在张应力,而随着温度升高,由于铜的热膨胀系数高于硅衬底和氧化层的热膨胀系数,会从张应力变成压应力[90]。因此,如果金属蠕变是由热机械应力造成的,失效时间可以用以下 Mcpherson 和 Dunn 模型公式分析[91],

$$TF = A_0 (T_0 - T)^{-n} \exp\left(\frac{Q}{kT}\right) \tag{20.35}$$

在铝合金互连中,热应力及其释放过程在空洞成核与生长中起重要作用。铝中掺入铜可以抑制晶界扩散、减弱应力迁移现象。由于电迁移会形成额外的局域应力,使得本来已经形成的应力诱导空洞变得更大,从而加速互连线失效。

20.8.3 增强铜互连抗电迁移特性的途径

如前所述,为提高互连线的抗电迁移特性,需要降低铜原子沿快扩散界面的扩散系数。和铜构成界面的衬垫层与顶覆盖层材料及工艺,对铜抗电迁移特性至关重要。优选这些界面材料与改进制备工艺,是提高铜互连抗电迁移性能的重要途径。本节主要讨论不同籽晶层与覆盖层组合工艺对铜可靠性的影响。

铜顶覆盖层界面材料优选

铜与覆盖层界面优选,既需要降低铜沿界面的快扩散速率,又要避免对铜电阻率产生

明显影响。早期曾在淀积表面覆盖层之前,用 H_2 或 NH_3/H_2 等离子体去除铜表面的氧化物,提高铜抗电迁移特性,但可能造成铜的表面损伤,增加铜电阻率,而且对抑制应力迁移产生负面影响[92]。现在利用 H_2 远程等离子体去除铜表面氧化物,避免损伤低 k 介质。

更为有效的方法是在铜表面淀积一薄层金属薄膜。这层金属既要显著降低铜扩散,又不能扩散入铜中使铜电阻率升高,并需防止薄膜团聚。淀积在介质薄膜上的金属,应易于被清除,且需与其他工艺兼容,不损伤铜镶嵌结构。这些要求使得材料选择范围有限,其中较适合的是钴基薄膜。

图 20.36 所示实验数据表明,CoWP 合金覆盖层对抗电迁移十分有效。可以应用选择性化学镀工艺在铜层上淀积超薄 CoWP(1～10 nm)。CoWP 薄覆盖层可使铜电迁移失效时间提高 100 倍,激活能从 0.9 eV 提高到 1.4 eV[93]。但是,在 ILD 介质表面可能产生金属沾污,必须通过适当清洗工艺去除。这种湿法工艺也使工艺集成增加复杂性。另一选择是采用 CVD 工艺淀积超薄钴层,抗电迁移寿命可增加 5～100 倍。

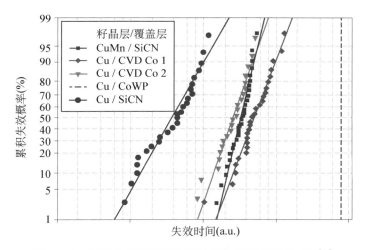

图 20.36　不同表面覆盖层铜互连线失效时间数据对比[93]
（测试温度:300℃;测试电流:0.288 mA）

自形成界面层与 CoWP 覆盖层

铜籽晶层中掺入合金元素,如锰或铝,在后续工艺中通过杂质分凝与扩散效应,使掺入金属聚集至铜表面,也可改善铜互连抗电迁移特性。这种间接界面改性工艺的机制在于通过扩散、分凝聚集在界面的杂质原子,可抑制铜原子的迁移运动。间接改性工艺不增加额外工艺步骤,只需要把纯铜靶改成合金靶。为确保这种工艺的有效性,必须避免杂质在工艺过程中被清洗去除。

图 20.37 的实验数据说明,纯铜籽晶层、合金 Cu(Mn) 籽晶层和 CoWP 表面覆盖层不同工艺组合,铜互连电迁移失效时间显著不同。籽晶层加入锰的铜工艺可使互连线可靠性大幅度提高,而表面再加金属覆盖层,是更为有效的抗电迁移增强技术[93]。

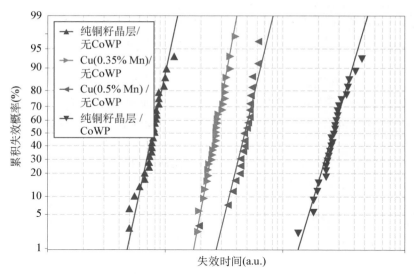

图 20.37　不同铜籽晶层与覆盖层对铜抗电迁移特性的影响[93]

20.9　三维互连技术

三维集成电路正在成为微纳电子器件技术的主要发展方向之一。如本书 7.1.1 节所述,制作三维集成电路有两种途径:一为顺序式制作多层器件,通过多层互连,形成特定功能电路;另一为平行式,分别在不同硅片上制作相同或不同功能电路,再通过垂直金属互连,形成集成度更高、功能更强的集成电路。前者取决于晶体管等多层器件制作技术,受到多种材料与工艺温度等限制,后者则主要取决于三维金属互连技术,选择余地大,应用范围广,已成为三维集成主流技术。应用正在发展的多种三维金属互连技术,形成三维结构堆叠芯片,可以制造集成度更高和功能更强的存储器、多核逻辑处理器、CMOS 图像传感器、现场可编程逻辑门阵列(FPGA)等各类系统集成电路。本节仅对穿硅通孔(TSV)、硅转接板(Si interposer)等三维互连技术作简要讨论。

20.9.1　三维集成互连工艺特点

为降低芯片与系统互连延迟,不仅需要减小芯片内互连长度,也需要尽可能缩减芯片间互连线长度,前者通过多层布线完成,后者则通过近年正在发展的三维互连技术实现。三维互连集成技术,可以把具有不同功能、不同工艺的芯片,通过互连金属直接键合、穿硅通孔(through-silicon-via,TSV)垂直互连等技术,形成三维堆叠芯片结构,减少过长水平互连线,可比多个封装电路引线焊接相连要显著缩短互连线长度,从而增加集成度、提高速度、降低功耗。例如,有公司以 20 nm 器件工艺与三维互连技术结合制造的 64 Gb DRAM 存储器 TSV 模块,相比用引线键合制造的 64 Gb 多芯片模块,速度快 1 倍,而功耗减半。随着半导体技术演进和信息系统技术强烈需求,近年发展成功多种三维互连技术,其工艺实现方案不断优化,应用逐渐扩展,既用于芯片与芯片、芯片与硅片、硅片与硅片级三维堆叠集成,也用于三维系统级封装。三维互连技术已使芯片制造与封装两者结合更密切,实现更高水平集成。基于不断演进的三维互连技术,不仅可实现多种异质芯片相互连接,提高集成密度与性能,而且可显著压缩电子整机所占面积与体积,为各种信息系统小型化/微型化升级换代提供有效途径。

穿硅通孔(TSV)连接是芯片或硅片垂直互连的基本技术之一。根据 TSV 形成与芯片基本工艺关联度,制造工艺可以分为 3 类:①前端通孔(via-first)工艺,在晶体管形成之前先制备通孔;②中端通孔工艺(via-middle),通孔形成于晶体管形成之后,金属互连形成之前;③后端通孔工艺(via-last),通孔形成在二维电路完成之后。目前中端与后端通孔形成方案应用较多。在中端、后端通孔方案中,通过刻蚀技术形成深孔后,淀积氧化物黏附层、阻挡层和铜籽晶层,再由电镀铜填满深孔,然后经 CMP 工艺清除通孔外铜膜。接着把带有铜 TSV 的硅片正面和支撑硅片键合,通过磨削和 CMP 进行背面减薄,当暴露出铜 TSV 背面端点,并在通孔端点形成 CuSn 或 CuSnAg 微凸焊点后,再去除支撑硅片。最后,带有铜 TSV 的减薄芯片,通过 TSV 和金属微凸堆叠,连接在一个硅转接板或其他衬底上。中端与后端 TSV 工艺都和常用铜电镀工艺兼容,而前端工艺由于晶体管制造过程要求温度高,只能在通孔中填充多晶硅。后端工艺在互连最上层进行,相对容易实现,但通常占用较多芯片面积。在后端通孔工艺中,也可先进行硅片减薄,再制作铜 TSV。

20.9.2　TSV 工艺简介

TSV 形成工艺流程和镶嵌工艺相似。首先经光刻定位与各向异性刻蚀,在硅中形成通孔,接着先后淀积介质绝缘层、衬垫层、籽晶层、电镀铜,然后进行化学机械抛光。支撑硅片用来提供机械支撑,以使器件硅片可显著减薄。支撑硅片可通过聚合物黏结,随后可以通过化学腐蚀、加热、激光等方法去除。最后进行背面金属化。

TSV 深孔刻蚀

TSV 刻蚀需要达到的目标如下:形貌控制准确,重复性好,蚀速快,应力小,对硅无损伤。通过深硅刻蚀,形成高深宽比通孔,通孔直径在微米量级,深度在数十微米,常要求深宽比达到 8∶1 至 15∶1。随着 TSV 技术演进,通孔直径不断缩微,深宽比可高达 20∶1,如 $3\times50\ \mu m$、$2\times40\ \mu m$。可在硅片上制备适当深度的盲孔,或在已减薄硅片上制备通孔。

深硅刻蚀需要高刻蚀速率,常采用电感耦合反应等离子体定向刻蚀技术。具体工艺由刻蚀和钝化两步交替进行:一步是以"SF_6+O_2"RIE 工艺,定向垂直刻蚀硅,产生挥发性 SiF_4;另一步采用 C_4F_8 源等离子体,在侧壁淀积 CF_2 等 F - C 分子聚合物钝化层,防止横向刻蚀,如图 20.38 所示。两种气体分别产生的 RIE 刻蚀/钝化过程交替作用,可确保形成垂直深孔。这种模式有时也被称为 BOSCH 刻蚀工艺[94]。深孔刻蚀后需要完全清除边墙上残留的含氟聚合物。

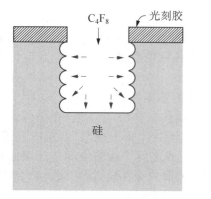

（a）C_4F_8 源等离子体侧壁淀积 CF_2 钝化层

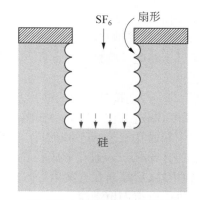

（b）"SF_6+O_2"RIE 定向垂直刻蚀

（c）形成垂直深孔

（d）刻蚀剖面 SEM 形貌图

图 20.38　TSV 深孔刻蚀[94]

TSV 衬垫层绝缘介质

　　如果 TSV 需直接连到接地的硅衬底上，就不需用绝缘介质。其他情况需要绝缘，可采用聚合物、氧化物、氮化物或者复合介质。除了绝缘性能外，TSV 绝缘介质还要求具有低应力，薄膜在通孔内壁具有优良保形性和均匀性。

　　聚合物介质可以通过喷涂、旋转涂覆等方式淀积，工艺温度可低于 200～300℃，甚至可以在室温下进行。由于聚合物介质的弹性模量较低，可以用作应力缓冲层。绝缘膜均匀性和有效性与 TSV 直径、深宽比以及工艺条件有关。

　　热 SiO_2 与 Si_3N_4 介质的工艺温度在 900～1 100℃，只能用于前端 TSV 工艺。PECVD 淀积温度可低至 200～250℃，适用于中端与后端 TSV 工艺，常采用 TEOS 作为反应前体化合物。TSV 衬垫绝缘层淀积工艺需注意控制应力，以保证在后续工艺中的结构完整性[95]。

TSV 阻挡层/籽晶层和导电层

　　与芯片沟槽铜镶嵌互连工艺类似，穿硅通孔应用相近的铜填充工艺。TSV 中的导电柱体也由阻挡层/衬垫层/籽晶层/电镀铜构成，所用金属材料、性能要求与制备方法也都类似。TSV 通孔金属化工艺难点在于如何在高深宽比通孔中，实现多种金属膜的均匀淀积与无空洞填充。TSV 金属化常用扩散阻挡层为 TiN、TaN，衬垫层可选择钽、钛等金属。图 20.39

显示 TSV 通孔金属镶嵌填充工艺完成后的柱体剖面形貌图[96]。

TSV 填充导电材料,除铜之外,还可以用掺杂多晶硅和钨。如 20.8 节所述,由于铜的热膨胀系数显著高于硅,可导致在工艺条件下产生高热应力。掺杂多晶硅填充和前道工艺兼容,热膨胀系数与单晶硅相近,其工艺步骤也可简化,并可避免金属污染。缺点是其电阻率过大,不能承载大电流。钨的热膨胀系数为 4.5 PPM/℃,与硅相近,热机械应力较小。缺点是电阻率较高,淀积速率较慢。

图 20.39　8 μm×56 μm 的 TSV 铜镶嵌填充后的柱体剖面形貌图[96]

TSV 圆片减薄[97]

TSV 金属镶嵌工艺完成后,硅片需要从背面减薄,厚度由 700~800 μm 减至约 20~100 μm,直至 TSV 金属柱体从圆片背面露出,以便在末端制造凸焊点,用于三维多层电路连接。硅片减薄既可降低 TSV 制造难度,也有利于集成电路芯片散热。

硅片减薄方法有机械研磨、化学机械抛光、湿法和干法刻蚀多种。目前常用方法为先通过机械研磨去除大部分硅片厚度,再用精研磨、CMP 或者 RIE 工艺去除应力残留层。在 TSV 垂直互连工艺中,硅片厚度需减薄至小于 100 μm,在减薄前需将硅片和辅助圆片用胶膜临时键合,或者与另一个器件圆片永久键合。

圆片键合工艺[98]

在各层芯片电路及 TSV 工艺完成以后,应用键合技术实现多层芯片三维集成。键合温度必须严格控制,一般要求在 450℃ 以下。圆片级键合前硅片上器件图形必须精确对准后实现键合。这样经过一次对准,完成整个圆片上所有芯片键合,效率高,而且热循环过程少,但是,由于圆片尺寸大,对整个圆片的平坦度、高度差有较高要求。圆片键合有 SiO₂ 直接键合、高分子聚合物键合和金属键合多种工艺。

SiO_2 直接键合,通过表面平整的 SiO_2 直接接触,利用分子间作用力实现键合,再以热处理增加键合强度。圆片表面平坦及光洁度是影响键合效果的关键因素。

高分子键合为以苯并环丁烯(benzocyclobutene,BCB)、聚酰亚胺(polyimide,PI)等聚合物作为中间层的键合工艺。BCB 和 PI 具有低介电常数、良好化学稳定性和热稳定性,并且可用于光刻及干法刻蚀工艺。首先在圆片表面悬涂增黏剂和聚合物,通过光刻形成接触键合面图形,然后在真空键合设备中施加适当压力,使两硅片键合面紧密接触,最后加热到一定温度,通过高分子材料分子链重组和交联,实现有机物键合。

金属键合可以采用铜-铜热压键合、金-金热压键合,或者合金键合,如铜-锡键合等。首先在圆片表面制备金属微凸键合点,然后施加适当压力,使键合面紧密接触,并加热到一定温度,通过金属扩散或金属熔融,使两金属层结合,实现硅片键合。近年通过化学机械抛光获得非常平坦的铜表面、不引入其他元素实现铜-铜直接键合的工艺受到重视。

微凸焊点工艺[99]

三维互连技术使芯片制造工艺与封装技术更加结合密切。芯片和芯片键合,要求两个芯片之间实现稳定牢固的连接。为了降低功耗,在存储器和微处理器等芯片集成时,需要采用距离短、密度高的互连。IBM 为芯片倒装焊引入铜球焊技术,早在 1970 年开发成功 C4 (controlled collapse chip connection)焊点技术,用于焊接封装工艺。这种技术经不断演进,演变成愈益缩小的微凸(microbumps)焊点技术,正在三维集成技术中用于实现高密度垂直互连。最常用的焊锡微凸由铜柱和焊锡覆盖层构成。与传统倒装芯片采用的铜凸点比,三维集成键合的铜凸点,对密度、间距提出更高要求。采用圆柱形状而不是球形,可使面积更小、密度更高,比传统倒封装凸点小 2 个数量级。微凸焊点具有距离短、电感小、可靠性高等特点,可用于垂直堆叠芯片间互连,或电路与转接板的互连。

当微凸焊点直径在 5~20 μm、厚度小于 1 μm 时,可采用溅射技术形成;当微凸的直径较大、厚度超过 2 μm 时,常采用电镀工艺制作。电镀前需要先溅射淀积黏附层与籽晶铜,再电镀镍或者铜,然后在镍柱或铜柱上电镀焊锡 SnAg,经回流形成微凸。由于三维互连的减薄硅片厚度仅数十微米,微凸焊点形成及退火必须严格控制工艺条件,防止金属扩散污染。

为了实现芯片或硅片高密度微凸键合,需要从基于焊锡的热压焊键合,转变成无焊锡的金属-金属局域扩散键合,如金-金键合和铜-铜键合[100]。金表面无氧化层,因此无需表面清洗;而铜表面容易氧化,需要用 H_2 退火或者等离子体轰击等方式去除氧化层。键合前表面需要平整化,采用 CMP 工艺,表面粗糙度小,成本较高;采用研磨工艺,粗糙度略大,成本低。改进研磨工艺,可使表面粗糙度降到小于 15 nm。为激活铜原子扩散键合,铜-铜键合工艺需在 350℃下进行。

20.9.3　转接板与 2.5 维互连技术

转接板(interposer)是指芯片与封装基板间具有特定功能的插入层,可用硅片制作,故常称硅转接板(Si interposer)。转接板可分有源插入层和无源插入层。前者制造部分有源器件,后者仅作为过渡连接使用,作为上层芯片和下层封装基板之间的引线过渡层或多个芯片之间的引线连接层,如下面讨论的再分布层(RDL 层)。插入层可以将密集的 I/O 引线进行再分布,并且实现多芯片的高密度互连,成为提高纳米集成电路和毫米波电路互连性能的有效技术途径[101]。

与平面芯片通过 TSV 技术把多个芯片堆叠与连接的三维互连不同,利用 TSV 通孔技术制作的硅转接板,是把芯片连在一起的折衷技术,常被称为 2.5 维(2.5D)互连技术。由图 20.40 可见,转接板上有金属互连结构,多个不同芯片可相互连接。转接板可提供集成不同功能芯片与技术(CMOS、存储器、传感器、高密度互连、光互连等)的集成平台,从而可以实现异质集成。2.5 维互连技术使多个功能芯片在转接板上直接实现互连,可显著缩短互连线长度、降低信号延迟和功耗,其相对带宽可达传统封装的 8~50 倍。

在三维与 2.5 维互连工艺中常应用互连再分布(redistribution layer,RDL)技术,即在芯片和转接板上,制作由较厚金属短线组成的互连再分布层(见图 20.40)。这种再分布层按需求可由 1~3 层铜或铝金属形成。利用 RDL 层连线,可以更为合理地调节、排布电路互连线与外接压焊点,有利于改善速度、功耗性能与可靠性。

图 20.40 显示由两个芯片并排组合,通过 TSV 与硅转接板及 RDL 技术集成的典型 2.5 维互连方案示意图[101]。由图 20.4 可见,通过金属微凸焊点、正面再分布(front side RDL,FSRDL)及背面再分布层(back side RDL,BSRDL)横向连线、转接板与 TSV 上下互连,可形成多个平行或堆叠芯片与外接压焊点(C4)的精密连接。

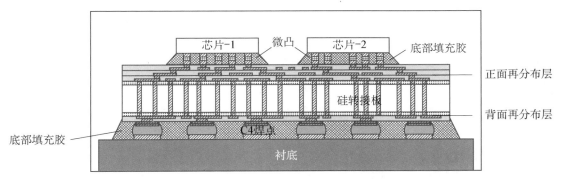

图 20.40 应用硅转接板、TSV 与 RDL 技术的 2.5 维集成芯片示意图[101]

20.10 纳米尺度互连材料与工艺的新探索

随着纳米 CMOS 器件尺寸缩微和集成密度上升,相应金属互连技术难度上升,愈益成为高性能集成芯片制造演进瓶颈。研究者正在探索与研究突破互连难题的多种途径。一方面对现有金属互连材料与工艺继续改进、优化,寻求抑制金属电阻增大等小尺寸效应的新途径,另一方面则加紧探索适于小尺寸、高速度器件互连的新材料与新工艺。本节简要讨论近年新型互连材料与技术的部分进展。

20.10.1 电阻率尺寸效应与互连金属选择

铜互连技术通过工艺优化,如改进淀积与退火工艺、增大晶粒尺寸,从而减小晶界散射,可在一定程度改善互连性能,但难于避免铜的尺寸效应。在纳米尺度的互连镶嵌结构中,阻挡层、籽晶层与电镀淀积工艺难度都越来越大。

当线宽尺寸缩微至小于 100 nm 后,铜出现电阻率尺寸效应,即铜电阻率随着线宽减小而非线性急剧增大,如图 20.41 所示。这是因为,当互连线宽接近铜电子平均自由程(39 nm)时,电子受表面和晶界散射对电导影响显著增强[102]。如图 20.34 所示,线宽数十纳米的铜互连薄膜具有多晶结构,其晶粒尺寸小于铜电子平均自由程,导致晶界与界面散射作用增强,使电阻率随线宽缩微而上升。早在 20 世纪 30 年代 Fuch、Mayadas 等物理学者在研究金属导电性能时就发现,数原子层厚度的金属薄膜导电率远低于其体材料,通过对电子晶界及表面散射与电阻率尺寸效应的相关性理论分析,分别提出 F-S、M-S 等理论模型[103-105]。实验与理论研究表明,在金属线宽、厚度小于电子自由程后,电阻率近似与导体及晶粒尺寸成反比,导体越薄、越窄,晶粒也越小,导致表面与晶界散射加剧、电阻率上升。运动电子与界面碰撞产生的界面散射,可能呈镜面反射,保持动量守恒,但也可能是非弹性散射,有部分甚至全部动量丧失,可对薄膜导电性能产生显著影响。

平均自由程(λ)是反映电子散射的参数。虽然在大尺寸条件下,平均自由程较大的铜等金属具有较低的稳定电阻率,但当受到小尺寸效应影响时,不同金属的电阻率将产生显著变化。以计入表面散射效应的 F-S 模型为例,窄线条金属线电阻率可以表达为

$$\rho(w) = \rho_0 \left[1 + 0.46(1-p)\left(\frac{\lambda}{w} + \frac{\lambda}{h}\right) \right]$$

(20.36)

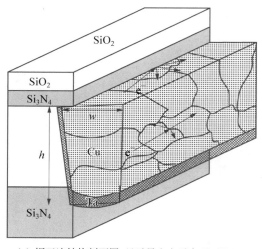

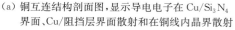

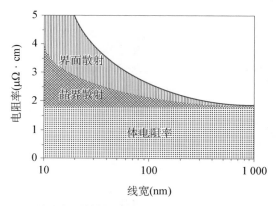

(a) 铜互连结构剖面图,显示导电电子在 Cu/Si₃N₄
界面、Cu/阻挡层界面散射和在铜线内晶界散射

(b) 计入表面散射和晶界散射的电阻率随线宽缩微的
变化关系(ITRS, 2005)

图 20.41   铜互连的尺寸效应示意图

其中,ρ_0 是大尺寸时的金属电阻率,w 是金属线宽,h 是其厚度,p 是镜面反射因子 (specularity)。(20.36)式表明在其他参数固定条件下,电阻率随线条宽度及厚度减小而增大。

(20.36)式还表明,这种小尺寸效应,即金属电阻率随线条缩微的增加值($\rho-\rho_0$),与该金属电子平均自由程与电阻率的乘积($\lambda \cdot \rho_0$)相关。λ 值较大的金属(如铜),由界面与晶界散射造成的小尺寸连线电阻增大效应较强,而 λ 值较小的金属,界面与晶界引起的电阻率变化较小。这就为探索新型小尺寸互连金属及其工艺提供一种思路与途径:某种金属电子平均自由程较小,其体电阻率虽然大于铜,如果两者乘积与铜相近或更小,则其纳米量级尺寸连线的导电性,可能优于相同尺寸的铜[106,107]。计算结果表明,钴、钌、铱、镍、钼、镭、锇等金属可能具有这种特性[107]。

最近已经有报道,钌和钴适于作为低层局部细线条或上下层接触互连。例如,Intel 10 nm CPU 芯片多层互连工艺中,应用钴窄线条作下层局域互连线[108]。这类高熔点金属具有更强的抗电迁移特性与稳定性,而且在更小尺寸下具有比铜更小的电阻率,比铜具有更好缩微特性。钴取代铜,作为多层布线下层互连金属已渐成共识,IC 设备公司正在推出专用加工装置。

如第 19 章所述,金属硅化物是 CMOS 芯片等半导体器件中降低接触电阻率的关键材料。近年某些金属硅化物也作为超微尺寸互连候选材料受到重视[109]。NiSi、CoSi₂ 等金属硅化物具有结合能高、晶粒大甚至可生长单晶结构纳米线等特点,有可能形成强抗电迁移超微互连线。NiSi 等硅化物的平均自由程约 3 nm,直径为 15～45 nm 的单晶 NiSi 互连线,电阻率可低至 $9.5\ \mu\Omega \cdot cm$[110]。硅化物纳米线具有比铜高一个量级的电流承载能力。IBM 的理论计算结果表明,线条宽度在 0.5～2.5 nm 的 CoSi₂、NiSi 纳米线与相同宽度的铜互连线相比,有更强的抗自扩散能力,因此,在制造互连线时,可能不需要扩散阻挡层,在某个尺寸下可能超过铜线的导电能力和抗电迁移特性[109]。Intel 研究者曾对镶嵌工艺和刻蚀工艺制备 NiSi 互连结构进行对比[111]。

20.10.2   碳基低维互连新材料及应用前景

碳基纳米材料与器件是近年研究与开发极为活跃的领域,可能成为延续微电子集成芯片技术未来发展的一个新源泉。本节与随后的 20.10.3 节和 20.10.4 节对石墨烯、碳纳米管等低维碳基材料的特点与性质作简要讨论，并以碳纳米管与石墨烯在集成芯片新型互连技术中的部分应用，展现碳基纳米材料在未来纳米电子器件技术领域的可能应用前景。

与硅同属一族的碳元素，既是构成包括人类在内生命体的骨架元素，又是地球上形成传统能源材料的主要元素。长期以来碳元素研究集中在化学领域，以碳化学研究成果为基础，发展成功现代有机合成化工技术与产业，不断制造出塑料、纤维、橡胶等种类繁多的人造材料与制品，广泛用于优化人类生产、生活。有趣的是，自 20 世纪 80 年代以来，碳元素材料结构及性能的物理研究不断取得突破性新进展，先后发现了富勒烯（fullerene，1985）、碳纳米管（carbon nanotube，CNT，1991）、石墨烯（graphene，2004）等独特结构碳材料，并对它们的特性进行开拓性深入研究。这些被称为"21 世纪的神奇材料"，具有异常的电学、力学等物理化学特性，可涵盖多种不同物质性质、不同结构，甚至可能具有完全相反性质。例如，从绝缘体到半导体、再到导体与超导体，从最强、最硬到极佳柔韧性，从全吸光到全透光，从绝热到良导热等。为包括纳米结构电子器件在内的许多科学技术领域开辟新方向、提供新可能，使碳科技达到新高度、进入新纪元。石墨烯虽然是 3 种材料中最晚发现的，却能反映这些低维碳晶体的基本结构特征。

碳元素的主要物理化学特性之一是存在多种同素异形体，除了三维体材料金刚石与石墨，还有多种低维结构材料。如图 20.42 所示，石墨烯为二维晶体，碳纳米管具有一维结构，而以 C60 大分子为代表的富勒烯，则可看成零维材料。这些同质异形碳晶体，都是通过碳原子核外 s、p 电子不同杂化轨道与相邻原子相互结合形成的。金刚石由 sp^3 杂化键构成，低维碳素材料则主要由 sp^2 杂化键构成。与 sp^3 杂化相比，sp^2 杂化中 s 轨道成分占比大，使低维碳纳米晶体具有高强度。在石墨烯二维晶体中，sp^2 杂化轨道电子与周边 3 个碳原子成键，构成六边形平面周期型碳原子网络，碳纳米管也由呈正六边形排列的碳原子构成，但 sp^2 键不在同一平面，可看作由石墨烯片卷曲而成的空心圆柱体，单层石墨烯卷曲形成单壁碳纳米管（single-walled CNT，SWCNT），多层石墨烯则可卷曲成多壁碳纳米管（multi-walled CNTs，MWCNTS）。碳纳米管直径为纳米量级，长度为微米量级。如两端由半个富勒烯封口，则形成封闭型碳纳米管。图 20.42(e) 所示富勒烯类似足球形状，常俗称"球烯"。它也可看作由石墨烯部分弯曲而成。由 60 个碳原子结合形成的 C60 富勒烯具有 32 个面，其中 20 个为正六边形，12 个为正五边形。近年在对这些碳素低维材料多种独特性质深入研究的基础上，其制备和应用技术不断演进，正在形成与发展多种新产业，如石墨烯电极触摸屏、快速充电电池等。

　　(a) 金刚石　　　　(b) 石墨烯　　　　(c) 单壁纳米管　　　(d) 多壁碳纳米管　　(e) C60 富勒烯

图 20.42　碳的同素异形体示意图

微电子技术研究者对利用低维碳基材料、研制新型纳米器件、获取集成技术新突破寄予期望。近年石墨烯与碳纳米管的器件技术研究十分活跃。利用半导体性石墨烯和碳纳米管作为 MOS 晶体管有源层的研究不断取得新进展。由于亚 10 nm CMOS 集成芯片互连中，铜的电阻率非线性急剧升高，电流输运能力与可靠性下降，具有高电导率、更大电流承载能力等优良性能的金属性石墨烯和碳纳米管，正在被用于探索超微细尺寸的集成芯片互连技术。

20.10.3 碳纳米管垂直互连

单壁 CNT 仅有一个壳层，直径在 0.4~4 nm 之间，根据其手性（即卷曲方向），可具有金属性或半导体性，其中 1/3 的单壁纳米管具有金属性，2/3 的纳米管具有半导体性。多壁 CNT 由多个同轴壳层构成，直径在数纳米到数十纳米，壁之间的距离为 0.34 nm。多壁 CNT 总是金属性的。碳纳米管具有较长平均自由程（约数微米），这是由于其中声学声子散射较弱，光学声子散射也受抑制。三维导体电子常以小角度频繁散射为主，每次散射伴随较小的动量变化，而在一维半导体中，电子散射角为 180°，需要较大动量交换才能进行，因此，散射几率变小，动量弛豫时间较长，平均自由程增加。碳纳米管能够承载高达 10^9 A/cm^2 的电流密度，还具有热导率高、机械强度大等特性。

近年已研究成功多种 CNT 生长方法。由于大直径多壁 CNT 在室温下没有禁带，因此，互连技术采用多壁金属性 CNT。纳米集成芯片要求金属性碳纳米管既能形成垂直互连，又能作为水平互连。目前 CNT 互连技术研究集中在垂直互连，利用 CVD 技术在超微通孔里生长 CNT 束作为通孔导电材料。对于垂直互连技术应用，具有选择性与垂直生长特点的化学气相 CNT 淀积工艺最为适用。单根 CNT 的电阻很高，需用多壁 CNT 束形成互连。按理论计算，当 CNT 束密度在 10^{13}~10^{14} 个/cm^2 时，其电阻可以和铜相近。电流从 MWCNT 的每个壳层流过，而且弹道输运不依赖于 CNT 长度。为了降低 CNT 束的电阻，要求通过降低 CNT 直径来增加 CNT 密度。

通孔 CNT 填充工艺可与现有大规模集成芯片制造工艺相兼容。图 20.43 为在通孔中制备 CNT 镶嵌通孔结构的工艺实验示意图[112]。首先在下层铜互连结构上淀积绝缘介质，一般为 SiO$_2$ 或 SiOC 低 k 介质。随后利用光刻和刻蚀开出通孔，接着通过溅射淀积 Ta/TaN 和 TiN 接触层，并淀积镍或钴纳米粒子作为催化剂。然后在 350~450℃ 低温下以热 CVD 方法，利用氩稀释的 C$_2$H$_2$ 作为反应前体，选择性生长多壁 CNT。生长结束后表面旋涂 SOG，再以 CMP 工艺抛光，抛光条件和抛光 SiO$_2$ 相似。随后形成钛顶接触层和上层铜互连。图 20.44 显示 CNT 镶嵌通孔结构剖面 SEM 形貌图[113]。

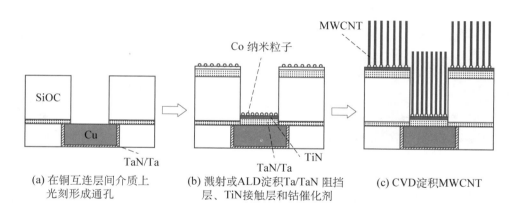

(a) 在铜互连层间介质上　　　(b) 溅射或 ALD 淀积 Ta/TaN 阻挡　　(c) CVD 淀积 MWCNT
光刻形成通孔　　　　　　　层、TiN 接触层和钴催化剂

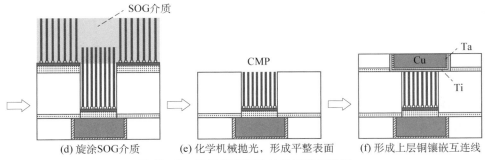

(d) 旋涂SOG介质   (e) 化学机械抛光，形成平整表面   (f) 形成上层铜镶嵌互连线

图 20.43 CNT 镶嵌通孔结构工艺示意图

碳纳米管 CVD 工艺生长温度与纳米管类型及催化剂组分有关。衬底上淀积的催化剂颗粒一般为过渡金属，如铁、钴、镍等。催化剂在适当气氛中进行还原处理后，炉管中通入含碳气体，如 C_2H_2 或 CH_4，这些分子在催化剂表面分解，在粒子边缘生长碳，进而合成 CNT。纳米管直径和催化剂纳米颗粒尺寸有关。理想情况下，一个催化剂颗粒对应于一个 CNT。为了增加 CNT 密度，需要增加催化剂颗粒密度。通常通过热退火使溅射的超薄催化剂薄膜团聚成纳米颗粒。在高温下生长的 CNT具有较高的密度和较好的质量，而在低温下生长的

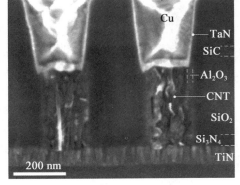

图 20.44 CNT 镶嵌通孔结构剖面 SEM 照片[113]

CNT 缺陷较多。据报道，在 450℃ 下采用 Co - Mo 作为催化剂生长的 CNT 密度已可达 $7.8 \times 10^{12}\ cm^{-2}$[114]。如何在导电衬底上、于互连工艺温度下淀积更高密度 CNT，仍然是一个亟待解决的技术难题。

除了芯片内互连应用，CNT 也可以作为芯片到封装的互连。CNT 的高承载电流能力、高热导率和机械强度，十分适合在封装技术中应用。另外，CNT 对于未来超高集成芯片的输入/输出(I/O)端，也可提供高密度连线。已有研究工作展示，利用 CNT 作为高功率放大器倒装芯片(flip-chip)封装的凸焊点。CNT 凸点不仅可实现源漏和栅电极的电学连接，而且有利于高功率芯片的热耗散。CNT 的热导率可高达 1 400 W/m·K，因此用于倒装芯片封装，可显著改善封装热学性能。由于不用长金属线键合，倒封装结构的寄生电感减小，有益于提高器件工作频率。也有文献报道在三维互连中，采用 Cu - CNT 组合材料填充 Si - TSV，形成垂直互连，可以获得 300∶1 的高宽比，与普通 TSV 技术相比，混合材料的热膨胀系数和硅相近，有助于降低热应力[115]。

20.10.4 石墨烯互连

与铜相比，石墨烯具有更高电导率，电子平均自由程在微米量级，显著高于铜。由于石墨烯的 sp^2 键远强于 sp^3 键，机械强度很高。石墨烯电流输运能力很强，可以承受的最大电流密度为 $10^8\ A/cm^2$ 量级，比铜高一个数量级；石墨烯的热导率远高于铜，有利于减轻片上过热现象，进一步提高可靠性。

由于单层石墨烯电阻高，集成电路互连需应用多层石墨烯。多层石墨烯受衬底和周围的影响比较小，载流子数目增多。但是，模拟结果表明，增加石墨烯层数会导致线电容增大，

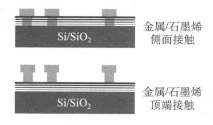

图 20.45 石墨烯和金属的侧面接触(上)
与顶端接触(下)示意图

金属/石墨烯
侧面接触

金属/石墨烯
顶端接触

因此,石墨烯层数也不是越多越好。IMEC 的研究结果表明,20~30 层的石墨烯比较适用[116]。阻碍新型碳基材料应用的主要困难在于与金属如何形成具有低接触电阻率的接触。石墨烯薄层结构质量、衬底类型及工艺引入杂质,都会显著影响石墨烯/金属界面性能。金属和石墨烯的吸附有物理吸附、弱化学吸附和强化学吸附等多种,选择不同金属会形成不同的导电模式。金属和石墨烯的接触方式可分为顶端接触和侧面接触,如图 20.45 所示。在顶端接触中,石墨烯的 π 键和金属接触,形成导电;在侧面接触中,石墨烯的 σ 键和金属接触。一般认为,在单层石墨烯(SLG)中,侧面接触可形成更低的接触电阻;在多层石墨烯(MLG)中,侧面能够接触到所有石墨烯层,有益于降低层间电阻。研究者比较了单层石墨烯、数层石墨烯和多层石墨烯的接触电阻,发现多层石墨烯采用侧面接触具有最低接触电阻,其电子平均自由程可以达到 60 nm,与铜的平均自由程相近[117]。

减小石墨烯电阻率的方法有两种:一种是利用石墨烯的弹道输运方式,模拟计算表明,当线宽小于 10 nm 时,石墨烯的电阻率比现有铜电阻率低。当然这个计算结果与石墨烯的边缘状态有关,在计算中认为在边缘的电子呈完全理想镜面反射,事实上利用普通光刻方式很难实现理想的边缘。插层(intercalation)掺杂是另外一种降低电阻率的方式[118],杂质分子嵌入相邻的石墨烯层间,增加层间电荷交换,从而增加载流子浓度;同时,插层增加层间间距,从而减小层间散射,增大其平均自由程,电导率可以增加数十倍。模拟表明,利用 AsF_5 掺杂的多层石墨烯电阻率比铜低;有报道利用 $FeCl_3$ 作为插层剂,在宽度为几微米的 CVD 石墨烯中掺杂,可以获得与铜比拟的 $4.1\ \mu\Omega \cdot cm$ 的电阻率[119]。最新的结果表明,利用 $FeCl_3$ 掺杂的多层石墨烯纳米带,在 20 nm 线宽时获得 $21.45\ \mu\Omega \cdot cm$ 的电阻率,在 $200\ mA/cm^2$ 和 475 K 的测试条件下经过 7 h 未失效,而铜在相同条件下立刻失效[120]。

在 IEDM - 2017 国际电子器件会议上,有研究者提出"全碳"互连方案,并作可行性实验研究与测试[121]。图 20.46 为这种"全碳"双层互连实验结构示意图,其中以多层石墨烯作水平互连线,以多壁碳纳米管填充通孔作垂直互连。实验中用 APCVD 技术与适当组分的 Cu - Ni 催化剂作用,合成厚 10 nm 的石墨烯,以 PECVD 技术淀积多壁 CNT 束,其两端先后淀积 5 nm 的镍薄膜,后续退火工艺时,碳原子溶入镍,形成合金接触。电学测试表明,由石墨烯与碳纳米管组成的双层互连结构,具有较强电学传输性能,电流密度可达 $8.3MA/cm^2$,并具有较低功耗和较高抗电迁移可靠性,有可能用作超微纳米集成芯片中的局部及中层互连。

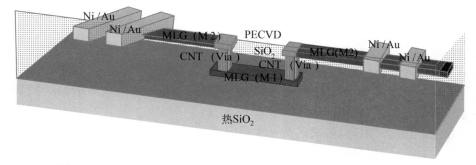

图 20.46 多层石墨烯与碳纳米管构成的多层互连实验模型示意图[121]

思考题

1. 分析多层布线结构与材料对集成芯片传输延时的影响,并讨论降低传输延时的各种路径。
2. 分析对比铜、铝两种互连技术各自的特点、难点与应用范围。
3. 单镶嵌工艺和双镶嵌工艺的主要区别在哪里?
4. 分析铜互连扩散阻挡层所必须具备的材料性能与工艺要求。
5. 概括 Ta/TaN 双层扩散阻挡层的优点及存在问题,分析有哪些优化途径?
6. 衬垫层与覆盖层各自有哪些主要作用?
7. 在互连沟槽中,需要制备保形好的扩散阻挡层和铜籽晶层。根据所学知识,提出一些和常用溅射工艺不同的方案。
8. 当选用低 k 介质时,是不是 k 值越低越好? 降低 k 值有哪些途径? 难点何在?
9. 在超保形电镀中,为什么需要加入氯离子?
10. 简要分析化学机械抛光平坦化原理,指出金属与介质抛光工艺的异同之处。
11. 什么是金属电阻率尺寸效应? 分析其原因。
12. 如果挑选不同于铜的金属作为超细互连导体,有什么挑选原则?
13. 什么是电镀薄膜的自退火效应? 为什么电镀后薄膜需要退火,而不是利用其自退火效应?
14. 对比铜、铝两种互连抗电迁移特性差异,分析其原因。
15. 分析三维互连与芯片多层互连工艺的异同,讨论 3D 和 2.5D 互连技术的应用前景与难点。
16. 分析对比目前正在使用的提高铜互连抗电迁移特性的一些方法。
17. 简要分析电迁移效应机理。室温下不加任何电流仍然可能发现互连线中出现空洞,有哪些原因?
18. 查阅近期集成器件制造技术学术会议、出版物或有关网站报道的金属互连技术新进展,讨论未来互连材料与工艺的可能演进路径。

参考文献

[1] R. N. Noyce, Semiconductor device-and-lead structure. *U. S. Patent*, 1961: No. 2981877.

[2] C. Kaanta, W. Cote, J. Cronin, et al., Submicron wiring technology with tungsten and planarization. *IEDM Tech. Dig.*, 1987:209.

[3] S. P. Murarka, Multilevel interconnections for ULSI and GSI era. *Mater. Sci. Eng. R*, 1997, 19(3-4):87.

[4] Interconnect, *International Technology Roadmap on Semiconductor*, 2013.

[5] S. C. Sun, Process technologies for advanced metallization and interconnect systems. *IEDM Tech. Dig.*, 1997:765.

[6] J. A. Nucci, A. Straub, E. Bischoff, et al., Growth of electromigration — induced hillocks in Al interconnects. *J. Mater. Res.*, 2002,17(10):2727.

[7] S. A. Adderly, J. P. Gambino, T. D. Sullivan, et al., A process to reduce the occurrence of metal extrusions in Al interconnects. *SEMI Adv. Semicond. Manuf. Conf.*, 2013:186.

[8] K. N. Tu, Recent advances on electromigration in very-large-scale-integration of interconnect. *J. Appl. Phys.*, 2003,94(9):5451.

[9] S. F. Ding, S. R. Deng, H. S. Lu, et al., Cu adhesion on tantalum and ruthenium surface: density functional theory study. *J. Appl. Phys.*, 2010,107(10):103534.

[10] M. H. van der Veen, N. Jourdan, V. V. Gonzalez, et al., Barrier/liner stacks for scaling the Cu

interconnect metallization. *Proc. IEEE IITC*, 2016:28.

[11] Standard test method for peel adhesion of pressure-sensitive tape. *ASTM Int.*, 2010:D3330.

[12] M. Lane, R. H. Dauskardt, N. Krishna, et al., Adhesion and reliability of copper interconnects with Ta and TaN barrier layers. *J. Mater. Res.*, 2000,15(1):203.

[13] M. He, X. Zhang, T. Nogami, et al., Mechanism of Co liners as enhancement layer for Cu interconnect gap-fill. *J. Electrochem. Soc.*, 2013,160(12):D3040.

[14] H. Volders, L. Carbonell, N. Heylen, et al., Barrier and seed repair performance of thin RuTa films for Cu interconnects. *Microelectron. Eng.*, 2011,88(5):690.

[15] H. Shimizu, K. Sakoda, Y. Shimogaki, CVD of cobalt-tungsten alloy film as a novel copper diffusion barrier. *Microelectron. Eng.*, 2013,106:91.

[16] M. Hosseini, J. Koike, Amorphous CoTi$_x$ as a liner/diffusion barrier material for advanced copper metallization. *J. Alloys Compd.*, 2017,721:134.

[17] X. P. Qu, X. Wang, L. A. Cao, et al., Study of a single layer ultrathin CoMo film as a direct plateable adhesion/barrier layer for next generation interconnect. *Proc. IEEE IITC*, 2014:257.

[18] Y. Shimooka, T. Iijima, S. Nakamura, et al., Correlation of W-Si-N film microstructure with barrier performance against Cu diffusion. *Jpn. J. Appl. Phys.*, 1997,36(3B):1589.

[19] T. Hara, Y. Yoshida, H. Toida, Improved barrier and adhesion properties in sputtered TaSiN layer for copper interconnects. *Electrochem. Solid-State Lett.*, 2002,5(5):G36.

[20] M. H. Tsai, J. W. Yeh, J. Y. Gan, Diffusion barrier properties of AlMoNbSiTaTiVZr high entropy alloy layer between copper and silicon. *Thin Solid Films*, 2008,516(16):5527.

[21] K. Fischer, H. K. Chang, D. Ingerly, et al., Performance enhancement for 14 nm high volume manufacturing microprocessor and system on a chip processes. *Proc. IEEE IITC*, 2016:5.

[22] J. Li, H. S. Lu, Y. W. Wang, et al., Sputtered Ru-Ti, Ru-N and Ru-Ti-N films as Cu diffusion barrier. *Microelectron. Eng.*, 2011,88(5):635.

[23] T. Chakraborty, D. Greenslit, E. T. Eisenbraun, Nucleation and growth characteristics of electroplated Cu on plasma enhanced atomic layer deposition-grown RuTaN direct plate barriers. *J. Vac. Sci. Technol. B*, 2011,29(3):030605.

[24] T. Nogami, M. He, X. Zhang, et al., CVD-Co/Ru(Mn) integration and reliability for 10 nm node. *Proc. IEEE IITC*, 2013:164.

[25] J. Koike, M. Wada, Self-forming diffusion barrier layer in Cu — Mn alloy metallization. *Appl. Phys. Lett.*, 2005,87(4):041911.

[26] N. Jourdan, M. H. van der Veen, V. V. Gonzalez, et al., CVD-Mn/CVD-Ru-based barrier/liner solution for advanced BEOL Cu/low-*k* interconnects. *Proc. IEEE IITC*, 2017:37.

[27] K. Abe, Y. Harada, M. Yoshimaru, et al., Texture and electromigration performance in damascene interconnects formed by reflow sputtered Cu film. *J. Vac. Sci. Technol. B.*, 2004, 22(2):721.

[28] C. C. Yang, P. Flaitz, D. Edelstein, Characterization of Cu reflows on Ru. *IEEE Trans. Elec. Dev. Lett.*, 2011,32(10):1430.

[29] K. Goto, H. Yuasa, A. Andatsu, et al., Film characterization of Cu diffusion barrier dielectrics for 90 nm and 65 nm technology node Cu interconnects. *Proc. IEEE IITC*, 2003:6.

[30] C. K. Hu, L. Gignac, R. Rosenberg, Electromigration of Cu/low dielectric constant interconnects. *Microelectron. Reliab.*, 2006,46(2-4):213.

[31] S. W. King, Dielectric barrier, etch stop, and metal capping materials for state of the art and

beyond metal interconnects. *ECS J. Solid State Sci. Technol.*，2015，4(1)：N3019.

[32] S. Chhun, L. G. Gosset, N. Casanova, et al., Influence of SiH_4 process step on physical and electrical properties of advanced copper interconnects. *Microelectron. Eng.*，2004，76(1)：106.

[33] M. W. Lane, E. G. Liniger, J. R. Lloyd, Relationship between interfacial adhesion and electromigration in Cu metallization. *J. Appl. Phys.*，2003，93(3)：1417.

[34] C. K. Hu, L. Gignac, R. Rosenberg, et al., Reduced electromigration of Cu wires by surface coating. *Appl. Phys. Lett.*，2002，81(10)：1782.

[35] C. C. Yang, F. Baumann, P. C. Wang, et al., Characterization of copper electromigration dependence on selective chemical vapor deposited cobalt capping layer thickness. *IEEE Elec. Dev. Lett.*，2011，32(4)：560.

[36] T. D. M. Elko-Hansen, J. G. Ekerdt, Selective atomic layer deposition of cobalt for back end of line. *ECS Trans.*，2017，80(3)：29.

[37] K. Maex, M. R. Baklanov, D. Shamiryan, et al., Low dielectric constant materials for microelectronics. *J. Appl. Phys.*，2003，93(11)：8793.

[38] S. Jain, V. Zubkov, T. Nowak, et al., Porous low-*k* dielectrics using ultraviolet curing. *Solid State Technol.*，2005，48(9)：43.

[39] A. Grill, S. M. Gates, T. E. Ryan, et al., Progress in the development and understanding of advanced low *k* and ultralow *k* dielectrics for very large-scale integrated interconnects — state of the art. *Appl. Phys. Rev.*，2014，1(1)：011306.

[40] W. G. M. Van den Hoek, 45 nm node integration of low-*k* and ULK porous dielectrics. *Solid State Technol.*，2005，48(11)：28.

[41] B. D. Hatton, K. Landskron, W. Whitnall, et al., Spin-coated periodic mesoporous organosilica thin films-towards a new generation of low-dielectric-constant materials. *Adv. Func. Mater.*，2005，15(5)：823.

[42] D. J. Michalak, J. M. Blackwell, J. M. Torres, et al., Porosity scaling strategies for low-*k* films. *J. Mater. Res.*，2015，30(22)：3363.

[43] F. Goethals, I. Ciofi, O. Madia, et al., Ultra-low *k* cyclic carbon-bridged PMO films with a high chemical resistance. *J. Mater. Chem.*，2012，22(17)：8281.

[44] R. Daamen, P. H. L. Bancken, V. H. Nguyen, et al., The evolution of multi-level air gap integration towards 32 nm node interconnects. *Microelectron. Eng.*，2007，84(9-10)：2177.

[45] *ITRS 2.0 Interconnect*，2015.

[46] J. Noguchi, T. Oshima, T. Matsumoto, et al., Multilevel interconnect with air-gap structure for next-generation interconnects. *IEEE Trans. Elec. Dev.*，2009，56(11)：2675.

[47] K. Fischer, M. Agostinelli, C. Allen, et al., Low-*k* interconnect stack with multi-layer air gap and tri-metal-insulator-metal capacitors for 14 nm high volume manufacturing. *Proc. IEEE IITC*，2015：5.

[48] J. Reid, Damascene copper electroplating, Chap. 16 in *Handbook of Semiconductor Manufacturing Technology*，2nd Ed.. Eds. R. Doering, Y. Nishi, CRC press, Boca Raton, Florida, USA, 2008.

[49] K. Kondo, R. N. Akolkar, D. P. Barkey, *Copper Electrodeposition for Nanofabrication of Electronics Devices*. Springer, New York, 2014.

[50] J. M. E. Harper, C. Cabral, P. C. Andricacos, et al., Mechanisms for microstructure evolution in electroplated copper thin films near room temperature. *J. Appl. Phys.*，1999，86(5)：2516.

[51] C. K. Hu, J. Ohm, L. M. Gignac, et al., Electromigration in Cu(Al) and Cu(Mn) damascene lines. *J. Appl. Phys.*, 2012,111(9):093722.

[52] S. Strehle, S. Menzel, A. Jahn, et al., Electromigration in electroplated Cu(Ag) alloy thin films investigated by means of single damascene Blech structures. *Microelectron. Eng.*, 2009, 86(12):2396.

[53] S. Tsukimoto, T. Kabe, K. Ito, et al., Effect of annealing ambient on the self-formation mechanism of diffusion barrier layers used in Cu(Ti) interconnects. *J. Electron. Mater.*, 2007, 36(3):258.

[54] M. W. Lane, C. E. Murray, F. R. McFeely, et al., Liner materials for direct electrodeposition of Cu. *Appl. Phys. Lett.*, 2003,83(12):2330.

[55] T. N. Arunagiri, Y. Zhang, O. Chyan, 5 nm ruthenium thin film as a directly plateable copper diffusion barrier. *Appl. Phys. Lett.*, 2005,86(8):083104.

[56] S. Armini, Cu electrodeposition on resistive substrates in alkaline chemistry: effect of current density and wafer RPM. *J. Electrochem. Soc.*, 2011,158(6):D390.

[57] W. Z. Xu, J. B. Xu, H. S. Lu, et al., Direct copper plating on ultra-thin sputtered cobalt film in an alkaline bath. *J. Electrochem. Soc.*, 2013,160(12):D3075.

[58] X. Wang, L. A. Cao, G. Yang, et al., Study of direct Cu electrodeposition on ultra-thin Mo for copper interconnect. *Microelectron. Eng.*, 2016,164:7.

[59] Y. Shacham-Diamand, T. Osaka, Y. Okinaka, et al., 30 years of electroless plating for semiconductor and polymer micro-systems. *Microelectron. Eng.*, 2015,132:35.

[60] C. K. Hu, L. M. Gignac, R. Rosenberg, et al., Atom motion of Cu and Co in Cu damascene lines with a CoWP cap. *Appl. Phys. Lett.*, 2004,84(24):4986.

[61] Y. Jiang, P. Nalla, Y. Matsushita, et al., Development of electroless Co via-prefill to enable advanced BEOL metallization and via resistance reduction. *Proc. IEEE IITC*, 2016:111.

[62] N. Bekiaris, Z. Wu, H. Ren, et al., Cobalt fill for advanced interconnects. *Proc. IEEE IITC*, 2017:S5.5.

[63] K. D. Beyer, W. L. Guthrie, S. R. Markarewicz, et al., Chem-mech polishing method for producing coplanar metal/insulator films on a substrate. *U. S. Patent*, 1990: No. 4944836.

[64] Y. Li, *Microelectronic Application of Chemical Mechanical Planarization.* Wiley, Hoboken, New Jersey, 2007.

[65] M. Hariharaputhiran, Y. Li, S. Ramarajan, et al., Chemical mechanical polishing of Ta. *Electrochem. Solid-State Lett.*, 2000,3(2):95.

[66] L. Guo, R. S. Subramanian, Mechanical removal in CMP of copper using alumina abrasives. *J. Electrochem. Soc.*, 2004,151(2):G104.

[67] M. Bielmann, U. Mahajan, R. K. Singh, et al., Enhanced tungsten chemical mechanical polishing using stable alumina slurries. *Electrochem. Solid-State Lett.*, 1999,2(3):148.

[68] J. Wang, I. K. Cherian, A. G. Haerle, Chemical mechanical planarization of tungsten with hard abrasives. *Electrochem. Solid-State Lett.*, 2010,13(6):H182.

[69] R. Srinivasan, P. V. R. Dandu, S. V. Babu, Shallow trench isolation chemical mechanical planarization: a review. *ECS J. Solid State Sci. Technol.*, 2015,4 (11):P5029.

[70] M. Finsgar, I. Milosev, Inhibition of copper corrosion by 1,2,3-benzotriazole: A review. *Corros. Sci.*, 2010,52(9):2737.

[71] V. R. K. Gorantla, S. B. Emery, S. Pandija, et al., Chemical effects in chemical mechanical

planarization of TaN: investigation of surface reactions in a peroxide-based alkaline slurry using Fourier transform impedance spectroscopy. *Mater. Lett.*, 2005,59(6):690.

[72] A. Ishikawa, Y. Shishida, T. Yamanishi, et al., Influence of CMP chemicals on the properties of porous silica low-*k* films. *J. Electrochem. Soc.*, 2006,153(7):G692.

[73] K. V. Sagi, L. G. Teuggels, M. H. van der Veen, et al., Chemical mechanical polishing of chemical vapor deposited Co films with minimal corrosion in the Cu/Co/Mn/SiCOH patterned structures. *ECS J. Solid State Sci. Technol.*, 2017,6(5):P276.

[74] H. S. Lu, X. Zeng, J. X. Wang, et al., The effect of glycine and benzotriazole on corrosion and polishing properties of cobalt in acid slurry. *J. Electrochem. Soc.*, 2012,159(9):C383.

[75] K. V. Sagi, H. P. Amanapu, L. G. Teugels, et al., Investigation of guanidine carbonate-based slurries for chemical mechanical polishing of Ru/TiN barrier films with minimal corrosion. *ECS J. Solid State Sci. Technol.*, 2014,3(7):P227.

[76] X. Zeng, J. X. Wang, H. S. Lu, et al., Improved removal selectivity of ruthenium and copper by glycine in potassium periodate (KIO$_4$)-based slurry. *J. Electrochem. Soc.*, 2012,159(11):C525.

[77] K. V. Sagi, L. G. Teuggels, M. H. van der Veen, et al., Chemical mechanical polishing and planarization of Mn-based barrier/Ru liner films in Cu interconnects for advanced metallization nodes. *ECS J. Solid State Sci. Technol.*, 2017,6(5):P259.

[78] I. K. Kim, B. G. Cho, J. G. Park, et al., Effect of pH in Ru slurry with sodium periodate on Ru CMP. *J. Electrochem. Soc.*, 2009,156(3):H188.

[79] L. M. Cook, Chemical processes in glass polishing. *J. Non-Cryst. Solids*, 1990, 120(1 - 3):152.

[80] P. W. Carter, T. P. Johns, Interfacial reactivity between ceria and silicon dioxide and silicon nitride surfaces: organic additive effects. *Electrochem. Solid-State Lett.*, 2005,8(8):G218.

[81] Y. Ein-Eli, D. Starosvetsky, Review on copper chemical-mechanical polishing (CMP) and post-CMP cleaning in ultra large system integrated (ULSI) — an electrochemical perspective. *Electrochim. Acta*, 2007,52(5):1825.

[82] P. L. Chen, J. H. Chen, M. S. Tsai, et al., Post-Cu CMP cleaning for colloidal silica abrasive removal. *Microelectron. Eng.*, 2004,75(4):352.

[83] C. M. Tan, A. Roy, Electromigration in ULSI interconnects. *Mater. Sci. Eng. R*, 2007, 58(1 - 2):1.

[84] D. Edelstein, J. Heidenreich, R. Goldblatt, et al., Full copper wiring in a sub-0.25 μm CMOS ULSI technology. *IEDM Tech. Dig.*, 1997:773.

[85] T. Gupta, *Copper Interconnect Technology*. Springer, Dordrecht Heidelberg, 2009.

[86] B. Li, C. Christiansen, D. Badami, et al., Electromigration challenges for advanced on-chip Cu interconnects. *Microelectron. Reliab.*, 2014,54(4):712.

[87] E. T. Ogawa, J. W. McPherson, J. A. Rosal, et al., Stress-induced voiding under vias connected to wide Cu metal leads. *Proc. IEEE Int. Reliab. Phys. Symp.*, 2002:312.

[88] S. Kordic, R. A. Augur, A. G. Dirks, et al., Stress voiding and electromigration phenomena in aluminum alloys. *Appl. Surf. Sci.*, 1995,91(1 - 4):197.

[89] H. Matsuyama, T. Suzuki, T. Nakamura, et al., Voiding generation in copper interconnect under room temperature storage in 12 years. *Jpn. J. Appl. Phys.*, 2017,56(7):07KG01.

[90] S. H. Rhee, Y. Du, P. S. Ho, Thermal stress characteristics of Cu/oxide and Cu/low-*k* submicron interconnect structures. *J. Appl. Phys.*, 2003,93(7):3926.

[91] J. W. McPherson, C. F. Dunn, A model for stress-induced metal notching and voiding in very large-scale-integrated Al-Si(1%) metallization. *J. Vac. Sci. Technol. B*, 1987,5(5):1321.

[92] A. von Glasow, A. H. Fischer, D. Bunel, et al., The influence of the SiN cap process on the electromigration and stressvoiding performance of dual damascene Cu interconnects. *Proc. IEEE Int. Reliab. Phys. Symp.*, 2003:146.

[93] M. Hauschildt, B. Hintze, M. Gall, et al., Advanced metallization concepts and impact on reliability. *Jpn. J. Appl. Phys.*, 2014,53(5):05GA11.

[94] B. Wu, A. Kumar, S. Pamarthy, High aspect ratio silicon etch: a review. *J. Appl. Phys.*, 2010,108(5):051101.

[95] Z. Xu, J. Q. Lu, Through-silicon-via fabrication technologies, passives extraction, and electrical modeling for 3-D integration/packaging. *IEEE Trans. Semicond. Manuf.*, 2013,26 (1):23.

[96] W. W. Shen, K. N. Chen, Three-dimensional integrated circuit (3D IC) key technology: through-silicon via (TSV). *Nanoscale Res. Lett.*, 2017,12:56.

[97] S. Q. Gu, Material innovation opportunities for 3D integrated circuits from a wireless application point of view. *MRS Bull.*, 2015,40(3):233.

[98] 王喆垚，三维集成技术. 清华大学出版社，2014.

[99] C. Chen, D. Yu, K. N. Chen, Vertical interconnects of microbumps in 3D integration. *MRS Bull.*, 2015,40(3):257.

[100] Y. S. Tang, Y. J. Chang, K. N. Chen, Wafer-level Cu-Cu bonding technology. *Microelectron. Reliab.*, 2012,52(2):312.

[101] X. Zhang, J. K. Lin, S. Wickramanayaka, et al., Heterogeneous 2.5D integration on through silicon interposer. *Appl. Phys. Rev.*, 2015,2(2):021308.

[102] D. Josell, S. H. Brongersma, Z. Tokei, Size-dependent resistivity in nanoscale interconnects. *Annu. Rev. Mater. Res.*, 2009,39:231.

[103] K. Fuchs, The conductivity of thin metallic films according to the electron theory of metals. *Math. Proc. Camb. Phil. Soc.*, 1938,34(1):100.

[104] E. H. Sondheimer, The mean free path of electrons in metals. *Adv. Phys.*, 1952,1(1):1.

[105] A. F. Mayadas, M. Shatzkes, Electrical resistivity model for polycrystalline films: the case of arbitrary reflection at external surfaces. *Phys. Rev. B*, 1970,1(4):1382.

[106] D. Gall, Electron mean free path in elemental metals. *J. Appl. Phys.*, 2016, 119(8): 085101.

[107] N. A. Lanzillo, *Ab initio* evaluation of electron transport properties of Pt, Rh, Ir and Pd nanowires for advanced interconnect applications. *J. Appl. Phys.*, 2017,121(17):175104.

[108] C. Auth, A. Aliyarukunju, M. Asoro, et al., A 10 nm high performance and low-power CMOS technology featuring 3rd generation FinFET transistors, self-aligned quad pattering, contact over active gate and cobalt local interconnects. *IEDM Tech. Dig.*, 2017:673.

[109] N. A. Lanzillo, T. Standaert, C. Lavoie, Electronic and structural analysis of ultra-small-diameter metal disilicide nanowires. *J. Appl. Phys.*, 2017,121(19):194301.

[110] Y. Wu, J Xiang, C. Yang, et al., Single-crystal metallic nanowires and metal/semiconductor nanowire heterostructures. *Nature*, 2004,430(6995):61.

[111] K. L. Lin, S. A. Bojarski, C. T. Carver, et al., Nickel silicide for interconnects. *Proc. IEEE IITC*, 2015:169.

[112] H. Li, C. Xu, N. Srivastava, et al. , Carbon nanomaterials for next-generation interconnects and passives: Physics, status, and prospects. *IEEE Trans. Elec. Dev.*, 2009,56(9):1799.

[113] M. H. van der Veen, B. Vereecke, M. Sugiura, et al., Electrical and structural characterization of 150 nm CNT contacts with Cu damascene top metallization. *Proc. IEEE IITC*, 2012:1.

[114] H. Sugime, S. Esconjauregui, J. Yang, et al., Low temperature growth of ultra-high mass density carbon nanotube forests on conductive supports. *Appl. Phys. Lett.*, 2013, 103 (7):073116.

[115] S. Sun, W. Mu, M. Edwards, et al., Vertically aligned CNT-Cu nano-composite material for stacked through-silicon-via interconnects. *Nanotechnol.*, 2016,27(33):335705.

[116] C. Pan, P. Raghavan, A. Ceyhan, et al., Technology/circuit/system co-optimization and benchmarking for multilayer graphene interconnects at sub-10-nm technology node. *IEEE Trans. Elec. Dev.*, 2015,62(5):1530.

[117] M. Politou, X. Wu, I. Asselberghs, et al., Evaluation of multilayer graphene for advanced interconnects. *Microelectron. Eng.*, 2017,167:1.

[118] C. Xu, H. Li, K. Banerjee, Modeling, analysis, and design of graphene nano-ribbon interconnects. *IEEE Trans. Elec. Dev.*, 2009,56(8):1567.

[119] S. Sato, Graphene for nanoelectronics. *Jpn. J. Appl. Phys.*, 2015,54(4):040102.

[120] J. Jiang, J. Kang, W. Cao, et al., Intercalation doped multilayer-graphene-nanoribbons for next-generation interconnects. *Nano Lett.*, 2017,17(3):1482.

[121] J. Jiang, J. Kang, J. H. Chu, et al., All-carbon interconnect scheme integrating graphene-wires and carbon-nanotube-vias. *IEDM. Tech. Dig.*, 2017:342.

附　　录

附录 1　常用主要物理常数与量纲

物理量	符号	数值与单位
阿伏伽德罗常数	N_A	6.02×10^{23}
玻尔兹曼常数	k	1.38×10^{-23} J/K；8.62×10^{-5} eV/K
普朗克常数	h	6.63×10^{-34} J·s；4.14×10^{-15} eV·s
基元电荷	q	1.60×10^{-19} C
电子静止质量	m_0	9.11×10^{-31} kg
质子静止质量	M_p	1.67×10^{-27} kg
玻尔半径	a_B	0.053 nm
1 eV 量子波长	λ	1.24 μm
真空介电常数	ε_0	8.85×10^{-14} F/cm
真空中光速	c	3.0×10^{10} cm/s
标准大气压		1.01×10^5 Pa
气体常数	R	8.31 J/(mol·K)
热运动能(27℃/20℃)	kT	0.026 eV/0.025 eV
斯忒藩-玻尔兹曼常数	σ	5.67×10^{-8} Wm^{-2} K^{-4}
法拉第常数	F	9.65×10^4 C/mol
能量=电荷×电压	$E=qV$	焦耳(J)=库仑(C)×伏特(V)
电荷=电容×电压	$Q=CV$	库仑(C)=法拉(F)×伏特(V)
功率=电流×电压	$P=IV$	瓦特(W)=安培(A)×伏特(V)
时延=电阻×电容	$t=RC$	秒(s)=欧姆(Ω)×法拉(F)
电流=电荷/时间	$I=Q/t$	安培(A)=库仑(C)/秒(sec)
电阻=电压/电流	$R=V/I$	欧姆(Ω)=伏特(V)/安培(A)

注：数据保留 3 位有效数字。

附录 2　部分常用物理量换算关系

物理量	换算关系
能量	$1\ eV=1.602\ 19\times10^{-19}\ J(焦耳)$
	$1\ J=1\ N\cdot m=10^7\ dyne\cdot cm=10^7\ erg(尔格)$
	$1\ cal=4.184\ J(焦耳)$
	$1\ erg=2.39\times10^{-8}\ cal(卡)$
功率	$1\ W(瓦特)=1\ J/s(焦耳/秒)$
	$1\ 马力=735\ W$
力	$1\ N=1\ J/m=10^5\ dyne(达因)$
	$1\ 公斤力=9.81\times10^5\ dyne$
压强	$1\ Pa=1\ N/m^2=10\ dyne/cm^2$
	$1\ atm=760\ torr(毛,毫米汞柱)=1.013\times10^5\ Pa$
	$1\ torr=1.33\times10^2\ Pa$
温度	$T\ K=T℃+273.15$
长度	$1\ nm=10^{-3}\ \mu m=10^{-7}\ cm=10^{-9}\ m=10\ Å$

附录3 硅主要物理与化学性质(300 K)

原子量	28.09
熔点(℃)	1 414
固态质量密度(g/cm³)	2.33
液态质量密度(g/cm³)	2.53
晶体结构	金刚石
原子密度(cm⁻³)	5.0×10^{22}
晶格常数(Å)	5.43
原子键距(Å)	2.35
禁带宽度(eV)	1.12
电子亲合能(eV)	4.05
本征载流子浓度(cm⁻³)	1.45×10^{10}
本征电阻率($\Omega \cdot cm$)	2.3×10^{5}
导带有效状态密度 N_C(cm⁻³)	2.9×10^{19}
价带有效状态密度 N_V(cm⁻³)	3.1×10^{19}
* 导带电子有效质量(m_l^*, m_t^*)/m_0	0.92/0.19
* 价带空穴有效质量(m_{hh}^*, m_{lh}^*)/m_0	0.54/0.15
电子迁移率(cm²/s)	1 500
空穴迁移率(cm²/s)	500
峰值电子与空穴速度(cm/s)	1×10^{7}
本征德拜长度(μm)	24
电子散射平均自由程(nm)	~10
电子散射平均自由时间(ps)	~0.1
介电常数	11.9
击穿场强(V/cm)	3×10^{5}
折射率	3.42
高温辐射率	~0.55
热膨胀系数 $\Delta L/L \Delta T$(℃⁻¹)	2.6×10^{-6}
比热容(J/g·℃)	0.7
固态热导率(300 K 下)(W/cm℃)	1.48
液态热导率(W/cm℃)	4.3
杨氏模量(100)(dyne/cm²)	1.3×10^{12}
杨氏模量(111)(dyne/cm²)	1.9×10^{12}
硬度 (dyne/cm²)	$\sim 1.3 \times 10^{11}$
熔化潜热(cal/g)	340
热扩散系数(cm²/s)	0.92
蒸气压(900℃)(Pa)	10^{-6}

＊：m^* 为反映晶格势场作用及能带结构的电子、空穴有效质量。导带电子有效质量与其运动方向相关,表中所列数据分别为沿 Si⟨100⟩晶向纵向与横向运动的电子有效质量 m_l^* 与 m_t^*。价带空穴有效质量与所处不同价带有关,分别为重空穴 m_{hh}^* 与轻空穴 m_{lh}^*。

附录4　硅晶体结构

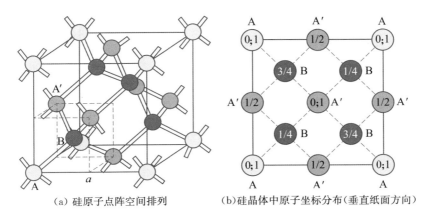

（a）硅原子点阵空间排列　　　（b）硅晶体中原子坐标分布（垂直纸面方向）

注：硅金刚石型晶格，可想象为由两个面心立方晶格（A、B）互套形成的原子晶体结构。当然所有硅原子都是完全等同的，上图中只是从晶体结构分析角度，分别标为：A—面心立方顶角原子；A′—面心原子；B—位于 A 晶格立方对角线上的原子。图中数字 0、1/4、3/4、1 表示晶胞原子沿纸面垂直方向的坐标，以晶格常数 a 为单位。

硅主要晶面的原子排列及其晶向

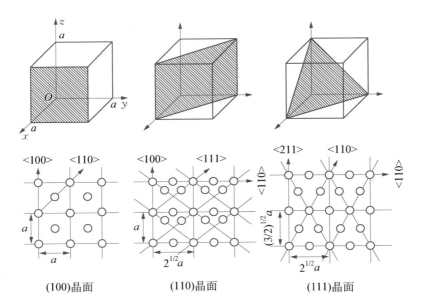

(100)晶面　　　(110)晶面　　　(111)晶面

硅晶体主要晶面的面间距、面密度与原子键分布

晶面	(100)	(110)	(111)双层排面间	(111)双层面内
晶面间距 $d(\text{Å})$	$\frac{1}{4}a = 1.36$	$\frac{\sqrt{2}}{4}a = 1.92$	$d_1 = \frac{\sqrt{3}}{4}a = 2.35$；$d = d_1 + d_2 = \frac{\sqrt{3}}{3}a = 3.13$	$d_2 = \frac{\sqrt{3}}{12}a = 0.78$
原子面密度 $\sigma = Nd\,(\text{cm}^{-2})$	$\frac{2}{a^2} = 6.78 \times 10^{14}$	$\frac{2\sqrt{2}}{a^2} = 9.60 \times 10^{14}$	双层：$\frac{8}{\sqrt{3}a^2} = 1.57 \times 10^{15}$	单层：$\frac{4}{\sqrt{3}a^2} = 7.84 \times 10^{14}$
面间原子键数 m	2	1	双层面间:1	双层面内:3
面原子键密度 $m\sigma\,(\text{cm}^{-2})$	$\frac{4}{a^2} = 1.36 \times 10^{15}$	$\frac{2\sqrt{2}}{a^2} = 9.60 \times 10^{14}$	双层面间:$1 \times \frac{4}{\sqrt{3}a^2} = 7.84 \times 10^{14}$	双层面内:$3 \times \frac{4}{\sqrt{3}a^2} = 2.35 \times 10^{15}$

附录 5　SiO$_2$ 和 Si$_3$N$_4$ 主要物理性质（300 K）

	SiO$_2$	Si$_3$N$_4$	SiO$_x$N$_y$
晶体结构	非晶	非晶	非晶
熔点（℃）	~1 700	1 900	
禁带宽度（eV）	~9	~5	
密度（g/cm^3）	2.27	3.17	2.5~2.8
折射率	1.46	2.0~2.1	1.6~1.9
介电常数	3.9	7.5	5~6
介电强度（V/cm）	$(5\sim10)\times10^6$	$\sim1\times10^7$	$\sim5\times10^6$
红外吸收波长（μm）	9.3	11.5~12.0	9~12
体电阻率（Ω·cm）	$10^{14}\sim10^{16}$	$10^{14}\sim10^{17}$	
薄膜应力（dyne/cm^2）	$(2\sim4)\times10^9$	$(9\sim10)\times10^9$	$(1\sim6)\times10^9$
热膨胀系数（℃$^{-1}$）	5×10^{-7}	4×10^{-6}	
热导率（W/cm·K）	0.014		
电子迁移率（cm^2/V·s）	20~40		
空穴迁移率（cm^2/V·s）	$\sim2\times10^{-5}$		
蒸气压（1 050℃/900℃）（Pa）	100/1		
缓冲 HF 液腐蚀速率（Å/min）	1 000	5~10	20~400

*：缓冲腐蚀液（BHF）配比为 NH$_4$F∶HF＝6∶1。

附录6　部分元素和化合物半导体物理性质参数对比

	晶体结构	晶格常数 (Å)	禁带宽度 (eV)	电子有效质量 $(m_l^*,\ m_t^*)/m_0$	空穴有效质量 $(m_{hh}^*,\ m_{lh}^*)/m_0$	电子迁移率 (cm²/V·s)	空穴迁移率 (cm²/V·s)
Si	金刚石	5.43	1.12	0.92/0.19	0.54/0.15	1 500	500
Ge	金刚石	5.66	0.67	1.59/0.082	0.33/0.043	3 900	1 800
C	金刚石	3.57	5.17, 5.50	1.4/0.36	1.08/0.36	2 000	2 100
GaAs	闪锌矿	5.65	1.42	0.063	0.51/0.076	9 200	400
InP	闪锌矿	5.87	1.34	0.077	0.6/0.12	5 370	150
InSb	闪锌矿	6.48	0.17	0.014	0.45/0.016	7.7×10^4	850
InAs	闪锌矿	6.06	0.35	0.027	0.41/0.024	$(2\sim3.3)\times10^4$	100~450
GaSb	闪锌矿	6.10	0.73	0.041/0.03	0.28/0.05	3 750	680
GaN	六角	$a=3.19$ $c=5.19$	3.44	0.22	0.96	440	130
Si_xGe_{1-x}	金刚石	$5.43<a<5.66$	1.12~0.67				
SiC	3C‑fcc	4.36	2.2	0.68/0.25	0.45	510	15~21
SiC	6H‑六角	$a=3.08$ $c=5.05$	2.86	1.5/0.25 (3~6)/0.48	1.0 1.85/0.66	300	40
应变硅			1.08			2 900	2 200

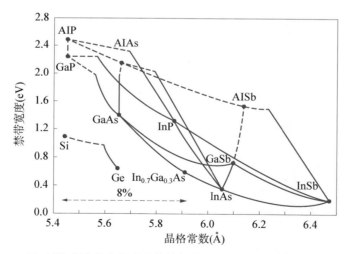

硅、锗和部分化合物半导体的禁带宽度及晶格常数对比图

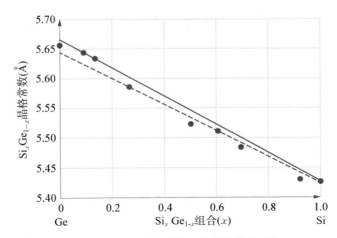

Si$_x$Ge$_{1-x}$ 晶格常数对锗组分的依赖关系[*]

（圆点为 X 射线衍射测试实验数据，虚线系按 Vegard 定律的计算值，实线为实验测试结果）

[*]：E. R. Johnson，S. M. Christian：*Phys. Rev.* 95，560，1954；Springer Handbook of Condensed Matter and Materials Data，4.1 Semiconductors.

附录 7   国际通用数值量级前缀用词及符号

量级因数	英/汉词名	符号
10^{24}	Yotta/尧(它)	Y
10^{21}	Zetta/泽(它)	Z
10^{18}	Exa/艾(可萨)	E
10^{15}	Peta/拍(它)	P
10^{12}	Tera/太(拉)	T
10^{9}	Giga/吉(咖)	G
10^{6}	Mega/兆	M
10^{3}	Kilo/千	k
10^{-3}	Milli/毫	m
10^{-6}	Micron/微	μ
10^{-9}	Nano/纳(诺)	n
10^{-12}	Pico/皮(可)	p
10^{-15}	Femto/飞(母托)	f
10^{-18}	Atto/阿(托)	a
10^{-21}	Zepto/仄(普托)	z
10^{-24}	Yocto/幺(科托)	y

图书在版编目(CIP)数据

硅基集成芯片制造工艺原理/李炳宗等编著. —上海：复旦大学出版社，2021.11(2024.6重印)
(复旦博学. 微电子系列)
ISBN 978-7-309-14995-1

Ⅰ.①硅…　Ⅱ.①李…　Ⅲ.①硅基材料-集成芯片-制造　Ⅳ.①TN43

中国版本图书馆 CIP 数据核字(2020)第 066445 号

硅基集成芯片制造工艺原理
李炳宗 等　编著
责任编辑/梁　玲
装帧设计/叶霜红

复旦大学出版社有限公司出版发行
上海市国权路 579 号　邮编：200433
网址：fupnet@ fudanpress. com　http://www.fudanpress. com
门市零售：86-21-65102580　团体订购：86-21-65104505
出版部电话：86-21-65642845
江阴市机关印刷服务有限公司

开本 787 毫米×1092 毫米　1/16　印张 55.75　字数 1392 千字
2021 年 11 月第 1 版
2024 年 6 月第 1 版第 4 次印刷

ISBN 978-7-309-14995-1/T·668
定价：298.00 元